# 钢筋混凝土结构设计用表

按新规范编写

胡允棒　编著

中国建筑工业出版社

**图书在版编目（CIP）数据**

钢筋混凝土结构设计用表/胡允棒编著.—北京：中国建筑工业出版社，2004

ISBN 7-112-06430-9

Ⅰ.钢… Ⅱ.胡… Ⅲ.钢筋混凝土结构—结构设计—图表 Ⅳ.TU375.04-64

中国版本图书馆CIP数据核字（2004）第029350号

本书根据我国最新颁布的《混凝土结构设计规范》GB 50010—2002、《建筑抗震设计规范》GB 50011—2001、《高层建筑混凝土结构技术规程》JGJ 3—2002、《冷轧带肋钢筋混凝土结构技术规程》JGJ 95—2003等编制。新规范（规程）与旧规范（规程）相比有较大改动、对构造要求有更多的规定，在本书中，可以很方便地查到具体化了的规范的有关规定，在柱（包括矩形柱和圆柱）配筋表中，可以根据不同的抗震等级（箍筋肢距）和配筋量（配筋率）及加密区的配箍率要求，选定所需要的、比较合理的截面形式，并编制有钢筋直径3～50mm在1m宽度内各种间距的钢筋面积表、梁附加横向钢筋承载力表等，还汇总了新规范（规程）关于钢筋的锚固与连接、梁的箍筋及附加横向钢筋配置、柱的构造要求等规定，以方便查阅。本书主要解决规范（规程）对结构构件的定量构造要求问题，对保证设计质量和提高设计进度具有显著效果，特别适用于建筑结构设计人员、施工图设计文件审校人员、施工图设计文件审查人员，也可供规范编制人员、建筑结构科研人员、施工及监理人员、土建类大中专院校师生等参考。

* * *

责任编辑：赵梦梅

责任设计：彭路路

责任校对：张　虹

**钢筋混凝土结构设计用表**

按新规范编写

胡允棒　编著

*

中国建筑工业出版社出版、发行（北京西郊百万庄）

新 华 书 店 经 销

北京密云红光印刷厂印刷

*

开本：787×1092毫米　1/16　印张：25½　字数：620千字

2004年11月第一版　2005年3月第二次印刷

印数：5001—9000册　定价：**40.00**元

ISBN 7-112-06430-9

TU·5677（12444）



（邮政编码100037）

本社网址：http://www.china-abp.com.cn

网上书店：http://www.china-building.com.cn

# 前　言

笔者1965年毕业于浙江大学工业与民用建筑专业五年制本科，从事建筑结构设计工作已逾38年，近十余年来主要从事技术管理、施工图设计文件审校与施工图设计文件审查工作。在工程设计实践中，经常发现有钢筋混凝土构件配筋不符合规范规定，如板的配筋未满足最小配筋率要求、梁的箍筋未满足最小配筋率要求、柱的纵向钢筋间距不符合规范要求、柱加密区的箍筋肢距或配箍率不满足规范要求，又如有些设计人员在截面500mm×500mm的柱中配置5肢甚至6肢箍筋，实无必要，既浪费钢材，又使箍筋肢距太小，影响混凝土的浇筑等等。笔者于1999年编制了一本《混凝土结构设计用表》供内部使用，对保证设计质量和提高设计进度取得了明显的效果，本书是在该设计用表的基础上编成的。

国家新规范（规程）《混凝土结构设计规范》GB 50010—2002、《建筑抗震设计规范》GB 50011—2001、《高层建筑混凝土结构技术规程》JGJ 3—2002、《冷轧带肋钢筋混凝土结构技术规程》JGJ 95—2003（以下简称四本新规范）与旧规范（规程）相比有较大改动、新增加的内容较多、对构造要求有更多的规定，而且如钢筋的锚固长度与搭接长度、构件的最小配筋率、梁的配箍率、柱加密区的配箍率等，都和混凝土设计强度与钢筋设计强度的比值或结构的抗震等级有关，钢筋的搭接长度还与接头的面积百分率有关，使结构设计工作更加繁重。为便于查用，特按新规范（规程）编制这本钢筋混凝土结构设计用表。在书中可以很方便地查到具体化了的规范的有关规定，在柱（包括矩形柱和圆柱）配筋表中，可以根据不同的抗震等级（箍筋肢距）和配筋量（配筋率）及加密区的配箍率要求，选定所需要的比较合理的截面形式；关于受力钢筋的锚固和搭接长度、梁的箍筋及附加横向钢筋、柱的配筋及箍筋设置与其他构造要求等，书中均有编制说明，并汇总了新规范的有关规定，以方便查阅。

笔者在学习四本新规范和编制这本钢筋混凝土结构设计用表的过程中，发现四本新规范中有不少条文是相同的或基本相同的，有的条文是相似的但又有差别，有的条文对相同的问题则有不同的规定（从本书中的某些表格和摘录的规范有关规定中也可见一斑），这有待于四本新规范的编制者加以协调或解疑。笔者本想编制剪力墙约束边缘构件及构造边缘构件配筋表（包括截面形式、配筋率及配箍率），但由于对新规范的有关规定尚存疑问，故目前无法完成。

在本书编制过程中，得到我院领导的大力支持，总工程师（教授级高级工程师）章一萍同志曾多次过问并组织结构副主任工程师以上的技术骨干进行讨论，顾问总工程师（原总工程师、教授级高级工程师）刘学海同志等曾提出过宝贵意见，唐锦蜀、夏鹏同志对部分数据的计算曾给予帮助，余萌、李放、郭驰、张青等同志绘制了部分插图，熊蓉华同志协助部分文字的录入，在此一并致以谢意。

本书特别适用于建筑结构设计人员、施工图设计文件审校人员、施工图设计文件审查人员，也可供规范编制人员、建筑结构科研人员、施工及监理人员、土建类大中专院校师生等参考。

笔者学识浅薄，对新规范的学习尚较肤浅，且由于本书数据浩繁，读者在使用过程中如发现有错误与不妥之处或意见及建议，请不吝赐教，以便再版时修订。

于四川省建筑设计院

# 目　录

# 一、钢筋面积表

**钢筋面积（$mm^2$）1m宽度内各种间距的钢筋面积（$mm^2/m$）** **表1.1**

| 直径（mm） | | 3 | 4 | 5 | 6 | 6.5 | 7 | 8 | 8.2 | 8.6 |
|---|---|---|---|---|---|---|---|---|---|---|
| 1根钢筋面积 | | 7.0686 | 12.566 | 19.635 | 28.274 | 33.183 | 38.484 | 50.265 | 52.810 | 58.088 |
| 2根钢筋面积 | | 14.1 | 25.1 | 39.3 | 56.5 | 66.4 | 77.0 | 100.5 | 105.6 | 116.2 |
| 3根钢筋面积 | | 21.2 | 37.7 | 58.9 | 84.8 | 99.5 | 115.5 | 150.8 | 158.4 | 174.3 |
| 4根钢筋面积 | | 28.3 | 50.3 | 78.5 | 113.1 | 132.7 | 153.9 | 201.1 | 211.2 | 232.4 |
| 5根钢筋面积 | | 35.3 | 62.8 | 98.2 | 141.4 | 165.9 | 192.4 | 251.3 | 264.1 | 290.4 |
| 6根钢筋面积 | | 42.4 | 75.4 | 117.8 | 169.6 | 199.1 | 230.9 | 301.6 | 316.9 | 348.5 |
| 7根钢筋面积 | | 49.5 | 88.0 | 137.4 | 197.2 | 232.3 | 269.4 | 351.9 | 369.7 | 406.6 |
| 8根钢筋面积 | | 56.5 | 100.5 | 157.1 | 226.2 | 265.5 | 307.9 | 402.1 | 422.5 | 464.7 |
| 9根钢筋面积 | | 63.6 | 113.1 | 176.7 | 254.5 | 298.6 | 346.4 | 452.4 | 475.3 | 522.8 |
| 钢筋间距 | 70 | 100.9 | 179.5 | 280.4 | 403.9 | 474.0 | 549.7 | 718.0 | 754.4 | |
| | 75 | 94.2 | 167.5 | 261.7 | 376.9 | 442.4 | 513.1 | 670.2 | 704.1 | |
| | 80 | 88.3 | 157.0 | 254.4 | 353.4 | 414.7 | 481.0 | 628.3 | 660.1 | |
| | 85 | 83.1 | 147.8 | 230.9 | 332.6 | 390.3 | 452.7 | 591.3 | 621.2 | |
| | 90 | 78.5 | 139.6 | 218.1 | 314.1 | 368.7 | 427.6 | 558.5 | 586.7 | |
| | 95 | 74.4 | 132.2 | 206.6 | 297.6 | 349.2 | 405.1 | 529.1 | 555.8 | |
| | 100 | 70.6 | 125.6 | 196.3 | 282.7 | 331.8 | 384.3 | 502.6 | 528.1 | |
| | 110 | 64.2 | 114.2 | 178.4 | 257.0 | 301.6 | 349.8 | 456.9 | 480.0 | |
| | 120 | 58.9 | 104.7 | 163.6 | 235.6 | 276.5 | 320.7 | 418.8 | 440.0 | |
| | 125 | 56.5 | 100.5 | 157.0 | 226.1 | 265.4 | 307.8 | 402.1 | 422.4 | |
| | 130 | 54.3 | 96.6 | 151.0 | 217.4 | 255.2 | 296.0 | 386.6 | 406.2 | |
| | 140 | 50.4 | 89.7 | 140.2 | 201.9 | 237.0 | 274.8 | 359.0 | 377.2 | |
| | 150 | 47.1 | 83.7 | 130.8 | 188.4 | 221.2 | 256.5 | 335.1 | 352.0 | |
| | 160 | 44.1 | 78.5 | 122.7 | 176.7 | 207.3 | 240.5 | 314.1 | 330.0 | |
| | 170 | 41.5 | 73.9 | 115.4 | 166.3 | 195.1 | 226.3 | 295.6 | 310.6 | |
| | 180 | 39.2 | 69.8 | 109.0 | 157.0 | 184.3 | 213.8 | 279.2 | 293.3 | |
| | 190 | 37.2 | 66.1 | 103.3 | 148.8 | 174.6 | 202.5 | 264.5 | 277.9 | |
| | 200 | 35.3 | 62.8 | 98.1 | 141.3 | 165.9 | 192.4 | 251.3 | 264.0 | |
| | 210 | 33.6 | 59.8 | 93.4 | 134.6 | 158.0 | 183.2 | 239.3 | 251.4 | |
| | 220 | 32.1 | 57.1 | 89.2 | 128.5 | 150.8 | 174.9 | 228.4 | 240.0 | |

续表

| 直径（mm） | | 3 | 4 | 5 | 6 | 6.5 | 7 | 8 | 8.2 | 8.6 |
|---|---|---|---|---|---|---|---|---|---|---|
| 钢筋间距 | 230 | 30.7 | 54.6 | 85.3 | 122.9 | 144.2 | 167.3 | 218.5 | 229.6 | |
| | 240 | 29.4 | 52.3 | 81.8 | 117.8 | 138.2 | 160.3 | 209.4 | 220.0 | |
| | 250 | 28.2 | 50.2 | 78.5 | 113.0 | 132.7 | 153.9 | 201.0 | 211.2 | |
| | 260 | 27.1 | 48.3 | 75.5 | 108.7 | 127.6 | 148.0 | 193.3 | 203.1 | |
| | 270 | 26.1 | 46.5 | 72.7 | 104.7 | 122.9 | 142.5 | 186.1 | 195.5 | |
| | 280 | 25.2 | 44.8 | 70.1 | 100.9 | 118.5 | 137.4 | 179.5 | 188.6 | |
| | 290 | 24.3 | 43.3 | 67.7 | 97.4 | 114.4 | 132.7 | 173.3 | 182.1 | |
| | 300 | 23.5 | 41.8 | 65.4 | 94.2 | 110.6 | 128.2 | 167.5 | 176.0 | |
| | 310 | 22.8 | 40.5 | 63.3 | 91.2 | 107.0 | 124.1 | 162.1 | 170.3 | |
| | 320 | 22.0 | 39.2 | 61.3 | 88.3 | 103.6 | 120.2 | 157.0 | 165.0 | |
| | 330 | 21.4 | 38.0 | 59.4 | 85.6 | 100.5 | 116.6 | 152.3 | 160.0 | |
| | 340 | 20.7 | 36.9 | 57.7 | 83.1 | 97.5 | 113.1 | 147.8 | 155.3 | |
| | 350 | 20.1 | 35.9 | 56.0 | 80.7 | 94.8 | 109.9 | 143.6 | 150.8 | |
| | 360 | 19.6 | 34.9 | 54.5 | 78.5 | 92.1 | 106.9 | 139.6 | 146.6 | |
| | 370 | 19.1 | 33.9 | 53.0 | 76.4 | 89.6 | 104.0 | 135.8 | 142.7 | |
| | 380 | 18.6 | 33.0 | 51.6 | 74.4 | 87.3 | 101.2 | 132.2 | 138.9 | |
| | 390 | 18.1 | 32.2 | 50.3 | 72.4 | 85.0 | 98.6 | 128.8 | 135.4 | |
| | 400 | 17.6 | 31.4 | 49.0 | 70.6 | 82.9 | 96.2 | 125.6 | 132.0 | |

说明：直径 8.2mm 仅适用于有纵肋的热处理钢筋；直径 3、7、8.6、9.5、10.8、11.1、12.7、12.9、15.2mm 仅适用于预应力钢筋；直径 4、5、7、9、11mm 适用于冷轧带肋钢筋。

**钢筋面积（$mm^2$）1m 宽度内各种间距的钢筋面积（$mm^2/m$）** **表 1.1-1**

| 直径（mm） | 9 | 9.5 | 10 | 10.8 | 11 | 11.1 | 12 | 12.7 |
|---|---|---|---|---|---|---|---|---|
| 1 根钢筋面积 | 63.617 | 70.882 | 78.540 | 91.609 | 95.033 | 96.769 | 113.097 | 126.677 |
| 2 根钢筋面积（梁宽：上/下） | 127.2（110/105） | 141.8 | 157.1（110/105） | 183.2 | 190.1（115/100） | 193.5 | 226.2（115/110） | 253.4 |
| 3 根钢筋面积（梁宽：上/下） | 190.9（150/140） | 212.7 | 235.6（150/140） | 274.8 | 285.1（155/145） | 290.3 | 339.3（160/150） | 380.0 |
| 4 根钢筋面积（梁宽：上/下） | 254.5（190/175） | 283.5 | 314.2（190/175） | 366.4 | 380.1（195/180） | 387.1 | 452.4（200/180） | 506.7 |
| 5 根钢筋面积（梁宽：上/下） | 318.1（225/205） | 354.4 | 392.7（230/210） | 458.1 | 475.2（235/215） | 483.9 | 565.5（240/220） | 633.4 |
| 6 根钢筋面积（梁宽：上/下） | 381.7（265/240） | 425.3 | 471.2（270/245） | 549.7 | 570.2（280/255） | 580.6 | 678.6（285/260） | 760.1 |
| 7 根钢筋面积（梁宽：上/下） | 445.3（305/275） | 496.2 | 549.8（310/280） | 641.3 | 655.2（320/290） | 677.4 | 791.7（325/295） | 886.7 |

续表

| 直径（mm） | | 9 | 9.5 | 10 | 10.8 | 11 | 11.1 | 12 | 12.7 |
|---|---|---|---|---|---|---|---|---|---|
| 8根钢筋面积（梁宽：上/下） | | 508.9（345/310） | 567.1 | 628.3（350/315） | 732.9 | 760.3（360/325） | 774.2 | 904.8（370/330） | 1013.4 |
| 9根钢筋面积（梁宽：上/下） | | 572.6（385/345） | 637.9 | 706.9（390/350） | 824.5 | 855.3（400/360） | 870.9 | 1017.9（410/365） | 1140.1 |
| 钢筋间距 | 70 | 908.8 | | 1121.9 | | 1357.6 | | 1615.6 | |
| | 75 | 848.2 | | 1047.1 | | 1267.1 | | 1507.9 | |
| | 80 | 795.2 | | 981.7 | | 1187.9 | | 1413.7 | |
| | 85 | 748.4 | | 923.9 | | 1118.0 | | 1330.5 | |
| | 90 | 706.8 | | 872.6 | | 1055.9 | | 1256.6 | |
| | 95 | 669.6 | | 826.7 | | 1000.3 | | 1190.4 | |
| | 100 | 636.1 | | 785.3 | | 950.3 | | 1130.9 | |
| | 110 | 578.3 | | 713.9 | | 863.9 | | 1028.1 | |
| | 120 | 530.1 | | 654.4 | | 791.9 | | 942.4 | |
| | 125 | 508.9 | | 628.3 | | 760.2 | | 904.7 | |
| | 130 | 489.3 | | 604.1 | | 731.0 | | 869.9 | |
| | 140 | 454.4 | | 560.9 | | 678.8 | | 807.8 | |
| | 150 | 424.1 | | 523.5 | | 633.5 | | 753.9 | |
| | 160 | 397.6 | | 490.8 | | 593.9 | | 706.8 | |
| | 170 | 374.2 | | 461.9 | | 559.0 | | 665.2 | |
| | 180 | 353.4 | | 436.3 | | 527.9 | | 628.3 | |
| | 190 | 334.8 | | 413.3 | | 500.1 | | 595.2 | |
| | 200 | 318.0 | | 392.6 | | 475.1 | | 565.4 | |
| | 210 | 302.9 | | 373.9 | | 452.5 | | 538.5 | |
| | 220 | 289.1 | | 356.9 | | 431.9 | | 514.0 | |
| | 230 | 276.5 | | 341.4 | | 413.1 | | 491.7 | |
| | 240 | 265.0 | | 327.2 | | 395.9 | | 471.2 | |
| | 250 | 254.4 | | 314.1 | | 380.1 | | 452.3 | |
| | 260 | 244.6 | | 302.0 | | 365.5 | | 431.9 | |
| | 270 | 235.6 | | 290.8 | | 351.9 | | 418.8 | |
| | 280 | 227.2 | | 280.4 | | 339.4 | | 403.9 | |
| | 290 | 219.3 | | 270.8 | | 327.7 | | 389.9 | |
| | 300 | 212.0 | | 261.7 | | 316.7 | | 376.9 | |
| | 310 | 205.2 | | 253.3 | | 306.5 | | 364.8 | |
| | 320 | 198.8 | | 245.4 | | 296.9 | | 353.4 | |
| | 330 | 192.7 | | 237.9 | | 287.9 | | 342.7 | |
| | 340 | 187.1 | | 230.9 | | 279.5 | | 332.6 | |
| | 350 | 181.7 | | 224.3 | | 271.5 | | 323.1 | |

续表

| 直径（mm） | | 9 | 9.5 | 10 | 10.8 | 11 | 11.1 | 12 | 12.7 |
|---|---|---|---|---|---|---|---|---|---|
| 钢筋间距 | 360 | 176.7 | | 218.1 | | 263.9 | | 314.1 | |
| | 370 | 171.9 | | 212.2 | | 256.8 | | 305.6 | |
| | 380 | 167.4 | | 206.6 | | 250.0 | | 297.6 | |
| | 390 | 163.1 | | 201.3 | | 243.6 | | 289.9 | |
| | 400 | 159.0 | | 196.3 | | 237.5 | | 282.7 | |

说明：表内“梁宽”为钢筋排成一行时梁的最小宽度，“上”用于梁上部，“下”用于梁下部。当混凝土强度等级≤C20时，梁宽应增加10mm。

**钢筋面积（$mm^2$）1m宽度内各种间距的钢筋面积（$mm^2/m$）　　表1.1-2**

| 直径（mm） | | 12.9 | 13 | 14 | 15.2 | 16 | 18 | 20 | 22 |
|---|---|---|---|---|---|---|---|---|---|
| 1根钢筋面积 | | 130.698 | 132.732 | 153.938 | 181.458 | 201.062 | 254.469 | 314.159 | 380.133 |
| 2根钢筋面积（梁宽：上/下） | | 261.4 | 265.5 | 307.9（120/115） | 362.9 | 402.1（125/120） | 508.9（130/125） | 628.3（130/125） | 760.3（140/130） |
| 3根钢筋面积（梁宽：上/下） | | 392.1 | 398.2 | 461.8（165/155） | 544.4 | 603.2（170/160） | 763.4（175/165） | 942.5（180/170） | 1140.4（195/180） |
| 4根钢筋面积（梁宽：上/下） | | 522.8 | 530.9 | 615.8（210/195） | 725.8 | 804.2（215/200） | 1017.9（225/210） | 1256.6（230/215） | 1520.5（250/225） |
| 5根钢筋面积（梁宽：上/下） | | 653.5 | 663.7 | 769.7（250/230） | 907.3 | 1005.3（260/240） | 1272.3（270/250） | 1570.8（280/260） | 1900.7（305/270） |
| 6根钢筋面积（梁宽：上/下） | | 784.2 | 796.4 | 923.6（295/270） | 1088.8 | 1206.4（310/285） | 1526.8（320/290） | 1885.0（330/305） | 2280.8（360/320） |
| 7根钢筋面积（梁宽：上/下） | | 914.9 | 929.1 | 1077.6（340/310） | 1270.2 | 1407.4（355/325） | 1781.3（370/335） | 2199.1（380/350） | 2660.9（415/365） |
| 8根钢筋面积（梁宽：上/下） | | 1045.6 | 1061.9 | 1231.5（385/350） | 1451.7 | 1608.5（400/365） | 2035.8（415/375） | 2513.3（430/390） | 3041.1（470/415） |
| 9根钢筋面积（梁宽：上/下） | | 1176.3 | 1194.6 | 1385.4（430/390） | 1633.1 | 1809.6（445/405） | 2290.2（465/425） | 2827.4（480/440） | 3421.2（525/460） |
| 钢筋间距 | 70 | | 1896.1 | 2199.1 | | 2872.3 | 3635.2 | 4487.9 | 5430.4 |
| | 75 | | 1769.7 | 2052.5 | | 2680.8 | 3392.9 | 4188.7 | 5068.4 |
| | 80 | | 1659.1 | 1924.2 | | 2513.2 | 3180.8 | 3926.9 | 4751.6 |
| | 85 | | 1561.5 | 1811.0 | | 2365.4 | 2993.7 | 3695.9 | 4472.1 |
| | 90 | | 1474.8 | 1710.4 | | 2234.0 | 2827.4 | 3490.6 | 4223.6 |
| | 95 | | 1397.1 | 1620.4 | | 2116.4 | 2678.6 | 3306.9 | 4001.3 |
| | 100 | | 1327.3 | 1539.3 | | 2010.6 | 2544.6 | 3141.5 | 3801.3 |
| | 110 | | 1206.6 | 1399.4 | | 1827.8 | 2313.3 | 2855.9 | 3455.7 |
| | 120 | | 1106.1 | 1282.8 | | 1675.5 | 2120.5 | 2617.9 | 3167.7 |
| | 125 | | 1061.8 | 1231.5 | | 1608.4 | 2035.7 | 2513.2 | 3041.0 |

续表

| 直径（mm） | | 12.9 | 13 | 14 | 15.2 | 16 | 18 | 20 | 22 |
|---|---|---|---|---|---|---|---|---|---|
| 钢筋间距 | 130 | | 1021.0 | 1184.1 | | 1546.6 | 1957.4 | 2416.6 | 2924.0 |
| | 140 | | 948.0 | 1099.5 | | 1436.1 | 1817.6 | 2243.9 | 2715.2 |
| | 150 | | 884.8 | 1026.2 | | 1340.4 | 1696.4 | 2094.3 | 2534.2 |
| | 160 | | 829.5 | 962.1 | | 1256.6 | 1590.4 | 1963.4 | 2375.8 |
| | 170 | | 780.7 | 905.5 | | 1182.7 | 1496.8 | 1847.9 | 2236.0 |
| | 180 | | 737.4 | 855.2 | | 1117.0 | 1413.7 | 1745.3 | 2111.8 |
| | 190 | | 698.5 | 810.2 | | 1058.2 | 1339.3 | 1653.4 | 2000.6 |
| | 200 | | 663.6 | 769.6 | | 1005.3 | 1272.3 | 1570.7 | 1900.6 |
| | 210 | | 632.0 | 733.0 | | 957.4 | 1211.7 | 1495.9 | 1810.1 |
| | 220 | | 603.3 | 699.7 | | 913.9 | 1156.6 | 1427.9 | 1727.8 |
| | 230 | | 577.0 | 669.2 | | 874.1 | 1106.3 | 1365.9 | 1652.7 |
| | 240 | | 553.0 | 641.4 | | 837.4 | 1060.2 | 1308.9 | 1583.8 |
| | 250 | | 530.9 | 615.7 | | 804.2 | 1017.8 | 1256.6 | 1520.5 |
| | 260 | | 510.5 | 592.0 | | 773.3 | 978.7 | 1208.3 | 1462.0 |
| | 270 | | 491.6 | 570.1 | | 744.6 | 942.4 | 1163.5 | 1407.8 |
| | 280 | | 474.0 | 519.7 | | 718.0 | 908.8 | 1121.9 | 1357.6 |
| | 290 | | 457.6 | 530.8 | | 693.3 | 877.4 | 1083.3 | 1310.8 |
| | 300 | | 442.4 | 513.1 | | 670.2 | 848.2 | 1047.1 | 1267.1 |
| | 310 | | 428.1 | 496.5 | | 648.5 | 820.8 | 1013.4 | 1226.2 |
| | 320 | | 414.7 | 481.0 | | 628.3 | 795.2 | 981.7 | 1187.9 |
| | 330 | | 402.2 | 466.4 | | 609.2 | 771.1 | 951.9 | 1151.9 |
| | 340 | | 390.3 | 452.7 | | 591.3 | 748.4 | 923.9 | 1118.0 |
| | 350 | | 379.2 | 439.8 | | 574.4 | 727.0 | 897.5 | 1086.0 |
| | 360 | | 368.7 | 427.6 | | 558.5 | 706.8 | 872.6 | 1055.9 |
| | 370 | | 358.7 | 416.0 | | 543.4 | 687.7 | 849.0 | 1027.3 |
| | 380 | | 349.2 | 405.1 | | 529.1 | 669.6 | 826.7 | 1000.3 |
| | 390 | | 340.3 | 394.7 | | 515.5 | 652.4 | 805.5 | 974.6 |
| | 400 | | 331.8 | 384.8 | | 502.6 | 636.1 | 785.3 | 950.3 |

说明：表内“梁宽”为钢筋排成一行时梁的最小宽度，“上”用于梁上部，“下”用于梁下部。当混凝土强度等级≤C20时，梁宽应增加10mm。

**钢筋面积（$mm^2$）1m宽度内各种间距的钢筋面积（$mm^2/m$）　　表1.1-3**

| 直径（mm） | 25 | 28 | 30 | 32 | 36 | 40 | 50 |
|---|---|---|---|---|---|---|---|
| 1根钢筋面积 | 490.874 | 615.752 | 706.858 | 804.248 | 1017.88 | 1256.64 | 1963.50 |
| 2根钢筋面积<br>（梁宽：上/下） | 981.7<br>（150/135） | 1231.5<br>（160/145） | 1413.7<br>（165/150） | 1608.5<br>（175/160） | 2035.8<br>（190/170） | 2513.3<br>（200/180） | 3927.0<br>（235/210） |

续表

| 直径（mm） | | 25 | 28 | 30 | 32 | 36 | 40 | 50 |
|---|---|---|---|---|---|---|---|---|
| 3根钢筋面积（梁宽：上/下） | | 1472.6（210/185） | 1847.3（230/200） | 2120.6（240/210） | 2412.7（255/220） | 3053.6（280/240） | 3769.9（300/260） | 5890.5（360/310） |
| 4根钢筋面积（梁宽：上/下） | | 1963.5（275/235） | 2463.0（300/260） | 2827.4（315/270） | 3217.0（335/285） | 4071.5（370/315） | 5026.5（400/340） | 7854.0（485/410） |
| 5根钢筋面积（梁宽：上/下） | | 2454.4（335/285） | 3078.8（370/315） | 3534.3（390/330） | 4021.2（415/350） | 5089.4（460/385） | 6283.2（500/420） | 9817.5（610/510） |
| 6根钢筋面积（梁宽：上/下） | | 2945.2（400/335） | 3694.5（440/370） | 4241.2（465/390） | 4825.5（495/415） | 6107.3（550/460） | 7539.8（600/500） | 11781.0（735/610） |
| 7根钢筋面积（梁宽：上/下） | | 3436.1（460/385） | 4310.3（510/425） | 4918.0（540/450） | 5629.7（575/480） | 7125.1（640/530） | 8796.5（700/580） | 13744.5（860/710） |
| 8根钢筋面积（梁宽：上/下） | | 3927.0（525/435） | 4926.0（580/480） | 5654.9（615/510） | 6434.0（655/540） | 8143.0（730/600） | 10053.1（800/640） | 15708.0（985/810） |
| 9根钢筋面积（梁宽：上/下） | | 4417.9（585/485） | 5541.8（650/540） | 6361.7（690/570） | 7238.2（735/605） | 9160.9（820/675） | 11309.7（900/720） | 17671.5（1110/910） |
| 钢筋间距 | 70 | 7012.4 | 8796.4 | 10097.9 | 11489.2 | 14541.0 | 17951.9 | 28049.9 |
| | 75 | 6544.9 | 8210.0 | 9424.7 | 10723.3 | 13571.6 | 16755.1 | 26179.9 |
| | 80 | 6135.9 | 7696.9 | 8835.7 | 10053.0 | 12723.4 | 15707.9 | 24543.6 |
| | 85 | 5774.9 | 7244.1 | 8315.9 | 9461.7 | 11975.0 | 14783.9 | 23099.9 |
| | 90 | 5454.1 | 6841.6 | 7853.9 | 8936.0 | 11309.7 | 13962.6 | 21816.6 |
| | 95 | 5167.0 | 6481.6 | 7440.6 | 8465.7 | 10714.4 | 13227.7 | 20668.3 |
| | 100 | 4908.7 | 6157.5 | 7068.5 | 8042.4 | 10178.7 | 12566.3 | 19634.9 |
| | 110 | 4462.4 | 5597.7 | 6425.9 | 7311.3 | 9253.4 | 11423.9 | 17849.9 |
| | 120 | 4090.6 | 5131.2 | 5890.4 | 6702.0 | 8482.2 | 10471.9 | 16362.4 |
| | 125 | 3926.9 | 4926.0 | 5654.8 | 6433.9 | 8143.0 | 10053.0 | 15707.9 |
| | 130 | 3775.9 | 4736.5 | 5437.3 | 6186.5 | 7829.8 | 9666.4 | 15103.8 |
| | 140 | 3506.2 | 4398.2 | 5048.9 | 5744.6 | 7270.5 | 8975.9 | 14024.9 |
| | 150 | 3272.4 | 4105.0 | 4712.3 | 5361.6 | 6785.8 | 8377.5 | 13089.9 |
| | 160 | 3067.9 | 3848.4 | 4417.8 | 5026.5 | 6361.7 | 7853.9 | 12271.8 |
| | 170 | 2887.4 | 3622.0 | 4157.9 | 4730.8 | 5987.5 | 7391.9 | 11549.9 |
| | 180 | 2727.0 | 3420.8 | 3926.9 | 4468.0 | 5654.8 | 6981.3 | 10908.3 |
| | 190 | 2583.5 | 3240.8 | 3720.3 | 4232.8 | 5357.2 | 6613.8 | 10334.1 |
| | 200 | 2454.3 | 3078.7 | 3534.2 | 4021.2 | 5089.3 | 6283.1 | 9817.4 |
| | 210 | 2337.4 | 2932.1 | 3365.9 | 3829.7 | 4847.0 | 5983.9 | 9349.9 |
| | 220 | 2231.2 | 2798.8 | 3212.9 | 3655.6 | 4626.7 | 5711.9 | 8924.9 |
| | 230 | 2134.2 | 2677.1 | 3073.2 | 3496.7 | 4425.5 | 5463.6 | 8536.9 |
| | 240 | 2045.3 | 2565.6 | 2945.2 | 3351.0 | 4241.1 | 5235.9 | 8181.2 |
| | 250 | 1963.4 | 2463.0 | 2827.4 | 3216.9 | 4071.5 | 5026.5 | 7853.9 |

续表

| 直径（mm） | | 25 | 28 | 30 | 32 | 36 | 40 | 50 |
|---|---|---|---|---|---|---|---|---|
| 钢筋间距 | 260 | 1887.9 | 2368.2 | 2718.6 | 3093.2 | 3914.9 | 4833.2 | 7551.9 |
| | 270 | 1818.0 | 2280.5 | 2617.9 | 2978.6 | 3769.9 | 4654.2 | 7272.2 |
| | 280 | 1753.1 | 2199.1 | 2524.4 | 2872.3 | 3635.2 | 4487.9 | 7012.4 |
| | 290 | 1692.2 | 2123.2 | 2437.4 | 2773.2 | 3509.9 | 4333.2 | 6770.6 |
| | 300 | 1636.2 | 2052.5 | 2356.1 | 2680.8 | 3392.9 | 4188.7 | 6544.9 |
| | 310 | 1583.4 | 1986.2 | 2280.1 | 2594.3 | 3283.4 | 4053.6 | 6333.8 |
| | 320 | 1533.9 | 1924.2 | 2208.9 | 2513.2 | 3180.8 | 3926.9 | 6135.9 |
| | 330 | 1487.4 | 1865.9 | 2141.9 | 2437.1 | 3084.4 | 3807.9 | 5949.9 |
| | 340 | 1443.7 | 1811.0 | 2078.9 | 2365.4 | 2993.7 | 3695.9 | 5774.9 |
| | 350 | 1402.4 | 1759.2 | 2019.5 | 2297.8 | 2908.2 | 3590.3 | 5609.9 |
| | 360 | 1363.5 | 1710.4 | 1963.4 | 2234.0 | 2827.4 | 3490.6 | 5454.1 |
| | 370 | 1326.6 | 1664.1 | 1910.4 | 2173.6 | 2751.0 | 3396.3 | 5306.7 |
| | 380 | 1291.7 | 1620.4 | 1860.1 | 2116.4 | 2678.6 | 3306.9 | 5167.0 |
| | 390 | 1258.6 | 1578.8 | 1812.4 | 2062.1 | 2609.9 | 3222.1 | 5034.6 |
| | 400 | 1227.1 | 1539.3 | 1767.1 | 2010.6 | 2544.6 | 3141.5 | 4908.7 |

说明：表内“梁宽”为钢筋排成一行时梁的最小宽度，“上”用于梁上部，“下”用于梁下部，当混凝土强度等级≤C20时，梁宽应增加10mm。

**冷轧扭钢筋实际面积（mm²）、**
**1m宽度内各种间距的冷轧扭钢筋实际面积（mm²/m）** **表1.2**

| 类　型 | | Ⅰ　型 | | | | | Ⅱ　型 | |
|---|---|---|---|---|---|---|---|---|
| 标志直径（mm） | | 6.5 | 8 | 10 | 12 | 14 | 12 | |
| 等效直径（mm） | | 6.1 | 7.6 | 9.2 | 10.9 | 13.0 | 11.2 | |
| 1根钢筋实际面积 | | 29.5 | 45.3 | 68.3 | 93.3 | 132.7 | 97.8 | |
| 2根钢筋实际面积 | | 59.0 | 90.6 | 136.6 | 186.2 | 265.4 | 195.6 | |
| 3根钢筋实际面积 | | 88.5 | 135.9 | 204.9 | 279.9 | 398.1 | 293.4 | |
| 4根钢筋实际面积 | | 118.0 | 181.2 | 273.2 | 373.2 | 530.8 | 391.2 | |
| 5根钢筋实际面积 | | 147.5 | 226.5 | 341.5 | 466.5 | 633.5 | 489.0 | |
| 6根钢筋实际面积 | | 177.0 | 271.8 | 409.8 | 559.8 | 796.2 | 586.8 | |
| 7根钢筋实际面积 | | 206.5 | 317.1 | 478.1 | 653.1 | 928.9 | 684.6 | |
| 8根钢筋实际面积 | | 236.0 | 362.4 | 546.4 | 746.4 | 1061.6 | 782.4 | |
| 9根钢筋实际面积 | | 265.5 | 407.7 | 614.7 | 839.7 | 1194.3 | 880.2 | |
| 钢筋间距 | 70 | 421.4 | 647.1 | 975.7 | 1332.9 | 1895.7 | 1397.1 | |
| | 75 | 393.3 | 604.0 | 910.7 | 1244.0 | 1769.3 | 1304.0 | |
| | 80 | 368.8 | 566.3 | 853.8 | 1166.3 | 1658.8 | 1222.5 | |
| | 85 | 347.1 | 532.9 | 803.5 | 1097.6 | 1561.2 | 1150.6 | |

续表

| 类型 | | Ⅰ型 | | | | | Ⅱ型 | |
|---|---|---|---|---|---|---|---|---|
| 标志直径（mm） | | 6.5 | 8 | 10 | 12 | 14 | 12 | |
| 钢筋间距 | 90 | 327.8 | 503.3 | 758.9 | 1036.7 | 1474.4 | 1086.7 | |
| | 95 | 310.5 | 476.8 | 718.9 | 982.1 | 1396.8 | 1029.5 | |
| | 100 | 295.0 | 453.0 | 683.0 | 933.0 | 1327.0 | 978.0 | |
| | 110 | 268.2 | 411.8 | 620.9 | 848.2 | 1206.4 | 889.1 | |
| | 120 | 245.8 | 377.5 | 569.2 | 777.5 | 1105.8 | 815.0 | |
| | 125 | 236.0 | 362.4 | 546.4 | 746.4 | 1061.6 | 782.4 | |
| | 130 | 226.9 | 348.5 | 525.4 | 717.7 | 1020.8 | 752.3 | |
| | 140 | 210.7 | 323.6 | 487.9 | 666.4 | 947.9 | 698.6 | |
| | 150 | 196.7 | 302.0 | 455.3 | 622.0 | 884.7 | 652.0 | |
| | 160 | 184.4 | 283.1 | 426.9 | 583.1 | 829.4 | 611.3 | |
| | 170 | 173.5 | 266.5 | 401.8 | 548.8 | 780.6 | 575.3 | |
| | 180 | 163.9 | 251.7 | 379.4 | 518.3 | 737.2 | 543.3 | |
| | 190 | 155.3 | 238.4 | 359.5 | 491.1 | 698.4 | 514.7 | |
| | 200 | 147.5 | 226.5 | 314.5 | 466.5 | 663.5 | 489.0 | |
| | 210 | 140.5 | 215.7 | 325.2 | 444.3 | 631.9 | 465.7 | |
| | 220 | 134.1 | 205.9 | 310.5 | 424.1 | 603.2 | 444.5 | |
| | 230 | 128.3 | 197.0 | 297.0 | 405.7 | 577.0 | 425.2 | |
| | 240 | 122.9 | 188.8 | 284.6 | 388.8 | 552.9 | 407.5 | |
| | 250 | 118.0 | 181.2 | 273.2 | 373.2 | 530.8 | 391.2 | |
| | 260 | 113.5 | 174.2 | 262.7 | 358.8 | 510.4 | 376.2 | |
| | 270 | 109.3 | 167.8 | 253.0 | 345.6 | 491.5 | 362.2 | |
| | 280 | 105.4 | 161.8 | 243.9 | 333.2 | 473.9 | 349.3 | |
| | 290 | 101.7 | 156.2 | 235.5 | 321.7 | 457.6 | 337.2 | |
| | 300 | 98.3 | 151.0 | 227.7 | 311.0 | 442.3 | 326.0 | |

说明：1 《混凝土结构设计规范》GB 50010—2002 及《冷轧扭钢筋混凝土构件技术规程》JGJ 115—97 均有最小配筋率的规定，由于冷轧扭钢筋的等效直径 $d_0$ 小于标志直径 $d$，其实际面积小于按标志直径计算的面积，笔者建议在计算配筋率时用实际面积。本表根据国家规程《冷轧扭钢筋混凝土构件技术规程》JGJ 115—97 表 3.2.2 中的“公称截面面积”（似应称“实际面积”，而“等效直径”$d_0$ 与此“实际面积”有个别不相符）编制，Ⅰ型为矩形截面，Ⅱ型为菱形截面。本书表（5.1～5.2）中已有实际面积配筋率 $\rho$ = 0.20～0.40%及 0.15%时板用冷轧扭钢筋的配筋量。

2 《上海市冷轧扭钢筋混凝土结构技术规程》DBJ 08—58—97 的冷轧扭钢筋标志直径有 6.5、8、10mm，其实际面积与国家规程比较接近；《浙江省冷轧扭钢筋混凝土构件应用技术规程》DBJ 10—2—93 的冷轧扭钢筋规格有 6.5、8、10、12（分Ⅰ、Ⅱ型）mm，其实际面积均比国家规程小；《江苏省冷轧扭钢筋混凝土构件技术规程》DB 32/P（JG）001—92 的冷轧扭钢筋当量直径有 6、7、9mm。

3 国家规程规定冷轧扭钢筋强度设计值为 360N/mm$^2$，钢筋面积按“公称截面面积”（似应称“实际面积”）计算：上海规程规定冷轧扭钢筋强度设计值为 320N/mm$^2$（$\phi^t$6.5、$\phi^t$8）、310N/mm$^2$（$\phi^t$10），当进行强度计算时，钢筋面积按标志直径查普通钢筋面积表，由于其实际面积比按标志直径计算的面积小，故其实际设计强度值达 357～364N/mm$^2$；浙江省规程规定冷轧扭钢筋抗拉强度设计值为390N/mm$^2$；江苏省规程规定冷轧扭钢筋抗拉强度设计值为 340N/mm$^2$。

# 二、受拉钢筋的锚固长度及搭接长度

## （一）钢筋锚固、搭接长度表编制说明及规范关于钢筋锚固与连接的规定

1. 表2.1～2.18根据《混凝土结构设计规范》GB50010—2002第9.3.1条、第9.4.3条、第11.1.17条中关于普通钢筋的锚固长度、搭接长度规定编制，未包括预应力钢筋的锚固长度。

2. 表2.19～2.25根据《冷轧带肋钢筋混凝土结构技术规程》JGJ 95—2003第6.1.2条、第6.1.3条、第7.3.3条编制，表2.26根据《冷轧扭钢筋混凝土结构技术规程》JGJ 115—97第7.2.1条、第7.2.4条编制。

3.《混凝土结构设计规范》GB 50010—2002关于钢筋锚固和连接的规定：

**（1）9.3.1条**：当计算中充分利用钢筋的抗拉强度时，受拉钢筋的锚固长度应按下列公式计算：

普通钢筋 $$l_a = \alpha f_y d / f_t \qquad (9.3.1\text{-}1)$$

预应力钢筋 $$l_a = \alpha f_{py} d / f_t \qquad (9.3.1\text{-}2)$$

式中 $l_a$——受拉钢筋的锚固长度；

$f_y$、$f_{py}$——普通钢筋、预应力钢筋的抗拉强度设计值，按本规范表4.2.3-1、4.2.3-2采用；

$f_t$——混凝土轴心抗拉强度设计值，按本规范表4.1.4采用；当混凝土强度等级高于C40时，按C40取值；

$d$——钢筋的公称直径；

$\alpha$——钢筋的外形系数，按表9.3.1取用。

**钢筋的外形系数** **表9.3.1**

| 钢筋类型 | 光面钢筋 | 带肋钢筋 | 刻痕钢丝 | 螺旋肋钢丝 | 三股钢绞线 | 七股钢绞线 |
|---|---|---|---|---|---|---|
| $\alpha$ | 0.16 | 0.14 | 0.19 | 0.13 | 0.16 | 0.17 |

注：光面钢筋系指HPB235级钢筋，其末端应做180°弯钩，弯后平直段长度不应小于$3d$，但作受压钢筋时可不做弯钩；带肋钢筋系指HRB335级、HRB400级钢筋及RRB400级余热处理钢筋。

当符合下列条件时，计算的锚固长度应进行修正：

1. 当HRB335、HRB400和RRB400级钢筋的直径大于25mm时，其锚固长度应乘以修正系数1.1；

2. HRB335、HRB400和RRB400级的环氧树脂涂层钢筋，其锚固长度应乘以修正系数1.25；

3. 当钢筋在混凝土施工过程中易受扰动（滑模施工）时，其锚固长度应乘

以修正系数1.1；

4. 当HRB335、HRB400和RRB400级钢筋在锚固区的混凝土保护层厚度大于钢筋直径的3倍且配有箍筋时，其锚固长度可乘以修正系数0.8；

5. 除构造需要的锚固长度外，当纵向受力钢筋的实际配筋面积大于其设计计算面积时，如有充分依据和可靠措施，其锚固长度可乘以设计计算面积与实际配筋面积的比值。但对有抗震设防要求及直接承受动力荷载的结构构件，不得采用此项修正。

6. 当采用骤然放松预应力钢筋的施工工艺时，先张法预应力钢筋的锚固长度应从距构件末端$0.25L_{tr}$处开始计算，此处$L_{tr}$为预应力传递长度，按本规范第6.1.9条确定。

经上述修正后的锚固长度不应小于按公式（9.3.1-1）、（9.3.1-2）计算锚固长度的0.7倍，且不应小于250mm。

**（2）9.3.2条**：当HRB335级、HRB400级和RRB400级纵向受钢筋末端采用机械锚固措施时，包括附加锚固端头在内的锚固长度可取为按本规范公式（9.3.1-1）计算的锚固长度的0.7倍。

机械锚固的形式及构造要求宜按图9.3.2采用。

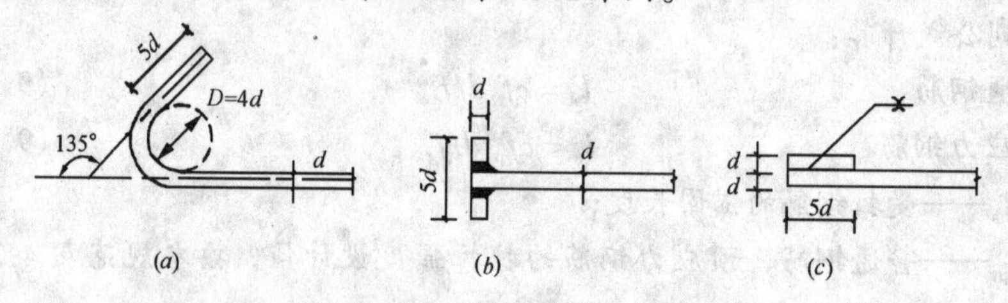


图9.3.2 钢筋机械锚固的形式及构造要求

（a）末端带135°弯钩；（b）末端与钢板穿孔塞焊；（c）末端与短钢筋双面贴焊

采用机械锚固措施时，锚固长度范围内的箍筋不应少于3个，其直径不应小于纵向钢筋直径的0.25倍，其间距不应大于纵向钢筋直径的5倍。当纵向钢筋的混凝土保护层厚度不小于钢筋公称直径的5倍时，可不配置上述箍筋。

**（3）9.3.3条**：当计算中充分利用纵向钢筋的抗压强度时，其锚固长度不应小于本规范第9.3.1条规定的受拉锚固长度的0.7倍。

**（4）9.3.4条**：对承受重复荷载的预制构件，应将纵向非预应力受拉钢筋末端焊接在钢板或角钢上，钢板或角钢应可靠地锚固在混凝土中。钢板或角钢的尺寸应按计算确定，其厚度不宜小于10mm。

**（5）9.4.1条**：钢筋的连接可分为两类：绑扎搭接：机械连接或焊接。机械连接接头和焊接接头的类型及质量应符合国家现行有关标准的规定。

受力钢筋的接头宜设置在受力较小处。在同一根钢筋上宜少设接头。

**（6）9.4.2条**：轴心受拉及小偏心受拉杆件（如桁架和拱的拉杆）的纵向受力钢筋不得采用绑扎搭接接头。

当受拉钢筋的直径$d>28$mm及受压钢筋的直径$d>32$mm时，不宜采用绑扎搭接接头。

**(7) 9.4.3条**：同一构件中相邻纵向受力钢筋的绑扎搭接接头宜相互错开。

钢筋绑扎搭接接头连接区段的长度为1.3倍搭接长度，凡搭接接头中点位于该连接区段长度内的搭接接头均属于同一连接区段。同一连接区段内纵向钢筋搭接接头面积百分率为该区段内有搭接接头的纵向受力钢筋截面面积与全部纵向受力钢筋截面面积的比值（图9.4.3）。

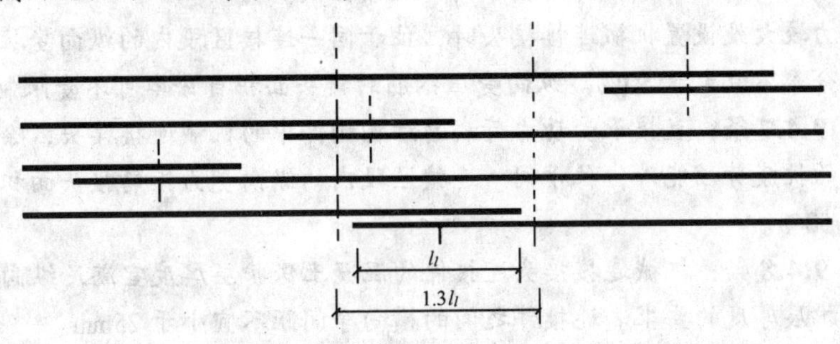


图9.4.3　同一连接区段内的纵向受拉钢筋绑扎搭接接头

注：图中所示同一连接区段内的搭接接头钢筋为两根，当钢筋直径相同时，钢筋搭接接头面积百分率为50%。

位于同一连接区段内的受拉钢筋搭接接头面积百分率：对梁类、板类及墙类构件，不宜大于25%；对柱类构件，不宜大于50%。当工程中确有必要增大受拉钢筋搭接接头面积百分率时，对梁类构件，不应大于50%；对板类、墙类及柱类构件，可根据实际情况放宽。

纵向受拉钢筋绑扎搭接接头的搭接长度应根据位于用一连接区段内的钢筋搭接接头面积百分率按下列公式计算：

$$l_l = \zeta l_a \tag{9.4.3}$$

式中　$l_l$——纵向受拉钢筋的搭接长度；

$l_a$——纵向受拉钢筋的锚固长度，按本规范第9.3.1条确定；

$\zeta$——纵向受拉钢筋的搭接长度修正系数，按表9.4.3取用。

**纵向受拉钢筋搭接长度修正系数**　　**表9.4.3**

| 纵向钢筋搭接接头面积百分率（%） | ≤25 | 50 | 100 |
|---|---|---|---|
| $\zeta$ | 1.2 | 1.4 | 1.6 |

在任何情况下，纵向受拉钢筋绑扎搭接接头的搭接长度均不应小于300mm。

**(8) 9.4.4条**：构件中的纵向受压钢筋，当采用搭接连接时，其受压搭接长度不应小于本规范9.4.3条纵向受拉钢筋内搭接长度的0.7倍，且在任何情况下不应小于200mm。

**(9) 9.4.5条**：在纵向受力钢筋搭接长度范围内应配置箍筋，其直径不应小于搭接钢筋较大直径的0.25倍。当钢筋受拉时，箍筋间距不应大于搭接钢筋较小直径的5倍，且不应大于100mm；当钢筋受压时，箍筋间距不应大于搭接钢筋较小直径的10倍，且不应大于200mm。当受压钢筋直径 $d>25$mm 时，尚应在搭接接头两个端面外100mm范围内各设置两个箍筋。

**（10）9.4.6条**：纵向受力钢筋机械连接接头宜相互错开。钢筋机械连接接头连接区段的长度为 $35d$（$d$ 为纵向受力钢筋的较大直径），凡接头中点位于该连接区段长度内的机械连接接头均属于同一连接区段。

在受力较大处设置机械连接接头时，位于同一连接区段内的纵向受拉钢筋接头面积百分率不宜大于50%。纵向受压钢筋的接头面积百分率可不受限制。

**（11）9.4.7条**：直接承受动力荷载的结构构件中的机械连接接头，除应满足设计要求的抗疲劳性能外，位于同一连接区段内的纵向受力钢筋接头面积百分率不应大于50%。

**（12）9.4.8条**：机械连接接头连接件的混凝土保护层厚度宜满足纵向受力钢筋最小保护层厚度的要求。连接件之间的横向净间距不宜小于25mm。

**（13）9.4.9条**：纵向受力钢筋的焊接接头应相互错开。钢筋焊接接头连接区段的长度为 $35d$（$d$ 为纵向受力钢筋的较大直径）且不小于500mm，凡接头中点位于该连接区段长度内的焊接接头均属于同一连接区段。

位于同一连接区段内纵向受力钢筋的焊接接头面积百分率，对纵向受拉钢筋接头，不应大于50%。纵向受压钢筋的接头面积百分率可不受限制。

注：1　装配式构件连接处的纵向受力钢筋的焊接接头可不受以上限制；

2　承受均布荷载作用的屋面板、楼板、檩条等简支受弯构件，如在受拉区内配置的纵向受力钢筋少于3根时，可在跨度两端各四分之一跨度范围内设置一个焊接接头。

**（14）9.4.10条**：需进行疲劳验算的构件，其纵向受拉钢筋不得采用绑扎搭接接头，也不宜采用焊接接头，且严禁在钢筋上焊有任何附件（端部锚固除外）。

当直接承受吊车荷载的钢筋混凝土吊车梁、屋面梁及屋架下弦的纵向受拉钢筋必须采用焊接接头时，应符合下列规定：

1　必须采用闪光接触对焊，并去掉接头的毛刺及卷边；

2　同一连接区段内纵向受拉钢筋焊接接头面积百分率不应大于25%，此时，焊接接头连接区段的长度应取为 $45d$（$d$ 为纵向受力钢筋的较大直径）；

3　疲劳验算时，应按本规范第4.2.5条的规定，对焊接接头处的疲劳应力幅限值进行折减。

**（15）10.1.3条**：当多跨单向板、多跨双向板采用分离式配筋时，跨中正弯矩钢筋宜全部伸入支座；支座负弯矩钢筋向跨内的延伸长度应覆盖负弯矩图并满足钢筋锚固的要求。

**（16）10.1.5条**：简支板或连续板下部纵向受力钢筋伸入支座的锚固长度不应小于 $5d$，$d$ 为下部纵向受力钢筋的直径。当连续板内温度、收缩应力较大时，伸入支座的锚固长度宜适当增加。

**（17）10.1.9条**：在温度、收缩应力较大的现浇板内，钢筋间距宜取为150～200mm，并应在板的未配筋表面布置温度收缩钢筋。板的上、下表面沿纵、横两个方向的配筋率均不宜小于0.1%。

温度收缩钢筋可利用原有钢筋贯通布置，也可另行设置构造钢筋网，并与原有钢筋按受拉钢筋的要求搭接或在周边构件中锚固。

**(18) 10.2.2条**：钢筋混凝土简支梁和连续梁简支端的下部纵向受力钢筋，其伸入梁支座范围内的锚固长度 $l_{as}$（图 10.2.2）应符合下列规定：

1 当 $V \leqslant 0.7 f_t b h_0$ 时　　　$l_{as} \geqslant 5d$

2 当 $V > 0.7 f_t b h_0$ 时

带肋钢筋　$l_{as} \geqslant 12d$

光面钢筋　$l_{as} \geqslant 15d$

此处，$d$ 为纵向受力钢筋的直径。

如纵向受力钢筋伸入梁支座范围内的锚固长度 $l_{as}$ 不符合上述要求时，应采取在钢筋上加焊锚固钢板或将钢筋端部焊接在梁端预埋件上等有效锚固措施。

支承在砌体结构上的钢筋混凝土独立梁，在纵向受力钢筋的锚固长度 $l_{as}$ 范围内应配置不少于两个箍筋，其直径不宜小于纵向受力钢筋最大直径的 0.25 倍，间距不宜大于纵向受力钢筋最小直径的 10 倍；当采取机械锚固措施时，箍筋间距尚不宜大于纵向受力钢筋最小直径的 5 倍。

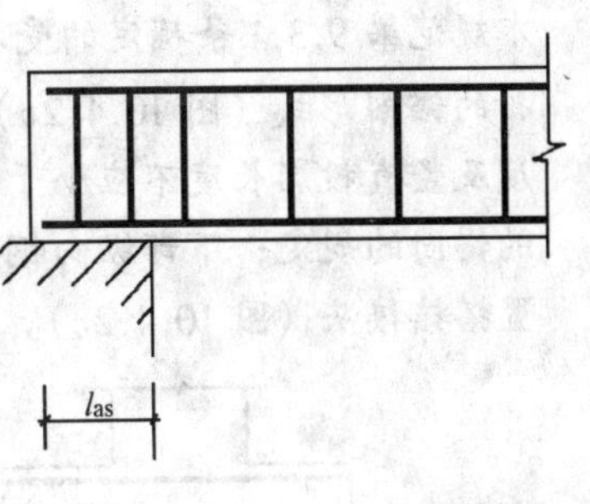


图 10.2.2　纵向受力钢筋伸入梁简支支座的锚固

注：对混凝土强度等级为 C25 及以下的简支梁和连续梁的简支端，当距支座边 $1.5h$ 范围内作用有集中荷载，且 $V > 0.7 f_t b h_0$ 时，对带肋钢筋宜采取附加锚固措施，或取锚固长度 $l_{as} \geqslant 15d$。

**(19) 10.2.4条**：在钢筋混凝土悬臂梁中，应有不少于两根上部钢筋伸至悬臂梁外端，并向下弯折不小于 $12d$；其余钢筋不应在梁的上部截断，而应按本规范第 10.2.8 条规定的弯起点位置向下弯折，并按本规范第 10.2.7 条的规定在梁的下边锚固。

**(20) 10.4.1条**：框架梁上部纵向钢筋伸入中间层端节点的锚固长度，当采用直线锚固形式时不应小于 $l_a$，且伸过柱中心线不宜小于 $5d$，$d$ 为梁上部纵向钢筋的直径。当柱截面尺寸不足时，梁上部纵向钢筋应伸至节点对边并向下弯折，其包含弯弧段在内的水平投影长度不应小于 $0.45 l_a$，含弯弧段在内的竖直投影长度应取为 $12d$（图 10.4.1），$l_a$ 为本规范第 9.3.1 条规定的受拉钢筋锚固长度。

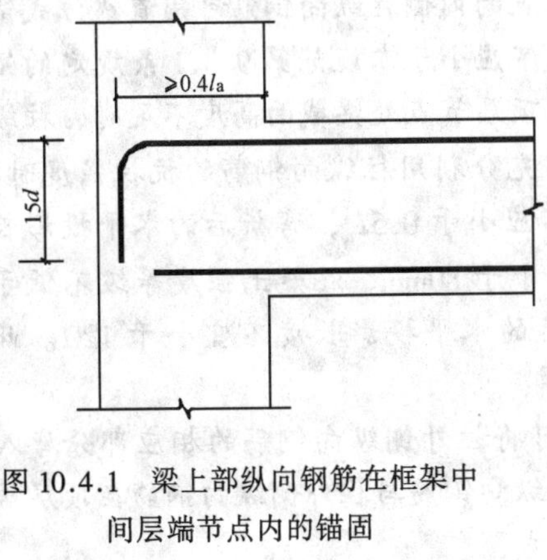

框架梁下部纵向钢筋在端节点处的锚固要求与本规范第 10.4.2 条中间节点处梁下部纵向钢筋的锚固要求相同。

图 10.4.1　梁上部纵向钢筋在框架中间层端节点内的锚固

**（21）10.4.2条**：框架梁或连续梁的上部纵向钢筋应贯穿中间节点或中间支座范围（图10.4.2），该钢筋自节点或支座边缘伸向跨中的截断位置应符合本规范第10.2.3条的规定。

框架梁或连续梁的下部纵向钢筋在中间节点或中间支座处应满足下列锚固要求：

1　当计算中不利用该钢筋的强度时，其伸入节点或支座的锚固长度应符合本规范第10.2.2条中 $V>0.7f_tbh_0$ 时的规定：

2　当计算中充分利用该钢筋的抗拉强度时，下部纵向钢筋应锚固在节点或支座内。此时，可采用直线锚固形式（图10.4.2*a*），钢筋的锚固长度不应小于本规范第9.3.1条确定的受拉钢筋锚固长度 $l_a$；下部纵向钢筋也可采用带90°弯折的锚固形式（图10.4.2*b*）。其中，竖直段应向上弯折，锚固端的水平投影长度及竖直投影长度不应小于本规范第10.4.1条对端节点处梁上部钢筋带90°弯折的锚固的规定；下部纵向钢筋也可伸过节点或支座范围，并在梁中弯矩较小处设置搭接接头（图10.4.2*c*）。

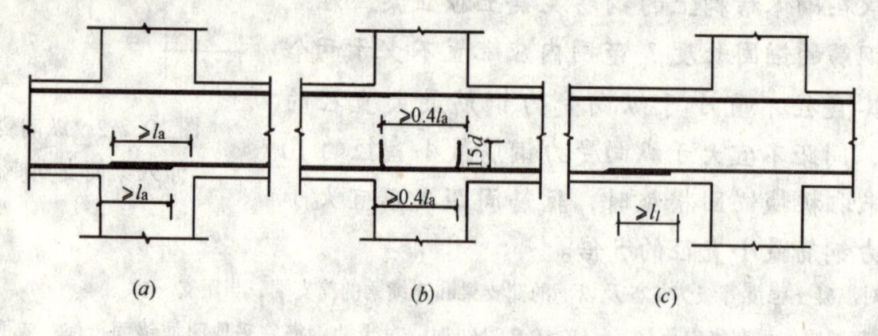


图10.4.2　梁下部纵向钢筋在中间节点或中间支座范围的锚固与搭接

（*a*）节点中的直线锚固；（*b*）节点中的弯折锚固；（*c*）节点或支座范围外的搭接

3　当计算中充分利用该钢筋的抗压强度时，下部纵向钢筋应按受压钢筋锚固在中间节点或中间支座内，此时，其直线锚固长度不应小于 $0.7l_a$；下部纵向钢筋也可伸过节点或支座范围，并在梁中弯矩较小处设置搭接接头。

**（22）10.4.3条**：框架柱的纵向钢筋应贯穿中间层中间节点和中间层端节点，柱纵向钢筋接头应设在节点区以外。

顶层中间节点的柱纵向钢筋及顶层端节点的内侧柱纵向钢筋可用直线方式锚入顶层节点，其自梁底标高算起的锚固长度不应小于本规范第9.3.1条规定的锚固长度 $l_a$；且柱纵向钢筋必须伸至柱顶。当顶层节点处梁截面高度不足时，柱纵向钢筋应伸至柱顶并向节点内水平弯折。当充分利用柱纵向钢筋的抗拉强度时，柱纵向钢筋锚固段弯折前的竖直投影长度不应小于 $0.5l_a$，弯折后的水平投影长度不宜小于12$d$。当柱顶有现浇板且板厚不小于80mm、混凝土强度等级不低于C20时，柱纵向钢筋也可向外弯折，弯折后的水平投影长度不宜小于12$d$。此处，$d$ 为纵向钢筋的直径。

**（23）10.4.4条**：框架顶层端节点处，可将柱外侧纵向钢筋的相应部分弯入梁内作梁上部纵向钢筋使用，也可将梁上部纵向钢筋与柱外侧纵向钢筋在顶层端节点及其附近部位搭接。搭接可采用下列方式：

1　搭接接头可沿顶层端节点外侧及梁端顶部位置（图 10.4.4*a*），搭接长度不应小于 $1.5l_a$，其中，伸入梁内的外侧柱纵向钢筋截面面积不宜小于外侧柱纵向钢筋全部截面面积的 65%；梁宽范围以外的外侧柱纵向钢筋宜沿节点顶部伸至柱内边，当柱纵向钢筋位于柱第一层时，至柱内边后宜向下弯折不小于 $8d$ 后截断；当柱纵向钢筋位于柱第二层时，可不向下弯折。当有现浇板且板厚不小于 80mm、混凝土强度等级不低于 C20 时，梁宽范围以外的外侧柱纵向钢筋可伸入现浇板内，其长度与伸入梁内的柱纵向钢筋相同。当外侧柱纵向钢筋配筋率大于 1.2%，伸入梁内的柱纵向钢筋应满足以上规定，且宜分两批截断，其截断点之间的距离不宜小于 $20d$。梁上部纵向钢筋应伸至节点外侧并向下弯至梁下边缘后截断。此处，$d$ 为柱外侧纵向钢筋的直径。

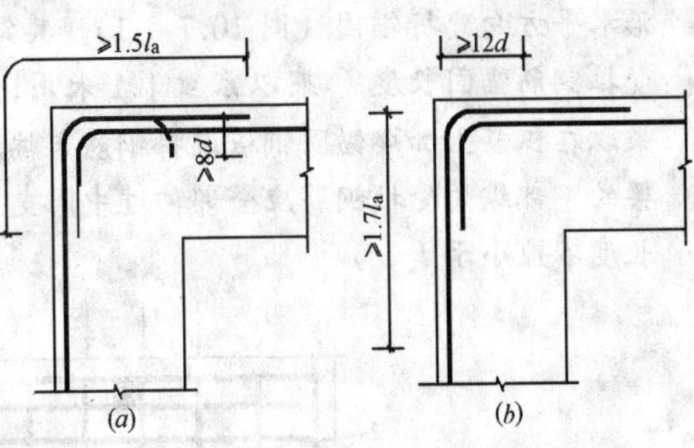


图 10.4.4　梁上部纵向钢筋与柱外侧纵向钢筋在顶层端节点的搭接
（*a*）位于点外侧和梁端顶部的弯折搭接接头；
（*b*）位于柱顶部外侧的直线搭接接头

2　搭接接头也可沿柱顶外侧布置（图 10.4.4*b*），此时，搭接长度竖直段不应小于 $1.7l_a$。当梁上部纵向钢筋的配筋率大于 1.2% 时，弯入柱外侧的梁上部纵向钢筋应满足以上规定的搭接长度，且宜分两批截断，其截断点之间的距离不宜小于 $20d$，$d$ 为梁上部纵向钢筋的直径。柱外侧纵向钢筋伸至柱顶后宜向节点内水平弯折，弯折段的水平投影长度不宜小于 $12d$，$d$ 为柱外侧纵向钢筋的直径。

**(24) 10.4.5 条**：……梁上部纵向钢筋与柱外侧纵向钢筋在节点角部的弯弧内半径，当钢筋直径 $d \leq 25$mm 时，不宜小于 $6d$；当钢筋直径 $d > 25$mm 时，不宜小于 $8d$。

**(25) 10.5.8 条**：……剪力墙洞口上、下两边的水平纵向钢筋……自洞口边伸入墙内的长度不应小于本规范第 9.3.1 条规定的受拉钢筋锚固长度。

**(26) 10.5.12 条**：剪力墙水平分布钢筋应伸至墙端，内墙两侧的水平分布钢筋和外墙内侧的水平分布钢筋应伸至翼墙或转角墙外边，并分别向两侧水平弯折后截断，其水平弯折长度不宜小于 $15d$。在转角墙处，外墙外侧的水平分布钢筋应在墙端外角处弯入翼墙，并与翼墙外侧水平分布钢筋搭接。搭接长度应符合本规范第 10.5.13 条的规定。

带边框的剪力墙，其水平和竖向分布钢筋宜分别贯穿柱、梁或锚固在柱、梁内。

**(27) 10.5.13 条**：剪力墙水平分布钢筋的搭接长度不应小于 $1.2l_a$。同排水平分布钢筋的搭接接头之间及下、下相邻水平分布钢筋的搭接接头之间沿水平方向的净间距不宜小于 500mm。

剪力墙竖向分布钢筋可在同一高度搭接，搭接长度不应小于 $1.2l_a$。

**(28) 10.5.14 条**：剪力墙……在顶层……门窗洞边的竖向钢筋应按受拉钢筋锚固在顶层连梁高度范围内。

（29）**10.7.10 条**：深梁的下部纵向受拉钢筋应全部伸入支座，不应在跨中弯起或截断。在简支单跨深梁支座及连续深梁梁端的简支支座处，纵向受拉钢筋应沿水平方向弯折锚固（图 10.7.9-1），其锚固长度应按本规范第 9.3.1 条规定的受拉钢筋锚固长度 $l_a$ 乘以系数 1.1 采用；当不能满足上述锚固长度要求时，应采取在钢筋上加焊锚固钢板或将钢筋末端焊成封闭式等有效的锚固措施。连续深梁的下部纵向受拉钢筋应全部伸过中间支座的中心线，其自支座边缘算起的锚固长度不应小于 $l_a$。

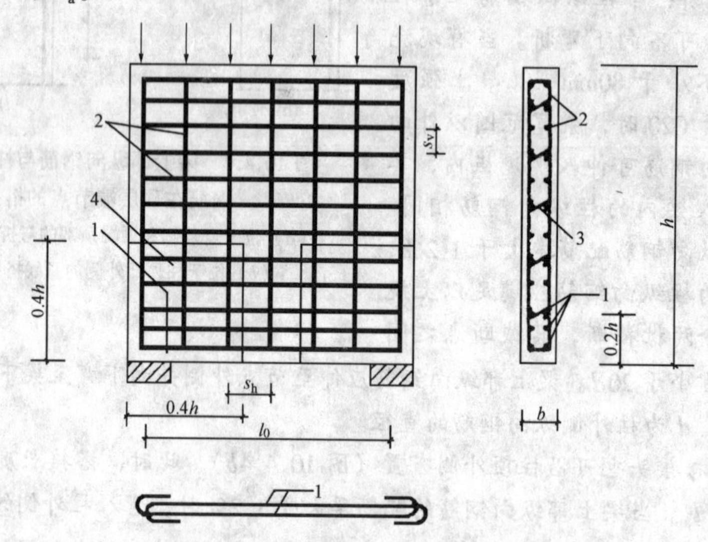


图 10.7.9-1　单跨深梁的钢筋配置

1—下部纵向受拉钢筋及其弯折锚固；2—水平及竖向分布钢筋；
3—拉筋；4—拉筋加密区

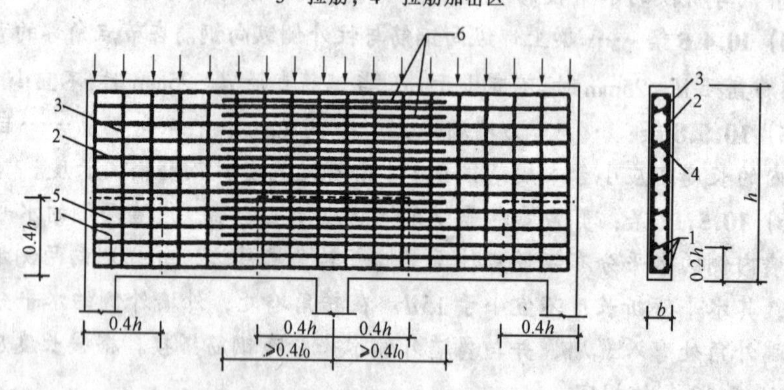


图 10.7.9-2　连续深梁的钢筋配置

1—下部纵向受拉钢筋；2—水平分布钢筋；3—竖向分布钢筋；
4—拉筋；5—拉筋加密区；6—支座截面上部的附加水平钢筋

（30）**10.9.7 条**：受拉直锚筋和弯折锚筋的锚固长度不应小于本规范第 9.3.1 条规定的受拉钢筋锚固长度；当锚筋采用 HPB235 级钢筋时，尚应符合本规范表 9.3.1 注中关于弯钩的规定。当无法满足锚固长度的要求时，应采取其他有效的锚固措施。

受剪和受压直锚筋的锚固长度不应小于15$d$，$d$为锚筋的直径。

**(31) 11.1.7条**：有抗震设防要求的混凝土结构构件，其纵向受力钢筋的锚固和连接接头除应符合本规范第9.3节和第9.4节的有关规定外，尚应符合下列要求：

1 纵向受拉钢筋的抗震锚固长度$l_{aE}$应按下列公式计算：

一、二级抗震等级 $$l_{aE}=1.15l_a \tag{11.1.7-1}$$

三级抗震等级 $$l_{aE}=1.05l_a \tag{11.1.7-2}$$

四级抗震等级 $$l_{aE}=l_a \tag{11.1.7-3}$$

式中 $l_a$——纵向受拉钢筋的锚固长度，按本规范第9.3.1条确定。

2 当采用搭接接头时，纵向受拉钢筋的抗震搭接长度$l_{lE}$应按下列公式计算：

$$l_{lE}=\zeta l_{aE} \tag{11.1.7-4}$$

式中 $\zeta$——纵向受拉钢筋搭接长度修正系数，按本规范第9.4.3条确定。

3 钢筋混凝土结构构件的纵向受力钢筋的连接可分为两类：绑扎搭接；机械连接或焊接。宜按不同情况选用合适的连接方式；

4 纵向受力钢筋连接接头的位置宜避开梁端、柱端箍筋加密区；当无法避开时，应采用满足等强度要求的高质量机械连接接头，且钢筋接头面积百分率不应超过50%。

**(32) 11.6.7条**：框架梁和框架柱的纵向受力钢筋在框架节点区的锚固和搭接应符合下列要求：

1 框架中间层的中间节点处，框架梁的上部纵向钢筋应贯穿中间节点；对一、二级抗震等级，梁的下部纵向钢筋伸入中间节点的锚固长度不应小于$l_{aE}$，且伸过中心线不应小于5$d$（图11.6.7$a$）。梁内贯穿中柱的每根纵向钢筋直径，对一、二级抗震等级，不宜大于柱在该方向截面尺寸的1/20；对圆柱截面，不宜大于纵向钢筋所在位置柱截面弦长的1/20。

2 框架中间层的端节点处，当框架梁上部纵向钢筋用直线锚固方式锚入端节点时，其锚固长度除不应小于$l_{aE}$外，尚应伸过柱中心线不小于5$d$，此处，$d$为梁上部纵向钢筋的直径。当水平直线段锚固长度除不足时，梁上部纵向钢筋应伸至柱外边并向下弯折。弯折前的水平投影长度不应小于$0.4l_{aE}$，弯折后的竖直投影长度取15$d$（图11.6.7$b$）。梁下部纵向钢筋在中间层端节点中的锚固措施与梁上部纵向钢筋相同，但竖直段应向上弯入节点。

3 框架顶层中间节点处，柱纵向钢筋应伸至柱顶。当采用直线锚固方式时，其自梁底边算起的长度应不小于$l_{aE}$，当直线段锚固长度不足时，该纵向钢筋伸到柱顶后可向内弯折，弯折前的锚固段竖向投影长度不应小于$0.5l_{aE}$，弯折后的水平投影长度取12$d$；当楼盖为现浇混凝土，且板的混凝土强度不低于C20、板厚不小于80mm时，也可向外弯折，弯折后的水平投影长度取12$d$（图11.6.7$c$）。对一、二级抗震等级，贯穿顶层中间节点的梁上部纵向钢筋的直径，不宜大于柱在该方向截面尺寸的1/25。梁下部纵向钢筋在顶层中间节点中的锚固措施与梁下部纵向钢筋在中间层中间节点处的锚固措施相同。

4 框架顶层端节点处，柱外侧纵向钢筋可沿节点外边和梁上边与梁上部纵

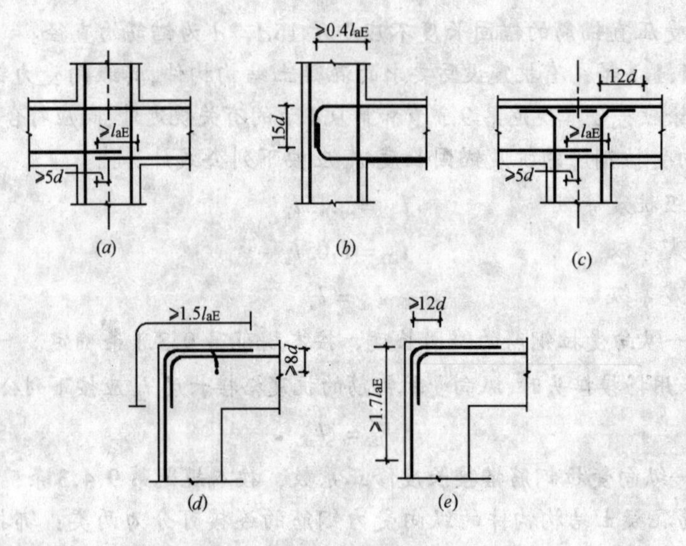


图 11.6.7　框架梁和框架柱的纵向受力
钢筋在节点区的锚固和搭接
（a）中间层中间节点；（b）中间层端节点；（c）顶层中间节点；
（d）顶层端节点（一）；（e）顶层端节点（二）

向钢筋搭接连接（图 11.6.7$d$），搭接长度不应小于 $1.5l_{aE}$，且伸入梁内的柱外侧纵向钢筋截面面积不宜少于柱外侧全部柱纵向钢筋截面面积的 65%，其中不能伸入梁内的外侧柱纵向钢筋，宜沿柱顶伸至柱内边；当该柱筋位于顶部第一层时，伸至柱内边后，宜向下弯折不小于 $8d$ 后截断；当该柱筋位于顶部第二层时，可伸至柱内边后截断；此处，$d$ 为外侧柱纵向钢筋的直径；当有现浇板时，且现浇板混凝土强度等级不低于 C20、板厚不小于 80mm 时，梁宽范围外的柱纵向钢筋可伸入板内，其伸入长度与伸入梁内的柱纵向钢筋相同。梁上部纵向钢筋应伸至柱外边并向下弯折到底标高。当柱外侧纵向钢筋配筋率大于 1.2% 时，伸入梁内的柱纵向钢筋应满足以上规定，且宜分两批截断，其截断点之间的距离不宜小于 $20d$。$d$ 为梁上部纵向钢筋的直径。

当梁、柱配筋率较高时，顶层端节点处的梁上部纵向钢筋和柱外侧纵向钢筋的搭接连接也可沿柱外边设置（图 11.6.7$e$），搭接长度不应小于 $1.7l_{aE}$，其中，柱外侧纵向钢筋应伸至柱顶，并向内弯折，弯折段的水平投影长度不宜小于 $12d$。

梁上部纵向钢筋及柱外侧纵向钢筋在顶层端节点上角处的弯弧内半径，当钢筋直径 $d \leq 25$mm 时，不宜小于 $6d$；当钢筋直径 $d > 25$mm 时，不宜小于 $8d$。当梁上部纵向钢筋配筋率大于 1.2% 时，弯入柱外侧的梁上部纵向钢筋除应满足以上搭接长度外，且宜分两批截断，其截断点之间的距离不宜小于 $20d$，$d$ 为梁上部纵向钢筋直径。

梁下部纵向钢筋在顶层端节点中的锚固措施与中间层端节点处梁上部纵向钢筋的锚固措施相同。柱内侧纵向钢筋在顶层端节点中的锚固措施与顶层中间节点处柱纵向钢筋的锚固措施相同。当柱为对称配筋时，柱内侧纵向钢筋在顶层端节点中的锚固要求可适当放宽，但柱内侧纵向钢筋应伸至柱顶。

5 柱纵向钢筋不应在中间各层节点内截断。

**(33) 11.6.9条**：考虑地震作用组合的预埋件，……锚筋的锚固长度应按本规范第10章的规定采用；当不能满足时，应采取有效措施。在靠近锚板处，宜设置一根直径不小于14mm的封闭箍筋。

4.《高层建筑混凝土结构技术规程》JGJ 3—2002 关于钢筋锚固和连接的规定：

**(1) 6.5.1条**：受力钢筋的连接接头宜设置在构件受力较小部位；抗震设计时，宜避开梁端、柱端箍筋加密区范围。钢筋连接可采用机械连接、绑扎搭接或焊接。

**(2) 6.5.2条**：基本同《混凝土结构设计规范》GB 50010—2002 第9.4.3条后半部分。

**(3) 6.5.3条**：抗震设计时，钢筋混凝土结构构件纵向受力钢筋的锚固和连接，应符合下列要求：

1、2款基本同《混凝土结构设计规范》GB 50010—2002 第11.1.7条1、2款。

3 受拉钢筋直径大于28mm、受压钢筋直径大于32mm时，不宜采用绑扎搭接接头；

4 现浇钢筋混凝土框架梁、柱纵向受力钢筋的连接方法、应符合下列规定：

1）框架柱：一、二级抗震等级及三级抗震等级的底层，宜采用机械连接接头，也可采用绑扎搭接或焊接接头；三级抗震等级的其他部位和四级抗震等级，可采用绑扎搭接或焊接接头；

2）框支梁、框支柱：宜采用机械连接接头；

3）框架梁：一级宜采用机械连接接头，二、三、四级可采用绑扎搭接或焊接接头。

5 位于同一连接区段内的受拉钢筋接头面积百分率不宜超过50%；

6 当接头位置无法避开梁端、柱端箍筋加密区时，宜采用机械连接接头，且钢筋接头面积百分率不应超过50%；

7 钢筋的机械连接、绑扎搭接及焊接尚应符合国家现行有关标准的规定。

**(4) 6.5.4条**：非抗震设计时，框架梁、柱的纵向钢筋在框架节点区的锚固和搭接，应符合下列要求（图6.5.4）：

1 顶层中节点柱纵向钢筋和边节点柱内侧纵向钢筋应伸至柱顶：当从梁底边计算的直线锚固长度不小于 $l_a$ 时，可不必水平弯折，否则应向柱内或梁、板内水平弯折，当充分利用柱纵向钢筋的抗拉强度时，其锚固段弯折前的竖直投影长度不应小于$0.5l_a$，弯折后的水平投影长度不宜小于12倍的柱纵向钢筋直径；

2 顶层端节点处，在梁宽范围以内的柱外侧纵向钢筋可与梁上部纵向钢筋搭接，搭接长度不应小于$1.5l_a$；在梁宽范围以外的柱外侧纵向钢筋可伸入现浇板内，其伸入长度与伸入梁内的相同。当柱外侧纵向钢筋的配筋率大于1.2%时，伸入梁内的柱纵向钢筋宜分两批截断，其截断点之间的距离不宜小于20倍的柱纵向钢筋直径；

3 梁上部纵向钢筋伸入端节点的锚固长度，直线锚固时不应小于 $l_a$，且伸过柱中心线的长度不宜小于5倍的梁纵向钢筋直径；当柱截面尺寸不足时，梁上部纵向钢筋应伸至节点对边并向下弯折，锚固段弯折前的水平投影长度不应小于

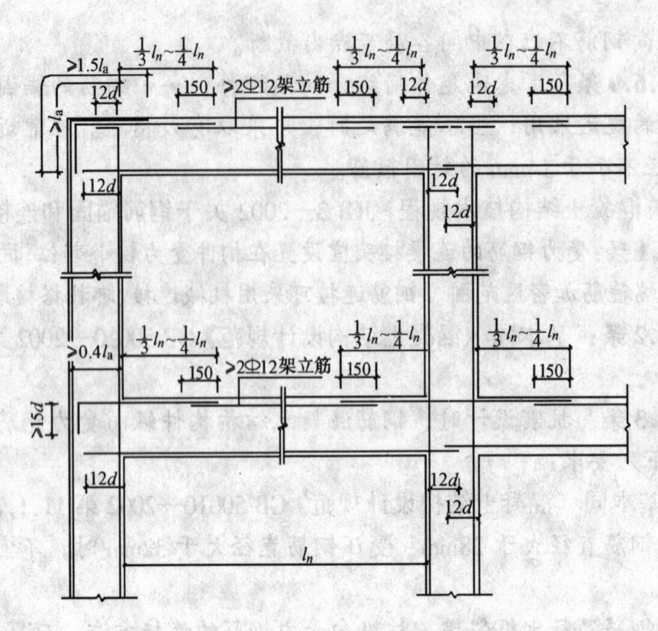


图 6.5.4 非抗震设计时框架梁、柱纵向钢筋在节点区的锚固要求

$0.4l_a$，弯折后的竖直投影长度应取 15 倍的梁纵向钢筋直径；

4 当计算中不利用梁下部纵向钢筋的强度时，其伸入节点内的锚固长度应取不小于 12 倍的梁纵向钢筋直径。当计算中充分利用梁下部钢筋的抗拉强度时，梁下部纵向钢筋可采用直线方式或向上 90°弯折方式锚固于节点内，直线锚固时的锚固长度不应小于 $l_a$；弯折锚固时，锚固段的水平投影长度不应小于 $0.4l_a$，竖直投影长度应取 15 倍的梁纵向钢筋直径。

**(5) 6.5.5 条**：抗震设计时，框架梁、柱的纵向钢筋在框架节点区的锚固和搭接，应符合下列要求（图 6.5.5）：

1 顶层中节点柱纵向钢筋和边节点柱内侧纵向钢筋应伸至柱顶；当从梁底边计算的直线锚固长度不小于 $l_{aE}$ 时，可不必水平弯折，否则应向柱内或梁、板内水平弯折，锚固段弯折前的竖直投影长度不应小于 $0.5l_{aE}$，弯折后的水平投影长度不宜小于 12 倍的柱纵向钢筋直径；

2 顶层端节点处，柱外侧纵向钢筋可与梁上部纵向钢筋搭接，搭接长度不应小于 $1.5l_{aE}$；且伸入梁内的柱外侧纵向钢筋截面面积不宜小于柱外侧全部纵向钢筋截面面积的 65%；在梁宽范围以外的柱外侧纵向钢筋可伸入现浇板内，其伸入长度与伸入梁内的相同。当柱外侧纵向钢筋的配筋率大于 1.2% 时，伸入梁内的柱纵向钢筋宜分两批截断，其截断点之间的距离不宜小于 20 倍的柱纵向钢筋直径；

3 梁上部纵向钢筋伸入端节点的锚固长度，直线锚固时不应小于 $l_{aE}$，且伸过柱中心线的长度不应小于 5 倍的梁纵向钢筋直径；当柱截面尺寸不足时，梁上部纵向钢筋应伸至节点对边并向下弯折，锚固段弯折前的水平投影长度不应小于 $0.4l_{aE}$，弯折后的竖直投影长度应取 15 倍的梁纵向钢筋直径；

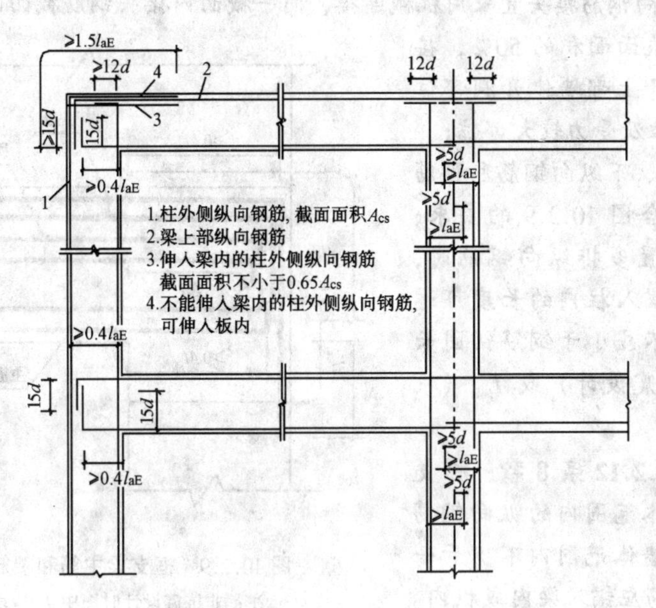


图 6.5.5 抗震设计时框架梁、柱纵向钢筋在节点区的锚固要求

4 梁下部纵向钢筋的锚固与梁上部纵向钢筋相同，但采用90°弯折方式锚固时，竖直段应向上弯入节点内。

**(6) 7.1.11 条**：楼面梁与剪力墙连接时，梁内纵向钢筋应伸入墙内，并可靠锚固。

**(7) 7.2.21 条**：剪力墙钢筋锚固和连接应符合下列要求：

1 非抗震设计时，剪力墙纵向钢筋最小锚固长度应取 $L_a$；抗震设计时，剪力墙纵向钢筋最小锚固长度应取 $L_{aE}$。$L_a$、$L_{aE}$ 的取值应分别符合本规程第 6.5.2 条、第 6.5.3 条的有关规定；

2 剪力墙竖向及水平分布钢筋的搭接连接（图 7.2.21），一级、二级抗震等级剪力墙的加强部位，接头位置应错开，每次连接的钢筋数量不宜超过总数量的 50%，错开净距不宜小于 500mm；其他情况剪力墙的钢筋可在同一部位连接。非抗震设计时，分布钢筋的搭接长度不应小于 $1.2L_a$；抗震设计时，不应小于 $1.2L_{aE}$；

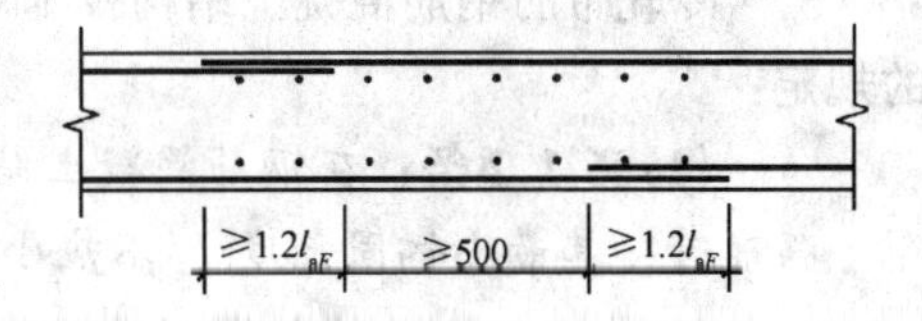


图 7.2.21 墙内分布钢筋的连接

注：非抗震设计时图中 $l_{aE}$应取 $l_a$。

3 暗柱及端柱内纵向钢筋连接和锚固要求宜与框架柱相同，宜符合本规程第 6.5 节的有关规定。

**(8) 7.2.26 条 1 款**：连梁顶面、底面纵向受力钢筋伸入墙内的锚固长度，抗震设计时不应小于 $1.2L_{aE}$，非抗震设计时不应小于 $1.2L_a$，且不应小于 600 mm。

**(9) 10.2.9 条**：框支梁设计尚应符合下列要求：

5　梁纵向钢筋接头宜采用机械连接，同一截面内接头钢筋截面面积不应超过全部纵筋截面面积的50%，接头位置应避开上部墙体开洞部位梁上托柱部位及受力较大部位；

6　梁上、下纵向钢筋和腰筋的锚固宜符合图10.2.9的要求；当梁上部配置多排纵向钢筋时，其内排钢筋锚入柱内的长度可适当减小，但不应小于钢筋锚固长度La（非抗震设计）或$L_{aE}$（抗震设计）。

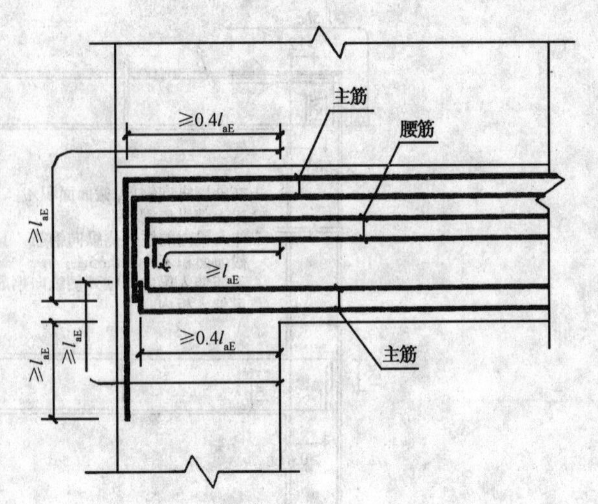

图10.2.9　框支梁主筋和腰筋的锚固

注：非抗震设计时图中$l_{aE}$应取为$l_a$

**（10）10.2.12条8款：**框支柱在上部墙体范围内的纵向钢筋应伸入上部墙体范围内不少于一层，其余柱筋应锚入梁内或板内。锚入梁内的钢筋长度，从柱边算起不应小于$L_{aE}$（抗震设计）或$L_a$（非抗震设计）。

**（11）10.2.13条2款：**框支梁上墙体竖向钢筋在转换梁内的锚固长度，抗震设计时不应小于$L_{aE}$，非抗震设计不应小于$L_a$。

**（12）11.3.1条：**型钢混凝土梁应满足下列构造要求：

5　梁中纵向受力钢筋宜采用机械连接。如纵向钢筋需贯穿型钢柱腹板并以90°弯折固定在柱截面内时，抗震设计的弯折前直段长度不应小于0.4倍钢筋抗震锚固长度$L_{aE}$，弯折直段长度不应小于15倍纵向钢筋直径；非抗震设计的弯折前直段长度不应小于0.4倍钢筋锚固长度$L_a$，弯折直段长度不应小于12倍纵向钢筋直径。

5.《冷轧带肋钢筋混凝土结构技术规程》JGJ 95—2003关于冷轧带肋钢筋锚固与接头的规定：

**（1）6.1.2条：**在钢筋混凝土结构构件中，当计算中充分利用纵向受拉钢筋强度时，其最小锚固长度$l_a$不应小于表6.1.2规定的数值（见本书表2.19）。

**（2）6.1.3条：**有抗震设防要求的钢筋混凝土结构构件，其纵向受力钢筋的锚固长度和搭接长度除应符合本规程第6.1.2条和第7.3.3条的有关规定外，尚应满足下列规定：

1　纵向受拉钢筋的抗震锚固长度$l_{aE}$应按下列公式计算：

一、二级抗震等级　$l_{aE}=1.15l_a$　(6.1.3-1)

三级抗震等级　$l_{aE}=1.05l_a$　(6.1.3-2)

四级抗震等级　$l_{aE}=l_a$　(6.1.3-3)

式中　$l_a$——纵向受拉钢筋的锚固长度，按本规程第6.1.2条确定。

2　对于同一搭接连接区段的CRB550级钢筋，当搭接接头面积百分率不超过25%时，纵向受拉钢筋绑扎接头的抗震搭接长度 $l_{lE}$ 应按下式计算：

$$l_{lE}=1.25l_{aE} \tag{6.1.3-4}$$

**(3) 6.3.2条**：多跨单向板或多跨双向板采用分离式配筋时，跨中正弯矩钢筋宜全部伸入支座，支座负弯矩钢筋向跨内的延伸长度应满足覆盖负弯矩图和钢筋的锚固的要求。

**(4) 6.3.3条**：在简支板或连续板支座处，下部纵向钢筋伸入支座的锚固长度不宜小于10$d$，($d$为下部纵向受力钢筋直径)，且不宜小于100mm。

**(5) 7.3.3条**：对于同一搭接连接区段的CRB550级钢筋，当搭接接头面积百分率不超过25%时，纵向受拉钢筋绑扎接头的抗震搭接长度不应小于表7.3.3规定的数值（见本书表2.19）。

**(6) 6.3.5条**：冷轧带肋钢筋的连接严禁采用焊接接头。

6.《冷轧扭钢筋混凝土构件技术规程》JGJ 115—97关于冷轧扭钢筋锚固与接头的规定：

**(1) 7.2.1条**：当计算中充分利用冷轧扭钢筋强度时，其最小锚固长度应符合表7.2.1的规定（见本书表2.19）。

**(2) 7.2.2条**：冷轧扭钢筋不得采用焊接接头，钢筋网和钢筋骨架均应采用绑扎，钢筋末端一般不宜作弯钩，但需要时可弯成90°的直角钩。

**(3) 7.2.3条**：纵向受拉冷轧扭钢筋不宜在受拉区截断；当必须截断时，接头位置宜设置在受力较小处，并相互错开。在规定的搭接长度区段内，有接头的受力钢筋截面面积不应大于总截面面积的25%。

**(4) 7.2.4条**：见本书表2.19。

**(5) 7.2.5条**：冷轧扭钢筋在搭接长度范围内，其箍筋的间距不应大于钢筋标志直径 $d$ 的5倍，且不应大于100mm。

**(6) 7.2.6条**：严禁采用冷轧扭钢筋制作预制构件的吊环。

**(7) 7.4.5条**：简支板的下部纵向冷轧扭钢筋应伸入支座，其锚固长度 $l_a$ 不应小于钢筋标志直径 $d$ 的10倍。

**(8) 7.5.2条**：简支梁的下部纵向受拉冷轧扭钢筋伸入梁支座范围内的锚固长度 $L_{as}$ 应符合下列规定：当 $V\leqslant0.07f_cbh_0$ 时，$l_{as}\geqslant10d$；当 $V>0.07f_cbh_0$ 时，$l_{as}\geqslant15d$；当计算中充分利用钢筋强度时，尚应符合本规程表7.2.1的规定。

## （二）受拉钢筋锚固、搭接长度表

**受拉钢筋锚固长度 $l_a$ 或 $l_{aE}$** 表2.1

| 抗震等级 | 钢筋类别 | 钢筋直径 | 混凝土强度等级 | | | | | |
|---|---|---|---|---|---|---|---|---|
| | | | C15 | C20 | C25 | C30 | C35 | ≥C40 |
| 非抗震 $l_a$<br>四级抗震等级 $l_{aE}$ | HPB235 | | 37$d$ | 31$d$ | 27$d$ | 24$d$ | 22$d$ | 20$d$ |
| | HRB335 | ≤25 | — | 39$d$ | 34$d$ | 30$d$ | 27$d$ | 25$d$ |
| | | >25 | — | 42$d$ | 37$d$ | 33$d$ | 31$d$ | 28$d$ |
| | HRB400<br>RRB400 | ≤25 | — | 46$d$ | 40$d$ | 36$d$ | 33$d$ | 30$d$ |
| | | >25 | — | 51$d$ | 44$d$ | 39$d$ | 36$d$ | 33$d$ |

续表

| 抗震等级 | 钢筋类别 | 钢筋直径 | 混凝土强度等级 | | | | | |
|---|---|---|---|---|---|---|---|---|
| | | | C15 | C20 | C25 | C30 | C35 | ≥C40 |
| 三级抗震等级 $l_{aE}$ | HPB235 | | 39$d$ | 33$d$ | 28$d$ | 25$d$ | 23$d$ | 21$d$ |
| | HRB335 | ≤25 | — | 41$d$ | 35$d$ | 31$d$ | 29$d$ | 26$d$ |
| | | >25 | — | 45$d$ | 39$d$ | 34$d$ | 31$d$ | 29$d$ |
| | HRB400<br>RRB400 | ≤25 | — | 49$d$ | 42$d$ | 38$d$ | 34$d$ | 31$d$ |
| | | >25 | — | 53$d$ | 46$d$ | 41$d$ | 38$d$ | 35$d$ |
| 一、二级抗震等级 $l_{aE}$ | HPB235 | | 43$d$ | 36$d$ | 31$d$ | 28$d$ | 25$d$ | 23$d$ |
| | HRB335 | ≤25 | — | 44$d$ | 39$d$ | 34$d$ | 31$d$ | 29$d$ |
| | | >25 | — | 49$d$ | 42$d$ | 38$d$ | 34$d$ | 32$d$ |
| | HRB400<br>RRB400 | ≤25 | — | 53$d$ | 46$d$ | 41$d$ | 37$d$ | 34$d$ |
| | | >25 | — | 58$d$ | 51$d$ | 45$d$ | 41$d$ | 38$d$ |

**受拉钢筋搭接接头面积百分率≤25%时的搭接长度 $l_l$ 或 $l_{lE}$** **表 2.2**

| 抗震等级 | 钢筋类别 | 钢筋直径 | 混凝土强度等级 | | | | | |
|---|---|---|---|---|---|---|---|---|
| | | | C15 | C20 | C25 | C30 | C35 | ≥C40 |
| 非抗震 $l_l$<br>四级抗震等级 $l_{lE}$ | HPB235 | | 45$d$ | 37$d$ | 32$d$ | 29$d$ | 26$d$ | 24$d$ |
| | HRB335 | ≤25 | — | 46$d$ | 40$d$ | 36$d$ | 33$d$ | 30$d$ |
| | | >25 | — | 51$d$ | 44$d$ | 39$d$ | 36$d$ | 33$d$ |
| | HRB400<br>RRB400 | ≤25 | — | 55$d$ | 48$d$ | 43$d$ | 39$d$ | 36$d$ |
| | | >25 | — | 61$d$ | 53$d$ | 47$d$ | 43$d$ | 39$d$ |
| 三级抗震等级 $l_{lE}$ | HPB235 | | 47$d$ | 39$d$ | 34$d$ | 30$d$ | 27$d$ | 25$d$ |
| | HRB335 | ≤25 | — | 49$d$ | 42$d$ | 38$d$ | 34$d$ | 31$d$ |
| | | >25 | — | 53$d$ | 46$d$ | 41$d$ | 38$d$ | 35$d$ |
| | HRB400<br>RRB400 | ≤25 | — | 58$d$ | 50$d$ | 45$d$ | 41$d$ | 38$d$ |
| | | >25 | — | 64$d$ | 55$d$ | 49$d$ | 45$d$ | 41$d$ |
| 一、二级抗震等级 $l_{lE}$ | HPB235 | | 51$d$ | 43$d$ | 37$d$ | 33$d$ | 30$d$ | 28$d$ |
| | HRB335 | ≤25 | — | 53$d$ | 46$d$ | 41$d$ | 37$d$ | 34$d$ |
| | | >25 | — | 58$d$ | 51$d$ | 45$d$ | 41$d$ | 38$d$ |
| | HRB400<br>RRB400 | ≤25 | — | 64$d$ | 55$d$ | 49$d$ | 45$d$ | 41$d$ |
| | | >25 | — | 70$d$ | 61$d$ | 54$d$ | 49$d$ | 45$d$ |

**受拉钢筋搭接接头面积百分率为50%时的搭接长度 $l_l$ 或 $l_{lE}$** **表 2.3**

| 抗震等级 | 钢筋类别 | 钢筋直径 | 混凝土强度等级 | | | | | |
|---|---|---|---|---|---|---|---|---|
| | | | C15 | C20 | C25 | C30 | C35 | ≥C40 |
| 非抗震 $l_l$<br>四级抗震等级 $l_{lE}$ | HPB235 | | 52$d$ | 43$d$ | 38$d$ | 33$d$ | 30$d$ | 29$d$ |
| | HRB335 | ≤25 | — | 54$d$ | 47$d$ | 42$d$ | 38$d$ | 35$d$ |
| | | >25 | — | 59$d$ | 51$d$ | 46$d$ | 42$d$ | 38$d$ |

续表

| 抗震等级 | 钢筋类别 | 钢筋直径 | 混凝土强度等级 | | | | | |
|---|---|---|---|---|---|---|---|---|
| | | | C15 | C20 | C25 | C30 | C35 | ≥C40 |
| 非抗震 $l_l$<br>四级抗震等级 $l_{lE}$ | HRB400<br>RRB400 | ≤25 | — | 65$d$ | 56$d$ | 50$d$ | 45$d$ | 42$d$ |
| | | >25 | — | 71$d$ | 62$d$ | 55$d$ | 50$d$ | 46$d$ |
| 三级抗震等级 $l_{lE}$ | HPB235 | | 55$d$ | 45$d$ | 39$d$ | 35$d$ | 32$d$ | 29$d$ |
| | HRB335 | ≤25 | — | 57$d$ | 49$d$ | 44$d$ | 40$d$ | 37$d$ |
| | | >25 | — | 62$d$ | 54$d$ | 48$d$ | 44$d$ | 40$d$ |
| | HRB400<br>RRB400 | ≤25 | — | 68$d$ | 59$d$ | 52$d$ | 48$d$ | 44$d$ |
| | | >25 | — | 75$d$ | 65$d$ | 57$d$ | 52$d$ | 48$d$ |
| 一、二级抗震等级 $l_{lE}$ | HPB235 | | 60$d$ | 50$d$ | 43$d$ | 38$d$ | 35$d$ | 32$d$ |
| | HRB335 | ≤25 | — | 62$d$ | 54$d$ | 48$d$ | 44$d$ | 40$d$ |
| | | >25 | — | 68$d$ | 59$d$ | 53$d$ | 48$d$ | 44$d$ |
| | HRB400<br>RRB400 | ≤25 | — | 74$d$ | 64$d$ | 57$d$ | 52$d$ | 48$d$ |
| | | >25 | — | 82$d$ | 71$d$ | 63$d$ | 57$d$ | 53$d$ |

**受拉钢筋搭接接头面积百分率为100%时的搭接长度 $l_l$ 或 $l_{lE}$ 　　表 2.4**

| 抗震等级 | 钢筋类别 | 钢筋直径 | 混凝土强度等级 | | | | | |
|---|---|---|---|---|---|---|---|---|
| | | | C15 | C20 | C25 | C30 | C35 | ≥C40 |
| 非抗震 $l_l$<br>四级抗震等级 $l_{lE}$ | HPB235 | | 60$d$ | 49$d$ | 43$d$ | 38$d$ | 35$d$ | 32$d$ |
| | HRB335 | ≤25 | — | 62$d$ | 53$d$ | 46$d$ | 43$d$ | 40$d$ |
| | | >25 | — | 68$d$ | 59$d$ | 52$d$ | 48$d$ | 44$d$ |
| | HRB400<br>RRB400 | ≤25 | — | 74$d$ | 64$d$ | 57$d$ | 52$d$ | 48$d$ |
| | | >25 | — | 81$d$ | 70$d$ | 63$d$ | 57$d$ | 52$d$ |
| 三级抗震等级 $l_{lE}$ | HPB235 | | 63$d$ | 52$d$ | 45$d$ | 40$d$ | 36$d$ | 34$d$ |
| | HRB335 | ≤25 | — | 65$d$ | 56$d$ | 50$d$ | 45$d$ | 42$d$ |
| | | >25 | — | 71$d$ | 62$d$ | 55$d$ | 50$d$ | 46$d$ |
| | HRB400<br>RRB400 | ≤25 | — | 77$d$ | 67$d$ | 60$d$ | 54$d$ | 50$d$ |
| | | >25 | — | 85$d$ | 74$d$ | 66$d$ | 60$d$ | 55$d$ |
| 一、二级抗震等级 $l_{lE}$ | HPB235 | | 68$d$ | 57$d$ | 49$d$ | 44$d$ | 40$d$ | 37$d$ |
| | HRB335 | ≤25 | — | 71$d$ | 61$d$ | 55$d$ | 50$d$ | 46$d$ |
| | | >25 | — | 78$d$ | 67$d$ | 60$d$ | 55$d$ | 50$d$ |
| | HRB400<br>RRB400 | ≤25 | — | 85$d$ | 74$d$ | 65$d$ | 60$d$ | 55$d$ |
| | | >25 | — | 93$d$ | 81$d$ | 72$d$ | 65$d$ | 60$d$ |

**HPB235 受拉钢筋锚固长度 $l_a$ 或 $l_{aE}$、搭接长度 $l_l$ 或 $l_{lE}$(mm)(用于非抗震或四级抗震等级)**

**表 2.5**

| 类别 | 锚固长度 $l_a$ 或 $l_{aE}$ (mm) | | | | | | 钢筋搭接接头面积百分率≤25%时的搭接长度 $l_l$ 或 $l_{lE}$ (mm) | | | | | |
|---|---|---|---|---|---|---|---|---|---|---|---|---|
| 混凝土强度等级 / 钢筋直径(mm) | C15 | C20 | C25 | C30 | C35 | ≥C40 | C15 | C20 | C25 | C30 | C35 | ≥C40 |
| 6 | 250 | 250 | 250 | 250 | 250 | 250 | 300 | 300 | 300 | 300 | 300 | 300 |
| 6.5 | 250 | 250 | 250 | 250 | 250 | 250 | 300 | 300 | 300 | 300 | 300 | 300 |
| 8 | 300 | 250 | 250 | 250 | 250 | 250 | 360 | 300 | 300 | 300 | 300 | 300 |
| 10 | 370 | 310 | 270 | 250 | 250 | 250 | 450 | 370 | 320 | 300 | 300 | 300 |
| 12 | 450 | 370 | 320 | 290 | 260 | 250 | 540 | 440 | 390 | 340 | 310 | 300 |
| 14 | 520 | 430 | 380 | 330 | 300 | 280 | 630 | 520 | 450 | 400 | 360 | 340 |
| 16 | 600 | 490 | 430 | 380 | 350 | 320 | 710 | 590 | 510 | 460 | 420 | 380 |
| 18 | 670 | 550 | 480 | 430 | 390 | 360 | 800 | 660 | 580 | 510 | 470 | 430 |
| 20 | 740 | 620 | 530 | 470 | 430 | 400 | 890 | 740 | 640 | 570 | 520 | 480 |
| 22 | 820 | 680 | 590 | 520 | 480 | 440 | 980 | 810 | 700 | 630 | 570 | 520 |
| 25 | 930 | 770 | 670 | 590 | 540 | 500 | 1110 | 920 | 800 | 710 | 650 | 590 |
| 28 | 1040 | 860 | 750 | 660 | 600 | 560 | 1250 | 1030 | 890 | 790 | 720 | 670 |
| 30 | 1110 | 920 | 800 | 710 | 650 | 600 | 1330 | 1100 | 960 | 850 | 780 | 710 |
| 32 | 1190 | 1000 | 870 | 770 | 710 | 640 | 1440 | 1190 | 1030 | 930 | 840 | 770 |

**HPB235 受拉钢筋搭接长度 $l_l$ 或 $l_{lE}$ (mm)(用于非抗震或四级抗震等级)** **表 2.6**

| 钢筋搭接接头面积百分率 | 50% | | | | | | 100% | | | | | |
|---|---|---|---|---|---|---|---|---|---|---|---|---|
| 混凝土强度等级 / 钢筋直径(mm) | C15 | C20 | C25 | C30 | C35 | ≥C40 | C15 | C20 | C25 | C30 | C35 | ≥C40 |
| 6 | 310 | 300 | 300 | 300 | 300 | 300 | 360 | 300 | 300 | 300 | 300 | 300 |
| 6.5 | 340 | 300 | 300 | 300 | 300 | 300 | 390 | 320 | 300 | 300 | 300 | 300 |
| 8 | 420 | 350 | 300 | 300 | 300 | 300 | 480 | 400 | 340 | 310 | 300 | 300 |
| 10 | 520 | 430 | 370 | 330 | 300 | 300 | 600 | 490 | 430 | 380 | 350 | 320 |
| 12 | 630 | 520 | 450 | 400 | 360 | 330 | 710 | 590 | 510 | 460 | 420 | 380 |
| 14 | 730 | 600 | 520 | 470 | 420 | 390 | 830 | 690 | 600 | 530 | 480 | 440 |
| 16 | 830 | 690 | 600 | 530 | 480 | 440 | 950 | 790 | 680 | 610 | 550 | 510 |
| 18 | 940 | 770 | 670 | 600 | 540 | 500 | 1070 | 880 | 770 | 680 | 620 | 570 |
| 20 | 1040 | 860 | 750 | 660 | 600 | 550 | 1190 | 980 | 850 | 760 | 690 | 630 |
| 22 | 1140 | 950 | 820 | 730 | 660 | 610 | 1300 | 1080 | 940 | 830 | 760 | 700 |
| 25 | 1300 | 1070 | 930 | 830 | 750 | 690 | 1480 | 1230 | 1060 | 940 | 860 | 790 |
| 28 | 1450 | 1200 | 1040 | 930 | 840 | 770 | 1660 | 1370 | 1190 | 1060 | 960 | 880 |
| 30 | 1560 | 1290 | 1120 | 990 | 900 | 830 | 1780 | 1470 | 1270 | 1130 | 1030 | 950 |
| 32 | 1670 | 1380 | 1220 | 1060 | 960 | 930 | 1920 | 1830 | 1570 | 1410 | 1280 | 1190 |

**HRB335 受拉钢筋锚固长度 $l_a$ 或 $l_{aE}$、搭接长度 $l_l$ 或 $l_{lE}$(mm)(用于非抗震或四级抗震等级)　　表 2.7**

| 类别 | | 锚固长度 $l_a$ 或 $l_{aE}$ | | | | | 钢筋搭接截面面积百分率≤25%时的搭接长度 $l_l$ 或 $l_{lE}$ | | | | |
|---|---|---|---|---|---|---|---|---|---|---|---|
| 混凝土强度等级 | | C20 | C25 | C30 | C35 | ≥C40 | C20 | C25 | C30 | C35 | ≥C40 |
| 钢筋直径 | 6 | 250 | 250 | 250 | 250 | 250 | 300 | 300 | 300 | 300 | 300 |
| | 6.5 | 250 | 250 | 250 | 250 | 250 | 300 | 300 | 300 | 300 | 300 |
| | 8 | 310 | 270 | 250 | 250 | 250 | 370 | 320 | 300 | 300 | 300 |
| | 10 | 390 | 340 | 300 | 270 | 250 | 460 | 400 | 360 | 330 | 300 |
| | 12 | 460 | 400 | 360 | 330 | 300 | 550 | 480 | 430 | 390 | 360 |
| | 14 | 540 | 470 | 420 | 380 | 350 | 650 | 560 | 500 | 450 | 420 |
| | 16 | 620 | 530 | 470 | 430 | 400 | 740 | 640 | 570 | 520 | 480 |
| | 18 | 690 | 600 | 530 | 490 | 450 | 830 | 720 | 640 | 580 | 540 |
| | 20 | 770 | 670 | 590 | 540 | 500 | 920 | 800 | 710 | 650 | 590 |
| | 22 | 840 | 730 | 650 | 590 | 550 | 1010 | 880 | 780 | 710 | 650 |
| | 25 | 960 | 830 | 740 | 670 | 620 | 1150 | 1000 | 890 | 810 | 740 |
| | 28 | 1180 | 1020 | 910 | 830 | 760 | 1420 | 1230 | 1090 | 990 | 910 |
| | 30 | 1260 | 1100 | 970 | 890 | 820 | 1520 | 1310 | 1170 | 1060 | 980 |
| | 32 | 1350 | 1170 | 1040 | 950 | 870 | 1620 | 1400 | 1250 | 1130 | 1040 |
| | 36 | 1520 | 1310 | 1170 | 1060 | 980 | 1820 | 1580 | 1400 | 1280 | 1170 |
| | 40 | 1680 | 1460 | 1300 | 1180 | 1090 | 2020 | 1750 | 1560 | 1420 | 1300 |
| | 50 | 2100 | 1820 | 1620 | 1480 | 1360 | 2520 | 2190 | 1940 | 1770 | 1630 |

**HRB335 受拉钢筋搭接长度 $l_l$ 或 $l_{lE}$ (mm)(用于非抗震或四级抗震等级)　　表 2.8**

| 钢筋搭接接头面积百分率 | | 50% | | | | | 100% | | | | |
|---|---|---|---|---|---|---|---|---|---|---|---|
| 混凝土强度等级 | | C20 | C25 | C30 | C35 | ≥C40 | C20 | C25 | C30 | C35 | ≥C40 |
| 钢筋直径 | 6 | 330 | 300 | 300 | 300 | 300 | 370 | 320 | 300 | 300 | 300 |
| | 6.5 | 350 | 310 | 300 | 300 | 300 | 400 | 350 | 310 | 300 | 300 |
| | 8 | 430 | 380 | 330 | 300 | 300 | 490 | 430 | 380 | 350 | 320 |
| | 10 | 540 | 470 | 420 | 380 | 350 | 620 | 530 | 470 | 430 | 400 |
| | 12 | 650 | 560 | 500 | 450 | 420 | 740 | 640 | 570 | 520 | 480 |
| | 14 | 750 | 650 | 580 | 530 | 490 | 860 | 750 | 660 | 600 | 550 |
| | 16 | 860 | 750 | 660 | 600 | 550 | 980 | 850 | 760 | 690 | 630 |
| | 18 | 970 | 840 | 740 | 680 | 620 | 1100 | 960 | 850 | 780 | 710 |
| | 20 | 1070 | 930 | 830 | 750 | 690 | 1230 | 1060 | 940 | 860 | 790 |
| | 22 | 1180 | 1020 | 910 | 830 | 760 | 1350 | 1170 | 1040 | 950 | 870 |
| | 25 | 1340 | 1160 | 1030 | 940 | 860 | 1530 | 1330 | 1180 | 1070 | 990 |
| | 28 | 1650 | 1430 | 1270 | 1160 | 1060 | 1890 | 1630 | 1450 | 1320 | 1220 |

续表

| 钢筋搭接接头面积百分率 | | 50% | | | | | 100% | | | | |
|---|---|---|---|---|---|---|---|---|---|---|---|
| 混凝土强度等级 | | C20 | C25 | C30 | C35 | ≥C40 | C20 | C25 | C30 | C35 | ≥C40 |
| 钢筋直径 | 30 | 1770 | 1530 | 1360 | 1240 | 1140 | 2020 | 1750 | 1560 | 1420 | 1300 |
| | 32 | 1890 | 1630 | 1450 | 1320 | 1220 | 2160 | 1870 | 1660 | 1510 | 1390 |
| | 36 | 2120 | 1840 | 1630 | 1490 | 1370 | 2420 | 2100 | 1870 | 1700 | 1560 |
| | 40 | 2360 | 2040 | 1810 | 1650 | 1520 | 2690 | 2330 | 2070 | 1090 | 1730 |
| | 50 | 2940 | 2550 | 2270 | 2060 | 1900 | 3360 | 2910 | 2590 | 2360 | 2170 |

**HRB400、RRB400 受拉钢筋锚固长度 $l_a$ 或 $l_{aE}$、搭接长度 $l_l$ 或 $l_{lE}$(mm)(用于非抗震或四级抗震等级)**

**表 2.9**

| 类别 | | 锚固长度 $l_a$ 或 $l_{aE}$ | | | | | 钢筋搭接面积百分率≤25%时的搭接长度 $l_l$ 或 $l_{lE}$ | | | | |
|---|---|---|---|---|---|---|---|---|---|---|---|
| 混凝土强度等级 | | C20 | C25 | C30 | C35 | ≥C40 | C20 | C25 | C30 | C35 | ≥C40 |
| 钢筋直径 | 6 | 280 | 250 | 250 | 250 | 250 | 330 | 300 | 300 | 300 | 300 |
| | 6.5 | 300 | 260 | 250 | 250 | 250 | 360 | 310 | 300 | 300 | 300 |
| | 8 | 370 | 320 | 290 | 260 | 250 | 450 | 390 | 340 | 310 | 300 |
| | 10 | 460 | 400 | 360 | 330 | 300 | 550 | 480 | 430 | 390 | 360 |
| | 12 | 550 | 480 | 430 | 390 | 360 | 660 | 580 | 510 | 470 | 430 |
| | 14 | 650 | 560 | 500 | 450 | 420 | 770 | 670 | 600 | 540 | 500 |
| | 16 | 740 | 640 | 570 | 520 | 480 | 880 | 770 | 680 | 620 | 570 |
| | 18 | 830 | 720 | 640 | 580 | 540 | 990 | 860 | 770 | 700 | 640 |
| | 20 | 920 | 800 | 710 | 650 | 590 | 1100 | 960 | 850 | 780 | 710 |
| | 22 | 1010 | 880 | 780 | 710 | 650 | 1210 | 1050 | 930 | 850 | 780 |
| | 25 | 1150 | 1000 | 890 | 810 | 740 | 1380 | 1200 | 1060 | 970 | 890 |
| | 28 | 1420 | 1230 | 1090 | 990 | 910 | 1700 | 1470 | 1310 | 1190 | 1090 |
| | 30 | 1520 | 1310 | 1170 | 1060 | 980 | 1820 | 1580 | 1400 | 1280 | 1170 |
| | 32 | 1620 | 1400 | 1250 | 1130 | 1040 | 1940 | 1680 | 1490 | 1360 | 1250 |
| | 36 | 1820 | 1580 | 1400 | 1280 | 1170 | 2180 | 1890 | 1680 | 1530 | 1400 |
| | 40 | 2020 | 1750 | 1560 | 1420 | 1300 | 2420 | 2100 | 1870 | 1700 | 1560 |
| | 50 | 2520 | 2190 | 1940 | 1770 | 1630 | 3030 | 2620 | 2330 | 2120 | 1950 |

**HRB400、RRB400 受拉钢筋搭接长度 $l_l$ 或 $l_{lE}$ (mm)(用于非抗震或四级抗震等级)　　表 2.10**

| 钢筋搭接接头面积百分率 | | 50% | | | | | 100% | | | | |
|---|---|---|---|---|---|---|---|---|---|---|---|
| 混凝土强度等级 | | C20 | C25 | C30 | C35 | ≥C40 | C20 | C25 | C30 | C35 | ≥C40 |
| 钢筋直径 | 6 | 390 | 340 | 300 | 300 | 300 | 440 | 390 | 340 | 310 | 300 |
| | 6.5 | 420 | 370 | 330 | 300 | 300 | 480 | 420 | 370 | 340 | 310 |

续表

| 钢筋搭接接头面积百分率 | | 50% | | | | | 100% | | | | |
|---|---|---|---|---|---|---|---|---|---|---|---|
| 混凝土强度等级 | | C20 | C25 | C30 | C35 | ≥C40 | C20 | C25 | C30 | C35 | ≥C40 |
| 钢筋直径 | 8 | 520 | 450 | 400 | 360 | 340 | 590 | 510 | 460 | 420 | 380 |
| | 10 | 650 | 560 | 500 | 450 | 420 | 740 | 640 | 570 | 520 | 480 |
| | 12 | 770 | 670 | 600 | 540 | 500 | 880 | 770 | 580 | 620 | 570 |
| | 14 | 900 | 780 | 690 | 630 | 580 | 1030 | 890 | 790 | 720 | 670 |
| | 16 | 1030 | 890 | 790 | 720 | 670 | 1180 | 1020 | 910 | 830 | 760 |
| | 18 | 1160 | 1000 | 890 | 810 | 750 | 1320 | 1150 | 1020 | 930 | 850 |
| | 20 | 1290 | 1120 | 990 | 900 | 830 | 1470 | 1280 | 1130 | 1030 | 950 |
| | 22 | 1420 | 1230 | 1090 | 990 | 910 | 1620 | 1400 | 1240 | 1130 | 1040 |
| | 25 | 1610 | 1390 | 1240 | 1130 | 1040 | 1840 | 1590 | 1410 | 1290 | 1180 |
| | 28 | 1980 | 1720 | 1530 | 1390 | 1280 | 2260 | 1960 | 1740 | 1590 | 1460 |
| | 30 | 2120 | 1840 | 1630 | 1490 | 1370 | 2420 | 2100 | 1870 | 1700 | 1560 |
| | 32 | 2260 | 1960 | 1740 | 1590 | 1460 | 2590 | 2240 | 1990 | 1810 | 1660 |
| | 36 | 2540 | 2210 | 1960 | 1780 | 1640 | 2910 | 2520 | 2240 | 2040 | 1870 |
| | 40 | 2830 | 2450 | 2180 | 1980 | 1820 | 3230 | 2800 | 2490 | 2260 | 2080 |
| | 50 | 3530 | 3060 | 2720 | 2480 | 2270 | 4040 | 3500 | 3110 | 2830 | 2600 |

**HRB335 受拉钢筋锚固长度 $l_{aE}$、搭接长度 $l_{lE}$（mm）（用于三级抗震等级）** **表 2.11**

| 类别 | | 锚固长度 $l_{aE}$ | | | | | 钢筋搭接截面面积百分率≤25%时的搭接长度 $l_{lE}$ | | | | |
|---|---|---|---|---|---|---|---|---|---|---|---|
| 混凝土强度等级 | | C20 | C25 | C30 | C35 | ≥C40 | C20 | C25 | C30 | C35 | ≥C40 |
| 钢筋直径 | 6 | 250 | 250 | 250 | 250 | 250 | 300 | 300 | 300 | 300 | 300 |
| | 6.5 | 270 | 250 | 250 | 250 | 250 | 320 | 300 | 300 | 300 | 300 |
| | 8 | 330 | 280 | 250 | 250 | 250 | 390 | 340 | 300 | 300 | 300 |
| | 10 | 410 | 350 | 310 | 290 | 260 | 490 | 420 | 380 | 340 | 310 |
| | 12 | 490 | 420 | 380 | 340 | 310 | 580 | 510 | 450 | 410 | 380 |
| | 14 | 570 | 490 | 440 | 400 | 370 | 680 | 590 | 520 | 480 | 440 |
| | 16 | 650 | 560 | 500 | 450 | 420 | 770 | 670 | 600 | 540 | 500 |
| | 18 | 730 | 630 | 560 | 510 | 470 | 870 | 760 | 670 | 610 | 560 |
| | 20 | 810 | 700 | 620 | 570 | 520 | 970 | 840 | 750 | 680 | 620 |
| | 22 | 890 | 770 | 680 | 620 | 570 | 1060 | 920 | 820 | 750 | 690 |
| | 25 | 1010 | 870 | 780 | 710 | 650 | 1210 | 1050 | 930 | 850 | 780 |
| | 28 | 1240 | 1070 | 950 | 870 | 800 | 1490 | 1290 | 1140 | 1040 | 960 |
| | 30 | 1330 | 1150 | 1020 | 930 | 860 | 1590 | 1380 | 1230 | 1120 | 1030 |
| | 32 | 1420 | 1230 | 1090 | 990 | 910 | 1700 | 1470 | 1310 | 1190 | 1090 |

续表

| 类别 | | 锚固长度 $l_{aE}$ | | | | | 钢筋搭接截面面积百分率≤25%时的搭接长度 $l_{lE}$ | | | | |
|---|---|---|---|---|---|---|---|---|---|---|---|
| 混凝土强度等级 | | C20 | C25 | C30 | C35 | ≥C40 | C20 | C25 | C30 | C35 | ≥C40 |
| 钢筋直径 | 36 | 1590 | 1380 | 1230 | 1120 | 1030 | 1910 | 1660 | 1470 | 1340 | 1230 |
| | 40 | 1610 | 1390 | 1240 | 1130 | 1040 | 2120 | 1840 | 1630 | 1490 | 1370 |
| | 50 | 2210 | 1910 | 1700 | 1550 | 1420 | 2650 | 2300 | 2040 | 1860 | 1710 |

**HRB335 受拉钢筋搭接长度 $l_{lE}$（mm）（用于三级抗震等级）　　表 2.12**

| 钢筋搭接接头面积百分率 | | 50% | | | | | 100% | | | | |
|---|---|---|---|---|---|---|---|---|---|---|---|
| 混凝土强度等级 | | C20 | C25 | C30 | C35 | ≥C40 | C20 | C25 | C30 | C35 | ≥C40 |
| 钢筋直径 | 6 | 340 | 300 | 300 | 300 | 300 | 390 | 340 | 300 | 300 | 300 |
| | 6.5 | 370 | 320 | 300 | 300 | 300 | 420 | 370 | 330 | 300 | 300 |
| | 8 | 450 | 390 | 350 | 320 | 300 | 520 | 450 | 400 | 360 | 340 |
| | 10 | 570 | 490 | 440 | 400 | 370 | 650 | 560 | 500 | 450 | 420 |
| | 12 | 680 | 590 | 520 | 480 | 440 | 770 | 670 | 600 | 540 | 500 |
| | 14 | 790 | 690 | 610 | 560 | 510 | 900 | 780 | 700 | 630 | 580 |
| | 16 | 900 | 780 | 700 | 630 | 580 | 1030 | 890 | 790 | 720 | 670 |
| | 18 | 1020 | 880 | 780 | 710 | 650 | 1160 | 1010 | 890 | 810 | 750 |
| | 20 | 1130 | 980 | 870 | 790 | 730 | 1290 | 1120 | 990 | 900 | 830 |
| | 22 | 1240 | 1070 | 950 | 870 | 800 | 1420 | 1230 | 1090 | 990 | 910 |
| | 25 | 1410 | 1220 | 1100 | 990 | 910 | 1610 | 1390 | 1240 | 1330 | 1040 |
| | 28 | 1730 | 1500 | 1330 | 1220 | 1120 | 1980 | 1720 | 1520 | 1390 | 1280 |
| | 30 | 1860 | 1610 | 1430 | 1300 | 1200 | 2120 | 1840 | 1630 | 1490 | 1370 |
| | 32 | 1980 | 1720 | 1520 | 1390 | 1280 | 2260 | 1960 | 1740 | 1590 | 1460 |
| | 36 | 2230 | 1930 | 1710 | 1560 | 1430 | 2550 | 2210 | 1960 | 1780 | 1640 |
| | 40 | 2470 | 2140 | 1900 | 1740 | 1590 | 2830 | 2450 | 2180 | 1980 | 1820 |
| | 50 | 3090 | 2680 | 2380 | 2170 | 1990 | 3530 | 3060 | 2720 | 2480 | 2270 |

**HRB400、RRB400 受拉钢筋锚固长度 $l_{aE}$、搭接长度 $l_{lE}$（mm）（用于三级抗震等级）　　表 2.13**

| 类别 | | 锚固长度 $l_{aE}$ | | | | | 钢筋搭接截面面积百分率≤25%时的搭接长度 $l_{lE}$ | | | | |
|---|---|---|---|---|---|---|---|---|---|---|---|
| 混凝土强度等级 | | C20 | C25 | C30 | C35 | ≥C40 | C20 | C25 | C30 | C35 | ≥C40 |
| 钢筋直径 | 6 | 290 | 260 | 250 | 250 | 250 | 350 | 310 | 300 | 300 | 300 |
| | 6.5 | 320 | 280 | 250 | 250 | 250 | 380 | 330 | 300 | 300 | 300 |
| | 8 | 390 | 340 | 300 | 270 | 250 | 470 | 410 | 360 | 330 | 300 |
| | 10 | 490 | 420 | 380 | 340 | 310 | 580 | 510 | 450 | 410 | 380 |

续表

| 类别 | | 锚固长度 $l_{aE}$ | | | | | 钢筋搭接截面面积百分率≤25%时的搭接长度 $l_{lE}$ | | | | |
|---|---|---|---|---|---|---|---|---|---|---|---|
| 混凝土强度等级 | | C20 | C25 | C30 | C35 | ≥C40 | C20 | C25 | C30 | C35 | ≥C40 |
| 钢筋直径 | 12 | 580 | 510 | 450 | 410 | 380 | 700 | 610 | 540 | 490 | 450 |
| | 14 | 680 | 590 | 520 | 480 | 440 | 810 | 710 | 630 | 570 | 520 |
| | 16 | 770 | 670 | 600 | 540 | 500 | 930 | 810 | 720 | 650 | 600 |
| | 18 | 870 | 760 | 670 | 610 | 560 | 1040 | 910 | 800 | 730 | 670 |
| | 20 | 970 | 840 | 750 | 680 | 620 | 1160 | 1010 | 890 | 810 | 750 |
| | 22 | 1060 | 920 | 820 | 750 | 690 | 1280 | 1110 | 980 | 900 | 820 |
| | 25 | 1210 | 1050 | 930 | 850 | 780 | 1450 | 1260 | 1120 | 1020 | 930 |
| | 28 | 1490 | 1290 | 1140 | 1040 | 960 | 1780 | 1550 | 1370 | 1250 | 1150 |
| | 30 | 1590 | 1380 | 1230 | 1120 | 1030 | 1910 | 1660 | 1470 | 1340 | 1230 |
| | 32 | 1700 | 1470 | 1310 | 1190 | 1090 | 2040 | 1770 | 1570 | 1430 | 1310 |
| | 36 | 1910 | 1660 | 1470 | 1340 | 1230 | 2290 | 1990 | 1760 | 1610 | 1480 |
| | 40 | 2120 | 1840 | 1630 | 1490 | 1370 | 2550 | 2210 | 1960 | 1780 | 1640 |
| | 50 | 2650 | 2300 | 2040 | 1860 | 1710 | 3180 | 2760 | 2450 | 2230 | 2050 |

**HRB400、RRB400 受拉钢筋搭接长度 $l_{lE}$（mm）（用于三级抗震等级）　　表 2.14**

| 钢筋搭接接头面积百分率 | | 50% | | | | | 100% | | | | |
|---|---|---|---|---|---|---|---|---|---|---|---|
| 混凝土强度等级 | | C20 | C25 | C30 | C35 | ≥C40 | C20 | C25 | C30 | C35 | ≥C40 |
| 钢筋直径 | 6 | 410 | 360 | 320 | 300 | 300 | 470 | 410 | 360 | 330 | 300 |
| | 6.5 | 440 | 380 | 340 | 310 | 300 | 510 | 440 | 390 | 360 | 330 |
| | 8 | 540 | 470 | 420 | 380 | 350 | 620 | 540 | 480 | 440 | 400 |
| | 10 | 680 | 590 | 520 | 480 | 440 | 770 | 670 | 600 | 540 | 500 |
| | 12 | 810 | 710 | 630 | 570 | 520 | 930 | 810 | 720 | 650 | 600 |
| | 14 | 950 | 820 | 730 | 670 | 610 | 1080 | 940 | 830 | 760 | 700 |
| | 16 | 1080 | 940 | 830 | 760 | 700 | 1240 | 1070 | 950 | 870 | 800 |
| | 18 | 1220 | 1060 | 940 | 850 | 780 | 1390 | 1210 | 1070 | 980 | 900 |
| | 20 | 1350 | 1170 | 1040 | 950 | 870 | 1540 | 1340 | 1190 | 1080 | 1000 |
| | 22 | 1490 | 1290 | 1140 | 1040 | 960 | 1700 | 1470 | 1310 | 1190 | 1090 |
| | 25 | 1690 | 1460 | 1300 | 1180 | 1090 | 1930 | 1670 | 1490 | 1350 | 1240 |
| | 28 | 2080 | 1800 | 1600 | 1460 | 1340 | 2380 | 2060 | 1830 | 1670 | 1530 |
| | 30 | 2230 | 1930 | 1710 | 1560 | 1430 | 2550 | 2210 | 1960 | 1780 | 1640 |
| | 32 | 2380 | 2060 | 1830 | 1670 | 1530 | 2710 | 2350 | 2090 | 1900 | 1750 |
| | 36 | 2670 | 2320 | 2060 | 1870 | 1720 | 3050 | 2650 | 2350 | 2140 | 1970 |
| | 40 | 2970 | 2570 | 2300 | 2080 | 1910 | 3390 | 2940 | 2610 | 2380 | 2180 |
| | 50 | 3710 | 3210 | 2850 | 2600 | 2390 | 4240 | 3670 | 3260 | 2970 | 2730 |

**HRB335 受拉钢筋锚固长度 $l_{aE}$、搭接长度 $l_{lE}$（mm）（用于一、二级抗震等级）　　　表 2.15**

| 类　别 | | 锚固长度 $l_{aE}$ | | | | | 钢筋搭接截面面积百分率≤25%时的搭接长度 $l_{lE}$ | | | | |
|---|---|---|---|---|---|---|---|---|---|---|---|
| 混凝土强度等级 | | C20 | C25 | C30 | C35 | ≥C40 | C20 | C25 | C30 | C35 | ≥C40 |
| 钢筋直径 | 6 | 270 | 250 | 250 | 250 | 250 | 320 | 300 | 300 | 300 | 300 |
| | 6.5 | 290 | 250 | 250 | 250 | 250 | 350 | 300 | 300 | 300 | 300 |
| | 8 | 360 | 310 | 280 | 250 | 250 | 430 | 370 | 330 | 300 | 300 |
| | 10 | 440 | 390 | 340 | 310 | 290 | 530 | 460 | 410 | 370 | 340 |
| | 12 | 530 | 460 | 410 | 370 | 340 | 640 | 550 | 490 | 450 | 410 |
| | 14 | 620 | 540 | 480 | 440 | 400 | 740 | 640 | 570 | 520 | 480 |
| | 16 | 710 | 610 | 550 | 500 | 460 | 850 | 740 | 650 | 600 | 550 |
| | 18 | 800 | 690 | 610 | 560 | 510 | 950 | 830 | 730 | 670 | 620 |
| | 20 | 880 | 770 | 680 | 620 | 570 | 1060 | 920 | 820 | 740 | 680 |
| | 22 | 970 | 840 | 750 | 680 | 630 | 1160 | 1010 | 900 | 820 | 750 |
| | 25 | 1100 | 960 | 850 | 770 | 710 | 1320 | 1150 | 1020 | 930 | 850 |
| | 28 | 1360 | 1180 | 1050 | 950 | 870 | 1630 | 1410 | 1250 | 1140 | 1050 |
| | 30 | 1450 | 1260 | 1120 | 1020 | 940 | 1740 | 1510 | 1340 | 1220 | 1120 |
| | 32 | 1550 | 1340 | 1190 | 1090 | 1000 | 1860 | 1610 | 1430 | 1300 | 1200 |
| | 36 | 1740 | 1510 | 1340 | 1220 | 1120 | 2090 | 1810 | 1610 | 1470 | 1350 |
| | 40 | 1940 | 1680 | 1490 | 1360 | 1250 | 2320 | 2010 | 1790 | 1630 | 1500 |
| | 50 | 2420 | 2100 | 1860 | 1700 | 1560 | 2900 | 2520 | 2230 | 2040 | 1870 |

**HRB335 受拉钢筋搭接长度 $l_{lE}$（mm）（用于一、二级抗震等级）　　　表 2.16**

| 钢筋搭接接头面积百分率 | | 50% | | | | | 100% | | | | |
|---|---|---|---|---|---|---|---|---|---|---|---|
| 混凝土强度等级 | | C20 | C25 | C30 | C35 | ≥C40 | C20 | C25 | C30 | C35 | ≥C40 |
| 钢筋直径 | 6 | 370 | 320 | 300 | 300 | 300 | 430 | 370 | 330 | 300 | 300 |
| | 6.5 | 400 | 350 | 310 | 300 | 300 | 460 | 400 | 360 | 320 | 300 |
| | 8 | 500 | 430 | 380 | 350 | 320 | 570 | 490 | 440 | 400 | 370 |
| | 10 | 620 | 540 | 480 | 440 | 400 | 710 | 610 | 550 | 500 | 460 |
| | 12 | 740 | 640 | 570 | 520 | 480 | 850 | 740 | 650 | 600 | 550 |
| | 14 | 870 | 750 | 670 | 610 | 560 | 990 | 860 | 760 | 690 | 640 |
| | 16 | 990 | 860 | 760 | 690 | 640 | 1130 | 980 | 870 | 790 | 730 |
| | 18 | 1110 | 960 | 860 | 780 | 720 | 1270 | 1100 | 980 | 890 | 820 |
| | 20 | 1230 | 1070 | 950 | 870 | 800 | 1410 | 1220 | 1090 | 990 | 910 |

续表

| 钢筋搭接接头面积百分率 | | 50% | | | | | 100% | | | | |
|---|---|---|---|---|---|---|---|---|---|---|---|
| 混凝土强度等级 | | C20 | C25 | C30 | C35 | ≥C40 | C20 | C25 | C30 | C35 | ≥C40 |
| 钢筋直径 | 22 | 1360 | 1180 | 1050 | 950 | 870 | 1550 | 1340 | 1190 | 1090 | 1000 |
| | 25 | 1540 | 1340 | 1190 | 1080 | 990 | 1760 | 1530 | 1360 | 1240 | 1130 |
| | 28 | 1900 | 1640 | 1460 | 1330 | 1220 | 2170 | 1880 | 1670 | 1520 | 1400 |
| | 30 | 2030 | 1760 | 1570 | 1430 | 1310 | 2320 | 2010 | 1790 | 1630 | 1500 |
| | 32 | 2170 | 1880 | 1670 | 1520 | 1400 | 2480 | 2150 | 1910 | 1740 | 1600 |
| | 36 | 2440 | 2110 | 1880 | 1710 | 1570 | 2790 | 2410 | 2150 | 1950 | 1790 |
| | 40 | 2710 | 2350 | 2090 | 1900 | 1740 | 3100 | 2680 | 2380 | 2170 | 1990 |
| | 50 | 3390 | 2930 | 2610 | 2370 | 2180 | 3870 | 3350 | 2980 | 2710 | 2490 |

**HRB400、RRB400 受拉钢筋锚固长度 $l_{aE}$、搭接长度 $l_{lE}$（mm）（用于一、二级抗震等级）　表 2.17**

| 类　别 | | 锚固长度 $l_{aE}$ | | | | | 钢筋搭接截面面积百分率≤25%时的搭接长度 $l_{lE}$ | | | | |
|---|---|---|---|---|---|---|---|---|---|---|---|
| 混凝土强度等级 | | C20 | C25 | C30 | C35 | ≥C40 | C20 | C25 | C30 | C35 | ≥C40 |
| 钢筋直径 | 6 | 320 | 280 | 250 | 250 | 250 | 400 | 330 | 300 | 300 | 300 |
| | 6.5 | 350 | 300 | 270 | 250 | 250 | 420 | 360 | 320 | 300 | 300 |
| | 8 | 430 | 370 | 330 | 300 | 280 | 510 | 440 | 390 | 360 | 330 |
| | 10 | 530 | 460 | 410 | 370 | 340 | 640 | 550 | 490 | 450 | 410 |
| | 12 | 640 | 550 | 490 | 450 | 410 | 760 | 660 | 5900 | 540 | 490 |
| | 14 | 740 | 640 | 570 | 520 | 480 | 890 | 770 | 690 | 630 | 570 |
| | 16 | 850 | 740 | 650 | 600 | 550 | 1020 | 880 | 780 | 710 | 660 |
| | 18 | 950 | 830 | 730 | 670 | 620 | 1140 | 990 | 880 | 800 | 740 |
| | 20 | 1060 | 920 | 820 | 740 | 680 | 1270 | 1100 | 980 | 890 | 820 |
| | 22 | 1160 | 1010 | 900 | 820 | 750 | 1400 | 1210 | 1080 | 980 | 900 |
| | 25 | 1320 | 1150 | 1020 | 930 | 850 | 1590 | 1370 | 1220 | 1110 | 1020 |
| | 28 | 1630 | 1410 | 1250 | 1140 | 1050 | 1950 | 1690 | 1500 | 1370 | 1260 |
| | 30 | 1740 | 1510 | 1340 | 1220 | 1120 | 2090 | 1810 | 1610 | 1470 | 1350 |
| | 32 | 1860 | 1610 | 1430 | 1300 | 1200 | 2230 | 1930 | 1720 | 1560 | 1440 |
| | 36 | 2090 | 1810 | 1610 | 1470 | 1350 | 2510 | 2170 | 1930 | 1760 | 1620 |
| | 40 | 2320 | 2010 | 1790 | 1630 | 1500 | 2790 | 2410 | 2150 | 1950 | 1790 |
| | 50 | 2900 | 2520 | 2230 | 2040 | 1870 | 3480 | 3020 | 2680 | 2440 | 2240 |

**HRB400、RRB400 受拉钢筋搭接长度 $l_{lE}$（mm）（用于一、二级抗震等级）　　表 2.18**

| 钢筋搭接接头面积百分率 | | 50% | | | | | 100% | | | | |
|---|---|---|---|---|---|---|---|---|---|---|---|
| 混凝土强度等级 | | C20 | C25 | C30 | C35 | ≥C40 | C20 | C25 | C30 | C35 | ≥C40 |
| 钢筋直径 | 6 | 450 | 390 | 350 | 320 | 300 | 510 | 440 | 390 | 360 | 330 |
| | 6.5 | 480 | 420 | 370 | 340 | 310 | 550 | 480 | 430 | 390 | 360 |
| | 8 | 600 | 520 | 460 | 420 | 380 | 680 | 590 | 520 | 480 | 440 |
| | 10 | 740 | 640 | 570 | 520 | 480 | 850 | 740 | 650 | 600 | 550 |
| | 12 | 890 | 770 | 690 | 630 | 570 | 1020 | 880 | 790 | 710 | 660 |
| | 14 | 1040 | 900 | 800 | 730 | 670 | 1190 | 1030 | 910 | 830 | 760 |
| | 16 | 1190 | 1030 | 910 | 830 | 760 | 1350 | 1170 | 1040 | 950 | 870 |
| | 18 | 1330 | 1160 | 1030 | 940 | 860 | 1520 | 1320 | 1170 | 1070 | 980 |
| | 20 | 1480 | 1280 | 1140 | 1040 | 950 | 1690 | 1470 | 1300 | 1190 | 1090 |
| | 22 | 1630 | 1410 | 1250 | 1140 | 1050 | 1860 | 1610 | 1430 | 1300 | 1200 |
| | 25 | 1850 | 1600 | 1420 | 1300 | 1190 | 2110 | 1830 | 1630 | 1480 | 1360 |
| | 28 | 2280 | 1970 | 1750 | 1600 | 1470 | 2600 | 2250 | 2000 | 1820 | 1680 |
| | 30 | 2440 | 2110 | 1880 | 1710 | 1570 | 2790 | 2410 | 2150 | 1950 | 1790 |
| | 32 | 2600 | 2250 | 2000 | 1820 | 1680 | 2970 | 2580 | 2290 | 2080 | 1910 |
| | 36 | 2930 | 2540 | 2250 | 2050 | 1880 | 3340 | 2900 | 2570 | 2340 | 2150 |
| | 40 | 3250 | 2820 | 2500 | 2280 | 2090 | 3710 | 3220 | 2860 | 2600 | 2390 |
| | 50 | 4060 | 3520 | 3130 | 2850 | 2610 | 4640 | 4020 | 3570 | 3250 | 2990 |

**纵向受拉冷轧带肋钢筋的最小锚固长度 $l_a$ 或 $l_{aE}$　　表 2.19**

| 抗震等级 | 钢筋级别 | 混凝土强度等级 | | | | |
|---|---|---|---|---|---|---|
| | | C20 | C25 | C30 | C35 | ≥C40 |
| 非抗震 $l_a$，四级抗震等级 $l_{aE}$ | CRB550 | $40d$ | $35d$ | $30d$ | $28d$ | $25d$ |
| 三级抗震等级 $l_{aE}$ | CRB550 | $42d$ | $37d$ | $32d$ | $30d$ | $27d$ |
| 一、二级抗震等级 $l_{aE}$ | CRB550 | $46d$ | $41d$ | $35d$ | $23d$ | $29d$ |

注：1　$d$ 为锚固钢筋的直径（mm）；
2　两根并筋的锚固长度应按表中数值乘以系数 1.4 后取用；
3　在任何情况下，纵向受拉钢筋的锚固长度不应小于 200mm。

说明：1　本表根据《冷轧带肋钢筋混凝土结构技术规程》JGJ 95—2003 第 6.1.2 条、第 6.1.3 条 1 款编制。
2　表中注 3 不符合《混凝土结构设计规范》GB 50010—2002 第 9.3.1 条“锚固长度不应小于 250mm”的规定，请读者注意。

## 纵向受拉冷轧带肋钢筋的最小搭接长度 $l_l$　　表 2.20

| 钢筋级别 | 混凝土强度等级 | | | | |
|---|---|---|---|---|---|
| | C20 | C25 | C30 | C35 | ≥C40 |
| CRB550 | 50$d$ | 45$d$ | 40$d$ | 35$d$ | 30$d$ |

注：1　$d$ 为锚固钢筋的直径（mm）；
2　两根直径不同的钢筋的搭接长度，以较细钢筋的直径计算；
3　两根并筋的搭接长度应按表中数值乘以系数 1.4 后取用；
4　有抗震要求的受力钢筋的最小搭接长度见本规程 6.3.1 条有关规定；
5　在任何情况下，纵向受拉钢筋的搭接长度不应小于 250mm；
6　纵向受拉钢筋绑扎搭接接头的相关要求，尚应符合现行国家标准《混凝土结构设计规范》GB 50010 的规定。

说明：1　本表根据《冷轧带肋钢筋混凝土结构技术规程》JGJ 95—2003 第 7.3.3 条编制。
2　如按《混凝土结构设计规范》GB 50010—2002 第 9.4.3 条规定，钢筋的搭接长度应与接头面积百分率有关，搭接长度均不应小于 300mm，本表并不符合该条规定。因此表中注 6 令人费解，读者使用本表时应注意。

## 纵向受拉冷轧带肋钢筋绑扎搭接接头面积百分率≤25%时的抗震搭接长度 $l_{lE}$　　表 2.21

| 抗震等级 | 钢筋级别 | 混凝土强度等级 | | | | |
|---|---|---|---|---|---|---|
| | | C20 | C25 | C30 | C35 | ≥C40 |
| 四级抗震等级 $l_{lE}$ | CRB550 | 50$d$ | 44$d$ | 38$d$ | 35$d$ | 32$d$ |
| 三级抗震等级 $l_{aE}$ | CRB550 | 53$d$ | 46$d$ | 40$d$ | 37$d$ | 33$d$ |
| 一、二级抗震等级 $l_{aE}$ | CRB550 | 58$d$ | 51$d$ | 44$d$ | 41$d$ | 36$d$ |

说明：1　本表根据《冷轧带肋钢筋混凝土结构技术规程》JGJ 95—2003 第 6.1.3 条 2 款编制。
2　本表中四级抗震等级的 $l_{lE}$ 在 C25 和 C30 时小于表 2.20 中纵向受拉冷轧带肋钢筋的最小搭接长度 $l_l$，这显然不合理，读者使用本表时应注意。

## 纵向受拉 CRB550 级冷轧带肋钢筋的锚固长度 $l_a$ 和搭接长度 $l_l$（mm）　　表 2.22

| 类别 | | 锚固长度 $l_a$（mm） | | | | | 搭接长度 $l_l$（mm） | | | | |
|---|---|---|---|---|---|---|---|---|---|---|---|
| 混凝土强度等级 | | C20 | C25 | C30 | C35 | ≥C40 | C20 | C25 | C30 | C35 | ≥C40 |
| 钢筋直径 | 5 | 200 | 200 | 200 | 200 | 200 | 250 | 250 | 250 | 250 | 250 |
| | 6 | 240 | 210 | 200 | 200 | 200 | 300 | 270 | 250 | 250 | 250 |
| | 7 | 280 | 250 | 210 | 200 | 200 | 350 | 320 | 280 | 250 | 250 |
| | 8 | 320 | 280 | 240 | 230 | 200 | 400 | 360 | 320 | 280 | 240 |
| | 9 | 360 | 320 | 270 | 260 | 230 | 450 | 410 | 360 | 320 | 270 |
| | 10 | 400 | 350 | 300 | 280 | 250 | 500 | 450 | 400 | 350 | 300 |
| | 11 | 440 | 390 | 330 | 310 | 280 | 550 | 500 | 440 | 390 | 330 |
| | 12 | 480 | 420 | 360 | 340 | 300 | 600 | 540 | 480 | 420 | 360 |

说明：1　本表根据《冷轧带肋钢筋混凝土结构技术规程》JGJ 95—2003 第 6.1.2 条、第 6.1.3 条 1 款、第 7.3.3 条编制。
2　本表中锚固长度 200～240mm 及搭接长度 250～280mm 均不符合《混凝土结构设计规范》GB 50010—2002 的规定，读者使用本表时应注意。

**四级抗震等级时纵向受拉 CRB550 级冷轧带肋钢筋的锚固长度 $l_{aE}$ 和搭接长度 $l_{lE}$（mm）　表 2.23**

| 类别 | | 锚固长度 $l_{aE}$ | | | | | 钢筋搭接面积百分率≤25%时的搭接长度 $l_{lE}$ | | | | |
|---|---|---|---|---|---|---|---|---|---|---|---|
| 混凝土强度等级 | | C20 | C25 | C30 | C35 | ≥C40 | C20 | C25 | C30 | C35 | ≥C40 |
| 钢筋直径 | 5 | 200 | 200 | 200 | 200 | 200 | 250 | 250 | 250 | 250 | 250 |
| | 6 | 240 | 210 | 200 | 200 | 200 | 300 | 270 | 250 | 250 | 250 |
| | 7 | 280 | 250 | 210 | 200 | 200 | 350 | 310 | 270 | 250 | 250 |
| | 8 | 320 | 280 | 240 | 230 | 200 | 400 | 360 | 310 | 280 | 260 |
| | 9 | 360 | 320 | 270 | 260 | 230 | 450 | 400 | 350 | 320 | 290 |
| | 10 | 400 | 350 | 300 | 280 | 250 | 500 | 440 | 380 | 350 | 320 |
| | 11 | 440 | 390 | 330 | 310 | 280 | 550 | 490 | 420 | 390 | 360 |
| | 12 | 480 | 420 | 360 | 340 | 300 | 600 | 530 | 460 | 420 | 390 |

说明：1　本表根据《冷轧带肋钢筋混凝土结构技术规程》JGJ 95—2003 第 6.1.2 条、第 6.1.3 条编制。

2　本表中四级抗震等级的 $l_{lE}$ 在 C25 和 C30 时小于表 2.23 中纵向受拉冷轧带肋钢筋的最小搭接长度 $l_l$，这显然不合理，读者使用本表时应注意。

3　本表中锚固长度 200～240mm 及搭接长度 250～290mm 均不符合《混凝土结构设计规范》GB 50010—2002 的规定，读者使用本表时应注意。

**三级抗震等级时纵向受拉 CRB550 级冷轧带肋钢筋的锚固长度 $l_{aE}$ 和搭接长度 $l_{lE}$（mm）　表 2.24**

| 类别 | | 锚固长度 $l_{aE}$ | | | | | 钢筋搭接面积百分率≤25%时的搭接长度 $l_{lE}$ | | | | |
|---|---|---|---|---|---|---|---|---|---|---|---|
| 混凝土强度等级 | | C20 | C25 | C30 | C35 | ≥C40 | C20 | C25 | C30 | C35 | ≥C40 |
| 钢筋直径 | 5 | 210 | 200 | 200 | 200 | 200 | 270 | 250 | 250 | 250 | 250 |
| | 6 | 260 | 230 | 200 | 200 | 200 | 320 | 280 | 250 | 250 | 250 |
| | 7 | 300 | 260 | 230 | 210 | 200 | 370 | 330 | 280 | 260 | 250 |
| | 8 | 340 | 300 | 260 | 240 | 210 | 420 | 370 | 320 | 300 | 270 |
| | 9 | 380 | 340 | 290 | 270 | 240 | 480 | 420 | 360 | 340 | 300 |
| | 10 | 420 | 370 | 320 | 300 | 270 | 530 | 460 | 400 | 370 | 330 |
| | 11 | 470 | 410 | 350 | 330 | 290 | 580 | 510 | 440 | 410 | 370 |
| | 12 | 510 | 450 | 380 | 360 | 320 | 630 | 560 | 480 | 450 | 400 |

说明：1　本表根据《冷轧带肋钢筋混凝土结构技术规程》JGJ 95—2003 第 6.1.2 条、第 6.1.3 条编制。

2　本表中锚固长度 200～240mm 及搭接长度 250～280mm 均不符合《混凝土结构设计规范》GB50010—2002 的规定，读者使用本表时应注意。

**一、二级抗震等级时纵向受拉 CRB550 级冷轧带肋钢筋的锚固长度 $l_{aE}$ 和搭接长度 $l_{lE}$（mm）**

**表 2.25**

| 类别 | | 锚固长度 $l_{aE}$ | | | | | 钢筋搭接面积百分率≤25%时的搭接长度 $l_{lE}$ | | | | |
|---|---|---|---|---|---|---|---|---|---|---|---|
| 混凝土强度等级 | | C20 | C25 | C30 | C35 | ≥C40 | C20 | C25 | C30 | C35 | ≥C40 |
| 钢筋直径 | 5 | 230 | 210 | 200 | 200 | 200 | 290 | 260 | 250 | 250 | 250 |
| | 6 | 280 | 250 | 210 | 200 | 200 | 345 | 310 | 260 | 250 | 250 |
| | 7 | 330 | 290 | 250 | 230 | 210 | 410 | 360 | 310 | 290 | 260 |
| | 8 | 370 | 330 | 280 | 260 | 230 | 460 | 410 | 350 | 330 | 290 |

续表

| 类别 | | 锚固长度 $l_{aE}$ | | | | | 钢筋搭接面积百分率≤25%时的搭接长度 $l_{lE}$ | | | | |
|---|---|---|---|---|---|---|---|---|---|---|---|
| 混凝土强度等级 | | C20 | C25 | C30 | C35 | ≥C40 | C20 | C25 | C30 | C35 | ≥C40 |
| 钢筋直径 | 9 | 420 | 370 | 320 | 290 | 260 | 520 | 460 | 390 | 370 | 330 |
| | 10 | 460 | 410 | 350 | 330 | 290 | 575 | 510 | 440 | 410 | 360 |
| | 11 | 510 | 450 | 380 | 360 | 320 | 640 | 560 | 480 | 450 | 400 |
| | 12 | 560 | 490 | 420 | 390 | 350 | 690 | 610 | 520 | 490 | 440 |

说明：1　本表根据《冷轧带肋钢筋混凝土结构技术规程》JGJ 95—2003 第 6.1.2 条、第 6.1.3 条编制。

2　本表中锚固长度 200～230mm 及搭接长度 250～290mm 均不符合《混凝土结构设计规范》GB 50010—2002 的规定，读者使用本表时应注意。

**纵向受拉冷轧扭钢筋的最小锚固长度 $l_a$及绑扎接头的搭接长度 $l_l$　　表 2.26**

| 类别 | 混凝土强度等级 | | |
|---|---|---|---|
| | C20 | C25 | ≥C30 |
| 最小锚固长度 $l_a$ | $45d$ | $40d$ | $35d$ |
| 搭接长度 $l_l$ | $54d$ | $48d$ | $42d$ |
| 注：纵向受拉冷轧扭钢筋的搭接长度不应小于 300mm。 | | | |

说明：1　本表根据《冷轧扭钢筋混凝土构件技术规程》JGJ 115—97 第 7.2.1 条、7.2.4 条编制。

2　当《冷轧扭钢筋混凝土构件技术规程》JGJ 115 颁布新修订的版本与本表的规定不同时，本表即失效，按新版本的规定执行。

# 三、构件的最小配筋率

受弯构件、偏心受拉、轴心受拉构件一侧的受拉钢筋、受压构件的全部纵向受力钢筋的最小配筋率（%）

表 3.1

| 混凝土强度等级 | 受弯构件、偏心受拉、轴心受拉构件一侧的受拉钢筋 | | | 受压构件的全部纵向受力钢筋 | | |
|---|---|---|---|---|---|---|
| | 钢筋种类 | | | 钢筋种类 | | |
| | HPB235 | HRB335 | HRB400、RRB400 CRB550 级冷轧带肋钢筋 | HPB235 | HRB335 | HRB400 RRB400 |
| C15 | 0.200 | — | — | 0.6 | — | — |
| C20 | 0.236 | 0.200 | 0.200 | 0.6 | 0.6 | 0.5 |
| C25 | 0.272 | 0.200 | 0.200 | 0.6 | 0.6 | 0.5 |
| C30 | 0.306 | 0.215 | 0.200 | 0.6 | 0.6 | 0.5 |
| C35 | 0.336 | 0.236 | 0.200 | 0.6 | 0.6 | 0.5 |
| C40 | 0.366 | 0.257 | 0.214 | 0.6 | 0.6 | 0.5 |
| C45 | 0.386 | 0.270 | 0.225 | 0.6 | 0.6 | 0.5 |
| C50 | 0.405 | 0.284 | 0.236 | — | 0.6 | 0.5 |
| C55 | 0.420 | 0.294 | 0.245 | — | 0.6 | 0.5 |
| C60 | 0.437 | 0.306 | 0.255 | — | 0.7 | 0.6 |
| C65 | 0.448 | 0.314 | 0.261 | — | 0.7 | 0.6 |
| C70 | 0.459 | 0.321 | 0.268 | — | 0.7 | 0.6 |
| C75 | 0.467 | 0.327 | 0.273 | — | 0.7 | 0.6 |
| C80 | 0.476 | 0.333 | 0.278 | — | 0.7 | 0.6 |

说明：1 本表根据《混凝土结构设计规范》GB 50010—2002 第 9.5.1 条、《冷轧带肋钢筋混凝土结构技术规程》JGJ 95—2003 第 6.1.5 条编制。

2 偏心受拉构件中的受压钢筋，应按受压构件一侧纵向钢筋考虑。

3 受压构件一侧纵向钢筋的最小配筋率为 0.2%。

4 受压构件的全部纵向钢筋和一侧纵向钢筋的配筋率以及轴心受拉构件和小偏心受拉构件一侧受拉钢筋的配筋率应按构件的全截面面积计算；受弯构件、大偏心受拉构件一侧受拉钢筋的配筋率应按全截面面积扣除受压翼缘计算面积（$b'_f-b$）$h'_f$ 后的截面面积计算。

5 当钢筋沿构件截面周边布置时，“一侧纵向钢”系指沿受力方向两个对边中的一边布置的纵向钢筋。

6 对卧置于地基上的混凝土板，板中受拉钢筋的最小配筋率可适当降低，但不应小于 0.15%（《混凝土结构设计规范》GB 50010—2002 第 9.5.2 条）。

**框架中柱、边柱纵向受力钢筋的最小配筋率（%）** **表 3.2**

| 混凝土强度等级 | 抗震等级及钢筋种类 | | | | | | | | | |
|---|---|---|---|---|---|---|---|---|---|---|
| | 特一级 | | 一级 | | 二级 | | 三级 | | 四级及非抗震 | |
| | HRB335 | HRB400 RRB400 | HRB335 | HRB400 RRB400 | HRB335 | HRB400 RRB400 | HRB335 | HRB400 RRB400 | HRB335 | HRB400 RRB400 |
| C20～C55 | 1.4 | 1.4 | 1.0 | 0.9 | 0.8 | 0.7 | 0.7 | 0.6 | 0.6 | 0.5 |
| C60～C80 | 1.4 | 1.4 | 1.1 | 1.0 | 0.9 | 0.8 | 0.8 | 0.7 | 0.7 | 0.6 |

说明：1 本表根据《混凝土结构设计规范》GB 50010—2002 第 11.4.12 条、《建筑抗震设计规范》GB 50011—2001 第 6.3.8 条 1 款、《高层建筑混凝土结构技术规程》JGJ 3—2002 第 6.4.3 条 1 款编制。

2 柱截面每一侧纵向钢筋配筋率不应小于 0.2%。

3 对建造于Ⅳ类场地且较高的高层建筑，表中的数值应增加 0.1（《混凝土结构设计规范》GB 50010—2002 第 11.1.12 条 1 款、《建筑抗震设计规范》GB 50011—2001 第 6.3.8 条 1 款、《高层建筑混凝土结构技术规程》JGJ 3—2002 第 6.4.3 条 1 款）。

**框架角柱纵向受力钢筋的最小配筋率（%）** **表 3.3**

| 混凝土强度等级 | 抗震等级及钢筋种类 | | | | | | | | | 非抗震 | |
|---|---|---|---|---|---|---|---|---|---|---|---|
| | 特一级 | 一级 | | 二级 | | 三级 | | 四级 | | | |
| | HRB335 HRB400 | HRB335 | HRB400 RRB400 | HRB335 | HRB400 RRB400 | HRB335 | HRB400 RRB400 | HRB335 | HRB400 RRB400 | HRB335 | HRB400 RRB400 |
| C20～C55 | 1.6 | 1.2 | 1.1 | 1.0 | 0.9 | 0.9 | 0.8 | 0.8 | 0.7 | 0.6 | 0.5 |
| C60～C80 | 1.6 | 1.3 | 1.2 | 1.1 | 1.0 | 1.0 | 0.9 | 0.9 | 0.8 | 0.7 | 0.6 |

说明：1 本表根据《混凝土结构设计规范》GB 50010—2002 第 11.4.12 条、《建筑抗震设计规范》GB 50011—2001 第 6.3.8 条 1 款、《高层建筑混凝土结构技术规程》JGJ 3—2002 第 6.4.3 条 1 款编制。

2 柱截面每一侧纵向钢筋配筋率不应小于 0.2%。

3 对建造于Ⅳ类场地且较高的高层建筑，表中的数值应增加 0.1（《混凝土结构设计规范》GB 50010—2002 第 11.1.12 条 1 款、《建筑抗震设计规范》GB 50011—2001 第 6.3.8 条 1 款、《高层建筑混凝土结构技术规程》JGJ 3—2002 第 6.4.3 条 1 款）。

**框支柱纵向受力钢筋的最小配筋率（%）** **表 3.4**

| 混凝土强度等级 | 抗震等级及钢筋种类 | | | | | | |
|---|---|---|---|---|---|---|---|
| | 特一级 | 一级 | | 二级 | | 非抗震 | |
| | HRB335、HRB400 RRB400 | HRB335 | HRB400 RRB400 | HRB335 | HRB400 RRB400 | HRB335 | HRB400 RRB400 |
| C20～C55 | 1.6 | 1.2 | 1.1 | 1.0 | 0.9 | 0.8 | 0.7 |
| C60～C80 | 1.6 | 1.3 | 1.2 | 1.1 | 1.0 | 0.9 | 0.8 |

说明：1 本表根据《混凝土结构设计规范》GB 50010—2002 第 11.4.12 条、《建筑抗震设计规范》GB 50011—2001 第 6.3.8 条 1 款、《高层建筑混凝土结构技术规程》JGJ 3—2002 第 6.4.3 条 1 款编制。

2 柱截面每一侧纵向钢筋配筋率不应小于 0.2%。

3 对建造于Ⅳ类场地且较高的高层建筑，表中的数值应增加 0.1（《混凝土结构设计规范》GB 50010—2002 第 11.1.12 条 1 款、《建筑抗震设计规范》GB 50011—2001 第 6.3.8 条 1 款、《高层建筑混凝土结构技术规程》JGJ 3—2002 第 6.4.3 条 1 款）。

框架梁支座截面纵向受拉钢筋的最小配筋率（%） 表 3.5

| 混凝土强度等级 | 抗震等级及钢筋种类 | | | | | |
|---|---|---|---|---|---|---|
| | 一级 | | 二级 | | 三、四级 | |
| | HRB335 | HRB400、RRB400 | HRB335 | HRB400、RRB400 | HRB335 | HRB400、RRB400 |
| C20、C25 | 0.400 | 0.400 | 0.300 | 0.300 | 0.250 | 0.250 |
| C30 | 0.400 | 0.400 | 0.310 | 0.300 | 0.262 | 0.250 |
| C35 | 0.419 | 0.400 | 0.340 | 0.300 | 0.288 | 0.250 |
| C40 | 0.456 | 0.400 | 0.371 | 0.309 | 0.314 | 0.261 |
| C45 | 0.480 | 0.400 | 0.390 | 0.325 | 0.330 | 0.275 |
| C50 | 0.504 | 0.420 | 0.410 | 0.341 | 0.347 | 0.289 |
| C55 | 0.523 | 0.436 | 0.425 | 0.354 | 0.359 | 0.299 |
| C60 | 0.544 | 0.453 | 0.442 | 0.368 | 0.374 | 0.312 |
| C65 | 0.558 | 0.465 | 0.453 | 0.377 | 0.383 | 0.319 |
| C70 | 0.571 | 0.476 | 0.464 | 0.386 | 0.392 | 0.327 |
| C75 | 0.582 | 0.485 | 0.472 | 0.394 | 0.400 | 0.333 |
| C80 | 0.592 | 0.494 | 0.481 | 0.401 | 0.407 | 0.339 |

说明：1 本表根据《混凝土结构设计规范》GB 50010—2002 第 11.3.6 条 1 款、《高层建筑混凝土结构技术规程》JGJ 3—2002 第 6.3.2 条 2 款编制。

2 非抗震设计时框架梁支座截面纵向受拉钢筋的最小配筋率同本书表 3.1 中受弯构件或表 3.6 中抗震等级为三、四级的框架梁跨中截面纵向受拉钢筋的最小配筋率。

框架梁跨中截面纵向受拉钢筋的最小配筋率（%） 表 3.6

| 混凝土强度等级 | 抗震等级及钢筋种类 | | | | | |
|---|---|---|---|---|---|---|
| | 一级 | | 二级 | | 三、四级及非抗震 | |
| | HRB335 | HRB400、RRB400 | HRB335 | HRB400、RRB400 | HRB335 | HRB400、RRB400 |
| C20、C25 | 0.300 | 0.300 | 0.250 | 0.250 | 0.200 | 0.200 |
| C30 | 0.310 | 0.300 | 0.262 | 0.250 | 0.215 | 0.200 |
| C35 | 0.340 | 0.300 | 0.288 | 0.250 | 0.236 | 0.200 |
| C40 | 0.371 | 0.309 | 0.314 | 0.261 | 0.257 | 0.214 |
| C45 | 0.390 | 0.325 | 0.330 | 0.275 | 0.270 | 0.225 |
| C50 | 0.410 | 0.341 | 0.347 | 0.289 | 0.284 | 0.236 |
| C55 | 0.425 | 0.354 | 0.359 | 0.299 | 0.294 | 0.245 |
| C60 | 0.442 | 0.368 | 0.374 | 0.312 | 0.306 | 0.255 |
| C65 | 0.453 | 0.377 | 0.383 | 0.319 | 0.314 | 0.261 |

续表

| 混凝土强度等级 | 抗震等级及钢筋种类 | | | | | |
|---|---|---|---|---|---|---|
| | 一级 | | 二级 | | 三、四级及非抗震 | |
| | HRB335 | HRB400、RRB400 | HRB335 | HRB400、RRB400 | HRB335 | HRB400、RRB400 |
| C70 | 0.464 | 0.386 | 0.392 | 0.327 | 0.321 | 0.268 |
| C75 | 0.472 | 0.394 | 0.400 | 0.333 | 0.327 | 0.273 |
| C80 | 0.481 | 0.401 | 0.407 | 0.339 | 0.333 | 0.278 |

说明：本表根据《混凝土结构设计规范》GB 50010—2002 第 11.3.6 条 1 款、《高层建筑混凝土结构技术规程》JGJ 3—2002 第 6.3.2 条 2 款编制。

**框支梁上、下部纵向受拉钢筋的最小配筋率（%）　　表 3.7**

| 混凝土强度等级 | 框支梁抗震等级及钢筋种类 | | | | |
|---|---|---|---|---|---|
| | 特一级 | 一级 | 二级 | 非抗震 | |
| | HRB335、HRB400、RRB400 | HRB335、HRB400、RRB400 | HRB335、HRB400、RRB400 | HRB335 | HRB400 RRB400 |
| C20～C55 | 0.6 | 0.5 | 0.4 | 0.300 | 0.3 |
| C60 | 0.6 | 0.5 | 0.4 | 0.306 | 0.3 |
| C65 | 0.6 | 0.5 | 0.4 | 0.314 | 0.3 |
| C70 | 0.6 | 0.5 | 0.4 | 0.321 | 0.3 |
| C75 | 0.6 | 0.5 | 0.4 | 0.327 | 0.3 |
| C80 | 0.6 | 0.5 | 0.407 | 0.333 | 0.3 |

说明：本表根据《高层建筑混凝土结构技术规程》JGJ 3—2002 第 10.2.8 条 1 款及《混凝土结构设计规范》GB 50010—2002 第 9.5.1 条编制。

**剪力墙水平和竖向分布钢筋的最小配筋率（%）　　表 3.8**

| 混凝土强度等级 | 剪力墙的水平和竖向分布钢筋 | | | | 部分框支剪力墙结构的剪力墙 | |
|---|---|---|---|---|---|---|
| | 抗震等级及部位 | | | | 抗震等级及部位 | |
| | 特一级 | | 一、二、三级 | 四级及非抗震 | 抗震设计 | 非抗震 |
| | 底部加强部位 | 一般部位 | 所有部位 | 所有部位 | 底部加强部位 | 底部加强部位 |
| C20～C80 | 0.4 | 0.35 | 0.25 | 0.2 | 0.3 | 0.25 |

说明：1　本表根据《混凝土结构设计规范》GB 50010—2002 第 11.7.11 条、《建筑抗震设计规范》GB 50011—2001 第 6.4.3 条、《高层建筑混凝土结构技术规程》JGJ 3—2002 第 7.2.18 条 1 款编制。

2　结构中重要部位的剪力墙，其水平和竖向分布钢筋的配筋率宜适当提高；剪力墙中温度、收缩应力较大的部位，水平分布钢筋的配筋率宜适当提高（《混凝土结构设计规范》GB 50010—2002 第 10.5.9 条）。

3　高层建筑房屋顶层剪力墙以及长矩形平面房屋的楼梯间和电梯间剪力墙、端开间的纵向剪力墙、端山墙的水平和竖向分布钢筋的最小配筋率不应小于 0.25%，钢筋间距不应大于 200mm（《高层建筑混凝土结构技术规程》JGJ 3—2002 第 7.2.20 条）。

**筒体、剪力墙约束边缘构件纵向钢筋的最小配筋要求** **表 3.9**

| 抗震等级 | 特一级 | 一级 | 二级 |
|---|---|---|---|
| 最小配筋率 $\rho_{min}$（%） | 1.4 | 1.2 | 1.0 |
| （最小配筋量） | （6ϕ16） | （6ϕ16） | （6ϕ14） |

说明：1 本表根据《混凝土结构设计规范》GB 50010—2002 第 11.7.15 条 2 款、《建筑抗震设计规范》GB 50011—2001 第 6.4.7 条、《高层建筑混凝土结构技术规程》JGJ 3—2002 第 7.2.16 条 2 款编制，最小配筋量仅为《高层建筑混凝土结构技术规程》JGJ 3—2002 第 7.2.16 条 2 款的要求。

2 规范关于边缘构件设置的规定：

1) 《混凝土结构设计规范》GB 50010—2002：剪力墙两端及洞口两侧应设置边缘构件，并应符合下列要求：一、二级抗震等级的剪力墙结构和框架-剪力墙结构中的剪力墙，在重力荷载代表值作用下，当墙肢底截面轴压比大于一级（9 度）0.1、一级（8 度）0.2、二级 0.3 时，其底部加强部位及其以上一层墙肢应设置约束边缘构件，当墙肢底截面轴压比小于上述规定时，宜设置构造边缘构件；部分框支剪力墙结构中，一、二级抗震等级落地剪力墙的底部加强部位及以上一层的墙肢，剪力墙的两端应设置符合约束边缘构件要求的翼墙或端柱，且洞口两侧应设置约束边缘构件；不落地的剪力墙，应在底部加强部位及以上一层剪力墙的墙肢两端设置约束边缘构件；一、二级抗震等级的剪力墙结构和框架-剪力墙结构中的一般部位剪力墙以及三、四级抗震等级剪力墙结构和框架-剪力墙结构中的剪力墙，应设置构造边缘构件；框架-核心筒结构的核心筒、筒中筒结构的内筒，除符合上述要求外，一、二级抗震等级筒体角部的边缘构件应按下列要求加强：底部加强部位，约束边缘构件沿墙肢的长度应取墙肢截面高度的 1/4，且约束边缘构件范围内应全部采用箍筋；底部加强部位以上的全高范围内宜按转角墙设置约束边缘构件，约束边缘构件沿墙肢的长度仍取墙肢截面高度的 1/4（第 11.7.14 条）。剪力墙端部设置的约束边缘构件（暗柱、端柱、翼墙和转角墙）应符合下列要求……（第 11.7.15 条）。

2) 《建筑抗震设计规范》GB 50011—2001：抗震墙两端和洞口两侧应设置边缘构件，并应符合下列要求：抗震墙结构，一、二级抗震墙底部加强部位及相邻的上一层应设置约束边缘构件，但墙肢底截面在重力荷载代表值作用下轴压比小于一级（9 度）0.1、一级（8 度）0.2、二级 0.3 时可设置构造边缘构件；部分框支抗震墙结构，一、二级落地抗震墙底部加强部位及相邻的上一层的两端应设置符合约束边缘构件要求的翼墙或端柱，洞口两侧应设置约束边缘构件；不落地抗震墙应在底部加强部位及相邻的上一层的墙肢两端设置约束边缘构件；一、二级抗震墙的其他部位和三、四级抗震墙，均应设置构造边缘构件（第 6.4.6 条）。抗震墙的约束边缘构件包括暗柱、端柱和翼墙（第 6.4.7 条）。

3) 《高层建筑混凝土结构技术规程》JGJ 3—2002：一、二级抗震设计的剪力墙底部加强部位及其上一层的墙肢端部应设置约束边缘构件；一、二级抗震设计的剪力墙的其他部位以及三、四级抗震设计和非抗震设计的剪力墙墙肢端部应设置构造边缘构件（第 7.2.15 条）。框支剪力墙结构剪力墙底部加强部位，墙体两端宜设置翼墙或端柱，抗震设计时尚应设置约束边缘构件（第 10.2.16 条）。

**筒体、剪力墙构造边缘构件纵向钢筋的最小配筋要求** **表 3.10**

| 部位 | 底部加强部位 | | | | 其他部位 | | | |
|---|---|---|---|---|---|---|---|---|
| 抗震等级 | 特一级 | 一级 | 二级 | 三、四级 | 特一级 | 一级 | 二级 | 三、四级 |
| 最小配筋率 $\rho_{min}$（%） | 1.2 | 1.0 | 0.8 | 0.5 | 1.2 | 0.8（1.0） | 0.6（0.8） | 0.4（0.5） |
| 最小配筋量 | 6ϕ16 | 6ϕ16 | 6ϕ14 | 6ϕ12 | 6ϕ14 | 6ϕ12 | 6ϕ12 | 6ϕ12 |

说明：1 本表根据《混凝土结构设计规范》GB 50010—2002 第 11.7.16 条、《建筑抗震设计规范》GB 50011—2001 第 6.4.8 条、《高层建筑混凝土结构技术规程》JGJ 3—2002 第 7.2.17 条、第 4.9.2 条 4 款编制。

2 括号内的数值用于抗震设计时的复杂高层建筑结构、混合结构、框架-剪力墙结构、筒体结构以及 B 级高度的剪力墙结构中的剪力墙（筒体）（《高层建筑混凝土结构技术规程》JGJ 3—2002 第 7.2.17 条 4 款）。

3 当端柱承受集中荷载时，应满足框架柱配筋要求（《混凝土结构设计规范》GB 50010—2002 第 11.7.16 条、《建筑抗震设计规范》GB 50011—2001 第 6.4.8 条）。

4 规范关于边缘构件设置的规定见表 3.9 说明 2。

**筒体、剪力墙约束边缘构件的最小配箍率（%）** **表 3.11**

| 箍筋种类 | | HPB235 箍筋（$f_{yv}=210N/mm^2$） | | HRB335 箍筋（$f_{yv}=300N/mm^2$） | | HRB400 箍筋或 CRB550 级冷轧带肋箍筋（$f_{yv}=360N/mm^2$） | |
|---|---|---|---|---|---|---|---|
| 抗震等级 | | 特一级 | 一、二级 | 特一级 | 一、二级 | 特一级 | 一、二级 |
| $\rho_v$ | | $0.24f_t/f_{yv}$ | $0.20f_t/f_{yv}$ | $0.24f_t/f_{yv}$ | $0.20f_t/f_{yv}$ | $0.24f_t/f_{yv}$ | $0.20f_t/f_{yv}$ |
| 混凝土强度等级 | C20 | 1.097 | 0.914 | 0.768 | 0.640 | 0.640 | 0.533 |
| | C25 | 1.360 | 1.133 | 0.952 | 0.793 | 0.793 | 0.661 |
| | C30 | 1.634 | 1.362 | 1.144 | 0.953 | 0.953 | 0.794 |
| | C35 | 1.909 | 1.590 | 1.336 | 1.113 | 1.113 | 0.928 |
| | C40 | 2.183 | 1.819 | 1.528 | 1.273 | 1.273 | 1.061 |
| | C45 | 2.411 | 2.010 | 1.688 | 1.407 | 1.407 | 1.172 |
| | C50 | 2.640 | 2.200 | 1.848 | 1.540 | 1.540 | 1.283 |
| | C55 | 2.891 | 2.410 | 2.024 | 1.687 | 1.687 | 1.406 |
| | C60 | 3.143 | 2.619 | 2.200 | 1.833 | 1.833 | 1.528 |
| | C65 | 3.394 | 2.829 | 2.376 | 1.980 | 1.980 | 1.650 |
| | C70 | 3.634 | 3.029 | 2.544 | 2.120 | 2.120 | 1.767 |
| | C75 | 3.863 | 3.219 | 2.704 | 2.253 | 2.253 | 1.878 |
| | C80 | 4.103 | 3.419 | 2.872 | 2.393 | 2.393 | 1.994 |

说明：本表根据《混凝土结构设计规范》GB 50010—2002 第 11.7.15 条、《建筑抗震设计规范》GB 50011—2001 第 6.4.7 条、《高层建筑混凝土结构技术规程》JGJ 3—2002 第 7.2.16 条、第 4.9.2 条 4 款编制。

**纵向受拉冷轧扭钢筋最小配筋百分率（%）** **表 3.12**

| 混凝土强度等级 | ≤C35 | >C35 |
|---|---|---|
| 最小配筋百分率（%） | 0.15 | 0.20 |

注：1 构件的受拉钢筋最小配筋率按全截面面积扣除位于受压边或受拉较小边翼缘面积（$b_f'-b$）$h_f'$ 后的截面面积计算。

2 冷轧扭钢筋筋最小配筋百分率尚应计入温度、收缩等因素对结构产生的影响。

说明：1 本表根据《冷轧扭钢筋混凝土构件技术规程》JGJ 115—97 第 7.3.1、第 7.3.2 条编制。

2 当《冷轧扭钢筋混凝土构件技术规程》JGJ 115 颁布新修订的版本与本表的规定不同时，本表即失效，按新版本的规定执行。

# 四、构件的最大配筋率

框架顶层端节点处梁上部纵向钢筋的最大配筋率 $\rho_{max} = A_s / (bh_0)$ (%)　　表 4.1

| 混凝土强度等级 | 钢筋种类 | | |
|---|---|---|---|
| | HPB235 | HRB335 | HRB400、RRB400 |
| C15 | 1.200 | — | — |
| C20 | 1.600 | 1.120 | 0.933 |
| C25 | 1.983 | 1.388 | 1.157 |
| C30 | 2.383 | 1.668 | 1.390 |
| C35 | 2.783 | 1.948 | 1.624 |
| C40 | 3.183 | 2.228 | 1.857 |
| C45 | 3.517 | 2.462 | 2.051 |
| C50 | — | 2.695 | 2.246 |
| C55 | — | 2.853 | 2.378 |
| C60 | — | 2.994 | 2.495 |
| C65 | — | 3.118 | 2.599 |
| C70 | — | 3.215 | 2.679 |
| C75 | — | 3.286 | 2.738 |
| C80 | — | 3.351 | 2.792 |

说明：1　本表根据《混凝土结构设计规范》GB 50010—2002 第 10.4.5 条编制。

2　当采用 HRB335 钢筋时，混凝土强度等级不宜低于 C20；当采用 HRB400、RRB400 钢筋时，混凝土强度等级不得低于 C20（《混凝土结构设计规范》GB 50010—2002 第 4.1.2 条）。

3　有抗震设防要求的混凝土结构的混凝土强度等级：框支梁以及一级抗震等级的框架梁，混凝土强度等级不应低于 C30；其他各类结构构件，混凝土强度等级不应低于 C20；设防烈度为 9 度时，混凝土强度等级不宜超过 C60；设防烈度为 8 度时，混凝土强度等级不宜超过 C70（《混凝土结构设计规范》GB 50010—2002 第 11.2.1 条）。结构构件中的普通纵向受力钢筋宜选用 HRB400、HRB335 级钢筋（《混凝土结构设计规范》GB 50010—2002 第 11.2.2 条）。

4　抗震设计时，梁端纵向受拉钢筋的配筋率不应大于 2.5%（《混凝土结构设计规范》GB 50010—2002 第 11.3.1 条、《建筑抗震设计规范》GB 50011—2001 第 6.3.3 条 1 款、《高层建筑混凝土结构技术规程》JGJ 3—2002 第 6.3.2 条 3 款）。

普通钢筋混凝土受弯构件纵向受拉钢筋的最大配筋率（%）　　表 4.2

| 钢筋种类 | 混凝土强度等级 | | | | | | | | | | | | | |
|---|---|---|---|---|---|---|---|---|---|---|---|---|---|---|
| | C15 | C20 | C25 | C30 | C35 | C40 | C45 | C50 | C55 | C60 | C65 | C70 | C75 | C80 |
| HPB235 | 2.105 | 2.807 | 3.479 | 4.181 | 4.882 | 5.584 | 6.169 | — | — | — | — | — | — | — |

续表

| 钢筋种类 | 混凝土强度等级 | | | | | | | | | | | | | |
|---|---|---|---|---|---|---|---|---|---|---|---|---|---|---|
| | C15 | C20 | C25 | C30 | C35 | C40 | C45 | C50 | C55 | C60 | C65 | C70 | C75 | C80 |
| HRB335 | — | 1.965 | 2.435 | 2.927 | 3.418 | 3.909 | 4.318 | 4.727 | 5.060 | 5.374 | 5.669 | 5.927 | 6.150 | 6.375 |
| HRB400、RRB400 | — | 1.637 | 2.029 | 2.439 | 2.848 | 3.257 | 3.598 | 3.940 | 4.217 | 4.478 | 4.724 | 4.939 | 5.125 | 5.312 |

说明：1　本表根据《混凝土结构设计规范》GB 50010—2002 公式（7.1.2-5）、（7.1.4-1）、（7.2.1-2）、（7.2.1-3）编制，仅适用于用有屈服点钢筋（粗钢筋）配筋的单筋受弯构件。

2　当采用 HRB335 钢筋时，混凝土强度等级不宜低于 C20；当采用 HRB400、RRB400 钢筋时，混凝土强度等级不得低于 C20（《混凝土结构设计规范》GB 50010—2002 第 4.1.2 条）。

3　抗震设计时，梁端纵向受拉钢筋的配筋率不应大于 2.5%（《混凝土结构设计规范》GB 50010—2002 第 11.3.1条、《建筑抗震设计规范》GB 50011—2001 第 6.3.3 条 1 款、《高层建筑混凝土结构技术规程》JGJ 3—2002 第 6.3.2 条 3 款）。

4　有抗震设防要求的混凝土结构的混凝土强度等级：框支梁以及一级抗震等级的框架梁，混凝土强度等级不应低于 C30；其他各类结构构件，混凝土强度等级不应低于 C20；设防烈度为 9 度时，混凝土强度等级不宜超过 C60；设防烈度为 8 度时，混凝土强度等级不宜超过 C70（《混凝土结构设计规范》GB 50010—2002 第 11.2.1 条）。结构构件中的普通纵向受力钢筋宜选用 HRB400、HRB335 级钢筋（《混凝土结构设计规范》GB 50010—2002 第 11.2.2 条）。

**抗震等级为一、二、三级的框架梁，计入纵向受压钢筋的梁端纵向受力钢筋的最大配筋率 $\rho_{max} = (A_s - A_s') / (bh_0)$（%）**　**表 4.3**

| 抗震等级 | 钢筋种类 | 混凝土强度等级 | | | | | | | | | | | | |
|---|---|---|---|---|---|---|---|---|---|---|---|---|---|---|
| | | C20 | C25 | C30 | C35 | C40 | C45 | C50 | C55 | C60 | C65 | C70 | C75 | C80 |
| 一级 | HPB235 | — | — | 1.702 | 1.988 | 2.274 | 2.512 | — | — | — | — | — | — | — |
| | HRB335 | — | — | 1.192 | 1.392 | 1.592 | 1.758 | 1.925 | 2.108 | 2.292 | 2.475 | 2.650 | 2.817 | 2.992 |
| | HRB400<br>RRB400 | — | — | 0.993 | 1.160 | 1.326 | 1.465 | 1.604 | 1.757 | 1.910 | 2.063 | 2.208 | 2.347 | 2.493 |
| 二、三级 | HPB235 | 1.600 | 1.983 | 2.383 | 2.783 | 3.183 | 3.517 | — | — | — | — | — | — | — |
| | HRB335 | 1.120 | 1.388 | 1.668 | 1.948 | 2.228 | 2.462 | 2.695 | 2.952 | 3.208 | 3.465 | 3.710 | 3.943 | 4.188 |
| | HRB400<br>RRB400 | 0.933 | 1.157 | 1.390 | 1.624 | 1.857 | 2.051 | 2.246 | 2.460 | 2.674 | 2.888 | 3.092 | 3.286 | 3.490 |

说明：1　本表根据《混凝土结构设计规范》GB 50010—2002 公式（11.3.1-1）、（11.3.1-2）、（7.2.1-2）编制。

2　抗震设计时，梁端纵向受拉钢筋的配筋率不应大于 2.5%（《混凝土结构设计规范》GB 50010—2002 第 11.3.1条、《建筑抗震设计规范》GB 50011—2001 第 6.3.3 条 1 款、《高层建筑混凝土结构技术规程》JGJ 3—2002 第 6.3.2 条 3 款）。

3　框支梁以及一级抗震等级的框架梁，混凝土强度等级不应低于 C30；设防烈度为 9 度时，混凝土强度等级不宜超过 C60；设防烈度为 8 度时，混凝土强度等级不宜超过 C70（《混凝土结构设计规范》GB 50010—2002 第 11.2.1 条）。结构构件中的普通纵向受力钢筋宜选用 HRB400、HRB335 级钢筋（《混凝土结构设计规范》GB 50010—2002 第 11.2.2 条）。

# 五、板的配筋量

**板用 HPB235、HRB335、HRB400 及 CRB550 级冷轧带肋钢筋配筋 $\rho=0.20\%$ 时的配筋量**

**表 5.1**

| 序号 | 板厚 $h$（mm） | 配筋率 $\rho=0.20\%$ | | | | | | |
|---|---|---|---|---|---|---|---|---|
| | | 面积（$mm^2/m$） | 钢筋直径间距 | | | | | |
| 1 | 60 | 120 | φ5@160 | | | | | |
| 2 | 70 | 140 | φ5@140 | φ6@200 | | | | |
| 3 | 80 | 160 | φ5@120 | φ6@170 | φ6.5@200 | | | |
| 4 | 90 | 180 | φ5@100 | φ6@150 | φ6.5@180 | φ7@210 | | |
| 5 | 100 | 200 | φ5@95 | φ6@140 | φ6.5@165 | φ7@190 | | |
| 6 | 110 | 220 | φ5@85 | φ6@125 | φ6.5@150 | φ7@170 | | |
| 7 | 120 | 240 | φ5@80 | φ6@110 | φ6.5@135 | φ7@160 | φ8@200 | |
| 8 | 130 | 260 | φ5@75 | φ6@105 | φ6.5@125 | φ7@145 | φ8@190 | |
| 9 | 140 | 280 | φ5@70 | φ6@100 | φ6.5@115 | φ7@135 | φ8@175 | |
| 10 | 150 | 300 | | φ6@90 | φ6.5@110 | φ7@125 | φ8@165 | φ9@210 |
| 11 | 160 | 320 | | φ6@85 | φ6.5@100 | φ7@120 | φ8@155 | φ9@195 |
| 12 | 170 | 340 | | φ6@80 | φ6.5@95 | φ7@110 | φ8@145 | φ9@185 |
| 13 | 180 | 360 | | φ6@75 | φ6.5@90 | φ7@105 | φ8@135 | φ9@175 |
| 14 | 190 | 380 | φ10@200 | φ6@70 | φ6.5@85 | φ7@100 | φ8@130 | φ9@165 |
| 15 | 200 | 400 | φ10@190 | φ6@70 | φ6.5@80 | φ7@95 | φ8@125 | φ9@155 |
| 16 | 210 | 420 | φ10@185 | | φ6.5@75 | φ7@90 | φ8@115 | φ9@150 |
| 17 | 220 | 440 | φ10@175 | φ11@215 | | φ7@85 | φ8@110 | φ9@140 |
| 18 | 230 | 460 | φ10@170 | φ11@205 | φ12@245 | φ7@80 | φ8@105 | φ9@135 |
| 19 | 240 | 480 | φ10@160 | φ11@195 | φ12@235 | φ7@80 | φ8@100 | φ9@130 |
| 20 | 250 | 500 | φ10@155 | φ11@190 | φ12@220 | | φ8@100 | φ9@125 |
| 21 | 260 | 520 | φ10@150 | φ11@180 | φ12@215 | φ14@295 | φ8@95 | φ9@115 |
| 22 | 270 | 540 | φ10@145 | φ11@175 | φ12@205 | φ14@275 | φ8@95 | φ9@115 |
| 23 | 280 | 560 | φ10@140 | φ11@165 | φ12@200 | φ14@270 | φ8@90 | φ9@110 |
| 24 | 290 | 580 | φ10@135 | φ11@160 | φ12@190 | φ14@265 | φ8@85 | φ9@105 |
| 25 | 300 | 600 | φ10@130 | φ11@155 | φ12@185 | φ14@255 | φ8@80 | φ9@105 |
| 26 | 350 | 700 | φ10@110 | φ11@135 | φ12@160 | φ14@215 | φ8@70 | φ9@90 |
| 27 | 400 | 800 | φ10@95 | φ11@115 | φ12@140 | φ14@190 | | φ9@75 |

续表

| 序号 | 板厚 $h$（mm） | 配筋率 $\rho=0.20\%$ | | | | | | |
|---|---|---|---|---|---|---|---|---|
| | | 面积（$mm^2/m$） | 钢筋直径间距 | | | | | |
| 28 | 450 | 900 | φ10@85 | φ11@105 | φ12@125 | φ14@170 | φ16@250 | |
| 29 | 500 | 1000 | φ10@75 | φ11@95 | φ12@110 | φ14@150 | φ16@220 | φ18@250 |
| 30 | 550 | 1100 | | φ11@85 | φ12@100 | φ14@135 | φ16@200 | φ18@230 |
| 31 | 600 | 1200 | φ20@260 | φ11@75 | φ12@90 | φ14@125 | φ16@180 | φ18@210 |
| 32 | 650 | 1300 | φ20@240 | | φ12@85 | φ14@115 | φ16@165 | φ18@195 |
| 33 | 700 | 1400 | φ20@220 | φ22@270 | φ12@80 | φ14@110 | φ16@150 | φ18@180 |
| 34 | 750 | 1500 | φ20@205 | φ22@250 | | φ14@100 | φ16@140 | φ18@165 |
| 35 | 800 | 1600 | φ20@195 | φ22@235 | φ25@300 | φ14@95 | φ16@130 | φ18@155 |
| 36 | 850 | 1700 | φ20@180 | φ22@220 | φ25@285 | φ14@90 | φ16@125 | φ18@145 |
| 37 | 900 | 1800 | φ20@170 | φ22@210 | φ25@270 | φ14@85 | φ16@115 | φ18@140 |
| 38 | 950 | 1900 | φ20@165 | φ22@200 | φ25@255 | φ14@80 | φ16@110 | φ18@130 |
| 39 | 1000 | 2000 | φ20@155 | φ22@190 | φ25@240 | φ14@75 | φ16@105 | φ18@125 |
| 40 | 1050 | 2100 | φ20@145 | φ22@180 | φ25@230 | φ14@70 | φ16@100 | φ18@120 |
| 41 | 1100 | 2200 | φ20@140 | φ22@170 | φ25@220 | | φ16@95 | φ18@115 |
| 42 | 1150 | 2300 | φ20@135 | φ22@160 | φ25@210 | | φ16@90 | φ18@110 |
| 43 | 1200 | 2400 | φ20@130 | φ22@155 | φ25@200 | φ28@255 | φ16@85 | φ18@105 |
| 44 | 1250 | 2500 | φ20@125 | φ22@150 | φ25@195 | φ28@245 | φ16@80 | φ18@100 |
| 45 | 1300 | 2600 | φ20@120 | φ22@145 | φ25@185 | φ28@235 | φ16@75 | φ18@95 |
| 46 | 1350 | 2700 | φ20@115 | φ22@140 | φ25@180 | φ28@225 | φ16@70 | φ18@90 |
| 47 | 1400 | 2800 | φ20@110 | φ22@135 | φ25@175 | φ28@215 | φ16@70 | φ18@90 |
| 48 | 1450 | 2900 | φ20@105 | φ22@130 | φ25@165 | φ28@210 | | φ18@85 |
| 49 | 1500 | 3000 | φ20@100 | φ22@125 | φ25@160 | φ28@205 | | φ18@80 |
| 50 | 1550 | 3100 | φ20@100 | φ22@120 | φ25@155 | φ28@195 | | φ18@80 |
| 51 | 1600 | 3200 | φ20@95 | φ22@115 | φ25@150 | φ28@190 | | φ18@75 |
| 52 | 1650 | 3300 | φ20@95 | φ22@115 | φ25@145 | φ28@185 | | φ18@75 |
| 53 | 1700 | 3400 | φ20@90 | φ22@110 | φ25@140 | φ28@180 | φ32@235 | φ36@295 |
| 54 | 1750 | 3500 | φ20@85 | φ22@105 | φ25@140 | φ28@175 | φ32@225 | φ36@290 |
| 55 | 1800 | 3600 | φ20@85 | φ22@105 | φ25@135 | φ28@170 | φ32@220 | φ36@280 |
| 56 | 1850 | 3700 | φ20@80 | φ22@100 | φ25@130 | φ28@165 | φ32@215 | φ36@270 |
| 57 | 1900 | 3800 | φ20@80 | φ22@100 | φ25@125 | φ28@160 | φ32@210 | φ36@265 |
| 58 | 1950 | 3900 | φ20@80 | φ22@95 | φ25@125 | φ28@155 | φ32@205 | φ36@260 |
| 59 | 2000 | 4000 | φ20@75 | φ22@95 | φ25@120 | φ28@150 | φ32@200 | φ36@250 |

说明：表中 φ 仅代表直径，而不代表钢筋种类（下同）。

**板用Ⅰ型冷轧扭钢筋配筋 $\rho=0.20\%$ 时的配筋量** **表 5.2**

| 序号 | 板厚 $h$（mm） | 配筋率 $\rho=0.20\%$ | | | | |
|---|---|---|---|---|---|---|
| | | 实际面积（$mm^2/m$） | 钢筋直径间距 | | | |
| 1 | 60 | 120 | $\phi^r6.5@245$ | | | |
| 2 | 70 | 140 | $\phi^r6.5@210$ | | | |
| 3 | 80 | 160 | $\phi^r6.5@180$ | | | |
| 4 | 90 | 180 | $\phi^r6.5@160$ | $\phi^r8@250$ | | |
| 5 | 100 | 200 | $\phi^r6.5@145$ | $\phi^r8@225$ | | |
| 6 | 110 | 220 | $\phi^r6.5@130$ | $\phi^r8@205$ | | |
| 7 | 120 | 240 | $\phi^r6.5@120$ | $\phi^r8@185$ | | |
| 8 | 130 | 260 | $\phi^r6.5@110$ | $\phi^r8@170$ | | |
| 9 | 140 | 280 | $\phi^r6.5@105$ | $\phi^r8@160$ | | |
| 10 | 150 | 300 | $\phi^r6.5@95$ | $\phi^r8@150$ | $\phi^r10@220$ | |
| 11 | 160 | 320 | $\phi^r6.5@90$ | $\phi^r8@140$ | $\phi^r10@200$ | |
| 12 | 170 | 340 | $\phi^r6.5@85$ | $\phi^r8@135$ | $\phi^r10@190$ | |
| 13 | 180 | 360 | $\phi^r6.5@80$ | $\phi^r8@125$ | $\phi^r10@180$ | |
| 14 | 190 | 380 | $\phi^r6.5@75$ | $\phi^r8@115$ | $\phi^r10@170$ | |
| 15 | 200 | 400 | $\phi^r6.5@70$ | $\phi^r8@110$ | $\phi^r10@160$ | |
| 16 | 210 | 420 | | $\phi^r8@105$ | $\phi^r10@155$ | $\phi^r12@220$ |
| 17 | 220 | 440 | | $\phi^r8@100$ | $\phi^r10@150$ | $\phi^r12@210$ |
| 18 | 230 | 460 | | $\phi^r8@95$ | $\phi^r10@145$ | $\phi^r12@200$ |
| 19 | 240 | 480 | | $\phi^r8@90$ | $\phi^r10@135$ | $\phi^r12@190$ |
| 20 | 250 | 500 | | $\phi^r8@85$ | $\phi^r10@130$ | $\phi^r12@185$ |
| 21 | 260 | 520 | | $\phi^r8@85$ | $\phi^r10@125$ | $\phi^r12@175$ |
| 22 | 270 | 540 | | $\phi^r8@80$ | $\phi^r10@120$ | $\phi^r12@170$ |
| 23 | 280 | 560 | | $\phi^r8@75$ | $\phi^r10@115$ | $\phi^r12@165$ |
| 24 | 290 | 580 | | $\phi^r8@75$ | $\phi^r10@115$ | $\phi^r12@160$ |
| 25 | 300 | 600 | $\phi^r14@220$ | $\phi^r8@70$ | $\phi^r10@110$ | $\phi^r12@155$ |
| 26 | 350 | 700 | $\phi^r14@185$ | | $\phi^r10@95$ | $\phi^r12@130$ |
| 27 | 400 | 800 | $\phi^r14@165$ | | $\phi^r10@80$ | $\phi^r12@115$ |

说明：根据国家《冷轧扭钢筋混凝土构件技术规程》JGJ 115—97 表 3.2.2，冷轧扭钢筋的实际面积 $\phi^r6.5$ 只有标志面积的 88.8%，$\phi^r8$ 只有标志面积的 90%，$\phi^r10$ 只有标志面积的 86.9%，$\phi^r12$ 只有标志面积的 82.5%，$\phi^r14$ 只有标志面积的 86.2%. 本表按冷轧扭钢筋的实际面积计算配筋率。上海市冷轧扭钢筋的实际面积与国家规程相近，但直径只有 $\phi^r6.5$、$\phi^r8$、$\phi^r10$ 三种。

**板用 HPB235、HRB335、HRB400 及 CRB550 级冷轧带肋钢筋配筋 $\rho=0.215\%$ 时的配筋量**

表 5.3

| 序号 | 板厚 $h$（mm） | 配筋率 $\rho=0.215\%$ | | | | | | |
|---|---|---|---|---|---|---|---|---|
| | | 面积（$mm^2/m$） | 钢筋直径间距 | | | | | |
| 1 | 60 | 129.0 | φ5@150 | φ6@200 | | | | |
| 2 | 70 | 150.5 | φ5@130 | φ6@185 | φ6.5@220 | | | |
| 3 | 80 | 172.0 | φ5@110 | φ6@160 | φ6.5@190 | φ7@220 | | |
| 4 | 90 | 193.5 | φ5@100 | φ6@145 | φ6.5@170 | φ7@195 | | |
| 5 | 100 | 215.0 | φ5@90 | φ6@130 | φ6.5@150 | φ7@175 | | |
| 6 | 110 | 236.5 | φ5@80 | φ6@115 | φ6.5@140 | φ7@160 | φ8@210 | |
| 7 | 120 | 258.0 | φ5@75 | φ6@105 | φ6.5@125 | φ7@145 | φ8@190 | |
| 8 | 130 | 279.5 | φ5@70 | φ6@100 | φ6.5@115 | φ7@135 | φ8@175 | |
| 9 | 140 | 301.0 | | φ6@90 | φ6.5@110 | φ7@125 | φ8@165 | φ9@210 |
| 10 | 150 | 322.5 | | φ6@85 | φ6.5@100 | φ7@115 | φ8@165 | φ9@195 |
| 11 | 160 | 344.0 | | φ6@80 | φ6.5@95 | φ7@110 | φ8@145 | φ9@180 |
| 12 | 170 | 365.5 | | φ6@75 | φ6.5@90 | φ7@105 | φ8@135 | φ9@170 |
| 13 | 180 | 387.0 | φ10@200 | φ6@70 | φ6.5@85 | φ7@95 | φ8@125 | φ9@160 |
| 14 | 190 | 408.5 | φ10@190 | | φ6.5@80 | φ7@90 | φ8@120 | φ9@155 |
| 15 | 200 | 430.0 | φ10@180 | | | φ7@85 | φ8@115 | φ9@145 |
| 16 | 210 | 451.5 | φ10@170 | | | φ7@85 | φ8@110 | φ9@140 |
| 17 | 220 | 473.0 | φ10@160 | φ11@200 | | φ7@80 | φ8@105 | φ9@130 |
| 18 | 230 | 494.5 | φ10@155 | φ11@190 | φ12@225 | φ7@75 | φ8@100 | φ9@125 |
| 19 | 240 | 516.0 | φ10@150 | φ11@180 | φ12@215 | φ7@70 | φ8@95 | φ9@120 |
| 20 | 250 | 537.5 | φ10@145 | φ11@175 | φ12@210 | φ7@70 | φ8@90 | φ9@115 |
| 21 | 260 | 559.0 | φ10@140 | φ11@170 | φ12@200 | | φ8@85 | φ9@110 |
| 22 | 270 | 580.5 | φ10@135 | φ11@160 | φ12@190 | φ14@265 | φ8@85 | φ9@105 |
| 23 | 280 | 602.0 | φ10@130 | φ11@155 | φ12@185 | φ14@255 | φ8@80 | φ9@100 |
| 24 | 290 | 623.5 | φ10@125 | φ11@150 | φ12@180 | φ14@245 | φ8@80 | φ9@100 |
| 25 | 300 | 645.0 | φ10@120 | φ11@145 | φ12@175 | φ14@235 | φ8@75 | φ9@95 |
| 26 | 350 | 752.5 | φ10@100 | φ11@125 | φ12@150 | φ14@200 | | φ9@80 |
| 27 | 400 | 860.0 | φ10@90 | φ11@110 | φ12@130 | φ14@175 | φ16@230 | φ9@70 |
| 28 | 450 | 967.5 | | φ11@95 | φ12@115 | φ14@155 | φ16@205 | |
| 29 | 500 | 1075 | φ20@290 | φ11@85 | φ12@105 | φ14@140 | φ16@185 | φ18@235 |
| 30 | 550 | 1183 | φ20@265 | φ11@80 | φ12@95 | φ14@130 | φ16@170 | φ18@215 |
| 31 | 600 | 1290 | φ20@240 | | φ12@85 | φ14@110 | φ16@155 | φ18@195 |
| 32 | 650 | 1398 | φ20@220 | φ22@270 | φ12@80 | φ14@110 | φ16@145 | φ18@180 |
| 33 | 700 | 1505 | φ20@205 | φ22@250 | φ12@75 | φ14@100 | φ16@130 | φ18@165 |

续表

| 序号 | 板厚 $h$（mm） | 配筋率 $\rho=0.215\%$ | | | | | | |
|---|---|---|---|---|---|---|---|---|
| | | 面积（$mm^2/m$） | 钢筋直径间距 | | | | | |
| 34 | 750 | 1613 | $\phi$20@190 | $\phi$22@235 | | $\phi$14@95 | $\phi$16@120 | $\phi$18@155 |
| 35 | 800 | 1720 | $\phi$20@180 | $\phi$22@220 | $\phi$25@285 | $\phi$14@85 | $\phi$16@115 | $\phi$18@145 |
| 36 | 850 | 1828 | $\phi$20@170 | $\phi$22@205 | $\phi$25@265 | $\phi$14@80 | $\phi$16@110 | $\phi$18@135 |
| 37 | 900 | 1935 | $\phi$20@160 | $\phi$22@195 | $\phi$25@250 | $\phi$14@75 | $\phi$16@100 | $\phi$18@130 |
| 38 | 950 | 2043 | $\phi$20@150 | $\phi$22@185 | $\phi$25@240 | $\phi$14@75 | $\phi$16@95 | $\phi$18@120 |
| 39 | 1000 | 2150 | $\phi$20@145 | $\phi$22@175 | $\phi$25@225 | $\phi$14@70 | $\phi$16@90 | $\phi$18@115 |
| 40 | 1050 | 2258 | $\phi$20@135 | $\phi$22@165 | $\phi$25@215 | | $\phi$16@85 | $\phi$18@110 |
| 41 | 1100 | 2365 | $\phi$20@130 | $\phi$22@160 | $\phi$25@205 | $\phi$28@260 | $\phi$16@85 | $\phi$18@105 |
| 42 | 1150 | 2473 | $\phi$20@125 | $\phi$22@150 | $\phi$25@195 | $\phi$28@245 | $\phi$16@80 | $\phi$18@100 |
| 43 | 1200 | 2580 | $\phi$20@120 | $\phi$22@145 | $\phi$25@190 | $\phi$28@235 | $\phi$16@75 | $\phi$18@95 |
| 44 | 1250 | 2688 | $\phi$20@115 | $\phi$22@140 | $\phi$25@180 | $\phi$28@225 | | $\phi$18@90 |
| 45 | 1300 | 2795 | $\phi$20@110 | $\phi$22@135 | $\phi$25@175 | $\phi$28@220 | $\phi$32@285 | $\phi$18@90 |
| 46 | 1350 | 2903 | $\phi$20@105 | $\phi$22@130 | $\phi$25@165 | $\phi$28@210 | $\phi$32@275 | $\phi$18@85 |
| 47 | 1400 | 3010 | $\phi$20@100 | $\phi$22@125 | $\phi$25@160 | $\phi$28@200 | $\phi$32@260 | $\phi$18@80 |
| 48 | 1450 | 3118 | $\phi$20@100 | $\phi$22@120 | $\phi$25@155 | $\phi$28@195 | $\phi$32@250 | $\phi$18@80 |
| 49 | 1500 | 3225 | $\phi$20@95 | $\phi$22@115 | $\phi$25@150 | $\phi$28@190 | $\phi$32@245 | $\phi$18@75 |
| 50 | 1550 | 3333 | $\phi$20@90 | $\phi$22@110 | $\phi$25@145 | $\phi$28@180 | $\phi$32@240 | $\phi$18@75 |
| 51 | 1600 | 3440 | $\phi$20@90 | $\phi$22@110 | $\phi$25@140 | $\phi$28@175 | $\phi$32@230 | |
| 52 | 1650 | 3548 | $\phi$20@85 | $\phi$22@105 | $\phi$25@135 | $\phi$28@170 | $\phi$32@225 | $\phi$36@285 |
| 53 | 1700 | 3655 | $\phi$20@85 | $\phi$22@100 | $\phi$25@130 | $\phi$28@165 | $\phi$32@220 | $\phi$36@275 |

**板用 HPB235、HRB335、HRB400 及 CRB550 级冷轧带肋钢筋配筋 $\rho=0.225\%$ 时的配筋量**

**表 5.4**

| 序号 | 板厚 $h$（mm） | 配筋率 $\rho=0.225\%$ | | | | | | |
|---|---|---|---|---|---|---|---|---|
| | | 面积（$mm^2/m$） | 钢筋直径间距 | | | | | |
| 1 | 60 | 135.0 | $\phi$5@145 | $\phi$6@200 | | | | |
| 2 | 70 | 157.5 | $\phi$5@120 | $\phi$6@175 | $\phi$6.5@200 | | | |
| 3 | 80 | 180.0 | $\phi$5@105 | $\phi$6@155 | $\phi$6.5@180 | $\phi$7@210 | | |
| 4 | 90 | 202.5 | $\phi$5@95 | $\phi$6@135 | $\phi$6.5@160 | $\phi$7@190 | | |
| 5 | 100 | 225.0 | $\phi$5@85 | $\phi$6@125 | $\phi$6.5@145 | $\phi$7@175 | | |
| 6 | 110 | 247.5 | $\phi$5@75 | $\phi$6@110 | $\phi$6.5@130 | $\phi$7@155 | $\phi$8@200 | |
| 7 | 120 | 270.0 | $\phi$5@70 | $\phi$6@100 | $\phi$6.5@120 | $\phi$7@145 | $\phi$8@185 | |
| 8 | 130 | 292.5 | | $\phi$6@95 | $\phi$6.5@110 | $\phi$7@130 | $\phi$8@170 | |

续表

| 序号 | 板厚 $h$（mm） | 配筋率 $\rho=0.225\%$ | | | | | | |
|---|---|---|---|---|---|---|---|---|
| | | 面积（$mm^2/m$） | 钢筋直径间距 | | | | | |
| 9 | 140 | 315.0 | φ10@245 | φ6@85 | φ6.5@105 | φ7@120 | φ8@155 | φ9@200 |
| 10 | 150 | 337.5 | φ10@230 | φ6@80 | φ6.5@95 | φ7@110 | φ8@145 | φ9@185 |
| 11 | 160 | 360.0 | φ10@215 | φ6@75 | φ6.5@90 | φ7@105 | φ8@135 | φ9@175 |
| 12 | 170 | 382.5 | φ10@200 | φ6@70 | φ6.5@85 | φ7@100 | φ8@130 | φ9@165 |
| 13 | 180 | 405.0 | φ10@190 | | φ6.5@80 | φ7@95 | φ8@120 | φ9@155 |
| 14 | 190 | 427.5 | φ10@180 | φ11@220 | φ6.5@75 | φ7@90 | φ8@115 | φ9@145 |
| 15 | 200 | 450.0 | φ10@170 | φ11@210 | φ6.5@70 | φ7@85 | φ8@110 | φ9@140 |
| 16 | 210 | 472.5 | φ10@165 | φ11@200 | φ6.5@70 | φ7@80 | φ8@105 | φ9@130 |
| 17 | 220 | 495.0 | φ10@155 | φ11@190 | | φ7@75 | φ8@100 | φ9@125 |
| 18 | 230 | 517.5 | φ10@150 | φ11@180 | φ12@215 | φ7@70 | φ8@95 | φ9@120 |
| 19 | 240 | 540.0 | φ10@145 | φ11@175 | φ12@205 | φ7@70 | φ8@90 | φ9@115 |
| 20 | 250 | 562.5 | φ10@135 | φ11@165 | φ12@200 | | φ8@85 | φ9@110 |
| 21 | 260 | 585.0 | φ10@130 | φ11@160 | φ12@190 | φ14@260 | φ8@85 | φ9@105 |
| 22 | 270 | 607.5 | φ10@125 | φ11@155 | φ12@180 | φ14@250 | φ8@80 | φ9@100 |
| 23 | 280 | 630.0 | φ10@120 | φ11@150 | φ12@175 | φ14@240 | φ8@75 | φ9@100 |
| 24 | 290 | 652.5 | φ10@120 | φ11@145 | φ12@170 | φ14@235 | φ8@75 | φ9@95 |
| 25 | 300 | 675.0 | φ10@115 | φ11@140 | φ12@165 | φ14@225 | φ8@70 | φ9@90 |
| 26 | 350 | 787.5 | φ10@95 | φ11@120 | φ12@140 | φ14@195 | | φ9@80 |
| 27 | 400 | 900.0 | φ10@85 | φ11@105 | φ12@125 | φ14@170 | φ16@220 | φ9@70 |
| 28 | 450 | 1012.5 | φ10@75 | φ11@90 | φ12@110 | φ14@150 | φ16@195 | |
| 29 | 500 | 1125.0 | | φ11@80 | φ12@100 | φ14@135 | φ16@175 | φ18@225 |
| 30 | 550 | 1237.5 | φ20@250 | φ11@75 | φ12@90 | φ14@120 | φ16@155 | φ18@205 |
| 31 | 600 | 1350.0 | φ20@230 | φ11@70 | φ12@80 | φ14@110 | φ16@145 | φ18@185 |
| 32 | 650 | 1462.5 | φ20@210 | | φ12@75 | φ14@105 | φ16@135 | φ18@170 |
| 33 | 700 | 1575.0 | φ20@195 | φ22@240 | φ12@70 | φ14@95 | φ16@125 | φ18@160 |
| 34 | 750 | 1687.5 | φ20@185 | φ22@225 | | φ14@90 | φ16@115 | φ18@150 |
| 35 | 800 | 1800.0 | φ20@170 | φ22@210 | φ25@270 | φ14@85 | φ16@110 | φ18@140 |
| 36 | 850 | 1912.5 | φ20@160 | φ22@195 | φ25@255 | φ14@80 | φ16@105 | φ18@130 |
| 37 | 900 | 2025.0 | φ20@155 | φ22@185 | φ25@240 | φ14@75 | φ16@95 | φ18@125 |
| 38 | 950 | 2137.5 | φ20@145 | φ22@175 | φ25@225 | φ14@70 | φ16@90 | φ18@115 |
| 39 | 1000 | 2250.0 | φ20@135 | φ22@165 | φ25@215 | | φ16@85 | φ18@110 |
| 40 | 1050 | 2362.5 | φ20@130 | φ22@160 | φ25@205 | φ28@260 | φ16@85 | φ18@105 |
| 41 | 1100 | 2475.0 | φ20@125 | φ22@150 | φ25@195 | φ28@245 | φ16@80 | φ18@100 |
| 42 | 1150 | 2587.5 | φ20@120 | φ22@145 | φ25@185 | φ28@235 | φ16@75 | φ18@95 |

续表

| 序号 | 板厚 h（mm） | 配筋率 $\rho=0.225\%$ | | | | | | |
|---|---|---|---|---|---|---|---|---|
| | | 面积（$mm^2/m$） | 钢筋直径间距 | | | | | |
| 43 | 1200 | 2700.0 | φ20@115 | φ22@140 | φ25@180 | φ28@225 | φ16@70 | φ18@90 |
| 44 | 1250 | 2812.5 | φ20@110 | φ22@135 | φ25@170 | φ28@215 | φ16@70 | φ18@90 |
| 45 | 1300 | 2925.0 | φ20@105 | φ22@125 | φ25@165 | φ28@210 | | φ18@85 |
| 46 | 1350 | 3037.5 | φ20@100 | φ22@125 | φ25@160 | φ28@200 | φ32@260 | φ18@80 |
| 47 | 1400 | 3150.0 | φ20@95 | φ22@120 | φ25@155 | φ28@195 | φ32@255 | φ18@80 |
| 48 | 1450 | 3262.5 | φ20@95 | φ22@115 | φ25@150 | φ28@185 | φ32@245 | φ18@75 |
| 49 | 1500 | 3375.0 | φ20@90 | φ22@110 | φ25@145 | φ28@180 | φ32@235 | φ18@75 |
| 50 | 1550 | 3487.5 | φ20@90 | φ22@105 | φ25@140 | φ28@175 | φ32@230 | φ18@70 |
| 51 | 1600 | 3600.0 | φ20@85 | φ22@105 | φ25@135 | φ28@170 | φ32@220 | φ18@70 |
| 52 | 1650 | 3712.5 | φ20@80 | φ22@100 | φ25@130 | φ28@165 | φ32@215 | |
| 53 | 1700 | 3825.0 | φ20@80 | φ22@95 | φ25@125 | φ28@160 | φ32@210 | φ36@260 |

**板用 HPB235、HRB335、HRB400 及 CRB550 级冷轧带肋钢筋配筋 $\rho=0.236\%$ 时的配筋量**

**表 5.5**

| 序号 | 板厚 h（mm） | 配筋率 $\rho=0.236\%$ | | | | | | |
|---|---|---|---|---|---|---|---|---|
| | | 面积（$mm^2/m$） | 钢筋直径间距 | | | | | |
| 1 | 60 | 141.6 | φ5@135 | φ6@195 | | | | |
| 2 | 70 | 165.2 | φ5@115 | φ6@170 | φ6.5@200 | | | |
| 3 | 80 | 188.8 | φ5@100 | φ6@145 | φ6.5@170 | φ7@200 | | |
| 4 | 90 | 212.4 | φ5@90 | φ6@130 | φ6.5@155 | φ7@180 | | |
| 5 | 100 | 236.0 | φ5@80 | φ6@115 | φ6.5@140 | φ7@160 | φ8@210 | |
| 6 | 110 | 259.6 | φ5@75 | φ6@105 | φ6.5@125 | φ7@145 | φ8@190 | |
| 7 | 120 | 283.2 | | φ6@95 | φ6.5@115 | φ7@135 | φ8@175 | |
| 8 | 130 | 306.8 | φ10@255 | φ6@90 | φ6.5@105 | φ7@125 | φ8@160 | φ9@200 |
| 9 | 140 | 330.4 | φ10@235 | φ6@85 | φ6.5@100 | φ7@115 | φ8@150 | φ9@190 |
| 10 | 150 | 354.0 | φ10@220 | φ6@75 | φ6.5@90 | φ7@105 | φ8@140 | φ9@175 |
| 11 | 160 | 377.6 | φ10@200 | φ6@70 | φ6.5@85 | φ7@100 | φ8@130 | φ9@165 |
| 12 | 170 | 401.2 | φ10@190 | φ6@70 | φ6.5@80 | φ7@95 | φ8@125 | φ9@155 |
| 13 | 180 | 424.8 | φ10@185 | | φ6.5@75 | φ7@90 | φ8@115 | φ9@145 |
| 14 | 190 | 448.4 | φ10@170 | φ11@210 | φ6.5@70 | φ7@85 | φ8@110 | φ9@140 |
| 15 | 200 | 472.0 | φ10@165 | φ11@200 | φ6.5@70 | φ7@80 | φ8@105 | φ9@130 |
| 16 | 210 | 495.6 | φ10@155 | φ11@190 | | φ7@75 | φ8@100 | φ9@125 |
| 17 | 220 | 519.2 | φ10@150 | φ11@180 | φ12@215 | φ7@70 | φ8@95 | φ9@120 |

续表

| 序号 | 板厚 $h$（mm） | 配筋率 $\rho=0.236\%$ | | | | | | |
|---|---|---|---|---|---|---|---|---|
| | | 面积（$mm^2/m$） | 钢筋直径间距 | | | | | |
| 18 | 230 | 542.8 | φ10@140 | φ11@185 | φ12@205 | | φ8@90 | φ9@115 |
| 19 | 240 | 566.4 | φ10@135 | φ11@165 | φ12@195 | φ14@270 | φ8@85 | φ9@110 |
| 20 | 250 | 590.0 | φ10@130 | φ11@160 | φ12@190 | φ14@260 | φ8@85 | φ9@105 |
| 21 | 260 | 613.6 | φ10@125 | φ11@155 | φ12@185 | φ14@250 | φ8@80 | φ9@100 |
| 22 | 270 | 637.2 | φ10@120 | φ11@145 | φ12@175 | φ14@240 | φ8@75 | φ9@95 |
| 23 | 280 | 660.8 | φ10@115 | φ11@140 | φ12@170 | φ14@230 | φ8@75 | φ9@95 |
| 24 | 290 | 684.4 | φ10@110 | φ11@135 | φ12@165 | φ14@220 | φ8@70 | φ9@90 |
| 25 | 300 | 708.0 | φ10@110 | φ11@130 | φ12@155 | φ14@215 | φ8@70 | φ9@85 |
| 26 | 350 | 826.0 | φ10@95 | φ11@115 | φ12@135 | φ14@185 | | φ9@75 |
| 27 | 400 | 944.0 | φ10@80 | φ11@100 | φ12@115 | φ14@160 | φ16@210 | |
| 28 | 450 | 1062 | φ10@70 | φ11@85 | φ12@105 | φ14@140 | φ16@185 | φ18@235 |
| 29 | 500 | 1180 | | φ11@80 | φ12@95 | φ14@130 | φ16@170 | φ18@215 |
| 30 | 550 | 1298 | φ20@240 | φ11@70 | φ12@85 | φ14@115 | φ16@150 | φ18@195 |
| 31 | 600 | 1416 | φ20@220 | | φ12@75 | φ14@105 | φ16@140 | φ18@175 |
| 32 | 650 | 1534 | φ20@200 | φ22@245 | φ12@70 | φ14@100 | φ16@130 | φ18@165 |
| 33 | 700 | 1652 | φ20@190 | φ22@230 | | φ14@90 | φ16@120 | φ18@150 |
| 34 | 750 | 1770 | φ20@175 | φ22@210 | φ25@275 | φ14@85 | φ16@110 | φ18@140 |
| 35 | 800 | 1888 | φ20@165 | φ22@200 | φ25@260 | φ14@80 | φ16@105 | φ18@130 |
| 36 | 850 | 2006 | φ20@150 | φ22@185 | φ25@240 | φ14@75 | φ16@100 | φ18@125 |
| 37 | 900 | 2124 | φ20@145 | φ22@175 | φ25@230 | φ14@70 | φ16@90 | φ18@115 |
| 38 | 950 | 2242 | φ20@140 | φ22@165 | φ25@215 | | φ16@85 | φ18@110 |
| 39 | 1000 | 2360 | φ20@130 | φ22@160 | φ25@205 | φ28@260 | φ16@85 | φ18@105 |
| 40 | 1050 | 2478 | φ20@125 | φ22@150 | φ25@195 | φ28@245 | φ16@80 | φ18@100 |
| 41 | 1100 | 2596 | φ20@120 | φ22@145 | φ25@185 | φ28@235 | φ16@75 | φ18@95 |
| 42 | 1150 | 2714 | φ20@115 | φ22@140 | φ25@180 | φ28@225 | φ16@70 | φ18@90 |
| 43 | 1200 | 2832 | φ20@110 | φ22@130 | φ25@170 | φ28@215 | φ16@70 | φ18@85 |
| 44 | 1250 | 2950 | φ20@100 | φ22@125 | φ25@165 | φ28@205 | | φ18@85 |
| 45 | 1300 | 3068 | φ20@100 | φ22@120 | φ25@160 | φ28@200 | φ32@260 | φ18@80 |
| 46 | 1350 | 3186 | φ20@95 | φ22@115 | φ25@150 | φ28@190 | φ32@250 | φ18@75 |
| 47 | 1400 | 3304 | φ20@95 | φ22@110 | φ25@145 | φ28@185 | φ32@240 | φ18@75 |
| 48 | 1450 | 3422 | φ20@90 | φ22@110 | φ25@140 | φ28@175 | φ32@230 | φ18@70 |
| 49 | 1500 | 3540 | φ20@85 | φ22@105 | φ25@135 | φ28@170 | φ32@225 | φ18@70 |
| 50 | 1550 | 3658 | φ20@85 | φ22@100 | φ25@130 | φ28@165 | φ32@215 | |
| 51 | 1600 | 3776 | φ20@80 | φ22@100 | φ25@130 | φ28@160 | φ32@210 | φ36@265 |
| 52 | 1650 | 3894 | φ20@80 | φ22@95 | φ25@125 | φ28@155 | φ32@205 | φ36@260 |
| 53 | 1700 | 4012 | φ20@75 | φ22@90 | φ25@120 | φ28@150 | φ32@200 | φ36@250 |

## 板用 HPB235、HRB335、HRB400 及 CRB550 级冷轧带肋钢筋配筋 $\rho=0.257\%$ 时的配筋量

表 5.6

| 序号 | 板厚 $h$（mm） | 配筋率 $\rho=0.257\%$ | | | | | | |
|---|---|---|---|---|---|---|---|---|
| | | 面积（$mm^2/m$） | 钢筋直径间距 | | | | | |
| 1 | 60 | 154.2 | ϕ5@125 | ϕ6@180 | ϕ6.5@215 | | | |
| 2 | 70 | 179.9 | ϕ5@105 | ϕ6@155 | ϕ6.5@185 | ϕ7@210 | | |
| 3 | 80 | 205.6 | ϕ5@95 | ϕ6@135 | ϕ6.5@160 | ϕ7@185 | | |
| 4 | 90 | 231.3 | ϕ5@80 | ϕ6@120 | ϕ6.5@140 | ϕ7@165 | ϕ8@215 | |
| 5 | 100 | 257.0 | ϕ5@75 | ϕ6@110 | ϕ6.5@125 | ϕ7@145 | ϕ8@195 | |
| 6 | 110 | 282.7 | | ϕ6@100 | ϕ6.5@115 | ϕ7@135 | ϕ8@175 | |
| 7 | 120 | 308.4 | | ϕ6@90 | ϕ6.5@105 | ϕ7@120 | ϕ8@160 | ϕ9@205 |
| 8 | 130 | 334.1 | | ϕ6@80 | ϕ6.5@95 | ϕ7@115 | ϕ8@150 | ϕ9@190 |
| 9 | 140 | 359.8 | | ϕ6@75 | ϕ6.5@90 | ϕ7@105 | ϕ8@135 | ϕ9@175 |
| 10 | 150 | 385.5 | ϕ10@200 | ϕ6@70 | ϕ6.5@85 | ϕ7@95 | ϕ8@130 | ϕ9@165 |
| 11 | 160 | 411.2 | ϕ10@190 | | ϕ6.5@80 | ϕ7@90 | ϕ8@120 | ϕ9@155 |
| 12 | 170 | 436.9 | ϕ10@175 | ϕ11@215 | ϕ6.5@75 | ϕ7@85 | ϕ8@115 | ϕ9@145 |
| 13 | 180 | 462.6 | ϕ10@165 | ϕ11@205 | ϕ6.5@70 | ϕ7@80 | ϕ8@105 | ϕ9@135 |
| 14 | 190 | 488.3 | ϕ10@160 | ϕ11@190 | | ϕ7@75 | ϕ8@100 | ϕ9@130 |
| 15 | 200 | 514.0 | ϕ10@150 | ϕ11@180 | ϕ12@220 | ϕ7@70 | ϕ8@95 | ϕ9@120 |
| 16 | 210 | 539.7 | ϕ10@145 | ϕ11@175 | ϕ12@205 | ϕ7@70 | ϕ8@90 | ϕ9@115 |
| 17 | 220 | 565.4 | ϕ10@135 | ϕ11@165 | ϕ12@200 | | ϕ8@85 | ϕ9@110 |
| 18 | 230 | 591.1 | ϕ10@130 | ϕ11@160 | ϕ12@190 | | ϕ8@85 | ϕ9@105 |
| 19 | 240 | 616.8 | ϕ10@125 | ϕ11@150 | ϕ12@180 | ϕ14@245 | ϕ8@80 | ϕ9@100 |
| 20 | 250 | 642.5 | ϕ10@120 | ϕ11@145 | ϕ12@175 | ϕ14@235 | ϕ8@75 | ϕ9@95 |
| 21 | 260 | 668.2 | ϕ10@115 | ϕ11@140 | ϕ12@165 | ϕ14@230 | ϕ8@75 | ϕ9@95 |
| 22 | 270 | 693.9 | ϕ10@110 | ϕ11@135 | ϕ12@160 | ϕ14@220 | ϕ8@70 | ϕ9@90 |
| 23 | 280 | 719.6 | ϕ10@105 | ϕ11@130 | ϕ12@155 | ϕ14@210 | | ϕ9@85 |
| 24 | 290 | 745.3 | ϕ10@105 | ϕ11@125 | ϕ12@150 | ϕ14@205 | | ϕ9@85 |
| 25 | 300 | 771.0 | ϕ10@100 | ϕ11@120 | ϕ12@145 | ϕ14@195 | ϕ16@260 | ϕ9@80 |
| 26 | 350 | 899.5 | ϕ10@85 | ϕ11@105 | ϕ12@125 | ϕ14@170 | ϕ16@220 | ϕ9@70 |
| 27 | 400 | 1028.0 | ϕ10@75 | ϕ11@90 | ϕ12@110 | ϕ14@145 | ϕ16@195 | |
| 28 | 450 | 1156.5 | | ϕ11@80 | ϕ12@95 | ϕ14@130 | ϕ16@170 | ϕ18@220 |
| 29 | 500 | 1285.0 | ϕ20@240 | ϕ11@70 | ϕ12@85 | ϕ14@115 | ϕ16@155 | ϕ18@195 |
| 30 | 550 | 1413.5 | ϕ20@220 | | ϕ12@80 | ϕ14@105 | ϕ16@140 | ϕ18@180 |
| 31 | 600 | 1542.0 | ϕ20@200 | ϕ22@245 | ϕ12@70 | ϕ14@95 | ϕ16@130 | ϕ18@160 |
| 32 | 650 | 1670.5 | ϕ20@185 | ϕ22@225 | | ϕ14@90 | ϕ16@120 | ϕ18@150 |
| 33 | 700 | 1799.0 | ϕ20@170 | ϕ22@210 | ϕ25@270 | ϕ14@85 | ϕ16@110 | ϕ18@140 |

续表

| 序号 | 板厚 $h$（mm） | 配筋率 $\rho=0.257\%$ | | | | | | |
|---|---|---|---|---|---|---|---|---|
| | | 面积（$mm^2/m$） | 钢筋直径间距 | | | | | |
| 34 | 750 | 1927.5 | ϕ20@160 | ϕ22@195 | ϕ25@250 | ϕ14@75 | ϕ16@100 | ϕ18@130 |
| 35 | 800 | 2056.0 | ϕ20@150 | ϕ22@180 | ϕ25@235 | ϕ14@70 | ϕ16@95 | ϕ18@120 |
| 36 | 850 | 2184.5 | ϕ20@140 | ϕ22@170 | ϕ25@225 | ϕ14@70 | ϕ16@90 | ϕ18@115 |
| 37 | 900 | 2313.0 | ϕ20@135 | ϕ22@160 | ϕ25@210 | | ϕ16@85 | ϕ18@110 |
| 38 | 950 | 2441.5 | ϕ20@125 | ϕ22@155 | ϕ25@200 | ϕ28@250 | ϕ16@80 | ϕ18@100 |
| 39 | 1000 | 2570.0 | ϕ20@120 | ϕ22@145 | ϕ25@190 | ϕ28@235 | ϕ16@75 | ϕ18@95 |
| 40 | 1050 | 2698.5 | ϕ20@115 | ϕ22@140 | ϕ25@180 | ϕ28@225 | ϕ16@70 | ϕ18@90 |
| 41 | 1100 | 2827.0 | ϕ20@110 | ϕ22@130 | ϕ25@170 | ϕ28@215 | ϕ16@70 | ϕ18@90 |
| 42 | 1150 | 2955.5 | ϕ20@105 | ϕ22@125 | ϕ25@165 | ϕ28@205 | | ϕ18@85 |
| 43 | 1200 | 3084.0 | ϕ20@100 | ϕ22@120 | ϕ25@155 | ϕ28@195 | ϕ32@260 | ϕ18@80 |
| 44 | 1250 | 3212.5 | ϕ20@95 | ϕ22@115 | ϕ25@150 | ϕ28@190 | ϕ32@250 | ϕ18@75 |
| 45 | 1300 | 3341.0 | ϕ20@90 | ϕ22@110 | ϕ25@145 | ϕ28@180 | ϕ32@240 | ϕ18@75 |
| 46 | 1350 | 3469.5 | ϕ20@90 | ϕ22@105 | ϕ25@140 | ϕ28@175 | ϕ32@230 | ϕ18@70 |
| 47 | 1400 | 3598.0 | ϕ20@85 | ϕ22@100 | ϕ25@135 | ϕ28@170 | ϕ32@220 | ϕ18@70 |
| 48 | 1450 | 3726.5 | ϕ20@80 | ϕ22@100 | ϕ25@130 | ϕ28@165 | ϕ32@215 | |
| 49 | 1500 | 3855.0 | ϕ20@80 | ϕ22@95 | ϕ25@125 | ϕ28@155 | ϕ32@205 | ϕ36@260 |
| 50 | 1550 | 3983.5 | ϕ20@75 | ϕ22@95 | ϕ25@120 | ϕ28@150 | ϕ32@200 | ϕ36@255 |
| 51 | 1600 | 4112.0 | ϕ20@75 | ϕ22@90 | ϕ25@115 | ϕ28@145 | ϕ32@195 | ϕ36@245 |
| 52 | 1650 | 4240.5 | ϕ20@70 | ϕ22@85 | ϕ25@115 | ϕ28@145 | ϕ32@185 | ϕ36@240 |
| 53 | 1700 | 4369.0 | ϕ20@70 | ϕ22@85 | ϕ25@110 | ϕ28@140 | ϕ32@180 | ϕ36@230 |
| 54 | 1750 | 4497.5 | | ϕ22@80 | ϕ25@105 | ϕ28@135 | ϕ32@175 | ϕ36@225 |
| 55 | 1800 | 4626.0 | ϕ40@270 | ϕ22@80 | ϕ25@105 | ϕ28@130 | ϕ32@170 | ϕ36@220 |
| 56 | 1850 | 4754.5 | ϕ40@260 | ϕ22@75 | ϕ25@100 | ϕ28@125 | ϕ32@165 | ϕ36@210 |
| 57 | 1900 | 4883.0 | ϕ40@255 | ϕ22@75 | ϕ25@100 | ϕ28@125 | ϕ32@160 | ϕ36@205 |
| 58 | 1950 | 5011.5 | ϕ40@250 | ϕ22@75 | ϕ25@95 | ϕ28@120 | ϕ32@160 | ϕ36@200 |
| 59 | 2000 | 5140.0 | ϕ40@245 | ϕ22@70 | ϕ25@95 | ϕ28@115 | ϕ32@115 | ϕ36@195 |

**板用Ⅰ型冷轧扭钢筋配筋 $\rho=0.25\%$ 时的配筋量** **表 5.7**

| 序号 | 板厚 $h$（mm） | 配筋率 $\rho=0.25\%$ | | | | |
|---|---|---|---|---|---|---|
| | | 实际面积（$mm^2/m$） | 钢筋直径间距 | | | |
| 1 | 60 | 150 | $\phi^{r}6.5$@195 | | | |
| 2 | 70 | 175 | $\phi^{r}6.5$@165 | | | |
| 3 | 80 | 200 | $\phi^{r}6.5$@145 | $\phi^{r}8$@225 | | |

续表

| 序号 | 板厚 $h$（mm） | 配筋率 $\rho=0.25\%$ | | | | |
|---|---|---|---|---|---|---|
| | | 实际面积（$mm^2/m$） | 钢筋直径间距 | | | |
| 4 | 90 | 225 | $\phi^r$6.5@130 | $\phi^r$8@200 | | |
| 5 | 100 | 250 | $\phi^r$6.5@115 | $\phi^r$8@180 | | |
| 6 | 110 | 275 | $\phi^r$6.5@105 | $\phi^r$8@160 | $\phi^r$10@245 | |
| 7 | 120 | 300 | $\phi^r$6.5@95 | $\phi^r$8@150 | $\phi^r$10@225 | |
| 8 | 130 | 325 | $\phi^r$6.5@90 | $\phi^r$8@135 | $\phi^r$10@210 | |
| 9 | 140 | 350 | $\phi^r$6.5@80 | $\phi^r$8@125 | $\phi^r$10@195 | |
| 10 | 150 | 375 | $\phi^r$6.5@75 | $\phi^r$8@120 | $\phi^r$10@180 | $\phi^r$12@245 |
| 11 | 160 | 400 | $\phi^r$6.5@70 | $\phi^r$8@110 | $\phi^r$10@170 | $\phi^r$12@230 |
| 12 | 170 | 425 | | $\phi^r$8@105 | $\phi^r$10@160 | $\phi^r$12@215 |
| 13 | 180 | 450 | | $\phi^r$8@100 | $\phi^r$10@150 | $\phi^r$12@205 |
| 14 | 190 | 475 | | $\phi^r$8@95 | $\phi^r$10@140 | $\phi^r$12@195 |
| 15 | 200 | 500 | $\phi^r$14@265 | $\phi^r$8@90 | $\phi^r$10@135 | $\phi^r$12@185 |
| 16 | 210 | 525 | $\phi^r$14@250 | $\phi^r$8@85 | $\phi^r$10@130 | $\phi^r$12@175 |
| 17 | 220 | 550 | $\phi^r$14@240 | $\phi^r$8@80 | $\phi^r$10@120 | $\phi^r$12@165 |
| 18 | 230 | 575 | $\phi^r$14@230 | $\phi^r$8@75 | $\phi^r$10@115 | $\phi^r$12@160 |
| 19 | 240 | 600 | $\phi^r$14@220 | $\phi^r$8@75 | $\phi^r$10@110 | $\phi^r$12@155 |
| 20 | 250 | 625 | $\phi^r$14@210 | $\phi^r$8@70 | $\phi^r$10@105 | $\phi^r$12@145 |
| 21 | 260 | 650 | $\phi^r$14@200 | | $\phi^r$10@105 | $\phi^r$12@140 |
| 22 | 270 | 675 | $\phi^r$14@195 | | $\phi^r$10@100 | $\phi^r$12@135 |
| 23 | 280 | 700 | $\phi^r$14@185 | | $\phi^r$10@95 | $\phi^r$12@130 |
| 24 | 290 | 725 | $\phi^r$14@180 | | $\phi^r$10@90 | $\phi^r$12@125 |
| 25 | 300 | 750 | $\phi^r$14@175 | | $\phi^r$10@90 | $\phi^r$12@120 |
| 26 | 350 | 875 | $\phi^r$14@150 | | $\phi^r$10@75 | $\phi^r$12@105 |
| 27 | 400 | 1000 | $\phi^r$14@130 | | | $\phi^r$12@90 |

说明：根据国家《冷轧扭钢筋混凝土构件技术规程》JGJ 115—97 表 3.2.2，冷轧扭钢筋的实际面积 $\phi^r$6.5 只有标志面积的 88.8%，$\phi^r$8 只有标志面积的 90%，$\phi^r$10 只有标志面积的 86.9%，$\phi^r$12 只有标志面积的 82.5%，$\phi^r$14 只有标志面积的 86.2%. 本表按冷轧扭钢筋的实际面积计算配筋率。上海市冷轧扭钢筋的实际面积与国家规程相近，但直径只有 $\phi^r$6.5、$\phi^r$8、$\phi^r$10 三种。

**板用 HPB235、HRB335、HRB400 及 CRB550 级冷轧带肋钢筋配筋 $\rho=0.272\%$ 时的配筋量**

**表 5.8**

| 序号 | 板厚 $h$（mm） | 配筋率 $\rho=0.272\%$ | | | | | | |
|---|---|---|---|---|---|---|---|---|
| | | 面积（$mm^2/m$） | 钢筋直径间距 | | | | | |
| 1 | 60 | 163.2 | $\phi$5@120 | $\phi$6@170 | $\phi$6.5@200 | | | |
| 2 | 70 | 190.4 | $\phi$5@100 | $\phi$6@145 | $\phi$6.5@170 | $\phi$7@200 | | |
| 3 | 80 | 217.6 | $\phi$5@90 | $\phi$6@130 | $\phi$6.5@150 | $\phi$7@175 | | |

续表

| 序号 | 板厚 $h$（mm） | 配筋率 $\rho=0.272\%$ | | | | | | |
|---|---|---|---|---|---|---|---|---|
| | | 面积（$mm^2/m$） | 钢筋直径间距 | | | | | |
| 4 | 90 | 244.8 | ϕ5@80 | ϕ6@115 | ϕ6.5@135 | ϕ7@155 | ϕ8@200 | |
| 5 | 100 | 272.0 | ϕ5@70 | ϕ6@100 | ϕ6.5@120 | ϕ7@140 | ϕ8@180 | |
| 6 | 110 | 299.2 | | ϕ6@90 | ϕ6.5@110 | ϕ7@125 | ϕ8@165 | ϕ9@200 |
| 7 | 120 | 326.4 | | ϕ6@85 | ϕ6.5@100 | ϕ7@115 | ϕ8@150 | ϕ9@190 |
| 8 | 130 | 353.6 | | ϕ6@80 | ϕ6.5@90 | ϕ7@105 | ϕ8@140 | ϕ9@180 |
| 9 | 140 | 380.8 | ϕ10@200 | ϕ6@70 | ϕ6.5@85 | ϕ7@100 | ϕ8@130 | ϕ9@165 |
| 10 | 150 | 408.0 | ϕ10@190 | | ϕ6.5@80 | ϕ7@90 | ϕ8@120 | ϕ9@155 |
| 11 | 160 | 435.2 | ϕ10@180 | ϕ11@215 | ϕ6.5@75 | ϕ7@85 | ϕ8@115 | ϕ9@145 |
| 12 | 170 | 462.4 | ϕ10@165 | ϕ11@205 | ϕ6.5@70 | ϕ7@80 | ϕ8@105 | ϕ9@135 |
| 13 | 180 | 489.6 | ϕ10@160 | ϕ11@190 | | ϕ7@75 | ϕ8@100 | ϕ9@130 |
| 14 | 190 | 516.8 | ϕ10@150 | ϕ11@180 | ϕ12@215 | ϕ7@70 | ϕ8@95 | ϕ9@120 |
| 15 | 200 | 544.0 | ϕ10@140 | ϕ11@170 | ϕ12@205 | ϕ7@70 | ϕ8@90 | ϕ9@115 |
| 16 | 210 | 571.2 | ϕ10@135 | ϕ11@165 | ϕ12@195 | | ϕ8@85 | ϕ9@110 |
| 17 | 220 | 598.4 | ϕ10@130 | ϕ11@155 | ϕ12@185 | ϕ14@255 | ϕ8@80 | ϕ9@105 |
| 18 | 230 | 625.6 | ϕ10@125 | ϕ11@150 | ϕ12@180 | ϕ14@245 | ϕ8@80 | ϕ9@100 |
| 19 | 240 | 652.8 | ϕ10@120 | ϕ11@145 | ϕ12@170 | ϕ14@235 | ϕ8@75 | ϕ9@95 |
| 20 | 250 | 680.0 | ϕ10@115 | ϕ11@135 | ϕ12@165 | ϕ14@220 | ϕ8@70 | ϕ9@90 |
| 21 | 260 | 707.2 | ϕ10@110 | ϕ11@130 | ϕ12@155 | ϕ14@215 | ϕ8@70 | ϕ9@85 |
| 22 | 270 | 734.4 | ϕ10@105 | ϕ11@125 | ϕ12@150 | ϕ14@205 | | ϕ9@85 |
| 23 | 280 | 761.6 | ϕ10@100 | ϕ11@120 | ϕ12@145 | ϕ14@200 | ϕ16@260 | ϕ9@80 |
| 24 | 290 | 788.8 | ϕ10@95 | ϕ11@120 | ϕ12@140 | ϕ14@195 | ϕ16@250 | ϕ9@80 |
| 25 | 300 | 816.0 | ϕ10@95 | ϕ11@115 | ϕ12@135 | ϕ14@185 | ϕ16@245 | ϕ9@75 |
| 26 | 350 | 952.0 | ϕ10@80 | ϕ11@95 | ϕ12@115 | ϕ14@160 | ϕ16@210 | |
| 27 | 400 | 1088 | ϕ10@70 | ϕ11@85 | ϕ12@100 | ϕ14@140 | ϕ16@180 | ϕ18@235 |
| 28 | 450 | 1224 | | ϕ11@75 | ϕ12@90 | ϕ14@125 | ϕ16@160 | ϕ18@205 |
| 29 | 500 | 1360 | ϕ20@230 | | ϕ12@80 | ϕ14@110 | ϕ16@145 | ϕ18@185 |
| 30 | 550 | 1496 | ϕ20@210 | ϕ22@250 | ϕ12@75 | ϕ14@100 | ϕ16@130 | ϕ18@170 |
| 31 | 600 | 1632 | ϕ20@190 | ϕ22@230 | | ϕ14@90 | ϕ16@120 | ϕ18@155 |
| 32 | 650 | 1768 | ϕ20@175 | ϕ22@210 | ϕ25@275 | ϕ14@85 | ϕ16@110 | ϕ18@140 |
| 33 | 700 | 1904 | ϕ20@160 | ϕ22@195 | ϕ25@255 | ϕ14@80 | ϕ16@105 | ϕ18@130 |
| 34 | 750 | 2040 | ϕ20@150 | ϕ22@185 | ϕ25@240 | ϕ14@75 | ϕ16@95 | ϕ18@125 |
| 35 | 800 | 2176 | ϕ20@140 | ϕ22@175 | ϕ25@225 | ϕ14@70 | ϕ16@90 | ϕ18@115 |
| 36 | 850 | 2312 | ϕ20@135 | ϕ22@160 | ϕ25@210 | | ϕ16@85 | ϕ18@110 |
| 37 | 900 | 2448 | ϕ20@125 | ϕ22@150 | ϕ25@200 | ϕ28@250 | ϕ16@80 | ϕ18@100 |

续表

| 序号 | 板厚 $h$（mm） | 配筋率 $\rho=0.272\%$ | | | | | | |
|---|---|---|---|---|---|---|---|---|
| | | 面积（$mm^2$/m） | 钢筋直径间距 | | | | | |
| 38 | 950 | 2584 | $\phi$20@120 | $\phi$22@145 | $\phi$25@185 | $\phi$28@235 | $\phi$16@75 | $\phi$18@95 |
| 39 | 1000 | 2720 | $\phi$20@115 | $\phi$22@135 | $\phi$25@180 | $\phi$28@220 | $\phi$16@70 | $\phi$18@90 |
| 40 | 1050 | 2856 | $\phi$20@110 | $\phi$22@130 | $\phi$25@170 | $\phi$28@215 | $\phi$16@70 | $\phi$18@85 |
| 41 | 1100 | 2992 | $\phi$20@100 | $\phi$22@125 | $\phi$25@160 | $\phi$28@205 | | $\phi$18@85 |
| 42 | 1150 | 3128 | $\phi$20@100 | $\phi$22@120 | $\phi$25@155 | $\phi$28@195 | $\phi$32@255 | $\phi$18@80 |
| 43 | 1200 | 3264 | $\phi$20@95 | $\phi$22@115 | $\phi$25@150 | $\phi$28@185 | $\phi$32@245 | $\phi$18@75 |
| 44 | 1250 | 3400 | $\phi$20@90 | $\phi$22@110 | $\phi$25@140 | $\phi$28@180 | $\phi$32@235 | $\phi$18@70 |
| 45 | 1300 | 3536 | $\phi$20@85 | $\phi$22@105 | $\phi$25@135 | $\phi$28@170 | $\phi$32@225 | $\phi$18@70 |
| 46 | 1350 | 3672 | $\phi$20@85 | $\phi$22@100 | $\phi$25@130 | $\phi$28@165 | $\phi$32@215 | |
| 47 | 1400 | 3808 | $\phi$20@80 | $\phi$22@95 | $\phi$25@125 | $\phi$28@160 | $\phi$32@210 | $\phi$36@260 |
| 48 | 1450 | 3944 | $\phi$20@75 | $\phi$22@95 | $\phi$25@120 | $\phi$28@150 | $\phi$32@200 | $\phi$36@255 |
| 49 | 1500 | 4080 | $\phi$20@75 | $\phi$22@90 | $\phi$25@120 | $\phi$28@150 | $\phi$32@195 | $\phi$36@245 |
| 50 | 1550 | 4216 | $\phi$20@70 | $\phi$22@90 | $\phi$25@115 | $\phi$28@145 | $\phi$32@190 | $\phi$36@240 |
| 51 | 1600 | 4352 | $\phi$20@70 | $\phi$22@85 | $\phi$25@110 | $\phi$28@140 | $\phi$32@180 | $\phi$36@230 |
| 52 | 1650 | 4488 | $\phi$20@70 | $\phi$22@80 | $\phi$25@105 | $\phi$28@135 | $\phi$32@175 | $\phi$36@225 |
| 53 | 1700 | 4624 | | $\phi$22@80 | $\phi$25@105 | $\phi$28@130 | $\phi$32@170 | $\phi$36@220 |

## 板用 HPB235、HRB335、HRB400 及 CRB550 级冷轧带肋钢筋配筋 $\rho=0.306\%$ 时的配筋量

表 5.9

| 序号 | 板厚 $h$（mm） | 配筋率 $\rho=0.306\%$ | | | | | | |
|---|---|---|---|---|---|---|---|---|
| | | 面积（$mm^2$/m） | 钢筋直径间距 | | | | | |
| 1 | 60 | 183.6 | $\phi$5@105 | $\phi$6@150 | $\phi$6.5@180 | $\phi$7@200 | | |
| 2 | 70 | 214.2 | $\phi$5@90 | $\phi$6@130 | $\phi$6.5@155 | $\phi$7@175 | | |
| 3 | 80 | 244.8 | $\phi$5@80 | $\phi$6@115 | $\phi$6.5@135 | $\phi$7@155 | $\phi$8@200 | |
| 4 | 90 | 275.4 | $\phi$5@70 | $\phi$6@100 | $\phi$6.5@120 | $\phi$7@135 | $\phi$8@180 | |
| 5 | 100 | 306.0 | | $\phi$6@90 | $\phi$6.5@105 | $\phi$7@125 | $\phi$8@160 | $\phi$9@200 |
| 6 | 110 | 336.6 | | $\phi$6@80 | $\phi$6.5@95 | $\phi$7@110 | $\phi$8@145 | $\phi$9@185 |
| 7 | 120 | 367.2 | $\phi$10@200 | $\phi$6@75 | $\phi$6.5@90 | $\phi$7@100 | $\phi$8@135 | $\phi$9@170 |
| 8 | 130 | 397.8 | $\phi$10@195 | $\phi$6@70 | $\phi$6.5@80 | $\phi$7@95 | $\phi$8@125 | $\phi$9@160 |
| 9 | 140 | 428.4 | $\phi$10@180 | | $\phi$6.5@75 | $\phi$7@85 | $\phi$8@115 | $\phi$9@145 |
| 10 | 150 | 459.0 | $\phi$10@170 | $\phi$11@205 | $\phi$6.5@70 | $\phi$7@80 | $\phi$8@105 | $\phi$9@135 |
| 11 | 160 | 489.6 | $\phi$10@160 | $\phi$11@190 | | $\phi$7@75 | $\phi$8@100 | $\phi$9@130 |
| 12 | 170 | 520.2 | $\phi$10@150 | $\phi$11@180 | $\phi$12@215 | $\phi$7@70 | $\phi$8@95 | $\phi$9@120 |

续表

| 序号 | 板厚 $h$（mm） | 配筋率 $\rho=0.306\%$ | | | | | | |
|---|---|---|---|---|---|---|---|---|
| | | 面积（$mm^2/m$） | 钢筋直径间距 | | | | | |
| 13 | 180 | 550.8 | φ10@140 | φ11@170 | φ12@200 | | φ8@90 | φ9@110 |
| 14 | 190 | 581.4 | φ10@135 | φ11@160 | φ12@190 | φ14@260 | φ8@85 | φ9@105 |
| 15 | 200 | 612.0 | φ10@125 | φ11@155 | φ12@180 | φ14@250 | φ8@80 | φ9@100 |
| 16 | 210 | 642.6 | φ10@120 | φ11@145 | φ12@170 | φ14@235 | φ8@75 | φ9@95 |
| 17 | 220 | 673.2 | φ10@115 | φ11@140 | φ12@165 | φ14@225 | φ8@70 | φ9@90 |
| 18 | 230 | 703.8 | φ10@110 | φ11@135 | φ12@160 | φ14@215 | φ8@70 | φ9@90 |
| 19 | 240 | 734.4 | φ10@105 | φ11@125 | φ12@150 | φ14@205 | | φ9@85 |
| 20 | 250 | 765.0 | φ10@100 | φ11@120 | φ12@145 | φ14@200 | φ16@260 | φ9@80 |
| 21 | 260 | 795.6 | φ10@95 | φ11@115 | φ12@140 | φ14@190 | φ16@250 | φ9@75 |
| 22 | 270 | 826.2 | φ10@95 | φ11@115 | φ12@135 | φ14@185 | φ16@240 | φ9@75 |
| 23 | 280 | 856.8 | φ10@90 | φ11@110 | φ12@130 | φ14@175 | φ16@230 | φ9@70 |
| 24 | 290 | 887.4 | φ10@85 | φ11@105 | φ12@125 | φ14@170 | φ16@225 | |
| 25 | 300 | 918.0 | φ10@85 | φ11@100 | φ12@120 | φ14@165 | φ16@215 | φ18@275 |
| 26 | 350 | 1071 | φ10@70 | φ11@85 | φ12@100 | φ14@140 | φ16@180 | φ18@235 |
| 27 | 400 | 1224 | | φ11@75 | φ12@90 | φ14@125 | φ16@160 | φ18@205 |
| 28 | 450 | 1377 | φ20@225 | | φ12@80 | φ14@110 | φ16@145 | φ18@180 |
| 29 | 500 | 1530 | φ20@200 | φ22@245 | φ12@70 | φ14@100 | φ16@130 | φ18@165 |
| 30 | 550 | 1683 | φ20@185 | φ22@225 | | φ14@90 | φ16@115 | φ18@150 |
| 31 | 600 | 1836 | φ20@170 | φ22@205 | φ25@265 | φ14@80 | φ16@105 | φ18@135 |
| 32 | 650 | 1989 | φ20@155 | φ22@190 | φ25@245 | φ14@75 | φ16@100 | φ18@125 |
| 33 | 700 | 2142 | φ20@145 | φ22@175 | φ25@225 | φ14@70 | φ16@90 | φ18@115 |
| 34 | 750 | 2295 | φ20@135 | φ22@165 | φ25@210 | | φ16@85 | φ18@110 |
| 35 | 800 | 2448 | φ20@125 | φ22@150 | φ25@200 | φ28@250 | φ16@80 | φ18@100 |
| 36 | 850 | 2601 | φ20@120 | φ22@145 | φ25@185 | φ28@235 | φ16@75 | φ18@95 |
| 37 | 900 | 2754 | φ20@110 | φ22@135 | φ25@175 | φ28@220 | φ16@70 | φ18@90 |
| 38 | 950 | 2907 | φ20@105 | φ22@130 | φ25@165 | φ28@210 | | φ18@85 |
| 39 | 1000 | 3060 | φ20@100 | φ22@120 | φ25@160 | φ28@200 | φ32@260 | φ18@80 |
| 40 | 1050 | 3213 | φ20@95 | φ22@115 | φ25@155 | φ28@190 | φ32@250 | φ18@75 |
| 41 | 1100 | 3366 | φ20@90 | φ22@110 | φ25@145 | φ28@180 | φ32@235 | φ18@75 |
| 42 | 1150 | 3519 | φ20@85 | φ22@105 | φ25@135 | φ28@175 | φ32@225 | φ18@70 |
| 43 | 1200 | 3672 | φ20@85 | φ22@100 | φ25@130 | φ28@165 | φ32@215 | |
| 44 | 1250 | 3825 | φ20@80 | φ22@95 | φ25@125 | φ28@160 | φ32@210 | φ36@260 |
| 45 | 1300 | 3978 | φ20@75 | φ22@95 | φ25@120 | φ28@150 | φ32@200 | φ36@255 |
| 46 | 1350 | 4131 | φ20@75 | φ22@90 | φ25@115 | φ28@145 | φ32@190 | φ36@245 |

续表

| 序号 | 板厚 $h$（mm） | 配筋率 $\rho = 0.306\%$ | | | | | | |
|---|---|---|---|---|---|---|---|---|
| | | 面积（$mm^2/m$） | 钢筋直径间距 | | | | | |
| 47 | 1400 | 4284 | ϕ20@70 | ϕ22@85 | ϕ25@110 | ϕ28@140 | ϕ32@185 | ϕ36@235 |
| 48 | 1450 | 4437 | ϕ20@70 | ϕ22@85 | ϕ25@110 | ϕ28@135 | ϕ32@180 | ϕ36@225 |
| 49 | 1500 | 4590 | | ϕ22@80 | ϕ25@105 | ϕ28@130 | ϕ32@170 | ϕ36@220 |
| 50 | 1550 | 4743 | ϕ40@260 | ϕ22@80 | ϕ25@100 | ϕ28@125 | ϕ32@165 | ϕ36@210 |
| 51 | 1600 | 4896 | ϕ40@250 | ϕ22@75 | ϕ25@100 | ϕ28@125 | ϕ32@160 | ϕ36@205 |
| 52 | 1650 | 5049 | ϕ40@245 | ϕ22@75 | ϕ25@95 | ϕ28@120 | ϕ32@155 | ϕ36@200 |
| 53 | 1700 | 5202 | ϕ40@240 | ϕ22@70 | ϕ25@90 | ϕ28@115 | ϕ32@150 | ϕ36@195 |
| 54 | 1750 | 5355 | ϕ40@230 | ϕ22@70 | ϕ25@90 | ϕ28@115 | ϕ32@150 | ϕ36@190 |
| 55 | 1800 | 5508 | ϕ40@225 | | ϕ25@85 | ϕ28@110 | ϕ32@145 | ϕ36@180 |
| 56 | 1850 | 5661 | ϕ40@220 | ϕ50@345 | ϕ25@85 | ϕ28@105 | ϕ32@140 | ϕ36@175 |
| 57 | 1900 | 5814 | ϕ40@215 | ϕ50@335 | ϕ25@80 | ϕ28@105 | ϕ32@135 | ϕ36@170 |
| 58 | 1950 | 5967 | ϕ40@210 | ϕ50@325 | ϕ25@80 | ϕ28@100 | ϕ32@130 | ϕ36@170 |
| 59 | 2000 | 6120 | ϕ40@205 | ϕ50@320 | ϕ25@80 | ϕ28@100 | ϕ32@130 | ϕ36@165 |

**板用Ⅰ型冷轧扭钢筋配筋 $\rho = 0.30\%$ 时的配筋量** **表5.10**

| 序号 | 板厚 $h$（mm） | 配筋率 $\rho = 0.30\%$ | | | | |
|---|---|---|---|---|---|---|
| | | 实际面积（$mm^2/m$） | 钢筋直径间距 | | | |
| 1 | 60 | 180 | $\phi^{r}$6.5@160 | $\phi^{r}$8@250 | | |
| 2 | 70 | 210 | $\phi^{r}$6.5@140 | $\phi^{r}$8@215 | | |
| 3 | 80 | 240 | $\phi^{r}$6.5@120 | $\phi^{r}$8@185 | | |
| 4 | 90 | 270 | $\phi^{r}$6.5@105 | $\phi^{r}$8@165 | $\phi^{r}$10@250 | |
| 5 | 100 | 300 | $\phi^{r}$6.5@95 | $\phi^{r}$8@150 | $\phi^{r}$10@225 | |
| 6 | 110 | 330 | $\phi^{r}$6.5@85 | $\phi^{r}$8@135 | $\phi^{r}$10@205 | |
| 7 | 120 | 360 | $\phi^{r}$6.5@80 | $\phi^{r}$8@125 | $\phi^{r}$10@185 | $\phi^{r}$12@255 |
| 8 | 130 | 390 | $\phi^{r}$6.5@75 | $\phi^{r}$8@115 | $\phi^{r}$10@175 | $\phi^{r}$12@235 |
| 9 | 140 | 420 | $\phi^{r}$6.5@70 | $\phi^{r}$8@105 | $\phi^{r}$10@160 | $\phi^{r}$12@220 |
| 10 | 150 | 450 | | $\phi^{r}$8@100 | $\phi^{r}$10@150 | $\phi^{r}$12@205 |
| 11 | 160 | 480 | | $\phi^{r}$8@90 | $\phi^{r}$10@140 | $\phi^{r}$12@190 |
| 12 | 170 | 510 | $\phi^{r}$14@260 | $\phi^{r}$8@85 | $\phi^{r}$10@135 | $\phi^{r}$12@180 |
| 13 | 180 | 540 | $\phi^{r}$14@245 | $\phi^{r}$8@80 | $\phi^{r}$10@125 | $\phi^{r}$12@170 |
| 14 | 190 | 570 | $\phi^{r}$14@230 | $\phi^{r}$8@75 | $\phi^{r}$10@115 | $\phi^{r}$12@160 |
| 15 | 200 | 600 | $\phi^{r}$14@220 | $\phi^{r}$8@75 | $\phi^{r}$10@110 | $\phi^{r}$12@155 |
| 16 | 210 | 630 | $\phi^{r}$14@210 | $\phi^{r}$8@70 | $\phi^{r}$10@105 | $\phi^{r}$12@145 |

续表

| 序号 | 板厚 $h$（mm） | 配筋率 $\rho=0.30\%$ | | | | |
|---|---|---|---|---|---|---|
| | | 实际面积（$mm^2/m$） | 钢筋直径间距 | | | |
| 17 | 220 | 660 | $\phi^r14@200$ | | $\phi^r10@100$ | $\phi^r12@140$ |
| 18 | 230 | 690 | $\phi^r14@190$ | | $\phi^r10@95$ | $\phi^r12@130$ |
| 19 | 240 | 720 | $\phi^r14@185$ | | $\phi^r10@90$ | $\phi^r12@125$ |
| 20 | 250 | 750 | $\phi^r14@175$ | | $\phi^r10@90$ | $\phi^r12@120$ |
| 21 | 260 | 780 | $\phi^r14@170$ | | $\phi^r10@85$ | $\phi^r12@115$ |
| 22 | 270 | 810 | $\phi^r14@160$ | | $\phi^r10@80$ | $\phi^r12@115$ |
| 23 | 280 | 840 | $\phi^r14@155$ | | $\phi^r10@80$ | $\phi^r12@110$ |
| 24 | 290 | 870 | $\phi^r14@150$ | | $\phi^r10@75$ | $\phi^r12@105$ |
| 25 | 300 | 900 | $\phi^r14@145$ | | $\phi^r10@75$ | $\phi^r12@100$ |
| 26 | 350 | 1050 | $\phi^r14@125$ | | | $\phi^r12@85$ |
| 27 | 400 | 1200 | $\phi^r14@110$ | | | $\phi^r12@75$ |

说明：根据国家《冷轧扭钢筋混凝土构件技术规程》JGJ 115—97 表 3.2.2，冷轧扭钢筋的实际面积 $\phi^r6.5$ 只有标志面积的 88.8%，$\phi^r8$ 只有标志面积的 90%，$\phi^r10$ 只有标志面积的 86.9%，$\phi^r12$ 只有标志面积的 82.5%，$\phi^r14$ 只有标志面积的 86.2%. 本表按冷轧扭钢筋的实际面积计算配筋率。上海市冷轧扭钢筋的实际面积与国家规程相近，但直径只有 $\phi^r6.5$、$\phi^r8$、$\phi^r10$ 三种。

## 板用 HPB235、HRB335、HRB400 及 CRB550 级冷轧带肋钢筋配筋 $\rho=0.336\%$ 时的配筋量

表 5.11

| 序号 | 板厚 $h$（mm） | 面积（$mm^2/m$） | 配筋率 $\rho=0.336\%$ | | | | | |
|---|---|---|---|---|---|---|---|---|
| | | | 钢筋直径间距 | | | | | |
| 1 | 60 | 201.6 | $\phi5@95$ | $\phi6@140$ | $\phi6.5@160$ | $\phi7@190$ | | |
| 2 | 70 | 235.2 | $\phi5@80$ | $\phi6@120$ | $\phi6.5@140$ | $\phi7@160$ | $\phi8@200$ | |
| 3 | 80 | 268.8 | $\phi5@70$ | $\phi6@105$ | $\phi6.5@120$ | $\phi7@140$ | $\phi8@185$ | |
| 4 | 90 | 302.4 | | $\phi6@90$ | $\phi6.5@105$ | $\phi7@125$ | $\phi8@165$ | $\phi9@200$ |
| 5 | 100 | 336.0 | | $\phi6@80$ | $\phi6.5@95$ | $\phi7@110$ | $\phi8@145$ | $\phi9@185$ |
| 6 | 110 | 369.6 | $\phi10@200$ | $\phi6@75$ | $\phi6.5@85$ | $\phi7@100$ | $\phi8@135$ | $\phi9@170$ |
| 7 | 120 | 403.2 | $\phi10@190$ | $\phi6@70$ | $\phi6.5@80$ | $\phi7@95$ | $\phi8@125$ | $\phi9@155$ |
| 8 | 130 | 436.8 | $\phi10@175$ | | $\phi6.5@75$ | $\phi7@85$ | $\phi8@115$ | $\phi9@145$ |
| 9 | 140 | 470.4 | $\phi10@165$ | $\phi11@200$ | $\phi6.5@70$ | $\phi7@80$ | $\phi8@105$ | $\phi9@135$ |
| 10 | 150 | 504.0 | $\phi10@155$ | $\phi11@185$ | | $\phi7@75$ | $\phi8@95$ | $\phi9@125$ |
| 11 | 160 | 537.6 | $\phi10@145$ | $\phi11@175$ | $\phi12@210$ | $\phi7@70$ | $\phi8@90$ | $\phi9@115$ |
| 12 | 170 | 571.2 | $\phi10@13.5$ | $\phi11@165$ | $\phi12@195$ | | $\phi8@85$ | $\phi9@110$ |
| 13 | 180 | 604.8 | $\phi10@125$ | $\phi11@155$ | $\phi12@185$ | $\phi14@250$ | $\phi8@80$ | $\phi9@100$ |
| 14 | 190 | 638.4 | $\phi10@120$ | $\phi11@145$ | $\phi12@175$ | $\phi14@240$ | $\phi8@75$ | $\phi9@95$ |
| 15 | 200 | 672.0 | $\phi10@115$ | $\phi11@140$ | $\phi12@165$ | $\phi14@225$ | $\phi8@70$ | $\phi9@90$ |
| 16 | 210 | 705.6 | $\phi10@110$ | $\phi11@130$ | $\phi12@160$ | $\phi14@215$ | $\phi8@70$ | $\phi9@90$ |

续表

| 序号 | 板厚 $h$（mm） | 配筋率 $\rho=0.336\%$ | | | | | | |
|---|---|---|---|---|---|---|---|---|
| | | 面积（$mm^2/m$） | 钢筋直径间距 | | | | | |
| 17 | 220 | 739.2 | φ10@105 | φ11@125 | φ12@150 | φ14@205 | | φ9@85 |
| 18 | 230 | 772.8 | φ10@100 | φ11@120 | φ12@145 | φ14@195 | φ16@260 | φ9@80 |
| 19 | 240 | 806.4 | φ10@95 | φ11@115 | φ12@140 | φ14@190 | φ16@245 | φ9@75 |
| 20 | 250 | 840.0 | φ10@90 | φ11@110 | φ12@130 | φ14@180 | φ16@235 | φ9@75 |
| 21 | 260 | 873.6 | φ10@85 | φ11@105 | φ12@125 | φ14@175 | φ16@230 | φ9@70 |
| 22 | 270 | 907.2 | φ10@85 | φ11@100 | φ12@120 | φ14@165 | φ16@220 | φ9@70 |
| 23 | 280 | 940.8 | φ10@80 | φ11@100 | φ12@120 | φ14@160 | φ16@210 | |
| 24 | 290 | 974.4 | φ10@80 | φ11@95 | φ12@115 | φ14@155 | φ16@205 | φ18@260 |
| 25 | 300 | 1008 | φ10@75 | φ11@90 | φ12@110 | φ14@150 | φ16@195 | φ18@250 |
| 26 | 350 | 1176 | | φ11@80 | φ12@95 | φ14@130 | φ16@170 | φ18@215 |
| 27 | 400 | 1344 | φ20@230 | φ11@70 | φ12@80 | φ14@110 | φ16@145 | φ18@185 |
| 28 | 450 | 1512 | φ20@205 | | φ12@70 | φ14@100 | φ16@130 | φ18@165 |
| 29 | 500 | 1680 | φ20@185 | φ22@225 | | φ14@90 | φ16@115 | φ18@150 |
| 30 | 550 | 1848 | φ20@170 | φ22@205 | φ25@265 | φ14@80 | φ16@105 | φ18@135 |
| 31 | 600 | 2016 | φ20@155 | φ22@185 | φ25@240 | φ14@75 | φ16@95 | φ18@125 |
| 32 | 650 | 2184 | φ20@140 | φ22@170 | φ25@220 | φ14@70 | φ16@90 | φ18@115 |
| 33 | 700 | 2352 | φ20@130 | φ22@160 | φ25@205 | | φ16@85 | φ18@105 |
| 34 | 750 | 2520 | φ20@120 | φ22@150 | φ25@190 | φ28@240 | φ16@75 | φ18@100 |
| 35 | 800 | 2688 | φ20@115 | φ22@140 | φ25@180 | φ28@225 | φ16@70 | φ18@90 |
| 36 | 850 | 2856 | φ20@110 | φ22@130 | φ25@170 | φ28@215 | φ16@70 | φ18@85 |
| 37 | 900 | 3024 | φ20@100 | φ22@125 | φ25@160 | φ28@200 | | φ18@80 |
| 38 | 950 | 3192 | φ20@95 | φ22@115 | φ25@150 | φ28@190 | φ32@250 | φ18@75 |
| 39 | 1000 | 3360 | φ20@90 | φ22@110 | φ25@145 | φ28@180 | φ32@235 | φ18@75 |
| 40 | 1050 | 3528 | φ20@85 | φ22@105 | φ25@135 | φ28@170 | φ32@225 | φ18@70 |
| 41 | 1100 | 3696 | φ20@85 | φ22@100 | φ25@130 | φ28@165 | φ32@215 | |
| 42 | 1150 | 3864 | φ20@80 | φ22@95 | φ25@125 | φ28@155 | φ32@205 | φ36@260 |
| 43 | 1200 | 4032 | φ20@75 | φ22@90 | φ25@120 | φ28@150 | φ32@195 | φ36@250 |
| 44 | 1250 | 4200 | φ20@70 | φ22@90 | φ25@115 | φ28@145 | φ32@190 | φ36@240 |
| 45 | 1300 | 4368 | φ20@70 | φ22@85 | φ25@110 | φ28@140 | φ32@180 | φ36@230 |
| 46 | 1350 | 4536 | | φ22@80 | φ25@105 | φ28@135 | φ32@175 | φ36@220 |
| 47 | 1400 | 4704 | φ40@265 | φ22@80 | φ25@100 | φ28@130 | φ32@170 | φ36@215 |
| 48 | 1450 | 4872 | φ40@255 | φ22@75 | φ25@100 | φ28@125 | φ32@165 | φ36@205 |
| 49 | 1500 | 5040 | φ40@245 | φ22@75 | φ25@95 | φ28@120 | φ32@155 | φ36@200 |
| 50 | 1550 | 5208 | φ40@240 | φ22@70 | φ25@90 | φ28@115 | φ32@150 | φ36@195 |
| 51 | 1600 | 5376 | φ40@230 | φ22@70 | φ25@90 | φ28@110 | φ32@145 | φ36@190 |
| 52 | 1650 | 5544 | φ40@225 | | φ25@85 | φ28@110 | φ32@140 | φ36@180 |
| 53 | 1700 | 5712 | φ40@220 | φ50@340 | φ25@85 | φ28@105 | φ32@140 | φ36@175 |

## 板用 HPB235、HRB335、HRB400 及 CRB550 级冷轧带肋钢筋配筋 $\rho=0.35\%$ 时的配筋量

表 5.12

| 序号 | 板厚 $h$（mm） | 配筋率 $\rho=0.35\%$ | | | | | | |
|---|---|---|---|---|---|---|---|---|
| | | 面积（$mm^2/m$） | 钢筋直径间距 | | | | | |
| 1 | 60 | 210 | $\phi5@90$ | $\phi6@130$ | $\phi6.5@150$ | $\phi7@180$ | | |
| 2 | 70 | 245 | $\phi5@80$ | $\phi6@110$ | $\phi6.5@130$ | $\phi7@150$ | $\phi8@200$ | |
| 3 | 80 | 280 | $\phi5@70$ | $\phi6@105$ | $\phi6.5@110$ | $\phi7@130$ | $\phi8@175$ | |
| 4 | 90 | 315 | | $\phi6@85$ | $\phi6.5@100$ | $\phi7@120$ | $\phi8@155$ | $\phi9@200$ |
| 5 | 100 | 350 | $\phi10@220$ | $\phi6@80$ | $\phi6.5@90$ | $\phi7@110$ | $\phi8@140$ | $\phi9@180$ |
| 6 | 110 | 385 | $\phi10@200$ | $\phi6@70$ | $\phi6.5@85$ | $\phi7@95$ | $\phi8@130$ | $\phi9@165$ |
| 7 | 120 | 420 | $\phi10@185$ | | $\phi6.5@75$ | $\phi7@90$ | $\phi8@115$ | $\phi9@150$ |
| 8 | 130 | 455 | $\phi10@170$ | $\phi11@205$ | $\phi6.5@70$ | $\phi7@80$ | $\phi8@110$ | $\phi9@135$ |
| 9 | 140 | 490 | $\phi10@160$ | $\phi11@190$ | | $\phi7@75$ | $\phi8@100$ | $\phi9@125$ |
| 10 | 150 | 525 | $\phi10@145$ | $\phi11@180$ | $\phi12@215$ | $\phi7@70$ | $\phi8@95$ | $\phi9@120$ |
| 11 | 160 | 560 | $\phi10@140$ | $\phi11@165$ | $\phi12@200$ | | $\phi8@85$ | $\phi9@110$ |
| 12 | 170 | 595 | $\phi10@130$ | $\phi11@155$ | $\phi12@190$ | $\phi14@255$ | $\phi8@80$ | $\phi9@105$ |
| 13 | 180 | 630 | $\phi10@120$ | $\phi11@150$ | $\phi12@175$ | $\phi14@240$ | $\phi8@75$ | $\phi9@100$ |
| 14 | 190 | 665 | $\phi10@115$ | $\phi11@140$ | $\phi12@170$ | $\phi14@230$ | $\phi8@75$ | $\phi9@95$ |
| 15 | 200 | 700 | $\phi10@110$ | $\phi11@135$ | $\phi12@160$ | $\phi14@220$ | $\phi8@70$ | $\phi9@90$ |
| 16 | 210 | 735 | $\phi10@105$ | $\phi11@125$ | $\phi12@150$ | $\phi14@205$ | | $\phi9@85$ |
| 17 | 220 | 770 | $\phi10@100$ | $\phi11@120$ | $\phi12@145$ | $\phi14@200$ | $\phi16@260$ | $\phi9@80$ |
| 18 | 230 | 805 | $\phi10@95$ | $\phi11@115$ | $\phi12@140$ | $\phi14@190$ | $\phi16@245$ | $\phi9@75$ |
| 19 | 240 | 840 | $\phi10@90$ | $\phi11@110$ | $\phi12@130$ | $\phi14@180$ | $\phi16@235$ | $\phi9@75$ |
| 20 | 250 | 875 | $\phi10@85$ | $\phi11@105$ | $\phi12@125$ | $\phi14@175$ | $\phi16@225$ | $\phi9@70$ |
| 21 | 260 | 910 | $\phi10@85$ | $\phi11@100$ | $\phi12@120$ | $\phi14@165$ | $\phi16@220$ | |
| 22 | 270 | 945 | $\phi10@80$ | $\phi11@100$ | $\phi12@115$ | $\phi14@160$ | $\phi16@210$ | $\phi18@265$ |
| 23 | 280 | 980 | $\phi10@80$ | $\phi11@95$ | $\phi12@110$ | $\phi14@155$ | $\phi16@200$ | $\phi18@255$ |
| 24 | 290 | 1015 | $\phi10@75$ | $\phi11@90$ | $\phi12@110$ | $\phi14@150$ | $\phi16@195$ | $\phi18@250$ |
| 25 | 300 | 1050 | $\phi10@70$ | $\phi11@90$ | $\phi12@105$ | $\phi14@145$ | $\phi16@190$ | $\phi18@240$ |
| 26 | 350 | 1225 | | $\phi11@75$ | $\phi12@90$ | $\phi14@125$ | $\phi16@160$ | $\phi18@205$ |
| 27 | 400 | 1400 | $\phi20@225$ | | $\phi12@80$ | $\phi14@110$ | $\phi16@140$ | $\phi18@180$ |
| 28 | 450 | 1575 | $\phi20@195$ | $\phi22@240$ | $\phi12@70$ | $\phi14@95$ | $\phi16@125$ | $\phi18@160$ |
| 29 | 500 | 1750 | $\phi20@175$ | $\phi22@215$ | | $\phi14@85$ | $\phi16@115$ | $\phi18@140$ |
| 30 | 550 | 1925 | $\phi20@160$ | $\phi22@195$ | $\phi25@250$ | $\phi14@75$ | $\phi16@100$ | $\phi18@130$ |
| 31 | 600 | 2100 | $\phi20@145$ | $\phi22@180$ | $\phi25@220$ | $\phi14@70$ | $\phi16@95$ | $\phi18@120$ |
| 32 | 650 | 2275 | $\phi20@135$ | $\phi22@165$ | $\phi25@215$ | | $\phi16@85$ | $\phi18@110$ |
| 33 | 700 | 2450 | $\phi20@125$ | $\phi22@155$ | $\phi25@200$ | $\phi28@250$ | $\phi16@80$ | $\phi18@105$ |

续表

| 序号 | 板厚 h（mm） | 面积 (mm²/m) | 配筋率 ρ=0.35% | | | | | |
|---|---|---|---|---|---|---|---|---|
| | | | 钢筋直径间距 | | | | | |
| 34 | 750 | 2625 | φ20@115 | φ22@145 | φ25@185 | φ28@230 | φ16@75 | φ18@95 |
| 35 | 800 | 2800 | φ20@110 | φ22@135 | φ25@175 | φ28@220 | φ16@70 | φ18@90 |
| 36 | 850 | 2975 | φ20@105 | φ22@125 | φ25@160 | φ28@205 | | φ18@85 |
| 37 | 900 | 3150 | φ20@95 | φ22@120 | φ25@155 | φ28@190 | φ32@255 | φ18@80 |
| 38 | 950 | 3325 | φ20@90 | φ22@110 | φ25@145 | φ28@185 | φ32@240 | φ18@75 |
| 39 | 1000 | 3500 | φ20@85 | φ22@105 | φ25@140 | φ28@175 | φ32@225 | φ18@70 |
| 40 | 1050 | 3675 | φ20@85 | φ22@100 | φ25@135 | φ28@165 | φ32@215 | |
| 41 | 1100 | 3850 | φ20@80 | φ22@95 | φ25@125 | φ28@155 | φ32@205 | φ36@260 |
| 42 | 1150 | 4025 | φ20@75 | φ22@90 | φ25@120 | φ28@150 | φ32@195 | φ36@250 |
| 43 | 1200 | 4200 | φ20@70 | φ22@90 | φ25@115 | φ28@145 | φ32@190 | φ36@240 |
| 44 | 1250 | 4375 | φ20@70 | φ22@85 | φ25@110 | φ28@140 | φ32@180 | φ36@230 |
| 45 | 1300 | 4550 | | φ22@80 | φ25@105 | φ28@135 | φ32@175 | φ36@220 |
| 46 | 1350 | 4725 | φ40@265 | φ22@80 | φ25@100 | φ28@130 | φ32@170 | φ36@210 |
| 47 | 1400 | 4900 | φ40@255 | φ22@75 | φ25@100 | φ28@125 | φ32@160 | φ36@205 |
| 48 | 1450 | 5075 | φ40@245 | φ22@70 | φ25@95 | φ28@120 | φ32@155 | φ36@200 |
| 49 | 1500 | 5250 | φ40@235 | φ22@70 | φ25@90 | φ28@115 | φ32@150 | φ36@190 |
| 50 | 1550 | 5425 | φ40@230 | φ22@70 | φ25@90 | φ28@110 | φ32@145 | φ36@185 |
| 51 | 1600 | 5600 | φ40@220 | | φ25@85 | φ28@105 | φ32@140 | φ36@180 |
| 52 | 1650 | 5775 | φ40@215 | φ50@340 | φ25@85 | φ28@105 | φ32@135 | φ36@175 |
| 53 | 1700 | 5950 | φ40@210 | φ50@330 | φ25@80 | φ28@100 | φ32@135 | φ36@170 |
| 54 | 1750 | 6125 | φ40@205 | φ50@320 | φ25@80 | φ28@100 | φ32@130 | φ36@165 |
| 55 | 1800 | 6300 | φ40@195 | φ50@310 | φ25@75 | φ28@95 | φ32@125 | φ36@160 |
| 56 | 1850 | 6475 | φ40@190 | φ50@300 | φ25@75 | φ28@95 | φ32@120 | φ36@155 |
| 57 | 1900 | 6650 | φ40@185 | φ50@290 | φ25@70 | φ28@90 | φ32@120 | φ36@150 |
| 58 | 1950 | 6825 | φ40@180 | φ50@285 | φ25@70 | φ28@90 | φ32@115 | φ36@145 |
| 59 | 2000 | 7000 | φ40@175 | φ50@280 | φ25@70 | φ28@85 | φ32@110 | φ36@145 |

**板用Ⅰ型冷轧扭钢筋配筋 ρ=0.35%时的配筋量** **表 5.13**

| 序号 | 板厚 h（mm） | 实际面积 (mm²/m) | 配筋率 ρ=0.35% | | | |
|---|---|---|---|---|---|---|
| | | | 钢筋直径间距 | | | |
| 1 | 60 | 210 | $\phi^{r}$6.5@140 | $\phi^{r}$8@210 | | |
| 2 | 70 | 245 | $\phi^{r}$6.5@120 | $\phi^{r}$8@180 | | |
| 3 | 80 | 280 | $\phi^{r}$6.5@105 | $\phi^{r}$8@160 | $\phi^{r}$10@240 | |

续表

| 序号 | 板厚 $h$（mm） | 配筋率 $\rho=0.35\%$ | | | | |
|---|---|---|---|---|---|---|
| | | 实际面积 (mm²/m) | 钢筋直径间距 | | | |
| 4 | 90 | 315 | $\phi^r6.5$@90 | $\phi^r8$@140 | $\phi^r10$@215 | |
| 5 | 100 | 350 | $\phi^r6.5$@80 | $\phi^r8$@125 | $\phi^r10$@190 | $\phi^r12$@265 |
| 6 | 110 | 385 | $\phi^r6.5$@75 | $\phi^r8$@115 | $\phi^r10$@175 | $\phi^r12$@240 |
| 7 | 120 | 420 | $\phi^r6.5$@70 | $\phi^r8$@105 | $\phi^r10$@160 | $\phi^r12$@220 |
| 8 | 130 | 455 | | $\phi^r8$@95 | $\phi^r10$@150 | $\phi^r12$@205 |
| 9 | 140 | 490 | | $\phi^r8$@90 | $\phi^r10$@135 | $\phi^r12$@190 |
| 10 | 150 | 525 | $\phi^r14$@250 | $\phi^r8$@85 | $\phi^r10$@130 | $\phi^r12$@175 |
| 11 | 160 | 560 | $\phi^r14$@235 | $\phi^r8$@80 | $\phi^r10$@120 | $\phi^r12$@165 |
| 12 | 170 | 595 | $\phi^r14$@220 | $\phi^r8$@75 | $\phi^r10$@110 | $\phi^r12$@155 |
| 13 | 180 | 630 | $\phi^r14$@210 | $\phi^r8$@70 | $\phi^r10$@105 | $\phi^r12$@145 |
| 14 | 190 | 665 | $\phi^r14$@195 | | $\phi^r10$@100 | $\phi^r12$@140 |
| 15 | 200 | 700 | $\phi^r14$@185 | | $\phi^r10$@95 | $\phi^r12$@130 |
| 16 | 210 | 735 | $\phi^r14$@180 | | $\phi^r10$@90 | $\phi^r12$@125 |
| 17 | 220 | 770 | $\phi^r14$@170 | | $\phi^r10$@85 | $\phi^r12$@120 |
| 18 | 230 | 805 | $\phi^r14$@160 | | $\phi^r10$@80 | $\phi^r12$@115 |
| 19 | 240 | 840 | $\phi^r14$@155 | | $\phi^r10$@80 | $\phi^r12$@110 |
| 20 | 250 | 875 | $\phi^r14$@150 | | $\phi^r10$@75 | $\phi^r12$@105 |
| 21 | 260 | 910 | $\phi^r14$@145 | | $\phi^r10$@75 | $\phi^r12$@100 |
| 22 | 270 | 945 | $\phi^r14$@140 | | $\phi^r10$@70 | $\phi^r12$@95 |
| 23 | 280 | 980 | $\phi^r14$@135 | | | $\phi^r12$@95 |
| 24 | 290 | 1015 | $\phi^r14$@130 | | | $\phi^r12$@90 |
| 25 | 300 | 1050 | $\phi^r14$@125 | | | $\phi^r12$@85 |
| 26 | 350 | 1225 | $\phi^r14$@105 | | | $\phi^r12$@75 |
| 27 | 400 | 1400 | $\phi^r14$@90 | | | |

说明：根据国家《冷轧扭钢筋混凝土构件技术规程》JGJ 115—97 表 3.2.2，冷轧扭钢筋的实际面积 $\phi^r6.5$ 只有标志面积的 88.8%，$\phi^r8$ 只有标志面积的 90%，$\phi^r10$ 只有标志面积的 86.9%，$\phi^r12$ 只有标志面积的 82.5%，$\phi^r14$ 只有标志面积的 86.2%．本表按冷轧扭钢筋的实际面积计算配筋率。上海市冷轧扭钢筋的实际面积与国家规程相近，但直径只有 $\phi^r6.5$、$\phi^r8$、$\phi^r10$ 三种。

## 板用 HPB235、HRB335、HRB400 及 CRB550 级冷轧带肋钢筋配筋 $\rho=0.366\%$ 时的配筋量

**表 5.14**

| 序号 | 板厚 $h$（mm） | 配筋率 $\rho=0.366\%$ | | | | | | |
|---|---|---|---|---|---|---|---|---|
| | | 面积 (mm²/m) | 钢筋直径间距 | | | | | |
| 1 | 60 | 219.6 | $\phi5$@85 | $\phi6$@125 | $\phi6.5$@150 | $\phi7$@175 | $\phi8$@200 | |
| 2 | 70 | 256.2 | $\phi5$@75 | $\phi6$@110 | $\phi6.5$@125 | $\phi7$@150 | $\phi8$@195 | |
| 3 | 80 | 292.8 | | $\phi6$@95 | $\phi6.5$@110 | $\phi7$@130 | $\phi8$@170 | $\phi9$@200 |

续表

| 序号 | 板厚 $h$（mm） | 配筋率 $\rho=0.366\%$ | | | | | | |
|---|---|---|---|---|---|---|---|---|
| | | 面积（$mm^2/m$） | 钢筋直径间距 | | | | | |
| 4 | 90 | 329.4 | | $\phi$6@85 | $\phi$6.5@100 | $\phi$7@115 | $\phi$8@150 | $\phi$9@190 |
| 5 | 100 | 366.0 | $\phi$10@200 | $\phi$6@75 | $\phi$6.5@90 | $\phi$7@105 | $\phi$8@135 | $\phi$9@170 |
| 6 | 110 | 402.6 | $\phi$10@195 | $\phi$6@70 | $\phi$6.5@80 | $\phi$7@95 | $\phi$8@125 | $\phi$9@155 |
| 7 | 120 | 439.2 | $\phi$10@175 | | $\phi$6.5@75 | $\phi$7@85 | $\phi$8@110 | $\phi$9@145 |
| 8 | 130 | 475.8 | $\phi$10@165 | $\phi$11@195 | | $\phi$7@80 | $\phi$8@105 | $\phi$9@130 |
| 9 | 140 | 512.4 | $\phi$10@155 | $\phi$11@180 | $\phi$12@220 | $\phi$7@75 | $\phi$8@95 | $\phi$9@120 |
| 10 | 150 | 549.0 | $\phi$10@140 | $\phi$11@170 | $\phi$12@200 | $\phi$7@70 | $\phi$8@90 | $\phi$9@115 |
| 11 | 160 | 585.6 | $\phi$10@130 | $\phi$11@160 | $\phi$12@190 | | $\phi$8@85 | $\phi$9@105 |
| 12 | 170 | 622.2 | $\phi$10@125 | $\phi$11@150 | $\phi$12@180 | $\phi$14@245 | $\phi$8@80 | $\phi$9@100 |
| 13 | 180 | 658.8 | $\phi$10@115 | $\phi$11@145 | $\phi$12@170 | $\phi$14@230 | $\phi$8@75 | $\phi$9@95 |
| 14 | 190 | 695.4 | $\phi$10@110 | $\phi$11@135 | $\phi$12@160 | $\phi$14@220 | $\phi$8@70 | $\phi$9@90 |
| 15 | 200 | 732.0 | $\phi$10@105 | $\phi$11@125 | $\phi$12@150 | $\phi$14@210 | | $\phi$9@85 |
| 16 | 210 | 768.6 | $\phi$10@100 | $\phi$11@120 | $\phi$12@145 | $\phi$14@200 | $\phi$16@260 | $\phi$9@80 |
| 17 | 220 | 805.2 | $\phi$10@95 | $\phi$11@115 | $\phi$12@140 | $\phi$14@190 | $\phi$16@245 | $\phi$9@75 |
| 18 | 230 | 841.8 | $\phi$10@90 | $\phi$11@110 | $\phi$12@130 | $\phi$14@180 | $\phi$16@235 | $\phi$9@75 |
| 19 | 240 | 878.4 | $\phi$10@85 | $\phi$11@105 | $\phi$12@125 | $\phi$14@175 | $\phi$16@225 | $\phi$9@70 |
| 20 | 250 | 915.0 | $\phi$10@85 | $\phi$11@100 | $\phi$12@120 | $\phi$14@165 | $\phi$16@215 | |
| 21 | 260 | 951.6 | $\phi$10@80 | $\phi$11@95 | $\phi$12@115 | $\phi$14@160 | $\phi$16@210 | $\phi$18@265 |
| 22 | 270 | 988.2 | $\phi$10@75 | $\phi$11@95 | $\phi$12@110 | $\phi$14@155 | $\phi$16@200 | $\phi$18@255 |
| 23 | 280 | 1025 | $\phi$10@75 | $\phi$11@90 | $\phi$12@110 | $\phi$14@150 | $\phi$16@195 | $\phi$18@245 |
| 24 | 290 | 1062 | $\phi$10@70 | $\phi$11@85 | $\phi$12@110 | $\phi$14@140 | $\phi$16@185 | $\phi$18@235 |
| 25 | 300 | 1098 | $\phi$10@70 | $\phi$11@85 | $\phi$12@100 | $\phi$14@140 | $\phi$16@180 | $\phi$18@230 |
| 26 | 350 | 1281 | | $\phi$11@70 | $\phi$12@85 | $\phi$14@120 | $\phi$16@155 | $\phi$18@195 |
| 27 | 400 | 1464 | $\phi$20@210 | | $\phi$12@75 | $\phi$14@105 | $\phi$16@135 | $\phi$18@175 |
| 28 | 450 | 1647 | $\phi$20@190 | $\phi$22@230 | | $\phi$14@90 | $\phi$16@120 | $\phi$18@150 |
| 29 | 500 | 1830 | $\phi$20@170 | $\phi$22@205 | $\phi$25@265 | $\phi$14@80 | $\phi$16@105 | $\phi$18@135 |
| 30 | 550 | 2013 | $\phi$20@155 | $\phi$22@195 | $\phi$25@240 | $\phi$14@75 | $\phi$16@95 | $\phi$18@125 |
| 31 | 600 | 2196 | $\phi$20@140 | $\phi$22@170 | $\phi$25@225 | $\phi$14@70 | $\phi$16@90 | $\phi$18@115 |
| 32 | 650 | 2379 | $\phi$20@130 | $\phi$22@155 | $\phi$25@205 | | $\phi$16@80 | $\phi$18@105 |
| 33 | 700 | 2562 | $\phi$20@120 | $\phi$22@145 | $\phi$25@190 | $\phi$28@240 | $\phi$16@75 | $\phi$18@95 |
| 34 | 750 | 2745 | $\phi$20@110 | $\phi$22@135 | $\phi$25@175 | $\phi$28@220 | $\phi$16@70 | $\phi$18@90 |
| 35 | 800 | 2928 | $\phi$20@100 | $\phi$22@125 | $\phi$25@165 | $\phi$28@210 | | $\phi$18@85 |
| 36 | 850 | 3111 | $\phi$20@100 | $\phi$22@120 | $\phi$25@155 | $\phi$28@195 | $\phi$32@255 | $\phi$18@80 |
| 37 | 900 | 3294 | $\phi$20@95 | $\phi$22@115 | $\phi$25@145 | $\phi$28@185 | $\phi$32@245 | $\phi$18@75 |

续表

| 序号 | 板厚 h（mm） | 配筋率 ρ=0.366% | | | | | | |
|---|---|---|---|---|---|---|---|---|
| | | 面积（mm²/m） | 钢筋直径间距 | | | | | |
| 38 | 950 | 3477 | ϕ20@90 | ϕ22@105 | ϕ25@140 | ϕ28@175 | ϕ32@230 | ϕ18@70 |
| 39 | 1000 | 3660 | ϕ20@85 | ϕ22@100 | ϕ25@130 | ϕ28@165 | ϕ32@215 | |
| 40 | 1050 | 3843 | ϕ20@80 | ϕ22@95 | ϕ25@125 | ϕ28@160 | ϕ32@205 | ϕ36@260 |
| 41 | 1100 | 4026 | ϕ20@75 | ϕ22@90 | ϕ25@120 | ϕ28@150 | ϕ32@195 | ϕ36@250 |
| 42 | 1150 | 4209 | ϕ20@70 | ϕ22@90 | ϕ25@115 | ϕ28@145 | ϕ32@190 | ϕ36@240 |
| 43 | 1200 | 4392 | ϕ20@70 | ϕ22@85 | ϕ25@110 | ϕ28@140 | ϕ32@180 | ϕ36@230 |
| 44 | 1250 | 4575 | | ϕ22@80 | ϕ25@105 | ϕ28@130 | ϕ32@175 | ϕ36@220 |
| 45 | 1300 | 4758 | ϕ40@260 | ϕ22@75 | ϕ25@100 | ϕ28@125 | ϕ32@165 | ϕ36@210 |
| 46 | 1350 | 4941 | ϕ40@250 | ϕ22@75 | ϕ25@95 | ϕ28@120 | ϕ32@160 | ϕ36@205 |
| 47 | 1400 | 5124 | ϕ40@245 | ϕ22@70 | ϕ25@95 | ϕ28@120 | ϕ32@155 | ϕ36@195 |
| 48 | 1450 | 5307 | ϕ40@235 | ϕ22@70 | ϕ25@90 | ϕ28@115 | ϕ32@150 | ϕ36@190 |
| 49 | 1500 | 5490 | ϕ40@225 | | ϕ25@85 | ϕ28@110 | ϕ32@145 | ϕ36@185 |
| 50 | 1550 | 5673 | ϕ40@220 | ϕ50@345 | ϕ25@85 | ϕ28@105 | ϕ32@140 | ϕ36@175 |
| 51 | 1600 | 5856 | ϕ40@210 | ϕ50@335 | ϕ25@80 | ϕ28@105 | ϕ32@135 | ϕ36@170 |
| 52 | 1650 | 6039 | ϕ40@205 | ϕ50@325 | ϕ25@80 | ϕ28@100 | ϕ32@130 | ϕ36@165 |
| 53 | 1700 | 6222 | ϕ40@205 | ϕ50@315 | ϕ25@75 | ϕ28@95 | ϕ32@125 | ϕ36@160 |

**板用 HPB235、HRB335、HRB400 及 CRB550 级冷轧带肋钢筋配筋 ρ=0.386%时的配筋量**

**表 5.15**

| 序号 | 板厚 h（mm） | 配筋率 ρ=0.386% | | | | | | |
|---|---|---|---|---|---|---|---|---|
| | | 面积（mm²/m） | 钢筋直径间距 | | | | | |
| 1 | 60 | 231.6 | ϕ5@80 | ϕ6@120 | ϕ6.5@140 | ϕ7@165 | ϕ8@215 | |
| 2 | 70 | 270.2 | ϕ5@70 | ϕ6@100 | ϕ6.5@120 | ϕ7@140 | ϕ8@185 | |
| 3 | 80 | 308.8 | | ϕ6@90 | ϕ6.5@105 | ϕ7@120 | ϕ8@160 | ϕ9@205 |
| 4 | 90 | 347.4 | | ϕ6@80 | ϕ6.5@95 | ϕ7@110 | ϕ8@140 | ϕ9@180 |
| 5 | 100 | 386.0 | ϕ10@200 | ϕ6@70 | ϕ6.5@85 | ϕ7@95 | ϕ8@130 | ϕ9@160 |
| 6 | 110 | 424.6 | ϕ10@185 | | ϕ6.5@75 | ϕ7@90 | ϕ8@115 | ϕ9@145 |
| 7 | 120 | 463.2 | ϕ10@165 | ϕ11@200 | ϕ6.5@70 | ϕ7@80 | ϕ8@105 | ϕ9@135 |
| 8 | 130 | 501.8 | ϕ10@155 | ϕ11@185 | | ϕ7@75 | ϕ8@100 | ϕ9@125 |
| 9 | 140 | 540.4 | ϕ10@145 | ϕ11@170 | ϕ12@205 | ϕ7@70 | ϕ8@90 | ϕ9@115 |
| 10 | 150 | 579.0 | ϕ10@135 | ϕ11@160 | ϕ12@195 | | ϕ8@85 | ϕ9@105 |
| 11 | 160 | 617.6 | ϕ10@125 | ϕ11@150 | ϕ12@180 | | ϕ8@80 | ϕ9@100 |
| 12 | 170 | 656.2 | ϕ10@115 | ϕ11@140 | ϕ12@170 | ϕ14@230 | ϕ8@75 | ϕ9@95 |

续表

| 序号 | 板厚 h（mm） | 配筋率 $\rho=0.386\%$ | | | | | | |
|---|---|---|---|---|---|---|---|---|
| | | 面积（$mm^2/m$） | 钢筋直径间距 | | | | | |
| 13 | 180 | 694.8 | φ10@110 | φ11@135 | φ12@160 | φ14@220 | φ8@70 | φ9@90 |
| 14 | 190 | 733.4 | φ10@105 | φ11@125 | φ12@150 | φ14@205 | | φ9@85 |
| 15 | 200 | 772.0 | φ10@100 | φ11@120 | φ12@145 | φ14@195 | | φ9@80 |
| 16 | 210 | 810.6 | φ10@95 | φ11@115 | φ12@135 | φ14@185 | φ16@245 | φ9@75 |
| 17 | 220 | 849.2 | φ10@90 | φ11@110 | φ12@130 | φ14@180 | φ16@235 | φ9@70 |
| 18 | 230 | 887.8 | φ10@85 | φ11@105 | φ12@125 | φ14@170 | φ16@225 | φ9@70 |
| 19 | 240 | 926.4 | φ10@80 | φ11@100 | φ12@120 | φ14@165 | φ16@215 | |
| 20 | 250 | 965.0 | φ10@80 | φ11@95 | φ12@115 | φ14@155 | φ16@205 | |
| 21 | 260 | 1003.6 | φ10@75 | φ11@90 | φ12@110 | φ14@150 | φ16@200 | φ18@250 |
| 22 | 270 | 1042.2 | φ10@75 | φ11@90 | φ12@105 | φ14@145 | φ16@190 | φ18@240 |
| 23 | 280 | 1080.8 | φ10@70 | φ11@85 | φ12@100 | φ14@140 | φ16@185 | φ18@235 |
| 24 | 290 | 1119.4 | φ10@70 | φ11@80 | φ12@100 | φ14@135 | φ16@175 | φ18@225 |
| 25 | 300 | 1158.0 | | φ11@80 | φ12@95 | φ14@130 | φ16@170 | φ18@215 |
| 26 | 350 | 1351.0 | φ20@230 | φ11@70 | φ12@80 | φ14@110 | φ16@145 | φ18@185 |
| 27 | 400 | 1544.0 | φ20@200 | | φ12@70 | φ14@95 | φ16@130 | φ18@160 |
| 28 | 450 | 1737.0 | φ20@180 | φ22@215 | | φ14@85 | φ16@115 | φ18@145 |
| 29 | 500 | 1930.0 | φ20@160 | φ22@195 | φ25@250 | φ14@75 | φ16@100 | φ18@130 |
| 30 | 550 | 2123.0 | φ20@145 | φ22@175 | φ25@230 | φ14@70 | φ16@90 | φ18@115 |
| 31 | 600 | 2316.0 | φ20@135 | φ22@160 | φ25@210 | | φ16@85 | φ18@105 |
| 32 | 650 | 2509.0 | φ20@125 | φ22@150 | φ25@195 | φ28@245 | φ16@80 | φ18@100 |
| 33 | 700 | 2702.0 | φ20@115 | φ22@140 | φ25@180 | φ28@225 | φ16@70 | φ18@90 |
| 34 | 750 | 2895.0 | φ20@105 | φ22@130 | φ25@165 | φ28@210 | | φ18@85 |
| 35 | 800 | 3088.0 | φ20@100 | φ22@120 | φ25@155 | φ28@195 | φ32@260 | φ18@80 |
| 36 | 850 | 3281.0 | φ20@95 | φ22@115 | φ25@145 | φ28@185 | φ32@245 | φ18@75 |
| 37 | 900 | 3474.0 | φ20@90 | φ22@105 | φ25@140 | φ28@175 | φ32@230 | φ18@70 |
| 38 | 950 | 3667.0 | φ20@85 | φ22@100 | φ25@130 | φ28@165 | φ32@215 | |
| 39 | 1000 | 3810.0 | φ20@80 | φ22@95 | φ25@125 | φ28@155 | φ32@205 | φ36@260 |
| 40 | 1050 | 4053.0 | φ20@75 | φ22@90 | φ25@120 | φ28@150 | φ32@195 | φ36@250 |
| 41 | 1100 | 4246.0 | φ20@70 | φ22@85 | φ25@115 | φ28@145 | φ32@185 | φ36@235 |
| 42 | 1150 | 4439.0 | φ20@70 | φ22@85 | φ25@110 | φ28@135 | φ32@180 | φ36@225 |
| 43 | 1200 | 4632.0 | | φ22@80 | φ25@105 | φ28@130 | φ32@170 | φ36@215 |
| 44 | 1250 | 4825.0 | φ40@260 | φ22@75 | φ25@100 | φ28@125 | φ32@165 | φ36@210 |
| 45 | 1300 | 5018.0 | φ40@250 | φ22@75 | φ25@95 | φ28@120 | φ32@160 | φ36@200 |
| 46 | 1350 | 5211.0 | φ40@240 | φ22@70 | φ25@90 | φ28@115 | φ32@150 | φ36@195 |

续表

| 序号 | 板厚 $h$（mm） | 配筋率 $\rho = 0.386\%$ | | | | | | |
|---|---|---|---|---|---|---|---|---|
| | | 面积（$mm^2/m$） | 钢筋直径间距 | | | | | |
| 47 | 1400 | 5404.0 | $\phi$40@230 | $\phi$22@70 | $\phi$25@90 | $\phi$28@110 | $\phi$32@145 | $\phi$36@185 |
| 48 | 1450 | 5597.0 | $\phi$40@220 | | $\phi$25@85 | $\phi$28@110 | $\phi$32@140 | $\phi$36@180 |
| 49 | 1500 | 5790.0 | $\phi$40@215 | $\phi$50@335 | $\phi$25@80 | $\phi$28@105 | $\phi$32@135 | $\phi$36@175 |
| 50 | 1550 | 5983.0 | $\phi$40@210 | $\phi$50@325 | $\phi$25@80 | $\phi$28@100 | $\phi$32@130 | $\phi$36@170 |
| 51 | 1600 | 6176.0 | $\phi$40@200 | $\phi$50@315 | $\phi$25@75 | $\phi$28@95 | $\phi$32@130 | $\phi$36@165 |
| 52 | 1650 | 6369.0 | $\phi$40@195 | $\phi$50@305 | $\phi$25@75 | $\phi$28@95 | $\phi$32@125 | $\phi$36@155 |
| 53 | 1700 | 6562.0 | $\phi$40@190 | $\phi$50@295 | $\phi$25@70 | $\phi$28@90 | $\phi$32@120 | $\phi$36@155 |

**板用 HPB235、HRB335、HRB400 及 CRB550 级冷轧带肋钢筋配筋 $\rho = 0.405\%$ 时的配筋量**

**表 5.16**

| 序号 | 板厚 $h$（mm） | 配筋率 $\rho = 0.405\%$ | | | | | | |
|---|---|---|---|---|---|---|---|---|
| | | 面积（$mm^2/m$） | 钢筋直径间距 | | | | | |
| 1 | 60 | 243.0 | $\phi$5@80 | $\phi$6@115 | $\phi$6.5@135 | $\phi$7@155 | $\phi$8@205 | |
| 2 | 70 | 283.5 | | $\phi$6@95 | $\phi$6.5@115 | $\phi$7@135 | $\phi$8@175 | $\phi$9@220 |
| 3 | 80 | 324.0 | | $\phi$6@85 | $\phi$6.5@100 | $\phi$7@115 | $\phi$8@155 | $\phi$9@195 |
| 4 | 90 | 364.5 | $\phi$10@215 | $\phi$6@75 | $\phi$6.5@90 | $\phi$7@105 | $\phi$8@135 | $\phi$9@175 |
| 5 | 100 | 405.0 | $\phi$10@190 | | $\phi$6.5@80 | $\phi$7@95 | $\phi$8@120 | $\phi$9@155 |
| 6 | 110 | 445.5 | $\phi$10@170 | $\phi$11@210 | $\phi$6.5@70 | $\phi$7@85 | $\phi$8@110 | $\phi$9@140 |
| 7 | 120 | 486.0 | $\phi$10@160 | $\phi$11@195 | | $\phi$7@75 | $\phi$8@100 | $\phi$9@130 |
| 8 | 130 | 526.5 | $\phi$10@145 | $\phi$11@180 | $\phi$12@210 | $\phi$7@70 | $\phi$8@95 | $\phi$9@120 |
| 9 | 140 | 567.0 | $\phi$10@135 | $\phi$11@165 | $\phi$12@195 | | $\phi$8@85 | $\phi$9@110 |
| 10 | 150 | 607.5 | $\phi$10@125 | $\phi$11@155 | $\phi$12@185 | | $\phi$8@80 | $\phi$9@105 |
| 11 | 160 | 648.0 | $\phi$10@120 | $\phi$11@145 | $\phi$12@175 | | $\phi$8@75 | $\phi$9@95 |
| 12 | 170 | 688.5 | $\phi$10@110 | $\phi$11@135 | $\phi$12@160 | | $\phi$8@70 | $\phi$9@90 |
| 13 | 180 | 729.0 | $\phi$10@105 | $\phi$11@130 | $\phi$12@155 | $\phi$14@210 | | $\phi$9@85 |
| 14 | 190 | 769.5 | $\phi$10@100 | $\phi$11@120 | $\phi$12@145 | $\phi$14@200 | | $\phi$9@80 |
| 15 | 200 | 810.0 | $\phi$10@95 | $\phi$11@115 | $\phi$12@135 | $\phi$14@190 | $\phi$16@245 | $\phi$9@75 |
| 16 | 210 | 850.5 | $\phi$10@90 | $\phi$11@110 | $\phi$12@130 | $\phi$14@180 | $\phi$16@235 | $\phi$9@70 |
| 17 | 220 | 891.0 | $\phi$10@85 | $\phi$11@105 | $\phi$12@125 | $\phi$14@170 | $\phi$16@225 | $\phi$9@70 |
| 18 | 230 | 931.5 | $\phi$10@80 | $\phi$11@100 | $\phi$12@120 | $\phi$14@165 | $\phi$16@215 | |
| 19 | 240 | 972.0 | $\phi$10@80 | $\phi$11@95 | $\phi$12@115 | $\phi$14@155 | $\phi$16@205 | |
| 20 | 250 | 1012.5 | $\phi$10@75 | $\phi$11@90 | $\phi$12@110 | $\phi$14@150 | $\phi$16@195 | $\phi$18@250 |
| 21 | 260 | 1053.0 | $\phi$10@70 | $\phi$11@90 | $\phi$12@105 | $\phi$14@145 | $\phi$16@190 | $\phi$18@240 |

续表

| 序号 | 板厚 $h$（mm） | 配筋率 $\rho=0.405\%$ | | | | | | |
|---|---|---|---|---|---|---|---|---|
| | | 面积（$mm^2/m$） | 钢筋直径间距 | | | | | |
| 22 | 270 | 1093.5 | φ10@70 | φ11@85 | φ12@100 | φ14@140 | φ16@180 | φ18@230 |
| 23 | 280 | 1134.0 | | φ11@80 | φ12@95 | φ14@135 | φ16@175 | φ18@220 |
| 24 | 290 | 1174.5 | | φ11@80 | φ12@95 | φ14@130 | φ16@170 | φ18@215 |
| 25 | 300 | 1215.0 | φ20@255 | φ11@75 | φ12@90 | φ14@125 | φ16@165 | φ18@205 |
| 26 | 350 | 1417.5 | φ20@220 | | φ12@75 | φ14@105 | φ16@140 | φ18@175 |
| 27 | 400 | 1620.0 | φ20@190 | φ22@230 | | φ14@95 | φ16@120 | φ18@155 |
| 28 | 450 | 1822.5 | φ20@170 | φ22@205 | φ25@265 | φ14@80 | φ16@110 | φ18@135 |
| 29 | 500 | 2025.0 | φ20@155 | φ22@185 | φ25@240 | φ14@75 | φ16@95 | φ18@125 |
| 30 | 550 | 2227.5 | φ20@140 | φ22@170 | φ25@220 | | φ16@90 | φ18@110 |
| 31 | 600 | 2430.0 | φ20@125 | φ22@155 | φ25@200 | φ28@250 | φ16@80 | φ18@100 |
| 32 | 650 | 2632.5 | φ20@115 | φ22@140 | φ25@185 | φ28@230 | φ16@75 | φ18@95 |
| 33 | 700 | 2835.0 | φ20@110 | φ22@130 | φ25@170 | φ28@215 | φ16@70 | φ18@85 |
| 34 | 750 | 3037.5 | φ20@100 | φ22@125 | φ25@160 | φ28@200 | | φ18@80 |
| 35 | 800 | 3240.0 | φ20@95 | φ22@115 | φ25@150 | φ28@190 | φ32@245 | φ18@75 |
| 36 | 850 | 3442.5 | φ20@90 | φ22@110 | φ25@140 | φ28@175 | φ32@230 | φ18@70 |
| 37 | 900 | 3645.0 | φ20@85 | φ22@100 | φ25@130 | φ28@165 | φ32@220 | |
| 38 | 950 | 3847.5 | φ20@80 | φ22@95 | φ25@125 | φ28@160 | φ32@205 | |
| 39 | 1000 | 4050.0 | φ20@75 | φ22@90 | φ25@120 | φ28@150 | φ32@195 | φ36@250 |
| 40 | 1050 | 4252.5 | φ20@70 | φ22@85 | φ25@115 | φ28@145 | φ32@185 | φ36@235 |
| 41 | 1100 | 4455.0 | φ20@70 | φ22@85 | φ25@110 | φ28@135 | φ32@180 | φ36@225 |
| 42 | 1150 | 4657.5 | | φ22@80 | φ25@105 | φ28@130 | φ32@170 | φ36@215 |
| 43 | 1200 | 4860.0 | φ40@260 | φ22@75 | φ25@100 | φ28@125 | φ32@165 | φ36@205 |
| 44 | 1250 | 5062.5 | φ40@250 | φ22@75 | φ25@95 | φ28@120 | φ32@155 | φ36@200 |
| 45 | 1300 | 5265.0 | φ40@240 | φ22@70 | φ25@90 | φ28@115 | φ32@150 | φ36@190 |
| 46 | 1350 | 5467.5 | φ40@230 | | φ25@85 | φ28@110 | φ32@145 | φ36@180 |
| 47 | 1400 | 5670.0 | φ40@220 | | φ25@85 | φ28@105 | φ32@140 | φ36@175 |
| 48 | 1450 | 5872.5 | φ40@210 | φ50@335 | φ25@80 | φ28@100 | φ32@135 | φ36@170 |
| 49 | 1500 | 6075.0 | φ40@200 | φ50@325 | φ25@80 | φ28@100 | φ32@130 | φ36@165 |
| 50 | 1550 | 6277.5 | φ40@200 | φ50@315 | φ25@75 | φ28@95 | φ32@125 | φ36@160 |
| 51 | 1600 | 6480.0 | φ40@190 | φ50@305 | φ25@75 | φ28@95 | φ32@120 | φ36@155 |
| 52 | 1650 | 6682.5 | φ40@190 | φ50@295 | φ25@70 | φ28@90 | φ32@120 | φ36@150 |
| 53 | 1700 | 6885.0 | φ40@180 | φ50@280 | φ25@70 | φ28@85 | φ32@115 | φ36@145 |
| 54 | 1750 | 7087.5 | φ40@175 | φ50@275 | | φ28@85 | φ32@110 | φ36@140 |
| 55 | 1800 | 7290.0 | φ40@170 | φ50@265 | | φ28@80 | φ32@110 | φ36@135 |
| 56 | 1850 | 7492.5 | φ40@165 | φ50@260 | | φ28@80 | φ32@105 | φ36@135 |
| 57 | 1900 | 7695.0 | φ40@160 | φ50@255 | | φ28@80 | φ32@100 | φ36@130 |
| 58 | 1950 | 7897.5 | φ40@155 | φ50@250 | | φ28@75 | φ32@100 | φ36@125 |
| 59 | 2000 | 8100.0 | φ40@150 | φ50@240 | | φ28@75 | φ32@95 | φ36@125 |

**板用Ⅰ型冷轧扭钢筋配筋 $\rho=0.40\%$时的配筋量** 表5.17

| 序号 | 板厚 $h$（mm） | 配筋率 $\rho=0.40\%$ | | | | |
|---|---|---|---|---|---|---|
| | | 实际面积（$mm^2/m$） | 钢筋直径间距 | | | |
| 1 | 60 | 240 | $\phi^r$6.5@120 | $\phi^r$8@180 | | |
| 2 | 70 | 280 | $\phi^r$6.5@105 | $\phi^r$8@160 | | |
| 3 | 80 | 320 | $\phi^r$6.5@90 | $\phi^r$8@140 | $\phi^r$10@210 | |
| 4 | 90 | 360 | $\phi^r$6.5@80 | $\phi^r$8@125 | $\phi^r$10@185 | |
| 5 | 100 | 400 | $\phi^r$6.5@70 | $\phi^r$8@110 | $\phi^r$10@170 | |
| 6 | 110 | 440 | | $\phi^r$8@100 | $\phi^r$10@155 | $\phi^r$12@210 |
| 7 | 120 | 480 | $\phi^r$14@275 | $\phi^r$8@90 | $\phi^r$10@140 | $\phi^r$12@190 |
| 8 | 130 | 520 | $\phi^r$14@255 | $\phi^r$8@85 | $\phi^r$10@130 | $\phi^r$12@175 |
| 9 | 140 | 560 | $\phi^r$14@235 | $\phi^r$8@80 | $\phi^r$10@120 | $\phi^r$12@165 |
| 10 | 150 | 600 | $\phi^r$14@220 | $\phi^r$8@75 | $\phi^r$10@110 | $\phi^r$12@155 |
| 11 | 160 | 640 | $\phi^r$14@205 | $\phi^r$8@70 | $\phi^r$10@105 | $\phi^r$12@145 |
| 12 | 170 | 680 | $\phi^r$14@195 | | $\phi^r$10@100 | $\phi^r$12@135 |
| 13 | 180 | 720 | $\phi^r$14@180 | | $\phi^r$10@90 | $\phi^r$12@125 |
| 14 | 190 | 760 | $\phi^r$14@170 | | $\phi^r$10@85 | $\phi^r$12@120 |
| 15 | 200 | 800 | $\phi^r$14@165 | | $\phi^r$10@85 | $\phi^r$12@115 |
| 16 | 210 | 840 | $\phi^r$14@155 | | $\phi^r$10@80 | $\phi^r$12@110 |
| 17 | 220 | 880 | $\phi^r$14@150 | | $\phi^r$10@75 | $\phi^r$12@105 |
| 18 | 230 | 920 | $\phi^r$14@140 | | $\phi^r$10@70 | $\phi^r$12@100 |
| 19 | 240 | 960 | $\phi^r$14@135 | | $\phi^r$10@70 | $\phi^r$12@95 |
| 20 | 250 | 1000 | $\phi^r$14@130 | | | $\phi^r$12@90 |
| 21 | 260 | 1040 | $\phi^r$14@125 | | | $\phi^r$12@85 |
| 22 | 270 | 1080 | $\phi^r$14@120 | | | $\phi^r$12@85 |
| 23 | 280 | 1120 | $\phi^r$14@115 | | | $\phi^r$12@80 |
| 24 | 290 | 1160 | $\phi^r$14@110 | | | $\phi^r$12@80 |
| 25 | 300 | 1200 | $\phi^r$14@110 | | | $\phi^r$12@75 |
| 26 | 350 | 1400 | $\phi^r$14@90 | | | |
| 27 | 400 | 1600 | $\phi^r$14@80 | | | |

说明：根据国家《冷轧扭钢筋混凝土构件技术规程》JGJ 115—97 表3.2.2，冷轧扭钢筋的实际面积 $\phi^r$6.5 只有标志面积的88.8%，$\phi^r$8 只有标志面积的90%，$\phi^r$10 只有标志面积的86.9%，$\phi^r$12 只有标志面积的82.5%，$\phi^r$14 只有标志面积的86.2%。本表按冷轧扭钢筋的实际面积计算配筋率。上海市冷轧扭钢筋的实际面积与国家规程相近，但直径只有 $\phi^r$6.5、$\phi^r$8、$\phi^r$10 三种。

**板用HPB235、HRB335、HRB400及CRB550级冷轧带肋钢筋配筋 $\rho=0.15\%$时的配筋量** 表5.18

| 序号 | 板厚 $h$（mm） | 配筋率 $\rho=0.15\%$ | | | | | | |
|---|---|---|---|---|---|---|---|---|
| | | 面积（$mm^2/m$） | 钢筋直径间距 | | | | | |
| 1 | 60 | 90 | $\phi$5@200 | | | | | |
| 2 | 70 | 105 | $\phi$5@180 | | | | | |
| 3 | 80 | 120 | $\phi$5@160 | | | | | |

续表

| 序号 | 板厚 $h$（mm） | 配筋率 $\rho=0.15\%$ | | | | | | |
|---|---|---|---|---|---|---|---|---|
| | | 面积（$mm^2/m$） | 钢筋直径间距 | | | | | |
| 4 | 90 | 135 | $\phi$5@140 | $\phi$6@200 | | | | |
| 5 | 100 | 150 | $\phi$5@130 | $\phi$6@180 | | | | |
| 6 | 110 | 165 | $\phi$5@110 | $\phi$6@170 | $\phi$6.5@200 | | | |
| 7 | 120 | 180 | $\phi$5@100 | $\phi$6@150 | $\phi$6.5@180 | $\phi$7@200 | | |
| 8 | 130 | 195 | $\phi$5@100 | $\phi$6@140 | $\phi$6.5@170 | $\phi$7@190 | | |
| 9 | 140 | 210 | $\phi$5@90 | $\phi$6@130 | $\phi$6.5@150 | $\phi$7@180 | | |
| 10 | 150 | 225 | $\phi$5@85 | $\phi$6@125 | $\phi$6.5@145 | $\phi$7@170 | $\phi$8@220 | |
| 11 | 160 | 240 | $\phi$5@80 | $\phi$6@110 | $\phi$6.5@135 | $\phi$7@160 | $\phi$8@205 | |
| 12 | 170 | 255 | $\phi$5@75 | $\phi$6@110 | $\phi$6.5@130 | $\phi$7@150 | $\phi$8@190 | $\phi$9@240 |
| 13 | 180 | 270 | $\phi$5@70 | $\phi$6@100 | $\phi$6.5@120 | $\phi$7@140 | $\phi$8@180 | $\phi$9@230 |
| 14 | 190 | 285 | | $\phi$6@95 | $\phi$6.5@115 | $\phi$7@130 | $\phi$8@170 | $\phi$9@220 |
| 15 | 200 | 300 | | $\phi$6@90 | $\phi$6.5@110 | $\phi$7@125 | $\phi$8@160 | $\phi$9@210 |
| 16 | 210 | 315 | | $\phi$6@85 | $\phi$6.5@105 | $\phi$7@120 | $\phi$8@155 | $\phi$9@200 |
| 17 | 220 | 330 | $\phi$10@230 | $\phi$6@85 | $\phi$6.5@100 | $\phi$7@115 | $\phi$8@150 | $\phi$9@190 |
| 18 | 230 | 345 | $\phi$10@225 | $\phi$6@80 | $\phi$6.5@95 | $\phi$7@110 | $\phi$8@145 | $\phi$9@185 |
| 19 | 240 | 360 | $\phi$10@210 | $\phi$6@75 | $\phi$6.5@90 | $\phi$7@105 | $\phi$8@140 | $\phi$9@175 |
| 20 | 250 | 375 | $\phi$10@205 | $\phi$6@75 | $\phi$6.5@85 | $\phi$7@100 | $\phi$8@130 | $\phi$9@165 |
| 21 | 260 | 390 | $\phi$10@200 | $\phi$6@70 | $\phi$6.5@85 | $\phi$7@95 | $\phi$8@125 | $\phi$9@160 |
| 22 | 270 | 405 | $\phi$10@190 | | $\phi$6.5@80 | $\phi$7@95 | $\phi$8@115 | $\phi$9@155 |
| 23 | 280 | 420 | $\phi$10@180 | $\phi$11@225 | $\phi$6.5@75 | $\phi$7@90 | $\phi$8@110 | $\phi$9@150 |
| 24 | 290 | 435 | $\phi$10@180 | $\phi$11@215 | $\phi$6.5@75 | $\phi$7@85 | $\phi$8@110 | $\phi$9@145 |
| 25 | 300 | 450 | $\phi$10@175 | $\phi$11@210 | $\phi$6.5@70 | $\phi$7@85 | $\phi$8@110 | $\phi$9@140 |
| 26 | 350 | 525 | $\phi$10@145 | $\phi$11@180 | $\phi$12@215 | $\phi$7@70 | $\phi$8@95 | $\phi$9@120 |
| 27 | 400 | 600 | $\phi$10@130 | $\phi$11@155 | $\phi$12@185 | | $\phi$8@80 | $\phi$9@105 |
| 28 | 450 | 675 | $\phi$10@115 | $\phi$11@140 | $\phi$12@165 | $\phi$14@225 | $\phi$8@70 | $\phi$9@90 |
| 29 | 500 | 750 | $\phi$10@100 | $\phi$11@125 | $\phi$12@150 | $\phi$14@205 | | $\phi$9@80 |
| 30 | 550 | 825 | $\phi$10@95 | $\phi$11@115 | $\phi$12@135 | $\phi$14@185 | $\phi$16@240 | $\phi$9@75 |
| 31 | 600 | 900 | $\phi$10@85 | $\phi$11@105 | $\phi$12@125 | $\phi$14@170 | $\phi$16@220 | $\phi$9@70 |
| 32 | 650 | 975 | $\phi$10@80 | $\phi$11@95 | $\phi$12@115 | $\phi$14@155 | $\phi$16@205 | |
| 33 | 700 | 1050 | $\phi$10@70 | $\phi$11@90 | $\phi$12@105 | $\phi$14@145 | $\phi$16@190 | $\phi$18@240 |
| 34 | 750 | 1125 | | $\phi$11@80 | $\phi$12@100 | $\phi$14@135 | $\phi$16@175 | $\phi$18@225 |

续表

| 序号 | 板厚<br>$h$（mm） | 配筋率 $\rho=0.15\%$ | | | | | | |
|---|---|---|---|---|---|---|---|---|
| | | 面积<br>（$mm^2$/m） | 钢 筋 直 径 间 距 | | | | | |
| 35 | 800 | 1200 | φ20@260 | φ11@75 | φ12@95 | φ14@125 | φ16@165 | φ18@210 |
| 36 | 850 | 1275 | φ20@245 | φ11@70 | φ12@85 | φ14@120 | φ16@155 | φ18@195 |
| 37 | 900 | 1350 | φ20@230 | | φ12@80 | φ14@110 | φ16@145 | φ18@185 |
| 38 | 950 | 1425 | φ20@220 | φ22@260 | φ12@75 | φ14@105 | φ16@140 | φ18@175 |
| 39 | 1000 | 1500 | φ20@205 | φ22@250 | φ12@75 | φ14@100 | φ16@130 | φ18@165 |
| 40 | 1050 | 1575 | φ20@195 | φ22@240 | φ12@70 | φ14@95 | φ16@125 | φ18@160 |
| 41 | 1100 | 1650 | φ20@190 | φ22@230 | | φ14@90 | φ16@120 | φ18@150 |
| 42 | 1150 | 1725 | φ20@180 | φ22@220 | φ25@280 | φ14@85 | φ16@115 | φ18@145 |
| 43 | 1200 | 1800 | φ20@170 | φ22@210 | φ25@270 | φ14@85 | φ16@110 | φ18@140 |
| 44 | 1250 | 1875 | φ20@165 | φ22@200 | φ25@260 | φ14@80 | φ16@105 | φ18@135 |
| 45 | 1300 | 1950 | φ20@160 | φ22@195 | φ25@250 | φ14@75 | φ16@100 | φ18@130 |
| 46 | 1350 | 2025 | φ20@155 | φ22@185 | φ25@240 | φ14@75 | φ16@95 | φ18@125 |
| 47 | 1400 | 2100 | φ20@145 | φ22@180 | φ25@230 | φ14@70 | φ16@95 | φ18@120 |
| 48 | 1450 | 2175 | φ20@140 | φ22@170 | φ25@225 | φ14@70 | φ16@90 | φ18@115 |
| 49 | 1500 | 2250 | φ20@135 | φ22@165 | φ25@215 | | φ16@85 | φ18@110 |
| 50 | 1550 | 2325 | φ20@135 | φ22@160 | φ25@210 | φ28@260 | φ16@85 | φ18@105 |
| 51 | 1600 | 2400 | φ20@130 | φ22@155 | φ25@200 | φ28@250 | φ16@80 | φ18@105 |
| 52 | 1650 | 2475 | φ20@125 | φ22@150 | φ25@195 | φ28@245 | φ16@80 | φ18@100 |
| 53 | 1700 | 2550 | φ20@120 | φ22@145 | φ25@190 | φ28@240 | | φ18@95 |
| 54 | 1750 | 2625 | φ20@115 | φ22@140 | φ25@185 | φ28@230 | φ32@300 | φ18@95 |
| 55 | 1800 | 2700 | φ20@115 | φ22@140 | φ25@180 | φ28@225 | φ32@295 | φ18@90 |
| 56 | 1850 | 2775 | φ20@110 | φ22@135 | φ25@175 | φ28@220 | φ32@285 | φ18@90 |
| 57 | 1900 | 2850 | φ20@110 | φ22@130 | φ25@170 | φ28@215 | φ32@280 | φ18@85 |
| 58 | 1950 | 2925 | φ20@105 | φ22@125 | φ25@165 | φ28@210 | φ32@270 | φ18@85 |
| 59 | 2000 | 3000 | φ20@100 | φ22@126 | φ25@160 | φ28@200 | φ32@265 | φ18@80 |

说明：1　本表根据《混凝土结构设计规范》GB 50010—2002 第 9.5.2 条、10.1.8 条编制，用于卧置于地基上的钢筋混凝土板及单向板非受力方向的配筋。

2　本表也可用于核验原按《混凝土结构设计规范》GBJ 10—89 设计的钢筋混凝土板的最小配筋量。

## 板用 I 型冷轧扭钢筋配筋 $\rho=0.15\%$ 时的配筋量

表 5.19

| 序号 | 板厚 $h$ (mm) | 配筋率 $\rho=0.15\%$ | | | | |
|---|---|---|---|---|---|---|
| | | 实际面积 ($mm^2/m$) | 钢筋直径间距 | | | |
| 1 | 60 | 90 | $\phi^r$6.5@300 | | | |
| 2 | 70 | 105 | $\phi^r$6.5@280 | | | |
| 3 | 80 | 120 | $\phi^r$6.5@245 | | | |
| 4 | 90 | 135 | $\phi^r$6.5@215 | | | |
| 5 | 100 | 150 | $\phi^r$6.5@195 | $\phi^r$8@300 | | |
| 6 | 110 | 165 | $\phi^r$6.5@175 | $\phi^r$8@270 | | |
| 7 | 120 | 180 | $\phi^r$6.5@160 | $\phi^r$8@250 | | |
| 8 | 130 | 195 | $\phi^r$6.5@150 | $\phi^r$8@230 | | |
| 9 | 140 | 210 | $\phi^r$6.5@140 | $\phi^r$8@215 | | |
| 10 | 150 | 225 | $\phi^r$6.5@130 | $\phi^r$8@200 | $\phi^r$10@300 | |
| 11 | 160 | 240 | $\phi^r$6.5@120 | $\phi^r$8@185 | $\phi^r$10@280 | |
| 12 | 170 | 255 | $\phi^r$6.5@115 | $\phi^r$8@175 | $\phi^r$10@265 | |
| 13 | 180 | 270 | $\phi^r$6.5@105 | $\phi^r$8@165 | $\phi^r$10@250 | |
| 14 | 190 | 285 | $\phi^r$6.5@100 | $\phi^r$8@155 | $\phi^r$10@235 | |
| 15 | 200 | 300 | $\phi^r$6.5@95 | $\phi^r$8@150 | $\phi^r$10@225 | $\phi^r$12@300 |
| 16 | 210 | 315 | $\phi^r$6.5@90 | $\phi^r$8@140 | $\phi^r$10@215 | $\phi^r$12@295 |
| 17 | 220 | 330 | $\phi^r$6.5@85 | $\phi^r$8@135 | $\phi^r$10@205 | $\phi^r$12@280 |
| 18 | 230 | 345 | $\phi^r$6.5@85 | $\phi^r$8@130 | $\phi^r$10@190 | $\phi^r$12@270 |
| 19 | 240 | 360 | $\phi^r$6.5@80 | $\phi^r$8@125 | $\phi^r$10@185 | $\phi^r$12@255 |
| 20 | 250 | 375 | $\phi^r$6.5@75 | $\phi^r$8@115 | $\phi^r$10@180 | $\phi^r$12@245 |
| 21 | 260 | 390 | $\phi^r$6.5@75 | $\phi^r$8@110 | $\phi^r$10@175 | $\phi^r$12@235 |
| 22 | 270 | 405 | $\phi^r$6.5@70 | $\phi^r$8@110 | $\phi^r$10@165 | $\phi^r$12@230 |
| 23 | 280 | 420 | | $\phi^r$8@105 | $\phi^r$10@160 | $\phi^r$12@220 |
| 24 | 290 | 435 | $\phi^r$14@300 | $\phi^r$8@100 | $\phi^r$10@155 | $\phi^r$12@210 |
| 25 | 300 | 450 | $\phi^r$14@290 | $\phi^r$8@100 | $\phi^r$10@150 | $\phi^r$12@205 |
| 26 | 350 | 525 | $\phi^r$14@250 | $\phi^r$8@85 | $\phi^r$10@130 | $\phi^r$12@175 |
| 27 | 400 | 600 | $\phi^r$14@220 | $\phi^r$8@75 | $\phi^r$10@110 | $\phi^r$12@155 |

说明：本表仅用于按《冷轧扭钢筋混凝土构件技术规程》JGJ 115—97 设计的混凝土强度等级≤C35 的钢筋混凝土板。

板用 HPB235、HRB335、HRB400 及 CRB550 级冷轧带肋钢筋配筋 **$\rho = 0.10\%$** 时的配筋量　　表 5.20

| 序号 | 板厚 $h$（mm） | 配筋率 $\rho = 0.10\%$ | | | | | | |
|---|---|---|---|---|---|---|---|---|
| | | 面积（$mm^2/m$） | 钢筋直径间距 | | | | | |
| 1 | 60 | 60 | | | | | | |
| 2 | 70 | 70 | | | | | | |
| 3 | 80 | 80 | | | | | | |
| 4 | 90 | 90 | φ5@200 | | | | | |
| 5 | 100 | 100 | φ5@195 | | | | | |
| 6 | 110 | 110 | φ5@175 | | | | | |
| 7 | 120 | 120 | φ5@160 | | | | | |
| 8 | 130 | 130 | φ5@150 | | | | | |
| 9 | 140 | 140 | φ5@140 | φ6@200 | | | | |
| 10 | 150 | 150 | φ5@130 | φ6@185 | | | | |
| 11 | 160 | 160 | φ5@120 | φ6@175 | φ6.5@200 | | | |
| 12 | 170 | 170 | φ5@115 | φ6@165 | φ6.5@190 | | | |
| 13 | 180 | 180 | φ5@105 | φ6@155 | φ6.5@180 | | | |
| 14 | 190 | 190 | φ5@100 | φ6@145 | φ6.5@170 | φ7@200 | | |
| 15 | 200 | 200 | | φ6@140 | φ6.5@165 | φ7@190 | | |
| 16 | 210 | 210 | | φ6@130 | φ6.5@155 | φ7@180 | | |
| 17 | 220 | 220 | | φ6@125 | φ6.5@150 | φ7@170 | | |
| 18 | 230 | 230 | | φ6@120 | φ6.5@140 | φ7@165 | | |
| 19 | 240 | 240 | | φ6@115 | φ6.5@135 | φ7@160 | | |
| 20 | 250 | 250 | | φ6@110 | φ6.5@130 | φ7@150 | φ8@200 | |
| 21 | 260 | 260 | | φ6@105 | φ6.5@125 | φ7@145 | φ8@190 | |
| 22 | 270 | 270 | | φ6@100 | φ6.5@120 | φ7@140 | φ8@185 | |
| 23 | 280 | 280 | | φ6@100 | φ6.5@115 | φ7@135 | φ8@175 | |
| 24 | 290 | 290 | | | φ6.5@110 | φ7@130 | φ8@170 | |
| 25 | 300 | 300 | | | φ6.5@110 | φ7@125 | φ8@165 | φ9@200 |
| 26 | 350 | 350 | φ10@220 | | φ6.5@90 | φ7@105 | φ8@140 | φ9@180 |
| 27 | 400 | 400 | φ10@195 | | | φ7@95 | φ8@125 | φ9@155 |
| 28 | 450 | 450 | φ10@170 | φ11@210 | | | φ8@110 | φ9@140 |
| 29 | 500 | 500 | φ10@155 | φ11@190 | φ12@225 | | φ8@100 | φ9@125 |

说明：本表根据《混凝土结构设计规范》GB 50010—2002 第 10.1.9 条编制，用于钢筋混凝土板未配筋表面的温度收缩钢筋（即防裂钢筋），钢筋间距宜取 150～200mm。

板用Ⅰ型冷轧扭钢筋配筋 $\rho=0.10\%$时的配筋量　　表 5.21

| 序号 | 板厚 $h$（mm） | 配筋率 $\rho=0.10\%$ | | | | |
|---|---|---|---|---|---|---|
| | | 面积（$mm^2/m$） | 钢筋直径间距 | | | |
| 1 | 60 | 60 | | | | |
| 2 | 70 | 70 | | | | |
| 3 | 80 | 80 | | | | |
| 4 | 90 | 90 | $\phi^r$6.5@300 | | | |
| 5 | 100 | 100 | $\phi^r$6.5@290 | | | |
| 6 | 110 | 110 | $\phi^r$6.5@265 | | | |
| 7 | 120 | 120 | $\phi^r$6.5@245 | | | |
| 8 | 130 | 130 | $\phi^r$6.5@225 | | | |
| 9 | 140 | 140 | $\phi^r$6.5@210 | | | |
| 10 | 150 | 150 | $\phi^r$6.5@195 | $\phi^r$8@300 | | |
| 11 | 160 | 160 | $\phi^r$6.5@180 | $\phi^r$8@280 | | |
| 12 | 170 | 170 | $\phi^r$6.5@170 | $\phi^r$8@265 | | |
| 13 | 180 | 180 | $\phi^r$6.5@160 | $\phi^r$8@250 | | |
| 14 | 190 | 190 | $\phi^r$6.5@155 | $\phi^r$8@235 | | |
| 15 | 200 | 200 | $\phi^r$6.5@145 | $\phi^r$8@225 | $\phi^r$10@300 | |

说明：本表根据《混凝土结构设计规范》GB 50010—2002 第 10.1.9 条编制，用于钢筋混凝土板未配筋表面的温度收缩钢筋（即防裂钢筋），钢筋间距宜取 150～200mm。

# 六、梁的箍筋配置

## （一）规范关于梁箍筋配置的规定

1.《混凝土结构设计规范》GB 50010—2002：

**（1）9.4.5条**：在纵向受力钢筋搭接长度范围内应配置箍筋，其直径不应小于搭接钢筋较大直径的0.25倍。当钢筋受拉时，箍筋间距不应大于搭接钢筋较小直径的5倍，且不应大于100mm；当钢筋受压时，箍筋间距不应大于搭接钢筋较小直径的10倍，且不应大于200mm。当受压钢筋直径 $d>25$mm 时，尚应在搭接接头两个端面外100mm范围内各设置两个箍筋。

**（2）10.2.7条**：在混凝土梁中，宜采用箍筋作为承受剪力的钢筋。

当采用弯起钢筋时，其弯起角宜取45°或60°；在弯起钢筋的弯终点外应留有平行于梁轴线方向的锚固长度，在受拉区不应小于 $20d$，在受压区不应小于 $10d$，此处，$d$ 为弯起钢筋的直径；梁底层钢筋中的角部钢筋不应弯起，顶层钢筋中的角部钢筋不应弯下。

**（3）10.2.9条**：按计算不需要箍筋的梁，当截面高度 $h>300$mm 时，应沿梁全长设置箍筋；当截面高度 $h=150\sim300$mm 时，可仅在构件端部各四分之一跨度范围内设置箍筋；但当在构件中部二分之一跨度范围内有集中荷载作用时，则应沿梁全长设置箍筋；当截面高度 $h<150$nm 时，可不设箍筋。

**（4）10.2.10条**：梁中箍筋的间距应符合下列规定：

1 梁中箍筋的最大间距宜符合表10.2.10的规定，当 $V>0.7f_t bh_0+0.05N$ 时，箍筋的配筋率 $\rho_{sv}$（$\rho_{sv}=A_{sv}/(bs)$）尚不应小于 $0.24f_t/f_{yv}$；

2 当梁中配有按计算需要的纵向受压钢筋时，箍筋应做成封闭式；此时，箍筋的间距不应大于 $15d$（$d$ 为纵向受压钢筋的最小直径），同时不应大于400mm；当一层内的纵向受压钢筋多于5根且直径大于18mm时，箍筋间距不应大于 $10d$；当梁的宽度大于400mm且一层内的纵向受压钢筋多于3根时，或当梁的宽度不大于400mm但一层内的受压钢筋多于4根时，应设置复合箍筋；

3 梁中纵向受力钢筋搭接长度范围内的箍筋间距应符合本规范第9.4.5条的规定。

**梁中箍筋的最大间距（mm）　　表10.2.10**

| 梁高 $h$ | $V>0.7f_t bh_0+0.05N$ | $V\leqslant0.7f_t bh_0+0.05N$ |
|---|---|---|
| $150<h\leqslant300$ | 150 | 200 |
| $300<h\leqslant500$ | 200 | 300 |

续表

| 梁高 $h$ | $V>0.7f_t bh_0+0.05N$ | $V\leqslant0.7f_t bh_0+0.05N$ |
| --- | --- | --- |
| $500<h\leqslant800$ | 250 | 350 |
| $h>800$ | 300 | 400 |

**(5) 10.2.11 条**：对截面高度 $h>800$mm 的梁，其箍筋直径不宜小于 8mm；对截面高度 $h\leqslant800$mm 的梁，其箍筋直径不宜小于 6mm。梁中配有计算需要的纵向受压钢筋时，箍筋直径尚不应小于纵向受压钢筋最大直径的 0.25 倍。

**(6) 10.2.12 条**：在弯剪扭构件中，箍筋的配筋率 $\rho_{sv}$（$\rho_{sv}=A_{sv}/(bs)$）不应小于$0.28f_t/f_{yv}$。箍筋间距应符合本规范表 10.2.10 的规定，其中受扭所需的箍筋应做成封闭式，且应沿截面周边布置；当采用复合箍筋时，位于截面内部的箍筋不应计入受扭所需的箍筋面积；受扭所需箍筋的末端应做成 135°弯钩，弯钩端头平直段长度不应小于 $10d$（$d$ 为箍筋直径）。

在超静定结构中，考虑协调扭转而配置的箍筋，其间距不宜大于 $0.75b$，此处，$b$ 按本规范第 7.6.1 条的规定取用。

对箱形截面构件，本条中的 $b$ 均应以 $b_h$ 代替。

**(7) 11.1.8 条**：（抗震设计时）箍筋的末端应做成 135°弯钩，弯钩端头平直段长度不应小于箍筋直径的 10 倍；在纵向受力钢筋搭接长度范围内的箍筋，其直径不应小于搭接钢筋较大直径的 0.25 倍，其间距不应大于搭接钢筋较小直径的 5 倍，且不应大于 100mm。

**(8) 11.2.2 条**：结构构件中的普通纵向受力钢筋宜选用 HRB400、HRB335 级钢筋；箍筋宜选用 HRB335、HRB400、HPB235 级钢筋。在施工中，当需要以强度等级较高的钢筋代替原设计中的纵向受力钢筋时，应按钢筋受拉承载力设计值相等的原则进行代换，并应满足正常使用极限状态和抗震构造措施的要求。

**(9) 11.3.6 条 2 款**：同《建筑抗震设计规范》GB 50011—2001 第 6.3.3 条 3 款。

**(10) 11.3.8 条**：同《建筑规范》GB 50011—2001 第 6.3.5 条。

**(11) 11.3.9 条**：梁端设置的第一个箍筋应距框架节点边缘不大于 50mm。非加密区的箍筋间距不宜大于加密区箍筋间距的 2 倍。沿梁全长箍筋的配筋率 $\rho_{sv}$ 应符合下列规定：

一级抗震等级 $\rho_{sv}\geqslant0.30f_t/f_{yv}$ (11.3.9-1)

二级抗震等级 $\rho_{sv}\geqslant0.28f_t/f_{yv}$ (11.3.9-2)

三、四级抗震等级 $\rho_{sv}\geqslant0.26f_t/f_{yv}$ (11.3.9-3)

2.《建筑抗震设计规范》GB 50011—2001：

**(1) 6.3.3 条 3 款：（框架）梁端箍筋加密区的长度、箍筋最大间距和最小直径应按表 6.3.3 采用，当梁端纵向受拉钢筋配筋率大于 2%时，表中箍筋最小直径数值应增大 2mm。**

梁端箍筋加密区的长度、箍筋的最大间距和最小直径　　表 6.3.3

| 抗震等级 | 加密区长度（采用较大值）(mm) | 箍筋最大间距（采用最小值）(mm) | 箍筋最小直径 (mm) |
|---|---|---|---|
| 一 | $2h_b$，500 | $h_b/4$，$6d$，100 | 10 |
| 二 | $1.5h_b$，500 | $h_b/4$，$8d$，100 | 8 |
| 三 | $1.5h_b$，500 | $h_b/4$，$8d$，150 | 8 |
| 四 | $1.5h_b$，500 | $h_b/4$，$8d$，150 | 6 |

注：$d$ 为纵向钢筋直径，$h_b$ 为梁截面高度。

**(2) 6.3.5 条**：梁端加密区的箍筋肢距：一级不宜大于 200mm 和 20 倍箍筋直径的较大值，二、三级不宜大于 250mm 和 20 倍箍筋直径的较大值，四级不宜大于 300mm。

**(3) B.0.3 条**：高强混凝土框架的抗震构造措施，应符合下列要求：

1　……梁端箍筋加密区的箍筋最小直径应比普通混凝土梁的最小直径增大 2 mm。

3.《高层建筑混凝土结构技术规程》JGJ 3—2002：

**(1) 4.9.2 条**：高层建筑结构中，抗震等级为特一级的钢筋混凝土构件，除应符合一级抗震等级的基本要求外，尚应符合下列规定：

2　框架梁应符合下列要求：

2）梁端加密区箍筋构造最小配箍率应增大 10%。

**(2) 6.3.2 条 5 款**：同《建筑抗震设计规范》GB 50011—2001 第 6.3.3 条 3 款。

**(3) 6.3.4 条**：抗震设计时，框架梁的箍筋尚应符合下列构造要求：

1　框架梁沿梁全长箍筋的面积配筋率应符合下列要求：

一级　　$\rho_{sv} \geqslant 0.30 f_t / f_{yv}$　　(6.3.4-1)

二级　　$\rho_{sv} \geqslant 0.28 f_t / f_{yv}$　　(6.3.4-2)

三级、四级　　$\rho_{sv} \geqslant 0.26 f_t / f_{yv}$　　(6.3.4-3)

式中　$\rho_{sv}$—框架梁沿梁全长箍筋的面积配筋率。

2　第一个箍筋应设置在距支座边缘 50mm 处；

3　同《建筑抗震设计规范》GB 50011—2001 第 6.3.5 条。

4　箍筋应有 135°弯钩，弯钩端头直段长度不应小于 10 倍的箍筋直径和 75mm 的较大值；

5　在纵向受力钢筋搭接长度范围内的箍筋间距，钢筋受拉时不应大于搭接钢筋较小直径的 5 倍，且不应大于 100mm；钢筋受压时不应大于搭接钢筋较小直径的 10 倍，且不应大于 200mm；

6　框架梁非加密区箍筋最大间距不宜大于加密区箍筋间距的 2 倍。

**(4) 6.3.5 条**：非抗震设计时，框架梁的箍筋配筋构造尚应符合下列规定：

1　应沿梁全长设置箍筋；

2　截面高度大于 800mm 的梁，其箍筋直径不宜小于 8mm；其余截面高度的梁不应小于6mm。在受力钢筋搭接长度范围内，箍筋直径不应小于钢筋搭接钢筋最大直径的0.25倍；

3 箍筋间距不应大于表6.3.5的规定，在纵向受拉钢筋的搭接长度范围内，箍筋间距尚不应大于搭接钢筋较小直径的5倍，且不应大于100mm；在纵向受压钢筋的搭接长度范围内，箍筋间距尚不应大于搭接钢筋较小直径的10倍，且不应大于200mm；

**非抗震设计梁箍筋最大间距（mm）** **表6.3.5**

| $V$ / $h_b$（mm） | $V>0.7f_tbh_0$ | $V\leqslant 0.7f_tbh_0$ |
|---|---|---|
| $h_b\leqslant 300$ | 150 | 200 |
| $300<h_b\leqslant 500$ | 200 | 300 |
| $500<h_b\leqslant 800$ | 250 | 350 |
| $h_b>800$ | 300 | 400 |

4 当梁的剪力设计值大于$0.7f_tbh_0$时，其箍筋的面积配筋率应符合下式要求：

$$\rho_{sv}\geqslant 0.24f_t/f_{yv} \tag{6.3.5}$$

5 当梁中配有计算需要的纵向受压钢筋时，其箍筋配置尚应符合下列要求：

1）箍筋直径不应小于纵向受压钢筋最大直径的0.25倍；

2）箍筋应做成封闭式；

3）箍筋间距不应大于$15d$且不应大于400mm；当一层内的受压钢筋多于5根且直径大于18mm时，箍筋间距不应大于$10d$（$d$为纵向受压钢筋的最小直径）；

4）当梁截面宽度大于400mm且一层内的纵向受压钢筋多于3根时，或当梁截面宽度不大于400mm但一层内的受压钢筋多于4根时，应设置复合箍筋。

**（5）7.2.26条：连梁配筋（图7.2.26）应满足下列要求：**

**2 抗震设计时，沿连梁全长箍筋的构造应按本规程第6.3.2条框架梁梁端加密区箍筋的构造要求采用；非抗震设计时，沿连梁全长的箍筋直径不应小于6mm，间距不应大于150mm；**

**3 顶层连梁纵向钢筋伸入墙体的长度范围内，应配置间距不大于150mm的构造箍筋，箍筋直径应与连梁的箍筋直径相同；**

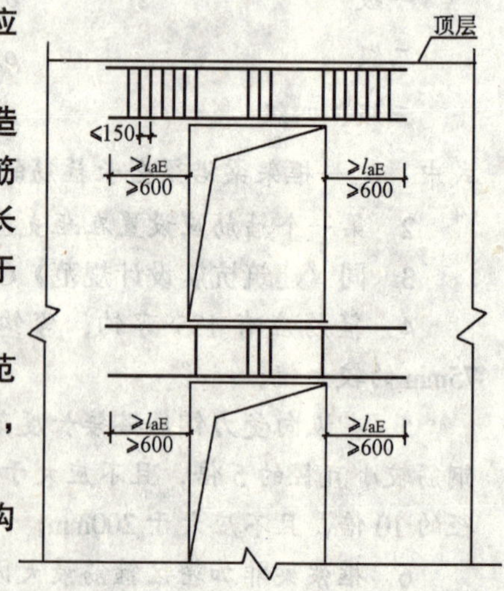


图7.2.26 连梁配筋构造示意

注：非抗震设计时图中$l_{aE}$应取$l_a$

**（6）9.3.7条：外框筒梁和内筒连梁的构造配筋符合下列要求：**

**1 非抗震设计时，箍筋直径不应小于8mm；抗震设计时，箍筋直径不应小于10mm；**

**2 非抗震设计时，箍筋间距不应大于**

**150mm；抗震设计时，箍筋间距沿梁长不变，且不应大于100mm；当梁内设置交叉暗撑时，箍筋间距不应大于150mm；**

**（7）9.3.7条：外框筒梁和内筒连梁的构造配筋应符合下列要求：**

**1　非抗震设计时，箍筋直径不应小于8mm；抗震设计时，箍筋直径不应小于10mm；**

**2　非抗震设计时，箍筋间距不应大于150mm；抗震设计时，箍筋间距沿梁长不变，且不应大于100mm，当梁内设置交叉暗撑时，箍筋间距不应大于150mm。**

**（8）10.2.8条：框支梁设计应符合下列要求：**

**3　框支梁支座处（离柱边1.5倍梁截面高度范围内）箍筋应加密，加密区箍筋直径不应小于10mm，间距不应大于100mm。加密区箍筋最小面积含箍率，非抗震设计时不应小于$0.9f_t/f_{yv}$；抗震设计时，特一、一和二级分别不应小于$1.3f_t/f_{yv}$、$1.2f_t/f_{yv}$、$1.1f_t/f_{yv}$。**

**（9）10.2.9条4款：当框支梁上部的墙体开有门洞或梁上托柱时，该部位框支梁的箍筋应加密配置，箍筋直径、间距及配箍率不应低于本规程第10.2.8条第3款的规定；……。**

**（10）10.2.22条4款：……转换板内暗梁抗剪箍筋的面积配筋率不宜小于0.45%。**

**（11）11.3.2条：型钢混凝土梁沿梁全长箍筋的配置应满足下列要求：**

**1 箍筋的最小面积配筋率应符合本规程第6.3.4条第1款和第6.3.5条第4款的规定，且不应小于0.15%；**

**2 梁箍筋的直径和间距应符合表11.3.2的要求，且箍筋间距不应大于梁截面高度的1/2。抗震设计时，梁端箍筋应加密，箍筋加密区范围，一级时取梁截面高度的2..0倍，二、三级时取梁截面高度的1.5倍；当梁净跨小于梁截面高度的4倍时，梁全跨箍筋应加密设置。**

**梁箍筋直径和间距（mm）　　表11.3.2**

| 抗震等级 | 箍筋直径 | 非加密区箍筋间距 | 加密区箍筋间距 |
| --- | --- | --- | --- |
| 一 | ≥12 | ≤200 | ≤100 |
| 二 | ≥10 | ≤250 | ≤100 |
| 三 | ≥10 | ≤250 | ≤150 |

**注：非抗震设计时，箍筋直径不应小于8mm，箍筋间距不应大于250 mm。**

4.《冷轧带肋钢筋混凝土结构技术规程》JGJ 95—2003：

（1）**6.2.1条**：CRB550级钢筋可用作梁的箍筋，按计算不需要配置箍筋的梁，当梁截面高度大于300mm时，应沿梁全长设置箍筋；当梁截面高度为150～300mm时，可仅在构件端部各1/4跨度范围内设置箍筋，但当在构件中部1/2跨度范围内有集中荷载作用时，则应沿梁全长设置箍筋；当梁截面高度为150mm以下时，可不设置箍筋。

CRB550级钢筋作梁的箍筋可采用并筋或螺旋箍筋的形式。

**(2) 6.2.2条**：对截面高度大于800mm的梁，其箍筋直径不宜小于8mm；对截面高度为800mm及以下的梁，其箍筋直径不宜小于6mm。梁中配有计算需要的纵向受压钢筋时，箍筋直径尚不应小于 $d/4$（$d$ 为纵向受压钢筋的最大直径）。

**(3) 6.2.3条**：CRB550级钢筋作梁的箍筋，其间距、构造规定及有抗震设防要求的框架梁中箍筋的构造要求等应符合现行国家标准《混凝土结构设计规范》GB 50010的有关规定。

## （二）梁的最小配箍量

**用 HPB235 箍筋（$f_{yv}=210N/mm^2$）时梁沿全长的最小配箍量（$mm^2/m$）** **表 6.1**

| 序号 | 梁宽 $b$（mm） | 抗震等级 | 梁配箍率 | 混凝土强度等级 | | | | | | | | | | | | | |
|---|---|---|---|---|---|---|---|---|---|---|---|---|---|---|---|---|---|
| | | | | C15 | C20 | C25 | C30 | C35 | C40 | C45 | C50 | C55 | C60 | C65 | C70 | C75 | C80 |
| 1 | 100 | 非抗震 | $0.24f_t/f_{yv}$ | 104 | — | — | 164 | 180 | 196 | 206 | 216 | 224 | 234 | 239 | 245 | 250 | 254 |
| 2 | 120 | 非抗震 | $0.24f_t/f_{yv}$ | 125 | — | — | 197 | 216 | 235 | 247 | 260 | 269 | 280 | 287 | 294 | 299 | 305 |
| 3 | 150 | 非抗震 | $0.24f_t/f_{yv}$ | 156 | — | — | 246 | 270 | 294 | 309 | 324 | 336 | 350 | 359 | 367 | 374 | 381 |
| 4 | 180 | 非抗震 | $0.24f_t/f_{yv}$ | 188 | — | — | 295 | 323 | 352 | 371 | 389 | 404 | 420 | 430 | 441 | 449 | 457 |
| 5 | 200 | 非抗震 | $0.24f_t/f_{yv}$ | 208 | — | — | 327 | 359 | 391 | 412 | 432 | 448 | 467 | 478 | 490 | 499 | 508 |
| | | 三、四级 | $0.26f_t/f_{yv}$ | | — | — | 355 | 389 | 424 | 446 | 468 | 486 | 506 | 518 | 530 | 540 | 550 |
| | | 二级 | $0.28f_t/f_{yv}$ | | — | — | 382 | 419 | 456 | 480 | 504 | 523 | 544 | 558 | 571 | 582 | 592 |
| | | 一级 | $0.30f_t/f_{yv}$ | | — | — | 409 | 449 | 489 | 515 | 540 | 561 | 583 | 598 | 612 | 623 | 635 |
| 6 | 240 | 非抗震 | $0.24f_t/f_{yv}$ | 250 | — | — | 393 | 431 | 469 | 494 | 519 | 538 | 560 | 574 | 587 | 598 | 609 |
| | | 三、四级 | $0.26f_t/f_{yv}$ | | — | — | 425 | 467 | 509 | 535 | 562 | 583 | 607 | 621 | 636 | 648 | 660 |
| | | 二级 | $0.28f_t/f_{yv}$ | | — | — | 458 | 503 | 548 | 576 | 605 | 628 | 653 | 669 | 685 | 698 | 711 |
| | | 一级 | $0.30f_t/f_{yv}$ | | — | — | 491 | 539 | 587 | 618 | 648 | 672 | 700 | 717 | 734 | 745 | 762 |
| 7 | 250 | 非抗震 | $0.24f_t/f_{yv}$ | 260 | — | — | 409 | 449 | 489 | 515 | 540 | 560 | 583 | 598 | 612 | 623 | 635 |
| | | 三、四级 | $0.26f_t/f_{yv}$ | | — | — | 443 | 486 | 530 | 558 | 585 | 607 | 632 | 647 | 663 | 675 | 688 |
| | | 二级 | $0.28f_t/f_{yv}$ | | — | — | 477 | 524 | 570 | 600 | 630 | 654 | 580 | 697 | 714 | 727 | 740 |
| | | 一级 | $0.30f_t/f_{yv}$ | | — | — | 511 | 561 | 611 | 643 | 675 | 701 | 729 | 747 | 765 | 779 | 193 |
| 8 | 300 | 非抗震 | $0.24f_t/f_{yv}$ | 312 | — | — | 491 | 539 | 587 | 618 | 648 | 672 | 700 | 717 | 734 | 748 | 762 |
| | | 三、四级 | $0.26f_t/f_{yv}$ | | — | — | 532 | 584 | 636 | 669 | 702 | 728 | 758 | 777 | 795 | 810 | 825 |
| | | 二级 | $0.28f_t/f_{yv}$ | | — | — | 572 | 628 | 684 | 720 | 756 | 784 | 816 | 836 | 857 | 872 | 888 |
| | | 一级 | $0.30f_t/f_{yv}$ | | — | — | 613 | 673 | 733 | 772 | 810 | 841 | 875 | 896 | 918 | 935 | 952 |
| 9 | 350 | 非抗震 | $0.24f_t/f_{yv}$ | 364 | — | — | 572 | 628 | 684 | 720 | 756 | 784 | 816 | 836 | 856 | 872 | 888 |
| | | 三、四级 | $0.26f_t/f_{yv}$ | | — | — | 620 | 681 | 741 | 780 | 819 | 850 | 884 | 906 | 928 | 945 | 962 |
| | | 二级 | $0.28f_t/f_{yv}$ | | — | — | 668 | 733 | 798 | 840 | 882 | 915 | 952 | 976 | 999 | 1018 | 1036 |
| | | 一级 | $0.30f_t/f_{yv}$ | | — | — | 715 | 786 | 856 | 900 | 945 | 981 | 1020 | 1071 | 1071 | 1091 | 1110 |
| 10 | 400 | 非抗震 | $0.24f_t/f_{yv}$ | 416 | — | — | 654 | 718 | 782 | 823 | 864 | 896 | 933 | 956 | 979 | 997 | 1015 |
| | | 三、四级 | $0.26f_t/f_{yv}$ | | — | — | 709 | 778 | 847 | 892 | 936 | 971 | 1011 | 1036 | 1060 | 1080 | 1100 |
| | | 二级 | $0.28f_t/f_{yv}$ | | — | — | 763 | 838 | 912 | 960 | 1008 | 1046 | 1088 | 1115 | 1142 | 1163 | 1184 |
| | | 一级 | $0.30f_t/f_{yv}$ | | — | — | 818 | 898 | 978 | 1029 | 1080 | 1121 | 1166 | 1192 | 1223 | 1246 | 1269 |

说明：1 本表根据《混凝土结构设计规范》GB 50010—2002 第 11.3.9 条、《高层建筑混凝土结构技术规程》JGJ 3—2002 第 6.3.4 条 1 款编制。

2 抗震设计及非抗震设计时，弯剪扭梁的最小配箍量应与二级抗震等级的梁相同（见《混凝土结构设计规范》GB 50010—2002 第 10.2.12 条）。

3 当非抗震梁 $V\leqslant 0.7f_t bh_0+0.05N_{p0}$ 时，无最小配箍量要求（见《混凝土结构设计规范》GB 50010—2002 第 10.2.10 条 1 款）。

续表

| 序号 | 梁宽 $b$（mm） | 抗震等级 | 梁配箍率 | 混凝土强度等级 | | | | | | | | | | | | | |
|---|---|---|---|---|---|---|---|---|---|---|---|---|---|---|---|---|---|
| | | | | C15 | C20 | C25 | C30 | C35 | C40 | C45 | C50 | C55 | C60 | C65 | C70 | C75 | C80 |
| 11 | 450 | 非抗震 | $0.24f_t/f_{yv}$ | 468 | — | — | 736 | 808 | 880 | 926 | 972 | 1008 | 1050 | 1075 | 1101 | 1122 | 1142 |
| | | 三、四级 | $0.26f_t/f_{yv}$ | | — | — | 797 | 875 | 953 | 1003 | 1053 | 1092 | 1137 | 1165 | 1193 | 1215 | 1237 |
| | | 二级 | $0.28f_t/f_{yv}$ | | — | — | 858 | 943 | 1026 | 1080 | 1134 | 1176 | 1224 | 1254 | 1285 | 1308 | 1332 |
| | | 一级 | $0.30f_t/f_{yv}$ | | — | — | 920 | 1010 | 1100 | 1158 | 1215 | 1261 | 1321 | 1344 | 1376 | 1402 | 1428 |
| 12 | 500 | 非抗震 | $0.24f_t/f_{yv}$ | 520 | — | — | 818 | 898 | 978 | 1029 | 1080 | 1120 | 1166 | 1195 | 1223 | 1246 | 1269 |
| | | 三、四级 | $0.26f_t/f_{yv}$ | | — | — | 886 | 972 | 1059 | 1115 | 1170 | 1214 | 1263 | 1294 | 1325 | 1350 | 1375 |
| | | 二级 | $0.28f_t/f_{yv}$ | | — | — | 954 | 1047 | 1140 | 1200 | 1260 | 1307 | 1360 | 1394 | 1427 | 1454 | 1480 |
| | | 一级 | $0.30f_t/f_{yv}$ | | — | — | 1022 | 1122 | 1222 | 1286 | 1350 | 1401 | 1458 | 1493 | 1529 | 1558 | 1586 |
| 13 | 550 | 非抗震 | $0.24f_t/f_{yv}$ | 572 | — | — | 899 | 987 | 1075 | 1132 | 1188 | 1232 | 1283 | 1314 | 1346 | 1371 | 1396 |
| | | 三、四级 | $0.26f_t/f_{yv}$ | | — | — | 974 | 1070 | 1165 | 1226 | 1287 | 1335 | 1390 | 1424 | 1458 | 1485 | 1512 |
| | | 二级 | $0.28f_t/f_{yv}$ | | — | — | 1049 | 1152 | 1254 | 1320 | 1386 | 1438 | 1496 | 1533 | 1570 | 1599 | 1628 |
| | | 一级 | $0.30f_t/f_{yv}$ | | — | — | 1124 | 1234 | 1344 | 1415 | 1485 | 1541 | 1603 | 1643 | 1682 | 1713 | 1745 |
| 14 | 600 | 非抗震 | $0.24f_t/f_{yv}$ | 624 | — | — | 981 | 1077 | 1173 | 1235 | 1296 | 1344 | 1399 | 1434 | 1468 | 1495 | 1523 |
| | | 三、四级 | $0.26f_t/f_{yv}$ | | — | — | 1063 | 1167 | 1271 | 1338 | 1404 | 1456 | 1516 | 1553 | 1590 | 1620 | 1650 |
| | | 二级 | $0.28f_t/f_{yv}$ | | — | — | 1144 | 1256 | 1368 | 1440 | 1512 | 1568 | 1632 | 1672 | 1713 | 1744 | 1776 |
| | | 一级 | $0.30f_t/f_{yv}$ | | — | — | 1226 | 1346 | 1466 | 1543 | 1320 | 1681 | 1749 | 1792 | 1835 | 1869 | 1903 |
| 15 | 650 | 非抗震 | $0.24f_t/f_{yv}$ | 676 | — | — | 1063 | 1167 | 1271 | 1338 | 1404 | 1456 | 1516 | 1553 | 1590 | 1620 | 1650 |
| | | 三、四级 | $0.26f_t/f_{yv}$ | | — | — | 1151 | 1264 | 1377 | 1449 | 1521 | 1578 | 1642 | 1682 | 1723 | 1755 | 1787 |
| | | 二级 | $0.28f_t/f_{yv}$ | | — | — | 1240 | 1361 | 1482 | 1560 | 1638 | 1699 | 1768 | 1812 | 1855 | 1890 | 1924 |
| | | 一级 | $0.30f_t/f_{yv}$ | | — | — | 1328 | 1458 | 1588 | 1672 | 1755 | 1821 | 1895 | 1941 | 1988 | 2025 | 2062 |
| 16 | 700 | 非抗震 | $0.24f_t/f_{yv}$ | 728 | — | — | 1144 | 1256 | 1368 | 1440 | 1512 | 1568 | 1632 | 1672 | 1712 | 1744 | 1776 |
| | | 三、四级 | $0.26f_t/f_{yv}$ | | — | — | 1240 | 1361 | 1482 | 1560 | 1638 | 1699 | 1768 | 1812 | 1855 | 1890 | 1924 |
| | | 二级 | $0.28f_t/f_{yv}$ | | — | — | 1335 | 1466 | 1596 | 1680 | 1764 | 1830 | 1904 | 1951 | 1998 | 2035 | 2072 |
| | | 一级 | $0.30f_t/f_{yv}$ | | — | — | 1430 | 1571 | 1711 | 1800 | 1890 | 1961 | 2040 | 2090 | 2141 | 2181 | 2220 |
| 17 | 750 | 非抗震 | $0.24f_t/f_{yv}$ | 780 | — | — | 1226 | 1346 | 1466 | 1543 | 1620 | 1820 | 1749 | 1792 | 1835 | 1869 | 1903 |
| | | 三、四级 | $0.26f_t/f_{yv}$ | | — | — | 1328 | 1458 | 1588 | 1672 | 1755 | 1680 | 1895 | 1941 | 1988 | 2025 | 2062 |
| | | 二级 | $0.28f_t/f_{yv}$ | | — | — | 1430 | 1570 | 1710 | 1800 | 1890 | 1960 | 2040 | 2090 | 2140 | 2180 | 2220 |
| | | 一级 | $0.30f_t/f_{yv}$ | | — | — | 1533 | 1683 | 1833 | 1929 | 2026 | 2101 | 2186 | 2240 | 2293 | 2336 | 2379 |
| 18 | 800 | 非抗震 | $0.24f_t/f_{yv}$ | 832 | — | — | 1308 | 1436 | 1564 | 1646 | 1728 | 1792 | 1866 | 1911 | 1957 | 1994 | 2030 |
| | | 三、四级 | $0.26f_t/f_{yv}$ | | — | — | 1417 | 1556 | 1694 | 1783 | 1872 | 1942 | 2021 | 2071 | 2120 | 2160 | 2199 |
| | | 二级 | $0.28f_t/f_{yv}$ | | — | — | 1526 | 1675 | 1824 | 1920 | 2016 | 2091 | 2176 | 2230 | 2283 | 2326 | 2368 |
| | | 一级 | $0.30f_t/f_{yv}$ | | — | — | 1635 | 1795 | 1955 | 2058 | 2160 | 2241 | 2332 | 2389 | 2446 | 2492 | 2538 |
| 19 | 850 | 非抗震 | $0.24f_t/f_{yv}$ | 884 | — | — | 1390 | 1526 | 1662 | 1749 | 1836 | 1904 | 1982 | 2031 | 2079 | 2118 | 2157 |
| | | 三、四级 | $0.26f_t/f_{yv}$ | | — | — | 1505 | 1653 | 1800 | 1895 | 1989 | 2063 | 2147 | 2200 | 2253 | 2295 | 2337 |
| | | 二级 | $0.28f_t/f_{yv}$ | | — | — | 1621 | 1780 | 1938 | 2040 | 2142 | 2222 | 2312 | 2369 | 2426 | 2471 | 2516 |

续表

| 序号 | 梁宽 $b$（mm） | 抗震等级 | 梁配箍率 | 混凝土强度等级 | | | | | | | | | | | | | |
|---|---|---|---|---|---|---|---|---|---|---|---|---|---|---|---|---|---|
| | | | | C15 | C20 | C25 | C30 | C35 | C40 | C45 | C50 | C55 | C60 | C65 | C70 | C75 | C80 |
| 19 | 850 | 一级 | $0.30f_t/f_{yv}$ | | — | — | 1737 | 1907 | 2077 | 2186 | 2295 | 2381 | 2478 | 2538 | 2599 | 2648 | 2696 |
| 20 | 900 | 非抗震 | $0.24f_t/f_{yv}$ | 936 | — | — | 1471 | 1615 | 1759 | 1852 | 1944 | 2016 | 2099 | 2150 | 2202 | 2243 | 2284 |
| | | 三、四级 | $0.26f_t/f_{yv}$ | | — | — | 1594 | 1750 | 1906 | 2006 | 2106 | 2184 | 2274 | 2329 | 2385 | 2430 | 2474 |
| | | 二级 | $0.28f_t/f_{yv}$ | | — | — | 1716 | 1885 | 2052 | 2160 | 2268 | 2352 | 2448 | 2508 | 2569 | 2616 | 2664 |
| | | 一级 | $0.30f_t/f_{yv}$ | | — | — | 1839 | 2019 | 2199 | 2315 | 2430 | 2521 | 2623 | 2688 | 2752 | 2803 | 2855 |
| 21 | 950 | 非抗震 | $0.24f_t/f_{yv}$ | 988 | — | — | 1553 | 1705 | 1857 | 1955 | 2052 | 2128 | 2215 | 2270 | 2324 | 2367 | 2411 |
| | | 三、四级 | $0.26f_t/f_{yv}$ | | — | — | 1683 | 1847 | 2012 | 2118 | 2223 | 2306 | 2400 | 2459 | 2518 | 2565 | 2612 |
| | | 二级 | $0.28f_t/f_{yv}$ | | — | — | 1812 | 1989 | 2166 | 2280 | 2394 | 2483 | 2584 | 2648 | 2711 | 2762 | 2812 |
| | | 一级 | $0.30f_t/f_{yv}$ | | — | — | 1941 | 2131 | 2321 | 2443 | 2565 | 2661 | 2769 | 2837 | 2905 | 2959 | 3013 |
| 22 | 1000 | 非抗震 | $0.24f_t/f_{yv}$ | 1040 | — | — | 1635 | 1795 | 1955 | 2058 | 2160 | 2240 | 2332 | 2398 | 2446 | 2492 | 2358 |
| | | 三、四级 | $0.26f_t/f_{yv}$ | | — | — | 1771 | 1944 | 2118 | 2229 | 2340 | 2427 | 2526 | 2588 | 2650 | 2700 | 2749 |
| | | 二级 | $0.28f_t/f_{yv}$ | | — | — | 1907 | 2094 | 2280 | 2400 | 2520 | 2614 | 2720 | 2787 | 2854 | 2907 | 2960 |
| | | 一级 | $0.30f_t/f_{yv}$ | | — | — | 2043 | 2243 | 2443 | 2572 | 2700 | 2801 | 2915 | 2986 | 3058 | 3115 | 3172 |
| 23 | 1050 | 非抗震 | $0.24f_t/f_{yv}$ | 1092 | — | — | 1716 | 1884 | 2052 | 2160 | 2268 | 2352 | 2448 | 2508 | 2568 | 2616 | 2664 |
| | | 三、四级 | $0.26f_t/f_{yv}$ | | — | — | 1859 | 2041 | 2223 | 2340 | 2457 | 2548 | 2652 | 2717 | 2782 | 2834 | 2886 |
| | | 二级 | $0.28f_t/f_{yv}$ | | — | — | 2002 | 2198 | 2394 | 2520 | 2646 | 2744 | 2856 | 2926 | 2997 | 3052 | 3108 |
| | | 一级 | $0.30f_t/f_{yv}$ | | — | — | 2145 | 2356 | 2566 | 2700 | 2835 | 2941 | 3060 | 3135 | 3211 | 3271 | 3331 |
| 24 | 1100 | 非抗震 | $0.24f_t/f_{yv}$ | 1144 | — | — | 1798 | 1974 | 2150 | 2263 | 2376 | 2464 | 2565 | 2628 | 2691 | 2741 | 2791 |
| | | 三、四级 | $0.26f_t/f_{yv}$ | | — | — | 1948 | 2139 | 2329 | 2452 | 2574 | 2670 | 2779 | 2847 | 2915 | 2969 | 3024 |
| | | 二级 | $0.28f_t/f_{yv}$ | | — | — | 2098 | 2303 | 2508 | 2640 | 2772 | 2875 | 2992 | 3066 | 3139 | 3198 | 3256 |
| | | 一级 | $0.30f_t/f_{yv}$ | | — | — | 2248 | 2468 | 2688 | 2829 | 2970 | 3081 | 3209 | 3285 | 3363 | 3426 | 3489 |
| 25 | 1150 | 非抗震 | $0.24f_t/f_{yv}$ | 1196 | — | — | 1880 | 2064 | 2248 | 2366 | 2484 | 2576 | 2682 | 2747 | 2813 | 2866 | 2918 |
| | | 三、四级 | $0.26f_t/f_{yv}$ | | — | — | 2037 | 2236 | 2435 | 2563 | 2691 | 2791 | 2905 | 2976 | 3047 | 3104 | 3161 |
| | | 二级 | $0.28f_t/f_{yv}$ | | — | — | 2193 | 2408 | 2622 | 2760 | 2898 | 3006 | 3128 | 3205 | 3282 | 3343 | 3404 |
| | | 一级 | $0.30f_t/f_{yv}$ | | — | — | 2350 | 2580 | 2810 | 2958 | 3105 | 3221 | 3352 | 3434 | 3516 | 3582 | 3648 |
| 26 | 1200 | 非抗震 | $0.24f_t/f_{yv}$ | 1248 | — | — | 1962 | 2154 | 2346 | 2469 | 2592 | 2688 | 2798 | 2867 | 2935 | 2990 | 3045 |
| | | 三、四级 | $0.26f_t/f_{yv}$ | | — | — | 2125 | 2333 | 2541 | 2675 | 2808 | 2912 | 3031 | 3106 | 3180 | 3239 | 3299 |
| | | 二级 | $0.28f_t/f_{yv}$ | | — | — | 2288 | 2512 | 2736 | 2880 | 3024 | 3136 | 3264 | 3344 | 3425 | 3488 | 3552 |
| | | 一级 | $0.30f_t/f_{yv}$ | | — | — | 2452 | 2692 | 2932 | 3086 | 3240 | 3361 | 3198 | 3583 | 3669 | 3738 | 3806 |
| 27 | 1250 | 非抗震 | $0.24f_t/f_{yv}$ | | — | — | 2043 | 2243 | 2443 | 2571 | 2700 | 2800 | 2914 | 2986 | 3058 | 3115 | 3172 |
| | | 三、四级 | $0.26f_t/f_{yv}$ | | — | — | 2213 | 2430 | 2947 | 2786 | 2925 | 3034 | 3158 | 3235 | 3312 | 3374 | 3436 |
| | | 二级 | $0.28f_t/f_{yv}$ | | — | — | 2384 | 2617 | 2850 | 3000 | 3150 | 3267 | 3400 | 3484 | 3567 | 3634 | 3700 |
| | | 一级 | $0.30f_t/f_{yv}$ | | — | — | 2554 | 2804 | 3054 | 3214 | 3375 | 3500 | 3643 | 3733 | 3822 | 3893 | 3965 |

用 HRB335 箍筋（$f_{yv}=300N/mm^2$）时梁沿全长的最小配箍量（$mm^2/m$） **表 6.2**

| 序号 | 梁宽 $b$（mm） | 抗震等级 | 梁配箍率 | 混凝土强度等级 | | | | | | | | | | | | | |
|---|---|---|---|---|---|---|---|---|---|---|---|---|---|---|---|---|---|
| | | | | C15 | C20 | C25 | C30 | C35 | C40 | C45 | C50 | C55 | C60 | C65 | C70 | C75 | C80 |
| 1 | 100 | 非抗震 | $0.24f_t/f_{yv}$ | 73 | — | — | 115 | 126 | 137 | 144 | 152 | 157 | 164 | 168 | 172 | 175 | 178 |
| 2 | 120 | 非抗震 | $0.24f_t/f_{yv}$ | 88 | — | — | 138 | 151 | 165 | 173 | 182 | 189 | 196 | 201 | 206 | 210 | 214 |
| 3 | 150 | 非抗震 | $0.24f_t/f_{yv}$ | 110 | — | — | 172 | 189 | 206 | 216 | 227 | 236 | 245 | 251 | 257 | 262 | 267 |
| 4 | 180 | 非抗震 | $0.24f_t/f_{yv}$ | 131 | — | — | 206 | 226 | 247 | 260 | 273 | 283 | 294 | 301 | 309 | 314 | 320 |
| 5 | 200 | 非抗震 | $0.24f_t/f_{yv}$ | 146 | — | — | 229 | 252 | 274 | 288 | 303 | 314 | 327 | 335 | 343 | 349 | 356 |
| | | 三、四级 | $0.26f_t/f_{yv}$ | | — | — | 248 | 273 | 297 | 312 | 328 | 340 | 354 | 363 | 371 | 378 | 385 |
| | | 二级 | $0.28f_t/f_{yv}$ | | — | — | 267 | 294 | 320 | 336 | 353 | 366 | 381 | 391 | 400 | 407 | 415 |
| | | 一级 | $0.30f_t/f_{yv}$ | | — | — | 286 | 315 | 343 | 360 | 378 | 393 | 408 | 418 | 429 | 437 | 445 |
| 6 | 240 | 非抗震 | $0.24f_t/f_{yv}$ | 175 | — | — | 275 | 302 | 329 | 346 | 363 | 374 | 392 | 402 | 411 | 419 | 427 |
| | | 三、四级 | $0.26f_t/f_{yv}$ | | — | — | 298 | 327 | 356 | 375 | 394 | 408 | 425 | 435 | 446 | 454 | 462 |
| | | 二级 | $0.28f_t/f_{yv}$ | | — | — | 321 | 352 | 383 | 404 | 424 | 439 | 457 | 469 | 480 | 489 | 498 |
| | | 一级 | $0.30f_t/f_{yv}$ | | — | — | 344 | 377 | 411 | 432 | 454 | 471 | 490 | 502 | 514 | 524 | 533 |
| 7 | 250 | 非抗震 | $0.24f_t/f_{yv}$ | 182 | — | — | 286 | 314 | 342 | 360 | 378 | 392 | 408 | 418 | 428 | 436 | 444 |
| | | 三、四级 | $0.26f_t/f_{yv}$ | | — | — | 310 | 341 | 371 | 390 | 410 | 425 | 442 | 453 | 464 | 473 | 481 |
| | | 二级 | $0.28f_t/f_{yv}$ | | — | — | 334 | 367 | 399 | 420 | 441 | 458 | 476 | 488 | 500 | 509 | 518 |
| | | 一级 | $0.30f_t/f_{yv}$ | | — | — | 358 | 393 | 428 | 450 | 473 | 491 | 510 | 523 | 536 | 546 | 555 |
| 8 | 300 | 非抗震 | $0.24f_t/f_{yv}$ | 219 | — | — | 344 | 377 | 411 | 432 | 454 | 471 | 490 | 502 | 514 | 524 | 533 |
| | | 三、四级 | $0.26f_t/f_{yv}$ | | — | — | 372 | 409 | 445 | 468 | 492 | 510 | 531 | 544 | 557 | 567 | 578 |
| | | 二级 | $0.28f_t/f_{yv}$ | | — | — | 401 | 440 | 479 | 504 | 530 | 549 | 572 | 586 | 600 | 611 | 622 |
| | | 一级 | $0.30f_t/f_{yv}$ | | — | — | 429 | 472 | 514 | 540 | 567 | 589 | 612 | 627 | 643 | 655 | 667 |
| 9 | 350 | 非抗震 | $0.24f_t/f_{yv}$ | 255 | — | — | 401 | 440 | 479 | 504 | 530 | 549 | 572 | 586 | 600 | 611 | 622 |
| | | 三、四级 | $0.26f_t/f_{yv}$ | | — | — | 434 | 477 | 519 | 546 | 574 | 595 | 619 | 634 | 650 | 662 | 674 |
| | | 二级 | $0.28f_t/f_{yv}$ | | — | — | 468 | 513 | 559 | 588 | 618 | 641 | 667 | 683 | 700 | 713 | 726 |
| | | 一级 | $0.30f_t/f_{yv}$ | | — | — | 501 | 550 | 599 | 630 | 662 | 687 | 714 | 732 | 750 | 764 | 778 |
| 10 | 400 | 非抗震 | $0.24f_t/f_{yv}$ | 292 | — | — | 458 | 503 | 548 | 576 | 605 | 628 | 653 | 669 | 685 | 698 | 711 |
| | | 三、四级 | $0.26f_t/f_{yv}$ | | — | — | 496 | 545 | 593 | 624 | 656 | 680 | 708 | 725 | 742 | 756 | 770 |
| | | 二级 | $0.28f_t/f_{yv}$ | | — | — | 534 | 587 | 639 | 672 | 706 | 732 | 762 | 781 | 799 | 814 | 829 |
| | | 一级 | $0.30f_t/f_{yv}$ | | — | — | 572 | 629 | 685 | 720 | 766 | 785 | 816 | 836 | 857 | 873 | 889 |
| 11 | 450 | 非抗震 | $0.24f_t/f_{yv}$ | 328 | — | — | 515 | 566 | 616 | 648 | 681 | 706 | 735 | 753 | 771 | 795 | 800 |
| | | 三、四级 | $0.26f_t/f_{yv}$ | | — | — | 558 | 613 | 667 | 702 | 738 | 765 | 796 | 816 | 835 | 851 | 866 |
| | | 二级 | $0.28f_t/f_{yv}$ | | — | — | 601 | 660 | 719 | 756 | 794 | 824 | 857 | 878 | 899 | 916 | 933 |
| | | 一级 | $0.30f_t/f_{yv}$ | | — | — | 644 | 707 | 770 | 810 | 851 | 883 | 919 | 941 | 964 | 982 | 999 |
| 12 | 500 | 非抗震 | $0.24f_t/f_{yv}$ | 364 | — | — | 572 | 628 | 684 | 720 | 756 | 784 | 816 | 836 | 856 | 872 | 888 |
| | | 三、四级 | $0.26f_t/f_{yv}$ | | — | — | 620 | 681 | 741 | 780 | 819 | 850 | 884 | 906 | 928 | 945 | 962 |
| | | 二级 | $0.28f_t/f_{yv}$ | | — | — | 668 | 733 | 798 | 840 | 882 | 915 | 952 | 976 | 999 | 1018 | 1036 |

续表

| 序号 | 梁宽 $b$ (mm) | 抗震等级 | 梁配箍率 | 混凝土强度等级 | | | | | | | | | | | | | |
|---|---|---|---|---|---|---|---|---|---|---|---|---|---|---|---|---|---|
| | | | | C15 | C20 | C25 | C30 | C35 | C40 | C45 | C50 | C55 | C60 | C65 | C70 | C75 | C80 |
| 12 | 500 | 一级 | $0.30f_t/f_{yv}$ | | — | — | 715 | 786 | 856 | 900 | 945 | 981 | 1020 | 1045 | 1071 | 1091 | 1110 |
| 13 | 550 | 非抗震 | $0.24f_t/f_{yv}$ | 401 | — | — | 630 | 691 | 753 | 792 | 832 | 863 | 898 | 920 | 942 | 960 | 977 |
| | | 三、四级 | $0.26f_t/f_{yv}$ | | — | — | 682 | 749 | 816 | 858 | 901 | 935 | 973 | 997 | 1021 | 1040 | 1059 |
| | | 二级 | $0.28f_t/f_{yv}$ | | — | — | 735 | 806 | 879 | 924 | 971 | 1007 | 1048 | 1073 | 1099 | 1120 | 1140 |
| | | 一级 | $0.30f_t/f_{yv}$ | | — | — | 787 | 864 | 941 | 990 | 1040 | 1079 | 1122 | 1150 | 1178 | 1200 | 1222 |
| 14 | 600 | 非抗震 | $0.24f_t/f_{yv}$ | 437 | — | — | 687 | 754 | 821 | 864 | 908 | 941 | 980 | 1004 | 1028 | 1047 | 1066 |
| | | 三、四级 | $0.26f_t/f_{yv}$ | | — | — | 744 | 817 | 890 | 936 | 983 | 1020 | 1061 | 1087 | 1113 | 1134 | 1155 |
| | | 二级 | $0.28f_t/f_{yv}$ | | — | — | 801 | 880 | 958 | 1008 | 1059 | 1098 | 1143 | 1171 | 1199 | 1221 | 1244 |
| | | 一级 | $0.30f_t/f_{yv}$ | | — | — | 858 | 943 | 1027 | 1080 | 1134 | 1177 | 1224 | 1254 | 1285 | 1309 | 1333 |
| 15 | 650 | 非抗震 | $0.24f_t/f_{yv}$ | 474 | — | — | 744 | 817 | 890 | 936 | 983 | 1020 | 1061 | 1087 | 1113 | 1134 | 1155 |
| | | 三、四级 | $0.26f_t/f_{yv}$ | | — | — | 806 | 885 | 964 | 1014 | 1065 | 1105 | 1150 | 1178 | 1206 | 1229 | 1251 |
| | | 二级 | $0.28f_t/f_{yv}$ | | — | — | 868 | 953 | 1038 | 1092 | 1147 | 1190 | 1238 | 1268 | 1299 | 1323 | 1347 |
| | | 一级 | $0.30f_t/f_{yv}$ | | — | — | 930 | 1021 | 1112 | 1170 | 1229 | 1275 | 1326 | 1359 | 1392 | 1418 | 1444 |
| 16 | 700 | 非抗震 | $0.24f_t/f_{yv}$ | 510 | — | — | 801 | 880 | 958 | 1008 | 1059 | 1098 | 1143 | 1171 | 1199 | 1221 | 1244 |
| | | 三、四级 | $0.26f_t/f_{yv}$ | | — | — | 868 | 953 | 1038 | 1092 | 1147 | 1190 | 1238 | 1268 | 1299 | 1323 | 1347 |
| | | 二级 | $0.28f_t/f_{yv}$ | | — | — | 935 | 1026 | 1118 | 1176 | 1235 | 1281 | 1333 | 1366 | 1399 | 1425 | 1451 |
| | | 一级 | $0.30f_t/f_{yv}$ | | — | — | 1001 | 1100 | 1198 | 1260 | 1323 | 1373 | 1428 | 1463 | 1499 | 1527 | 1555 |
| 17 | 750 | 非抗震 | $0.24f_t/f_{yv}$ | 546 | — | — | 858 | 942 | 1026 | 1080 | 1134 | 1176 | 1224 | 1254 | 1284 | 1308 | 1332 |
| | | 三、四级 | $0.26f_t/f_{yv}$ | | — | — | 930 | 1021 | 1112 | 1170 | 1229 | 1274 | 1326 | 1359 | 1391 | 1417 | 1443 |
| | | 二级 | $0.28f_t/f_{yv}$ | | — | — | 1001 | 1099 | 1197 | 1260 | 1323 | 1372 | 1428 | 1463 | 1499 | 1526 | 1554 |
| | | 一级 | $0.30f_t/f_{yv}$ | | — | — | 1073 | 1178 | 1283 | 1350 | 1418 | 1471 | 1530 | 1568 | 1606 | 1636 | 1666 |
| 18 | 800 | 非抗震 | $0.24f_t/f_{yv}$ | 583 | — | — | 916 | 1005 | 1095 | 1152 | 1210 | 1255 | 1306 | 1338 | 1370 | 1396 | 1421 |
| | | 三、四级 | $0.26f_t/f_{yv}$ | | — | — | 992 | 1089 | 1186 | 1248 | 1311 | 1359 | 1415 | 1450 | 1484 | 1512 | 1540 |
| | | 二级 | $0.28f_t/f_{yv}$ | | — | — | 1068 | 1173 | 1277 | 1344 | 1412 | 1464 | 1524 | 1561 | 1598 | 1628 | 1658 |
| | | 一级 | $0.30f_t/f_{yv}$ | | — | — | 1144 | 1257 | 1369 | 1440 | 1512 | 1569 | 1632 | 1672 | 1713 | 1745 | 1777 |
| 19 | 850 | 非抗震 | $0.24f_t/f_{yv}$ | 619 | — | — | 973 | 1068 | 1163 | 1224 | 1286 | 1333 | 1388 | 1422 | 1456 | 1483 | 1510 |
| | | 三、四级 | $0.26f_t/f_{yv}$ | | — | — | 1054 | 1157 | 1260 | 1326 | 1393 | 1444 | 1503 | 1540 | 1577 | 1606 | 1636 |
| | | 二级 | $0.28f_t/f_{yv}$ | | — | — | 1135 | 1246 | 1357 | 1428 | 1500 | 1555 | 1619 | 1659 | 1698 | 1730 | 1762 |
| | | 一级 | $0.30f_t/f_{yv}$ | | — | — | 1216 | 1335 | 1454 | 1530 | 1607 | 1667 | 1734 | 1777 | 1820 | 1854 | 1888 |
| 20 | 900 | 非抗震 | $0.24f_t/f_{yv}$ | 656 | — | — | 1030 | 1131 | 1232 | 1296 | 1361 | 1412 | 1469 | 1505 | 1541 | 1570 | 1599 |
| | | 三、四级 | $0.26f_t/f_{yv}$ | | — | — | 1116 | 1225 | 1334 | 1404 | 1475 | 1529 | 1592 | 1631 | 1670 | 1701 | 1732 |
| | | 二级 | $0.28f_t/f_{yv}$ | | — | — | 1202 | 1319 | 1437 | 1512 | 1588 | 1647 | 1714 | 1756 | 1798 | 1832 | 1865 |
| | | 一级 | $0.30f_t/f_{yv}$ | | — | — | 1287 | 1414 | 1540 | 1620 | 1701 | 1765 | 1836 | 1881 | 1927 | 1963 | 1999 |
| 21 | 950 | 非抗震 | $0.24f_t/f_{yv}$ | 692 | — | — | 1087 | 1194 | 1300 | 1368 | 1437 | 1490 | 1551 | 1589 | 1627 | 1657 | 1688 |
| | | 三、四级 | $0.26f_t/f_{yv}$ | | — | — | 1178 | 1293 | 1408 | 1482 | 1557 | 1614 | 1680 | 1721 | 1762 | 1795 | 1828 |

续表

| 序号 | 梁宽 $b$（mm） | 抗震等级 | 梁配箍率 | 混凝土强度等级 | | | | | | | | | | | | | |
|---|---|---|---|---|---|---|---|---|---|---|---|---|---|---|---|---|---|
| | | | | C15 | C20 | C25 | C30 | C35 | C40 | C45 | C50 | C55 | C60 | C65 | C70 | C75 | C80 |
| 21 | 950 | 二级 | $0.28f_t/f_{yv}$ | | — | — | 1268 | 1393 | 1517 | 1596 | 1676 | 1738 | 1809 | 1854 | 1898 | 1933 | 1969 |
| | | 一级 | $0.30f_t/f_{yv}$ | | — | — | 1359 | 1492 | 1625 | 1710 | 1796 | 1863 | 1938 | 1986 | 2034 | 2072 | 2109 |
| 22 | 1000 | 非抗震 | $0.24f_t/f_{yv}$ | 728 | — | — | 1144 | 1256 | 1368 | 1440 | 1512 | 1568 | 1632 | 1672 | 1712 | 1744 | 1776 |
| | | 三、四级 | $0.26f_t/f_{yv}$ | | — | — | 1240 | 1361 | 1482 | 1560 | 1638 | 1699 | 1768 | 1812 | 1855 | 1890 | 1924 |
| | | 二级 | $0.28f_t/f_{yv}$ | | — | — | 1335 | 1466 | 1595 | 1680 | 1764 | 1830 | 1904 | 1951 | 1998 | 2035 | 2072 |
| | | 一级 | $0.30f_t/f_{yv}$ | | — | — | 1430 | 1571 | 1711 | 1800 | 1890 | 1961 | 2040 | 2090 | 2141 | 2181 | 2220 |
| 23 | 1050 | 非抗震 | $0.24f_t/f_{yv}$ | 765 | — | — | 1202 | 1319 | 1437 | 1512 | 1588 | 1647 | 1714 | 1756 | 1798 | 1832 | 1865 |
| | | 三、四级 | $0.26f_t/f_{yv}$ | | — | — | 1302 | 1429 | 1557 | 1638 | 1720 | 1784 | 1857 | 1902 | 1948 | 1984 | 2021 |
| | | 二级 | $0.28f_t/f_{yv}$ | | — | — | 1402 | 1539 | 1676 | 1764 | 1853 | 1921 | 2000 | 2049 | 2098 | 2137 | 2176 |
| | | 一级 | $0.30f_t/f_{yv}$ | | — | — | 1502 | 1649 | 1796 | 1890 | 1985 | 2058 | 2142 | 2195 | 2248 | 2290 | 2332 |
| 24 | 1100 | 非抗震 | $0.24f_t/f_{yv}$ | 801 | — | — | 1259 | 1382 | 1505 | 1584 | 1664 | 1725 | 1796 | 1840 | 1884 | 1919 | 1954 |
| | | 三、四级 | $0.26f_t/f_{yv}$ | | — | — | 1364 | 1497 | 1631 | 1716 | 1802 | 1869 | 1945 | 1993 | 2041 | 2079 | 2117 |
| | | 二级 | $0.28f_t/f_{yv}$ | | — | — | 1469 | 1612 | 1756 | 1848 | 1941 | 2013 | 2095 | 2146 | 2198 | 2339 | 2280 |
| | | 一级 | $0.30f_t/f_{yv}$ | | — | — | 1573 | 1728 | 1882 | 1980 | 2079 | 2157 | 2244 | 2299 | 2335 | 2399 | 2443 |
| 25 | 1150 | 非抗震 | $0.24f_t/f_{yv}$ | 838 | — | — | 1316 | 1445 | 1574 | 1656 | 1739 | 1804 | 1877 | 1923 | 1969 | 2006 | 2043 |
| | | 三、四级 | $0.26f_t/f_{yv}$ | | — | — | 1426 | 1565 | 1705 | 1794 | 1884 | 1954 | 2034 | 2084 | 2133 | 2173 | 2213 |
| | | 二级 | $0.28f_t/f_{yv}$ | | — | — | 1535 | 1686 | 1836 | 1932 | 2029 | 2104 | 2190 | 2244 | 2297 | 2340 | 2383 |
| | | 一级 | $0.30f_t/f_{yv}$ | | — | — | 1645 | 1806 | 1967 | 2070 | 2174 | 2255 | 2346 | 2404 | 2462 | 2508 | 2554 |
| 26 | 1200 | 非抗震 | $0.24f_t/f_{yv}$ | 874 | — | — | 1373 | 1508 | 1642 | 1728 | 1815 | 1882 | 1959 | 2007 | 2055 | 2093 | 2132 |
| | | 三、四级 | $0.26f_t/f_{yv}$ | | — | — | 1488 | 1633 | 1779 | 1872 | 1966 | 2039 | 2122 | 2174 | 2226 | 2268 | 2309 |
| | | 二级 | $0.28f_t/f_{yv}$ | | — | — | 1602 | 1759 | 1916 | 2016 | 2117 | 2196 | 2285 | 2341 | 2397 | 2442 | 2487 |
| | | 一级 | $0.30f_t/f_{yv}$ | | — | — | 1716 | 1885 | 2053 | 2160 | 2268 | 2353 | 2448 | 2508 | 2569 | 2617 | 2665 |
| 27 | 1250 | 非抗震 | $0.24f_t/f_{yv}$ | | — | — | 1430 | 1570 | 1710 | 1800 | 1890 | 1960 | 2040 | 2090 | 2140 | 2180 | 2220 |
| | | 三、四级 | $0.26f_t/f_{yv}$ | | — | — | 1550 | 1701 | 1853 | 1950 | 2048 | 2124 | 2210 | 2265 | 2319 | 2362 | 2405 |
| | | 二级 | $0.28f_t/f_{yv}$ | | — | — | 1669 | 1832 | 1995 | 2100 | 2205 | 2287 | 2380 | 2439 | 2497 | 2544 | 2590 |
| | | 一级 | $0.30f_t/f_{yv}$ | | — | — | 1788 | 1963 | 2138 | 2250 | 2363 | 2450 | 2550 | 2613 | 2675 | 2725 | 2775 |

**用 HRB400 及 CRB550 级冷轧带肋箍筋（$f_{yv}=360\text{N/mm}^2$）时梁沿全长的最小配箍量（$\text{mm}^2/\text{m}$）**

**表 6.3**

| 序号 | 梁宽 $b$ (mm) | 抗震等级 | 梁配箍率 | 混凝土强度等级 | | | | | | | | | | | | | |
|---|---|---|---|---|---|---|---|---|---|---|---|---|---|---|---|---|---|
| | | | | C15 | C20 | C25 | C30 | C35 | C40 | C45 | C50 | C55 | C60 | C65 | C70 | C75 | C80 |
| 1 | 100 | 非抗震 | $0.24f_t/f_{yv}$ | 61 | — | — | 96 | 105 | 114 | 120 | 126 | 131 | 136 | 140 | 143 | 146 | 148 |
| 2 | 120 | 非抗震 | $0.24f_t/f_{yv}$ | 73 | — | — | 114 | 126 | 137 | 144 | 152 | 157 | 164 | 168 | 172 | 175 | 178 |
| 3 | 150 | 非抗震 | $0.24f_t/f_{yv}$ | 91 | — | — | 143 | 157 | 171 | 180 | 189 | 196 | 204 | 209 | 214 | 218 | 222 |
| 4 | 180 | 非抗震 | $0.24f_t/f_{yv}$ | 110 | — | — | 172 | 189 | 205 | 216 | 227 | 236 | 245 | 251 | 257 | 262 | 267 |
| 5 | 200 | 非抗震 | $0.24f_t/f_{yv}$ | 122 | — | — | 191 | 210 | 228 | 240 | 252 | 262 | 272 | 279 | 286 | 291 | 296 |
| | | 三、四级 | $0.26f_t/f_{yv}$ | | — | — | 207 | 227 | 247 | 260 | 273 | 284 | 295 | 302 | 310 | 315 | 321 |
| | | 二级 | $0.28f_t/f_{yv}$ | | — | — | 223 | 245 | 266 | 280 | 294 | 305 | 318 | 326 | 333 | 340 | 346 |
| | | 一级 | $0.30f_t/f_{yv}$ | | — | — | 239 | 262 | 286 | 300 | 315 | 327 | 340 | 349 | 357 | 364 | 371 |
| 6 | 240 | 非抗震 | $0.24f_t/f_{yv}$ | 146 | — | — | 229 | 252 | 274 | 288 | 303 | 314 | 327 | 335 | 343 | 349 | 356 |
| | | 三、四级 | $0.26f_t/f_{yv}$ | | — | — | 248 | 273 | 297 | 312 | 328 | 340 | 354 | 363 | 371 | 378 | 385 |
| | | 二级 | $0.28f_t/f_{yv}$ | | — | — | 267 | 294 | 320 | 336 | 353 | 366 | 381 | 390 | 400 | 407 | 415 |
| | | 一级 | $0.30f_t/f_{yv}$ | | — | — | 286 | 314 | 342 | 360 | 378 | 392 | 408 | 418 | 428 | 436 | 444 |
| 7 | 250 | 非抗震 | $0.24f_t/f_{yv}$ | 152 | — | — | 239 | 262 | 285 | 300 | 315 | 327 | 340 | 349 | 357 | 364 | 370 |
| | | 三、四级 | $0.26f_t/f_{yv}$ | | — | — | 259 | 284 | 309 | 325 | 342 | 354 | 369 | 378 | 387 | 394 | 401 |
| | | 二级 | $0.28f_t/f_{yv}$ | | — | — | 279 | 306 | 333 | 350 | 368 | 382 | 397 | 407 | 417 | 424 | 432 |
| | | 一级 | $0.30f_t/f_{yv}$ | | — | — | 298 | 328 | 357 | 375 | 394 | 409 | 425 | 436 | 443 | 455 | 463 |
| 8 | 300 | 非抗震 | $0.24f_t/f_{yv}$ | 182 | — | — | 286 | 314 | 342 | 360 | 378 | 392 | 408 | 418 | 428 | 436 | 444 |
| | | 三、四级 | $0.26f_t/f_{yv}$ | | — | — | 310 | 341 | 371 | 390 | 410 | 425 | 442 | 453 | 464 | 473 | 481 |
| | | 二级 | $0.28f_t/f_{yv}$ | | — | — | 334 | 367 | 399 | 420 | 441 | 458 | 476 | 488 | 500 | 509 | 518 |
| | | 一级 | $0.30f_t/f_{yv}$ | | — | — | 358 | 393 | 428 | 450 | 473 | 491 | 510 | 523 | 536 | 546 | 555 |
| 9 | 350 | 非抗震 | $0.24f_t/f_{yv}$ | 213 | — | — | 334 | 367 | 399 | 420 | 441 | 458 | 476 | 488 | 500 | 509 | 518 |
| | | 三、四级 | $0.26f_t/f_{yv}$ | | — | — | 362 | 397 | 433 | 455 | 478 | 496 | 516 | 529 | 541 | 552 | 562 |
| | | 二级 | $0.28f_t/f_{yv}$ | | — | — | 390 | 428 | 466 | 490 | 515 | 534 | 556 | 569 | 583 | 594 | 605 |
| | | 一级 | $0.30f_t/f_{yv}$ | | — | — | 418 | 458 | 499 | 525 | 552 | 572 | 595 | 610 | 625 | 636 | 648 |
| 10 | 400 | 非抗震 | $0.24f_t/f_{yv}$ | 243 | — | — | 382 | 419 | 456 | 480 | 504 | 523 | 544 | 558 | 571 | 582 | 592 |
| | | 三、四级 | $0.26f_t/f_{yv}$ | | — | — | 414 | 454 | 494 | 520 | 548 | 567 | 590 | 604 | 619 | 630 | 642 |
| | | 二级 | $0.28f_t/f_{yv}$ | | — | — | 445 | 489 | 532 | 560 | 588 | 610 | 635 | 651 | 666 | 679 | 691 |
| | | 一级 | $0.30f_t/f_{yv}$ | | — | — | 477 | 524 | 571 | 600 | 630 | 654 | 680 | 697 | 714 | 727 | 741 |
| 11 | 450 | 非抗震 | $0.24f_t/f_{yv}$ | 273 | — | — | 429 | 471 | 513 | 540 | 567 | 588 | 612 | 627 | 642 | 654 | 666 |
| | | 三、四级 | $0.26f_t/f_{yv}$ | | — | — | 465 | 511 | 556 | 585 | 615 | 637 | 663 | 680 | 696 | 709 | 722 |
| | | 二级 | $0.28f_t/f_{yv}$ | | — | — | 501 | 550 | 599 | 630 | 662 | 686 | 714 | 732 | 750 | 763 | 777 |
| | | 一级 | $0.30f_t/f_{yv}$ | | — | — | 537 | 589 | 642 | 675 | 709 | 736 | 765 | 784 | 803 | 818 | 833 |
| 12 | 500 | 非抗震 | $0.24f_t/f_{yv}$ | 304 | — | — | 477 | 524 | 570 | 600 | 630 | 654 | 680 | 697 | 714 | 727 | 740 |
| | | 三、四级 | $0.26f_t/f_{yv}$ | | — | — | 517 | 567 | 618 | 650 | 683 | 708 | 737 | 755 | 773 | 788 | 802 |

续表

| 序号 | 梁宽 $b$（mm） | 抗震等级 | 梁配箍率 | 混凝土强度等级 | | | | | | | | | | | | | |
|---|---|---|---|---|---|---|---|---|---|---|---|---|---|---|---|---|---|
| | | | | C15 | C20 | C25 | C30 | C35 | C40 | C45 | C50 | C55 | C60 | C65 | C70 | C75 | C80 |
| 12 | 500 | 二级 | $0.28f_t/f_{yv}$ | | — | — | 557 | 611 | 665 | 700 | 735 | 763 | 794 | 813 | 833 | 848 | 864 |
| | | 一级 | $0.30f_t/f_{yv}$ | | — | — | 596 | 655 | 713 | 750 | 788 | 817 | 850 | 871 | 892 | 909 | 926 |
| 13 | 550 | 非抗震 | $0.24f_t/f_{yv}$ | 334 | — | — | 525 | 576 | 627 | 660 | 693 | 719 | 748 | 767 | 785 | 800 | 814 |
| | | 三、四级 | $0.26f_t/f_{yv}$ | | — | — | 569 | 624 | 680 | 715 | 751 | 779 | 811 | 831 | 851 | 866 | 882 |
| | | 二级 | $0.28f_t/f_{yv}$ | | — | — | 612 | 672 | 732 | 770 | 809 | 839 | 873 | 895 | 916 | 933 | 950 |
| | | 一级 | $0.30f_t/f_{yv}$ | | — | — | 656 | 720 | 784 | 825 | 867 | 899 | 935 | 958 | 981 | 1000 | 1018 |
| 14 | 600 | 非抗震 | $0.24f_t/f_{yv}$ | 364 | — | — | 572 | 628 | 684 | 720 | 756 | 784 | 816 | 836 | 856 | 872 | 888 |
| | | 三、四级 | $0.26f_t/f_{yv}$ | | — | — | 620 | 681 | 741 | 780 | 819 | 850 | 884 | 906 | 928 | 945 | 962 |
| | | 二级 | $0.28f_t/f_{yv}$ | | — | — | 668 | 733 | 798 | 840 | 882 | 915 | 952 | 976 | 999 | 1018 | 1036 |
| | | 一级 | $0.30f_t/f_{yv}$ | | — | — | 715 | 786 | 856 | 900 | 945 | 981 | 1020 | 1045 | 1071 | 1091 | 1110 |
| 15 | 650 | 非抗震 | $0.24f_t/f_{yv}$ | 395 | — | — | 620 | 681 | 741 | 780 | 819 | 850 | 884 | 906 | 928 | 945 | 962 |
| | | 三、四级 | $0.26f_t/f_{yv}$ | | — | — | 672 | 738 | 803 | 845 | 888 | 921 | 958 | 982 | 1005 | 1024 | 1043 |
| | | 二级 | $0.28f_t/f_{yv}$ | | — | — | 723 | 794 | 865 | 910 | 956 | 990 | 1032 | 1057 | 1082 | 1103 | 1123 |
| | | 一级 | $0.30f_t/f_{yv}$ | | — | — | 775 | 851 | 927 | 975 | 1024 | 1062 | 1105 | 1133 | 1160 | 1181 | 1203 |
| 16 | 700 | 非抗震 | $0.24f_t/f_{yv}$ | 425 | — | — | 668 | 733 | 798 | 840 | 882 | 915 | 952 | 976 | 999 | 1018 | 1036 |
| | | 三、四级 | $0.26f_t/f_{yv}$ | | — | — | 723 | 794 | 865 | 910 | 956 | 991 | 1032 | 1057 | 1082 | 1103 | 1123 |
| | | 二级 | $0.28f_t/f_{yv}$ | | — | — | 779 | 855 | 931 | 980 | 1029 | 1068 | 1111 | 1138 | 1166 | 1187 | 1209 |
| | | 一级 | $0.30f_t/f_{yv}$ | | — | — | 835 | 916 | 998 | 1050 | 1103 | 1144 | 1190 | 1220 | 1249 | 1272 | 1296 |
| 17 | 750 | 非抗震 | $0.24f_t/f_{yv}$ | 455 | — | — | 715 | 785 | 855 | 900 | 945 | 980 | 1020 | 1045 | 1070 | 1090 | 1110 |
| | | 三、四级 | $0.26f_t/f_{yv}$ | | — | — | 775 | 851 | 927 | 975 | 1024 | 1062 | 1105 | 1133 | 1160 | 1181 | 1203 |
| | | 二级 | $0.28f_t/f_{yv}$ | | — | — | 835 | 916 | 998 | 1050 | 1103 | 1144 | 1190 | 1220 | 1249 | 1272 | 1295 |
| | | 一级 | $0.30f_t/f_{yv}$ | | — | — | 894 | 982 | 1069 | 1125 | 1182 | 1226 | 1275 | 1307 | 1338 | 1363 | 1388 |
| 18 | 800 | 非抗震 | $0.24f_t/f_{yv}$ | 486 | — | — | 763 | 838 | 912 | 960 | 1008 | 1046 | 1088 | 1115 | 1142 | 1163 | 1184 |
| | | 三、四级 | $0.26f_t/f_{yv}$ | | — | — | 827 | 908 | 988 | 1040 | 1092 | 1133 | 1179 | 1208 | 1237 | 1260 | 1283 |
| | | 二级 | $0.28f_t/f_{yv}$ | | — | — | 890 | 977 | 1064 | 1120 | 1176 | 1220 | 1270 | 1301 | 1332 | 1357 | 1382 |
| | | 一级 | $0.30f_t/f_{yv}$ | | — | — | 954 | 1047 | 1141 | 1200 | 1260 | 1307 | 1360 | 1394 | 1427 | 1454 | 1481 |
| 19 | 850 | 非抗震 | $0.24f_t/f_{yv}$ | 516 | — | — | 811 | 890 | 969 | 1020 | 1071 | 1111 | 1156 | 1185 | 1213 | 1236 | 1258 |
| | | 三、四级 | $0.26f_t/f_{yv}$ | | — | — | 878 | 964 | 1050 | 1105 | 1161 | 1204 | 1253 | 1284 | 1314 | 1339 | 1363 |
| | | 二级 | $0.28f_t/f_{yv}$ | | — | — | 946 | 1038 | 1131 | 1190 | 1250 | 1296 | 1349 | 1382 | 1415 | 1442 | 1468 |
| | | 一级 | $0.30f_t/f_{yv}$ | | — | — | 1013 | 1113 | 1212 | 1275 | 1339 | 1389 | 1445 | 1481 | 1516 | 1545 | 1573 |
| 20 | 900 | 非抗震 | $0.24f_t/f_{yv}$ | 546 | — | — | 858 | 942 | 1026 | 1080 | 1134 | 1176 | 1224 | 1254 | 1284 | 1308 | 1332 |
| | | 三、四级 | $0.26f_t/f_{yv}$ | | — | — | 930 | 1021 | 1112 | 1170 | 1229 | 1274 | 1326 | 1359 | 1391 | 1417 | 1443 |
| | | 二级 | $0.28f_t/f_{yv}$ | | — | — | 1001 | 1099 | 1197 | 1260 | 1323 | 1372 | 1428 | 1463 | 1499 | 1526 | 1554 |
| | | 一级 | $0.30f_t/f_{yv}$ | | — | — | 1073 | 1178 | 1283 | 1350 | 1418 | 1471 | 1530 | 1568 | 1606 | 1636 | 1666 |
| 21 | 950 | 非抗震 | $0.24f_t/f_{yv}$ | 577 | — | — | 906 | 995 | 1083 | 1140 | 1197 | 1242 | 1292 | 1324 | 1356 | 1381 | 1406 |

续表

| 序号 | 梁宽 $b$ (mm) | 抗震等级 | 梁配箍率 | 混凝土强度等级 | | | | | | | | | | | | | |
|---|---|---|---|---|---|---|---|---|---|---|---|---|---|---|---|---|---|
| | | | | C15 | C20 | C25 | C30 | C35 | C40 | C45 | C50 | C55 | C60 | C65 | C70 | C75 | C80 |
| 21 | 950 | 三、四级 | $0.26f_t/f_{yv}$ | | — | — | 982 | 1078 | 1174 | 1235 | 1297 | 1345 | 1400 | 1434 | 1469 | 1496 | 1524 |
| | | 二级 | $0.28f_t/f_{yv}$ | | — | — | 1057 | 1161 | 1264 | 1230 | 1397 | 1449 | 1508 | 1545 | 1582 | 1611 | 1641 |
| | | 一级 | $0.30f_t/f_{yv}$ | | — | — | 1133 | 1243 | 1354 | 1425 | 1497 | 1552 | 1615 | 1655 | 1695 | 1726 | 1758 |
| 22 | 1000 | 非抗震 | $0.24f_t/f_{yv}$ | 607 | — | — | 954 | 1047 | 1140 | 1200 | 1260 | 1307 | 1360 | 1394 | 1427 | 1454 | 1480 |
| | | 三、四级 | $0.26f_t/f_{yv}$ | | — | — | 1033 | 1134 | 1235 | 1300 | 1365 | 1416 | 1474 | 1510 | 1546 | 1575 | 1604 |
| | | 二级 | $0.28f_t/f_{yv}$ | | — | — | 1113 | 1222 | 1330 | 1400 | 1470 | 1525 | 1587 | 1626 | 1665 | 1696 | 1727 |
| | | 一级 | $0.30f_t/f_{yv}$ | | — | — | 1190 | 1309 | 1426 | 1500 | 1575 | 1634 | 1700 | 1742 | 1784 | 1817 | 1851 |
| 23 | 1050 | 非抗震 | $0.24f_t/f_{yv}$ | 637 | — | — | 1001 | 1099 | 1197 | 1260 | 1323 | 1372 | 1428 | 1463 | 1498 | 1526 | 1554 |
| | | 三、四级 | $0.26f_t/f_{yv}$ | | — | — | 1085 | 1191 | 1297 | 1365 | 1434 | 1487 | 1547 | 1585 | 1623 | 1654 | 1684 |
| | | 二级 | $0.28f_t/f_{yv}$ | | — | — | 1168 | 1283 | 1397 | 1470 | 1544 | 1601 | 1666 | 1707 | 1748 | 1781 | 1813 |
| | | 一级 | $0.30f_t/f_{yv}$ | | — | — | 1252 | 1374 | 1497 | 1575 | 1654 | 1716 | 1785 | 1829 | 1873 | 1908 | 1943 |
| 24 | 1100 | 非抗震 | $0.24f_t/f_{yv}$ | 668 | — | — | 1049 | 1152 | 1254 | 1320 | 1386 | 1438 | 1496 | 1533 | 1570 | 1599 | 1628 |
| | | 三、四级 | $0.26f_t/f_{yv}$ | | — | — | 1137 | 1248 | 1359 | 1430 | 1502 | 1558 | 1621 | 1661 | 1701 | 1732 | 1764 |
| | | 二级 | $0.28f_t/f_{yv}$ | | — | — | 1224 | 1344 | 1463 | 1540 | 1617 | 1677 | 1746 | 1789 | 1831 | 1866 | 1900 |
| | | 一级 | $0.30f_t/f_{yv}$ | | — | — | 1311 | 1440 | 1568 | 1650 | 1733 | 1797 | 1870 | 1916 | 1962 | 1999 | 2036 |
| 25 | 1150 | 非抗震 | $0.24f_t/f_{yv}$ | 698 | — | — | 1097 | 1204 | 1311 | 1380 | 1449 | 1503 | 1564 | 1603 | 1641 | 1672 | 1702 |
| | | 三、四级 | $0.26f_t/f_{yv}$ | | — | — | 1180 | 1304 | 1421 | 1495 | 1570 | 1628 | 1695 | 1736 | 1778 | 1811 | 1844 |
| | | 二级 | $0.28f_t/f_{yv}$ | | — | — | 1280 | 1405 | 1530 | 1610 | 1691 | 1754 | 1825 | 1870 | 1915 | 1950 | 1986 |
| | | 一级 | $0.30f_t/f_{yv}$ | | — | — | 1371 | 1505 | 1639 | 1725 | 1612 | 1879 | 1955 | 2003 | 2051 | 2090 | 2128 |
| 26 | 1200 | 非抗震 | $0.24f_t/f_{yv}$ | 729 | — | — | 1144 | 1256 | 1368 | 1440 | 1512 | 1568 | 1632 | 1672 | 1712 | 1744 | 1776 |
| | | 三、四级 | $0.26f_t/f_{yv}$ | | — | — | 1240 | 1361 | 1482 | 1560 | 1638 | 1699 | 1768 | 1812 | 1855 | 1890 | 1924 |
| | | 二级 | $0.28f_t/f_{yv}$ | | — | — | 1335 | 1466 | 1596 | 1680 | 1764 | 1830 | 1904 | 1951 | 1998 | 2035 | 2072 |
| | | 一级 | $0.30f_t/f_{yv}$ | | — | — | 1430 | 1271 | 1711 | 1800 | 1890 | 1961 | 2040 | 2090 | 2141 | 2181 | 2220 |
| 27 | 1250 | 非抗震 | $0.24f_t/f_{yv}$ | 759 | — | — | 1192 | 1309 | 1425 | 1500 | 1575 | 1634 | 1700 | 1742 | 1784 | 1817 | 1850 |
| | | 三、四级 | $0.26f_t/f_{yv}$ | | — | — | 1291 | 1418 | 1544 | 1625 | 1707 | 1780 | 1842 | 1887 | 1932 | 1968 | 2005 |
| | | 二级 | $0.28f_t/f_{yv}$ | | — | — | 1391 | 1527 | 1663 | 1750 | 1838 | 1906 | 1984 | 2032 | 2081 | 2120 | 2159 |
| | | 一级 | $0.30f_t/f_{yv}$ | | — | — | 1450 | 1636 | 1782 | 1875 | 1969 | 2042 | 2125 | 2177 | 2229 | 2271 | 2313 |

**用 HPB235 箍筋（$f_{yv}=210N/mm^2$）时特一级框架梁梁端加密区的最小配箍量（$mm^2/m$）**

**表 6.4-1**

| 序号 | 梁宽 $b$（mm） | 抗震等级 | 梁配箍率 | 混凝土强度等级 | | | | | | | | | | |
|---|---|---|---|---|---|---|---|---|---|---|---|---|---|---|
| | | | | C30 | C35 | C40 | C45 | C50 | C55 | C60 | C65 | C70 | C75 | C80 |
| 1 | 200 | 特一级 | $0.33f_t/f_{yv}$ | 450 | 494 | 538 | 566 | 594 | 616 | 642 | 657 | 673 | 686 | 698 |
| 2 | 240 | 特一级 | $0.33f_t/f_{yv}$ | 540 | 593 | 645 | 679 | 713 | 740 | 770 | 789 | 808 | 823 | 838 |
| 3 | 250 | 特一级 | $0.33f_t/f_{yv}$ | 562 | 617 | 672 | 707 | 743 | 770 | 801 | 822 | 841 | 857 | 873 |
| 4 | 300 | 特一级 | $0.33f_t/f_{yv}$ | 675 | 741 | 807 | 849 | 891 | 924 | 963 | 986 | 1009 | 1028 | 1047 |
| 5 | 350 | 特一级 | $0.33f_t/f_{yv}$ | 787 | 864 | 941 | 990 | 1040 | 1078 | 1122 | 1150 | 1177 | 1199 | 1221 |
| 6 | 400 | 特一级 | $0.33f_t/f_{yv}$ | 899 | 987 | 1075 | 1131 | 1188 | 1232 | 1282 | 1314 | 1346 | 1371 | 1396 |
| 7 | 450 | 特一级 | $0.33f_t/f_{yv}$ | 1012 | 1111 | 1210 | 1273 | 1337 | 1386 | 1443 | 1478 | 1514 | 1542 | 1570 |
| 8 | 500 | 特一级 | $0.33f_t/f_{yv}$ | 1124 | 1234 | 1344 | 1414 | 1485 | 1540 | 1603 | 1643 | 1682 | 1713 | 1745 |
| 9 | 550 | 特一级 | $0.33f_t/f_{yv}$ | 1236 | 1357 | 1478 | 1556 | 1634 | 1694 | 1763 | 1807 | 1850 | 1885 | 1919 |
| 10 | 600 | 特一级 | $0.33f_t/f_{yv}$ | 1349 | 1481 | 1613 | 1697 | 1782 | 1848 | 1923 | 1971 | 2018 | 2056 | 2094 |
| 11 | 650 | 特一级 | $0.33f_t/f_{yv}$ | 1461 | 1604 | 1747 | 1839 | 1931 | 2002 | 2084 | 2135 | 2186 | 2227 | 2268 |
| 12 | 700 | 特一级 | $0.33f_t/f_{yv}$ | 1573 | 1727 | 1881 | 1980 | 2079 | 2156 | 2244 | 2299 | 2354 | 2398 | 2442 |
| 13 | 750 | 特一级 | $0.33f_t/f_{yv}$ | 1686 | 1851 | 2016 | 2121 | 2228 | 2310 | 2404 | 2464 | 2523 | 2570 | 2617 |
| 14 | 800 | 特一级 | $0.33f_t/f_{yv}$ | 1798 | 1974 | 2150 | 2263 | 2376 | 2464 | 2565 | 2628 | 2691 | 2741 | 2791 |
| 15 | 850 | 特一级 | $0.33f_t/f_{yv}$ | 1911 | 2098 | 2285 | 2404 | 2525 | 2618 | 2725 | 2792 | 2859 | 2912 | 2966 |
| 16 | 900 | 特一级 | $0.33f_t/f_{yv}$ | 2023 | 2221 | 2419 | 2546 | 2673 | 2772 | 2885 | 2956 | 3027 | 3084 | 3140 |
| 17 | 950 | 特一级 | $0.33f_t/f_{yv}$ | 2135 | 2344 | 2553 | 2687 | 2822 | 2926 | 3045 | 3121 | 3195 | 3255 | 3315 |
| 18 | 1000 | 特一级 | $0.33f_t/f_{yv}$ | 2248 | 2468 | 2688 | 2829 | 2970 | 3080 | 3206 | 3285 | 3363 | 3426 | 3489 |
| 19 | 1050 | 特一级 | $0.33f_t/f_{yv}$ | 2360 | 2591 | 2822 | 2970 | 3119 | 2324 | 3366 | 3449 | 3531 | 3597 | 3663 |
| 20 | 1100 | 特一级 | $0.33f_t/f_{yv}$ | 2472 | 2714 | 2956 | 3111 | 3267 | 3388 | 3526 | 3613 | 3700 | 3769 | 3838 |
| 21 | 1150 | 特一级 | $0.33f_t/f_{yv}$ | 2585 | 2838 | 3091 | 3253 | 3416 | 3542 | 3687 | 3777 | 3868 | 3940 | 4012 |
| 22 | 1200 | 特一级 | $0.33f_t/f_{yv}$ | 2697 | 2961 | 3225 | 3394 | 3564 | 3696 | 3847 | 3942 | 4036 | 4111 | 4187 |

说明：1　按《高层建筑混凝土结构技术规程》JGJ 3—2002 第 4.9.2 条 2 款规定，抗震等级为特一级的框架梁梁端加密区箍筋构造最小配箍率应比抗震等级为一级的框架梁增大 10%，但该规程及《混凝土结构设计规范》GB 50010—2002、《建筑抗震设计规范》GB 50011—2001 对框架梁梁端加密区箍筋构造最小配箍率均未有规定，仅规定一级框架梁沿梁全长的箍筋最小配箍率为 $0.30f_t/f_{yv}$，故本表对特一级框架梁梁端加密区箍筋构造最小配箍率按 $1.1\times0.30f_t/f_{yv}=0.33f_t/f_{yv}$ 计算。

2　只要框架梁梁端加密区箍筋肢距不大于 200mm、箍筋直径用 10mm、间距 100mm（《高层建筑混凝土结构技术规程》JGJ 3—2002 第 6.3.4 条 3 款、《混凝土结构设计规范》GB 50010—2002 第 11.3.8 条、《建筑抗震设计规范》GB 50011—2001 第 6.3.5 条），均能满足本表最小配箍量要求。

**用 HRB335 箍筋（$f_{yv}=300N/mm^2$）时特一级框架梁梁端加密区的最小配箍量（$mm^2/m$）**

**表 6.4-2**

| 序号 | 梁宽 $b$（mm） | 抗震等级 | 梁配箍率 | 混凝土强度等级 | | | | | | | | | | |
|---|---|---|---|---|---|---|---|---|---|---|---|---|---|---|
| | | | | C30 | C35 | C40 | C45 | C50 | C55 | C60 | C65 | C70 | C75 | C80 |
| 1 | 200 | 特一级 | $0.33f_t/f_{yv}$ | 315 | 346 | 377 | 396 | 416 | 432 | 449 | 460 | 471 | 480 | 489 |
| 2 | 240 | 特一级 | $0.33f_t/f_{yv}$ | 378 | 415 | 452 | 476 | 499 | 518 | 539 | 552 | 565 | 576 | 587 |
| 3 | 250 | 特一级 | $0.33f_t/f_{yv}$ | 394 | 432 | 471 | 495 | 520 | 539 | 561 | 575 | 589 | 600 | 611 |
| 4 | 300 | 特一级 | $0.33f_t/f_{yv}$ | 472 | 519 | 565 | 594 | 624 | 647 | 673 | 690 | 707 | 720 | 733 |
| 5 | 350 | 特一级 | $0.33f_t/f_{yv}$ | 551 | 605 | 659 | 693 | 728 | 755 | 785 | 805 | 824 | 840 | 855 |
| 6 | 400 | 特一级 | $0.33f_t/f_{yv}$ | 630 | 691 | 753 | 792 | 832 | 863 | 898 | 920 | 942 | 960 | 977 |
| 7 | 450 | 特一级 | $0.33f_t/f_{yv}$ | 708 | 777 | 847 | 891 | 936 | 971 | 1010 | 1035 | 1060 | 1080 | 1099 |
| 8 | 500 | 特一级 | $0.33f_t/f_{yv}$ | 787 | 864 | 941 | 990 | 1040 | 1078 | 1122 | 1150 | 1177 | 1199 | 1221 |
| 9 | 550 | 特一级 | $0.33f_t/f_{yv}$ | 866 | 950 | 1035 | 1089 | 1144 | 1186 | 1234 | 1265 | 1295 | 1319 | 1344 |
| 10 | 600 | 特一级 | $0.33f_t/f_{yv}$ | 944 | 1037 | 1129 | 1188 | 1248 | 1294 | 1346 | 1379 | 1413 | 1439 | 1466 |
| 11 | 650 | 特一级 | $0.33f_t/f_{yv}$ | 1023 | 1123 | 1223 | 1287 | 1352 | 1402 | 1459 | 1495 | 1531 | 1559 | 1588 |
| 12 | 700 | 特一级 | $0.33f_t/f_{yv}$ | 1101 | 1209 | 1317 | 1386 | 1456 | 1510 | 1571 | 1610 | 1648 | 1679 | 1710 |
| 13 | 750 | 特一级 | $0.33f_t/f_{yv}$ | 1180 | 1296 | 1411 | 1485 | 1560 | 1617 | 1683 | 1725 | 1766 | 1799 | 1832 |
| 14 | 800 | 特一级 | $0.33f_t/f_{yv}$ | 1259 | 1382 | 1505 | 1584 | 1664 | 1725 | 1795 | 1840 | 1884 | 1915 | 1954 |
| 15 | 850 | 特一级 | $0.33f_t/f_{yv}$ | 1338 | 1468 | 1599 | 1683 | 1768 | 1833 | 1907 | 1955 | 2001 | 2039 | 2076 |
| 16 | 900 | 特一级 | $0.33f_t/f_{yv}$ | 1416 | 1555 | 1693 | 1782 | 1871 | 1941 | 2020 | 2069 | 2119 | 2159 | 2198 |
| 17 | 950 | 特一级 | $0.33f_t/f_{yv}$ | 1495 | 1641 | 1787 | 1881 | 1976 | 2049 | 2132 | 2184 | 2237 | 2279 | 2320 |
| 18 | 1000 | 特一级 | $0.33f_t/f_{yv}$ | 1573 | 1727 | 1881 | 1980 | 2079 | 2156 | 2244 | 2299 | 2354 | 2398 | 2442 |
| 19 | 1050 | 特一级 | $0.33f_t/f_{yv}$ | 1652 | 1814 | 1975 | 2079 | 2183 | 2264 | 2356 | 2414 | 2472 | 2518 | 2565 |
| 20 | 1100 | 特一级 | $0.33f_t/f_{yv}$ | 1731 | 1900 | 2070 | 2178 | 2287 | 2372 | 2468 | 2529 | 2590 | 2638 | 2687 |
| 21 | 1150 | 特一级 | $0.33f_t/f_{yv}$ | 1809 | 1986 | 2164 | 2277 | 2391 | 2480 | 2581 | 2644 | 2708 | 2758 | 2809 |
| 22 | 1200 | 特一级 | $0.33f_t/f_{yv}$ | 1888 | 2073 | 2258 | 2376 | 2495 | 2588 | 2693 | 2759 | 2825 | 2878 | 2931 |

说明：1　按《高层建筑混凝土结构技术规程》JGJ 3—2002 第 4.9.2 条 2 款规定，抗震等级为特一级的框架梁梁端加密区箍筋构造最小配箍率应比抗震等级为一级的框架梁增大 10%，但该规程及《混凝土结构设计规范》GB 50010—2002、《建筑抗震设计规范》GB 50011—2001 对框架梁梁端加密区箍筋构造最小配箍率均未有规定，仅规定一级框架梁沿梁全长的箍筋最小配箍率为 $0.30f_t/f_{yv}$，故本表对特一级框架梁梁端加密区箍筋构造最小配箍率按 $1.1\times0.30f_t/f_{yv}=0.33f_t/f_{yv}$ 计算。

2　只要框架梁梁端加密区箍筋肢距不大于 200mm、箍筋直径用 10mm、间距 100mm（《高层建筑混凝土结构技术规程》JGJ 3—2002 第 6.3.4 条 3 款、《混凝土结构设计规范》GB 50010—2002 第 11.3.8 条、《建筑抗震设计规范》GB 50011—2001 第 6.3.5 条），均能满足本表最小配箍量要求。

**用 HRB400 及 CRB550 级冷轧带肋箍筋（$f_{yv}=360N/mm^2$）时特一级框架梁梁端加密区的最小配箍量（$mm^2/m$）** 表 6.4-3

| 序号 | 梁宽 $b$（mm） | 抗震等级 | 梁配箍率 | 混凝土强度等级 | | | | | | | | | | |
|---|---|---|---|---|---|---|---|---|---|---|---|---|---|---|
| | | | | C30 | C35 | C40 | C45 | C50 | C55 | C60 | C65 | C70 | C75 | C80 |
| 1 | 200 | 特一级 | $0.33f_t/f_{yv}$ | 263 | 288 | 314 | 330 | 347 | 360 | 374 | 384 | 393 | 400 | 407 |
| 2 | 240 | 特一级 | $0.33f_t/f_{yv}$ | 315 | 346 | 377 | 396 | 416 | 432 | 449 | 460 | 471 | 480 | 489 |
| 3 | 250 | 特一级 | $0.33f_t/f_{yv}$ | 328 | 360 | 392 | 413 | 434 | 450 | 468 | 479 | 491 | 500 | 509 |
| 4 | 300 | 特一级 | $0.33f_t/f_{yv}$ | 394 | 432 | 471 | 495 | 520 | 539 | 561 | 575 | 589 | 600 | 611 |
| 5 | 350 | 特一级 | $0.33f_t/f_{yv}$ | 459 | 504 | 549 | 578 | 607 | 629 | 655 | 671 | 687 | 700 | 713 |
| 6 | 400 | 特一级 | $0.33f_t/f_{yv}$ | 525 | 576 | 627 | 660 | 693 | 719 | 748 | 767 | 785 | 800 | 814 |
| 7 | 450 | 特一级 | $0.33f_t/f_{yv}$ | 590 | 648 | 706 | 743 | 780 | 809 | 842 | 863 | 883 | 900 | 916 |
| 8 | 500 | 特一级 | $0.33f_t/f_{yv}$ | 656 | 720 | 784 | 825 | 867 | 899 | 935 | 958 | 971 | 1000 | 1018 |
| 9 | 550 | 特一级 | $0.33f_t/f_{yv}$ | 721 | 792 | 863 | 908 | 953 | 989 | 1029 | 1054 | 1079 | 1100 | 1120 |
| 10 | 600 | 特一级 | $0.33f_t/f_{yv}$ | 787 | 864 | 941 | 990 | 1040 | 1078 | 1122 | 1150 | 1177 | 1199 | 1221 |
| 11 | 650 | 特一级 | $0.33f_t/f_{yv}$ | 853 | 936 | 1019 | 1073 | 1127 | 1168 | 1216 | 1246 | 1276 | 1299 | 1323 |
| 12 | 700 | 特一级 | $0.33f_t/f_{yv}$ | 918 | 1008 | 1098 | 1155 | 1213 | 1258 | 1309 | 1342 | 1374 | 1399 | 1425 |
| 13 | 750 | 特一级 | $0.33f_t/f_{yv}$ | 984 | 1080 | 1176 | 1238 | 1300 | 1348 | 1403 | 1437 | 1472 | 1499 | 1527 |
| 14 | 800 | 特一级 | $0.33f_t/f_{yv}$ | 1049 | 1152 | 1254 | 1320 | 1386 | 1438 | 1496 | 1533 | 1570 | 1599 | 1628 |
| 15 | 850 | 特一级 | $0.33f_t/f_{yv}$ | 1115 | 1224 | 1333 | 1403 | 1473 | 1528 | 1590 | 1629 | 1668 | 1699 | 1730 |
| 16 | 900 | 特一级 | $0.33f_t/f_{yv}$ | 1180 | 1296 | 1411 | 1485 | 1560 | 1617 | 1683 | 1725 | 1766 | 1799 | 1832 |
| 17 | 950 | 特一级 | $0.33f_t/f_{yv}$ | 1246 | 1368 | 1490 | 1568 | 1646 | 1707 | 1777 | 1821 | 1864 | 1899 | 1934 |
| 18 | 1000 | 特一级 | $0.33f_t/f_{yv}$ | 1311 | 1440 | 1568 | 1650 | 1733 | 1797 | 1870 | 1916 | 1962 | 1999 | 2035 |
| 19 | 1050 | 特一级 | $0.33f_t/f_{yv}$ | 1377 | 1512 | 1646 | 1733 | 1820 | 1887 | 1964 | 2012 | 2060 | 2099 | 2137 |
| 20 | 1100 | 特一级 | $0.33f_t/f_{yv}$ | 1442 | 1584 | 1725 | 1815 | 1906 | 1977 | 2057 | 2108 | 2158 | 2199 | 2239 |
| 21 | 1150 | 特一级 | $0.33f_t/f_{yv}$ | 1508 | 1655 | 1803 | 1898 | 1993 | 2067 | 2151 | 2204 | 2256 | 2299 | 2341 |
| 22 | 1200 | 特一级 | $0.33f_t/f_{yv}$ | 1573 | 1727 | 1881 | 1980 | 2079 | 2156 | 2244 | 2299 | 2354 | 2398 | 2442 |

说明：1 按《高层建筑混凝土结构技术规程》JGJ 3—2002 第 4.9.2 条 2 款规定，抗震等级为特一级的框架梁梁端加密区箍筋构造最小配箍率应比抗震等级为一级的框架梁增大 10%，但该规程及《混凝土结构设计规范》GB 50010—2002、《建筑抗震设计规范》GB 50011—2001 对框架梁梁端加密区箍筋构造最小配箍率均未有规定，仅规定一级框架梁沿梁全长的箍筋最小配箍率为 $0.30f_t/f_{yv}$，故本表对特一级框架梁梁端加密区箍筋构造最小配箍率按 $1.1\times0.30f_t/f_{yv}=0.33f_t/f_{yv}$ 计算。

2 只要框架梁梁端加密区箍筋肢距不大于 200mm、箍筋直径用 10mm、间距 100mm（《高层建筑混凝土结构技术规程》JGJ 3—2002 第 6.3.4 条 3 款、《混凝土结构设计规范》GB 50010—2002 第 11.3.8 条、《建筑抗震设计规范》GB 50011—2001 第 6.3.5. 条），均能满足本表最小配箍量要求。

## （三）梁按最小配箍量决定的箍筋直径与间距

**用 HPB235 箍筋（$f_{yv}=210N/mm^2$）时梁沿全长的最小配箍量** **表 6.5**

| 序号 | 梁截面宽度 b（mm） | 混凝土强度等级 | 抗震等级 | | | 非抗震 |
|---|---|---|---|---|---|---|
| | | | 特一级、一级 | 二级 | 三级［四级］ | |
| 1 | 200 | C20 | — | 8-340（2） | 8-360［6.5-220］（2） | 6.5-260 或 6-220（2） |
| | | C25 | — | 8-290（2） | 8-310［6.5-210］（2） | 6.5-220 或 6-190（2） |
| | | C30 | 10-380（2） | 8-260（2） | 8-280［6.5-180］（2） | 6.5-200 或 6-170（2） |
| | | C35 | 10-350（2） | 8-240（2） | 8-250［6.5-170］（2） | 6.5-180 或 6-150（2） |
| | | C40 | 10-320（2） | 8-220（2） | 8-230［6.5-150］（2） | 6.5-160 或 6-140（2） |
| | | C45 | 10-300（2） | 8-200（2） | 8-220［6.5-140］（2） | 6.5-160 或 6-130（2） |
| | | C50 | 10-290（2） | 8-190（2） | 8-210［6.5-140］（2） | 6.5-150 或 6-130（2） |
| | | C55 | 10-280（2） | 8-190（2） | 8-200［6.5-130］（2） | 6.5-140 或 6-125（2） |
| | | C60 | 10-260（2） | 8-180（2） | 8-190［6.5-130］（2） | 6.5-140 或 6-120（2） |
| | | C65 | 10-260（2） | 8-180（2） | 8-190［6.5-125］（2） | 6.5-130 或 6-110（2） |
| | | C70 | 10-250（2） | 8-170（2） | 8-180［6.5-125］（2） | 6.5-130 或 6-110（2） |
| | | C75 | 10-250（2） | 8-170（2） | 8-180［6.5-120］（2） | 6.5-130 或 6-110（2） |
| | | C80 | 10-240（2） | 8-160（2） | 8-180［6.5-120］（2） | 6.5-130 或 6-110（2） |
| 2 | 250 | C20 | — | 8-270（2） | 8-270［6.5-220］（2） | 6.5-240 或 6-170（2） |
| | | C25 | — | 8-230（2） | 8-250［6.5-160］（2） | 6.5-180 或 6-150（2） |
| | | C30 | 10-300（2） | 8-210（2） | 8-220［6.5-140］（2） | 6.5-160 或 6-130（2） |
| | | C35 | 10-280（2） | 8-190（2） | 8-200［6.5-130］（2） | 6.5-140 或 6-125（2） |
| | | C40 | 10-240（2） | 8-170（2） | 8-180［6.5-120］（2） | 6.5-130 或 6-110（2） |
| | | C45 | 10-240（2） | 8-160（2） | 8-180［6.5-110］（2） | 6.5-120 或 6-100（2） |
| | | C50 | 10-230（2） | 8-150（2） | 8-170［6.5-110］（2） | 6.5-120 或 6-100（2） |
| | | C55 | 10-220（2） | 8-150（2） | 8-160［6.5-100］（2） | 6.5-110 或 6-100（2） |
| | | C60 | 10-210（2） | 10-230（2） | 8-150［6.5-100］（2） | 6.5-110 或 8-170（2） |
| | | C65 | 10-210（2） | 10-220（2） | 8-150［6.5-100］（2） | 6.5-110 或 8-160（2） |
| | | C70 | 10-200（2） | 10-220（2） | 8-150［6.5-100］（2） | 6.5-100 或 8-160（2） |
| | | C75 | 10-200（2） | 10-210（2） | 8-140 或 10-230（2） | 6.5-100 或 8-160（2） |
| | | C80 | 10-190（2） | 10-210（2） | 8-140 或 10-220（2） | 6.5-100 或 8-150（2） |
| 3 | 300 | C20 | — | 8-220（2） | 8-240［6.5-160］（2） | 6.5-170 或 6-140（2） |
| | | C25 | — | 8-190（2） | 8-210［6.5-140］（2） | 6.5-150 或 6-125（2） |
| | | C30 | 10-250（2） | 8-170（2） | 8-180［6.5-120］（2） | 6.5-130 或 6-110（2） |
| | | C35 | 10-230（2） | 8-160（2） | 8-170［6.5-110］（2） | 6.5-120 或 6-100（2） |
| | | C40 | 10-210（2） | 10-220（2） | 8-150［6.5-100］（2） | 6.5-110 或 8-170（2） |
| | | C45 | 10-200（2） | 10-210（2） | 8-150 或 10-230（2） | 6.5-110 或 8-160（2） |

说明：1. 如 8-200(2)，8 为箍筋直径(mm)、200 为箍筋间距(mm)、(2)表示双肢箍，余类推。

2. 见表 6.1 说明。

续表

| 序号 | 梁截面宽度 b（mm） | 混凝土强度等级 | 抗震等级 | | | 非抗震 |
|---|---|---|---|---|---|---|
| | | | 特一级、一级 | 二级 | 三级［四级］ | |
| 3 | 300 | C50 | 10-190（2） | 10-200（2） | 8-140 或 10-220（2） | 6.5-100 或 8-150（2） |
| | | C55 | 10-180（2） | 10-200（2） | 8-130 或 10-210（2） | 8-140 或 10-230（2） |
| | | C60 | 10-180（2） | 10-190（2） | 8-130 或 10-200（2） | 8-140 或 10-220（2） |
| | | C65 | 10-170（2） | 10-180（2） | 8-125 或 10-200（2） | 8-140 或 10-210（2） |
| | | C70 | 10-170（2） | 10-180（2） | 8-125 或 10-190（2） | 8-130 或 10-210（2） |
| | | C75 | 10-160（2） | 10-180（2） | 8-120 或 10-190（2） | 8-130 或 10-200（2） |
| | | C80 | 10-160（2） | 10-170（2） | 8-120 或 10-190（2） | 8-130 或 10-200（2） |
| 4 | 350 | C20 | — | 8-190（2） | 8-210［6.5-130］（2） | 6.5-150 或 6-125（2） |
| | | C25 | — | 8-160（2） | 8-180［6.5-120］（2） | 6.5-130 或 6-110（2） |
| | | C30 | 10-210（2） | 10-230（2） | 8-160［6.5-100］（2） | 6.5-110 或 8-170（2） |
| | | C35 | 10-200（2） | 10-210（2） | 8-140 或 10-230（2） | 6.5-100 或 8-160（2） |
| | | C40 | 10-180（2） | 10-190（2） | 8-130 或 10-210（2） | 8-140 或 10-220（2） |
| | | C45 | 10-170（2） | 10-180（2） | 8-125 或 10-200（2） | 8-130 或 10-210（2） |
| | | C50 | 10-160（2） | 10-170（2） | 8-120 或 10-190（2） | 8-130 或 10-200（2） |
| | | C55 | 10-160（2） | 10-170（2） | 8-110 或 10-180（2） | 8-125 或 10-200（2） |
| | | C60 | 10-150（2） | 10-160（2） | 8-110 或 10-170（2） | 8-120 或 10-190（2） |
| | | C65 | 10-150（2） | 10-160（2） | 8-110 或 10-170（2） | 8-120 或 10-180（2） |
| | | C70 | 10-140（2） | 10-150（2） | 8-100 或 10-160（2） | 8-110 或 10-180（2） |
| | | C75 | 10-140（2） | 10-150（2） | 8-100 或 10-160（2） | 8-110 或 10-180（2） |
| | | C80 | 10-140（2） | 10-150（2） | 8-100 或 10-160（2） | 8-110 或 10-170（2） |
| 5 | 350 | C20 | — | 8-290（3） | 8-310［6.5-220］（3） | 6.5-220 或 6-190（3） |
| | | C25 | — | 8-250（3） | 8-270［6.5-180］（3） | 6.5-190 或 6-160（3） |
| | | C30 | 10-320（3） | 8-220（3） | 8-240［6.5-160］（3） | 6.5-170 或 6-140（3） |
| | | C35 | 10-290（3） | 8-200（3） | 8-220［6.5-140］（2） | 6.5-150 或 6-130（3） |
| | | C40 | 10-270（3） | 8-180（3） | 8-200［6.5-130］（3） | 6.5-140 或 6-120（3） |
| | | C45 | 10-260（3） | 10-280（3） | 8-190［6.5-125］（3） | 6.5-130 或 6-110（3） |
| | | C50 | 10-240（3） | 10-260（3） | 8-180［6.5-120］（3） | 6.5-130 或 6-110（3） |
| | | C55 | 10-240（3） | 10-250（3） | 8-170［6.5-110］（3） | 6.5-125 或 6-110（3） |
| | | C60 | 10-230（3） | 10-240（3） | 8-170［6.5-110］（3） | 6.5-120 或 6-100（3） |
| | | C65 | 10-220（3） | 10-240（3） | 8-160［6.5-100］（3） | 6.5-110 或 6-100（3） |
| | | C70 | 10-220（3） | 10-230（3） | 8-160［6.5-100］（3） | 6.5-110 或 8-170（3） |
| | | C75 | 10-210（3） | 10-230（3） | 8-160［6.5-100］（3） | 6.5-110 或 8-170（3） |
| | | C80 | 10-210（3） | 10-220（3） | 8-150［6.5-100］（3） | 6.5-110 或 8-160（3） |
| 6 | 400 | C20 | — | 8-170（2） | 8-180［6.5-120］（2） | 6.5-130 或 6-110（2） |
| | | C25 | — | 10-230（2） | 8-150［6.5-100］（2） | 6.5-110 或 8-170（2） |

续表

| 序号 | 梁截面宽度 b（mm） | 混凝土强度等级 | 抗震等级 | | | 非抗震 |
|---|---|---|---|---|---|---|
| | | | 特一级、一级 | 二级 | 三级［四级］ | |
| 6 | 400 | C30 | 10－190（2） | 10－200（2） | 8－140或10－220（2） | 6.5－100或8－150（2） |
| | | C35 | 10－170（2） | 10－180（2） | 8－125或10－200（2） | 10－210或8－140（2） |
| | | C40 | 10－160（2） | 10－170（2） | 8－110或10－180（2） | 10－200或8－125（2） |
| | | C45 | 10－150（2） | 10－160（2） | 8－110或10－170（2） | 10－190或8－120（2） |
| | | C50 | 10－140（2） | 10－150（2） | 8－100或10－160（2） | 10－180或8－110（2） |
| | | C55 | 10－140（2） | 10－150（2） | 8－100或10－160（2） | 10－170或8－110（2） |
| | | C60 | 10－130（2） | 10－140（2） | 10－150（2） | 10－160或8－100（2） |
| | | C65 | 10－130（2） | 10－140（2） | 10－150（2） | 10－160或8－100（2） |
| | | C70 | 10－125（2） | 10－130（2） | 10－140（2） | 10－160或8－100（2） |
| | | C75 | 10－125（2） | 10－130（2） | 10－140（2） | 10－150或8－100（2） |
| | | C80 | 10－120（2） | 10－130（2） | 10－140（2） | 10－150或12－220（2） |
| 7 | 400 | C20 | — | 10－400（3） | 8－270［6.5－180］（3） | 6.5－190或6－160（3） |
| | | C25 | — | 10－340（3） | 8－230［6.5－150］（3） | 6.5－170或6－140（3） |
| | | C30 | 10－280（3） | 10－300（3） | 8－210［6.5－140］（3） | 6.5－150或6－125（3） |
| | | C35 | 10－260（3） | 10－280（3） | 8－190［6.5－125］（3） | 6.5－130或6－110（3） |
| | | C40 | 10－240（3） | 10－250（3） | 8－170［6.5－110］（3） | 6.5－125或6－100（3） |
| | | C45 | 10－220（3） | 10－240（3） | 8－160［6.5－110］（3） | 6.5－120或6－100（3） |
| | | C50 | 10－210（3） | 10－230（3） | 8－160［6.5－100］（3） | 6.5－110或8－170（3） |
| | | C55 | 10－210（3） | 10－220（3） | 8－150［6.5－100］（3） | 6.5－110或8－160（3） |
| | | C60 | 10－200（3） | 10－210（3） | 8－140或10－230（3） | 6.5－100或8－160（3） |
| | | C65 | 10－190（3） | 10－210（3） | 8－140或10－220（3） | 6.5－100或8－150（3） |
| | | C70 | 10－190（3） | 10－200（3） | 8－140或10－220（3） | 6.5－100或8－150（3） |
| | | C75 | 10－180（3） | 10－200（3） | 8－130或10－210（3） | 10－230或8－150（3） |
| | | C80 | 10－180（3） | 10－190（3） | 8－130或10－210（3） | 10－230或8－140（3） |
| 8 | 400 | C20 | — | 8－340（4） | 8－360［6.5－240］（4） | 6.5－260或6－220（4） |
| | | C25 | — | 8－290（4） | 8－310［6.5－210］（4） | 6.5－220或6－190（4） |
| | | C30 | 10－380（4） | 8－260（4） | 8－280［6.5－180］（4） | 6.5－200或6－170（4） |
| | | C35 | 10－350（4） | 8－240（4） | 8－250［6.5－170］（4） | 6.5－180或6－150（4） |
| | | C40 | 10－320（4） | 8－220（4） | 8－230［6.5－150］（4） | 6.5－160或6－140（4） |
| | | C45 | 10－300（4） | 8－200（4） | 8－220［6.5－140］（4） | 6.5－160或6－130（4） |
| | | C50 | 10－290（4） | 8－190（4） | 8－210［6.5－140］（4） | 6.5－150或6－130（4） |
| | | C55 | 10－280（4） | 8－190（4） | 8－200［6.5－130］（4） | 6.5－140或6－125（4） |
| | | C60 | 10－260（4） | 8－180（4） | 8－190［6.5－130］（4） | 6.5－140或6－120（4） |
| | | C65 | 10－260（4） | 8－180（4） | 8－190［6.5－125］（4） | 6.5－130或6－110（4） |
| | | C70 | 10－250（4） | 8－170（4） | 8－180［6.5－125］（4） | 6.5－130或6－110（4） |

续表

| 序号 | 梁截面宽度 b（mm） | 混凝土强度等级 | 抗震等级 | | | 非抗震 |
|---|---|---|---|---|---|---|
| | | | 特一级、一级 | 二级 | 三级［四级］ | |
| 8 | 400 | C75 | 10－250（4） | 8－170（4） | 8－180［6.5－120］（4） | 6.5－130 或 6－110（4） |
| | | C80 | 10－240（4） | 8－160（4） | 8－180［6.5－120］（4） | 6.5－130 或 6－110（4） |
| 9 | 450 | C20 | — | 8－220（3） | 8－240［6.5－160］（3） | 6.5－170 或 6－140（3） |
| | | C25 | — | 8－190（3） | 8－210［6.5－140］（3） | 6.5－150 或 6－125（3） |
| | | C30 | 10－250（3） | 8－170（3） | 8－180［6.5－125］（3） | 6.5－130 或 6－110（3） |
| | | C35 | 10－230（3） | 8－160（3） | 8－170［6.5－110］（3） | 6.5－120 或 6－100（3） |
| | | C40 | 10－210（3） | 10－220（3） | 8－150［6.5－100］（3） | 6.5－110 或 8－170（3） |
| | | C45 | 10－200（3） | 10－210（3） | 8－150 或 10－230（3） | 6.5－100 或 8－160（3） |
| | | C50 | 10－190（3） | 10－200（3） | 8－140 或 10－220（3） | 6.5－100 或 8－150（3） |
| | | C55 | 10－180（3） | 10－200（3） | 8－130 或 10－210（3） | 10－230 或 8－140（3） |
| | | C60 | 10－170（3） | 10－190（3） | 8－130 或 10－200（3） | 10－220 或 8－140（3） |
| | | C65 | 10－170（3） | 10－180（3） | 8－125 或 10－200（3） | 10－210 或 8－140（3） |
| | | C70 | 10－170（3） | 10－180（3） | 8－125 或 10－190（3） | 10－210 或 8－130（3） |
| | | C75 | 10－160（3） | 10－180（3） | 8－120 或 10－190（3） | 10－210 或 8－130（3） |
| | | C80 | 10－160（3） | 10－170（3） | 8－120 或 10－190（3） | 10－200 或 8－130（3） |
| 10 | 450 | C20 | — | 8－300（4） | 8－320［6.5－210］（4） | 6.5－230 或 6－190（4） |
| | | C25 | — | 8－260（4） | 8－280［6.5－180］（4） | 6.5－200 或 6－170（4） |
| | | C30 | 10－340（4） | 8－230（4） | 8－250［6.5－160］（4） | 6.5－180 或 6－150（4） |
| | | C35 | 10－310（4） | 8－210（4） | 8－220［6.5－150］（4） | 6.5－160 或 6－140（4） |
| | | C40 | 10－280（4） | 8－190（4） | 8－210［6.5－130］（4） | 6.5－150 或 6－125（4） |
| | | C45 | 10－270（4） | 8－180（4） | 8－200［6.5－130］（4） | 6.5－140 或 6－120（4） |
| | | C50 | 10－250（4） | 8－170（4） | 8－190［6.5－125］（4） | 6.5－130 或 6－110（4） |
| | | C55 | 10－240（4） | 8－170（4） | 8－180［6.5－120］（4） | 6.5－130 或 6－110（4） |
| | | C60 | 10－230（4） | 8－160（4） | 8－170［6.5－110］（4） | 6.5－125 或 6－100（4） |
| | | C65 | 10－230（4） | 8－160（4） | 8－170［6.5－110］（4） | 6.5－120 或 6－100（4） |
| | | C70 | 10－220（4） | 8－150（4） | 8－160［6.5－110］（4） | 6.5－120 或 6－100（4） |
| | | C75 | 10－220（4） | 8－150（4） | 8－160［6.5－100］（4） | 6.5－110 或 6－100（4） |
| | | C80 | 10－220（4） | 8－150（4） | 8－160［6.5－100］（4） | 6.5－110 或 8－170（4） |
| 11 | 500 | C20 | — | 8－270（4） | 8－290［6.5－190］（4） | 6.5－210 或 6－170（4） |
| | | C25 | — | 8－230（4） | 8－250［6.5－160］（4） | 6.5－180 或 6－150（4） |
| | | C30 | 10－300（4） | 8－210（4） | 8－220［6.5－150］（4） | 6.5－160 或 6－130（4） |
| | | C35 | 10－280（4） | 8－190（4） | 8－200［6.5－130］（4） | 6.5－140 或 6－125（4） |
| | | C40 | 10－250（4） | 8－170（4） | 8－190［6.5－125］（4） | 6.5－130 或 6－110（4） |
| | | C45 | 10－240（4） | 8－160（4） | 8－180［6.5－110］（4） | 6.5－125 或 6－100（4） |
| | | C50 | 10－230（4） | 8－150（4） | 8－170［6.5－110］（4） | 6.5－120 或 6－100（4） |

续表

| 序号 | 梁截面宽度 b（mm） | 混凝土强度等级 | 抗震等级 | | | 非抗震 |
|---|---|---|---|---|---|---|
| | | | 特一级、一级 | 二级 | 三级［四级］ | |
| 11 | 500 | C55 | 10－220（4） | 10－240（4） | 8－160［6.5－100］（4） | 6.5－110或6－100（4） |
| | | C60 | 10－210（4） | 10－230（4） | 8－150［6.5－100］（4） | 6.5－110或8－170（4） |
| | | C65 | 10－210（4） | 10－220（4） | 8－150［6.5－100］（4） | 6.5－110或8－160（4） |
| | | C70 | 10－200（4） | 10－220（4） | 8－150［6.5－100］（4） | 6.5－100或8－160（4） |
| | | C75 | 10－200（4） | 10－210（4） | 8－140或10－230（4） | 6.5－100或8－160（4） |
| | | C80 | 10－190（4） | 10－210（4） | 8－140或10－220（4） | 6.5－100或8－150（4） |
| 12 | 550 | C20 | — | 8－240（4） | 8－260［6.5－170］（4） | 6.5－190或6－160（4） |
| | | C25 | — | 8－210（4） | 8－230［6.5－150］（4） | 6.5－160或6－140（4） |
| | | C30 | 10－270（4） | 8－190（4） | 8－200［6.5－130］（4） | 6.5－140或6－125（4） |
| | | C35 | 10－250（4） | 8－170（4） | 8－180［6.5－120］（4） | 6.5－130或6－110（4） |
| | | C40 | 10－230（4） | 8－160（4） | 8－170［6.5－110］（4） | 6.5－120或6－100（4） |
| | | C45 | 10－220（4） | 8－150（4） | 8－160［6.5－100］（4） | 6.5－110或8－170（4） |
| | | C50 | 10－210（4） | 10－220（4） | 8－150［6.5－100］（4） | 6.5－110或8－160（4） |
| | | C55 | 10－200（4） | 10－210（4） | 8－150或10－230（4） | 6.5－100或8－160（4） |
| | | C60 | 10－190（4） | 10－210（4） | 8－140或10－220（4） | 6.5－100或8－150（4） |
| | | C65 | 10－190（4） | 10－200（4） | 8－140或10－220（4） | 6.5－100或8－150（4） |
| | | C70 | 10－180（4） | 10－200（4） | 8－130或10－210（4） | 10－230或8－140（4） |
| | | C75 | 10－180（4） | 10－190（4） | 8－130或10－210（4） | 10－220或8－140（4） |
| | | C80 | 10－180（4） | 10－190（4） | 8－130或10－200（4） | 10－220或8－140（4） |
| 13 | 600 | C20 | — | 8－220（4） | 8－240［6.5－160］（4） | 6.5－170或6－140（4） |
| | | C25 | — | 8－190（4） | 8－210［6.5－140］（4） | 6.5－150或6－125（4） |
| | | C30 | 10－250（4） | 8－170（4） | 8－180［6.5－120］（4） | 6.5－130或6－110（4） |
| | | C35 | 10－230（4） | 8－160（4） | 8－170［6.5－110］（4） | 6.5－120或6－100（4） |
| | | C40 | 10－210（4） | 10－220（4） | 8－150［6.5－100］（4） | 6.5－110或8－170（4） |
| | | C45 | 10－200（4） | 10－210（4） | 8－150或10－230（4） | 6.5－100或8－160（4） |
| | | C50 | 10－190（4） | 10－200（4） | 8－140或10－220（4） | 6.5－100或8－150（4） |
| | | C55 | 10－180（4） | 10－200（4） | 8－130或10－210（4） | 10－230或8－140（4） |
| | | C60 | 10－170（4） | 10－190（4） | 8－130或10－200（4） | 10－220或8－140（4） |
| | | C65 | 10－170（4） | 10－180（4） | 8－130或10－200（4） | 10－210或8－140（4） |
| | | C70 | 10－170（4） | 10－180（4） | 8－125或10－190（4） | 10－210或8－130（4） |
| | | C75 | 10－160（4） | 10－180（4） | 8－120或10－190（4） | 10－210或8－130（4） |
| | | C80 | 10－160（4） | 10－170（4） | 8－120或10－190（4） | 10－200或8－130（4） |
| 14 | 650 | C20 | — | 8－210（4） | 8－220［6.5－150］（4） | 6.5－160或6－130（4） |
| | | C25 | — | 8－180（4） | 8－190［6.5－125］（4） | 6.5－140或6－110（4） |
| | | C30 | 10－250（4） | 8－160（4） | 8－170［6.5－110］（4） | 6.5－120或6－100（4） |

续表

| 序号 | 梁截面宽度 $b$（mm） | 混凝土强度等级 | 抗震等级 | | | 非抗震 |
|---|---|---|---|---|---|---|
| | | | 特一级、一级 | 二级 | 三级［四级］ | |
| 14 | 650 | C35 | 10－210（4） | 10－230（4） | 8－150［6.5－100］（4） | 6.5－110或8－170（4） |
| | | C40 | 10－190（4） | 10－210（4） | 8－140或10－220（4） | 6.5－100或8－150（4） |
| | | C45 | 10－180（4） | 10－200（4） | 8－130或10－210（4） | 10－230或8－150（4） |
| | | C50 | 10－170（4） | 10－190（4） | 8－130或10－200（4） | 10－220或8－140（4） |
| | | C55 | 10－170（4） | 10－180（4） | 8－125或10－190（4） | 10－210或8－130（4） |
| | | C60 | 10－160（4） | 10－170（4） | 8－120或10－190（4） | 10－200或8－130（4） |
| | | C65 | 10－160（4） | 10－170（4） | 8－110或10－180（4） | 10－200或8－125（4） |
| | | C70 | 10－150（4） | 10－160（4） | 8－110或10－180（4） | 10－190或8－125（4） |
| | | C75 | 10－150（4） | 10－160（4） | 8－110或10－170（4） | 10－190或8－120（4） |
| | | C80 | 10－150（4） | 10－160（4） | 8－110或10－170（4） | 10－190或8－120（4） |
| 15 | 700 | C20 | — | 8－190（4） | 8－210［6.5－130］（4） | 6.5－150或6－125（4） |
| | | C25 | — | 8－160（4） | 8－180［6.5－120］（4） | 6.5－130或6－110（4） |
| | | C30 | 10－210（4） | 8－150（4） | 8－160［6.5－100］（4） | 6.5－110或8－170（4） |
| | | C35 | 10－190（4） | 10－210（4） | 8－140或10－230（4） | 6.5－100或8－160（4） |
| | | C40 | 10－180（4） | 10－190（4） | 8－130或10－210（4） | 10－220或8－140（4） |
| | | C45 | 10－170（4） | 10－180（4） | 8－125或10－200（4） | 10－200或8－130（4） |
| | | C50 | 10－160（4） | 10－170（4） | 8－120或10－190（4） | 10－200或8－130（4） |
| | | C55 | 10－160（4） | 10－170（4） | 8－110或10－180（4） | 10－200或8－125（4） |
| | | C60 | 10－150（4） | 10－160（4） | 8－110或10－170（4） | 10－190或8－120（4） |
| | | C65 | 10－150（4） | 10－160（4） | 8－110或10－170（4） | 10－180或8－120（4） |
| | | C70 | 10－140（4） | 10－150（4） | 8－100或10－160（4） | 10－180或8－110（4） |
| | | C75 | 10－140（4） | 10－150（4） | 8－100或10－160（4） | 10－180或8－110（4） |
| | | C80 | 10－140（4） | 10－150（4） | 8－100或10－160（4） | 10－170或8－110（4） |
| 16 | 700 | C20 | — | 8－240（5） | 8－260［6.5－170］（5） | 6.5－180或6－160（5） |
| | | C25 | — | 8－210（5） | 8－220［6.5－150］（5） | 6.5－160或6－130（5） |
| | | C30 | 10－270（5） | 8－180（5） | 8－200［6.5－130］（5） | 6.5－140或6－120（5） |
| | | C35 | 10－250（5） | 8－170（5） | 8－180［6.5－120］（5） | 6.5－130或6－110（5） |
| | | C40 | 10－220（5） | 8－150（5） | 8－160［6.5－110］（5） | 6.5－120或6－100（5） |
| | | C45 | 10－210（5） | 10－230（5） | 8－160［6.5－100］（5） | 6.5－110或8－170（5） |
| | | C50 | 10－200（5） | 10－220（5） | 8－150［6.5－100］（5） | 6.5－100或8－160（5） |
| | | C55 | 10－200（5） | 10－210（5） | 8－140或10－230（5） | 6.5－100或8－160（5） |
| | | C60 | 10－190（5） | 10－200（5） | 8－140或10－220（5） | 6.5－100或8－150（5） |
| | | C65 | 10－180（5） | 10－200（5） | 8－130或10－210（5） | 10－230或8－150（5） |
| | | C70 | 10－180（5） | 10－190（5） | 8－130或10－210（5） | 10－220或8－140（5） |
| | | C75 | 10－180（5） | 10－190（5） | 8－130或10－200（5） | 10－220或8－140（5） |
| | | C80 | 10－170（5） | 10－180（5） | 8－130或10－200（5） | 10－220或8－140（5） |

续表

| 序号 | 梁截面宽度 b (mm) | 混凝土强度等级 | 抗震等级 | | | 非抗震 |
|---|---|---|---|---|---|---|
| | | | 特一级、一级 | 二级 | 三级［四级］ | |
| 17 | 750 | C20 | — | 8－180（4） | 8－190［6.5－125］（4） | 6.5－140 或 6－120（4） |
| | | C25 | — | 8－150（4） | 8－170［6.5－110］（4） | 6.5－120 或 6－100（4） |
| | | C30 | 10－200（4） | 10－210（4） | 8－150［6.5－100］（4） | 6.5－100 或 8－160（4） |
| | | C35 | 10－180（4） | 10－200（4） | 8－130 或 10－210（4） | 10－230 或 8－140（4） |
| | | C40 | 10－170（4） | 10－180（4） | 8－125 或 10－190（4） | 10－210 或 8－130（4） |
| | | C45 | 10－160（4） | 10－170（4） | 8－120 或 10－180（4） | 10－200 或 8－130（4） |
| | | C50 | 10－150（4） | 10－160（4） | 8－110 或 10－170（4） | 10－190 或 8－120（4） |
| | | C55 | 10－140（4） | 10－160（4） | 8－110 或 10－170（4） | 10－180 或 8－110（4） |
| | | C60 | 10－140（4） | 10－150（4） | 8－100 或 10－160（4） | 10－170 或 8－110（4） |
| | | C65 | 10－140（4） | 10－150（4） | 9－100 或 10－160（4） | 10－170 或 8－110（4） |
| | | C70 | 10－130（4） | 10－140（4） | 8－100 或 10－150（4） | 10－170 或 8－100（4） |
| | | C75 | 10－130（4） | 10－140（4） | 10－150（4） | 10－160 或 8－100（4） |
| | | C80 | 10－130（4） | 10－140（4） | 10－150（4） | 10－160 或 8－100（4） |
| 18 | 750 | C20 | — | 8－220（5） | 8－240［6.5－160］（5） | 6.5－170 或 6－150（5） |
| | | C25 | — | 8－190（5） | 8－210［6.5－140］（5） | 6.5－150 或 6－130（5） |
| | | C30 | 10－250（5） | 8－170（5） | 8－190［6.5－120］（5） | 6.5－130 或 6－110（5） |
| | | C35 | 10－230（5） | 8－160（5） | 8－180［6.5－110］（5） | 6.5－120 或 6－100（5） |
| | | C40 | 10－210（5） | 10－220（5） | 8－150［6.5－100］（5） | 6.5－110 或 8－170（5） |
| | | C45 | 10－200（5） | 10－210（5） | 8－150 或 10－230（5） | 6.5－100 或 8－160（5） |
| | | C50 | 10－190（5） | 10－200（5） | 8－140 或 10－220（5） | 6.5－100 或 8－150（5） |
| | | C55 | 10－180（5） | 10－200（5） | 8－140 或 10－210（5） | 10－230 或 8－140（5） |
| | | C60 | 10－170（5） | 10－190（5） | 8－130 或 10－200（5） | 10－220 或 8－140（5） |
| | | C65 | 10－170（5） | 10－180（5） | 8－125 或 10－200（5） | 10－210 或 8－140（5） |
| | | C70 | 10－170（5） | 10－180（5） | 8－125 或 10－190（5） | 10－210 或 8－130（5） |
| | | C75 | 10－160（5） | 10－180（5） | 8－120 或 10－190（5） | 10－210 或 8－130（5） |
| | | C80 | 10－160（5） | 10－170（5） | 8－120 或 10－190（5） | 10－200 或 8－130（5） |
| 19 | 800 | C20 | — | 8－170（4） | 8－180［6.5－120］（4） | 6.5－130 或 6－110（4） |
| | | C25 | — | 10－230（4） | 8－150［6.5－100］（4） | 6.5－110 或 8－170（4） |
| | | C30 | 10－190（4） | 10－200（4） | 8－140 或 10－220（4） | 6.5－100 或 8－150（4） |
| | | C35 | 10－170（4） | 10－180（4） | 8－125 或 10－200（4） | 10－210 或 8－140（4） |
| | | C40 | 10－160（4） | 10－170（4） | 8－110 或 10－180（4） | 10－200 或 8－125（4） |
| | | C45 | 10－150（4） | 10－160（4） | 8－110 或 10－170（4） | 10－190 或 8－120（4） |
| | | C50 | 12－200（4） | 10－150（4） | 8－100 或 10－160（4） | 10－180 或 8－110（4） |
| | | C55 | 12－200（4） | 10－150（4） | 8－100 或 10－160（4） | 10－170 或 8－110（4） |
| | | C60 | 12－190（4） | 10－140（4） | 10－150（4） | 10－160 或 8－100（4） |

续表

| 序号 | 梁截面宽度 $b$（mm） | 混凝土强度等级 | 抗震等级 | | | 非抗震 |
|---|---|---|---|---|---|---|
| | | | 特一级、一级 | 二级 | 三级［四级］ | |
| 19 | 800 | C65 | 12－180（4） | 10－140（4） | 10－150（4） | 10－160 或 8－100（4） |
| | | C70 | 12－180（4） | 10－130（4） | 10－140（4） | 10－160 或 8－100（4） |
| | | C75 | 12－180（4） | 10－130（4） | 10－140（4） | 10－150 或 8－100（4） |
| | | C80 | 12－170（4） | 10－130（4） | 10－140（4） | 10－150（4） |
| 20 | 800 | C20 | — | 8－210（5） | 8－230［6.5－160］（5） | 6.5－160 或 6－140（5） |
| | | C25 | — | 8－180（5） | 8－190［6.5－140］（5） | 6.5－140 或 6－120（5） |
| | | C30 | 10－240（5） | 8－160（5） | 8－170［6.5－125］（5） | 6.5－125 或 6－100（5） |
| | | C35 | 10－210（5） | 8－150（5） | 8－160［6.5－110］（5） | 6.5－110 或 8－170（5） |
| | | C40 | 10－200（5） | 10－210（5） | 8－160［6.5－100］（5） | 6.5－100 或 8－160（5） |
| | | C45 | 10－190（5） | 10－200（5） | 8－150 或 10－220（5） | 6.5－100 或 8－150（5） |
| | | C50 | 10－180（5） | 10－190（5） | 8－140 或 10－200（5） | 10－220 或 8－140（5） |
| | | C55 | 10－170（5） | 10－180（5） | 8－140 或 10－200（5） | 10－210 或 8－140（5） |
| | | C60 | 10－160（5） | 10－180（5） | 8－130 或 10－190（5） | 10－210 或 8－130（5） |
| | | C65 | 10－160（5） | 10－170（5） | 8－130 或 10－180（5） | 10－200 或 8－130（5） |
| | | C70 | 10－160（5） | 10－170（5） | 8－125 或 10－180（5） | 10－200 或 8－125（5） |
| | | C75 | 10－150（5） | 10－160（5） | 8－125 或 10－180（5） | 10－190 或 8－125（5） |
| | | C80 | 10－150（5） | 10－160（5） | 8－120 或 10－170（5） | 10－190 或 8－120（5） |

**用 HRB335 箍筋（$f_{yv}=300\text{N/mm}^2$）时梁沿全长的最小配箍量　　表 6.6**

| 序号 | 梁截面宽度 $b$（mm） | 混凝土强度等级 | 抗震等级 | | | 非抗震 |
|---|---|---|---|---|---|---|
| | | | 特一级、一级 | 二级 | 三级［四级］ | |
| 1 | 200 | C20 | — | 8－480（2） | 8－500［6.5－340］（2） | 6.5－370 或 6－320（2） |
| | | C25 | — | 8－420（2） | 8－450［6.5－300］（2） | 6.5－320 或 6－270（2） |
| | | C30 | 10－500（2） | 8－370（2） | 8－400［6.5－260］（2） | 6.5－290 或 6－240（2） |
| | | C35 | 10－500（2） | 8－340（2） | 8－360［6.5－240］（2） | 6.5－260 或 6－220（2） |
| | | C40 | 10－450（2） | 8－310（2） | 8－330［6.5－220］（2） | 6.5－240 或 6－200（2） |
| | | C45 | 10－430（2） | 8－290（2） | 8－320［6.5－210］（2） | 6.5－230 或 6－190（2） |
| | | C50 | 10－410（2） | 8－280（2） | 8－300［6.5－200］（2） | 6.5－210 或 6－180（2） |
| | | C55 | 10－390（2） | 8－270（2） | 8－290［6.5－190］（2） | 6.5－210 或 6－180（2） |
| | | C60 | 10－380（2） | 8－260（2） | 8－280［6.5－180］（2） | 6.5－200 或 6－170（2） |
| | | C65 | 10－370（2） | 8－250（2） | 8－270［6.5－180］（2） | 6.5－190 或 6－160（2） |
| | | C70 | 10－360（2） | 8－250（2） | 8－270［6.5－170］（2） | 6.5－190 或 6－160（2） |
| | | C75 | 10－350（2） | 8－240（2） | 8－260［6.5－170］（2） | 6.5－190 或 6－160（2） |
| | | C80 | 10－350（2） | 8－240（2） | 8－260［6.5－170］（2） | 6.5－180 或 6－150（2） |

续表

| 序号 | 梁截面宽度 b（mm） | 混凝土强度等级 | 抗震等级 | | | 非抗震 |
|---|---|---|---|---|---|---|
| | | | 特一级、一级 | 二级 | 三级［四级］ | |
| 2 | 250 | C20 | — | 8－390（2） | 8－420［6.5－270］（2） | 6.5－300或6－250（2） |
| | | C25 | — | 8－330（2） | 8－360［6.5－240］（2） | 6.5－260或6－220（2） |
| | | C30 | 10－430（2） | 8－300（2） | 8－320［6.5－210］（2） | 6.5－230或6－190（2） |
| | | C35 | 10－380（2） | 8－270（2） | 8－290［6.5－190］（2） | 6.5－210或6－180（2） |
| | | C40 | 10－360（2） | 8－250（2） | 8－270［6.5－170］（2） | 6.5－190或6－160（2） |
| | | C45 | 10－340（2） | 8－230（2） | 8－250［6.5－170］（2） | 6.5－180或6－150（2） |
| | | C50 | 10－330（2） | 8－220（2） | 8－240［6.5－160］（2） | 6.5－180或6－140（2） |
| | | C55 | 10－320（2） | 8－210（2） | 8－230［6.5－150］（2） | 6.5－160或6－140（2） |
| | | C60 | 10－300（2） | 8－210（2） | 8－220［6.5－150］（2） | 6.5－160或6－130（2） |
| | | C65 | 10－300（2） | 8－200（2） | 8－220［6.5－140］（2） | 6.5－150或6－130（2） |
| | | C70 | 10－290（2） | 8－200（2） | 8－210［6.5－140］（2） | 6.5－150或6－130（2） |
| | | C75 | 10－280（2） | 8－190（2） | 8－210［6.5－140］（2） | 6.5－150或6－125（2） |
| | | C80 | 10－280（2） | 8－190（2） | 8－200［6.5－130］（2） | 6.5－140或6－125（2） |
| 3 | 300 | C20 | — | 8－320（2） | 8－350［6.5－230］（2） | 6.5－250或6－210（2） |
| | | C25 | — | 8－280（2） | 8－300［6.5－200］（2） | 6.5－210或6－180（2） |
| | | C30 | 10－360（2） | 8－250（2） | 8－270［6.5－170］（2） | 6.5－190或6－160（2） |
| | | C35 | 10－330（2） | 8－220（2） | 8－240［6.5－160］（2） | 6.5－170或6－150（2） |
| | | C40 | 10－300（2） | 8－210（2） | 8－220［6.5－140］（2） | 6.5－160或6－130（2） |
| | | C45 | 10－290（2） | 8－190（2） | 8－210［6.5－140］（2） | 6.5－150或6－130（2） |
| | | C50 | 10－270（2） | 8－180（2） | 8－200［6.5－130］（2） | 6.5－140或6－120（2） |
| | | C55 | 10－260（2） | 8－180（2） | 8－190［6.5－130］（2） | 6.5－140或6－120（2） |
| | | C60 | 10－250（2） | 8－170（2） | 8－180［6.5－125］（2） | 6.5－130或6－110（2） |
| | | C65 | 10－250（2） | 8－170（2） | 8－180［6.5－120］（2） | 6.5－130或6－110（2） |
| | | C70 | 10－240（2） | 8－160（2） | 8－180［6.5－110］（2） | 6.5－125或6－110（2） |
| | | C75 | 10－230（2） | 8－160（2） | 8－170［6.5－110］（2） | 6.5－125或6－100（2） |
| | | C80 | 10－230（2） | 8－160（2） | 8－170［6.5－110］（2） | 6.5－120或6－100（2） |
| 4 | 350 | C20 | — | 8－270（2） | 8－300［6.5－190］（2） | 6.5－210或6－180（2） |
| | | C25 | — | 8－240（2） | 8－260［6.5－170］（2） | 6.5－180或6－150（2） |
| | | C30 | 10－310（2） | 8－210（2） | 8－230［6.5－150］（2） | 6.5－160或6－140（2） |
| | | C35 | 10－280（2） | 8－190（2） | 8－210［6.5－130］（2） | 6.5－150或6－125（2） |
| | | C40 | 10－260（2） | 8－170（2） | 8－190［6.5－125］（2） | 6.5－130或6－110（2） |
| | | C45 | 10－240（2） | 8－170（2） | 8－180［6.5－120］（2） | 6.5－130或6－110（2） |
| | | C50 | 10－230（2） | 8－160（2） | 8－170［6.5－110］（2） | 6.5－125或6－100（2） |
| | | C55 | 10－220（2） | 8－150（2） | 8－160［6.5－110］（2） | 6.5－120或6－100（2） |
| | | C60 | 10－220（2） | 8－150（2） | 8－160［6.5－100］（2） | 6.5－110或8－170（2） |

续表

| 序号 | 梁截面宽度 b（mm） | 混凝土强度等级 | 抗震等级 | | | 非抗震 |
|---|---|---|---|---|---|---|
| | | | 特一级、一级 | 二级 | 三级［四级］ | |
| 4 | 350 | C65 | 10－210（2） | 8－140（2） | 8－150［6.5－100］（2） | 6.5－110或8－170（2） |
| | | C70 | 10－200（2） | 8－140（2） | 8－150［6.5－100］（2） | 6.5－110或8－160（2） |
| | | C75 | 10－200（2） | 8－140（2） | 8－150［6.5－100］（2） | 6.5－100或8－160（2） |
| | | C80 | 10－200（2） | 8－130（2） | 8－140或10－230（2） | 6.5－100或8－160（2） |
| 5 | 350 | C20 | — | 8－410（3） | 8－450［6.5－290］（3） | 6.5－320或6－270（3） |
| | | C25 | — | 8－360（3） | 8－390［6.5－250］（3） | 6.5－280或6－230（3） |
| | | C30 | 10－470（3） | 8－320（3） | 8－340［6.5－220］（3） | 6.5－240或6－210（3） |
| | | C35 | 10－420（3） | 8－290（3） | 8－310［6.5－200］（3） | 6.5－220或6－190（3） |
| | | C40 | 10－390（3） | 8－260（3） | 8－290［6.5－190］（3） | 6.5－200或6－170（3） |
| | | C45 | 10－370（3） | 8－250（3） | 8－270［6.5－180］（3） | 6.5－190或6－160（3） |
| | | C50 | 10－350（3） | 8－240（3） | 8－260［6.5－170］（3） | 6.5－180或6－160（3） |
| | | C55 | 10－340（3） | 8－230（3） | 8－250［6.5－160］（3） | 6.5－180或6－150（3） |
| | | C60 | 10－330（3） | 8－220（3） | 8－240［6.5－160］（3） | 6.5－170或6－140（3） |
| | | C65 | 10－320（3） | 8－220（3） | 8－230［6.5－150］（3） | 6.5－160或6－140（3） |
| | | C70 | 10－310（3） | 8－210（3） | 8－230［6.5－150］（3） | 6.5－160或6－140（3） |
| | | C75 | 10－300（3） | 8－210（3） | 8－220［6.5－150］（3） | 6.5－160或6－130（3） |
| | | C80 | 10－300（3） | 8－200（3） | 8－220［6.5－140］（3） | 6.5－160或6－130（3） |
| 6 | 400 | C20 | — | 8－240（2） | 8－260［6.5－170］（2） | 6.5－180或6－160（2） |
| | | C25 | — | 8－210（2） | 8－220［6.5－150］（2） | 6.5－160或6－130（2） |
| | | C30 | 10－270（2） | 8－180（2） | 8－200［6.5－130］（2） | 6.5－140或6－120（2） |
| | | C35 | 10－240（2） | 8－170（2） | 8－180［6.5－120］（2） | 6.5－130或6－110（2） |
| | | C40 | 10－220（2） | 8－150（2） | 8－160［6.5－110］（2） | 6.5－120或6－100（2） |
| | | C45 | 10－210（2） | 8－140（2） | 8－160［6.5－100］（2） | 6.5－110或8－170（2） |
| | | C50 | 10－200（2） | 8－140（2） | 8－150［6.5－100］（2） | 6.5－100或8－160（2） |
| | | C55 | 10－200（2） | 8－140（2） | 8－140或10－230（2） | 6.5－100或8－160（2） |
| | | C60 | 10－190（2） | 8－130（2） | 8－140或10－220（2） | 6.5－100或8－150（2） |
| | | C65 | 10－180（2） | 8－125（2） | 8－130或10－210（2） | 10－230或8－150（2） |
| | | C70 | 10－180（2） | 8－125（2） | 8－130或10－210（2） | 10－220或8－140（2） |
| | | C75 | 10－180（2） | 8－120（2） | 8－130或10－200（2） | 10－220或8－140（2） |
| | | C80 | 10－170（2） | 8－120（2） | 8－130或10－200（2） | 10－220或8－140（2） |
| 7 | 400 | C20 | — | 8－360（3） | 8－390［6.5－260］（3） | 6.5－280或6－240（3） |
| | | C25 | — | 8－310（3） | 8－340［6.5－220］（3） | 6.5－240或6－200（3） |
| | | C30 | 10－410（3） | 8－280（3） | 8－300［6.5－200］（3） | 6.5－210或6－180（3） |
| | | C35 | 10－370（3） | 8－250（3） | 8－270［6.5－180］（3） | 6.5－190或6－160（3） |
| | | C40 | 10－340（3） | 8－230（3） | 8－250［6.5－160］（3） | 6.5－180或6－150（3） |

续表

| 序号 | 梁截面宽度 b（mm） | 混凝土强度等级 | 抗　震　等　级 | | | 非抗震 |
|---|---|---|---|---|---|---|
| | | | 特一级、一级 | 二级 | 三级［四级］ | |
| 7 | 400 | C45 | 10－320（3） | 8－220（3） | 8－240［6.5－150］（3） | 6.5－170或6－140（3） |
| | | C50 | 10－300（3） | 8－210（3） | 8－230［6.5－150］（3） | 6.5－160或6－140（3） |
| | | C55 | 10－300（3） | 8－200（3） | 8－220［6.5－140］（3） | 6.5－150或6－130（3） |
| | | C60 | 10－280（3） | 8－190（3） | 8－210［6.5－140］（3） | 6.5－150或6－130（3） |
| | | C65 | 10－280（3） | 8－190（3） | 8－200［6.5－130］（3） | 6.5－140或6－125（3） |
| | | C70 | 10－270（3） | 8－180（3） | 8－200［6.5－130］（3） | 6.5－140或6－120（3） |
| | | C75 | 10－270（3） | 8－180（3） | 8－190［6.5－130］（3） | 6.5－140或6－120（3） |
| | | C80 | 10－260（3） | 8－180（3） | 8－190［6.5－125］（3） | 6.5－140或6－110（3） |
| 8 | 400 | C20 | — | 8－480（4） | 8－500［6.5－340］（4） | 6.5－370［6－320］（4） |
| | | C25 | — | 8－420（4） | 8－450［6.5－300］（4） | 6.5－320［6－270］（4） |
| | | C30 | 10－500（4） | 8－370（4） | 8－400［6.5－260］（4） | 6.5－290［6－240］（4） |
| | | C35 | 10－490（4） | 8－340（4） | 8－360［6.5－240］（4） | 6.5－260［6－220］（4） |
| | | C40 | 10－450（4） | 8－310（4） | 8－330［6.5－220］（4） | 6.5－240［6－200］（4） |
| | | C45 | 10－430（4） | 8－290（4） | 8－320［6.5－210］（4） | 6.5－230［6－190］（4） |
| | | C50 | 10－410（4） | 8－280（4） | 8－300［6.5－200］（4） | 6.5－210［6－180）（4） |
| | | C55 | 10－400（4） | 8－270（4） | 8－290［6.5－190］（4） | 6.5－210［6－180］（4） |
| | | C60 | 10－380（4） | 8－260（4） | 8－280［6.5－180］（4） | 6.5－200［6－170］（4） |
| | | C65 | 10－370（4） | 8－250（4） | 8－270［6.5－180］（4） | 6.5－190［6－160］（4） |
| | | C70 | 10－360（4） | 8－250（4） | 8－270［6.5－170］（4） | 6.5－190［6－160］（4） |
| | | C75 | 10－350（4） | 8－240（4） | 8－260［6.5－170］（4） | 6.5－190［6－160］（4） |
| | | C80 | 10－350（4） | 8－240（4） | 8－260［6.5－170］（4） | 6.5－180［6－150］（4） |
| 9 | 450 | C20 | — | 8－320（3） | 8－350［6.5－230］（3） | 6.5－250或6－210（3） |
| | | C25 | — | 8－280（3） | 8－300［6.5－200］（3） | 6.5－210或6－180（3） |
| | | C30 | 10－360（3） | 8－250（3） | 8－270［6.5－170］（3） | 6.5－190或6－160（3） |
| | | C35 | 10－330（3） | 8－220（3） | 8－240［6.5－160］（3） | 6.5－170或6－150（3） |
| | | C40 | 10－300（3） | 8－200（3） | 8－220［6.5－140］（3） | 6.5－160或6－130（3） |
| | | C45 | 10－290（3） | 8－190（3） | 8－210［6.5－140］（3） | 6.5－150或6－130（3） |
| | | C50 | 10－270（3） | 8－190（3） | 8－200［6.5－130］（3） | 6.5－140或6－120（3） |
| | | C55 | 10－260（3） | 8－180（3） | 8－190［6.5－130］（3） | 6.5－140或6－120（3） |
| | | C60 | 10－250（3） | 8－170（3） | 8－180［6.5－125］（3） | 6.5－130或6－110（3） |
| | | C65 | 10－250（3） | 8－170（3） | 8－180［6.5－120］（3） | 6.5－130或6－110（3） |
| | | C70 | 10－240（3） | 8－160（3） | 8－180［6.5－110］（3） | 6.5－125或6－110（3） |
| | | C75 | 10－240（3） | 8－160（3） | 8－170［6.5－110］（3） | 6.5－125或6－100（3） |
| | | C80 | 10－230（3） | 8－160（3） | 8－170［6.5－110］（3） | 6.5－120或6－100（3） |
| 10 | 450 | C20 | — | 8－430（4） | 8－460［6.5－300］（4） | 6.5－330或6－280（4） |

| 序号 | 梁截面宽度 b（mm） | 混凝土强度等级 | 抗震等级 | | | 非抗震 |
|---|---|---|---|---|---|---|
| | | | 特一级、一级 | 二级 | 三级［四级］ | |
| 10 | 450 | C25 | — | 8－370（4） | 8－400［6.5－260］（4） | 6.5－290或6－240（4） |
| | | C30 | 10－480（4） | 8－330（4） | 8－360［6.5－230］（4） | 6.5－250或6－210（4） |
| | | C35 | 10－440（4） | 8－300（4） | 8－320［6.5－210］（4） | 6.5－230或6－190（4） |
| | | C40 | 10－400（4） | 8－270（4） | 8－300［6.5－190］（4） | 6.5－210或6－180（4） |
| | | C45 | 10－380（4） | 8－260（4） | 8－280［6.5－180］（4） | 6.5－200或6－170（4） |
| | | C50 | 10－360（4） | 8－250（4） | 8－270［6.5－170］（4） | 6.5－190或6－160（4） |
| | | C55 | 10－350（4） | 8－240（4） | 8－260［6.5－170］（4） | 6.5－180或6－160（4） |
| | | C60 | 10－340（4） | 8－230（4） | 8－250［6.5－160］（4） | 6.5－180或6－150（4） |
| | | C65 | 10－330（4） | 8－220（4） | 8－240［6.5－160］（4） | 6.5－170或6－150（4） |
| | | C70 | 10－320（4） | 8－220（4） | 8－240［6.5－150］（4） | 6.5－170或6－140（4） |
| | | C75 | 10－310（4） | 8－210（4） | 8－230［6.5－150］（4） | 6.5－160或6－140（4） |
| | | C80 | 10－310（4） | 8－210（4） | 8－230［6.5－150］（4） | 6.5－160或6－140（4） |
| 11 | 500 | C20 | — | 8－390（4） | 8－420［6.5－270］（4） | 6.5－300或6－250（4） |
| | | C25 | — | 8－330（4） | 8－360［6.5－240］（4） | 6.5－260或6－220（4） |
| | | C30 | 10－430（4） | 8－300（4） | 8－320［6.5－210］（4） | 6.5－230或6－190（4） |
| | | C35 | 10－390（4） | 8－270（4） | 8－290［6.5－190］（4） | 6.5－210或6－180（4） |
| | | C40 | 10－360（4） | 8－250（4） | 8－270［6.5－170］（4） | 6.5－190或6－160（4） |
| | | C45 | 10－340（4） | 8－230（4） | 8－250［6.5－170］（4） | 6.5－180或6－150（4） |
| | | C50 | 10－330（4） | 8－220（4） | 8－240［6.5－160］（4） | 6.5－170或6－140（4） |
| | | C55 | 10－320（4） | 8－210（4） | 8－230［6.5－150］（4） | 6.5－160或6－140（4） |
| | | C60 | 10－300（4） | 8－210（4） | 8－220［6.5－150］（4） | 6.5－160或6－130（4） |
| | | C65 | 10－300（4） | 8－200（4） | 8－220［6.5－140］（4） | 6.5－150或6－130（4） |
| | | C70 | 10－290（4） | 8－200（4） | 8－210［6.5－140］（4） | 6.5－150或6－130（4） |
| | | C75 | 10－280（4） | 8－190（4） | 8－210［6.5－140］（4） | 6.5－150或6－125（4） |
| | | C80 | 10－280（4） | 8－190（4） | 8－200［6.5－130］（4） | 6.5－140或6－125（4） |
| 12 | 550 | C20 | — | 8－350（4） | 8－370［6.5－250］（4） | 6.5－270或6－230（4） |
| | | C25 | — | 8－300（4） | 8－320［6.5－210］（4） | 6.5－230或6－200（4） |
| | | C30 | 10－390（4） | 8－270（4） | 8－280［6.5－190］（4） | 6.5－210或6－170（4） |
| | | C35 | 10－360（4） | 8－240（4） | 8－260［6.5－170］（4） | 6.5－190或6－160（4） |
| | | C40 | 10－330（4） | 8－220（4） | 8－240［6.5－160］（4） | 6.5－170或6－150（4） |
| | | C45 | 10－310（4） | 8－210（4） | 8－230［6.5－150］（4） | 6.5－160或6－140（4） |
| | | C50 | 10－300（4） | 8－200（4） | 8－220［6.5－140］（4） | 6.5－150或6－130（4） |
| | | C55 | 10－290（4） | 8－190（4） | 8－210［6.5－140］（4） | 6.5－150或6－130（4） |
| | | C60 | 10－280（4） | 8－190（4） | 8－200［6.5－130］（4） | 6.5－140或6－125（4） |
| | | C65 | 10－270（4） | 8－180（4） | 8－200［6.5－130］（4） | 6.5－140或6－120（4） |

续表

| 序号 | 梁截面宽度 b（mm） | 混凝土强度等级 | 抗震等级 | | | 非抗震 |
|---|---|---|---|---|---|---|
| | | | 特一级、一级 | 二级 | 三级［四级］ | |
| 12 | 550 | C70 | 10－260（4） | 8－180（4） | 8－190［6.5－130］（4） | 6.5－140或6－120（4） |
| | | C75 | 10－260（4） | 8－170（4） | 8－190［6.5－125］（4） | 6.5－130或6－110（4） |
| | | C80 | 10－250（4） | 8－170（4） | 8－180［6.5－125］（4） | 6.5－130或6－110（4） |
| 13 | 600 | C20 | — | 8－320（4） | 8－350［6.5－230］（4） | 6.5－250或6－210（4） |
| | | C25 | — | 8－280（4） | 8－300［6.5－200］（4） | 6.5－210或6－180（4） |
| | | C30 | 10－360（4） | 8－250（4） | 8－270［6.5－170］（4） | 6.5－190或6－160（4） |
| | | C35 | 10－330（4） | 8－220（4） | 8－240［6.5－160］（4） | 6.5－170或6－150（4） |
| | | C40 | 10－300（4） | 8－200（4） | 8－220［6.5－140］（4） | 6.5－160或6－130（4） |
| | | C45 | 10－290（4） | 8－190（4） | 8－210［6.5－140］（4） | 6.5－150或6－130（4） |
| | | C50 | 10－270（4） | 8－190（4） | 8－200［6.5－130］（4） | 6.5－140或6－120（4） |
| | | C55 | 10－260（4） | 8－180（4） | 8－190［6.5－130］（4） | 6.5－140或6－120（4） |
| | | C60 | 10－250（4） | 8－170（4） | 8－190［6.5－125］（4） | 6.5－130或6－110（4） |
| | | C65 | 10－250（4） | 8－170（4） | 8－180［6.5－120］（4） | 6.5－130或6－110（4） |
| | | C70 | 10－240（4） | 8－160（4） | 8－180［6.5－110］（4） | 6.5－125或6－110（4） |
| | | C75 | 10－240（4） | 8－160（4） | 8－170［6.5－110］（4） | 6.5－125或6－100（4） |
| | | C80 | 10－230（4） | 8－160（4） | 8－170［6.5－110］（4） | 6.5－120或6－100（4） |
| 14 | 650 | C20 | — | 8－300（4） | 8－320［6.5－210］（4） | 6.5－230或6－190（4） |
| | | C25 | — | 8－260（4） | 8－280［6.5－180］（4） | 6.5－200或6－170（4） |
| | | C30 | 10－330（4） | 8－230（4） | 8－240［6.5－160］（4） | 6.5－170或6－150（4） |
| | | C35 | 10－300（4） | 8－210（4） | 8－220［6.5－150］（4） | 6.5－160或6－130（4） |
| | | C40 | 10－280（4） | 8－190（4） | 8－200［6.5－130］（4） | 6.5－140或6－125（4） |
| | | C45 | 10－260（4） | 8－180（4） | 8－190［6.5－130］（4） | 6.5－140或6－120（4） |
| | | C50 | 10－250（4） | 8－170（4） | 8－180［6.5－120］（4） | 6.5－130或6－110（4） |
| | | C55 | 10－240（4） | 8－160（4） | 8－180［6.5－120］（4） | 6.5－130或6－110（4） |
| | | C60 | 10－230（4） | 8－160（4） | 8－170［6.5－110］（4） | 6.5－125或6－100（4） |
| | | C65 | 10－230（4） | 8－150（4） | 8－170［6.5－110］（4） | 6.5－120或6－100（4） |
| | | C70 | 10－220（4） | 8－150（4） | 8－160［6.5－110］（4） | 6.5－110或6－100（4） |
| | | C75 | 10－220（4） | 8－150（4） | 8－160［6.5－100］（4） | 6.5－110或8－170（4） |
| | | C80 | 10－210（4） | 8－140（4） | 8－160［6.5－100］（4） | 6.5－110或8－170（4） |
| 15 | 700 | C20 | — | 8－270（4） | 8－300［6.5－190］（4） | 6.5－210或6－180（4） |
| | | C25 | — | 8－240（4） | 8－260［6.5－170］（4） | 6.5－180或6－150（4） |
| | | C30 | 10－310（4） | 8－210（4） | 8－230［6.5－150］（4） | 6.5－160或6－140（4） |
| | | C35 | 10－280（4） | 8－190（4） | 8－210［6.5－130］（4） | 6.5－150或6－125（4） |
| | | C40 | 10－260（4） | 8－170（4） | 8－190［6.5－125］（4） | 6.5－130或6－110（4） |
| | | C45 | 10－240（4） | 8－170（4） | 8－180［6.5－120］（4） | 6.5－130或6－110（4） |

续表

| 序号 | 梁截面宽度 $b$（mm） | 混凝土强度等级 | 抗震等级 | | | 非抗震 |
|---|---|---|---|---|---|---|
| | | | 特一级、一级 | 二级 | 三级［四级］ | |
| 15 | 700 | C50 | 10－230（4） | 8－160（4） | 8－170［6.5－110］（4） | 6.5－125或6－100（4） |
| | | C55 | 10－220（4） | 8－150（4） | 8－160［6.5－110］（4） | 6.5－120或6－100（4） |
| | | C60 | 10－220（4） | 8－150（4） | 8－160［6.5－100］（4） | 6.5－110或8－170（4） |
| | | C65 | 10－210（4） | 8－140（4） | 8－150［6.5－100］（4） | 6.5－110或8－170（4） |
| | | C70 | 10－200（4） | 8－140（4） | 8－150［6.5－100］（4） | 6.5－110或8－160（4） |
| | | C75 | 10－200（4） | 8－140（4） | 8－150［6.5－100］（4） | 6.5－100或8－160（4） |
| | | C80 | 10－200（4） | 8－130（4） | 8－140或10－230（4） | 6.5－100或8－160（4） |
| 16 | 700 | C20 | — | 8－340（5） | 8－370［6.5－240］（5） | 6.5－260或6－220（5） |
| | | C25 | — | 8－300（5） | 8－320［6.5－210］（5） | 6.5－230或6－190（5） |
| | | C30 | 10－390（5） | 8－260（5） | 8－280［6.5－190］（5） | 6.5－200或6－170（5） |
| | | C35 | 10－350（5） | 8－240（5） | 8－260［6.5－170］（5） | 6.5－180或6－160（5） |
| | | C40 | 10－320（5） | 8－220（5） | 8－240［6.5－150］（5） | 6.5－170或6－140（5） |
| | | C45 | 10－310（5） | 8－210（5） | 8－230［6.5－150］（5） | 6.5－160或6－140（5） |
| | | C50 | 10－290（5） | 8－200（5） | 8－210［6.5－140］（5） | 6.5－150或6－130（5） |
| | | C55 | 10－280（5） | 8－190（5） | 8－210［6.5－130］（5） | 6.5－150或6－125（5） |
| | | C60 | 10－270（5） | 8－180（5） | 8－200［6.5－130］（5） | 6.5－140或6－120（5） |
| | | C65 | 10－260（5） | 8－180（5） | 8－190［6.5－130］（5） | 6.5－140或6－120（5） |
| | | C70 | 10－260（5） | 8－170（5） | 8－190［6.5－125］（5） | 6.5－130或6－110（5） |
| | | C75 | 10－250（5） | 8－170（5） | 8－180［6.5－125］（5） | 6.5－130或6－110（5） |
| | | C80 | 10－250（5） | 8－170（5） | 8－180［6.5－120］（5） | 6.5－130或6－110（5） |
| 17 | 750 | C20 | — | 8－260（4） | 8－280［6.5－180］（4） | 6.5－200或6－170（4） |
| | | C25 | — | 8－220（4） | 8－240［6.5－160］（4） | 6.5－170或6－140（4） |
| | | C30 | 10－290（4） | 8－200（4） | 8－210［6.5－140］（4） | 6.5－150或6－130（4） |
| | | C35 | 10－260（4） | 8－180（4） | 8－190［6.5－130］（4） | 6.5－140或6－120（4） |
| | | C40 | 10－240（4） | 8－160（4） | 8－180［6.5－110］（4） | 6.5－125或6－110（4） |
| | | C45 | 10－230（4） | 8－150（4） | 8－170［6.5－110］（4） | 6.5－120或6－100（4） |
| | | C50 | 10－220（4） | 8－150（4） | 8－160［6.5－100］（4） | 6.5－110或8－170（4） |
| | | C55 | 10－210（4） | 8－140（4） | 8－150［6.5－100］（4） | 6.5－110或8－170（4） |
| | | C60 | 10－200（4） | 8－140（4） | 8－150［6.5－100］（4） | 6.5－100或8－160（4） |
| | | C65 | 10－200（4） | 8－130（4） | 8－140或10－230（4） | 6.5－100或8－160（4） |
| | | C70 | 10－190（4） | 8－130（4） | 8－140或10－220（4） | 6.5－100或8－150（4） |
| | | C75 | 10－190（4） | 8－130（4） | 8－140或10－220（4） | 6.5－100或8－150（4） |
| | | C80 | 10－180（4） | 8－125（4） | 8－130或10－210（4） | 10－230或8－150（4） |
| 18 | 750 | C20 | — | 8－320（5） | 8－350［6.5－230］（5） | 6.5－250或6－210（5） |
| | | C25 | — | 8－280（5） | 8－300［6.5－200］（5） | 6.5－210或6－180（5） |

续表

| 序号 | 梁截面宽度 b（mm） | 混凝土强度等级 | 抗震等级 | | | 非抗震 |
|---|---|---|---|---|---|---|
| | | | 特一级、一级 | 二级 | 三级［四级］ | |
| 18 | 750 | C30 | 10－360（5） | 8－250（5） | 8－270［6.5－170］（5） | 6.5－190 或 6－160（5） |
| | | C35 | 10－320（5） | 8－220（5） | 8－240［6.5－160］（5） | 6.5－170 或 6－150（5） |
| | | C40 | 10－300（5） | 8－200（5） | 8－220［6.5－140］（5） | 6.5－160 或 6－130（5） |
| | | C45 | 10－290（5） | 8－190（5） | 8－210［6.5－140］（5） | 6.5－150 或 6－130（5） |
| | | C50 | 10－270（5） | 8－180（5） | 8－200［6.5－130］（5） | 6.5－140 或 6－120（5） |
| | | C55 | 10－260（5） | 8－180（5） | 8－190［6.5－130］（5） | 6.5－140 或 6－120（5） |
| | | C60 | 10－250（5） | 8－170（5） | 8－180［6.5－125］（5） | 6.5－130 或 6－110（5） |
| | | C65 | 10－250（5） | 8－170（5） | 8－180［6.5－120］（5） | 6.5－130 或 6－110（5） |
| | | C70 | 10－240（5） | 8－160（5） | 8－180［6.5－110］（5） | 6.5－125 或 6－110（5） |
| | | C75 | 10－240（5） | 8－160（5） | 8－170［6.5－110］（5） | 6.5－125 或 6－100（5） |
| | | C80 | 10－230（5） | 8－160（5） | 8－170［6.5－110］（5） | 6.5－120 或 6－100（5） |
| 19 | 800 | C20 | — | 8－240（4） | 8－260［6.5－170］（4） | 6.5－180 或 6－160（4） |
| | | C25 | — | 8－210（4） | 8－220［6.5－150］（4） | 6.5－160 或 6－130（4） |
| | | C30 | 10－270（4） | 8－180（4） | 8－200［6.5－130］（4） | 6.5－140 或 6－120（4） |
| | | C35 | 10－240（4） | 8－170（4） | 8－180［6.5－120］（4） | 6.5－130 或 6－110（4） |
| | | C40 | 10－220（4） | 8－150（4） | 8－160［6.5－110］（4） | 6.5－120 或 6－100（4） |
| | | C45 | 10－210（4） | 8－140（4） | 8－160［6.5－100］（4） | 6.5－125 或 6－100（4） |
| | | C50 | 10－200（4） | 8－140（4） | 8－150［6.5－100］（4） | 6.5－110 或 8－170（4） |
| | | C55 | 10－200（4） | 8－130（4） | 8－140 或 10－230（4） | 6.5－100 或 8－160（4） |
| | | C60 | 10－190（4） | 8－130（4） | 8－140 或 10－220（4） | 6.5－100 或 8－150（4） |
| | | C65 | 10－180（4） | 8－125（4） | 8－130 或 10－210（4） | 10－230 或 8－150（4） |
| | | C70 | 10－180（4） | 8－125（4） | 8－130 或 10－210（4） | 10－220 或 8－140（4） |
| | | C75 | 10－180（4） | 8－120（4） | 8－130 或 10－200（4） | 10－220 或 8－140（4） |
| | | C80 | 10－170（4） | 8－120（4） | 8－130 或 10－200（4） | 10－220 或 8－140（4） |
| 20 | 800 | C20 | — | 8－300（5） | 8－320［6.5－210］（5） | 6.5－230 或 6－200（5） |
| | | C25 | — | 8－260（5） | 8－280［6.5－180］（5） | 6.5－200 或 6－170（5） |
| | | C30 | 10－340（5） | 8－230（5） | 8－250［6.5－160］（5） | 6.5－180 或 6－150（5） |
| | | C35 | 10－310（5） | 8－210（5） | 8－220［6.5－150］（5） | 6.5－160 或 6－140（5） |
| | | C40 | 10－280（5） | 8－190（5） | 8－210［6.5－140］（5） | 6.5－150 或 6－125（5） |
| | | C45 | 10－270（5） | 8－180（5） | 8－200［6.5－130］（5） | 6.5－140 或 6－120（5） |
| | | C50 | 10－250（5） | 8－170（5） | 8－190［6.5－125］（5） | 6.5－130 或 6－110（5） |
| | | C55 | 10－250（5） | 8－170（5） | 8－180［6.5－120］（5） | 6.5－130 或 6－110（5） |
| | | C60 | 10－240（5） | 8－160（5） | 8－170［6.5－110］（5） | 6.5－125 或 6－100（5） |
| | | C65 | 10－230（5） | 8－160（5） | 8－170［6.5－110］（5） | 6.5－120 或 6－100（5） |
| | | C70 | 10－220（5） | 8－150（5） | 8－160［6.5－110］（5） | 6.5－120 或 6－100（5） |

续表

| 序号 | 梁截面宽度 b（mm） | 混凝土强度等级 | 抗震等级 | | | 非抗震 |
|---|---|---|---|---|---|---|
| | | | 特一级、一级 | 二级 | 三级［四级］ | |
| 20 | 800 | C75 | 10－220（5） | 8－150（5） | 8－160［6.5－100］（5） | 6.5－110 或 6－100（5） |
| | | C80 | 10－220（5） | 8－150（5） | 8－160［6.5－100］（5） | 6.5－110 或 8－170（4） |

用 HRB400 及 CRB550 级冷轧带肋箍筋（$f_{yv}=360N/mm^2$）时梁沿全长的最小配箍量　　表 6.7

| 序号 | 梁截面宽度 b（mm） | 混凝土强度等级 | 抗震等级 | | | 非抗震 |
|---|---|---|---|---|---|---|
| | | | 特一级、一级 | 二级 | 三级［四级］ | |
| 1 | 200 | C20 | — | 8－500（2） | 8－500［6－350］（2） | 6－380（2） |
| | | C25 | — | 8－500（2） | 8－500［6－300］（2） | 6－330（2） |
| | | C30 | 10－500（2） | 8－450（2） | 8－480［6－270］（2） | 6－290（2） |
| | | C35 | 10－500（2） | 8－410（2） | 8－440［6－240］（2） | 6－260（2） |
| | | C40 | 10－500（2） | 8－370（2） | 8－400［6－220］（2） | 6－240（2） |
| | | C45 | 10－500（2） | 8－350（2） | 8－380［6－210］（2） | 6－230（2） |
| | | C50 | 10－490（2） | 8－340（2） | 8－360［6－200］（2） | 6－220（2） |
| | | C55 | 10－480（2） | 8－320（2） | 8－350［6－190］（2） | 6－210（2） |
| | | C60 | 10－460（2） | 8－310（2） | 8－340［6－190］（2） | 6－200（2） |
| | | C65 | 10－450（2） | 8－300（2） | 8－330［6－180］（2） | 6－200（2） |
| | | C70 | 10－440（2） | 8－300（2） | 8－330［6－180］（2） | 6－190（2） |
| | | C75 | 10－430（2） | 8－290（2） | 8－310［6－170］（2） | 6－190（2） |
| | | C80 | 10－420（2） | 8－290（2） | 8－310［6－170］（2） | 6－190（2） |
| 2 | 250 | C20 | — | 8－460（2） | 8－500［6－280］（2） | 6－300（2） |
| | | C25 | — | 8－400（2） | 8－430［6－240］（2） | 6－260（2） |
| | | C30 | 10－500（2） | 8－360（2） | 8－380［6－210］（2） | 6－230（2） |
| | | C35 | 10－470（2） | 8－320（2） | 8－350［6－190］（2） | 6－210（2） |
| | | C40 | 10－430（2） | 8－300（2） | 8－320［6－180］（2） | 6－190（2） |
| | | C45 | 10－410（2） | 8－280（2） | 8－300［6－170］（2） | 6－180（2） |
| | | C50 | 10－390（2） | 8－270（2） | 8－290［6－160］（2） | 6－170（2） |
| | | C55 | 10－380（2） | 8－260（2） | 8－280［6－150］（2） | 6－170（2） |
| | | C60 | 10－360（2） | 8－250（2） | 8－270［6－150］（2） | 6－160（2） |
| | | C65 | 10－360（2） | 8－240（2） | 8－260［6－140］（2） | 6－160（2） |
| | | C70 | 10－350（2） | 8－240（2） | 8－250［6－140］（2） | 6－150（2） |
| | | C75 | 10－340（2） | 8－230（2） | 8－250［6－140］（2） | 6－150（2） |
| | | C80 | 10－330（2） | 8－230（2） | 8－250［6－140］（2） | 6－150（2） |
| 3 | 300 | C20 | — | 8－390（2） | 8－420［6－230］（2） | 6－250（2） |
| | | C25 | — | 8－330（2） | 8－360［6－200］（2） | 6－220（2） |

续表

| 序号 | 梁截面宽度 $b$（mm） | 混凝土强度等级 | 抗震等级 | | | 非抗震 |
|---|---|---|---|---|---|---|
| | | | 特一级、一级 | 二级 | 三级［四级］ | |
| 3 | 300 | C30 | 10－430（2） | 8－300（2） | 8－320［6－180］（2） | 6－190（2） |
| | | C35 | 10－390（2） | 8－270（2） | 8－290［6－160］（2） | 6－180（2） |
| | | C40 | 10－360（2） | 8－250（2） | 8－270［6－150］（2） | 6－160（2） |
| | | C45 | 10－340（2） | 8－220（2） | 8－250［6－140］（2） | 6－150（2） |
| | | C50 | 10－330（2） | 8－220（2） | 8－240［6－130］（2） | 6－140（2） |
| | | C55 | 10－320（2） | 8－210（2） | 8－230［6－130］（2） | 6－140（2） |
| | | C60 | 10－300（2） | 8－210（2） | 8－220［6－125］（2） | 6－130（2） |
| | | C65 | 10－300（2） | 8－200（2） | 8－220［6－120］（2） | 6－130（2） |
| | | C70 | 10－290（2） | 8－200（2） | 8－210［6－120］（2） | 6－130（2） |
| | | C75 | 10－280（2） | 8－190（2） | 8－210［6－110］（2） | 6－125（2） |
| | | C80 | 10－280（2） | 8－190（2） | 8－200［6－110］（2） | 6－125（2） |
| 4 | 350 | C20 | — | 8－330（2） | 8－350［6－200］（2） | 6－220（2） |
| | | C25 | — | 8－290（2） | 8－310［6－170］（2） | 6－190（2） |
| | | C30 | 10－370（2） | 8－250（2） | 8－270［6－150］（2） | 6－160（2） |
| | | C35 | 10－340（2） | 8－230（2） | 8－250［6－140］（2） | 6－150（2） |
| | | C40 | 10－310（2） | 8－210（2） | 8－230［6－130］（2） | 6－140（2） |
| | | C45 | 10－290（2） | 8－200（2） | 8－220［6－120］（2） | 6－130（2） |
| | | C50 | 10－280（2） | 8－190（2） | 8－210［6－110］（2） | 6－125（2） |
| | | C55 | 10－270（2） | 8－180（2） | 8－200［6－110］（2） | 6－120（2） |
| | | C60 | 10－260（2） | 8－180（2） | 8－190［6－100］（2） | 6－110（2）或8－210 |
| | | C65 | 10－250（2） | 8－170（2） | 8－190［6－100］（2） | 6－110（2）或8－200 |
| | | C70 | 10－250（2） | 8－170（2） | 8－180［6－100］（2） | 6－110（2）或8－200 |
| | | C75 | 10－240（2） | 8－160（2） | 8－180［6－100］（2） | 6－110（2）或8－190 |
| | | C80 | 10－240（2） | 8－160（2） | 8－170［6－100］（2） | 6－100（2）或8－190 |
| 5 | 350 | C20 | — | 8－500（3） | 8－500［6－300］（3） | 6－330（3） |
| | | C25 | — | 8－430（3） | 8－460［6－260］（3） | 6－280（3） |
| | | C30 | 10－500（3） | 8－380（3） | 8－410［6－230］（3） | 6－250（3） |
| | | C35 | 10－500（3） | 8－350（3） | 8－370［6－210］（3） | 6－230（3） |
| | | C40 | 10－470（3） | 8－320（3） | 8－340［6－190］（3） | 6－210（3） |
| | | C45 | 10－440（3） | 8－300（3） | 8－330［6－180］（3） | 6－200（3） |
| | | C50 | 10－420（3） | 8－290（3） | 8－310［6－170］（3） | 6－190（3） |
| | | C55 | 10－410（3） | 8－280（3） | 8－300［6－170］（3） | 6－180（3） |
| | | C60 | 10－390（3） | 8－270（3） | 8－290［6－160］（3） | 6－170（3） |
| | | C65 | 10－380（3） | 8－260（3） | 8－280［6－160］（3） | 6－170（3） |
| | | C70 | 10－370（3） | 8－250（3） | 8－270［6－150］（3） | 6－160（3） |

续表

| 序号 | 梁截面宽度 b（mm） | 混凝土强度等级 | 抗震等级 | | | 非抗震 |
|---|---|---|---|---|---|---|
| | | | 特一级、一级 | 二级 | 三级［四级］ | |
| 5 | 350 | C75 | 10－370（3） | 8－250（3） | 8－270［6－150］（3） | 6－160（3） |
| | | C80 | 10－360（3） | 8－240（3） | 8－260［6－150］（3） | 6－160（3） |
| 6 | 400 | C20 | — | 8－290（2） | 8－310［6－170］（2） | 6－190（2） |
| | | C25 | — | 8－250（2） | 8－270［6－150］（2） | 6－160（2） |
| | | C30 | 10－320（2） | 8－220（2） | 8－240［6－130］（2） | 6－140（2） |
| | | C35 | 10－290（2） | 8－200（2） | 8－220［6－120］（2） | 6－130（2） |
| | | C40 | 10－270（2） | 8－180（2） | 8－200［6－110］（2） | 6－120（2） |
| | | C45 | 10－260（2） | 8－170（2） | 8－190［6－100］（2） | 6－110或8－200（2） |
| | | C50 | 10－240（2） | 8－170（2） | 8－180［6－100］（2） | 6－110或8－190（2） |
| | | C55 | 10－230（2） | 8－160（2） | 8－170或10－270（2） | 6－100或8－190（2） |
| | | C60 | 10－230（2） | 8－150（2） | 8－170或10－260（2） | 6－100或8－180（2） |
| | | C65 | 10－220（2） | 8－150（2） | 8－160或10－260（2） | 6－100或8－180（2） |
| | | C70 | 10－220（2） | 8－150（2） | 8－160或10－250（2） | 8－170或10－270（2） |
| | | C75 | 10－210（2） | 8－140（2） | 8－150或10－240（2） | 8－170或10－260（2） |
| | | C80 | 10－210（2） | 8－140（2） | 8－150或10－240（2） | 8－160或10－260（2） |
| 7 | 400 | C20 | — | 8－430（3） | 8－470［6－260］（3） | 6－280（3） |
| | | C25 | — | 8－380（3） | 8－410［6－230］（3） | 6－250（3） |
| | | C30 | 10－490（3） | 8－330（3） | 8－360［6－200］（3） | 6－220（3） |
| | | C35 | 10－440（3） | 8－300（3） | 8－330［6－180］（3） | 6－200（3） |
| | | C40 | 10－410（3） | 8－280（3） | 8－300［6－170］（3） | 6－180（3） |
| | | C45 | 10－390（3） | 8－260（3） | 8－290［6－160］（3） | 6－170（3） |
| | | C50 | 10－370（3） | 8－250（3） | 8－270［6－150］（3） | 6－160（3） |
| | | C55 | 10－360（3） | 8－240（3） | 8－260［6－140］（3） | 6－160（3） |
| | | C60 | 10－340（3） | 8－230（3） | 8－250［6－140］（3） | 6－160（3） |
| | | C65 | 10－330（3） | 8－230（3） | 8－240［6－140］（3） | 6－150（3） |
| | | C70 | 10－320（3） | 8－220（3） | 8－240［6－130］（3） | 6－140（3） |
| | | C75 | 10－320（3） | 8－220（3） | 8－230［6－130］（3） | 6－140（3） |
| | | C80 | 10－310（3） | 8－210（3） | 8－230［6－130］（3） | 6－140（3） |
| 8 | 400 | C20 | — | 8－500（4） | 8－500［6－350］（4） | 6－380（4） |
| | | C25 | — | 8－500（4） | 8－500［6－300］（4） | 6－330（4） |
| | | C30 | 10－500（4） | 8－480（4） | 8－480［6－270］（4） | 6－290（4） |
| | | C35 | 10－500（4） | 8－440（4） | 8－440［6－240］（4） | 6－270（4） |
| | | C40 | 10－500（4） | 8－400（4） | 8－400［6－220］（4） | 6－240（4） |
| | | C45 | 10－500（4） | 8－380（4） | 8－380［6－210］（4） | 6－230（4） |
| | | C50 | 10－490（4） | 8－360（4） | 8－360［6－200］（4） | 6－220（4） |

续表

| 序号 | 梁截面宽度 $b$（mm） | 混凝土强度等级 | 抗震等级 | | | 非抗震 |
|---|---|---|---|---|---|---|
| | | | 特一级、一级 | 二级 | 三级［四级］ | |
| 8 | 400 | C55 | 10－480（4） | 8－350（4） | 8－350［6－190］（4） | 6－210（4） |
| | | C60 | 10－460（4） | 8－340（4） | 8－340［6－190］（4） | 6－200（4） |
| | | C65 | 10－450（4） | 8－330（4） | 8－330［6－180］（4） | 6－200（4） |
| | | C70 | 10－430（4） | 8－320（4） | 8－320［6－180］（4） | 6－190（4） |
| | | C75 | 10－430（4） | 8－310（4） | 8－310［6－170］（4） | 6－190（4） |
| | | C80 | 10－420（4） | 8－310（4） | 8－310［6－170］（4） | 6－190（4） |
| 9 | 450 | C20 | — | 8－390（3） | 8－420［6－230］（3） | 6－250（3） |
| | | C25 | — | 8－330（3） | 8－360［6－200］（3） | 6－220（3） |
| | | C30 | 10－430（3） | 8－300（3） | 8－320［6－180］（3） | 6－190（3） |
| | | C35 | 10－400（3） | 8－270（3） | 8－290［6－160］（3） | 6－180（3） |
| | | C40 | 10－360（3） | 8－250（3） | 8－270［6－150］（3） | 6－160（3） |
| | | C45 | 10－340（3） | 8－230（3） | 8－250［6－140］（3） | 6－150（3） |
| | | C50 | 10－330（3） | 8－220（3） | 8－240［6－130］（3） | 6－140（3） |
| | | C55 | 10－320（3） | 8－210（3） | 8－230［6－130］（3） | 6－140（3） |
| | | C60 | 10－300（3） | 8－210（3） | 8－220［6－125］（3） | 6－130（3） |
| | | C65 | 10－300（3） | 8－200（3） | 8－220［6－120］（3） | 6－130（3） |
| | | C70 | 10－290（3） | 8－200（3） | 8－210［6－120］（3） | 6－130（3） |
| | | C75 | 10－280（3） | 8－190（3） | 8－210［6－110］（3） | 6－125（3） |
| | | C80 | 10－280（3） | 8－190（3） | 8－200［6－115］（3） | 6－125（3） |
| 10 | 450 | C20 | — | 8－500（4） | 8－500［6－310］（4） | 6－340（4） |
| | | C25 | — | 8－450（4） | 8－480［6－270］（4） | 6－290（4） |
| | | C30 | 10－500（4） | 8－400（4） | 8－430［6－240］（4） | 6－260（4） |
| | | C35 | 10－500（4） | 8－360（4） | 8－390［6－220］（4） | 6－240（4） |
| | | C40 | 10－480（4） | 8－330（4） | 8－360［6－200］（4） | 6－220（4） |
| | | C45 | 10－460（4） | 8－310（4） | 8－340［6－190］（4） | 6－200（4） |
| | | C50 | 10－440（4） | 8－300（4） | 8－320［6－180］（4） | 6－190（4） |
| | | C55 | 10－420（4） | 8－290（4） | 8－310［6－170］（4） | 6－190（4） |
| | | C60 | 10－410（4） | 8－280（4） | 8－300［6－170］（4） | 6－180（4） |
| | | C65 | 10－400（4） | 8－270（4） | 8－290［6－160］（4） | 6－180（4） |
| | | C70 | 10－390（4） | 8－260（4） | 8－280［6－160］（4） | 6－170（4） |
| | | C75 | 10－380（4） | 8－260（4） | 8－280［6－150］（4） | 6－170（4） |
| | | C80 | 10－370（4） | 8－250（4） | 8－270［6－150］（4） | 6－160（4） |
| 11 | 500 | C20 | — | 8－460（4） | 8－500［6－280］（4） | 6－300（4） |
| | | C25 | — | 8－400（4） | 8－430［6－240］（4） | 6－260（4） |
| | | C30 | 10－500（4） | 8－360（4） | 8－380［6－210］（4） | 6－230（4） |

续表

| 序号 | 梁截面宽度 b（mm） | 混凝土强度等级 | 抗震等级 | | | 非抗震 |
|---|---|---|---|---|---|---|
| | | | 特一级、一级 | 二级 | 三级［四级］ | |
| 11 | 500 | C35 | 10－470（4） | 8－320（4） | 8－350［6－190］（4） | 6－210（4） |
| | | C40 | 10－440（4） | 8－300（4） | 8－320［6－180］（4） | 6－190（4） |
| | | C45 | 10－410（4） | 8－280（4） | 8－300［6－170］（4） | 6－180（4） |
| | | C50 | 10－390（4） | 8－270（4） | 8－290［6－160］（4） | 6－170（4） |
| | | C55 | 10－380（4） | 8－260（4） | 8－280［6－150］（4） | 6－170（4） |
| | | C60 | 10－360（4） | 8－250（4） | 8－270［6－150］（4） | 6－160（4） |
| | | C65 | 10－360（4） | 8－240（4） | 8－260［6－140］（4） | 6－160（4） |
| | | C70 | 10－350（4） | 8－240（4） | 8－260［6－140］（4） | 6－150（4） |
| | | C75 | 10－340（4） | 8－230（4） | 8－250［6－140］（4） | 6－150（4） |
| | | C80 | 10－330（4） | 8－230（4） | 8－250［6－140］（4） | 6－150（4） |
| 12 | 550 | C20 | — | 8－420（4） | 8－450［6－250］（4） | 6－270（4） |
| | | C25 | — | 8－360（4） | 8－390［6－220］（4） | 6－240（4） |
| | | C30 | 10－470（4） | 8－320（4） | 8－350［6－190］（4） | 6－210（4） |
| | | C35 | 10－430（4） | 8－290（4） | 8－320［6－180］（4） | 6－190（4） |
| | | C40 | 10－400（4） | 8－270（4） | 8－290［6－160］（4） | 6－180（4） |
| | | C45 | 10－380（4） | 8－260（4） | 8－280［6－150］（4） | 6－170（4） |
| | | C50 | 10－360（4） | 8－240（4） | 8－260［6－150］（4） | 6－160（4） |
| | | C55 | 10－340（4） | 8－230（4） | 8－250［6－140］（4） | 6－150（4） |
| | | C60 | 10－330（4） | 8－230（4） | 8－240［6－130］（4） | 6－150（4） |
| | | C65 | 10－320（4） | 8－220（4） | 8－240［6－130］（4） | 6－140（4） |
| | | C70 | 10－320（4） | 8－210（4） | 8－230［6－130］（4） | 6－140（4） |
| | | C75 | 10－310（4） | 8－210（4） | 8－230［6－130］（4） | 6－140（4） |
| | | C80 | 10－300（4） | 8－210（4） | 8－220［6－125］（4） | 6－130（4） |
| 13 | 600 | C20 | — | 8－390（4） | 8－420［6－230］（4） | 6－250（4） |
| | | C25 | — | 8－330（4） | 8－360［6－200］（4） | 6－220（4） |
| | | C30 | 10－430（4） | 8－300（4） | 8－320［6－180］（4） | 6－190（4） |
| | | C35 | 10－390（4） | 8－270（4） | 8－290［6－160］（4） | 6－180（4） |
| | | C40 | 10－360（4） | 8－250（4） | 8－270［6－150］（4） | 6－160（4） |
| | | C45 | 10－340（4） | 8－230（4） | 8－250［6－140］（4） | 6－150（4） |
| | | C50 | 10－330（4） | 8－220（4） | 8－240［6－130］（4） | 6－140（4） |
| | | C55 | 10－320（4） | 8－210（4） | 8－230［6－130］（4） | 6－140（4） |
| | | C60 | 10－300（4） | 8－210（4） | 8－220［6－125］（4） | 6－130（4） |
| | | C65 | 10－300（4） | 8－200（4） | 8－220［6－120］（4） | 6－130（4） |
| | | C70 | 10－290（4） | 8－200（4） | 8－210［6－120］（4） | 6－130（4） |
| | | C75 | 10－280（4） | 8－190（4） | 8－210［6－110］（4） | 6－125（4） |
| | | C80 | 10－280（4） | 8－190（4） | 8－200［6－110］（4） | 6－125（4） |

续表

| 序号 | 梁截面宽度 $b$（mm） | 混凝土强度等级 | 抗震等级 | | | 非抗震 |
|---|---|---|---|---|---|---|
| | | | 特一级、一级 | 二级 | 三级［四级］ | |
| 14 | 650 | C20 | — | 8－360（4） | 8－380［6－210］（4） | 6－230（4） |
| | | C25 | — | 8－310（4） | 8－330［6－180］（4） | 6－200（4） |
| | | C30 | 10－400（4） | 8－270（4） | 8－290［6－160］（4） | 6－180（4） |
| | | C35 | 10－360（4） | 8－250（4） | 8－270［6－150］（4） | 6－160（4） |
| | | C40 | 10－330（4） | 8－230（4） | 8－250［6－140］（4） | 6－150（4） |
| | | C45 | 10－320（4） | 8－220（4） | 8－230［6－130］（4） | 6－140（4） |
| | | C50 | 10－300（4） | 8－210（4） | 8－220［6－125］（4） | 6－130（4） |
| | | C55 | 10－290（4） | 8－200（4） | 8－210［6－120］（4） | 6－130（4） |
| | | C60 | 10－280（4） | 8－190（4） | 8－200［6－110］（4） | 6－125（4） |
| | | C65 | 10－270（4） | 8－190（4） | 8－200［6－110］（4） | 6－120（4） |
| | | C70 | 10－270（4） | 8－180（4） | 8－200［6－110］（4） | 6－120（4） |
| | | C75 | 10－260（4） | 8－180（4） | 8－190［6－110］（4） | 6－110或8－210（4） |
| | | C80 | 10－260（4） | 8－170（4） | 8－190［6－100］（4） | 6－110或8－200（4） |
| 15 | 700 | C20 | — | 8－330（4） | 8－360［6－200］（4） | 6－220（4） |
| | | C25 | — | 8－290（4） | 8－310［6－170］（4） | 6－190（4） |
| | | C30 | 10－370（4） | 8－250（4） | 8－270［6－150］（4） | 6－160（4） |
| | | C35 | 10－340（4） | 8－230（4） | 8－250［6－140］（4） | 6－150（4） |
| | | C40 | 10－310（4） | 8－210（4） | 8－230［6－130］（4） | 6－140（4） |
| | | C45 | 10－290（4） | 8－200（4） | 8－220［6－120］（4） | 6－130（4） |
| | | C50 | 10－280（4） | 8－190（4） | 8－210［6－110］（4） | 6－125（4） |
| | | C55 | 10－270（4） | 8－180（4） | 8－200［6－110］（4） | 6－120（4） |
| | | C60 | 10－260（4） | 8－180（4） | 8－190［6－100］（4） | 6－110或8－210（4） |
| | | C65 | 10－250（4） | 8－170（4） | 8－190［6－100］（4） | 6－110或8－200（4） |
| | | C70 | 10－250（4） | 8－170（4） | 8－180［6－100］（4） | 6－110或8－200（4） |
| | | C75 | 10－240（4） | 8－160（4） | 8－180［6－100］（4） | 6－110或8－190（4） |
| | | C80 | 10－240（4） | 8－160（4） | 8－170［6－100］（4） | 6－100或8－190（4） |
| 16 | 700 | C20 | — | 8－410（5） | 8－450［6－250］（5） | 6－270（5） |
| | | C25 | — | 8－360（5） | 8－390［6－210］（5） | 6－230（5） |
| | | C30 | 10－470（5） | 8－320（5） | 8－340［6－190］（5） | 6－210（5） |
| | | C35 | 10－420（5） | 8－290（5） | 8－310［6－170］（5） | 6－190（5） |
| | | C40 | 10－390（5） | 8－260（5） | 8－290［6－160］（5） | 6－170（5） |
| | | C45 | 10－370（5） | 8－250（5） | 8－270［6－150］（5） | 6－160（5） |
| | | C50 | 10－350（5） | 8－240（5） | 8－260［6－140］（5） | 6－160（5） |
| | | C55 | 10－340（5） | 8－230（5） | 8－250［6－140］（5） | 6－150（5） |
| | | C60 | 10－320（5） | 8－220（5） | 8－240［6－130］（5） | 6－140（5） |

续表

| 序号 | 梁截面宽度 $b$（mm） | 混凝土强度等级 | 抗震等级 | | | 非抗震 |
|---|---|---|---|---|---|---|
| | | | 特一级、一级 | 二级 | 三级［四级］ | |
| 16 | 700 | C65 | 10－320（5） | 8－220（5） | 8－230［6－130］（5） | 6－140（5） |
| | | C70 | 10－310（5） | 8－210（5） | 8－230［6－130］（5） | 6－140（5） |
| | | C75 | 10－300（5） | 8－210（5） | 8－220［6－125］（5） | 6－130（5） |
| | | C80 | 10－300（5） | 8－200（5） | 8－220［6－125］（5） | 6－130（5） |
| 17 | 750 | C20 | — | 8－310（4） | 8－330［6－180］（4） | 6－200（4） |
| | | C25 | — | 8－270（4） | 8－290［6－160］（4） | 6－170（4） |
| | | C30 | 10－350（4） | 8－240（4） | 8－250［6－130］（4） | 6－150（4） |
| | | C35 | 10－310（4） | 8－210（4） | 8－230［6－130］（4） | 6－140（4） |
| | | C40 | 10－290（4） | 8－200（4） | 8－210［6－120］（4） | 6－130（4） |
| | | C45 | 10－270（4） | 8－190（4） | 8－200［6－110］（4） | 6－125（4） |
| | | C50 | 10－260（4） | 8－180（4） | 8－190［6－110］（4） | 6－110或8－210（4） |
| | | C55 | 10－250（4） | 8－170（4） | 8－180［6－100］（4） | 6－110或8－200（4） |
| | | C60 | 10－240（4） | 8－160（4） | 8－180［6－100］（4） | 6－110或8－190（4） |
| | | C65 | 10－240（4） | 8－160（4） | 8－170或10－270（4） | 6－100或8－190（4） |
| | | C70 | 10－230（4） | 8－160（4） | 8－170或10－270（4） | 6－100或8－180（4） |
| | | C75 | 10－230（4） | 8－150（4） | 8－170或10－260（4） | 6－100或8－180（4） |
| | | C80 | 10－220（4） | 8－150（4） | 8－160或10－260（4） | 6－100或8－180（4） |
| 18 | 750 | C20 | — | 8－390（5） | 8－420［6－230］（5） | 6－250（5） |
| | | C25 | — | 8－330（5） | 8－360［6－200］（5） | 6－220（5） |
| | | C30 | 10－430（5） | 8－300（5） | 8－320［6－180］（5） | 6－190（5） |
| | | C35 | 10－390（5） | 8－270（5） | 8－290［6－160］（5） | 6－180（5） |
| | | C40 | 10－360（5） | 8－250（5） | 8－270［6－150］（5） | 6－160（5） |
| | | C45 | 10－340（5） | 8－230（5） | 8－250［6－140］（5） | 6－150（5） |
| | | C50 | 10－330（5） | 8－220（5） | 8－240［6－130］（5） | 6－140（5） |
| | | C55 | 10－320（5） | 8－210（5） | 8－230［6－130］（5） | 6－140（5） |
| | | C60 | 10－300（5） | 8－210（5） | 8－220［6－125］（5） | 6－130（5） |
| | | C65 | 10－300（5） | 8－200（5） | 8－220［6－120］（5） | 6－130（5） |
| | | C70 | 10－290（5） | 8－200（5） | 8－210［6－120］（5） | 6－130（5） |
| | | C75 | 10－280（5） | 8－190（5） | 8－210［6－110］（5） | 6－125（5） |
| | | C80 | 10－280（5） | 8－190（5） | 8－200［6－110］（5） | 6－125（5） |
| 19 | 800 | C20 | — | 8－290（4） | 8－310［6－170］（5） | 6－190（4） |
| | | C25 | — | 8－250（4） | 8－270［6－150］（4） | 6－160（4） |
| | | C30 | 10－320（4） | 8－220（4） | 8－240［6－130］（4） | 6－140（4） |
| | | C35 | 10－290（4） | 8－200（4） | 8－220［6－120］（4） | 6－130（4） |
| | | C40 | 10－270（4） | 8－190（4） | 8－200［6－110］（4） | 6－120（4） |

续表

| 序号 | 梁截面宽度 b（mm） | 混凝土强度等级 | 抗震等级 | | | 非抗震 |
|---|---|---|---|---|---|---|
| | | | 特一级、一级 | 二级 | 三级［四级］ | |
| 19 | 800 | C45 | 10－260（4） | 8－170（4） | 8－190［6－100］（4） | 6－110 或 8－200（4） |
| | | C50 | 10－240（4） | 8－170（4） | 8－180［6－100］（4） | 6－110 或 8－190（4） |
| | | C55 | 10－240（4） | 8－160（4） | 8－170 或 10－270（4） | 6－100 或 8－190（4） |
| | | C60 | 10－230（4） | 8－150（4） | 8－170 或 10－260（4） | 6－100 或 8－180（4） |
| | | C65 | 10－220（4） | 8－150（4） | 8－160 或 10－260（4） | 6－100 或 8－180（4） |
| | | C70 | 10－220（4） | 8－150（4） | 8－160 或 10－250（4） | 10－270 或 8－170（4） |
| | | C75 | 10－210（4） | 8－140（4） | 8－150 或 10－240（4） | 10－270 或 8－170（4） |
| | | C80 | 10－210（4） | 8－140（4） | 8－150 或 10－240（4） | 10－260 或 8－160（4） |
| 20 | 800 | C20 | — | 8－360（5） | 8－390［6－220］（5） | 6－240（5） |
| | | C25 | — | 8－310（5） | 8－340［6－190］（5） | 6－200（5） |
| | | C30 | 10－410（5） | 8－280（5） | 8－300［6－170］（5） | 6－180（5） |
| | | C35 | 10－370（5） | 8－250（5） | 8－270［6－150］（5） | 6－160（5） |
| | | C40 | 10－340（5） | 8－230（5） | 8－250［6－140］（5） | 6－150（5） |
| | | C45 | 10－320（5） | 8－220（5） | 8－240［6－130］（5） | 6－140（5） |
| | | C50 | 10－310（5） | 8－210（5） | 8－230［6－125］（5） | 6－140（5） |
| | | C55 | 10－300（5） | 8－200（5） | 8－220［6－120］（5） | 6－130（5） |
| | | C60 | 10－280（5） | 8－190（5） | 8－210［6－110］（5） | 6－125（5） |
| | | C65 | 10－280（5） | 8－190（5） | 8－200［6－110］（5） | 6－125（5） |
| | | C70 | 10－270（5） | 8－180（5） | 8－200［6－110］（5） | 6－120 或 8－220（5） |
| | | C75 | 10－270（5） | 8－180（5） | 8－190［6－110］（5） | 6－120 或 8－210（5） |
| | | C80 | 10－260（5） | 8－180（5） | 8－190［6－110］（5） | 6－110 或 8－210（5） |

## （四）高层框支梁加密区的最小配箍量

**用 HPB235 箍筋（$f_{yv}=210N/mm^2$）时高层框支梁加密区的最小配箍量（$mm^2/m$）　表 6.8**

| 序号 | 梁宽 b（mm） | 抗震等级 | 梁配箍率 | 混凝土强度等级 | | | | | | | | | | |
|---|---|---|---|---|---|---|---|---|---|---|---|---|---|---|
| | | | | C30 | C35 | C40 | C45 | C50 | C55 | C60 | C65 | C70 | C75 | C80 |
| 1 | 400 | 非抗震 | $0.9f_t/f_{yv}$ | 2452 | 2692 | 2932 | 3086 | 3240 | 3360 | 3497 | 3583 | 3669 | 3737 | 3806 |
| | | 二级 | $1.1f_t/f_{yv}$ | 2996 | 3290 | 3583 | 3772 | 3960 | 4107 | 4274 | 4379 | 4484 | 4568 | 4652 |
| | | 一级 | $1.2f_t/f_{yv}$ | 3269 | 3589 | 3909 | 4114 | 4320 | 4480 | 4663 | 4777 | 4892 | 4983 | 5074 |
| | | 特一级 | $1.3f_t/f_{yv}$ | 3541 | 3888 | 4234 | 4457 | 4680 | 4853 | 5052 | 5175 | 5299 | 5398 | 5497 |
| 2 | 450 | 非抗震 | $0.9f_t/f_{yv}$ | 2758 | 3028 | 3298 | 3472 | 3645 | 3780 | 3934 | 4031 | 4127 | 4204 | 4282 |
| | | 二级 | $1.1f_t/f_{yv}$ | 3371 | 3701 | 4031 | 4243 | 4455 | 4620 | 4809 | 4927 | 5044 | 5139 | 5233 |
| | | 一级 | $1.2f_t/f_{yv}$ | 3677 | 4037 | 4397 | 4629 | 4860 | 5040 | 5246 | 5374 | 5503 | 5606 | 5709 |

说明：表 6.8～6.10 根据《高层建筑混凝土结构技术规程》JGJ 3—2002 第 10.2.8 条 3 款编制。

续表

| 序号 | 梁宽 $b$（mm） | 抗震等级 | 梁配箍率 | 混凝土强度等级 | | | | | | | | | | |
|---|---|---|---|---|---|---|---|---|---|---|---|---|---|---|
| | | | | C30 | C35 | C40 | C45 | C50 | C55 | C60 | C65 | C70 | C75 | C80 |
| 2 | 450 | 特一级 | $1.3f_t/f_{yv}$ | 3984 | 4374 | 4764 | 5014 | 5265 | 5460 | 5683 | 5822 | 5962 | 6073 | 6184 |
| 3 | 500 | 非抗震 | $0.9f_t/f_{yv}$ | 3064 | 3364 | 3664 | 3857 | 4050 | 4200 | 4372 | 4479 | 4586 | 4672 | 4757 |
| | | 二级 | $1.1f_t/f_{yv}$ | 3745 | 4112 | 4479 | 4714 | 4950 | 5133 | 5343 | 5474 | 5605 | 5710 | 5814 |
| | | 一级 | $1.2f_t/f_{yv}$ | 4086 | 4486 | 4886 | 5143 | 5400 | 5600 | 5829 | 5972 | 6114 | 6229 | 6343 |
| | | 特一级 | $1.3f_t/f_{yv}$ | 4426 | 4860 | 5293 | 5571 | 5850 | 6067 | 6314 | 6469 | 6624 | 9748 | 6872 |
| 4 | 550 | 非抗震 | $0.9f_t/f_{yv}$ | 3371 | 3701 | 4031 | 4243 | 4455 | 4620 | 4809 | 4927 | 5044 | 5139 | 5233 |
| | | 二级 | $1.1f_t/f_{yv}$ | 4120 | 4523 | 4927 | 5186 | 5445 | 5647 | 5877 | 6021 | 6165 | 6281 | 6396 |
| | | 一级 | $1.2f_t/f_{yv}$ | 4494 | 4934 | 5374 | 5657 | 5940 | 6160 | 6412 | 6569 | 6726 | 6852 | 6977 |
| | | 特一级 | $1.3f_t/f_{yv}$ | 4869 | 5345 | 5822 | 6129 | 6435 | 6673 | 6946 | 7116 | 7286 | 7422 | 7559 |
| 5 | 600 | 非抗震 | $0.9f_t/f_{yv}$ | 3677 | 4037 | 4397 | 4629 | 4860 | 5040 | 5246 | 5374 | 5503 | 5606 | 5709 |
| | | 二级 | $1.1f_t/f_{yv}$ | 4494 | 4934 | 5374 | 5657 | 5940 | 6160 | 6412 | 6569 | 6726 | 6852 | 6977 |
| | | 一级 | $1.2f_t/f_{yv}$ | 4903 | 5383 | 5863 | 6172 | 6480 | 6720 | 6994 | 7166 | 7337 | 7474 | 7612 |
| | | 特一级 | $1.3f_t/f_{yv}$ | 5312 | 5831 | 6352 | 6686 | 7020 | 7280 | 7577 | 7763 | 7949 | 8097 | 8246 |
| 6 | 650 | 非抗震 | $0.9f_t/f_{yv}$ | 3984 | 4374 | 4764 | 5014 | 5265 | 5460 | 5683 | 5822 | 5962 | 6073 | 6184 |
| | | 二级 | $1.1f_t/f_{yv}$ | 4869 | 5346 | 5822 | 6129 | 6435 | 6673 | 6946 | 7116 | 7286 | 7422 | 7559 |
| | | 一级 | $1.2f_t/f_{yv}$ | 5312 | 5832 | 6351 | 6686 | 7020 | 7280 | 7577 | 7763 | 7949 | 8097 | 8246 |
| | | 特一级 | $1.3f_t/f_{yv}$ | 5754 | 6317 | 6881 | 7243 | 7605 | 7587 | 8209 | 8410 | 8611 | 8772 | 8933 |
| 7 | 700 | 非抗震 | $0.9f_t/f_{yv}$ | 4290 | 4710 | 5130 | 5400 | 5670 | 5880 | 6120 | 6270 | 6420 | 6540 | 6660 |
| | | 二级 | $1.1f_t/f_{yv}$ | 5243 | 5757 | 6270 | 6600 | 6930 | 7187 | 7480 | 7663 | 7847 | 7993 | 8140 |
| | | 一级 | $1.2f_t/f_{yv}$ | 5720 | 6280 | 6840 | 7200 | 7560 | 7840 | 8160 | 8360 | 8560 | 8720 | 8880 |
| | | 特一级 | $1.3f_t/f_{yv}$ | 6197 | 6803 | 7410 | 7800 | 8190 | 8493 | 8840 | 9057 | 9273 | 9447 | 9620 |
| 8 | 750 | 非抗震 | $0.9f_t/f_{yv}$ | 4597 | 5047 | 5497 | 5786 | 6075 | 6300 | 6557 | 6718 | 6879 | 7007 | 7136 |
| | | 二级 | $1.1f_t/f_{yv}$ | 5618 | 6168 | 6718 | 7072 | 7425 | 7700 | 8014 | 8211 | 8407 | 8564 | 8722 |
| | | 一级 | $1.2f_t/f_{yv}$ | 6129 | 6729 | 7329 | 7714 | 8100 | 8400 | 8743 | 8957 | 9172 | 9343 | 9514 |
| | | 特一级 | $1.3f_t/f_{yv}$ | 6639 | 7289 | 7939 | 8357 | 8775 | 9100 | 9471 | 9704 | 9936 | 10122 | 10307 |
| 9 | 800 | 非抗震 | $0.9f_t/f_{yv}$ | 4903 | 5383 | 5863 | 6172 | 6480 | 6720 | 6994 | 7166 | 7337 | 7474 | 7612 |
| | | 二级 | $1.1f_t/f_{yv}$ | 5992 | 6579 | 7166 | 7543 | 7920 | 8213 | 8549 | 8758 | 8968 | 9135 | 9303 |
| | | 一级 | $1.2f_t/f_{yv}$ | 6537 | 7177 | 7817 | 8229 | 8640 | 8960 | 9326 | 9554 | 9783 | 9966 | 10149 |
| | | 特一级 | $1.3f_t/f_{yv}$ | 7082 | 7775 | 8469 | 8914 | 9360 | 9707 | 10103 | 10351 | 10598 | 10796 | 10994 |
| 10 | 850 | 非抗震 | $0.9f_t/f_{yv}$ | 5209 | 5719 | 6229 | 6557 | 6885 | 7140 | 7432 | 7614 | 7796 | 7942 | 8087 |
| | | 二级 | $1.1f_t/f_{yv}$ | 6367 | 6990 | 7614 | 8014 | 8415 | 8727 | 9083 | 9306 | 9528 | 9706 | 9884 |
| | | 一级 | $1.2f_t/f_{yv}$ | 6946 | 7626 | 8306 | 8743 | 9180 | 9520 | 9909 | 10152 | 10394 | 10589 | 10783 |
| | | 特一级 | $1.3f_t/f_{yv}$ | 7525 | 8261 | 8998 | 9472 | 9945 | 10313 | 10734 | 10997 | 11261 | 11471 | 11682 |
| 11 | 900 | 非抗震 | $0.9f_t/f_{yv}$ | 5516 | 6056 | 6596 | 6943 | 7290 | 7560 | 7869 | 8062 | 8254 | 8409 | 8563 |
| | | 二级 | $1.1f_t/f_{yv}$ | 6742 | 7402 | 8062 | 8486 | 8910 | 9240 | 9617 | 9853 | 10089 | 10277 | 10466 |

续表

| 序号 | 梁宽 $b$ (mm) | 抗震等级 | 梁配箍率 | 混凝土强度等级 | | | | | | | | | | |
|---|---|---|---|---|---|---|---|---|---|---|---|---|---|---|
| | | | | C30 | C35 | C40 | C45 | C50 | C55 | C60 | C65 | C70 | C75 | C80 |
| 11 | 900 | 一级 | $1.2f_t/f_{yv}$ | 7354 | 8074 | 8794 | 9257 | 9720 | 10080 | 10492 | 10749 | 11006 | 11212 | 11417 |
| | | 特一级 | $1.3f_t/f_{yv}$ | 7967 | 8747 | 9527 | 10029 | 10530 | 10920 | 11366 | 11644 | 11923 | 12146 | 12369 |
| 12 | 950 | 非抗震 | $0.9f_t/f_{yv}$ | 5822 | 6392 | 6962 | 7329 | 7695 | 7980 | 8306 | 8509 | 8713 | 8876 | 9039 |
| | | 二级 | $1.1f_t/f_{yv}$ | 7116 | 7813 | 8509 | 8957 | 9405 | 9753 | 10152 | 10400 | 10649 | 10848 | 11047 |
| | | 一级 | $1.2f_t/f_{yv}$ | 7763 | 8523 | 9283 | 9772 | 10260 | 10640 | 11074 | 11346 | 11617 | 11834 | 12052 |
| | | 特一级 | $1.3f_t/f_{yv}$ | 8410 | 9233 | 10056 | 10586 | 11115 | 11527 | 11997 | 12291 | 12585 | 12821 | 13056 |
| 13 | 1000 | 非抗震 | $0.9f_t/f_{yv}$ | 6129 | 6729 | 7329 | 7714 | 8100 | 8400 | 8743 | 8957 | 9172 | 9343 | 9514 |
| | | 二级 | $1.1f_t/f_{yv}$ | 7491 | 8224 | 8957 | 9429 | 9900 | 10269 | 10686 | 10948 | 11210 | 11419 | 11629 |
| | | 一级 | $1.2f_t/f_{yv}$ | 8172 | 8972 | 9772 | 10286 | 10800 | 11200 | 11657 | 11943 | 12229 | 12457 | 12686 |
| | | 特一级 | $1.3f_t/f_{yv}$ | 8853 | 9719 | 10586 | 11143 | 11700 | 12133 | 12629 | 12938 | 13248 | 13495 | 13743 |
| 14 | 1050 | 非抗震 | $0.9f_t/f_{yv}$ | 6435 | 7065 | 7695 | 8100 | 8505 | 8820 | 9180 | 9405 | 9630 | 9810 | 9990 |
| | | 二级 | $1.1f_t/f_{yv}$ | 7865 | 8635 | 9405 | 9900 | 10395 | 10780 | 11220 | 11495 | 11770 | 11990 | 12210 |
| | | 一级 | $1.2f_t/f_{yv}$ | 8580 | 9420 | 10260 | 10800 | 11340 | 11760 | 12240 | 12540 | 12840 | 13080 | 13320 |
| | | 特一级 | $1.3f_t/f_{yv}$ | 9295 | 10205 | 11115 | 11700 | 12285 | 12740 | 13260 | 13585 | 13910 | 14170 | 14430 |
| 15 | 1100 | 非抗震 | $0.9f_t/f_{yv}$ | 6742 | 7402 | 8062 | 8486 | 8910 | 9240 | 9617 | 9853 | 10089 | 10277 | 10466 |
| | | 二级 | $1.1f_t/f_{yv}$ | 8240 | 9046 | 9853 | 10372 | 10890 | 11293 | 11754 | 12042 | 12331 | 12561 | 12792 |
| | | 一级 | $1.2f_t/f_{yv}$ | 8989 | 9869 | 10749 | 11314 | 11880 | 12320 | 12823 | 13137 | 13452 | 13703 | 13954 |
| | | 特一级 | $1.3f_t/f_{yv}$ | 9738 | 10691 | 11644 | 12257 | 12870 | 13347 | 13891 | 14232 | 14572 | 14845 | 15117 |
| 16 | 1150 | 非抗震 | $0.9f_t/f_{yv}$ | 7048 | 7738 | 8428 | 8872 | 9315 | 9660 | 10054 | 10301 | 10547 | 10744 | 10942 |
| | | 二级 | $1.1f_t/f_{yv}$ | 8614 | 9457 | 10301 | 10843 | 11385 | 11807 | 12289 | 12590 | 12891 | 13132 | 13373 |
| | | 一级 | $1.2f_t/f_{yv}$ | 9397 | 10317 | 11237 | 11829 | 12420 | 12880 | 13406 | 13734 | 14063 | 14326 | 14589 |
| | | 特一级 | $1.3f_t/f_{yv}$ | 10180 | 11177 | 12174 | 12814 | 13455 | 13953 | 14523 | 14879 | 15235 | 15520 | 15804 |
| 17 | 1200 | 非抗震 | $0.9f_t/f_{yv}$ | 7354 | 8074 | 8794 | 9257 | 9720 | 10080 | 10492 | 10749 | 11006 | 11212 | 11417 |
| | | 二级 | $1.1f_t/f_{yv}$ | 8989 | 9869 | 10749 | 11314 | 11880 | 12320 | 12823 | 13137 | 13452 | 13703 | 13954 |
| | | 一级 | $1.2f_t/f_{yv}$ | 9806 | 10766 | 11726 | 12343 | 12960 | 13440 | 13989 | 14332 | 14674 | 14949 | 15223 |
| | | 特一级 | $1.3f_t/f_{yv}$ | 10623 | 11663 | 12703 | 13372 | 14040 | 14560 | 15154 | 15526 | 15897 | 16194 | 16492 |
| 18 | 1250 | 非抗震 | $0.9f_t/f_{yv}$ | 7661 | 8411 | 9161 | 9643 | 10125 | 10500 | 10929 | 11197 | 11464 | 11679 | 11893 |
| | | 二级 | $1.1f_t/f_{yv}$ | 9363 | 10280 | 11197 | 11786 | 12375 | 12833 | 13357 | 13685 | 14012 | 14274 | 14536 |
| | | 一级 | $1.2f_t/f_{yv}$ | 10214 | 11214 | 12214 | 12857 | 13500 | 14000 | 14572 | 14929 | 15286 | 15572 | 15857 |
| | | 特一级 | $1.3f_t/f_{yv}$ | 11066 | 12149 | 13232 | 13929 | 14625 | 15167 | 15786 | 16173 | 16560 | 16869 | 17179 |
| 19 | 1300 | 非抗震 | $0.9f_t/f_{yv}$ | 7967 | 8747 | 9527 | 10029 | 10530 | 10920 | 11366 | 11644 | 11923 | 12146 | 12369 |
| | | 二级 | $1.1f_t/f_{yv}$ | 9738 | 10691 | 11644 | 12257 | 12870 | 13347 | 13891 | 14232 | 14572 | 14845 | 15117 |
| | | 一级 | $1.2f_t/f_{yv}$ | 10623 | 11663 | 12703 | 13372 | 14040 | 14560 | 15154 | 15526 | 15897 | 16194 | 16492 |
| | | 特一级 | $1.3f_t/f_{yv}$ | 11509 | 12635 | 13762 | 14486 | 15210 | 15773 | 16417 | 16820 | 17222 | 17544 | 17866 |

续表

| 序号 | 梁宽 $b$（mm） | 抗震等级 | 梁配箍率 | 混凝土强度等级 | | | | | | | | | | |
|---|---|---|---|---|---|---|---|---|---|---|---|---|---|---|
| | | | | C30 | C35 | C40 | C45 | C50 | C55 | C60 | C65 | C70 | C75 | C80 |
| 20 | 1350 | 非抗震 | $0.9f_t/f_{yv}$ | 8274 | 9084 | 9894 | 10415 | 10935 | 11340 | 11803 | 12093 | 12382 | 12613 | 12845 |
| | | 二级 | $1.1f_t/f_{yv}$ | 10113 | 11103 | 12093 | 12729 | 13365 | 13860 | 14426 | 14780 | 15133 | 15416 | 15699 |
| | | 一级 | $1.2f_t/f_{yv}$ | 11032 | 12112 | 13192 | 13886 | 14580 | 15120 | 15738 | 16123 | 16509 | 16818 | 17126 |
| | | 特一级 | $1.3f_t/f_{yv}$ | 11951 | 13121 | 14291 | 15043 | 15795 | 16380 | 17049 | 17467 | 17885 | 18219 | 18553 |
| 21 | 1400 | 非抗震 | $0.9f_t/f_{yv}$ | 8580 | 9420 | 10260 | 10800 | 11340 | 11760 | 12240 | 12540 | 12840 | 13080 | 13320 |
| | | 二级 | $1.1f_t/f_{yv}$ | 10487 | 11514 | 12540 | 13200 | 13860 | 14374 | 14960 | 15327 | 15694 | 15987 | 16280 |
| | | 一级 | $1.2f_t/f_{yv}$ | 11440 | 12560 | 13680 | 14400 | 15120 | 15680 | 16320 | 16720 | 17120 | 17440 | 17760 |
| | | 特一级 | $1.3f_t/f_{yv}$ | 12394 | 13607 | 14820 | 15600 | 16380 | 16987 | 17680 | 18114 | 18547 | 18894 | 19240 |

**用 HRB335 箍筋（$f_{yv}=300\text{N/mm}^2$）时高层框支梁加密区的最小配箍量（$\text{mm}^2/\text{m}$） 表 6.9**

| 序号 | 梁宽 $b$（mm） | 抗震等级 | 梁配箍率 | 混凝土强度等级 | | | | | | | | | | |
|---|---|---|---|---|---|---|---|---|---|---|---|---|---|---|
| | | | | C30 | C35 | C40 | C45 | C50 | C55 | C60 | C65 | C70 | C75 | C80 |
| 1 | 400 | 非抗震 | $0.9f_t/f_{yv}$ | 1716 | 1884 | 2052 | 2160 | 2268 | 2352 | 2448 | 2508 | 2568 | 2616 | 2664 |
| | | 二级 | $1.1f_t/f_{yv}$ | 2097 | 2303 | 2508 | 2640 | 2772 | 2875 | 2992 | 3065 | 3139 | 3197 | 3256 |
| | | 一级 | $1.2f_t/f_{yv}$ | 2288 | 2512 | 2736 | 2880 | 3024 | 3136 | 3264 | 3344 | 3424 | 3488 | 3552 |
| | | 特一级 | $1.3f_t/f_{yv}$ | 2479 | 2721 | 2964 | 3120 | 3276 | 3397 | 3536 | 3623 | 3709 | 3779 | 3848 |
| 2 | 450 | 非抗震 | $0.9f_t/f_{yv}$ | 1931 | 2120 | 2309 | 2430 | 2552 | 2646 | 2754 | 2822 | 2889 | 2943 | 2997 |
| | | 二级 | $1.1f_t/f_{yv}$ | 2360 | 2591 | 2822 | 2970 | 3119 | 3234 | 3366 | 3449 | 3531 | 3597 | 3663 |
| | | 一级 | $1.2f_t/f_{yv}$ | 2574 | 2826 | 3078 | 3240 | 3402 | 3528 | 3672 | 3762 | 3852 | 3924 | 3996 |
| | | 特一级 | $1.3f_t/f_{yv}$ | 2789 | 3062 | 3335 | 3510 | 3686 | 3822 | 3978 | 4076 | 4173 | 4251 | 4329 |
| 3 | 500 | 非抗震 | $0.9f_t/f_{yv}$ | 2145 | 2355 | 2565 | 2700 | 2835 | 2940 | 3060 | 3135 | 3210 | 3270 | 3330 |
| | | 二级 | $1.1f_t/f_{yv}$ | 2622 | 2878 | 3135 | 3300 | 3465 | 3593 | 3740 | 3832 | 3923 | 3997 | 4070 |
| | | 一级 | $1.2f_t/f_{yv}$ | 2860 | 3140 | 3420 | 3600 | 3780 | 3920 | 4080 | 4180 | 4280 | 4360 | 4440 |
| | | 特一级 | $1.3f_t/f_{yv}$ | 3098 | 3402 | 3705 | 3900 | 4095 | 4247 | 4420 | 4528 | 4637 | 4723 | 4810 |
| 4 | 550 | 非抗震 | $0.9f_t/f_{yv}$ | 2360 | 2591 | 2822 | 2970 | 3119 | 3234 | 3366 | 3449 | 3531 | 3597 | 3663 |
| | | 二级 | $1.1f_t/f_{yv}$ | 2884 | 3166 | 3449 | 3630 | 3812 | 3953 | 4114 | 4215 | 4316 | 4396 | 4477 |
| | | 一级 | $1.2f_t/f_{yv}$ | 3146 | 3454 | 3762 | 3960 | 4158 | 4312 | 4488 | 4598 | 4708 | 4796 | 4884 |
| | | 特一级 | $1.3f_t/f_{yv}$ | 3408 | 3742 | 4076 | 4290 | 4505 | 4671 | 4862 | 4981 | 5100 | 5196 | 5291 |
| 5 | 600 | 非抗震 | $0.9f_t/f_{yv}$ | 2574 | 2826 | 3078 | 3240 | 3402 | 3528 | 3672 | 3762 | 3852 | 3924 | 3996 |
| | | 二级 | $1.1f_t/f_{yv}$ | 3146 | 3454 | 3762 | 3960 | 4158 | 4312 | 4488 | 4598 | 4708 | 4796 | 4884 |
| | | 一级 | $1.2f_t/f_{yv}$ | 3432 | 3768 | 4104 | 4320 | 4536 | 4704 | 4896 | 5016 | 5136 | 5232 | 5328 |
| | | 特一级 | $1.3f_t/f_{yv}$ | 3718 | 4082 | 4446 | 4680 | 4914 | 5096 | 5304 | 5434 | 5564 | 5668 | 5772 |
| 6 | 650 | 非抗震 | $0.9f_t/f_{yv}$ | 2789 | 3062 | 3335 | 3510 | 3686 | 3822 | 3978 | 4076 | 4173 | 4251 | 4329 |
| | | 二级 | $1.1f_t/f_{yv}$ | 3408 | 3742 | 4076 | 4290 | 4505 | 4671 | 4862 | 4981 | 5100 | 5196 | 5291 |
| | | 一级 | $1.2f_t/f_{yv}$ | 3718 | 4082 | 4446 | 4680 | 4914 | 5096 | 5304 | 5434 | 5564 | 5668 | 5772 |
| | | 特一级 | $1.3f_t/f_{yv}$ | 4028 | 4422 | 4817 | 5070 | 5324 | 5521 | 5746 | 5887 | 6028 | 6140 | 6253 |

续表

| 序号 | 梁宽 $b$（mm） | 抗震等级 | 梁配箍率 | 混 凝 土 强 度 等 级 | | | | | | | | | | |
|---|---|---|---|---|---|---|---|---|---|---|---|---|---|---|
| | | | | C30 | C35 | C40 | C45 | C50 | C55 | C60 | C65 | C70 | C75 | C80 |
| 7 | 700 | 非抗震 | $0.9f_t/f_{yv}$ | 3003 | 3297 | 3591 | 3780 | 3969 | 4116 | 4284 | 4389 | 4494 | 4578 | 4662 |
| | | 二级 | $1.1f_t/f_{yv}$ | 3670 | 4030 | 4389 | 4620 | 4851 | 5031 | 5236 | 5364 | 5493 | 5595 | 5698 |
| | | 一级 | $1.2f_t/f_{yv}$ | 4004 | 4396 | 4788 | 5040 | 5292 | 5488 | 5712 | 5852 | 5992 | 6104 | 6216 |
| | | 特一级 | $1.3f_t/f_{yv}$ | 4338 | 4762 | 5187 | 5460 | 5733 | 5945 | 6188 | 6340 | 6491 | 6613 | 6734 |
| 8 | 750 | 非抗震 | $0.9f_t/f_{yv}$ | 3218 | 3533 | 3848 | 4050 | 4253 | 4410 | 4590 | 4703 | 4815 | 4905 | 4995 |
| | | 二级 | $1.1f_t/f_{yv}$ | 3933 | 4318 | 4703 | 4950 | 5198 | 5390 | 5610 | 5748 | 5885 | 5995 | 6105 |
| | | 一级 | $1.2f_t/f_{yv}$ | 4290 | 4710 | 5130 | 5400 | 5670 | 5880 | 6120 | 6270 | 6420 | 6540 | 6660 |
| | | 特一级 | $1.3f_t/f_{yv}$ | 4648 | 5103 | 5558 | 5850 | 6143 | 6370 | 6630 | 6793 | 6955 | 7085 | 7215 |
| 9 | 800 | 非抗震 | $0.9f_t/f_{yv}$ | 3432 | 3768 | 4104 | 4320 | 4536 | 4704 | 4896 | 5016 | 5136 | 5232 | 5328 |
| | | 二级 | $1.1f_t/f_{yv}$ | 4195 | 4605 | 5016 | 5280 | 5544 | 5749 | 5984 | 6131 | 6277 | 6395 | 6512 |
| | | 一级 | $1.2f_t/f_{yv}$ | 4576 | 5024 | 5472 | 5760 | 6048 | 6272 | 6528 | 6688 | 6848 | 6976 | 7104 |
| | | 特一级 | $1.3f_t/f_{yv}$ | 4957 | 5443 | 5928 | 6240 | 6552 | 6795 | 7072 | 7245 | 7419 | 7557 | 7696 |
| 10 | 850 | 非抗震 | $0.9f_t/f_{yv}$ | 3647 | 4004 | 4361 | 4590 | 4820 | 4998 | 5202 | 5330 | 5457 | 5559 | 5661 |
| | | 二级 | $1.1f_t/f_{yv}$ | 4457 | 4893 | 5330 | 5610 | 5891 | 6109 | 6358 | 6514 | 6670 | 6794 | 6919 |
| | | 一级 | $1.2f_t/f_{yv}$ | 4862 | 5338 | 5814 | 6120 | 6426 | 6664 | 6936 | 7106 | 7276 | 7412 | 7548 |
| | | 特一级 | $1.3f_t/f_{yv}$ | 5267 | 5783 | 6299 | 6630 | 6962 | 7219 | 7514 | 7698 | 7882 | 8030 | 8177 |
| 11 | 900 | 非抗震 | $0.9f_t/f_{yv}$ | 3861 | 4239 | 4617 | 4860 | 5103 | 5292 | 5508 | 5643 | 5778 | 5886 | 5994 |
| | | 二级 | $1.1f_t/f_{yv}$ | 4719 | 5181 | 5643 | 5940 | 6237 | 6468 | 6732 | 6897 | 7062 | 7194 | 7326 |
| | | 一级 | $1.2f_t/f_{yv}$ | 5148 | 5652 | 6156 | 6480 | 6804 | 7056 | 7344 | 7524 | 7704 | 7848 | 7992 |
| | | 特一级 | $1.3f_t/f_{yv}$ | 5577 | 6123 | 6669 | 7020 | 7371 | 7644 | 7956 | 8151 | 8346 | 8502 | 8658 |
| 12 | 950 | 非抗震 | $0.9f_t/f_{yv}$ | 4076 | 4475 | 4874 | 5130 | 5387 | 5586 | 5814 | 5957 | 6099 | 6213 | 6327 |
| | | 二级 | $1.1f_t/f_{yv}$ | 4981 | 5469 | 5957 | 6270 | 6584 | 6827 | 7106 | 7280 | 7454 | 7594 | 7733 |
| | | 一级 | $1.2f_t/f_{yv}$ | 5434 | 5966 | 6498 | 6840 | 7182 | 7448 | 7752 | 7942 | 8132 | 8284 | 8436 |
| | | 特一级 | $1.3f_t/f_{yv}$ | 5887 | 6463 | 7040 | 7410 | 7781 | 8069 | 8398 | 8604 | 8810 | 8974 | 9139 |
| 13 | 1000 | 非抗震 | $0.9f_t/f_{yv}$ | 4290 | 4710 | 5130 | 5400 | 5670 | 5880 | 6120 | 6270 | 6420 | 6540 | 6660 |
| | | 二级 | $1.1f_t/f_{yv}$ | 5243 | 5757 | 6270 | 6600 | 6930 | 7187 | 7480 | 7663 | 7847 | 7993 | 8140 |
| | | 一级 | $1.2f_t/f_{yv}$ | 5720 | 6280 | 6840 | 7200 | 7560 | 7840 | 8160 | 8360 | 8560 | 8720 | 8880 |
| | | 特一级 | $1.3f_t/f_{yv}$ | 6197 | 6803 | 7410 | 7800 | 8190 | 8493 | 8840 | 9057 | 9273 | 9447 | 9620 |
| 14 | 1050 | 非抗震 | $0.9f_t/f_{yv}$ | 4505 | 4946 | 5387 | 5670 | 5954 | 6174 | 6426 | 6584 | 6741 | 6867 | 6993 |
| | | 二级 | $1.1f_t/f_{yv}$ | 5506 | 6045 | 6584 | 6930 | 7277 | 7546 | 7854 | 8047 | 8239 | 8393 | 8547 |
| | | 一级 | $1.2f_t/f_{yv}$ | 6006 | 6594 | 7182 | 7560 | 7938 | 8232 | 8568 | 8778 | 8988 | 9156 | 9324 |
| | | 特一级 | $1.3f_t/f_{yv}$ | 6507 | 7144 | 7781 | 8190 | 8600 | 8918 | 9282 | 9510 | 9737 | 9919 | 10101 |
| 15 | 1100 | 非抗震 | $0.9f_t/f_{yv}$ | 4719 | 5181 | 5643 | 5940 | 6237 | 6468 | 6732 | 6584 | 6741 | 6867 | 6993 |
| | | 二级 | $1.1f_t/f_{yv}$ | 5768 | 6332 | 6897 | 7260 | 7623 | 7905 | 8228 | 8430 | 8631 | 8793 | 8954 |
| | | 一级 | $1.2f_t/f_{yv}$ | 6292 | 6908 | 7525 | 7920 | 8316 | 8624 | 8976 | 9196 | 9416 | 9592 | 9768 |
| | | 特一级 | $1.3f_t/f_{yv}$ | 6816 | 7484 | 8151 | 8580 | 9009 | 9343 | 9724 | 9962 | 10201 | 10391 | 10582 |

续表

| 序号 | 梁宽 $b$ (mm) | 抗震等级 | 梁配箍率 | 混凝土强度等级 | | | | | | | | | | |
|---|---|---|---|---|---|---|---|---|---|---|---|---|---|---|
| | | | | C30 | C35 | C40 | C45 | C50 | C55 | C60 | C65 | C70 | C75 | C80 |
| 16 | 1150 | 非抗震 | $0.9f_t/f_{yv}$ | 4934 | 5417 | 5900 | 6210 | 6521 | 6762 | 7038 | 7211 | 7383 | 7521 | 7659 |
| | | 二级 | $1.1f_t/f_{yv}$ | 6030 | 6620 | 7211 | 7590 | 7970 | 8265 | 8602 | 8813 | 9024 | 9192 | 9361 |
| | | 一级 | $1.2f_t/f_{yv}$ | 6578 | 7222 | 7866 | 8280 | 8694 | 9016 | 9384 | 9614 | 9844 | 10028 | 10212 |
| | | 特一级 | $1.3f_t/f_{yv}$ | 7126 | 7824 | 8522 | 8970 | 9419 | 9767 | 10166 | 10415 | 10664 | 10864 | 11063 |
| 17 | 1200 | 非抗震 | $0.9f_t/f_{yv}$ | 5148 | 5652 | 6156 | 6480 | 6804 | 7056 | 7344 | 7524 | 7704 | 7848 | 7992 |
| | | 二级 | $1.1f_t/f_{yv}$ | 6292 | 6908 | 7524 | 7920 | 8316 | 8624 | 8976 | 9196 | 9416 | 9592 | 9768 |
| | | 一级 | $1.2f_t/f_{yv}$ | 6864 | 7536 | 8208 | 8640 | 9072 | 9408 | 9792 | 10032 | 10272 | 10464 | 10656 |
| | | 特一级 | $1.3f_t/f_{yv}$ | 7436 | 8164 | 8892 | 9360 | 9828 | 10192 | 10608 | 10868 | 11128 | 11336 | 11544 |
| 18 | 1250 | 非抗震 | $0.9f_t/f_{yv}$ | 5363 | 5888 | 6413 | 6750 | 7008 | 7350 | 7650 | 7838 | 8025 | 8175 | 8325 |
| | | 二级 | $1.1f_t/f_{yv}$ | 6554 | 7196 | 7838 | 8250 | 8663 | 8983 | 9350 | 9579 | 9808 | 9992 | 10175 |
| | | 一级 | $1.2f_t/f_{yv}$ | 7150 | 7850 | 8550 | 9000 | 9450 | 9800 | 10200 | 10450 | 10700 | 10900 | 11100 |
| | | 特一级 | $1.3f_t/f_{yv}$ | 7746 | 8504 | 9263 | 9750 | 10238 | 10617 | 11050 | 11321 | 11592 | 11808 | 12025 |
| 19 | 1300 | 非抗震 | $0.9f_t/f_{yv}$ | 5577 | 6123 | 6669 | 7020 | 7371 | 7644 | 7956 | 8151 | 8346 | 8502 | 8658 |
| | | 二级 | $1.1f_t/f_{yv}$ | 6816 | 7484 | 8151 | 8580 | 9009 | 9343 | 9724 | 9962 | 10201 | 10391 | 10582 |
| | | 一级 | $1.2f_t/f_{yv}$ | 7436 | 8164 | 8892 | 9360 | 9828 | 10192 | 10608 | 10868 | 11128 | 11336 | 11544 |
| | | 特一级 | $1.3f_t/f_{yv}$ | 8056 | 8844 | 9633 | 10140 | 10647 | 11041 | 11492 | 11774 | 12055 | 12281 | 12506 |
| 20 | 1350 | 非抗震 | $0.9f_t/f_{yv}$ | 5792 | 6359 | 6926 | 7290 | 7655 | 7938 | 8262 | 8465 | 8667 | 8829 | 8991 |
| | | 二级 | $1.1f_t/f_{yv}$ | 7079 | 7772 | 8465 | 8910 | 9356 | 9702 | 10098 | 10346 | 10593 | 10791 | 10989 |
| | | 一级 | $1.2f_t/f_{yv}$ | 7722 | 8478 | 9234 | 9720 | 10206 | 10584 | 11016 | 11286 | 11556 | 11772 | 11988 |
| | | 特一级 | $1.3f_t/f_{yv}$ | 8366 | 9185 | 10004 | 10530 | 11057 | 11466 | 11934 | 12227 | 12519 | 12753 | 12987 |
| 21 | 1400 | 非抗震 | $0.9f_t/f_{yv}$ | 6006 | 6594 | 7182 | 7560 | 7938 | 8232 | 8568 | 8778 | 8988 | 9156 | 9324 |
| | | 二级 | $1.1f_t/f_{yv}$ | 7341 | 8060 | 8778 | 9240 | 9702 | 10062 | 10472 | 10729 | 10986 | 11191 | 11396 |
| | | 一级 | $1.2f_t/f_{yv}$ | 8008 | 8792 | 9576 | 10080 | 10584 | 10976 | 11424 | 11704 | 11984 | 12208 | 12432 |
| | | 特一级 | $1.3f_t/f_{yv}$ | 8676 | 9525 | 10374 | 10920 | 11466 | 11891 | 12376 | 12680 | 12983 | 13226 | 13468 |

**用 HRB400 及 CRB550 级冷轧带肋箍筋($f_{yv}=360N/mm^2$)时高层框支梁加密区的最小配箍量($mm^2/m$) 表 6.10**

| 序号 | 梁宽 $b$ (mm) | 抗震等级 | 梁配箍率 | 混凝土强度等级 | | | | | | | | | | |
|---|---|---|---|---|---|---|---|---|---|---|---|---|---|---|
| | | | | C30 | C35 | C40 | C45 | C50 | C55 | C60 | C65 | C70 | C75 | C80 |
| 1 | 400 | 非抗震 | $0.9f_t/f_{yv}$ | 1430 | 1570 | 1710 | 1800 | 1890 | 1960 | 2040 | 2090 | 2140 | 2180 | 2220 |
| | | 二级 | $1.1f_t/f_{yv}$ | 1748 | 1919 | 2090 | 2200 | 2310 | 2396 | 2494 | 2555 | 2616 | 2665 | 2714 |
| | | 一级 | $1.2f_t/f_{yv}$ | 1907 | 2094 | 2280 | 2400 | 2520 | 2614 | 2720 | 2787 | 2854 | 2907 | 2960 |
| | | 特一级 | $1.3f_t/f_{yv}$ | 2066 | 2268 | 2470 | 2600 | 2730 | 2832 | 2947 | 3019 | 3092 | 3149 | 3207 |
| 2 | 450 | 非抗震 | $0.9f_t/f_{yv}$ | 1609 | 1767 | 1924 | 2025 | 2127 | 2205 | 2295 | 2352 | 2408 | 2453 | 2498 |
| | | 二级 | $1.1f_t/f_{yv}$ | 1967 | 2159 | 2352 | 2475 | 2599 | 2695 | 2805 | 2874 | 2943 | 2998 | 3053 |
| | | 一级 | $1.2f_t/f_{yv}$ | 2145 | 2355 | 2565 | 2700 | 2835 | 2940 | 3060 | 3135 | 3210 | 3270 | 3330 |
| | | 特一级 | $1.3f_t/f_{yv}$ | 2324 | 2552 | 2779 | 2925 | 3072 | 3185 | 3315 | 3397 | 3478 | 3543 | 3608 |

续表

| 序号 | 梁宽 $b$ (mm) | 抗震等级 | 梁配箍率 | 混凝土强度等级 | | | | | | | | | | |
|---|---|---|---|---|---|---|---|---|---|---|---|---|---|---|
| | | | | C30 | C35 | C40 | C45 | C50 | C55 | C60 | C65 | C70 | C75 | C80 |
| 3 | 500 | 非抗震 | $0.9f_t/f_{yv}$ | 1788 | 1963 | 2138 | 2250 | 2363 | 2450 | 2550 | 2613 | 2675 | 2725 | 2775 |
| | | 二级 | $1.1f_t/f_{yv}$ | 2185 | 2399 | 2613 | 2750 | 2888 | 2995 | 3117 | 3194 | 3270 | 3331 | 3392 |
| | | 一级 | $1.2f_t/f_{yv}$ | 2384 | 2317 | 2850 | 3000 | 3150 | 3267 | 3400 | 3484 | 3567 | 3634 | 3700 |
| | | 特一级 | $1.3f_t/f_{yv}$ | 2582 | 2835 | 3088 | 3250 | 3413 | 3539 | 3684 | 3774 | 3864 | 3937 | 4009 |
| 4 | 550 | 非抗震 | $0.9f_t/f_{yv}$ | 1967 | 2159 | 2352 | 2475 | 2599 | 2695 | 2805 | 2874 | 2943 | 2998 | 3053 |
| | | 二级 | $1.1f_t/f_{yv}$ | 2404 | 2639 | 2874 | 3025 | 3177 | 3294 | 3429 | 3513 | 3597 | 3664 | 3731 |
| | | 一级 | $1.2f_t/f_{yv}$ | 2622 | 2879 | 3135 | 3300 | 3465 | 3594 | 3740 | 3832 | 3924 | 3997 | 4070 |
| | | 特一级 | $1.3f_t/f_{yv}$ | 2841 | 3119 | 3397 | 3575 | 3754 | 3893 | 4052 | 4151 | 4251 | 4330 | 4410 |
| 5 | 600 | 非抗震 | $0.9f_t/f_{yv}$ | 2145 | 2355 | 2565 | 2700 | 2835 | 2940 | 3060 | 3135 | 3210 | 3270 | 3330 |
| | | 二级 | $1.1f_t/f_{yv}$ | 2622 | 2879 | 3135 | 3300 | 3465 | 3594 | 3740 | 3832 | 3924 | 3397 | 4070 |
| | | 一级 | $1.2f_t/f_{yv}$ | 2860 | 3140 | 3420 | 3600 | 3780 | 3920 | 4080 | 4180 | 4280 | 4360 | 4440 |
| | | 特一级 | $1.3f_t/f_{yv}$ | 3099 | 3402 | 3705 | 3900 | 4095 | 4247 | 4420 | 4529 | 4637 | 4724 | 4810 |
| 6 | 650 | 非抗震 | $0.9f_t/f_{yv}$ | 2324 | 2552 | 2779 | 2925 | 3072 | 3185 | 3315 | 3397 | 3478 | 3543 | 3608 |
| | | 二级 | $1.1f_t/f_{yv}$ | 2841 | 3119 | 3397 | 3575 | 3754 | 3893 | 4052 | 4151 | 4251 | 4330 | 4410 |
| | | 一级 | $1.2f_t/f_{yv}$ | 3099 | 3402 | 3705 | 3900 | 4095 | 4247 | 4420 | 4529 | 4637 | 4724 | 4810 |
| | | 特一级 | $1.3f_t/f_{yv}$ | 3357 | 3686 | 4014 | 4225 | 4437 | 4601 | 4789 | 4906 | 5024 | 5117 | 5211 |
| 7 | 700 | 非抗震 | $0.9f_t/f_{yv}$ | 2503 | 2748 | 2993 | 3150 | 3308 | 3430 | 3570 | 3658 | 3745 | 3815 | 3885 |
| | | 二级 | $1.1f_t/f_{yv}$ | 3059 | 3359 | 3658 | 3850 | 4043 | 4193 | 4364 | 4471 | 4578 | 4663 | 4749 |
| | | 一级 | $1.2f_t/f_{yv}$ | 3337 | 3664 | 3990 | 4200 | 4410 | 4574 | 4760 | 4877 | 4994 | 5087 | 5180 |
| | | 特一级 | $1.3f_t/f_{yv}$ | 3615 | 3969 | 4323 | 4550 | 4778 | 4955 | 5157 | 5284 | 5410 | 5511 | 5612 |
| 8 | 750 | 非抗震 | $0.9f_t/f_{yv}$ | 2682 | 2944 | 3207 | 3375 | 3544 | 3675 | 3825 | 3919 | 4013 | 4088 | 4163 |
| | | 二级 | $1.1f_t/f_{yv}$ | 3277 | 3598 | 3919 | 4125 | 4332 | 4492 | 4675 | 4790 | 4905 | 4996 | 5088 |
| | | 一级 | $1.2f_t/f_{yv}$ | 3575 | 3925 | 4275 | 4500 | 4725 | 4900 | 5100 | 5225 | 5350 | 5450 | 5550 |
| | | 特一级 | $1.3f_t/f_{yv}$ | 3873 | 4253 | 4632 | 4875 | 5119 | 5309 | 5525 | 5661 | 5796 | 5905 | 6013 |
| 9 | 800 | 非抗震 | $0.9f_t/f_{yv}$ | 2860 | 3140 | 3420 | 3600 | 3780 | 3920 | 4080 | 4180 | 4280 | 4360 | 4440 |
| | | 二级 | $1.1f_t/f_{yv}$ | 3496 | 3838 | 4180 | 4400 | 4620 | 4792 | 4987 | 5109 | 5232 | 5329 | 5427 |
| | | 一级 | $1.2f_t/f_{yv}$ | 3814 | 4187 | 4560 | 4800 | 5040 | 5227 | 5440 | 5574 | 5707 | 5814 | 5920 |
| | | 特一级 | $1.3f_t/f_{yv}$ | 4132 | 4536 | 4940 | 5200 | 5460 | 5309 | 5525 | 5661 | 5796 | 5905 | 6013 |
| 10 | 850 | 非抗震 | $0.9f_t/f_{yv}$ | 3039 | 3337 | 3634 | 3825 | 4017 | 4165 | 4335 | 4442 | 4548 | 4633 | 4718 |
| | | 二级 | $1.1f_t/f_{yv}$ | 3714 | 4078 | 4442 | 4675 | 4909 | 5091 | 5299 | 5429 | 5559 | 5662 | 5766 |
| | | 一级 | $1.2f_t/f_{yv}$ | 4052 | 4449 | 4845 | 5100 | 5355 | 5554 | 5780 | 5922 | 6064 | 6177 | 6290 |
| | | 特一级 | $1.3f_t/f_{yv}$ | 4390 | 4819 | 5249 | 5525 | 5802 | 6017 | 6262 | 6416 | 6569 | 6692 | 6815 |
| 11 | 900 | 非抗震 | $0.9f_t/f_{yv}$ | 3218 | 3533 | 2848 | 4050 | 4253 | 4410 | 4590 | 4703 | 4815 | 4905 | 4995 |
| | | 二级 | $1.1f_t/f_{yv}$ | 3933 | 4318 | 4703 | 4950 | 5198 | 5390 | 5610 | 5748 | 5885 | 5995 | 6105 |
| | | 一级 | $1.2f_t/f_{yv}$ | 4290 | 4710 | 5130 | 5400 | 5670 | 5880 | 6120 | 6270 | 6420 | 6540 | 6660 |

续表

| 序号 | 梁宽 $b$ (mm) | 抗震等级 | 梁配箍率 | 混凝土强度等级 | | | | | | | | | | |
|---|---|---|---|---|---|---|---|---|---|---|---|---|---|---|
| | | | | C30 | C35 | C40 | C45 | C50 | C55 | C60 | C65 | C70 | C75 | C80 |
| 11 | 900 | 特一级 | $1.3f_t/f_{yv}$ | 4648 | 5103 | 5558 | 5850 | 6143 | 6370 | 6630 | 6793 | 6955 | 7085 | 7215 |
| 12 | 950 | 非抗震 | $0.9f_t/f_{yv}$ | 3397 | 3728 | 4062 | 4275 | 4489 | 4655 | 4845 | 4964 | 5083 | 5178 | 5273 |
| | | 二级 | $1.1f_t/f_{yv}$ | 4151 | 4558 | 4964 | 5225 | 5487 | 5690 | 5922 | 6067 | 6212 | 6328 | 6445 |
| | | 一级 | $1.2f_t/f_{yv}$ | 4529 | 4972 | 5415 | 5700 | 5985 | 6207 | 6460 | 6619 | 6777 | 6904 | 7030 |
| | | 特一级 | $1.3f_t/f_{yv}$ | 4906 | 5386 | 5867 | 6175 | 6484 | 6724 | 6999 | 7170 | 7342 | 7479 | 7616 |
| 13 | 1000 | 非抗震 | $0.9f_t/f_{yv}$ | 3575 | 3925 | 4275 | 4500 | 4725 | 4900 | 5100 | 5225 | 5350 | 5450 | 5550 |
| | | 二级 | $1.1f_t/f_{yv}$ | 4370 | 4798 | 5225 | 5500 | 5775 | 5989 | 6234 | 6387 | 6539 | 6662 | 6784 |
| | | 一级 | $1.2f_t/f_{yv}$ | 4767 | 5234 | 5700 | 6000 | 6300 | 6534 | 6800 | 6967 | 7134 | 7267 | 7400 |
| | | 特一级 | $1.3f_t/f_{yv}$ | 5164 | 5670 | 6175 | 6500 | 6825 | 7078 | 7367 | 7548 | 7728 | 7873 | 8017 |
| 14 | 1050 | 非抗震 | $0.9f_t/f_{yv}$ | 3754 | 4122 | 4489 | 4725 | 4962 | 5145 | 5355 | 5487 | 5618 | 5723 | 5828 |
| | | 二级 | $1.1f_t/f_{yv}$ | 4588 | 5037 | 5487 | 5775 | 6064 | 6289 | 6545 | 6706 | 6866 | 6995 | 7123 |
| | | 一级 | $1.2f_t/f_{yv}$ | 5005 | 5495 | 5985 | 6300 | 6615 | 6860 | 7140 | 7315 | 7490 | 7630 | 7770 |
| | | 特一级 | $1.3f_t/f_{yv}$ | 5423 | 5953 | 6484 | 6825 | 7167 | 7432 | 7735 | 7925 | 8115 | 8266 | 8418 |
| 15 | 1100 | 非抗震 | $0.9f_t/f_{yv}$ | 3933 | 4318 | 4703 | 4950 | 5198 | 5390 | 5610 | 5748 | 5885 | 5995 | 6105 |
| | | 二级 | $1.1f_t/f_{yv}$ | 4807 | 5277 | 5748 | 6050 | 6533 | 6588 | 6857 | 7025 | 7193 | 7328 | 7462 |
| | | 一级 | $1.2f_t/f_{yv}$ | 5244 | 5757 | 6270 | 6600 | 6930 | 7187 | 7480 | 7664 | 7847 | 7994 | 8140 |
| | | 特一级 | $1.3f_t/f_{yv}$ | 5681 | 6237 | 6793 | 7150 | 7508 | 7786 | 8104 | 8302 | 8501 | 8660 | 8819 |
| 16 | 1150 | 非抗震 | $0.9f_t/f_{yv}$ | 4112 | 4514 | 4917 | 5175 | 5434 | 5635 | 5865 | 6009 | 6153 | 6268 | 6383 |
| | | 二级 | $1.1f_t/f_{yv}$ | 5025 | 5517 | 6009 | 6325 | 6642 | 6888 | 7169 | 7344 | 7520 | 7661 | 7801 |
| | | 一级 | $1.2f_t/f_{yv}$ | 5482 | 6019 | 6555 | 6900 | 7245 | 7514 | 7820 | 8012 | 8204 | 8357 | 8510 |
| | | 特一级 | $1.3f_t/f_{yv}$ | 5939 | 6520 | 7102 | 7475 | 7849 | 8140 | 8472 | 8680 | 8887 | 9054 | 9220 |
| 17 | 1200 | 非抗震 | $0.9f_t/f_{yv}$ | 4290 | 4710 | 5130 | 5400 | 5670 | 5880 | 6120 | 6270 | 6420 | 6540 | 6660 |
| | | 二级 | $1.1f_t/f_{yv}$ | 5244 | 5757 | 6270 | 6600 | 6930 | 7187 | 7480 | 7664 | 7847 | 7994 | 8140 |
| | | 一级 | $1.2f_t/f_{yv}$ | 5720 | 6280 | 6840 | 7200 | 7560 | 7840 | 8160 | 8360 | 8560 | 8720 | 8880 |
| | | 特一级 | $1.3f_t/f_{yv}$ | 6197 | 6804 | 7410 | 7800 | 8190 | 8494 | 8840 | 9057 | 9274 | 9447 | 9620 |
| 18 | 1250 | 非抗震 | $0.9f_t/f_{yv}$ | 4469 | 4907 | 5344 | 5625 | 5907 | 6125 | 6375 | 6532 | 6688 | 6813 | 6938 |
| | | 二级 | $1.1f_t/f_{yv}$ | 5462 | 5997 | 6532 | 6875 | 7219 | 7487 | 7792 | 7983 | 8174 | 8327 | 8480 |
| | | 一级 | $1.2f_t/f_{yv}$ | 5959 | 6542 | 7125 | 7500 | 7875 | 8167 | 8500 | 8709 | 8917 | 9084 | 9250 |
| | | 特一级 | $1.3f_t/f_{yv}$ | 6455 | 7087 | 7719 | 8125 | 8532 | 8848 | 9209 | 9434 | 9660 | 9841 | 10021 |
| 19 | 1300 | 非抗震 | $0.9f_t/f_{yv}$ | 4648 | 5103 | 5558 | 5850 | 6143 | 6370 | 6630 | 6793 | 6955 | 7085 | 7215 |
| | | 二级 | $1.1f_t/f_{yv}$ | 5681 | 6237 | 6793 | 7150 | 7508 | 7786 | 8104 | 8302 | 8501 | 8660 | 8819 |
| | | 一级 | $1.2f_t/f_{yv}$ | 6197 | 6804 | 7410 | 7800 | 8190 | 8494 | 8840 | 9057 | 9274 | 9447 | 9620 |
| | | 特一级 | $1.3f_t/f_{yv}$ | 6714 | 7371 | 8028 | 8450 | 8873 | 9202 | 9577 | 9812 | 10047 | 10234 | 10422 |
| 20 | 1350 | 非抗震 | $0.9f_t/f_{yv}$ | 4827 | 5299 | 5772 | 6075 | 6379 | 6615 | 6885 | 7054 | 7223 | 7358 | 7493 |
| | | 二级 | $1.1f_t/f_{yv}$ | 5899 | 6477 | 7054 | 7425 | 7797 | 8085 | 8415 | 8622 | 8828 | 8993 | 9158 |

续表

| 序号 | 梁宽 $b$（mm） | 抗震等级 | 梁配箍率 | 混凝土强度等级 | | | | | | | | | | |
|---|---|---|---|---|---|---|---|---|---|---|---|---|---|---|
| | | | | C30 | C35 | C40 | C45 | C50 | C55 | C60 | C65 | C70 | C75 | C80 |
| 20 | 1350 | 一级 | $1.2f_t/f_{yv}$ | 6435 | 7065 | 7695 | 8100 | 8505 | 8820 | 9180 | 9405 | 9630 | 9810 | 9990 |
| | | 特一级 | $1.3f_t/f_{yv}$ | 6972 | 7654 | 8337 | 8775 | 9214 | 9555 | 9945 | 10189 | 10433 | 10628 | 10823 |
| 21 | 1400 | 非抗震 | $0.9f_t/f_{yv}$ | 5005 | 5495 | 5985 | 6300 | 6615 | 6860 | 7140 | 7315 | 7490 | 7630 | 7770 |
| | | 二级 | $1.1f_t/f_{yv}$ | 6118 | 6717 | 7315 | 7700 | 8085 | 8385 | 8727 | 8941 | 9155 | 9326 | 9497 |
| | | 一级 | $1.2f_t/f_{yv}$ | 6674 | 7327 | 7980 | 8400 | 8820 | 9147 | 9520 | 9754 | 9987 | 10174 | 10360 |
| | | 特一级 | $1.3f_t/f_{yv}$ | 7230 | 7938 | 8645 | 9100 | 9555 | 9909 | 10314 | 10567 | 10819 | 11022 | 11224 |

## （五）框支梁加密区按最小配箍率决定的箍筋直径与间距

说明：1 《高层建筑混凝土结构技术规程》JGJ 3—2002 第 10.2.8 条 3 款规定："框支梁支座处（离柱边 1.5 倍梁截面高度范围内）箍筋应加密，加密区箍筋直径不应小于 10mm，间距不应大于 100mm"。

2 《建筑抗震设计规范》GB50011—2001 附录 B.0.3 条 1 款规定：高强混凝土（C65—C80）框架在抗震设计时，梁端箍筋加密区的箍筋最小直径应比普通混凝土梁箍筋的最小直径增大 2mm。

**用 HPB235 箍筋（$f_{yv}=210\text{N/mm}^2$）时框支梁加密区的最小配箍量　　表 6.11**

| 序号 | 梁截面宽度 $b$（mm） | 混凝土强度等级 | 抗震等级 | | | 非抗震 |
|---|---|---|---|---|---|---|
| | | | 特一级 | 一级 | 二级 | |
| 1 | 400 | C30 | 14－100（3） | 12－100（3） | 12－100（3） | 12－100（3） |
| | | C35 | 14－100（3） | 14－100（3） | 12－100（3） | 12－100（3） |
| | | C40 | 14－100（3） | 14－100（3） | 14－100（3） | 12－100（3） |
| | | C45 | 14－100（3） | 14－100（3） | 14－100（3） | 12－100（3） |
| | | C50 | 16－100（3） | 14－100（3） | 14－100（3） | 12－100（3） |
| | | C55 | 16－100（3） | 14－100（3） | 14－100（3） | 12－100（3） |
| | | C60 | 16－100（3） | 16－100（3） | 14－100（3） | 14－100（3） |
| | | C65 | 16－100（3） | 16－100（3） | 14－100（3） | 14－100（3） |
| | | C70 | 16－100（3） | 16－100（3） | 14－100（3） | 14－100（3） |
| | | C75 | 16－100（3） | 16－100（3） | 14－100（3） | 14－100（3） |
| | | C80 | 16－100（3） | 16－100（3） | 16－100（3） | 14－100（3） |
| 2 | 400 | C30 | 12 100（4） | 12 100（4） | 10 100（4） | 10－100（4） |
| | | C35 | 12－100（4） | 12－100（4） | 12－100（4） | 10－100（4） |
| | | C40 | 12－100（4） | 12－100（4） | 12－100（4） | 10－100（4） |
| | | C45 | 12－100（4） | 12－100（4） | 12－100（4） | 10－100（4） |
| | | C50 | 14－100（4） | 12－100（4） | 12－100（4） | 12－100（4） |
| | | C55 | 14－100（4） | 12－100（4） | 12－100（4） | 12－100（4） |
| | | C60 | 14－100（4） | 14－100（4） | 14－100（4） | 12－100（4） |
| | | C65 | 14－100（4） | 14－100（4） | 14－100（4） | 12－100（4） |
| | | C70 | 14－100（4） | 14－100（4） | 14－100（4） | 12－100（4） |
| | | C75 | 14－100（4） | 14－100（4） | 14－100（4） | 12－100（4） |

续表

| 序号 | 梁截面宽度 b（mm） | 混凝土强度等级 | 抗震等级 | | | 非抗震 |
| --- | --- | --- | --- | --- | --- | --- |
| | | | 特一级 | 一级 | 二级 | |
| 2 | 400 | C80 | 14－100（4） | 14－100（4） | 14－100（4） | 12－100（4） |
| 3 | 450 | C30 | 14－100（3） | 14－100（3） | 12－100（3） | 12－100（3） |
| | | C35 | 14－100（3） | 14－100（3） | 14－100（3） | 12－100（3） |
| | | C40 | 16－100（3） | 14－100（3） | 14－100（3） | 12－100（3） |
| | | C45 | 16－100（3） | 16－100（3） | 14－100（3） | 14－100（3） |
| | | C50 | 16－100（3） | 16－100（3） | 14－100（3） | 14－100（3） |
| | | C55 | 16－100（3） | 16－100（3） | 16－100（3） | 14－100（3） |
| | | C60 | 16－100（3） | 16－100（3） | 16－100（3） | 14－100（3） |
| | | C65 | 16－100（3） | 16－100（3） | 16－100（3） | 14－100（3） |
| | | C70 | 16－100（3） | 16－100（3） | 16－100（3） | 14－100（3） |
| | | C75 | 18－100（3） | 16－100（3） | 16－100（3） | 14－100（3） |
| | | C80 | 18－100（3） | 16－100（3） | 16－100（3） | 14－100（3） |
| 4 | 450 | C30 | 12－100（4） | 12－100（4） | 12－100（4） | 10－100（4） |
| | | C35 | 12－100（4） | 12－100（4） | 12－100（4） | 10－100（4） |
| | | C40 | 14－100（4） | 12－100（4） | 12－100（4） | 12－100（4） |
| | | C45 | 14－100（4） | 14－100（4） | 12－100（4） | 12－100（4） |
| | | C50 | 14－100（4） | 14－100（4） | 12－100（4） | 12－100（4） |
| | | C55 | 14－100（4） | 14－100（4） | 14－100（4） | 12－100（4） |
| | | C60 | 14－100（4） | 14－100（4） | 14－100（4） | 12－100（4） |
| | | C65 | 14－100（4） | 14－100（4） | 14－100（4） | 12－100（4） |
| | | C70 | 14－100（4） | 14－100（4） | 14－100（4） | 12－100（4） |
| | | C75 | 14－100（4） | 14－100（4） | 14－100（4） | 12－100（4） |
| | | C80 | 16－100（4） | 14－100（4） | 14－100（4） | 12－100（4） |
| 5 | 500 | C30 | 12－100（4） | 12－100（4） | 12－100（4） | 10－100（4） |
| | | C35 | 14－100（4） | 12－100（4） | 12－100（4） | 12－100（4） |
| | | C40 | 14－100（4） | 14－100（4） | 12－100（4） | 12－100（4） |
| | | C45 | 14－100（4） | 14－100（4） | 14－100（4） | 12－100（4） |
| | | C50 | 14－100（4） | 14－100（4） | 14－100（4） | 12－100（4） |
| | | C55 | 14－100（4） | 14－100（4） | 14－100（4） | 12－100（4） |
| | | C60 | 16－100（1） | 14－100（4） | 14－100（4） | 12－100（4） |
| | | C65 | 16－100（1） | 14－100（4） | 14－100（4） | 12－100（4） |
| | | C70 | 16－100（4） | 14－100（4） | 14－100（4） | 14－100（4） |
| | | C75 | 16－100（4） | 16－100（4） | 14－100（4） | 14－100（4） |
| | | C80 | 16－100（4） | 16－100（4） | 14－100（4） | 14－100（4） |
| 6 | 500 | C30 | 12－100（5） | 12－100（5） | 10－100（5） | 10－100（5） |
| | | C35 | 12－100（5） | 12－100（5） | 12－100（5） | 10－100（5） |

续表

| 序号 | 梁截面宽度 $b$（mm） | 混凝土强度等级 | 抗震等级 | | | 非抗震 |
|---|---|---|---|---|---|---|
| | | | 特一级 | 一级 | 二级 | |
| 6 | 500 | C40 | 12–100（5） | 12–100（5） | 12–100（5） | 10–100（5） |
| | | C45 | 12–100（5） | 12–100（5） | 12–100（5） | 10–100（5） |
| | | C50 | 14–100（5） | 12–100（5） | 12–100（5） | 12–100（5） |
| | | C55 | 14–100（5） | 12–100（5） | 12–100（5） | 12–100（5） |
| | | C60 | 14–100（5） | 14–100（5） | 12–100（5） | 12–100（5） |
| | | C65 | 14–100（5） | 14–100（5） | 12–100（5） | 12–100（5） |
| | | C70 | 14–100（5） | 14–100（5） | 12–100（5） | 12–100（5） |
| | | C75 | 14–100（5） | 14–100（5） | 14–100（5） | 12–100（5） |
| | | C80 | 14–100（5） | 14–100（5） | 14–100（5） | 12–100（5） |
| 7 | 550 | C30 | 14–100（4） | 12–100（4） | 12–100（4） | 12–100（4） |
| | | C35 | 14–100（4） | 14–100（4） | 12–100（4） | 12–100（4） |
| | | C40 | 14–100（4） | 14–100（4） | 14–100（4） | 12–100（4） |
| | | C45 | 14–100（4） | 14–100（4） | 14–100（4） | 12–100（4） |
| | | C50 | 16–100（4） | 14–100（4） | 14–100（4） | 12–100（4） |
| | | C55 | 16–100（4） | 16–100（4） | 14–100（4） | 14–100（4） |
| | | C60 | 16–100（4） | 16–100（4） | 14–100（4） | 14–100（4） |
| | | C65 | 16–100（4） | 16–100（4） | 14–100（4） | 14–100（4） |
| | | C70 | 16–100（4） | 16–100（4） | 16–100（4） | 14–100（4） |
| | | C75 | 16–100（4） | 16–100（4） | 16–100（4） | 14–100（4） |
| | | C80 | 16–100（4） | 16–100（4） | 16–100（4） | 14–100（4） |
| 8 | 550 | C30 | 12–100（5） | 12–100（5） | 12–100（5） | 10–100（5） |
| | | C35 | 12–100（5） | 12–100（5） | 12–100（5） | 10–100（5） |
| | | C40 | 14–100（5） | 12–100（5） | 12–100（5） | 12–100（5） |
| | | C45 | 14–100（5） | 14–100（5） | 12–100（5） | 12–100（5） |
| | | C50 | 14–100（5） | 14–100（5） | 12–100（5） | 12–100（5） |
| | | C55 | 14–100（5） | 14–100（5） | 12–100（5） | 12–100（5） |
| | | C60 | 14–100（5） | 14–100（5） | 14–100（5） | 12–100（5） |
| | | C65 | 14–100（5） | 14–100（5） | 14–100（5） | 12–100（5） |
| | | C70 | 14–100（5） | 14–100（5） | 14–100（5） | 12–100（5） |
| | | C75 | 14–100（5） | 14–100（5） | 14–100（5） | 12–100（5） |
| | | C80 | 14–100（5） | 14–100（5） | 14–100（5） | 12–100（5） |
| 9 | 600 | C30 | 14–100（4） | 14–100（4） | 12–100（4） | 12–100（4） |
| | | C35 | 14–100（4） | 14–100（4） | 14–100（4） | 12–100（4） |
| | | C40 | 16–100（4） | 14–100（4） | 14–100（4） | 12–100（4） |
| | | C45 | 16–100（4） | 16–100（4） | 14–100（4） | 14–100（4） |

续表

| 序号 | 梁截面宽度 b（mm） | 混凝土强度等级 | 抗震等级 | | | 非抗震 |
|---|---|---|---|---|---|---|
| | | | 特一级 | 一级 | 二级 | |
| 9 | 600 | C50 | 16－100（4） | 16－100（4） | 14－100（4） | 14－100（4） |
| | | C55 | 16－100（4） | 16－100（4） | 16－100（4） | 14－100（4） |
| | | C60 | 16－100（4） | 16－100（4） | 16－100（4） | 14－100（4） |
| | | C65 | 16－100（4） | 16－100（4） | 16－100（4） | 14－100（4） |
| | | C70 | 16－100（4） | 16－100（4） | 16－100（4） | 14－100（4） |
| | | C75 | 18－100（4） | 16－100（4） | 16－100（4） | 14－100（4） |
| | | C80 | 18－100（4） | 16－100（4） | 16－100（4） | 14－100（4） |
| 10 | 600 | C30 | 12－100（5） | 12－100（5） | 12－100（5） | 10－100（5） |
| | | C35 | 14－100（5） | 12－100（5） | 12－100（5） | 12－100（5） |
| | | C40 | 14－100（5） | 14－100（5） | 12－100（5） | 12－100（5） |
| | | C45 | 14－100（5） | 14－100（5） | 14－100（5） | 12－100（5） |
| | | C50 | 14－100（5） | 14－100（5） | 14－100（5） | 12－100（5） |
| | | C55 | 14－100（5） | 14－100（5） | 14－100（5） | 12－100（5） |
| | | C60 | 14－100（5） | 14－100（5） | 14－100（5） | 12－100（5） |
| | | C65 | 16－100（5） | 14－100（5） | 14－100（5） | 12－100（5） |
| | | C70 | 16－100（5） | 14－100（5） | 14－100（5） | 12－100（5） |
| | | C75 | 16－100（5） | 14－100（5） | 14－100（5） | 12－100（5） |
| | | C80 | 16－100（5） | 14－100（5） | 14－100（5） | 14－100（5） |
| 11 | 600 | C30 | 12－100（6） | 12－100（6） | 10－100（6） | 10－100（6） |
| | | C35 | 12－100（6） | 12－100（6） | 12－100（6） | 10－100（6） |
| | | C40 | 12－100（6） | 12－100（6） | 12－100（6） | 10－100（6） |
| | | C45 | 12－100（6） | 12－100（6） | 12－100（6） | 10－100（6） |
| | | C50 | 14－100（6） | 12－100（6） | 12－100（6） | 12－100（6） |
| | | C55 | 14－100（6） | 12－100（6） | 12－100（6） | 12－100（6） |
| | | C60 | 14－100（6） | 14－100（6） | 12－100（6） | 12－100（6） |
| | | C65 | 14－100（6） | 14－100（6） | 12－100（6） | 12－100（6） |
| | | C70 | 14－100（6） | 14－100（6） | 12－100（6） | 12－100（6） |
| | | C75 | 14－100（6） | 14－100（6） | 14－100（6） | 12－100（6） |
| | | C80 | 14－100（6） | 14－100（6） | 14－100（6） | 12－100（6） |
| 12 | 650 | C30 | 14－100（4） | 14－100（4） | 14－100（4） | 12－100（4） |
| | | C35 | 16－100（4） | 14－100（4） | 14－100（4） | 12－100（4） |
| | | C40 | 16－100（4） | 16－100（4） | 14－100（4） | 14－100（4） |
| | | C45 | 16－100（4） | 16－100（4） | 14－100（4） | 14－100（4） |
| | | C50 | 16－100（4） | 16－100（4） | 16－100（4） | 14－100（4） |
| | | C55 | 16－100（4） | 16－100（4） | 16－100（4） | 14－100（4） |

续表

| 序号 | 梁截面宽度 $b$（mm） | 混凝土强度等级 | 抗震等级 | | | 非抗震 |
|---|---|---|---|---|---|---|
| | | | 特一级 | 一级 | 二级 | |
| 12 | 650 | C60 | 18－100（4） | 16－100（4） | 16－100（4） | 14－100（4） |
| | | C65 | 18－100（4） | 16－100（4） | 16－100（4） | 14－100（4） |
| | | C70 | 18－100（4） | 16－100（4） | 16－100（4） | 14－100（4） |
| | | C75 | 18－100（4） | 18－100（4） | 16－100（4） | 14－100（4） |
| | | C80 | 18－100（4） | 18－100（4） | 16－100（4） | 16－100（4） |
| 13 | 650 | C30 | 14－100（5） | 12－100（5） | 12－100（5） | 12－100（5） |
| | | C35 | 14－100（5） | 14－100（5） | 12－100（5） | 12－100（5） |
| | | C40 | 14－100（5） | 14－100（5） | 14－100（5） | 12－100（5） |
| | | C45 | 14－100（5） | 14－100（5） | 14－100（5） | 12－100（5） |
| | | C50 | 14－100（5） | 14－100（5） | 14－100（5） | 12－100（5） |
| | | C55 | 14－100（5） | 14－100（5） | 14－100（5） | 12－100（5） |
| | | C60 | 16－100（5） | 14－100（5） | 14－100（5） | 14－100（5） |
| | | C65 | 16－100（5） | 16－100（5） | 14－100（5） | 14－100（5） |
| | | C70 | 16－100（5） | 16－100（5） | 14－100（5） | 14－100（5） |
| | | C75 | 16－100（5） | 16－100（5） | 14－100（5） | 14－100（5） |
| | | C80 | 16－100（5） | 16－100（5） | 14－100（5） | 14－100（5） |
| 14 | 650 | C30 | 12－100（6） | 12－100（6） | 12－100（6） | 10－100（6） |
| | | C35 | 12－100（6） | 12－100（6） | 12－100（6） | 10－100（6） |
| | | C40 | 14－100（6） | 12－100（6） | 12－100（6） | 12－100（6） |
| | | C45 | 14－100（6） | 12－100（6） | 12－100（6） | 12－100（6） |
| | | C50 | 14－100（6） | 14－100（6） | 12－100（6） | 12－100（6） |
| | | C55 | 14－100（6） | 14－100（6） | 12－100（6） | 12－100（6） |
| | | C60 | 14－100（6） | 14－100（6） | 14－100（6） | 12－100（6） |
| | | C65 | 14－100（6） | 14－100（6） | 14－100（6） | 12－100（6） |
| | | C70 | 14－100（6） | 14－100（6） | 14－100（6） | 12－100（6） |
| | | C75 | 14－100（6） | 14－100（6） | 14－100（6） | 12－100（6） |
| | | C80 | 14－100（6） | 14－200（6） | 14－200（6） | 12－100（6） |
| 15 | 700 | C30 | — | — | 14－100（4） | 12－100（4） |
| | | C35 | — | — | 14－100（4） | 14－100（4） |
| | | C40 | — | — | 16－100（4） | 14－100（4） |
| | | C45 | — | — | 16－100（4） | 14－100（4） |
| | | C50 | — | — | 16－100（4） | 14－100（4） |
| | | C55 | — | — | 16－100（4） | 14－100（4） |
| | | C60 | — | — | 16－100（4） | 14－100（4） |
| | | C65 | — | — | 16－100（4） | 16－100（4） |

续表

| 序号 | 梁截面宽度 b（mm） | 混凝土强度等级 | 抗震等级 | | | 非抗震 |
|---|---|---|---|---|---|---|
| | | | 特一级 | 一级 | 二级 | |
| 15 | 700 | C70 | — | — | 16－100（4） | 16－100（4） |
| | | C75 | — | — | 16－100（4） | 16－100（4） |
| | | C80 | — | — | 18－100（4） | 16－100（4） |
| 16 | 700 | C30 | 14－100（5） | 14－100（5） | 12－100（5） | 12－100（5） |
| | | C35 | 14－100（5） | 14－100（5） | 14－100（5） | 12－100（5） |
| | | C40 | 14－100（5） | 14－100（5） | 14－100（5） | 12－100（5） |
| | | C45 | 16－100（5） | 14－100（5） | 14－100（5） | 12－100（5） |
| | | C50 | 16－100（5） | 14－100（5） | 14－100（5） | 14－100（5） |
| | | C55 | 16－100（5） | 16－100（5） | 14－100（5） | 14－100（5） |
| | | C60 | 16－100（5） | 16－100（5） | 14－100（5） | 14－100（5） |
| | | C65 | 16－100（5） | 16－100（5） | 14－100（5） | 14－100（5） |
| | | C70 | 16－100（5） | 16－100（5） | 16－100（5） | 14－100（5） |
| | | C75 | 16－100（5） | 16－100（5） | 16－100（5） | 14－100（5） |
| | | C80 | 16－100（5） | 16－100（5） | 16－100（5） | 14－100（5） |
| 17 | 700 | C30 | 14－100（6） | 14－100（6） | 12－100（6） | 10－100（6） |
| | | C35 | 14－100（6） | 14－100（6） | 12－100（6） | 10－100（6） |
| | | C40 | 14－100（6） | 14－100（6） | 12－100（6） | 12－100（6） |
| | | C45 | 16－100（6） | 14－100（6） | 12－100（6） | 12－100（6） |
| | | C50 | 16－100（6） | 14－100（6） | 14－100（6） | 12－100（6） |
| | | C55 | 16－100（6） | 16－100（6） | 14－100（6） | 12－100（6） |
| | | C60 | 16－100（6） | 16－100（6） | 14－100（6） | 12－100（6） |
| | | C65 | 16－100（6） | 16－100（6） | 14－100（6） | 12－100（6） |
| | | C70 | 16－100（6） | 16－100（6） | 14－100（6） | 12－100（6） |
| | | C75 | 16－100（6） | 16－100（6） | 14－100（6） | 12－100（6） |
| | | C80 | 16－100（6） | 16－100（6） | 14－100（6） | 12－100（6） |
| 18 | 750 | C30 | — | — | 14－100（4） | 14－100（4） |
| | | C35 | — | — | 16－100（4） | 14－100（4） |
| | | C40 | — | — | 16－100（4） | 14－100（4） |
| | | C45 | — | — | 16－100（4） | 14－100（4） |
| | | C50 | — | — | 16－100（4） | 14－100（4） |
| | | C55 | — | — | 16－100（4） | 16－100（4） |
| | | C60 | — | — | 16－100（4） | 16－100（4） |
| | | C65 | — | — | 18－100（4） | 16－100（4） |
| | | C70 | — | — | 18－100（4） | 16－100（4） |
| | | C75 | — | — | 18－100（4） | 16－100（4） |
| | | C80 | — | — | 18－100（4） | 16－100（4） |

续表

| 序号 | 梁截面宽度 $b$（mm） | 混凝土强度等级 | 抗震等级 | | | 非抗震 |
|---|---|---|---|---|---|---|
| | | | 特一级 | 一级 | 二级 | |
| 19 | 750 | C30 | 14－100（5） | 14－100（5） | 12－100（5） | 12－100（5） |
| | | C35 | 14－100（5） | 14－100（5） | 14－100（5） | 12－100（5） |
| | | C40 | 16－100（5） | 14－100（5） | 14－100（5） | 12－100（5） |
| | | C45 | 16－100（5） | 16－100（5） | 14－100（5） | 14－100（5） |
| | | C50 | 16－100（5） | 16－100（5） | 14－100（5） | 14－100（5） |
| | | C55 | 16－100（5） | 16－100（5） | 16－100（5） | 14－100（5） |
| | | C60 | 16－100（5） | 16－100（5） | 16－100（5） | 14－100（5） |
| | | C65 | 16－100（5） | 16－100（5） | 16－100（5） | 14－100（5） |
| | | C70 | 16－100（5） | 16－100（5） | 16－100（5） | 14－100（5） |
| | | C75 | 18－100（5） | 16－100（5） | 16－100（5） | 14－100（5） |
| | | C80 | 18－100（5） | 16－100（5） | 16－100（5） | 14－100（5） |
| 20 | 750 | C30 | 12－100（6） | 12－100（6） | 12－100（6） | 10－100（6） |
| | | C35 | 14－100（6） | 12－100（6） | 12－100（6） | 12－100（6） |
| | | C40 | 14－100（6） | 14－100（6） | 12－100（6） | 12－100（6） |
| | | C45 | 14－100（6） | 14－100（6） | 14－100（6） | 12－100（6） |
| | | C50 | 14－100（6） | 14－100（6） | 14－100（6） | 12－100（6） |
| | | C55 | 14－100（6） | 14－100（6） | 14－100（6） | 12－100（6） |
| | | C60 | 16－100（6） | 14－100（6） | 14－100（6） | 12－100（6） |
| | | C65 | 16－100（6） | 14－100（6） | 14－100（6） | 12－100（6） |
| | | C70 | 16－100（6） | 14－100（6） | 14－100（6） | 14－100（6） |
| | | C75 | 16－100（6） | 16－100（6） | 14－100（6） | 14－100（6） |
| | | C80 | 16－100（6） | 16－100（6） | 14－100（6） | 14－100（6） |
| 21 | 800 | C30 | 14－100（5） | 14－100（5） | 14－100（5） | 12－100（5） |
| | | C35 | 16－100（5） | 14－100（5） | 14－100（5） | 12－100（5） |
| | | C40 | 16－100（5） | 16－100（5） | 14－100（5） | 14－100（5） |
| | | C45 | 16－100（5） | 16－100（5） | 14－100（5） | 14－100（5） |
| | | C50 | 16－100（5） | 16－100（5） | 16－100（5） | 14－100（5） |
| | | C55 | 16－100（5） | 16－100（5） | 16－100（5） | 14－100（5） |
| | | C60 | 18－100（5） | 16－100（5） | 16－100（5） | 14－100（5） |
| | | C65 | 18－100（5） | 16－100（5） | 16－100（5） | 14－100（5） |
| | | C70 | 18－100（5） | 16－100（5） | 16－100（5） | 14－100（5） |
| | | C75 | 18－100（5） | 16－100（5） | 16－100（5） | 14－100（5） |
| | | C80 | 18－100（5） | 18－100（5） | 16－100（5） | 14－100（5） |
| 22 | 800 | C30 | 14－100（6） | 12－100（6） | 12－100（6） | 12－100（6） |
| | | C35 | 16－100（6） | 14－100（6） | 12－100（6） | 12－100（6） |

续表

| 序号 | 梁截面宽度 $b$（mm） | 混凝土强度等级 | 抗震等级 | | | 非抗震 |
|---|---|---|---|---|---|---|
| | | | 特一级 | 一级 | 二级 | |
| 22 | 800 | C40 | 16－100（6） | 14－100（6） | 14－100（6） | 12－100（6） |
| | | C45 | 16－100（6） | 14－100（6） | 14－100（6） | 12－100（6） |
| | | C50 | 16－100（6） | 14－100（6） | 14－100（6） | 12－100（6） |
| | | C55 | 16－100（6） | 14－100（6） | 14－100（6） | 12－100（6） |
| | | C60 | 16－100（6） | 16－100（6） | 14－100（6） | 14－100（6） |
| | | C65 | 16－100（6） | 16－100（6） | 14－100（6） | 14－100（6） |
| | | C70 | 16－100（6） | 16－100（6） | 14－100（6） | 14－100（6） |
| | | C75 | 16－100（6） | 16－100（6） | 14－100（6） | 14－100（6） |
| | | C80 | 16－100（6） | 16－100（6） | 16－100（6） | 14－100（6） |
| 23 | 850 | C30 | 14－100（5） | 14－100（5） | 14－100（5） | 12－100（5） |
| | | C35 | 16－100（5） | 14－100（5） | 14－100（5） | 14－100（5） |
| | | C40 | 16－100（5） | 16－100（5） | 14－100（5） | 14－100（5） |
| | | C45 | 16－100（5） | 16－100（5） | 16－100（5） | 14－100（5） |
| | | C50 | 16－100（5） | 16－100（5） | 16－100（5） | 14－100（5） |
| | | C55 | 18－100（5） | 16－100（5） | 16－100（5） | 14－100（5） |
| | | C60 | 18－100（5） | 16－100（5） | 16－100（5） | 14－100（5） |
| | | C65 | 18－100（5） | 18－100（5） | 16－100（5） | 14－100（5） |
| | | C70 | 18－100（5） | 18－100（5） | 16－100（5） | 16－100（5） |
| | | C75 | 18－100（5） | 18－100（5） | 16－100（5） | 16－100（5） |
| | | C80 | 18－100（5） | 18－100（5） | 16－100（5） | 16－100（5） |
| 24 | 850 | C30 | 14－100（6） | 14－100（6） | 12－100（6） | 12－100（6） |
| | | C35 | 14－100（6） | 14－100（6） | 14－100（6） | 12－100（6） |
| | | C40 | 14－100（6） | 14－100（6） | 14－100（6） | 12－100（6） |
| | | C45 | 16－100（6） | 14－100（6） | 14－100（6） | 12－100（6） |
| | | C50 | 16－100（6） | 14－100（6） | 14－100（6） | 14－100（6） |
| | | C55 | 16－100（6） | 16－100（6） | 14－100（6） | 14－100（6） |
| | | C60 | 16－100（6） | 16－100（6） | 14－100（6） | 14－100（6） |
| | | C65 | 16－100（6） | 16－100（6） | 16－100（6） | 14－100（6） |
| | | C70 | 16－100（6） | 16－100（6） | 16－100（6） | 14－100（6） |
| | | C75 | 16－100（6） | 16－100（6） | 16－100（6） | 14－100（6） |
| | | C80 | 16－100（6） | 16－100（6） | 16－100（6） | 14－100（6） |
| 25 | 900 | C30 | 16－100（6） | 14－100（6） | 12－100（6） | 12－100（6） |
| | | C35 | 16－100（6） | 16－100（6） | 14－100（6） | 12－100（6） |
| | | C40 | 16－100（6） | 16－100（6） | 14－100（6） | 12－100（6） |
| | | C45 | 16－100（6） | 16－100（6） | 14－100（6） | 14－100（6） |

续表

| 序号 | 梁截面宽度 b（mm） | 混凝土强度等级 | 抗震等级 |  |  | 非抗震 |
|---|---|---|---|---|---|---|
|  |  |  | 特一级 | 一级 | 二级 |  |
| 25 | 900 | C50 | 18－100（6） | 16－100（6） | 14－100（6） | 14－100（6） |
|  |  | C55 | 18－100（6） | 18－100（6） | 16－100（6） | 14－100（6） |
|  |  | C60 | 18－100（6） | 18－100（6） | 16－100（6） | 14－100（6） |
|  |  | C65 | 18－100（6） | 18－100（6） | 16－100（6） | 14－100（6） |
|  |  | C70 | 18－100（6） | 18－100（6） | 16－100（6） | 14－100（6） |
|  |  | C75 | 18－100（6） | 18－100（6） | 16－100（6） | 14－100（6） |
|  |  | C80 | 18－100（6） | 18－100（6） | 16－100（6） | 14－100（6） |
| 26 | 900 | C30 | 14－100（7） | 12－100（7） | 12－100（7） | 12－100（7） |
|  |  | C35 | 14－100（7） | 14－100（7） | 12－100（7） | 12－100（7） |
|  |  | C40 | 14－100（7） | 14－100（7） | 14－100（7） | 12－100（7） |
|  |  | C45 | 14－100（7） | 14－100（7） | 14－100（7） | 12－100（7） |
|  |  | C50 | 14－100（7） | 14－100（7） | 14－100（7） | 12－100（7） |
|  |  | C55 | 16－100（7） | 14－100（7） | 14－100（7） | 12－100（7） |
|  |  | C60 | 16－100（7） | 14－100（7） | 14－100（7） | 12－100（7） |
|  |  | C65 | 16－100（7） | 14－100（7） | 14－100（7） | 14－100（7） |
|  |  | C70 | 16－100（7） | 16－100（7） | 14－100（7） | 14－100（7） |
|  |  | C75 | 16－100（7） | 16－100（7） | 14－100（7） | 14－100（7） |
|  |  | C80 | 16－100（7） | 16－100（7） | 14－100（7） | 14－100（7） |
| 27 | 900 | C30 | 12－100（8） | 12－100（8） | 12－100（8） | 10－100（8） |
|  |  | C35 | 12－100（8） | 12－100（8） | 12－100（8） | 10－100（8） |
|  |  | C40 | 14－100（8） | 12－100（8） | 12－100（8） | 12－100（8） |
|  |  | C45 | 14－100（8） | 14－100（8） | 12－100（8） | 12－100（8） |
|  |  | C50 | 14－100（8） | 14－100（8） | 12－100（8） | 12－100（8） |
|  |  | C55 | 14－100（8） | 14－100（8） | 14－100（8） | 12－100（8） |
|  |  | C60 | 14－100（8） | 14－100（8） | 14－100（8） | 12－100（8） |
|  |  | C65 | 14－100（8） | 14－100（8） | 14－100（8） | 12－100（8） |
|  |  | C70 | 14－100（8） | 14－100（8） | 14－100（8） | 12－100（8） |
|  |  | C75 | 14－100（8） | 14－100（8） | 14－100（8） | 12－100（8） |
|  |  | C80 | 16－100（8） | 14－100（8） | 14－100（8） | 12－100（8） |
| 28 | 950 | C30 | 14－100（6） | 14－100（6） | 14－100（6） | 12－100（6） |
|  |  | C35 | 14－100（6） | 14－100（6） | 14－100（6） | 12－100（6） |
|  |  | C40 | 16－100（6） | 16－100（6） | 14－100（6） | 14－100（6） |
|  |  | C45 | 16－100（6） | 16－100（6） | 14－100（6） | 14－100（6） |
|  |  | C50 | 16－100（6） | 16－100（6） | 16－100（6） | 14－100（6） |
|  |  | C55 | 16－100（6） | 16－100（6） | 16－100（6） | 14－100（6） |

续表

| 序号 | 梁截面宽度 b（mm） | 混凝土强度等级 | 抗震等级 | | | 非抗震 |
|---|---|---|---|---|---|---|
| | | | 特一级 | 一级 | 二级 | |
| 28 | 950 | C60 | 16－100（6） | 16－100（6） | 16－100（6） | 14－100（6） |
| | | C65 | 18－100（6） | 16－100（6） | 16－100（6） | 14－100（6） |
| | | C70 | 18－100（6） | 16－100（6） | 16－100（6） | 14－100（6） |
| | | C75 | 18－100（6） | 16－100（6） | 16－100（6） | 14－100（6） |
| | | C80 | 18－100（6） | 16－100（6） | 16－100（6） | 14－100（6） |
| 29 | 950 | C30 | 14－100（7） | 12－100（7） | 12－100（7） | 12－100（7） |
| | | C35 | 14－100（7） | 14－100（7） | 12－100（7） | 12－100（7） |
| | | C40 | 14－100（7） | 14－100（7） | 14－100（7） | 12－100（7） |
| | | C45 | 14－100（7） | 14－100（7） | 14－100（7） | 12－100（7） |
| | | C50 | 16－100（7） | 14－100（7） | 14－100（7） | 12－100（7） |
| | | C55 | 16－100（7） | 14－100（7） | 14－100（7） | 14－100（7） |
| | | C60 | 16－100（7） | 16－100（7） | 14－100（7） | 14－100（7） |
| | | C65 | 16－100（7） | 16－100（7） | 14－100（7） | 14－100（7） |
| | | C70 | 16－100（7） | 16－100（7） | 14－100（7） | 14－100（7） |
| | | C75 | 16－100（7） | 16－100（7） | 16－100（7） | 14－100（7） |
| | | C80 | 16－100（7） | 16－100（7） | 16－100（7） | 14－100（7） |
| 30 | 950 | C30 | 12－100（8） | 12－100（8） | 12－100（8） | 10－100（8） |
| | | C35 | 14－100（8） | 12－100（8） | 12－100（8） | 12－100（8） |
| | | C40 | 14－100（8） | 14－100（8） | 12－100（8） | 12－100（8） |
| | | C45 | 14－100（8） | 14－100（8） | 12－100（8） | 12－100（8） |
| | | C50 | 14－100（8） | 14－100（8） | 14－100（8） | 12－100（8） |
| | | C55 | 14－100（8） | 14－100（8） | 14－100（8） | 12－100（8） |
| | | C60 | 14－100（8） | 14－100（8） | 14－100（8） | 12－100（8） |
| | | C65 | 14－100（8） | 14－100（8） | 14－100（8） | 12－100（8） |
| | | C70 | 16－100（8） | 14－100（8） | 14－100（8） | 12－100（8） |
| | | C75 | 16－100（8） | 14－100（8） | 14－100（8） | 12－100（8） |
| | | C80 | 16－100（8） | 14－100（8） | 14－100（8） | 12－100（8） |
| 31 | 1000 | C30 | 14－100（6） | 14－100（6） | 14－100（6） | 12－100（6） |
| | | C35 | 16－100（6） | 14－100（6） | 14－100（6） | 12－100（6） |
| | | C40 | 16－100（6） | 16－100（6） | 14－100（6） | 14－100（6） |
| | | C45 | 16－100（6） | 16－100（6） | 16－100（6） | 14－100（6） |
| | | C50 | 16－100（6） | 16－100（6） | 16－100（6） | 14－100（6） |
| | | C55 | 18－100（6） | 16－100（6） | 16－100（6） | 14－100（6） |
| | | C60 | 18－100（6） | 16－100（6） | 16－100（6） | 14－100（6） |
| | | C65 | 18－100（6） | 16－100（6） | 16－100（6） | 14－100（6） |

续表

| 序号 | 梁截面宽度 b（mm） | 混凝土强度等级 | 抗震等级 | | | 非抗震 |
|---|---|---|---|---|---|---|
| | | | 特一级 | 一级 | 二级 | |
| 31 | 1000 | C70 | 18－100（6） | 18－100（6） | 16－100（6） | 14－100（6） |
| | | C75 | 18－100（6） | 18－100（6） | 16－100（6） | 16－100（6） |
| | | C80 | 18－100（6） | 18－100（6） | 16－100（6） | 16－100（6） |
| 32 | 1000 | C30 | 14－100（7） | 14－100（7） | 12－100（7） | 12－100（7） |
| | | C35 | 14－100（7） | 14－100（7） | 14－100（7） | 12－100（7） |
| | | C40 | 14－100（7） | 14－100（7） | 14－100（7） | 12－100（7） |
| | | C45 | 16－100（7） | 14－100（7） | 14－100（7） | 12－100（7） |
| | | C50 | 16－100（7） | 16－100（7） | 14－100（7） | 14－100（7） |
| | | C55 | 16－100（7） | 16－100（7） | 14－100（7） | 14－100（7） |
| | | C60 | 16－100（7） | 16－100（7） | 14－100（7） | 14－100（7） |
| | | C65 | 16－100（7） | 16－100（7） | 16－100（7） | 14－100（7） |
| | | C70 | 16－100（7） | 16－100（7） | 16－100（7） | 14－100（7） |
| | | C75 | 16－100（7） | 16－100（7） | 16－100（7） | 14－100（7） |
| | | C80 | 16－100（7） | 16－100（7） | 16－100（7） | 14－100（7） |
| 33 | 1000 | C30 | 12－100（8） | 12－100（8） | 12－100（8） | 10－100（8） |
| | | C35 | 14－100（8） | 12－100（8） | 12－100（8） | 12－100（8） |
| | | C40 | 14－100（8） | 14－100（8） | 12－100（8） | 12－100（8） |
| | | C45 | 14－100（8） | 14－100（8） | 14－100（8） | 12－100（8） |
| | | C50 | 14－100（8） | 14－100（8） | 14－100（8） | 12－100（8） |
| | | C55 | 14－100（8） | 14－100（8） | 14－100（8） | 12－100（8） |
| | | C60 | 16－100（8） | 14－100（8） | 14－100（8） | 12－100（8） |
| | | C65 | 16－100（8） | 14－100（8） | 14－100（8） | 12－100（8） |
| | | C70 | 16－100（8） | 14－100（8） | 14－100（8） | 14－100（8） |
| | | C75 | 16－100（8） | 16－100（8） | 14－100（8） | 14－100（8） |
| | | C80 | 16－100（8） | 16－100（8） | 14－100（8） | 14－100（8） |
| 34 | 1050 | C30 | 16－100（6） | 14－100（6） | 14－100（6） | 12－100（6） |
| | | C35 | 16－100（6） | 16－100（6） | 14－100（6） | 14－100（6） |
| | | C40 | 16－100（6） | 16－100（6） | 16－100（6） | 14－100（6） |
| | | C45 | 16－100（6） | 16－100（6） | 16－100（6） | 14－100（6） |
| | | C50 | 18－100（6） | 16－100（6） | 16－100（6） | 14－100（6） |
| | | C55 | 18－100（6） | 16－100（6） | 16－100（6） | 14－100（6） |
| | | C60 | 18－100（6） | 18－100（6） | 16－100（6） | 14－100（6） |
| | | C65 | 18－100（6） | 18－100（6） | 16－100（6） | 16－100（6） |
| | | C70 | 18－100（6） | 18－100（6） | 16－100（6） | 16－100（6） |
| | | C75 | 18－100（6） | 18－100（6） | 16－100（6） | 16－100（6） |
| | | C80 | 18－100（6） | 18－100（6） | 18－100（6） | 16－100（6） |

续表

| 序号 | 梁截面宽度 $b$（mm） | 混凝土强度等级 | 抗震等级 | | | 非抗震 |
|---|---|---|---|---|---|---|
| | | | 特一级 | 一级 | 二级 | |
| 35 | 1050 | C30 | 14－100（7） | 14－100（7） | 12－100（7） | 12－100（7） |
| | | C35 | 14－100（7） | 14－100（7） | 14－100（7） | 12－100（7） |
| | | C40 | 16－100（7） | 14－100（7） | 14－100（7） | 12－100（7） |
| | | C45 | 16－100（7） | 16－100（7） | 14－100（7） | 14－100（7） |
| | | C50 | 16－100（7） | 16－100（7） | 14－100（7） | 14－100（7） |
| | | C55 | 16－100（7） | 16－100（7） | 16－100（7） | 14－100（7） |
| | | C60 | 16－100（7） | 16－100（7） | 16－100（7） | 14－100（7） |
| | | C65 | 16－100（7） | 16－100（7） | 16－100（7） | 14－100（7） |
| | | C70 | 16－100（7） | 16－100（7） | 16－100（7） | 14－100（7） |
| | | C75 | 18－100（7） | 16－100（7） | 16－100（7） | 14－100（7） |
| | | C80 | 18－100（7） | 16－100（7） | 16－100（7） | 14－100（7） |
| 36 | 1050 | C30 | 14－100（8） | 12－100（8） | 12－100（8） | 12－100（8） |
| | | C35 | 14－100（8） | 14－100（8） | 12－100（8） | 12－100（8） |
| | | C40 | 14－100（8） | 14－100（8） | 14－100（8） | 12－100（8） |
| | | C45 | 14－100（8） | 14－100（8） | 14－100（8） | 12－100（8） |
| | | C50 | 14－100（8） | 14－100（8） | 14－100（8） | 12－100（8） |
| | | C55 | 16－100（8） | 14－100（8） | 14－100（8） | 12－100（8） |
| | | C60 | 16－100（8） | 14－100（8） | 14－100（8） | 14－100（8） |
| | | C65 | 16－100（8） | 16－100（8） | 14－100（8） | 14－100（8） |
| | | C70 | 16－100（8） | 16－100（8） | 14－100（8） | 14－100（8） |
| | | C75 | 16－100（8） | 16－100（8） | 14－100（8） | 14－100（8） |
| | | C80 | 16－100（8） | 16－100（8） | 14－100（8） | 14－100（8） |
| 37 | 1100 | C30 | — | — | 14－100（6） | 12－100（6） |
| | | C35 | — | — | 14－100（6） | 14－100（6） |
| | | C40 | — | — | 16－100（6） | 14－100（6） |
| | | C45 | — | — | 16－100（6） | 14－100（6） |
| | | C50 | — | — | 16－100（6） | 14－100（6） |
| | | C55 | — | — | 16－100（6） | 16－100（6） |
| | | C60 | — | — | 16－100（6） | 16－100（6） |
| | | C65 | — | — | 16－100（6） | 16－100（6） |
| | | C70 | — | — | 18－100（6） | 16－100（6） |
| | | C75 | — | — | 18－100（6） | 16－100（6） |
| | | C80 | — | — | 18－100（6） | 16－100（6） |
| 38 | 1100 | C30 | 14－100（7） | 14－100（7） | 14－100（7） | 12－100（7） |
| | | C35 | 14－100（7） | 14－100（7） | 14－100（7） | 12－100（7） |

续表

| 序号 | 梁截面宽度 b（mm） | 混凝土强度等级 | 抗震等级 | | | 非抗震 |
|---|---|---|---|---|---|---|
| | | | 特一级 | 一级 | 二级 | |
| 38 | 1100 | C40 | 16 – 100（7） | 14 – 100（7） | 14 – 100（7） | 14 – 100（7） |
| | | C45 | 16 – 100（7） | 16 – 100（7） | 14 – 100（7） | 14 – 100（7） |
| | | C50 | 16 – 100（7） | 16 – 100（7） | 16 – 100（7） | 14 – 100（7） |
| | | C55 | 16 – 100（7） | 16 – 100（7） | 16 – 100（7） | 14 – 100（7） |
| | | C60 | 16 – 100（7） | 16 – 100（7） | 16 – 100（7） | 14 – 100（7） |
| | | C65 | 18 – 100（7） | 16 – 100（7） | 16 – 100（7） | 14 – 100（7） |
| | | C70 | 18 – 100（7） | 16 – 100（7） | 16 – 100（7） | 14 – 100（7） |
| | | C75 | 18 – 100（7） | 16 – 100（7） | 16 – 100（7） | 14 – 100（7） |
| | | C80 | 18 – 100（7） | 16 – 100（7） | 16 – 100（7） | 14 – 100（7） |
| 39 | 1100 | C30 | 14 – 100（8） | 12 – 100（8） | 12 – 100（8） | 12 – 100（8） |
| | | C35 | 14 – 100（8） | 14 – 100（8） | 12 – 100（8） | 12 – 100（8） |
| | | C40 | 14 – 100（8） | 14 – 100（8） | 14 – 100（8） | 12 – 100（8） |
| | | C45 | 14 – 100（8） | 14 – 100（8） | 14 – 100（8） | 12 – 100（8） |
| | | C50 | 16 – 100（8） | 14 – 100（8） | 14 – 100（8） | 12 – 100（8） |
| | | C55 | 16 – 100（8） | 16 – 100（8） | 14 – 100（8） | 14 – 100（8） |
| | | C60 | 16 – 100（8） | 16 – 100（8） | 14 – 100（8） | 14 – 100（8） |
| | | C65 | 16 – 100（8） | 16 – 100（8） | 14 – 100（8） | 14 – 100（8） |
| | | C70 | 16 – 100（8） | 16 – 100（8） | 16 – 100（8） | 14 – 100（8） |
| | | C75 | 16 – 100（8） | 16 – 100（8） | 16 – 100（8） | 14 – 100（8） |
| | | C80 | 16 – 100（8） | 16 – 100（8） | 16 – 100（8） | 14 – 100（8） |
| 40 | 1150 | C30 | 14 – 100（7） | 14 – 100（7） | 14 – 100（7） | 12 – 100（7） |
| | | C35 | 16 – 100（7） | 14 – 100（7） | 14 – 100（7） | 12 – 100（7） |
| | | C40 | 16 – 100（7） | 16 – 100（7） | 14 – 100（7） | 14 – 100（7） |
| | | C45 | 16 – 100（7） | 16 – 100（7） | 16 – 100（7） | 14 – 100（7） |
| | | C50 | 16 – 100（7） | 16 – 100（7） | 16 – 100（7） | 14 – 100（7） |
| | | C55 | 16 – 100（7） | 16 – 100（7） | 16 – 100（7） | 14 – 100（7） |
| | | C60 | 18 – 100（7） | 16 – 100（7） | 16 – 100（7） | 14 – 100（7） |
| | | C65 | 18 – 100（7） | 16 – 100（7） | 16 – 100（7） | 14 – 100（7） |
| | | C70 | 18 – 100（7） | 16 – 100（7） | 16 – 100（7） | 14 – 100（7） |
| | | C75 | 18 – 100（7） | 18 – 100（7） | 16 – 100（7） | 14 – 100（7） |
| | | C80 | 18 – 100（7） | 18 – 100（7） | 16 – 100（7） | 16 – 100（7） |
| 41 | 1150 | C30 | 14 – 100（8） | 14 – 100（8） | 12 – 100（8） | 12 – 100（8） |
| | | C35 | 14 – 100（8） | 14 – 100（8） | 14 – 100（8） | 12 – 100（8） |
| | | C40 | 14 – 100（8） | 14 – 100（8） | 14 – 100（8） | 12 – 100（8） |
| | | C45 | 16 – 100（8） | 14 – 100（8） | 14 – 100（8） | 12 – 100（8） |

续表

| 序号 | 梁截面宽度 b（mm） | 混凝土强度等级 | 抗震等级 | | | 非抗震 |
|---|---|---|---|---|---|---|
| | | | 特一级 | 一级 | 二级 | |
| 41 | 1150 | C50 | 16－100（8） | 16－100（8） | 14－100（8） | 14－100（8） |
| | | C55 | 16－100（8） | 16－100（8） | 14－100（8） | 14－100（8） |
| | | C60 | 16－100（8） | 16－100（8） | 14－100（8） | 14－100（8） |
| | | C65 | 16－100（8） | 16－100（8） | 14－100（8） | 14－100（8） |
| | | C70 | 16－100（8） | 16－100（8） | 14－100（8） | 14－100（8） |
| | | C75 | 16－100（8） | 16－100（8） | 14－100（8） | 14－100（8） |
| | | C80 | 16－100（8） | 16－100（8） | 14－100（8） | 14－100（8） |
| 42 | 1200 | C30 | 14－100（7） | 14－100（7） | 14－100（7） | 12－100（7） |
| | | C35 | 16－100（7） | 14－100（7） | 14－100（7） | 14－100（7） |
| | | C40 | 16－100（7） | 16－100（7） | 14－100（7） | 14－100（7） |
| | | C45 | 16－100（7） | 16－100（7） | 16－100（7） | 14－100（7） |
| | | C50 | 16－100（7） | 16－100（7） | 16－100（7） | 14－100（7） |
| | | C55 | 18－100（7） | 16－100（7） | 16－100（7） | 14－100（7） |
| | | C60 | 18－100（7） | 16－100（7） | 16－100（7） | 14－100（7） |
| | | C65 | 18－100（7） | 18－100（7） | 16－100（7） | 14－100（7） |
| | | C70 | 18－100（7） | 18－100（7） | 16－100（7） | 16－100（7） |
| | | C75 | 18－100（7） | 18－100（7） | 16－100（7） | 16－100（7） |
| | | C80 | 18－100（7） | 18－100（7） | 16－100（7） | 16－100（7） |
| 43 | 1200 | C30 | 14－100（8） | 14－100（8） | 12－100（8） | 12－100（8） |
| | | C35 | 14－100（8） | 14－100（8） | 14－100（8） | 12－100（8） |
| | | C40 | 16－100（8） | 14－100（8） | 14－100（8） | 12－100（8） |
| | | C45 | 16－100（8） | 16－100（8） | 14－100（8） | 14－100（8） |
| | | C50 | 16－100（8） | 16－100（8） | 14－100（8） | 14－100（8） |
| | | C55 | 16－100（8） | 16－100（8） | 16－100（8） | 14－100（8） |
| | | C60 | 16－100（8） | 16－100（8） | 16－100（8） | 14－100（8） |
| | | C65 | 16－100（8） | 16－100（8） | 16－100（8） | 14－100（8） |
| | | C70 | 16－100（8） | 16－100（8） | 16－100（8） | 14－100（8） |
| | | C75 | 18－100（8） | 16－100（8） | 16－100（8） | 14－100（8） |
| | | C80 | 18－100（8） | 16－100（8） | 16－100（8） | 14－100（8） |
| 44 | 1250 | C30 | 16－100（7） | 14－100（7） | 14－100（7） | 12－100（7） |
| | | C35 | 16－100（7） | 16－100（7） | 14－100（7） | 14－100（7） |
| | | C40 | 16－100（7） | 16－100（7） | 16－100（7） | 14－100（7） |
| | | C45 | 16－100（7） | 16－100（7） | 16－100（7） | 14－100（7） |
| | | C50 | 18－100（7） | 16－100（7） | 16－100（7） | 14－100（7） |
| | | C55 | 18－100（7） | 16－100（7） | 16－100（7） | 14－100（7） |

续表

| 序号 | 梁截面宽度 b（mm） | 混凝土强度等级 | 抗震等级 | | | 非抗震 |
|---|---|---|---|---|---|---|
| | | | 特一级 | 一级 | 二级 | |
| 44 | 1250 | C60 | 18－100（7） | 18－100（7） | 16－100（7） | 16－100（7） |
| | | C65 | 18－100（7） | 18－100（7） | 16－100（7） | 16－100（7） |
| | | C70 | 18－100（7） | 18－100（7） | 16－100（7） | 16－100（7） |
| | | C75 | 18－100（7） | 18－100（7） | 18－100（7） | 16－100（7） |
| | | C80 | 18－100（7） | 18－100（7） | 18－100（7） | 16－100（7） |
| 45 | 1250 | C30 | 14－100（8） | 14－100（8） | 14－100（8） | 12－100（8） |
| | | C35 | 14－100（8） | 14－100（8） | 14－100（8） | 12－100（8） |
| | | C40 | 16－100（8） | 14－100（8） | 14－100（8） | 14－100（8） |
| | | C45 | 16－100（8） | 16－100（8） | 14－100（8） | 14－100（8） |
| | | C50 | 16－100（8） | 16－100（8） | 16－100（8） | 14－100（8） |
| | | C55 | 16－100（8） | 16－100（8） | 16－100（8） | 14－100（8） |
| | | C60 | 16－100（8） | 16－100（8） | 16－100（8） | 14－100（8） |
| | | C65 | 18－100（8） | 16－100（8） | 16－100（8） | 14－100（8） |
| | | C70 | 18－100（8） | 16－100（8） | 16－100（8） | 14－100（8） |
| | | C75 | 18－100（8） | 16－100（8） | 16－100（8） | 14－100（8） |
| | | C80 | 18－100（8） | 16－100（8） | 16－100（8） | 14－100（8） |
| 46 | 1300 | C30 | 14－100（8） | 14－100（8） | 14－100（8） | 12－100（8） |
| | | C35 | 16－100（8） | 14－100（8） | 14－100（8） | 12－100（8） |
| | | C40 | 16－100（8） | 16－100（8） | 14－100（8） | 14－100（8） |
| | | C45 | 16－100（8） | 16－100（8） | 14－100（8） | 14－100（8） |
| | | C50 | 16－100（8） | 16－100（8） | 16－100（8） | 14－100（8） |
| | | C55 | 16－100（8） | 16－100（8） | 16－100（8） | 14－100（8） |
| | | C60 | 18－100（8） | 16－100（8） | 16－100（8） | 14－100（8） |
| | | C65 | 18－100（8） | 16－100（8） | 16－100（8） | 14－100（8） |
| | | C70 | 18－100（8） | 16－100（8） | 16－100（8） | 14－100（8） |
| | | C75 | 18－100（8） | 18－100（8） | 16－100（8） | 14－100（8） |
| | | C80 | 18－100（8） | 18－100（8） | 16－100（8） | 16－100（8） |
| 47 | 1300 | C30 | 14－100（9） | 14－100（9） | 12－100（9） | 12－100（9） |
| | | C35 | 14－100（9） | 14－100（9） | 14－100（9） | 12－100（9） |
| | | C40 | 14－100（9） | 14－100（9） | 14－100（9） | 12－100（9） |
| | | C45 | 16－100（9） | 14－100（9） | 14－100（9） | 12－100（9） |
| | | C50 | 16－100（9） | 16－100（9） | 14－100（9） | 14－100（9） |
| | | C55 | 16－100（9） | 16－100（9） | 14－100（9） | 14－100（9） |
| | | C60 | 16－100（9） | 16－100（9） | 16－100（9） | 14－100（9） |
| | | C65 | 16－100（9） | 16－100（9） | 16－100（9） | 14－100（9） |
| | | C70 | 16－100（9） | 16－100（9） | 16－100（9） | 14－100（9） |

续表

| 序号 | 梁截面宽度 $b$（mm） | 混凝土强度等级 | 抗震等级 | | | 非抗震 |
|---|---|---|---|---|---|---|
| | | | 特一级 | 一级 | 二级 | |
| 47 | 1300 | C75 | 16－100（9） | 16－100（9） | 16－100（9） | 14－100（9） |
| | | C80 | 16－100（9） | 16－100（9） | 16－100（9） | 14－100（9） |
| 48 | 1300 | C30 | 14－100（10） | 12－100（10） | 12－100（10） | 12－100（10） |
| | | C35 | 14－100（10） | 14－100（10） | 12－100（10） | 12－100（10） |
| | | C40 | 14－100（10） | 14－100（10） | 14－100（10） | 12－100（10） |
| | | C45 | 14－100（10） | 14－100（10） | 14－100（10） | 12－100（10） |
| | | C50 | 14－100（10） | 14－100（10） | 14－100（10） | 12－100（10） |
| | | C55 | 16－100（10） | 14－100（10） | 14－100（10） | 14－100（10） |
| | | C60 | 16－100（10） | 14－100（10） | 14－100（10） | 14－100（10） |
| | | C65 | 16－100（10） | 16－100（10） | 14－100（10） | 14－100（10） |
| | | C70 | 16－100（10） | 16－100（10） | 14－100（10） | 14－100（10） |
| | | C75 | 16－100（10） | 16－100（10） | 14－100（10） | 14－100（10） |
| | | C80 | 16－100（10） | 16－100（10） | 14－100（10） | 14－100（10） |
| 49 | 1350 | C30 | 14－100（8） | 14－100（8） | 14－100（8） | 12－100（8） |
| | | C35 | 16－100（8） | 14－100（8） | 14－100（8） | 14－100（8） |
| | | C40 | 16－100（8） | 16－100（8） | 14－100（8） | 14－100（8） |
| | | C45 | 16－100（8） | 16－100（8） | 16－100（8） | 14－100（8） |
| | | C50 | 16－100（8） | 16－100（8） | 16－100（8） | 14－100（8） |
| | | C55 | 18－100（8） | 16－100（8） | 16－100（8） | 14－100（8） |
| | | C60 | 18－100（8） | 16－100（8） | 16－100（8） | 14－100（8） |
| | | C65 | 18－100（8） | 18－100（8） | 16－100（8） | 14－100（8） |
| | | C70 | 18－100（8） | 18－100（8） | 16－100（8） | 16－100（8） |
| | | C75 | 18－100（8） | 18－100（8） | 16－100（8） | 16－100（8） |
| | | C80 | 18－100（8） | 18－100（8） | 16－100（8） | 16－100（8） |
| 50 | 1350 | C30 | 14－100（9） | 14－100（9） | 12－100（9） | 12－100（9） |
| | | C35 | 14－100（9） | 14－100（9） | 14－100（9） | 12－100（9） |
| | | C40 | 16－100（9） | 14－100（9） | 14－100（9） | 12－100（9） |
| | | C45 | 16－100（9） | 16－100（9） | 14－100（9） | 14－100（9） |
| | | C50 | 16－100（9） | 16－100（9） | 14－100（9） | 14－100（9） |
| | | C55 | 16－100（9） | 16－100（9） | 16－100（9） | 14－100（9） |
| | | C60 | 16－100（9） | 16－100（9） | 16－100（9） | 14－100（9） |
| | | C65 | 16－100（9） | 16－100（9） | 16－100（9） | 14－100（9） |
| | | C70 | 16－100（9） | 16－100（9） | 16－100（9） | 14－100（9） |
| | | C75 | 18－100（9） | 16－100（9） | 16－100（9） | 14－100（9） |
| | | C80 | 18－100（9） | 16－100（9） | 16－100（9） | 14－100（9） |

续表

| 序号 | 梁截面宽度 b（mm） | 混凝土强度等级 | 抗震等级 | | | 非抗震 |
|---|---|---|---|---|---|---|
| | | | 特一级 | 一级 | 二级 | |
| 51 | 1350 | C30 | 14－100（10） | 12－100（10） | 12－100（10） | 12－100（10） |
| | | C35 | 14－100（10） | 14－100（10） | 12－100（10） | 12－100（10） |
| | | C40 | 14－100（10） | 14－100（10） | 14－100（10） | 12－100（10） |
| | | C45 | 14－100（10） | 14－100（10） | 14－100（10） | 12－100（10） |
| | | C50 | 16－100（10） | 14－100（10） | 14－100（10） | 12－100（10） |
| | | C55 | 16－100（10） | 14－100（10） | 14－100（10） | 14－100（10） |
| | | C60 | 16－100（10） | 16－100（10） | 14－100（10） | 14－100（10） |
| | | C65 | 16－100（10） | 16－100（10） | 14－100（10） | 14－100（10） |
| | | C70 | 16－100（10） | 16－100（10） | 14－100（10） | 14－100（10） |
| | | C75 | 16－100（10） | 16－100（10） | 16－100（10） | 14－100（10） |
| | | C80 | 16－100（10） | 16－100（10） | 16－100（10） | 14－100（10） |
| 52 | 1400 | C30 | 16－100（8） | 14－100（8） | 14－100（8） | 12－100（8） |
| | | C35 | 16－100（8） | 16－100（8） | 14－100（8） | 14－100（8） |
| | | C40 | 16－100（8） | 16－100（8） | 16－100（8） | 14－100（8） |
| | | C45 | 16－100（8） | 16－100（8） | 16－100（8） | 14－100（8） |
| | | C50 | 18－100（8） | 16－100（8） | 16－100（8） | 14－100（8） |
| | | C55 | 18－100（8） | 16－100（8） | 16－100（8） | 14－100（8） |
| | | C60 | 18－100（8） | 18－100（8） | 16－100（8） | 14－100（8） |
| | | C65 | 18－100（8） | 18－100（8） | 16－100（8） | 16－100（8） |
| | | C70 | 18－100（8） | 18－100（8） | 16－100（8） | 16－100（8） |
| | | C75 | 18－100（8） | 18－100（8） | 16－100（8） | 16－100（8） |
| | | C80 | 18－100（8） | 18－100（8） | 18－100（8） | 16－100（8） |
| 53 | 1400 | C30 | 14－100（9） | 14－100（9） | 14－100（9） | 12－100（9） |
| | | C35 | 14－100（9） | 14－100（9） | 14－100（9） | 12－100（9） |
| | | C40 | 16－100（9） | 14－100（9） | 14－100（9） | 14－100（9） |
| | | C45 | 16－100（9） | 16－100（9） | 14－100（9） | 14－100（9） |
| | | C50 | 16－100（9） | 16－100（9） | 16－100（9） | 14－100（9） |
| | | C55 | 16－100（9） | 16－100（9） | 16－100（9） | 14－100（9） |
| | | C60 | 16－100（9） | 16－100（9） | 16－100（9） | 14－100（9） |
| | | C65 | 18－100（9） | 16－100（9） | 16－100（9） | 14－100（9） |
| | | C70 | 18－100（9） | 16－100（9） | 16－100（9） | 14－100（9） |
| | | C75 | 18－100（9） | 16－100（9） | 16－100（9） | 14－100（9） |
| | | C80 | 18－100（9） | 16－100（9） | 16－100（9） | 14－100（9） |
| 54 | 1400 | C30 | 14－100（10） | 14－100（10） | 12－100（10） | 12－100（10） |
| | | C35 | 14－100（10） | 14－100（10） | 14－100（10） | 12－100（10） |

续表

| 序号 | 梁截面宽度 $b$（mm） | 混凝土强度等级 | 抗震等级 | | | 非抗震 |
|---|---|---|---|---|---|---|
| | | | 特一级 | 一级 | 二级 | |
| 54 | 1400 | C40 | 14－100（10） | 14－100（10） | 14－100（10） | 12－100（10） |
| | | C45 | 16－100（10） | 14－100（10） | 14－100（10） | 12－100（10） |
| | | C50 | 16－100（10） | 14－100（10） | 14－100（10） | 14－100（10） |
| | | C55 | 16－100（10） | 16－100（10） | 14－100（10） | 14－100（10） |
| | | C60 | 16－100（10） | 16－100（10） | 14－100（10） | 14－100（10） |
| | | C65 | 16－100（10） | 16－100（10） | 14－100（10） | 14－100（10） |
| | | C70 | 16－100（10） | 16－100（10） | 16－100（10） | 14－100（10） |
| | | C75 | 16－100（10） | 16－100（10） | 16－100（10） | 14－100（10） |
| | | C80 | 16－100（10） | 16－100（10） | 16－100（10） | 14－100（10） |
| 55 | 1400 | C30 | 12－100（11） | 12－100（11） | 12－100（11） | 10－100（11） |
| | | C35 | 14－100（11） | 14－100（11） | 12－100（11） | 12－100（11） |
| | | C40 | 14－100（11） | 14－100（11） | 14－100（11） | 12－100（11） |
| | | C45 | 14－100（11） | 14－100（11） | 14－100（11） | 12－100（11） |
| | | C50 | 14－100（11） | 14－100（11） | 14－100（11） | 12－100（11） |
| | | C55 | 16－100（11） | 14－100（11） | 14－100（11） | 12－100（11） |
| | | C60 | 16－100（11） | 14－100（11） | 14－100（11） | 12－100（11） |
| | | C65 | 16－100（11） | 14－100（11） | 14－100（11） | 14－100（11） |
| | | C70 | 16－100（11） | 16－100（11） | 14－100（11） | 14－100（11） |
| | | C75 | 16－100（11） | 16－100（11） | 14－100（11） | 14－100（11） |
| | | C80 | 16－100（11） | 16－100（11） | 14－100（11） | 14－100（11） |

**用 HRB335 箍筋（$f_{yv}=300N/mm^2$）时框支梁加密区的最小配箍量** **表 6.12**

| 序号 | 梁截面宽度 $b$（mm） | 混凝土强度等级 | 抗震等级 | | | 非抗震 |
|---|---|---|---|---|---|---|
| | | | 特一级 | 一级 | 二级 | |
| 1 | 400 | C30 | 12－100（3） | 10－100（3） | 10－100（3） | 10－100（3） |
| | | C35 | 12－100（3） | 12－100（3） | 10－100（3） | 10－100（3） |
| | | C40 | 12－100（3） | 12－100（3） | 12－100（3） | 10－100（3） |
| | | C45 | 12－100（3） | 12－100（3） | 12－100（3） | 10－100（3） |
| | | C50 | 12－100（3） | 12－100（3） | 12－100（3） | 10－100（3） |
| | | C55 | 14－100（3） | 12－100（3） | 12－100（3） | 10－100（3） |
| | | C60 | 14－100（3） | 12－100（3） | 12－100（3） | 12－100（3） |
| | | C65 | 14－100（3） | 12－100（3） | 12－100（3） | 12－100（3） |
| | | C70 | 14－100（3） | 14－100（3） | 12－100（3） | 12－100（3） |
| | | C75 | 14－100（3） | 14－100（3） | 12－100（3） | 12－100（3） |
| | | C80 | 14－100（3） | 14－100（3） | 12－100（3） | 12－100（3） |

续表

| 序号 | 梁截面宽度 b（mm） | 混凝土强度等级 | 抗震等级 | | | 非抗震 |
|---|---|---|---|---|---|---|
| | | | 特一级 | 一级 | 二级 | |
| 2 | 400 | C30 | 10－100（4） | 10－100（4） | 10－100（4） | 10－100（4） |
| | | C35 | 10－100（4） | 10－100（4） | 10－100（4） | 10－100（4） |
| | | C40 | 10－100（4） | 10－100（4） | 10－100（4） | 10－100（4） |
| | | C45 | 10－100（4） | 10－100（4） | 10－100（4） | 10－100（4） |
| | | C50 | 12－100（4） | 10－100（4） | 10－100（4） | 10－100（4） |
| | | C55 | 12－100（4） | 10－100（4） | 10－100（4） | 10－100（4） |
| | | C60 | 12－100（4） | 12－100（4） | 10－100（4） | 10－100（4） |
| | | C65 | 12－100（4） | 12－100（4） | 12－100（4） | 10－100（4） |
| | | C70 | 12－100（4） | 12－100（4） | 12－100（4） | 10－100（4） |
| | | C75 | 12－100（4） | 12－100（4） | 12－100（4） | 10－100（4） |
| | | C80 | 12－100（4） | 12－100（4） | 12－100（4） | 10－100（4） |
| 3 | 450 | C30 | 12－100（3） | 12－100（3） | 10－100（3） | 10－100（3） |
| | | C35 | 12－100（3） | 12－100（3） | 10－100（3） | 10－100（3） |
| | | C40 | 12－100（3） | 12－100（3） | 12－100（3） | 10－100（3） |
| | | C45 | 12－100（3） | 12－100（3） | 12－100（3） | 12－100（3） |
| | | C50 | 14－100（3） | 12－100（3） | 12－100（3） | 12－100（3） |
| | | C55 | 14－100（3） | 12－100（3） | 12－100（3） | 12－100（3） |
| | | C60 | 14－100（3） | 12－100（3） | 12－100（3） | 12－100（3） |
| | | C65 | 14－100（3） | 14－100（3） | 12－100（3） | 12－100（3） |
| | | C70 | 14－100（3） | 14－100（3） | 12－100（3） | 12－100（3） |
| | | C75 | 14－100（3） | 14－100（3） | 12－100（3） | 12－100（3） |
| | | C80 | 14－100（3） | 14－100（3） | 12－100（3） | 12－100（3） |
| 4 | 450 | C30 | 10－100（4） | 10－100（4） | 10－100（4） | 10－100（4） |
| | | C35 | 10－100（4） | 10－100（4） | 10－100（4） | 10－100（4） |
| | | C40 | 12－100（4） | 10－100（4） | 10－100（4） | 10－100（4） |
| | | C45 | 12－100（4） | 12－100（4） | 10－100（4） | 10－100（4） |
| | | C50 | 12－100（4） | 12－100（4） | 10－100（4） | 10－100（4） |
| | | C55 | 12－100（4） | 12－100（4） | 12－100（4） | 10－100（4） |
| | | C60 | 12－100（4） | 12－100（4） | 12－100（4） | 10－100（4） |
| | | C65 | 12－100（4） | 12－100（4） | 12－100（4） | 10－100（4） |
| | | C70 | 12－100（4） | 12－100（4） | 12－100（4） | 10－100（4） |
| | | C75 | 12－100（4） | 12－100（4） | 12－100（4） | 10－100（4） |
| | | C80 | 12－100（4） | 12－100（4） | 12－100（4） | 10－100（4） |
| 5 | 500 | C30 | 10－100（4） | 10－100（4） | 10－100（4） | 10－100（4） |
| | | C35 | 12－100（4） | 12－100（4） | 10－100（4） | 10－100（4） |

续表

| 序号 | 梁截面宽度 $b$（mm） | 混凝土强度等级 | 抗震等级 | | | 非抗震 |
|---|---|---|---|---|---|---|
| | | | 特一级 | 一级 | 二级 | |
| 5 | 500 | C40 | 12－100（4） | 12－100（4） | 10－100（4） | 10－100（4） |
| | | C45 | 12－100（4） | 12－100（4） | 12－100（4） | 10－100（4） |
| | | C50 | 12－100（4） | 12－100（4） | 12－100（4） | 10－100（4） |
| | | C55 | 12－100（4） | 12－100（4） | 12－100（4） | 10－100（4） |
| | | C60 | 12－100（1） | 12－100（4） | 12－100（4） | 10－100（4） |
| | | C65 | 14－100（1） | 12－100（4） | 12－100（4） | 10－100（4） |
| | | C70 | 14－100（4） | 12－100（4） | 12－100（4） | 12－100（4） |
| | | C75 | 14－100（4） | 12－100（4） | 12－100（4） | 12－100（4） |
| | | C80 | 14－100（4） | 12－100（4） | 12－100（4） | 12－100（4） |
| 6 | 500 | C30 | 10－100（5） | 10－100（5） | 10－100（5） | 10－100（5） |
| | | C35 | 10－100（5） | 10－100（5） | 10－100（5） | 10－100（5） |
| | | C40 | 10－100（5） | 10－100（5） | 10－100（5） | 10－100（5） |
| | | C45 | 10－100（5） | 10－100（5） | 10－100（5） | 10－100（5） |
| | | C50 | 12－100（5） | 10－100（5） | 10－100（5） | 10－100（5） |
| | | C55 | 12－100（5） | 10－100（5） | 10－100（5） | 10－100（5） |
| | | C60 | 12－100（5） | 12－100（5） | 10－100（5） | 10－100（5） |
| | | C65 | 12－100（5） | 12－100（5） | 12－100（5） | 10－100（5） |
| | | C70 | 12－100（5） | 12－100（5） | 12－100（5） | 10－100（5） |
| | | C75 | 12－100（5） | 12－100（5） | 12－100（5） | 10－100（5） |
| | | C80 | 12－100（5） | 12－100（5） | 12－100（5） | 10－100（5） |
| 7 | 550 | C30 | 12－100（4） | 12－100（4） | 10－100（4） | 10－100（4） |
| | | C35 | 12－100（4） | 12－100（4） | 12－100（4） | 10－100（4） |
| | | C40 | 12－100（4） | 12－100（4） | 12－100（4） | 10－100（4） |
| | | C45 | 12－100（4） | 12－100（4） | 12－100（4） | 10－100（4） |
| | | C50 | 12－100（4） | 12－100（4） | 12－100（4） | 10－100（4） |
| | | C55 | 14－100（4） | 12－100（4） | 12－100（4） | 12－100（4） |
| | | C60 | 14－100（4） | 12－100（4） | 12－100（4） | 12－100（4） |
| | | C65 | 14－100（4） | 14－100（4） | 12－100（4） | 12－100（4） |
| | | C70 | 14－100（4） | 14－100（4） | 12－100（4） | 12－100（4） |
| | | C75 | 14－100（4） | 14－100（4） | 12－100（4） | 12－100（4） |
| | | C80 | 14－100（4） | 14－100（4） | 12－100（4） | 12－100（4） |
| 8 | 550 | C30 | 10－100（5） | 10－100（5） | 10－100（5） | 10－100（5） |
| | | C35 | 10－100（5） | 10－100（5） | 10－100（5） | 10－100（5） |
| | | C40 | 12－100（5） | 10－100（5） | 10－100（5） | 10－100（5） |
| | | C45 | 12－100（5） | 12－100（5） | 10－100（5） | 10－100（5） |

续表

| 序号 | 梁截面宽度 b（mm） | 混凝土强度等级 | 抗震等级 | | | 非抗震 |
|---|---|---|---|---|---|---|
| | | | 特一级 | 一级 | 二级 | |
| 8 | 550 | C50 | 12－100（5） | 12－100（5） | 10－100（5） | 10－100（5） |
| | | C55 | 12－100（5） | 12－100（5） | 12－100（5） | 10－100（5） |
| | | C60 | 12－100（5） | 12－100（5） | 12－100（5） | 10－100（5） |
| | | C65 | 12－100（5） | 12－100（5） | 12－100（5） | 10－100（5） |
| | | C70 | 12－100（5） | 12－100（5） | 12－100（5） | 10－100（5） |
| | | C75 | 12－100（5） | 12－100（5） | 12－100（5） | 10－100（5） |
| | | C80 | 12－100（5） | 12－100（5） | 12－100（5） | 10－100（5） |
| 9 | 600 | C30 | 12－100（4） | 12－100（4） | 12－100（4） | 10－100（4） |
| | | C35 | 12－100（4） | 12－100（4） | 12－100（4） | 10－100（4） |
| | | C40 | 12－100（4） | 12－100（4） | 12－100（4） | 10－100（4） |
| | | C45 | 14－100（4） | 12－100（4） | 12－100（4） | 12－100（4） |
| | | C50 | 14－100（4） | 14－100（4） | 12－100（4） | 12－100（4） |
| | | C55 | 14－100（4） | 14－100（4） | 12－100（4） | 12－100（4） |
| | | C60 | 14－100（4） | 14－100（4） | 12－100（4） | 12－100（4） |
| | | C65 | 14－100（4） | 14－100（4） | 14－100（4） | 12－100（4） |
| | | C70 | 14－100（4） | 14－100（4） | 14－100（4） | 12－100（4） |
| | | C75 | 14－100（4） | 14－100（4） | 14－100（4） | 12－100（4） |
| | | C80 | 14－100（4） | 14－100（4） | 14－100（4） | 12－100（4） |
| 10 | 600 | C30 | 10－100（5） | 10－100（5） | 10－100（5） | 10－100（5） |
| | | C35 | 12－100（5） | 10－100（5） | 10－100（5） | 10－100（5） |
| | | C40 | 12－100（5） | 12－100（5） | 10－100（5） | 10－100（5） |
| | | C45 | 12－100（5） | 12－100（5） | 12－100（5） | 10－100（5） |
| | | C50 | 12－100（5） | 12－100（5） | 12－100（5） | 10－100（5） |
| | | C55 | 12－100（5） | 12－100（5） | 12－100（5） | 10－100（5） |
| | | C60 | 12－100（5） | 12－100（5） | 12－100（5） | 10－100（5） |
| | | C65 | 12－100（5） | 12－100（5） | 12－100（5） | 10－100（5） |
| | | C70 | 12－100（5） | 12－100（5） | 12－100（5） | 10－100（5） |
| | | C75 | 14－100（5） | 12－100（5） | 12－100（5） | 10－100（5） |
| | | C80 | 14－100（5） | 12－100（5） | 12－100（5） | 12－100（5） |
| 11 | 600 | C30 | 10－100（6） | 10－100（6） | 10－100（6） | 10－100（6） |
| | | C35 | 10－100（6） | 10－100（6） | 10－200（6） | 10－100（6） |
| | | C40 | 10－100（6） | 10－100（6） | 10－100（6） | 10－100（6） |
| | | C45 | 10－100（6） | 10－100（6） | 10－100（6） | 10－100（6） |
| | | C50 | 12－100（6） | 10－100（6） | 10－100（6） | 10－100（6） |
| | | C55 | 12－100（6） | 10－100（6） | 10－100（6） | 10－100（6） |

续表

| 序号 | 梁截面宽度 b（mm） | 混凝土强度等级 | 抗震等级 | | | 非抗震 |
|---|---|---|---|---|---|---|
| | | | 特一级 | 一级 | 二级 | |
| 11 | 600 | C60 | 12－100（6） | 12－100（6） | 10－100（6） | 10－100（6） |
| | | C65 | 12－100（6） | 12－100（6） | 12－200（6） | 10－100（6） |
| | | C70 | 12－100（6） | 12－100（6） | 12－100（6） | 10－100（6） |
| | | C75 | 12－100（6） | 12－100（6） | 12－100（6） | 10－100（6） |
| | | C80 | 12－100（6） | 12－100（6） | 12－100（6） | 10－100（6） |
| 12 | 650 | C30 | 12－100（4） | 12－100（4） | 12－100（4） | 10－100（4） |
| | | C35 | 12－100（4） | 12－100（4） | 12－100（4） | 10－100（4） |
| | | C40 | 14－100（4） | 12－100（4） | 12－100（4） | 12－100（4） |
| | | C45 | 14－100（4） | 14－100（4） | 12－100（4） | 12－100（4） |
| | | C50 | 14－100（4） | 14－100（4） | 12－100（4） | 12－100（4） |
| | | C55 | 14－100（4） | 14－100（4） | 14－100（4） | 12－100（4） |
| | | C60 | 14－100（4） | 14－100（4） | 14－100（4） | 12－100（4） |
| | | C65 | 14－100（4） | 14－100（4） | 14－100（4） | 12－100（4） |
| | | C70 | 14－100（4） | 14－100（4） | 14－100（4） | 12－100（4） |
| | | C75 | 14－100（4） | 14－100（4） | 14－100（4） | 12－100（4） |
| | | C80 | 16－100（4） | 14－100（4） | 14－100（4） | 12－100（4） |
| 13 | 650 | C30 | 12－100（5） | 10－100（5） | 10－100（5） | 10－100（5） |
| | | C35 | 12－100（5） | 12－100（5） | 10－100（5） | 10－100（5） |
| | | C40 | 12－100（5） | 12－100（5） | 12－100（5） | 10－100（5） |
| | | C45 | 12－100（5） | 12－100（5） | 12－100（5） | 10－100（5） |
| | | C50 | 12－100（5） | 12－100（5） | 12－100（5） | 10－100（5） |
| | | C55 | 12－100（5） | 12－100（5） | 12－100（5） | 10－100（5） |
| | | C60 | 14－100（5） | 12－100（5） | 12－100（5） | 12－100（5） |
| | | C65 | 14－100（5） | 12－100（5） | 12－100（5） | 12－100（5） |
| | | C70 | 14－100（5） | 12－100（5） | 12－100（5） | 12－100（5） |
| | | C75 | 14－100（5） | 14－100（5） | 12－100（5） | 12－100（5） |
| | | C80 | 14－100（5） | 14－100（5） | 12－100（5） | 12－100（5） |
| 14 | 650 | C30 | 10－100（6） | 10－100（6） | 10－100（6） | 10－100（6） |
| | | C35 | 10－100（6） | 10－100（6） | 10－100（6） | 10－100（6） |
| | | C40 | 12－100（6） | 10－100（6） | 10－100（6） | 10－100（6） |
| | | C45 | 12－100（6） | 10－100（6） | 10－100（6） | 10－100（6） |
| | | C50 | 12－100（6） | 12－100（6） | 10－100（6） | 10－100（6） |
| | | C55 | 12－100（6） | 12－100（6） | 10－100（6） | 10－100（6） |
| | | C60 | 12－100（6） | 12－100（6） | 12－100（6） | 10－100（6） |
| | | C65 | 12－100（6） | 12－100（6） | 12－100（6） | 10－100（6） |

续表

| 序号 | 梁截面宽度 $b$（mm） | 混凝土强度等级 | 抗震等级 | | | 非抗震 |
|---|---|---|---|---|---|---|
| | | | 特一级 | 一级 | 二级 | |
| 14 | 650 | C70 | 12－100（6） | 12－100（6） | 12－100（6） | 10－100（6） |
| | | C75 | 12－100（6） | 12－100（6） | 12－100（6） | 10－100（6） |
| | | C80 | 12－100（6） | 12－100（6） | 12－100（6） | 10－100（6） |
| 15 | 700 | C30 | — | — | 12－100（4） | 10－100（4） |
| | | C35 | — | — | 12－100（4） | 12－100（4） |
| | | C40 | — | — | 12－100（4） | 12－100（4） |
| | | C45 | — | — | 14－100（4） | 12－200（4） |
| | | C50 | — | — | 14－100（4） | 12－100（4） |
| | | C55 | — | — | 14－100（4） | 12－100（4） |
| | | C60 | — | — | 14－100（4） | 12－100（4） |
| | | C65 | — | — | 14－100（4） | 12－100（4） |
| | | C70 | — | — | 14－100（4） | 12－100（4） |
| | | C75 | — | — | 14－100（4） | 14－100（4） |
| | | C80 | — | — | 14－100（4） | 14－100（4） |
| 16 | 700 | C30 | 12－100（5） | 12－100（5） | 10－100（5） | 10－100（5） |
| | | C35 | 12－100（5） | 12－100（5） | 12－100（5） | 10－100（5） |
| | | C40 | 12－100（5） | 12－100（5） | 12－100（5） | 10－100（5） |
| | | C45 | 12－100（5） | 12－100（5） | 12－100（5） | 10－100（5） |
| | | C50 | 14－100（5） | 12－100（5） | 12－100（5） | 12－100（5） |
| | | C55 | 14－100（5） | 12－100（5） | 12－100（5） | 12－100（5） |
| | | C60 | 14－100（5） | 14－100（5） | 12－100（5） | 12－100（5） |
| | | C65 | 14－100（5） | 14－100（5） | 12－100（5） | 12－100（5） |
| | | C70 | 14－100（5） | 14－100（5） | 12－100（5） | 12－100（5） |
| | | C75 | 14－100（5） | 14－100（5） | 12－100（5） | 12－100（5） |
| | | C80 | 14－100（5） | 14－100（5） | 14－100（5） | 12－100（5） |
| 17 | 700 | C30 | 10－100（6） | 10－100（6） | 10－100（6） | 10－100（6） |
| | | C35 | 12－100（6） | 10－100（6） | 10－100（6） | 10－100（6） |
| | | C40 | 12－100（6） | 12－100（6） | 10－100（6） | 10－100（6） |
| | | C45 | 12－100（6） | 12－100（6） | 10－100（6） | 10－100（6） |
| | | C50 | 12－100（6） | 12－100（6） | 12－100（6） | 10－100（6） |
| | | C55 | 12－100（6） | 12－100（6） | 12－100（6） | 10－100（6） |
| | | C60 | 12－100（6） | 12－100（6） | 12－100（6） | 10－100（6） |
| | | C65 | 12－100（6） | 12－100（6） | 12－100（6） | 10－100（6） |
| | | C70 | 12－100（6） | 12－100（6） | 12－100（6） | 10－100（6） |
| | | C75 | 12－100（6） | 12－100（6） | 12－100（6） | 10－100（6） |
| | | C80 | 12－100（6） | 12－100（6） | 12－100（6） | 10－100（6） |

续表

| 序号 | 梁截面宽度 b（mm） | 混凝土强度等级 | 抗震等级 | | | 非抗震 |
|---|---|---|---|---|---|---|
| | | | 特一级 | 一级 | 二级 | |
| 18 | 750 | C30 | — | — | 12－100（4） | 12－100（4） |
| | | C35 | — | — | 12－100（4） | 12－100（4） |
| | | C40 | — | — | 14－100（4） | 12－100（4） |
| | | C45 | — | — | 14－100（4） | 12－100（4） |
| | | C50 | — | — | 14－100（4） | 12－100（4） |
| | | C55 | — | — | 14－100（4） | 12－100（4） |
| | | C60 | — | — | 14－100（4） | 14－100（4） |
| | | C65 | — | — | 14－100（4） | 14－100（4） |
| | | C70 | — | — | 14－100（4） | 14－100（4） |
| | | C75 | — | — | 14－100（4） | 14－100（4） |
| | | C80 | — | — | 14－100（4） | 14－100（4） |
| 19 | 750 | C30 | 12－100（5） | 12－100（5） | 12－100（5） | 10－100（5） |
| | | C35 | 12－100（5） | 12－100（5） | 12－100（5） | 10－100（5） |
| | | C40 | 12－100（5） | 12－100（5） | 12－100（5） | 10－100（5） |
| | | C45 | 14－100（5） | 12－100（5） | 12－100（5） | 12－100（5） |
| | | C50 | 14－100（5） | 14－100（5） | 12－100（5） | 12－100（5） |
| | | C55 | 14－100（5） | 14－100（5） | 12－100（5） | 12－100（5） |
| | | C60 | 14－100（5） | 14－100（5） | 12－100（5） | 12－100（5） |
| | | C65 | 14－100（5） | 14－100（5） | 14－100（5） | 12－100（5） |
| | | C70 | 14－100（5） | 14－100（5） | 14－100（5） | 12－100（5） |
| | | C75 | 14－100（5） | 14－100（5） | 14－100（5） | 12－100（5） |
| | | C80 | 14－100（5） | 14－100（5） | 14－100（5） | 12－100（5） |
| 20 | 750 | C30 | 10－100（6） | 10－100（6） | 10－100（6） | 10－100（6） |
| | | C35 | 12－100（6） | 10－100（6） | 10－100（6） | 10－100（6） |
| | | C40 | 12－100（6） | 12－100（6） | 10－100（6） | 10－100（6） |
| | | C45 | 12－100（6） | 12－100（6） | 12－100（6） | 10－100（6） |
| | | C50 | 12－100（6） | 12－100（6） | 12－100（6） | 10－100（6） |
| | | C55 | 12－100（6） | 12－100（6） | 12－100（6） | 10－100（6） |
| | | C60 | 12－100（6） | 12－100（6） | 12－100（6） | 10－100（6） |
| | | C65 | 14－100（6） | 12－100（6） | 12－100（6） | 10－100（6） |
| | | C70 | 14－100（6） | 12－100（6） | 12－100（6） | 12－100（6） |
| | | C75 | 14－100（6） | 12－100（6） | 12－100（6） | 12－100（6） |
| | | C80 | 14－100（6） | 12－100（6） | 12－100（6） | 12－100（6） |
| 21 | 800 | C30 | 12－100（5） | 12－100（5） | 12－100（5） | 10－100（5） |
| | | C35 | 12－100（5） | 12－100（5） | 12－100（5） | 10－100（5） |

续表

| 序号 | 梁截面宽度 b（mm） | 混凝土强度等级 | 抗震等级 | | | 非抗震 |
|---|---|---|---|---|---|---|
| | | | 特一级 | 一级 | 二级 | |
| 21 | 800 | C40 | 14－100（5） | 12－100（5） | 12－100（5） | 12－100（5） |
| | | C45 | 14－100（5） | 14－100（5） | 12－100（5） | 12－100（5） |
| | | C50 | 14－100（5） | 14－100（5） | 12－100（5） | 12－100（5） |
| | | C55 | 14－100（5） | 14－100（5） | 14－100（5） | 12－100（5） |
| | | C60 | 14－100（5） | 14－100（5） | 14－100（5） | 12－100（5） |
| | | C65 | 14－100（5） | 14－100（5） | 14－100（5） | 12－100（5） |
| | | C70 | 14－100（5） | 14－100（5） | 14－100（5） | 12－100（5） |
| | | C75 | 14－100（5） | 14－100（5） | 14－100（5） | 12－100（5） |
| | | C80 | 14－100（5） | 14－100（5） | 14－100（5） | 12－100（5） |
| 22 | 800 | C30 | 12－100（6） | 10－100（6） | 10－100（6） | 10－100（6） |
| | | C35 | 12－100（6） | 12－100（6） | 10－100（6） | 10－100（6） |
| | | C40 | 12－100（6） | 12－100（6） | 12－100（6） | 10－100（6） |
| | | C45 | 12－100（6） | 12－100（6） | 12－100（6） | 10－100（6） |
| | | C50 | 12－100（6） | 12－100（6） | 12－100（6） | 10－100（6） |
| | | C55 | 14－100（6） | 12－100（6） | 12－100（6） | 10－100（6） |
| | | C60 | 14－100（6） | 12－100（6） | 12－100（6） | 12－100（6） |
| | | C65 | 14－100（6） | 12－100（6） | 12－100（6） | 12－100（6） |
| | | C70 | 14－100（6） | 14－100（6） | 12－100（6） | 12－100（6） |
| | | C75 | 14－100（6） | 14－100（6） | 12－100（6） | 12－100（6） |
| | | C80 | 14－100（6） | 14－100（6） | 12－100（6） | 12－100（6） |
| 23 | 850 | C30 | 12－100（5） | 12－100（5） | 12－100（5） | 10－100（5） |
| | | C35 | 14－100（5） | 12－100（5） | 12－100（5） | 12－100（5） |
| | | C40 | 14－100（5） | 14－100（5） | 12－100（5） | 12－100（5） |
| | | C45 | 14－100（5） | 14－100（5） | 12－100（5） | 12－100（5） |
| | | C50 | 14－100（5） | 14－100（5） | 14－100（5） | 12－100（5） |
| | | C55 | 14－100（5） | 14－100（5） | 14－100（5） | 12－100（5） |
| | | C60 | 14－100（5） | 14－100（5） | 14－100（5） | 12－100（5） |
| | | C65 | 14－100（5） | 14－100（5） | 14－100（5） | 12－100（5） |
| | | C70 | 16－100（5） | 14－100（5） | 14－100（5） | 12－100（5） |
| | | C75 | 16－100（5） | 14－100（5） | 14－100（5） | 12－100（5） |
| | | C80 | 16－100（5） | 14－100（5） | 14－100（5） | 14－100（5） |
| 24 | 850 | C30 | 12－100（6） | 12－100（6） | 10－100（6） | 10－100（6） |
| | | C35 | 12－100（6） | 12－100（6） | 12－100（6） | 10－100（6） |
| | | C40 | 12－100（6） | 12－100（6） | 12－100（6） | 10－100（6） |
| | | C45 | 12－100（6） | 12－100（6） | 12－100（6） | 10－100（6） |

续表

| 序号 | 梁截面宽度 b（mm） | 混凝土强度等级 | 抗震等级 | | | 非抗震 |
|---|---|---|---|---|---|---|
| | | | 特一级 | 一级 | 二级 | |
| 24 | 850 | C50 | 14－100（6） | 12－100（6） | 12－100（6） | 12－100（6） |
| | | C55 | 14－100（6） | 12－100（6） | 12－100（6） | 12－100（6） |
| | | C60 | 14－100（6） | 14－100（6） | 12－100（6） | 12－100（6） |
| | | C65 | 14－100（6） | 14－100（6） | 12－100（6） | 12－100（6） |
| | | C70 | 14－100（6） | 14－100（6） | 12－100（6） | 12－100（6） |
| | | C75 | 14－100（6） | 14－100（6） | 14－100（6） | 12－100（6） |
| | | C80 | 14－100（6） | 14－100（6） | 14－100（6） | 12－100（6） |
| 25 | 900 | C30 | 12－100（6） | 12－100（6） | 12－100（6） | 10－100（6） |
| | | C35 | 12－100（6） | 12－100（6） | 12－100（6） | 10－100（6） |
| | | C40 | 12－100（6） | 12－100（6） | 12－100（6） | 10－100（6） |
| | | C45 | 14－100（6） | 12－100（6） | 12－100（6） | 12－100（6） |
| | | C50 | 14－100（6） | 14－100（6） | 12－100（6） | 12－100（6） |
| | | C55 | 14－100（6） | 14－100（6） | 12－100（6） | 12－100（6） |
| | | C60 | 14－100（6） | 14－100（6） | 12－100（6） | 12－100（6） |
| | | C65 | 14－100（6） | 14－100（6） | 14－100（6） | 12－100（6） |
| | | C70 | 14－100（6） | 14－100（6） | 14－100（6） | 12－100（6） |
| | | C75 | 14－100（6） | 14－100（6） | 14－100（6） | 12－100（6） |
| | | C80 | 14－100（6） | 14－100（6） | 14－100（6） | 12－100（6） |
| 26 | 900 | C30 | 12－100（7） | 10－100（7） | 10－100（7） | 10－100（7） |
| | | C35 | 12－100（7） | 12－100（7） | 10－100（7） | 10－100（7） |
| | | C40 | 12－100（7） | 12－100（7） | 12－100（7） | 10－100（7） |
| | | C45 | 12－100（7） | 12－100（7） | 12－100（7） | 10－100（7） |
| | | C50 | 12－100（7） | 12－100（7） | 12－100（7） | 10－100（7） |
| | | C55 | 14－100（7） | 12－100（7） | 12－100（7） | 12－100（7） |
| | | C60 | 14－100（7） | 12－100（7） | 12－100（7） | 12－100（7） |
| | | C65 | 14－100（7） | 14－100（7） | 12－100（7） | 12－100（7） |
| | | C70 | 14－100（7） | 14－100（7） | 12－100（7） | 12－100（7） |
| | | C75 | 14－100（7） | 14－100（7） | 12－100（7） | 12－100（7） |
| | | C80 | 14－100（7） | 14－100（7） | 12－100（7） | 12－100（7） |
| 27 | 900 | C30 | 10－100（8） | 10－100（8） | 10－100（8） | 10－100（8） |
| | | C35 | 12－100（8） | 10－100（8） | 10－100（8） | 10－100（8） |
| | | C40 | 12－100（8） | 12－100（8） | 10－100（8） | 10－100（8） |
| | | C45 | 12－100（8） | 12－100（8） | 10－100（8） | 10－100（8） |
| | | C50 | 12－100（8） | 12－100（8） | 12－100（8） | 10－100（8） |
| | | C55 | 12－100（8） | 12－100（8） | 12－100（8） | 10－100（8） |

续表

| 序号 | 梁截面宽度 b（mm） | 混凝土强度等级 | 抗震等级 | | | 非抗震 |
|---|---|---|---|---|---|---|
| | | | 特一级 | 一级 | 二级 | |
| 27 | 900 | C60 | 12－100（8） | 12－100（8） | 12－100（8） | 10－100（8） |
| | | C65 | 12－100（8） | 12－100（8） | 12－100（8） | 10－100（8） |
| | | C70 | 12－100（8） | 12－100（8） | 12－100（8） | 10－100（8） |
| | | C75 | 12－100（8） | 12－100（8） | 12－100（8） | 10－100（8） |
| | | C80 | 14－100（8） | 12－100（8） | 12－100（8） | 12－100（8） |
| 28 | 950 | C30 | 12－100（6） | 12－100（6） | 12－100（6） | 10－100（6） |
| | | C35 | 12－100（6） | 12－100（6） | 12－100（6） | 10－100（6） |
| | | C40 | 14－100（6） | 12－100（6） | 12－100（6） | 12－100（6） |
| | | C45 | 14－100（6） | 14－100（6） | 12－100（6） | 12－100（6） |
| | | C50 | 14－100（6） | 14－100（6） | 12－100（6） | 12－100（6） |
| | | C55 | 14－100（6） | 14－100（6） | 14－100（6） | 12－100（6） |
| | | C60 | 14－100（6） | 14－100（6） | 14－100（6） | 12－100（6） |
| | | C65 | 14－100（6） | 14－100（6） | 14－100（6） | 12－100（6） |
| | | C70 | 14－100（6） | 14－100（6） | 14－100（6） | 12－100（6） |
| | | C75 | 14－100（6） | 14－100（6） | 14－100（6） | 12－100（6） |
| | | C80 | 14－100（6） | 14－100（6） | 14－100（6） | 12－100（6） |
| 29 | 950 | C30 | 12－100（7） | 12－100（7） | 10－100（7） | 10－100（7） |
| | | C35 | 12－100（7） | 12－100（7） | 12－100（7） | 10－100（7） |
| | | C40 | 12－100（7） | 12－100（7） | 12－100（7） | 10－100（7） |
| | | C45 | 14－100（7） | 12－100（7） | 12－100（7） | 10－100（7） |
| | | C50 | 14－100（7） | 12－100（7） | 12－100（7） | 12－100（7） |
| | | C55 | 14－100（7） | 12－100（7） | 12－100（7） | 12－100（7） |
| | | C60 | 14－100（7） | 14－100（7） | 12－100（7） | 12－100（7） |
| | | C65 | 14－100（7） | 14－100（7） | 12－100（7） | 12－100（7） |
| | | C70 | 14－100（7） | 14－100（7） | 12－100（7） | 12－100（7） |
| | | C75 | 14－100（7） | 14－100（7） | 14－100（7） | 12－100（7） |
| | | C80 | 14－100（7） | 14－100（7） | 14－100（7） | 12－100（7） |
| 30 | 950 | C30 | 10－100（8） | 10－100（8） | 10－100（8） | 10－100（8） |
| | | C35 | 12－100（8） | 10－100（8） | 10－100（8） | 10－100（8） |
| | | C40 | 12－100（8） | 12－100（8） | 10－100（8） | 10－100（8） |
| | | C45 | 12－100（8） | 12－100（8） | 10－100（8） | 10－100（8） |
| | | C50 | 12－100（8） | 12－100（8） | 12－100（8） | 10－100（8） |
| | | C55 | 12－100（8） | 12－100（8） | 12－100（8） | 10－100（8） |
| | | C60 | 12－100（8） | 12－100（8） | 12－100（8） | 10－100（8） |
| | | C65 | 12－100（8） | 12－100（8） | 12－100（8） | 10－100（8） |

续表

| 序号 | 梁截面宽度 b（mm） | 混凝土强度等级 | 抗震等级 | | | 非抗震 |
|---|---|---|---|---|---|---|
| | | | 特一级 | 一级 | 二级 | |
| 30 | 950 | C70 | 12－100（8） | 12－100（8） | 12－100（8） | 10－100（8） |
| | | C75 | 12－100（8） | 12－100（8） | 12－100（8） | 10－100（8） |
| | | C80 | 14－100（8） | 12－100（8） | 12－100（8） | 12－100（8） |
| 31 | 1000 | C30 | 12－100（6） | 12－100（6） | 12－100（6） | 10－100（6） |
| | | C35 | 14－100（6） | 12－100（6） | 12－100（6） | 10－100（6） |
| | | C40 | 14－100（6） | 14－100（6） | 12－100（6） | 12－100（6） |
| | | C45 | 14－100（6） | 14－100（6） | 12－100（6） | 12－100（6） |
| | | C50 | 14－100（6） | 14－100（6） | 14－100（6） | 12－100（6） |
| | | C55 | 14－100（6） | 14－100（6） | 14－100（6） | 12－100（6） |
| | | C60 | 14－100（6） | 14－100（6） | 14－100（6） | 12－100（6） |
| | | C65 | 14－100（6） | 14－100（6） | 14－100（6） | 12－100（6） |
| | | C70 | 16－100（6） | 14－100（6） | 14－100（6） | 12－100（6） |
| | | C75 | 16－100（6） | 14－100（6） | 14－100（6） | 12－100（6） |
| | | C80 | 16－100（6） | 14－100（6） | 14－100（6） | 12－100（6） |
| 32 | 1000 | C30 | 12－100（7） | 12－100（7） | 10－100（7） | 10－100（7） |
| | | C35 | 12－100（7） | 12－100（7） | 12－100（7） | 10－100（7） |
| | | C40 | 12－100（7） | 12－100（7） | 12－100（7） | 10－100（7） |
| | | C45 | 14－100（7） | 12－100（7） | 12－100（7） | 10－100（7） |
| | | C50 | 14－100（7） | 12－100（7） | 12－100（7） | 12－100（7） |
| | | C55 | 14－100（7） | 12－100（7） | 12－100（7） | 12－100（7） |
| | | C60 | 14－100（7） | 14－100（7） | 12－100（7） | 12－100（7） |
| | | C65 | 14－100（7） | 14－100（7） | 12－100（7） | 12－100（7） |
| | | C70 | 14－100（7） | 14－100（7） | 12－100（7） | 12－100（7） |
| | | C75 | 14－100（7） | 14－100（7） | 14－100（7） | 12－100（7） |
| | | C80 | 14－100（7） | 14－100（7） | 14－100（7） | 12－100（7） |
| 33 | 1000 | C30 | 10－100（8） | 10－100（8） | 10－100（8） | 10－100（8） |
| | | C35 | 12－100（8） | 10－100（8） | 10－100（8） | 10－100（8） |
| | | C40 | 12－100（8） | 12－100（8） | 10－100（8） | 10－100（8） |
| | | C45 | 12－100（8） | 12－100（8） | 12－100（8） | 10－100（8） |
| | | C50 | 12－100（8） | 12－100（8） | 12－100（8） | 10－100（8） |
| | | C55 | 12－100（8） | 12－100（8） | 12－100（8） | 10－100（8） |
| | | C60 | 12－100（8） | 12－100（8） | 12－100（8） | 10－100（8） |
| | | C65 | 14－100（8） | 12－100（8） | 12－100（8） | 10－100（8） |
| | | C70 | 14－100（8） | 12－100（8） | 12－100（8） | 12－100（8） |
| | | C75 | 14－100（8） | 12－100（8） | 12－100（8） | 12－100（8） |
| | | C80 | 14－100（8） | 12－100（8） | 12－100（8） | 12－100（8） |

续表

| 序号 | 梁截面宽度 b（mm） | 混凝土强度等级 | 抗震等级 | | | 非抗震 |
|---|---|---|---|---|---|---|
| | | | 特一级 | 一级 | 二级 | |
| 34 | 1050 | C30 | 12-100（6） | 12-100（6） | 12-100（6） | 10-100（6） |
| | | C35 | 14-100（6） | 12-100（6） | 12-100（6） | 12-100（6） |
| | | C40 | 14-100（6） | 14-100（6） | 12-100（6） | 12-100（6） |
| | | C45 | 14-100（6） | 14-100（6） | 14-100（6） | 12-100（6） |
| | | C50 | 14-100（6） | 14-100（6） | 14-100（6） | 12-100（6） |
| | | C55 | 14-100（6） | 14-100（6） | 14-100（6） | 12-100（6） |
| | | C60 | 16-100（6） | 14-100（6） | 14-100（6） | 12-100（6） |
| | | C65 | 16-100（6） | 14-100（6） | 14-100（6） | 12-100（6） |
| | | C70 | 16-100（6） | 14-100（6） | 14-100（6） | 12-100（6） |
| | | C75 | 16-100（6） | 14-100（6） | 14-100（6） | 14-100（6） |
| | | C80 | 16-100（6） | 16-100（6） | 14-100（6） | 14-100（6） |
| 35 | 1050 | C30 | 12-100（7） | 12-100（7） | 12-100（7） | 10-100（7） |
| | | C35 | 12-100（7） | 12-100（7） | 12-100（7） | 10-100（7） |
| | | C40 | 12-100（7） | 12-100（7） | 12-100（7） | 10-100（7） |
| | | C45 | 14-100（7） | 12-100（7） | 12-100（7） | 12-100（7） |
| | | C50 | 14-100（7） | 14-100（7） | 12-100（7） | 12-100（7） |
| | | C55 | 14-100（7） | 14-100（7） | 12-100（7） | 12-100（7） |
| | | C60 | 14-100（7） | 14-100（7） | 12-100（7） | 12-100（7） |
| | | C65 | 14-100（7） | 14-100（7） | 14-100（7） | 12-100（7） |
| | | C70 | 14-100（7） | 14-100（7） | 14-100（7） | 12-100（7） |
| | | C75 | 14-100（7） | 14-100（7） | 14-100（7） | 12-100（7） |
| | | C80 | 14-100（7） | 14-100（7） | 14-100（7） | 12-100（7） |
| 36 | 1050 | C30 | 12-100（8） | 10-100（8） | 10-100（8） | 10-100（8） |
| | | C35 | 12-100（8） | 12-100（8） | 10-100（8） | 10-100（8） |
| | | C40 | 12-100（8） | 12-100（8） | 12-100（8） | 10-100（8） |
| | | C45 | 12-100（8） | 12-100（8） | 12-100（8） | 10-100（8） |
| | | C50 | 12-100（8） | 12-100（8） | 12-100（8） | 10-100（8） |
| | | C55 | 12-100（8） | 12-100（8） | 12-100（8） | 10-100（8） |
| | | C60 | 14-100（8） | 12-100（8） | 12-100（8） | 12-100（8） |
| | | C65 | 14-100（8） | 12-100（8） | 12-100（8） | 12-100（8） |
| | | C70 | 14-100（8） | 12-100（8） | 12-100（8） | 12-100（8） |
| | | C75 | 14-100（8） | 14-100（8） | 12-100（8） | 12-100（8） |
| | | C80 | 14-100（8） | 14-100（8） | 12-100（8） | 12-100（8） |
| 37 | 1100 | C30 | — | — | 12-100（6） | 12-100（6） |
| | | C35 | — | — | 12-100（6） | 12-100（6） |

续表

| 序号 | 梁截面宽度 $b$（mm） | 混凝土强度等级 | 抗震等级 | | | 非抗震 |
|---|---|---|---|---|---|---|
| | | | 特一级 | 一级 | 二级 | |
| 37 | 1100 | C40 | — | — | 14－100（6） | 12－100（6） |
| | | C45 | — | — | 14－100（6） | 12－100（6） |
| | | C50 | — | — | 14－100（6） | 12－100（6） |
| | | C55 | — | — | 14－100（6） | 12－100（6） |
| | | C60 | — | — | 14－100（6） | 12－100（6） |
| | | C65 | — | — | 14－100（6） | 12－100（6） |
| | | C70 | — | — | 14－100（6） | 12－100（6） |
| | | C75 | — | — | 14－100（6） | 14－100（6） |
| | | C80 | — | — | 14－100（6） | 14－100（6） |
| 38 | 1100 | C30 | 12－100（7） | 12－100（7） | 12－100（7） | 10－100（7） |
| | | C35 | 12－100（7） | 12－100（7） | 12－100（7） | 10－100（7） |
| | | C40 | 14－100（7） | 12－100（7） | 12－100（7） | 12－100（7） |
| | | C45 | 14－100（7） | 14－100（7） | 12－100（7） | 12－100（7） |
| | | C50 | 14－100（7） | 14－100（7） | 12－100（7） | 12－100（7） |
| | | C55 | 14－100（7） | 14－100（7） | 12－100（7） | 12－100（7） |
| | | C60 | 14－100（7） | 14－100（7） | 14－100（7） | 12－100（7） |
| | | C65 | 14－100（7） | 14－100（7） | 14－100（7） | 12－100（7） |
| | | C70 | 14－100（7） | 14－100（7） | 14－100（7） | 12－100（7） |
| | | C75 | 14－100（7） | 14－100（7） | 14－100（7） | 12－100（7） |
| | | C80 | 14－100（7） | 14－100（7） | 14－100（7） | 12－100（7） |
| 39 | 1100 | C30 | 12－100（8） | 12－100（8） | 10－100（8） | 10－100（8） |
| | | C35 | 12－100（8） | 12－100（8） | 12－100（8） | 10－100（8） |
| | | C40 | 12－100（8） | 12－100（8） | 12－100（8） | 10－100（8） |
| | | C45 | 12－100（8） | 12－100（8） | 12－100（8） | 10－100（8） |
| | | C50 | 12－100（8） | 12－100（8） | 12－100（8） | 10－100（8） |
| | | C55 | 14－100（8） | 12－100（8） | 12－100（8） | 12－100（8） |
| | | C60 | 14－100（8） | 12－100（8） | 12－100（8） | 12－100（8） |
| | | C65 | 14－100（8） | 14－100（8） | 12－100（8） | 12－100（8） |
| | | C70 | 14－100（8） | 14－100（8） | 12－100（8） | 12－100（8） |
| | | C75 | 14－100（8） | 14－100（8） | 12－100（8） | 12－100（8） |
| | | C80 | 14－100（8） | 14－100（8） | 12－100（8） | 12－100（8） |
| 40 | 1150 | C30 | 12－100（7） | 12－100（7） | 12－100（7） | 10－100（7） |
| | | C35 | 12－100（7） | 12－100（7） | 12－100（7） | 10－100（7） |
| | | C40 | 14－100（7） | 12－100（7） | 12－100（7） | 12－100（7） |
| | | C45 | 14－100（7） | 14－100（7） | 12－100（7） | 12－100（7） |

续表

| 序号 | 梁截面宽度 $b$（mm） | 混凝土强度等级 | 抗震等级 | | | 非抗震 |
|---|---|---|---|---|---|---|
| | | | 特一级 | 一级 | 二级 | |
| 40 | 1150 | C50 | 14－100（7） | 14－100（7） | 14－100（7） | 12－100（7） |
| | | C55 | 14－100（7） | 14－100（7） | 14－100（7） | 12－100（7） |
| | | C60 | 14－100（7） | 14－100（7） | 14－100（7） | 12－100（7） |
| | | C65 | 14－100（7） | 14－100（7） | 14－100（7） | 12－100（7） |
| | | C70 | 14－100（7） | 14－100（7） | 14－100（7） | 12－100（7） |
| | | C75 | 16－100（7） | 14－100（7） | 14－100（7） | 12－100（7） |
| | | C80 | 16－100（7） | 14－100（7） | 14－100（7） | 12－100（7） |
| 41 | 1150 | C30 | 12－100（8） | 12－100（8） | 10－100（8） | 10－100（8） |
| | | C35 | 12－100（8） | 12－100（8） | 12－100（8） | 10－100（8） |
| | | C40 | 12－100（8） | 12－100（8） | 12－100（8） | 10－100（8） |
| | | C45 | 12－100（8） | 12－100（8） | 12－100（8） | 10－100（8） |
| | | C50 | 14－100（8） | 12－100（8） | 12－100（8） | 12－100（8） |
| | | C55 | 14－100（8） | 12－100（8） | 12－100（8） | 12－100（8） |
| | | C60 | 14－100（8） | 14－100（8） | 12－100（8） | 12－100（8） |
| | | C65 | 14－100（8） | 14－100（8） | 12－100（8） | 12－100（8） |
| | | C70 | 14－100（8） | 14－100（8） | 12－100（8） | 12－100（8） |
| | | C75 | 14－100（8） | 14－100（8） | 14－100（8） | 12－100（8） |
| | | C80 | 14－100（8） | 14－100（8） | 14－100（8） | 12－100（8） |
| 42 | 1200 | C30 | 12－100（7） | 12－100（7） | 12－100（7） | 10－100（7） |
| | | C35 | 14－100（7） | 12－100（7） | 12－100（7） | 12－100（7） |
| | | C40 | 14－100（7） | 14－100（7） | 12－100（7） | 12－100（7） |
| | | C45 | 14－100（7） | 14－100（7） | 14－100（7） | 12－100（7） |
| | | C50 | 14－100（7） | 14－100（7） | 14－100（7） | 12－100（7） |
| | | C55 | 14－100（7） | 14－100（7） | 14－100（7） | 12－100（7） |
| | | C60 | 14－100（7） | 14－100（7） | 14－100（7） | 12－100（7） |
| | | C65 | 16－100（7） | 14－100（7） | 14－100（7） | 12－100（7） |
| | | C70 | 16－100（7） | 14－100（7） | 14－100（7） | 12－100（7） |
| | | C75 | 16－100（7） | 14－100（7） | 14－100（7） | 12－100（7） |
| | | C80 | 16－100（7） | 14－100（7） | 14－100（7） | 14－100（7） |
| 43 | 1200 | C30 | 12－100（8） | 12－100（8） | 12－100（8） | 10－100（8） |
| | | C35 | 12－100（8） | 12－100（8） | 12－100（8） | 10－100（8） |
| | | C40 | 12－100（8） | 12－100（8） | 12－100（8） | 10－100（8） |
| | | C45 | 14－100（8） | 12－100（8） | 12－100（8） | 12－100（8） |
| | | C50 | 14－100（8） | 14－100（8） | 12－100（8） | 12－100（8） |
| | | C55 | 14－100（8） | 14－100（8） | 12－100（8） | 12－100（8） |

续表

| 序号 | 梁截面宽度 $b$（mm） | 混凝土强度等级 | 抗震等级 | | | 非抗震 |
|---|---|---|---|---|---|---|
| | | | 特一级 | 一级 | 二级 | |
| 43 | 1200 | C60 | 14－100（8） | 14－100（8） | 12－100（8） | 12－100（8） |
| | | C65 | 14－100（8） | 14－100（8） | 12－100（8） | 12－100（8） |
| | | C70 | 14－100（8） | 14－100（8） | 14－100（8） | 12－100（8） |
| | | C75 | 14－100（8） | 14－100（8） | 14－100（8） | 12－100（8） |
| | | C80 | 14－100（8） | 14－100（8） | 14－100（8） | 12－100（8） |
| 44 | 1250 | C30 | 12－100（7） | 12－100（7） | 12－100（7） | 10－100（7） |
| | | C35 | 14－100（7） | 12－100（7） | 12－100（7） | 12－100（7） |
| | | C40 | 14－100（7） | 14－100（7） | 12－100（7） | 12－100（7） |
| | | C45 | 14－100（7） | 14－100（7） | 14－100（7） | 12－100（7） |
| | | C50 | 14－100（7） | 14－100（7） | 14－100（7） | 12－100（7） |
| | | C55 | 14－100（7） | 14－100（7） | 14－100（7） | 12－100（7） |
| | | C60 | 16－100（7） | 14－100（7） | 14－100（7） | 12－100（7） |
| | | C65 | 16－100（7） | 14－100（7） | 14－100（7） | 12－100（7） |
| | | C70 | 16－100（7） | 14－100（7） | 14－100（7） | 14－100（7） |
| | | C75 | 16－100（7） | 16－100（7） | 14－100（7） | 14－100（7） |
| | | C80 | 16－100（7） | 16－100（7） | 14－100（7） | 14－100（7） |
| 45 | 1250 | C30 | 12－100（8） | 12－100（8） | 12－100（8） | 10－100（8） |
| | | C35 | 12－100（8） | 12－100（8） | 12－100（8） | 10－100（8） |
| | | C40 | 14－100（8） | 12－100（8） | 12－100（8） | 12－100（8） |
| | | C45 | 14－100（8） | 12－100（8） | 12－100（8） | 12－100（8） |
| | | C50 | 14－100（8） | 14－100（8） | 12－100（8） | 12－100（8） |
| | | C55 | 14－100（8） | 14－100（8） | 12－100（8） | 12－100（8） |
| | | C60 | 14－100（8） | 14－100（8） | 14－100（8） | 12－100（8） |
| | | C65 | 14－100（8） | 14－100（8） | 14－100（8） | 12－100（8） |
| | | C70 | 14－100（8） | 14－100（8） | 14－100（8） | 12－100（8） |
| | | C75 | 14－100（8） | 14－100（8） | 14－100（8） | 12－100（8） |
| | | C80 | 14－100（8） | 14－100（8） | 14－100（8） | 12－100（8） |
| 46 | 1300 | C30 | 12－100（8） | 12－100（8） | 12－100（8） | 10－100（8） |
| | | C35 | 12－100（8） | 12－100（8） | 12－100（8） | 10－100（8） |
| | | C40 | 14－100（8） | 12－100（8） | 12－100（8） | 12－100（8） |
| | | C45 | 14－100（8） | 14－100（8） | 12－100（8） | 12－100（8） |
| | | C50 | 14－100（8） | 14－100（8） | 12－100（8） | 12－100（8） |
| | | C55 | 14－100（8） | 14－100（8） | 14－100（8） | 12－100（8） |
| | | C60 | 14－100（8） | 14－100（8） | 14－100（8） | 12－100（8） |
| | | C65 | 14－100（8） | 14－100（8） | 14－100（8） | 12－100（8） |

续表

| 序号 | 梁截面宽度 $b$（mm） | 混凝土强度等级 | 抗震等级 | | | 非抗震 |
|---|---|---|---|---|---|---|
| | | | 特一级 | 一级 | 二级 | |
| 46 | 1300 | C70 | 14－100（8） | 14－100（8） | 14－100（8） | 12－100（8） |
| | | C75 | 14－100（8） | 14－100（8） | 14－100（8） | 12－100（8） |
| | | C80 | 16－100（8） | 14－100（8） | 14－100（8） | 12－100（8） |
| 47 | 1300 | C30 | 12－100（9） | 12－100（9） | 10－100（9） | 10－100（9） |
| | | C35 | 12－100（9） | 12－100（9） | 12－100（9） | 10－100（9） |
| | | C40 | 12－100（9） | 12－100（9） | 12－100（9） | 10－100（9） |
| | | C45 | 12－100（9） | 12－100（9） | 12－100（9） | 10－100（9） |
| | | C50 | 14－100（9） | 12－100（9） | 12－100（9） | 12－100（9） |
| | | C55 | 14－100（9） | 14－100（9） | 12－100（9） | 12－100（9） |
| | | C60 | 14－100（9） | 14－100（9） | 12－100（9） | 12－100（9） |
| | | C65 | 14－100（9） | 14－100（9） | 12－100（9） | 12－100（9） |
| | | C70 | 14－100（9） | 14－100（9） | 14－100（9） | 12－100（9） |
| | | C75 | 14－100（9） | 14－100（9） | 14－100（9） | 12－100（9） |
| | | C80 | 14－100（9） | 14－100（9） | 14－100（9） | 12－100（9） |
| 48 | 1300 | C30 | 12－100（10） | 10－100（10） | 10－100（10） | 10－100（10） |
| | | C35 | 12－100（10） | 12－100（10） | 10－100（10） | 10－100（10） |
| | | C40 | 12－100（10） | 12－100（10） | 12－100（10） | 10－100（10） |
| | | C45 | 12－100（10） | 12－100（10） | 12－100（10） | 10－100（10） |
| | | C50 | 12－100（10） | 12－100（10） | 12－100（10） | 10－100（10） |
| | | C55 | 12－100（10） | 12－100（10） | 12－100（10） | 10－100（10） |
| | | C60 | 14－100（10） | 12－100（10） | 12－100（10） | 12－100（10） |
| | | C65 | 14－100（10） | 12－100（10） | 12－100（10） | 12－100（10） |
| | | C70 | 14－100（10） | 12－100（10） | 12－100（10） | 12－100（10） |
| | | C75 | 14－100（10） | 14－100（10） | 12－100（10） | 12－100（10） |
| | | C80 | 14－100（10） | 14－100（10） | 12－100（10） | 12－100（10） |
| 49 | 1350 | C30 | 12－100（8） | 12－100（8） | 12－100（8） | 10－100（8） |
| | | C35 | 14－100（8） | 12－100（8） | 12－100（8） | 12－100（8） |
| | | C40 | 14－100（8） | 14－100（8） | 12－100（8） | 12－100（8） |
| | | C45 | 14－100（8） | 14－100（8） | 12－100（8） | 12－100（8） |
| | | C50 | 14－100（8） | 14－100（8） | 14－100（8） | 12－100（8） |
| | | C55 | 14－100（8） | 14－100（8） | 14－100（8） | 12－100（8） |
| | | C60 | 14－100（8） | 14－100（8） | 14－100（8） | 12－100（8） |
| | | C65 | 14－100（8） | 14－100（8） | 14－100（8） | 12－100（8） |
| | | C70 | 16－100（8） | 14－100（8） | 14－100（8） | 12－100（8） |
| | | C75 | 16－100（8） | 14－100（8） | 14－100（8） | 12－100（8） |
| | | C80 | 16－100（8） | 14－100（8） | 14－100（8） | 12－100（8） |

续表

| 序号 | 梁截面宽度 b（mm） | 混凝土强度等级 | 抗震等级 | | | 非抗震 |
|---|---|---|---|---|---|---|
| | | | 特一级 | 一级 | 二级 | |
| 50 | 1350 | C30 | 12－100（9） | 12－100（9） | 12－100（9） | 10－100（9） |
| | | C35 | 12－100（9） | 12－100（9） | 12－100（9） | 10－100（9） |
| | | C40 | 12－100（9） | 12－100（9） | 12－100（9） | 10－100（9） |
| | | C45 | 14－100（9） | 12－100（9） | 12－100（9） | 12－100（9） |
| | | C50 | 14－100（9） | 14－100（9） | 12－100（9） | 12－100（9） |
| | | C55 | 14－100（9） | 14－100（9） | 12－100（9） | 12－100（9） |
| | | C60 | 14－100（9） | 14－100（9） | 12－100（9） | 12－100（9） |
| | | C65 | 14－100（9） | 14－100（9） | 14－100（9） | 12－100（9） |
| | | C70 | 14－100（9） | 14－100（9） | 14－100（9） | 12－100（9） |
| | | C75 | 14－100（9） | 14－100（9） | 14－100（9） | 12－100（9） |
| | | C80 | 14－100（9） | 14－100（9） | 14－100（9） | 12－100（9） |
| 51 | 1350 | C30 | 12－100（10） | 10－100（10） | 10－100（10） | 10－100（10） |
| | | C35 | 12－100（10） | 12－100（10） | 10－100（10） | 10－100（10） |
| | | C40 | 12－100（10） | 12－100（10） | 12－100（10） | 10－100（10） |
| | | C45 | 12－100（10） | 12－100（10） | 12－100（10） | 10－100（10） |
| | | C50 | 12－100（10） | 12－100（10） | 12－100（10） | 10－100（10） |
| | | C55 | 14－100（10） | 12－100（10） | 12－100（10） | 12－100（10） |
| | | C60 | 14－100（10） | 12－100（10） | 12－100（10） | 12－100（10） |
| | | C65 | 14－100（10） | 12－100（10） | 12－100（10） | 12－100（10） |
| | | C70 | 14－100（10） | 14－100（10） | 12－100（10） | 12－100（10） |
| | | C75 | 14－100（10） | 14－100（10） | 12－100（10） | 12－100（10） |
| | | C80 | 14－100（10） | 14－100（10） | 12－100（10） | 12－100（10） |
| 52 | 1400 | C30 | 12－100（8） | 12－100（8） | 12－100（8） | 10－100（8） |
| | | C35 | 14－100（8） | 12－100（8） | 12－100（8） | 12－100（8） |
| | | C40 | 14－100（8） | 14－100（8） | 12－100（8） | 12－100（8） |
| | | C45 | 14－100（8） | 14－100（8） | 14－100（8） | 12－100（8） |
| | | C50 | 14－100（8） | 14－100（8） | 14－100（8） | 12－100（8） |
| | | C55 | 14－100（8） | 14－100（8） | 14－100（8） | 12－100（8） |
| | | C60 | 16－100（8） | 14－100（8） | 14－100（8） | 12－100（8） |
| | | C65 | 16－100（8） | 14－100（8） | 14－100（8） | 12－100（8） |
| | | C70 | 16－100（8） | 14－100（8） | 14－100（8） | 12－100（8） |
| | | C75 | 16－100（8） | 14－100（8） | 14－100（8） | 14－100（8） |
| | | C80 | 16－100（8） | 16－100（8） | 14－100（8） | 14－100（8） |
| 53 | 1400 | C30 | 12－100（9） | 12－100（9） | 12－100（9） | 10－100（9） |
| | | C35 | 12－100（9） | 12－100（9） | 12－100（9） | 10－100（9） |

续表

| 序号 | 梁截面宽度 b（mm） | 混凝土强度等级 | 抗震等级 | | | 非抗震 |
|---|---|---|---|---|---|---|
| | | | 特一级 | 一级 | 二级 | |
| 53 | 1400 | C40 | 14－100（9） | 12－100（9） | 12－100（9） | 12－100（9） |
| | | C45 | 14－100（9） | 12－100（9） | 12－100（9） | 12－100（9） |
| | | C50 | 14－100（9） | 14－100（9） | 12－100（9） | 12－100（9） |
| | | C55 | 14－100（9） | 14－100（9） | 12－100（9） | 12－100（9） |
| | | C60 | 14－100（9） | 14－100（9） | 14－100（9） | 12－100（9） |
| | | C65 | 14－100（9） | 14－100（9） | 14－100（9） | 12－100（9） |
| | | C70 | 14－100（9） | 14－100（9） | 14－100（9） | 12－100（9） |
| | | C75 | 14－100（9） | 14－100（9） | 14－100（9） | 12－100（9） |
| | | C80 | 14－100（9） | 14－100（9） | 14－100（9） | 12－100（9） |
| 54 | 1400 | C30 | 12－100（10） | 12－100（10） | 10－100（10） | 10－100（10） |
| | | C35 | 12－100（10） | 12－100（10） | 12－100（10） | 10－100（10） |
| | | C40 | 12－100（10） | 12－100（10） | 12－100（10） | 10－100（10） |
| | | C45 | 12－100（10） | 12－100（10） | 12－100（10） | 10－100（10） |
| | | C50 | 14－100（10） | 12－100（10） | 12－100（10） | 12－100（10） |
| | | C55 | 14－100（10） | 12－100（10） | 12－100（10） | 12－100（10） |
| | | C60 | 14－100（10） | 14－100（10） | 12－100（10） | 12－100（10） |
| | | C65 | 14－100（10） | 14－100（10） | 12－100（10） | 12－100（10） |
| | | C70 | 14－100（10） | 14－100（10） | 12－100（10） | 12－100（10） |
| | | C75 | 14－100（10） | 14－100（10） | 12－100（10） | 12－100（10） |
| | | C80 | 14－100（10） | 14－100（10） | 14－100（10） | 12－100（10） |
| 55 | 1400 | C30 | 12－100（11） | 10－100（11） | 10－100（11） | 10－100（11） |
| | | C35 | 12－100（11） | 12－100（11） | 10－100（11） | 10－100（11） |
| | | C40 | 12－100（11） | 12－100（11） | 12－100（11） | 10－100（11） |
| | | C45 | 12－100（11） | 12－100（11） | 12－100（11） | 10－100（11） |
| | | C50 | 12－100（11） | 12－100（11） | 12－100（11） | 10－100（11） |
| | | C55 | 12－100（11） | 12－100（11） | 12－100（11） | 10－100（11） |
| | | C60 | 12－100（11） | 12－100（11） | 12－100（11） | 10－100（11） |
| | | C65 | 14－100（11） | 12－100（11） | 12－100（11） | 12－100（11） |
| | | C70 | 14－100（11） | 12－100（11） | 12－100（11） | 12－100（11） |
| | | C75 | 14－100（11） | 12－100（11） | 12－100（11） | 12－100（11） |
| | | C80 | 14－100（11） | 12－100（11） | 12－100（11） | 12－100（11） |

## 用 HRB400 及 CRB550 级冷轧带肋箍筋（$f_{yv}=360N/mm^2$）时框支梁加密区的最小配箍量

表 6.13

| 序号 | 梁截面宽度 b（mm） | 混凝土强度等级 | 抗震等级 | | | 非抗震 |
|---|---|---|---|---|---|---|
| | | | 特一级 | 一级 | 二级 | |
| 1 | 400 | C30 | 10－100（3） | 10－100（3） | 10－100（3） | 10－100（3） |
| | | C35 | 10－100（3） | 10－100（3） | 10－100（3） | 10－100（3） |
| | | C40 | 12－100（3） | 10－100（3） | 10－100（3） | 10－100（3） |
| | | C45 | 12－100（3） | 12－100（3） | 10－100（3） | 10－100（3） |
| | | C50 | 12－100（3） | 12－100（3） | 10－100（3） | 10－100（3） |
| | | C55 | 12－100（3） | 12－100（3） | 12－100（3） | 10－100（3） |
| | | C60 | 12－100（3） | 12－100（3） | 12－100（3） | 10－100（3） |
| | | C65 | 12－100（3） | 12－100（3） | 12－100（3） | 10－100（3） |
| | | C70 | 12－100（3） | 12－100（3） | 12－100（3） | 10－100（3） |
| | | C75 | 12－100（3） | 12－100（3） | 12－100（3） | 10－100（3） |
| | | C80 | 12－100（3） | 12－100（3） | 12－100（3） | 10－100（3） |
| 2 | 400 | C30 | 10－100（4） | 10－100（4） | 10－100（4） | 10－100（4） |
| | | C35 | 10－100（4） | 10－100（4） | 10－100（4） | 10－100（4） |
| | | C40 | 10－100（4） | 10－100（4） | 10－100（4） | 10－100（4） |
| | | C45 | 10－100（4） | 10－100（4） | 10－100（4） | 10－100（4） |
| | | C50 | 10－100（4） | 10－100（4） | 10－100（4） | 10－100（4） |
| | | C55 | 10－100（4） | 10－100（4） | 10－100（4） | 10－100（4） |
| | | C60 | 10－100（4） | 10－100（4） | 10－100（4） | 10－100（4） |
| | | C65 | 12－100（4） | 12－100（4） | 12－100（4） | 10－100（4） |
| | | C70 | 12－100（4） | 12－100（4） | 12－100（4） | 10－100（4） |
| | | C75 | 12－100（4） | 12－100（4） | 12－100（4） | 10－100（4） |
| | | C80 | 12－100（4） | 12－100（4） | 12－100（4） | 10－100（4） |
| 3 | 450 | C30 | 10－100（3） | 10－100（3） | 10－100（3） | 10－100（3） |
| | | C35 | 12－100（3） | 10－100（3） | 10－100（3） | 10－100（3） |
| | | C40 | 12－100（3） | 12－100（3） | 10－100（3） | 10－100（3） |
| | | C45 | 12－100（3） | 12－100（3） | 12－100（3） | 10－100（3） |
| | | C50 | 12－100（3） | 12－100（3） | 12－100（3） | 10－100（3） |
| | | C55 | 12－100（3） | 12－100（3） | 12－100（3） | 10－100（3） |
| | | C60 | 12－100（3） | 12－100（3） | 12－100（3） | 10－100（3） |
| | | C65 | 14－100（3） | 12－100（3） | 12－100（3） | 10－100（3） |
| | | C70 | 14－100（3） | 12－100（3） | 12－100（3） | 12－100（3） |
| | | C75 | 14－100（3） | 12－100（3） | 12－100（3） | 12－100（3） |
| | | C80 | 14－100（3） | 12－100（3） | 12－100（3） | 12－100（3） |
| 4 | 450 | C30 | 10－100（4） | 10－100（4） | 10－100（4） | 10－100（4） |
| | | C35 | 10－100（4） | 10－100（4） | 10－100（4） | 10－100（4） |
| | | C40 | 10－100（4） | 10－100（4） | 10－100（4） | 10－100（4） |
| | | C45 | 10－100（4） | 10－100（4） | 10－100（4） | 10－100（4） |
| | | C50 | 10－100（4） | 10－100（4） | 10－100（4） | 10－100（4） |
| | | C55 | 12－100（4） | 10－100（4） | 10－100（4） | 10－100（4） |
| | | C60 | 12－100（4） | 10－100（4） | 10－100（4） | 10－100（4） |
| | | C65 | 12－100（4） | 12－100（4） | 12－100（4） | 10－100（4） |
| | | C70 | 12－100（4） | 12－100（4） | 12－100（4） | 10－100（4） |
| | | C75 | 12－100（4） | 12－100（4） | 12－100（4） | 10－100（4） |
| | | C80 | 12－100（4） | 12－100（4） | 12－100（4） | 10－100（4） |

续表

| 序号 | 梁截面宽度 b（mm） | 混凝土强度等级 | 抗震等级 | | | 非抗震 |
|---|---|---|---|---|---|---|
| | | | 特一级 | 一级 | 二级 | |
| 5 | 500 | C30 | 10－100（4） | 10－100（4） | 10－100（4） | 10－100（4） |
| | | C35 | 10－100（4） | 10－100（4） | 10－100（4） | 10－100（4） |
| | | C40 | 10－100（4） | 10－100（4） | 10－100（4） | 10－100（4） |
| | | C45 | 12－100（4） | 10－100（4） | 10－100（4） | 10－100（4） |
| | | C50 | 12－100（4） | 12－100（4） | 10－100（4） | 10－100（4） |
| | | C55 | 12－100（4） | 12－100（4） | 10－100（4） | 10－100（4） |
| | | C60 | 12－100（4） | 12－100（4） | 10－100（4） | 10－100（4） |
| | | C65 | 12－100（4） | 12－100（4） | 12－100（4） | 10－100（4） |
| | | C70 | 12－100（4） | 12－100（4） | 12－100（4） | 10－100（4） |
| | | C75 | 12－100（4） | 12－100（4） | 12－100（4） | 10－100（4） |
| | | C80 | 12－100（4） | 12－100（4） | 12－100（4） | 10－100（4） |
| 6 | 500 | C30 | 10－100（5） | 10－100（5） | 10－100（5） | 10－100（5） |
| | | C35 | 10－100（5） | 10－100（5） | 10－100（5） | 10－100（5） |
| | | C40 | 10－100（5） | 10－100（5） | 10－100（5） | 10－100（5） |
| | | C45 | 10－100（5） | 10－100（5） | 10－100（5） | 10－100（5） |
| | | C50 | 10－100（5） | 10－100（5） | 10－100（5） | 10－100（5） |
| | | C55 | 10－100（5） | 10－100（5） | 10－100（5） | 10－100（5） |
| | | C60 | 10－100（5） | 10－100（5） | 10－100（5） | 10－100（5） |
| | | C65 | 12－100（5） | 12－100（5） | 12－100（5） | 10－100（5） |
| | | C70 | 12－100（5） | 12－100（5） | 12－100（5） | 10－100（5） |
| | | C75 | 12－100（5） | 12－100（5） | 12－100（5） | 10－100（5） |
| | | C80 | 12－100（5） | 12－100（5） | 12－100（5） | 10－100（5） |
| 7 | 550 | C30 | 10－100（4） | 10－100（4） | 10－100（4） | 10－100（4） |
| | | C35 | 10－100（4） | 10－100（4） | 10－100（4） | 10－100（4） |
| | | C40 | 12－100（4） | 10－100（4） | 10－100（4） | 10－100（4） |
| | | C45 | 12－100（4） | 12－100（4） | 10－100（4） | 10－100（4） |
| | | C50 | 12－100（4） | 12－100（4） | 12－100（4） | 10－100（4） |
| | | C55 | 12－100（4） | 12－100（4） | 12－100（4） | 10－100（4） |
| | | C60 | 12－100（4） | 12－100（4） | 12－100（4） | 10－100（4） |
| | | C65 | 12－100（4） | 12－100（4） | 12－100（4） | 10－100（4） |
| | | C70 | 12－100（4） | 12－100（4） | 12－100（4） | 10－100（4） |
| | | C75 | 12－100（4） | 12－100（4） | 12－100（4） | 10－100（4） |
| | | C80 | 12－100（4） | 12－100（4） | 12－100（4） | 10－100（4） |
| 8 | 550 | C30 | 10－100（5） | 10－100（5） | 10－100（5） | 10－100（5） |
| | | C35 | 10－100（5） | 10－100（5） | 10－100（5） | 10－100（5） |
| | | C40 | 10－100（5） | 10－100（5） | 10－100（5） | 10－100（5） |
| | | C45 | 10－100（5） | 10－100（5） | 10－100（5） | 10－100（5） |
| | | C50 | 10－100（5） | 10－100（5） | 10－100（5） | 10－100（5） |
| | | C55 | 10－100（5） | 10－100（5） | 10－100（5） | 10－100（5） |
| | | C60 | 12－100（5） | 10－100（5） | 10－100（5） | 10－100（5） |
| | | C65 | 12－100（5） | 12－100（5） | 12－100（5） | 10－100（5） |
| | | C70 | 12－100（5） | 12－100（5） | 12－100（5） | 10－100（5） |
| | | C75 | 12－100（5） | 12－100（5） | 12－100（5） | 10－100（5） |
| | | C80 | 12－100（5） | 12－100（5） | 12－100（5） | 10－100（5） |

续表

| 序号 | 梁截面宽度 $b$（mm） | 混凝土强度等级 | 抗震等级 | | | 非抗震 |
|---|---|---|---|---|---|---|
| | | | 特一级 | 一级 | 二级 | |
| 9 | 600 | C30 | 10－100（4） | 10－100（4） | 10－100（4） | 10－100（4） |
| | | C35 | 12－100（4） | 10－100（4） | 10－100（4） | 10－100（4） |
| | | C40 | 12－100（4） | 12－100（4） | 10－100（4） | 10－100（4） |
| | | C45 | 12－100（4） | 12－100（4） | 12－100（4） | 10－100（4） |
| | | C50 | 12－100（4） | 12－100（4） | 12－100（4） | 10－100（4） |
| | | C55 | 12－100（4） | 12－100（4） | 12－100（4） | 10－100（4） |
| | | C60 | 12－100（4） | 12－100（4） | 12－100（4） | 10－100（4） |
| | | C65 | 14－100（4） | 12－100（4） | 12－100（4） | 10－100（4） |
| | | C70 | 14－100（4） | 12－100（4） | 12－100（4） | 12－100（4） |
| | | C75 | 14－100（4） | 12－100（4） | 12－100（4） | 12－100（4） |
| | | C80 | 14－100（4） | 12－100（4） | 12－100（4） | 12－100（4） |
| 10 | 600 | C30 | 10－100（5） | 10－100（5） | 10－100（5） | 10－100（5） |
| | | C35 | 12－100（5） | 10－100（5） | 10－100（5） | 10－100（5） |
| | | C40 | 12－100（5） | 10－100（5） | 10－100（5） | 10－100（5） |
| | | C45 | 12－100（5） | 10－100（5） | 10－100（5） | 10－100（5） |
| | | C50 | 12－100（5） | 10－100（5） | 10－100（5） | 10－100（5） |
| | | C55 | 12－100（5） | 10－100（5） | 10－100（5） | 10－100（5） |
| | | C60 | 12－100（5） | 12－100（5） | 10－100（5） | 10－100（5） |
| | | C65 | 12－100（5） | 12－100（5） | 12－100（5） | 10－100（5） |
| | | C70 | 12－100（5） | 12－100（5） | 12－100（5） | 10－100（5） |
| | | C75 | 12－100（5） | 12－100（5） | 12－100（5） | 10－100（5） |
| | | C80 | 12－100（5） | 12－100（5） | 12－100（5） | 10－100（5） |
| 11 | 600 | C30 | 10－100（6） | 10－100（6） | 10－100（6） | 10－100（6） |
| | | C35 | 10－100（6） | 10－100（6） | 10－100（6） | 10－100（6） |
| | | C40 | 10－100（6） | 10－100（6） | 10－100（6） | 10－100（6） |
| | | C45 | 10－100（6） | 10－100（6） | 10－100（6） | 10－100（6） |
| | | C50 | 10－100（6） | 10－100（6） | 10－100（6） | 10－100（6） |
| | | C55 | 10－100（6） | 10－100（6） | 10－100（6） | 10－100（6） |
| | | C60 | 10－100（6） | 10－100（6） | 10－100（6） | 10－100（6） |
| | | C65 | 12－100（6） | 12－100（6） | 12－100（6） | 10－100（6） |
| | | C70 | 12－100（6） | 12－100（6） | 12－100（6） | 10－100（6） |
| | | C75 | 12－100（6） | 12－100（6） | 12－100（6） | 10－100（6） |
| | | C80 | 12－100（6） | 12－100（6） | 12－100（6） | 10－100（6） |
| 12 | 650 | C30 | 12－100（4） | 10－100（4） | 10－100（4） | 10－100（4） |
| | | C35 | 12－100（4） | 12－100（4） | 10－100（4） | 10－100（4） |
| | | C40 | 12－100（4） | 12－100（4） | 12－100（4） | 10－100（4） |
| | | C45 | 12－100（4） | 12－100（4） | 12－100（4） | 10－100（4） |
| | | C50 | 12－100（4） | 12－100（4） | 12－100（4） | 10－100（4） |
| | | C55 | 14－100（4） | 12－100（4） | 12－100（4） | 12－100（4） |
| | | C60 | 14－100（4） | 12－100（4） | 12－100（4） | 12－100（4） |
| | | C65 | 14－100（4） | 14－100（4） | 12－100（4） | 12－100（4） |
| | | C70 | 14－100（4） | 14－100（4） | 12－100（4） | 12－100（4） |
| | | C75 | 14－100（4） | 14－100（4） | 12－100（4） | 12－100（4） |
| | | C80 | 14－100（4） | 14－100（4） | 12－100（4） | 12－100（4） |

续表

| 序号 | 梁截面宽度 b（mm） | 混凝土强度等级 | 抗震等级 | | | 非抗震 |
|---|---|---|---|---|---|---|
| | | | 特一级 | 一级 | 二级 | |
| 13 | 650 | C30 | 10－100（5） | 10－100（5） | 10－100（5） | 10－100（5） |
| | | C35 | 10－100（5） | 10－100（5） | 10－100（5） | 10－100（5） |
| | | C40 | 12－100（5） | 10－100（5） | 10－100（5） | 10－100（5） |
| | | C45 | 12－100（5） | 10－100（5） | 10－100（5） | 10－100（5） |
| | | C50 | 12－100（5） | 12－100（5） | 10－100（5） | 10－100（5） |
| | | C55 | 12－100（5） | 12－100（5） | 10－100（5） | 10－100（5） |
| | | C60 | 12－100（5） | 12－100（5） | 12－100（5） | 10－100（5） |
| | | C65 | 12－100（5） | 12－100（5） | 12－100（5） | 10－100（5） |
| | | C70 | 12－100（5） | 12－100（5） | 12－100（5） | 10－100（5） |
| | | C75 | 12－100（5） | 12－100（5） | 12－100（5） | 10－100（5） |
| | | C80 | 12－100（5） | 12－100（5） | 12－100（5） | 10－100（5） |
| 14 | 650 | C30 | 10－100（6） | 10－100（6） | 10－100（6） | 10－100（6） |
| | | C35 | 10－100（6） | 10－100（6） | 10－100（6） | 10－100（6） |
| | | C40 | 12－100（6） | 10－100（6） | 10－100（6） | 10－100（6） |
| | | C45 | 12－100（6） | 10－100（6） | 10－100（6） | 10－100（6） |
| | | C50 | 12－100（6） | 10－100（6） | 10－100（6） | 10－100（6） |
| | | C55 | 12－100（6） | 10－100（6） | 10－100（6） | 10－100（6） |
| | | C60 | 12－100（6） | 10－100（6） | 10－100（6） | 10－100（6） |
| | | C65 | 12－100（6） | 12－100（6） | 12－100（6） | 10－100（6） |
| | | C70 | 12－100（6） | 12－100（6） | 12－100（6） | 10－100（6） |
| | | C75 | 12－100（6） | 12－100（6） | 12－100（6） | 10－100（6） |
| | | C80 | 12－100（6） | 12－100（6） | 12－100（6） | 10－100（6） |
| 15 | 700 | C30 | — | — | 10－100（4） | 10－100（4） |
| | | C35 | — | — | 12－100（4） | 10－100（4） |
| | | C40 | — | — | 12－100（4） | 10－100（4） |
| | | C45 | — | — | 12－100（4） | 12－200（4） |
| | | C50 | — | — | 12－100（4） | 12－100（4） |
| | | C55 | — | — | 12－100（4） | 12－100（4） |
| | | C60 | — | — | 12－100（4） | 12－100（4） |
| | | C65 | — | — | 12－100（4） | 12－100（4） |
| | | C70 | — | — | 14－100（4） | 12－100（4） |
| | | C75 | — | — | 14－100（4） | 12－100（4） |
| | | C80 | — | — | 14－100（4） | 12－100（4） |
| 16 | 700 | C30 | 10－100（5） | 10－100（5） | 10－100（5） | 10－100（5） |
| | | C35 | 12－100（5） | 10－100（5） | 10－100（5） | 10－100（5） |
| | | C40 | 12－100（5） | 12－100（5） | 10－100（5） | 10－100（5） |
| | | C45 | 12－100（5） | 12－100（5） | 10－100（5） | 10－100（5） |
| | | C50 | 12－100（5） | 12－100（5） | 12－100（5） | 10－100（5） |
| | | C55 | 12－100（5） | 12－100（5） | 12－100（5） | 10－100（5） |
| | | C60 | 12－100（5） | 12－100（5） | 12－100（5） | 10－100（5） |
| | | C65 | 12－100（5） | 12－100（5） | 12－100（5） | 10－100（5） |
| | | C70 | 12－100（5） | 12－100（5） | 12－100（5） | 10－100（5） |
| | | C75 | 12－100（5） | 12－100（5） | 12－100（5） | 10－100（5） |
| | | C80 | 12－100（5） | 12－100（5） | 12－100（5） | 10－100（5） |

续表

| 序号 | 梁截面宽度 b（mm） | 混凝土强度等级 | 抗震等级 | | | 非抗震 |
|---|---|---|---|---|---|---|
| | | | 特一级 | 一级 | 二级 | |
| 17 | 700 | C30 | 10-100（6） | 10-100（6） | 10-100（6） | 10-100（6） |
| | | C35 | 10-100（6） | 10-100（6） | 10-100（6） | 10-100（6） |
| | | C40 | 10-100（6） | 10-100（6） | 10-100（6） | 10-100（6） |
| | | C45 | 10-100（6） | 10-100（6） | 10-100（6） | 10-100（6） |
| | | C50 | 12-100（6） | 10-100（6） | 10-100（6） | 10-100（6） |
| | | C55 | 12-100（6） | 10-100（6） | 10-100（6） | 10-100（6） |
| | | C60 | 12-100（6） | 12-100（6） | 10-100（6） | 10-100（6） |
| | | C65 | 12-100（6） | 12-100（6） | 12-100（6） | 10-100（6） |
| | | C70 | 12-100（6） | 12-100（6） | 12-100（6） | 10-100（6） |
| | | C75 | 12-100（6） | 12-100（6） | 12-100（6） | 10-100（6） |
| | | C80 | 12-100（6） | 12-100（6） | 12-100（6） | 10-100（6） |
| 18 | 750 | C30 | — | — | 12-100（4） | 10-100（4） |
| | | C35 | — | — | 12-100（4） | 10-100（4） |
| | | C40 | — | — | 12-100（4） | 12-100（4） |
| | | C45 | — | — | 12-100（4） | 12-100（4） |
| | | C50 | — | — | 12-100（4） | 12-100（4） |
| | | C55 | — | — | 12-100（4） | 12-100（4） |
| | | C60 | — | — | 14-100（4） | 12-100（4） |
| | | C65 | — | — | 14-100（4） | 12-100（4） |
| | | C70 | — | — | 14-100（4） | 12-100（4） |
| | | C75 | — | — | 14-100（4） | 12-100（4） |
| | | C80 | — | — | 14-100（4） | 12-100（4） |
| 19 | 750 | C30 | 10-100（5） | 10-100（5） | 10-100（5） | 10-100（5） |
| | | C35 | 12-100（5） | 10-100（5） | 10-100（5） | 10-100（5） |
| | | C40 | 12-100（5） | 12-100（5） | 10-100（5） | 10-100（5） |
| | | C45 | 12-100（5） | 12-100（5） | 12-100（5） | 10-100（5） |
| | | C50 | 12-100（5） | 12-100（5） | 12-100（5） | 10-100（5） |
| | | C55 | 12-100（5） | 12-100（5） | 12-100（5） | 10-100（5） |
| | | C60 | 12-100（5） | 12-100（5） | 12-100（5） | 10-100（5） |
| | | C65 | 14-100（5） | 12-100（5） | 12-100（5） | 10-100（5） |
| | | C70 | 14-100（5） | 12-100（5） | 12-100（5） | 12-100（5） |
| | | C75 | 14-100（5） | 12-100（5） | 12-100（5） | 12-100（5） |
| | | C80 | 14-100（5） | 12-100（5） | 12-100（5） | 12-100（5） |
| 20 | 750 | C30 | 10-100（6） | 10-100（6） | 10-100（6） | 10-100（6） |
| | | C35 | 10-100（6） | 10-100（6） | 10-100（6） | 10-100（6） |
| | | C40 | 10-100（6） | 10-100（6） | 10-100（6） | 10-100（6） |
| | | C45 | 12-100（6） | 10-100（6） | 10-100（6） | 10-100（6） |
| | | C50 | 12-100（6） | 12-100（6） | 10-100（6） | 10-100（6） |
| | | C55 | 12-100（6） | 12-100（6） | 10-100（6） | 10-100（6） |
| | | C60 | 12-100（6） | 12-100（6） | 10-100（6） | 10-100（6） |
| | | C65 | 12-100（6） | 12-100（6） | 12-100（6） | 10-100（6） |
| | | C70 | 12-100（6） | 12-100（6） | 12-100（6） | 10-100（6） |
| | | C75 | 12-100（6） | 12-100（6） | 12-100（6） | 10-100（6） |
| | | C80 | 12-100（6） | 12-100（6） | 12-100（6） | 10-100（6） |

续表

| 序号 | 梁截面宽度 b（mm） | 混凝土强度等级 | 抗震等级 | | | 非抗震 |
|---|---|---|---|---|---|---|
| | | | 特一级 | 一级 | 二级 | |
| 21 | 800 | C30 | 12-100（5） | 10-100（5） | 10-100（5） | 10-100（5） |
| | | C35 | 12-100（5） | 12-100（5） | 10-100（5） | 10-100（5） |
| | | C40 | 12-100（5） | 12-100（5） | 12-100（5） | 10-100（5） |
| | | C45 | 12-100（5） | 12-100（5） | 12-100（5） | 10-100（5） |
| | | C50 | 12-100（5） | 12-100（5） | 12-100（5） | 10-100（5） |
| | | C55 | 12-100（5） | 12-100（5） | 12-100（5） | 10-100（5） |
| | | C60 | 12-100（5） | 12-100（5） | 12-100（5） | 12-100（5） |
| | | C65 | 14-100（5） | 12-100（5） | 12-100（5） | 12-100（5） |
| | | C70 | 14-100（5） | 14-100（5） | 12-100（5） | 12-100（5） |
| | | C75 | 14-100（5） | 14-100（5） | 12-100（5） | 12-100（5） |
| | | C80 | 14-100（5） | 14-100（5） | 12-100（5） | 12-100（5） |
| 22 | 800 | C30 | 10-100（6） | 10-100（6） | 10-100（6） | 10-100（6） |
| | | C35 | 10-100（6） | 10-100（6） | 10-100（6） | 10-100（6） |
| | | C40 | 12-100（6） | 10-100（6） | 10-100（6） | 10-100（6） |
| | | C45 | 12-100（6） | 12-100（6） | 10-100（6） | 10-100（6） |
| | | C50 | 12-100（6） | 12-100（6） | 10-100（6） | 10-100（6） |
| | | C55 | 12-100（6） | 12-100（6） | 12-100（6） | 10-100（6） |
| | | C60 | 12-100（6） | 12-100（6） | 12-100（6） | 10-100（6） |
| | | C65 | 12-100（6） | 12-100（6） | 12-100（6） | 10-100（6） |
| | | C70 | 12-100（6） | 12-100（6） | 12-100（6） | 10-100（6） |
| | | C75 | 12-100（6） | 12-100（6） | 12-100（6） | 10-100（6） |
| | | C80 | 12-100（6） | 12-100（6） | 12-100（6） | 10-100（6） |
| 23 | 850 | C30 | 12-100（5） | 12-100（5） | 10-100（5） | 10-100（5） |
| | | C35 | 12-100（5） | 12-100（5） | 12-100（5） | 10-100（5） |
| | | C40 | 12-100（5） | 12-100（5） | 12-100（5） | 10-100（5） |
| | | C45 | 12-100（5） | 12-100（5） | 12-100（5） | 10-100（5） |
| | | C50 | 14-100（5） | 12-100（5） | 12-100（5） | 12-100（5） |
| | | C55 | 14-100（5） | 12-100（5） | 12-100（5） | 12-100（5） |
| | | C60 | 14-100（5） | 14-100（5） | 12-100（5） | 12-100（5） |
| | | C65 | 14-100（5） | 14-100（5） | 12-100（5） | 12-100（5） |
| | | C70 | 14-100（5） | 14-100（5） | 12-100（5） | 12-100（5） |
| | | C75 | 14-100（5） | 14-100（5） | 14-100（5） | 12-100（5） |
| | | C80 | 14-100（5） | 14-100（5） | 14-100（5） | 12-100（5） |
| 24 | 850 | C30 | 10-100（6） | 10-100（6） | 10-100（6） | 10-100（6） |
| | | C35 | 12-100（6） | 10-100（6） | 10-100（6） | 10-100（6） |
| | | C40 | 12-100（6） | 12-100（6） | 10-100（6） | 10-100（6） |
| | | C45 | 12-100（6） | 12-100（6） | 10-100（6） | 10-100（6） |
| | | C50 | 12-100（6） | 12-100（6） | 12-100（6） | 10-100（6） |
| | | C55 | 12-100（6） | 12-100（6） | 12-100（6） | 10-100（6） |
| | | C60 | 12-100（6） | 12-100（6） | 12-100（6） | 10-100（6） |
| | | C65 | 12-100（6） | 12-100（6） | 12-100（6） | 10-100（6） |
| | | C70 | 12-100（6） | 12-100（6） | 12-100（6） | 10-100（6） |
| | | C75 | 12-100（6） | 12-100（6） | 12-100（6） | 10-100（6） |
| | | C80 | 14-100（6） | 12-100（6） | 12-100（6） | 12-100（6） |

续表

| 序号 | 梁截面宽度 b（mm） | 混凝土强度等级 | 抗震等级 | | | 非抗震 |
|---|---|---|---|---|---|---|
| | | | 特一级 | 一级 | 二级 | |
| 25 | 900 | C30 | 10－100（6） | 10－100（6） | 10－100（6） | 10－100（6） |
| | | C35 | 12－100（6） | 10－100（6） | 10－100（6） | 10－100（6） |
| | | C40 | 12－100（6） | 12－100（6） | 10－100（6） | 10－100（6） |
| | | C45 | 12－100（6） | 12－100（6） | 12－100（6） | 10－100（6） |
| | | C50 | 12－100（6） | 12－100（6） | 12－100（6） | 10－100（6） |
| | | C55 | 12－100（6） | 12－100（6） | 12－100（6） | 10－100（6） |
| | | C60 | 12－100（6） | 12－100（6） | 12－100（6） | 10－100（6） |
| | | C65 | 14－100（6） | 12－100（6） | 12－100（6） | 10－100（6） |
| | | C70 | 14－100（6） | 12－100（6） | 12－100（6） | 12－100（6） |
| | | C75 | 14－100（6） | 12－100（6） | 12－100（6） | 12－100（6） |
| | | C80 | 14－100（6） | 12－100（6） | 12－100（6） | 12－100（6） |
| 26 | 900 | C30 | 10－100（7） | 10－100（7） | 10－100（7） | 10－100（7） |
| | | C35 | 10－100（7） | 10－100（7） | 10－100（7） | 10－100（7） |
| | | C40 | 12－100（7） | 10－100（7） | 10－100（7） | 10－100（7） |
| | | C45 | 12－100（7） | 10－100（7） | 10－100（7） | 10－100（7） |
| | | C50 | 12－100（7） | 12－100（7） | 10－100（7） | 10－100（7） |
| | | C55 | 12－100（7） | 12－100（7） | 10－100（7） | 10－100（7） |
| | | C60 | 12－100（7） | 12－100（7） | 12－100（7） | 10－100（7） |
| | | C65 | 12－100（7） | 12－100（7） | 12－100（7） | 10－100（7） |
| | | C70 | 12－100（7） | 12－100（7） | 12－100（7） | 10－100（7） |
| | | C75 | 12－100（7） | 12－100（7） | 12－100（7） | 10－100（7） |
| | | C80 | 12－100（7） | 12－100（7） | 12－100（7） | 10－100（7） |
| 27 | 900 | C30 | 10－100（8） | 10－100（8） | 10－100（8） | 10－100（8） |
| | | C35 | 10－100（8） | 10－100（8） | 10－100（8） | 10－100（8） |
| | | C40 | 10－100（8） | 10－100（8） | 10－100（8） | 10－100（8） |
| | | C45 | 10－100（8） | 10－100（8） | 10－100（8） | 10－100（8） |
| | | C50 | 10－100（8） | 10－100（8） | 10－100（8） | 10－100（8） |
| | | C55 | 12－100（8） | 10－100（8） | 10－100（8） | 10－100（8） |
| | | C60 | 12－100（8） | 10－100（8） | 10－100（8） | 10－100（8） |
| | | C65 | 12－100（8） | 12－100（8） | 12－100（8） | 10－100（8） |
| | | C70 | 12－100（8） | 12－100（8） | 12－100（8） | 10－100（8） |
| | | C75 | 12－100（8） | 12－100（8） | 12－100（8） | 10－100（8） |
| | | C80 | 12－100（8） | 12－100（8） | 12－100（8） | 10－100（8） |
| 28 | 950 | C30 | 12－100（6） | 10－100（6） | 10－100（6） | 10－100（6） |
| | | C35 | 12－100（6） | 12－100（6） | 10－100（6） | 10－100（6） |
| | | C40 | 12－100（6） | 12－100（6） | 12－100（6） | 10－100（6） |
| | | C45 | 12－100（6） | 12－100（6） | 12－100（6） | 10－100（6） |
| | | C50 | 12－100（6） | 12－100（6） | 12－100（6） | 10－100（6） |
| | | C55 | 12－100（6） | 12－100（6） | 12－100（6） | 10－100（6） |
| | | C60 | 14－100（6） | 12－100（6） | 12－100（6） | 12－100（6） |
| | | C65 | 14－100（6） | 12－100（6） | 12－100（6） | 12－100（6） |
| | | C70 | 14－100（6） | 12－100（6） | 12－100（6） | 12－100（6） |
| | | C75 | 14－100（6） | 14－100（6） | 12－100（6） | 12－100（6） |
| | | C80 | 14－100（6） | 14－100（6） | 12－100（6） | 12－100（6） |

续表

| 序号 | 梁截面宽度 $b$（mm） | 混凝土强度等级 | 抗震等级 | | | 非抗震 |
|---|---|---|---|---|---|---|
| | | | 特一级 | 一级 | 二级 | |
| 29 | 950 | C30 | 10-100（7） | 10-100（7） | 10-100（7） | 10-100（7） |
| | | C35 | 10-100（7） | 10-100（7） | 10-100（7） | 10-100（7） |
| | | C40 | 12-100（7） | 10-100（7） | 10-100（7） | 10-100（7） |
| | | C45 | 12-100（7） | 12-100（7） | 10-100（7） | 10-100（7） |
| | | C50 | 12-100（7） | 12-100（7） | 10-100（7） | 10-100（7） |
| | | C55 | 12-100（7） | 12-100（7） | 10-100（7） | 10-100（7） |
| | | C60 | 12-100（7） | 12-100（7） | 12-100（7） | 10-100（7） |
| | | C65 | 12-100（7） | 12-100（7） | 12-100（7） | 10-100（7） |
| | | C70 | 12-100（7） | 12-100（7） | 12-100（7） | 10-100（7） |
| | | C75 | 12-100（7） | 12-100（7） | 12-100（7） | 10-100（7） |
| | | C80 | 12-100（7） | 12-100（7） | 12-100（7） | 10-100（7） |
| 30 | 950 | C30 | 10-100（8） | 10-100（8） | 10-100（8） | 10-100（8） |
| | | C35 | 10-100（8） | 10-100（8） | 10-100（8） | 10-100（8） |
| | | C40 | 10-100（8） | 10-100（8） | 10-100（8） | 10-100（8） |
| | | C45 | 10-100（8） | 10-100（8） | 10-100（8） | 10-100（8） |
| | | C50 | 12-100（8） | 10-100（8） | 10-100（8） | 10-100（8） |
| | | C55 | 12-100（8） | 10-100（8） | 10-100（8） | 10-100（8） |
| | | C60 | 12-100（8） | 12-100（8） | 10-100（8） | 10-100（8） |
| | | C65 | 12-100（8） | 12-100（8） | 12-100（8） | 10-100（8） |
| | | C70 | 12-100（8） | 12-100（8） | 12-100（8） | 10-100（8） |
| | | C75 | 12-100（8） | 12-100（8） | 12-100（8） | 10-100（8） |
| | | C80 | 12-100（8） | 12-100（8） | 12-100（8） | 10-100（8） |
| 31 | 1000 | C30 | 12-100（6） | 12-100（6） | 10-100（6） | 10-100（6） |
| | | C35 | 12-100（6） | 12-100（6） | 12-100（6） | 10-100（6） |
| | | C40 | 12-100（6） | 12-100（6） | 12-100（6） | 10-100（6） |
| | | C45 | 12-100（6） | 12-100（6） | 12-100（6） | 10-100（6） |
| | | C50 | 14-100（6） | 12-100（6） | 12-100（6） | 12-100（6） |
| | | C55 | 14-100（6） | 12-100（6） | 12-100（6） | 12-100（6） |
| | | C60 | 14-100（6） | 14-100（6） | 12-100（6） | 12-100（6） |
| | | C65 | 14-100（6） | 14-100（6） | 12-100（6） | 12-100（6） |
| | | C70 | 14-100（6） | 14-100（6） | 12-100（6） | 12-100（6） |
| | | C75 | 14-100（6） | 14-100（6） | 12-100（6） | 12-100（6） |
| | | C80 | 14-100（6） | 14-100（6） | 12-100（6） | 12-100（6） |
| 32 | 1000 | C30 | 10-100（7） | 10-100（7） | 10-100（7） | 10-100（7） |
| | | C35 | 12-100（7） | 10-100（7） | 10-100（7） | 10-100（7） |
| | | C40 | 12-100（7） | 12-100（7） | 10-100（7） | 10-100（7） |
| | | C45 | 12-100（7） | 12-100（7） | 12-100（7） | 10-100（7） |
| | | C50 | 12-100（7） | 12-100（7） | 12-100（7） | 10-100（7） |
| | | C55 | 12-100（7） | 12-100（7） | 12-100（7） | 10-100（7） |
| | | C60 | 12-100（7） | 12-100（7） | 12-100（7） | 10-100（7） |
| | | C65 | 12-100（7） | 12-100（7） | 12-100（7） | 10-100（7） |
| | | C70 | 12-100（7） | 12-100（7） | 12-100（7） | 10-100（7） |
| | | C75 | 12-100（7） | 12-100（7） | 12-100（7） | 10-100（7） |
| | | C80 | 14-100（7） | 12-100（7） | 12-100（7） | 12-100（7） |

续表

| 序号 | 梁截面宽度 b（mm） | 混凝土强度等级 | 抗震等级 | | | 非抗震 |
|---|---|---|---|---|---|---|
| | | | 特一级 | 一级 | 二级 | |
| 33 | 1000 | C30 | 10－100（8） | 10－100（8） | 10－100（8） | 10－100（8） |
| | | C35 | 10－100（8） | 10－100（8） | 10－100（8） | 10－100（8） |
| | | C40 | 10－100（8） | 10－100（8） | 10－100（8） | 10－100（8） |
| | | C45 | 12－100（8） | 10－100（8） | 10－100（8） | 10－100（8） |
| | | C50 | 12－100（8） | 12－100（8） | 10－100（8） | 10－100（8） |
| | | C55 | 12－100（8） | 12－100（8） | 10－100（8） | 10－100（8） |
| | | C60 | 12－100（8） | 12－100（8） | 10－100（8） | 10－100（8） |
| | | C65 | 12－100（8） | 12－100（8） | 12－100（8） | 10－100（8） |
| | | C70 | 12－100（8） | 12－100（8） | 12－100（8） | 10－100（8） |
| | | C75 | 12－100（8） | 12－100（8） | 12－100（8） | 10－100（8） |
| | | C80 | 12－100（8） | 12－100（8） | 12－100（8） | 10－100（8） |
| 34 | 1050 | C30 | 12－100（6） | 12－100（5） | 10－100（6） | 10－100（6） |
| | | C35 | 12－100（6） | 12－100（6） | 12－100（6） | 10－100（6） |
| | | C40 | 12－100（6） | 12－100（6） | 12－100（6） | 10－100（6） |
| | | C45 | 14－100（6） | 12－100（6） | 12－100（6） | 12－100（6） |
| | | C50 | 14－100（6） | 12－100（6） | 12－100（6） | 12－100（6） |
| | | C55 | 14－100（6） | 14－100（6） | 12－100（6） | 12－100（6） |
| | | C60 | 14－100（6） | 14－100（6） | 12－100（6） | 12－100（6） |
| | | C65 | 14－100（6） | 14－100（6） | 12－100（6） | 12－100（6） |
| | | C70 | 14－100（6） | 14－100（6） | 14－100（6） | 12－100（6） |
| | | C75 | 14－100（6） | 14－100（6） | 14－100（6） | 12－100（6） |
| | | C80 | 14－100（6） | 14－100（6） | 14－100（6） | 12－100（6） |
| 35 | 1050 | C30 | 10－100（7） | 10－100（7） | 10－100（7） | 10－100（7） |
| | | C35 | 12－100（7） | 10－100（7） | 10－100（7） | 10－100（7） |
| | | C40 | 12－100（7） | 12－100（7） | 10－100（7） | 10－100（7） |
| | | C45 | 12－100（7） | 12－100（7） | 12－100（7） | 10－100（7） |
| | | C50 | 12－100（7） | 12－100（7） | 12－100（7） | 10－100（7） |
| | | C55 | 12－100（7） | 12－100（7） | 12－100（7） | 10－100（7） |
| | | C60 | 12－100（7） | 12－100（7） | 12－100（7） | 10－100（7） |
| | | C65 | 14－100（7） | 12－100（7） | 12－100（7） | 10－100（7） |
| | | C70 | 14－100（7） | 12－100（7） | 12－100（7） | 12－100（7） |
| | | C75 | 14－100（7） | 12－100（7） | 12－100（7） | 12－100（7） |
| | | C80 | 14－100（7） | 12－100（7） | 12－100（7） | 12－100（7） |
| 36 | 1050 | C30 | 10－100（8） | 10－100（8） | 10－100（8） | 10－100（8） |
| | | C35 | 10－100（8） | 10－100（8） | 10－100（8） | 10－100（8） |
| | | C40 | 12－100（8） | 10－100（8） | 10－100（8） | 10－100（8） |
| | | C45 | 12－100（8） | 12－100（8） | 10－100（8） | 10－100（8） |
| | | C50 | 12－100（8） | 12－100（8） | 10－100（8） | 10－100（8） |
| | | C55 | 12－100（8） | 12－100（8） | 12－100（8） | 10－100（8） |
| | | C60 | 12－100（8） | 12－100（8） | 12－100（8） | 10－100（8） |
| | | C65 | 12－100（8） | 12－100（8） | 12－100（8） | 10－100（8） |
| | | C70 | 12－100（8） | 12－100（8） | 12－100（8） | 10－100（8） |
| | | C75 | 12－100（8） | 12－100（8） | 12－100（8） | 10－100（8） |
| | | C80 | 12－100（8） | 12－100（8） | 12－100（8） | 10－100（8） |

续表

| 序号 | 梁截面宽度 b（mm） | 混凝土强度等级 | 抗震等级 | | | 非抗震 |
|---|---|---|---|---|---|---|
| | | | 特一级 | 一级 | 二级 | |
| 37 | 1100 | C30 | — | — | 12-100（6） | 10-100（6） |
| | | C35 | — | — | 12-100（6） | 10-100（6） |
| | | C40 | — | — | 12-100（6） | 10-100（6） |
| | | C45 | — | — | 12-100（6） | 12-100（6） |
| | | C50 | — | — | 12-100（6） | 12-100（6） |
| | | C55 | — | — | 14-100（6） | 12-100（6） |
| | | C60 | — | — | 14-100（6） | 12-100（6） |
| | | C65 | — | — | 14-100（6） | 12-100（6） |
| | | C70 | — | — | 14-100（6） | 12-100（6） |
| | | C75 | — | — | 14-100（6） | 12-100（6） |
| | | C80 | — | — | 14-100（6） | 12-100（6） |
| 38 | 1100 | C30 | 12-100（7） | 10-100（7） | 10-100（7） | 10-100（7） |
| | | C35 | 12-100（7） | 12-100（7） | 10-100（7） | 10-100（7） |
| | | C40 | 12-100（7） | 12-100（7） | 12-100（7） | 10-100（7） |
| | | C45 | 12-100（7） | 12-100（7） | 12-100（7） | 10-100（7） |
| | | C50 | 12-100（7） | 12-100（7） | 12-100（7） | 10-100（7） |
| | | C55 | 12-100（7） | 12-100（7） | 12-100（7） | 12-100（7） |
| | | C60 | 14-100（7） | 12-100（7） | 12-100（7） | 12-100（7） |
| | | C65 | 14-100（7） | 12-100（7） | 12-100（7） | 12-100（7） |
| | | C70 | 14-100（7） | 12-100（7） | 12-100（7） | 12-100（7） |
| | | C75 | 14-100（7） | 14-100（7） | 12-100（7） | 12-100（7） |
| | | C80 | 14-100（7） | 14-100（7） | 12-100（7） | 12-100（7） |
| 39 | 1100 | C30 | 10-100（8） | 10-100（8） | 10-100（8） | 10-100（8） |
| | | C35 | 10-100（8） | 10-100（8） | 10-100（8） | 10-100（8） |
| | | C40 | 12-100（8） | 10-100（8） | 10-100（8） | 10-100（8） |
| | | C45 | 12-100（8） | 12-100（8） | 10-100（8） | 10-100（8） |
| | | C50 | 12-100（8） | 12-100（8） | 12-100（8） | 10-100（8） |
| | | C55 | 12 100（8） | 12 100（8） | 12-100（8） | 10-100（8） |
| | | C60 | 12-100（8） | 12-100（8） | 12-100（8） | 10-100（8） |
| | | C65 | 12-100（8） | 12-100（8） | 12-100（8） | 10-100（8） |
| | | C70 | 12-100（8） | 12-100（8） | 12-100（8） | 10-100（8） |
| | | C75 | 12-100（8） | 12-100（8） | 12-100（8） | 10-100（8） |
| | | C80 | 12-100（8） | 12-100（8） | 12-100（8） | 10-100（8） |
| 40 | 1150 | C30 | 12-100（7） | 12-100（7） | 10-100（7） | 10-100（7） |
| | | C35 | 12-100（7） | 12-100（7） | 12-100（7） | 10-100（7） |
| | | C40 | 12-100（7） | 12-100（7） | 12-100（7） | 10-100（7） |
| | | C45 | 12-100（7） | 12-100（7） | 12-100（7） | 10-100（7） |
| | | C50 | 12-100（7） | 12-100（7） | 12-100（7） | 10-100（7） |
| | | C55 | 14-100（7） | 12-100（7） | 12-100（7） | 12-100（7） |
| | | C60 | 14-100（7） | 12-100（7） | 12-100（7） | 12-100（7） |
| | | C65 | 14-100（7） | 14-100（7） | 12-100（7） | 12-100（7） |
| | | C70 | 14-100（7） | 14-100（7） | 12-100（7） | 12-100（7） |
| | | C75 | 14-100（7） | 14-100（7） | 12-100（7） | 12-100（7） |
| | | C80 | 14-100（7） | 14-100（7） | 12-100（7） | 12-100（7） |

续表

| 序号 | 梁截面宽度 b (mm) | 混凝土强度等级 | 抗震等级 | | | 非抗震 |
|---|---|---|---|---|---|---|
| | | | 特一级 | 一级 | 二级 | |
| 41 | 1150 | C30 | 10－100（8） | 10－100（8） | 10－100（8） | 10－100（8） |
| | | C35 | 12－100（8） | 10－100（8） | 10－100（8） | 10－100（8） |
| | | C40 | 12－100（8） | 12－100（8） | 10－100（8） | 10－100（8） |
| | | C45 | 12－100（8） | 12－100（8） | 12－100（8） | 10－100（8） |
| | | C50 | 12－100（8） | 12－100（8） | 12－100（8） | 10－100（8） |
| | | C55 | 12－100（8） | 12－100（8） | 12－100（8） | 10－100（8） |
| | | C60 | 12－100（8） | 12－100（8） | 12－100（8） | 10－100（8） |
| | | C65 | 12－100（8） | 12－100（8） | 12－100（8） | 10－100（8） |
| | | C70 | 12－100（8） | 12－100（8） | 12－100（8） | 10－100（8） |
| | | C75 | 12－100（8） | 12－100（8） | 12－100（8） | 10－100（8） |
| | | C80 | 14－100（8） | 12－100（8） | 12－100（8） | 12－100（8） |
| 42 | 1200 | C30 | 12－100（7） | 12－100（7） | 10－100（7） | 10－100（7） |
| | | C35 | 12－100（7） | 12－100（7） | 12－100（7） | 10－100（7） |
| | | C40 | 12－100（7） | 12－100（7） | 12－100（7） | 10－100（7） |
| | | C45 | 12－100（7） | 12－100（7） | 12－100（7） | 10－100（7） |
| | | C50 | 14－100（7） | 12－100（7） | 12－100（7） | 12－100（7） |
| | | C55 | 14－100（7） | 12－100（7） | 12－100（7） | 12－100（7） |
| | | C60 | 14－100（7） | 14－100（7） | 12－100（7） | 12－100（7） |
| | | C65 | 14－100（7） | 14－100（7） | 12－100（7） | 12－100（7） |
| | | C70 | 14－100（7） | 14－100（7） | 12－100（7） | 12－100（7） |
| | | C75 | 14－100（7） | 14－100（7） | 14－100（7） | 12－100（7） |
| | | C80 | 14－100（7） | 14－100（7） | 14－100（7） | 12－100（7） |
| 43 | 1200 | C30 | 10－100（8） | 10－100（8） | 10－100（8） | 10－100（8） |
| | | C35 | 12－100（8） | 10－100（8） | 10－100（8） | 10－100（8） |
| | | C40 | 12－100（8） | 12－100（8） | 10－100（8） | 10－100（8） |
| | | C45 | 12－100（8） | 12－100（8） | 12－100（8） | 10－100（8） |
| | | C50 | 12－100（8） | 12－100（8） | 12－100（8） | 10－100（8） |
| | | C55 | 12－100（8） | 12－100（8） | 12－100（8） | 10－100（8） |
| | | C60 | 12－100（8） | 12－100（8） | 12－100（8） | 10－100（8） |
| | | C65 | 14－100（8） | 12－100（8） | 12－100（8） | 10－100（8） |
| | | C70 | 14－100（8） | 12－100（8） | 12－100（8） | 12－100（8） |
| | | C75 | 14－100（8） | 12－100（8） | 12－100（8） | 12－100（8） |
| | | C80 | 14－100（8） | 12－100（8） | 12－100（8） | 12－100（8） |
| 44 | 1250 | C30 | 12－100（7） | 12－100（7） | 10－100（7） | 10－100（7） |
| | | C35 | 12－100（7） | 12－100（7） | 12－100（7） | 10－100（7） |
| | | C40 | 12－100（7） | 12－100（7） | 12－100（7） | 10－100（7） |
| | | C45 | 14－100（7） | 12－100（7） | 12－100（7） | 12－100（7） |
| | | C50 | 14－100（7） | 12－100（7） | 12－100（7） | 12－100（7） |
| | | C55 | 14－100（7） | 14－100（7） | 12－100（7） | 12－100（7） |
| | | C60 | 14－100（7） | 14－100（7） | 12－100（7） | 12－100（7） |
| | | C65 | 14－100（7） | 14－100（7） | 14－100（7） | 12－100（7） |
| | | C70 | 14－100（7） | 14－100（7） | 14－100（7） | 12－100（7） |
| | | C75 | 14－100（7） | 14－100（7） | 14－100（7） | 12－100（7） |
| | | C80 | 14－100（7） | 14－100（7） | 14－100（7） | 12－100（7） |

续表

| 序号 | 梁截面宽度 b（mm） | 混凝土强度等级 | 抗震等级 | | | 非抗震 |
|---|---|---|---|---|---|---|
| | | | 特一级 | 一级 | 二级 | |
| 45 | 1250 | C30 | 12－100（8） | 10－100（8） | 10－100（8） | 10－100（8） |
| | | C35 | 12－100（8） | 12－100（8） | 10－100（8） | 10－100（8） |
| | | C40 | 12－100（8） | 12－100（8） | 12－100（8） | 10－100（8） |
| | | C45 | 12－100（8） | 12－100（8） | 12－100（8） | 10－100（8） |
| | | C50 | 12－100（8） | 12－100（8） | 12－100（8） | 10－100（8） |
| | | C55 | 12－100（8） | 12－100（8） | 12－100（8） | 10－100（8） |
| | | C60 | 14－100（8） | 12－100（8） | 12－100（8） | 12－100（8） |
| | | C65 | 14－100（8） | 12－100（8） | 12－100（8） | 12－100（8） |
| | | C70 | 14－100（8） | 12－100（8） | 12－100（8） | 12－100（8） |
| | | C75 | 14－100（8） | 14－100（8） | 12－100（8） | 12－100（8） |
| | | C80 | 14－100（8） | 14－100（8） | 12－100（8） | 12－100（8） |
| 46 | 1300 | C30 | 12－100（8） | 10－100（8） | 10－100（8） | 10－100（8） |
| | | C35 | 12－100（8） | 12－100（8） | 10－100（8） | 10－100（8） |
| | | C40 | 12－100（8） | 12－100（8） | 12－100（8） | 10－100（8） |
| | | C45 | 12－100（8） | 12－100（8） | 12－100（8） | 10－100（8） |
| | | C50 | 12－100（8） | 12－100（8） | 12－100（8） | 10－100（8） |
| | | C55 | 14－100（8） | 12－100（8） | 12－100（8） | 12－100（8） |
| | | C60 | 14－100（8） | 12－100（8） | 12－100（8） | 12－100（8） |
| | | C65 | 14－100（8） | 14－100（8） | 12－100（8） | 12－100（8） |
| | | C70 | 14－100（8） | 14－100（8） | 12－100（8） | 12－100（8） |
| | | C75 | 14－100（8） | 14－100（8） | 12－100（8） | 12－100（8） |
| | | C80 | 14－100（8） | 14－100（8） | 12－100（8） | 12－100（8） |
| 47 | 1300 | C30 | 10－100（9） | 10－100（9） | 10－100（9） | 10－100（9） |
| | | C35 | 12－100（9） | 10－100（9） | 10－100（9） | 10－100（9） |
| | | C40 | 12－100（9） | 12－100（9） | 10－100（9） | 10－100（9） |
| | | C45 | 12－100（9） | 12－100（9） | 12－100（9） | 10－100（9） |
| | | C50 | 12－100（9） | 12－100（9） | 12－100（9） | 10－100（9） |
| | | C55 | 12－100（9） | 12－100（9） | 12－100（9） | 10－100（9） |
| | | C60 | 12－100（9） | 12－100（9） | 12－100（9） | 10－100（9） |
| | | C65 | 12－100（9） | 12－100（9） | 12－100（9） | 10－100（9） |
| | | C70 | 12－100（9） | 12－100（9） | 12－100（9） | 10－100（9） |
| | | C75 | 14－100（9） | 12－100（9） | 12－100（9） | 12－100（9） |
| | | C80 | 14－100（9） | 12－100（9） | 12－100（9） | 12－100（9） |
| 48 | 1300 | C30 | 10－100（10） | 10－100（10） | 10－100（10） | 10－100（10） |
| | | C35 | 10－100（10） | 10－100（10） | 10－100（10） | 10－100（10） |
| | | C40 | 12－100（10） | 10－100（10） | 10－100（10） | 10－100（10） |
| | | C45 | 12－100（10） | 10－100（10） | 10－100（10） | 10－100（10） |
| | | C50 | 12－100（10） | 12－100（10） | 10－100（10） | 10－100（10） |
| | | C55 | 12－100（10） | 12－100（10） | 10－100（10） | 10－100（10） |
| | | C60 | 12－100（10） | 12－100（10） | 12－100（10） | 10－100（10） |
| | | C65 | 12－100（10） | 12－100（10） | 12－100（10） | 10－100（10） |
| | | C70 | 12－100（10） | 12－100（10） | 12－100（10） | 10－100（10） |
| | | C75 | 12－100（10） | 12－100（10） | 12－100（10） | 10－100（10） |
| | | C80 | 12－100（10） | 12－100（10） | 12－100（10） | 10－100（10） |

续表

| 序号 | 梁截面宽度 b（mm） | 混凝土强度等级 | 抗震等级 | | | 非抗震 |
|---|---|---|---|---|---|---|
| | | | 特一级 | 一级 | 二级 | |
| 49 | 1350 | C30 | 12–100（8） | 12–100（8） | 10–100（8） | 10–100（8） |
| | | C35 | 12–100（8） | 12–100（8） | 12–100（8） | 10–100（8） |
| | | C40 | 12–100（8） | 12–100（8） | 12–100（8） | 10–100（8） |
| | | C45 | 12–100（8） | 12–100（8） | 12–100（8） | 10–100（8） |
| | | C50 | 14–100（8） | 12–100（8） | 12–100（8） | 12–100（8） |
| | | C55 | 14–100（8） | 12–100（8） | 12–100（8） | 12–100（8） |
| | | C60 | 14–100（8） | 14–100（8） | 12–100（8） | 12–100（8） |
| | | C65 | 14–100（8） | 14–100（8） | 12–100（8） | 12–100（8） |
| | | C70 | 14–100（8） | 14–100（8） | 12–100（8） | 12–100（8） |
| | | C75 | 14–100（8） | 14–100（8） | 12–100（8） | 12–100（8） |
| | | C80 | 14–100（8） | 14–100（8） | 14–100（8） | 12–100（8） |
| 50 | 1350 | C30 | 10–100（9） | 10–100（9） | 10–100（9） | 10–100（9） |
| | | C35 | 12–100（9） | 10–100（9） | 10–100（9） | 10–100（9） |
| | | C40 | 12–100（9） | 12–100（9） | 10–100（9） | 10–100（9） |
| | | C45 | 12–100（9） | 12–100（9） | 12–100（9） | 10–100（9） |
| | | C50 | 12–100（9） | 12–100（9） | 12–100（9） | 10–100（9） |
| | | C55 | 12–100（9） | 12–100（9） | 12–100（9） | 10–100（9） |
| | | C60 | 12–100（9） | 12–100（9） | 12–100（9） | 10–100（9） |
| | | C65 | 14–100（9） | 12–100（9） | 12–100（9） | 10–100（9） |
| | | C70 | 14–100（9） | 12–100（9） | 12–100（9） | 12–100（9） |
| | | C75 | 14–100（9） | 12–100（9） | 12–100（9） | 12–100（9） |
| | | C80 | 14–100（9） | 12–100（9） | 12–100（9） | 12–100（9） |
| 51 | 1350 | C30 | 10–100（10） | 10–100（10） | 10–100（10） | 10–100（10） |
| | | C35 | 10–100（10） | 10–100（10） | 10–100（10） | 10–100（10） |
| | | C40 | 12–100（10） | 10–100（10） | 10–100（10） | 10–100（10） |
| | | C45 | 12–100（10） | 12–100（10） | 10–100（10） | 10–100（10） |
| | | C50 | 12–100（10） | 12–100（10） | 10–100（10） | 10–100（10） |
| | | C55 | 12–100（10） | 12–100（10） | 12–100（10） | 10–100（10） |
| | | C60 | 12–100（10） | 12–100（10） | 12–100（10） | 10–100（10） |
| | | C65 | 12–100（10） | 12–100（10） | 12–100（10） | 10–100（10） |
| | | C70 | 12–100（10） | 12–100（10） | 12–100（10） | 10–100（10） |
| | | C75 | 12–100（10） | 12–100（10） | 12–100（10） | 10–100（10） |
| | | C80 | 12–100（10） | 12–100（10） | 12–100（10） | 10–100（10） |
| 52 | 1400 | C30 | 12–100（8） | 12–100（8） | 10–100（8） | 10–100（8） |
| | | C35 | 12–100（8） | 12–100（8） | 12–100（8） | 10–100（8） |
| | | C40 | 12–100（8） | 12–100（8） | 12–100（8） | 10–100（8） |
| | | C45 | 14–100（8） | 12–100（8） | 12–100（8） | 12–100（8） |
| | | C50 | 14–100（8） | 12–100（8） | 12–100（8） | 12–100（8） |
| | | C55 | 14–100（8） | 14–100（8） | 12–100（8） | 12–100（8） |
| | | C60 | 14–100（8） | 14–100（8） | 12–100（8） | 12–100（8） |
| | | C65 | 14–100（8） | 14–100（8） | 12–100（8） | 12–100（8） |
| | | C70 | 14–100（8） | 14–100（8） | 14–100（8） | 12–100（8） |
| | | C75 | 14–100（8） | 14–100（8） | 14–100（8） | 12–100（8） |
| | | C80 | 14–100（8） | 14–100（8） | 14–100（8） | 12–100（8） |

续表

| 序号 | 梁截面宽度 $b$（mm） | 混凝土强度等级 | 抗震等级 | | | 非抗震 |
|---|---|---|---|---|---|---|
| | | | 特一级 | 一级 | 二级 | |
| 53 | 1400 | C30 | 12－100（9） | 12－100（9） | 12－100（9） | 10－100（9） |
| | | C35 | 12－100（9） | 12－100（9） | 12－100（9） | 10－100（9） |
| | | C40 | 14－100（9） | 12－100（9） | 12－100（9） | 12－100（9） |
| | | C45 | 14－100（9） | 12－100（9） | 12－100（9） | 12－100（9） |
| | | C50 | 14－100（9） | 14－100（9） | 12－100（9） | 12－100（9） |
| | | C55 | 14－100（9） | 14－100（9） | 12－100（9） | 12－100（9） |
| | | C60 | 14－100（9） | 14－100（9） | 14－100（9） | 12－100（9） |
| | | C65 | 14－100（9） | 14－100（9） | 14－100（9） | 12－100（9） |
| | | C70 | 14－100（9） | 14－100（9） | 14－100（9） | 12－100（9） |
| | | C75 | 14－100（9） | 14－100（9） | 14－100（9） | 12－100（9） |
| | | C80 | 14－100（9） | 14－100（9） | 14－100（9） | 12－100（9） |
| 54 | 1400 | C30 | 12－100（10） | 10－100（10） | 10－100（10） | 10－100（10） |
| | | C35 | 12－100（10） | 12－100（10） | 10－100（10） | 10－100（10） |
| | | C40 | 12－100（10） | 12－100（10） | 12－100（10） | 10－100（10） |
| | | C45 | 12－100（10） | 12－100（10） | 12－100（10） | 10－100（10） |
| | | C50 | 12－100（10） | 12－100（10） | 12－100（10） | 10－100（10） |
| | | C55 | 12－100（10） | 12－100（10） | 12－100（10） | 10－100（10） |
| | | C60 | 14－100（10） | 12－100（10） | 12－100（10） | 12－100（10） |
| | | C65 | 14－100（10） | 12－100（10） | 12－100（10） | 12－100（10） |
| | | C70 | 14－100（10） | 12－100（10） | 12－100（10） | 12－100（10） |
| | | C75 | 14－100（10） | 12－100（10） | 12－100（10） | 12－100（10） |
| | | C80 | 14－100（10） | 14－100（10） | 12－100（10） | 12－100（10） |
| 55 | 1400 | C30 | 10－100（11） | 10－100（11） | 10－100（11） | 10－100（11） |
| | | C35 | 10－100（11） | 10－100（11） | 10－100（11） | 10－100（11） |
| | | C40 | 12－100（11） | 10－100（11） | 10－100（11） | 10－100（11） |
| | | C45 | 12－100（11） | 10－100（11） | 10－100（11） | 10－100（11） |
| | | C50 | 12－100（11） | 12－100（11） | 10－100（11） | 10－100（11） |
| | | C55 | 12－100（11） | 12－100（11） | 10－100（11） | 10－100（11） |
| | | C60 | 12－100（11） | 12－100（11） | 12－100（11） | 10－100（11） |
| | | C65 | 12－100（11） | 12－100（11） | 12－100（11） | 10－100（11） |
| | | C70 | 12－100（11） | 12－100（11） | 12－100（11） | 10－100（11） |
| | | C75 | 12－100（11） | 12－100（11） | 12－100（11） | 10－100（11） |
| | | C80 | 12－100（11） | 12－100（11） | 12－100（11） | 10－100（11） |

# 七、梁的附加横向钢筋

## （一）梁附加横向钢筋表编制说明

1. 梁附加横向钢筋按首先选用附加箍筋的原则设置，附加箍筋的间距均为50mm，当附加箍筋共10根不满足要求时才增设吊筋，吊筋与梁轴线间的夹角 $\alpha$ 分别取60°及45°（见图7.1）。

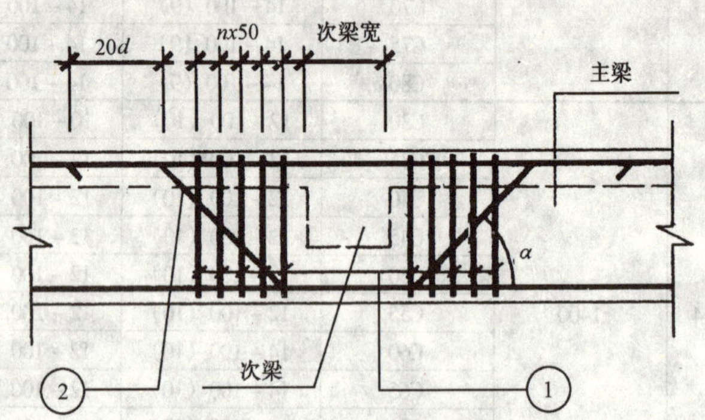


图7.1 梁附加横向钢筋的布置（图中 $d$ 为吊筋直径）

2. 梁附加箍筋共 $n$ 根，承载力按 $n-2$ 根计算，其中2根靠近次梁的箍筋作为主梁原需配置的基本箍筋而不计入"附加箍筋"中（参见《简明建筑结构设计手册》[12]第二版399页）。

3. 梁附加横向钢筋代号F2×××表示双肢箍，F4×××表示四肢箍。表中 $\phi$ 仅表示钢筋直径而不表示钢筋种类。

4.《混凝土结构设计规范》GB 50010—2002第10.2.7条规定："在混凝土梁中，……当采用弯起钢筋时，其弯起角宜取45°或60°"，一般的混凝土结构构造手册又规定梁纵向受力钢筋的弯起角度一般为45°，当梁高 $h>800$mm时可为60°，因此吊筋与梁轴线间的夹角 $\alpha$ 也是一般为45°，当梁高 $h>800$mm时为60°。笔者建议所有的梁其吊筋与梁轴线间的夹角 $\alpha$ 可均取为60°，这是由于 $\alpha$ 取60°时吊筋的承载力比取45°时大、吊筋的总长度比取45°时短（可节约钢筋用量），而《混凝土结构设计规范》也没有明确规定梁的弯起钢筋及吊筋的弯起角 $\alpha$ 非取45°不可。但为了照顾一般设计人员的习惯，本书仍给出了吊筋 $\alpha=45°$时的梁附加横向钢筋承载力表。

5.《混凝土结构设计规范》GB 50010—2002关于梁附加横向钢筋的规定：

第10.2.13条：位于梁下部或梁截面高度范围内的集中荷载，应全部由附加横向钢筋（箍筋、吊筋）承担，附加横向钢筋宜采用箍筋。箍筋应布置在长度为 $S$ 的范围内，此处 $S=2h_1+3b$（图10.2.13）。当采用吊筋时，其弯起段应伸至梁上边缘，且末端水平段长度不应小于本规范10.2.7条的规定（即在受拉区不应小于 $20d$，在受压区不应小于 $10d$，$d$ 为弯起钢筋的直径——笔者注）。

附加横向钢筋所需的总截面面积应符合下列规定：

$$A_{sv}\geqslant F/(f_{yv}\sin\alpha) \tag{10.2.13}$$

式中 $A_{sv}$——承受集中荷载所需的附加横向钢筋总截面面积；当采用吊筋时，$A_{sv}$应为左、右弯起段截面面积之和；

$F$——作用在梁的下部或梁截面高度范围内的集中荷载设计值；

$\alpha$——附加横向钢筋与梁轴线间的夹角。

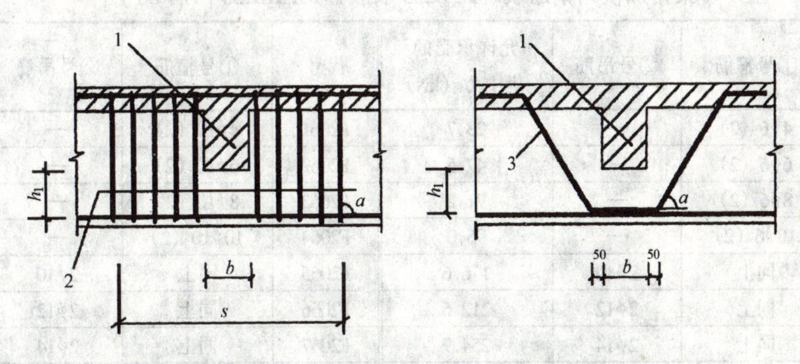


图 10.2.13　梁截面高度范围内有集中荷载作用时附加横向钢筋的布置

（$a$）附加箍筋；（$b$）附加吊筋

注：图中尺寸单位 mm。

1—传递集中荷载的位置；2—附加箍筋；3—附加吊筋

## （二）梁附加横向钢筋表

**梁附加横向钢筋表**（HPB235 双肢箍，HRB335 吊筋 60°） **表 7.1**

| 代号 | ①号箍筋 | ②号吊筋 | 允许承受的集中力（kN） | 代号 | ①号箍筋 | ②号吊筋 | 允许承受的集中力（kN） |
|---|---|---|---|---|---|---|---|
| F2001 | 4$\phi$6（2） | — | 23.7 | F2061 | 4$\phi$10（2） | — | 65.9 |
| F2002 | 6$\phi$6（2） | — | 47.5 | F2062 | 6$\phi$10（2） | — | 131.9 |
| F2003 | 8$\phi$6（2） | — | 71.2 | F2063 | 8$\phi$10（2） | — | 197.9 |
| F2004 | 10$\phi$6（2） | — | 95.0 | F2064 | 10$\phi$10（2） | — | 263.8 |
| F2005 | 同上 | 2$\phi$10 | 176.6 | F2065 | 同上 | 2$\phi$10 | 345.5 |
| F2006 | 同上 | 2$\phi$12 | 212.5 | F2066 | 同上 | 2$\phi$12 | 381.4 |
| F2007 | 同上 | 2$\phi$14 | 254.9 | F2067 | 同上 | 2$\phi$14 | 423.8 |
| F2008 | 同上 | 2$\phi$16 | 303.9 | F2068 | 同上 | 2$\phi$16 | 472.8 |
| F2009 | 同上 | 2$\phi$18 | 359.4 | F2069 | 同上 | 2$\phi$18 | 528.3 |
| F2010 | 同上 | 2$\phi$20 | 421.4 | F2070 | 同上 | 2$\phi$20 | 590.3 |
| F2011 | 同上 | 2$\phi$22 | 490.0 | F2071 | 同上 | 2$\phi$22 | 658.9 |
| F2012 | 同上 | 2$\phi$25 | 605.1 | F2072 | 同上 | 2$\phi$25 | 773.9 |
| F2013 | 同上 | 2$\phi$28 | 734.9 | F2073 | 同上 | 2$\phi$28 | 903.7 |
| F2021 | 4$\phi$6.5（2） | — | 27.8 | F2081 | 4$\phi$12（2） | — | 95.0 |
| F2022 | 6$\phi$6.5（2） | — | 55.7 | F2082 | 6$\phi$12（2） | — | 190.0 |
| F2023 | 8$\phi$6.5（2） | — | 83.6 | F2083 | 8$\phi$12（2） | — | 285.0 |
| F2024 | 10$\phi$6.5（2） | — | 111.4 | F2084 | 10$\phi$12（2） | — | 380.0 |
| F2025 | 同上 | 2$\phi$10 | 193.1 | F2085 | 同上 | 2$\phi$10 | 461.6 |
| F2026 | 同上 | 2$\phi$12 | 229.0 | F2086 | 同上 | 2$\phi$12 | 497.5 |
| F2027 | 同上 | 2$\phi$14 | 271.4 | F2087 | 同上 | 2$\phi$14 | 540.0 |
| F2028 | 同上 | 2$\phi$16 | 320.4 | F2088 | 同上 | 2$\phi$16 | 588.9 |
| F2029 | 同上 | 2$\phi$18 | 375.9 | F2089 | 同上 | 2$\phi$18 | 644.4 |
| F2030 | 同上 | 2$\phi$20 | 437.9 | F2090 | 同上 | 2$\phi$20 | 706.4 |
| F2031 | 同上 | 2$\phi$22 | 506.5 | F2091 | 同上 | 2$\phi$22 | 775.0 |
| F2032 | 同上 | 2$\phi$25 | 621.6 | F2092 | 同上 | 2$\phi$25 | 890.1 |
| F2033 | 同上 | 2$\phi$28 | 751.3 | F2093 | 同上 | 2$\phi$28 | 1019.9 |
| F2041 | 4$\phi$8（2） | — | 42.2 | F2101 | 4$\phi$14（2） | — | 129.3 |
| F2042 | 6$\phi$8（2） | — | 84.4 | F2102 | 6$\phi$14（2） | — | 258.6 |
| F2043 | 8$\phi$8（2） | — | 126.6 | F2103 | 8$\phi$14（2） | — | 387.9 |
| F2044 | 10$\phi$8（2） | — | 168.8 | F2104 | 10$\phi$14（2） | — | 517.2 |
| F2045 | 同上 | 2$\phi$10 | 250.5 | F2105 | 同上 | 2$\phi$10 | 598.8 |
| F2046 | 同上 | 2$\phi$12 | 286.4 | F2106 | 同上 | 2$\phi$12 | 634.7 |
| F2047 | 同上 | 2$\phi$14 | 328.8 | F2107 | 同上 | 2$\phi$14 | 677.2 |
| F2048 | 同上 | 2$\phi$16 | 377.8 | F2108 | 同上 | 2$\phi$16 | 726.1 |
| F2049 | 同上 | 2$\phi$18 | 433.3 | F2109 | 同上 | 2$\phi$18 | 781.6 |
| F2050 | 同上 | 2$\phi$20 | 495.3 | F2110 | 同上 | 2$\phi$20 | 843.7 |
| F2051 | 同上 | 2$\phi$22 | 563.9 | F2111 | 同上 | 2$\phi$22 | 912.2 |
| F2052 | 同上 | 2$\phi$25 | 678.9 | F2112 | 同上 | 2$\phi$25 | 1027.3 |
| F2053 | 同上 | 2$\phi$28 | 808.7 | F2113 | 同上 | 2$\phi$28 | 1157.1 |

**梁附加横向钢筋表（HRB335双肢箍，HRB335吊筋60°）** **表7.2**

| 代号 | ①号箍筋 | ②号吊筋 | 允许承受的集中力（kN） | 代号 | ①号箍筋 | ②号吊筋 | 允许承受的集中力（kN） |
|---|---|---|---|---|---|---|---|
| F2121 | 4ϕ6（2） | — | 33.9 | F2181 | 4ϕ10（2） | — | 94.2 |
| F2122 | 6ϕ6（2） | — | 67.8 | F2182 | 6ϕ10（2） | — | 188.5 |
| F2123 | 8ϕ6（2） | — | 101.7 | F2183 | 8ϕ10（2） | — | 282.7 |
| F2124 | 10ϕ6（2） | — | 135.7 | F2184 | 10ϕ10（2） | — | 376.9 |
| F2125 | 同上 | 2ϕ10 | 217.3 | F2185 | 同上 | 2ϕ10 | 458.6 |
| F2126 | 同上 | 2ϕ12 | 253.2 | F2186 | 同上 | 2ϕ12 | 494.5 |
| F2127 | 同上 | 2ϕ14 | 295.7 | F2187 | 同上 | 2ϕ14 | 536.9 |
| F2128 | 同上 | 2ϕ16 | 344.6 | F2188 | 同上 | 2ϕ16 | 585.9 |
| F2129 | 同上 | 2ϕ18 | 400.1 | F2189 | 同上 | 2ϕ18 | 641.4 |
| F2130 | 同上 | 2ϕ20 | 462.1 | F2190 | 同上 | 2ϕ20 | 703.4 |
| F2131 | 同上 | 2ϕ22 | 530.7 | F2191 | 同上 | 2ϕ22 | 772.0 |
| F2132 | 同上 | 2ϕ25 | 645.8 | F2192 | 同上 | 2ϕ25 | 887.0 |
| F2133 | 同上 | 2ϕ28 | 775.6 | F2193 | 同上 | 2ϕ28 | 1016.8 |
| F2141 | 4ϕ6.5（2） | — | 39.8 | F2201 | 4ϕ12（2） | — | 135.7 |
| F2142 | 6ϕ6.5（2） | — | 79.6 | F2202 | 6ϕ12（2） | — | 271.4 |
| F2143 | 8ϕ6.5（2） | — | 119.4 | F2203 | 8ϕ12（2） | — | 407.1 |
| F2144 | 10ϕ6.5（2） | — | 159.2 | F2204 | 10ϕ12（2） | — | 542.8 |
| F2145 | 同上 | 2ϕ10 | 240.9 | F2205 | 同上 | 2ϕ10 | 624.5 |
| F2146 | 同上 | 2ϕ12 | 276.8 | F2206 | 同上 | 2ϕ12 | 660.4 |
| F2147 | 同上 | 2ϕ14 | 319.2 | F2207 | 同上 | 2ϕ14 | 702.8 |
| F2148 | 同上 | 2ϕ16 | 368.2 | F2208 | 同上 | 2ϕ16 | 751.8 |
| F2149 | 同上 | 2ϕ18 | 423.7 | F2209 | 同上 | 2ϕ18 | 807.3 |
| F2150 | 同上 | 2ϕ20 | 485.7 | F2210 | 同上 | 2ϕ20 | 869.3 |
| F2151 | 同上 | 2ϕ22 | 554.3 | F2211 | 同上 | 2ϕ22 | 937.9 |
| F2152 | 同上 | 2ϕ25 | 669.3 | F2212 | 同上 | 2ϕ25 | 1052.9 |
| F2153 | 同上 | 2ϕ28 | 799.1 | F2213 | 同上 | 2ϕ28 | 1182.7 |
| F2161 | 4ϕ8（2） | — | 60.3 | F2221 | 4ϕ14（2） | — | 184.7 |
| F2162 | 6ϕ8（2） | — | 120.6 | F2222 | 6ϕ14（2） | — | 369.4 |
| F2163 | 8ϕ8（2） | — | 180.9 | F2223 | 8ϕ14（2） | — | 554.1 |
| F2164 | 10ϕ8（2） | — | 241.2 | F2224 | 10ϕ14（2） | — | 738.9 |
| F2165 | 同上 | 2ϕ10 | 322.8 | F2225 | 同上 | 2ϕ10 | 820.5 |
| F2166 | 同上 | 2ϕ12 | 358.8 | F2226 | 同上 | 2ϕ12 | 856.4 |
| F2167 | 同上 | 2ϕ14 | 401.2 | F2227 | 同上 | 2ϕ14 | 898.8 |
| F2168 | 同上 | 2ϕ16 | 450.2 | F2228 | 同上 | 2ϕ16 | 947.8 |
| F2169 | 同上 | 2ϕ18 | 505.6 | F2229 | 同上 | 2ϕ18 | 1003.3 |
| F2170 | 同上 | 2ϕ20 | 567.7 | F2230 | 同上 | 2ϕ20 | 1065.3 |
| F2171 | 同上 | 2ϕ22 | 636.3 | F2231 | 同上 | 2ϕ22 | 1133.9 |
| F2172 | 同上 | 2ϕ25 | 751.3 | F2232 | 同上 | 2ϕ25 | 1249.0 |
| F2173 | 同上 | 2ϕ28 | 881.1 | F2233 | 同上 | 2ϕ28 | 1378.8 |

**梁附加横向钢筋表（HRB400或CRB550级冷轧带肋钢筋双肢箍，HRB400吊筋60°）** **表7.3**

| 代号 | ①号箍筋 | ②号吊筋 | 允许承受的集中力（kN） | 代号 | ①号箍筋 | ②号吊筋 | 允许承受的集中力（kN） |
|---|---|---|---|---|---|---|---|
| F2241 | 4φ6（2） | — | 40.7 | F2301 | 4φ10（2） | — | 113.1 |
| F2242 | 6φ6（2） | — | 81.4 | F2302 | 6φ10（2） | — | 226.2 |
| F2243 | 8φ6（2） | — | 122.1 | F2303 | 8φ10（2） | — | 339.2 |
| F2244 | 10φ6（2） | — | 162.8 | F2304 | 10φ10（2） | — | 452.3 |
| F2245 | 同上 | 2φ10 | 260.8 | F2305 | 同上 | 2φ10 | 550.3 |
| F2246 | 同上 | 2φ12 | 303.9 | F2306 | 同上 | 2φ12 | 593.4 |
| F2247 | 同上 | 2φ14 | 354.8 | F2307 | 同上 | 2φ14 | 644.3 |
| F2248 | 同上 | 2φ16 | 413.5 | F2308 | 同上 | 2φ16 | 703.1 |
| F2249 | 同上 | 2φ18 | 480.1 | F2309 | 同上 | 2φ18 | 769.7 |
| F2250 | 同上 | 2φ20 | 554.6 | F2310 | 同上 | 2φ20 | 844.1 |
| F2251 | 同上 | 2φ22 | 636.9 | F2311 | 同上 | 2φ22 | 926.4 |
| F2252 | 同上 | 2φ25 | 774.9 | F2312 | 同上 | 2φ25 | 1064.5 |
| F2253 | 同上 | 2φ28 | 930.7 | F2313 | 同上 | 2φ28 | 1220.2 |
| F2261 | 4φ6.5（2） | — | 47.7 | F2321 | 4φ12（2） | — | 162.8 |
| F2262 | 6φ6.5（2） | — | 95.5 | F2322 | 6φ12（2） | — | 325.7 |
| F2263 | 8φ6.5（2） | — | 143.3 | F2323 | 8φ12（2） | — | 488.5 |
| F2264 | 10φ6.5（2） | — | 191.1 | F2324 | 10φ12（2） | — | 651.4 |
| F2265 | 同上 | 2φ10 | 289.0 | F2325 | 同上 | 2φ10 | 749.4 |
| F2266 | 同上 | 2φ12 | 332.1 | F2326 | 同上 | 2φ12 | 792.5 |
| F2267 | 同上 | 2φ14 | 383.1 | F2327 | 同上 | 2φ14 | 843.4 |
| F2268 | 同上 | 2φ16 | 441.8 | F2328 | 同上 | 2φ16 | 902.1 |
| F2269 | 同上 | 2φ18 | 508.4 | F2329 | 同上 | 2φ18 | 968.7 |
| F2270 | 同上 | 2φ20 | 582.9 | F2330 | 同上 | 2φ20 | 1043.2 |
| F2271 | 同上 | 2φ22 | 665.2 | F2331 | 同上 | 2φ22 | 1125.5 |
| F2272 | 同上 | 2φ25 | 803.2 | F2332 | 同上 | 2φ25 | 1263.5 |
| F2273 | 同上 | 2φ28 | 959.0 | F2333 | 同上 | 2φ28 | 1419.3 |
| F2281 | 4φ8（2） | — | 72.3 | F2341 | 4φ14（2） | — | 221.6 |
| F2282 | 6φ8（2） | — | 144.7 | F2342 | 6φ14（2） | — | 443.3 |
| F2283 | 8φ8（2） | — | 217.1 | F2343 | 8φ14（2） | — | 664.9 |
| F2284 | 10φ8（2） | — | 289.5 | F2344 | 10φ14（2） | — | 886.6 |
| F2285 | 同上 | 2φ10 | 387.4 | F2345 | 同上 | 2φ10 | 984.6 |
| F2286 | 同上 | 2φ12 | 430.5 | F2346 | 同上 | 2φ12 | 1027.7 |
| F2287 | 同上 | 2φ14 | 481.5 | F2347 | 同上 | 2φ14 | 1078.6 |
| F2288 | 同上 | 2φ16 | 540.2 | F2348 | 同上 | 2φ16 | 1137.4 |
| F2289 | 同上 | 2φ18 | 606.8 | F2349 | 同上 | 2φ18 | 1204.0 |
| F2290 | 同上 | 2φ20 | 681.2 | F2350 | 同上 | 2φ20 | 1278.4 |
| F2291 | 同上 | 2φ22 | 763.5 | F2351 | 同上 | 2φ22 | 1360.7 |
| F2292 | 同上 | 2φ25 | 901.6 | F2352 | 同上 | 2φ25 | 1498.8 |
| F2293 | 同上 | 2φ28 | 1057.4 | F2353 | 同上 | 2φ28 | 1654.5 |

**梁附加横向钢筋表（HPB235 四肢箍，HRB335 吊筋 60°）** **表 7.4**

| 代号 | ①号箍筋 | ②号吊筋 | 允许承受的集中力（kN） | 代号 | ①号箍筋 | ②号吊筋 | 允许承受的集中力（kN） |
|---|---|---|---|---|---|---|---|
| F4001 | 4φ6（4） | — | 47.5 | F4061 | 4φ10（4） | — | 131.9 |
| F4002 | 6φ6（4） | — | 95.0 | F4062 | 6φ10（4） | — | 263.9 |
| F4003 | 8φ6（4） | — | 142.5 | F4063 | 8φ10（4） | — | 395.8 |
| F4004 | 10φ6（4） | — | 190.0 | F4064 | 10φ10（4） | — | 527.7 |
| F4005 | 同上 | 2φ10 | 271.6 | F4065 | 同上 | 2φ10 | 609.4 |
| F4006 | 同上 | 2φ12 | 307.5 | F4066 | 同上 | 2φ12 | 645.3 |
| F4007 | 同上 | 2φ14 | 349.9 | F4067 | 同上 | 2φ14 | 687.7 |
| F4008 | 同上 | 2φ16 | 398.9 | F4068 | 同上 | 2φ16 | 736.7 |
| F4009 | 同上 | 2φ18 | 454.4 | F4069 | 同上 | 2φ18 | 792.2 |
| F4010 | 同上 | 2φ20 | 516.4 | F4070 | 同上 | 2φ20 | 854.2 |
| F4011 | 同上 | 2φ22 | 585.0 | F4071 | 同上 | 2φ22 | 922.8 |
| F4012 | 同上 | 2φ25 | 700.1 | F4072 | 同上 | 2φ25 | 1037.8 |
| F4013 | 同上 | 2φ28 | 829.9 | F4073 | 同上 | 2φ28 | 1167.6 |
| F4021 | 4φ6.5（4） | — | 55.7 | F4081 | 4φ12（4） | — | 190.0 |
| F4022 | 6φ6.5（4） | — | 111.4 | F4082 | 6φ12（4） | — | 380.0 |
| F4023 | 8φ6.5（4） | — | 167.2 | F4083 | 8φ12（4） | — | 570.0 |
| F4024 | 10φ6.5（4） | — | 222.9 | F4084 | 10φ12（4） | — | 760.0 |
| F4025 | 同上 | 2φ10 | 304.6 | F4085 | 同上 | 2φ10 | 841.6 |
| F4026 | 同上 | 2φ12 | 340.5 | F4086 | 同上 | 2φ12 | 877.5 |
| F4027 | 同上 | 2φ14 | 382.9 | F4087 | 同上 | 2φ14 | 920.0 |
| F4028 | 同上 | 2φ16 | 431.9 | F4088 | 同上 | 2φ16 | 968.9 |
| F4029 | 同上 | 2φ18 | 487.4 | F4089 | 同上 | 2φ18 | 1024.4 |
| F4030 | 同上 | 2φ20 | 549.4 | F4090 | 同上 | 2φ20 | 1086.5 |
| F4031 | 同上 | 2φ22 | 618.0 | F4091 | 同上 | 2φ22 | 1155.0 |
| F4032 | 同上 | 2φ25 | 733.1 | F4092 | 同上 | 2φ25 | 1270.1 |
| F4033 | 同上 | 2φ28 | 862.8 | F4093 | 同上 | 2φ28 | 1399.9 |
| F4041 | 4φ8（4） | — | 84.4 | F4101 | 4φ14（4） | — | 258.6 |
| F4042 | 6φ8（4） | — | 168.8 | F4102 | 6φ14（4） | — | 517.2 |
| F4043 | 8φ8（4） | — | 253.3 | F4103 | 8φ14（4） | — | 775.9 |
| F4044 | 10φ8（4） | — | 337.7 | F4104 | 10φ14（4） | — | 1034.5 |
| F4045 | 同上 | 2φ10 | 419.3 | F4105 | 同上 | 2φ10 | 1116.1 |
| F4046 | 同上 | 2φ12 | 455.3 | F4106 | 同上 | 2φ12 | 1152.0 |
| F4047 | 同上 | 2φ14 | 497.7 | F4107 | 同上 | 2φ14 | 1194.5 |
| F4048 | 同上 | 2φ16 | 546.7 | F4108 | 同上 | 2φ16 | 1243.4 |
| F4049 | 同上 | 2φ18 | 602.1 | F4109 | 同上 | 2φ18 | 1298.9 |
| F4050 | 同上 | 2φ20 | 664.2 | F4110 | 同上 | 2φ20 | 1361.0 |
| F4051 | 同上 | 2φ22 | 732.8 | F4111 | 同上 | 2φ22 | 1429.6 |
| F4052 | 同上 | 2φ25 | 847.8 | F4112 | 同上 | 2φ25 | 1544.6 |
| F4053 | 同上 | 2φ28 | 977.6 | F4113 | 同上 | 2φ28 | 1674.4 |

**梁附加横向钢筋表（HRB335 四肢箍，HRB335 吊筋 60°）** **表 7.5**

| 代号 | ①号箍筋 | ②号吊筋 | 允许承受的集中力（kN） | 代号 | ①号箍筋 | ②号吊筋 | 允许承受的集中力（kN） |
|---|---|---|---|---|---|---|---|
| F4121 | 4ϕ6（4） | — | 67.8 | F4181 | 4ϕ10（4） | — | 188.5 |
| F4122 | 6ϕ6（4） | — | 135.7 | F4182 | 6ϕ10（4） | — | 377.0 |
| F4123 | 8ϕ6（4） | — | 203.5 | F4183 | 8ϕ10（4） | — | 565.4 |
| F4124 | 10ϕ6（4） | — | 271.4 | F4184 | 10ϕ10（4） | — | 753.9 |
| F4125 | 同上 | 2ϕ10 | 369.3 | F4185 | 同上 | 2ϕ10 | 851.9 |
| F4126 | 同上 | 2ϕ12 | 412.4 | F4186 | 同上 | 2ϕ12 | 895.0 |
| F4127 | 同上 | 2ϕ14 | 463.4 | F4187 | 同上 | 2ϕ14 | 945.9 |
| F4128 | 同上 | 2ϕ16 | 522.1 | F4188 | 同上 | 2ϕ16 | 1004.6 |
| F4129 | 同上 | 2ϕ18 | 588.7 | F4189 | 同上 | 2ϕ18 | 1071.2 |
| F4130 | 同上 | 2ϕ20 | 663.2 | F4190 | 同上 | 2ϕ20 | 1145.7 |
| F4131 | 同上 | 2ϕ22 | 745.5 | F4191 | 同上 | 2ϕ22 | 1228.0 |
| F4132 | 同上 | 2ϕ25 | 883.5 | F4192 | 同上 | 2ϕ25 | 1366.0 |
| F4133 | 同上 | 2ϕ28 | 911.3 | F4193 | 同上 | 2ϕ28 | 1393.8 |
| F4141 | 4ϕ6.5（4） | — | 79.6 | F4201 | 4ϕ12（4） | — | 271.4 |
| F4142 | 6ϕ6.5（4） | — | 159.2 | F4202 | 6ϕ12（4） | — | 542.8 |
| F4143 | 8ϕ6.5（4） | — | 238.9 | F4203 | 8ϕ12（4） | — | 814.3 |
| F4144 | 10ϕ6.5（4） | — | 318.5 | F4204 | 10ϕ12（4） | — | 1085.7 |
| F4145 | 同上 | 2ϕ10 | 416.5 | F4205 | 同上 | 2ϕ10 | 1183.7 |
| F4146 | 同上 | 2ϕ12 | 459.6 | F4206 | 同上 | 2ϕ12 | 1226.8 |
| F4147 | 同上 | 2ϕ14 | 510.5 | F4207 | 同上 | 2ϕ14 | 1277.7 |
| F4148 | 同上 | 2ϕ16 | 569.2 | F4208 | 同上 | 2ϕ16 | 1336.4 |
| F4149 | 同上 | 2ϕ18 | 635.8 | F4209 | 同上 | 2ϕ18 | 1403.0 |
| F4150 | 同上 | 2ϕ20 | 710.3 | F4210 | 同上 | 2ϕ20 | 1477.5 |
| F4151 | 同上 | 2ϕ22 | 792.6 | F4211 | 同上 | 2ϕ22 | 1559.8 |
| F4152 | 同上 | 2ϕ25 | 930.6 | F4212 | 同上 | 2ϕ25 | 1697.8 |
| F4153 | 同上 | 2ϕ28 | 958.4 | F4213 | 同上 | 2ϕ28 | 1725.6 |
| F4161 | 4ϕ8（4） | — | 120.6 | F4221 | 4ϕ14（4） | — | 369.4 |
| F4162 | 6ϕ8（4） | — | 241.2 | F4222 | 6ϕ14（4） | — | 738.9 |
| F4163 | 8ϕ8（4） | — | 361.9 | F4223 | 8ϕ14（4） | — | 1108.3 |
| F4164 | 10ϕ8（4） | — | 482.5 | F4224 | 10ϕ14（4） | — | 1477.8 |
| F4165 | 同上 | 2ϕ10 | 580.4 | F4225 | 同上 | 2ϕ10 | 1575.7 |
| F4166 | 同上 | 2ϕ12 | 623.5 | F4226 | 同上 | 2ϕ12 | 1618.8 |
| F4167 | 同上 | 2ϕ14 | 674.5 | F4227 | 同上 | 2ϕ14 | 1669.7 |
| F4168 | 同上 | 2ϕ16 | 733.2 | F4228 | 同上 | 2ϕ16 | 1728.5 |
| F4169 | 同上 | 2ϕ18 | 799.8 | F4229 | 同上 | 2ϕ18 | 1795.1 |
| F4170 | 同上 | 2ϕ20 | 874.2 | F4230 | 同上 | 2ϕ20 | 1869.5 |
| F4171 | 同上 | 2ϕ22 | 956.6 | F4231 | 同上 | 2ϕ22 | 1951.8 |
| F4172 | 同上 | 2ϕ25 | 1094.6 | F4232 | 同上 | 2ϕ25 | 2089.9 |
| F4173 | 同上 | 2ϕ28 | 1122.4 | F4233 | 同上 | 2ϕ28 | 2117.7 |

**梁附加横向钢筋表（HRB400或CRB550级冷轧带肋钢筋四肢箍，HRB400吊筋60°）　　表7.6**

| 代号 | ①号箍筋 | ②号吊筋 | 允许承受的集中力（kN） | 代号 | ①号箍筋 | ②号吊筋 | 允许承受的集中力（kN） |
|---|---|---|---|---|---|---|---|
| F4241 | 4φ6（4） | — | 81.4 | F4301 | 4φ10（4） | — | 226.2 |
| F4242 | 6φ6（4） | — | 162.8 | F4302 | 6φ10（4） | — | 452.4 |
| F4243 | 8φ6（4） | — | 244.2 | F4303 | 8φ10（4） | — | 678.5 |
| F4244 | 10φ6（4） | — | 325.7 | F4304 | 10φ10（4） | — | 904.7 |
| F4245 | 同上 | 2φ10 | 423.6 | F4305 | 同上 | 2φ10 | 1002.7 |
| F4246 | 同上 | 2φ12 | 466.7 | F4306 | 同上 | 2φ12 | 1045.7 |
| F4247 | 同上 | 2φ14 | 517.7 | F4307 | 同上 | 2φ14 | 1096.7 |
| F4248 | 同上 | 2φ16 | 576.4 | F4308 | 同上 | 2φ16 | 1155.4 |
| F4249 | 同上 | 2φ18 | 643.0 | F4309 | 同上 | 2φ18 | 1222.0 |
| F4250 | 同上 | 2φ20 | 717.4 | F4310 | 同上 | 2φ20 | 1296.5 |
| F4251 | 同上 | 2φ22 | 799.8 | F4311 | 同上 | 2φ22 | 1378.8 |
| F4252 | 同上 | 2φ25 | 937.8 | F4312 | 同上 | 2φ25 | 1516.8 |
| F4253 | 同上 | 2φ28 | 1093.6 | F4313 | 同上 | 2φ28 | 1672.6 |
| F4261 | 4φ6.5（4） | — | 95.5 | F4321 | 4φ12（4） | — | 325.7 |
| F4262 | 6φ6.5（4） | — | 191.1 | F4322 | 6φ12（4） | — | 651.4 |
| F4263 | 8φ6.5（4） | — | 286.7 | F4323 | 8φ12（4） | — | 977.1 |
| F4264 | 10φ6.5（4） | — | 382.2 | F4324 | 10φ12（4） | — | 1302.9 |
| F4265 | 同上 | 2φ10 | 480.2 | F4325 | 同上 | 2φ10 | 1400.8 |
| F4266 | 同上 | 2φ12 | 523.3 | F4326 | 同上 | 2φ12 | 1443.9 |
| F4267 | 同上 | 2φ14 | 574.2 | F4327 | 同上 | 2φ14 | 1494.9 |
| F4268 | 同上 | 2φ16 | 632.9 | F4328 | 同上 | 2φ16 | 1553.6 |
| F4269 | 同上 | 2φ18 | 699.5 | F4329 | 同上 | 2φ18 | 1620.2 |
| F4270 | 同上 | 2φ20 | 774.0 | F4330 | 同上 | 2φ20 | 1694.6 |
| F4271 | 同上 | 2φ22 | 856.3 | F4331 | 同上 | 2φ22 | 1776.9 |
| F4272 | 同上 | 2φ25 | 994.4 | F4332 | 同上 | 2φ25 | 1915.0 |
| F4273 | 同上 | 2φ28 | 1150.1 | F4333 | 同上 | 2φ28 | 2070.8 |
| F4281 | 4φ8（4） | — | 144.7 | F4341 | 4φ14（4） | — | 443.3 |
| F4282 | 6φ8（4） | — | 289.5 | F4342 | 6φ14（4） | — | 886.7 |
| F4283 | 8φ8（4） | — | 434.3 | F4343 | 8φ14（4） | — | 1329.9 |
| F4284 | 10φ8（4） | — | 579.0 | F4344 | 10φ14（4） | — | 1773.3 |
| F4285 | 同上 | 2φ10 | 676.9 | F4345 | 同上 | 2φ10 | 1871.3 |
| F4286 | 同上 | 2φ12 | 720.0 | F4346 | 同上 | 2φ12 | 1914.4 |
| F4287 | 同上 | 2φ14 | 771.0 | F4347 | 同上 | 2φ14 | 1965.3 |
| F4288 | 同上 | 2φ16 | 829.7 | F4348 | 同上 | 2φ16 | 2024.0 |
| F4289 | 同上 | 2φ18 | 896.3 | F4349 | 同上 | 2φ18 | 2090.6 |
| F4290 | 同上 | 2φ20 | 970.7 | F4350 | 同上 | 2φ20 | 2165.1 |
| F4291 | 同上 | 2φ22 | 1053.1 | F4351 | 同上 | 2φ22 | 2247.4 |
| F4292 | 同上 | 2φ25 | 1191.1 | F4352 | 同上 | 2φ25 | 2385.4 |
| F4293 | 同上 | 2φ28 | 1346.8 | F4353 | 同上 | 2φ28 | 2541.1 |

梁附加横向钢筋表（HPB235 双肢箍，HRB335 吊筋 45°）　　**表 7.7**

| 代号 | ①号箍筋 | ②号吊筋 | 允许承受的集中力（kN） | 代号 | ①号箍筋 | ②号吊筋 | 允许承受的集中力（kN） |
|---|---|---|---|---|---|---|---|
| F2361 | 4ϕ6（2） | — | 23.7 | F2421 | 4ϕ10（2） | — | 65.9 |
| F2362 | 6ϕ6（2） | — | 47.5 | F2422 | 6ϕ10（2） | — | 131.9 |
| F2363 | 8ϕ6（2） | — | 71.2 | F2423 | 8ϕ10（2） | — | 197.9 |
| F2364 | 10ϕ6（2） | — | 95.0 | F2424 | 10ϕ10（2） | — | 263.8 |
| F2365 | 同上 | 2ϕ10 | 161.6 | F2425 | 同上 | 2ϕ10 | 330.5 |
| F2366 | 同上 | 2ϕ12 | 190.9 | F2426 | 同上 | 2ϕ12 | 359.8 |
| F2367 | 同上 | 2ϕ14 | 225.6 | F2427 | 同上 | 2ϕ14 | 394.5 |
| F2368 | 同上 | 2ϕ16 | 265.6 | F2428 | 同上 | 2ϕ16 | 434.4 |
| F2369 | 同上 | 2ϕ18 | 310.9 | F2429 | 同上 | 2ϕ18 | 479.7 |
| F2370 | 同上 | 2ϕ20 | 361.5 | F2430 | 同上 | 2ϕ20 | 530.4 |
| F2371 | 同上 | 2ϕ22 | 417.5 | F2431 | 同上 | 2ϕ22 | 586.4 |
| F2372 | 同上 | 2ϕ25 | 511.5 | F2432 | 同上 | 2ϕ25 | 680.3 |
| F2373 | 同上 | 2ϕ28 | 617.4 | F2433 | 同上 | 2ϕ28 | 786.3 |
| F2381 | 4ϕ6.5（2） | — | 27.8 | F2441 | 4ϕ12（2） | — | 95.0 |
| F2382 | 6ϕ6.5（2） | — | 55.7 | F2442 | 6ϕ12（2） | — | 190.0 |
| F2383 | 8ϕ6.5（2） | — | 83.6 | F2443 | 8ϕ12（2） | — | 285.0 |
| F2384 | 10ϕ6.5（2） | — | 111.4 | F2444 | 10ϕ12（2） | — | 380.0 |
| F2385 | 同上 | 2ϕ10 | 178.1 | F2445 | 同上 | 2ϕ10 | 446.6 |
| F2386 | 同上 | 2ϕ12 | 207.4 | F2446 | 同上 | 2ϕ12 | 475.9 |
| F2387 | 同上 | 2ϕ14 | 242.1 | F2447 | 同上 | 2ϕ14 | 510.6 |
| F2388 | 同上 | 2ϕ16 | 282.0 | F2448 | 同上 | 2ϕ16 | 550.6 |
| F2389 | 同上 | 2ϕ18 | 327.4 | F2449 | 同上 | 2ϕ18 | 595.9 |
| F2390 | 同上 | 2ϕ20 | 378.0 | F2450 | 同上 | 2ϕ20 | 646.5 |
| F2391 | 同上 | 2ϕ22 | 434.0 | F2451 | 同上 | 2ϕ22 | 702.5 |
| F2392 | 同上 | 2ϕ25 | 527.9 | F2452 | 同上 | 2ϕ25 | 796.5 |
| F2393 | 同上 | 2ϕ28 | 633.9 | F2453 | 同上 | 2ϕ28 | 902.5 |
| F2401 | 4ϕ8（2） | — | 42.2 | F2461 | 4ϕ14（2） | — | 129.3 |
| F2402 | 6ϕ8（2） | — | 84.4 | F2462 | 6ϕ14（2） | — | 258.6 |
| F2403 | 8ϕ8（2） | — | 126.6 | F2463 | 8ϕ14（2） | — | 387.9 |
| F2404 | 10ϕ8（2） | — | 168.8 | F2464 | 10ϕ14（2） | — | 517.2 |
| F2405 | 同上 | 2ϕ10 | 235.5 | F2465 | 同上 | 2ϕ10 | 583.9 |
| F2406 | 同上 | 2ϕ12 | 264.8 | F2466 | 同上 | 2ϕ12 | 613.2 |
| F2407 | 同上 | 2ϕ14 | 299.5 | F2467 | 同上 | 2ϕ14 | 647.9 |
| F2408 | 同上 | 2ϕ16 | 339.4 | F2468 | 同上 | 2ϕ16 | 687.8 |
| F2409 | 同上 | 2ϕ18 | 384.7 | F2469 | 同上 | 2ϕ18 | 733.1 |
| F2410 | 同上 | 2ϕ20 | 435.4 | F2470 | 同上 | 2ϕ20 | 783.8 |
| F2411 | 同上 | 2ϕ22 | 491.4 | F2471 | 同上 | 2ϕ22 | 839.8 |
| F2412 | 同上 | 2ϕ25 | 585.3 | F2472 | 同上 | 2ϕ25 | 933.7 |
| F2413 | 同上 | 2ϕ28 | 691.3 | F2473 | 同上 | 2ϕ28 | 1039.7 |

**梁附加横向钢筋表**（HRB335 双肢箍，HRB335 吊筋 45°）　　**表 7.8**

| 代号 | ①号箍筋 | ②号吊筋 | 允许承受的集中力（kN） | 代号 | ①号箍筋 | ②号吊筋 | 允许承受的集中力（kN） |
|---|---|---|---|---|---|---|---|
| F2481 | 4φ6（2） | — | 33.9 | F2541 | 4φ10（2） | — | 94.2 |
| F2482 | 6φ6（2） | — | 67.8 | F2542 | 6φ10（2） | — | 188.5 |
| F2483 | 8φ6（2） | — | 101.7 | F2543 | 8φ10（2） | — | 282.7 |
| F2484 | 10φ6（2） | — | 135.7 | F2544 | 10φ10（2） | — | 376.9 |
| F2485 | 同上 | 2φ10 | 202.3 | F2545 | 同上 | 2φ10 | 443.6 |
| F2486 | 同上 | 2φ12 | 231.6 | F2546 | 同上 | 2φ12 | 472.9 |
| F2487 | 同上 | 2φ14 | 266.3 | F2547 | 同上 | 2φ14 | 507.6 |
| F2488 | 同上 | 2φ16 | 306.3 | F2548 | 同上 | 2φ16 | 547.5 |
| F2489 | 同上 | 2φ18 | 351.6 | F2549 | 同上 | 2φ18 | 592.8 |
| F2490 | 同上 | 2φ20 | 402.2 | F2550 | 同上 | 2φ20 | 643.5 |
| F2491 | 同上 | 2φ22 | 458.2 | F2551 | 同上 | 2φ22 | 699.5 |
| F2492 | 同上 | 2φ25 | 552.2 | F2552 | 同上 | 2φ25 | 793.4 |
| F2493 | 同上 | 2φ28 | 658.2 | F2553 | 同上 | 2φ28 | 899.4 |
| F2501 | 4φ6.5（2） | — | 39.8 | F2561 | 4φ12（2） | — | 135.7 |
| F2502 | 6φ6.5（2） | — | 79.6 | F2562 | 6φ12（2） | — | 271.4 |
| F2503 | 8φ6.5（2） | — | 119.4 | F2563 | 8φ12（2） | — | 407.1 |
| F2504 | 10φ6.5（2） | — | 159.2 | F2564 | 10φ12（2） | — | 542.8 |
| F2505 | 同上 | 2φ10 | 225.9 | F2565 | 同上 | 2φ10 | 609.5 |
| F2506 | 同上 | 2φ12 | 255.2 | F2566 | 同上 | 2φ12 | 638.8 |
| F2507 | 同上 | 2φ14 | 289.9 | F2567 | 同上 | 2φ14 | 673.5 |
| F2508 | 同上 | 2φ16 | 329.8 | F2568 | 同上 | 2φ16 | 713.4 |
| F2509 | 同上 | 2φ18 | 375.1 | F2569 | 同上 | 2φ18 | 758.7 |
| F2510 | 同上 | 2φ20 | 425.8 | F2570 | 同上 | 2φ20 | 809.4 |
| F2511 | 同上 | 2φ22 | 481.8 | F2571 | 同上 | 2φ22 | 865.4 |
| F2512 | 同上 | 2φ25 | 575.7 | F2572 | 同上 | 2φ25 | 959.3 |
| F2513 | 同上 | 2φ28 | 681.7 | F2573 | 同上 | 2φ28 | 1065.3 |
| F2521 | 4φ8（2） | — | 60.3 | F2581 | 4φ14（2） | — | 184.7 |
| F2522 | 6φ8（2） | — | 120.6 | F2582 | 6φ14（2） | — | 369.4 |
| F2523 | 8φ8（2） | — | 180.9 | F2583 | 8φ14（2） | — | 554.1 |
| F2524 | 10φ8（2） | — | 241.2 | F2584 | 10φ14（2） | — | 738.9 |
| F2525 | 同上 | 2φ10 | 307.91 | F2585 | 同上 | 2φ10 | 805.55 |
| F2526 | 同上 | 2φ12 | 337.23 | F2586 | 同上 | 2φ12 | 834.87 |
| F2527 | 同上 | 2φ14 | 371.89 | F2587 | 同上 | 2φ14 | 869.53 |
| F2528 | 同上 | 2φ16 | 411.86 | F2588 | 同上 | 2φ16 | 909.50 |
| F2529 | 同上 | 2φ18 | 457.17 | F2589 | 同上 | 2φ18 | 954.81 |
| F2530 | 同上 | 2φ20 | 507.83 | F2590 | 同上 | 2φ20 | 1005.47 |
| F2531 | 同上 | 2φ22 | 563.83 | F2591 | 同上 | 2φ22 | 1061.47 |
| F2532 | 同上 | 2φ25 | 657.76 | F2592 | 同上 | 2φ25 | 1155.40 |
| F2533 | 同上 | 2φ28 | 763.74 | F2593 | 同上 | 2φ28 | 1261.38 |

**梁附加横向钢筋表（HRB400或CRB550级冷轧带肋钢筋双肢箍，HRB400吊筋45°）** **表7.9**

| 代号 | ①号箍筋 | ②号吊筋 | 允许承受的集中力（kN） | 代号 | ①号箍筋 | ②号吊筋 | 允许承受的集中力（kN） |
|---|---|---|---|---|---|---|---|
| F2601 | 4φ6（2） | — | 40.7 | F2661 | 4φ10（2） | — | 113.1 |
| F2602 | 6φ6（2） | — | 81.4 | F2662 | 6φ10（2） | — | 226.2 |
| F2603 | 8φ6（2） | — | 122.1 | F2663 | 8φ10（2） | — | 339.2 |
| F2604 | 10φ6（2） | — | 162.8 | F2664 | 10φ10（2） | — | 452.3 |
| F2605 | 同上 | 2φ10 | 242.8 | F2665 | 同上 | 2φ10 | 532.3 |
| F2606 | 同上 | 2φ12 | 278.0 | F2666 | 同上 | 2φ12 | 567.5 |
| F2607 | 同上 | 2φ14 | 319.6 | F2667 | 同上 | 2φ14 | 609.1 |
| F2608 | 同上 | 2φ16 | 367.5 | F2668 | 同上 | 2φ16 | 657.1 |
| F2609 | 同上 | 2φ18 | 421.9 | F2669 | 同上 | 2φ18 | 711.4 |
| F2610 | 同上 | 2φ20 | 482.7 | F2670 | 同上 | 2φ20 | 772.2 |
| F2611 | 同上 | 2φ22 | 549.9 | F2671 | 同上 | 2φ22 | 839.4 |
| F2612 | 同上 | 2φ25 | 662.6 | F2672 | 同上 | 2φ25 | 952.1 |
| F2613 | 同上 | 2φ28 | 789.8 | F2673 | 同上 | 2φ28 | 1079.3 |
| F2621 | 4φ6.5（2） | — | 47.7 | F2681 | 4φ12（2） | — | 162.8 |
| F2622 | 6φ6.5（2） | — | 95.5 | F2682 | 6φ12（2） | — | 325.7 |
| F2623 | 8φ6.5（2） | — | 143.3 | F2683 | 8φ12（2） | — | 488.5 |
| F2624 | 10φ6.5（2） | — | 191.1 | F2684 | 10φ12（2） | — | 651.4 |
| F2625 | 同上 | 2φ10 | 271.1 | F2685 | 同上 | 2φ10 | 731.4 |
| F2626 | 同上 | 2φ12 | 306.2 | F2686 | 同上 | 2φ12 | 766.6 |
| F2627 | 同上 | 2φ14 | 347.8 | F2687 | 同上 | 2φ14 | 808.2 |
| F2628 | 同上 | 2φ16 | 395.8 | F2688 | 同上 | 2φ16 | 856.1 |
| F2629 | 同上 | 2φ18 | 450.2 | F2689 | 同上 | 2φ18 | 910.5 |
| F2630 | 同上 | 2φ20 | 511.0 | F2690 | 同上 | 2φ20 | 971.3 |
| F2631 | 同上 | 2φ22 | 578.2 | F2691 | 同上 | 2φ22 | 1038.5 |
| F2632 | 同上 | 2φ25 | 690.9 | F2692 | 同上 | 2φ25 | 1151.2 |
| F2633 | 同上 | 2φ28 | 818.1 | F2693 | 同上 | 2φ28 | 1278.4 |
| F2641 | 4φ8（2） | — | 72.3 | F2701 | 4φ14（2） | — | 221.6 |
| F2642 | 6φ8（2） | — | 144.7 | F2702 | 6φ14（2） | — | 443.3 |
| F2643 | 8φ8（2） | — | 217.1 | F2703 | 8φ14（2） | — | 664.9 |
| F2644 | 10φ8（2） | — | 289.5 | F2704 | 10φ14（2） | — | 886.6 |
| F2645 | 同上 | 2φ10 | 369.4 | F2705 | 同上 | 2φ10 | 966.6 |
| F2646 | 同上 | 2φ12 | 404.6 | F2706 | 同上 | 2φ12 | 1001.8 |
| F2647 | 同上 | 2φ14 | 446.2 | F2707 | 同上 | 2φ14 | 1043.4 |
| F2648 | 同上 | 2φ16 | 494.2 | F2708 | 同上 | 2φ16 | 1091.4 |
| F2649 | 同上 | 2φ18 | 548.6 | F2709 | 同上 | 2φ18 | 1145.7 |
| F2650 | 同上 | 2φ20 | 609.3 | F2710 | 同上 | 2φ20 | 1206.5 |
| F2651 | 同上 | 2φ22 | 676.5 | F2711 | 同上 | 2φ22 | 1273.7 |
| F2652 | 同上 | 2φ25 | 789.3 | F2712 | 同上 | 2φ25 | 1386.4 |
| F2653 | 同上 | 2φ28 | 916.4 | F2713 | 同上 | 2φ28 | 1513.6 |

**梁附加横向钢筋表（HPB235 四肢箍，HRB335 吊筋 45°）** **表 7.10**

| 代号 | ①号箍筋 | ②号吊筋 | 允许承受的集中力（kN） | 代号 | ①号箍筋 | ②号吊筋 | 允许承受的集中力（kN） |
|---|---|---|---|---|---|---|---|
| F4361 | 4φ6（4） | — | 47.5 | F4421 | 4φ10（4） | — | 131.9 |
| F4362 | 6φ6（4） | — | 95.0 | F4422 | 6φ10（4） | — | 263.9 |
| F4363 | 8φ6（4） | — | 142.5 | F4423 | 8φ10（4） | — | 395.8 |
| F4364 | 10φ6（4） | — | 190.0 | F4424 | 10φ10（4） | — | 527.7 |
| F4365 | 同上 | 2φ10 | 256.6 | F4425 | 同上 | 2φ10 | 594.4 |
| F4366 | 同上 | 2φ12 | 285.9 | F4426 | 同上 | 2φ12 | 623.7 |
| F4367 | 同上 | 2φ14 | 320.6 | F4427 | 同上 | 2φ14 | 658.4 |
| F4368 | 同上 | 2φ16 | 360.6 | F4428 | 同上 | 2φ16 | 698.3 |
| F4369 | 同上 | 2φ18 | 405.9 | F4429 | 同上 | 2φ18 | 743.6 |
| F4370 | 同上 | 2φ20 | 456.5 | F4430 | 同上 | 2φ20 | 794.3 |
| F4371 | 同上 | 2φ22 | 512.5 | F4431 | 同上 | 2φ22 | 850.3 |
| F4372 | 同上 | 2φ25 | 606.5 | F4432 | 同上 | 2φ25 | 944.2 |
| F4373 | 同上 | 2φ28 | 712.4 | F4433 | 同上 | 2φ28 | 1050.2 |
| F4381 | 4φ6.5（4） | — | 55.7 | F4441 | 4φ12（4） | — | 190.0 |
| F4382 | 6φ6.5（4） | — | 111.4 | F4442 | 6φ12（4） | — | 380.0 |
| F4383 | 8φ6.5（4） | — | 167.2 | F4443 | 8φ12（4） | — | 570.0 |
| F4384 | 10φ6.5（4） | — | 222.9 | F4444 | 10φ12（4） | — | 760.0 |
| F4385 | 同上 | 2φ10 | 289.6 | F4445 | 同上 | 2φ10 | 826.6 |
| F4386 | 同上 | 2φ12 | 318.9 | F4446 | 同上 | 2φ12 | 856.0 |
| F4387 | 同上 | 2φ14 | 353.6 | F4447 | 同上 | 2φ14 | 890.6 |
| F4388 | 同上 | 2φ16 | 393.5 | F4448 | 同上 | 2φ16 | 930.6 |
| F4389 | 同上 | 2φ18 | 438.9 | F4449 | 同上 | 2φ18 | 975.9 |
| F4390 | 同上 | 2φ20 | 489.5 | F4450 | 同上 | 2φ20 | 1026.6 |
| F4391 | 同上 | 2φ22 | 545.5 | F4451 | 同上 | 2φ22 | 1082.6 |
| F4392 | 同上 | 2φ25 | 639.4 | F4452 | 同上 | 2φ25 | 1176.5 |
| F4393 | 同上 | 2φ28 | 745.4 | F4453 | 同上 | 2φ28 | 1282.5 |
| F4401 | 4φ8（4） | — | 84.4 | F4461 | 4φ14（4） | — | 258.6 |
| F4402 | 6φ8（4） | — | 168.8 | F4462 | 6φ14（4） | — | 517.2 |
| F4403 | 8φ8（4） | — | 253.3 | F4463 | 8φ14（4） | — | 775.9 |
| F4404 | 10φ8（4） | — | 337.7 | F4464 | 10φ14（4） | — | 1034.5 |
| F4405 | 同上 | 2φ10 | 404.4 | F4465 | 同上 | 2φ10 | 1101.1 |
| F4406 | 同上 | 2φ12 | 433.7 | F4466 | 同上 | 2φ12 | 1130.5 |
| F4407 | 同上 | 2φ14 | 468.3 | F4467 | 同上 | 2φ14 | 1165.1 |
| F4408 | 同上 | 2φ16 | 508.3 | F4468 | 同上 | 2φ16 | 1205.1 |
| F4409 | 同上 | 2φ18 | 553.6 | F4469 | 同上 | 2φ18 | 1250.4 |
| F4410 | 同上 | 2φ20 | 604.3 | F4470 | 同上 | 2φ20 | 1301.1 |
| F4411 | 同上 | 2φ22 | 660.3 | F4471 | 同上 | 2φ22 | 1357.1 |
| F4412 | 同上 | 2φ25 | 754.2 | F4472 | 同上 | 2φ25 | 1451.0 |
| F4413 | 同上 | 2φ28 | 860.2 | F4473 | 同上 | 2φ28 | 1557.0 |

**梁附加横向钢筋表（HRB335 四肢箍，HRB335 吊筋 45°）** **表 7.11**

| 代号 | ①号箍筋 | ②号吊筋 | 允许承受的集中力（kN） | 代号 | ①号箍筋 | ②号吊筋 | 允许承受的集中力（kN） |
|---|---|---|---|---|---|---|---|
| F4481 | 4$\phi$6（4） | — | 67.8 | F4541 | 4$\phi$10（4） | — | 188.5 |
| F4482 | 6$\phi$6（4） | — | 135.7 | F4542 | 6$\phi$10（4） | — | 377.0 |
| F4483 | 8$\phi$6（4） | — | 203.5 | F4543 | 8$\phi$10（4） | — | 565.4 |
| F4484 | 10$\phi$6（4） | — | 271.4 | F4544 | 10$\phi$10（4） | — | 753.9 |
| F4485 | 同上 | 2$\phi$10 | 338.0 | F4545 | 同上 | 2$\phi$10 | 820.6 |
| F4486 | 同上 | 2$\phi$12 | 367.4 | F4546 | 同上 | 2$\phi$12 | 849.9 |
| F4487 | 同上 | 2$\phi$14 | 402.0 | F4547 | 同上 | 2$\phi$14 | 884.5 |
| F4488 | 同上 | 2$\phi$16 | 442.0 | F4548 | 同上 | 2$\phi$16 | 924.5 |
| F4489 | 同上 | 2$\phi$18 | 487.3 | F4549 | 同上 | 2$\phi$18 | 969.8 |
| F4490 | 同上 | 2$\phi$20 | 538.0 | F4550 | 同上 | 2$\phi$20 | 1020.5 |
| F4491 | 同上 | 2$\phi$22 | 594.0 | F4551 | 同上 | 2$\phi$22 | 1076.5 |
| F4492 | 同上 | 2$\phi$25 | 687.9 | F4552 | 同上 | 2$\phi$25 | 1170.4 |
| F4493 | 同上 | 2$\phi$28 | 793.9 | F4553 | 同上 | 2$\phi$28 | 1276.4 |
| F4501 | 4$\phi$6.5（4） | — | 79.6 | F4561 | 4$\phi$12（4） | — | 271.4 |
| F4502 | 6$\phi$6.5（4） | — | 159.2 | F4562 | 6$\phi$12（4） | — | 542.8 |
| F4503 | 8$\phi$6.5（4） | — | 238.9 | F4563 | 8$\phi$12（4） | — | 814.3 |
| F4504 | 10$\phi$6.5（4） | — | 318.5 | F4564 | 10$\phi$12（4） | — | 1085.7 |
| F4505 | 同上 | 2$\phi$10 | 385.2 | F4565 | 同上 | 2$\phi$10 | 1152.4 |
| F4506 | 同上 | 2$\phi$12 | 414.5 | F4566 | 同上 | 2$\phi$12 | 1181.7 |
| F4507 | 同上 | 2$\phi$14 | 449.1 | F4567 | 同上 | 2$\phi$14 | 1216.3 |
| F4508 | 同上 | 2$\phi$16 | 489.1 | F45678 | 同上 | 2$\phi$16 | 1256.3 |
| F4509 | 同上 | 2$\phi$18 | 534.4 | F4569 | 同上 | 2$\phi$18 | 1301.6 |
| F4510 | 同上 | 2$\phi$20 | 585.1 | F4570 | 同上 | 2$\phi$20 | 1352.3 |
| F4511 | 同上 | 2$\phi$22 | 641.1 | F4571 | 同上 | 2$\phi$22 | 1408.3 |
| F4512 | 同上 | 2$\phi$25 | 735.0 | F4572 | 同上 | 2$\phi$25 | 1502.2 |
| F4513 | 同上 | 2$\phi$28 | 841.0 | F4573 | 同上 | 2$\phi$28 | 1608.2 |
| F4521 | 4$\phi$8（4） | — | 120.6 | F4581 | 4$\phi$14（4） | — | 369.4 |
| F4522 | 6$\phi$8（4） | — | 241.2 | F4582 | 6$\phi$14（4） | — | 738.9 |
| F4523 | 8$\phi$8（4） | — | 361.9 | F4583 | 8$\phi$14（4） | — | 1108.3 |
| F4524 | 10$\phi$8（4） | — | 482.5 | F4584 | 10$\phi$14（4） | — | 1477.8 |
| F4525 | 同上 | 2$\phi$10 | 549.1 | F4585 | 同上 | 2$\phi$10 | 1544.4 |
| F4526 | 同上 | 2$\phi$12 | 578.4 | F4586 | 同上 | 2$\phi$12 | 1573.7 |
| F4527 | 同上 | 2$\phi$14 | 613.1 | F4587 | 同上 | 2$\phi$14 | 1608.4 |
| F4528 | 同上 | 2$\phi$16 | 653.1 | F4588 | 同上 | 2$\phi$16 | 1648.4 |
| F4529 | 同上 | 2$\phi$18 | 698.4 | F4589 | 同上 | 2$\phi$18 | 1693.7 |
| F4530 | 同上 | 2$\phi$20 | 749.0 | F4590 | 同上 | 2$\phi$20 | 1744.3 |
| F4531 | 同上 | 2$\phi$22 | 805.0 | F4591 | 同上 | 2$\phi$22 | 1800.3 |
| F4532 | 同上 | 2$\phi$25 | 899.0 | F4592 | 同上 | 2$\phi$25 | 1894.3 |
| F4533 | 同上 | 2$\phi$28 | 1005.0 | F4593 | 同上 | 2$\phi$28 | 2000.2 |

**梁附加横向钢筋表（HRB400或CRB550级冷轧带肋钢筋四肢箍，HRB400吊筋45°）　　表7.12**

| 代号 | ①号箍筋 | ②号吊筋 | 允许承受的集中力（kN） | 代号 | ①号箍筋 | ②号吊筋 | 允许承受的集中力（kN） |
|---|---|---|---|---|---|---|---|
| F4601 | 4$\phi$6（4） | — | 81.4 | F4661 | 4$\phi$10（4） | — | 226.2 |
| F4602 | 6$\phi$6（4） | — | 162.8 | F4662 | 6$\phi$10（4） | — | 452.4 |
| F4603 | 8$\phi$6（4） | — | 244.2 | F4663 | 8$\phi$10（4） | — | 678.5 |
| F4604 | 10$\phi$6（4） | — | 325.7 | F4664 | 10$\phi$10（4） | — | 904.7 |
| F4605 | 同上 | 2$\phi$10 | 405.7 | F4665 | 同上 | 2$\phi$10 | 984.7 |
| F4606 | 同上 | 2$\phi$12 | 440.8 | F4666 | 同上 | 2$\phi$12 | 1019.9 |
| F4607 | 同上 | 2$\phi$14 | 482.4 | F4667 | 同上 | 2$\phi$14 | 1061.5 |
| F4608 | 同上 | 2$\phi$16 | 530.4 | F4668 | 同上 | 2$\phi$16 | 1109.4 |
| F4609 | 同上 | 2$\phi$18 | 584.8 | F4669 | 同上 | 2$\phi$18 | 1163.8 |
| F4610 | 同上 | 2$\phi$20 | 645.6 | F4670 | 同上 | 2$\phi$20 | 1224.6 |
| F4611 | 同上 | 2$\phi$22 | 712.8 | F4671 | 同上 | 2$\phi$22 | 1291.8 |
| F4612 | 同上 | 2$\phi$25 | 825.5 | F4672 | 同上 | 2$\phi$25 | 1404.5 |
| F4613 | 同上 | 2$\phi$28 | 952.7 | F4673 | 同上 | 2$\phi$28 | 1531.7 |
| F4621 | 4$\phi$6.5（4） | — | 95.5 | F4681 | 4$\phi$12（4） | — | 325.7 |
| F4622 | 6$\phi$6.5（4） | — | 191.1 | F4682 | 6$\phi$12（4） | — | 651.4 |
| F4623 | 8$\phi$6.5（4） | — | 286.7 | F4683 | 8$\phi$12（4） | — | 977.1 |
| F4624 | 10$\phi$6.5（4） | — | 382.2 | F4684 | 10$\phi$12（4） | — | 1302.9 |
| F4625 | 同上 | 2$\phi$10 | 462.2 | F4685 | 同上 | 2$\phi$10 | 1382.8 |
| F4626 | 同上 | 2$\phi$12 | 497.4 | F4686 | 同上 | 2$\phi$12 | 1418.0 |
| F4627 | 同上 | 2$\phi$14 | 539.0 | F4687 | 同上 | 2$\phi$14 | 1459.6 |
| F4628 | 同上 | 2$\phi$16 | 586.9 | F4688 | 同上 | 2$\phi$16 | 1507.6 |
| F4629 | 同上 | 2$\phi$18 | 641.3 | F4689 | 同上 | 2$\phi$18 | 1562.0 |
| F4630 | 同上 | 2$\phi$20 | 702.1 | F4690 | 同上 | 2$\phi$20 | 1622.7 |
| F4631 | 同上 | 2$\phi$22 | 769.3 | F4691 | 同上 | 2$\phi$22 | 1689.9 |
| F4632 | 同上 | 2$\phi$25 | 882.0 | F4692 | 同上 | 2$\phi$25 | 1802.7 |
| F4633 | 同上 | 2$\phi$28 | 1009.2 | F4693 | 同上 | 2$\phi$28 | 1929.8 |
| F4641 | 4$\phi$8（4） | — | 144.7 | F4701 | 4$\phi$14（4） | — | 443.3 |
| F4642 | 6$\phi$8（4） | — | 289.5 | F4702 | 6$\phi$14（4） | — | 886.7 |
| F4643 | 8$\phi$8（4） | — | 434.3 | F4703 | 8$\phi$14（4） | — | 1329.9 |
| F4644 | 10$\phi$8（4） | — | 579.0 | F4704 | 10$\phi$14（4） | — | 1773.3 |
| F4645 | 同上 | 2$\phi$10 | 659.0 | F4705 | 同上 | 2$\phi$10 | 1853.3 |
| F4646 | 同上 | 2$\phi$12 | 694.1 | F4706 | 同上 | 2$\phi$12 | 1888.5 |
| F4647 | 同上 | 2$\phi$14 | 735.7 | F4707 | 同上 | 2$\phi$14 | 1930.1 |
| F4648 | 同上 | 2$\phi$16 | 783.7 | F4708 | 同上 | 2$\phi$16 | 1978.0 |
| F4649 | 同上 | 2$\phi$18 | 838.1 | F4709 | 同上 | 2$\phi$18 | 2032.4 |
| F4650 | 同上 | 2$\phi$20 | 898.9 | F4710 | 同上 | 2$\phi$20 | 2093.2 |
| F4651 | 同上 | 2$\phi$22 | 966.1 | F4711 | 同上 | 2$\phi$22 | 2160.4 |
| F4652 | 同上 | 2$\phi$25 | 1078.8 | F4712 | 同上 | 2$\phi$25 | 2273.1 |
| F4653 | 同上 | 2$\phi$28 | 1206.0 | F4713 | 同上 | 2$\phi$28 | 2400.3 |

# 八、规范关于柱的构造规定

1.《混凝土结构设计规范》GB 50010—2002

**(1) 3.4.1条：**混凝土结构的耐久性应根据表**3.4.1**的环境类别和设计使用年限进行设计。

**混凝土结构的环境类别　　表 3.4.1**

| 环境类别 | | 条　　件 |
|---|---|---|
| 一 | | 室内正常环境 |
| 二 | *a* | 室内潮湿环境；非严寒和非寒冷地区的露天环境、与无侵蚀性的水或土壤直接接触的环境 |
| | *b* | 严寒和寒冷地区的露天环境、与无侵蚀性的水或土壤直接接触的环境 |
| 三 | | 使用除冰盐的环境；严寒和寒冷地区冬季水位变动的环境；冰海室外环境 |
| 四 | | 海水环境 |
| 五 | | 受人为或自然的侵蚀性物质影响的环境 |

注：严寒和寒冷地区的划分应符合国家现行标准《民用建筑热工设计规程》JGJ 24 的规定。

**(2) 3.4.2条：**一类、二类和三类环境中，设计使用年限为50年的结构混凝土应符合表3.4.2的规定。

**结构混凝土耐久性的基本要求　　表 3.4.2**

| 环境类别 | | 最大水灰比 | 最小水泥用量（$kg/m^3$） | 最低混凝土强度等级 | 最大氯离子含量（%） | 最大碱含量（$kg/m^3$） |
|---|---|---|---|---|---|---|
| 一 | | 0.65 | 225 | C20 | 1.0 | 不限制 |
| 二 | *a* | 0.60 | 250 | C25 | 0.3 | 3.0 |
| | *b* | 0.55 | 275 | C30 | 0.2 | 3.0 |
| 三 | | 0.50 | 300 | C30 | 0.1 | 3.0 |

注：5　当有可靠工程经验时，处于一类和二类环境中的混凝土强度等级可降低一个等级。

**(3) 4.1.2条：**钢筋混凝土结构的混凝土强度等级不应低于C15；当采用HRB335级钢筋时，混凝土强度等级不宜低于C20；当采用HRB400和RRB400级钢筋以及承受重复荷载的构件，混凝土强度等级不得低于C20。……。

**(4) 7.5.12条：**……。计算截面的剪跨比应按下列规定采用：

1　对各类结构的框架柱，宜取$\lambda = M/(Vh_0)$；对框架结构中的框架柱，当其反弯点在层高范围内时，可取$\lambda = H_n/(2h_0)$；当$\lambda < 1$时，取$\lambda = 1$；当$\lambda > 3$时，取$\lambda = 3$；此处，$M$为计算截面上与剪力设计值$V$相应的弯矩设计值，$H_n$为柱净高。

2　对其他偏心受压构件，当承受均布荷载时，取$\lambda = 1.5$；当承受符合本规范第7.5.4条规定的集中荷载（即包括作用有多种荷载，其中集中荷载对支座截面或节点边缘所产生的剪力值占总剪力值的75%以上的情况——编者注）时；

取 $\lambda = a/h_0$，当 $\lambda < 1.5$ 时，取 $\lambda = 1.5$；当 $\lambda > 3$ 时，取 $\lambda = 3$；此处，$a$ 为集中荷载至支座或节点边缘的距离。

**(5)9.2.1条：纵向受力的普通钢筋及预应力钢筋，其混凝土保护层厚度(钢筋外边缘至混凝土表面的距离)不应小于钢筋的公称直径，且应符合表9.2.1的规定。**

纵向受力钢筋的混凝土保护层最小厚度（mm） 表9.2.1

| 环境类别 | | 板、墙、壳 | | | 梁 | | | 柱 | | |
|---|---|---|---|---|---|---|---|---|---|---|
| | | ≤C20 | C25～C45 | ≥C50 | ≤C20 | C25～C45 | ≥C50 | ≤C20 | C25～C45 | ≥C50 |
| 一 | | 20 | 15 | 15 | 30 | 25 | 25 | 30 | 30 | 30 |
| 二 | *a* | — | 20 | 20 | — | 30 | 30 | — | 30 | 30 |
| | *b* | — | 25 | 20 | — | 35 | 30 | — | 40 | 30 |
| 三 | | — | 30 | 25 | — | 40 | 30 | — | 40 | 35 |

注：基础中纵向受力钢筋的混凝土保护层厚度不应小于40mm；当无垫层时不应小于70mm。

**(6) 9.2.3条：**……；梁、柱中箍筋和构造钢筋的保护层厚度不应小于15mm。

**(7) 9.2.4条：**当梁、柱中纵向受力钢筋的混凝土保护层厚度大于40mm时，应对保护层采取有效的防裂构造措施。……。

**(8) 9.2.5条：**对有防火要求的建筑物，其混凝土保护层厚度尚应符合国家现行有关标准的要求。处于四、五类环境中的建筑物，其混凝土保护层厚度尚应符合国家现行有关标准的要求。

**(9) 9.4.5条：**纵向受力钢筋搭接长度范围内应配置箍筋，其直径不应小于搭接钢筋较大直径的0.25倍。当钢筋受拉时，箍筋间距不应大于搭接钢筋较小直径的5倍，且不应大于100mm；当钢筋受压时，箍筋间距不应大于搭接钢筋较小直径的10倍，且不应大于200mm。当受压钢筋直径 $d > 25$mm 时，尚应在搭接接头两个端面外100mm范围内各设置两个箍筋。

**(10) 9.5.1条：钢筋混凝土结构构件中纵向受力钢筋的配筋百分率不应小于表9.5.1规定的数值。**

钢筋混凝土结构构件中纵向受力钢筋的最小配筋百分率（%） 表9.5.1

| 受力类型 | | 最小配筋百分率（%） |
|---|---|---|
| 受压构件 | 全部纵向钢筋 | 0.6 |
| | 一侧纵向钢筋 | 0.2 |
| 受弯构件、偏心受拉、轴心受拉构件一侧的受拉钢筋 | | 0.2和 $45f_t/f_y$ 中的较大值 |

注：1 受压构件全部纵向钢筋最小配筋百分率，当采用HRB400级、RRB400级钢筋时，应按表中规定减小0.1；当混凝土强度等级为C60及以上时，应按表中规定增加0.1；
2 偏心受拉构件中的受压钢筋，应按受压构件一侧纵向钢筋考虑；
3 受压构件有全部纵向钢筋和一侧纵向钢筋的配筋率以及轴心受拉构件和小偏心受拉构件一侧受拉钢筋的配筋率应按构件的全截面面积计算；受弯构件、大偏心受拉构件一侧受拉钢筋的配筋率应按全截面面积扣除受压翼缘面积 $(b'_f - b)\ h'_f$ 后的截面面积计算；
4 当钢筋沿构件截面周边布置时，"一侧纵向钢筋"系指沿受力方向两个对边中的一边布置的纵向钢筋。

**(11) 10.3.1条**：柱中纵向受力钢筋应符合下列规定：

1 纵向受力钢筋的直径不宜小于12mm，全部纵向钢筋的配筋率不宜大于5%；圆柱中纵向钢筋宜沿周边均匀布置，根数不宜少于8根，且不应少于6根；

2 当偏心受压柱的截面高度≥600mm时，在柱的侧面上应设置直径为10～16mm的纵向构造钢筋，并相应设置复合箍筋或拉筋；

3 柱中纵向受力钢筋的净间距不应小于50mm；对水平浇筑的预制柱，其纵向钢筋的最小净间距可按本规范第10.2.1条关于梁的有关规定取用；

4 在偏心受压柱中，垂直于弯距作用平面的侧面上的纵向受力钢筋以及轴心受压柱中各边的纵向受力钢筋，其中距不宜大于300mm。

**(12) 10.3.2条**：柱中箍筋应符合下列规定：

1 柱及其他受压构件中的周边箍筋应做成封闭式；对圆柱中的箍筋，搭接长度不应小于本规范第9.3.1条规定的锚固长度，且末端长度应做成135°弯钩，弯钩末端平直段长度不应小于箍筋直径的5倍；

2 箍筋间距不应大于400mm及构件截面的短边尺寸，且不应大于15$d$，$d$为纵向受力钢筋的最小直径；

3 箍筋直径不应小于$d$/4，且不应小于6mm，$d$为纵向钢筋的最大直径；

4 当柱中全部纵向受力钢筋的配筋率大于3%时，箍筋直径不应小于8mm，间距不应大于纵向受力钢筋最小直径的10倍，且不应大于200mm；箍筋末端应做成135°弯钩且弯钩末端平直段长度不应小于箍筋直径的10倍；箍筋也可焊成封闭环式；

5 当柱截面短边尺寸大于400mm且各边纵向钢筋多于3根时，或当柱截面短边尺寸不大于400mm但各边纵向钢筋多于4根时，应设置复合箍筋；

6 柱中纵向受力钢筋搭接长度范围内的箍筋间距应符合本规范第9.4.5条的规定。

**(13) 10.4.6条**：在框架节点内应设置水平箍筋，箍筋应符合本规范第10.3.2条对柱中箍筋的构造规定，但间距不宜大于250mm。对四边均有梁与之相连的中间节点，节点内可只设置沿周边的矩形箍筋。当顶层端节点内设有梁上部纵向钢筋和柱外侧纵向钢筋的搭接接头时，节点内水平箍筋应符合本规范第9.4.5条的规定。

**(14) 11.2.1条**：有抗震设防要求的混凝土结构的混凝土强度等级应符合下列要求：

1 设防烈度为9度时，混凝土强度等级不宜超过C60；设防烈度为8度时，混凝土强度等级不宜超过C70；

2 框支梁、框支柱以及一级抗震等级的框架梁、柱、节点，混凝土强度等级不应低于C30；其他各类结构构件，混凝土强度等级不应低于C20。

**(15) 11.2.2条**：基本同《建筑抗震设计规范》GB 50011—2001第3.9.3条1款及3.9.4条。

**(16) 11.4.11条**：基本同《高层建筑混凝土结构技术规程》JGJ 3—2002第6.4.1条或《建筑抗震设计规范》GB 50011—2001第6.3.6条。

(17) **11.4.12条**：基本同《高层建筑混凝土结构技术规程》JGJ 3—2002第6.4.3条或《建筑抗震设计规范》GB 50011—2001第6.3.8条。

(18) **11.4.13条**：基本同《高层建筑混凝土结构技术规程》JGJ 3—2002第6.4.4条或《建筑抗震设计规范》GB 50011—2001第6.3.9条。

(19) **11.4.14条**：基本同《建筑抗震设计规范》GB 50011—2001第6.3.10条或《高层建筑混凝土结构技术规程》JGJ 3—2002第6.4.6条。

(20) **11.4.15条**：基本同《建筑抗震设计规范》GB 50011—2001第6.3.11条或《高层建筑混凝土结构技术规程》JGJ 3—2002第6.4.8条2款。

(21) **11.4.16条**：基本同《高层建筑混凝土结构技术规程》JGJ 3—2002第6.4.2条或《建筑抗震设计规范》GB 50011—2001第6.3.7条。

(22) **11.4.17条**：柱箍筋加密区箍筋的体积配筋率应符合下列规定：

1 柱箍筋加密区箍筋的体积配筋率，应符合下列规定：

$$\rho_v \geqslant \lambda_v f_c / f_{yv} \quad (11.4.17)$$

式中 $\rho_v$——柱箍筋加密区箍筋的体积配筋率，按本规范第7.8.3条的规定计算，计算中应扣除重叠部分的箍筋体积；

$f_c$——混凝土轴心抗压强度设计值；当强度等级低于C35时，按C35取值；

$f_{yv}$——箍筋及拉筋抗拉强度设计值；

$\lambda_v$——最小配箍特征值，按表11.4.17采用。

**柱箍筋加密区的箍筋最小配箍特征值 $\lambda_v$** **表11.4.17**

| 抗震等级 | 箍筋形式 | 轴压比 | | | | | | | | |
|---|---|---|---|---|---|---|---|---|---|---|
| | | ≤0.3 | 0.4 | 0.5 | 0.6 | 0.7 | 0.8 | 0.9 | 1.0 | 1.05 |
| 一级 | 普通箍、复合箍 | 0.10 | 0.11 | 0.13 | 0.15 | 0.17 | 0.20 | 0.23 | — | — |
| | 螺旋箍、复合或连续复合矩形螺旋箍 | 0.08 | 0.09 | 0.11 | 0.13 | 0.15 | 0.18 | 0.21 | — | — |
| 二级 | 普通箍、复合箍 | 0.08 | 0.09 | 0.11 | 0.13 | 0.15 | 0.17 | 0.19 | 0.22 | 0.24 |
| | 螺旋箍、复合或连续复合矩形螺旋箍 | 0.06 | 0.07 | 0.09 | 0.11 | 0.13 | 0.15 | 0.17 | 0.20 | 0.22 |
| 三级 | 普通箍、复合箍 | 0.06 | 0.07 | 0.09 | 0.11 | 0.13 | 0.15 | 0.17 | 0.20 | 0.22 |
| | 螺旋箍、复合或连续复合矩形螺旋箍 | 0.05 | 0.06 | 0.07 | 0.09 | 0.11 | 0.13 | 0.15 | 0.18 | 0.20 |

注：1 普通箍指单个矩形箍筋或单个圆形箍筋；螺旋箍指单个螺旋箍筋；复合箍指由矩形、多边形、圆形箍筋或拉筋组成的箍筋；复合螺旋箍指由螺旋箍与矩形、多边形、圆形箍筋或拉筋组成的箍筋；连续复合矩形螺旋箍指全部螺旋箍为同一根钢筋加工成的箍筋；

2 在计算复合螺旋箍的体积配筋率时，其中非螺旋箍筋的体积应乘以换算系数0.8；

3 对一、二、三、四级抗震等级的柱，其箍筋加密区的箍筋体积配筋率分别不应小于0.8%、0.6%、0.4%、0.4%；

4 混凝土强度等级高于C60时，箍筋宜采用复合箍、复合螺旋箍或连续复合矩形螺旋箍；当轴压比不大于0.6时，其加密区的最小配箍特征值宜按表中数值增加0.02；当轴压比大于0.6时，宜按表中数值增加0.03。

2　框支柱宜采用复合螺旋箍或井字复合箍，其最小配箍特征值应按表11.4.17中的数值增加0.02取用，且体积配筋率不应小于1.5%；

3　当剪跨比$\lambda \leqslant 2$时，一、二、三级抗震等级的柱宜采用复合螺旋箍或井字复合箍，其箍筋体积配筋率不应小于1.2%；9度设防烈度时，不应小于1.5%。

**（23）11.4.18条**：基本同《高层建筑混凝土结构技术规程》JGJ 3—2002第6.4.8条3款或《建筑抗震设计规范》GB 50011—2001第6.3.13条。

**（24）11.5.2条**：有抗震设防要求的铰接排架柱，其箍筋加密区应符合下列规定：

1　箍筋加密区长度

1）对柱顶区段，取柱顶以下500mm，且不小于柱顶截面高度；

2）对吊车梁区段，取上柱根部至吊车梁顶面以上300mm；

3）对柱根区段，取基础顶面至室内地坪以上500mm；

4）对牛腿区段，取牛腿全高；

5）对柱间支撑与柱连接的节点和柱变位受约束的部位，取节点上、下各300mm。

2　箍筋加密区内的箍筋最大间距为100mm；箍筋的直径应符合表11.5.2的规定。

**铰接排架柱箍筋加密区的箍筋最小直径（mm）　　表11.5.2**

<table>
<tr><th rowspan="3">加密区区段</th><th colspan="6">抗震等级和场地类别</th></tr>
<tr><th>一级</th><th>二级</th><th>二级</th><th>三级</th><th>三级</th><th>四级</th></tr>
<tr><th>各类场地</th><th>Ⅲ、Ⅳ类场地</th><th>Ⅰ、Ⅱ类场地</th><th>Ⅲ、Ⅳ类场地</th><th>Ⅰ、Ⅱ类场地</th><th>各类场地</th></tr>
<tr><td>一般柱顶、柱根区段</td><td colspan="2">8（10）</td><td colspan="2">8</td><td colspan="2">6</td></tr>
<tr><td>角柱柱顶</td><td colspan="2">10</td><td colspan="2">10</td><td colspan="2">8</td></tr>
<tr><td>吊车梁、牛腿区段<br>有支撑的柱根区段</td><td colspan="2">10</td><td colspan="2">8</td><td colspan="2">8</td></tr>
<tr><td>有支撑的柱顶区段<br>柱变位受约束的部位</td><td colspan="2">10</td><td colspan="2">10</td><td colspan="2">8</td></tr>
</table>

注：表中括号内数值用于柱根。

**（25）11.5.3条**：当铰接排架侧向受约束且约束点至柱顶的长度$l$不大于柱截面在该方向边长的两倍（排架平面：$l \leqslant 2h$，垂直排架平面：$l \leqslant 2b$）时，柱顶预埋钢板和柱顶箍筋加密区的构造尚应符合下列要求：

1　略；

2　柱顶轴向力排架平面内的偏心距$e_0$在$h/6 \sim h/4$范围内时，柱顶箍筋加密区的箍筋体积配筋率：一级抗震等级不宜小于1.2%；二级抗震等级不宜小于1.0%；三、四级抗震等级不宜小于0.8%。

**（26）11.6.8条**：基本同《高层建筑混凝土结构技术规程》JGJ 3—2002第6.4.10条2款或《建筑抗震设计规范》GB 50011—2001第6.3.14条。

2.《建筑抗震设计规范》GB 50011—2001

**（1）3.9.3条**：结构材料性能指标，尚宜符合下列要求：

1 普通钢筋宜优先采用延性、韧性和可焊性较好的钢筋；普通钢筋的强度等级，纵向受力钢筋宜选用 HRB400 和 HRB335 级热轧钢筋，箍筋宜选用 HRB335、HRB400 和 HPB235 级热轧钢筋。

2 混凝土结构的混凝土强度等级，9 度时不宜超过 C60，8 度时不宜超过 C70。

3 略。

**(2) 3.9.4 条**：在施工中，当需要以强度等级较高的钢筋替代原设计中的纵向受力钢筋时，应按照钢筋受拉承载力设计值相等的原则换算，并应满足正常使用极限状态和抗震构造措施的要求。

**(3) 6.3.6 条**：基本同《高层建筑混凝土结构技术规程》JGJ 3—2002 第 6.4.1 条或《混凝土结构设计规范》GB 50010—2002 第 11.4.11 条。

**(4) 6.3.7 条**：基本同《高层建筑混凝土结构技术规程》JGJ 3—2002 第 6.4.2 条或《混凝土结构设计规范》GB 50010—2002 第 11.4.16 条。

**(5) 6.3.8 条**：基本同《高层建筑混凝土结构技术规程》JGJ 3—2002 第 6.4.3 条或《混凝土结构设计规范》GB 50010—2002 第 11.4.12 条。

**(6) 6.3.9 条**：1～5 款基本同《高层建筑混凝土结构技术规程》JGJ 3—2002 第 6.4.4 条或《混凝土结构设计规范》GB 50010—2002 第 11.4.13 条。

6 柱纵向钢筋的绑扎接头应避开柱端的箍筋加密区。

**(7) 6.3.10 条**：柱的箍筋加密范围，应按下列规定采用：

1 柱端，取截面高度（圆柱直径）、柱净高的 1/6 和 500mm 三者的最大值。

2 底层柱，柱根不小于柱净高的 1/3；当有刚性地面时，除柱端外尚应取刚性地面上下各 500mm。

3 剪跨比不大于 2 的柱和因设置填充墙等形成的柱净高与柱截面高度之比不大于 4 的柱，取全高。

4 框支柱，取全高。

5 一级及二级框架的角柱，取全高。

**(8) 6.3.11 条**：柱箍筋加密区箍筋肢距，一级不宜大于 200mm，二、三级不宜大于 250mm 和 20 倍箍筋直径的较大值，四级不宜大于 300mm。至少每隔一根纵向钢筋宜在两个方向有箍筋或拉筋约束；采用拉筋复合箍时，拉筋宜紧靠纵向钢筋并勾住封闭箍筋。

**(9) 6.3.12 条**：基本同《混凝土结构设计规范》GB 50010—2002 第 11.4.17 条，但规定："箍筋或拉筋的抗拉强度设计值，超过 360N/mm$^2$ 时，应取 360N/mm$^2$ 计算"；且将混凝土强度等级大于 C60 时宜增大配箍特征值列入附录 B.0.3 条 4 款。

**(10) 6.3.13 条**：基本同《高层建筑混凝土结构技术规程》JGJ 3—2002 第 6.4.8 条 3 款或《混凝土结构设计规范》GB 50010—2002 第 11.4.18 条。

**(11) 6.3.14 条**：框架节点核芯区箍筋的最大间距和最小直径宜按本章 6.3.8 条采用，一、二、三级框架节点核芯区配箍特征值分别不宜小于 0.12、0.10 和 0.08 且体积配箍率分别不宜小于 0.6%、0.5% 和 0.4%。柱剪跨比不大于 2 的框架节点核芯区配箍特征值不宜小于核芯区上、下柱端的较大配箍特征值。

(12) **9.1.23条**：厂房柱子的箍筋，应符合下列要求：

1 下列范围内柱的箍筋应加密：

1) 柱头，取柱顶以下500mm并不小于柱截面长边尺寸；

2) 上柱，取阶形柱自牛腿面至吊车梁顶面以上300mm高度范围内；

3) 牛腿（柱肩），取全高；

4) 柱根，取下柱柱底至室内地坪以上500mm；

5) 柱间支撑与柱连接节点和柱变位受平台等约束的部位，取节点上、下各300mm。

2 加密区箍筋间距不应大于100mm，箍筋肢距和最小直径应符合表9.1.23的规定：

**柱加密区箍筋最大肢距和最小箍筋直径** **表9.1.23**

| 烈度和场地类别 | | 6度和7度<br>Ⅰ、Ⅱ类场地 | 7度Ⅲ、Ⅳ类场地<br>和8度Ⅰ、Ⅱ场地 | 8度Ⅲ、Ⅳ类<br>场地和9度 |
|---|---|---|---|---|
| 最大肢距（mm） | | 300 | 250 | 200 |
| 箍筋最小直径 | 一般柱头和柱根 | $\phi 6$ | $\phi 8$ | $\phi 8$（$\phi 10$） |
| | 角柱柱头 | $\phi 8$ | $\phi 10$ | $\phi 10$ |
| | 上柱牛腿和有支撑的柱根 | $\phi 8$ | $\phi 8$ | $\phi 10$ |
| | 有支撑的柱头和<br>柱变位受约束部位 | $\phi 8$ | $\phi 10$ | $\phi 10$ |

注：括号内数值用于柱根。

(13) **9.1.24条**：山墙抗风柱的配筋，应符合下列要求：

1 抗风柱柱顶以下300mm和牛腿（柱肩）面以上300mm范围内的箍筋，直径不宜小于6mm，间距不应大于100mm，肢距不宜大于250mm。

2 抗风柱的变截面牛腿（柱肩）处，宜设置纵向受拉钢筋。

(14) **9.1.25条**：大柱网厂房柱的截面和配筋构造，应符合下列要求：

1 柱截面宜采用正方形或接近正方形的矩形，长边不宜小于柱全高的1/18～1/16。

2 重屋盖厂房地震组合的柱轴压比，6、7度时不宜大于0.8，8度时不宜大于0.7，9度时不宜大于0.6。

3 纵向钢筋宜沿柱截面周边对称配置，间距不宜大于200mm，角部宜配置直径较大的钢筋。

4 柱头和柱根的箍筋应加密，并应符合下列要求：

1) 加密范围，柱根取基础顶面至室内地坪以上1m，且不小于柱全高的1/6；柱头取柱顶以下500mm，且不小于柱截面长边尺寸；

2) 箍筋直径、间距和肢距，应符合本章9.1.23条的规定。

(15) **B.0.3条**：高强混凝土框架的抗震构造措施，应符合下列要求：

1 略。

2 柱的轴压比限值宜按下列规定采用：不超过C60混凝土的柱可与普通混凝土柱相同，C65～C70混凝土的柱宜比普通混凝土柱减小0.05，C75～C80混凝土的柱宜比普通混凝土柱减小 0.1。

3 当混凝土强度等级大于 C60 时，柱纵向钢筋的最小总配筋率应比普通混凝土柱增大 0.1%。

4 柱加密区的最小配箍特征值宜按下列规定采用：混凝土强度等级高于 C60 时，箍筋宜采用复合箍、复合螺旋箍或连续复合矩形螺旋箍。

1）轴压比不大于 0.6 时，宜比普通混凝土柱大 0.02；

2）轴压比大于 0.6 时，宜比普通混凝土柱大 0.03。

**（16）B.0.4 条：**当混凝土强度等级大于 C60 时，抗震墙约束边缘构件的配箍特征值宜比轴压比相同的普通混凝土抗震墙增加 0.02。

3.《高层建筑混凝土结构技术规程》JGJ 3—2002

**（1）4.9.1 条：**房屋高度大、柱距较大而柱中轴力较大时，宜采用型钢混凝土柱、钢管混凝土柱，或采用高强混凝土柱。

**（2）4.9.2 条：**高层建筑结构中，抗震等级为特一级的钢筋混凝土构件，除应符合一级抗震等级的基本要求外，尚应符合下列规定：

1 框架柱应符合下列要求：

1）宜采用型钢混凝土柱或钢管混凝土柱；

2）略；

3）钢筋混凝土柱柱端加密区最小配箍特征值 $\lambda_v$ 应按本规程表 6.4.7 数值增大 0.02 采用；全部纵向钢筋最小构造配筋百分率，中、边柱取 1.4%，角柱取 1.6%。

2 略；

3 框支柱应符合下列要求：

1）宜采用型钢混凝土柱或钢管混凝土柱；

2）略；

3）钢筋混凝土柱柱端加密区最小配箍特征值 $\lambda_v$ 应按本规程表 6.4.7 数值增大 0.03 采用；且箍筋体积配箍率不应小于 1.6%；全部纵向钢筋最小构造配筋百分率取 1.6%。

4 筒体、剪力墙应符合下列要求：

1）略；

2）略；

3）约束边缘构件纵向钢筋最小构造配筋率应取为 1.4%，配箍特征值宜增大 20%；构造边缘构件纵向钢筋的配筋率不应小于 1.2%；

5 略。

**（3）6.4.1 条：**柱截面尺寸宜符合下列要求：

1 矩形截面柱的边长，非抗震设计时不宜小于 250mm，抗震设计时不宜小于 300mm；圆柱截面直径不宜小于 350mm；

2 柱剪跨比宜大于 2；

3 柱截面高宽比不宜大于 3。

**（4）6.4.2 条：**抗震设计时，钢筋混凝土柱轴压比不宜超过表 6.4.2 的规定；

对于Ⅳ类场地上较高的高层建筑，其轴压比限值应适当减小。

柱轴压比限值　　表 6.4.2

| 结构类型 | 抗震等级 | | |
|---|---|---|---|
| | 一 | 二 | 三 |
| 框架 | 0.70 | 0.80 | 0.90 |
| 板柱-剪力墙、框架-剪力墙、框架-核心筒、筒中筒 | 0.75 | 0.85 | 0.95 |
| 部分框支剪力墙 | 0.60 | 0.70 | — |

注：1　轴压比指柱考虑地震作用组合的轴压力设计值与柱全截面面积和混凝土轴心抗压强度设计值乘积的比值；

2　表内数值适用于混凝土强度等级不高于 C60 的柱。当混凝土强度等级为 C65～C70 时，轴压比限值应比表中数值降低 0.05；当混凝土强度等级为 C75～C80 时，轴压比限值应比表中数值降低 0.10；

3　表内数值适用于剪跨比大于 2 的柱。剪跨比不大于 2 但不小于 1.5 的柱，其轴压比限值应比表中数值减小 0.05；剪跨比小于 1.5 的柱，其轴压比限值应专门研究并采取特殊构造措施；

4　当沿柱全高采用井字复合箍，箍筋间距不大于 100mm、肢距不大于 200mm、直径不小于 12mm 时，柱轴压比限值可增加 0.10；当沿柱全高采用复合螺旋箍，箍筋螺距不大于 100mm、肢距不大于 200mm，直径不小于 12mm 时，柱轴压比限值可增加 0.10；当沿柱全高采用连续复合螺旋箍，且螺距不大于 80mm、肢距不大于 200mm、直径不小于 10mm 时，轴压比限值可增加 0.10。以上三种配箍类别的含箍特征值应按增大的轴压比由本规程表 6.4.7 确定；

5　当柱截面中部设置由附加纵向钢筋形成的芯柱，且附加纵向钢筋的截面面积不小于柱截面面积的 0.8%时，柱轴压比限值可增加 0.05。当本项措施与注 4 的措施共同采用时，柱轴压比限值可比表中数值增加 0.15，但箍筋的配箍特征值仍可按轴压比增加 0.10 的要求确定；

6　附注第 4、5 两款之措施，也适用于框支柱；

7　柱轴压比限值不应大于 1.05。

**(5) 6.4.3 条：柱纵向钢筋和箍筋配置应符合下列要求：**

**1　柱全部纵向钢筋的配筋率，不应小于表 6.4.3-1 的规定值，且柱截面每一侧纵向钢筋配筋率不应小于 0.2%；抗震设计时，对Ⅳ类场地上较高的高层建筑，表中数值应增加 0.1；**

柱纵向钢筋最小配筋百分率（%）　　表 6.4.3-1

| 柱类型 | 抗震等级 | | | | 非抗震 |
|---|---|---|---|---|---|
| | 一级 | 二级 | 三级 | 四级 | |
| 中柱、边柱 | 1.0 | 0.8 | 0.7 | 0.6 | 0.6 |
| 角柱 | 1.2 | 1.0 | 0.9 | 0.8 | 0.6 |
| 框支柱 | 1.2 | 1.0 | — | — | 0.8 |

注：1　当混凝土强度等级大于 C60 时，表中的数值应增加 0.1；

2　当采用 HRB400、RRB400 级钢筋时，表中数值应允许减小 0.1。

**2　抗震设计时，柱箍筋在规定的范围内应加密，加密区的箍筋间距和直径，应符合下列要求：**

**1) 一般情况下，箍筋的最大间距和最小直径，应按表 6.4.3-2 采用；**

柱端箍筋加密区的构造要求　　表 6.4.3-2

| 抗震等级 | 箍筋最大间距（mm） | 箍筋最小直径（mm） |
|---|---|---|
| 一级 | 6*d* 和 100 的较小值 | 10 |
| 二级 | 8*d* 和 100 的较小值 | 8 |
| 三级 | 8*d* 和 150（柱根 100）的较小值 | 8 |
| 四级 | 8*d* 和 150（柱根 100）的较小值 | 6（柱根 8） |

注：1　*d* 为柱纵向钢筋直径（mm）；
　　2　柱根指框架柱底部嵌固部位。

**2）二级框架柱箍筋直径不小于 10mm、肢距不大于 200mm 时，除柱根外最大间距应允许采用 150mm；三级框架柱的截面尺寸不大于 400mm 时，箍筋最小直径应允许采用 6mm；四级框架柱的剪跨比不大于 2 或柱中全部纵向钢筋的配筋率大于 3% 时，箍筋直径不应小于 8mm；**

**3）剪跨比不大于 2 的柱，箍筋间距不应大于 100mm，一级时尚不应大于 6 倍纵向钢筋直径。**

**(6) 6.4.4 条**：柱的纵向钢筋配置，尚应满足下列要求：

1　抗震设计时，宜采用对称配筋；

2　抗震设计时，截面尺寸大于 400mm 的柱，其纵向钢筋间距不宜大于 200mm；非抗震设计时，柱纵向钢筋间距不应大于 350mm；柱纵向钢筋净距均不应小于 50mm；

3　全部纵向钢筋的配筋率，非抗震设计时不宜大于 5%、不应大于 6%，抗震设计时不应大于 5%；

4　一级且剪跨比不大于 2 的柱，其单侧纵向受拉钢筋的（抗震规范为：每侧纵向钢筋）配筋率不宜大于 1.2%；

5　边柱、角柱及剪力墙端柱考虑地震作用组合产生小偏心受拉时，柱内纵筋总截面面积应比计算值增加 25%。

**(7) 6.4.5 条**：柱的纵筋不应与箍筋、拉筋及预埋件等焊接。

**(8) 6.4.6 条**：抗震设计时，柱箍筋加密区的范围应符合下列要求：

1～5　基本同《建筑抗震设计规范》GB 50011—2001 第 6.3.10 条；

6　需要提高变形能力的柱的全高范围。

**(9) 6.4.7 条**：基本同《建筑抗震设计规范》GB 50011—2001 第 6.3.12 条。

**(10) 6.4.8 条**：抗震设计时，柱箍筋设置尚应符合下列要求：

1　箍筋应为封闭式，其末端应做成 135°弯钩且弯钩末端平直段长度不应小于 10 倍的箍筋直径，且不应小于 75mm；

2　基本同《混凝土结构设计规范》GB 50010—2002 第 11.4.15 条；

3　柱非加密区的箍筋，其体积配箍率不宜小于加密区的一半；其箍筋间距，不应大于加密区箍筋间距的 2 倍，且一、二级不应大于 10 倍纵向钢筋直径，三、四级不应大于 15 倍纵向钢筋直径。

**(11) 6.4.9 条**：非抗震设计时，柱中箍筋应符合以下规定：

1 周边箍筋应为封闭式；

2 箍筋间距不应大于400mm，且不应大于构件截面的短边尺寸和最小纵向受力钢筋直径的15倍；

3 箍筋直径不应小于最大纵向钢筋直径的1/4，且不应小于6mm；

4 当柱中全部纵向受力钢筋的配筋率超过3%时，箍筋直径不应小于8mm，箍筋间距不应大于最小纵向钢筋直径的10倍，且不应大于200mm；箍筋末端应做成135°弯钩且弯钩末端平直段长度不应小于10倍箍筋直径；

5 当柱每边纵筋多于3根时，应设置复合箍筋（可采用拉筋）；

6 柱内纵向钢筋采用搭接做法时，搭接长度范围内箍筋直径不应小于搭接钢筋较大直径的0.25倍；在纵向受拉钢筋的搭接长度范围内的箍筋间距不应大于搭接钢筋较小直径的5倍，且不应大于100mm；在纵向受压钢筋的搭接长度范围内的箍筋间距不应大于搭接钢筋较小直径的10倍，且不应大于200mm。当受压钢筋直径大于25mm时，尚应在搭接接头端面外100mm的范围内各设置两道箍筋。

**（12）6.4.10条：**基本同《混凝土结构设计规范》GB 50010—2002第10.4.6条及《建筑抗震设计规范》GB 50011—2001第6.3.14条。

**（13）8.2.2条：**带边框剪力墙的构造应符合下列要求：

6 边框柱截面宜与该榀框架其他柱的截面相同，边框柱应符合本规程第6章有关框架柱构造配筋规定；剪力墙底部加强部位边框柱的箍筋宜沿全高加密；当带边框剪力墙上的洞口紧邻边框柱时，边框柱的箍筋宜沿全高加密。

**（14）10.2.11条：**框支柱设计应符合下列要求：

**1 柱内全部纵向钢筋配筋率应符合本规程第6.4.3条的规定；**

**2 抗震设计时，框支柱箍筋应采用复合螺旋箍或井字复合箍，箍筋直径不应小于10mm，箍筋间距不应大于100mm和6倍纵向钢筋直径的较小值，并应沿柱全高加密；**

**3 抗震设计时，一、二级柱加密区的配箍特征值应比本规程表6.4.7规定的数值增加0.02，且柱箍筋体积配箍率不应小于1.5%。**

**（15）10.2.12条：**框支柱设计尚应符合下列要求：

1 略；

2 柱截面宽度，非抗震设计时不宜小于400mm，抗震设计时不应小于450mm；柱截面高度，非抗震设计时不宜小于框支梁跨度的1/15，抗震设计时不宜小于框支梁跨度的1/12；

3 略；

7 纵向钢筋间距，抗震设计时不宜大于200mm；非抗震设计时，不宜大于250mm，且均不应小于80mm。抗震设计时柱内全部纵向钢筋配筋率不宜大于4.0%；

8 框支柱在上部墙体范围内的纵向钢筋应伸入上部墙体内不少于一层，其余柱筋应锚入梁内或板内。锚入梁内的钢筋长度，从柱边算起不应小于$l_{aE}$（抗震设计）或$l_a$（非抗震设计）；

9　非抗震设计时，框支柱采用复合螺旋箍或井字复合箍，箍筋体积配箍率不宜小于0.8%，箍筋直径不宜小于100mm，箍筋间距不宜大于150mm。

**（16）10.3.3条：抗震设计时，带加强层高层建筑结构应符合下列构造要求：**

**1　加强层及其相邻层的框架柱和核心筒剪力墙的抗震等级应提高一级采用，一级提高至特一级，若原抗震等级为特一级则不再提高；**

**2　加强层及其上、下相邻一层的框架柱，箍筋应全柱段加密，轴压比限值应按本规程表6.4.2规定的数值减小0.05采用。**

**（17）10.4.4条：错层处框架柱的截面高度不应小于600mm，混凝土强度等级不应低于C30，抗震等级应提高一级采用，箍筋应全柱段加密。**

**（18）10.6.4条：**抗震设计时，多塔楼之间裙房连接体的屋面梁应加强；塔楼中与裙房连接体相连的外围柱、剪力墙，从固定端至裙房屋面上一层的高度范围内，柱纵向钢筋的最小配筋率宜适当提高，柱箍筋宜在裙楼屋面上、下的范围内全高加密，剪力墙宜本规程第7.2.16条的规定设置约束边缘构件。

**（19）10.5.5条：抗震设计时，连接体及与连接体相邻的结构构件的抗震等级应提高一级采用，一级提高至特一级，若原抗震等级为特一级则不再提高。**

**（20）10.6.4条：**抗震设计时，多塔楼之间裙房连接体的屋面梁应加强；塔楼中与裙房连接体相连的外围柱、剪力墙，从固定端至裙房屋面上一层的高度范围内，柱纵向钢筋的最小配筋率宜适当提高，柱箍筋宜在裙楼屋面上、下层的范围内全高加密，剪力墙宜按本规程第7.2.16条的规定设置约束边缘构件。

**（21）11.2.19条：钢-混凝土混合结构房屋抗震设计时，钢筋混凝土筒体及型钢混凝土框架的抗震等级应按**表11.2.19确定，并应符合相应的计算和构造措施。

**钢-混凝土混合结构抗震等级　　表11.2.19**

| 结构类型 | | 6 | | 7 | | 8 | | 9 |
|---|---|---|---|---|---|---|---|---|
| 钢框架-钢筋混凝土筒体 | 高度（m） | ≤150 | >150 | ≤130 | >130 | ≤100 | >100 | ≤70 |
| | 钢筋混凝土筒体 | 二 | 一 | 一 | 特一 | 一 | 特一 | 特一 |
| 型钢混凝土框架-钢筋混凝土筒体 | 钢筋混凝土筒体 | 二 | 二 | 二 | 一 | 一 | 特一 | 特一 |
| | 型钢混凝土筒体 | 三 | 二 | 二 | 一 | 一 | 一 | 一 |

**（22）11.3.3条：**当考虑地震作用组合时，钢－混凝土混合结构中型钢混凝土柱的轴压比不宜大于表11.3.3的限值。

**型钢混凝土柱轴压比限值　　表11.3.3**

| 抗震等级 | 一 | 二 | 三 |
|---|---|---|---|
| 轴压比限值 | 0.70 | 0.80 | 0.90 |

注：1　框支柱的轴压比限值应比表中数值减少0.10采用；
2　剪跨比不大于2的柱，其轴压比限值应比表中数值减少0.05采用；
3　当混凝土等级大于C60时，表中数值宜减少0.05。

**(23) 11.3.5 条**：型钢混凝土柱构造应满足下列构造要求：

1 混凝土强度等级不宜低于 C30，混凝土粗骨料的最大直径不宜大于 25mm，型钢柱中型钢的保护厚度不宜小于 120mm，柱纵筋与型钢的最小净距不应小于 25mm；

2 柱纵向钢筋最小配筋率不宜小于 0.8%；

3 柱中纵向受力钢筋的间距不宜大于 300mm，间距大于 300mm 时，宜设置直径不小于 14mm 的纵向构造钢筋；

5 柱箍筋宜采用 HRB335 和 HRB400 级热轧钢筋，箍筋应做成 135o 的弯钩，非抗震设计时弯钩直段长度不应小于 5 倍箍筋直径，抗震设计时弯钩直段长度不宜小于 10 倍箍筋直径；

7 型钢混凝土柱的长细比不宜大于 300。

**(24) 11.3.6 条**：型钢混凝土柱箍筋的直径和间距应符合表 11.3.6-1 的规定。抗震设计时，柱端箍筋应加密，加密区范围取柱矩形截面长边尺寸（或圆形截面直径）、柱净高的 1/6 和 500mm 三者的最大值，加密区箍筋最小体积配箍率应符合表 11.3.6－2 的规定；二级且剪跨比不大于 2 的柱，加密区箍筋最小体积配箍率尚不宜小于 0.8%；框支柱、一级角柱和剪跨比不大于 2 的柱，箍筋均应全高加密，箍筋间距均不应大于 100mm 。

**柱箍筋直径和间距（mm）　　表 11.3.6-1**

| 抗震等级 | 箍筋直径 | 非加密区箍筋间距 | 加密区箍筋间距 |
|---|---|---|---|
| 一 | ≥12 | ≤150 | ≤100 |
| 二 | ≥10 | ≤200 | ≤100 |
| 三 | ≥8 | ≤200 | ≤150 |

注：1 箍筋直径除应符合表中要求外，尚不应小于纵向钢筋直径的 1/4；
2 非抗震设计时，箍筋直径不应小于 8mm，箍筋间距不应大于 200mm。

**型钢柱箍筋加密区箍筋最小体积配箍率（%）　　表 11.3.6-2**

| 抗震等级 | 轴压比 | | |
|---|---|---|---|
| | ≤0.4 | 0.4～0.5 | >0.5 |
| 一 | 0.8 | 1.0 | 1.2 |
| 二 | 0.7 | 0.9 | 1.1 |
| 三 | 0.5 | 0.7 | 0.9 |

注：当型钢柱配置螺旋箍筋时，表中数值可减少 0.2，但不应小于 0.4。

4.《冷轧带肋钢筋混凝土结构技术规程》JGJ 95—2003

**(1) 6.2.4 条**：钢筋混凝土柱中，当采用 CRB550 级钢筋作箍筋时，箍筋应为封闭式，其直径不应小于 $d/4$，且不应小于 6mm，$d$ 为纵向钢筋的最大直径。箍筋的间距、构造规定及考虑地震作用组合的框架柱箍筋的构造要求等应符合现行国家标准《混凝土结构设计规范》GB 50010 的有关规定。

**(2) 6.2.5条：**多层普通砖、多孔砖房屋的构造柱，当采用CRB550级钢筋作箍筋时，箍筋直径不应小于5mm，间距不宜大于250mm，且在柱上、下端宜适当加密。当设防烈度7度时超过六层、8度时超过五层及9度时，箍筋间距不应大于200mm。

5. 剪跨比 $\lambda = M^c / (V^c h_0)$，其中 $M^c$、$V^c$ 为未经内力调整的弯距设计值、剪力设计值。对圆形柱，$h_0$ 取值比较复杂，偏于安全可取 $h_0 = D - a_s$，$D$ 为圆柱直径，$a_s$ 为混凝土保护层厚度[13]。

# 九、柱加密区箍筋的最小配箍率

## （一）用 HPB235 箍筋（$f_{yv}=210N/mm^2$）时柱加密区的最小配箍率（%）

**混凝土强度等级≤C35、用 HPB235 箍筋（$f_{yv}=210N/mm^2$）时柱加密区的最小配箍率（%）** **表 9.1-1**

| 类别 | 抗震等级 | 箍筋形式 | 柱轴压比 | | | | | | | | |
|---|---|---|---|---|---|---|---|---|---|---|---|
| | | | ≤0.3 | 0.4 | 0.5 | 0.6 | 0.7 | 0.8 | 0.9 | 1.0 | 1.05 |
| 框架柱 | 特一级 | 普通箍、复合箍 | 0.954 | 1.034 | 1.193 | 1.352 | 1.511 | 1.750 | 1.988 | | |
| | | 螺旋箍、复合或连续复合矩形螺旋箍 | 0.800 | 0.875 | 1.034 | 1.193 | 1.352 | 1.591 | 1.829 | | |
| | 一级 | 普通箍、复合箍 | 0.800 | 0.875 | 1.034 | 1.193 | 1.352 | 1.591 | 1.829 | | |
| | | 螺旋箍、复合或连续复合矩形螺旋箍 | 0.800 | 0.800 | 0.875 | 1.034 | 1.193 | 1.431 | 1.670 | | |
| | 二级 | 普通箍、复合箍 | 0.636 | 0.716 | 0.875 | 1.034 | 1.193 | 1.352 | 1.511 | 1.750 | 1.909 |
| | | 螺旋箍、复合或连续复合矩形螺旋箍 | 0.600 | 0.600 | 0.716 | 0.875 | 1.034 | 1.193 | 1.352 | 1.591 | 1.750 |
| | 三级 | 普通箍、复合箍 | 0.477 | 0.557 | 0.716 | 0.875 | 1.034 | 1.193 | 1.352 | 1.591 | 1.750 |
| | | 螺旋箍、复合或连续复合矩形螺旋箍 | 0.400 | 0.477 | 0.557 | 0.716 | 0.875 | 1.034 | 1.193 | 1.431 | 1.591 |
| 框支柱 | 特一级 | 井字复合箍 | 1.600 | 1.600 | 1.600 | 1.600 | 1.600 | | | | |
| | | 复合螺旋箍 | 1.600 | 1.600 | 1.600 | 1.600 | 1.600 | | | | |
| | 一级 | 井字复合箍 | 1.500 | 1.500 | 1.500 | 1.500 | 1.511 | | | | |
| | | 复合螺旋箍 | 1.500 | 1.500 | 1.500 | 1.500 | 1.500 | | | | |
| | 二级 | 井字复合箍 | 1.500 | 1.500 | 1.500 | 1.500 | 1.500 | 1.500 | | | |
| | | 复合螺旋箍 | 1.500 | 1.500 | 1.500 | 1.500 | 1.500 | 1.500 | | | |

说明：1 本表根据《混凝土结构设计规范》GB 50010—2002 第 11.4.17 条、《建筑抗震设计规范》GB 50011—2001 第 6.3.12 条、《高层建筑混凝土结构技术规程》JGJ 3—2002 第 6.4.7 条、4.9.2 条 3 款、10.2.11 条 3 款编制。

2 抗震等级为四级的框架柱，其加密区的最小配箍率为 0.4%（《混凝土结构设计规范》GB 50010—2002 表 11.4.17 注 3、《建筑抗震设计规范》GB 50011—2001 第 6.3.12 条、《高层建筑混凝土结构技术规程》JGJ 3—2002 第 6.4.7 条 2 款）。

3 **抗震设计时，框支柱和剪跨比 $\lambda\leq2$ 的框架柱应在柱全高范围内加密箍筋，且箍筋间距不应大于 100mm**（《混凝土结构设计规范》GB 50010—2002 第 11.4.12 条 3 款）。剪跨比不大于 2 的柱和因设置填充墙等形成的柱净高与柱截面高度之比不大于 4 的柱、框支柱、一级及二级框架的角柱，箍筋应全高加密（《建筑抗震设计规范》GB 50011—2001 第 6.3.10 条 3、4、5 款）。

4 混凝土强度等级高于 C60 时，箍筋宜采用复合箍、复合螺旋箍或连续复合矩形螺旋箍（《混凝土结构设计规范》GB 50010—2002 表 11.4.17 注 4）。

5 当剪跨比 $\lambda\leq2$ 时，一、二、三级抗震等级的柱宜采用复合螺旋箍或井字复合箍，其箍筋体积配筋率不应小于 1.2%；9 度设防烈度时，不应小于 1.5%（《混凝土结构设计规范》GB 50010—2002 第 11.4.17 条 3 款）。剪跨比不大于 2 的柱宜采用复合螺旋箍或井字复合箍，其体积配箍率不应小于 1.2%；设防烈度为 9 度时，不应小于 1.5%（《高层建筑混凝土结构技术规程》JGJ 3—2002 第 6.4.7 条 3 款）。

6 框支柱宜采用复合螺旋箍或井字复合箍，……其（箍筋）体积配筋率不应小于 1.5%（《混凝土结构设计规范》GB 50010—2002 第 11.4.17 条 2 款、《建筑抗震设计规范》GB 50011—2001 表 6.3.12 注 2）。**抗震设计时，框支柱箍筋应采用复合螺旋箍或井字复合箍，箍筋直径不应小于 10mm，箍筋间距不应大于 100mm 和 6 倍纵向钢筋直径的较小值，并应沿柱全高加密；……且柱箍筋体积配箍率不应小于 1.5%**（《高层建筑混凝土结构技术规程》JGJ 3—2002 第 10.2.11 条 2、3 款）。

7 非抗震设计时，框支柱的箍筋体积配箍率不宜小于 0.8%，箍筋直径不宜小于 10mm，箍筋间距不宜大于 150mm（《高层建筑混凝土结构技术规程》JGJ 3—2002 第 10.2.11 条 9 款）。

### 混凝土强度等级C40、用HPB235箍筋（$f_{yv}=210N/mm^2$）时柱加密区的最小配箍率（%）

表9.1-2

| 类别 | 抗震等级 | 箍筋形式 | 柱轴压比 | | | | | | | | |
|---|---|---|---|---|---|---|---|---|---|---|---|
| | | | ≤0.3 | 0.4 | 0.5 | 0.6 | 0.7 | 0.8 | 0.9 | 1.0 | 1.05 |
| 框架柱 | 特一级 | 普通箍、复合箍 | 1.091 | 1.182 | 1.364 | 1.546 | 1.728 | 2.001 | 2.274 | | |
| | | 螺旋箍、复合或连续复合矩形螺旋箍 | 0.910 | 1.000 | 1.183 | 1.365 | 1.546 | 1.819 | 2.092 | | |
| | 一级 | 普通箍、复合箍 | 0.910 | 1.000 | 1.183 | 1.365 | 1.546 | 1.819 | 2.092 | | |
| | | 螺旋箍、复合或连续复合矩形螺旋箍 | 0.800 | 0.819 | 1.000 | 1.183 | 1.365 | 1.637 | 1.910 | | |
| | 二级 | 普通箍、复合箍 | 0.728 | 0.819 | 1.000 | 1.183 | 1.365 | 1.546 | 1.728 | 2.001 | 2.183 |
| | | 螺旋箍、复合或连续复合矩形螺旋箍 | 0.600 | 0.637 | 0.819 | 1.000 | 1.183 | 1.365 | 1.546 | 1.819 | 2.001 |
| | 三级 | 普通箍、复合箍 | 0.546 | 0.637 | 0.819 | 1.000 | 1.183 | 1.365 | 1.546 | 1.819 | 2.001 |
| | | 螺旋箍、复合或连续复合矩形螺旋箍 | 0.455 | 0.546 | 0.637 | 0.819 | 1.000 | 1.183 | 1.365 | 1.637 | 1.819 |
| 框支柱 | 特一级 | 井字复合箍 | 1.600 | 1.600 | 1.600 | 1.637 | 1.819 | | | | |
| | | 复合螺旋箍 | 1.600 | 1.600 | 1.600 | 1.600 | 1.637 | | | | |
| | 一级 | 井字复合箍 | 1.500 | 1.500 | 1.500 | 1.546 | 1.728 | | | | |
| | | 复合螺旋箍 | 1.500 | 1.500 | 1.500 | 1.500 | 1.546 | | | | |
| | 二级 | 井字复合箍 | 1.500 | 1.500 | 1.500 | 1.500 | 1.546 | 1.728 | | | |
| | | 复合螺旋箍 | 1.500 | 1.500 | 1.500 | 1.500 | 1.500 | 1.546 | | | |

说明：同表9.1-1。

### 混凝土强度等级C45、用HPB235箍筋($f_{yv}=210N/mm^2$)时柱加密区的最小配箍率(%)

表9.1-3

| 类别 | 抗震等级 | 箍筋形式 | 柱轴压比 | | | | | | | | |
|---|---|---|---|---|---|---|---|---|---|---|---|
| | | | ≤0.3 | 0.4 | 0.5 | 0.6 | 0.7 | 0.8 | 0.9 | 1.0 | 1.05 |
| 框架柱 | 特一级 | 普通箍、复合箍 | 1.206 | 1.306 | 1.507 | 1.708 | 1.909 | 2.210 | 2.512 | | |
| | | 螺旋箍、复合或连续复合矩形螺旋箍 | 1.005 | 1.105 | 1.306 | 1.507 | 1.708 | 2.010 | 2.311 | | |
| | 一级 | 普通箍、复合箍 | 1.005 | 1.105 | 1.306 | 1.507 | 1.708 | 2.010 | 2.311 | | |
| | | 螺旋箍、复合或连续复合矩形螺旋箍 | 0.804 | 0.905 | 1.105 | 1.306 | 1.507 | 1.809 | 2.110 | | |
| | 二级 | 普通箍、复合箍 | 0.804 | 0.905 | 1.105 | 1.306 | 1.507 | 1.708 | 1.909 | 2.211 | 2.412 |
| | | 螺旋箍、复合或连续复合矩形螺旋箍 | 0.603 | 0.704 | 0.905 | 1.105 | 1.306 | 1.507 | 1.708 | 2.010 | 2.211 |
| | 三级 | 普通箍、复合箍 | 0.603 | 0.704 | 0.905 | 1.105 | 1.306 | 1.507 | 1.708 | 2.010 | 2.211 |
| | | 螺旋箍、复合或连续复合矩形螺旋箍 | 0.503 | 0.603 | 0.704 | 0.905 | 1.105 | 1.306 | 1.507 | 1.809 | 2.010 |
| 框支柱 | 特一级 | 井字复合箍 | 1.600 | 1.600 | 1.608 | 1.809 | 2.010 | | | | |
| | | 复合螺旋箍 | 1.600 | 1.600 | 1.600 | 1.608 | 1.809 | | | | |
| | 一级 | 井字复合箍 | 1.500 | 1.500 | 1.500 | 1.546 | 1.728 | | | | |
| | | 复合螺旋箍 | 1.500 | 1.500 | 1.500 | 1.500 | 1.546 | | | | |
| | 二级 | 井字复合箍 | 1.500 | 1.500 | 1.500 | 1.500 | 1.546 | 1.728 | | | |
| | | 复合螺旋箍 | 1.500 | 1.500 | 1.500 | 1.500 | 1.500 | 1.546 | | | |

说明：同表9.1-1。

混凝土强度等级 C50、用 HPB235 箍筋（$f_{yv}=210N/mm^2$）

时柱加密区的最小配箍率（%）　　表 9.1-4

| 类别 | 抗震等级 | 箍筋形式 | 柱轴压比 | | | | | | | | |
|---|---|---|---|---|---|---|---|---|---|---|---|
| | | | ≤0.3 | 0.4 | 0.5 | 0.6 | 0.7 | 0.8 | 0.9 | 1.0 | 1.05 |
| 框架柱 | 特一级 | 普通箍、复合箍 | 1.320 | 1.430 | 1.650 | 1.980 | 2.090 | 2.420 | 2.750 | | |
| | | 螺旋箍、复合或连续复合矩形螺旋箍 | 1.100 | 1.210 | 1.430 | 1.650 | 1.870 | 2.200 | 2.530 | | |
| | 一级 | 普通箍、复合箍 | 1.100 | 1.210 | 1.430 | 1.650 | 1.870 | 2.200 | 2.530 | | |
| | | 螺旋箍、复合或连续复合矩形螺旋箍 | 0.880 | 0.990 | 1.210 | 1.430 | 1.650 | 1.980 | 2.310 | | |
| | 二级 | 普通箍、复合箍 | 0.880 | 0.990 | 1.210 | 1.430 | 1.650 | 1.870 | 2.090 | 2.420 | 2.640 |
| | | 螺旋箍、复合或连续复合矩形螺旋箍 | 0.660 | 0.770 | 0.990 | 1.210 | 1.430 | 1.650 | 1.870 | 2.200 | 2.420 |
| | 三级 | 普通箍、复合箍 | 0.660 | 0.770 | 0.990 | 1.210 | 1.430 | 1.650 | 1.870 | 2.200 | 2.420 |
| | | 螺旋箍、复合或连续复合矩形螺旋箍 | 0.550 | 0.660 | 0.770 | 0.990 | 1.210 | 1.430 | 1.650 | 1.980 | 2.200 |
| 框支柱 | 特一级 | 井字复合箍 | 1.600 | 1.600 | 1.760 | 1.980 | 2.220 | | | | |
| | | 复合螺旋箍 | 1.600 | 1.600 | 1.600 | 1.760 | 1.980 | | | | |
| | 一级 | 井字复合箍 | 1.500 | 1.500 | 1.650 | 1.870 | 2.090 | | | | |
| | | 复合螺旋箍 | 1.500 | 1.500 | 1.500 | 1.650 | 1.870 | | | | |
| | 二级 | 井字复合箍 | 1.500 | 1.500 | 1.500 | 1.650 | 1.870 | 2.090 | | | |
| | | 复合螺旋箍 | 1.500 | 1.500 | 1.500 | 1.500 | 1.650 | 1.870 | | | |

说明：同表 9.1-1。

混凝土强度等级 C55、用 HPB235 箍筋（$f_{yv}=210N/mm^2$）

时柱加密区的最小配箍率（%）　　表 9.1-5

| 类别 | 抗震等级 | 箍筋形式 | 柱轴压比 | | | | | | | | |
|---|---|---|---|---|---|---|---|---|---|---|---|
| | | | ≤0.3 | 0.4 | 0.5 | 0.6 | 0.7 | 0.8 | 0.9 | 1.0 | 1.05 |
| 框架柱 | 特一级 | 普通箍、复合箍 | 1.446 | 1.566 | 1.807 | 2.048 | 2.289 | 2.650 | 3.012 | | |
| | | 螺旋箍、复合或连续复合矩形螺旋箍 | 1.205 | 1.325 | 1.566 | 1.807 | 2.048 | 2.410 | 2.771 | | |
| | 一级 | 普通箍、复合箍 | 1.205 | 1.325 | 1.566 | 1.807 | 2.048 | 2.410 | 2.771 | | |
| | | 螺旋箍、复合或连续复合矩形螺旋箍 | 0.964 | 1.084 | 1.325 | 1.566 | 1.807 | 2.069 | 2.530 | | |
| | 二级 | 普通箍、复合箍 | 0.964 | 1.084 | 1.325 | 1.566 | 1.807 | 2.048 | 2.289 | 2.651 | 2.891 |
| | | 螺旋箍、复合或连续复合矩形螺旋箍 | 0.723 | 0.844 | 1.084 | 1.325 | 1.566 | 1.807 | 2.048 | 2.410 | 2.651 |
| | 三级 | 普通箍、复合箍 | 0.723 | 0.844 | 1.084 | 1.325 | 1.566 | 1.807 | 2.048 | 2.410 | 2.651 |
| | | 螺旋箍、复合或连续复合矩形螺旋箍 | 0.603 | 0.723 | 0.844 | 1.084 | 1.325 | 1.566 | 1.807 | 2.169 | 2.410 |
| 框支柱 | 特一级 | 井字复合箍 | 1.600 | 1.600 | 1.760 | 1.980 | 2.220 | | | | |
| | | 复合螺旋箍 | 1.600 | 1.600 | 1.600 | 1.760 | 1.980 | | | | |
| | 一级 | 井字复合箍 | 1.500 | 1.566 | 1.807 | 2.048 | 2.289 | | | | |
| | | 复合螺旋箍 | 1.500 | 1.500 | 1.566 | 1.807 | 2.048 | | | | |
| | 二级 | 井字复合箍 | 1.500 | 1.500 | 1.566 | 1.807 | 2.048 | 2.289 | | | |
| | | 复合螺旋箍 | 1.500 | 1.500 | 1.500 | 1.566 | 1.807 | 2.048 | | | |

说明：同表 9.1-1。

**混凝土强度等级 C60、用 HPB235 箍筋($f_{yv}=210N/mm^2$)**

**时柱加密区的最小配箍率(%)** **表 9.1-6**

| 类别 | 抗震等级 | 箍筋形式 | 柱轴压比 | | | | | | | | |
|---|---|---|---|---|---|---|---|---|---|---|---|
| | | | ≤0.3 | 0.4 | 0.5 | 0.6 | 0.7 | 0.8 | 0.9 | 1.0 | 1.05 |
| 框架柱 | 特一级 | 普通箍、复合箍 | 1.571 | 1.702 | 1.964 | 2.226 | 2.488 | 2.881 | 3.274 | | |
| | | 螺旋箍、复合或连续复合矩形螺旋箍 | 1.310 | 1.441 | 1.703 | 1.965 | 2.226 | 2.619 | 3.012 | | |
| | 一级 | 普通箍、复合箍 | 1.310 | 1.441 | 1.703 | 1.965 | 2.226 | 2.619 | 3.012 | | |
| | | 螺旋箍、复合或连续复合矩形螺旋箍 | 1.048 | 1.179 | 1.441 | 1.703 | 1.965 | 2.357 | 2.750 | | |
| | 二级 | 普通箍、复合箍 | 1.048 | 1.179 | 1.441 | 1.703 | 1.965 | 2.226 | 2.488 | 2.881 | 3.143 |
| | | 螺旋箍、复合或连续复合矩形螺旋箍 | 0.786 | 0.917 | 1.179 | 1.441 | 1.703 | 1.965 | 2.226 | 2.619 | 2.881 |
| | 三级 | 普通箍、复合箍 | 0.786 | 0.917 | 1.179 | 1.441 | 1.703 | 1.965 | 2.226 | 2.619 | 2.881 |
| | | 螺旋箍、复合或连续复合矩形螺旋箍 | 0.655 | 0.786 | 0.917 | 1.179 | 1.441 | 1.703 | 1.965 | 2.357 | 2.619 |
| 框支柱 | 特一级 | 井字复合箍 | 1.702 | 1.833 | 2.095 | 2.357 | 2.619 | | | | |
| | | 复合螺旋箍 | 1.600 | 1.600 | 1.833 | 2.095 | 2.357 | | | | |
| | 一级 | 井字复合箍 | 1.571 | 1.703 | 1.965 | 2.226 | 2.488 | | | | |
| | | 复合螺旋箍 | 1.500 | 1.500 | 1.703 | 1.965 | 2.226 | | | | |
| | 二级 | 井字复合箍 | 1.500 | 1.500 | 1.703 | 1.965 | 2.226 | 2.488 | | | |
| | | 复合螺旋箍 | 1.500 | 1.500 | 1.500 | 1.703 | 1.965 | 2.226 | | | |

说明:同表 9.1-1。

**混凝土强度等级 C65、用 HPB235 箍筋($f_{yv}=210N/mm^2$)**

**时柱加密区的最小配箍率(%)** **表 9.1-7**

| 类别 | 抗震等级 | 箍筋形式 | 柱轴压比 | | | | | | | | |
|---|---|---|---|---|---|---|---|---|---|---|---|
| | | | ≤0.3 | 0.4 | 0.5 | 0.6 | 0.7 | 0.8 | 0.9 | 1.0 | 1.05 |
| 框架柱 | 特一级 | 普通箍、复合箍 | 1.697 | 1.839 | 2.122 | 2.404 | 2.687 | 3.111 | 3.536 | | |
| | | 螺旋箍、复合或连续复合矩形螺旋箍 | 1.415 | 1.556 | 1.839 | 2.122 | 2.405 | 2.823 | 3.253 | | |
| | 一级 | 普通箍、复合箍 | 1.415 | 1.556 | 1.839 | 2.122 | 2.405 | 2.823 | 3.253 | | |
| | | 螺旋箍、复合或连续复合矩形螺旋箍 | 1.132 | 1.273 | 1.556 | 1.839 | 2.122 | 2.546 | 2.970 | | |
| | 二级 | 普通箍、复合箍 | 1.132 | 1.273 | 1.556 | 1.839 | 2.122 | 2.405 | 2.687 | 3.112 | 3.395 |
| | | 螺旋箍、复合或连续复合矩形螺旋箍 | 0.849 | 0.990 | 1.273 | 1.556 | 1.839 | 2.122 | 2.405 | 2.823 | 3.112 |
| | 三级 | 普通箍、复合箍 | 0.849 | 0.990 | 1.273 | 1.556 | 1.839 | 2.122 | 2.405 | 2.823 | 3.112 |
| | | 螺旋箍、复合或连续复合矩形螺旋箍 | 0.707 | 0.849 | 0.990 | 1.273 | 1.556 | 1.839 | 2.122 | 2.546 | 2.823 |
| 框支柱 | 特一级 | 井字复合箍 | 1.839 | 1.980 | 2.404 | 2.546 | 2.829 | | | | |
| | | 复合螺旋箍 | 1.600 | 1.697 | 1.980 | 2.404 | 2.546 | | | | |
| | 一级 | 井字复合箍 | 1.697 | 1.839 | 2.122 | 2.405 | 2.687 | | | | |
| | | 复合螺旋箍 | 1.500 | 1.556 | 1.839 | 2.122 | 2.405 | | | | |
| | 二级 | 井字复合箍 | 1.500 | 1.556 | 1.839 | 2.122 | 2.405 | 2.687 | | | |
| | | 复合螺旋箍 | 1.500 | 1.500 | 1.556 | 1.839 | 2.122 | 2.405 | | | |

说明:1　本表根据《高层建筑混凝土结构技术规程》JGJ 3—2002 第 6.4.7 条、4.9.2 条、10.2.11 条编制。

2　其余说明同表 9.1-1。

**混凝土强度等级C70、用HPB235箍筋($f_{yv}=210N/mm^2$)时柱加密区的最小配箍率(%)** **表9.1-8**

| 类别 | 抗震等级 | 箍筋形式 | 柱轴压比 | | | | | | | | |
|---|---|---|---|---|---|---|---|---|---|---|---|
| | | | ≤0.3 | 0.4 | 0.5 | 0.6 | 0.7 | 0.8 | 0.9 | 1.0 | 1.05 |
| 框架柱 | 特一级 | 普通箍、复合箍 | 1.817 | 1.969 | 2.271 | 2.574 | 2.877 | 3.331 | 3.786 | | |
| | | 螺旋箍、复合或连续复合矩形螺旋箍 | 1.515 | 1.666 | 1.969 | 2.272 | 2.575 | 3.029 | 3.483 | | |
| | 一级 | 普通箍、复合箍 | 1.515 | 1.666 | 1.969 | 2.272 | 2.575 | 3.029 | 3.483 | | |
| | | 螺旋箍、复合或连续复合矩形螺旋箍 | 1.215 | 1.363 | 1.666 | 1.969 | 2.272 | 2.726 | 3.180 | | |
| | 二级 | 普通箍、复合箍 | 1.215 | 1.363 | 1.666 | 1.969 | 2.272 | 2.575 | 2.877 | 3.332 | 3.635 |
| | | 螺旋箍、复合或连续复合矩形螺旋箍 | 0.909 | 1.060 | 1.363 | 1.666 | 1.969 | 2.272 | 2.575 | 3.029 | 3.332 |
| | 三级 | 普通箍、复合箍 | 0.909 | 1.060 | 1.363 | 1.666 | 1.969 | 2.272 | 2.575 | 3.029 | 3.332 |
| | | 螺旋箍、复合或连续复合矩形螺旋箍 | 0.757 | 0.909 | 1.060 | 1.363 | 1.666 | 1.969 | 2.272 | 2.726 | 3.029 |
| 框支柱 | 特一级 | 井字复合箍 | 1.969 | 2.120 | 2.423 | 2.726 | 3.029 | | | | |
| | | 复合螺旋箍 | 1.666 | 1.817 | 2.120 | 2.423 | 2.726 | | | | |
| | 一级 | 井字复合箍 | 1.697 | 1.969 | 2.272 | 2.575 | 2.877 | | | | |
| | | 复合螺旋箍 | 1.515 | 1.666 | 1.969 | 2.272 | 2.575 | | | | |
| | 二级 | 井字复合箍 | 1.515 | 1.666 | 1.969 | 2.272 | 2.575 | 2.877 | | | |
| | | 复合螺旋箍 | 1.500 | 1.500 | 1.666 | 1.969 | 2.272 | 2.575 | | | |

说明:同表9.1-7。

**混凝土强度等级C75、用HPB235箍筋($f_{yv}=210N/mm^2$)时柱加密区的最小配箍率(%)** **表9.1-9**

| 类别 | 抗震等级 | 箍筋形式 | 柱轴压比 | | | | | | | | |
|---|---|---|---|---|---|---|---|---|---|---|---|
| | | | ≤0.3 | 0.4 | 0.5 | 0.6 | 0.7 | 0.8 | 0.9 | 1.0 | 1.05 |
| 框架柱 | 特一级 | 普通箍、复合箍 | 1.931 | 2.092 | 2.414 | 2.736 | 3.058 | 3.541 | 4.024 | | |
| | | 螺旋箍、复合或连续复合矩形螺旋箍 | 1.610 | 1.771 | 2.093 | 2.415 | 2.736 | 3.219 | 3.702 | | |
| | 一级 | 普通箍、复合箍 | 1.610 | 1.771 | 2.093 | 2.415 | 2.736 | 3.219 | 3.702 | | |
| | | 螺旋箍、复合或连续复合矩形螺旋箍 | 1.288 | 1.419 | 1.771 | 2.093 | 2.415 | 2.897 | 3.380 | | |
| | 二级 | 普通箍、复合箍 | 1.288 | 1.419 | 1.771 | 2.093 | 2.415 | 2.736 | 3.058 | 3.541 | 3.863 |
| | | 螺旋箍、复合或连续复合矩形螺旋箍 | 0.966 | 1.127 | 1.419 | 1.771 | 2.093 | 2.415 | 2.736 | 3.219 | 3.541 |
| | 三级 | 普通箍、复合箍 | 0.966 | 1.127 | 1.419 | 1.771 | 2.093 | 2.415 | 2.736 | 3.219 | 3.541 |
| | | 螺旋箍、复合或连续复合矩形螺旋箍 | 0.805 | 0.966 | 1.127 | 1.419 | 1.771 | 2.093 | 2.415 | 2.897 | 3.219 |
| 框支柱 | 特一级 | 井字复合箍 | 2.092 | 2.253 | 2.575 | 2.897 | 3.219 | | | | |
| | | 复合螺旋箍 | 1.770 | 1.931 | 2.253 | 2.575 | 2.897 | | | | |
| | 一级 | 井字复合箍 | 1.932 | 2.093 | 2.415 | 2.736 | 3.058 | | | | |
| | | 复合螺旋箍 | 1.610 | 1.771 | 2.093 | 2.415 | 2.736 | | | | |
| | 二级 | 井字复合箍 | 1.610 | 1.771 | 2.093 | 2.415 | 2.736 | 3.058 | | | |
| | | 复合螺旋箍 | 1.500 | 1.500 | 1.771 | 2.093 | 2.415 | 2.736 | | | |

说明:同表9.1-7。

**混凝土强度等级 C80、用 HPB235 箍筋（$f_{yv}=210N/mm^2$）时柱加密区的最小配箍率（%）** **表 9.1-10**

| 类别 | 抗震等级 | 箍筋形式 | 柱轴压比 | | | | | | | | |
|---|---|---|---|---|---|---|---|---|---|---|---|
| | | | ≤0.3 | 0.4 | 0.5 | 0.6 | 0.7 | 0.8 | 0.9 | 1.0 | 1.05 |
| 框架柱 | 特一级 | 普通箍、复合箍 | 2.051 | 2.222 | 2.564 | 2.906 | 3.248 | 3.761 | 4.274 | | |
| | | 螺旋箍、复合或连续复合矩形螺旋箍 | 1.710 | 1.881 | 2.223 | 2.565 | 2.906 | 3.419 | 3.932 | | |
| | 一级 | 普通箍、复合箍 | 1.710 | 1.881 | 2.223 | 2.565 | 2.906 | 3.419 | 3.932 | | |
| | | 螺旋箍、复合或连续复合矩形螺旋箍 | 1.368 | 1.539 | 1.881 | 2.223 | 2.565 | 3.077 | 3.590 | | |
| | 二级 | 普通箍、复合箍 | 1.368 | 1.539 | 1.881 | 2.223 | 2.565 | 2.906 | 3.248 | 3.761 | 4.103 |
| | | 螺旋箍、复合或连续复合矩形螺旋箍 | 1.026 | 1.197 | 1.539 | 1.881 | 2.223 | 2.565 | 2.906 | 3.419 | 3.761 |
| | 三级 | 普通箍、复合箍 | 1.026 | 1.197 | 1.539 | 1.881 | 2.223 | 2.565 | 2.906 | 3.419 | 3.761 |
| | | 螺旋箍、复合或连续复合矩形螺旋箍 | 0.855 | 1.026 | 1.197 | 1.539 | 1.881 | 2.223 | 2.565 | 3.077 | 3.419 |
| 框支柱 | 特一级 | 井字复合箍 | 2.222 | 2.393 | 2.735 | 3.077 | 3.419 | | | | |
| | | 复合螺旋箍 | 1.880 | 2.051 | 2.393 | 2.735 | 3.077 | | | | |
| | 一级 | 井字复合箍 | 2.052 | 2.223 | 2.565 | 2.906 | 3.248 | | | | |
| | | 复合螺旋箍 | 1.710 | 1.881 | 2.223 | 2.565 | 2.906 | | | | |
| | 二级 | 井字复合箍 | 1.710 | 1.881 | 2.223 | 2.565 | 2.906 | 3.248 | | | |
| | | 复合螺旋箍 | 1.500 | 1.539 | 1.881 | 2.223 | 2.565 | 2.906 | | | |

说明：同表 9.1-7。

**混凝土强度等级 C65、用 HPB235 箍筋（$f_{yv}=210N/mm^2$）时柱加密区的最小配箍率（%）** **表 9.1-11**

| 类别 | 抗震等级 | 箍筋形式 | 柱轴压比 | | | | | | | | |
|---|---|---|---|---|---|---|---|---|---|---|---|
| | | | ≤0.3 | 0.4 | 0.5 | 0.6 | 0.7 | 0.8 | 0.9 | 1.0 | 1.05 |
| 框架柱 | 一级 | 复合箍 | 1.697 | 1.839 | 2.122 | 2.404 | 2.829 | 3.253 | 3.677 | | |
| | | 复合螺旋箍或连续复合矩形螺旋箍 | 1.415 | 1.556 | 1.839 | 2.122 | 2.546 | 2.970 | 3.395 | | |
| | 二级 | 复合箍 | 1.415 | 1.556 | 1.839 | 2.122 | 2.546 | 2.829 | 3.112 | 3.536 | 3.819 |
| | | 复合螺旋箍或连续复合矩形螺旋箍 | 1.132 | 1.273 | 1.556 | 1.839 | 2.263 | 2.546 | 2.829 | 3.253 | 3.536 |
| | 三级 | 复合箍 | 1.132 | 1.273 | 1.556 | 1.839 | 2.263 | 2.546 | 2.829 | 3.253 | 3.536 |
| | | 复合螺旋箍或连续复合矩形螺旋箍 | 0.990 | 1.132 | 1.273 | 1.556 | 1.980 | 2.263 | 2.546 | 2.970 | 3.253 |
| 框支柱 | 一级 | 井字复合箍 | 1.697 | 1.839 | 2.122 | 2.404 | 2.687 | | | | |
| | | 复合螺旋箍 | 1.500 | 1.556 | 1.839 | 2.122 | 2.405 | | | | |
| | 二级 | 井字复合箍 | 1.500 | 1.556 | 1.839 | 2.122 | 2.405 | 2.687 | | | |
| | | 复合螺旋箍 | 1.500 | 1.500 | 1.556 | 1.839 | 2.122 | 2.405 | | | |

说明：1　本表根据《混凝土结构设计规范》GB 50010—2002 表 11.4.17 注 4 及《建筑抗震设计规范》GB 50011—2001 附录 B.0.3 条 4 款编制。当混凝土强度等级高于 C60 时，框架柱的配箍率≥框支柱的配箍率，这似乎不大合理，但也宜执行。

2　其余说明同表 9.1-1。

混凝土强度等级 C70、用 HPB235 箍筋($f_{yv}=210N/mm^2$)
时柱加密区的最小配箍率(%)　　表 9.1-12

<table>
<tr><th rowspan="2">类别</th><th rowspan="2">抗震等级</th><th rowspan="2">箍筋形式</th><th colspan="9">柱轴压比</th></tr>
<tr><th>≤0.3</th><th>0.4</th><th>0.5</th><th>0.6</th><th>0.7</th><th>0.8</th><th>0.9</th><th>1.0</th><th>1.05</th></tr>
<tr><td rowspan="6">框架柱</td><td rowspan="2">一级</td><td>复合箍</td><td>1.817</td><td>1.969</td><td>2.272</td><td>2.575</td><td>3.029</td><td>3.483</td><td>3.937</td><td></td><td></td></tr>
<tr><td>复合螺旋箍或连续复合矩形螺旋箍</td><td>1.515</td><td>1.666</td><td>1.969</td><td>2.272</td><td>2.726</td><td>3.180</td><td>3.635</td><td></td><td></td></tr>
<tr><td rowspan="2">二级</td><td>复合箍</td><td>1.515</td><td>1.666</td><td>1.969</td><td>2.272</td><td>2.726</td><td>3.029</td><td>3.332</td><td>3.786</td><td>4.089</td></tr>
<tr><td>复合螺旋箍或连续复合矩形螺旋箍</td><td>1.215</td><td>1.363</td><td>1.666</td><td>1.969</td><td>2.423</td><td>2.726</td><td>3.029</td><td>3.483</td><td>3.786</td></tr>
<tr><td rowspan="2">三级</td><td>复合箍</td><td>1.215</td><td>1.363</td><td>1.666</td><td>1.969</td><td>2.423</td><td>2.726</td><td>3.029</td><td>3.483</td><td>3.786</td></tr>
<tr><td>复合螺旋箍或连续复合矩形螺旋箍</td><td>0.909</td><td>1.215</td><td>1.363</td><td>1.666</td><td>2.120</td><td>2.423</td><td>2.726</td><td>3.180</td><td>3.483</td></tr>
<tr><td rowspan="4">框支柱</td><td rowspan="2">一级</td><td>井字复合箍</td><td>1.817</td><td>1.969</td><td>2.272</td><td>2.575</td><td>2.877</td><td></td><td></td><td></td><td></td></tr>
<tr><td>复合螺旋箍</td><td>1.515</td><td>1.666</td><td>1.969</td><td>2.272</td><td>2.575</td><td></td><td></td><td></td><td></td></tr>
<tr><td rowspan="2">二级</td><td>井字复合箍</td><td>1.515</td><td>1.666</td><td>1.969</td><td>2.272</td><td>2.575</td><td>2.877</td><td></td><td></td><td></td></tr>
<tr><td>复合螺旋箍</td><td>1.500</td><td>1.500</td><td>1.666</td><td>1.969</td><td>2.272</td><td>2.575</td><td></td><td></td><td></td></tr>
</table>

说明:同表 9.1-11

混凝土强度等级 C75、用 HPB235 箍筋($f_{yv}=210N/mm^2$)
时柱加密区的最小配箍率(%)　　表 9.1-13

<table>
<tr><th rowspan="2">类别</th><th rowspan="2">抗震等级</th><th rowspan="2">箍筋形式</th><th colspan="9">柱轴压比</th></tr>
<tr><th>≤0.3</th><th>0.4</th><th>0.5</th><th>0.6</th><th>0.7</th><th>0.8</th><th>0.9</th><th>1.0</th><th>1.05</th></tr>
<tr><td rowspan="6">框架柱</td><td rowspan="2">一级</td><td>复合箍</td><td>1.931</td><td>2.092</td><td>2.414</td><td>2.736</td><td>3.219</td><td>3.702</td><td>4.185</td><td></td><td></td></tr>
<tr><td>复合螺旋箍或连续复合矩形螺旋箍</td><td>1.610</td><td>1.771</td><td>2.093</td><td>2.415</td><td>2.897</td><td>3.380</td><td>3.863</td><td></td><td></td></tr>
<tr><td rowspan="2">二级</td><td>复合箍</td><td>1.610</td><td>1.771</td><td>2.093</td><td>2.415</td><td>2.897</td><td>3.219</td><td>3.541</td><td>4.024</td><td>4.346</td></tr>
<tr><td>复合螺旋箍或连续复合矩形螺旋箍</td><td>1.288</td><td>1.449</td><td>1.771</td><td>2.093</td><td>2.575</td><td>2.897</td><td>3.219</td><td>3.702</td><td>4.024</td></tr>
<tr><td rowspan="2">三级</td><td>复合箍</td><td>1.288</td><td>1.449</td><td>1.771</td><td>2.093</td><td>2.575</td><td>2.897</td><td>3.219</td><td>3.702</td><td>4.024</td></tr>
<tr><td>复合螺旋箍或连续复合矩形螺旋箍</td><td>1.127</td><td>1.288</td><td>1.449</td><td>1.771</td><td>2.254</td><td>2.575</td><td>2.897</td><td>3.380</td><td>3.702</td></tr>
<tr><td rowspan="4">框支柱</td><td rowspan="2">一级</td><td>井字复合箍</td><td>1.932</td><td>2.093</td><td>2.415</td><td>2.736</td><td>3.058</td><td></td><td></td><td></td><td></td></tr>
<tr><td>复合螺旋箍</td><td>1.610</td><td>1.771</td><td>2.093</td><td>2.415</td><td>2.736</td><td></td><td></td><td></td><td></td></tr>
<tr><td rowspan="2">二级</td><td>井字复合箍</td><td>1.610</td><td>1.771</td><td>2.093</td><td>2.415</td><td>2.736</td><td>3.058</td><td></td><td></td><td></td></tr>
<tr><td>复合螺旋箍</td><td>1.500</td><td>1.500</td><td>1.771</td><td>2.093</td><td>2.415</td><td>2.736</td><td></td><td></td><td></td></tr>
</table>

说明:同表 9.1-11。

**混凝土强度等级 C80、用 HPB235 箍筋($f_{yv}=210\text{N/mm}^2$)**

**时柱加密区的最小配箍率(%)** **表 9.1-14**

| 类别 | 抗震等级 | 箍筋形式 | 柱轴压比 | | | | | | | | |
|---|---|---|---|---|---|---|---|---|---|---|---|
| | | | ≤0.3 | 0.4 | 0.5 | 0.6 | 0.7 | 0.8 | 0.9 | 1.0 | 1.05 |
| 框架柱 | 一级 | 复合箍 | 2.051 | 2.222 | 2.564 | 2.906 | 3.419 | 3.932 | 4.445 | | |
| | | 复合螺旋箍或连续复合矩形螺旋箍 | 1.710 | 1.881 | 2.223 | 2.565 | 3.077 | 3.590 | 4.103 | | |
| | 二级 | 复合箍 | 1.710 | 1.881 | 2.223 | 2.565 | 3.077 | 3.419 | 3.761 | 4.274 | 4.616 |
| | | 复合螺旋箍或连续复合矩形螺旋箍 | 1.368 | 1.539 | 1.881 | 2.223 | 2.735 | 3.077 | 3.419 | 3.932 | 4.274 |
| | 三级 | 复合箍 | 1.368 | 1.539 | 1.881 | 2.223 | 2.735 | 3.077 | 3.419 | 3.932 | 4.274 |
| | | 复合螺旋箍或连续复合矩形螺旋箍 | 1.197 | 1.368 | 1.539 | 1.881 | 2.394 | 2.735 | 3.077 | 3.590 | 3.932 |
| 框支柱 | 一级 | 井字复合箍 | 2.052 | 2.223 | 2.565 | 2.906 | 3.248 | | | | |
| | | 复合螺旋箍 | 1.710 | 1.881 | 2.223 | 2.565 | 2.906 | | | | |
| | 二级 | 井字复合箍 | 1.710 | 1.881 | 2.223 | 2.565 | 2.906 | 3.248 | | | |
| | | 复合螺旋箍 | 1.500 | 1.539 | 1.881 | 2.223 | 2.565 | 2.906 | | | |

说明:同表 9.1-11。

## (二)用 HRB335 箍筋($f_{yv}=300\text{N/mm}^2$)时柱加密区的最小配箍率(%)

**混凝土强度等级≤C35、用 HRB335 箍筋($f_{yv}=300\text{N/mm}^2$)**

**时柱加密区的最小配箍率(%)** **表 9.2-1**

| 类别 | 抗震等级 | 箍筋形式 | 柱轴压比 | | | | | | | | |
|---|---|---|---|---|---|---|---|---|---|---|---|
| | | | ≤0.3 | 0.4 | 0.5 | 0.6 | 0.7 | 0.8 | 0.9 | 1.0 | 1.05 |
| 框架柱 | 特一级 | 普通箍、复合箍 | 0.800 | 0.800 | 0.835 | 0.947 | 1.058 | 1.225 | 1.392 | | |
| | | 螺旋箍、复合或连续复合矩形螺旋箍 | 0.800 | 0.800 | 0.800 | 0.835 | 0.947 | 1.114 | 1.281 | | |
| | 一级 | 普通箍、复合箍 | 0.800 | 0.800 | 0.800 | 0.835 | 0.947 | 1.114 | 1.281 | | |
| | | 螺旋箍、复合或连续复合矩形螺旋箍 | 0.800 | 0.800 | 0.800 | 0.800 | 0.835 | 1.002 | 1.169 | | |
| | 二级 | 普通箍、复合箍 | 0.600 | 0.600 | 0.613 | 0.724 | 0.835 | 0.947 | 1.058 | 1.225 | 1.336 |
| | | 螺旋箍、复合或连续复合矩形螺旋箍 | 0.600 | 0.600 | 0.600 | 0.613 | 0.724 | 0.835 | 0.947 | 1.114 | 1.225 |
| | 三级 | 普通箍、复合箍 | 0.400 | 0.400 | 0.501 | 0.613 | 0.724 | 0.835 | 0.947 | 1.114 | 1.225 |
| | | 螺旋箍、复合或连续复合矩形螺旋箍 | 0.400 | 0.400 | 0.400 | 0.501 | 0.613 | 0.724 | 0.835 | 1.002 | 1.114 |
| 框支柱 | 特一级 | 井字复合箍 | 1.600 | 1.600 | 1.600 | 1.600 | 1.600 | | | | |
| | | 复合螺旋箍 | 1.600 | 1.600 | 1.600 | 1.600 | 1.600 | | | | |
| | 一级 | 井字复合箍 | 1.500 | 1.500 | 1.500 | 1.500 | 1.500 | | | | |
| | | 复合螺旋箍 | 1.500 | 1.500 | 1.500 | 1.500 | 1.500 | | | | |
| | 二级 | 井字复合箍 | 1.500 | 1.500 | 1.500 | 1.500 | 1.500 | 1.500 | | | |
| | | 复合螺旋箍 | 1.500 | 1.500 | 1.500 | 1.500 | 1.500 | 1.500 | | | |

说明:同表 9.1-1。

**混凝土强度等级 C40、用 HRB335 箍筋($f_{yv}=300\text{N/mm}^2$)**

**时柱加密区的最小配箍率(%)　　　　表 9.2-2**

| 类别 | 抗震等级 | 箍筋形式 | 柱轴压比 | | | | | | | | |
|---|---|---|---|---|---|---|---|---|---|---|---|
| | | | ≤0.3 | 0.4 | 0.5 | 0.6 | 0.7 | 0.8 | 0.9 | 1.0 | 1.05 |
| 框架柱 | 特一级 | 普通箍、复合箍 | 0.800 | 0.828 | 0.955 | 1.083 | 1.210 | 1.401 | 1.592 | | |
| | | 螺旋箍、复合或连续复合矩形螺旋箍 | 0.800 | 0.800 | 0.828 | 0.955 | 1.083 | 1.274 | 1.465 | | |
| | 一级 | 普通箍、复合箍 | 0.800 | 0.800 | 0.828 | 0.955 | 1.083 | 1.274 | 1.465 | | |
| | | 螺旋箍、复合或连续复合矩形螺旋箍 | 0.800 | 0.800 | 0.800 | 0.828 | 0.955 | 1.146 | 1.337 | | |
| | 二级 | 普通箍、复合箍 | 0.600 | 0.600 | 0.701 | 0.828 | 0.955 | 1.083 | 1.210 | 1.401 | 1.528 |
| | | 螺旋箍、复合或连续复合矩形螺旋箍 | 0.600 | 0.600 | 0.600 | 0.701 | 0.828 | 0.955 | 1.083 | 1.274 | 1.401 |
| | 三级 | 普通箍、复合箍 | 0.400 | 0.446 | 0.573 | 0.701 | 0.828 | 0.955 | 1.083 | 1.274 | 1.401 |
| | | 螺旋箍、复合或连续复合矩形螺旋箍 | 0.400 | 0.400 | 0.446 | 0.573 | 0.701 | 0.828 | 0.955 | 1.146 | 1.274 |
| 框支柱 | 特一级 | 井字复合箍 | 1.600 | 1.600 | 1.600 | 1.600 | 1.600 | | | | |
| | | 复合螺旋箍 | 1.600 | 1.600 | 1.600 | 1.600 | 1.600 | | | | |
| | 一级 | 井字复合箍 | 1.500 | 1.500 | 1.500 | 1.500 | 1.500 | | | | |
| | | 复合螺旋箍 | 1.500 | 1.500 | 1.500 | 1.500 | 1.500 | | | | |
| | 二级 | 井字复合箍 | 1.500 | 1.500 | 1.500 | 1.500 | 1.500 | 1.500 | | | |
| | | 复合螺旋箍 | 1.500 | 1.500 | 1.500 | 1.500 | 1.500 | 1.500 | | | |

说明:同表 9.1-1。

**混凝土强度等级 C45、用 HRB335 箍筋($f_{yv}=300\text{N/mm}^2$)**

**时柱加密区的最小配箍率(%)　　　　表 9.2-3**

| 类别 | 抗震等级 | 箍筋形式 | 柱轴压比 | | | | | | | | |
|---|---|---|---|---|---|---|---|---|---|---|---|
| | | | ≤0.3 | 0.4 | 0.5 | 0.6 | 0.7 | 0.8 | 0.9 | 1.0 | 1.05 |
| 框架柱 | 特一级 | 普通箍、复合箍 | 0.844 | 0.915 | 1.055 | 1.196 | 1.336 | 1.547 | 1.758 | | |
| | | 螺旋箍、复合或连续复合矩形螺旋箍 | 0.800 | 0.800 | 0.915 | 1.055 | 1.196 | 1.407 | 1.618 | | |
| | 一级 | 普通箍、复合箍 | 0.800 | 0.800 | 0.915 | 1.055 | 1.196 | 1.407 | 1.618 | | |
| | | 螺旋箍、复合或连续复合矩形螺旋箍 | 0.800 | 0.800 | 0.800 | 0.915 | 1.055 | 1.266 | 1.477 | | |
| | 二级 | 普通箍、复合箍 | 0.600 | 0.633 | 0.774 | 0.915 | 1.055 | 1.196 | 1.337 | 1.548 | 1.688 |
| | | 螺旋箍、复合或连续复合矩形螺旋箍 | 0.600 | 0.600 | 0.633 | 0.774 | 0.915 | 1.055 | 1.196 | 1.407 | 1.548 |
| | 三级 | 普通箍、复合箍 | 0.422 | 0.493 | 0.633 | 0.774 | 0.915 | 1.055 | 1.196 | 1.407 | 1.548 |
| | | 螺旋箍、复合或连续复合矩形螺旋箍 | 0.400 | 0.422 | 0.493 | 0.633 | 0.774 | 0.915 | 1.055 | 1.266 | 1.407 |
| 框支柱 | 特一级 | 井字复合箍 | 1.600 | 1.600 | 1.600 | 1.600 | 1.600 | | | | |
| | | 复合螺旋箍 | 1.600 | 1.600 | 1.600 | 1.600 | 1.600 | | | | |
| | 一级 | 井字复合箍 | 1.500 | 1.500 | 1.500 | 1.500 | 1.500 | | | | |
| | | 复合螺旋箍 | 1.500 | 1.500 | 1.500 | 1.500 | 1.500 | | | | |
| | 二级 | 井字复合箍 | 1.500 | 1.500 | 1.500 | 1.500 | 1.500 | 1.500 | | | |
| | | 复合螺旋箍 | 1.500 | 1.500 | 1.500 | 1.500 | 1.500 | 1.500 | | | |

说明:同表 9.1-1。

**混凝土强度等级 C50、用 HRB335 箍筋($f_{yv}=300N/mm^2$)**

**时柱加密区的最小配箍率(%)　　表 9.2-4**

| 类别 | 抗震等级 | 箍筋形式 | 柱轴压比 | | | | | | | | |
|---|---|---|---|---|---|---|---|---|---|---|---|
| | | | ≤0.3 | 0.4 | 0.5 | 0.6 | 0.7 | 0.8 | 0.9 | 1.0 | 1.05 |
| 框架柱 | 特一级 | 普通箍、复合箍 | 0.924 | 1.001 | 1.155 | 1.309 | 1.463 | 1.694 | 1.925 | | |
| | | 螺旋箍、复合或连续复合矩形螺旋箍 | 0.800 | 0.847 | 1.001 | 1.155 | 1.309 | 1.540 | 1.771 | | |
| | 一级 | 普通箍、复合箍 | 0.800 | 0.847 | 1.001 | 1.155 | 1.309 | 1.540 | 1.771 | | |
| | | 螺旋箍、复合或连续复合矩形螺旋箍 | 0.800 | 0.800 | 0.847 | 1.001 | 1.155 | 1.386 | 1.617 | | |
| | 二级 | 普通箍、复合箍 | 0.616 | 0.693 | 0.847 | 1.001 | 1.155 | 1.309 | 1.463 | 1.694 | 1.848 |
| | | 螺旋箍、复合或连续复合矩形螺旋箍 | 0.600 | 0.600 | 0.693 | 0.847 | 1.001 | 1.155 | 1.309 | 1.540 | 1.694 |
| | 三级 | 普通箍、复合箍 | 0.462 | 0.539 | 0.693 | 0.847 | 1.001 | 1.155 | 1.309 | 1.540 | 1.694 |
| | | 螺旋箍、复合或连续复合矩形螺旋箍 | 0.4 | 0.462 | 0.539 | 0.693 | 0.847 | 1.001 | 1.155 | 1.386 | 1.540 |
| 框支柱 | 特一级 | 井字复合箍 | 1.600 | 1.600 | 1.600 | 1.600 | 1.600 | | | | |
| | | 复合螺旋箍 | 1.600 | 1.600 | 1.600 | 1.600 | 1.600 | | | | |
| | 一级 | 井字复合箍 | 1.500 | 1.500 | 1.500 | 1.500 | 1.500 | | | | |
| | | 复合螺旋箍 | 1.500 | 1.500 | 1.500 | 1.500 | 1.500 | | | | |
| | 二级 | 井字复合箍 | 1.500 | 1.500 | 1.500 | 1.500 | 1.500 | 1.500 | | | |
| | | 复合螺旋箍 | 1.500 | 1.500 | 1.500 | 1.500 | 1.500 | 1.500 | | | |

说明:同表 9.1-1。

**混凝土强度等级 C55、用 HRB335 箍筋($f_{yv}=300N/mm^2$)**

**时柱加密区的最小配箍率(%)　　表 9.2-5**

| 类别 | 抗震等级 | 箍筋形式 | 柱轴压比 | | | | | | | | |
|---|---|---|---|---|---|---|---|---|---|---|---|
| | | | ≤0.3 | 0.4 | 0.5 | 0.6 | 0.7 | 0.8 | 0.9 | 1.0 | 1.05 |
| 框架柱 | 特一级 | 普通箍、复合箍 | 1.012 | 1.097 | 1.265 | 1.434 | 1.602 | 1.855 | 2.108 | | |
| | | 螺旋箍、复合或连续复合矩形螺旋箍 | 0.844 | 0.928 | 1.097 | 1.265 | 1.434 | 1.687 | 1.940 | | |
| | 一级 | 普通箍、复合箍 | 0.844 | 0.928 | 1.097 | 1.265 | 1.434 | 1.687 | 1.940 | | |
| | | 螺旋箍、复合或连续复合矩形螺旋箍 | 0.800 | 0.800 | 0.928 | 1.097 | 1.265 | 1.518 | 1.771 | | |
| | 二级 | 普通箍、复合箍 | 0.675 | 0.759 | 0.928 | 1.097 | 1.265 | 1.434 | 1.603 | 1.856 | 2.024 |
| | | 螺旋箍、复合或连续复合矩形螺旋箍 | 0.600 | 0.600 | 0.759 | 0.928 | 1.097 | 1.265 | 1.434 | 1.687 | 1.856 |
| | 三级 | 普通箍、复合箍 | 0.506 | 0.591 | 0.759 | 0.928 | 1.097 | 1.265 | 1.434 | 1.687 | 1.856 |
| | | 螺旋箍、复合或连续复合矩形螺旋箍 | 0.422 | 0.506 | 0.591 | 0.759 | 0.928 | 1.097 | 1.265 | 1.518 | 1.687 |
| 框支柱 | 特一级 | 井字复合箍 | 1.600 | 1.600 | 1.600 | 1.600 | 1.687 | | | | |
| | | 复合螺旋箍 | 1.600 | 1.600 | 1.600 | 1.600 | 1.600 | | | | |
| | 一级 | 井字复合箍 | 1.500 | 1.500 | 1.500 | 1.500 | 1.603 | | | | |
| | | 复合螺旋箍 | 1.500 | 1.500 | 1.500 | 1.500 | 1.500 | | | | |
| | 二级 | 井字复合箍 | 1.500 | 1.500 | 1.500 | 1.500 | 1.500 | 1.500 | | | |
| | | 复合螺旋箍 | 1.500 | 1.500 | 1.500 | 1.500 | 1.500 | 1.500 | | | |

说明:同表 9.1-1。

**混凝土强度等级 C60、用 HRB335 箍筋($f_{yv}=300\text{N/mm}^2$)时柱加密区的最小配箍率(%)** 表 9.2-6

| 类别 | 抗震等级 | 箍筋形式 | 柱轴压比 | | | | | | | | |
|---|---|---|---|---|---|---|---|---|---|---|---|
| | | | ≤0.3 | 0.4 | 0.5 | 0.6 | 0.7 | 0.8 | 0.9 | 1.0 | 1.05 |
| 框架柱 | 特一级 | 普通箍、复合箍 | 1.100 | 1.192 | 1.375 | 1.559 | 1.742 | 2.017 | 2.292 | | |
| | | 螺旋箍、复合或连续复合矩形螺旋箍 | 0.917 | 1.009 | 1.192 | 1.375 | 1.559 | 1.834 | 2.109 | | |
| | 一级 | 普通箍、复合箍 | 0.917 | 1.009 | 1.192 | 1.375 | 1.559 | 1.834 | 2.109 | | |
| | | 螺旋箍、复合或连续复合矩形螺旋箍 | 0.8 | 0.825 | 1.009 | 1.192 | 1.375 | 1.650 | 1.925 | | |
| | 二级 | 普通箍、复合箍 | 0.734 | 0.825 | 1.009 | 1.192 | 1.375 | 1.559 | 1.742 | 2.017 | 2.200 |
| | | 螺旋箍、复合或连续复合矩形螺旋箍 | 0.6 | 0.642 | 0.825 | 1.009 | 1.192 | 1.375 | 1.559 | 1.834 | 2.017 |
| | 三级 | 普通箍、复合箍 | 0.550 | 0.642 | 0.825 | 1.009 | 1.192 | 1.375 | 1.559 | 1.834 | 2.017 |
| | | 螺旋箍、复合或连续复合矩形螺旋箍 | 0.459 | 0.550 | 0.642 | 0.825 | 1.009 | 1.192 | 1.375 | 1.650 | 1.834 |
| 框支柱 | 特一级 | 井字复合箍 | 1.600 | 1.600 | 1.600 | 1.650 | 1.833 | | | | |
| | | 复合螺旋箍 | 1.600 | 1.600 | 1.600 | 1.600 | 1.650 | | | | |
| | 一级 | 井字复合箍 | 1.500 | 1.500 | 1.500 | 1.559 | 1.742 | | | | |
| | | 复合螺旋箍 | 1.500 | 1.500 | 1.500 | 1.500 | 1.559 | | | | |
| | 二级 | 井字复合箍 | 1.500 | 1.500 | 1.500 | 1.500 | 1.559 | 1.742 | | | |
| | | 复合螺旋箍 | 1.500 | 1.500 | 1.500 | 1.500 | 1.500 | 1.559 | | | |

说明:同表 9.1-1。

**混凝土强度等级 C65、用 HRB335 箍筋($f_{yv}=300\text{N/mm}^2$)时柱加密区的最小配箍率(%)** 表 9.2-7

| 类别 | 抗震等级 | 箍筋形式 | 柱轴压比 | | | | | | | | |
|---|---|---|---|---|---|---|---|---|---|---|---|
| | | | ≤0.3 | 0.4 | 0.5 | 0.6 | 0.7 | 0.8 | 0.9 | 1.0 | 1.05 |
| 框架柱 | 特一级 | 普通箍、复合箍 | 1.188 | 1.287 | 1.485 | 1.683 | 1.881 | 2.178 | 2.475 | | |
| | | 螺旋箍、复合或连续复合矩形螺旋箍 | 0.990 | 1.089 | 1.287 | 1.485 | 1.683 | 1.980 | 2.277 | | |
| | 一级 | 普通箍、复合箍 | 0.990 | 1.089 | 1.287 | 1.485 | 1.683 | 1.980 | 2.277 | | |
| | | 螺旋箍、复合或连续复合矩形螺旋箍 | 0.800 | 0.891 | 1.089 | 1.287 | 1.485 | 1.782 | 2.079 | | |
| | 二级 | 普通箍、复合箍 | 0.792 | 0.891 | 1.089 | 1.287 | 1.485 | 1.683 | 1.881 | 2.178 | 2.376 |
| | | 螺旋箍、复合或连续复合矩形螺旋箍 | 0.600 | 0.693 | 0.891 | 1.089 | 1.287 | 1.485 | 1.683 | 1.980 | 2.178 |
| | 三级 | 普通箍、复合箍 | 0.594 | 0.693 | 0.891 | 1.089 | 1.287 | 1.485 | 1.683 | 1.980 | 2.178 |
| | | 螺旋箍、复合或连续复合矩形螺旋箍 | 0.495 | 0.594 | 0.693 | 0.891 | 1.089 | 1.287 | 1.485 | 1.782 | 1.980 |
| 框支柱 | 特一级 | 井字复合箍 | 1.600 | 1.600 | 1.600 | 1.782 | 1.980 | | | | |
| | | 复合螺旋箍 | 1.600 | 1.600 | 1.600 | 1.600 | 1.782 | | | | |
| | 一级 | 井字复合箍 | 1.500 | 1.500 | 1.500 | 1.683 | 1.881 | | | | |
| | | 复合螺旋箍 | 1.500 | 1.500 | 1.500 | 1.500 | 1.683 | | | | |
| | 二级 | 井字复合箍 | 1.500 | 1.500 | 1.500 | 1.500 | 1.683 | 1.881 | | | |
| | | 复合螺旋箍 | 1.500 | 1.500 | 1.500 | 1.500 | 1.500 | 1.683 | | | |

说明:同表 9.1-7。

### 混凝土强度等级 C70、用 HRB335 箍筋（$f_{yv}=300N/mm^2$）时柱加密区的最小配箍率（%）

表 9.2-8

| 类别 | 抗震等级 | 箍筋形式 | 柱轴压比 | | | | | | | | |
|---|---|---|---|---|---|---|---|---|---|---|---|
| | | | ≤0.3 | 0.4 | 0.5 | 0.6 | 0.7 | 0.8 | 0.9 | 1.0 | 1.05 |
| 框架柱 | 特一级 | 普通箍、复合箍 | 1.272 | 1.378 | 1.590 | 1.802 | 2.014 | 2.332 | 2.650 | | |
| | | 螺旋箍、复合或连续复合矩形螺旋箍 | 1.060 | 1.166 | 1.378 | 1.590 | 1.802 | 2.120 | 2.438 | | |
| | 一级 | 普通箍、复合箍 | 1.060 | 1.166 | 1.378 | 1.590 | 1.802 | 2.120 | 2.438 | | |
| | | 螺旋箍、复合或连续复合矩形螺旋箍 | 0.848 | 0.954 | 1.166 | 1.378 | 1.590 | 1.908 | 2.226 | | |
| | 二级 | 普通箍、复合箍 | 0.848 | 0.954 | 1.166 | 1.378 | 1.590 | 1.802 | 2.014 | 2.332 | 2.544 |
| | | 螺旋箍、复合或连续复合矩形螺旋箍 | 0.636 | 0.742 | 0.954 | 1.166 | 1.378 | 1.590 | 1.802 | 2.120 | 2.332 |
| | 三级 | 普通箍、复合箍 | 0.636 | 0.742 | 0.954 | 1.166 | 1.378 | 1.590 | 1.802 | 2.120 | 2.332 |
| | | 螺旋箍、复合或连续复合矩形螺旋箍 | 0.530 | 0.636 | 0.742 | 0.954 | 1.166 | 1.378 | 1.590 | 1.908 | 2.120 |
| 框支柱 | 特一级 | 井字复合箍 | 1.600 | 1.600 | 1.696 | 1.908 | 2.120 | | | | |
| | | 复合螺旋箍 | 1.600 | 1.600 | 1.600 | 1.696 | 1.908 | | | | |
| | 一级 | 井字复合箍 | 1.500 | 1.500 | 1.500 | 1.683 | 1.881 | | | | |
| | | 复合螺旋箍 | 1.500 | 1.500 | 1.500 | 1.500 | 1.683 | | | | |
| | 二级 | 井字复合箍 | 1.500 | 1.500 | 1.500 | 1.500 | 1.683 | 1.881 | | | |
| | | 复合螺旋箍 | 1.500 | 1.500 | 1.500 | 1.500 | 1.500 | 1.683 | | | |

说明：同表 9.1-7。

### 混凝土强度等级 C75、用 HRB335 箍筋（$f_{yv}=300N/mm^2$）时柱加密区的最小配箍率（%）

表 9.2-9

| 类别 | 抗震等级 | 箍筋形式 | 柱轴压比 | | | | | | | | |
|---|---|---|---|---|---|---|---|---|---|---|---|
| | | | ≤0.3 | 0.4 | 0.5 | 0.6 | 0.7 | 0.8 | 0.9 | 1.0 | 1.05 |
| 框架柱 | 特一级 | 普通箍、复合箍 | 1.352 | 1.465 | 1.690 | 1.916 | 2.141 | 1.479 | 2.817 | | |
| | | 螺旋箍、复合或连续复合矩形螺旋箍 | 1.127 | 1.240 | 1.465 | 1.690 | 1.916 | 2.254 | 2.592 | | |
| | 一级 | 普通箍、复合箍 | 1.127 | 1.240 | 1.465 | 1.690 | 1.916 | 2.254 | 2.592 | | |
| | | 螺旋箍、复合或连续复合矩形螺旋箍 | 0.902 | 1.014 | 1.240 | 1.465 | 1.690 | 2.028 | 2.366 | | |
| | 二级 | 普通箍、复合箍 | 0.902 | 1.014 | 1.240 | 1.465 | 1.690 | 1.916 | 2.141 | 2.479 | 2.704 |
| | | 螺旋箍、复合或连续复合矩形螺旋箍 | 0.676 | 0.789 | 1.014 | 1.240 | 1.465 | 1.690 | 1.916 | 2.254 | 2.479 |
| | 三级 | 普通箍、复合箍 | 0.676 | 0.789 | 1.014 | 1.240 | 1.465 | 1.690 | 1.916 | 2.254 | 2.479 |
| | | 螺旋箍、复合或连续复合矩形螺旋箍 | 0.564 | 0.676 | 0.789 | 1.014 | 1.240 | 1.465 | 1.690 | 2.028 | 2.254 |
| 框支柱 | 特一级 | 井字复合箍 | 1.600 | 1.600 | 1.803 | 2.028 | 2.253 | | | | |
| | | 复合螺旋箍 | 1.600 | 1.600 | 1.600 | 1.803 | 2.028 | | | | |
| | 一级 | 井字复合箍 | 1.500 | 1.500 | 1.690 | 1.916 | 2.141 | | | | |
| | | 复合螺旋箍 | 1.500 | 1.500 | 1.500 | 1.690 | 1.916 | | | | |
| | 二级 | 井字复合箍 | 1.500 | 1.500 | 1.500 | 1.690 | 1.916 | 2.141 | | | |
| | | 复合螺旋箍 | 1.500 | 1.500 | 1.500 | 1.500 | 1.690 | 1.916 | | | |

说明：同表 9.1-7。

**混凝土强度等级 C80、用 HRB335 箍筋($f_{yv}=300\text{N/mm}^2$)时柱加密区的最小配箍率(%)** **表 9.2-10**

| 类别 | 抗震等级 | 箍筋形式 | 柱轴压比 | | | | | | | | |
|---|---|---|---|---|---|---|---|---|---|---|---|
| | | | ≤0.3 | 0.4 | 0.5 | 0.6 | 0.7 | 0.8 | 0.9 | 1.0 | 1.05 |
| 框架柱 | 特一级 | 普通箍、复合箍 | 1.436 | 1.556 | 1.795 | 2.035 | 2.274 | 2.633 | 2.992 | | |
| | | 螺旋箍、复合或连续复合矩形螺旋箍 | 1.197 | 1.317 | 1.556 | 1.795 | 2.035 | 2.394 | 2.753 | | |
| | 一级 | 普通箍、复合箍 | 1.197 | 1.317 | 1.556 | 1.795 | 2.035 | 2.394 | 2.753 | | |
| | | 螺旋箍、复合或连续复合矩形螺旋箍 | 0.958 | 1.077 | 1.317 | 1.556 | 1.795 | 2.154 | 2.513 | | |
| | 二级 | 普通箍、复合箍 | 0.958 | 1.077 | 1.317 | 1.556 | 1.795 | 2.035 | 2.274 | 2.633 | 2.872 |
| | | 螺旋箍、复合或连续复合矩形螺旋箍 | 0.718 | 0.838 | 1.077 | 1.317 | 1.556 | 1.795 | 2.035 | 2.394 | 2.633 |
| | 三级 | 普通箍、复合箍 | 0.718 | 0.838 | 1.077 | 1.317 | 1.556 | 1.795 | 2.035 | 2.394 | 2.633 |
| | | 螺旋箍、复合或连续复合矩形螺旋箍 | 0.599 | 0.718 | 0.838 | 1.077 | 1.317 | 1.556 | 1.795 | 2.154 | 2.394 |
| 框支柱 | 特一级 | 井字复合箍 | 1.600 | 1.675 | 1.915 | 2.154 | 2.393 | | | | |
| | | 复合螺旋箍 | 1.600 | 1.600 | 1.675 | 1.915 | 2.154 | | | | |
| | 一级 | 井字复合箍 | 1.500 | 1.556 | 1.795 | 2.035 | 2.274 | | | | |
| | | 复合螺旋箍 | 1.500 | 1.500 | 1.556 | 1.795 | 2.035 | | | | |
| | 二级 | 井字复合箍 | 1.500 | 1.500 | 1.500 | 1.690 | 1.916 | 2.274 | | | |
| | | 复合螺旋箍 | 1.500 | 1.500 | 1.500 | 1.556 | 1.795 | 2.035 | | | |

说明:同表 9.1-7。

**混凝土强度等级 C65、用 HRB335 箍筋($f_{yv}=300\text{N/mm}^2$)时柱加密区的最小配箍率(%)** **表 9.2-11**

| 类别 | 抗震等级 | 箍筋形式 | 柱轴压比 | | | | | | | | |
|---|---|---|---|---|---|---|---|---|---|---|---|
| | | | ≤0.3 | 0.4 | 0.5 | 0.6 | 0.7 | 0.8 | 0.9 | 1.0 | 1.05 |
| 框架柱 | 一级 | 复合箍 | 1.188 | 1.287 | 1.485 | 1.683 | 1.980 | 2.277 | 2.574 | | |
| | | 复合螺旋箍或连续复合矩形螺旋箍 | 0.990 | 1.089 | 1.287 | 1.485 | 1.782 | 2.079 | 2.376 | | |
| | 二级 | 复合箍 | 0.990 | 1.089 | 1.287 | 1.485 | 1.782 | 1.980 | 2.178 | 2.475 | 2.673 |
| | | 复合螺旋箍或连续复合矩形螺旋箍 | 0.792 | 0.891 | 1.089 | 1.287 | 1.584 | 1.782 | 1.980 | 2.277 | 2.475 |
| | 三级 | 复合箍 | 0.792 | 0.891 | 1.089 | 1.287 | 1.584 | 1.782 | 1.980 | 2.277 | 2.475 |
| | | 复合螺旋箍或连续复合矩形螺旋箍 | 0.693 | 0.792 | 0.891 | 1.089 | 1.386 | 1.584 | 1.782 | 2.079 | 2.277 |
| 框支柱 | 一级 | 井字复合箍 | 1.500 | 1.500 | 1.500 | 1.683 | 1.881 | | | | |
| | | 复合螺旋箍 | 1.500 | 1.500 | 1.500 | 1.500 | 1.683 | | | | |
| | 二级 | 井字复合箍 | 1.500 | 1.500 | 1.500 | 1.500 | 1.683 | 1.881 | | | |
| | | 复合螺旋箍 | 1.500 | 1.500 | 1.500 | 1.500 | 1.500 | 1.683 | | | |

说明:同表 9.1-11。

**混凝土强度等级 C70、用 HRB335 箍筋($f_{yv}=300N/mm^2$)时柱加密区的最小配箍率(%)** 表 9.2-12

| 类别 | 抗震等级 | 箍筋形式 | 柱轴压比 | | | | | | | | |
|---|---|---|---|---|---|---|---|---|---|---|---|
| | | | ≤0.3 | 0.4 | 0.5 | 0.6 | 0.7 | 0.8 | 0.9 | 1.0 | 1.05 |
| 框架柱 | 一级 | 复合箍 | 1.272 | 1.378 | 1.590 | 1.802 | 2.120 | 2.438 | 2.756 | | |
| | | 复合螺旋箍或连续复合矩形螺旋箍 | 1.060 | 1.166 | 1.378 | 1.590 | 1.908 | 2.226 | 2.544 | | |
| | 二级 | 复合箍 | 1.060 | 1.166 | 1.378 | 1.590 | 1.908 | 2.120 | 2.332 | 2.650 | 2.862 |
| | | 复合螺旋箍或连续复合矩形螺旋箍 | 0.848 | 0.954 | 1.166 | 1.378 | 1.696 | 1.908 | 2.120 | 2.438 | 2.650 |
| | 三级 | 复合箍 | 0.848 | 0.954 | 1.166 | 1.378 | 1.696 | 1.908 | 2.120 | 2.438 | 2.650 |
| | | 复合螺旋箍或连续复合矩形螺旋箍 | 0.636 | 0.742 | 0.954 | 1.166 | 1.484 | 1.696 | 1.908 | 2.226 | 2.438 |
| 框支柱 | 一级 | 井字复合箍 | 1.500 | 1.500 | 1.500 | 1.683 | 1.881 | | | | |
| | | 复合螺旋箍 | 1.500 | 1.500 | 1.500 | 1.500 | 1.683 | | | | |
| | 二级 | 井字复合箍 | 1.500 | 1.500 | 1.500 | 1.500 | 1.683 | 1.881 | | | |
| | | 复合螺旋箍 | 1.500 | 1.500 | 1.500 | 1.500 | 1.500 | 1.683 | | | |

说明:同表 9.1-11。

**混凝土强度等级 C75、用 HRB335 箍筋($f_{yv}=300N/mm^2$)时柱加密区的最小配箍率(%)** 表 9.2-13

| 类别 | 抗震等级 | 箍筋形式 | 柱轴压比 | | | | | | | | |
|---|---|---|---|---|---|---|---|---|---|---|---|
| | | | ≤0.3 | 0.4 | 0.5 | 0.6 | 0.7 | 0.8 | 0.9 | 1.0 | 1.05 |
| 框架柱 | 一级 | 复合箍 | 1.352 | 1.465 | 1.690 | 1.916 | 2.254 | 2.592 | 2.930 | | |
| | | 复合螺旋箍或连续复合矩形螺旋箍 | 1.127 | 1.240 | 1.465 | 1.690 | 2.028 | 2.366 | 2.704 | | |
| | 二级 | 复合箍 | 1.127 | 1.240 | 1.465 | 1.690 | 2.028 | 2.254 | 2.479 | 2.817 | 3.042 |
| | | 复合螺旋箍或连续复合矩形螺旋箍 | 0.902 | 1.014 | 1.240 | 1.465 | 1.803 | 2.028 | 2.254 | 2.592 | 2.817 |
| | 三级 | 复合箍 | 0.902 | 1.014 | 1.240 | 1.465 | 1.803 | 2.028 | 2.254 | 2.592 | 2.817 |
| | | 复合螺旋箍或连续复合矩形螺旋箍 | 0.789 | 0.902 | 1.014 | 1.240 | 1.578 | 1.803 | 2.028 | 2.366 | 2.592 |
| 框支柱 | 一级 | 井字复合箍 | 1.500 | 1.500 | 1.690 | 1.916 | 2.141 | | | | |
| | | 复合螺旋箍 | 1.500 | 1.500 | 1.500 | 1.690 | 1.916 | | | | |
| | 二级 | 井字复合箍 | 1.500 | 1.500 | 1.500 | 1.690 | 1.916 | 2.141 | | | |
| | | 复合螺旋箍 | 1.500 | 1.500 | 1.500 | 1.500 | 1.690 | 1.916 | | | |

说明:同表 9.1-11。

混凝土强度等级 C80、用 HRB335 箍筋($f_{yv}=300N/mm^2$)

时柱加密区的最小配箍率(%)　　　　表 9.2-14

| 类别 | 抗震等级 | 箍筋形式 | 柱轴压比 | | | | | | | | |
|---|---|---|---|---|---|---|---|---|---|---|---|
| | | | ≤0.3 | 0.4 | 0.5 | 0.6 | 0.7 | 0.8 | 0.9 | 1.0 | 1.05 |
| 框架柱 | 一级 | 复合箍 | 1.436 | 1.556 | 1.795 | 2.035 | 2.394 | 2.753 | 3.112 | | |
| | | 复合螺旋箍或连续复合矩形螺旋箍 | 1.197 | 1.317 | 1.556 | 1.795 | 2.154 | 2.513 | 2.872 | | |
| | 二级 | 复合箍 | 1.197 | 1.317 | 1.556 | 1.795 | 2.154 | 2.394 | 2.633 | 2.992 | 3.231 |
| | | 复合螺旋箍或连续复合矩形螺旋箍 | 0.958 | 1.077 | 1.317 | 1.556 | 1.915 | 2.154 | 2.394 | 2.753 | 2.992 |
| | 三级 | 复合箍 | 0.958 | 1.077 | 1.317 | 1.556 | 1.915 | 2.154 | 2.394 | 2.753 | 2.992 |
| | | 复合螺旋箍或连续复合矩形螺旋箍 | 0.838 | 0.958 | 1.077 | 1.317 | 1.676 | 1.915 | 2.154 | 2.513 | 2.753 |
| 框支柱 | 一级 | 井字复合箍 | 1.500 | 1.556 | 1.795 | 2.035 | 2.274 | | | | |
| | | 复合螺旋箍 | 1.500 | 1.500 | 1.556 | 1.795 | 2.035 | | | | |
| | 二级 | 井字复合箍 | 1.500 | 1.500 | 1.500 | 1.690 | 1.916 | 2.274 | | | |
| | | 复合螺旋箍 | 1.500 | 1.500 | 1.500 | 1.556 | 1.795 | 2.035 | | | |

说明:同表 9.1-11。

## (三)用 HRB400 或 CRB550 级冷轧带肋箍筋($f_{yv}=360N/mm^2$)时柱加密区的最小配箍率(%)

混凝土强度等级≤C35、用 HRB400 或 CRB550 级冷轧带肋箍筋($f_{yv}=360N/mm^2$)

时柱加密区的最小配箍率(%)　　　　表 9.3-1

| 类别 | 抗震等级 | 箍筋形式 | 柱轴压比 | | | | | | | | |
|---|---|---|---|---|---|---|---|---|---|---|---|
| | | | ≤0.3 | 0.4 | 0.5 | 0.6 | 0.7 | 0.8 | 0.9 | 1.0 | 1.05 |
| 框架柱 | 特一级 | 普通箍、复合箍 | 0.800 | 0.800 | 0.800 | 0.800 | 0.881 | 1.021 | 1.160 | | |
| | | 螺旋箍、复合或连续复合矩形螺旋箍 | 0.800 | 0.800 | 0.800 | 0.800 | 0.800 | 0.928 | 1.067 | | |
| | 一级 | 普通箍、复合箍 | 0.800 | 0.800 | 0.800 | 0.800 | 0.800 | 0.928 | 1.067 | | |
| | | 螺旋箍、复合或连续复合矩形螺旋箍 | 0.800 | 0.800 | 0.800 | 0.800 | 0.800 | 0.835 | 0.974 | | |
| | 二级 | 普通箍、复合箍 | 0.600 | 0.006 | 0.600 | 0.603 | 0.696 | 0.789 | 0.882 | 1.021 | 1.114 |
| | | 螺旋箍、复合或连续复合矩形螺旋箍 | 0.600 | 0.006 | 0.600 | 0.600 | 0.603 | 0.696 | 0.789 | 0.928 | 1.021 |
| | 三级 | 普通箍、复合箍 | 0.400 | 0.400 | 0.418 | 0.511 | 0.603 | 0.696 | 0.789 | 0.928 | 1.021 |
| | | 螺旋箍、复合或连续复合矩形螺旋箍 | 0.400 | 0.400 | 0.400 | 0.418 | 0.511 | 0.603 | 0.696 | 0.835 | 0.928 |
| 框支柱 | 特一级 | 井字复合箍 | 1.600 | 1.600 | 1.600 | 1.600 | 1.600 | | | | |
| | | 复合螺旋箍 | 1.600 | 1.600 | 1.600 | 1.600 | 1.600 | | | | |
| | 一级 | 井字复合箍 | 1.500 | 1.500 | 1.500 | 1.500 | 1.500 | | | | |
| | | 复合螺旋箍 | 1.500 | 1.500 | 1.500 | 1.500 | 1.500 | | | | |
| | 二级 | 井字复合箍 | 1.500 | 1.500 | 1.500 | 1.500 | 1.500 | 1.500 | | | |
| | | 复合螺旋箍 | 1.500 | 1.500 | 1.500 | 1.500 | 1.500 | 1.500 | | | |

说明:同表 9.1-1。

混凝土强度等级 C40、用 HRB400 或 CRB550 级冷轧带肋箍筋($f_{yv}=360N/mm^2$)时柱加密区的最小配箍率(%)

表 9.3-2

| 类别 | 抗震等级 | 箍筋形式 | 柱轴压比 | | | | | | | | |
|---|---|---|---|---|---|---|---|---|---|---|---|
| | | | ≤0.3 | 0.4 | 0.5 | 0.6 | 0.7 | 0.8 | 0.9 | 1.0 | 1.05 |
| 框架柱 | 特一级 | 普通箍、复合箍 | 0.800 | 0.800 | 0.800 | 0.902 | 1.008 | 1.167 | 1.326 | | |
| | | 螺旋箍、复合或连续复合矩形螺旋箍 | 0.800 | 0.800 | 0.800 | 0.800 | 0.902 | 1.061 | 1.221 | | |
| | 一级 | 普通箍、复合箍 | 0.800 | 0.800 | 0.800 | 0.800 | 0.902 | 1.061 | 1.221 | | |
| | | 螺旋箍、复合或连续复合矩形螺旋箍 | 0.800 | 0.800 | 0.800 | 0.800 | 0.800 | 0.955 | 1.114 | | |
| | 二级 | 普通箍、复合箍 | 0.600 | 0.600 | 0.600 | 0.690 | 0.796 | 0.902 | 1.008 | 1.167 | 1.274 |
| | | 螺旋箍、复合或连续复合矩形螺旋箍 | 0.600 | 0.600 | 0.600 | 0.600 | 0.690 | 0.796 | 0.902 | 1.061 | 1.167 |
| | 三级 | 普通箍、复合箍 | 0.400 | 0.400 | 0.478 | 0.584 | 0.690 | 0.796 | 0.902 | 1.061 | 1.167 |
| | | 螺旋箍、复合或连续复合矩形螺旋箍 | 0.400 | 0.400 | 0.400 | 0.478 | 0.584 | 0.690 | 0.796 | 0.955 | 1.061 |
| 框支柱 | 特一级 | 井字复合箍 | 1.600 | 1.600 | 1.600 | 1.600 | 1.600 | | | | |
| | | 复合螺旋箍 | 1.600 | 1.600 | 1.600 | 1.600 | 1.600 | | | | |
| | 一级 | 井字复合箍 | 1.500 | 1.500 | 1.500 | 1.500 | 1.500 | | | | |
| | | 复合螺旋箍 | 1.500 | 1.500 | 1.500 | 1.500 | 1.500 | | | | |
| | 二级 | 井字复合箍 | 1.500 | 1.500 | 1.500 | 1.500 | 1.500 | 1.500 | | | |
| | | 复合螺旋箍 | 1.500 | 1.500 | 1.500 | 1.500 | 1.500 | 1.500 | | | |

说明:同表 9.1-1。

混凝土强度等级 C45、用 HRB400 或 CRB550 级冷轧带肋箍筋($f_{yv}=360N/mm^2$)时柱加密区的最小配箍率(%)

表 9.3-3

| 类别 | 抗震等级 | 箍筋形式 | 柱轴压比 | | | | | | | | |
|---|---|---|---|---|---|---|---|---|---|---|---|
| | | | ≤0.3 | 0.4 | 0.5 | 0.6 | 0.7 | 0.8 | 0.9 | 1.0 | 1.05 |
| 框架柱 | 特一级 | 普通箍、复合箍 | 0.800 | 0.800 | 0.879 | 0.997 | 1.114 | 1.289 | 1.465 | | |
| | | 螺旋箍、复合或连续复合矩形螺旋箍 | 0.800 | 0.800 | 0.800 | 0.879 | 0.997 | 1.173 | 1.348 | | |
| | 一级 | 普通箍、复合箍 | 0.800 | 0.800 | 0.800 | 0.879 | 0.997 | 1.173 | 1.348 | | |
| | | 螺旋箍、复合或连续复合矩形螺旋箍 | 0.800 | 0.800 | 0.800 | 0.800 | 0.879 | 1.055 | 1.231 | | |
| | 二级 | 普通箍、复合箍 | 0.600 | 0.600 | 0.645 | 0.762 | 0.879 | 0.997 | 1.114 | 1.290 | 1.407 |
| | | 螺旋箍、复合或连续复合矩形螺旋箍 | 0.600 | 0.600 | 0.600 | 0.645 | 0.762 | 0.879 | 0.997 | 1.173 | 1.290 |
| | 三级 | 普通箍、复合箍 | 0.400 | 0.411 | 0.528 | 0.645 | 0.762 | 0.879 | 0.997 | 1.173 | 1.290 |
| | | 螺旋箍、复合或连续复合矩形螺旋箍 | 0.400 | 0.400 | 0.411 | 0.528 | 0.645 | 0.762 | 0.879 | 1.055 | 1.173 |
| 框支柱 | 特一级 | 井字复合箍 | 1.600 | 1.600 | 1.600 | 1.600 | 1.600 | | | | |
| | | 复合螺旋箍 | 1.600 | 1.600 | 1.600 | 1.600 | 1.600 | | | | |
| | 一级 | 井字复合箍 | 1.500 | 1.500 | 1.500 | 1.500 | 1.500 | | | | |
| | | 复合螺旋箍 | 1.500 | 1.500 | 1.500 | 1.500 | 1.500 | | | | |
| | 二级 | 井字复合箍 | 1.500 | 1.500 | 1.500 | 1.500 | 1.500 | 1.500 | | | |
| | | 复合螺旋箍 | 1.500 | 1.500 | 1.500 | 1.500 | 1.500 | 1.500 | | | |

说明:同表 9.1-1。

混凝土强度等级C50、用HRB400或CRB550级冷轧带肋箍筋($f_{yv}=360N/mm^2$)时柱加密区的最小配箍率(%)　　表9.3-4

| 类别 | 抗震等级 | 箍筋形式 | 柱轴压比 | | | | | | | | |
|---|---|---|---|---|---|---|---|---|---|---|---|
| | | | ≤0.3 | 0.4 | 0.5 | 0.6 | 0.7 | 0.8 | 0.9 | 1.0 | 1.05 |
| 框架柱 | 特一级 | 普通箍、复合箍 | 0.800 | 0.834 | 0.963 | 1.091 | 1.219 | 1.417 | 1.604 | | |
| | | 螺旋箍、复合或连续复合矩形螺旋箍 | 0.800 | 0.800 | 0.834 | 0.963 | 1.091 | 1.284 | 1.476 | | |
| | 一级 | 普通箍、复合箍 | 0.800 | 0.800 | 0.834 | 0.963 | 1.091 | 1.284 | 1.476 | | |
| | | 螺旋箍、复合或连续复合矩形螺旋箍 | 0.800 | 0.800 | 0.800 | 0.834 | 0.963 | 1.155 | 1.348 | | |
| | 二级 | 普通箍、复合箍 | 0.600 | 0.600 | 0.706 | 0.834 | 0.963 | 1.091 | 1.220 | 1.412 | 1.540 |
| | | 螺旋箍、复合或连续复合矩形螺旋箍 | 0.600 | 0.600 | 0.600 | 0.706 | 0.834 | 0.963 | 1.091 | 1.284 | 1.412 |
| | 三级 | 普通箍、复合箍 | 0.400 | 0.449 | 0.578 | 0.706 | 0.834 | 0.963 | 1.091 | 1.284 | 1.412 |
| | | 螺旋箍、复合或连续复合矩形螺旋箍 | 0.400 | 0.400 | 0.449 | 0.578 | 0.706 | 0.834 | 0.963 | 1.155 | 1.284 |
| 框支柱 | 特一级 | 井字复合箍 | 1.600 | 1.600 | 1.600 | 1.600 | 1.600 | | | | |
| | | 复合螺旋箍 | 1.600 | 1.600 | 1.600 | 1.600 | 1.600 | | | | |
| | 一级 | 井字复合箍 | 1.500 | 1.500 | 1.500 | 1.500 | 1.500 | | | | |
| | | 复合螺旋箍 | 1.500 | 1.500 | 1.500 | 1.500 | 1.500 | | | | |
| | 二级 | 井字复合箍 | 1.500 | 1.500 | 1.500 | 1.500 | 1.500 | 1.500 | | | |
| | | 复合螺旋箍 | 1.500 | 1.500 | 1.500 | 1.500 | 1.500 | 1.500 | | | |

说明:同表9.1-1。

混凝土强度等级C55、用HRB400或CRB550级冷轧带肋箍筋($f_{yv}=360N/mm^2$)时柱加密区的最小配箍率(%)　　表9.3-5

| 类别 | 抗震等级 | 箍筋形式 | 柱轴压比 | | | | | | | | |
|---|---|---|---|---|---|---|---|---|---|---|---|
| | | | ≤0.3 | 0.4 | 0.5 | 0.6 | 0.7 | 0.8 | 0.9 | 1.0 | 1.05 |
| 框架柱 | 特一级 | 普通箍、复合箍 | 0.812 | 0.914 | 1.054 | 1.195 | 1.335 | 1.546 | 1.757 | | |
| | | 螺旋箍、复合或连续复合矩形螺旋箍 | 0.800 | 0.800 | 0.914 | 1.054 | 1.195 | 1.406 | 1.617 | | |
| | 一级 | 普通箍、复合箍 | 0.800 | 0.800 | 0.914 | 1.054 | 1.195 | 1.406 | 1.617 | | |
| | | 螺旋箍、复合或连续复合矩形螺旋箍 | 0.800 | 0.800 | 0.800 | 0.914 | 1.054 | 1.265 | 1.476 | | |
| | 二级 | 普通箍、复合箍 | 0.600 | 0.633 | 0.773 | 0.914 | 1.054 | 1.195 | 1.336 | 1.546 | 1.687 |
| | | 螺旋箍、复合或连续复合矩形螺旋箍 | 0.600 | 0.600 | 0.633 | 0.773 | 0.914 | 1.054 | 1.195 | 1.406 | 1.546 |
| | 三级 | 普通箍、复合箍 | 0.422 | 0.492 | 0.633 | 0.773 | 0.914 | 1.054 | 1.195 | 1.406 | 1.546 |
| | | 螺旋箍、复合或连续复合矩形螺旋箍 | 0.400 | 0.422 | 0.492 | 0.633 | 0.773 | 0.914 | 1.054 | 1.265 | 1.406 |
| 框支柱 | 特一级 | 井字复合箍 | 1.600 | 1.600 | 1.600 | 1.600 | 1.600 | | | | |
| | | 复合螺旋箍 | 1.600 | 1.600 | 1.600 | 1.600 | 1.600 | | | | |
| | 一级 | 井字复合箍 | 1.500 | 1.500 | 1.500 | 1.500 | 1.500 | | | | |
| | | 复合螺旋箍 | 1.500 | 1.500 | 1.500 | 1.500 | 1.500 | | | | |
| | 二级 | 井字复合箍 | 1.500 | 1.500 | 1.500 | 1.500 | 1.500 | 1.500 | | | |
| | | 复合螺旋箍 | 1.500 | 1.500 | 1.500 | 1.500 | 1.500 | 1.500 | | | |

说明:同表9.1-1。

**混凝土强度等级 C60、用 HRB400 或 CRB550 级冷轧带肋箍筋($f_{yv}=360\mathrm{N/mm^2}$)时柱加密区的最小配箍率(%)** 　　表 9.3-6

| 类别 | 抗震等级 | 箍筋形式 | 柱轴压比 | | | | | | | | |
|---|---|---|---|---|---|---|---|---|---|---|---|
| | | | ≤0.3 | 0.4 | 0.5 | 0.6 | 0.7 | 0.8 | 0.9 | 1.0 | 1.05 |
| 框架柱 | 特一级 | 普通箍、复合箍 | 0.917 | 0.993 | 1.146 | 1.299 | 1.451 | 1.681 | 1.910 | | |
| | | 螺旋箍、复合或连续复合矩形螺旋箍 | 0.800 | 0.841 | 0.993 | 1.146 | 1.299 | 1.528 | 1.757 | | |
| | 一级 | 普通箍、复合箍 | 0.800 | 0.841 | 0.993 | 1.146 | 1.299 | 1.528 | 1.757 | | |
| | | 螺旋箍、复合或连续复合矩形螺旋箍 | 0.800 | 0.800 | 0.841 | 0.993 | 1.146 | 1.375 | 1.604 | | |
| | 二级 | 普通箍、复合箍 | 0.611 | 0.688 | 0.841 | 0.993 | 1.146 | 1.229 | 1.452 | 1.681 | 1.834 |
| | | 螺旋箍、复合或连续复合矩形螺旋箍 | 0.600 | 0.600 | 0.688 | 0.841 | 0.993 | 1.146 | 1.229 | 1.528 | 1.681 |
| | 三级 | 普通箍、复合箍 | 0.459 | 0.535 | 0.688 | 0.841 | 0.993 | 1.146 | 1.229 | 1.528 | 1.681 |
| | | 螺旋箍、复合或连续复合矩形螺旋箍 | 0.400 | 0.459 | 0.535 | 0.688 | 0.841 | 0.993 | 1.146 | 1.375 | 1.528 |
| 框支柱 | 特一级 | 井字复合箍 | 1.600 | 1.600 | 1.600 | 1.600 | 1.600 | | | | |
| | | 复合螺旋箍 | 1.600 | 1.600 | 1.600 | 1.600 | 1.600 | | | | |
| | 一级 | 井字复合箍 | 1.500 | 1.500 | 1.500 | 1.500 | 1.500 | | | | |
| | | 复合螺旋箍 | 1.500 | 1.500 | 1.500 | 1.500 | 1.500 | | | | |
| | 二级 | 井字复合箍 | 1.500 | 1.500 | 1.500 | 1.500 | 1.500 | 1.500 | | | |
| | | 复合螺旋箍 | 1.500 | 1.500 | 1.500 | 1.500 | 1.500 | 1.500 | | | |

说明:同表 9.1-1。

**混凝土强度等级 C65、用 HRB400 或 CRB550 级冷轧带肋箍筋($f_{yv}=360\mathrm{N/mm^2}$)时柱加密区的最小配箍率(%)** 　　表 9.3-7

| 类别 | 抗震等级 | 箍筋形式 | 柱轴压比 | | | | | | | | |
|---|---|---|---|---|---|---|---|---|---|---|---|
| | | | ≤0.3 | 0.4 | 0.5 | 0.6 | 0.7 | 0.8 | 0.9 | 1.0 | 1.05 |
| 框架柱 | 特一级 | 普通箍、复合箍 | 0.990 | 1.073 | 1.238 | 1.403 | 1.568 | 1.815 | 2.063 | | |
| | | 螺旋箍、复合或连续复合矩形螺旋箍 | 0.825 | 0.908 | 1.073 | 1.238 | 1.403 | 1.650 | 1.898 | | |
| | 一级 | 普通箍、复合箍 | 0.825 | 0.908 | 1.073 | 1.238 | 1.403 | 1.650 | 1.898 | | |
| | | 螺旋箍、复合或连续复合矩形螺旋箍 | 0.800 | 0.800 | 0.908 | 1.073 | 1.238 | 1.485 | 1.773 | | |
| | 二级 | 普通箍、复合箍 | 0.660 | 0.743 | 0.908 | 1.073 | 1.238 | 1.403 | 1.568 | 1.815 | 1.980 |
| | | 螺旋箍、复合或连续复合矩形螺旋箍 | 0.600 | 0.600 | 0.743 | 0.908 | 1.073 | 1.238 | 1.403 | 1.650 | 1.815 |
| | 三级 | 普通箍、复合箍 | 0.495 | 0.578 | 0.743 | 0.908 | 1.073 | 1.238 | 1.403 | 1.650 | 1.815 |
| | | 螺旋箍、复合或连续复合矩形螺旋箍 | 0.413 | 0.495 | 0.578 | 0.743 | 0.908 | 1.073 | 1.238 | 1.485 | 1.650 |
| 框支柱 | 特一级 | 井字复合箍 | 1.600 | 1.600 | 1.600 | 1.600 | 1.650 | | | | |
| | | 复合螺旋箍 | 1.600 | 1.600 | 1.600 | 1.600 | 1.600 | | | | |
| | 一级 | 井字复合箍 | 1.500 | 1.500 | 1.500 | 1.500 | 1.500 | | | | |
| | | 复合螺旋箍 | 1.500 | 1.500 | 1.500 | 1.500 | 1.500 | | | | |
| | 二级 | 井字复合箍 | 1.500 | 1.500 | 1.500 | 1.500 | 1.500 | 1.500 | | | |
| | | 复合螺旋箍 | 1.500 | 1.500 | 1.500 | 1.500 | 1.500 | 1.500 | | | |

说明:同表 9.1-7。

混凝土强度等级 C70、用 HRB400 或 CRB550 级冷轧带肋箍筋($f_{yv}=360N/mm^2$)时柱加密区的最小配箍率(%)　　表 9.3-8

| 类别 | 抗震等级 | 箍筋形式 | 柱轴压比 | | | | | | | | |
|---|---|---|---|---|---|---|---|---|---|---|---|
| | | | ≤0.3 | 0.4 | 0.5 | 0.6 | 0.7 | 0.8 | 0.9 | 1.0 | 1.05 |
| 框架柱 | 特一级 | 普通箍、复合箍 | 1.060 | 1.148 | 1.325 | 1.502 | 1.678 | 1.943 | 2.208 | | |
| | | 螺旋箍、复合或连续复合矩形螺旋箍 | 0.884 | 0.972 | 1.149 | 1.325 | 1.502 | 1.767 | 2.032 | | |
| | 一级 | 普通箍、复合箍 | 0.884 | 0.972 | 1.149 | 1.325 | 1.502 | 1.767 | 2.032 | | |
| | | 螺旋箍、复合或连续复合矩形螺旋箍 | 0.800 | 0.800 | 0.972 | 1.149 | 1.325 | 1.590 | 1.855 | | |
| | 二级 | 普通箍、复合箍 | 0.707 | 0.795 | 0.972 | 1.149 | 1.325 | 1.502 | 1.679 | 1.944 | 2.120 |
| | | 螺旋箍、复合或连续复合矩形螺旋箍 | 0.6 | 0.619 | 0.795 | 0.972 | 1.149 | 1.325 | 1.502 | 1.679 | 1.944 |
| | 三级 | 普通箍、复合箍 | 0.530 | 0.619 | 0.795 | 0.972 | 1.149 | 1.325 | 1.502 | 1.767 | 2.066 |
| | | 螺旋箍、复合或连续复合矩形螺旋箍 | 0.442 | 0.530 | 0.619 | 0.795 | 0.972 | 1.149 | 1.325 | 1.590 | 1.767 |
| 框支柱 | 特一级 | 井字复合箍 | 1.600 | 1.600 | 1.600 | 1.600 | 1.767 | | | | |
| | | 复合螺旋箍 | 1.600 | 1.600 | 1.600 | 1.600 | 1.600 | | | | |
| | 一级 | 井字复合箍 | 1.500 | 1.500 | 1.500 | 1.502 | 1.679 | | | | |
| | | 复合螺旋箍 | 1.500 | 1.500 | 1.500 | 1.500 | 1.502 | | | | |
| | 二级 | 井字复合箍 | 1.500 | 1.500 | 1.500 | 1.500 | 1.502 | 1.679 | | | |
| | | 复合螺旋箍 | 1.500 | 1.500 | 1.500 | 1.500 | 1.500 | 1.502 | | | |

说明:同表 9.1-7。

混凝土强度等级 C75、用 HRB400 或 CRB550 级冷轧带肋箍筋($f_{yv}=360N/mm^2$)时柱加密区的最小配箍率(%)　　表 9.3-9

| 类别 | 抗震等级 | 箍筋形式 | 柱轴压比 | | | | | | | | |
|---|---|---|---|---|---|---|---|---|---|---|---|
| | | | ≤0.3 | 0.4 | 0.5 | 0.6 | 0.7 | 0.8 | 0.9 | 1.0 | 1.05 |
| 框架柱 | 特一级 | 普通箍、复合箍 | 1.127 | 1.221 | 1.408 | 1.596 | 1.784 | 2.066 | 2.347 | | |
| | | 螺旋箍、复合或连续复合矩形螺旋箍 | 0.939 | 1.033 | 1.221 | 1.409 | 1.596 | 1.878 | 2.160 | | |
| | 一级 | 普通箍、复合箍 | 0.939 | 1.033 | 1.221 | 1.409 | 1.596 | 1.878 | 2.160 | | |
| | | 螺旋箍、复合或连续复合矩形螺旋箍 | 0.800 | 0.845 | 1.033 | 1.221 | 1.409 | 1.690 | 1.972 | | |
| | 二级 | 普通箍、复合箍 | 0.751 | 0.845 | 1.033 | 1.221 | 1.409 | 1.596 | 1.784 | 2.066 | 2.254 |
| | | 螺旋箍、复合或连续复合矩形螺旋箍 | 0.600 | 0.658 | 0.845 | 1.033 | 1.221 | 1.409 | 1.596 | 1.878 | 2.066 |
| | 三级 | 普通箍、复合箍 | 0.564 | 0.658 | 0.845 | 1.033 | 1.221 | 1.409 | 1.596 | 1.878 | 2.066 |
| | | 螺旋箍、复合或连续复合矩形螺旋箍 | 0.470 | 0.564 | 0.658 | 0.845 | 1.033 | 1.221 | 1.409 | 1.690 | 1.878 |
| 框支柱 | 特一级 | 井字复合箍 | 1.600 | 1.600 | 1.600 | 1.690 | 1.878 | | | | |
| | | 复合螺旋箍 | 1.600 | 1.600 | 1.600 | 1.600 | 1.690 | | | | |
| | 一级 | 井字复合箍 | 1.500 | 1.500 | 1.500 | 1.596 | 1.784 | | | | |
| | | 复合螺旋箍 | 1.500 | 1.500 | 1.500 | 1.500 | 1.596 | | | | |
| | 二级 | 井字复合箍 | 1.500 | 1.500 | 1.500 | 1.500 | 1.596 | 1.784 | | | |
| | | 复合螺旋箍 | 1.500 | 1.500 | 1.500 | 1.500 | 1.500 | 1.596 | | | |

说明:同表 9.1-7。

### 混凝土强度等级 C80、用 HRB400 或 CRB550 级冷轧带肋箍筋（$f_{yv}=360N/mm^2$）时柱加密区的最小配箍率（%）

表 9.3-10

| 类别 | 抗震等级 | 箍筋形式 | 柱轴压比 | | | | | | | | |
|---|---|---|---|---|---|---|---|---|---|---|---|
| | | | ≤0.3 | 0.4 | 0.5 | 0.6 | 0.7 | 0.8 | 0.9 | 1.0 | 1.05 |
| 框架柱 | 特一级 | 普通箍、复合箍 | 1.197 | 1.296 | 1.496 | 1.695 | 1.895 | 2.194 | 2.493 | | |
| | | 螺旋箍、复合或连续复合矩形螺旋箍 | 0.998 | 1.097 | 1.297 | 1.496 | 1.696 | 1.995 | 2.294 | | |
| | 一级 | 普通箍、复合箍 | 0.998 | 1.097 | 1.297 | 1.496 | 1.696 | 1.995 | 2.294 | | |
| | | 螺旋箍、复合或连续复合矩形螺旋箍 | 0.800 | 0.898 | 1.097 | 1.297 | 1.496 | 1.795 | 2.094 | | |
| | 二级 | 普通箍、复合箍 | 0.798 | 0.898 | 1.097 | 1.297 | 1.496 | 1.696 | 1.895 | 2.194 | 2.394 |
| | | 螺旋箍、复合或连续复合矩形螺旋箍 | 0.600 | 0.698 | 0.898 | 1.097 | 1.297 | 1.496 | 1.696 | 1.995 | 2.194 |
| | 三级 | 普通箍、复合箍 | 0.599 | 0.698 | 0.898 | 1.097 | 1.297 | 1.496 | 1.696 | 1.995 | 2.194 |
| | | 螺旋箍、复合或连续复合矩形螺旋箍 | 0.499 | 0.599 | 0.698 | 0.898 | 1.097 | 1.297 | 1.496 | 1.795 | 1.995 |
| 框支柱 | 特一级 | 井字复合箍 | 1.600 | 1.600 | 1.600 | 1.795 | 1.995 | | | | |
| | | 复合螺旋箍 | 1.600 | 1.600 | 1.600 | 1.600 | 1.795 | | | | |
| | 一级 | 井字复合箍 | 1.500 | 1.500 | 1.500 | 1.696 | 1.895 | | | | |
| | | 复合螺旋箍 | 1.500 | 1.500 | 1.500 | 1.500 | 1.696 | | | | |
| | 二级 | 井字复合箍 | 1.500 | 1.500 | 1.500 | 1.500 | 1.500 | 1.895 | | | |
| | | 复合螺旋箍 | 1.500 | 1.500 | 1.500 | 1.500 | 1.500 | 1.696 | | | |

说明：同表 9.1-7。

### 混凝土强度等级 C65、用 HRB400 或 CRB550 级冷轧带肋箍筋（$f_{yv}=360N/mm^2$）时柱加密区的最小配箍率（%）

表 9.3-11

| 类别 | 抗震等级 | 箍筋形式 | 柱轴压比 | | | | | | | | |
|---|---|---|---|---|---|---|---|---|---|---|---|
| | | | ≤0.3 | 0.4 | 0.5 | 0.6 | 0.7 | 0.8 | 0.9 | 1.0 | 1.05 |
| 框架柱 | 一级 | 普通箍、复合箍 | 0.990 | 1.073 | 1.238 | 1.403 | 1.650 | 1.898 | 2.145 | | |
| | | 螺旋箍、复合或连续复合矩形螺旋箍 | 0.825 | 0.908 | 1.073 | 1.238 | 1.485 | 1.773 | 1.980 | | |
| | 二级 | 普通箍、复合箍 | 0.825 | 0.908 | 1.073 | 1.238 | 1.485 | 1.650 | 1.815 | 2.063 | 2.228 |
| | | 螺旋箍、复合或连续复合矩形螺旋箍 | 0.660 | 0.743 | 0.908 | 1.073 | 1.320 | 1.485 | 1.650 | 1.898 | 2.063 |
| | 三级 | 普通箍、复合箍 | 0.660 | 0.743 | 0.908 | 1.073 | 1.320 | 1.485 | 1.650 | 1.898 | 2.063 |
| | | 螺旋箍、复合或连续复合矩形螺旋箍 | 0.578 | 0.660 | 0.743 | 0.908 | 1.155 | 1.320 | 1.485 | 1.773 | 1.898 |
| 框支柱 | 一级 | 井字复合箍 | 1.500 | 1.500 | 1.500 | 1.500 | 1.500 | | | | |
| | | 复合螺旋箍 | 1.500 | 1.500 | 1.500 | 1.500 | 1.500 | | | | |
| | 二级 | 井字复合箍 | 1.500 | 1.500 | 1.500 | 1.500 | 1.500 | 1.500 | | | |
| | | 复合螺旋箍 | 1.500 | 1.500 | 1.500 | 1.500 | 1.500 | 1.500 | | | |

说明：同表 9.1-11。

混凝土强度等级 C70、用 HRB400 或 CRB550 级冷轧带肋箍筋($f_{yv}=360\text{N/mm}^2$)时柱加密区的最小配箍率(%)

表 9.3-12

| 类别 | 抗震等级 | 箍筋形式 | 柱轴压比 | | | | | | | | |
|---|---|---|---|---|---|---|---|---|---|---|---|
| | | | ≤0.3 | 0.4 | 0.5 | 0.6 | 0.7 | 0.8 | 0.9 | 1.0 | 1.05 |
| 框架柱 | 一级 | 普通箍、复合箍 | 1.060 | 1.148 | 1.325 | 1.502 | 1.767 | 2.032 | 2.297 | | |
| | | 螺旋箍、复合或连续复合矩形螺旋箍 | 0.884 | 0.972 | 1.149 | 1.325 | 1.590 | 1.855 | 2.120 | | |
| | 二级 | 普通箍、复合箍 | 0.884 | 0.972 | 1.149 | 1.325 | 1.590 | 1.767 | 1.943 | 2.208 | 2.385 |
| | | 螺旋箍、复合或连续复合矩形螺旋箍 | 0.707 | 0.795 | 0.972 | 1.149 | 1.414 | 1.590 | 1.767 | 2.032 | 2.208 |
| | 三级 | 普通箍、复合箍 | 0.707 | 0.795 | 0.972 | 1.149 | 1.414 | 1.590 | 1.767 | 2.032 | 2.208 |
| | | 螺旋箍、复合或连续复合矩形螺旋箍 | 0.619 | 0.707 | 0.795 | 0.972 | 1.237 | 1.414 | 1.590 | 1.855 | 2.032 |
| 框支柱 | 一级 | 井字复合箍 | 1.500 | 1.500 | 1.500 | 1.502 | 1.679 | | | | |
| | | 复合螺旋箍 | 1.500 | 1.500 | 1.500 | 1.500 | 1.502 | | | | |
| | 二级 | 井字复合箍 | 1.500 | 1.500 | 1.500 | 1.500 | 1.502 | 1.679 | | | |
| | | 复合螺旋箍 | 1.500 | 1.500 | 1.500 | 1.500 | 1.500 | 1.502 | | | |

说明:同表 9.1-11。

混凝土强度等级 C75、用 HRB400 或 CRB550 级冷轧带肋箍筋($f_{yv}=360\text{N/mm}^2$)时柱加密区的最小配箍率(%)

表 9.3-13

| 类别 | 抗震等级 | 箍筋形式 | 柱轴压比 | | | | | | | | |
|---|---|---|---|---|---|---|---|---|---|---|---|
| | | | ≤0.3 | 0.4 | 0.5 | 0.6 | 0.7 | 0.8 | 0.9 | 1.0 | 1.05 |
| 框架柱 | 一级 | 普通箍、复合箍 | 1.127 | 1.221 | 1.408 | 1.596 | 1.878 | 2.160 | 2.441 | | |
| | | 螺旋箍、复合或连续复合矩形螺旋箍 | 0.939 | 1.033 | 1.221 | 1.409 | 1.690 | 1.972 | 2.254 | | |
| | 二级 | 普通箍、复合箍 | 0.939 | 1.033 | 1.221 | 1.409 | 1.690 | 1.878 | 2.066 | 2.347 | 2.535 |
| | | 螺旋箍、复合或连续复合矩形螺旋箍 | 0.751 | 0.845 | 1.033 | 1.221 | 1.502 | 1.690 | 1.878 | 2.160 | 2.347 |
| | 三级 | 普通箍、复合箍 | 0.751 | 0.845 | 1.033 | 1.221 | 1.502 | 1.690 | 1.878 | 2.160 | 2.347 |
| | | 螺旋箍、复合或连续复合矩形螺旋箍 | 0.658 | 0.751 | 0.845 | 1.033 | 1.315 | 1.502 | 1.690 | 1.972 | 2.160 |
| 框支柱 | 一级 | 井字复合箍 | 1.500 | 1.500 | 1.500 | 1.596 | 1.784 | | | | |
| | | 复合螺旋箍 | 1.500 | 1.500 | 1.500 | 1.500 | 1.596 | | | | |
| | 二级 | 井字复合箍 | 1.500 | 1.500 | 1.500 | 1.500 | 1.596 | 1.784 | | | |
| | | 复合螺旋箍 | 1.500 | 1.500 | 1.500 | 1.500 | 1.500 | 1.596 | | | |

说明:同表 9.1-11。

**混凝土强度等级 C80、用 HRB400 或 CRB550 级冷轧带肋箍筋($f_{yv}=360N/mm^2$)时柱加密区的最小配箍率(%)** **表 9.3-14**

| 类别 | 抗震等级 | 箍筋形式 | 柱轴压比 | | | | | | | | |
|---|---|---|---|---|---|---|---|---|---|---|---|
| | | | ≤0.3 | 0.4 | 0.5 | 0.6 | 0.7 | 0.8 | 0.9 | 1.0 | 1.05 |
| 框架柱 | 一级 | 普通箍、复合箍 | 1.197 | 1.296 | 1.496 | 1.695 | 1.995 | 2.294 | 2.593 | | |
| | | 螺旋箍、复合或连续复合矩形螺旋箍 | 0.998 | 1.097 | 1.297 | 1.496 | 1.795 | 2.095 | 2.394 | | |
| | 二级 | 普通箍、复合箍 | 0.998 | 1.097 | 1.297 | 1.496 | 1.795 | 1.995 | 2.194 | 2.493 | 2.693 |
| | | 螺旋箍、复合或连续复合矩形螺旋箍 | 0.798 | 0.898 | 1.097 | 1.297 | 1.596 | 1.795 | 1.995 | 2.294 | 2.493 |
| | 三级 | 普通箍、复合箍 | 0.798 | 0.898 | 1.097 | 1.297 | 1.596 | 1.795 | 1.995 | 2.294 | 2.493 |
| | | 螺旋箍、复合或连续复合矩形螺旋箍 | 0.698 | 0.798 | 0.898 | 1.097 | 1.396 | 1.596 | 1.795 | 2.095 | 2.294 |
| 框支柱 | 一级 | 井字复合箍 | 1.500 | 1.500 | 1.500 | 1.696 | 1.895 | | | | |
| | | 复合螺旋箍 | 1.500 | 1.500 | 1.500 | 1.500 | 1.696 | | | | |
| | 二级 | 井字复合箍 | 1.500 | 1.500 | 1.500 | 1.500 | 1.500 | 1.895 | | | |
| | | 复合螺旋箍 | 1.500 | 1.500 | 1.500 | 1.500 | 1.500 | 1.696 | | | |

说明:同表 9.1-11。

# 十　柱配筋表编制说明及例题

1. 柱纵向钢筋按一种直径、纵向钢筋间距≥50mm 并≤200mm、全部纵向钢筋的配筋率 $\rho=0.6\%\sim0.5\%$（小柱、装饰柱、构造柱全部纵向钢筋的配筋率 $\rho=0.5\%\sim5.0\%$）、矩形柱按对称配筋、一侧纵向钢筋配筋率≥0.2%编制。表中①号筋为纵向钢筋，②号箍筋为外箍（大箍），③、④号箍筋为内箍（小箍）或拉筋。

2. 当箍筋直径为 $\phi6\sim\phi14$mm 且柱子主筋直径 $d\leqslant30$mm 时，柱纵向钢筋的混凝土保护层厚度取 30mm；当箍筋直径为 $\phi16$mm 且柱纵向钢筋直径 $d\leqslant30$mm 时，柱纵向钢筋的混凝土保护层厚度取 31mm（因《混凝土结构设计规范》GB 50010—2002 第 9.2.3 条规定梁柱箍筋的保护层厚度不应小于 15mm）；当柱纵向钢筋直径 $d>30$mm 时，柱纵向钢筋的混凝土保护层厚度应取与纵向钢筋直径相同。当柱纵向钢筋混凝土保护层厚度 > 30mm 时，柱体积配箍率将大于表列数值。表中凡纵向钢筋直径 > 30mm、$\rho\geqslant3.0\%$ 或外箍直径≥16mm均用粗体字表示，以提示读者注意构造要求。表中 $\phi$ 仅代表钢筋直径而不代表钢筋种类。

3. 柱箍筋的体积配箍率按 $\rho_v=0.40\%\sim4.0\%$ 编制，计算体积配箍率时，重叠部分的箍筋体积不予计入。圆柱的大箍按单个圆形箍筋（即非螺旋箍）考虑。配箍率 $\rho_v$ 的定义按龚思礼主编的《建筑抗震设计手册》[11]（1997 年 7 月第一版）第 307 页：

$$\rho_v=\sum A_{si}l_{si}/(A_{cor}S)$$

式中　$A_{si}$、$l_{si}$——分别为第 $i$ 根箍筋的截面面积及长度（图 10.1）；

$A_{cor}$——从箍筋外边缘算起的箍筋包裹范围内的混凝土核心面积；

$S$——箍筋间距。

故　当大箍直径为 $\phi6\sim\phi14$ 时

$$l_{si}=b（或\ h）-60+2d_k（d_k\ 为箍筋直径）$$

$$A_{cor}=(b-60+2d_k)(h-60+2d_k)$$

当大箍直径为 $\phi16$ 时

$$l_{si}=b（或\ h）-30$$

$$A_{cor}=(b-30)(h-30)$$

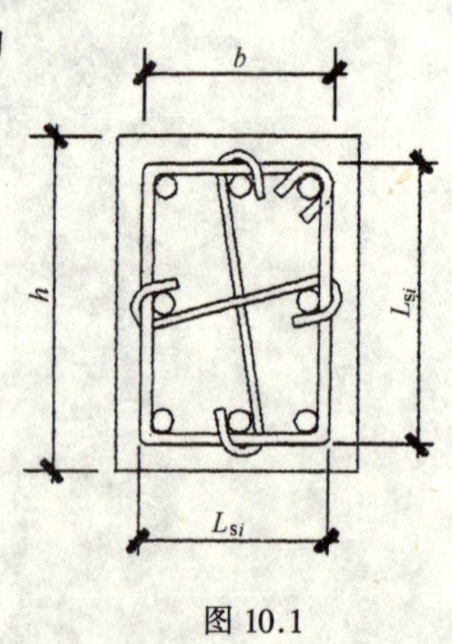


图 10.1

4. 箍筋间距均按@100 编制，当箍筋间距为 $l_k\neq100$ 时，则 $\rho_v=100\rho_{vi}/l_k$。

5. 柱非加密区箍筋间距可取@200。

6. 本表柱截面范围为：矩形截面柱 $b\times h=300\text{mm}\times300\text{mm}\sim1300\text{mm}\times1300\text{mm}$，圆形

截面柱 $D = 350 \sim 1200$mm。本表适用于抗震设计及非抗震设计。本表另列出 $b \times h <$ 300mm × 300mm 及 $D < 350$mm 柱的配筋（矩形柱配筋表中序号 1 ~ 23，圆柱配筋表中序号 1 ~ 16)，一般只可用于构造柱、小柱、装饰柱等。

7. 使用本表时，应由混凝土强度等级、抗震等级、轴压比、柱加密区箍筋的体积配箍率、箍筋肢距、纵向钢筋计算配筋量、计算箍筋面积等要求选定截面形式。

8. 由于规范对柱“箍筋肢距”的定义没有具体说明，多数设计人员都按字面理解为“每肢箍筋之间的水平距离”，笔者也是按这样理解来编制柱配筋表的，如内箍设为四边形（菱形）或六边形、八边形，箍筋的肢距和配箍率计算会更为繁杂，因此全设为井字复合箍或拉筋。

9.《建筑抗震设计规范》GB 50010—2001 第 6.3.9 ~ 6.3.12 条的条文说明中图 6.3.12 及《高层建筑混凝土结构技术规程》JGJ 3—2002 第 6.4.7 条的条文说明中图 3 均给出了柱箍筋形式示意或示例，二者是基本相同的，笔者将其整理为图 10.2 所示，但如何理解其“箍筋肢距”呢？如按字面理解为“每肢箍筋之间的水平距离”，则图 10.2 中的多数箍筋肢距有可能不满足规范关于抗震设计时的规定。中国建筑科学研究院建筑结构研究所、《高层建筑混凝土结构技术规程》编制组于 2002 年 8 月编写的《高层建筑混凝土结构技术规程 JGJ 3—2002 宣贯培训教材》[10] 第6 ~ 9 页指出：“应该注意的是，由于规范中有一个柱箍筋肢距不大于 200mm 的规定（仅对抗震等级为一级或特一级的框架柱而言——笔者注)，有不少设计人员在画图时，将箍筋肢距一律按均匀分布且不大于 200mm，如图 10.3（$a$）所示，这样将使浇捣混凝土发生困难。因为混凝土在浇捣时，是不允许从高处直接

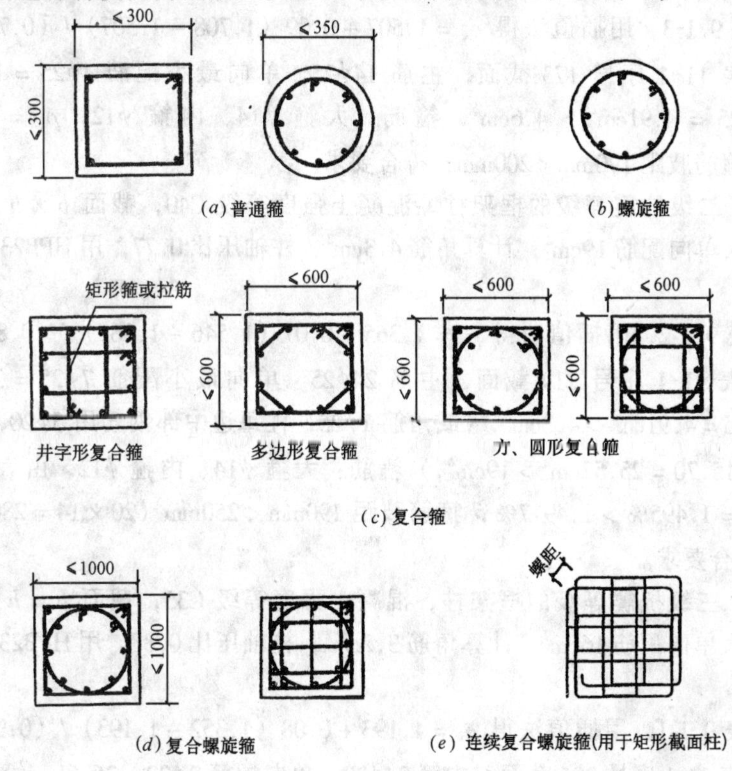


图 10.2 柱箍筋形式示例

坠落的，必须使用导管，将混凝土引导到根部，然后逐渐向上浇灌。如果箍筋肢距全部不大于200mm，将无法使用导管。国外设计单位在柱的横剖面中的箍筋布置，常如图10.3（$b$）所示，这样既便于施工，对柱钢筋的拉结，也符合要求。当柱截面很大，且为矩形时，例如1.2m×2.4m等等，应考虑留2个导管的位置。"这样看来，《建筑抗震设计规范》GB 50010—2001及《高层建筑混凝土结构技术规程》JGJ 3—2002编制者似乎都是把"箍筋肢距"定义为"柱纵向钢筋的箍筋拉接点之间的距离"，那"箍筋肢距"似乎应改为"箍筋支距"。笔者建议新规范的编制者们对"箍筋肢距"的定义给予具体说明，以统一全国广大建筑结构设计人员的认识。在本书柱配筋表中找不到如图10.2中"多边形复合箍"及图10.3（$b$）所示的箍筋形式，读者应按实际箍筋布置形式计算柱箍筋加密区的体积配箍率。

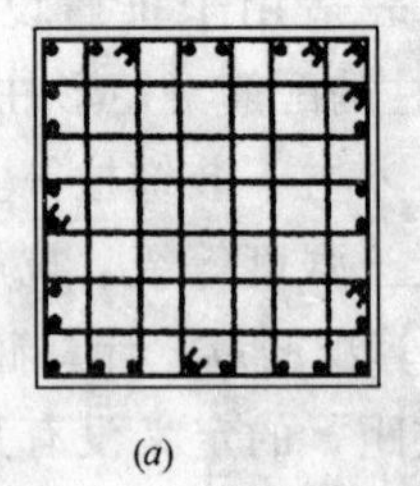
(*a*)

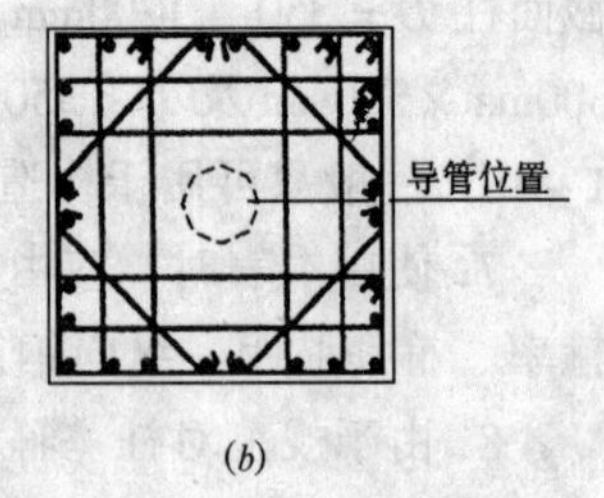

(*b*)

图10.3

10. 使用本书柱配筋表前应仔细阅读、熟悉规范关于柱配筋的规定。

11. 例题：

1) **【例1】**：一级抗震等级的框架柱，混凝土强度等级C45，截面 $b \times h = 600\text{mm} \times 800\text{mm}$，计算最大单向配筋 $18\text{cm}^2$，计算角筋 $4.6\text{cm}^2$，柱轴压比0.69，用HPB235箍筋，试选用截面形式。

**【解】** 查表9.1-3，用插值法得 $\rho_v = 1.507 + 0.09(1.708 - 1.507)/(0.7 - 0.6) = 1.6879\%$，选用表11-1序号173截面，主筋14$\phi$25，单向最小配筋 $4\phi25 = 19.64\text{cm}^2 > 18\text{cm}^2$，角筋 $1\phi25 = 4.91\text{cm}^2 > 4.6\text{cm}^2$，箍筋：大箍$\phi$14、内箍$\phi$12，$\rho_v = 1.783\% > 1.6879\%$，最大箍筋肢距 $190\text{mm} < 200\text{mm}$，符合要求。

2) **【例2】**：二级抗震等级的框架柱，混凝土强度等级C40，截面 $b \times h = 700\text{mm} \times 800\text{mm}$，计算最大单向配筋 $19\text{cm}^2$，计算角筋 $4.3\text{cm}^2$，柱轴压比0.77，用HPB235箍筋，试选用截面形式。

**【解】** 查表9.1-2，用插值法得 $\rho_v = 1.365 + 0.07(1.546 - 1.365)/(0.8 - 0.7) = 1.4917\%$，选用表11-1序号214截面，主筋24$\phi$25，单向最小配筋 $7\phi25 = 34.36\text{cm}^2 > 19\text{cm}^2$，角筋 $1\phi25 = 4.91\text{cm}^2 > 4.3\text{cm}^2$，（或角筋1$\phi$25，柱每边中部钢筋用5$\phi$20，$A_s = 2\phi25 + 5\phi20 = 9.82 + 15.70 = 25.52\text{cm}^2 > 19\text{cm}^2$，）箍筋：大箍$\phi$14、内箍$\phi$12，由表11-1序号211截面，得 $\rho_v = 1.495\% > 1.4917\%$，箍筋肢距 $190\text{mm} < 250\text{mm}$（$20 \times 14 = 280\text{mm}$、$20 \times 12 = 240\text{mm}$），符合要求。

3) **【例3】**：三级抗震等级的框架柱，混凝土强度等级C35，截面 $b \times h = 700\text{mm} \times 700\text{mm}$，计算最大单向配筋 $16\text{cm}^2$，计算角筋 $3.2\text{cm}^2$，柱轴压比0.88，用HPB235箍筋，试选用截面形式。

**【解】** 查表9.1-1，用插值法得 $\rho_v = 1.193 + 0.08(1.352 - 1.193)/(0.9 - 0.8) = 1.3202\%$，选用表11-1序号205截面，主筋24$\phi$22，单向配筋 $7\phi22 = 26.61\text{cm}^2 > 14\text{cm}^2$，角筋 $1\phi22 = 3.80\text{cm}^2 > 3.2\text{cm}^2$，（或角筋1$\phi$22，柱每边中部钢筋用5$\phi$20，$A_s = 2\phi22 + 5\phi20 =$

$7.60 + 15.70 = 23.30cm^2 > 19cm^2$，）箍筋：大箍 $\phi12$，内箍 $\phi12$，$\rho_v = 1.363\% > 1.3202\%$，箍筋肢距 220mm < 250mm（20 × 12 = 240mm），符合要求。

4）**【例 4】**：三级抗震等级的框架柱，混凝土强度等级 C30，截面 $b \times h = 500mm \times 500mm$，计算最大单向配筋 $14cm^2$，计算角筋 $3.1cm^2$，柱轴压比 0.89，用 HPB235 箍筋，试选用截面形式。

**【解】** 查表 9.1-1，用插值法得 $\rho_v = 1.193 + 0.09（1.352 - 1.193）/（0.9 - 0.8） = 1.3361\%$，选用表 11-1 序号 92 截面，主筋 $12\phi22$，单向配筋 $4\phi22 = 15.20cm^2 > 14cm^2$，角筋 $1\phi22 = 3.80cm^2 > 3.1cm^2$，箍筋：大箍 $\phi10$、内箍 $\phi10$，$\rho_v = 1.366\% > 1.3361\%$，箍筋肢距 160mm < 250mm（20 × 10 = 200mm），符合要求。

5）**【例 5】**：二级抗震等级的圆形截面框架柱，直径 $D = 650mm$，混凝土强度等级 C30，计算全部钢筋面积 $49cm^2$，柱轴压比 0.78，用 HRB335 箍筋，试选用截面形式。

**【解】** 查表 9.2-1，用插值法得 $\rho_v = 0.835 + 0.08（0.947 - 0.835）/（0.8 - 0.7） = 0.9246\%$，选用表 11-2 序号 32 截面，主筋 $12\phi25 = 58.91cm^2 > 49cm^2$，箍筋：大箍 $\phi10$、内箍 $\phi8$，$\rho_v = 1.088\% > 0.9246\%$，箍筋肢距 170mm < 200mm，符合要求。

# 十一、柱配筋表

**矩形截面柱配筋表** 　　　　**表 11-1**

| 序号 | $b\times h$ (mm) | 截面形式（最大箍筋肢距/mm） | 主筋 ① | $A_S$ ($mm^2$) | $\rho=A_S/(bh)$ (%) | 箍筋 ② | 备注 |
|---|---|---|---|---|---|---|---|
| 1 | 100×100 | | $4\phi8$ | 201 | 2.010 | $\phi6$ 或 $\phi6.5$ 或 $\phi8$@100～200 | 仅用于小柱、装饰柱、构造柱等 |
| | | | **$4\phi10$** | **314** | **3.141** | | |
| | | | **$4\phi12$** | **452** | **4.523** | | |
| 2 | 120×120 | | $4\phi8$ | 201 | 1.396 | | |
| | | | $4\phi10$ | 314 | 2.180 | | |
| | | | **$4\phi12$** | **452** | **3.141** | | |
| 3 | 150×150 | | $4\phi8$ | 201 | 0.893 | | |
| | | | $4\phi10$ | 314 | 1.395 | | |
| | | | $4\phi12$ | 452 | 2.001 | | |
| | | | $4\phi14$ | 616 | 2.733 | | |
| | | | **$4\phi16$** | **804** | **3.574** | | |
| 4 | 150×200 | | $4\phi10$ | 314 | 1.047 | | |
| | | | $4\phi12$ | 452 | 1.507 | | |
| | | | $4\phi14$ | 616 | 2.030 | | |
| | | | $4\phi16$ | 804 | 2.680 | | |
| | | | **$4\phi18$** | **1018** | **3.393** | | |
| 5 | 180×180 | | $4\phi10$ | 314 | 0.969 | | |
| | | | $4\phi12$ | 452 | 1.395 | | |
| | | | $4\phi14$ | 616 | 1.896 | | |
| | | | $4\phi16$ | 804 | 2.481 | | |
| | | | **$4\phi18$** | **1018** | **3.141** | | |
| 6 | 180×240 | | $4\phi10$ | 314 | 0.727 | | |
| | | | $4\phi12$ | 452 | 1.046 | | |
| | | | $4\phi14$ | 616 | 1.424 | | |
| | | | $4\phi16$ | 804 | 1.861 | | |
| | | | $4\phi18$ | 1018 | 2.354 | | |
| | | | **$4\phi20$** | **1256** | **2.907** | | |
| | | | **$4\phi22$** | **1520** | **3.520** | | |

续表

| 序号 | $b \times h$（mm） | 截面形式（最大箍筋肢距/mm） | 主筋 | | | 箍筋 | 备注 |
|---|---|---|---|---|---|---|---|
| | | | ① | $A_S$（$mm^2$） | $\rho = A_S/(bh)$（%） | ② | |
| 7 | 200 × 200 | | 4φ10 | 314 | 0.785 | φ6 或 φ6.5 或 φ8 @100 ~ 200 | 仅用于小柱、装饰柱、构造柱等 |
| | | | 4φ12 | 452 | 1.130 | | |
| | | | 4φ14 | 616 | 1.538 | | |
| | | | 4φ16 | 804 | 2.010 | | |
| | | | 4φ18 | 1018 | 2.543 | | |
| | | | **4φ20** | **1256** | **3.142** | | |
| 8 | 200 × 250 | | 4φ10 | 314 | 0.628 | | |
| | | | 4φ12 | 452 | 0.904 | | |
| | | | 4φ14 | 616 | 1.230 | | |
| | | | 4φ16 | 804 | 1.608 | | |
| | | | 4φ18 | 1018 | 2.034 | | |
| | | | 4φ20 | 1256 | 2.512 | | |
| 9 | 200 × 300 | | 4φ12 | 452 | 0.753 | | |
| | | | 4φ14 | 616 | 1.027 | | |
| | | | 4φ16 | 804 | 1.340 | | |
| | | | 4φ18 | 1018 | 1.697 | | |
| | | | 4φ20 | 1256 | 2.093 | | |
| | | | 4φ22 | 1520 | 2.533 | | |
| 10 | 200 × 300 | | 6φ10 | 471 | 0.785 | | |
| | | | 6φ12 | 678 | 1.130 | | |
| | | | 6φ14 | 924 | 1.538 | | |
| | | | 6φ16 | 1206 | 2.010 | | |
| | | | 6φ18 | 1527 | 2.543 | | |
| 11 | 240 × 240 | | 4φ10 | 314 | 0.785 | | |
| | | | 4φ12 | 452 | 1.068 | | |
| | | | 4φ14 | 616 | 1.396 | | |
| | | | 4φ16 | 804 | 1.766 | | |
| | | | 4φ18 | 1018 | 2.181 | | |
| | | | 4φ20 | 1256 | 2.639 | | |
| 12 | 240 × 300 | | 4φ12 | 452 | 0.628 | | |
| | | | 4φ14 | 616 | 0.854 | | |
| | | | 4φ16 | 804 | 1.117 | | |
| | | | 4φ18 | 1018 | 1.413 | | |
| | | | 4φ20 | 1256 | 1.745 | | |
| | | | 4φ22 | 1520 | 2.112 | | |
| | | | 4φ25 | 1964 | 2.727 | | |

续表

| 序号 | $b\times h$（mm） | 截面形式（最大箍筋肢距/mm） | 主筋 ① | $A_S$（$mm^2$） | $\rho=A_S/(bh)$（%） | 箍筋 ② | 备注 |
|---|---|---|---|---|---|---|---|
| 13 | 240×360 | | 6φ12 | 678 | 0.785 | | |
| | | | 6φ14 | 924 | 1.068 | | |
| | | | 6φ16 | 1206 | 1.396 | | |
| | | | 6φ18 | 1527 | 1.759 | | |
| | | | 6φ20 | 1885 | 2.181 | | |
| | | | 6φ22 | 2281 | 2.640 | | |
| 14 | 240×500 | | 6φ12 | 678 | 0.565 | | |
| | | | 6φ14 | 924 | 0.770 | | |
| | | | 6φ16 | 1206 | 1.005 | | |
| | | | 6φ18 | 1527 | 1.273 | | |
| | | | 6φ20 | 1885 | 1.571 | | |
| | | | 6φ22 | 2281 | 1.901 | | |
| | | | 6φ25 | 2945 | 2.454 | | |
| 15 | 240×600 | | 8φ12 | 905 | 0.628 | | |
| | | | 8φ14 | 1231 | 0.855 | | |
| | | | 8φ16 | 1608 | 1.117 | | |
| | | | 8φ18 | 2036 | 1.414 | φ6或φ6.5或φ8 @100~200 | 仅用于小柱、装饰柱、构造柱等 |
| | | | 8φ20 | 2513 | 1.745 | | |
| | | | 8φ22 | 3041 | 2.112 | | |
| | | | 8φ25 | 3927 | 2.727 | | |
| 16 | 240×620 | | 8φ12 | 905 | 0.608 | | |
| | | | 8φ14 | 1231 | 0.827 | | |
| | | | 8φ16 | 1608 | 1.081 | | |
| | | | 8φ18 | 2036 | 1.368 | | |
| | | | 8φ20 | 2513 | 1.689 | | |
| | | | 8φ22 | 3041 | 2.044 | | |
| | | | 8φ25 | 3927 | 2.639 | | |
| 17 | 240×700 | | 8φ12 | 905 | 0.539 | | |
| | | | 8φ14 | 1231 | 0.733 | | |
| | | | 8φ16 | 1608 | 0.957 | | |
| | | | 8φ18 | 2036 | 1.212 | | |
| | | | 8φ20 | 2513 | 1.496 | | |
| | | | 8φ22 | 3041 | 1.810 | | |

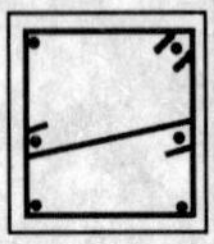

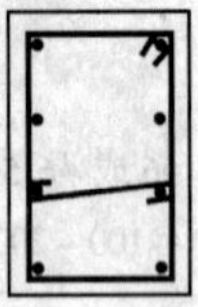

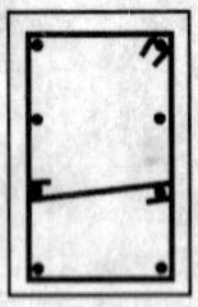

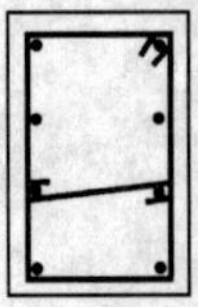

续表

| 序号 | $b \times h$ (mm) | 截面形式（最大箍筋肢距/mm） | 主筋 | | | 箍筋 | 备注 |
|---|---|---|---|---|---|---|---|
| | | | ① | $A_S$ ($mm^2$) | $\rho = A_S/(bh)$ (%) | ② | |
| 18 | 240 × 800 | | 10$\phi$12 | 1131 | 0.589 | | |
| | | | 10$\phi$14 | 1539 | 0.802 | | |
| | | | 10$\phi$16 | 2011 | 1.047 | | |
| | | | 10$\phi$18 | 2545 | 1.325 | | |
| | | | 10$\phi$20 | 3142 | 1.636 | | |
| | | | 10$\phi$22 | 3801 | 1.980 | | |
| 19 | 240 × 900 | | 10$\phi$12 | 1131 | 0.524 | | |
| | | | 10$\phi$14 | 1539 | 0.713 | | |
| | | | 10$\phi$16 | 2011 | 0.931 | | |
| | | | 10$\phi$18 | 2545 | 1.178 | | |
| | | | 10$\phi$20 | 3142 | 1.455 | | |
| | | | 10$\phi$22 | 3801 | 1.760 | | |
| 20 | 240 × 1000 | | 12$\phi$12 | 1357 | 0.565 | | |
| | | | 12$\phi$14 | 1847 | 0.770 | | |
| | | | 12$\phi$16 | 2413 | 1.005 | | |
| | | | 12$\phi$18 | 3054 | 1.273 | | |
| | | | 12$\phi$20 | 3770 | 1.571 | | |
| | | | 12$\phi$22 | 4562 | 1.901 | | |
| 21 | 250 × 250 | | 4$\phi$12 | 452 | 0.723 | $\phi$6 或 $\phi$6.5 或 $\phi$8 @100~200 | 仅用于小柱、装饰柱、构造柱等 |
| | | | 4$\phi$14 | 616 | 0.964 | | |
| | | | 4$\phi$16 | 804 | 1.286 | | |
| | | | 4$\phi$18 | 1018 | 1.627 | | |
| | | | 4$\phi$20 | 1256 | 2.010 | | |
| | | | 4$\phi$22 | 1520 | 2.432 | | |
| | | | 4$\phi$25 | 1964 | 3.142 | | |
| 22 | 250 × 300 | | 4$\phi$12 | 452 | 0.603 | | |
| | | | 4$\phi$14 | 616 | 0.820 | | |
| | | | 4$\phi$16 | 804 | 1.072 | | |
| | | | 4$\phi$18 | 1018 | 1.356 | | |
| | | | 4$\phi$20 | 1256 | 1.675 | | |
| | | | 4$\phi$22 | 1520 | 2.027 | | |
| | | | 4$\phi$25 | 1964 | 2.619 | | |
| 23 | 250 × 350 | | 6$\phi$12 | 678 | 0.775 | | |
| | | | 6$\phi$14 | 924 | 1.056 | | |
| | | | 6$\phi$16 | 1206 | 1.378 | | |
| | | | 6$\phi$18 | 1527 | 1.745 | | |
| | | | 6$\phi$20 | 1885 | 2.154 | | |
| | | | 6$\phi$22 | 2281 | 2.607 | | |

续表

| 序号 | $b\times h$（mm） | 截面形式（最大箍筋肢距/mm） | 主筋 | | | 箍筋@100 | | |
|---|---|---|---|---|---|---|---|---|
| | | | ① | $A_S$（$mm^2$） | $\rho=A_S/(bh)$（%） | ② | ③④ | $\rho_v$（%） |
| 24 | 300×300 | （250） | 4φ14 | 616 | 0.683 | φ6 | | 0.449 |
| | | | 4φ16 | 804 | 0.893 | φ6.5 | | 0.525 |
| | | | 4φ18 | 1018 | 1.130 | φ8 | | 0.785 |
| | | | 4φ20 | 1256 | 1.395 | φ10 | | 1.208 |
| | | | 4φ22 | 1520 | 1.683 | φ12 | | 1.714 |
| | | | 4φ25 | 1964 | 2.182 | φ14 | | 2.298 |
| | | | 4φ28 | 2463 | 2.737 | **φ16** | | **2.979** |
| | | | **4φ30** | **2827** | **3.141** | **φ18** | | **3.770** |
| | | | **4φ32** | **3217** | **3.574** | | | |
| 25 | 300×300 | （130） | 8φ12 | 904 | 1.004 | φ6 | φ6 | 0.674 |
| | | | 8φ14 | 1230 | 1.367 | φ6.5 | φ6.5 | 0.788 |
| | | | 8φ16 | 1608 | 1.787 | φ8 | φ6 | 0.926 |
| | | | 8φ18 | 2036 | 2.262 | φ8 | φ6.5 | 0.983 |
| | | | 8φ20 | 2513 | 2.792 | φ8 | φ8 | 1.178 |
| | | | **8φ22** | **3041** | **3.779** | φ10 | φ8 | 1.495 |
| | | | **8φ25** | **3927** | **4.363** | φ10 | φ10 | 1.812 |
| | | | | | | φ12 | φ10 | 2.192 |
| | | | | | | φ12 | φ12 | 2.571 |
| | | | | | | φ14 | φ10 | 2.630 |
| | | | | | | φ14 | φ12 | 3.009 |
| | | | | | | φ14 | φ14 | 3.447 |
| | | | | | | **φ16** | **φ10** | **3.560** |
| | | | | | | **φ16** | **φ12** | **3.816** |
| | | | | | | **φ16** | **φ14** | **3.958** |
| | | | | | | **φ16** | **φ16** | **4.468** |
| 26 | 300×350 | （300） | 4φ14 | 616 | 0.586 | φ6 | | 0.412 |
| | | | 4φ16 | 804 | 0.766 | φ6.5 | | 0.481 |
| | | | 4φ18 | 1018 | 0.969 | φ8 | | 0.721 |
| | | | 4φ20 | 1256 | 1.196 | φ10 | | 1.111 |
| | | | 4φ22 | 1520 | 1.448 | φ12 | | 1.577 |
| | | | 4φ25 | 1964 | 1.870 | φ14 | | 2.117 |
| | | | 4φ28 | 2463 | 2.346 | **φ16** | | **2.746** |
| | | | 4φ30 | 2827 | 2.692 | **φ18** | | **3.475** |
| | | | **4φ32** | **3217** | **3.064** | | | |

续表

| 序号 | $b \times h$ (mm) | 截面形式 (最大箍筋肢距/mm) | 主筋 ① | 主筋 $A_S$ (mm²) | 主筋 $\rho = A_S/(bh)$ (%) | 箍筋@100 ② | 箍筋@100 ③④ | 箍筋@100 $\rho_v$ (%) |
|---|---|---|---|---|---|---|---|---|
| 27 | 300×350 | (250) | 6ϕ12 | 678 | 0.645 | ϕ6 | ϕ6 | 0.505 |
| | | | 6ϕ14 | 924 | 0.879 | ϕ6.5 | ϕ6.5 | 0.591 |
| | | | 6ϕ16 | 1206 | 1.148 | ϕ8 | ϕ6 | 0.813 |
| | | | 6ϕ18 | 1527 | 1.453 | ϕ8 | ϕ6.5 | 0.829 |
| | | | 6ϕ20 | 1885 | 1.794 | ϕ8 | ϕ8 | 0.885 |
| | | | 6ϕ22 | 2281 | 2.172 | ϕ10 | ϕ8 | 1.273 |
| | | | 6ϕ25 | 2945 | 2.804 | ϕ10 | ϕ10 | 1.364 |
| | | | **6ϕ28** | **3694** | **3.518** | ϕ12 | ϕ10 | 1.827 |
| | | | **6ϕ30** | **4241** | **3.393** | ϕ12 | ϕ12 | 1.937 |
| | | | **6ϕ32** | **4825** | **4.596** | ϕ14 | ϕ10 | 2.364 |
| | | | | | | ϕ14 | ϕ12 | 2.473 |
| | | | | | | ϕ14 | ϕ14 | 2.601 |
| | | | | | | **ϕ16** | **ϕ10** | **2.991** |
| | | | | | | **ϕ16** | **ϕ12** | **3.099** |
| | | | | | | **ϕ16** | **ϕ14** | **3.227** |
| | | | | | | **ϕ16** | **ϕ16** | **3.374** |
| 28 | 300×350 | (150) | 8ϕ12 | 904 | 0.861 | ϕ6 | ϕ6 | 0.618 |
| | | | 8ϕ14 | 1230 | 1.171 | ϕ6.5 | ϕ6.5 | 0.722 |
| | | | 8ϕ16 | 1608 | 1.531 | ϕ8 | ϕ6 | 0.924 |
| | | | 8ϕ18 | 2036 | 1.939 | ϕ8 | ϕ6.5 | 0.958 |
| | | | 8ϕ20 | 2513 | 2.393 | ϕ8 | ϕ8 | 1.082 |
| | | | 8ϕ22 | 3041 | 2.856 | ϕ10 | ϕ8 | 1.467 |
| | | | **8ϕ25** | **3927** | **3.740** | ϕ10 | ϕ10 | 1.667 |
| | | | **8ϕ28** | **4926** | **4.691** | ϕ12 | ϕ10 | 2.115 |
| | | | | | | ϕ12 | ϕ12 | 2.366 |
| | | | | | | ϕ14 | ϕ10 | 2.657 |
| | | | | | | ϕ14 | ϕ12 | 2.895 |
| | | | | | | ϕ14 | ϕ14 | 3.175 |
| | | | | | | **ϕ16** | **ϕ10** | **3.282** |
| | | | | | | **ϕ16** | **ϕ12** | **3.518** |
| | | | | | | **ϕ16** | **ϕ14** | **3.797** |
| | | | | | | **ϕ16** | **ϕ16** | **4.119** |

续表

| 序号 | $b \times h$ (mm) | 截面形式 (最大箍筋肢距/mm) | 主筋 | | | 箍筋@100 | | |
|---|---|---|---|---|---|---|---|---|
| | | | ① | $A_S$ ($mm^2$) | $\rho = A_S/(bh)$ (%) | ② | ③④ | $\rho_v$ (%) |
| 29 | 300×400 | (250) | 6$\phi$14 | 924 | 0.769 | $\phi$6 | $\phi$6 | 0.465 |
| | | | 6$\phi$16 | 1206 | 1.005 | $\phi$6.5 | $\phi$6.5 | 0.544 |
| | | | 6$\phi$18 | 1527 | 1.272 | $\phi$8 | $\phi$6 | 0.755 |
| | | | 6$\phi$20 | 1885 | 1.570 | $\phi$8 | $\phi$6.5 | 0.768 |
| | | | 6$\phi$22 | 2281 | 1.901 | $\phi$8 | $\phi$8 | 0.816 |
| | | | 6$\phi$25 | 2945 | 2.452 | $\phi$10 | $\phi$8 | 1.180 |
| | | | **6$\phi$28** | **3694** | **3.078** | $\phi$10 | $\phi$10 | 1.259 |
| | | | **6$\phi$30** | **4241** | **3.534** | $\phi$12 | $\phi$10 | 1.647 |
| | | | | | | $\phi$12 | $\phi$12 | 1.789 |
| | | | | | | $\phi$14 | $\phi$10 | 2.199 |
| | | | | | | $\phi$14 | $\phi$12 | 2.293 |
| | | | | | | $\phi$14 | $\phi$14 | 2.404 |
| | | | | | | **$\phi$16** | **$\phi$10** | **2.788** |
| | | | | | | **$\phi$16** | **$\phi$12** | **2.882** |
| | | | | | | **$\phi$16** | **$\phi$14** | **2.992** |
| | | | | | | **$\phi$16** | **$\phi$16** | **3.120** |
| 30 | 300×400 | (250) | 8$\phi$12 | 904 | 0.753 | 同上 | | |
| | | | 8$\phi$14 | 1230 | 1.025 | | | |
| | | | 8$\phi$16 | 1608 | 1.340 | | | |
| | | | 8$\phi$18 | 2036 | 1.697 | | | |
| | | | 8$\phi$20 | 2513 | 2.094 | | | |
| | | | 8$\phi$22 | 3041 | 2.534 | | | |
| | | | **8$\phi$25** | **3927** | **3.272** | | | |
| | | | **8$\phi$28** | **4926** | **4.105** | | | |
| 31 | 300×400 | (180) | 8$\phi$12 | 904 | 0.753 | $\phi$6 | $\phi$6 | 0.577 |
| | | | 8$\phi$14 | 1230 | 1.025 | $\phi$6.5 | $\phi$6.5 | 0.675 |
| | | | 8$\phi$16 | 1608 | 1.340 | $\phi$8 | $\phi$6 | 0.865 |
| | | | 8$\phi$18 | 2036 | 1.697 | $\phi$8 | $\phi$6.5 | 0.898 |
| | | | 8$\phi$20 | 2513 | 2.094 | $\phi$8 | $\phi$8 | 1.013 |
| | | | 8$\phi$22 | 3041 | 2.534 | $\phi$10 | $\phi$8 | 1.263 |
| | | | **8$\phi$25** | **3927** | **3.272** | $\phi$10 | $\phi$10 | 1.561 |
| | | | **8$\phi$28** | **4926** | **4.105** | $\phi$12 | $\phi$10 | 1.991 |
| | | | **8$\phi$30** | **5655** | **4.713** | $\phi$12 | $\phi$12 | 2.217 |
| | | | | | | $\phi$14 | $\phi$10 | 2.492 |
| | | | | | | $\phi$14 | $\phi$12 | 2.715 |
| | | | | | | $\phi$14 | $\phi$14 | 2.978 |
| | | | | | | **$\phi$16** | **$\phi$10** | **3.079** |
| | | | | | | **$\phi$16** | **$\phi$12** | **3.301** |
| | | | | | | **$\phi$16** | **$\phi$14** | **3.562** |
| | | | | | | **$\phi$16** | **$\phi$16** | **3.864** |

续表

| 序号 | $b \times h$ (mm) | 截面形式（最大箍筋肢距/mm） | 主筋 ① | 主筋 $A_S$ ($mm^2$) | 主筋 $\rho = A_S/(bh)$ (%) | 箍筋@100 ② | 箍筋@100 ③④ | 箍筋@100 $\rho_v$ (%) |
|---|---|---|---|---|---|---|---|---|
| 32 | 300×450 | (250) | 6φ14 | 924 | 0.684 | φ6 | φ6 | 0.435 |
| | | | 6φ16 | 1206 | 0.893 | φ6.5 | φ6.5 | 0.509 |
| | | | 6φ18 | 1527 | 1.113 | φ8 | φ6 | 0.710 |
| | | | 6φ20 | 1885 | 1.396 | φ8 | φ6.5 | 0.722 |
| | | | 6φ22 | 2281 | 1.690 | φ8 | φ8 | 0.764 |
| | | | 6φ25 | 2945 | 2.182 | φ10 | φ8 | 1.110 |
| | | | 6φ28 | 3694 | 2.736 | φ10 | φ10 | 1.179 |
| | | | **6φ30** | **4241** | **3.141** | φ12 | φ10 | 1.593 |
| | | | | | | φ12 | φ12 | 1.676 |
| | | | | | | φ14 | φ10 | 2.073 |
| | | | | | | φ14 | φ12 | 2.156 |
| | | | | | | φ14 | φ14 | 2.254 |
| | | | | | | φ16 | φ10 | 2.634 |
| | | | | | | **φ16** | **φ12** | **2.715** |
| | | | | | | **φ16** | **φ14** | **2.813** |
| | | | | | | **φ16** | **φ16** | **2.926** |
| 33 | 300×450 | (250) | 8φ12 | 904 | 0.670 | 同上 | | |
| | | | 8φ14 | 1230 | 0.911 | | | |
| | | | 8φ16 | 1608 | 1.191 | | | |
| | | | 8φ18 | 2036 | 1.508 | | | |
| | | | 8φ20 | 2513 | 1.862 | | | |
| | | | 8φ22 | 3041 | 2.253 | | | |
| | | | 8φ25 | 3927 | 2.909 | | | |
| | | | **8φ28** | **4926** | **3.649** | | | |
| | | | **8φ30** | **5655** | **4.189** | | | |
| 34 | 300×450 | (200) | 8φ12 | 904 | 0.670 | φ6 | φ6 | 0.548 |
| | | | 8φ14 | 1230 | 0.911 | φ6.5 | φ6.5 | 0.640 |
| | | | 8φ16 | 1608 | 1.191 | φ8 | φ6 | 0.820 |
| | | | 8φ18 | 2036 | 1.508 | φ8 | φ6.5 | 0.852 |
| | | | 8φ20 | 2513 | 1.862 | φ8 | φ8 | 0.961 |
| | | | 8φ22 | 3041 | 2.253 | φ10 | φ8 | 1.303 |
| | | | 8φ25 | 3927 | 2.909 | φ10 | φ10 | 1.481 |
| | | | **8φ28** | **4926** | **3.649** | φ12 | φ10 | 1.890 |
| | | | **8φ30** | **5655** | **4.189** | φ12 | φ12 | 2.105 |
| | | | | | | φ14 | φ10 | 2.366 |
| | | | | | | φ14 | φ12 | 2.578 |
| | | | | | | φ14 | φ14 | 2.828 |
| | | | | | | **φ16** | **φ10** | **2.925** |
| | | | | | | **φ16** | **φ12** | **3.135** |
| | | | | | | **φ16** | **φ14** | **3.383** |
| | | | | | | **φ16** | **φ16** | **3.670** |

续表

| 序号 | $b\times h$ (mm) | 截面形式 (最大箍筋肢距/mm) | 主筋 ① | 主筋 $A_S$ ($mm^2$) | 主筋 $\rho=A_S/(bh)$ (%) | 箍筋@100 ② | 箍筋@100 ③④ | 箍筋@100 $\rho_v$ (%) |
|---|---|---|---|---|---|---|---|---|
| 35 | 300×500 | (300) | 8ϕ14 | 1230 | 0.820 | ϕ6 | ϕ6 | 0.412 |
| | | | 8ϕ16 | 1608 | 1.072 | ϕ6.5 | ϕ6.5 | 0.482 |
| | | | 8ϕ18 | 2036 | 1.357 | ϕ8 | ϕ6 | 0.675 |
| | | | 8ϕ20 | 2513 | 1.675 | ϕ8 | ϕ6.5 | 0.686 |
| | | | 8ϕ22 | 3041 | 2.027 | ϕ8 | ϕ8 | 0.723 |
| | | | 8ϕ25 | 3927 | 2.618 | ϕ10 | ϕ8 | 1.055 |
| | | | **8ϕ28** | **4926** | **3.284** | ϕ10 | ϕ10 | 1.116 |
| | | | **8ϕ30** | **5655** | **3.770** | ϕ12 | ϕ10 | 1.514 |
| | | | | | | ϕ12 | ϕ12 | 1.588 |
| | | | | | | ϕ14 | ϕ10 | 1.974 |
| | | | | | | ϕ14 | ϕ12 | 2.048 |
| | | | | | | ϕ14 | ϕ14 | 2.136 |
| | | | | | | **ϕ16** | **ϕ10** | **2.512** |
| | | | | | | **ϕ16** | **ϕ12** | **2.586** |
| | | | | | | **ϕ16** | **ϕ14** | **2.672** |
| | | | | | | **ϕ16** | **ϕ16** | **2.773** |
| 36 | 300×500 | (250) | 12ϕ12 | 1356 | 0.904 | 同上 | | |
| | | | 12ϕ14 | 1846 | 1.231 | | | |
| | | | 12ϕ16 | 2412 | 1.608 | | | |
| | | | 12ϕ18 | 3052 | 2.035 | | | |
| | | | 12ϕ20 | 3768 | 2.512 | | | |
| | | | **12ϕ22** | **4562** | **3.041** | | | |
| | | | **12ϕ25** | **5890** | **3.927** | | | |
| | | | **12ϕ28** | **7389** | **4.926** | | | |
| 37 | 300×500 | (300) | 10ϕ12 | 1131 | 0.754 | ϕ6 | ϕ6 | 0.524 |
| | | | 10ϕ14 | 1539 | 1.026 | ϕ6.5 | ϕ6.5 | 0.613 |
| | | | 10ϕ16 | 2011 | 1.341 | ϕ8 | ϕ6 | 0.785 |
| | | | 10ϕ18 | 2545 | 1.697 | ϕ8 | ϕ6.5 | 0.816 |
| | | | 10ϕ20 | 3142 | 2.095 | ϕ8 | ϕ8 | 0.919 |
| | | | 10ϕ22 | 3801 | 2.534 | ϕ10 | ϕ8 | 1.248 |
| | | | **10ϕ25** | **4909** | **3.273** | ϕ10 | ϕ10 | 1.418 |
| | | | **10ϕ28** | **6158** | **4.105** | ϕ12 | ϕ10 | 1.811 |
| | | | **10ϕ30** | **7069** | **4.713** | ϕ12 | ϕ12 | 2.016 |
| | | | | | | ϕ14 | ϕ10 | 2.268 |
| | | | | | | ϕ14 | ϕ12 | 2.470 |
| | | | | | | ϕ14 | ϕ14 | 2.710 |
| | | | | | | **ϕ16** | **ϕ10** | **2.803** |
| | | | | | | **ϕ16** | **ϕ12** | **3.004** |
| | | | | | | **ϕ16** | **ϕ14** | **3.242** |
| | | | | | | **ϕ16** | **ϕ16** | **3.518** |

续表

| 序号 | $b \times h$ (mm) | 截面形式（最大箍筋肢距/mm） | 主筋 ① | $A_S$ ($mm^2$) | $\rho = A_S/(bh)$ (%) | 箍筋@100 ② | ③④ | $\rho_v$ (%) |
|---|---|---|---|---|---|---|---|---|
| 38 | 300×500 | (150) | 10$\phi$12 | 1131 | 0.754 | $\phi$6 | $\phi$6 | 0.586 |
| | | | 10$\phi$14 | 1539 | 1.026 | $\phi$6.5 | $\phi$6.5 | 0.686 |
| | | | 10$\phi$16 | 2011 | 1.341 | $\phi$8 | $\phi$6 | 0.847 |
| | | | 10$\phi$18 | 2545 | 1.697 | $\phi$8 | $\phi$6.5 | 0.889 |
| | | | 10$\phi$20 | 3142 | 2.095 | $\phi$8 | $\phi$8 | 1.030 |
| | | | 10$\phi$22 | 3801 | 2.534 | $\phi$10 | $\phi$8 | 1.357 |
| | | | **10$\phi$25** | **4909** | **3.273** | $\phi$10 | $\phi$10 | 1.589 |
| | | | **10$\phi$28** | **6158** | **4.105** | $\phi$12 | $\phi$10 | 1.980 |
| | | | **10$\phi$30** | **7069** | **4.713** | $\phi$12 | $\phi$12 | 2.260 |
| | | | | | | $\phi$14 | $\phi$10 | 2.435 |
| | | | | | | $\phi$14 | $\phi$12 | 2.712 |
| | | | | | | $\phi$14 | $\phi$14 | 3.039 |
| | | | | | | **$\phi$16** | **$\phi$10** | **3.032** |
| | | | | | | **$\phi$16** | **$\phi$12** | **3.334** |
| | | | | | | **$\phi$16** | **$\phi$14** | **3.570** |
| | | | | | | **$\phi$16** | **$\phi$16** | **3.945** |
| 39 | 350×350 | (300) | 4$\phi$14 | 616 | 0.502 | $\phi$6.5 | | 0.438 |
| | | | 4$\phi$16 | 804 | 0.656 | $\phi$8 | | 0.657 |
| | | | 4$\phi$18 | 1018 | 0.830 | $\phi$10 | | 1.013 |
| | | | 4$\phi$20 | 1256 | 1.025 | $\phi$12 | | 1.441 |
| | | | 4$\phi$22 | 1520 | 1.241 | $\phi$14 | | 1.936 |
| | | | 4$\phi$25 | 1964 | 1.603 | **$\phi$16** | | **2.513** |
| | | | 4$\phi$28 | 2463 | 2.011 | | | |
| | | | 4$\phi$30 | 2827 | 2.308 | | | |
| | | | **4$\phi$32** | **3217** | **2.628** | | | |
| 40 | 350×350 | (150) | 8$\phi$12 | 904 | 0.738 | $\phi$6 | $\phi$6 | 0.562 |
| | | | 8$\phi$14 | 1230 | 1.004 | $\phi$6.5 | $\phi$6.5 | 0.657 |
| | | | 8$\phi$16 | 1608 | 1.313 | $\phi$8 | $\phi$6 | 0.844 |
| | | | 8$\phi$18 | 2036 | 1.662 | $\phi$8 | $\phi$6.5 | 0.876 |
| | | | 8$\phi$20 | 2513 | 2.051 | $\phi$8 | $\phi$8 | 0.986 |
| | | | 8$\phi$22 | 3041 | 2.482 | $\phi$10 | $\phi$8 | 1.342 |
| | | | **8$\phi$25** | **3927** | **3.206** | $\phi$10 | $\phi$10 | 1.520 |
| | | | **8$\phi$28** | **4926** | **4.021** | $\phi$12 | $\phi$10 | 1.948 |
| | | | **8$\phi$30** | **5655** | **4.616** | $\phi$12 | $\phi$12 | 2.162 |
| | | | | | | $\phi$14 | $\phi$10 | 2.430 |
| | | | | | | $\phi$14 | $\phi$12 | 2.657 |
| | | | | | | $\phi$14 | $\phi$14 | 2.904 |
| | | | | | | **$\phi$16** | **$\phi$10** | **3.004** |
| | | | | | | **$\phi$16** | **$\phi$12** | **3.220** |
| | | | | | | **$\phi$16** | **$\phi$14** | **3.481** |
| | | | | | | **$\phi$16** | **$\phi$16** | **3.770** |

续表

| 序号 | $b \times h$ (mm) | 截面形式（最大箍筋肢距/mm） | 主筋 | | | 箍筋@100 | | |
|---|---|---|---|---|---|---|---|---|
| | | | ① | $A_S$ (mm²) | $\rho = A_S/(bh)$ (%) | ② | ③④ | $\rho_v$ (%) |
| 41 | 350×400 | (300) | 6φ14 | 924 | 0.659 | φ6.5 | φ6.5 | 0.428 |
| | | | 6φ16 | 1206 | 0.861 | φ8 | φ6 | 0.501 |
| | | | 6φ18 | 1527 | 1.090 | φ8 | φ6 | 0.690 |
| | | | 6φ20 | 1885 | 1.346 | φ8 | φ6.5 | 0.704 |
| | | | 6φ22 | 2281 | 1.629 | φ8 | φ8 | 0.752 |
| | | | 6φ25 | 2945 | 2.104 | φ10 | φ8 | 1.083 |
| | | | 6φ28 | 3694 | 2.639 | φ10 | φ10 | 1.162 |
| | | | **6φ30** | **4241** | **3.029** | φ12 | φ10 | 1.558 |
| | | | **6φ32** | **4825** | **3.447** | φ12 | φ12 | 1.653 |
| | | | | | | φ14 | φ10 | 2.018 |
| | | | | | | φ14 | φ12 | 2.112 |
| | | | | | | φ14 | φ14 | 2.223 |
| | | | | | | **φ16** | **φ10** | **2.556** |
| | | | | | | **φ16** | **φ12** | **2.649** |
| | | | | | | **φ16** | **φ14** | **2.759** |
| | | | | | | **φ16** | **φ16** | **2.887** |
| 42 | 350×400 | (250) | 10φ12 | 1131 | 0.808 | φ6 | φ6 | 0.522 |
| | | | 10φ14 | 1539 | 1.099 | φ6.5 | φ6.5 | 0.610 |
| | | | 10φ16 | 2011 | 1.436 | φ8 | φ6 | 0.782 |
| | | | 10φ18 | 2545 | 1.818 | φ8 | φ6.5 | 0.812 |
| | | | 10φ20 | 3142 | 2.244 | φ8 | φ8 | 0.916 |
| | | | 10φ22 | 3801 | 2.715 | φ10 | φ8 | 1.245 |
| | | | **10φ25** | **4909** | **3.506** | φ10 | φ10 | 1.415 |
| | | | **10φ28** | **6158** | **4.399** | φ12 | φ10 | 1.808 |
| | | | | | | φ12 | φ12 | 2.013 |
| | | | | | | φ14 | φ10 | 2.265 |
| | | | | | | φ14 | φ12 | 2.468 |
| | | | | | | φ14 | φ14 | 2.707 |
| | | | | | | **φ16** | **φ10** | **2.801** |
| | | | | | | **φ16** | **φ12** | **3.003** |
| | | | | | | **φ16** | **φ14** | **3.240** |
| | | | | | | **φ16** | **φ16** | **3.515** |
| 43 | 350×400 | (180) | 8φ12 | 904 | 0.646 | 同上 | | |
| | | | 8φ14 | 1230 | 0.879 | | | |
| | | | 8φ16 | 1608 | 1.149 | | | |
| | | | 8φ18 | 2036 | 1.454 | | | |
| | | | 8φ20 | 2513 | 1.795 | | | |
| | | | 8φ22 | 3041 | 2.172 | | | |
| | | | 8φ25 | 3927 | 2.805 | | | |
| | | | **8φ28** | **4926** | **3.519** | | | |
| | | | **8φ30** | **5655** | **4.039** | | | |
| | | | **8φ32** | **6434** | **4.596** | | | |

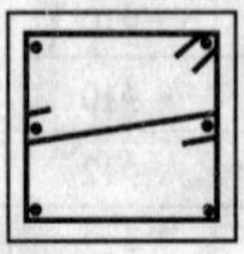

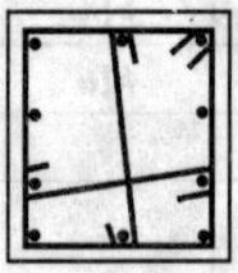

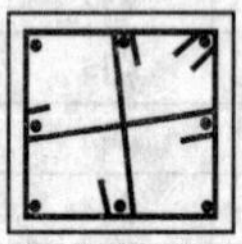

续表

| 序号 | $b \times h$ (mm) | 截面形式 (最大箍筋肢距/mm) | 主筋 ① | $A_S$ ($mm^2$) | $\rho = A_S/(bh)$ (%) | 箍筋@100 ② | ③④ | $\rho_v$ (%) |
|---|---|---|---|---|---|---|---|---|
| 44 | 350×450 | (300) | 6$\phi$16 | 1206 | 0.766 | $\phi$6.5 | $\phi$6.5 | 0.466 |
| | | | 6$\phi$18 | 1527 | 0.969 | $\phi$8 | $\phi$6 | 0.646 |
| | | | 6$\phi$20 | 1885 | 1.196 | $\phi$8 | $\phi$6.5 | 0.658 |
| | | | 6$\phi$22 | 2281 | 1.448 | $\phi$8 | $\phi$8 | 0.700 |
| | | | 6$\phi$25 | 2945 | 1.870 | $\phi$10 | $\phi$8 | 1.013 |
| | | | 6$\phi$28 | 3694 | 2.346 | $\phi$10 | $\phi$10 | 1.082 |
| | | | 6$\phi$30 | 4241 | 2.693 | $\phi$12 | $\phi$10 | 1.456 |
| | | | **6$\phi$32** | **4825** | **3.447** | $\phi$12 | $\phi$12 | 1.540 |
| | | | **6$\phi$36** | **6107** | **4.362** | $\phi$14 | $\phi$10 | 1.893 |
| | | | | | | $\phi$14 | $\phi$12 | 1.975 |
| | | | | | | $\phi$14 | $\phi$14 | 2.073 |
| | | | | | | **$\phi$16** | **$\phi$10** | **2.401** |
| | | | | | | **$\phi$16** | **$\phi$12** | **2.483** |
| | | | | | | **$\phi$16** | **$\phi$14** | **2.581** |
| | | | | | | **$\phi$16** | **$\phi$16** | **2.693** |
| 45 | 350×450 | (250) | 10$\phi$12 | 1131 | 0.718 | $\phi$6 | $\phi$6 | 0.492 |
| | | | 10$\phi$14 | 1539 | 0.977 | $\phi$6.5 | $\phi$6.5 | 0.576 |
| | | | 10$\phi$16 | 2011 | 1.277 | $\phi$8 | $\phi$6 | 0.738 |
| | | | 10$\phi$18 | 2545 | 1.616 | $\phi$8 | $\phi$6.5 | 0.766 |
| | | | 10$\phi$20 | 3142 | 1.995 | $\phi$8 | $\phi$8 | 0.864 |
| | | | 10$\phi$22 | 3801 | 2.413 | $\phi$10 | $\phi$8 | 1.175 |
| | | | **10$\phi$25** | **4909** | **3.506** | $\phi$10 | $\phi$10 | 1.335 |
| | | | **10$\phi$28** | **6158** | **4.400** | $\phi$12 | $\phi$10 | 1.706 |
| | | | | | | $\phi$12 | $\phi$12 | 1.900 |
| | | | | | | $\phi$14 | $\phi$10 | 2.140 |
| | | | | | | $\phi$14 | $\phi$12 | 2.246 |
| | | | | | | $\phi$14 | $\phi$14 | 2.557 |
| | | | | | | **$\phi$16** | **$\phi$10** | **2.646** |
| | | | | | | **$\phi$16** | **$\phi$12** | **2.837** |
| | | | | | | **$\phi$16** | **$\phi$14** | **3.062** |
| | | | | | | **$\phi$16** | **$\phi$16** | **3.321** |
| 46 | 350×450 | (200) | 8$\phi$12 | 904 | 0.574 | 同上 | | |
| | | | 8$\phi$14 | 1230 | 0.781 | | | |
| | | | 8$\phi$16 | 1608 | 1.021 | | | |
| | | | 8$\phi$18 | 2036 | 1.293 | | | |
| | | | 8$\phi$20 | 2513 | 1.596 | | | |
| | | | 8$\phi$22 | 3041 | 1.931 | | | |
| | | | 8$\phi$25 | 3927 | 2.493 | | | |
| | | | **8$\phi$28** | **4926** | **3.128** | | | |
| | | | **8$\phi$30** | **5655** | **3.590** | | | |
| | | | **8$\phi$32** | **6434** | **4.085** | | | |

续表

| 序号 | $b \times h$（mm） | 截面形式（最大箍筋肢距/mm） | 主筋 ① | 主筋 $A_S$（mm²） | 主筋 $\rho = A_S/(bh)$（%） | 箍筋@100 ② | 箍筋@100 ③④ | 箍筋@100 $\rho_v$（%） |
|---|---|---|---|---|---|---|---|---|
| 47 | 350×500 | (300) | 10$\phi$14 | 1539 | 0.879 | $\phi$6.5 | $\phi$6.5 | 0.439 |
| | | | 10$\phi$16 | 2011 | 1.149 | $\phi$8 | $\phi$6 | 0.611 |
| | | | 10$\phi$18 | 2545 | 1.454 | $\phi$8 | $\phi$6.5 | 0.622 |
| | | | 10$\phi$20 | 3142 | 1.795 | $\phi$8 | $\phi$8 | 0.659 |
| | | | 10$\phi$22 | 3801 | 2.172 | $\phi$10 | $\phi$8 | 0.957 |
| | | | 10$\phi$25 | 4909 | 2.805 | $\phi$10 | $\phi$10 | 1.019 |
| | | | **10$\phi$28** | **6158** | **3.519** | $\phi$12 | $\phi$10 | 1.377 |
| | | | **10$\phi$30** | **7069** | **4.039** | $\phi$12 | $\phi$12 | 1.452 |
| | | | **10$\phi$32** | **8042** | **4.595** | $\phi$14 | $\phi$10 | 1.794 |
| | | | | | | $\phi$14 | $\phi$12 | 1.866 |
| | | | | | | $\phi$14 | $\phi$14 | 1.955 |
| | | | | | | **$\phi$16** | **$\phi$10** | **2.279** |
| | | | | | | **$\phi$16** | **$\phi$12** | **2.353** |
| | | | | | | **$\phi$16** | **$\phi$14** | **2.440** |
| | | | | | | **$\phi$16** | **$\phi$16** | **2.542** |
| 48 | 350×500 | (300) | 10$\phi$14 | 1539 | 0.879 | $\phi$6 | $\phi$6 | 0.468 |
| | | | 10$\phi$16 | 2011 | 1.149 | $\phi$6.5 | $\phi$6.5 | 0.548 |
| | | | 10$\phi$18 | 2545 | 1.454 | $\phi$8 | $\phi$6 | 0.703 |
| | | | 10$\phi$20 | 3142 | 1.795 | $\phi$8 | $\phi$6.5 | 0.730 |
| | | | 10$\phi$22 | 3801 | 2.172 | $\phi$8 | $\phi$8 | 0.823 |
| | | | 10$\phi$25 | 4909 | 2.805 | $\phi$10 | $\phi$8 | 0.974 |
| | | | **10$\phi$28** | **6158** | **3.519** | $\phi$10 | $\phi$10 | 1.272 |
| | | | **10$\phi$30** | **7069** | **4.039** | $\phi$12 | $\phi$10 | 1.630 |
| | | | **10$\phi$32** | **8042** | **4.595** | $\phi$12 | $\phi$12 | 1.812 |
| | | | | | | $\phi$14 | $\phi$10 | 2.041 |
| | | | | | | $\phi$14 | $\phi$12 | 2.224 |
| | | | | | | $\phi$14 | $\phi$14 | 2.439 |
| | | | | | | **$\phi$16** | **$\phi$10** | **2.525** |
| | | | | | | **$\phi$16** | **$\phi$12** | **2.706** |
| | | | | | | **$\phi$16** | **$\phi$14** | **2.921** |
| | | | | | | **$\phi$16** | **$\phi$16** | **3.168** |

续表

| 序号 | $b \times h$ (mm) | 截面形式（最大箍筋肢距/mm） | 主筋 | | | 箍筋@100 | | |
|---|---|---|---|---|---|---|---|---|
| | | | ① | $A_S$ ($mm^2$) | $\rho = A_S/(bh)$ (%) | ② | ③④ | $\rho_v$ (%) |
| 49 | 350×500 | (300) | 10φ14 | 1539 | 0.879 | φ6 | φ6 | 0.437 |
| | | | 10φ16 | 2011 | 1.149 | φ6.5 | φ6.5 | 0.512 |
| | | | 10φ18 | 2545 | 1.454 | φ8 | φ6 | 0.673 |
| | | | 10φ20 | 3142 | 1.795 | φ8 | φ6.5 | 0.695 |
| | | | 10φ22 | 3801 | 2.172 | φ8 | φ8 | 0.769 |
| | | | 10φ25 | 4909 | 2.805 | φ10 | φ8 | 1.066 |
| | | | **10φ28** | **6158** | **3.519** | φ10 | φ10 | 1.190 |
| | | | **10φ30** | **7069** | **4.039** | φ12 | φ10 | 1.546 |
| | | | **10φ32** | **8042** | **4.595** | φ12 | φ12 | 1.621 |
| | | | | | | φ14 | φ10 | 1.962 |
| | | | | | | φ14 | φ12 | 2.110 |
| | | | | | | φ14 | φ14 | 2.284 |
| | | | | | | **φ16** | **φ10** | **2.446** |
| | | | | | | **φ16** | **φ12** | **2.593** |
| | | | | | | **φ16** | **φ14** | **2.768** |
| | | | | | | **φ16** | **φ16** | **2.968** |
| 50 | 350×500 | (150) | 10φ14 | 1539 | 0.879 | φ6 | φ6 | 0.531 |
| | | | 10φ16 | 2011 | 1.149 | φ6.5 | φ6.5 | 0.622 |
| | | | 10φ18 | 2545 | 1.454 | φ8 | φ6 | 0.765 |
| | | | 10φ20 | 3142 | 1.795 | φ8 | φ6.5 | 0.803 |
| | | | 10φ22 | 3801 | 2.172 | φ8 | φ8 | 0.933 |
| | | | 10φ25 | 4909 | 2.805 | φ10 | φ8 | 1.228 |
| | | | **10φ28** | **6158** | **3.519** | φ10 | φ10 | 1.443 |
| | | | **10φ30** | **7069** | **4.039** | φ12 | φ10 | 1.796 |
| | | | **10φ32** | **8042** | **4.595** | φ12 | φ12 | 1.981 |
| | | | | | | φ14 | φ10 | 2.209 |
| | | | | | | φ14 | φ12 | 2.466 |
| | | | | | | φ14 | φ14 | 2.768 |
| | | | | | | **φ16** | **φ10** | **2.692** |
| | | | | | | **φ16** | **φ12** | **2.947** |
| | | | | | | **φ16** | **φ14** | **3.249** |
| | | | | | | **φ16** | **φ16** | **3.600** |

续表

| 序号 | $b \times h$（mm） | 截面形式（最大箍筋肢距/mm） | 主筋 ① | $A_S$（$mm^2$） | $\rho = A_S/(bh)$（%） | 箍筋@100 ② | ③④ | $\rho_v$（%） |
|---|---|---|---|---|---|---|---|---|
| 51 | 350×550 | （300） | 12$\phi$14 | 1846 | 0.959 | $\phi$6.5 | $\phi$6.5 | 0.417 |
| | | | 12$\phi$16 | 2412 | 1.253 | $\phi$8 | $\phi$6 | 0.583 |
| | | | 12$\phi$18 | 3052 | 1.585 | $\phi$8 | $\phi$6.5 | 0.593 |
| | | | 12$\phi$20 | 3768 | 1.957 | $\phi$8 | $\phi$8 | 0.627 |
| | | | 12$\phi$22 | 4562 | 2.370 | $\phi$10 | $\phi$8 | 0.913 |
| | | | **12$\phi$25** | **5890** | **3.060** | $\phi$10 | $\phi$10 | 0.969 |
| | | | **12$\phi$28** | **7389** | **3.838** | $\phi$12 | $\phi$10 | 1.313 |
| | | | **12$\phi$30** | **8482** | **4.406** | $\phi$12 | $\phi$12 | 1.381 |
| | | | | | | $\phi$14 | $\phi$10 | 1.714 |
| | | | | | | $\phi$14 | $\phi$12 | 1.781 |
| | | | | | | $\phi$14 | $\phi$14 | 1.860 |
| | | | | | | **$\phi$16** | **$\phi$10** | **2.181** |
| | | | | | | **$\phi$16** | **$\phi$12** | **2.247** |
| | | | | | | **$\phi$16** | **$\phi$14** | **2.326** |
| | | | | | | **$\phi$16** | **$\phi$16** | **2.417** |
| 52 | 350×550 | （300） | 10$\phi$14 | 1539 | 0.799 | $\phi$6 | $\phi$6 | 0.412 |
| | | | 10$\phi$16 | 2011 | 1.045 | $\phi$6.5 | $\phi$6.5 | 0.483 |
| | | | 10$\phi$18 | 2545 | 1.322 | $\phi$8 | $\phi$6 | 0.639 |
| | | | 10$\phi$20 | 3142 | 1.632 | $\phi$8 | $\phi$6.5 | 0.659 |
| | | | 10$\phi$22 | 3801 | 1.975 | $\phi$8 | $\phi$8 | 0.726 |
| | | | 10$\phi$25 | 4909 | 2.550 | $\phi$10 | $\phi$8 | 1.012 |
| | | | **10$\phi$28** | **6158** | **3.199** | $\phi$10 | $\phi$10 | 1.123 |
| | | | **10$\phi$30** | **7069** | **3.672** | $\phi$12 | $\phi$10 | 1.466 |
| | | | **10$\phi$32** | **8042** | **4.178** | $\phi$12 | $\phi$12 | 1.601 |
| | | | | | | $\phi$14 | $\phi$10 | 1.866 |
| | | | | | | $\phi$14 | $\phi$12 | 1.999 |
| | | | | | | $\phi$14 | $\phi$14 | 2.157 |
| | | | | | | **$\phi$16** | **$\phi$10** | **2.332** |
| | | | | | | **$\phi$16** | **$\phi$12** | **2.465** |
| | | | | | | **$\phi$16** | **$\phi$14** | **2.622** |
| | | | | | | **$\phi$16** | **$\phi$16** | **2.803** |

续表

| 序号 | $b \times h$（mm） | 截面形式（最大箍筋肢距/mm） | 主筋 ① | 主筋 $A_S$（$mm^2$） | 主筋 $\rho = A_S/(bh)$（%） | 箍筋@100 ② | 箍筋@100 ③④ | 箍筋@100 $\rho_v$（%） |
|---|---|---|---|---|---|---|---|---|
| 53 | 350×550 | （250） | 12ϕ14 | 1846 | 0.959 | ϕ6 | ϕ6 | 0.450 |
| | | | 12ϕ16 | 2412 | 1.253 | ϕ6.5 | ϕ6.5 | 0.526 |
| | | | 12ϕ18 | 3052 | 1.585 | ϕ8 | ϕ6 | 0.675 |
| | | | 12ϕ20 | 3768 | 1.957 | ϕ8 | ϕ6.5 | 0.701 |
| | | | 12ϕ22 | 4562 | 2.370 | ϕ8 | ϕ8 | 0.791 |
| | | | **12ϕ25** | **5890** | **3.060** | ϕ10 | ϕ8 | 1.075 |
| | | | **12ϕ28** | **7389** | **3.838** | ϕ10 | ϕ10 | 1.222 |
| | | | **12ϕ30** | **8482** | **4.406** | ϕ12 | ϕ10 | 1.563 |
| | | | | | | ϕ12 | ϕ12 | 1.741 |
| | | | | | | ϕ14 | ϕ10 | 1.961 |
| | | | | | | ϕ14 | ϕ12 | 2.137 |
| | | | | | | ϕ14 | ϕ14 | 2.344 |
| | | | | | | **ϕ16** | **ϕ10** | **2.426** |
| | | | | | | **ϕ16** | **ϕ12** | **2.601** |
| | | | | | | **ϕ16** | **ϕ14** | **2.807** |
| | | | | | | **ϕ16** | **ϕ16** | **3.045** |
| 54 | 350×550 | （170） | 10ϕ14 | 1539 | 0.799 | ϕ6 | ϕ6 | 0.506 |
| | | | 10ϕ16 | 2011 | 1.045 | ϕ6.5 | ϕ6.5 | 0.592 |
| | | | 10ϕ18 | 2545 | 1.322 | ϕ8 | ϕ6 | 0.731 |
| | | | 10ϕ20 | 3142 | 1.632 | ϕ8 | ϕ6.5 | 0.767 |
| | | | 10ϕ22 | 3801 | 1.975 | ϕ8 | ϕ8 | 0.890 |
| | | | 10ϕ25 | 4909 | 2.550 | ϕ10 | ϕ8 | 1.174 |
| | | | **10ϕ28** | **6158** | **3.199** | ϕ10 | ϕ10 | 1.376 |
| | | | **10ϕ30** | **7069** | **3.672** | ϕ12 | ϕ10 | 1.716 |
| | | | **10ϕ32** | **8042** | **4.178** | ϕ12 | ϕ12 | 1.961 |
| | | | | | | ϕ14 | ϕ10 | 2.113 |
| | | | | | | ϕ14 | ϕ12 | 2.355 |
| | | | | | | ϕ14 | ϕ14 | 2.641 |
| | | | | | | **ϕ16** | **ϕ10** | **2.577** |
| | | | | | | **ϕ16** | **ϕ12** | **2.819** |
| | | | | | | **ϕ16** | **ϕ14** | **3.103** |
| | | | | | | **ϕ16** | **ϕ16** | **3.432** |

续表

| 序号 | $b \times h$ (mm) | 截面形式 (最大箍筋肢距/mm) | 主筋 | | | 箍筋@100 | | |
|---|---|---|---|---|---|---|---|---|
| | | | ① | $A_S$ ($mm^2$) | $\rho = A_S/(bh)$ (%) | ② | ③④ | $\rho_v$ (%) |
| 55 | 400×400 | (250) | 12ϕ12 | 1356 | 0.848 | ϕ6 | ϕ6 | 0.482 |
| | | | 12ϕ14 | 1846 | 1.154 | ϕ6.5 | ϕ6.5 | 0.564 |
| | | | 12ϕ16 | 2412 | 1.508 | ϕ8 | ϕ6 | 0.724 |
| | | | 12ϕ18 | 3052 | 1.909 | ϕ8 | ϕ6.5 | 0.751 |
| | | | 12ϕ20 | 3768 | 2.356 | ϕ8 | ϕ8 | 0.847 |
| | | | 12ϕ22 | 4562 | 2.851 | ϕ10 | ϕ8 | 1.152 |
| | | | **12ϕ25** | **5890** | **3.681** | ϕ10 | ϕ10 | 1.309 |
| | | | **12ϕ28** | **7389** | **4.618** | ϕ12 | ϕ10 | 1.674 |
| | | | | | | ϕ12 | ϕ12 | 1.864 |
| | | | | | | ϕ14 | ϕ10 | 2.100 |
| | | | | | | ϕ14 | ϕ12 | 2.288 |
| | | | | | | ϕ14 | ϕ14 | 2.510 |
| | | | | | | **ϕ16** | **ϕ10** | **2.598** |
| | | | | | | **ϕ16** | **ϕ12** | **2.785** |
| | | | | | | **ϕ16** | **ϕ14** | **3.006** |
| | | | | | | **ϕ16** | **ϕ16** | **3.260** |
| 56 | 400×400 | (180) | 8ϕ14 | 1230 | 0.769 | 同上 | | |
| | | | 8ϕ16 | 1608 | 1.005 | | | |
| | | | 8ϕ18 | 2036 | 1.273 | | | |
| | | | 8ϕ20 | 2513 | 1.571 | | | |
| | | | 8ϕ22 | 3041 | 1.901 | | | |
| | | | 8ϕ25 | 3927 | 2.454 | | | |
| | | | **8ϕ28** | **4926** | **3.079** | | | |
| | | | **8ϕ30** | **5655** | **3.534** | | | |
| | | | **8ϕ32** | **6434** | **4.021** | | | |
| 57 | 400×450 | (270) | 12ϕ12 | 1356 | 0.754 | ϕ6 | ϕ6 | 0.452 |
| | | | 12ϕ14 | 1846 | 1.026 | ϕ6.5 | ϕ6.5 | 0.529 |
| | | | 12ϕ16 | 2412 | 1.341 | ϕ8 | ϕ6 | 0.679 |
| | | | 12ϕ18 | 3052 | 1.697 | ϕ8 | ϕ6.5 | 0.705 |
| | | | 12ϕ20 | 3768 | 2.094 | ϕ8 | ϕ8 | 0.795 |
| | | | 12ϕ22 | 4562 | 2.534 | ϕ10 | ϕ8 | 1.082 |
| | | | **12ϕ25** | **5890** | **3.272** | ϕ10 | ϕ10 | 1.229 |
| | | | **12ϕ28** | **7389** | **4.105** | ϕ12 | ϕ10 | 1.573 |
| | | | **12ϕ30** | **8482** | **4.712** | ϕ12 | ϕ12 | 1.752 |
| | | | | | | ϕ14 | ϕ10 | 1.974 |
| | | | | | | ϕ14 | ϕ12 | 2.151 |
| | | | | | | ϕ14 | ϕ14 | 2.310 |
| | | | | | | **ϕ16** | **ϕ10** | **2.444** |
| | | | | | | **ϕ16** | **ϕ12** | **2.619** |
| | | | | | | **ϕ16** | **ϕ14** | **2.827** |
| | | | | | | **ϕ16** | **ϕ16** | **3.066** |

续表

| 序号 | $b\times h$ (mm) | 截面形式 (最大箍筋肢距/mm) | 主筋 | | | 箍筋@100 | | |
|---|---|---|---|---|---|---|---|---|
| | | | ① | $A_S$ ($mm^2$) | $\rho=A_S/(bh)$ (%) | ② | ③④ | $\rho_v$ (%) |
| 58 | 400×450 | (250) | 14$\phi$12 | 1582 | 0.879 | 同上 | | |
| | | | 14$\phi$14 | 2154 | 1.197 | | | |
| | | | 14$\phi$16 | 2815 | 1.564 | | | |
| | | | 14$\phi$18 | 3563 | 1.979 | | | |
| | | | 14$\phi$20 | 4398 | 2.443 | | | |
| | | | 14$\phi$22 | 5321 | 2.956 | | | |
| | | | **14$\phi$25** | **6873** | **3.818** | | | |
| | | | **14$\phi$28** | **8620** | **4.789** | | | |
| 59 | 400×450 | (200) | 8$\phi$16 | 1608 | 0.893 | 同上 | | |
| | | | 8$\phi$18 | 2036 | 1.131 | | | |
| | | | 8$\phi$20 | 2513 | 1.396 | | | |
| | | | 8$\phi$22 | 3041 | 1.689 | | | |
| | | | 8$\phi$25 | 3927 | 2.182 | | | |
| | | | 8$\phi$28 | 4926 | 2.737 | | | |
| | | | **8$\phi$30** | **5655** | **3.142** | | | |
| | | | **8$\phi$32** | **6434** | **3.574** | | | |
| 60 | 400×500 | (300) | 10$\phi$14 | 1539 | 0.770 | $\phi$6 | $\phi$6 | 0.429 |
| | | | 10$\phi$16 | 2011 | 1.006 | $\phi$6.5 | $\phi$6.5 | 0.502 |
| | | | 10$\phi$18 | 2545 | 1.273 | $\phi$8 | $\phi$6 | 0.644 |
| | | | 10$\phi$20 | 3142 | 1.571 | $\phi$8 | $\phi$6.5 | 0.669 |
| | | | 10$\phi$22 | 3801 | 1.901 | $\phi$8 | $\phi$8 | 0.754 |
| | | | 10$\phi$25 | 4909 | 2.455 | $\phi$10 | $\phi$8 | 1.027 |
| | | | **10$\phi$28** | **6158** | **3.079** | $\phi$10 | $\phi$10 | 1.167 |
| | | | **10$\phi$30** | **7069** | **3.535** | $\phi$12 | $\phi$10 | 1.491 |
| | | | **10$\phi$32** | **8042** | **4.021** | $\phi$12 | $\phi$12 | 1.663 |
| | | | | | | $\phi$14 | $\phi$10 | 1.881 |
| | | | | | | $\phi$14 | $\phi$12 | 2.043 |
| | | | | | | $\phi$14 | $\phi$14 | 2.242 |
| | | | | | | **$\phi$16** | **$\phi$10** | **2.322** |
| | | | | | | **$\phi$16** | **$\phi$12** | **2.513** |
| | | | | | | **$\phi$16** | **$\phi$14** | **2.686** |
| | | | | | | **$\phi$16** | **$\phi$16** | **2.914** |

续表

| 序号 | $b \times h$（mm） | 截面形式（最大箍筋肢距/mm） | 主筋 ① | 主筋 $A_S$（$mm^2$） | 主筋 $\rho = A_S/(bh)$（%） | 箍筋@100 ② | 箍筋@100 ③④ | 箍筋@100 $\rho_v$（%） |
|---|---|---|---|---|---|---|---|---|
| 61 | 400×500 | （240） | 14φ12 | 1582 | 0.792 | 同上 | | |
| | | | 14φ14 | 2154 | 1.077 | | | |
| | | | 14φ16 | 2815 | 1.408 | | | |
| | | | 14φ18 | 3563 | 1.765 | | | |
| | | | 14φ20 | 4398 | 2.199 | | | |
| | | | 14φ22 | 5321 | 2.661 | | | |
| | | | **14φ25** | **6873** | **3.437** | | | |
| | | | **14φ28** | **8620** | **4.310** | | | |
| 62 | 400×500 | （180） | 10φ14 | 1539 | 0.770 | φ6 | φ6 | 0.492 |
| | | | 10φ16 | 2011 | 1.006 | φ6.5 | φ6.5 | 0.575 |
| | | | 10φ18 | 2545 | 1.273 | φ8 | φ6 | 0.706 |
| | | | 10φ20 | 3142 | 1.571 | φ8 | φ6.5 | 0.742 |
| | | | 10φ22 | 3801 | 1.901 | φ8 | φ8 | 0.864 |
| | | | 10φ25 | 4909 | 2.455 | φ10 | φ8 | 1.136 |
| | | | **10φ28** | **6158** | **3.079** | φ10 | φ10 | 1.378 |
| | | | **10φ30** | **7069** | **3.535** | φ12 | φ10 | 1.663 |
| | | | **10φ32** | **8042** | **4.021** | φ12 | φ12 | 1.907 |
| | | | | | | φ14 | φ10 | 2.049 |
| | | | | | | φ14 | φ12 | 2.285 |
| | | | | | | φ14 | φ14 | 2.571 |
| | | | | | | **φ16** | **φ10** | **2.489** |
| | | | | | | **φ16** | **φ12** | **2.754** |
| | | | | | | **φ16** | **φ14** | **3.014** |
| | | | | | | **φ16** | **φ16** | **3.342** |
| 63 | 400×550 | （250） | 12φ14 | 1846 | 0.840 | φ6 | φ6 | 0.410 |
| | | | 12φ16 | 2412 | 1.097 | φ6.5 | φ6.5 | 0.480 |
| | | | 12φ18 | 3052 | 1.338 | φ8 | φ6 | 0.616 |
| | | | 12φ20 | 3768 | 1.714 | φ8 | φ6.5 | 0.640 |
| | | | 12φ22 | 4562 | 2.073 | φ8 | φ8 | 0.722 |
| | | | 12φ25 | 5890 | 2.678 | φ10 | φ8 | 0.983 |
| | | | **12φ28** | **7389** | **3.359** | φ10 | φ10 | 1.116 |
| | | | **12φ30** | **8482** | **3.855** | φ12 | φ10 | 1.430 |
| | | | **12φ32** | **9651** | **4.387** | φ12 | φ12 | 1.592 |
| | | | | | | φ14 | φ10 | 1.796 |
| | | | | | | φ14 | φ12 | 1.957 |
| | | | | | | φ14 | φ14 | 2.146 |
| | | | | | | **φ16** | **φ10** | **2.223** |
| | | | | | | **φ16** | **φ12** | **2.383** |
| | | | | | | **φ16** | **φ14** | **2.572** |
| | | | | | | **φ16** | **φ16** | **2.790** |

续表

| 序号 | $b \times h$ (mm) | 截面形式（最大箍筋肢距/mm） | 主筋 | | | 箍筋@100 | | |
|---|---|---|---|---|---|---|---|---|
| | | | ① | $A_S$ ($mm^2$) | $\rho = A_S/(bh)$ (%) | ② | ③④ | $\rho_v$ (%) |
| 64 | 400×550 | (250) | 14$\phi$12 | 1582 | 0.720 | 同上 | | |
| | | | 14$\phi$14 | 2154 | 0.979 | | | |
| | | | 14$\phi$16 | 2815 | 1.280 | | | |
| | | | 14$\phi$18 | 3563 | 1.620 | | | |
| | | | 14$\phi$20 | 4398 | 1.999 | | | |
| | | | 14$\phi$22 | 5321 | 2.419 | | | |
| | | | **14$\phi$25** | **6873** | **3.124** | | | |
| | | | **14$\phi$28** | **8620** | **3.918** | | | |
| | | | **14$\phi$30** | **9896** | **4.498** | | | |
| 65 | 400×550 | (180) | 10$\phi$14 | 1539 | 0.700 | $\phi$6 | $\phi$6 | 0.466 |
| | | | 10$\phi$16 | 2011 | 0.914 | $\phi$6.5 | $\phi$6.5 | 0.546 |
| | | | 10$\phi$18 | 2545 | 1.157 | $\phi$8 | $\phi$6 | 0.672 |
| | | | 10$\phi$20 | 3142 | 1.428 | $\phi$8 | $\phi$6.5 | 0.706 |
| | | | 10$\phi$22 | 3801 | 1.728 | $\phi$8 | $\phi$8 | 0.821 |
| | | | 10$\phi$25 | 4909 | 2.231 | $\phi$10 | $\phi$8 | 1.082 |
| | | | 10$\phi$28 | 6158 | 2.799 | $\phi$10 | $\phi$10 | 1.270 |
| | | | **10$\phi$30** | **7069** | **3.213** | $\phi$12 | $\phi$10 | 1.583 |
| | | | **10$\phi$32** | **8042** | **3.655** | $\phi$12 | $\phi$12 | 1.812 |
| | | | **10$\phi$36** | **10179** | **4.627** | $\phi$14 | $\phi$10 | 1.948 |
| | | | | | | $\phi$14 | $\phi$12 | 2.175 |
| | | | | | | $\phi$14 | $\phi$14 | 2.443 |
| | | | | | | **$\phi$16** | **$\phi$10** | **2.374** |
| | | | | | | **$\phi$16** | **$\phi$12** | **2.601** |
| | | | | | | **$\phi$16** | **$\phi$14** | **2.868** |
| | | | | | | **$\phi$16** | **$\phi$16** | **3.177** |
| 66 | 400×600 | (280) | 12$\phi$14 | 1847 | 0.770 | $\phi$6.5 | $\phi$6.5 | 0.462 |
| | | | 12$\phi$16 | 2412 | 1.005 | $\phi$8 | $\phi$6 | 0.593 |
| | | | 12$\phi$18 | 3052 | 1.273 | $\phi$8 | $\phi$6.5 | 0.616 |
| | | | 12$\phi$20 | 3768 | 1.571 | $\phi$8 | $\phi$8 | 0.695 |
| | | | 12$\phi$22 | 4562 | 1.900 | $\phi$10 | $\phi$8 | 0.946 |
| | | | 12$\phi$25 | 5890 | 2.455 | $\phi$10 | $\phi$10 | 1.075 |
| | | | **12$\phi$28** | **7389** | **3.078** | $\phi$12 | $\phi$10 | 1.378 |
| | | | **12$\phi$30** | **8482** | **3.534** | $\phi$12 | $\phi$12 | 1.534 |
| | | | **12$\phi$32** | **9651** | **4.021** | $\phi$14 | $\phi$10 | 1.730 |
| | | | | | | $\phi$14 | $\phi$12 | 1.885 |
| | | | | | | $\phi$14 | $\phi$14 | 2.068 |
| | | | | | | **$\phi$16** | **$\phi$10** | **2.142** |
| | | | | | | **$\phi$16** | **$\phi$12** | **2.296** |
| | | | | | | **$\phi$16** | **$\phi$14** | **2.478** |
| | | | | | | **$\phi$16** | **$\phi$16** | **2.688** |

续表

| 序号 | $b\times h$（mm） | 截面形式（最大箍筋肢距/mm） | 主筋 ① | $A_S$（mm²） | $\rho=A_S/(bh)$（%） | 箍筋@100 ② | ③④ | $\rho_v$（%） |
|---|---|---|---|---|---|---|---|---|
| 67 | 400×600 | （280） | 14$\phi$14 | 2155 | 0.898 | 同 上 | | |
| | | | 14$\phi$16 | 2815 | 1.173 | | | |
| | | | 14$\phi$18 | 3563 | 1.485 | | | |
| | | | 14$\phi$20 | 4398 | 1.833 | | | |
| | | | 14$\phi$22 | 5321 | 2.217 | | | |
| | | | 14$\phi$25 | 6873 | 2.864 | | | |
| | | | **14$\phi$28** | **8620** | **3.592** | | | |
| | | | **14$\phi$30** | **9896** | **4.123** | | | |
| | | | **14$\phi$32** | **11259** | **4.691** | | | |
| 68 | 400×600 | （180） | 10$\phi$16 | 2011 | 0.838 | $\phi$6 | $\phi$6 | 0.446 |
| | | | 10$\phi$18 | 2545 | 1.060 | $\phi$6.5 | $\phi$6.5 | 0.522 |
| | | | 10$\phi$20 | 3142 | 1.309 | $\phi$8 | $\phi$6 | 0.644 |
| | | | 10$\phi$22 | 3801 | 1.584 | $\phi$8 | $\phi$6.5 | 0.676 |
| | | | 10$\phi$25 | 4909 | 2.045 | $\phi$8 | $\phi$8 | 0.785 |
| | | | 10$\phi$28 | 6158 | 2.562 | $\phi$10 | $\phi$8 | 1.036 |
| | | | 10$\phi$30 | 7069 | 2.945 | $\phi$10 | $\phi$10 | 1.215 |
| | | | **10$\phi$32** | **8042** | **3.351** | $\phi$12 | $\phi$10 | 1.517 |
| | | | **10$\phi$36** | **10179** | **4.241** | $\phi$12 | $\phi$12 | 1.734 |
| | | | | | | $\phi$14 | $\phi$10 | 1.868 |
| | | | | | | $\phi$14 | $\phi$12 | 2.084 |
| | | | | | | $\phi$14 | $\phi$14 | 2.339 |
| | | | | | | **$\phi$16** | **$\phi$10** | **2.280** |
| | | | | | | **$\phi$16** | **$\phi$12** | **2.494** |
| | | | | | | **$\phi$16** | **$\phi$14** | **2.748** |
| | | | | | | **$\phi$16** | **$\phi$16** | **3.041** |
| 69 | 450×450 | （270） | 12$\phi$12 | 1356 | 0.670 | $\phi$6 | $\phi$6 | 0.422 |
| | | | 12$\phi$14 | 1846 | 0.912 | $\phi$6.5 | $\phi$6.5 | 0.494 |
| | | | 12$\phi$16 | 2412 | 1.192 | $\phi$8 | $\phi$6 | 0.635 |
| | | | 12$\phi$18 | 3052 | 1.508 | $\phi$8 | $\phi$6.5 | 0.659 |
| | | | 12$\phi$20 | 3768 | 1.862 | $\phi$8 | $\phi$8 | 0.743 |
| | | | 12$\phi$22 | 4562 | 2.252 | $\phi$10 | $\phi$8 | 1.011 |
| | | | 12$\phi$25 | 5890 | 2.909 | $\phi$10 | $\phi$10 | 1.149 |
| | | | **12$\phi$28** | **7389** | **3.649** | $\phi$12 | $\phi$10 | 1.472 |
| | | | **12$\phi$30** | **8482** | **4.189** | $\phi$12 | $\phi$12 | 1.639 |
| | | | **12$\phi$32** | **9651** | **4.766** | $\phi$14 | $\phi$10 | 1.849 |
| | | | | | | $\phi$14 | $\phi$12 | 2.014 |
| | | | | | | $\phi$14 | $\phi$14 | 2.210 |
| | | | | | | **$\phi$16** | **$\phi$10** | **2.289** |
| | | | | | | **$\phi$16** | **$\phi$12** | **2.453** |
| | | | | | | **$\phi$16** | **$\phi$14** | **2.648** |
| | | | | | | **$\phi$16** | **$\phi$16** | **2.872** |

续表

| 序号 | $b\times h$ (mm) | 截面形式（最大箍筋肢距/mm） | 主筋 ① | $A_S$ ($mm^2$) | $\rho=A_S/(bh)$ (%) | 箍筋@100 ② | ③④ | $\rho_v$ (%) |
|---|---|---|---|---|---|---|---|---|
| 70 | 450×450 | 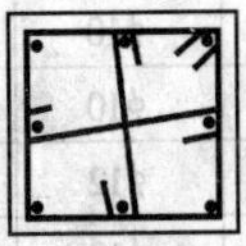 (200) | 8$\phi$14 | 1230 | 0.607 | 同上 | | |
| | | | 8$\phi$16 | 1608 | 0.794 | | | |
| | | | 8$\phi$18 | 2036 | 1.005 | | | |
| | | | 8$\phi$20 | 2513 | 1.241 | | | |
| | | | 8$\phi$22 | 3041 | 1.502 | | | |
| | | | 8$\phi$25 | 3927 | 1.939 | | | |
| | | | 8$\phi$28 | 4926 | 2.433 | | | |
| | | | 8$\phi$30 | 5655 | 2.793 | | | |
| | | | **8$\phi$32** | **6434** | **3.177** | | | |
| | | | **8$\phi$36** | **8143** | **4.021** | | | |
| | | | **8$\phi$40** | **10053** | **4.964** | | | |
| 71 | 450×450 | (200) | 16$\phi$12 | 1810 | 0.894 | 同上 | | |
| | | | 16$\phi$14 | 2462 | 1.216 | | | |
| | | | 16$\phi$16 | 3218 | 1.589 | | | |
| | | | 16$\phi$18 | 4072 | 2.011 | | | |
| | | | 16$\phi$20 | 5026 | 2.462 | | | |
| | | | **16$\phi$22** | **6082** | **3.003** | | | |
| | | | **16$\phi$25** | **7854** | **3.879** | | | |
| | | | **16$\phi$28** | **9852** | **4.865** | | | |
| 72 | 450×450 | (140) | 12$\phi$12 | 1356 | 0.670 | $\phi$6 | $\phi$6 | 0.563 |
| | | | 12$\phi$14 | 1846 | 0.912 | $\phi$6.5 | $\phi$6.5 | 0.659 |
| | | | 12$\phi$16 | 2412 | 1.192 | $\phi$8 | $\phi$6 | 0.774 |
| | | | 12$\phi$18 | 3052 | 1.508 | $\phi$8 | $\phi$6.5 | 0.822 |
| | | | 12$\phi$20 | 3768 | 1.862 | $\phi$8 | $\phi$8 | 0.991 |
| | | | 12$\phi$22 | 4562 | 2.252 | $\phi$10 | $\phi$8 | 1.257 |
| | | | 12$\phi$25 | 5890 | 2.909 | $\phi$10 | $\phi$10 | 1.532 |
| | | | **12$\phi$28** | **7389** | **3.649** | $\phi$12 | $\phi$10 | 1.852 |
| | | | **12$\phi$30** | **8482** | **4.189** | $\phi$12 | $\phi$12 | 2.186 |
| | | | **12$\phi$32** | **9651** | **4.766** | $\phi$14 | $\phi$10 | 2.225 |
| | | | | | | $\phi$14 | $\phi$12 | 2.555 |
| | | | | | | $\phi$14 | $\phi$14 | 2.946 |
| | | | | | | **$\phi$16** | **$\phi$10** | **2.663** |
| | | | | | | **$\phi$16** | **$\phi$12** | **2.992** |
| | | | | | | **$\phi$16** | **$\phi$14** | **3.381** |
| | | | | | | **$\phi$16** | **$\phi$16** | **3.830** |

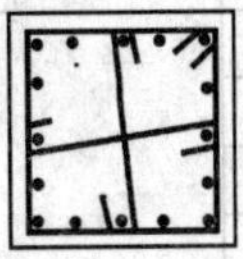

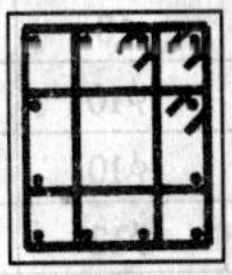

续表

| 序号 | $b\times h$（mm） | 截面形式（最大箍筋肢距/mm） | 主筋 | | | 箍筋@100 | | |
|---|---|---|---|---|---|---|---|---|
| | | | ① | $A_S$（$mm^2$） | $\rho=A_S/(bh)$（%） | ② | ③④ | $\rho_v$（%） |
| 73 | 450×500 | （300） | 10ϕ14 | 1539 | 0.684 | ϕ6.5 | ϕ6.5 | 0.467 |
| | | | 10ϕ16 | 2011 | 0.894 | ϕ8 | ϕ6 | 0.592 |
| | | | 10ϕ18 | 2545 | 1.131 | ϕ8 | ϕ6.5 | 0.623 |
| | | | 10ϕ20 | 3142 | 1.396 | ϕ8 | ϕ8 | 0.702 |
| | | | 10ϕ22 | 3801 | 1.689 | ϕ10 | ϕ8 | 0.956 |
| | | | 10ϕ25 | 4909 | 2.182 | ϕ10 | ϕ10 | 1.087 |
| | | | 10ϕ28 | 6158 | 2.737 | ϕ12 | ϕ10 | 1.393 |
| | | | **10ϕ30** | **7069** | **3.142** | ϕ12 | ϕ12 | 1.551 |
| | | | **10ϕ32** | **8042** | **3.574** | ϕ14 | ϕ10 | 1.750 |
| | | | **10ϕ36** | **10179** | **4.524** | ϕ14 | ϕ12 | 1.907 |
| | | | | | | ϕ14 | ϕ14 | 2.092 |
| | | | | | | **ϕ16** | **ϕ10** | **2.167** |
| | | | | | | **ϕ16** | **ϕ12** | **2.323** |
| | | | | | | **ϕ16** | **ϕ14** | **2.507** |
| | | | | | | **ϕ16** | **ϕ16** | **2.720** |
| 74 | 450×500 | （300） | 12ϕ12 | 1356 | 0.603 | 同上 | | |
| | | | 12ϕ14 | 1846 | 0.821 | | | |
| | | | 12ϕ16 | 2412 | 1.072 | | | |
| | | | 12ϕ18 | 3052 | 1.357 | | | |
| | | | 12ϕ20 | 3768 | 1.676 | | | |
| | | | 12ϕ22 | 4562 | 2.027 | | | |
| | | | 12ϕ25 | 5890 | 2.618 | | | |
| | | | **12ϕ28** | **7389** | **3.284** | | | |
| | | | **12ϕ30** | **8482** | **3.770** | | | |
| | | | **12ϕ32** | **9651** | **4.289** | | | |
| 75 | 450×500 | （200） | 10ϕ14 | 1539 | 0.684 | ϕ6 | ϕ6 | 0.461 |
| | | | 10ϕ16 | 2011 | 0.894 | ϕ6.5 | ϕ6.5 | 0.540 |
| | | | 10ϕ18 | 2545 | 1.131 | ϕ8 | ϕ6 | 0.654 |
| | | | 10ϕ20 | 3142 | 1.396 | ϕ8 | ϕ6.5 | 0.696 |
| | | | 10ϕ22 | 3801 | 1.689 | ϕ8 | ϕ8 | 0.812 |
| | | | 10ϕ25 | 4909 | 2.182 | ϕ10 | ϕ8 | 1.065 |
| | | | 10ϕ28 | 6158 | 2.737 | ϕ10 | ϕ10 | 1.258 |
| | | | **10ϕ30** | **7069** | **3.142** | ϕ12 | ϕ10 | 1.562 |
| | | | **10ϕ32** | **8042** | **3.574** | ϕ12 | ϕ12 | 1.795 |
| | | | **10ϕ36** | **10179** | **4.524** | ϕ14 | ϕ10 | 1.918 |
| | | | | | | ϕ14 | ϕ12 | 2.149 |
| | | | | | | ϕ14 | ϕ14 | 2.421 |
| | | | | | | **ϕ16** | **ϕ10** | **2.334** |
| | | | | | | **ϕ16** | **ϕ12** | **2.564** |
| | | | | | | **ϕ16** | **ϕ14** | **2.835** |
| | | | | | | **ϕ16** | **ϕ16** | **3.148** |

续表

| 序号 | $b\times h$ (mm) | 截面形式（最大箍筋肢距/mm） | 主筋 ① | $A_S$ ($mm^2$) | $\rho=A_S/(bh)$ (%) | 箍筋@100 ② | ③④ | $\rho_v$ (%) |
|---|---|---|---|---|---|---|---|---|
| 76 | 450×500 | (150) | 12ϕ12 | 1356 | 0.603 | ϕ6 | ϕ6 | 0.531 |
| | | | 12ϕ14 | 1846 | 0.821 | ϕ6.5 | ϕ6.5 | 0.622 |
| | | | 12ϕ16 | 2412 | 1.072 | ϕ8 | ϕ6 | 0.724 |
| | | | 12ϕ18 | 3052 | 1.357 | ϕ8 | ϕ6.5 | 0.778 |
| | | | 12ϕ20 | 3768 | 1.676 | ϕ8 | ϕ8 | 0.936 |
| | | | 12ϕ22 | 4562 | 2.027 | ϕ10 | ϕ8 | 1.188 |
| | | | 12ϕ25 | 5890 | 2.618 | ϕ10 | ϕ10 | 1.450 |
| | | | **12ϕ28** | **7389** | **3.284** | ϕ12 | ϕ10 | 1.752 |
| | | | **12ϕ30** | **8482** | **3.770** | ϕ12 | ϕ12 | 2.068 |
| | | | **12ϕ32** | **9651** | **4.289** | ϕ14 | ϕ10 | 2.106 |
| | | | | | | ϕ14 | ϕ12 | 2.420 |
| | | | | | | ϕ14 | ϕ14 | 2.789 |
| | | | | | | **ϕ16** | **ϕ10** | **2.521** |
| | | | | | | **ϕ16** | **ϕ12** | **2.833** |
| | | | | | | **ϕ16** | **ϕ14** | **3.202** |
| | | | | | | **ϕ16** | **ϕ16** | **3.627** |
| 77 | 450×550 | (280) | 14ϕ14 | 2154 | 0.870 | ϕ6.5 | ϕ6.5 | 0.446 |
| | | | 14ϕ16 | 2815 | 1.137 | ϕ8 | ϕ6 | 0.572 |
| | | | 14ϕ18 | 3563 | 1.440 | ϕ8 | ϕ6.5 | 0.594 |
| | | | 14ϕ20 | 4398 | 1.777 | ϕ8 | ϕ8 | 0.669 |
| | | | 14ϕ22 | 5321 | 2.150 | ϕ10 | ϕ8 | 0.912 |
| | | | 14ϕ25 | 6873 | 2.777 | ϕ10 | ϕ10 | 1.037 |
| | | | **14ϕ28** | **8620** | **3.483** | ϕ12 | ϕ10 | 1.329 |
| | | | **14ϕ30** | **9896** | **3.998** | ϕ12 | ϕ12 | 1.480 |
| | | | **14ϕ32** | **11259** | **4.549** | ϕ14 | ϕ10 | 1.670 |
| | | | | | | ϕ14 | ϕ12 | 1.820 |
| | | | | | | ϕ14 | ϕ14 | 1.996 |
| | | | | | | **ϕ16** | **ϕ10** | **2.069** |
| | | | | | | **ϕ16** | **ϕ12** | **2.218** |
| | | | | | | **ϕ16** | **ϕ14** | **2.393** |
| | | | | | | **ϕ16** | **ϕ16** | **2.596** |

续表

| 序号 | $b \times h$ (mm) | 截面形式（最大箍筋肢距/mm） | 主筋 | | | 箍筋@100 | | |
|---|---|---|---|---|---|---|---|---|
| | | | ① | $A_S$ (mm²) | $\rho = A_S/(bh)$ (%) | ② | ③④ | $\rho_v$ (%) |
| 78 | 450×550 | (280) | 12φ14 | 1846 | 0.746 | φ6 | φ6 | 0.436 |
| | | | 12φ16 | 2412 | 0.975 | φ6.5 | φ6.5 | 0.512 |
| | | | 12φ18 | 3052 | 1.234 | φ8 | φ6 | 0.628 |
| | | | 12φ20 | 3768 | 1.523 | φ8 | φ6.5 | 0.660 |
| | | | 12φ22 | 4562 | 1.843 | φ8 | φ8 | 0.768 |
| | | | 12φ25 | 5890 | 2.380 | φ10 | φ8 | 1.011 |
| | | | 12φ28 | 7389 | 2.985 | φ10 | φ10 | 1.191 |
| | | | **12φ30** | **8482** | **3.427** | φ12 | φ10 | 1.482 |
| | | | **12φ32** | **9651** | **3.899** | φ12 | φ12 | 1.700 |
| | | | **12φ36** | **12215** | **4.935** | φ14 | φ10 | 1.822 |
| | | | | | | φ14 | φ12 | 2.038 |
| | | | | | | φ14 | φ14 | 2.293 |
| | | | | | | **φ16** | **φ10** | **2.220** |
| | | | | | | **φ16** | **φ12** | **2.436** |
| | | | | | | **φ16** | **φ14** | **2.689** |
| | | | | | | **φ16** | **φ16** | **2.983** |
| 79 | 450×550 | (200) | 10φ16 | 2011 | 0.813 | 同上 | | |
| | | | 10φ18 | 2545 | 1.028 | | | |
| | | | 10φ20 | 3142 | 1.269 | | | |
| | | | 10φ22 | 3801 | 1.536 | | | |
| | | | 10φ25 | 4909 | 1.983 | | | |
| | | | 10φ28 | 6158 | 2.488 | | | |
| | | | 10φ30 | 7069 | 2.856 | | | |
| | | | **10φ32** | **8042** | **3.249** | | | |
| | | | **10φ36** | **10179** | **4.113** | | | |
| 80 | 450×550 | (200) | 12φ14 | 1846 | 0.746 | φ6 | φ6 | 0.507 |
| | | | 12φ16 | 2412 | 0.975 | φ6.5 | φ6.5 | 0.593 |
| | | | 12φ18 | 3052 | 1.234 | φ8 | φ6 | 0.697 |
| | | | 12φ20 | 3768 | 1.523 | φ8 | φ6.5 | 0.741 |
| | | | 12φ22 | 4562 | 1.843 | φ8 | φ8 | 0.893 |
| | | | 12φ25 | 5890 | 2.380 | φ10 | φ8 | 1.133 |
| | | | 12φ28 | 7389 | 2.985 | φ10 | φ10 | 1.382 |
| | | | **12φ30** | **8482** | **3.427** | φ12 | φ10 | 1.671 |
| | | | **12φ32** | **9651** | **3.899** | φ12 | φ12 | 1.973 |
| | | | **12φ36** | **12215** | **4.935** | φ14 | φ10 | 2.010 |
| | | | | | | φ14 | φ12 | 2.309 |
| | | | | | | φ14 | φ14 | 2.662 |
| | | | | | | **φ16** | **φ10** | **2.407** |
| | | | | | | **φ16** | **φ12** | **2.704** |
| | | | | | | **φ16** | **φ14** | **3.056** |
| | | | | | | **φ16** | **φ16** | **3.461** |

续表

| 序号 | $b \times h$（mm） | 截面形式（最大箍筋肢距/mm） | 主筋 | | | 箍筋@100 | | |
|---|---|---|---|---|---|---|---|---|
| | | | ① | $A_S$（$mm^2$） | $\rho = A_S/(bh)$（%） | ② | ③④ | $\rho_v$（%） |
| 81 | 450 × 600 | （280） | 14φ14 | 2154 | 0.798 | φ6.5 | φ6.5 | 0.427 |
| | | | 14φ16 | 2815 | 1.043 | φ8 | φ6 | 0.549 |
| | | | 14φ18 | 3563 | 1.320 | φ8 | φ6.5 | 0.570 |
| | | | 14φ20 | 4398 | 1.629 | φ8 | φ8 | 0.643 |
| | | | 14φ22 | 5321 | 1.629 | φ10 | φ8 | 0.876 |
| | | | 14φ25 | 6873 | 1.971 | φ10 | φ10 | 0.995 |
| | | | 14φ28 | 8620 | 2.546 | φ12 | φ10 | 1.276 |
| | | | **14φ30** | **9896** | **3.665** | φ12 | φ12 | 1.421 |
| | | | **14φ32** | **11259** | **4.170** | φ14 | φ10 | 1.605 |
| | | | | | | φ14 | φ12 | 1.748 |
| | | | | | | φ14 | φ14 | 1.918 |
| | | | | | | **φ16** | **φ10** | **1.988** |
| | | | | | | **φ16** | **φ12** | **2.131** |
| | | | | | | **φ16** | **φ14** | **2.299** |
| | | | | | | **φ16** | **φ16** | **2.494** |
| 82 | 450 × 600 | （280） | 12φ14 | 1846 | 0.684 | φ6 | φ6 | 0.416 |
| | | | 12φ16 | 2412 | 0.894 | φ6.5 | φ6.5 | 0.487 |
| | | | 12φ18 | 3052 | 1.131 | φ8 | φ6 | 0.600 |
| | | | 12φ20 | 3768 | 1.396 | φ8 | φ6.5 | 0.630 |
| | | | 12φ22 | 4562 | 1.689 | φ8 | φ8 | 0.733 |
| | | | 12φ25 | 5890 | 2.182 | φ10 | φ8 | 0.966 |
| | | | 12φ28 | 7389 | 2.737 | φ10 | φ10 | 1.135 |
| | | | **12φ30** | **8482** | **3.141** | φ12 | φ10 | 1.415 |
| | | | **12φ32** | **9651** | **3.574** | φ12 | φ12 | 1.622 |
| | | | **12φ36** | **12215** | **4.524** | φ14 | φ10 | 1.743 |
| | | | | | | φ14 | φ12 | 1.947 |
| | | | | | | φ14 | φ14 | 2.189 |
| | | | | | | **φ16** | **φ10** | **2.125** |
| | | | | | | **φ16** | **φ12** | **2.329** |
| | | | | | | **φ16** | **φ14** | **2.569** |
| | | | | | | **φ16** | **φ16** | **2.847** |
| 83 | 450 × 600 | （200） | 10φ16 | 2011 | 0.745 | 同上 | | |
| | | | 10φ18 | 2545 | 0.942 | | | |
| | | | 10φ20 | 3142 | 1.164 | | | |
| | | | 10φ22 | 3801 | 1.408 | | | |
| | | | 10φ25 | 4909 | 1.818 | | | |
| | | | 10φ28 | 6158 | 2.280 | | | |
| | | | 10φ30 | 7069 | 2.618 | | | |
| | | | **10φ32** | **8042** | **2.979** | | | |
| | | | **10φ36** | **10179** | **3.770** | | | |
| | | | **10φ40** | **12566** | **4.654** | | | |

续表

| 序号 | $b\times h$ (mm) | 截面形式 (最大箍筋肢距/mm) | 主筋 | | | 箍筋@100 | | |
|---|---|---|---|---|---|---|---|---|
| | | | ① | $A_S$ (mm²) | $\rho=A_S/(bh)$ (%) | ② | ③④ | $\rho_v$ (%) |
| 84 | 450×600 | (190) | 12$\phi$14 | 1846 | 0.684 | $\phi$6 | $\phi$6 | 0.486 |
| | | | 12$\phi$16 | 2412 | 0.894 | $\phi$6.5 | $\phi$6.5 | 0.569 |
| | | | 12$\phi$18 | 3052 | 1.131 | $\phi$8 | $\phi$6 | 0.669 |
| | | | 12$\phi$20 | 3768 | 1.396 | $\phi$8 | $\phi$6.5 | 0.711 |
| | | | 12$\phi$22 | 4562 | 1.689 | $\phi$8 | $\phi$8 | 0.857 |
| | | | 12$\phi$25 | 5890 | 2.182 | $\phi$10 | $\phi$8 | 1.088 |
| | | | 12$\phi$28 | 7389 | 2.737 | $\phi$10 | $\phi$10 | 1.327 |
| | | | **12$\phi$30** | **8482** | **3.141** | $\phi$12 | $\phi$10 | 1.605 |
| | | | **12$\phi$32** | **9651** | **3.574** | $\phi$12 | $\phi$12 | 1.895 |
| | | | **12$\phi$36** | **12215** | **4.524** | $\phi$14 | $\phi$10 | 1.931 |
| | | | | | | $\phi$14 | $\phi$12 | 2.218 |
| | | | | | | $\phi$14 | $\phi$14 | 2.557 |
| | | | | | | **$\phi$16** | **$\phi$10** | **2.312** |
| | | | | | | **$\phi$16** | **$\phi$12** | **2.589** |
| | | | | | | **$\phi$16** | **$\phi$14** | **2.936** |
| | | | | | | **$\phi$16** | **$\phi$16** | **3.326** |
| 85 | 450×650 | (300) | 12$\phi$16 | 2412 | 0.825 | $\phi$6.5 | $\phi$6.5 | 0.412 |
| | | | 12$\phi$18 | 3052 | 1.043 | $\phi$8 | $\phi$6 | 0.530 |
| | | | 12$\phi$20 | 3768 | 1.288 | $\phi$8 | $\phi$6.5 | 0.550 |
| | | | 12$\phi$22 | 4562 | 1.560 | $\phi$8 | $\phi$8 | 0.620 |
| | | | 12$\phi$25 | 5890 | 2.014 | $\phi$10 | $\phi$8 | 0.846 |
| | | | 12$\phi$28 | 7389 | 2.526 | $\phi$10 | $\phi$10 | 0.961 |
| | | | 12$\phi$30 | 8482 | 2.900 | $\phi$12 | $\phi$10 | 1.232 |
| | | | **12$\phi$32** | **9651** | **3.299** | $\phi$12 | $\phi$12 | 1.372 |
| | | | **12$\phi$36** | **12215** | **4.176** | $\phi$14 | $\phi$10 | 1.550 |
| | | | | | | $\phi$14 | $\phi$12 | 1.688 |
| | | | | | | $\phi$14 | $\phi$14 | 1.852 |
| | | | | | | **$\phi$16** | **$\phi$10** | **1.920** |
| | | | | | | **$\phi$16** | **$\phi$12** | **2.058** |
| | | | | | | **$\phi$16** | **$\phi$14** | **2.221** |
| | | | | | | **$\phi$16** | **$\phi$16** | **2.409** |

续表

| 序号 | $b \times h$ (mm) | 截面形式（最大箍筋肢距/mm） | 主筋 ① | 主筋 $A_S$ ($mm^2$) | 主筋 $\rho = A_S/(bh)$ (%) | 箍筋@100 ② | 箍筋@100 ③④ | 箍筋@100 $\rho_v$ (%) |
|---|---|---|---|---|---|---|---|---|
| 86 | 450×650 | (280) | 12φ14 | 1847 | 0.631 | φ6.5 | φ6.5 | 0.467 |
| | | | 12φ16 | 2412 | 0.825 | φ8 | φ6 | 0.577 |
| | | | 12φ18 | 3052 | 1.043 | φ8 | φ6.5 | 0.605 |
| | | | 12φ20 | 3768 | 1.288 | φ8 | φ8 | 0.703 |
| | | | 12φ22 | 4562 | 1.560 | φ10 | φ8 | 0.928 |
| | | | 12φ25 | 5890 | 2.014 | φ10 | φ10 | 1.090 |
| | | | 12φ28 | 7389 | 2.526 | φ12 | φ10 | 1.360 |
| | | | 12φ30 | 8482 | 2.900 | φ12 | φ12 | 1.556 |
| | | | **12φ32** | **9651** | **3.299** | φ14 | φ10 | 1.667 |
| | | | **12φ36** | **12215** | **4.176** | φ14 | φ12 | 1.871 |
| | | | | | | φ14 | φ14 | 2.101 |
| | | | | | | **φ16** | **φ10** | **2.046** |
| | | | | | | **φ16** | **φ12** | **2.240** |
| | | | | | | **φ16** | **φ14** | **2.469** |
| | | | | | | **φ16** | **φ16** | **2.733** |
| 87 | 450×650 | (200) | 10φ16 | 2011 | 0.688 | 同上 | | |
| | | | 10φ18 | 2545 | 0.870 | | | |
| | | | 10φ20 | 3142 | 1.074 | | | |
| | | | 10φ22 | 3801 | 1.299 | | | |
| | | | 10φ25 | 4909 | 1.678 | | | |
| | | | 10φ28 | 6158 | 2.105 | | | |
| | | | 10φ30 | 7069 | 2.417 | | | |
| | | | **10φ32** | **8042** | **2.749** | | | |
| | | | **10φ36** | **10179** | **3.480** | | | |
| 88 | 450×650 | 300, 250<br>(300，250) | 14φ14 | 2154 | 0.736 | φ6 | φ6 | 0.469 |
| | | | 14φ16 | 2815 | 0.962 | φ6.5 | φ6.5 | 0.549 |
| | | | 14φ18 | 3563 | 1.218 | φ8 | φ6 | 0.647 |
| | | | 14φ20 | 4398 | 1.504 | φ8 | φ6.5 | 0.687 |
| | | | 14φ22 | 5321 | 1.819 | φ8 | φ8 | 0.827 |
| | | | 14φ25 | 6873 | 2.350 | φ10 | φ8 | 1.051 |
| | | | 14φ28 | 8620 | 2.947 | φ10 | φ10 | 1.282 |
| | | | **14φ30** | **9896** | **3.383** | φ12 | φ10 | 1.550 |
| | | | **14φ32** | **11259** | **3.849** | φ12 | φ12 | 1.829 |
| | | | **14φ36** | **14250** | **4.872** | φ14 | φ10 | 1.865 |
| | | | | | | φ14 | φ12 | 2.142 |
| | | | | | | φ14 | φ14 | 2.469 |
| | | | | | | **φ16** | **φ10** | **2.233** |
| | | | | | | **φ16** | **φ12** | **2.509** |
| | | | | | | **φ16** | **φ14** | **2.836** |
| | | | | | | **φ16** | **φ16** | **3.212** |

续表

| 序号 | $b \times h$ (mm) | 截面形式（最大箍筋肢距/mm） | 主筋 ① | $A_S$ ($mm^2$) | $\rho = A_S/(bh)$ (%) | 箍筋@100 ② | ③④ | $\rho_v$ (%) |
|---|---|---|---|---|---|---|---|---|
| 89 | 450×650 | (200) | 12$\phi$14 | 1847 | 0.631 | 同上 | | |
| | | | 12$\phi$16 | 2412 | 0.825 | | | |
| | | | 12$\phi$18 | 3052 | 1.043 | | | |
| | | | 12$\phi$20 | 3768 | 1.288 | | | |
| | | | 12$\phi$22 | 4562 | 1.560 | | | |
| | | | 12$\phi$25 | 5890 | 2.014 | | | |
| | | | 12$\phi$28 | 7389 | 2.526 | | | |
| | | | 12$\phi$30 | 8482 | 2.900 | | | |
| | | | **12$\phi$32** | **9651** | **3.299** | | | |
| | | | **12$\phi$36** | **12215** | **4.176** | | | |
| 90 | 500×500 | (300) | 12$\phi$14 | 1847 | 0.738 | $\phi$6.5 | $\phi$6.5 | 0.439 |
| | | | 12$\phi$16 | 2412 | 0.965 | $\phi$8 | $\phi$6 | 0.565 |
| | | | 12$\phi$18 | 3052 | 1.221 | $\phi$8 | $\phi$6.5 | 0.586 |
| | | | 12$\phi$20 | 3768 | 1.520 | $\phi$8 | $\phi$8 | 0.661 |
| | | | 12$\phi$22 | 4562 | 1.825 | $\phi$10 | $\phi$8 | 0.902 |
| | | | 12$\phi$25 | 5890 | 2.357 | $\phi$10 | $\phi$10 | 1.024 |
| | | | 12$\phi$28 | 7389 | 2.956 | $\phi$12 | $\phi$10 | 1.314 |
| | | | **12$\phi$30** | **8482** | **3.393** | $\phi$12 | $\phi$12 | 1.463 |
| | | | **12$\phi$32** | **9651** | **3.860** | $\phi$14 | $\phi$10 | 1.651 |
| | | | **12$\phi$36** | **12215** | **4.886** | $\phi$14 | $\phi$12 | 1.799 |
| | | | | | | $\phi$14 | $\phi$14 | 1.974 |
| | | | | | | **$\phi$16** | **$\phi$10** | **2.045** |
| | | | | | | **$\phi$16** | **$\phi$12** | **2.192** |
| | | | | | | **$\phi$16** | **$\phi$14** | **2.366** |
| | | | | | | **$\phi$16** | **$\phi$16** | **2.567** |
| 91 | 500×500 | (230) | 16$\phi$12 | 1810 | 0.724 | 同上 | | |
| | | | 16$\phi$14 | 2462 | 0.985 | | | |
| | | | 16$\phi$16 | 3218 | 1.287 | | | |
| | | | 16$\phi$18 | 4072 | 1.629 | | | |
| | | | 16$\phi$20 | 5026 | 2.010 | | | |
| | | | 16$\phi$22 | 6082 | 2.433 | | | |
| | | | **16$\phi$25** | **7854** | **3.142** | | | |
| | | | **16$\phi$28** | **9852** | **3.941** | | | |

续表

| 序号 | $b \times h$（mm） | 截面形式（最大箍筋肢距/mm） | 主筋 ① | 主筋 $A_S$（$mm^2$） | 主筋 $\rho = A_S/(bh)$（%） | 箍筋@100 ② | 箍筋@100 ③④ | 箍筋@100 $\rho_v$（%） |
|---|---|---|---|---|---|---|---|---|
| 92 | 500×500 | （160） | 12φ14 | 1847 | 0.738 | φ6 | φ6 | 0.500 |
| | | | 12φ16 | 2412 | 0.965 | φ6.5 | φ6.5 | 0.586 |
| | | | 12φ18 | 3052 | 1.221 | φ8 | φ6 | 0.689 |
| | | | 12φ20 | 3768 | 1.520 | φ8 | φ6.5 | 0.732 |
| | | | 12φ22 | 4562 | 1.825 | φ8 | φ8 | 0.882 |
| | | | 12φ25 | 5890 | 2.357 | φ10 | φ8 | 1.120 |
| | | | 12φ28 | 7389 | 2.956 | φ10 | φ10 | 1.366 |
| | | | 12φ30 | 8482 | 3.393 | φ12 | φ10 | 1.652 |
| | | | 12φ32 | 9651 | 3.860 | φ12 | φ12 | 1.950 |
| | | | 12φ36 | 12215 | 4.886 | φ14 | φ10 | 1.987 |
| | | | | | | φ14 | φ12 | 2.282 |
| | | | | | | φ14 | φ14 | 2.631 |
| | | | | | | φ16 | φ10 | 2.380 |
| | | | | | | φ16 | φ12 | 2.674 |
| | | | | | | φ16 | φ14 | 3.021 |
| | | | | | | φ16 | φ16 | 3.422 |
| 93 | 500×550 | （300） | 14φ14 | 2154 | 0.783 | φ6.5 | φ6.5 | 0.418 |
| | | | 14φ16 | 2815 | 1.024 | φ8 | φ6 | 0.537 |
| | | | 14φ18 | 3563 | 1.296 | φ8 | φ6.5 | 0.558 |
| | | | 14φ20 | 4398 | 1.599 | φ8 | φ8 | 0.629 |
| | | | 14φ22 | 5321 | 1.935 | φ10 | φ8 | 0.848 |
| | | | 14φ25 | 6873 | 2.499 | φ10 | φ10 | 0.974 |
| | | | 14φ28 | 8620 | 3.135 | φ12 | φ10 | 1.250 |
| | | | 14φ30 | 9896 | 3.599 | φ12 | φ12 | 1.391 |
| | | | 14φ32 | 11259 | 4.094 | φ14 | φ10 | 1.572 |
| | | | | | | φ14 | φ12 | 1.712 |
| | | | | | | φ14 | φ14 | 1.878 |
| | | | | | | φ16 | φ10 | 1.947 |
| | | | | | | φ16 | φ12 | 2.087 |
| | | | | | | φ16 | φ14 | 2.252 |
| | | | | | | φ16 | φ16 | 2.443 |
| 94 | 500×550 | （250） | 16φ12 | 1810 | 0.658 | 同上 | | |
| | | | 16φ14 | 2462 | 0.895 | | | |
| | | | 16φ16 | 3218 | 1.170 | | | |
| | | | 16φ18 | 4072 | 1.481 | | | |
| | | | 16φ20 | 5026 | 1.828 | | | |
| | | | 16φ22 | 6082 | 2.212 | | | |
| | | | 16φ25 | 7854 | 2.856 | | | |
| | | | 16φ28 | 9852 | 3.583 | | | |
| | | | 16φ30 | 11310 | 4.113 | | | |
| | | | 16φ32 | 12868 | 4.679 | | | |

续表

| 序号 | $b \times h$（mm） | 截面形式（最大箍筋肢距/mm） | 主筋 | | | 箍筋@100 | | |
|---|---|---|---|---|---|---|---|---|
| | | | ① | $A_S$（mm²） | $p = A_S/bh$（%） | ② | ③④ | $\rho_v$（%） |
| 95 | 500×550 | （250，200） | 16φ12 | 1810 | 0.658 | φ6 | φ6 | 0.475 |
| | | | 16φ14 | 2462 | 0.895 | φ6.5 | φ6.5 | 0.557 |
| | | | 16φ16 | 3218 | 1.170 | φ8 | φ6 | 0.655 |
| | | | 16φ18 | 4072 | 1.481 | φ8 | φ6.5 | 0.696 |
| | | | 16φ20 | 5026 | 1.828 | φ8 | φ8 | 0.838 |
| | | | 16φ22 | 6082 | 2.212 | φ10 | φ8 | 1.065 |
| | | | 16φ25 | 7854 | 2.856 | φ10 | φ10 | 1.299 |
| | | | **16φ28** | **9852** | **3.583** | φ12 | φ10 | 1.585 |
| | | | **16φ30** | **11310** | **4.113** | φ12 | φ12 | 1.855 |
| | | | **16φ32** | **12868** | **4.679** | φ14 | φ10 | 1.891 |
| | | | | | | φ14 | φ12 | 2.172 |
| | | | | | | φ14 | φ14 | 2.504 |
| | | | | | | **φ16** | **φ10** | **2.338** |
| | | | | | | **φ16** | **φ12** | **2.545** |
| | | | | | | **φ16** | **φ14** | **2.876** |
| | | | | | | **φ16** | **φ16** | **3.258** |
| 96 | 500×550 | （180） | 12φ14 | 1847 | 0.671 | 同上 | | |
| | | | 12φ16 | 2412 | 0.877 | | | |
| | | | 12φ18 | 3052 | 1.110 | | | |
| | | | 12φ20 | 3768 | 1.373 | | | |
| | | | 12φ22 | 4562 | 1.659 | | | |
| | | | 12φ25 | 5890 | 2.145 | | | |
| | | | 12φ28 | 7389 | 2.687 | | | |
| | | | **12φ30** | **8482** | **3.084** | | | |
| | | | **12φ32** | **9651** | **3.509** | | | |
| | | | **12φ36** | **12215** | **4.442** | | | |
| 97 | 500×600 | （300） | 14φ14 | 2154 | 0.718 | φ6.5 | φ6.5 | 0.400 |
| | | | 14φ16 | 2815 | 0.938 | φ8 | φ6 | 0.514 |
| | | | 14φ18 | 3563 | 1.188 | φ8 | φ6.5 | 0.534 |
| | | | 14φ20 | 4398 | 1.466 | φ8 | φ8 | 0.602 |
| | | | 14φ22 | 5321 | 1.774 | φ10 | φ8 | 0.821 |
| | | | 14φ25 | 6873 | 2.291 | φ10 | φ10 | 0.933 |
| | | | 14φ28 | 8620 | 2.873 | φ12 | φ10 | 1.197 |
| | | | **14φ30** | **9896** | **3.299** | φ12 | φ12 | 1.333 |
| | | | **14φ32** | **11259** | **3.753** | φ14 | φ10 | 1.506 |
| | | | **14φ36** | **14250** | **4.750** | φ14 | φ12 | 1.641 |
| | | | | | | φ14 | φ14 | 1.737 |
| | | | | | | **φ16** | **φ10** | **1.866** |
| | | | | | | **φ16** | **φ12** | **2.000** |
| | | | | | | **φ16** | **φ14** | **2.159** |
| | | | | | | **φ16** | **φ16** | **2.342** |

续表

| 序号 | $b \times h$ (mm) | 截面形式（最大箍筋肢距/mm） | 主筋 ① | 主筋 $A_S$ ($mm^2$) | 主筋 $\rho = A_S/(bh)$ (%) | 箍筋@100 ② | 箍筋@100 ③④ | 箍筋@100 $\rho_v$ (%) |
|---|---|---|---|---|---|---|---|---|
| 98 | 500×600 | (280) | 16$\phi$14 | 2462 | 0.821 | 同上 | | |
| | | | 16$\phi$16 | 3218 | 1.071 | | | |
| | | | 16$\phi$18 | 4072 | 1.357 | | | |
| | | | 16$\phi$20 | 5026 | 1.675 | | | |
| | | | 16$\phi$22 | 6082 | 2.027 | | | |
| | | | 16$\phi$25 | 7854 | 2.618 | | | |
| | | | **16$\phi$28** | **9852** | **3.284** | | | |
| | | | **16$\phi$30** | **11310** | **3.770** | | | |
| | | | **16$\phi$32** | **12868** | **4.289** | | | |
| 99 | 500×600 | (230) | — | — | — | $\phi$6.5 | $\phi$6.5 | 0.460 |
| | | | 16$\phi$14 | 2462 | 0.821 | $\phi$8 | $\phi$6 | 0.565 |
| | | | 16$\phi$16 | 3218 | 1.071 | $\phi$8 | $\phi$6.5 | 0.594 |
| | | | 16$\phi$18 | 4072 | 1.357 | $\phi$8 | $\phi$8 | 0.692 |
| | | | 16$\phi$20 | 5026 | 1.675 | $\phi$10 | $\phi$8 | 0.911 |
| | | | 16$\phi$22 | 6082 | 2.027 | $\phi$10 | $\phi$10 | 1.073 |
| | | | 16$\phi$25 | 7854 | 2.618 | $\phi$12 | $\phi$10 | 1.336 |
| | | | **16$\phi$28** | **9852** | **3.284** | $\phi$12 | $\phi$12 | 1.534 |
| | | | **16$\phi$30** | **11310** | **3.770** | $\phi$14 | $\phi$10 | 1.644 |
| | | | **16$\phi$32** | **12868** | **4.289** | $\phi$14 | $\phi$12 | 1.840 |
| | | | | | | $\phi$14 | $\phi$14 | 2.010 |
| | | | | | | **$\phi$16** | **$\phi$10** | **2.198** |
| | | | | | | **$\phi$16** | **$\phi$12** | **2.429** |
| | | | | | | **$\phi$16** | **$\phi$14** | **2.198** |
| | | | | | | **$\phi$16** | **$\phi$16** | **2.429** |
| 100 | 500×600 | (300，250，200) | 14$\phi$16 | 2815 | 0.938 | $\phi$6 | $\phi$6 | 0.455 |
| | | | 14$\phi$18 | 3563 | 1.188 | $\phi$6.5 | $\phi$6.5 | 0.533 |
| | | | 14$\phi$20 | 4398 | 1.466 | $\phi$8 | $\phi$6 | 0.627 |
| | | | 14$\phi$22 | 5321 | 1.774 | $\phi$8 | $\phi$6.5 | 0.666 |
| | | | 14$\phi$25 | 6873 | 2.291 | $\phi$8 | $\phi$8 | 0.803 |
| | | | 14$\phi$28 | 8620 | 2.873 | $\phi$10 | $\phi$8 | 1.020 |
| | | | **14$\phi$30** | **9896** | **3.299** | $\phi$10 | $\phi$10 | 1.244 |
| | | | **14$\phi$32** | **11259** | **3.753** | $\phi$12 | $\phi$10 | 1.506 |
| | | | **14$\phi$36** | **14250** | **4.750** | $\phi$12 | $\phi$12 | 1.777 |
| | | | | | | $\phi$14 | $\phi$10 | 1.812 |
| | | | | | | $\phi$14 | $\phi$12 | 2.081 |
| | | | | | | $\phi$14 | $\phi$14 | 2.400 |
| | | | | | | **$\phi$16** | **$\phi$10** | **2.171** |
| | | | | | | **$\phi$16** | **$\phi$12** | **2.439** |
| | | | | | | **$\phi$16** | **$\phi$14** | **2.756** |
| | | | | | | **$\phi$16** | **$\phi$16** | **3.122** |

| 序号 | $b \times h$ (mm) | 截面形式 (最大箍筋肢距/mm) | 主筋 ① | $A_S$ ($mm^2$) | $\rho = A_S/(bh)$ (%) | 箍筋@100 ② | ③④ | $\rho_v$ (%) |
|---|---|---|---|---|---|---|---|---|
| 101 | 500×600 | (200) | 12$\phi$14 | 1847 | 0.615 | 同上 | | |
| | | | 12$\phi$16 | 2413 | 0.804 | | | |
| | | | 12$\phi$18 | 3054 | 1.017 | | | |
| | | | 12$\phi$20 | 3770 | 1.259 | | | |
| | | | 12$\phi$22 | 4561 | 1.521 | | | |
| | | | 12$\phi$25 | 5891 | 1.964 | | | |
| | | | 12$\phi$28 | 7389 | 2.463 | | | |
| | | | 12$\phi$30 | 8482 | 2.827 | | | |
| | | | **12$\phi$32** | **9651** | **3.217** | | | |
| | | | **12$\phi$36** | **12215** | **4.072** | | | |
| 102 | 500×600 | (200) | — | — | — | 同上 | | |
| | | | 16$\phi$14 | 2462 | 0.821 | | | |
| | | | 16$\phi$16 | 3218 | 1.071 | | | |
| | | | 16$\phi$18 | 4072 | 1.357 | | | |
| | | | 16$\phi$20 | 5026 | 1.675 | | | |
| | | | 16$\phi$22 | 6082 | 2.027 | | | |
| | | | 16$\phi$25 | 7854 | 2.618 | | | |
| | | | **16$\phi$28** | **9852** | **3.284** | | | |
| | | | **16$\phi$30** | **11310** | **3.770** | | | |
| | | | **16$\phi$32** | **12868** | **4.289** | | | |
| 103 | 500×650 | (300) | 14$\phi$16 | 2815 | 0.866 | $\phi$8 | $\phi$6 | 0.495 |
| | | | 14$\phi$18 | 3563 | 1.096 | $\phi$8 | $\phi$6.5 | 0.514 |
| | | | 14$\phi$20 | 4398 | 1.353 | $\phi$8 | $\phi$8 | 0.580 |
| | | | 14$\phi$22 | 5321 | 1.637 | $\phi$10 | $\phi$8 | 0.791 |
| | | | 14$\phi$25 | 6873 | 2.115 | $\phi$10 | $\phi$10 | 0.898 |
| | | | 14$\phi$28 | 8620 | 2.652 | $\phi$12 | $\phi$10 | 1.153 |
| | | | **14$\phi$30** | **9896** | **3.045** | $\phi$12 | $\phi$12 | 1.284 |
| | | | **14$\phi$32** | **11259** | **3.464** | $\phi$14 | $\phi$10 | 1.451 |
| | | | **14$\phi$36** | **14250** | **4.385** | $\phi$14 | $\phi$12 | 1.581 |
| | | | | | | $\phi$14 | $\phi$14 | 1.734 |
| | | | | | | **$\phi$16** | **$\phi$10** | **1.798** |
| | | | | | | **$\phi$16** | **$\phi$12** | **1.927** |
| | | | | | | **$\phi$16** | **$\phi$14** | **2.080** |
| | | | | | | **$\phi$16** | **$\phi$16** | **2.256** |

续表

| 序号 | $b \times h$ (mm) | 截面形式（最大箍筋肢距/mm） | 主筋 ① | $A_S$ ($mm^2$) | $\rho = A_S/(bh)$ (%) | 箍筋@100 ② | ③④ | $\rho_v$ (%) |
|---|---|---|---|---|---|---|---|---|
| 104 | 500×650 | (300) | 16φ14 | 2462 | 0.757 | 同上 | | |
| | | | 16φ16 | 3218 | 0.990 | | | |
| | | | 16φ18 | 4072 | 1.253 | | | |
| | | | 16φ20 | 5026 | 1.546 | | | |
| | | | 16φ22 | 6082 | 1.871 | | | |
| | | | 16φ25 | 7854 | 2.417 | | | |
| | | | **16φ28** | **9852** | **3.031** | | | |
| | | | **16φ30** | **11310** | **3.480** | | | |
| | | | **16φ32** | **12868** | **3.959** | | | |
| 105 | 500×650 | (230) | 20φ14 | 3078 | 0.947 | φ6.5 | φ6.5 | 0.440 |
| | | | 20φ16 | 4022 | 1.238 | φ8 | φ6 | 0.542 |
| | | | 20φ18 | 5089 | 1.566 | φ8 | φ6.5 | 0.569 |
| | | | 20φ20 | 6283 | 1.933 | φ8 | φ8 | 0.663 |
| | | | 20φ22 | 7602 | 2.339 | φ10 | φ8 | 0.873 |
| | | | **20φ25** | **9818** | **3.021** | φ10 | φ10 | 1.027 |
| | | | **20φ28** | **12315** | **3.789** | φ12 | φ10 | 1.281 |
| | | | **20φ30** | **14137** | **4.350** | φ12 | φ12 | 1.468 |
| | | | **20φ32** | **16085** | **4.949** | φ14 | φ10 | 1.578 |
| | | | | | | φ14 | φ12 | 1.764 |
| | | | | | | φ14 | φ14 | 1.983 |
| | | | | | | **φ16** | **φ10** | **1.925** |
| | | | | | | **φ16** | **φ12** | **2.109** |
| | | | | | | **φ16** | **φ14** | **2.328** |
| | | | | | | **φ16** | **φ16** | **2.580** |
| 106 | 500×650 | (230) | 16φ14 | 2462 | 0.757 | φ6 | φ6 | 0.438 |
| | | | 16φ16 | 3218 | 0.990 | φ6.5 | φ6.5 | 0.513 |
| | | | 16φ18 | 4072 | 1.253 | φ8 | φ6 | 0.604 |
| | | | 16φ20 | 5026 | 1.546 | φ8 | φ6.5 | 0.641 |
| | | | 16φ22 | 6082 | 1.871 | φ8 | φ8 | 0.773 |
| | | | 16φ25 | 7854 | 2.417 | φ10 | φ8 | 0.982 |
| | | | **16φ28** | **9852** | **3.031** | φ10 | φ10 | 1.198 |
| | | | **16φ30** | **11310** | **3.480** | φ12 | φ10 | 1.450 |
| | | | **16φ32** | **12868** | **3.959** | φ12 | φ12 | 1.588 |
| | | | | | | φ14 | φ10 | 1.746 |
| | | | | | | φ14 | φ12 | 2.005 |
| | | | | | | φ14 | φ14 | 2.312 |
| | | | | | | **φ16** | **φ10** | **2.092** |
| | | | | | | **φ16** | **φ12** | **2.350** |
| | | | | | | **φ16** | **φ14** | **2.656** |
| | | | | | | **φ16** | **φ16** | **3.008** |

续表

| 序号 | $b \times h$ (mm) | 截面形式 (最大箍筋肢距/mm) | 主筋 ① | 主筋 $A_S$ ($mm^2$) | 主筋 $\rho = A_S/(bh)$ (%) | 箍筋@100 ② | 箍筋@100 ③④ | 箍筋@100 $\rho_v$ (%) |
|---|---|---|---|---|---|---|---|---|
| 107 | 500×650 | (200) | 12$\phi$16 | 2413 | 0.742 | 同上 | | |
| | | | 12$\phi$18 | 3054 | 0.939 | | | |
| | | | 12$\phi$20 | 3770 | 1.162 | | | |
| | | | 12$\phi$22 | 4561 | 1.404 | | | |
| | | | 12$\phi$25 | 5891 | 1.813 | | | |
| | | | 12$\phi$28 | 7389 | 2.274 | | | |
| | | | 12$\phi$30 | 8482 | 2.610 | | | |
| | | | **12$\phi$32** | **9651** | **2.970** | | | |
| | | | **12$\phi$36** | **12215** | **3.758** | | | |
| | | | **12$\phi$40** | **15080** | **4.640** | | | |
| 108 | 500×650 | 200 (200) | 14$\phi$16 | 2815 | 0.866 | 同上 | | |
| | | | 14$\phi$18 | 3563 | 1.096 | | | |
| | | | 14$\phi$20 | 4398 | 1.353 | | | |
| | | | 14$\phi$22 | 5321 | 1.637 | | | |
| | | | 14$\phi$25 | 6873 | 2.115 | | | |
| | | | 14$\phi$28 | 8620 | 2.652 | | | |
| | | | **14$\phi$30** | **9896** | **3.045** | | | |
| | | | **14$\phi$32** | **11259** | **3.464** | | | |
| | | | **14$\phi$36** | **14250** | **4.385** | | | |
| 109 | 500×700 | 300 250 300 250 (300, 250) | 14$\phi$16 | 2815 | 0.804 | $\phi$6.5 | $\phi$6.5 | 0.423 |
| | | | 14$\phi$18 | 3563 | 1.018 | $\phi$8 | $\phi$6 | 0.522 |
| | | | 14$\phi$20 | 4398 | 1.257 | $\phi$8 | $\phi$6.5 | 0.547 |
| | | | 14$\phi$22 | 5321 | 1.520 | $\phi$8 | $\phi$8 | 0.636 |
| | | | 14$\phi$25 | 6873 | 1.964 | $\phi$10 | $\phi$8 | 0.841 |
| | | | 14$\phi$28 | 8620 | 2.463 | $\phi$10 | $\phi$10 | 0.988 |
| | | | 14$\phi$30 | 9896 | 2.827 | $\phi$12 | $\phi$10 | 1.234 |
| | | | **14$\phi$32** | **11259** | **3.217** | $\phi$12 | $\phi$12 | 1.412 |
| | | | **14$\phi$36** | **14250** | **4.071** | $\phi$14 | $\phi$10 | 1.522 |
| | | | | | | $\phi$14 | $\phi$12 | 1.699 |
| | | | | | | $\phi$14 | $\phi$14 | 1.909 |
| | | | | | | **$\phi$16** | **$\phi$10** | **1.857** |
| | | | | | | **$\phi$16** | **$\phi$12** | **2.034** |
| | | | | | | **$\phi$16** | **$\phi$14** | **2.242** |
| | | | | | | **$\phi$16** | **$\phi$16** | **2.484** |

续表

| 序号 | $b \times h$（mm） | 截面形式（最大箍筋肢距/mm） | 主筋 ① | $A_S$（mm²） | $\rho = A_S/(bh)$（%） | 箍筋@100 ② | ③④ | $\rho_v$（%） |
|---|---|---|---|---|---|---|---|---|
| 110 | 500×700 | （300，250） | 16φ14 | 2462 | 0.703 | 同上 | | |
| | | | 16φ16 | 3218 | 0.919 | | | |
| | | | 16φ18 | 4072 | 1.163 | | | |
| | | | 16φ20 | 5026 | 1.436 | | | |
| | | | 16φ22 | 6082 | 1.738 | | | |
| | | | 16φ25 | 7854 | 2.244 | | | |
| | | | 16φ28 | 9852 | 2.815 | | | |
| | | | **16φ30** | **11310** | **3.231** | | | |
| | | | **16φ32** | **12868** | **3.677** | | | |
| | | | **16φ36** | **16286** | **4.653** | | | |
| 111 | 500×700 | （250） | 16φ16 | 3218 | 0.919 | φ6 | φ6 | 0.424 |
| | | | 16φ18 | 4072 | 1.163 | φ6.5 | φ6.5 | 0.496 |
| | | | 16φ20 | 5026 | 1.436 | φ8 | φ6 | 0.584 |
| | | | 16φ22 | 6082 | 1.738 | φ8 | φ6.5 | 0.620 |
| | | | 16φ25 | 7854 | 2.244 | φ8 | φ8 | 0.747 |
| | | | 16φ28 | 9852 | 2.815 | φ10 | φ8 | 0.950 |
| | | | **16φ30** | **11310** | **3.231** | φ10 | φ10 | 1.159 |
| | | | **16φ32** | **12868** | **3.677** | φ12 | φ10 | 1.403 |
| | | | **16φ36** | **16286** | **4.653** | φ12 | φ12 | 1.656 |
| | | | | | | φ14 | φ10 | 1.690 |
| | | | | | | φ14 | φ12 | 1.941 |
| | | | | | | φ14 | φ14 | 2.238 |
| | | | | | | **φ16** | **φ10** | **2.024** |
| | | | | | | **φ16** | **φ12** | **2.275** |
| | | | | | | **φ16** | **φ14** | **2.570** |
| | | | | | | **φ16** | **φ16** | **2.912** |
| 112 | 500×700 | （300，250） | 14φ16 | 2815 | 0.804 | 同上 | | |
| | | | 14φ18 | 3563 | 1.018 | | | |
| | | | 14φ20 | 4398 | 1.257 | | | |
| | | | 14φ22 | 5321 | 1.520 | | | |
| | | | 14φ25 | 6873 | 1.964 | | | |
| | | | 14φ28 | 8620 | 2.463 | | | |
| | | | 14φ30 | 9896 | 2.827 | | | |
| | | | **14φ32** | **11259** | **3.217** | | | |
| | | | **14φ36** | **14250** | **4.071** | | | |

续表

| 序号 | $b\times h$（mm） | 截面形式（最大箍筋肢距/mm） | 主筋 | | | 箍筋@100 | | |
|---|---|---|---|---|---|---|---|---|
| | | | ① | $A_S$（$mm^2$） | $\rho=A_S/(bh)$（%） | ② | ③④ | $\rho_v$（%） |
| 113 | 500×700 | （220） | 20$\phi$14 | 3078 | 0.879 | 同上 | | |
| | | | 20$\phi$16 | 4022 | 1.149 | | | |
| | | | 20$\phi$18 | 5089 | 1.454 | | | |
| | | | 20$\phi$20 | 6283 | 1.795 | | | |
| | | | 20$\phi$22 | 7602 | 2.172 | | | |
| | | | 20$\phi$25 | 9818 | 2.805 | | | |
| | | | **20$\phi$28** | **12315** | **3.519** | | | |
| | | | **20$\phi$30** | **14137** | **4.039** | | | |
| | | | **20$\phi$32** | **16085** | **4.596** | | | |
| 114 | 500×700 | （170） | 14$\phi$16 | 2815 | 0.804 | $\phi$6 | $\phi$6 | 0.467 |
| | | | 14$\phi$18 | 3563 | 1.018 | $\phi$6.5 | $\phi$6.5 | 0.547 |
| | | | 14$\phi$20 | 4398 | 1.257 | $\phi$8 | $\phi$6 | 0.627 |
| | | | 14$\phi$22 | 5321 | 1.520 | $\phi$8 | $\phi$6.5 | 0.671 |
| | | | 14$\phi$25 | 6873 | 1.964 | $\phi$8 | $\phi$8 | 0.824 |
| | | | 14$\phi$28 | 8620 | 2.463 | $\phi$10 | $\phi$8 | 1.026 |
| | | | 14$\phi$30 | 9896 | 2.827 | $\phi$10 | $\phi$10 | 1.278 |
| | | | **14$\phi$32** | **11259** | **3.217** | $\phi$12 | $\phi$10 | 1.521 |
| | | | **14$\phi$36** | **14250** | **4.071** | $\phi$12 | $\phi$12 | 1.826 |
| | | | | | | $\phi$14 | $\phi$10 | 1.808 |
| | | | | | | $\phi$14 | $\phi$12 | 2.110 |
| | | | | | | $\phi$14 | $\phi$14 | 2.468 |
| | | | | | | **$\phi$16** | **$\phi$10** | **2.141** |
| | | | | | | **$\phi$16** | **$\phi$12** | **2.444** |
| | | | | | | **$\phi$16** | **$\phi$14** | **2.800** |
| | | | | | | **$\phi$16** | **$\phi$16** | **3.212** |
| 115 | 550×550 | （250） | 16$\phi$14 | 2462 | 0.814 | $\phi$8 | $\phi$6 | 0.509 |
| | | | 16$\phi$16 | 3218 | 1.064 | $\phi$8 | $\phi$6.5 | 0.529 |
| | | | 16$\phi$18 | 4072 | 1.346 | $\phi$8 | $\phi$8 | 0.596 |
| | | | 16$\phi$20 | 5026 | 1.661 | $\phi$10 | $\phi$8 | 0.813 |
| | | | 16$\phi$22 | 6082 | 2.011 | $\phi$10 | $\phi$10 | 0.924 |
| | | | 16$\phi$25 | 7854 | 2.596 | $\phi$12 | $\phi$10 | 1.186 |
| | | | **16$\phi$28** | **9852** | **3.257** | $\phi$12 | $\phi$12 | 1.320 |
| | | | **16$\phi$30** | **11310** | **3.739** | $\phi$14 | $\phi$10 | 1.492 |
| | | | **16$\phi$32** | **12868** | **4.254** | $\phi$14 | $\phi$12 | 1.625 |
| | | | | | | $\phi$14 | $\phi$14 | 1.783 |
| | | | | | | **$\phi$16** | **$\phi$10** | **1.849** |
| | | | | | | **$\phi$16** | **$\phi$12** | **1.982** |
| | | | | | | **$\phi$16** | **$\phi$14** | **2.139** |
| | | | | | | **$\phi$16** | **$\phi$16** | **2.320** |

续表

| 序号 | b×h (mm) | 截面形式 (最大箍筋肢距/mm) | 主筋 ① | $A_S$ (mm²) | $\rho = A_S/(bh)$ (%) | 箍筋@100 ② | ③④ | $\rho_v$ (%) |
|---|---|---|---|---|---|---|---|---|
| 116 | 550×550 | (250) | 16φ14 | 2462 | 0.814 | φ6 | φ6 | 0.451 |
| | | | 16φ16 | 3218 | 1.064 | φ6.5 | φ6.5 | 0.528 |
| | | | 16φ18 | 4072 | 1.346 | φ8 | φ6 | 0.621 |
| | | | 16φ20 | 5026 | 1.661 | φ8 | φ6.5 | 0.660 |
| | | | 16φ22 | 6082 | 2.011 | φ8 | φ8 | 0.795 |
| | | | 16φ25 | 7854 | 2.596 | φ10 | φ8 | 1.010 |
| | | | **16φ28** | **9852** | **3.257** | φ10 | φ10 | 1.232 |
| | | | **16φ30** | **11310** | **3.739** | φ12 | φ10 | 1.491 |
| | | | **16φ32** | **12868** | **4.254** | φ12 | φ12 | 1.760 |
| | | | | | | φ14 | φ10 | 1.795 |
| | | | | | | φ14 | φ12 | 2.062 |
| | | | | | | φ14 | φ14 | 2.377 |
| | | | | | | **φ16** | **φ10** | **2.151** |
| | | | | | | **φ16** | **φ12** | **2.417** |
| | | | | | | **φ16** | **φ14** | **2.731** |
| | | | | | | **φ16** | **φ16** | **3.093** |
| 117 | 550×550 | (180) | 12φ14 | 1847 | 0.610 | 同上 | | |
| | | | 12φ16 | 2413 | 0.797 | | | |
| | | | 12φ18 | 3054 | 1.009 | | | |
| | | | 12φ20 | 3770 | 1.116 | | | |
| | | | 12φ22 | 4561 | 1.508 | | | |
| | | | 12φ25 | 5891 | 1.948 | | | |
| | | | 12φ28 | 7389 | 2.443 | | | |
| | | | 12φ30 | 8482 | 2.804 | | | |
| | | | **12φ32** | **9651** | **3.190** | | | |
| | | | **12φ36** | **12215** | **4.038** | | | |
| | | | **12φ40** | **15080** | **4.985** | | | |
| 118 | 550×600 | (280) | 16φ14 | 2462 | 0.746 | φ8 | φ6 | 0.486 |
| | | | 16φ16 | 3218 | 0.975 | φ8 | φ6.5 | 0.505 |
| | | | 16φ18 | 4072 | 1.234 | φ8 | φ8 | 0.569 |
| | | | 16φ20 | 5026 | 1.523 | φ10 | φ8 | 0.777 |
| | | | 16φ22 | 6082 | 1.843 | φ10 | φ10 | 0.883 |
| | | | 16φ25 | 7854 | 2.380 | φ12 | φ10 | 1.133 |
| | | | 16φ28 | 9852 | 2.985 | φ12 | φ12 | 1.262 |
| | | | **16φ30** | **11310** | **3.427** | φ14 | φ10 | 1.426 |
| | | | **16φ32** | **12868** | **3.899** | φ14 | φ12 | 1.554 |
| | | | **16φ36** | **16286** | **4.935** | φ14 | φ14 | 1.705 |
| | | | | | | **φ16** | **φ10** | **1.768** |
| | | | | | | **φ16** | **φ12** | **1.895** |
| | | | | | | **φ16** | **φ14** | **2.045** |
| | | | | | | **φ16** | **φ16** | **2.218** |

续表

| 序号 | $b\times h$ (mm) | 截面形式 (最大箍筋肢距/mm) | 主筋 | | | 箍筋@100 | | |
|---|---|---|---|---|---|---|---|---|
| | | | ① | $A_S$ ($mm^2$) | $\rho=A_S/(bh)$ (%) | ② | ③④ | $\rho_v$ (%) |
| 119 | 550×600 | (250) | 18ϕ14 | 2774 | 0.925 | ϕ6.5 | ϕ6.5 | 0.438 |
| | | | 18ϕ16 | 3618 | 1.206 | ϕ8 | ϕ6 | 0.537 |
| | | | 18ϕ18 | 4580 | 1.527 | ϕ8 | ϕ6.5 | 0.565 |
| | | | 18ϕ20 | 5654 | 1.885 | ϕ8 | ϕ8 | 0.659 |
| | | | 18ϕ22 | 6842 | 2.281 | ϕ10 | ϕ8 | 0.867 |
| | | | 18ϕ25 | 8836 | 2.945 | ϕ10 | ϕ10 | 1.023 |
| | | | **18ϕ28** | **11084** | **3.359** | ϕ12 | ϕ10 | 1.272 |
| | | | **18ϕ30** | **12723** | **3.855** | ϕ12 | ϕ12 | 1.463 |
| | | | **18ϕ32** | **14476** | **4.387** | ϕ14 | ϕ10 | 1.564 |
| | | | | | | ϕ14 | ϕ12 | 1.753 |
| | | | | | | ϕ14 | ϕ14 | 1.976 |
| | | | | | | **ϕ16** | **ϕ10** | **1.781** |
| | | | | | | **ϕ16** | **ϕ12** | **2.093** |
| | | | | | | **ϕ16** | **ϕ14** | **2.315** |
| | | | | | | **ϕ16** | **ϕ16** | **2.571** |
| 120 | 550×600 | (250) | 16ϕ14 | 2462 | 0.746 | ϕ6 | ϕ6 | 0.430 |
| | | | 16ϕ16 | 3218 | 0.975 | ϕ6.5 | ϕ6.5 | 0.504 |
| | | | 16ϕ18 | 4072 | 1.234 | ϕ8 | ϕ6 | 0.593 |
| | | | 16ϕ20 | 5026 | 1.523 | ϕ8 | ϕ6.5 | 0.630 |
| | | | 16ϕ22 | 6082 | 1.843 | ϕ8 | ϕ8 | 0.759 |
| | | | 16ϕ25 | 7854 | 2.380 | ϕ10 | ϕ8 | 0.965 |
| | | | 16ϕ28 | 9852 | 2.985 | ϕ10 | ϕ10 | 1.177 |
| | | | **16ϕ30** | **11310** | **3.427** | ϕ12 | ϕ10 | 1.425 |
| | | | **16ϕ32** | **12868** | **3.899** | ϕ12 | ϕ12 | 1.561 |
| | | | **16ϕ36** | **16286** | **4.935** | ϕ14 | ϕ10 | 1.716 |
| | | | | | | ϕ14 | ϕ12 | 1.971 |
| | | | | | | ϕ14 | ϕ14 | 2.273 |
| | | | | | | **ϕ16** | **ϕ10** | **2.056** |
| | | | | | | **ϕ16** | **ϕ12** | **2.311** |
| | | | | | | **ϕ16** | **ϕ14** | **2.611** |
| | | | | | | **ϕ16** | **ϕ16** | **2.958** |
| 121 | 550×600 | (280) | 14ϕ16 | 2815 | 0.853 | | | |
| | | | 14ϕ18 | 3563 | 1.080 | | | |
| | | | 14ϕ20 | 4398 | 1.333 | | | |
| | | | 14ϕ22 | 5321 | 1.612 | | | |
| | | | 14ϕ25 | 6873 | 2.083 | | 同上 | |
| | | | 14ϕ28 | 8620 | 2.612 | | | |
| | | | 14ϕ30 | 9896 | 2.999 | | | |
| | | | **14ϕ32** | **11259** | **3.412** | | | |
| | | | **14ϕ36** | **14250** | **4.318** | | | |

续表

| 序号 | $b\times h$ (mm) | 截面形式 (最大箍筋肢距/mm) | 主筋 | | | 箍筋@100 | | |
|---|---|---|---|---|---|---|---|---|
| | | | ① | $A_S$ ($mm^2$) | $\rho=A_S/(bh)$ (%) | ② | ③④ | $\rho_v$ (%) |
| 122 | 550×600 | (220) | 20$\phi$12 | 2262 | 0.685 | 同上 | | |
| | | | 20$\phi$14 | 3078 | 0.933 | | | |
| | | | 20$\phi$16 | 4022 | 1.219 | | | |
| | | | 20$\phi$18 | 5089 | 1.542 | | | |
| | | | 20$\phi$20 | 6283 | 1.904 | | | |
| | | | 20$\phi$22 | 7602 | 2.304 | | | |
| | | | 20$\phi$25 | 9818 | 2.975 | | | |
| | | | **20$\phi$28** | **12315** | **3.732** | | | |
| | | | **20$\phi$30** | **14137** | **4.284** | | | |
| | | | **20$\phi$32** | **16085** | **4.874** | | | |
| 123 | 550×600 | (190) | 12$\phi$16 | 2413 | 0.731 | 同上 | | |
| | | | 12$\phi$18 | 3054 | 0.925 | | | |
| | | | 12$\phi$20 | 3770 | 1.023 | | | |
| | | | 12$\phi$22 | 4561 | 1.382 | | | |
| | | | 12$\phi$25 | 5891 | 1.785 | | | |
| | | | 12$\phi$28 | 7389 | 2.239 | | | |
| | | | 12$\phi$30 | 8482 | 2.570 | | | |
| | | | **12$\phi$32** | **9651** | **2.925** | | | |
| | | | **12$\phi$36** | **12215** | **3.702** | | | |
| | | | **12$\phi$40** | **15080** | **4.570** | | | |
| 124 | 550×650 | (300) | 16$\phi$14 | 2462 | 0.689 | $\phi$8 | $\phi$6 | 0.467 |
| | | | 16$\phi$16 | 3218 | 0.900 | $\phi$8 | $\phi$6.5 | 0.485 |
| | | | 16$\phi$18 | 4072 | 1.139 | $\phi$8 | $\phi$8 | 0.547 |
| | | | 16$\phi$20 | 5026 | 1.406 | $\phi$10 | $\phi$8 | 0.746 |
| | | | 16$\phi$22 | 6082 | 1.701 | $\phi$10 | $\phi$10 | 0.848 |
| | | | 16$\phi$25 | 7854 | 2.197 | $\phi$12 | $\phi$10 | 1.089 |
| | | | 16$\phi$28 | 9852 | 2.756 | $\phi$12 | $\phi$12 | 1.213 |
| | | | **16$\phi$30** | **11310** | **3.164** | $\phi$14 | $\phi$10 | 1.371 |
| | | | **16$\phi$32** | **12868** | **3.599** | $\phi$14 | $\phi$12 | 1.494 |
| | | | **16$\phi$36** | **16286** | **4.556** | $\phi$14 | $\phi$14 | 1.639 |
| | | | | | | **$\phi$16** | **$\phi$10** | **1.700** |
| | | | | | | **$\phi$16** | **$\phi$12** | **1.822** |
| | | | | | | **$\phi$16** | **$\phi$14** | **1.966** |
| | | | | | | **$\phi$16** | **$\phi$16** | **2.133** |

续表

| 序号 | $b\times h$（mm） | 截面形式（最大箍筋肢距/mm） | 主筋 |  |  | 箍筋@100 |  |  |
|---|---|---|---|---|---|---|---|---|
|  |  |  | ① | $A_S$（mm²） | $\rho=A_S/(bh)$（%） | ② | ③④ | $\rho_v$（%） |
| 125 | 550×650 | (250) | 18ϕ14 | 2774 | 0.776 | ϕ6.5 | ϕ6.5 | 0.418 |
|  |  |  | 18ϕ16 | 3618 | 1.012 | ϕ8 | ϕ6 | 0.514 |
|  |  |  | 18ϕ18 | 4580 | 1.281 | ϕ8 | ϕ6.5 | 0.540 |
|  |  |  | 18ϕ20 | 5654 | 1.885 | ϕ8 | ϕ8 | 0.630 |
|  |  |  | 18ϕ22 | 6842 | 2.281 | ϕ10 | ϕ8 | 0.828 |
|  |  |  | 18ϕ25 | 8836 | 2.945 | ϕ10 | ϕ10 | 0.977 |
|  |  |  | **18ϕ28** | **11084** | **3.100** | ϕ12 | ϕ10 | 1.217 |
|  |  |  | **18ϕ30** | **12723** | **3.559** | ϕ12 | ϕ12 | 1.397 |
|  |  |  | **18ϕ32** | **14476** | **4.049** | ϕ14 | ϕ10 | 1.498 |
|  |  |  |  |  |  | ϕ14 | ϕ12 | 1.677 |
|  |  |  |  |  |  | ϕ14 | ϕ14 | 1.888 |
|  |  |  |  |  |  | **ϕ16** | **ϕ10** | **1.826** |
|  |  |  |  |  |  | **ϕ16** | **ϕ12** | **2.004** |
|  |  |  |  |  |  | **ϕ16** | **ϕ14** | **2.214** |
|  |  |  |  |  |  | **ϕ16** | **ϕ16** | **2.457** |
| 126 | 550×650 | (200) | 12ϕ16 | 2413 | 0.675 | ϕ6 | ϕ6 | 0.413 |
|  |  |  | 12ϕ18 | 3054 | 0.854 | ϕ6.5 | ϕ6.5 | 0.484 |
|  |  |  | 12ϕ20 | 3770 | 0.944 | ϕ8 | ϕ6 | 0.570 |
|  |  |  | 12ϕ22 | 4561 | 1.276 | ϕ8 | ϕ6.5 | 0.605 |
|  |  |  | 12ϕ25 | 5891 | 1.648 | ϕ8 | ϕ8 | 0.729 |
|  |  |  | 12ϕ28 | 7389 | 2.067 | ϕ10 | ϕ8 | 0.927 |
|  |  |  | 12ϕ30 | 8482 | 2.373 | ϕ10 | ϕ10 | 1.131 |
|  |  |  | **12ϕ32** | **9651** | **2.700** | ϕ12 | ϕ10 | 1.370 |
|  |  |  | **12ϕ36** | **12215** | **3.417** | ϕ12 | ϕ12 | 1.617 |
|  |  |  | **12ϕ40** | **15080** | **4.218** | ϕ14 | ϕ10 | 1.650 |
|  |  |  |  |  |  | ϕ14 | ϕ12 | 1.895 |
|  |  |  |  |  |  | ϕ14 | ϕ14 | 2.185 |
|  |  |  |  |  |  | **ϕ16** | **ϕ10** | **1.977** |
|  |  |  |  |  |  | **ϕ16** | **ϕ12** | **2.222** |
|  |  |  |  |  |  | **ϕ16** | **ϕ14** | **2.511** |
|  |  |  |  |  |  | **ϕ16** | **ϕ16** | **2.844** |
| 127 | 550×650 | (250) | 18ϕ14 | 2774 | 0.776 | 同上 |  |  |
|  |  |  | 18ϕ16 | 3618 | 1.012 |  |  |  |
|  |  |  | 18ϕ18 | 4580 | 1.281 |  |  |  |
|  |  |  | 18ϕ20 | 5654 | 1.885 |  |  |  |
|  |  |  | 18ϕ22 | 6842 | 2.281 |  |  |  |
|  |  |  | 18ϕ25 | 8836 | 2.945 |  |  |  |
|  |  |  | **18ϕ28** | **11084** | **3.100** |  |  |  |
|  |  |  | **18ϕ30** | **12723** | **3.559** |  |  |  |
|  |  |  | **18ϕ32** | **14476** | **4.049** |  |  |  |

续表

| 序号 | $b \times h$ (mm) | 截面形式（最大箍筋肢距/mm） | 主筋 | | | 箍筋@100 | | |
|---|---|---|---|---|---|---|---|---|
| | | | ① | $A_S$ ($mm^2$) | $\rho = A_S/(bh)$ (%) | ② | ③④ | $\rho_v$ (%) |
| 128 | 550×650 | (300，250，200) | 14$\phi$16 | 2815 | 0.787 | 同上 | | |
| | | | 14$\phi$18 | 3563 | 0.997 | | | |
| | | | 14$\phi$20 | 4398 | 1.230 | | | |
| | | | 14$\phi$22 | 5321 | 1.488 | | | |
| | | | 14$\phi$25 | 6873 | 1.922 | | | |
| | | | 14$\phi$28 | 8620 | 2.411 | | | |
| | | | 14$\phi$30 | 9896 | 2.768 | | | |
| | | | **14$\phi$32** | **11259** | **3.149** | | | |
| | | | **14$\phi$36** | **14250** | **3.986** | | | |
| | | | **14$\phi$40** | **17593** | **4.921** | | | |
| 129 | 550×700 | (300，250) | 16$\phi$14 | 2462 | 0.639 | $\phi$6.5 | $\phi$6.5 | 0.401 |
| | | | 16$\phi$16 | 3218 | 0.836 | $\phi$8 | $\phi$6 | 0.494 |
| | | | 16$\phi$18 | 4072 | 1.058 | $\phi$8 | $\phi$6.5 | 0.518 |
| | | | 16$\phi$20 | 5026 | 1.306 | $\phi$8 | $\phi$8 | 0.605 |
| | | | 16$\phi$22 | 6082 | 1.580 | $\phi$10 | $\phi$8 | 0.796 |
| | | | 16$\phi$25 | 7854 | 2.040 | $\phi$10 | $\phi$10 | 0.938 |
| | | | 16$\phi$28 | 9852 | 2.559 | $\phi$12 | $\phi$10 | 1.170 |
| | | | 16$\phi$30 | 11310 | 2.938 | $\phi$12 | $\phi$12 | 1.341 |
| | | | **16$\phi$32** | **12868** | **3.342** | $\phi$14 | $\phi$10 | 1.442 |
| | | | **16$\phi$36** | **16286** | **4.230** | $\phi$14 | $\phi$12 | 1.613 |
| | | | | | | $\phi$14 | $\phi$14 | 1.814 |
| | | | | | | **$\phi$16** | **$\phi$10** | **1.759** |
| | | | | | | **$\phi$16** | **$\phi$12** | **1.929** |
| | | | | | | **$\phi$16** | **$\phi$14** | **2.129** |
| | | | | | | **$\phi$16** | **$\phi$16** | **2.360** |
| 130 | 550×700 | (250) | 18$\phi$14 | 2774 | 0.719 | 同上 | | |
| | | | 18$\phi$16 | 3618 | 0.940 | | | |
| | | | 18$\phi$18 | 4580 | 1.190 | | | |
| | | | 18$\phi$20 | 5654 | 1.469 | | | |
| | | | 18$\phi$22 | 6842 | 1.777 | | | |
| | | | 18$\phi$25 | 8836 | 2.295 | | | |
| | | | 18$\phi$28 | 11084 | 2.879 | | | |
| | | | **18$\phi$30** | **12723** | **3.305** | | | |
| | | | **18$\phi$32** | **14476** | **3.760** | | | |
| | | | **18$\phi$36** | **18322** | **4.759** | | | |

续表

| 序号 | $b\times h$（mm） | 截面形式（最大箍筋肢距/mm） | 主筋 ① | $A_S$（$mm^2$） | $\rho=A_S/(bh)$（%） | 箍筋@100 ② | ③④ | $\rho_v$（%） |
|---|---|---|---|---|---|---|---|---|
| 131 | 550×700 | （250） | 20φ14 | 3078 | 0.799 | 同上 | | |
| | | | 20φ16 | 4022 | 1.045 | | | |
| | | | 20φ18 | 5089 | 1.322 | | | |
| | | | 20φ20 | 6283 | 1.632 | | | |
| | | | 20φ22 | 7602 | 1.975 | | | |
| | | | 20φ25 | 9818 | 2.550 | | | |
| | | | **20φ28** | **12315** | **3.199** | | | |
| | | | **20φ30** | **14137** | **3.672** | | | |
| | | | **20φ32** | **16085** | **4.178** | | | |
| 132 | 550×700 | 300 250<br>（300，250） | 14φ16 | 2815 | 0.731 | φ6.5 | φ6.5 | 0.467 |
| | | | 14φ18 | 3563 | 0.925 | φ8 | φ6 | 0.550 |
| | | | 14φ20 | 4398 | 1.143 | φ8 | φ6.5 | 0.584 |
| | | | 14φ22 | 5321 | 1.382 | φ8 | φ8 | 0.704 |
| | | | 14φ25 | 6873 | 1.785 | φ10 | φ8 | 0.895 |
| | | | 14φ28 | 8620 | 2.239 | φ10 | φ10 | 1.092 |
| | | | 14φ30 | 9896 | 2.571 | φ12 | φ10 | 1.323 |
| | | | **14φ32** | **11259** | **2.925** | φ12 | φ12 | 1.561 |
| | | | **14φ36** | **14250** | **3.701** | φ14 | φ10 | 1.594 |
| | | | **14φ40** | **17593** | **4.570** | φ14 | φ12 | 1.831 |
| | | | | | | φ14 | φ14 | 2.111 |
| | | | | | | **φ16** | **φ10** | **1.910** |
| | | | | | | **φ16** | **φ12** | **2.146** |
| | | | | | | **φ16** | **φ14** | **2.425** |
| | | | | | | **φ16** | **φ16** | **2.747** |
| 133 | 550×700 | 300 250<br>（300，250） | 16φ14 | 2462 | 0.639 | 同上 | | |
| | | | 16φ16 | 3218 | 0.836 | | | |
| | | | 16φ18 | 4072 | 1.058 | | | |
| | | | 16φ20 | 5026 | 1.306 | | | |
| | | | 16φ22 | 6082 | 1.580 | | | |
| | | | 16φ25 | 7854 | 2.040 | | | |
| | | | 16φ28 | 9852 | 2.559 | | | |
| | | | 16φ30 | 11310 | 2.938 | | | |
| | | | **16φ32** | **12868** | **3.342** | | | |
| | | | **16φ36** | **16286** | **4.230** | | | |

续表

| 序号 | $b\times h$ (mm) | 截面形式 (最大箍筋肢距/mm) | 主筋 ① | 主筋 $A_S$ ($mm^2$) | 主筋 $\rho=A_S/(bh)$ (%) | 箍筋@100 ② | 箍筋@100 ③④ | 箍筋@100 $\rho_v$ (%) |
|---|---|---|---|---|---|---|---|---|
| 134 | 550×700 | (250) | 18ϕ14 | 2774 | 0.719 | 同上 | | |
| | | | 18ϕ16 | 3618 | 0.940 | | | |
| | | | 18ϕ18 | 4580 | 1.190 | | | |
| | | | 18ϕ20 | 5654 | 1.469 | | | |
| | | | 18ϕ22 | 6842 | 1.777 | | | |
| | | | 18ϕ25 | 8836 | 2.295 | | | |
| | | | 18ϕ28 | 11084 | 2.879 | | | |
| | | | **18ϕ30** | **12723** | **3.305** | | | |
| | | | **18ϕ32** | **14476** | **3.760** | | | |
| | | | **18ϕ36** | **18322** | **4.759** | | | |
| 135 | 550×700 | (250) | 20ϕ14 | 3078 | 0.799 | 同上 | | |
| | | | 20ϕ16 | 4022 | 1.045 | | | |
| | | | 20ϕ18 | 5089 | 1.322 | | | |
| | | | 20ϕ20 | 6283 | 1.632 | | | |
| | | | 20ϕ22 | 7602 | 1.975 | | | |
| | | | 20ϕ25 | 9818 | 2.550 | | | |
| | | | **20ϕ28** | **12315** | **3.199** | | | |
| | | | **20ϕ30** | **14137** | **3.672** | | | |
| 136 | 550×700 | (180) | 14ϕ16 | 2815 | 0.731 | ϕ6 | ϕ6 | 0.442 |
| | | | 14ϕ18 | 3563 | 0.925 | ϕ6.5 | ϕ6.5 | 0.518 |
| | | | 14ϕ20 | 4398 | 1.143 | ϕ8 | ϕ6 | 0.593 |
| | | | 14ϕ22 | 5321 | 1.382 | ϕ8 | ϕ6.5 | 0.635 |
| | | | 14ϕ25 | 6873 | 1.785 | ϕ8 | ϕ8 | 0.781 |
| | | | 14ϕ28 | 8620 | 2.239 | ϕ10 | ϕ8 | 0.971 |
| | | | 14ϕ30 | 9896 | 2.571 | ϕ10 | ϕ10 | 1.211 |
| | | | **14ϕ32** | **11259** | **2.925** | ϕ12 | ϕ10 | 1.441 |
| | | | **14ϕ36** | **14250** | **3.701** | ϕ12 | ϕ12 | 1.731 |
| | | | **14ϕ40** | **17593** | **4.570** | ϕ14 | ϕ10 | 1.712 |
| | | | | | | ϕ14 | ϕ12 | 2.000 |
| | | | | | | ϕ14 | ϕ14 | 2.341 |
| | | | | | | **ϕ16** | **ϕ10** | **2.027** |
| | | | | | | **ϕ16** | **ϕ12** | **2.315** |
| | | | | | | **ϕ16** | **ϕ14** | **2.635** |
| | | | | | | **ϕ16** | **ϕ16** | **3.047** |

续表

| 序号 | $b \times h$ (mm) | 截面形式（最大箍筋肢距/mm） | 主筋 | | | 箍筋@100 | | |
|---|---|---|---|---|---|---|---|---|
| | | | ① | $A_S$ ($mm^2$) | $\rho = A_S/(bh)$ (%) | ② | ③④ | $\rho_v$ (%) |
| 137 | 550×750 | 300<br>(300) | 16φ16 | 3218 | 0.780 | φ8 | φ6 | 0.477 |
| | | | 16φ18 | 4072 | 0.987 | φ8 | φ6.5 | 0.501 |
| | | | 16φ20 | 5026 | 1.219 | φ8 | φ8 | 0.583 |
| | | | 16φ22 | 6082 | 1.474 | φ10 | φ8 | 0.769 |
| | | | 16φ25 | 7854 | 1.904 | φ10 | φ10 | 0.904 |
| | | | 16φ28 | 9852 | 2.389 | φ12 | φ10 | 1.130 |
| | | | 16φ30 | 11310 | 2.742 | φ12 | φ12 | 1.293 |
| | | | **16φ32** | **12868** | **3.120** | φ14 | φ10 | 1.394 |
| | | | **16φ36** | **16286** | **3.948** | φ14 | φ12 | 1.557 |
| | | | **16φ40** | **20106** | **4.874** | φ14 | φ14 | 1.749 |
| | | | | | | **φ16** | **φ10** | **1.701** |
| | | | | | | **φ16** | **φ12** | **1.863** |
| | | | | | | **φ16** | **φ14** | **2.055** |
| | | | | | | **φ16** | **φ16** | **2.277** |
| 138 | 550×750 | (280) | 18φ16 | 2618 | 0.877 | 同　上 | | |
| | | | 18φ18 | 4580 | 1.111 | | | |
| | | | 18φ20 | 5654 | 1.370 | | | |
| | | | 18φ22 | 6842 | 1.658 | | | |
| | | | 18φ25 | 8836 | 2.143 | | | |
| | | | 18φ28 | 11084 | 2.687 | | | |
| | | | **18φ30** | **12723** | **3.084** | | | |
| | | | **18φ32** | **14476** | **3.509** | | | |
| | | | **18φ36** | **18322** | **4.442** | | | |
| 139 | 550×750 | (250) | 20φ16 | 4022 | 0.975 | 同　上 | | |
| | | | 20φ18 | 5089 | 1.234 | | | |
| | | | 20φ20 | 6283 | 1.523 | | | |
| | | | 20φ22 | 7602 | 1.843 | | | |
| | | | 20φ25 | 9818 | 2.380 | | | |
| | | | 20φ28 | 12315 | 2.986 | | | |
| | | | **20φ30** | **14137** | **3.427** | | | |
| | | | **20φ32** | **16085** | **3.899** | | | |
| | | | **20φ36** | **20358** | **4.935** | | | |

续表

| 序号 | $b \times h$ (mm) | 截面形式（最大箍筋肢距/mm） | 主筋 ① | $A_S$ ($mm^2$) | $\rho = A_S/(bh)$ (%) | 箍筋@100 ② | ③④ | $\rho_v$ (%) |
|---|---|---|---|---|---|---|---|---|
| 140 | 550×750 | 300（300） | 14$\phi$16 | 2815 | 0.682 | $\phi$6.5 | $\phi$6.5 | 0.453 |
| | | | 14$\phi$18 | 3563 | 0.864 | $\phi$8 | $\phi$6 | 0.533 |
| | | | 14$\phi$20 | 4398 | 1.066 | $\phi$8 | $\phi$6.5 | 0.566 |
| | | | 14$\phi$22 | 5321 | 1.290 | $\phi$8 | $\phi$8 | 0.682 |
| | | | 14$\phi$25 | 6873 | 1.666 | $\phi$10 | $\phi$8 | 0.868 |
| | | | 14$\phi$28 | 8620 | 2.090 | $\phi$10 | $\phi$10 | 1.058 |
| | | | 14$\phi$30 | 9896 | 2.399 | $\phi$12 | $\phi$10 | 1.282 |
| | | | **14$\phi$32** | **11259** | **2.730** | $\phi$12 | $\phi$12 | 1.514 |
| | | | **14$\phi$36** | **14250** | **3.455** | $\phi$14 | $\phi$10 | 1.545 |
| | | | **14$\phi$40** | **17593** | **4.265** | $\phi$14 | $\phi$12 | 1.775 |
| | | | | | | $\phi$14 | $\phi$14 | 2.046 |
| | | | | | | **$\phi$16** | **$\phi$10** | **1.852** |
| | | | | | | **$\phi$16** | **$\phi$12** | **2.081** |
| | | | | | | **$\phi$16** | **$\phi$14** | **2.351** |
| | | | | | | **$\phi$16** | **$\phi$16** | **2.664** |
| 141 | 550×750 | （280） | 16$\phi$16 | 3218 | 0.780 | 同上 | | |
| | | | 16$\phi$18 | 4072 | 0.987 | | | |
| | | | 16$\phi$20 | 5026 | 1.219 | | | |
| | | | 16$\phi$22 | 6082 | 1.474 | | | |
| | | | 16$\phi$25 | 7854 | 1.904 | | | |
| | | | 16$\phi$28 | 9852 | 2.389 | | | |
| | | | 16$\phi$30 | 11310 | 2.742 | | | |
| | | | **16$\phi$32** | **12868** | **3.120** | | | |
| | | | **16$\phi$36** | **16286** | **3.948** | | | |
| | | | **16$\phi$40** | **20106** | **4.874** | | | |
| 142 | 550×750 | （280） | 18$\phi$16 | 3618 | 0.877 | 同上 | | |
| | | | 18$\phi$18 | 4580 | 1.111 | | | |
| | | | 18$\phi$20 | 5654 | 1.370 | | | |
| | | | 18$\phi$22 | 6842 | 1.658 | | | |
| | | | 18$\phi$25 | 8836 | 2.143 | | | |
| | | | 18$\phi$28 | 11084 | 2.687 | | | |
| | | | **18$\phi$30** | **12723** | **3.084** | | | |
| | | | **18$\phi$32** | **14476** | **3.509** | | | |
| | | | **18$\phi$36** | **18322** | **4.442** | | | |

续表

| 序号 | $b\times h$ (mm) | 截面形式 (最大箍筋肢距/mm) | 主筋 | | | 箍筋@100 | | |
|---|---|---|---|---|---|---|---|---|
| | | | ① | $A_S$ ($mm^2$) | $\rho=A_S/(bh)$ (%) | ② | ③④ | $\rho_v$ (%) |
| 143 | 550×750 | (240) | 20φ16 | 4022 | 0.975 | 同上 | | |
| | | | 20φ18 | 5089 | 1.234 | | | |
| | | | 20φ20 | 6283 | 1.523 | | | |
| | | | 20φ22 | 7602 | 1.843 | | | |
| | | | 20φ25 | 9818 | 2.380 | | | |
| | | | 20φ28 | 12315 | 2.986 | | | |
| | | | **20φ30** | **14137** | **3.427** | | | |
| | | | **20φ32** | **16085** | **3.899** | | | |
| | | | **20φ36** | **20358** | **4.935** | | | |
| 144 | 550×750 | (180) | 14φ16 | 2815 | 0.682 | φ6 | φ6 | 0.427 |
| | | | 14φ18 | 3563 | 0.864 | φ6.5 | φ6.5 | 0.500 |
| | | | 14φ20 | 4398 | 1.066 | φ8 | φ6 | 0.573 |
| | | | 14φ22 | 5321 | 1.290 | φ8 | φ6.5 | 0.613 |
| | | | 14φ25 | 6873 | 1.666 | φ8 | φ8 | 0.753 |
| | | | 14φ28 | 8620 | 2.090 | φ10 | φ8 | 0.939 |
| | | | 14φ30 | 9896 | 2.399 | φ10 | φ10 | 1.169 |
| | | | **14φ32** | **11259** | **2.730** | φ12 | φ10 | 1.392 |
| | | | **14φ36** | **14250** | **3.455** | φ12 | φ12 | 1.672 |
| | | | **14φ40** | **17593** | **4.265** | φ14 | φ10 | 1.654 |
| | | | | | | φ14 | φ12 | 1.933 |
| | | | | | | φ14 | φ14 | 2.260 |
| | | | | | | **φ16** | **φ10** | **1.961** |
| | | | | | | **φ16** | **φ12** | **2.238** |
| | | | | | | **φ16** | **φ14** | **2.565** |
| | | | | | | **φ16** | **φ16** | **2.943** |
| 145 | 600×600 | (280) | 16φ14 | 2462 | 0.684 | φ8 | φ6 | 0.463 |
| | | | 16φ16 | 3218 | 0.894 | φ8 | φ6.5 | 0.481 |
| | | | 16φ18 | 4072 | 1.131 | φ8 | φ8 | 0.542 |
| | | | 16φ20 | 5026 | 1.396 | φ10 | φ8 | 0.741 |
| | | | 16φ22 | 6082 | 1.689 | φ10 | φ10 | 0.841 |
| | | | 16φ25 | 7854 | 2.182 | φ12 | φ10 | 1.081 |
| | | | 16φ28 | 9852 | 2.737 | φ12 | φ12 | 1.203 |
| | | | **16φ30** | **11310** | **3.142** | φ14 | φ10 | 1.361 |
| | | | **16φ32** | **12868** | **3.574** | φ14 | φ12 | 1.482 |
| | | | **16φ36** | **16286** | **4.524** | φ14 | φ14 | 1.626 |
| | | | | | | **φ16** | **φ10** | **1.687** |
| | | | | | | **φ16** | **φ12** | **1.808** |
| | | | | | | **φ16** | **φ14** | **1.951** |
| | | | | | | **φ16** | **φ16** | **2.116** |

续表

| 序号 | $b \times h$ (mm) | 截面形式（最大箍筋肢距/mm） | 主筋 | | | 箍筋@100 | | |
|---|---|---|---|---|---|---|---|---|
| | | | ① | $A_S$ ($mm^2$) | $\rho = A_S/(bh)$ (%) | ② | ③④ | $\rho_v$ (%) |
| 146 | 600×600 | (280) | 16$\phi$14 | 2462 | 0.684 | $\phi$6 | $\phi$6 | 0.410 |
| | | | 16$\phi$16 | 3218 | 0.894 | $\phi$6.5 | $\phi$6.5 | $\phi$0.480 |
| | | | 16$\phi$18 | 4072 | 1.131 | $\phi$8 | $\phi$6 | 0.565 |
| | | | 16$\phi$20 | 5026 | 1.396 | $\phi$8 | $\phi$6.5 | 0.600 |
| | | | 16$\phi$22 | 6082 | 1.689 | $\phi$8 | $\phi$8 | 0.723 |
| | | | 16$\phi$25 | 7854 | 2.182 | $\phi$10 | $\phi$8 | 0.920 |
| | | | 16$\phi$28 | 9852 | 2.737 | $\phi$10 | $\phi$10 | 1.122 |
| | | | **16$\phi$30** | **11310** | **3.142** | $\phi$12 | $\phi$10 | 1.359 |
| | | | **16$\phi$32** | **12868** | **3.574** | $\phi$12 | $\phi$12 | 1.604 |
| | | | **16$\phi$36** | **16286** | **4.524** | $\phi$14 | $\phi$10 | 1.637 |
| | | | | | | $\phi$14 | $\phi$12 | 1.881 |
| | | | | | | $\phi$14 | $\phi$14 | 2.168 |
| | | | | | | **$\phi$16** | **$\phi$10** | **1.962** |
| | | | | | | **$\phi$16** | **$\phi$12** | **2.205** |
| | | | | | | **$\phi$16** | **$\phi$14** | **2.491** |
| | | | | | | **$\phi$16** | **$\phi$16** | **2.822** |
| 147 | 600×600 | (220) | 20$\phi$14 | 3078 | 0.855 | 同上 | | |
| | | | 20$\phi$16 | 4022 | 1.117 | | | |
| | | | 20$\phi$18 | 5089 | 1.414 | | | |
| | | | 20$\phi$20 | 6283 | 1.746 | | | |
| | | | 20$\phi$22 | 7602 | 2.112 | | | |
| | | | 20$\phi$25 | 9818 | 2.727 | | | |
| | | | **20$\phi$28** | **12315** | **3.421** | | | |
| | | | **20$\phi$30** | **14137** | **3.927** | | | |
| | | | **20$\phi$32** | **16085** | **4.468** | | | |
| 148 | 600×600 | (190) | 12$\phi$16 | 2413 | 0.670 | 同上 | | |
| | | | 12$\phi$18 | 3054 | 0.848 | | | |
| | | | 12$\phi$20 | 3770 | 1.047 | | | |
| | | | 12$\phi$22 | 4561 | 1.267 | | | |
| | | | 12$\phi$25 | 5891 | 1.636 | | | |
| | | | 12$\phi$28 | 7389 | 2.053 | | | |
| | | | 12$\phi$30 | 8482 | 2.356 | | | |
| | | | **12$\phi$32** | **9651** | **2.681** | | | |
| | | | **12$\phi$36** | **12215** | **3.393** | | | |
| | | | **12$\phi$40** | **15080** | **4.189** | | | |

续表

| 序号 | $b \times h$ (mm) | 截面形式 (最大箍筋肢距/mm) | 主筋 | | | 箍筋@100 | | |
|---|---|---|---|---|---|---|---|---|
| | | | ① | $A_S$ ($mm^2$) | $\rho = A_S/(bh)$ (%) | ② | ③④ | $\rho_v$ (%) |
| 149 | 600×600 | (190) | 24ϕ12 | 2714 | 0.754 | 同上 | | |
| | | | 24ϕ14 | 3694 | 1.026 | | | |
| | | | 24ϕ16 | 4826 | 1.341 | | | |
| | | | 24ϕ18 | 6107 | 1.697 | | | |
| | | | 24ϕ20 | 7540 | 2.094 | | | |
| | | | 24ϕ22 | 9123 | 2.534 | | | |
| | | | **24ϕ25** | **11781** | **3.274** | | | |
| | | | **24ϕ28** | **14778** | **4.105** | | | |
| | | | **24ϕ30** | **16965** | **4.713** | | | |
| 150 | 600×650 | (300) | 16ϕ16 | 3218 | 0.825 | ϕ8 | ϕ6 | 0.444 |
| | | | 16ϕ18 | 4072 | 1.044 | ϕ8 | ϕ6.5 | 0.461 |
| | | | 16ϕ20 | 5026 | 1.289 | ϕ8 | ϕ8 | 0.520 |
| | | | 16ϕ22 | 6082 | 1.559 | ϕ10 | ϕ8 | 0.710 |
| | | | 16ϕ25 | 7854 | 2.014 | ϕ10 | ϕ10 | 0.807 |
| | | | 16ϕ28 | 9852 | 2.526 | ϕ12 | ϕ10 | 1.037 |
| | | | 16ϕ30 | 11310 | 2.900 | ϕ12 | ϕ12 | 1.154 |
| | | | **16ϕ32** | **12868** | **3.299** | ϕ14 | ϕ10 | 1.306 |
| | | | **16ϕ36** | **16286** | **4.176** | ϕ14 | ϕ12 | 1.423 |
| | | | | | | ϕ14 | ϕ14 | 1.560 |
| | | | | | | **ϕ16** | **ϕ10** | **1.619** |
| | | | | | | **ϕ16** | **ϕ12** | **1.735** |
| | | | | | | **ϕ16** | **ϕ14** | **1.872** |
| | | | | | | **ϕ16** | **ϕ16** | **2.031** |
| 151 | 600×650 | 250 150 250 (300，250，200) | 14ϕ16 | 2815 | 0.722 | ϕ6.5 | ϕ6.5 | 0.460 |
| | | | 14ϕ18 | 3563 | 0.914 | ϕ8 | ϕ6 | 0.542 |
| | | | 14ϕ20 | 4398 | 1.127 | ϕ8 | ϕ6.5 | 0.576 |
| | | | 14ϕ22 | 5321 | 1.364 | ϕ8 | ϕ8 | 0.693 |
| | | | 14ϕ25 | 6873 | 1.762 | ϕ10 | ϕ8 | 0.882 |
| | | | 14ϕ28 | 8620 | 2.211 | ϕ10 | ϕ10 | 1.076 |
| | | | 14ϕ30 | 9896 | 2.538 | ϕ12 | ϕ10 | 1.304 |
| | | | **14ϕ32** | **11259** | **2.887** | ϕ12 | ϕ12 | 1.539 |
| | | | **14ϕ36** | **14250** | **3.654** | ϕ14 | ϕ10 | 1.571 |
| | | | **14ϕ40** | **17593** | **4.511** | ϕ14 | ϕ12 | 1.931 |
| | | | | | | ϕ14 | ϕ14 | 2.329 |
| | | | | | | **ϕ16** | **ϕ10** | **2.010** |
| | | | | | | **ϕ16** | **ϕ12** | **2.298** |
| | | | | | | **ϕ16** | **ϕ14** | **2.639** |
| | | | | | | **ϕ16** | **ϕ16** | **3.032** |

续表

| 序号 | $b \times h$ (mm) | 截面形式（最大箍筋肢距/mm） | 主筋 ① | $A_S$ ($mm^2$) | $\rho = A_S/(bh)$ (%) | 箍筋@100 ② | ③④ | $\rho_v$ (%) |
|---|---|---|---|---|---|---|---|---|
| 152 | 600×650 | 250 200 200 300 250 (300，250，200) | 16$\phi$16 | 3218 | 0.825 | 同上 | | |
| | | | 16$\phi$18 | 4072 | 1.044 | | | |
| | | | 16$\phi$20 | 5026 | 1.289 | | | |
| | | | 16$\phi$22 | 6082 | 1.559 | | | |
| | | | 16$\phi$25 | 7854 | 2.014 | | | |
| | | | 16$\phi$28 | 9852 | 2.526 | | | |
| | | | 16$\phi$30 | 11310 | 2.900 | | | |
| | | | **16$\phi$32** | **12868** | **3.299** | | | |
| | | | **16$\phi$36** | **16286** | **4.176** | | | |
| 153 | 600×650 | (300) | 18$\phi$16 | 3618 | 0.928 | 同上 | | |
| | | | 18$\phi$18 | 4580 | 1.175 | | | |
| | | | 18$\phi$20 | 5654 | 1.450 | | | |
| | | | 18$\phi$22 | 6842 | 1.754 | | | |
| | | | 18$\phi$25 | 8836 | 2.266 | | | |
| | | | 18$\phi$28 | 11084 | 2.842 | | | |
| | | | **18$\phi$30** | **12723** | **3.262** | | | |
| | | | **18$\phi$32** | **14476** | **3.712** | | | |
| | | | **18$\phi$36** | **18322** | **4.698** | | | |
| 154 | 600×650 | (200) | 12$\phi$16 | 2413 | 0.619 | 同上 | | |
| | | | 12$\phi$18 | 3054 | 0.783 | | | |
| | | | 12$\phi$20 | 3770 | 0.967 | | | |
| | | | 12$\phi$22 | 4561 | 1.169 | | | |
| | | | 12$\phi$25 | 5891 | 1.511 | | | |
| | | | 12$\phi$28 | 7389 | 1.895 | | | |
| | | | 12$\phi$30 | 8482 | 2.175 | | | |
| | | | **12$\phi$32** | **9651** | **2.475** | | | |
| | | | **12$\phi$36** | **12215** | **3.132** | | | |
| | | | **12$\phi$40** | **15080** | **3.867** | | | |
| 155 | 600×650 | (200) | 24$\phi$12 | 2714 | 0.696 | 同上 | | |
| | | | 24$\phi$14 | 3694 | 0.947 | | | |
| | | | 24$\phi$16 | 4826 | 1.237 | | | |
| | | | 24$\phi$18 | 6107 | 1.566 | | | |
| | | | 24$\phi$20 | 7540 | 1.933 | | | |
| | | | 24$\phi$22 | 9123 | 2.339 | | | |
| | | | **24$\phi$25** | **11781** | **3.021** | | | |
| | | | **24$\phi$28** | **14778** | **3.789** | | | |
| | | | **24$\phi$30** | **16965** | **4.350** | | | |
| | | | **24$\phi$32** | **19302** | **4.949** | | | |

续表

| 序号 | $b \times h$（mm） | 截面形式（最大箍筋肢距/mm） | 主筋 ① | 主筋 $A_S$（$mm^2$） | 主筋 $\rho = A_S/(bh)$（%） | 箍筋@100 ② | 箍筋@100 ③④ | 箍筋@100 $\rho_v$（%） |
|---|---|---|---|---|---|---|---|---|
| 156 | 600×650 | （190） | 14ϕ16 | 2815 | 0.722 | ϕ6 | ϕ6 | 0.440 |
| | | | 14ϕ18 | 3563 | 0.914 | ϕ6.5 | ϕ6.5 | 0.516 |
| | | | 14ϕ20 | 4398 | 1.127 | ϕ8 | ϕ6 | 0.589 |
| | | | 14ϕ22 | 5321 | 1.364 | ϕ8 | ϕ6.5 | 0.630 |
| | | | 14ϕ25 | 6873 | 1.762 | ϕ8 | ϕ8 | 0.776 |
| | | | 14ϕ28 | 8620 | 2.211 | ϕ10 | ϕ8 | 0.964 |
| | | | 14ϕ30 | 9896 | 2.538 | ϕ10 | ϕ10 | 1.205 |
| | | | **14ϕ32** | **11259** | **2.887** | ϕ12 | ϕ10 | 1.432 |
| | | | **14ϕ36** | **14250** | **3.654** | ϕ12 | ϕ12 | 1.723 |
| | | | **14ϕ40** | **17593** | **4.511** | ϕ14 | ϕ10 | 1.698 |
| | | | | | | ϕ14 | ϕ12 | 1.931 |
| | | | | | | ϕ14 | ϕ14 | 2.329 |
| | | | | | | **ϕ16** | **ϕ10** | **2.010** |
| | | | | | | **ϕ16** | **ϕ12** | **2.298** |
| | | | | | | **ϕ16** | **ϕ14** | **2.639** |
| | | | | | | **ϕ16** | **ϕ16** | **3.032** |
| 157 | 600×700 | （300，280） | 16ϕ16 | 3218 | 0.766 | ϕ8 | ϕ6 | 0.471 |
| | | | 16ϕ18 | 4072 | 0.970 | ϕ8 | ϕ6.5 | 0.495 |
| | | | 16ϕ20 | 5026 | 1.197 | ϕ8 | ϕ8 | 0.578 |
| | | | 16ϕ22 | 6082 | 1.448 | ϕ10 | ϕ8 | 0.760 |
| | | | 16ϕ25 | 7854 | 1.876 | ϕ10 | ϕ10 | 0.897 |
| | | | 16ϕ28 | 9852 | 2.346 | ϕ12 | ϕ10 | 1.118 |
| | | | 16ϕ30 | 11310 | 2.693 | ϕ12 | ϕ12 | 1.282 |
| | | | **16ϕ32** | **12868** | **3.064** | ϕ14 | ϕ10 | 1.377 |
| | | | **16ϕ36** | **16286** | **3.878** | ϕ14 | ϕ12 | 1.541 |
| | | | **16ϕ40** | **20106** | **4.787** | ϕ14 | ϕ14 | 1.735 |
| | | | | | | **ϕ16** | **ϕ10** | **1.678** |
| | | | | | | **ϕ16** | **ϕ12** | **1.842** |
| | | | | | | **ϕ16** | **ϕ14** | **2.035** |
| | | | | | | **ϕ16** | **ϕ16** | **2.258** |

续表

| 序号 | $b \times h$（mm） | 截面形式（最大箍筋肢距/mm） | 主筋 | | | 箍筋@100 | | |
|---|---|---|---|---|---|---|---|---|
| | | | ① | $A_S$（mm²） | $\rho = A_S/(bh)$（%） | ② | ③④ | $\rho_v$（%） |
| 158 | 600×700 | （300，250） | 14$\phi$18 | 3563 | 0.848 | $\phi$6.5 | $\phi$6.5 | 0.443 |
| | | | 14$\phi$20 | 4398 | 1.047 | $\phi$8 | $\phi$6 | 0.522 |
| | | | 14$\phi$22 | 5321 | 1.267 | $\phi$8 | $\phi$6.5 | 0.555 |
| | | | 14$\phi$25 | 6873 | 1.636 | $\phi$8 | $\phi$8 | 0.668 |
| | | | 14$\phi$28 | 8620 | 2.052 | $\phi$10 | $\phi$8 | 0.850 |
| | | | 14$\phi$30 | 9896 | 2.356 | $\phi$10 | $\phi$10 | 1.037 |
| | | | **14$\phi$32** | **11259** | **2.681** | $\phi$12 | $\phi$10 | 1.257 |
| | | | **14$\phi$36** | **14250** | **3.393** | $\phi$12 | $\phi$12 | 1.469 |
| | | | **14$\phi$40** | **17593** | **4.189** | $\phi$14 | $\phi$10 | 1.515 |
| | | | | | | $\phi$14 | $\phi$12 | 1.740 |
| | | | | | | $\phi$14 | $\phi$14 | 2.006 |
| | | | | | | **$\phi$16** | **$\phi$10** | **1.816** |
| | | | | | | **$\phi$16** | **$\phi$12** | **2.046** |
| | | | | | | **$\phi$16** | **$\phi$14** | **2.305** |
| | | | | | | **$\phi$16** | **$\phi$16** | **2.611** |
| 159 | 600×700 | （300，250） | 16$\phi$16 | 3218 | 0.766 | 同上 | | |
| | | | 16$\phi$18 | 4072 | 0.970 | | | |
| | | | 16$\phi$20 | 5026 | 1.197 | | | |
| | | | 16$\phi$22 | 6082 | 1.448 | | | |
| | | | 16$\phi$25 | 7854 | 1.876 | | | |
| | | | 16$\phi$28 | 9852 | 2.346 | | | |
| | | | 16$\phi$30 | 11310 | 2.693 | | | |
| | | | **16$\phi$32** | **12868** | **3.064** | | | |
| | | | **16$\phi$36** | **16286** | **3.878** | | | |
| | | | **16$\phi$40** | **20106** | **4.787** | | | |
| 160 | 600×700 | （300） | 18$\phi$16 | 3618 | 0.862 | 同上 | | |
| | | | 18$\phi$18 | 4580 | 1.091 | | | |
| | | | 18$\phi$20 | 5654 | 1.341 | | | |
| | | | 18$\phi$22 | 6842 | 1.629 | | | |
| | | | 18$\phi$25 | 8836 | 2.104 | | | |
| | | | 18$\phi$28 | 11084 | 2.639 | | | |
| | | | **18$\phi$30** | **12723** | **3.029** | | | |
| | | | **18$\phi$32** | **14476** | **3.447** | | | |
| | | | **18$\phi$36** | **18322** | **4.362** | | | |

续表

| 序号 | $b\times h$（mm） | 截面形式（最大箍筋肢距/mm） | 主筋 ① | 主筋 $A_S$（$mm^2$） | 主筋 $\rho=A_S/(bh)$（%） | 箍筋@100 ② | 箍筋@100 ③④ | 箍筋@100 $\rho_v$（%） |
|---|---|---|---|---|---|---|---|---|
| 161 | 600×700 | （190） | 14φ18 | 3563 | 0.848 | φ6 | φ6 | 0.422 |
| | | | 14φ20 | 4398 | 1.047 | φ6.5 | φ6.5 | 0.494 |
| | | | 14φ22 | 5321 | 1.267 | φ8 | φ6 | 0.565 |
| | | | 14φ25 | 6873 | 1.636 | φ8 | φ6.5 | 0.606 |
| | | | 14φ28 | 8620 | 2.052 | φ8 | φ8 | 0.745 |
| | | | 14φ30 | 9896 | 2.356 | φ10 | φ8 | 0.926 |
| | | | **14φ32** | **11259** | **2.681** | φ10 | φ10 | 1.156 |
| | | | **14φ36** | **14250** | **3.393** | φ12 | φ10 | 1.375 |
| | | | **14φ40** | **17593** | **4.189** | φ12 | φ12 | 1.653 |
| | | | | | | φ14 | φ10 | 1.633 |
| | | | | | | φ14 | φ12 | 1.909 |
| | | | | | | φ14 | φ14 | 2.236 |
| | | | | | | **φ16** | **φ10** | **1.933** |
| | | | | | | **φ16** | **φ12** | **2.209** |
| | | | | | | **φ16** | **φ14** | **2.535** |
| | | | | | | **φ16** | **φ16** | **2.911** |
| 162 | 600×750 | （280） | 18φ16 | 3618 | 0.804 | φ8 | φ6 | 0.454 |
| | | | 18φ18 | 4580 | 1.108 | φ8 | φ6.5 | 0.477 |
| | | | 18φ20 | 5654 | 1.257 | φ8 | φ8 | 0.556 |
| | | | 18φ22 | 6842 | 1.520 | φ10 | φ8 | 0.733 |
| | | | 18φ25 | 8836 | 1.964 | φ10 | φ10 | 0.862 |
| | | | 18φ28 | 11084 | 2.463 | φ12 | φ10 | 1.077 |
| | | | 18φ30 | 12723 | 2.828 | φ12 | φ12 | 1.235 |
| | | | **18φ32** | **14476** | **3.217** | φ14 | φ10 | 1.328 |
| | | | **18φ36** | **18322** | **4.072** | φ14 | φ12 | 1.485 |
| | | | | | | φ14 | φ14 | 1.671 |
| | | | | | | **φ16** | **φ10** | **1.620** |
| | | | | | | **φ16** | **φ12** | **1.705** |
| | | | | | | **φ16** | **φ14** | **1.962** |
| | | | | | | **φ16** | **φ16** | **2.175** |

续表

| 序号 | $b\times h$ (mm) | 截面形式（最大箍筋肢距/mm） | 主筋 ① | $A_S$ (mm²) | $\rho=A_S/(bh)$ (%) | 箍筋@100 ② | ③④ | $\rho_v$ (%) |
|---|---|---|---|---|---|---|---|---|
| 163 | 600×750 | (300) | 14φ18 | 3563 | 0.792 | φ6.5 | φ6.5 | 0.429 |
| | | | 14φ20 | 4398 | 0.978 | φ8 | φ6 | 0.505 |
| | | | 14φ22 | 5321 | 1.182 | φ8 | φ6.5 | 0.537 |
| | | | 14φ25 | 6873 | 1.527 | φ8 | φ8 | 0.646 |
| | | | 14φ28 | 8620 | 1.916 | φ10 | φ8 | 0.823 |
| | | | 14φ30 | 9896 | 2.199 | φ10 | φ10 | 1.003 |
| | | | **14φ32** | **11259** | **2.502** | φ12 | φ10 | 1.216 |
| | | | **14φ36** | **14250** | **3.167** | φ12 | φ12 | 1.436 |
| | | | **14φ40** | **17593** | **3.910** | φ14 | φ10 | 1.466 |
| | | | | | | φ14 | φ12 | 1.684 |
| | | | | | | φ14 | φ14 | 1.942 |
| | | | | | | **φ16** | **φ10** | **1.758** |
| | | | | | | **φ16** | **φ12** | **1.975** |
| | | | | | | **φ16** | **φ14** | **2.232** |
| | | | | | | **φ16** | **φ16** | **2.528** |
| 164 | 600×750 | (280) | 16φ18 | 4072 | 0.905 | 同上 | | |
| | | | 16φ20 | 5026 | 1.119 | | | |
| | | | 16φ22 | 6082 | 1.352 | | | |
| | | | 16φ25 | 7854 | 1.745 | | | |
| | | | 16φ28 | 9852 | 2.190 | | | |
| | | | 16φ30 | 11310 | 2.513 | | | |
| | | | **16φ32** | **12868** | **2.860** | | | |
| | | | **16φ36** | **16286** | **3.619** | | | |
| | | | **16φ40** | **20106** | **4.468** | | | |
| 165 | 600×750 | (280) | 18φ16 | 3618 | 0.804 | 同上 | | |
| | | | 18φ18 | 4580 | 1.108 | | | |
| | | | 18φ20 | 5654 | 1.257 | | | |
| | | | 18φ22 | 6842 | 1.520 | | | |
| | | | 18φ25 | 8836 | 1.964 | | | |
| | | | 18φ28 | 11084 | 2.463 | | | |
| | | | 18φ30 | 12723 | 2.828 | | | |
| | | | **18φ32** | **14476** | **3.217** | | | |
| | | | **18φ36** | **18322** | **4.072** | | | |

续表

| 序号 | $b \times h$ (mm) | 截面形式（最大箍筋肢距/mm） | 主筋 | | | 箍筋@100 | | |
|---|---|---|---|---|---|---|---|---|
| | | | ① | $A_S$ ($mm^2$) | $\rho = A_S/(bh)$ (%) | ② | ③④ | $\rho_v$ (%) |
| 166 | 600×750 | (280) | 20φ16 | 4022 | 0.894 | 同上 | | |
| | | | 20φ18 | 5089 | 1.131 | | | |
| | | | 20φ20 | 6283 | 1.396 | | | |
| | | | 20φ22 | 7602 | 1.689 | | | |
| | | | 20φ25 | 9818 | 2.182 | | | |
| | | | 20φ28 | 12315 | 2.737 | | | |
| | | | **20φ30** | **14137** | **3.142** | | | |
| | | | **20φ32** | **16085** | **3.574** | | | |
| 167 | 600×750 | (200) | 14φ18 | 3563 | 0.792 | φ6 | φ6 | 0.406 |
| | | | 14φ20 | 4398 | 0.978 | φ6.5 | φ6.5 | 0.476 |
| | | | 14φ22 | 5321 | 1.182 | φ8 | φ6 | 0.545 |
| | | | 14φ25 | 6873 | 1.527 | φ8 | φ6.5 | 0.584 |
| | | | 14φ28 | 8620 | 1.916 | φ8 | φ8 | 0.717 |
| | | | 14φ30 | 9896 | 2.199 | φ10 | φ8 | 0.894 |
| | | | **14φ32** | **11259** | **2.502** | φ10 | φ10 | 1.114 |
| | | | **14φ36** | **14250** | **3.167** | φ12 | φ10 | 1.326 |
| | | | **14φ40** | **17593** | **3.910** | φ12 | φ12 | 1.594 |
| | | | | | | φ14 | φ10 | 1.575 |
| | | | | | | φ14 | φ12 | 1.842 |
| | | | | | | φ14 | φ14 | 2.156 |
| | | | | | | **φ16** | **φ10** | **1.867** |
| | | | | | | **φ16** | **φ12** | **2.132** |
| | | | | | | **φ16** | **φ14** | **2.446** |
| | | | | | | **φ16** | **φ16** | **2.807** |
| 168 | 600×800 | (300) | 18φ16 | 3618 | 0.754 | φ8 | φ6 | 0.439 |
| | | | 18φ18 | 4580 | 0.954 | φ8 | φ6.5 | 0.461 |
| | | | 18φ20 | 5654 | 1.178 | φ8 | φ8 | 0.538 |
| | | | 18φ22 | 6842 | 1.425 | φ10 | φ8 | 0.709 |
| | | | 18φ25 | 8836 | 1.841 | φ10 | φ10 | 0.834 |
| | | | 18φ28 | 11084 | 2.309 | φ12 | φ10 | 1.042 |
| | | | 18φ30 | 12723 | 2.651 | φ12 | φ12 | 1.193 |
| | | | **18φ32** | **14476** | **3.016** | φ14 | φ10 | 1.286 |
| | | | **18φ36** | **18322** | **3.817** | φ14 | φ12 | 1.437 |
| | | | **18φ40** | **22619** | **4.712** | φ14 | φ14 | 1.615 |
| | | | | | | **φ16** | **φ10** | **1.569** |
| | | | | | | **φ16** | **φ12** | **1.720** |
| | | | | | | **φ16** | **φ14** | **1.898** |
| | | | | | | **φ16** | **φ16** | **2.102** |

续表

| 序号 | $b\times h$（mm） | 截面形式（最大箍筋肢距/mm） | 主筋 ① | 主筋 $A_S$（$mm^2$） | 主筋 $\rho=A_S/(bh)$（%） | 箍筋@100 ② | 箍筋@100 ③④ | 箍筋@100 $\rho_v$（%） |
|---|---|---|---|---|---|---|---|---|
| 169 | 600×800 | 300<br>（300） | 14φ18 | 3563 | 0.742 | φ6.5 | φ6.5 | 0.416 |
| | | | 14φ20 | 4398 | 0.916 | φ8 | φ6 | 0.490 |
| | | | 14φ22 | 5321 | 1.109 | φ8 | φ6.5 | 0.521 |
| | | | 14φ25 | 6873 | 1.432 | φ8 | φ8 | 0.628 |
| | | | 14φ28 | 8620 | 1.796 | φ10 | φ8 | 0.799 |
| | | | 14φ30 | 9896 | 2.062 | φ10 | φ10 | 0.974 |
| | | | **14φ32** | **11259** | **2.346** | φ12 | φ10 | 1.181 |
| | | | **14φ36** | **14250** | **2.969** | φ12 | φ12 | 1.394 |
| | | | **14φ40** | **17593** | **3.665** | φ14 | φ10 | 1.424 |
| | | | | | | φ14 | φ12 | 1.636 |
| | | | | | | φ14 | φ14 | 1.886 |
| | | | | | | **φ16** | **φ10** | **1.707** |
| | | | | | | **φ16** | **φ12** | **1.918** |
| | | | | | | **φ16** | **φ14** | **2.168** |
| | | | | | | **φ16** | **φ16** | **2.455** |
| 170 | 600×800 | 300<br>300<br>（300） | 16φ18 | 4072 | 0.848 | 同上 | | |
| | | | 16φ20 | 5026 | 1.047 | | | |
| | | | 16φ22 | 6082 | 1.267 | | | |
| | | | 16φ25 | 7854 | 1.636 | | | |
| | | | 16φ28 | 9852 | 2.053 | | | |
| | | | 16φ30 | 11310 | 2.356 | | | |
| | | | **16φ32** | **12868** | **2.681** | | | |
| | | | **16φ36** | **16286** | **3.393** | | | |
| | | | **16φ40** | **20106** | **4.189** | | | |
| 171 | 600×800 | （300） | 18φ16 | 3618 | 0.754 | 同上 | | |
| | | | 18φ18 | 4580 | 0.954 | | | |
| | | | 18φ20 | 5654 | 1.178 | | | |
| | | | 18φ22 | 6842 | 1.425 | | | |
| | | | 18φ25 | 8836 | 1.841 | | | |
| | | | 18φ28 | 11084 | 2.309 | | | |
| | | | 18φ30 | 12723 | 2.651 | | | |
| | | | **18φ32** | **14476** | **3.016** | | | |
| | | | **18φ36** | **18322** | **3.817** | | | |
| | | | **18φ40** | **22619** | **4.712** | | | |

续表

| 序号 | $b \times h$ (mm) | 截面形式（最大箍筋肢距/mm） | 主筋 ① | 主筋 $A_S$ (mm²) | 主筋 $\rho = A_S/(bh)$ (%) | 箍筋@100 ② | 箍筋@100 ③④ | 箍筋@100 $\rho_v$ (%) |
|---|---|---|---|---|---|---|---|---|
| 172 | 600×800 | 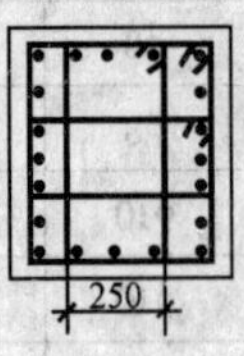 (250) | 20ϕ16 | 4022 | 0.838 | 同上 | | |
| | | | 20ϕ18 | 5089 | 1.060 | | | |
| | | | 20ϕ20 | 6283 | 1.309 | | | |
| | | | 20ϕ22 | 7602 | 1.584 | | | |
| | | | 20ϕ25 | 9818 | 2.045 | | | |
| | | | 20ϕ28 | 12315 | 2.566 | | | |
| | | | 20ϕ30 | 14137 | 2.945 | | | |
| | | | **20ϕ32** | **16085** | **3.351** | | | |
| | | | **20ϕ36** | **20358** | **4.241** | | | |
| 173 | 600×800 | 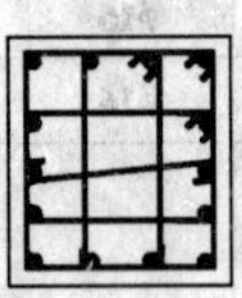 (190) | 14ϕ18 | 3563 | 0.742 | ϕ6.5 | ϕ6.5 | 0.460 |
| | | | 14ϕ20 | 4398 | 0.916 | ϕ8 | ϕ6 | 0.527 |
| | | | 14ϕ22 | 5321 | 1.109 | ϕ8 | ϕ6.5 | 0.565 |
| | | | 14ϕ25 | 6873 | 1.432 | ϕ8 | ϕ8 | 0.694 |
| | | | 14ϕ28 | 8620 | 1.796 | ϕ10 | ϕ8 | 0.865 |
| | | | 14ϕ30 | 9896 | 2.062 | ϕ10 | ϕ10 | 1.077 |
| | | | **14ϕ32** | **11259** | **2.346** | ϕ12 | ϕ10 | 1.284 |
| | | | **14ϕ36** | **14250** | **2.969** | ϕ12 | ϕ12 | 1.542 |
| | | | **14ϕ40** | **17593** | **3.665** | ϕ14 | ϕ10 | 1.526 |
| | | | | | | ϕ14 | ϕ12 | 1.783 |
| | | | | | | ϕ14 | ϕ14 | 2.086 |
| | | | | | | **ϕ16** | **ϕ10** | **1.809** |
| | | | | | | **ϕ16** | **ϕ12** | **2.065** |
| | | | | | | **ϕ16** | **ϕ14** | **2.368** |
| | | | | | | **ϕ16** | **ϕ16** | **2.716** |
| 174 | 650×650 |  (300) | 16ϕ16 | 3218 | 0.762 | ϕ8 | ϕ6 | 0.425 |
| | | | 16ϕ18 | 4072 | 0.964 | ϕ8 | ϕ6.5 | 0.441 |
| | | | 16ϕ20 | 5026 | 1.190 | ϕ8 | ϕ8 | 0.498 |
| | | | 16ϕ22 | 6082 | 1.440 | ϕ10 | ϕ8 | 0.680 |
| | | | 16ϕ25 | 7854 | 1.859 | ϕ10 | ϕ10 | 0.773 |
| | | | 16ϕ28 | 9852 | 2.332 | ϕ12 | ϕ10 | 0.993 |
| | | | 16ϕ30 | 11310 | 2.677 | ϕ12 | ϕ12 | 1.105 |
| | | | **16ϕ32** | **12868** | **3.046** | ϕ14 | ϕ10 | 1.251 |
| | | | **16ϕ36** | **16286** | **3.855** | ϕ14 | ϕ12 | 1.362 |
| | | | **16ϕ40** | **20106** | **4.759** | ϕ14 | ϕ14 | 1.495 |
| | | | | | | **ϕ16** | **ϕ10** | **1.551** |
| | | | | | | **ϕ16** | **ϕ12** | **1.662** |
| | | | | | | **ϕ16** | **ϕ14** | **1.794** |
| | | | | | | **ϕ16** | **ϕ16** | **1.946** |

续表

| 序号 | $b \times h$ (mm) | 截面形式（最大箍筋肢距/mm） | 主筋 | | | 箍筋@100 | | |
|---|---|---|---|---|---|---|---|---|
| | | | ① | $A_S$ (mm²) | $\rho = A_S/(bh)$ (%) | ② | ③④ | $\rho_v$ (%) |
| 175 | 650×650 | (330，250) | 16$\phi$16 | 3218 | 0.762 | $\phi$6.5 | $\phi$6.5 | 0.440 |
| | | | 16$\phi$18 | 4072 | 0.964 | $\phi$8 | $\phi$6 | 0.518 |
| | | | 16$\phi$20 | 5026 | 1.190 | $\phi$8 | $\phi$6.5 | 0.551 |
| | | | 16$\phi$22 | 6082 | 1.440 | $\phi$8 | $\phi$8 | 0.664 |
| | | | 16$\phi$25 | 7854 | 1.859 | $\phi$10 | $\phi$8 | 0.845 |
| | | | 16$\phi$28 | 9852 | 2.332 | $\phi$10 | $\phi$10 | 1.030 |
| | | | 16$\phi$30 | 11310 | 2.677 | $\phi$12 | $\phi$10 | 1.248 |
| | | | **16$\phi$32** | **12868** | **3.046** | $\phi$12 | $\phi$12 | 1.474 |
| | | | **16$\phi$36** | **16286** | **3.855** | $\phi$14 | $\phi$10 | 1.505 |
| | | | **16$\phi$40** | **20106** | **4.759** | $\phi$14 | $\phi$12 | 1.728 |
| | | | | | | $\phi$14 | $\phi$14 | 1.993 |
| | | | | | | **$\phi$16** | **$\phi$10** | **1.804** |
| | | | | | | **$\phi$16** | **$\phi$12** | **2.027** |
| | | | | | | **$\phi$16** | **$\phi$14** | **2.290** |
| | | | | | | **$\phi$16** | **$\phi$16** | **2.594** |
| 176 | 650×650 | (250) | 20$\phi$14 | 3078 | 0.728 | 同上 | | |
| | | | 20$\phi$16 | 4022 | 0.952 | | | |
| | | | 20$\phi$18 | 5089 | 1.205 | | | |
| | | | 20$\phi$20 | 6283 | 1.487 | | | |
| | | | 20$\phi$22 | 7602 | 1.799 | | | |
| | | | 20$\phi$25 | 9818 | 2.324 | | | |
| | | | 20$\phi$28 | 12315 | 2.915 | | | |
| | | | **20$\phi$30** | **14137** | **3.346** | | | |
| | | | **20$\phi$32** | **16085** | **3.807** | | | |
| | | | **20$\phi$36** | **20358** | **4.818** | | | |
| 177 | 650×650 | (200) | 12$\phi$18 | 3054 | 0.723 | 同上 | | |
| | | | 12$\phi$20 | 3770 | 0.892 | | | |
| | | | 12$\phi$22 | 4561 | 1.080 | | | |
| | | | 12$\phi$25 | 5891 | 1.394 | | | |
| | | | 12$\phi$28 | 7389 | 1.749 | | | |
| | | | 12$\phi$30 | 8482 | 2.008 | | | |
| | | | **12$\phi$32** | **9651** | **2.284** | | | |
| | | | **12$\phi$36** | **12215** | **2.891** | | | |
| | | | **12$\phi$40** | **15080** | **3.569** | | | |

| 序号 | $b \times h$ (mm) | 截面形式 (最大箍筋肢距/mm) | 主筋 | | | 箍筋@100 | | |
|---|---|---|---|---|---|---|---|---|
| | | | ① | $A_S$ ($mm^2$) | $\rho = A_S/(bh)$ (%) | ② | ③④ | $\rho_v$ (%) |
| 178 | 650×700 | (300) | 18$\phi$16 | 3618 | 0.795 | $\phi$8 | $\phi$6 | 0.453 |
| | | | 18$\phi$18 | 4580 | 1.007 | $\phi$8 | $\phi$6.5 | 0.475 |
| | | | 18$\phi$20 | 5654 | 1.243 | $\phi$8 | $\phi$8 | 0.555 |
| | | | 18$\phi$22 | 6842 | 1.504 | $\phi$10 | $\phi$8 | 0.731 |
| | | | 18$\phi$25 | 8836 | 1.942 | $\phi$10 | $\phi$10 | 0.862 |
| | | | 18$\phi$28 | 11084 | 2.436 | $\phi$12 | $\phi$10 | 1.073 |
| | | | 18$\phi$30 | 12723 | 2.796 | $\phi$12 | $\phi$12 | 1.234 |
| | | | **18$\phi$32** | **14476** | **3.182** | $\phi$14 | $\phi$10 | 1.321 |
| | | | **18$\phi$36** | **18322** | **4.027** | $\phi$14 | $\phi$12 | 1.481 |
| | | | **18$\phi$40** | **22619** | **4.971** | $\phi$14 | $\phi$14 | 1.669 |
| | | | | | | **$\phi$16** | **$\phi$10** | **1.610** |
| | | | | | | **$\phi$16** | **$\phi$12** | **1.769** |
| | | | | | | **$\phi$16** | **$\phi$14** | **1.957** |
| | | | | | | **$\phi$16** | **$\phi$16** | **2.173** |
| 179 | 650×700 | 300 250 (300，250) | 14$\phi$18 | 3563 | 0.783 | $\phi$6.5 | $\phi$6.5 | 0.423 |
| | | | 14$\phi$20 | 4398 | 0.967 | $\phi$8 | $\phi$6 | 0.500 |
| | | | 14$\phi$22 | 5321 | 1.169 | $\phi$8 | $\phi$6.5 | 0.530 |
| | | | 14$\phi$25 | 6873 | 1.511 | $\phi$8 | $\phi$8 | 0.638 |
| | | | 14$\phi$28 | 8620 | 1.895 | $\phi$10 | $\phi$8 | 0.813 |
| | | | 14$\phi$30 | 9896 | 2.175 | $\phi$10 | $\phi$10 | 0.991 |
| | | | **14$\phi$32** | **11259** | **2.475** | $\phi$12 | $\phi$10 | 1.201 |
| | | | **14$\phi$36** | **14250** | **3.132** | $\phi$12 | $\phi$12 | 1.418 |
| | | | **14$\phi$40** | **17593** | **3.867** | $\phi$14 | $\phi$10 | 1.448 |
| | | | | | | $\phi$14 | $\phi$12 | 1.664 |
| | | | | | | $\phi$14 | $\phi$14 | 1.918 |
| | | | | | | **$\phi$16** | **$\phi$10** | **1.737** |
| | | | | | | **$\phi$16** | **$\phi$12** | **1.951** |
| | | | | | | **$\phi$16** | **$\phi$14** | **2.205** |
| | | | | | | **$\phi$16** | **$\phi$16** | **2.498** |
| 180 | 650×700 | 300 250 300 250 (300，250) | 16$\phi$16 | 3218 | 0.707 | 同上 | | |
| | | | 16$\phi$18 | 4072 | 0.895 | | | |
| | | | 16$\phi$20 | 5026 | 1.105 | | | |
| | | | 16$\phi$22 | 6082 | 1.337 | | | |
| | | | 16$\phi$25 | 7854 | 1.726 | | | |
| | | | 16$\phi$28 | 9852 | 2.165 | | | |
| | | | 16$\phi$30 | 11310 | 2.486 | | | |
| | | | **16$\phi$32** | **12868** | **2.828** | | | |
| | | | **16$\phi$36** | **16286** | **3.579** | | | |
| | | | **16$\phi$40** | **20106** | **4.419** | | | |

续表

| 序号 | $b \times h$ (mm) | 截面形式（最大箍筋肢距/mm） | 主筋 | | | 箍筋@100 | | |
|---|---|---|---|---|---|---|---|---|
| | | | ① | $A_S$ ($mm^2$) | $\rho = A_S/(bh)$ (%) | ② | ③④ | $\rho_v$ (%) |
| 181 | 650×700 | 250 150 250 (250) | 20φ14 | 3078 | 0.676 | 同上 | | |
| | | | 20φ16 | 4022 | 0.884 | | | |
| | | | 20φ18 | 5089 | 1.119 | | | |
| | | | 20φ20 | 6283 | 1.381 | | | |
| | | | 20φ22 | 7602 | 1.671 | | | |
| | | | 20φ25 | 9818 | 2.158 | | | |
| | | | 20φ28 | 12315 | 2.667 | | | |
| | | | **20φ30** | **14137** | **3.107** | | | |
| | | | **20φ32** | **16085** | **3.535** | | | |
| | | | **20φ36** | **20358** | **4.474** | | | |
| 182 | 650×700 | (200) | 14φ18 | 3563 | 0.783 | φ6 | φ6 | 0.405 |
| | | | 14φ20 | 4398 | 0.967 | φ6.5 | φ6.5 | 0.474 |
| | | | 14φ22 | 5321 | 1.169 | φ8 | φ6 | 0.543 |
| | | | 14φ25 | 6873 | 1.511 | φ8 | φ6.5 | 0.581 |
| | | | 14φ28 | 8620 | 1.895 | φ8 | φ8 | 0.715 |
| | | | 14φ30 | 9896 | 2.175 | φ10 | φ8 | 0.889 |
| | | | **14φ32** | **11259** | **2.475** | φ10 | φ10 | 1.110 |
| | | | **14φ36** | **14250** | **3.132** | φ12 | φ10 | 1.319 |
| | | | **14φ40** | **17593** | **3.867** | φ12 | φ12 | 1.588 |
| | | | | | | φ14 | φ10 | 1.566 |
| | | | | | | φ14 | φ12 | 1.833 |
| | | | | | | φ14 | φ14 | 2.148 |
| | | | | | | **φ16** | **φ10** | **1.854** |
| | | | | | | **φ16** | **φ12** | **2.120** |
| | | | | | | **φ16** | **φ14** | **2.435** |
| | | | | | | **φ16** | **φ16** | **2.798** |
| 183 | 650×750 | (300) | 18φ16 | 3618 | 0.742 | φ8 | φ6 | 0.435 |
| | | | 18φ18 | 4580 | 0.939 | φ8 | φ6.5 | 0.457 |
| | | | 18φ20 | 5654 | 1.160 | φ8 | φ8 | 0.534 |
| | | | 18φ22 | 6842 | 1.403 | φ10 | φ8 | 0.703 |
| | | | 18φ25 | 8836 | 1.813 | φ10 | φ10 | 0.829 |
| | | | 18φ28 | 11084 | 2.274 | φ12 | φ10 | 1.033 |
| | | | 18φ30 | 12723 | 2.610 | φ12 | φ12 | 1.186 |
| | | | **18φ32** | **14476** | **2.969** | φ14 | φ10 | 1.273 |
| | | | **18φ36** | **18322** | **3.758** | φ14 | φ12 | 1.425 |
| | | | **18φ40** | **22619** | **4.640** | φ14 | φ14 | 1.605 |
| | | | | | | **φ16** | **φ10** | **1.552** |
| | | | | | | **φ16** | **φ12** | **1.704** |
| | | | | | | **φ16** | **φ14** | **1.883** |
| | | | | | | **φ16** | **φ16** | **2.090** |

续表

| 序号 | $b \times h$ (mm) | 截面形式（最大箍筋肢距/mm） | 主筋 | | | 箍筋@100 | | |
|---|---|---|---|---|---|---|---|---|
| | | | ① | $A_S$ ($mm^2$) | $\rho = A_S/(bh)$ (%) | ② | ③④ | $\rho_v$ (%) |
| 184 | 650×750 | 300<br>(300) | 14$\phi$18 | 3563 | 0.731 | $\phi$6.5 | $\phi$6.5 | 0.409 |
| | | | 14$\phi$20 | 4398 | 0.902 | $\phi$8 | $\phi$6 | 0.482 |
| | | | 14$\phi$22 | 5321 | 1.091 | $\phi$8 | $\phi$6.5 | 0.512 |
| | | | 14$\phi$25 | 6873 | 1.410 | $\phi$8 | $\phi$8 | 0.617 |
| | | | 14$\phi$28 | 8620 | 1.768 | $\phi$10 | $\phi$8 | 0.785 |
| | | | 14$\phi$30 | 9896 | 2.030 | $\phi$10 | $\phi$10 | 0.957 |
| | | | **14$\phi$32** | **11259** | **2.310** | $\phi$12 | $\phi$10 | 1.161 |
| | | | **14$\phi$36** | **14250** | **2.923** | $\phi$12 | $\phi$12 | 1.370 |
| | | | **14$\phi$40** | **17593** | **3.609** | $\phi$14 | $\phi$10 | 1.400 |
| | | | | | | $\phi$14 | $\phi$12 | 1.608 |
| | | | | | | $\phi$14 | $\phi$14 | 1.854 |
| | | | | | | **$\phi$16** | **$\phi$10** | **1.679** |
| | | | | | | **$\phi$16** | **$\phi$12** | **1.886** |
| | | | | | | **$\phi$16** | **$\phi$14** | **2.131** |
| | | | | | | **$\phi$16** | **$\phi$16** | **2.414** |
| 185 | 650×750 | 300<br>300<br>(300) | 16$\phi$16 | 3218 | 0.600 | 同 上 | | |
| | | | 16$\phi$18 | 4072 | 0.835 | | | |
| | | | 16$\phi$20 | 5026 | 1.031 | | | |
| | | | 16$\phi$22 | 6082 | 1.248 | | | |
| | | | 16$\phi$25 | 7854 | 1.611 | | | |
| | | | 16$\phi$28 | 9852 | 2.021 | | | |
| | | | 16$\phi$30 | 11310 | 2.320 | | | |
| | | | **16$\phi$32** | **12868** | **2.640** | | | |
| | | | **16$\phi$36** | **16286** | **3.341** | | | |
| | | | **16$\phi$40** | **20106** | **4.124** | | | |
| 186 | 650×750 | 280 140 280<br>250 200 250<br>(300，250) | 18$\phi$16 | 3618 | 0.742 | 同 上 | | |
| | | | 18$\phi$18 | 4580 | 0.939 | | | |
| | | | 18$\phi$20 | 5654 | 1.160 | | | |
| | | | 18$\phi$22 | 6842 | 1.403 | | | |
| | | | 18$\phi$25 | 8836 | 1.813 | | | |
| | | | 18$\phi$28 | 11084 | 2.274 | | | |
| | | | 18$\phi$30 | 12723 | 2.610 | | | |
| | | | **18$\phi$32** | **14476** | **2.969** | | | |
| | | | **18$\phi$36** | **18322** | **3.758** | | | |
| | | | **18$\phi$40** | **22619** | **4.640** | | | |

续表

| 序号 | $b \times h$ (mm) | 截面形式（最大箍筋肢距/mm） | 主筋 | | | 箍筋@100 | | |
|---|---|---|---|---|---|---|---|---|
| | | | ① | $A_S$ ($mm^2$) | $\rho = A_S/(bh)$ (%) | ② | ③④ | $\rho_v$ (%) |
| 187 | 650×750 | (280) | 20φ16 | 4022 | 0.825 | 同上 | | |
| | | | 20φ18 | 5090 | 1.044 | | | |
| | | | 20φ20 | 6283 | 1.289 | | | |
| | |  | 20φ22 | 7602 | 1.559 | | | |
| | | | 20φ25 | 9818 | 2.014 | | | |
| | | | 20φ28 | 12315 | 2.526 | | | |
| | | | 20φ30 | 14137 | 2.900 | | | |
| | | | **20φ32** | **16085** | **3.299** | | | |
| | | | **20φ36** | **20358** | **4.176** | | | |
| 188 | 650×750 | (250) | 24φ16 | 4825 | 0.990 | 同上 | | |
| | | | 24φ18 | 6107 | 1.253 | | | |
| | | | 24φ20 | 7540 | 1.547 | | | |
| | | 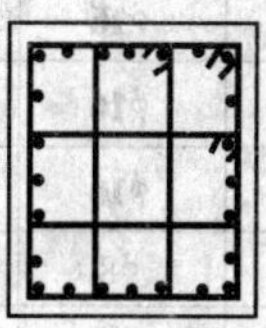 | 24φ22 | 9123 | 1.871 | | | |
| | | | 24φ25 | 11781 | 2.417 | | | |
| | | | **24φ28** | **14778** | **3.031** | | | |
| | | | **24φ30** | **16965** | **3.480** | | | |
| | | | **24φ32** | **19302** | **3.959** | | | |
| 189 | 650×750 | (200) | 14φ18 | 3563 | 0.731 | φ6.5 | φ6.5 | 0.456 |
| | | | 14φ20 | 4398 | 0.902 | φ8 | φ6 | 0.522 |
| | | | 14φ22 | 5321 | 1.091 | φ8 | φ6.5 | 0.559 |
| | | | 14φ25 | 6873 | 1.410 | φ8 | φ8 | 0.688 |
| | | | 14φ28 | 8620 | 1.768 | φ10 | φ8 | 0.856 |
| | | | 14φ30 | 9896 | 2.030 | φ10 | φ10 | 1.067 |
| | |  | **14φ32** | **11259** | **2.310** | φ12 | φ10 | 1.271 |
| | | | **14φ36** | **14250** | **2.923** | φ12 | φ12 | 1.528 |
| | | | **14φ40** | **17593** | **3.609** | φ14 | φ10 | 1.509 |
| | | | | | | φ14 | φ12 | 1.765 |
| | | | | | | φ14 | φ14 | 2.068 |
| | | | | | | **φ16** | **φ10** | **1.788** |
| | | | | | | **φ16** | **φ12** | **2.043** |
| | | | | | | **φ16** | **φ14** | **2.345** |
| | | | | | | **φ16** | **φ16** | **2.693** |

续表

| 序号 | $b \times h$（mm） | 截面形式（最大箍筋肢距/mm） | 主筋 | | | 箍筋@100 | | |
|---|---|---|---|---|---|---|---|---|
| | | | ① | $A_S$（$mm^2$） | $\rho = A_S/(bh)$（%） | ② | ③④ | $\rho_v$（%） |
| 190 | 650×800 |  （300） | 18φ18 | 4580 | 0.881 | φ8 | φ6 | 0.420 |
| | | | 18φ20 | 5654 | 1.088 | φ8 | φ6.5 | 0.441 |
| | | | 18φ22 | 6842 | 1.316 | φ8 | φ8 | 0.515 |
| | | | 18φ25 | 8836 | 1.699 | φ10 | φ8 | 0.679 |
| | | | 18φ28 | 11084 | 2.132 | φ10 | φ10 | 0.800 |
| | | | 18φ30 | 12723 | 2.447 | φ12 | φ10 | 0.998 |
| | | | **18φ32** | **14476** | **2.784** | φ12 | φ12 | 1.145 |
| | | | **18φ36** | **18322** | **3.523** | φ14 | φ10 | 1.231 |
| | | | **18φ40** | **22619** | **4.350** | φ14 | φ12 | 1.379 |
| | | | | | | φ14 | φ14 | 1.549 |
| | | | | | | **φ16** | **φ10** | **1.501** |
| | | | | | | **φ16** | **φ12** | **1.647** |
| | | | | | | **φ16** | **φ14** | **1.819** |
| | | | | | | **φ16** | **φ16** | **2.017** |
| 191 | 650×800 |  （300） | 18φ18 | 4580 | 0.881 | φ8 | φ6 | 0.467 |
| | | | 18φ20 | 5654 | 1.088 | φ8 | φ6.5 | 0.496 |
| | | | 18φ22 | 6842 | 1.316 | φ8 | φ8 | 0.598 |
| | | | 18φ25 | 8836 | 1.699 | φ10 | φ8 | 0.761 |
| | | | 18φ28 | 11084 | 2.132 | φ10 | φ10 | 0.928 |
| | | | 18φ30 | 12723 | 2.447 | φ12 | φ10 | 1.126 |
| | | | **18φ32** | **14476** | **2.784** | φ12 | φ12 | 1.329 |
| | | | **18φ36** | **18322** | **3.523** | φ14 | φ10 | 1.358 |
| | | | **18φ40** | **22619** | **4.350** | φ14 | φ12 | 1.560 |
| | | | | | | φ14 | φ14 | 1.798 |
| | | | | | | **φ16** | **φ10** | **1.628** |
| | | | | | | **φ16** | **φ12** | **1.829** |
| | | | | | | **φ16** | **φ14** | **2.067** |
| | | | | | | **φ16** | **φ16** | **2.342** |
| 192 | 650×800 |  （250） | 22φ16 | 4424 | 0.851 | 同上 | | |
| | | | 22φ18 | 5599 | 1.077 | | | |
| | | | 22φ20 | 6912 | 1.329 | | | |
| | | | 22φ22 | 8362 | 1.608 | | | |
| | | | 22φ25 | 10800 | 2.077 | | | |
| | | | 22φ28 | 13548 | 2.605 | | | |
| | | | 22φ30 | 15552 | 2.991 | | | |
| | | | **22φ32** | **17693** | **3.403** | | | |
| | | | **22φ36** | **22393** | **4.306** | | | |

续表

| 序号 | $b \times h$ (mm) | 截面形式 (最大箍筋肢距/mm) | 主筋 | | | 箍筋@100 | | |
|---|---|---|---|---|---|---|---|---|
| | | | ① | $A_S$ ($mm^2$) | $\rho = A_S/(bh)$ (%) | ② | ③④ | $\rho_v$ (%) |
| 193 | 650×800 | (200) | 14$\phi$20 | 4398 | 0.846 | $\phi$6.5 | $\phi$6.5 | 0.440 |
| | | | 14$\phi$22 | 5321 | 1.023 | $\phi$8 | $\phi$6 | 0.504 |
| | | | 14$\phi$25 | 6873 | 1.322 | $\phi$8 | $\phi$6.5 | 0.540 |
| | | | 14$\phi$28 | 8620 | 1.658 | $\phi$8 | $\phi$8 | 0.664 |
| | | | 14$\phi$30 | 9896 | 1.903 | $\phi$10 | $\phi$8 | 0.827 |
| | | | **14$\phi$32** | **11259** | **2.165** | $\phi$10 | $\phi$10 | 1.031 |
| | | | **14$\phi$36** | **14250** | **2.740** | $\phi$12 | $\phi$10 | 1.229 |
| | | | **14$\phi$40** | **17593** | **3.383** | $\phi$12 | $\phi$12 | 1.477 |
| | | | | | | $\phi$14 | $\phi$10 | 1.460 |
| | | | | | | $\phi$14 | $\phi$12 | 1.707 |
| | | | | | | $\phi$14 | $\phi$14 | 1.998 |
| | | | | | | **$\phi$16** | **$\phi$10** | **1.730** |
| | | | | | | **$\phi$16** | **$\phi$12** | **1.976** |
| | | | | | | **$\phi$16** | **$\phi$14** | **2.267** |
| | | | | | | **$\phi$16** | **$\phi$16** | **2.603** |
| 194 | 650×850 | (300) | 20$\phi$18 | 5090 | 0.921 | $\phi$8 | $\phi$6 | 0.407 |
| | | | 20$\phi$20 | 6283 | 1.137 | $\phi$8 | $\phi$6.5 | 0.428 |
| | | | 20$\phi$22 | 7602 | 1.376 | $\phi$8 | $\phi$8 | 0.498 |
| | | | 20$\phi$25 | 9818 | 1.777 | $\phi$10 | $\phi$8 | 0.658 |
| | | | 20$\phi$28 | 12315 | 2.229 | $\phi$10 | $\phi$10 | 0.774 |
| | | | 20$\phi$30 | 14137 | 2.559 | $\phi$12 | $\phi$10 | 0.967 |
| | | | **20$\phi$32** | **16085** | **2.911** | $\phi$12 | $\phi$12 | 1.108 |
| | | | **20$\phi$36** | **20358** | **3.685** | $\phi$14 | $\phi$10 | 1.194 |
| | | | **20$\phi$40** | **25133** | **4.549** | $\phi$14 | $\phi$12 | 1.334 |
| | | | | | | $\phi$14 | $\phi$14 | 1.500 |
| | | | | | | **$\phi$16** | **$\phi$10** | **1.457** |
| | | | | | | **$\phi$16** | **$\phi$12** | **1.597** |
| | | | | | | **$\phi$16** | **$\phi$14** | **1.763** |
| | | | | | | **$\phi$16** | **$\phi$16** | **1.954** |
| 195 | 650×850 | (300) | 20$\phi$18 | 5090 | 0.921 | $\phi$8 | $\phi$6 | 0.454 |
| | | | 20$\phi$20 | 6283 | 1.137 | $\phi$8 | $\phi$6.5 | 0.482 |
| | | | 20$\phi$22 | 7602 | 1.376 | $\phi$8 | $\phi$8 | 0.581 |
| | | | 20$\phi$25 | 9818 | 1.777 | $\phi$10 | $\phi$8 | 0.740 |
| | | | 20$\phi$28 | 12315 | 2.229 | $\phi$10 | $\phi$10 | 0.903 |
| | | | 20$\phi$30 | 14137 | 2.559 | $\phi$12 | $\phi$10 | 1.095 |
| | | | **20$\phi$32** | **16085** | **2.911** | $\phi$12 | $\phi$12 | 1.293 |
| | | | **20$\phi$36** | **20358** | **3.685** | $\phi$14 | $\phi$10 | 1.321 |
| | | | **20$\phi$40** | **25133** | **4.549** | $\phi$14 | $\phi$12 | 1.517 |
| | | | | | | $\phi$14 | $\phi$14 | 1.749 |
| | | | | | | **$\phi$16** | **$\phi$10** | **1.584** |
| | | | | | | **$\phi$16** | **$\phi$12** | **1.780** |
| | | | | | | **$\phi$16** | **$\phi$14** | **2.011** |
| | | | | | | **$\phi$16** | **$\phi$16** | **2.278** |

续表

| 序号 | $b\times h$ (mm) | 截面形式 (最大箍筋肢距/mm) | 主筋 ① | 主筋 $A_S$ ($mm^2$) | 主筋 $\rho=A_S/(bh)$ (%) | 箍筋@100 ② | 箍筋@100 ③④ | 箍筋@100 $\rho_v$ (%) |
|---|---|---|---|---|---|---|---|---|
| 196 | 650×850 | (280) | 22ϕ16 | 4424 | 0.801 | 同上 | | |
| | | | 22ϕ18 | 5599 | 1.013 | | | |
| | | | 22ϕ20 | 6912 | 1.251 | | | |
| | | | 22ϕ22 | 8362 | 1.513 | | | |
| | | | 22ϕ25 | 10800 | 1.955 | | | |
| | | | 22ϕ28 | 13548 | 2.452 | | | |
| | | | 22ϕ30 | 15552 | 2.815 | | | |
| | | | **22ϕ32** | **17693** | **3.202** | | | |
| | | | **22ϕ36** | **22393** | **4.053** | | | |
| 197 | 650×850 | (200) | 14ϕ20 | 4398 | 0.796 | ϕ6.5 | ϕ6.5 | 0.427 |
| | | | 14ϕ22 | 5321 | 0.963 | ϕ8 | ϕ6 | 0.489 |
| | | | 14ϕ25 | 6873 | 1.244 | ϕ8 | ϕ6.5 | 0.523 |
| | | | 14ϕ28 | 8620 | 1.560 | ϕ8 | ϕ8 | 0.643 |
| | | | 14ϕ30 | 9896 | 1.791 | ϕ10 | ϕ8 | 0.802 |
| | | | **14ϕ32** | **11259** | **2.038** | ϕ10 | ϕ10 | 1.000 |
| | | | **14ϕ36** | **14250** | **2.579** | ϕ12 | ϕ10 | 1.191 |
| | | | **14ϕ40** | **17593** | **3.184** | ϕ12 | ϕ12 | 1.432 |
| | | | | | | ϕ14 | ϕ10 | 1.417 |
| | | | | | | ϕ14 | ϕ12 | 1.655 |
| | | | | | | ϕ14 | ϕ14 | 1.937 |
| | | | | | | **ϕ16** | **ϕ10** | **1.680** |
| | | | | | | **ϕ16** | **ϕ12** | **1.918** |
| | | | | | | **ϕ16** | **ϕ14** | **2.199** |
| | | | | | | **ϕ16** | **ϕ16** | **2.523** |
| 198 | 650×900 | (300) | 20ϕ18 | 5090 | 0.870 | ϕ8 | ϕ6.5 | 0.415 |
| | | | 20ϕ20 | 6283 | 1.074 | ϕ8 | ϕ8 | 0.483 |
| | | | 20ϕ22 | 7602 | 1.299 | ϕ10 | ϕ8 | 0.639 |
| | | | 20ϕ25 | 9818 | 1.678 | ϕ10 | ϕ10 | 0.752 |
| | | | 20ϕ28 | 12315 | 2.075 | ϕ12 | ϕ10 | 0.940 |
| | | | 20ϕ30 | 14137 | 2.417 | ϕ12 | ϕ12 | 1.076 |
| | | | **20ϕ32** | **16085** | **2.750** | ϕ14 | ϕ10 | 1.161 |
| | | | **20ϕ36** | **20358** | **3.480** | ϕ14 | ϕ12 | 1.296 |
| | | | **20ϕ40** | **25133** | **4.296** | ϕ14 | ϕ14 | 1.457 |
| | | | | | | **ϕ16** | **ϕ10** | **1.418** |
| | | | | | | **ϕ16** | **ϕ12** | **1.553** |
| | | | | | | **ϕ16** | **ϕ14** | **1.713** |
| | | | | | | **ϕ16** | **ϕ16** | **1.897** |

续表

| 序号 | $b\times h$ (mm) | 截面形式（最大箍筋肢距/mm） | 主筋 | | | 箍筋@100 | | |
|---|---|---|---|---|---|---|---|---|
| | | | ① | $A_S$ ($mm^2$) | $\rho=A_S/(bh)$ (%) | ② | ③④ | $\rho_v$ (%) |
| 199 | 650×900 | （300） | 18ϕ20 | 5654 | 0.967 | ϕ8 | ϕ6 | 0.443 |
| | | | 18ϕ22 | 6842 | 1.170 | ϕ8 | ϕ6.5 | 0.470 |
| | | | 18ϕ25 | 8836 | 1.510 | ϕ8 | ϕ8 | 0.566 |
| | | | 18ϕ28 | 11084 | 1.895 | ϕ10 | ϕ8 | 0.722 |
| | | | 18ϕ30 | 12723 | 2.175 | ϕ10 | ϕ10 | 0.880 |
| | | | **18ϕ32** | **14476** | **2.475** | ϕ12 | ϕ10 | 1.068 |
| | | | **18ϕ36** | **18322** | **3.132** | ϕ12 | ϕ12 | 1.260 |
| | | | **18ϕ40** | **22619** | **3.866** | ϕ14 | ϕ10 | 1.288 |
| | | | | | | ϕ14 | ϕ12 | 1.480 |
| | | | | | | ϕ14 | ϕ14 | 1.706 |
| | | | | | | **ϕ16** | **ϕ10** | **1.545** |
| | | | | | | **ϕ16** | **ϕ12** | **1.736** |
| | | | | | | **ϕ16** | **ϕ14** | **1.961** |
| | | | | | | **ϕ16** | **ϕ16** | **2.222** |
| 200 | 650×900 | （300） | 20ϕ18 | 5090 | 0.870 | 同上 | | |
| | | | 20ϕ20 | 6283 | 1.074 | | | |
| | | | 20ϕ22 | 7602 | 1.299 | | | |
| | | | 20ϕ25 | 9818 | 1.678 | | | |
| | | | 20ϕ28 | 12315 | 2.075 | | | |
| | | | 20ϕ30 | 14137 | 2.417 | | | |
| | | | **20ϕ32** | **16085** | **2.750** | | | |
| | | | **20ϕ36** | **20358** | **3.480** | | | |
| | | | **20ϕ40** | **25133** | **4.296** | | | |
| 201 | 650×900 | （200） | 28ϕ16 | 5630 | 0.962 | ϕ6.5 | ϕ6.5 | 0.415 |
| | | | 28ϕ18 | 7125 | 1.218 | ϕ8 | ϕ6 | 0.476 |
| | | | 28ϕ20 | 8796 | 1.504 | ϕ8 | ϕ6.5 | 0.509 |
| | | | 28ϕ22 | 10644 | 1.819 | ϕ8 | ϕ8 | 0.625 |
| | | | 28ϕ25 | 13744 | 2.349 | ϕ10 | ϕ8 | 0.780 |
| | | | 28ϕ28 | 17241 | 2.947 | ϕ10 | ϕ10 | 0.971 |
| | | | **28ϕ30** | **19792** | **3.383** | ϕ12 | ϕ10 | 1.159 |
| | | | **28ϕ32** | **22519** | **3.849** | ϕ12 | ϕ12 | 1.391 |
| | | | **28ϕ36** | **28501** | **4.872** | ϕ14 | ϕ10 | 1.378 |
| | | | | | | ϕ14 | ϕ12 | 1.610 |
| | | | | | | ϕ14 | ϕ14 | 1.883 |
| | | | | | | **ϕ16** | **ϕ10** | **1.635** |
| | | | | | | **ϕ16** | **ϕ12** | **1.866** |
| | | | | | | **ϕ16** | **ϕ14** | **2.138** |
| | | | | | | **ϕ16** | **ϕ16** | **2.453** |

续表

| 序号 | $b \times h$ (mm) | 截面形式（最大箍筋肢距/mm） | 主筋 ① | 主筋 $A_S$ ($mm^2$) | 主筋 $\rho = A_S/(bh)$ (%) | 箍筋@100 ② | 箍筋@100 ③④ | 箍筋@100 $\rho_v$ (%) |
|---|---|---|---|---|---|---|---|---|
| 202 | 650×900 | (200) | 16$\phi$20 | 5026 | 0.859 | $\phi$6.5 | $\phi$6.5 | 0.454 |
| | | | 16$\phi$22 | 6082 | 1.040 | $\phi$8 | $\phi$6 | 0.509 |
| | | | 16$\phi$25 | 7854 | 1.343 | $\phi$8 | $\phi$6.5 | 0.548 |
| | | | 16$\phi$28 | 9852 | 1.684 | $\phi$8 | $\phi$8 | 0.683 |
| | | | 16$\phi$30 | 11310 | 1.933 | $\phi$10 | $\phi$8 | 0.839 |
| | | | **16$\phi$32** | **12868** | **2.200** | $\phi$10 | $\phi$10 | 1.063 |
| | | | **16$\phi$36** | **16286** | **2.784** | $\phi$12 | $\phi$10 | 1.250 |
| | | | **16$\phi$40** | **20106** | **3.437** | $\phi$12 | $\phi$12 | 1.522 |
| | | | | | | $\phi$14 | $\phi$10 | 1.469 |
| | | | | | | $\phi$14 | $\phi$12 | 1.741 |
| | | | | | | $\phi$14 | $\phi$14 | 2.061 |
| | | | | | | **$\phi$16** | **$\phi$10** | **1.725** |
| | | | | | | **$\phi$16** | **$\phi$12** | **1.996** |
| | | | | | | **$\phi$16** | **$\phi$14** | **2.315** |
| | | | | | | **$\phi$16** | **$\phi$16** | **2.684** |
| 203 | 700×700 | (300，250) | 16$\phi$16 | 3218 | 0.657 | $\phi$6.5 | $\phi$6.5 | 0.406 |
| | | | 16$\phi$18 | 4072 | 0.831 | $\phi$8 | $\phi$6 | 0.479 |
| | | | 16$\phi$20 | 5026 | 1.026 | $\phi$8 | $\phi$6.5 | 0.509 |
| | | | 16$\phi$22 | 6082 | 1.241 | $\phi$8 | $\phi$8 | 0.613 |
| | | | 16$\phi$25 | 7854 | 1.602 | $\phi$10 | $\phi$8 | 0.781 |
| | | | 16$\phi$28 | 9852 | 2.011 | $\phi$10 | $\phi$10 | 0.952 |
| | | | 16$\phi$30 | 11310 | 2.308 | $\phi$12 | $\phi$10 | 1.154 |
| | | | **16$\phi$32** | **12868** | **2.626** | $\phi$12 | $\phi$12 | 1.363 |
| | | | **16$\phi$36** | **16286** | **3.324** | $\phi$14 | $\phi$10 | 1.392 |
| | | | **16$\phi$40** | **20106** | **4.103** | $\phi$14 | $\phi$12 | 1.590 |
| | | | | | | $\phi$14 | $\phi$14 | 1.844 |
| | | | | | | **$\phi$16** | **$\phi$10** | **1.669** |
| | | | | | | **$\phi$16** | **$\phi$12** | **1.876** |
| | | | | | | **$\phi$16** | **$\phi$14** | **2.119** |
| | | | | | | **$\phi$16** | **$\phi$16** | **2.401** |
| 204 | 700×700 | (250) | 20$\phi$16 | 4022 | 0.821 | 同上 | | |
| | | | 20$\phi$18 | 5090 | 1.039 | | | |
| | | | 20$\phi$20 | 6283 | 1.282 | | | |
| | | | 20$\phi$22 | 7602 | 1.551 | | | |
| | | | 20$\phi$25 | 9818 | 2.004 | | | |
| | | | 20$\phi$28 | 12315 | 2.513 | | | |
| | | | 20$\phi$30 | 14137 | 2.885 | | | |
| | | | **20$\phi$32** | **16085** | **3.283** | | | |
| | | | **20$\phi$36** | **20358** | **4.155** | | | |

续表

| 序号 | $b \times h$ (mm) | 截面形式 (最大箍筋肢距/mm) | 主筋 | | | 箍筋@100 | | |
|---|---|---|---|---|---|---|---|---|
| | | | ① | $A_S$ ($mm^2$) | $\rho = A_S/(bh)$ (%) | ② | ③④ | $\rho_v$ (%) |
| 205 | 700×700 | (220) | 24$\phi$14 | 3695 | 0.754 | 同上 | | |
| | | | 24$\phi$16 | 4825 | 0.985 | | | |
| | | | 24$\phi$18 | 6107 | 1.247 | | | |
| | | | 24$\phi$20 | 7540 | 1.539 | | | |
| | | | 24$\phi$22 | 9123 | 1.862 | | | |
| | | | 24$\phi$25 | 11781 | 2.404 | | | |
| | | | **24$\phi$28** | **14778** | **3.016** | | | |
| | | | **24$\phi$30** | **16965** | **3.462** | | | |
| | | | **24$\phi$32** | **19302** | **3.939** | | | |
| | | | **24$\phi$36** | **24429** | **4.986** | | | |
| 206 | 700×700 | (170) | 16$\phi$16 | 3218 | 0.657 | $\phi$6 | $\phi$6 | 0.434 |
| | | | 16$\phi$18 | 4072 | 0.831 | $\phi$6.5 | $\phi$6.5 | 0.508 |
| | | | 16$\phi$20 | 5026 | 1.026 | $\phi$8 | $\phi$6 | 0.565 |
| | | | 16$\phi$22 | 6082 | 1.241 | $\phi$8 | $\phi$6.5 | 0.610 |
| | | | 16$\phi$25 | 7854 | 1.602 | $\phi$8 | $\phi$8 | 0.766 |
| | | | 16$\phi$28 | 9852 | 2.011 | $\phi$10 | $\phi$8 | 0.933 |
| | | | 16$\phi$30 | 11310 | 2.308 | $\phi$10 | $\phi$10 | 1.190 |
| | | | **16$\phi$32** | **12868** | **2.626** | $\phi$12 | $\phi$10 | 1.391 |
| | | | **16$\phi$36** | **16286** | **3.324** | $\phi$12 | $\phi$12 | 1.703 |
| | | | **16$\phi$40** | **20106** | **4.103** | $\phi$14 | $\phi$10 | 1.627 |
| | | | | | | $\phi$14 | $\phi$12 | 1.938 |
| | | | | | | $\phi$14 | $\phi$14 | 2.304 |
| | | | | | | **$\phi$16** | **$\phi$10** | **1.904** |
| | | | | | | **$\phi$16** | **$\phi$12** | **2.213** |
| | | | | | | **$\phi$16** | **$\phi$14** | **2.579** |
| | | | | | | **$\phi$16** | **$\phi$16** | **3.001** |
| 207 | 700×750 | 300 300 (300) | 16$\phi$18 | 4072 | 0.776 | $\phi$8 | $\phi$6 | 0.462 |
| | | | 16$\phi$20 | 5026 | 0.958 | $\phi$8 | $\phi$6.5 | 0.491 |
| | | | 16$\phi$22 | 6082 | 1.158 | $\phi$8 | $\phi$8 | 0.591 |
| | | | 16$\phi$25 | 7854 | 1.496 | $\phi$10 | $\phi$8 | 0.753 |
| | | | 16$\phi$28 | 9852 | 1.877 | $\phi$10 | $\phi$10 | 0.918 |
| | | | 16$\phi$30 | 11310 | 2.154 | $\phi$12 | $\phi$10 | 1.114 |
| | | | **16$\phi$32** | **12868** | **2.451** | $\phi$12 | $\phi$12 | 1.315 |
| | | | **16$\phi$36** | **16286** | **3.102** | $\phi$14 | $\phi$10 | 1.344 |
| | | | **16$\phi$40** | **20106** | **3.830** | $\phi$14 | $\phi$12 | 1.543 |
| | | | | | | $\phi$14 | $\phi$14 | 1.779 |
| | | | | | | **$\phi$16** | **$\phi$10** | **1.611** |
| | | | | | | **$\phi$16** | **$\phi$12** | **1.810** |
| | | | | | | **$\phi$16** | **$\phi$14** | **2.046** |
| | | | | | | **$\phi$16** | **$\phi$16** | **2.317** |

续表

| 序号 | $b \times h$ (mm) | 截面形式 (最大箍筋肢距/mm) | 主筋 | | | 箍筋@100 | | |
|---|---|---|---|---|---|---|---|---|
| | | | ① | $A_S$ ($mm^2$) | $\rho = A_S/(bh)$ (%) | ② | ③④ | $\rho_v$ (%) |
| 208 | 700×750 | (280) | 20$\phi$16 | 4022 | 0.766 | 同上 | | |
| | | | 20$\phi$18 | 5090 | 0.970 | | | |
| | | | 20$\phi$20 | 6283 | 1.197 | | | |
| | | | 20$\phi$22 | 7602 | 1.448 | | | |
| | | | 20$\phi$25 | 9818 | 1.870 | | | |
| | | | 20$\phi$28 | 12315 | 2.346 | | | |
| | | | 20$\phi$30 | 14137 | 2.693 | | | |
| | | | **20$\phi$32** | **16085** | **3.064** | | | |
| | | | **20$\phi$36** | **20357** | **3.878** | | | |
| | | | **20$\phi$40** | **25133** | **4.787** | | | |
| 209 | 700×750 | (250) | 24$\phi$14 | 3694 | 0.704 | 同上 | | |
| | | | 24$\phi$16 | 4826 | 0.919 | | | |
| | | | 24$\phi$18 | 6108 | 1.163 | | | |
| | | | 24$\phi$20 | 7541 | 1.436 | | | |
| | | | 24$\phi$22 | 9122 | 1.738 | | | |
| | | | 24$\phi$25 | 11782 | 2.244 | | | |
| | | | 24$\phi$28 | 14778 | 2.815 | | | |
| | | | **24$\phi$30** | **16965** | **3.231** | | | |
| | | | **24$\phi$32** | **19302** | **3.677** | | | |
| | | | **24$\phi$36** | **24429** | **4.653** | | | |
| 210 | 700×750 | (180) | 16$\phi$18 | 4072 | 0.776 | $\phi$6 | $\phi$6 | 0.418 |
| | | | 16$\phi$20 | 5026 | 0.958 | $\phi$6.5 | $\phi$6.5 | 0.490 |
| | | | 16$\phi$22 | 6082 | 1.158 | $\phi$8 | $\phi$6 | 0.545 |
| | | | 16$\phi$25 | 7854 | 1.496 | $\phi$8 | $\phi$6.5 | 0.588 |
| | | | 16$\phi$28 | 9852 | 1.877 | $\phi$8 | $\phi$8 | 0.739 |
| | | | 16$\phi$30 | 11310 | 2.154 | $\phi$10 | $\phi$8 | 0.900 |
| | | | **16$\phi$32** | **12868** | **2.451** | $\phi$10 | $\phi$10 | 1.148 |
| | | | **16$\phi$36** | **16286** | **3.102** | $\phi$12 | $\phi$10 | 1.342 |
| | | | **16$\phi$40** | **20106** | **3.830** | $\phi$12 | $\phi$12 | 1.644 |
| | | | | | | $\phi$14 | $\phi$10 | 1.571 |
| | | | | | | $\phi$14 | $\phi$12 | 1.870 |
| | | | | | | $\phi$14 | $\phi$14 | 2.224 |
| | | | | | | **$\phi$16** | **$\phi$10** | **1.838** |
| | | | | | | **$\phi$16** | **$\phi$12** | **2.136** |
| | | | | | | **$\phi$16** | **$\phi$14** | **2.489** |
| | | | | | | **$\phi$16** | **$\phi$16** | **2.897** |

续表

| 序号 | $b \times h$（mm） | 截面形式（最大箍筋肢距/mm） | 主筋 | | | 箍筋@100 | | |
|---|---|---|---|---|---|---|---|---|
| | | | ① | $A_S$（mm²） | $\rho = A_S/(bh)$（%） | ② | ③④ | $\rho_v$（%） |
| 211 | 700×800 | 300 (300) | 18$\phi$18 | 4581 | 0.818 | $\phi$8 | $\phi$6 | 0.447 |
| | | | 18$\phi$20 | 5654 | 1.010 | $\phi$8 | $\phi$6.5 | 0.475 |
| | | | 18$\phi$22 | 6842 | 1.222 | $\phi$8 | $\phi$8 | 0.573 |
| | | | 18$\phi$25 | 8836 | 1.578 | $\phi$10 | $\phi$8 | 0.729 |
| | | | 18$\phi$28 | 11084 | 1.979 | $\phi$10 | $\phi$10 | 0.889 |
| | | | 18$\phi$30 | 12723 | 2.272 | $\phi$12 | $\phi$10 | 1.079 |
| | | | **18$\phi$32** | **14476** | **2.585** | $\phi$12 | $\phi$12 | 1.273 |
| | | | **18$\phi$36** | **18322** | **3.272** | $\phi$14 | $\phi$10 | 1.301 |
| | | | **18$\phi$40** | **22619** | **4.039** | $\phi$14 | $\phi$12 | 1.495 |
| | | | | | | $\phi$14 | $\phi$14 | 1.724 |
| | | | | | | **$\phi$16** | **$\phi$10** | **1.561** |
| | | | | | | **$\phi$16** | **$\phi$12** | **1.754** |
| | | | | | | **$\phi$16** | **$\phi$14** | **1.982** |
| | | | | | | **$\phi$16** | **$\phi$16** | **2.245** |
| 212 | 700×800 | (300) | 20$\phi$16 | 4022 | 0.718 | 同上 | | |
| | | | 20$\phi$18 | 5090 | 0.909 | | | |
| | | | 20$\phi$20 | 6283 | 1.122 | | | |
| | | | 20$\phi$22 | 7602 | 1.358 | | | |
| | | | 20$\phi$25 | 9818 | 1.753 | | | |
| | | | 20$\phi$28 | 12315 | 2.199 | | | |
| | | | 20$\phi$30 | 14137 | 2.524 | | | |
| | | | **20$\phi$32** | **16085** | **2.872** | | | |
| | | | **20$\phi$36** | **20357** | **3.635** | | | |
| | | | **20$\phi$40** | **25133** | **4.488** | | | |
| 213 | 700×800 | 250 150 250 (250) | 22$\phi$16 | 4424 | 0.790 | 同上 | | |
| | | | 22$\phi$18 | 5599 | 1.000 | | | |
| | | | 22$\phi$20 | 6912 | 1.234 | | | |
| | | | 22$\phi$22 | 8362 | 1.493 | | | |
| | | | 22$\phi$25 | 10800 | 1.929 | | | |
| | | | 22$\phi$28 | 13548 | 2.419 | | | |
| | | | 22$\phi$30 | 15552 | 2.777 | | | |
| | | | **22$\phi$32** | **17693** | **3.159** | | | |
| | | | **22$\phi$36** | **22393** | **3.999** | | | |
| | | | **22$\phi$40** | **27646** | **4.937** | | | |

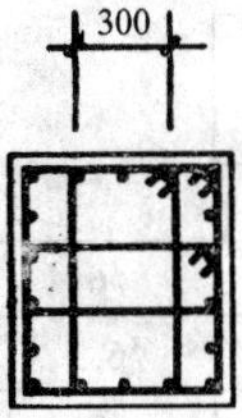

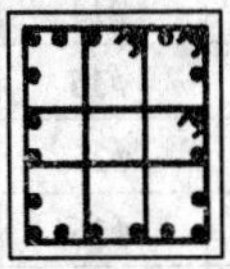

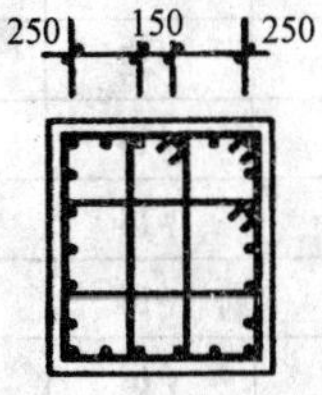

续表

| 序号 | $b \times h$ (mm) | 截面形式（最大箍筋肢距/mm） | 主筋 ① | $A_S$ ($mm^2$) | $\rho = A_S/(bh)$ (%) | 箍筋@100 ② | ③④ | $\rho_v$ (%) |
|---|---|---|---|---|---|---|---|---|
| 214 | 700×800 | (250) | 24φ16 | 4826 | 0.862 | 同上 | | |
| | | | 24φ18 | 6108 | 1.091 | | | |
| | | | 24φ20 | 7541 | 1.347 | | | |
| | | | 24φ22 | 9122 | 1.629 | | | |
| | | | 24φ25 | 11782 | 2.104 | | | |
| | | | 24φ28 | 14779 | 2.339 | | | |
| | | | **24φ30** | **16966** | **3.030** | | | |
| | | | **24φ32** | **19302** | **3.447** | | | |
| 215 | 700×800 | (190) | 16φ18 | 4072 | 0.727 | φ6 | φ6 | 0.405 |
| | | | 16φ20 | 5026 | 0.898 | φ6.5 | φ6.5 | 0.474 |
| | | | 16φ22 | 6082 | 1.086 | φ8 | φ6 | 0.528 |
| | | | 16φ25 | 7854 | 1.403 | φ8 | φ6.5 | 0.570 |
| | | | 16φ28 | 9852 | 1.759 | φ8 | φ8 | 0.716 |
| | | | 16φ30 | 11310 | 2.020 | φ10 | φ8 | 0.872 |
| | | | **16φ32** | **12868** | **2.298** | φ10 | φ10 | 1.112 |
| | | | **16φ36** | **16286** | **2.908** | φ12 | φ10 | 1.300 |
| | | | **16φ40** | **20106** | **3.590** | φ12 | φ12 | 1.592 |
| | | | | | | φ14 | φ10 | 1.521 |
| | | | | | | φ14 | φ12 | 1.812 |
| | | | | | | φ14 | φ14 | 2.154 |
| | | | | | | **φ16** | **φ10** | **1.780** |
| | | | | | | **φ16** | **φ12** | **2.069** |
| | | | | | | **φ16** | **φ14** | **2.411** |
| | | | | | | **φ16** | **φ16** | **2.806** |
| 216 | 700×850 | 300 300 300 (300) | 18φ18 | 4581 | 0.770 | φ8 | φ6 | 0.434 |
| | | | 18φ20 | 5654 | 0.950 | φ8 | φ6.5 | 0.461 |
| | | | 18φ22 | 6842 | 1.150 | φ8 | φ8 | 0.556 |
| | | | 18φ25 | 8836 | 1.485 | φ10 | φ8 | 0.708 |
| | | | 18φ28 | 11084 | 1.863 | φ10 | φ10 | 0.864 |
| | | | 18φ30 | 12723 | 2.138 | φ12 | φ10 | 1.048 |
| | | | **18φ32** | **14476** | **2.433** | φ12 | φ12 | 1.237 |
| | | | **18φ36** | **18322** | **3.079** | φ14 | φ10 | 1.264 |
| | | | **18φ40** | **22619** | **3.802** | φ14 | φ12 | 1.452 |
| | | | | | | φ14 | φ14 | 1.675 |
| | | | | | | **φ16** | **φ10** | **1.517** |
| | | | | | | **φ16** | **φ12** | **1.704** |
| | | | | | | **φ16** | **φ14** | **1.926** |
| | | | | | | **φ16** | **φ16** | **2.181** |

续表

| 序号 | $b \times h$ (mm) | 截面形式 (最大箍筋肢距/mm) | 主筋 ① | $A_S$ ($mm^2$) | $\rho = A_S/(bh)$ (%) | 箍筋@100 ② | ③④ | $\rho_v$ (%) |
|---|---|---|---|---|---|---|---|---|
| 217 | 700×850 | (300) | 20ϕ16 | 4022 | 0.676 | 同上 | | |
| | | | 20ϕ18 | 5090 | 0.855 | | | |
| | | | 20ϕ20 | 6283 | 1.056 | | | |
| | | | 20ϕ22 | 7602 | 1.278 | | | |
| | | | 20ϕ25 | 9818 | 1.650 | | | |
| | | | 20ϕ28 | 12315 | 2.070 | | | |
| | | | 20ϕ30 | 14137 | 2.376 | | | |
| | | | **20ϕ32** | **16085** | **2.704** | | | |
| | | | **20ϕ36** | **20357** | **3.421** | | | |
| | | | **20ϕ40** | **25133** | **4.224** | | | |
| 218 | 700×850 | (270) | 22ϕ16 | 4424 | 0.744 | 同上 | | |
| | | | 22ϕ18 | 5599 | 0.941 | | | |
| | | | 22ϕ20 | 6912 | 1.162 | | | |
| | | | 22ϕ22 | 8362 | 1.405 | | | |
| | | | 22ϕ25 | 10800 | 1.815 | | | |
| | | | 22ϕ28 | 13548 | 2.277 | | | |
| | | | 22ϕ30 | 15552 | 2.614 | | | |
| | | | **22ϕ32** | **17693** | **2.974** | | | |
| | | | **22ϕ36** | **22393** | **3.764** | | | |
| | | | **22ϕ40** | **27646** | **4.646** | | | |
| 219 | 700×850 | (220) | 26ϕ16 | 5229 | 0.879 | ϕ6.5 | ϕ6.5 | 0.410 |
| | | | 26ϕ18 | 6617 | 1.112 | ϕ8 | ϕ6 | 0.469 |
| | | | 26ϕ20 | 8169 | 1.449 | ϕ8 | ϕ6.5 | 0.503 |
| | | | 26ϕ22 | 9883 | 1.661 | ϕ8 | ϕ8 | 0.618 |
| | | | 26ϕ25 | 12763 | 2.145 | ϕ10 | ϕ8 | 0.770 |
| | | | 26ϕ28 | 16010 | 2.691 | ϕ10 | ϕ10 | 0.961 |
| | | | **26ϕ30** | **18378** | **3.089** | ϕ12 | ϕ10 | 1.145 |
| | | | **26ϕ32** | **20910** | **3.514** | ϕ12 | ϕ12 | 1.376 |
| | | | **26ϕ36** | **26465** | **4.448** | ϕ14 | ϕ10 | 1.360 |
| | | | | | | ϕ14 | ϕ12 | 1.591 |
| | | | | | | ϕ14 | ϕ14 | 1.863 |
| | | | | | | **ϕ16** | **ϕ10** | **1.612** |
| | | | | | | **ϕ16** | **ϕ12** | **1.842** |
| | | | | | | **ϕ16** | **ϕ14** | **2.113** |
| | | | | | | **ϕ16** | **ϕ16** | **2.426** |

续表

| 序号 | $b\times h$（mm） | 截面形式（最大箍筋肢距/mm） | 主筋 ① | 主筋 $A_S$（$mm^2$） | 主筋 $\rho=A_S/(bh)$（%） | 箍筋@100 ② | 箍筋@100 ③④ | 箍筋@100 $\rho_v$（%） |
|---|---|---|---|---|---|---|---|---|
| 220 | 700×850 | （200） | 16φ18 | 4072 | 0.684 | φ6.5 | φ6.5 | 0.461 |
| | | | 16φ20 | 5026 | 0.845 | φ8 | φ6 | 0.513 |
| | | | 16φ22 | 6082 | 1.022 | φ8 | φ6.5 | 0.553 |
| | | | 16φ25 | 7854 | 1.320 | φ8 | φ8 | 0.695 |
| | | | 16φ28 | 9852 | 1.656 | φ10 | φ8 | 0.847 |
| | | | 16φ30 | 11310 | 1.901 | φ10 | φ10 | 1.080 |
| | | | **16φ32** | **12868** | **2.163** | φ12 | φ10 | 1.263 |
| | | | **16φ36** | **16286** | **2.737** | φ12 | φ12 | 1.546 |
| | | | **16φ40** | **20106** | **3.379** | φ14 | φ10 | 1.478 |
| | | | | | | φ14 | φ12 | 1.760 |
| | | | | | | φ14 | φ14 | 2.093 |
| | | | | | | **φ16** | **φ10** | **1.730** |
| | | | | | | **φ16** | **φ12** | **2.011** |
| | | | | | | **φ16** | **φ14** | **2.343** |
| | | | | | | **φ16** | **φ16** | **2.726** |
| 221 | 700×900 | （300） | 20φ18 | 5090 | 0.808 | φ8 | φ6 | 0.423 |
| | | | 20φ20 | 6283 | 0.997 | φ8 | φ6.5 | 0.449 |
| | | | 20φ22 | 7602 | 1.207 | φ8 | φ8 | 0.541 |
| | | | 20φ25 | 9818 | 1.558 | φ10 | φ8 | 0.690 |
| | | | 20φ28 | 12315 | 1.955 | φ10 | φ10 | 0.841 |
| | | | 20φ30 | 14137 | 2.244 | φ12 | φ10 | 1.021 |
| | | | **20φ32** | **16085** | **2.553** | φ12 | φ12 | 1.205 |
| | | | **20φ36** | **20357** | **3.231** | φ14 | φ10 | 1.232 |
| | | | **20φ40** | **25133** | **3.989** | φ14 | φ12 | 1.415 |
| | | | | | | φ14 | φ14 | 1.631 |
| | | | | | | **φ16** | **φ10** | **1.477** |
| | | | | | | **φ16** | **φ12** | **1.660** |
| | | | | | | **φ16** | **φ14** | **1.876** |
| | | | | | | **φ16** | **φ16** | **2.125** |
| 222 | 700×900 | （290） | 22φ18 | 5599 | 0.889 | 同上 | | |
| | | | 22φ20 | 6912 | 1.097 | | | |
| | | | 22φ22 | 8362 | 1.327 | | | |
| | | | 22φ25 | 10800 | 1.714 | | | |
| | | | 22φ28 | 13548 | 2.150 | | | |
| | | | 22φ30 | 15552 | 2.469 | | | |
| | | | **22φ32** | **17693** | **2.809** | | | |
| | | | **22φ36** | **22393** | **3.554** | | | |
| | | | **22φ40** | **27646** | **4.388** | | | |

续表

| 序号 | $b\times h$ (mm) | 截面形式 (最大箍筋肢距/mm) | 主筋 ① | 主筋 $A_S$ ($mm^2$) | 主筋 $\rho=A_S/(bh)$ (%) | 箍筋@100 ② | 箍筋@100 ③④ | 箍筋@100 $\rho_v$ (%) |
|---|---|---|---|---|---|---|---|---|
| 223 | 700×900 | (250) | 26φ16 | 5228 | 0.830 | φ8 | φ6 | 0.456 |
| | | | 26φ18 | 6616 | 1.050 | φ8 | φ6.5 | 0.488 |
| | | | 26φ20 | 8168 | 1.368 | φ8 | φ8 | 0.600 |
| | | | 26φ22 | 9883 | 1.569 | φ10 | φ8 | 0.748 |
| | | | 26φ25 | 12763 | 2.026 | φ10 | φ10 | 0.933 |
| | | | 26φ28 | 16010 | 2.541 | φ12 | φ10 | 1.112 |
| | | | 26φ30 | 18378 | 2.917 | φ12 | φ12 | 1.336 |
| | | | **26φ32** | **20910** | **3.319** | φ14 | φ10 | 1.332 |
| | | | **26φ36** | **26465** | **4.201** | φ14 | φ12 | 1.545 |
| | | | | | | φ14 | φ14 | 1.809 |
| | | | | | | **φ16** | **φ10** | **1.568** |
| | | | | | | **φ16** | **φ12** | **1.790** |
| | | | | | | **φ16** | **φ14** | **2.035** |
| | | | | | | **φ16** | **φ16** | **2.356** |
| 224 | 700×900 | (180) | 18φ18 | 4581 | 0.727 | φ6 | φ6 | 0.416 |
| | | | 18φ20 | 5654 | 0.898 | φ6.5 | φ6.5 | 0.487 |
| | | | 18φ22 | 6842 | 1.086 | φ8 | φ6 | 0.532 |
| | | | 18φ25 | 8836 | 1.403 | φ8 | φ6.5 | 0.577 |
| | | | 18φ28 | 11084 | 1.759 | φ8 | φ8 | 0.735 |
| | | | 18φ30 | 12723 | 2.020 | φ10 | φ8 | 0.883 |
| | | | **18φ32** | **14476** | **2.298** | φ10 | φ10 | 1.143 |
| | | | **18φ36** | **18322** | **2.908** | φ12 | φ10 | 1.321 |
| | | | **18φ40** | **22619** | **3.590** | φ12 | φ12 | 1.637 |
| | | | | | | φ14 | φ10 | 1.530 |
| | | | | | | φ14 | φ12 | 1.845 |
| | | | | | | φ14 | φ14 | 2.216 |
| | | | | | | **φ16** | **φ10** | **1.775** |
| | | | | | | **φ16** | **φ12** | **2.089** |
| | | | | | | **φ16** | **φ14** | **2.459** |
| | | | | | | **φ16** | **φ16** | **2.887** |
| 225 | 750×750 | 300; 300; (300) | 16φ18 | 4072 | 0.724 | φ8 | φ6 | 0.445 |
| | | | 16φ20 | 3026 | 0.894 | φ8 | φ6.5 | 0.473 |
| | | | 16φ22 | 6082 | 1.081 | φ8 | φ8 | 0.570 |
| | | | 16φ25 | 7854 | 1.396 | φ10 | φ8 | 0.726 |
| | | | 16φ28 | 9852 | 1.751 | φ10 | φ10 | 0.885 |
| | | | 16φ30 | 11310 | 2.011 | φ12 | φ10 | 1.074 |
| | | | **16φ32** | **12868** | **2.288** | φ12 | φ12 | 1.267 |
| | | | **16φ36** | **16286** | **2.895** | φ14 | φ10 | 1.295 |
| | | | **16φ40** | **20106** | **3.574** | φ14 | φ12 | 1.488 |
| | | | | | | φ14 | φ14 | 1.715 |
| | | | | | | **φ16** | **φ10** | **1.553** |
| | | | | | | **φ16** | **φ12** | **1.745** |
| | | | | | | **φ16** | **φ14** | **1.972** |
| | | | | | | **φ16** | **φ16** | **2.234** |

续表

| 序号 | $b \times h$ （mm） | 截面形式 （最大箍筋肢距/mm） | 主筋 ① | 主筋 $A_S$ （$mm^2$） | 主筋 $\rho = A_S/(bh)$ （%） | 箍筋@100 ② | 箍筋@100 ③④ | 箍筋@100 $\rho_v$ （%） |
|---|---|---|---|---|---|---|---|---|
| 226 | 750×750 | （280） | 20φ16 | 4022 | 0.715 | 同上 | | |
| | | | 20φ18 | 5090 | 0.905 | | | |
| | | | 20φ20 | 6283 | 1.117 | | | |
| | | | 20φ22 | 7602 | 1.351 | | | |
| | | | 20φ25 | 9818 | 1.745 | | | |
| | | | 20φ28 | 12315 | 2.189 | | | |
| | | | 20φ30 | 14137 | 2.545 | | | |
| | | | **20φ32** | **16085** | **2.860** | | | |
| | | | **20φ36** | **20357** | **3.619** | | | |
| | | | **20φ40** | **25133** | **4.468** | | | |
| 227 | 750×750 | （240） | 24φ16 | 4826 | 0.858 | 同上 | | |
| | | | 24φ18 | 6108 | 1.086 | | | |
| | | | 24φ20 | 7541 | 1.341 | | | |
| | | | 24φ22 | 9122 | 1.622 | | | |
| | | | 24φ25 | 11782 | 2.095 | | | |
| | | | 24φ28 | 14778 | 2.627 | | | |
| | | | **24φ30** | **16965** | **3.016** | | | |
| | | | **24φ32** | **19302** | **3.431** | | | |
| | | | **24φ36** | **24429** | **4.343** | | | |
| 228 | 750×750 | （180） | 16φ18 | 4072 | 0.724 | φ6 | φ6 | 0.403 |
| | | | 16φ20 | 5026 | 0.894 | φ6.5 | φ6.5 | 0.472 |
| | | | 16φ22 | 6082 | 1.081 | φ8 | φ6 | 0.525 |
| | | | 16φ25 | 7854 | 1.396 | φ8 | φ6.5 | 0.567 |
| | | | 16φ28 | 9852 | 1.751 | φ8 | φ8 | 0.712 |
| | | | 16φ30 | 11310 | 2.011 | φ10 | φ8 | 0.867 |
| | | | **16φ32** | **12868** | **2.288** | φ10 | φ10 | 1.106 |
| | | | **16φ36** | **16286** | **2.895** | φ12 | φ10 | 1.294 |
| | | | **16φ40** | **20106** | **3.574** | φ12 | φ12 | 1.584 |
| | | | | | | φ14 | φ10 | 1.514 |
| | | | | | | φ14 | φ12 | 1.803 |
| | | | | | | φ14 | φ14 | 2.144 |
| | | | | | | **φ16** | **φ10** | **1.771** |
| | | | | | | **φ16** | **φ12** | **2.060** |
| | | | | | | **φ16** | **φ14** | **2.400** |
| | | | | | | **φ16** | **φ16** | **2.793** |

续表

| 序号 | $b \times h$ (mm) | 截面形式 (最大箍筋肢距/mm) | 主筋 ① | 主筋 $A_S$ ($mm^2$) | 主筋 $\rho = A_S/(bh)$ (%) | 箍筋@100 ② | 箍筋@100 ③④ | 箍筋@100 $\rho_v$ (%) |
|---|---|---|---|---|---|---|---|---|
| 229 | 750×800 | 300 (300) | 18φ18 | 4581 | 0.764 | φ8 | φ6 | 0.430 |
| | | | 18φ20 | 5654 | 0.942 | φ8 | φ6.5 | 0.457 |
| | | | 18φ22 | 6842 | 1.140 | φ8 | φ8 | 0.551 |
| | | | 18φ25 | 8836 | 1.473 | φ10 | φ8 | 0.702 |
| | | | 18φ28 | 11084 | 1.847 | φ10 | φ10 | 0.856 |
| | | | 18φ30 | 12723 | 2.121 | φ12 | φ10 | 1.038 |
| | | | 18φ32 | 14476 | 2.413 | φ12 | φ12 | 1.226 |
| | | | 18φ36 | 18322 | 3.054 | φ14 | φ10 | 1.253 |
| | | | 18φ40 | 22619 | 3.770 | φ14 | φ12 | 1.439 |
| | | | | | | φ14 | φ14 | 1.659 |
| | | | | | | φ16 | φ10 | 1.503 |
| | | | | | | φ16 | φ12 | 1.689 |
| | | | | | | φ16 | φ14 | 1.908 |
| | | | | | | φ16 | φ16 | 2.162 |
| 230 | 750×800 | (300) | 20φ16 | 4022 | 0.670 | 同上 | | |
| | | | 20φ18 | 5090 | 0.848 | | | |
| | | | 20φ20 | 6283 | 1.047 | | | |
| | | | 20φ22 | 7602 | 1.267 | | | |
| | | | 20φ25 | 9818 | 1.636 | | | |
| | | | 20φ28 | 12315 | 2.053 | | | |
| | | | 20φ30 | 14137 | 2.386 | | | |
| | | | 20φ32 | 16085 | 2.681 | | | |
| | | | 20φ36 | 20357 | 3.393 | | | |
| | | | 20φ40 | 25133 | 4.189 | | | |
| 231 | 750×800 | (250) | 24φ16 | 4826 | 0.804 | 同上 | | |
| | | | 24φ18 | 6108 | 1.018 | | | |
| | | | 24φ20 | 7541 | 1.257 | | | |
| | | | 24φ22 | 9122 | 1.520 | | | |
| | | | 24φ25 | 11782 | 1.964 | | | |
| | | | 24φ28 | 14779 | 2.463 | | | |
| | | | 24φ30 | 16965 | 2.828 | | | |
| | | | 24φ32 | 19302 | 3.217 | | | |
| | | | 24φ36 | 24429 | 4.072 | | | |

续表

| 序号 | $b\times h$（mm） | 截面形式（最大箍筋肢距/mm） | 主筋 ① | $A_S$（mm²） | $\rho=A_S/(bh)$（%） | 箍筋@100 ② | ③④ | $\rho_v$（%） |
|---|---|---|---|---|---|---|---|---|
| 232 | 750×800 | （190） | 16φ18 | 4072 | 0.679 | φ6.5 | φ6.5 | 0.456 |
| | | | 16φ20 | 5026 | 0.838 | φ8 | φ6 | 0.508 |
| | | | 16φ22 | 6082 | 1.014 | φ8 | φ6.5 | 0.548 |
| | | | 16φ25 | 7854 | 1.309 | φ8 | φ8 | 0.688 |
| | | | 16φ28 | 9852 | 1.642 | φ10 | φ8 | 0.839 |
| | | | 16φ30 | 11310 | 1.885 | φ10 | φ10 | 1.070 |
| | | | **16φ32** | **12868** | **2.145** | φ12 | φ10 | 1.251 |
| | | | **16φ36** | **16286** | **2.714** | φ12 | φ12 | 1.532 |
| | | | **16φ40** | **20106** | **3.351** | φ14 | φ10 | 1.465 |
| | | | | | | φ14 | φ12 | 1.744 |
| | | | | | | φ14 | φ14 | 2.074 |
| | | | | | | **φ16** | **φ10** | **1.714** |
| | | | | | | **φ16** | **φ12** | **1.993** |
| | | | | | | **φ16** | **φ14** | **2.322** |
| | | | | | | **φ16** | **φ16** | **2.072** |
| 233 | 750×850 | 300, 300, 300（300） | 18φ20 | 5654 | 0.887 | φ8 | φ6 | 0.417 |
| | | | 18φ22 | 6842 | 1.073 | φ8 | φ6.5 | 0.443 |
| | | | 18φ25 | 8836 | 1.386 | φ8 | φ8 | 0.534 |
| | | | 18φ28 | 11084 | 1.739 | φ10 | φ8 | 0.681 |
| | | | 18φ30 | 12723 | 1.996 | φ10 | φ10 | 0.830 |
| | | | **18φ32** | **14476** | **2.271** | φ12 | φ10 | 1.008 |
| | | | **18φ36** | **18322** | **2.874** | φ12 | φ12 | 1.189 |
| | | | **18φ40** | **22619** | **3.548** | φ14 | φ10 | 1.216 |
| | | | | | | φ14 | φ12 | 1.397 |
| | | | | | | φ14 | φ14 | 1.610 |
| | | | | | | **φ16** | **φ10** | **1.459** |
| | | | | | | **φ16** | **φ12** | **1.639** |
| | | | | | | **φ16** | **φ14** | **1.852** |
| | | | | | | **φ16** | **φ16** | **2.098** |
| 234 | 750×850 | 300, 300（300） | 20φ18 | 5090 | 0.855 | 同上 | | |
| | | | 20φ20 | 6283 | 1.056 | | | |
| | | | 20φ22 | 7602 | 1.278 | | | |
| | | | 20φ25 | 9818 | 1.650 | | | |
| | | | 20φ28 | 12315 | 2.070 | | | |
| | | | 20φ30 | 14137 | 2.218 | | | |
| | | | **20φ32** | **16085** | **2.523** | | | |
| | | | **20φ36** | **20357** | **3.193** | | | |
| | | | **20φ40** | **25133** | **3.942** | | | |

续表

| 序号 | $b\times h$ (mm) | 截面形式 (最大箍筋肢距/mm) | 主筋 ① | 主筋 $A_S$ (mm²) | 主筋 $\rho=A_S/(bh)$ (%) | 箍筋@100 ② | 箍筋@100 ③④ | 箍筋@100 $\rho_v$ (%) |
|---|---|---|---|---|---|---|---|---|
| 235 | 750×850 | (280) | 22φ18 | 5599 | 0.878 | 同上 | | |
| | | | 22φ20 | 6912 | 1.084 | | | |
| | | | 22φ22 | 8362 | 1.312 | | | |
| | | | 22φ25 | 10800 | 1.694 | | | |
| | | | 22φ28 | 13548 | 2.125 | | | |
| | | | 22φ30 | 15552 | 2.440 | | | |
| | | | **22φ32** | **17693** | **2.775** | | | |
| | | | **22φ36** | **22393** | **3.513** | | | |
| | | | **22φ40** | **27646** | **4.337** | | | |
| 236 | 750×850 | (250) | 26φ16 | 5228 | 0.820 | φ8 | φ6 | 0.452 |
| | | | 26φ18 | 6616 | 1.038 | φ8 | φ6.5 | 0.485 |
| | | | 26φ20 | 8168 | 1.281 | φ8 | φ8 | 0.597 |
| | | | 26φ22 | 9883 | 1.550 | φ10 | φ8 | 0.743 |
| | | | 26φ25 | 12763 | 2.002 | φ10 | φ10 | 0.927 |
| | | | 26φ28 | 16011 | 2.511 | φ12 | φ10 | 1.104 |
| | | | 26φ30 | 18378 | 2.883 | φ12 | φ12 | 1.328 |
| | | | **26φ32** | **20910** | **3.280** | φ14 | φ10 | 1.312 |
| | | | **26φ36** | **26465** | **4.151** | φ14 | φ12 | 1.535 |
| | | | | | | φ14 | φ14 | 1.799 |
| | | | | | | **φ16** | **φ10** | **1.554** |
| | | | | | | **φ16** | **φ12** | **1.777** |
| | | | | | | **φ16** | **φ14** | **2.040** |
| | | | | | | **φ16** | **φ16** | **2.343** |
| 237 | 750×850 | (200) | 16φ18 | 4072 | 0.639 | φ6.5 | φ6.5 | 0.443 |
| | | | 16φ20 | 5026 | 0.788 | φ8 | φ6 | 0.492 |
| | | | 16φ22 | 6082 | 0.954 | φ8 | φ6.5 | 0.532 |
| | | | 16φ25 | 7854 | 1.232 | φ8 | φ8 | 0.668 |
| | | | 16φ28 | 9852 | 1.545 | φ10 | φ8 | 0.814 |
| | | | 16φ30 | 11310 | 1.774 | φ10 | φ10 | 1.038 |
| | | | **16φ32** | **12868** | **2.019** | φ12 | φ10 | 1.214 |
| | | | **16φ36** | **16286** | **2.555** | φ12 | φ12 | 1.487 |
| | | | **16φ40** | **20106** | **3.154** | φ14 | φ10 | 1.421 |
| | | | | | | φ14 | φ12 | 1.693 |
| | | | | | | φ14 | φ14 | 2.013 |
| | | | | | | **φ16** | **φ10** | **1.663** |
| | | | | | | **φ16** | **φ12** | **1.934** |
| | | | | | | **φ16** | **φ14** | **2.254** |
| | | | | | | **φ16** | **φ16** | **2.622** |

续表

| 序号 | $b \times h$ (mm) | 截面形式 (最大箍筋肢距/mm) | 主筋 ① | 主筋 $A_S$ ($mm^2$) | 主筋 $\rho = A_S/(bh)$ (%) | 箍筋@100 ② | 箍筋@100 ③④ | 箍筋@100 $\rho_v$ (%) |
|---|---|---|---|---|---|---|---|---|
| 238 | 750×900 | 300 (300) | 20φ18 | 5090 | 0.754 | φ8 | φ6 | 0.406 |
| | | | 20φ20 | 6283 | 0.931 | φ8 | φ6.5 | 0.431 |
| | | | 20φ22 | 7602 | 1.126 | φ8 | φ8 | 0.516 |
| | | | 20φ25 | 9818 | 1.454 | φ10 | φ8 | 0.662 |
| | | | 20φ28 | 12315 | 1.824 | φ10 | φ10 | 0.808 |
| | | | 20φ30 | 14137 | 2.094 | φ12 | φ10 | 0.980 |
| | | | **20φ32** | **16085** | **2.383** | φ12 | φ12 | 1.157 |
| | | | **20φ36** | **20357** | **3.016** | φ14 | φ10 | 1.183 |
| | | | **20φ40** | **25133** | **3.723** | φ14 | φ12 | 1.359 |
| | | | | | | φ14 | φ14 | 1.567 |
| | | | | | | **φ16** | **φ10** | **1.419** |
| | | | | | | **φ16** | **φ12** | **1.595** |
| | | | | | | **φ16** | **φ14** | **1.802** |
| | | | | | | **φ16** | **φ16** | **2.041** |
| 239 | 750×900 | (300) | 22φ18 | 5599 | 0.829 | 同上 | | |
| | | | 22φ20 | 6912 | 1.024 | | | |
| | | | 22φ22 | 8362 | 1.239 | | | |
| | | | 22φ25 | 10800 | 1.600 | | | |
| | | | 22φ28 | 13548 | 2.007 | | | |
| | | | 22φ30 | 15552 | 2.304 | | | |
| | | | **22φ32** | **17693** | **2.621** | | | |
| | | | **22φ36** | **22393** | **3.317** | | | |
| | | | **22φ40** | **27646** | **4.096** | | | |
| 240 | 750×900 | (250) | 26φ16 | 5228 | 0.775 | φ8 | φ6 | 0.439 |
| | | | 26φ18 | 6616 | 0.980 | φ8 | φ6.5 | 0.470 |
| | | | 26φ20 | 8168 | 1.210 | φ8 | φ8 | 0.578 |
| | | | 26φ22 | 9883 | 1.464 | φ10 | φ8 | 0.721 |
| | | | 26φ25 | 12763 | 1.891 | φ10 | φ10 | 0.899 |
| | | | 26φ28 | 16010 | 2.372 | φ12 | φ10 | 1.071 |
| | | | 26φ30 | 18378 | 2.723 | φ12 | φ12 | 1.288 |
| | | | **26φ32** | **20910** | **3.098** | φ14 | φ10 | 1.274 |
| | | | **26φ36** | **26465** | **3.921** | φ14 | φ12 | 1.489 |
| | | | **26φ40** | **32673** | **4.840** | φ14 | φ14 | 1.744 |
| | | | | | | **φ16** | **φ10** | **1.515** |
| | | | | | | **φ16** | **φ12** | **1.725** |
| | | | | | | **φ16** | **φ14** | **1.979** |
| | | | | | | **φ16** | **φ16** | **2.273** |

续表

| 序号 | $b \times h$ (mm) | 截面形式（最大箍筋肢距/mm） | 主筋 ① | 主筋 $A_S$ (mm²) | 主筋 $\rho = A_S/(bh)$ (%) | 箍筋@100 ② | 箍筋@100 ③④ | 箍筋@100 $\rho_v$ (%) |
|---|---|---|---|---|---|---|---|---|
| 241 | 750×900 | （180） | 18φ20 | 5654 | 0.838 | φ6 | φ6 | 0.400 |
| | | | 18φ22 | 6842 | 1.014 | φ6.5 | φ6.5 | 0.469 |
| | | | 18φ25 | 8836 | 1.309 | φ8 | φ6 | 0.512 |
| | | | 18φ28 | 11084 | 1.642 | φ8 | φ6.5 | 0.556 |
| | | | 18φ30 | 12723 | 1.885 | φ8 | φ8 | 0.708 |
| | | | **18φ32** | **14476** | **2.145** | φ10 | φ8 | 0.850 |
| | | | **18φ36** | **18322** | **2.714** | φ10 | φ10 | 1.101 |
| | | | **18φ40** | **22619** | **3.351** | φ12 | φ10 | 1.272 |
| | | | | | | φ12 | φ12 | 1.577 |
| | | | | | | φ14 | φ10 | 1.474 |
| | | | | | | φ14 | φ12 | 1.777 |
| | | | | | | φ14 | φ14 | 2.136 |
| | | | | | | **φ16** | **φ10** | **1.715** |
| | | | | | | **φ16** | **φ12** | **2.012** |
| | | | | | | **φ16** | **φ14** | **2.370** |
| | | | | | | **φ16** | **φ16** | **2.783** |
| 242 | 750×950 | （300） | 22φ18 | 5599 | 0.786 | φ8 | φ6.5 | 0.421 |
| | | | 22φ20 | 6912 | 0.970 | φ8 | φ8 | 0.507 |
| | | | 22φ22 | 8362 | 1.174 | φ10 | φ8 | 0.646 |
| | | | 22φ25 | 10800 | 1.516 | φ10 | φ10 | 0.788 |
| | | | 22φ28 | 13548 | 1.901 | φ12 | φ10 | 0.956 |
| | | | 22φ30 | 15552 | 2.183 | φ12 | φ12 | 1.129 |
| | | | **22φ32** | **17693** | **2.483** | φ14 | φ10 | 1.154 |
| | | | **22φ36** | **22393** | **3.143** | φ14 | φ12 | 1.326 |
| | | | **22φ40** | **27646** | **3.880** | φ14 | φ14 | 1.528 |
| | | | | | | **φ16** | **φ10** | **1.384** |
| | | | | | | **φ16** | **φ12** | **1.556** |
| | | | | | | **φ16** | **φ14** | **1.758** |
| | | | | | | **φ16** | **φ16** | **1.991** |

续表

| 序号 | $b\times h$ (mm) | 截面形式（最大箍筋肢距/mm） | 主筋 | | | 箍筋@100 | | |
|---|---|---|---|---|---|---|---|---|
| | | | ① | $A_S$ ($mm^2$) | $\rho=A_S/(bh)$ (%) | ② | ③④ | $\rho_v$ (%) |
| 243 | 750×950 | (240) | 26$\phi$18 | 6617 | 0.929 | $\phi$8 | $\phi$6 | 0.427 |
| | | | 26$\phi$20 | 8169 | 1.147 | $\phi$8 | $\phi$6.5 | 0.458 |
| | | | 26$\phi$22 | 9883 | 1.387 | $\phi$8 | $\phi$8 | 0.562 |
| | | | 26$\phi$25 | 12763 | 1.791 | $\phi$10 | $\phi$8 | 0.701 |
| | | | 26$\phi$28 | 16011 | 2.247 | $\phi$10 | $\phi$10 | 0.874 |
| | | | 26$\phi$30 | 19792 | 2.778 | $\phi$12 | $\phi$10 | 1.042 |
| | | | **26$\phi$32** | **22519** | **3.161** | $\phi$12 | $\phi$12 | 1.252 |
| | | | **26$\phi$36** | **28501** | **4.000** | $\phi$14 | $\phi$10 | 1.240 |
| | | | **26$\phi$40** | **35186** | **4.938** | $\phi$14 | $\phi$12 | 1.449 |
| | | | | | | $\phi$14 | $\phi$14 | 1.696 |
| | | | | | | **$\phi$16** | **$\phi$10** | **1.470** |
| | | | | | | **$\phi$16** | **$\phi$12** | **1.679** |
| | | | | | | **$\phi$16** | **$\phi$14** | **1.925** |
| | | | | | | **$\phi$16** | **$\phi$16** | **2.210** |
| 244 | 750×950 | (180) | 18$\phi$20 | 5654 | 0.794 | $\phi$6.5 | $\phi$6.5 | 0.456 |
| | | | 18$\phi$22 | 6842 | 0.960 | $\phi$8 | $\phi$6 | 0.498 |
| | | | 18$\phi$25 | 8836 | 1.240 | $\phi$8 | $\phi$6.5 | 0.541 |
| | | | 18$\phi$28 | 11084 | 1.556 | $\phi$8 | $\phi$8 | 0.689 |
| | | | 18$\phi$30 | 12723 | 1.786 | $\phi$10 | $\phi$8 | 0.827 |
| | | | **18$\phi$32** | **14476** | **2.032** | $\phi$10 | $\phi$10 | 1.071 |
| | | | **18$\phi$36** | **18322** | **2.572** | $\phi$12 | $\phi$10 | 1.238 |
| | | | **18$\phi$40** | **22619** | **3.175** | $\phi$12 | $\phi$12 | 1.534 |
| | | | | | | $\phi$14 | $\phi$10 | 1.434 |
| | | | | | | $\phi$14 | $\phi$12 | 1.730 |
| | | | | | | $\phi$14 | $\phi$14 | 2.078 |
| | | | | | | **$\phi$16** | **$\phi$10** | **1.664** |
| | | | | | | **$\phi$16** | **$\phi$12** | **1.959** |
| | | | | | | **$\phi$16** | **$\phi$14** | **2.306** |
| | | | | | | **$\phi$16** | **$\phi$16** | **2.708** |

续表

| 序号 | $b\times h$（mm） | 截面形式（最大箍筋肢距/mm） | 主筋 | | | 箍筋@100 | | |
|---|---|---|---|---|---|---|---|---|
| | | | ① | $A_S$（$mm^2$） | $\rho=A_S/(bh)$（%） | ② | ③④ | $\rho_v$（%） |
| 245 | 800×800 | （300） | 20$\phi$18 | 5090 | 0.795 | $\phi$8 | $\phi$6 | 0.416 |
| | | | 20$\phi$20 | 6283 | 0.982 | $\phi$8 | $\phi$6.5 | 0.442 |
| | | | 20$\phi$22 | 7602 | 1.188 | $\phi$8 | $\phi$8 | 0.532 |
| | | | 20$\phi$25 | 9818 | 1.534 | $\phi$10 | $\phi$8 | 0.678 |
| | | | 20$\phi$28 | 12315 | 1.924 | $\phi$10 | $\phi$10 | 0.827 |
| | | | 20$\phi$30 | 14318 | 2.209 | $\phi$12 | $\phi$10 | 1.003 |
| | | | **20$\phi$32** | **16085** | **2.513** | $\phi$12 | $\phi$12 | 1.184 |
| | | | **20$\phi$36** | **20357** | **3.181** | $\phi$14 | $\phi$10 | 1.211 |
| | | | **20$\phi$40** | **25133** | **3.927** | $\phi$14 | $\phi$12 | 1.391 |
| | | | | | | $\phi$14 | $\phi$14 | 1.604 |
| | | | | | | **$\phi$16** | **$\phi$10** | **1.452** |
| | | | | | | **$\phi$16** | **$\phi$12** | **1.745** |
| | | | | | | **$\phi$16** | **$\phi$14** | **1.972** |
| | | | | | | **$\phi$16** | **$\phi$16** | **2.234** |
| 246 | 800×800 | （250） | 24$\phi$16 | 4825 | 0.754 | 同上 | | |
| | | | 24$\phi$18 | 6108 | 0.954 | | | |
| | | | 24$\phi$20 | 7541 | 1.178 | | | |
| | | | 24$\phi$22 | 9122 | 1.425 | | | |
| | | | 24$\phi$25 | 11782 | 1.841 | | | |
| | | | 24$\phi$28 | 14779 | 2.309 | | | |
| | | | 24$\phi$30 | 16966 | 2.651 | | | |
| | | | **24$\phi$32** | **19302** | **3.016** | | | |
| | | | **24$\phi$36** | **24429** | **3.817** | | | |
| | | | **24$\phi$40** | **30159** | **4.712** | | | |
| 247 | 800×800 | （220） | 28$\phi$16 | 5630 | 0.880 | $\phi$6.5 | $\phi$6.5 | 0.441 |
| | | | 28$\phi$18 | 7125 | 1.113 | $\phi$8 | $\phi$6 | 0.490 |
| | | | 28$\phi$20 | 8796 | 1.374 | $\phi$8 | $\phi$6.5 | 0.529 |
| | | | 28$\phi$22 | 10644 | 1.663 | $\phi$8 | $\phi$8 | 0.665 |
| | | | 28$\phi$25 | 13744 | 2.148 | $\phi$10 | $\phi$8 | 0.810 |
| | | | 28$\phi$28 | 17241 | 2.694 | $\phi$10 | $\phi$10 | 1.033 |
| | | | **28$\phi$30** | **19792** | **3.093** | $\phi$12 | $\phi$10 | 1.209 |
| | | | **28$\phi$32** | **22519** | **3.516** | $\phi$12 | $\phi$12 | 1.480 |
| | | | **28$\phi$36** | **28501** | **4.453** | $\phi$14 | $\phi$10 | 1.415 |
| | | | | | | $\phi$14 | $\phi$12 | 1.685 |
| | | | | | | $\phi$14 | $\phi$14 | 2.004 |
| | | | | | | **$\phi$16** | **$\phi$10** | **1.656** |
| | | | | | | **$\phi$16** | **$\phi$12** | **2.060** |
| | | | | | | **$\phi$16** | **$\phi$14** | **2.400** |
| | | | | | | **$\phi$16** | **$\phi$16** | **2.793** |

续表

| 序号 | $b \times h$ (mm) | 截面形式（最大箍筋肢距/mm） | 主筋 ① | $A_S$ ($mm^2$) | $\rho = A_S/(bh)$ (%) | 箍筋@100 ② | ③④ | $\rho_v$ (%) |
|---|---|---|---|---|---|---|---|---|
| 248 | 800×800 | (190) | 16$\phi$18 | 4072 | 0.636 | 同上 | | |
| | | | 16$\phi$20 | 5026 | 0.785 | | | |
| | | | 16$\phi$22 | 6082 | 0.950 | | | |
| | | | 16$\phi$25 | 7854 | 1.227 | | | |
| | | | 16$\phi$28 | 9852 | 1.540 | | | |
| | | | 16$\phi$30 | 11310 | 1.767 | | | |
| | | | **16$\phi$32** | **12868** | **2.011** | | | |
| | | | **16$\phi$36** | **16286** | **2.545** | | | |
| | | | **16$\phi$40** | **20106** | **3.142** | | | |
| 249 | 800×850 | 300 / 200 / 300 (300) | 20$\phi$18 | 5090 | 0.749 | $\phi$8 | $\phi$6 | 0.403 |
| | | | 20$\phi$20 | 6283 | 0.924 | $\phi$8 | $\phi$6.5 | 0.428 |
| | | | 20$\phi$22 | 7602 | 1.118 | $\phi$8 | $\phi$8 | 0.515 |
| | | | 20$\phi$25 | 9818 | 1.444 | $\phi$10 | $\phi$8 | 0.657 |
| | | | 20$\phi$28 | 12315 | 1.811 | $\phi$10 | $\phi$10 | 0.801 |
| | | | 20$\phi$30 | 14137 | 2.079 | $\phi$12 | $\phi$10 | 0.973 |
| | | | **20$\phi$32** | **16085** | **2.366** | $\phi$12 | $\phi$12 | 1.148 |
| | | | **20$\phi$36** | **20357** | **2.994** | $\phi$14 | $\phi$10 | 1.174 |
| | | | **20$\phi$40** | **25133** | **3.696** | $\phi$14 | $\phi$12 | 1.348 |
| | | | | | | $\phi$14 | $\phi$14 | 1.554 |
| | | | | | | **$\phi$16** | **$\phi$10** | **1.408** |
| | | | | | | **$\phi$16** | **$\phi$12** | **1.582** |
| | | | | | | **$\phi$16** | **$\phi$14** | **1.788** |
| | | | | | | **$\phi$16** | **$\phi$16** | **2.025** |
| 250 | 800×850 | (280) | 24$\phi$16 | 4826 | 0.710 | 同上 | | |
| | | | 24$\phi$18 | 6108 | 0.898 | | | |
| | | | 24$\phi$20 | 7541 | 1.109 | | | |
| | | | 24$\phi$22 | 9122 | 1.341 | | | |
| | | | 24$\phi$25 | 11782 | 1.733 | | | |
| | | | 24$\phi$28 | 14779 | 2.173 | | | |
| | | | 24$\phi$30 | 16966 | 2.495 | | | |
| | | | **24$\phi$32** | **19302** | **2.839** | | | |
| | | | **24$\phi$36** | **24429** | **3.593** | | | |
| | | | **24$\phi$40** | **30159** | **4.435** | | | |

续表

| 序号 | $b\times h$（mm） | 截面形式（最大箍筋肢距/mm） | 主筋 | | | 箍筋@100 | | |
|---|---|---|---|---|---|---|---|---|
| | | | ① | $A_S$（$mm^2$） | $\rho=A_S/(bh)$（%） | ② | ③④ | $\rho_v$（%） |
| 251 | 800×850 | （250） | 28ϕ16 | 5630 | 0.828 | ϕ6.5 | ϕ6.5 | 0.427 |
| | | | 28ϕ18 | 7125 | 1.048 | ϕ8 | ϕ6 | 0.475 |
| | | | 28ϕ20 | 8796 | 1.294 | ϕ8 | ϕ6.5 | 0.513 |
| | | | 28ϕ22 | 10644 | 1.565 | ϕ8 | ϕ8 | 0.644 |
| | | | 28ϕ25 | 13744 | 2.021 | ϕ10 | ϕ8 | 0.785 |
| | | | 28ϕ28 | 17241 | 2.535 | ϕ10 | ϕ10 | 1.002 |
| | | | 28ϕ30 | 19792 | 2.911 | ϕ12 | ϕ10 | 1.172 |
| | | | **28ϕ32** | **22519** | **3.312** | ϕ12 | ϕ12 | 1.435 |
| | | | **28ϕ36** | **28501** | **4.191** | ϕ14 | ϕ10 | 1.372 |
| | | | | | | ϕ14 | ϕ12 | 1.634 |
| | | | | | | ϕ14 | ϕ14 | 1.943 |
| | | | | | | **ϕ16** | **ϕ10** | **1.606** |
| | | | | | | **ϕ16** | **ϕ12** | **1.867** |
| | | | | | | **ϕ16** | **ϕ14** | **2.176** |
| | | | | | | **ϕ16** | **ϕ16** | **2.532** |
| 252 | 800×850 | （200） | 16ϕ20 | 5026 | 0.739 | 同上 | | |
| | | | 16ϕ22 | 6082 | 0.894 | | | |
| | | | 16ϕ25 | 7854 | 1.155 | | | |
| | | | 16ϕ28 | 9852 | 1.449 | | | |
| | | | 16ϕ30 | 11310 | 1.663 | | | |
| | | | **16ϕ32** | **12868** | **1.893** | | | |
| | | | **16ϕ36** | **16286** | **2.395** | | | |
| | | | **16ϕ40** | **20106** | **2.957** | | | |
| 253 | 800×900 | （300） | 22ϕ18 | 5599 | 0.778 | ϕ8 | ϕ6.5 | 0.416 |
| | | | 22ϕ20 | 6912 | 0.960 | ϕ8 | ϕ8 | 0.501 |
| | | | 22ϕ22 | 8362 | 1.161 | ϕ10 | ϕ8 | 0.639 |
| | | | 22ϕ25 | 10800 | 1.500 | ϕ10 | ϕ10 | 0.779 |
| | | | 22ϕ28 | 13548 | 1.882 | ϕ12 | ϕ10 | 0.945 |
| | | | 22ϕ30 | 15552 | 2.160 | ϕ12 | ϕ12 | 1.116 |
| | | | **22ϕ32** | **17693** | **2.457** | ϕ14 | ϕ10 | 1.141 |
| | | | **22ϕ36** | **22393** | **3.110** | ϕ14 | ϕ12 | 1.311 |
| | | | **22ϕ40** | **27646** | **3.840** | ϕ14 | ϕ14 | 1.511 |
| | | | | | | **ϕ16** | **ϕ10** | **1.369** |
| | | | | | | **ϕ16** | **ϕ12** | **1.538** |
| | | | | | | **ϕ16** | **ϕ14** | **1.738** |
| | | | | | | **ϕ16** | **ϕ16** | **1.969** |

续表

| 序号 | $b \times h$ (mm) | 截面形式（最大箍筋肢距/mm） | 主筋 | | | 箍筋@100 | | |
|---|---|---|---|---|---|---|---|---|
| | | | ① | $A_S$ ($mm^2$) | $\rho = A_S/(bh)$ (%) | ② | ③④ | $\rho_v$ (%) |
| 254 | 800×900 | (290) | 24$\phi$18 | 6108 | 0.848 | 同上 | | |
| | | | 24$\phi$20 | 7541 | 1.047 | | | |
| | | | 24$\phi$22 | 9122 | 1.267 | | | |
| | | | 24$\phi$25 | 11782 | 1.636 | | | |
| | | | 24$\phi$28 | 14779 | 2.053 | | | |
| | | | 24$\phi$30 | 16966 | 2.356 | | | |
| | | | **24$\phi$32** | **19302** | **2.681** | | | |
| | | | **24$\phi$36** | **24429** | **3.393** | | | |
| | | | **24$\phi$40** | **30159** | **4.189** | | | |
| 255 | 800×900 | (250) | 26$\phi$18 | 6616 | 0.919 | $\phi$8 | $\phi$6 | 0.424 |
| | | | 26$\phi$20 | 8168 | 1.134 | $\phi$8 | $\phi$6.5 | 0.455 |
| | | | 26$\phi$22 | 9883 | 1.373 | $\phi$8 | $\phi$8 | 0.560 |
| | | | 26$\phi$25 | 12763 | 1.773 | $\phi$10 | $\phi$8 | 0.697 |
| | | | 26$\phi$28 | 16010 | 2.224 | $\phi$10 | $\phi$10 | 0.870 |
| | | | 26$\phi$30 | 18378 | 2.553 | $\phi$12 | $\phi$10 | 1.036 |
| | | | **26$\phi$32** | **20910** | **2.904** | $\phi$12 | $\phi$12 | 1.247 |
| | | | **26$\phi$36** | **26465** | **3.676** | $\phi$14 | $\phi$10 | 1.231 |
| | | | **26$\phi$40** | **32673** | **4.538** | $\phi$14 | $\phi$12 | 1.441 |
| | | | | | | $\phi$14 | $\phi$14 | 1.688 |
| | | | | | | **$\phi$16** | **$\phi$10** | **1.459** |
| | | | | | | **$\phi$16** | **$\phi$12** | **1.668** |
| | | | | | | **$\phi$16** | **$\phi$14** | **1.915** |
| | | | | | | **$\phi$16** | **$\phi$16** | **2.200** |
| 256 | 800×900 | (190) | 18$\phi$20 | 5654 | 0.786 | $\phi$6.5 | $\phi$6.5 | 0.453 |
| | | | 18$\phi$22 | 6842 | 0.950 | $\phi$8 | $\phi$6 | 0.495 |
| | | | 18$\phi$25 | 8836 | 1.227 | $\phi$8 | $\phi$6.5 | 0.537 |
| | | | 18$\phi$28 | 11084 | 1.539 | $\phi$8 | $\phi$8 | 0.685 |
| | | | 18$\phi$30 | 12723 | 1.767 | $\phi$10 | $\phi$8 | 0.822 |
| | | | **18$\phi$32** | **14476** | **2.011** | $\phi$10 | $\phi$10 | 1.065 |
| | | | **18$\phi$36** | **18322** | **2.545** | $\phi$12 | $\phi$10 | 1.230 |
| | | | **18$\phi$40** | **22619** | **3.142** | $\phi$12 | $\phi$12 | 1.526 |
| | | | | | | $\phi$14 | $\phi$10 | 1.424 |
| | | | | | | $\phi$14 | $\phi$12 | 1.719 |
| | | | | | | $\phi$14 | $\phi$14 | 2.066 |
| | | | | | | **$\phi$16** | **$\phi$10** | **1.652** |
| | | | | | | **$\phi$16** | **$\phi$12** | **1.945** |
| | | | | | | **$\phi$16** | **$\phi$14** | **2.292** |
| | | | | | | **$\phi$16** | **$\phi$16** | **2.692** |

续表

| 序号 | $b\times h$（mm） | 截面形式（最大箍筋肢距/mm） | 主筋 | | | 箍筋@100 | | |
|---|---|---|---|---|---|---|---|---|
| | | | ① | $A_S$（$mm^2$） | $\rho=A_S/(bh)$（%） | ② | ③④ | $\rho_v$（%） |
| 257 | 800×950 | (300) | 22$\phi$18 | 5599 | 0.737 | $\phi$8 | $\phi$6.5 | 0.405 |
| | | | 22$\phi$20 | 6912 | 0.909 | $\phi$8 | $\phi$8 | 0.488 |
| | | | 22$\phi$22 | 8362 | 1.100 | $\phi$10 | $\phi$8 | 0.622 |
| | | | 22$\phi$25 | 10800 | 1.421 | $\phi$10 | $\phi$10 | 0.759 |
| | | | 22$\phi$28 | 13548 | 1.783 | $\phi$12 | $\phi$10 | 0.921 |
| | | | 22$\phi$30 | 15552 | 2.040 | $\phi$12 | $\phi$12 | 1.087 |
| | | | **22$\phi$32** | **17693** | **2.328** | $\phi$14 | $\phi$10 | 1.112 |
| | | | **22$\phi$36** | **22393** | **2.946** | $\phi$14 | $\phi$12 | 1.277 |
| | | | **22$\phi$40** | **27646** | **3.638** | $\phi$14 | $\phi$14 | 1.473 |
| | | | | | | **$\phi$16** | **$\phi$10** | **1.334** |
| | | | | | | **$\phi$16** | **$\phi$12** | **1.499** |
| | | | | | | **$\phi$16** | **$\phi$14** | **1.694** |
| | | | | | | **$\phi$16** | **$\phi$16** | **1.919** |
| 258 | 800×950 | (300) | 24$\phi$18 | 6108 | 0.804 | 同上 | | |
| | | | 24$\phi$20 | 7541 | 0.992 | | | |
| | | | 24$\phi$22 | 9122 | 1.200 | | | |
| | | | 24$\phi$25 | 11782 | 1.550 | | | |
| | | | 24$\phi$28 | 14779 | 1.945 | | | |
| | | | 24$\phi$30 | 16966 | 2.232 | | | |
| | | | **24$\phi$32** | **19302** | **2.540** | | | |
| | | | **24$\phi$36** | **24429** | **3.214** | | | |
| 259 | 800×950 | (250) | 26$\phi$16 | 5228 | 0.688 | $\phi$8 | $\phi$6 | 0.412 |
| | | | 26$\phi$18 | 6616 | 0.871 | $\phi$8 | $\phi$6.5 | 0.442 |
| | | | 26$\phi$20 | 8168 | 1.075 | $\phi$8 | $\phi$8 | 0.543 |
| | | | 26$\phi$22 | 9883 | 1.300 | $\phi$10 | $\phi$8 | 0.678 |
| | | | 26$\phi$25 | 12763 | 1.679 | $\phi$10 | $\phi$10 | 0.845 |
| | | | 26$\phi$28 | 16010 | 2.107 | $\phi$12 | $\phi$10 | 1.007 |
| | | | 26$\phi$30 | 18378 | 2.418 | $\phi$12 | $\phi$12 | 1.211 |
| | | | **26$\phi$32** | **20910** | **2.751** | $\phi$14 | $\phi$10 | 1.197 |
| | | | **26$\phi$36** | **26465** | **3.482** | $\phi$14 | $\phi$12 | 1.400 |
| | | | **26$\phi$40** | **32673** | **4.299** | $\phi$14 | $\phi$14 | 1.640 |
| | | | | | | **$\phi$16** | **$\phi$10** | **1.419** |
| | | | | | | **$\phi$16** | **$\phi$12** | **1.622** |
| | | | | | | **$\phi$16** | **$\phi$14** | **1.861** |
| | | | | | | **$\phi$16** | **$\phi$16** | **2.137** |

续表

| 序号 | $b \times h$ (mm) | 截面形式（最大箍筋肢距/mm） | 主筋 ① | 主筋 $A_S$ ($mm^2$) | 主筋 $\rho = A_S/(bh)$ (%) | 箍筋@100 ② | 箍筋@100 ③④ | 箍筋@100 $\rho_v$ (%) |
|---|---|---|---|---|---|---|---|---|
| 260 | 800×950 |  (190) | 18$\phi$20 | 5654 | 0.744 | $\phi$6.5 | $\phi$6.5 | 0.441 |
| | | | 18$\phi$22 | 6942 | 0.900 | $\phi$8 | $\phi$6 | 0.481 |
| | | | 18$\phi$25 | 8836 | 1.163 | $\phi$8 | $\phi$6.5 | 0.522 |
| | | | 18$\phi$28 | 11084 | 1.458 | $\phi$8 | $\phi$8 | 0.665 |
| | | | 18$\phi$30 | 12723 | 1.674 | $\phi$10 | $\phi$8 | 0.799 |
| | | | **18$\phi$32** | **14476** | **1.905** | $\phi$10 | $\phi$10 | 1.035 |
| | | | **18$\phi$36** | **18322** | **2.411** | $\phi$12 | $\phi$10 | 1.197 |
| | | | **18$\phi$40** | **22619** | **2.976** | $\phi$12 | $\phi$12 | 1.483 |
| | | | | | | $\phi$14 | $\phi$10 | 1.385 |
| | | | | | | $\phi$14 | $\phi$12 | 1.671 |
| | | | | | | $\phi$14 | $\phi$14 | 2.008 |
| | | | | | | **$\phi$16** | **$\phi$10** | **1.607** |
| | | | | | | **$\phi$16** | **$\phi$12** | **1.892** |
| | | | | | | **$\phi$16** | **$\phi$14** | **2.228** |
| | | | | | | **$\phi$16** | **$\phi$16** | **2.617** |
| 261 | 800×1000 | 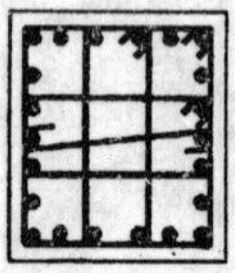 (300) | 22$\phi$20 | 6912 | 0.864 | $\phi$8 | $\phi$6.5 | 0.430 |
| | | | 22$\phi$22 | 8362 | 1.045 | $\phi$8 | $\phi$8 | 0.529 |
| | | | 22$\phi$25 | 10800 | 1.350 | $\phi$10 | $\phi$8 | 0.660 |
| | | | 22$\phi$28 | 13548 | 1.694 | $\phi$10 | $\phi$10 | 0.822 |
| | | | 22$\phi$30 | 15552 | 1.944 | $\phi$12 | $\phi$10 | 0.981 |
| | | | **22$\phi$32** | **17693** | **2.212** | $\phi$12 | $\phi$12 | 1.179 |
| | | | **22$\phi$36** | **22393** | **2.799** | $\phi$14 | $\phi$10 | 1.167 |
| | | | **22$\phi$40** | **27646** | **3.456** | $\phi$14 | $\phi$12 | 1.247 |
| | | | | | | $\phi$14 | $\phi$14 | 1.438 |
| | | | | | | **$\phi$16** | **$\phi$10** | **1.384** |
| | | | | | | **$\phi$16** | **$\phi$12** | **1.580** |
| | | | | | | **$\phi$16** | **$\phi$14** | **1.813** |
| | | | | | | **$\phi$16** | **$\phi$16** | **2.081** |
| 262 | 800×1000 |  (250) | 28$\phi$18 | 7125 | 0.791 | 同上 | | |
| | | | 28$\phi$20 | 8796 | 1.100 | | | |
| | | | 28$\phi$22 | 10644 | 1.331 | | | |
| | | | 28$\phi$25 | 13744 | 1.718 | | | |
| | | | 28$\phi$28 | 17241 | 2.155 | | | |
| | | | 28$\phi$30 | 19792 | 2.474 | | | |
| | | | **28$\phi$32** | **22519** | **2.815** | | | |
| | | | **28$\phi$36** | **28501** | **3.563** | | | |
| | | | **28$\phi$40** | **35186** | **4.398** | | | |

续表

| 序号 | $b \times h$ (mm) | 截面形式（最大箍筋肢距/mm） | 主筋 ① | $A_S$ ($mm^2$) | $\rho = A_S/(bh)$ (%) | 箍筋@100 ② | ③④ | $\rho_v$ (%) |
|---|---|---|---|---|---|---|---|---|
| 263 | 800×1000 | （200） | 18$\phi$22 | 6842 | 0.855 | $\phi$6.5 | $\phi$6.5 | 0.429 |
| | | | 18$\phi$25 | 8836 | 1.105 | $\phi$8 | $\phi$6 | 0.469 |
| | | | 18$\phi$28 | 11084 | 1.386 | $\phi$8 | $\phi$6.5 | 0.509 |
| | | | 18$\phi$30 | 12723 | 1.591 | $\phi$8 | $\phi$8 | 0.648 |
| | | | **18$\phi$32** | **14476** | **1.810** | $\phi$10 | $\phi$8 | 0.778 |
| | | | **18$\phi$34** | **16342** | **2.043** | $\phi$10 | $\phi$10 | 1.008 |
| | | | **18$\phi$36** | **18322** | **2.290** | $\phi$12 | $\phi$10 | 1.165 |
| | | | **18$\phi$40** | **22619** | **2.827** | $\phi$12 | $\phi$12 | 1.444 |
| | | | | | | $\phi$14 | $\phi$10 | 1.350 |
| | | | | | | $\phi$14 | $\phi$12 | 1.511 |
| | | | | | | $\phi$14 | $\phi$14 | 1.797 |
| | | | | | | **$\phi$16** | **$\phi$10** | **1.567** |
| | | | | | | **$\phi$16** | **$\phi$12** | **1.844** |
| | | | | | | **$\phi$16** | **$\phi$14** | **2.171** |
| | | | | | | **$\phi$16** | **$\phi$16** | **2.549** |
| 264 | 850×850 | （300） | 20$\phi$18 | 5090 | 0.704 | $\phi$8 | $\phi$6.5 | 0.414 |
| | | | 20$\phi$20 | 6283 | 0.870 | $\phi$8 | $\phi$8 | 0.499 |
| | | | 20$\phi$22 | 7602 | 1.052 | $\phi$10 | $\phi$8 | 0.636 |
| | | | 20$\phi$25 | 9818 | 1.359 | $\phi$10 | $\phi$10 | 0.776 |
| | | | 20$\phi$28 | 12315 | 1.705 | $\phi$12 | $\phi$10 | 0.942 |
| | | | 20$\phi$30 | 14137 | 1.957 | $\phi$12 | $\phi$12 | 1.112 |
| | | | **20$\phi$32** | **16085** | **2.226** | $\phi$14 | $\phi$10 | 1.137 |
| | | | **20$\phi$36** | **20357** | **2.818** | $\phi$14 | $\phi$12 | 1.306 |
| | | | **20$\phi$40** | **25133** | **3.479** | $\phi$14 | $\phi$14 | 1.506 |
| | | | | | | **$\phi$16** | **$\phi$10** | **1.364** |
| | | | | | | **$\phi$16** | **$\phi$12** | **1.532** |
| | | | | | | **$\phi$16** | **$\phi$14** | **1.732** |
| | | | | | | **$\phi$16** | **$\phi$16** | **1.962** |
| 265 | 850×850 | （270） | 24$\phi$18 | 6108 | 0.845 | 同上 | | |
| | | | 24$\phi$20 | 7541 | 1.044 | | | |
| | | | 24$\phi$22 | 9122 | 1.263 | | | |
| | | | 24$\phi$25 | 11782 | 1.631 | | | |
| | | | 24$\phi$28 | 14779 | 2.046 | | | |
| | | | 24$\phi$30 | 16966 | 2.348 | | | |
| | | | **24$\phi$32** | **19302** | **2.672** | | | |
| | | | **24$\phi$36** | **24429** | **3.381** | | | |
| | | | **24$\phi$40** | **30159** | **4.174** | | | |

续表

| 序号 | $b \times h$ (mm) | 截面形式（最大箍筋肢距/mm） | 主筋 ① | 主筋 $A_S$ ($mm^2$) | 主筋 $\rho = A_S/(bh)$ (%) | 箍筋@100 ② | 箍筋@100 ③④ | 箍筋@100 $\rho_v$ (%) |
|---|---|---|---|---|---|---|---|---|
| 266 | 850×850 | （200） | 16φ20 | 5026 | 0.696 | φ6.5 | φ6.5 | 0.413 |
| | | | 16φ22 | 6082 | 0.842 | φ8 | φ6 | 0.460 |
| | | | 16φ25 | 7854 | 1.087 | φ8 | φ6.5 | 0.496 |
| | | | 16φ28 | 9852 | 1.364 | φ8 | φ8 | 0.624 |
| | | | 16φ30 | 11310 | 1.565 | φ10 | φ8 | 0.760 |
| | | | **16φ32** | **12868** | **1.781** | φ10 | φ10 | 0.970 |
| | | | **16φ36** | **16286** | **2.254** | φ12 | φ10 | 1.135 |
| | | | **16φ40** | **20106** | **2.783** | φ12 | φ12 | 1.389 |
| | | | | | | φ14 | φ10 | 1.329 |
| | | | | | | φ14 | φ12 | 1.582 |
| | | | | | | φ14 | φ14 | 1.882 |
| | | | | | | **φ16** | **φ10** | **1.555** |
| | | | | | | **φ16** | **φ12** | **1.808** |
| | | | | | | **φ16** | **φ14** | **2.107** |
| | | | | | | **φ16** | **φ16** | **2.452** |
| 267 | 850×850 | （200） | 28φ16 | 5630 | 0.779 | 同上 | | |
| | | | 28φ18 | 7125 | 0.986 | | | |
| | | | 28φ20 | 8796 | 1.217 | | | |
| | | | 28φ22 | 10644 | 1.473 | | | |
| | | | 28φ25 | 13744 | 1.902 | | | |
| | | | 28φ28 | 17241 | 2.386 | | | |
| | | | 28φ30 | 19792 | 2.739 | | | |
| | | | **28φ32** | **22519** | **3.117** | | | |
| | | | **28φ36** | **28501** | **3.945** | | | |
| | | | **28φ40** | **35186** | **4.870** | | | |
| 268 | 900×900 | （290） | 24φ18 | 6108 | 0.754 | φ8 | φ8 | 0.470 |
| | | | 24φ20 | 7541 | 0.931 | φ10 | φ8 | 0.599 |
| | | | 24φ22 | 9122 | 1.126 | φ10 | φ10 | 0.731 |
| | | | 24φ25 | 11782 | 1.454 | φ12 | φ10 | 0.887 |
| | | | 24φ28 | 14779 | 1.824 | φ12 | φ12 | 1.112 |
| | | | 24φ30 | 16966 | 2.094 | φ14 | φ10 | 1.071 |
| | | | **24φ32** | **19303** | **2.383** | φ14 | φ12 | 1.231 |
| | | | **24φ36** | **24429** | **3.016** | φ14 | φ14 | 1.419 |
| | | | **24φ40** | **30159** | **3.723** | **φ16** | **φ10** | **1.286** |
| | | | | | | **φ16** | **φ12** | **1.444** |
| | | | | | | **φ16** | **φ14** | **1.632** |
| | | | | | | **φ16** | **φ16** | **1.849** |

续表

| 序号 | $b \times h$ (mm) | 截面形式（最大箍筋肢距/mm） | 主筋 ① | 主筋 $A_S$ ($mm^2$) | 主筋 $\rho = A_S/(bh)$ (%) | 箍筋@100 ② | 箍筋@100 ③④ | 箍筋@100 $\rho_v$ (%) |
|---|---|---|---|---|---|---|---|---|
| 269 | 900×900 | (220) | 32$\phi$16 | 6434 | 0.794 | $\phi$8 | $\phi$6 | 0.433 |
| | | | 32$\phi$18 | 8143 | 1.005 | $\phi$8 | $\phi$6.5 | 0.467 |
| | | | 32$\phi$20 | 10053 | 1.241 | $\phi$8 | $\phi$8 | 0.587 |
| | | | 32$\phi$22 | 12164 | 1.502 | $\phi$10 | $\phi$8 | 0.716 |
| | | | 32$\phi$25 | 15708 | 1.939 | $\phi$10 | $\phi$10 | 0.913 |
| | | | 32$\phi$28 | 19704 | 2.433 | $\phi$12 | $\phi$10 | 1.069 |
| | | | 32$\phi$30 | 22619 | 2.792 | $\phi$12 | $\phi$12 | 1.309 |
| | | | **32$\phi$32** | **25736** | **3.177** | $\phi$14 | $\phi$10 | 1.252 |
| | | | **32$\phi$36** | **32572** | **4.021** | $\phi$14 | $\phi$12 | 1.491 |
| | | | **32$\phi$40** | **40212** | **4.964** | $\phi$14 | $\phi$14 | 1.774 |
| | | | | | | **$\phi$16** | **$\phi$10** | **1.466** |
| | | | | | | **$\phi$16** | **$\phi$12** | **1.704** |
| | | | | | | **$\phi$16** | **$\phi$14** | **1.986** |
| | | | | | | **$\phi$16** | **$\phi$16** | **2.311** |
| 270 | 900×900 | (190) | 20$\phi$20 | 6283 | 0.776 | $\phi$6.5 | $\phi$6.5 | 0.467 |
| | | | 20$\phi$22 | 7602 | 0.938 | $\phi$8 | $\phi$6 | 0.499 |
| | | | 20$\phi$25 | 9818 | 1.212 | $\phi$8 | $\phi$6.5 | 0.545 |
| | | | 20$\phi$28 | 12315 | 1.520 | $\phi$8 | $\phi$8 | 0.705 |
| | | | 20$\phi$30 | 14137 | 1.745 | $\phi$10 | $\phi$8 | 0.833 |
| | | | **20$\phi$32** | **16085** | **1.986** | $\phi$10 | $\phi$10 | 1.096 |
| | | | **20$\phi$36** | **20357** | **2.513** | $\phi$12 | $\phi$10 | 1.251 |
| | | | **20$\phi$40** | **25133** | **3.103** | $\phi$12 | $\phi$12 | 1.571 |
| | | | | | | $\phi$14 | $\phi$10 | 1.433 |
| | | | | | | $\phi$14 | $\phi$12 | 1.752 |
| | | | | | | $\phi$14 | $\phi$14 | 2.128 |
| | | | | | | **$\phi$16** | **$\phi$10** | **1.647** |
| | | | | | | **$\phi$16** | **$\phi$12** | **1.964** |
| | | | | | | **$\phi$16** | **$\phi$14** | **2.340** |
| | | | | | | **$\phi$16** | **$\phi$16** | **2.773** |

续表

| 序号 | $b \times h$ (mm) | 截面形式 (最大箍筋肢距/mm) | 主筋 ① | $A_S$ ($mm^2$) | $\rho = A_S/(bh)$ (%) | 箍筋@100 ② | ③④ | $\rho_v$ (%) |
|---|---|---|---|---|---|---|---|---|
| 271 | 950×950 | (300) | 24φ20 | 7541 | 0.835 | φ8 | φ8 | 0.444 |
| | | | 24φ22 | 9122 | 1.011 | φ10 | φ8 | 0.566 |
| | | | 24φ25 | 11782 | 1.305 | φ10 | φ10 | 0.690 |
| | | | 24φ28 | 14779 | 1.638 | φ12 | φ10 | 0.839 |
| | | | 24φ30 | 16966 | 1.880 | φ12 | φ12 | 0.990 |
| | | | **24φ32** | **19303** | **2.139** | φ14 | φ10 | 1.013 |
| | | | **24φ36** | **24429** | **2.707** | φ14 | φ12 | 1.164 |
| | | | **24φ40** | **30159** | **3.342** | φ14 | φ14 | 1.342 |
| | | | | | | **φ16** | **φ10** | **1.216** |
| | | | | | | **φ16** | **φ12** | **1.366** |
| | | | | | | **φ16** | **φ14** | **1.543** |
| | | | | | | **φ16** | **φ16** | **1.748** |
| 272 | 950×950 | (230) | 32φ16 | 6434 | 0.713 | φ8 | φ6 | 0.409 |
| | | | 32φ18 | 8143 | 0.902 | φ8 | φ6.5 | 0.442 |
| | | | 32φ20 | 10053 | 1.114 | φ8 | φ8 | 0.555 |
| | | | 32φ22 | 12164 | 1.348 | φ10 | φ8 | 0.677 |
| | | | 32φ25 | 15708 | 1.740 | φ10 | φ10 | 0.863 |
| | | | 32φ28 | 19704 | 2.183 | φ12 | φ10 | 1.011 |
| | | | 32φ30 | 22619 | 2.506 | φ12 | φ12 | 1.237 |
| | | | **32φ32** | **25736** | **2.852** | φ14 | φ10 | 1.184 |
| | | | **32φ36** | **32572** | **3.609** | φ14 | φ12 | 1.410 |
| | | | **32φ40** | **40212** | **4.456** | φ14 | φ14 | 1.677 |
| | | | | | | **φ16** | **φ10** | **1.386** |
| | | | | | | **φ16** | **φ12** | **1.612** |
| | | | | | | **φ16** | **φ14** | **1.878** |
| | | | | | | **φ16** | **φ16** | **2.185** |

续表

| 序号 | $b \times h$ (mm) | 截面形式 (最大箍筋肢距/mm) | 主筋 ① | $A_S$ ($mm^2$) | $\rho = A_S/(bh)$ (%) | 箍筋@100 ② | ③④ | $\rho_v$ (%) |
|---|---|---|---|---|---|---|---|---|
| 273 | 950×950 | (200) | 20$\phi$20 | 6283 | 0.696 | $\phi$6.5 | $\phi$6.5 | 0.441 |
| | | | 20$\phi$22 | 7602 | 0.842 | $\phi$8 | $\phi$6 | 0.472 |
| | | | 20$\phi$25 | 9818 | 1.088 | $\phi$8 | $\phi$6.5 | 0.515 |
| | | | 20$\phi$28 | 12315 | 1.364 | $\phi$8 | $\phi$8 | 0.666 |
| | | | 20$\phi$30 | 14137 | 1.566 | $\phi$10 | $\phi$8 | 0.787 |
| | | | 20$\phi$32 | 16085 | 1.782 | $\phi$10 | $\phi$10 | 1.036 |
| | | | 20$\phi$36 | 20357 | 2.256 | $\phi$12 | $\phi$10 | 1.182 |
| | | | 20$\phi$40 | 25133 | 2.785 | $\phi$12 | $\phi$12 | 1.485 |
| | | | | | | $\phi$14 | $\phi$10 | 1.473 |
| | | | | | | $\phi$14 | $\phi$12 | 1.654 |
| | | | | | | $\phi$14 | $\phi$14 | 2.012 |
| | | | | | | $\phi$16 | $\phi$10 | 1.557 |
| | | | | | | $\phi$16 | $\phi$12 | 1.857 |
| | | | | | | $\phi$16 | $\phi$14 | 2.213 |
| | | | | | | $\phi$16 | $\phi$16 | 2.623 |
| 274 | 1000×1000 | (290) | 28$\phi$18 | 7125 | 0.713 | $\phi$8 | $\phi$6.5 | 0.419 |
| | | | 28$\phi$20 | 8796 | 0.880 | $\phi$8 | $\phi$8 | 0.526 |
| | | | 28$\phi$22 | 10644 | 1.064 | $\phi$10 | $\phi$8 | 0.641 |
| | | | 28$\phi$25 | 13744 | 1.374 | $\phi$10 | $\phi$10 | 0.818 |
| | | | 28$\phi$28 | 17241 | 1.724 | $\phi$12 | $\phi$10 | 0.958 |
| | | | 28$\phi$30 | 19792 | 1.979 | $\phi$12 | $\phi$12 | 1.173 |
| | | | 28$\phi$32 | 22519 | 2.552 | $\phi$14 | $\phi$10 | 1.123 |
| | | | 28$\phi$36 | 28501 | 2.850 | $\phi$14 | $\phi$12 | 1.337 |
| | | | 28$\phi$40 | 35186 | 3.519 | $\phi$14 | $\phi$14 | 1.590 |
| | | | | | | $\phi$16 | $\phi$10 | 1.315 |
| | | | | | | $\phi$16 | $\phi$12 | 1.529 |
| | | | | | | $\phi$16 | $\phi$14 | 1.781 |
| | | | | | | $\phi$16 | $\phi$16 | 2.073 |

续表

| 序号 | $b \times h$ (mm) | 截面形式（最大箍筋肢距/mm） | 主筋 | | | 箍筋@100 | | |
|---|---|---|---|---|---|---|---|---|
| | | | ① | $A_S$ ($mm^2$) | $\rho = A_S/(bh)$ (%) | ② | ③④ | $\rho_v$ (%) |
| 275 | 1000×1000 | （250） | 32$\phi$18 | 8143 | 0.814 | 同上 | | |
| | | | 32$\phi$20 | 10053 | 1.005 | | | |
| | | | 32$\phi$22 | 12164 | 1.216 | | | |
| | | | 32$\phi$25 | 15708 | 1.571 | | | |
| | | | 32$\phi$28 | 19704 | 1.970 | | | |
| | | | 32$\phi$30 | 22619 | 2.262 | | | |
| | | | **32$\phi$32** | **25736** | **2.574** | | | |
| | | | **32$\phi$36** | **32572** | **3.257** | | | |
| | | | **32$\phi$40** | **40212** | **4.021** | | | |
| 276 | 1000×1000 | （200） | 20$\phi$22 | 7602 | 0.760 | $\phi$6.5 | $\phi$6.5 | 0.418 |
| | | | 20$\phi$25 | 9818 | 0.982 | $\phi$8 | $\phi$6 | 0.447 |
| | | | 20$\phi$28 | 12315 | 1.231 | $\phi$8 | $\phi$6.5 | 0.488 |
| | | | 20$\phi$30 | 14137 | 1.414 | $\phi$8 | $\phi$8 | 0.631 |
| | | | **20$\phi$32** | **16085** | **1.608** | $\phi$10 | $\phi$8 | 0.746 |
| | | | **20$\phi$36** | **20357** | **2.036** | $\phi$10 | $\phi$10 | 0.982 |
| | | | **20$\phi$40** | **25133** | **2.523** | $\phi$12 | $\phi$10 | 1.121 |
| | | | | | | $\phi$12 | $\phi$12 | 1.402 |
| | | | | | | $\phi$14 | $\phi$10 | 1.285 |
| | | | | | | $\phi$14 | $\phi$12 | 1.571 |
| | | | | | | $\phi$14 | $\phi$14 | 1.908 |
| | | | | | | **$\phi$16** | **$\phi$10** | **1.477** |
| | | | | | | **$\phi$16** | **$\phi$12** | **1.762** |
| | | | | | | **$\phi$16** | **$\phi$14** | **2.099** |
| | | | | | | **$\phi$16** | **$\phi$16** | **2.487** |
| 277 | 1050×1050 | （290） | 28$\phi$20 | 8796 | 0.798 | $\phi$8 | $\phi$8 | 0.500 |
| | | | 28$\phi$22 | 10644 | 0.965 | $\phi$10 | $\phi$8 | 0.610 |
| | | | 28$\phi$25 | 13744 | 1.247 | $\phi$10 | $\phi$10 | 0.778 |
| | | | 28$\phi$28 | 17241 | 1.564 | $\phi$12 | $\phi$10 | 0.914 |
| | | | 28$\phi$30 | 19792 | 1.795 | $\phi$12 | $\phi$12 | 1.115 |
| | | | **28$\phi$32** | **22519** | **2.043** | $\phi$14 | $\phi$10 | 1.068 |
| | | | **28$\phi$36** | **28501** | **2.585** | $\phi$14 | $\phi$12 | 1.271 |
| | | | **28$\phi$40** | **35186** | **3.191** | $\phi$14 | $\phi$14 | 1.512 |
| | | | | | | **$\phi$16** | **$\phi$10** | **1.250** |
| | | | | | | **$\phi$16** | **$\phi$12** | **1.454** |
| | | | | | | **$\phi$16** | **$\phi$14** | **1.694** |
| | | | | | | **$\phi$16** | **$\phi$16** | **1.971** |

续表

| 序号 | $b\times h$ (mm) | 截面形式（最大箍筋肢距/mm） | 主筋 | | | 箍筋@100 | | |
|---|---|---|---|---|---|---|---|---|
| | | | ① | $A_S$ ($mm^2$) | $\rho=A_S/(bh)$ (%) | ② | ③④ | $\rho_v$ (%) |
| 278 | 1050×1050 | (250) | 32ϕ18 | 8143 | 0.738 | 同上 | | |
| | | | 32ϕ20 | 10053 | 0.912 | | | |
| | | | 32ϕ22 | 12164 | 1.103 | | | |
| | | | 32ϕ25 | 15708 | 1.425 | | | |
| | | | 32ϕ28 | 19704 | 1.787 | | | |
| | | | 32ϕ30 | 22619 | 2.052 | | | |
| | | | **32ϕ32** | **25736** | **2.334** | | | |
| | | | **32ϕ36** | **32572** | **2.954** | | | |
| | | | **32ϕ40** | **40212** | **3.647** | | | |
| 279 | 1050×1050 | (200) | 20ϕ22 | 7602 | 0.689 | ϕ8 | ϕ6 | 0.425 |
| | | | 20ϕ25 | 9818 | 0.890 | ϕ8 | ϕ6.5 | 0.464 |
| | | | 20ϕ28 | 12315 | 1.117 | ϕ8 | ϕ8 | 0.600 |
| | | | 20ϕ30 | 14137 | 1.282 | ϕ10 | ϕ8 | 0.709 |
| | | | **20ϕ32** | **16085** | **1.459** | ϕ10 | ϕ10 | 0.933 |
| | | | **20ϕ36** | **20357** | **1.846** | ϕ12 | ϕ10 | 1.066 |
| | | | **20ϕ40** | **25133** | **2.280** | ϕ12 | ϕ12 | 1.338 |
| | | | | | | ϕ14 | ϕ10 | 1.222 |
| | | | | | | ϕ14 | ϕ12 | 1.494 |
| | | | | | | ϕ14 | ϕ14 | 1.815 |
| | | | | | | **ϕ16** | **ϕ10** | **1.404** |
| | | | | | | **ϕ16** | **ϕ12** | **1.676** |
| | | | | | | **ϕ16** | **ϕ14** | **1.996** |
| | | | | | | **ϕ16** | **ϕ16** | **2.365** |
| 280 | 1100×1100 | (300) | 28ϕ20 | 8769 | 0.725 | ϕ8 | ϕ8 | 0.476 |
| | | | 28ϕ22 | 10644 | 0.880 | ϕ10 | ϕ8 | 0.581 |
| | | | 28ϕ25 | 13744 | 1.136 | ϕ10 | ϕ10 | 0.741 |
| | | | 28ϕ28 | 17241 | 1.425 | ϕ12 | ϕ10 | 0.868 |
| | | | 28ϕ30 | 19792 | 1.636 | ϕ12 | ϕ12 | 1.063 |
| | | | **28ϕ32** | **22519** | **1.861** | ϕ14 | ϕ10 | 1.068 |
| | | | **28ϕ36** | **28501** | **2.355** | ϕ14 | ϕ12 | 1.212 |
| | | | **28ϕ40** | **35186** | **2.908** | ϕ14 | ϕ14 | 1.441 |
| | | | | | | **ϕ16** | **ϕ10** | **1.192** |
| | | | | | | **ϕ16** | **ϕ12** | **1.386** |
| | | | | | | **ϕ16** | **ϕ14** | **1.615** |
| | | | | | | **ϕ16** | **ϕ16** | **1.879** |

续表

| 序号 | $b \times h$ (mm) | 截面形式（最大箍筋肢距/mm） | 主筋 ① | 主筋 $A_S$ ($mm^2$) | 主筋 $\rho = A_S/(bh)$ (%) | 箍筋@100 ② | 箍筋@100 ③④ | 箍筋@100 $\rho_v$ (%) |
|---|---|---|---|---|---|---|---|---|
| 281 | 1100×1100 | (270) | 32φ20 | 10053 | 0.831 | 同上 | | |
| | | | 32φ22 | 12164 | 1.005 | | | |
| | | | 32φ25 | 15708 | 1.298 | | | |
| | | | 32φ28 | 19704 | 1.628 | | | |
| | | | 32φ30 | 22619 | 1.869 | | | |
| | | | **32φ32** | **25736** | **2.127** | | | |
| | | | **32φ36** | **32572** | **2.692** | | | |
| | | | **32φ40** | **40212** | **3.323** | | | |
| 282 | 1100×1100 | (220) | 40φ18 | 10179 | 0.841 | φ8 | φ6 | 0.405 |
| | | | 40φ20 | 12566 | 1.038 | φ8 | φ6.5 | 0.442 |
| | | | 40φ22 | 15205 | 1.257 | φ8 | φ8 | 0.571 |
| | | | 40φ25 | 19635 | 1.623 | φ10 | φ8 | 0.676 |
| | | | 40φ28 | 24630 | 2.035 | φ10 | φ10 | 0.889 |
| | | | 40φ30 | 28274 | 2.337 | φ12 | φ10 | 1.016 |
| | | | **40φ32** | **32170** | **2.659** | φ12 | φ12 | 1.276 |
| | | | **40φ36** | **40715** | **3.365** | φ14 | φ10 | 1.165 |
| | | | **40φ40** | **50265** | **4.154** | φ14 | φ12 | 1.424 |
| | | | | | | φ14 | φ14 | 1.730 |
| | | | | | | **φ16** | **φ10** | **1.339** |
| | | | | | | **φ16** | **φ12** | **1.597** |
| | | | | | | **φ16** | **φ14** | **1.903** |
| | | | | | | **φ16** | **φ16** | **2.255** |
| 283 | 1100×1100 | (190) | 24φ22 | 9122 | 0.754 | φ6.5 | φ6.5 | 0.441 |
| | | | 24φ25 | 11782 | 0.974 | φ8 | φ6 | 0.458 |
| | | | 24φ28 | 14779 | 1.221 | φ8 | φ6.5 | 0.505 |
| | | | 24φ30 | 16966 | 1.402 | φ8 | φ8 | 0.666 |
| | | | **24φ32** | **19303** | **1.595** | φ10 | φ8 | 0.771 |
| | | | **24φ36** | **24429** | **2.019** | φ10 | φ10 | 1.037 |
| | | | **24φ40** | **30159** | **2.492** | φ12 | φ10 | 1.163 |
| | | | | | | φ12 | φ12 | 1.488 |
| | | | | | | φ14 | φ10 | 1.312 |
| | | | | | | φ14 | φ12 | 1.636 |
| | | | | | | φ14 | φ14 | 2.018 |
| | | | | | | **φ16** | **φ10** | **1.485** |
| | | | | | | **φ16** | **φ12** | **1.809** |
| | | | | | | **φ16** | **φ14** | **2.190** |
| | | | | | | **φ16** | **φ16** | **2.631** |

续表

| 序号 | $b\times h$ (mm) | 截面形式（最大箍筋肢距/mm） | 主筋 ① | $A_S$ ($mm^2$) | $\rho=A_S/(bh)$ (%) | 箍筋@100 ② | ③④ | $\rho_v$ (%) |
|---|---|---|---|---|---|---|---|---|
| 284 | 1150×1150 | （290） | 32φ20 | 10053 | 0.760 | φ8 | φ8 | 0.455 |
| | | | 32φ22 | 12164 | 0.920 | φ10 | φ8 | 0.557 |
| | | | 32φ25 | 15708 | 1.188 | φ10 | φ10 | 0.708 |
| | | | 32φ28 | 19704 | 1.490 | φ12 | φ10 | 0.829 |
| | | | 32φ30 | 22619 | 1.710 | φ12 | φ12 | 1.015 |
| | | | **32φ32** | **25736** | **1.946** | φ14 | φ10 | 0.972 |
| | | | **32φ36** | **32572** | **2.463** | φ14 | φ12 | 1.158 |
| | | | **32φ40** | **40212** | **3.041** | φ14 | φ14 | 1.377 |
| | | | | | | **φ16** | **φ10** | **1.139** |
| | | | | | | **φ16** | **φ12** | **1.324** |
| | | | | | | **φ16** | **φ14** | **1.543** |
| | | | | | | **φ16** | **φ16** | **1.795** |
| 285 | 1150×1150 | （240） | 40φ18 | 10179 | 0.770 | φ8 | φ6.5 | 0.422 |
| | | | 40φ20 | 12566 | 0.950 | φ8 | φ8 | 0.545 |
| | | | 40φ22 | 15205 | 1.150 | φ10 | φ8 | 0.645 |
| | | | 40φ25 | 19635 | 1.485 | φ10 | φ10 | 0.849 |
| | | | 40φ28 | 24630 | 1.862 | φ12 | φ10 | 0.970 |
| | | | 40φ30 | 28274 | 2.138 | φ12 | φ12 | 1.218 |
| | | | **40φ32** | **32170** | **2.433** | φ14 | φ10 | 1.113 |
| | | | **40φ36** | **40715** | **3.079** | φ14 | φ12 | 1.360 |
| | | | **40φ40** | **50265** | **3.801** | φ14 | φ14 | 1.652 |
| | | | | | | **φ16** | **φ10** | **1.279** |
| | | | | | | **φ16** | **φ12** | **1.526** |
| | | | | | | **φ16** | **φ14** | **1.818** |
| | | | | | | **φ16** | **φ16** | **2.154** |
| 286 | 1150×1150 | （200） | 24φ22 | 9123 | 0.690 | φ6.5 | φ6.5 | 0.421 |
| | | | 24φ25 | 11782 | 0.891 | φ8 | φ6 | 0.437 |
| | | | 24φ28 | 14779 | 1.117 | φ8 | φ6.5 | 0.482 |
| | | | 24φ30 | 16966 | 1.283 | φ8 | φ8 | 0.636 |
| | | | **24φ32** | **19303** | **1.459** | φ10 | φ8 | 0.736 |
| | | | **24φ36** | **24429** | **1.847** | φ10 | φ10 | 0.991 |
| | | | **24φ40** | **30159** | **2.280** | φ12 | φ10 | 1.111 |
| | | | **24φ50** | **47124** | **3.563** | φ12 | φ12 | 1.421 |
| | | | | | | φ14 | φ10 | 1.253 |
| | | | | | | φ14 | φ12 | 1.562 |
| | | | | | | φ14 | φ14 | 1.928 |
| | | | | | | **φ16** | **φ10** | **1.419** |
| | | | | | | **φ16** | **φ12** | **1.728** |
| | | | | | | **φ16** | **φ14** | **2.093** |
| | | | | | | **φ16** | **φ16** | **2.513** |

续表

| 序号 | $b \times h$ (mm) | 截面形式（最大箍筋肢距/mm） | 主筋 | | | 箍筋@100 | | |
|---|---|---|---|---|---|---|---|---|
| | | | ① | $A_S$ ($mm^2$) | $\rho = A_S/(bh)$ (%) | ② | ③④ | $\rho_v$ (%) |
| 287 | 1200×1200 | (300) | 32$\phi$20 | 10053 | 0.698 | $\phi$8 | $\phi$8 | 0.435 |
| | | | 32$\phi$22 | 12164 | 0.845 | $\phi$10 | $\phi$8 | 0.531 |
| | | | 32$\phi$25 | 15708 | 1.091 | $\phi$10 | $\phi$10 | 0.677 |
| | | | 32$\phi$28 | 19704 | 1.368 | $\phi$12 | $\phi$10 | 0.794 |
| | | | 32$\phi$30 | 22619 | 1.571 | $\phi$12 | $\phi$12 | 0.972 |
| | | | **32$\phi$32** | **25736** | **1.787** | $\phi$14 | $\phi$10 | 0.931 |
| | | | **32$\phi$36** | **32572** | **2.262** | $\phi$14 | $\phi$12 | 1.108 |
| | | | **32$\phi$40** | **40212** | **2.793** | $\phi$14 | $\phi$14 | 1.318 |
| | | | | | | **$\phi$16** | **$\phi$10** | **1.090** |
| | | | | | | **$\phi$16** | **$\phi$12** | **1.267** |
| | | | | | | **$\phi$16** | **$\phi$14** | **1.477** |
| | | | | | | **$\phi$16** | **$\phi$16** | **1.718** |
| 288 | 1200×1200 | (250) | 40$\phi$18 | 10179 | 0.707 | $\phi$8 | $\phi$6.5 | 0.404 |
| | | | 40$\phi$20 | 12566 | 0.873 | $\phi$8 | $\phi$8 | 0.522 |
| | | | 40$\phi$22 | 15205 | 1.056 | $\phi$10 | $\phi$8 | 0.618 |
| | | | 40$\phi$25 | 19635 | 1.363 | $\phi$10 | $\phi$10 | 0.812 |
| | | | 40$\phi$28 | 24630 | 1.710 | $\phi$12 | $\phi$10 | 0.928 |
| | | | 40$\phi$30 | 28274 | 1.963 | $\phi$12 | $\phi$12 | 1.166 |
| | | | **40$\phi$32** | **32170** | **2.234** | $\phi$14 | $\phi$10 | 1.065 |
| | | | **40$\phi$36** | **40715** | **2.827** | $\phi$14 | $\phi$12 | 1.302 |
| | | | **40$\phi$40** | **50265** | **3.491** | $\phi$14 | $\phi$14 | 1.582 |
| | | | | | | **$\phi$16** | **$\phi$10** | **1.224** |
| | | | | | | **$\phi$16** | **$\phi$12** | **1.461** |
| | | | | | | **$\phi$16** | **$\phi$14** | **1.740** |
| | | | | | | **$\phi$16** | **$\phi$16** | **2.062** |
| 289 | 1200×1200 | (200) | 24$\phi$22 | 9123 | 0.634 | $\phi$8 | $\phi$6 | 0.418 |
| | | | 24$\phi$25 | 11782 | 0.818 | $\phi$8 | $\phi$6.5 | 0.461 |
| | | | 24$\phi$28 | 14779 | 1.026 | $\phi$8 | $\phi$8 | 0.609 |
| | | | 24$\phi$30 | 16966 | 1.178 | $\phi$10 | $\phi$8 | 0.704 |
| | | | **24$\phi$32** | **19303** | **1.340** | $\phi$10 | $\phi$10 | 0.948 |
| | | | **24$\phi$36** | **24429** | **1.696** | $\phi$12 | $\phi$10 | 1.063 |
| | | | **24$\phi$40** | **30159** | **2.094** | $\phi$12 | $\phi$12 | 1.360 |
| | | | **24$\phi$50** | **47124** | **3.273** | $\phi$14 | $\phi$10 | 1.200 |
| | | | | | | $\phi$14 | $\phi$12 | 1.496 |
| | | | | | | $\phi$14 | $\phi$14 | 1.845 |
| | | | | | | **$\phi$16** | **$\phi$10** | **1.359** |
| | | | | | | **$\phi$16** | **$\phi$12** | **1.654** |
| | | | | | | **$\phi$16** | **$\phi$14** | **2.003** |
| | | | | | | **$\phi$16** | **$\phi$16** | **2.406** |

续表

| 序号 | $b \times h$ (mm) | 截面形式（最大箍筋肢距/mm） | 主筋 ① | 主筋 $A_S$ ($mm^2$) | 主筋 $\rho = A_S/(bh)$ (%) | 箍筋@100 ② | 箍筋@100 ③④ | 箍筋@100 $\rho_v$ (%) |
|---|---|---|---|---|---|---|---|---|
| 290 | 1250×1250 | (300) | 32$\phi$20 | 10053 | 0.643 | $\phi$8 | $\phi$8 | 0.417 |
| | | | 32$\phi$22 | 12164 | 0.778 | $\phi$10 | $\phi$8 | 0.509 |
| | | | 32$\phi$25 | 15708 | 1.005 | $\phi$10 | $\phi$10 | 0.649 |
| | | | 32$\phi$28 | 19704 | 1.261 | $\phi$12 | $\phi$10 | 0.761 |
| | | | 32$\phi$30 | 22619 | 1.448 | $\phi$12 | $\phi$12 | 0.932 |
| | | | **32$\phi$32** | **25736** | **1.647** | $\phi$14 | $\phi$10 | 0.892 |
| | | | **32$\phi$36** | **32572** | **2.085** | $\phi$14 | $\phi$12 | 1.063 |
| | | | **32$\phi$40** | **40212** | **2.574** | $\phi$14 | $\phi$14 | 1.264 |
| | | | | | | **$\phi$16** | **$\phi$10** | **1.045** |
| | | | | | | **$\phi$16** | **$\phi$12** | **1.215** |
| | | | | | | **$\phi$16** | **$\phi$14** | **1.416** |
| | | | | | | **$\phi$16** | **$\phi$16** | **1.648** |
| 291 | 1250×1250 | (250) | 40$\phi$20 | 12566 | 0.804 | $\phi$8 | $\phi$8 | 0.500 |
| | | | 40$\phi$22 | 15205 | 0.973 | $\phi$10 | $\phi$8 | 0.592 |
| | | | 40$\phi$25 | 19635 | 1.257 | $\phi$10 | $\phi$10 | 0.779 |
| | | | 40$\phi$28 | 24630 | 1.576 | $\phi$12 | $\phi$10 | 0.890 |
| | | | 40$\phi$30 | 28274 | 1.809 | $\phi$12 | $\phi$12 | 1.118 |
| | | | **40$\phi$32** | **32170** | **2.059** | $\phi$14 | $\phi$10 | 1.021 |
| | | | **40$\phi$36** | **40715** | **2.606** | $\phi$14 | $\phi$12 | 1.248 |
| | | | **40$\phi$40** | **50265** | **3.217** | $\phi$14 | $\phi$14 | 1.517 |
| | | | | | | **$\phi$16** | **$\phi$10** | **1.174** |
| | | | | | | **$\phi$16** | **$\phi$12** | **1.401** |
| | | | | | | **$\phi$16** | **$\phi$14** | **1.669** |
| | | | | | | **$\phi$16** | **$\phi$16** | **1.978** |
| 292 | 1250×1250 | (200) | 24$\phi$25 | 11782 | 0.754 | $\phi$8 | $\phi$6.5 | 0.442 |
| | | | 24$\phi$28 | 14779 | 0.946 | $\phi$8 | $\phi$8 | 0.584 |
| | | | 24$\phi$30 | 16966 | 1.086 | $\phi$10 | $\phi$8 | 0.675 |
| | | | **24$\phi$32** | **19303** | **1.235** | $\phi$10 | $\phi$10 | 0.909 |
| | | | **24$\phi$36** | **24429** | **1.563** | $\phi$12 | $\phi$10 | 1.020 |
| | | | **24$\phi$40** | **30159** | **1.930** | $\phi$12 | $\phi$12 | 1.304 |
| | | | | | | $\phi$14 | $\phi$10 | 1.150 |
| | | | | | | $\phi$14 | $\phi$12 | 1.434 |
| | | | | | | $\phi$14 | $\phi$14 | 1.769 |
| | | | | | | **$\phi$16** | **$\phi$10** | **1.303** |
| | | | | | | **$\phi$16** | **$\phi$12** | **1.586** |
| | | | | | | **$\phi$16** | **$\phi$14** | **1.921** |
| | | | | | | **$\phi$16** | **$\phi$16** | **2.307** |

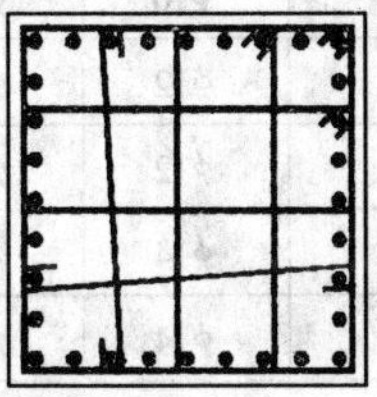

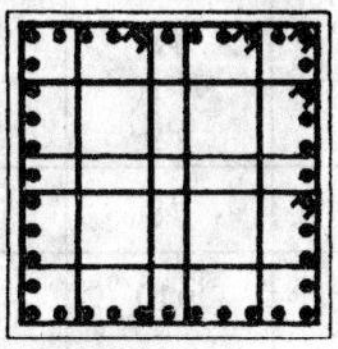

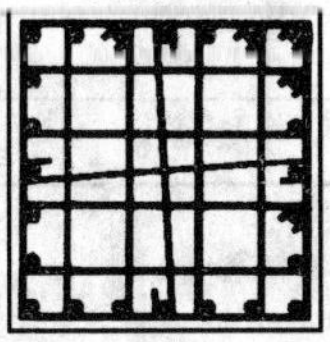

续表

| 序号 | $b \times h$ (mm) | 截面形式 (最大箍筋肢距/mm) | 主筋 | | | 箍筋@100 | | |
|---|---|---|---|---|---|---|---|---|
| | | | ① | $A_S$ ($mm^2$) | $\rho = A_S/(bh)$ (%) | ② | ③④ | $\rho_v$ (%) |
| 293 | 1300×1300 | (250) | 40$\phi$20 | 12566 | 0.743 | $\phi$8 | $\phi$8 | 0.480 |
| | | | 40$\phi$22 | 15205 | 0.900 | $\phi$10 | $\phi$8 | 0.569 |
| | | | 40$\phi$25 | 19635 | 1.162 | $\phi$10 | $\phi$10 | 0.748 |
| | | | 40$\phi$28 | 24630 | 1.457 | $\phi$12 | $\phi$10 | 0.855 |
| | | | 40$\phi$30 | 28274 | 1.673 | $\phi$12 | $\phi$12 | 1.074 |
| | | | **40$\phi$32** | **32170** | **1.904** | $\phi$14 | $\phi$10 | 0.981 |
| | | | **40$\phi$36** | **40715** | **2.409** | $\phi$14 | $\phi$12 | 1.199 |
| | | | **40$\phi$40** | **50265** | **2.974** | $\phi$14 | $\phi$14 | 1.457 |
| | | | | | | **$\phi$16** | **$\phi$10** | **1.128** |
| | | | | | | **$\phi$16** | **$\phi$12** | **1.346** |
| | | | | | | **$\phi$16** | **$\phi$14** | **1.603** |
| | | | | | | **$\phi$16** | **$\phi$16** | **1.900** |
| 294 | 1300×1300 | (190) | 28$\phi$25 | 13744 | 0.813 | $\phi$6.5 | $\phi$6.5 | 0.424 |
| | | | 28$\phi$28 | 17241 | 1.020 | $\phi$8 | $\phi$6 | 0.430 |
| | | | 28$\phi$30 | 19792 | 1.171 | $\phi$8 | $\phi$6.5 | 0.477 |
| | | | **28$\phi$32** | **22519** | **1.332** | $\phi$8 | $\phi$8 | 0.640 |
| | | | **28$\phi$36** | **28501** | **1.686** | $\phi$10 | $\phi$8 | 0.728 |
| | | | **28$\phi$40** | **35186** | **2.082** | $\phi$10 | $\phi$10 | 0.997 |
| | | | | | | $\phi$12 | $\phi$10 | 1.104 |
| | | | | | | $\phi$12 | $\phi$12 | 1.432 |
| | | | | | | $\phi$14 | $\phi$10 | 1.229 |
| | | | | | | $\phi$14 | $\phi$12 | 1.556 |
| | | | | | | $\phi$14 | $\phi$14 | 1.942 |
| | | | | | | **$\phi$16** | **$\phi$10** | **1.375** |
| | | | | | | **$\phi$16** | **$\phi$12** | **1.702** |
| | | | | | | **$\phi$16** | **$\phi$14** | **2.088** |
| | | | | | | **$\phi$16** | **$\phi$16** | **2.533** |

## 圆形截面柱配筋表

表 11-2

| 序号 | 圆柱直径 $D$（mm） | 截面形式（最大箍筋肢距/mm） | 主筋 ① | $A_S$（$mm^2$） | $\rho$（%） | 箍筋 ② | 备注 |
|---|---|---|---|---|---|---|---|
| 1 | 100 | | 3ϕ6 | 85 | 1.082 | ϕ6 或 ϕ6.5 或 ϕ8@100～200 | 仅用于小柱、装饰柱、构造柱等 |
| | | | 3ϕ6.5 | 100 | 1.273 | | |
| | | | 3ϕ8 | 151 | 1.923 | | |
| | | | **3ϕ10** | **236** | **3.005** | | |
| | | | **3ϕ12** | **339** | **4.316** | | |
| 2 | 100 | | 4ϕ6 | 113 | 1.439 | | |
| | | | 4ϕ6.5 | 133 | 1.693 | | |
| | | | 4ϕ8 | 201 | 2.559 | | |
| | | | **4ϕ10** | **314** | **3.998** | | |
| 3 | 120 | | 3ϕ6 | 85 | 0.752 | | |
| | | | 3ϕ6.5 | 100 | 0.884 | | |
| | | | 3ϕ8 | 151 | 1.335 | | |
| | | | 3ϕ10 | 236 | 2.087 | | |
| | | | 3ϕ12 | 339 | 2.997 | | |
| | | | **3ϕ14** | **462** | **4.085** | | |
| 4 | 120 | | 4ϕ6 | 113 | 0.999 | | |
| | | | 4ϕ6.5 | 133 | 1.176 | | |
| | | | 4ϕ8 | 201 | 1.777 | | |
| | | | 4ϕ10 | 314 | 2.776 | | |
| | | | **4ϕ12** | **452** | **3.997** | | |
| 5 | 150 | | 3ϕ8 | 151 | 0.854 | | |
| | | | 3ϕ10 | 236 | 1.335 | | |
| | | | 3ϕ12 | 339 | 1.918 | | |
| | | | 3ϕ14 | 462 | 2.614 | | |
| | | | **3ϕ16** | **603** | **3.412** | | |
| | | | **3ϕ18** | **763** | **4.318** | | |
| 6 | 150 | | 4ϕ8 | 201 | 1.137 | | |
| | | | 4ϕ10 | 314 | 1.777 | | |
| | | | 4ϕ12 | 452 | 2.558 | | |
| | | | **4ϕ14** | **616** | **3.486** | | |
| | | | **4ϕ16** | **804** | **4.550** | | |
| 7 | 180 | | 3ϕ10 | 236 | 0.927 | | |
| | | | 3ϕ12 | 339 | 1.332 | | |
| | | | 3ϕ14 | 462 | 1.815 | | |
| | | | 3ϕ16 | 603 | 2.370 | | |
| | | | 3ϕ18 | 763 | 2.998 | | |
| | | | **3ϕ20** | **942** | **3.702** | | |
| | | | **3ϕ22** | **1141** | **4.484** | | |
| 8 | 180 | | 4ϕ8 | 201 | 0.790 | | |
| | | | 4ϕ10 | 314 | 1.234 | | |
| | | | 4ϕ12 | 452 | 1.776 | | |
| | | | 4ϕ14 | 616 | 2.421 | | |
| | | | **4ϕ16** | **804** | **3.160** | | |
| | | | **4ϕ18** | **1018** | **4.001** | | |
| | | | **4ϕ20** | **1256** | **4.936** | | |

续表

| 序号 | 圆柱直径 $D$（mm） | 截面形式（最大箍筋肢距/mm） | 主筋 | | | 箍筋 | 备注 |
|---|---|---|---|---|---|---|---|
| | | | ① | $A_S$（$mm^2$） | $\rho$（%） | ② | |
| 9 | 200 | | 4$\phi$10 | 314 | 0.999 | $\phi$6 或 $\phi$6.5 或 $\phi$8@100～200 | 仅用于小柱、装饰柱、构造柱等 |
| | | | 4$\phi$12 | 452 | 1.439 | | |
| | | | 4$\phi$14 | 616 | 1.961 | | |
| | | | 4$\phi$16 | 804 | 2.559 | | |
| | | | **4$\phi$18** | **1018** | **3.240** | | |
| | | | **4$\phi$20** | **1256** | **3.998** | | |
| 10 | 240 | | 4$\phi$10 | 314 | 0.694 | | |
| | | | 4$\phi$12 | 452 | 0.999 | | |
| | | | 4$\phi$14 | 616 | 1.362 | | |
| | | | 4$\phi$16 | 804 | 1.777 | | |
| | | | 4$\phi$18 | 1018 | 2.250 | | |
| | | | 4$\phi$20 | 1256 | 2.776 | | |
| | | | **4$\phi$22** | **1520** | **3.360** | | |
| | | | **4$\phi$25** | **1963** | **4.340** | | |
| 11 | 240 | | 5$\phi$10 | 393 | 0.869 | | |
| | | | 5$\phi$12 | 564 | 1.247 | | |
| | | | 5$\phi$14 | 770 | 1.702 | | |
| | | | 5$\phi$16 | 1005 | 2.222 | | |
| | | | 5$\phi$18 | 1272 | 2.812 | | |
| | | | **5$\phi$20** | **1571** | **3.473** | | |
| | | | **5$\phi$22** | **1901** | **4.202** | | |
| 12 | 250 | | 4$\phi$10 | 314 | 0.640 | | |
| | | | 4$\phi$12 | 452 | 0.921 | | |
| | | | 4$\phi$14 | 616 | 1.255 | | |
| | | | 4$\phi$16 | 804 | 1.638 | | |
| | | | 4$\phi$18 | 1018 | 2.074 | | |
| | | | 4$\phi$20 | 1256 | 2.558 | | |
| | | | **4$\phi$22** | **1520** | **3.097** | | |
| | | | **4$\phi$25** | **1963** | **3.999** | | |
| 13 | 250 | | 5$\phi$10 | 393 | 0.801 | | |
| | | | 5$\phi$12 | 564 | 1.149 | | |
| | | | 5$\phi$14 | 770 | 1.569 | | |
| | | | 5$\phi$16 | 1005 | 2.047 | | |
| | | | 5$\phi$18 | 1272 | 2.591 | | |
| | | | **5$\phi$20** | **1571** | **3.200** | | |
| | | | **5$\phi$22** | **1901** | **3.873** | | |
| | | | **5$\phi$25** | **2454** | **4.999** | | |
| 14 | 300 | | 4$\phi$12 | 452 | 0.639 | | |
| | | | 4$\phi$14 | 616 | 0.870 | | |
| | | | 4$\phi$16 | 804 | 1.137 | | |
| | | | 4$\phi$18 | 1018 | 1.439 | | |
| | | | 4$\phi$20 | 1256 | 1.777 | | |
| | | | 4$\phi$22 | 1520 | 2.150 | | |
| | | | 4$\phi$25 | 1963 | 2.777 | | |
| | | | **4$\phi$28** | **2463** | **3.484** | | |

续表

| 序号 | 圆柱直径 $D$（mm） | 截面形式（最大箍筋肢距/mm） | 主筋 | | | 箍筋@100 | | |
|---|---|---|---|---|---|---|---|---|
| | | | ① | $A_S$（$mm^2$） | $\rho$（%） | ② | ③④ | $\rho_v$（%） |
| 15 | 300 | （250） | 6φ12 | 679 | 0.961 | φ6 | | 0.449 |
| | | | 6φ14 | 924 | 1.307 | φ6.5 | | 0.525 |
| | | | 6φ16 | 1206 | 1.706 | φ8 | | 0.785 |
| | | | 6φ18 | 1527 | 2.160 | φ10 | | 1.208 |
| | | | 6φ20 | 1885 | 2.667 | φ12 | | 1.714 |
| | | | **6φ22** | **2281** | **3.227** | φ14 | | 2.298 |
| | | | **6φ25** | **2945** | **4.166** | **φ16** | | **2.979** |
| 16 | 300 | （130） | 8φ12 | 905 | 1.280 | φ6 | φ6 | 0.734 |
| | | | 8φ14 | 1232 | 1.743 | φ6.5 | φ6.5 | 0.859 |
| | | | 8φ16 | 1608 | 2.275 | φ8 | φ6 | 1.067 |
| | | | 8φ18 | 2036 | 2.880 | φ8 | φ6.5 | 1.116 |
| | | | **8φ20** | **2513** | **3.555** | φ8 | φ8 | 1.286 |
| | | | **8φ22** | **3041** | **4.302** | φ10 | φ8 | 1.700 |
| | | | | | | φ10 | φ10 | 1.977 |
| | | | | | | φ12 | φ10 | 2.472 |
| | | | | | | φ12 | φ12 | 2.805 |
| | | | | | | φ14 | φ10 | 3.044 |
| | | | | | | φ14 | φ12 | 3.373 |
| | | | | | | φ14 | φ14 | 3.761 |
| | | | | | | **φ16** | **φ10** | **3.719** |
| | | | | | | **φ16** | **φ12** | **4.046** |
| | | | | | | **φ16** | **φ14** | **4.431** |
| | | | | | | **φ16** | **φ16** | **4.875** |
| 17 | 350 | （300） | 6φ12 | 679 | 0.706 | φ6.5 | | 0.438 |
| | | | 6φ14 | 924 | 0.960 | φ8 | | 0.657 |
| | | | 6φ16 | 1206 | 1.253 | φ10 | | 1.013 |
| | | | 6φ18 | 1527 | 1.587 | φ12 | | 1.441 |
| | | | 6φ20 | 1885 | 1.959 | φ14 | | 1.936 |
| | | | 6φ22 | 2281 | 2.371 | **φ16** | | **2.513** |
| | | | **6φ25** | **2945** | **3.061** | | | |
| | | | **6φ28** | **3695** | **3.841** | | | |
| | | | **6φ30** | **4241** | **4.408** | | | |

注：受力圆柱的直径不宜小于350mm。

续表

| 序号 | 圆柱直径 $D$（mm） | 截面形式（最大箍筋肢距/mm） | 主筋 | | | 箍筋@100 | | |
|---|---|---|---|---|---|---|---|---|
| | | | ① | $A_S$（$mm^2$） | $\rho$（%） | ② | ③④ | $\rho_v$（%） |
| 18 | 350 | （150） | 8ϕ12 | 905 | 0.940 | ϕ6 | ϕ6 | 0.612 |
| | | | 8ϕ14 | 1232 | 1.278 | ϕ6.5 | ϕ6.5 | 0.717 |
| | | | 8ϕ16 | 1608 | 1.671 | ϕ8 | ϕ6 | 0.892 |
| | | | 8ϕ18 | 2036 | 2.116 | ϕ8 | ϕ6.5 | 0.933 |
| | | | 8ϕ20 | 2513 | 2.612 | ϕ8 | ϕ8 | 1.075 |
| | | | **8ϕ22** | **3041** | **3.161** | ϕ10 | ϕ8 | 1.426 |
| | | | **8ϕ25** | **3927** | **4.082** | ϕ10 | ϕ10 | 1.658 |
| | | | | | | ϕ12 | ϕ10 | 2.082 |
| | | | | | | ϕ12 | ϕ12 | 2.358 |
| | | | | | | ϕ14 | ϕ10 | 2.565 |
| | | | | | | ϕ14 | ϕ12 | 2.842 |
| | | | | | | ϕ14 | ϕ14 | 3.169 |
| | | | | | | **ϕ16** | **ϕ10** | **3.138** |
| | | | | | | **ϕ16** | **ϕ12** | **3.413** |
| | | | | | | **ϕ16** | **ϕ14** | **3.738** |
| | | | | | | **ϕ16** | **ϕ16** | **4.113** |
| 19 | 400 | （175） | 8ϕ12 | 905 | 0.719 | ϕ6 | ϕ6 | 0.526 |
| | | | 8ϕ14 | 1232 | 0.979 | ϕ6.5 | ϕ6.5 | 0.615 |
| | | | 8ϕ16 | 1608 | 1.280 | ϕ8 | ϕ6 | 0.767 |
| | | | 8ϕ18 | 2036 | 1.620 | ϕ8 | ϕ6.5 | 0.802 |
| | | | 8ϕ20 | 2513 | 2.000 | ϕ8 | ϕ8 | 0.924 |
| | | | 8ϕ22 | 3041 | 2.420 | ϕ10 | ϕ8 | 1.228 |
| | | | **8ϕ25** | **3927** | **3.125** | ϕ10 | ϕ10 | 1.428 |
| | | | **8ϕ28** | **4926** | **3.920** | ϕ12 | ϕ10 | 1.792 |
| | | | **8ϕ30** | **5655** | **4.500** | ϕ12 | ϕ12 | 2.034 |
| | | | | | | ϕ14 | ϕ10 | 2.217 |
| | | | | | | ϕ14 | ϕ12 | 2.466 |
| | | | | | | ϕ14 | ϕ14 | 2.738 |
| | | | | | | **ϕ16** | **ϕ10** | **2.714** |
| | | | | | | **ϕ16** | **ϕ12** | **2.952** |
| | | | | | | **ϕ16** | **ϕ14** | **3.233** |
| | | | | | | **ϕ16** | **ϕ16** | **3.557** |

续表

| 序号 | 圆柱直径 $D$（mm） | 截面形式（最大箍筋肢距/mm） | 主筋 ① | $A_S$（$mm^2$） | $\rho$（%） | 箍筋@100 ② | ③④ | $\rho_v$（%） |
|---|---|---|---|---|---|---|---|---|
| 20 | 450 | （200） | 8$\phi$14 | 1232 | 0.773 | $\phi$6 | $\phi$6 | 0.460 |
| | | | 8$\phi$16 | 1608 | 1.011 | $\phi$6.5 | $\phi$6.5 | 0.539 |
| | | | 8$\phi$18 | 2036 | 1.280 | $\phi$8 | $\phi$6 | 0.673 |
| | | | 8$\phi$20 | 2513 | 1.580 | $\phi$8 | $\phi$6.5 | 0.703 |
| | | | 8$\phi$22 | 3041 | 1.912 | $\phi$8 | $\phi$8 | 0.811 |
| | | | 8$\phi$25 | 3927 | 2.469 | $\phi$10 | $\phi$8 | 1.078 |
| | | | **8$\phi$28** | **4926** | **3.097** | $\phi$10 | $\phi$10 | 1.254 |
| | | | **8$\phi$30** | **5655** | **3.556** | $\phi$12 | $\phi$10 | 1.576 |
| | | | **8$\phi$32** | **6434** | **4.045** | $\phi$12 | $\phi$12 | 1.788 |
| | | | | | | $\phi$14 | $\phi$10 | 1.952 |
| | | | | | | $\phi$14 | $\phi$12 | 2.162 |
| | | | | | | $\phi$14 | $\phi$14 | 2.411 |
| | | | | | | **$\phi$16** | **$\phi$10** | **2.391** |
| | | | | | | **$\phi$16** | **$\phi$12** | **2.601** |
| | | | | | | **$\phi$16** | **$\phi$14** | **2.848** |
| | | | | | | **$\phi$16** | **$\phi$16** | **3.134** |
| 21 | 500 | （230） | 8$\phi$14 | 1232 | 0.626 | $\phi$6 | $\phi$6 | 0.409 |
| | | | 8$\phi$16 | 1608 | 0.819 | $\phi$6.5 | $\phi$6.5 | 0.479 |
| | | | 8$\phi$18 | 2036 | 1.037 | $\phi$8 | $\phi$6 | 0.599 |
| | | | 8$\phi$20 | 2513 | 1.275 | $\phi$8 | $\phi$6.5 | 0.626 |
| | | | 8$\phi$22 | 3041 | 1.549 | $\phi$8 | $\phi$8 | 0.722 |
| | | | 8$\phi$25 | 3927 | 2.000 | $\phi$10 | $\phi$8 | 0.961 |
| | | | 8$\phi$28 | 4926 | 2.509 | $\phi$10 | $\phi$10 | 1.118 |
| | | | 8$\phi$30 | 5655 | 2.880 | $\phi$12 | $\phi$10 | 1.406 |
| | | | **8$\phi$32** | **6434** | **3.277** | $\phi$12 | $\phi$12 | 1.596 |
| | | | **8$\phi$36** | **8143** | **4.147** | $\phi$14 | $\phi$10 | 1.743 |
| | | | | | | $\phi$14 | $\phi$12 | 1.931 |
| | | | | | | $\phi$14 | $\phi$14 | 2.153 |
| | | | | | | **$\phi$16** | **$\phi$10** | **2.137** |
| | | | | | | **$\phi$16** | **$\phi$12** | **2.324** |
| | | | | | | **$\phi$16** | **$\phi$14** | **2.545** |
| | | | | | | **$\phi$16** | **$\phi$16** | **2.801** |

续表

| 序号 | 圆柱直径 $D$（mm） | 截面形式（最大箍筋肢距/mm） | 主筋 | | | 箍筋@100 | | |
|---|---|---|---|---|---|---|---|---|
| | | | ① | $A_S$（$mm^2$） | $\rho$（%） | ② | ③④ | $\rho_v$（%） |
| 22 | 500 | （160） | 8$\phi$14 | 1232 | 0.626 | $\phi$6 | $\phi$6 | 0.544 |
| | | | 8$\phi$16 | 1608 | 0.819 | $\phi$6.5 | $\phi$6.5 | 0.638 |
| | | | 8$\phi$18 | 2036 | 1.037 | $\phi$8 | $\phi$6 | 0.733 |
| | | | 8$\phi$20 | 2513 | 1.275 | $\phi$8 | $\phi$6.5 | 0.783 |
| | | | 8$\phi$22 | 3041 | 1.549 | $\phi$8 | $\phi$8 | 0.960 |
| | | | 8$\phi$25 | 3927 | 2.000 | $\phi$10 | $\phi$8 | 1.197 |
| | | | 8$\phi$28 | 4926 | 2.509 | $\phi$10 | $\phi$10 | 1.486 |
| | | | 8$\phi$30 | 5655 | 2.880 | $\phi$12 | $\phi$10 | 1.771 |
| | | | **8$\phi$32** | **6434** | **3.277** | $\phi$12 | $\phi$12 | 2.122 |
| | | | **8$\phi$36** | **8143** | **4.147** | $\phi$14 | $\phi$10 | 2.105 |
| | | | | | | $\phi$14 | $\phi$12 | 2.453 |
| | | | | | | $\phi$14 | $\phi$14 | 2.863 |
| | | | | | | **$\phi$16** | **$\phi$10** | **2.497** |
| | | | | | | **$\phi$16** | **$\phi$12** | **2.843** |
| | | | | | | **$\phi$16** | **$\phi$14** | **3.252** |
| | | | | | | **$\phi$16** | **$\phi$16** | **3.724** |
| 23 | 550 | （250） | 8$\phi$16 | 1608 | 0.677 | $\phi$6.5 | $\phi$6.5 | 0.432 |
| | | | 8$\phi$18 | 2036 | 0.857 | $\phi$8 | $\phi$6 | 0.540 |
| | | | 8$\phi$20 | 2513 | 1.058 | $\phi$8 | $\phi$6.5 | 0.564 |
| | | | 8$\phi$22 | 3041 | 1.280 | $\phi$8 | $\phi$8 | 0.650 |
| | | | 8$\phi$25 | 3927 | 1.653 | $\phi$10 | $\phi$8 | 0.867 |
| | | | 8$\phi$28 | 4926 | 2.073 | $\phi$10 | $\phi$10 | 1.008 |
| | | | 8$\phi$30 | 5655 | 2.380 | $\phi$12 | $\phi$10 | 1.269 |
| | | | **8$\phi$32** | **6434** | **2.708** | $\phi$12 | $\phi$12 | 1.440 |
| | | | **8$\phi$36** | **8143** | **3.427** | $\phi$14 | $\phi$10 | 1.575 |
| | | | **8$\phi$40** | **10053** | **4.231** | $\phi$14 | $\phi$12 | 1.745 |
| | | | | | | $\phi$14 | $\phi$14 | 1.945 |
| | | | | | | **$\phi$16** | **$\phi$10** | **1.931** |
| | | | | | | **$\phi$16** | **$\phi$12** | **2.100** |
| | | | | | | **$\phi$16** | **$\phi$14** | **2.300** |
| | | | | | | **$\phi$16** | **$\phi$16** | **2.531** |

续表

| 序号 | 圆柱直径 D（mm） | 截面形式（最大箍筋肢距/mm） | 主筋 | | | 箍筋@100 | | |
|---|---|---|---|---|---|---|---|---|
| | | | ① | $A_S$（$mm^2$） | ρ（%） | ② | ③④ | $\rho_v$（%） |
| 24 | 550 | （170） | 8ϕ16 | 1608 | 0.677 | ϕ6 | ϕ6 | 0.490 |
| | | | 8ϕ18 | 2036 | 0.857 | ϕ6.5 | ϕ6.5 | 0.574 |
| | | | 8ϕ20 | 2513 | 1.058 | ϕ8 | ϕ6 | 0.660 |
| | | | 8ϕ22 | 3041 | 1.280 | ϕ8 | ϕ6.5 | 0.702 |
| | | | 8ϕ25 | 3927 | 1.653 | ϕ8 | ϕ8 | 0.861 |
| | | | 8ϕ28 | 4926 | 2.073 | ϕ10 | ϕ8 | 1.080 |
| | | | 8ϕ30 | 5655 | 2.380 | ϕ10 | ϕ10 | 1.341 |
| | | | **8ϕ32** | **6434** | **2.708** | ϕ12 | ϕ10 | 1.599 |
| | | | **8ϕ36** | **8143** | **3.427** | ϕ12 | ϕ12 | 1.916 |
| | | | **8ϕ40** | **10053** | **4.231** | ϕ14 | ϕ10 | 1.902 |
| | | | | | | ϕ14 | ϕ12 | 2.216 |
| | | | | | | ϕ14 | ϕ14 | 2.587 |
| | | | | | | **ϕ16** | **ϕ10** | **2.257** |
| | | | | | | **ϕ16** | **ϕ12** | **2.570** |
| | | | | | | **ϕ16** | **ϕ14** | **2.940** |
| | | | | | | **ϕ16** | **ϕ16** | **3.366** |
| 25 | 600 | （280） | 10ϕ16 | 2011 | 0.711 | ϕ6.5 | ϕ6.5 | 0.451 |
| | | | 10ϕ18 | 2545 | 0.900 | ϕ8 | ϕ6 | 0.541 |
| | | | 10ϕ20 | 3142 | 1.111 | ϕ8 | ϕ6.5 | 0.572 |
| | | | 10ϕ22 | 3801 | 1.344 | ϕ8 | ϕ8 | 0.680 |
| | | | 10ϕ25 | 4909 | 1.736 | ϕ10 | ϕ8 | 0.877 |
| | | | 10ϕ28 | 6158 | 2.178 | ϕ10 | ϕ10 | 1.055 |
| | | | 10ϕ30 | 7069 | 2.500 | ϕ12 | ϕ10 | 1.293 |
| | | | **10ϕ32** | **8042** | **2.844** | ϕ12 | ϕ12 | 1.508 |
| | | | **10ϕ36** | **10179** | **3.600** | ϕ14 | ϕ10 | 1.571 |
| | | | **10ϕ40** | **12566** | **4.444** | ϕ14 | ϕ12 | 1.785 |
| | | | | | | ϕ14 | ϕ14 | 2.039 |
| | | | | | | **ϕ16** | **ϕ10** | **1.896** |
| | | | | | | **ϕ16** | **ϕ12** | **2.110** |
| | | | | | | **ϕ16** | **ϕ14** | **2.362** |
| | | | | | | **ϕ16** | **ϕ16** | **2.653** |

续表

| 序号 | 圆柱直径<br>$D$（mm） | 截面形式<br>（最大箍筋肢距/mm） | 主　筋 | | | 箍筋@100 | | |
|---|---|---|---|---|---|---|---|---|
| | | | ① | $A_S$<br>（$mm^2$） | $\rho$（%） | ② | ③④ | $\rho_v$（%） |
| 26 | 600 | （280） | 12ϕ14 | 1846 | 0.653 | ϕ6.5 | ϕ6.5 | 0.449 |
| | | | 12ϕ16 | 2412 | 0.853 | ϕ8 | ϕ6 | 0.539 |
| | | | 12ϕ18 | 3052 | 1.079 | ϕ8 | ϕ6.5 | 0.569 |
| | | | 12ϕ20 | 3768 | 1.333 | ϕ8 | ϕ8 | 0.676 |
| | | | 12ϕ22 | 4562 | 1.613 | ϕ10 | ϕ8 | 0.873 |
| | | | 12ϕ25 | 5890 | 2.084 | ϕ10 | ϕ10 | 1.049 |
| | | | 12ϕ28 | 7389 | 2.614 | ϕ12 | ϕ10 | 1.287 |
| | | | 12ϕ30 | 8482 | 3.000 | ϕ12 | ϕ12 | 1.500 |
| | | | **12ϕ32** | **9651** | **3.413** | ϕ14 | ϕ10 | 1.565 |
| | | | **12ϕ36** | **12215** | **4.320** | ϕ14 | ϕ12 | 1.777 |
| | | | | | | ϕ14 | ϕ14 | 2.027 |
| | | | | | | **ϕ16** | **ϕ10** | **1.890** |
| | | | | | | **ϕ16** | **ϕ12** | **2.101** |
| | | | | | | **ϕ16** | **ϕ14** | **2.350** |
| | | | | | | **ϕ16** | **ϕ16** | **2.638** |
| 27 | 600 | （190） | 16ϕ12 | 1810 | 0.640 | ϕ6 | ϕ6 | 0.446 |
| | | | 16ϕ14 | 2462 | 0.871 | ϕ6.5 | ϕ6.5 | 0.522 |
| | | | 16ϕ16 | 3218 | 1.138 | ϕ8 | ϕ6 | 0.601 |
| | | | 16ϕ18 | 4072 | 1.440 | ϕ8 | ϕ6.5 | 0.642 |
| | | | 16ϕ20 | 5026 | 1.778 | ϕ8 | ϕ8 | 0.787 |
| | | | 16ϕ22 | 6082 | 2.151 | ϕ10 | ϕ8 | 0.983 |
| | | | 16ϕ25 | 7854 | 2.778 | ϕ10 | ϕ10 | 1.221 |
| | | | **16ϕ28** | **9852** | **3.490** | ϕ12 | ϕ10 | 1.457 |
| | | | **16ϕ30** | **11310** | **4.007** | ϕ12 | ϕ12 | 1.746 |
| | | | **16ϕ32** | **12868** | **4.559** | ϕ14 | ϕ10 | 1.735 |
| | | | | | | ϕ14 | ϕ12 | 2.021 |
| | | | | | | ϕ14 | ϕ14 | 2.359 |
| | | | | | | **ϕ16** | **ϕ10** | **2.059** |
| | | | | | | **ϕ16** | **ϕ12** | **2.345** |
| | | | | | | **ϕ16** | **ϕ14** | **2.682** |
| | | | | | | **ϕ16** | **ϕ16** | **3.071** |

续表

| 序号 | 圆柱直径 $D$（mm） | 截面形式（最大箍筋肢距/mm） | 主筋 | | | 箍筋@100 | | |
|---|---|---|---|---|---|---|---|---|
| | | | ① | $A_S$（$mm^2$） | $\rho$（%） | ② | ③④ | $\rho_v$（%） |
| 28 | 650 | （300） | 10φ16 | 2011 | 0.606 | φ6.5 | φ6.5 | 0.414 |
| | | | 10φ18 | 2545 | 0.767 | φ8 | φ6 | 0.496 |
| | | | 10φ20 | 3142 | 0.947 | φ8 | φ6.5 | 0.525 |
| | | | 10φ22 | 3801 | 1.146 | φ8 | φ8 | 0.624 |
| | | | 10φ25 | 4909 | 1.479 | φ10 | φ8 | 0.805 |
| | | | 10φ28 | 6158 | 1.856 | φ10 | φ10 | 0.968 |
| | | | 10φ30 | 7069 | 2.130 | φ12 | φ10 | 1.195 |
| | | | **10φ32** | **8042** | **2.424** | φ12 | φ12 | 1.386 |
| | | | **10φ36** | **10179** | **3.068** | φ14 | φ10 | 1.444 |
| | | | **10φ40** | **12566** | **3.787** | φ14 | φ12 | 1.641 |
| | | | | | | φ14 | φ14 | 1.874 |
| | | | | | | **φ16** | **φ10** | **1.737** |
| | | | | | | **φ16** | **φ12** | **1.940** |
| | | | | | | **φ16** | **φ14** | **2.172** |
| | | | | | | **φ16** | **φ16** | **2.439** |
| 29 | 650 | （300） | 12φ16 | 2413 | 0.727 | φ6.5 | φ6.5 | 0.412 |
| | | | 12φ18 | 3054 | 0.920 | φ8 | φ6 | 0.494 |
| | | | 12φ20 | 3770 | 1.136 | φ8 | φ6.5 | 0.522 |
| | | | 12φ22 | 4561 | 1.374 | φ8 | φ8 | 0.620 |
| | | | 12φ25 | 5891 | 1.775 | φ10 | φ8 | 0.802 |
| | | | 12φ28 | 7390 | 2.227 | φ10 | φ10 | 0.963 |
| | | | 12φ30 | 8482 | 2.556 | φ12 | φ10 | 1.182 |
| | | | **12φ32** | **9651** | **2.908** | φ12 | φ12 | 1.378 |
| | | | **12φ36** | **12215** | **3.681** | φ14 | φ10 | 1.438 |
| | | | **12φ40** | **15080** | **4.544** | φ14 | φ12 | 1.633 |
| | | | | | | φ14 | φ14 | 1.863 |
| | | | | | | **φ16** | **φ10** | **1.739** |
| | | | | | | **φ16** | **φ12** | **1.932** |
| | | | | | | **φ16** | **φ14** | **2.161** |
| | | | | | | **φ16** | **φ16** | **2.425** |

续表

| 序号 | 圆柱直径 $D$（mm） | 截面形式（最大箍筋肢距/mm） | 主　筋 | | | 箍筋@100 | | |
|---|---|---|---|---|---|---|---|---|
| | | | ① | $A_S$（$mm^2$） | $\rho$（%） | ② | ③④ | $\rho_v$（%） |
| 30 | 650 | （240） | 12$\phi$16 | 2413 | 0.727 | $\phi$6 | $\phi$6 | 0.419 |
| | | | 12$\phi$18 | 3054 | 0.920 | $\phi$6.5 | $\phi$6.5 | 0.491 |
| | | | 12$\phi$20 | 3770 | 1.136 | $\phi$8 | $\phi$6 | 0.561 |
| | | | 12$\phi$22 | 4561 | 1.374 | $\phi$8 | $\phi$6.5 | 0.601 |
| | | | 12$\phi$25 | 5891 | 1.775 | $\phi$8 | $\phi$8 | 0.740 |
| | | | 12$\phi$28 | 7390 | 2.227 | $\phi$10 | $\phi$8 | 0.920 |
| | | | 12$\phi$30 | 8482 | 2.556 | $\phi$10 | $\phi$10 | 1.148 |
| | | | **12$\phi$32** | **9651** | **2.908** | $\phi$12 | $\phi$10 | 1.366 |
| | | | **12$\phi$36** | **12215** | **3.681** | $\phi$12 | $\phi$12 | 1.643 |
| | | | **12$\phi$40** | **15080** | **4.544** | $\phi$14 | $\phi$10 | 1.622 |
| | | | | | | $\phi$14 | $\phi$12 | 1.897 |
| | | | | | | $\phi$14 | $\phi$14 | 2.222 |
| | | | | | | **$\phi$16** | **$\phi$10** | **1.920** |
| | | | | | | **$\phi$16** | **$\phi$12** | **2.194** |
| | | | | | | **$\phi$16** | **$\phi$14** | **2.519** |
| | | | | | | **$\phi$16** | **$\phi$16** | **2.892** |
| 31 | 650 | （220） | 16$\phi$14 | 2462 | 0.742 | $\phi$6 | $\phi$6 | 0.409 |
| | | | 16$\phi$16 | 3218 | 0.970 | $\phi$6.5 | $\phi$6.5 | 0.479 |
| | | | 16$\phi$18 | 4072 | 1.227 | $\phi$8 | $\phi$6 | 0.551 |
| | | | 16$\phi$20 | 5026 | 1.515 | $\phi$8 | $\phi$6.5 | 0.589 |
| | | | 16$\phi$22 | 6082 | 1.833 | $\phi$8 | $\phi$8 | 0.722 |
| | | | 16$\phi$25 | 7854 | 2.367 | $\phi$10 | $\phi$8 | 0.903 |
| | | | 16$\phi$28 | 9852 | 2.969 | $\phi$10 | $\phi$10 | 1.121 |
| | | | **16$\phi$30** | **11310** | **3.408** | $\phi$12 | $\phi$10 | 1.339 |
| | | | **16$\phi$32** | **12868** | **3.878** | $\phi$12 | $\phi$12 | 1.604 |
| | | | **16$\phi$36** | **16286** | **4.908** | $\phi$14 | $\phi$10 | 1.594 |
| | | | | | | $\phi$14 | $\phi$12 | 1.857 |
| | | | | | | $\phi$14 | $\phi$14 | 2.168 |
| | | | | | | **$\phi$16** | **$\phi$10** | **1.893** |
| | | | | | | **$\phi$16** | **$\phi$12** | **2.155** |
| | | | | | | **$\phi$16** | **$\phi$14** | **2.465** |
| | | | | | | **$\phi$16** | **$\phi$16** | **2.823** |

续表

| 序号 | 圆柱直径 $D$（mm） | 截面形式（最大箍筋肢距/mm） | 主筋 | | | 箍筋@100 | | |
|---|---|---|---|---|---|---|---|---|
| | | | ① | $A_S$（$mm^2$） | $\rho$（%） | ② | ③④ | $\rho_v$（%） |
| 32 | 650 | （170） | 12φ16 | 2413 | 0.727 | φ6 | φ6 | 0.515 |
| | | | 12φ18 | 3054 | 0.920 | φ6.5 | φ6.5 | 0.603 |
| | | | 12φ20 | 3770 | 1.136 | φ8 | φ6 | 0.656 |
| | | | 12φ22 | 4561 | 1.374 | φ8 | φ6.5 | 0.713 |
| | | | 12φ25 | 5891 | 1.775 | φ8 | φ8 | 0.909 |
| | | | 12φ28 | 7390 | 2.227 | φ10 | φ8 | 1.088 |
| | | | 12φ30 | 8482 | 2.556 | φ10 | φ10 | 1.411 |
| | | | **12φ32** | **9651** | **2.908** | φ12 | φ10 | 1.627 |
| | | | **12φ36** | **12215** | **3.681** | φ12 | φ12 | 2.018 |
| | | | **12φ40** | **15080** | **4.544** | φ14 | φ10 | 1.881 |
| | | | | | | φ14 | φ12 | 2.270 |
| | | | | | | φ14 | φ14 | 2.729 |
| | | | | | | **φ16** | **φ10** | **2.178** |
| | | | | | | **φ16** | **φ12** | **2.566** |
| | | | | | | **φ16** | **φ14** | **3.025** |
| | | | | | | **φ16** | **φ16** | **3.553** |
| 33 | 700 | （260） | 12φ16 | 2413 | 0.627 | φ6.5 | φ6.5 | 0.412 |
| | | | 12φ18 | 3054 | 0.793 | φ8 | φ6 | 0.519 |
| | | | 12φ20 | 3770 | 0.979 | φ8 | φ6.5 | 0.555 |
| | | | 12φ22 | 4561 | 1.185 | φ8 | φ8 | 0.684 |
| | | | 12φ25 | 5891 | 1.531 | φ10 | φ8 | 0.851 |
| | | | 12φ28 | 7390 | 1.920 | φ10 | φ10 | 1.061 |
| | | | 12φ30 | 8482 | 2.204 | φ12 | φ10 | 1.263 |
| | | | **12φ32** | **9651** | **2.508** | φ12 | φ12 | 1.519 |
| | | | **12φ36** | **12215** | **3.174** | φ14 | φ10 | 1.500 |
| | | | **12φ40** | **15080** | **3.265** | φ14 | φ12 | 1.755 |
| | | | | | | φ14 | φ14 | 2.055 |
| | | | | | | **φ16** | **φ10** | **1.777** |
| | | | | | | **φ16** | **φ12** | **2.031** |
| | | | | | | **φ16** | **φ14** | **2.331** |
| | | | | | | **φ16** | **φ16** | **2.677** |

续表

| 序号 | 圆柱直径 $D$（mm） | 截面形式（最大箍筋肢距/mm） | 主筋 | | | 箍筋@100 | | |
|---|---|---|---|---|---|---|---|---|
| | | | ① | $A_S$（mm²） | $\rho$（%） | ② | ③④ | $\rho_v$（%） |
| 34 | 700 | （250） | 16$\phi$14 | 2462 | 0.640 | $\phi$6.5 | $\phi$6.5 | 0.442 |
| | | | 16$\phi$16 | 3218 | 0.836 | $\phi$8 | $\phi$6 | 0.509 |
| | | | 16$\phi$18 | 4072 | 1.058 | $\phi$8 | $\phi$6.5 | 0.545 |
| | | | 16$\phi$20 | 5026 | 1.306 | $\phi$8 | $\phi$8 | 0.667 |
| | | | 16$\phi$22 | 6082 | 1.580 | $\phi$10 | $\phi$8 | 0.834 |
| | | | 16$\phi$25 | 7854 | 2.041 | $\phi$10 | $\phi$10 | 1.036 |
| | | | 16$\phi$28 | 9852 | 2.560 | $\phi$12 | $\phi$10 | 1.238 |
| | | | 16$\phi$30 | 11310 | 2.939 | $\phi$12 | $\phi$12 | 1.483 |
| | | | **16$\phi$32** | **12868** | **3.344** | $\phi$14 | $\phi$10 | 1.475 |
| | | | **16$\phi$36** | **16286** | **4.232** | $\phi$14 | $\phi$12 | 1.718 |
| | | | | | | $\phi$14 | $\phi$14 | 2.006 |
| | | | | | | **$\phi$16** | **$\phi$10** | **1.752** |
| | | | | | | **$\phi$16** | **$\phi$12** | **1.995** |
| | | | | | | **$\phi$16** | **$\phi$14** | **2.281** |
| | | | | | | **$\phi$16** | **$\phi$16** | **2.612** |
| 35 | 700 | （170） | 12$\phi$16 | 2413 | 0.627 | $\phi$6 | $\phi$6 | 0.475 |
| | | | 12$\phi$18 | 3054 | 0.793 | $\phi$6.5 | $\phi$6.5 | 0.557 |
| | | | 12$\phi$20 | 3770 | 0.979 | $\phi$8 | $\phi$6 | 0.606 |
| | | | 12$\phi$22 | 4561 | 1.185 | $\phi$8 | $\phi$6.5 | 0.658 |
| | | | 12$\phi$25 | 5891 | 1.531 | $\phi$8 | $\phi$8 | 0.840 |
| | | | 12$\phi$28 | 7390 | 1.920 | $\phi$10 | $\phi$8 | 1.006 |
| | | | 12$\phi$30 | 8482 | 2.204 | $\phi$10 | $\phi$10 | 1.304 |
| | | | **12$\phi$32** | **9651** | **2.508** | $\phi$12 | $\phi$10 | 1.504 |
| | | | **12$\phi$36** | **12215** | **3.174** | $\phi$12 | $\phi$12 | 1.866 |
| | | | **12$\phi$40** | **15080** | **3.265** | $\phi$14 | $\phi$10 | 1.739 |
| | | | | | | $\phi$14 | $\phi$12 | 2.100 |
| | | | | | | $\phi$14 | $\phi$14 | 2.525 |
| | | | | | | **$\phi$16** | **$\phi$10** | **2.016** |
| | | | | | | **$\phi$16** | **$\phi$12** | **2.375** |
| | | | | | | **$\phi$16** | **$\phi$14** | **2.799** |
| | | | | | | **$\phi$16** | **$\phi$16** | **3.288** |

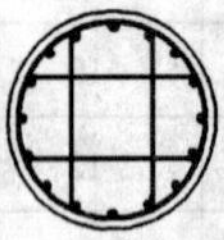

续表

| 序号 | 圆柱直径 $D$（mm） | 截面形式（最大箍筋肢距/mm） | 主筋 | | | 箍筋@100 | | |
|---|---|---|---|---|---|---|---|---|
| | | | ① | $A_S$（$mm^2$） | $\rho$（%） | ② | ③④ | $\rho_v$（%） |
| 36 | 750 | (260) | 12$\phi$18 | 3054 | 0.691 | $\phi$6.5 | $\phi$6.5 | 0.421 |
| | | | 12$\phi$20 | 3770 | 0.853 | $\phi$8 | $\phi$6 | 0.482 |
| | | | 12$\phi$22 | 4561 | 1.032 | $\phi$8 | $\phi$6.5 | 0.516 |
| | | | 12$\phi$25 | 5891 | 1.333 | $\phi$8 | $\phi$8 | 0.635 |
| | | | 12$\phi$28 | 7390 | 1.673 | $\phi$10 | $\phi$8 | 0.791 |
| | | | 12$\phi$30 | 8482 | 1.920 | $\phi$10 | $\phi$10 | 0.987 |
| | | | **12$\phi$32** | **9651** | **2.185** | $\phi$12 | $\phi$10 | 1.175 |
| | | | **12$\phi$36** | **12215** | **2.765** | $\phi$12 | $\phi$12 | 1.413 |
| | | | **12$\phi$40** | **15080** | **3.413** | $\phi$14 | $\phi$10 | 1.396 |
| | | | | | | $\phi$14 | $\phi$12 | 1.633 |
| | | | | | | $\phi$14 | $\phi$14 | 1.912 |
| | | | | | | **$\phi$16** | **$\phi$10** | **1.654** |
| | | | | | | **$\phi$16** | **$\phi$12** | **1.890** |
| | | | | | | **$\phi$16** | **$\phi$14** | **2.169** |
| | | | | | | **$\phi$16** | **$\phi$16** | **2.491** |
| 37 | 750 | (180) | 12$\phi$18 | 3054 | 0.691 | $\phi$6 | $\phi$6 | 0.441 |
| | | | 12$\phi$20 | 3770 | 0.853 | $\phi$6.5 | $\phi$6.5 | 0.517 |
| | | | 12$\phi$22 | 4561 | 1.032 | $\phi$8 | $\phi$6 | 0.566 |
| | | | 12$\phi$25 | 5891 | 1.333 | $\phi$8 | $\phi$6.5 | 0.612 |
| | | | 12$\phi$28 | 7390 | 1.673 | $\phi$8 | $\phi$8 | 0.780 |
| | | | 12$\phi$30 | 8482 | 1.920 | $\phi$10 | $\phi$8 | 0.935 |
| | | | **12$\phi$32** | **9651** | **2.185** | $\phi$10 | $\phi$10 | 1.212 |
| | | | **12$\phi$36** | **12215** | **2.765** | $\phi$12 | $\phi$10 | 1.399 |
| | | | **12$\phi$40** | **15080** | **3.413** | $\phi$12 | $\phi$12 | 1.736 |
| | | | | | | $\phi$14 | $\phi$10 | 1.619 |
| | | | | | | $\phi$14 | $\phi$12 | 1.953 |
| | | | | | | $\phi$14 | $\phi$14 | 2.349 |
| | | | | | | **$\phi$16** | **$\phi$10** | **1.876** |
| | | | | | | **$\phi$16** | **$\phi$12** | **2.210** |
| | | | | | | **$\phi$16** | **$\phi$14** | **2.604** |
| | | | | | | **$\phi$16** | **$\phi$16** | **3.060** |

续表

| 序号 | 圆柱直径 $D$（mm） | 截面形式（最大箍筋肢距/mm） | 主筋 | | | 箍筋@100 | | |
|---|---|---|---|---|---|---|---|---|
| | | | ① | $A_S$（$mm^2$） | $\rho$（%） | ② | ③④ | $\rho_v$（%） |
| 38 | 800 | （280） | 12φ18 | 3054 | 0.608 | φ8 | φ6 | 0.450 |
| | | | 12φ20 | 3770 | 0.750 | φ8 | φ6.5 | 0.482 |
| | | | 12φ22 | 4561 | 0.907 | φ8 | φ8 | 0.593 |
| | | | 12φ25 | 5891 | 1.172 | φ10 | φ8 | 0.739 |
| | | | 12φ28 | 7390 | 1.470 | φ10 | φ10 | 0.922 |
| | | | 12φ30 | 8482 | 1.687 | φ12 | φ10 | 1.098 |
| | | | **12φ32** | **9651** | **1.920** | φ12 | φ12 | 1.320 |
| | | | **12φ36** | **12215** | **2.430** | φ14 | φ10 | 1.305 |
| | | | **12φ40** | **15080** | **3.000** | φ14 | φ12 | 1.526 |
| | | | **12φ50** | **23562** | **4.688** | φ14 | φ14 | 1.788 |
| | | | | | | **φ16** | **φ10** | **1.546** |
| | | | | | | **φ16** | **φ12** | **1.767** |
| | | | | | | **φ16** | **φ14** | **2.028** |
| | | | | | | **φ16** | **φ16** | **2.329** |
| 39 | 800 | （290） | 16φ16 | 3218 | 0.640 | φ8 | φ6 | 0.442 |
| | | | 16φ18 | 4072 | 0.810 | φ8 | φ6.5 | 0.472 |
| | | | 16φ20 | 5026 | 1.000 | φ8 | φ8 | 0.579 |
| | | | 16φ22 | 6082 | 1.210 | φ10 | φ8 | 0.725 |
| | | | 16φ25 | 7854 | 1.563 | φ10 | φ10 | 0.900 |
| | | | 16φ28 | 9852 | 1.960 | φ12 | φ10 | 1.076 |
| | | | 16φ30 | 11310 | 2.250 | φ12 | φ12 | 1.289 |
| | | | **16φ32** | **12868** | **2.560** | φ14 | φ10 | 1.283 |
| | | | **16φ36** | **16286** | **3.240** | φ14 | φ12 | 1.495 |
| | | | **16φ40** | **20106** | **4.000** | φ14 | φ14 | 1.745 |
| | | | | | | **φ16** | **φ10** | **1.524** |
| | | | | | | **φ16** | **φ12** | **1.736** |
| | | | | | | **φ16** | **φ14** | **1.985** |
| | | | | | | **φ16** | **φ16** | **2.273** |

续表

| 序号 | 圆柱直径 $D$（mm） | 截面形式（最大箍筋肢距/mm） | 主筋 | | | 箍筋@100 | | |
|---|---|---|---|---|---|---|---|---|
| | | | ① | $A_S$（$mm^2$） | $\rho$（%） | ② | ③④ | $\rho_v$（%） |
| 40 | 800 | （190） | 12φ18 | 3054 | 0.608 | φ6 | φ6 | 0.412 |
| | | | 12φ20 | 3770 | 0.750 | φ6.5 | φ6.5 | 0.483 |
| | | | 12φ22 | 4561 | 0.907 | φ8 | φ6 | 0.526 |
| | | | 12φ25 | 5891 | 1.172 | φ8 | φ6.5 | 0.571 |
| | | | 12φ28 | 7390 | 1.470 | φ8 | φ8 | 0.729 |
| | | | 12φ30 | 8482 | 1.687 | φ10 | φ8 | 0.874 |
| | | | **12φ32** | **9651** | **1.920** | φ10 | φ10 | 1.132 |
| | | | **12φ36** | **12215** | **2.430** | φ12 | φ10 | 1.307 |
| | | | **12φ40** | **15080** | **3.000** | φ12 | φ12 | 1.622 |
| | | | **12φ50** | **23562** | **4.688** | φ14 | φ10 | 1.513 |
| | | | | | | φ14 | φ12 | 1.826 |
| | | | | | | φ14 | φ14 | 2.196 |
| | | | | | | **φ16** | **φ10** | **1.754** |
| | | | | | | **φ16** | **φ12** | **2.066** |
| | | | | | | **φ16** | **φ14** | **2.435** |
| | | | | | | **φ16** | **φ16** | **2.861** |
| 41 | 800 | （190） | 24φ14 | 3694 | 0.735 | 同上 | | |
| | | | 24φ16 | 4826 | 0.960 | | | |
| | | | 24φ18 | 6108 | 1.215 | | | |
| | | | 24φ20 | 7541 | 1.500 | | | |
| | | | 24φ22 | 9122 | 1.815 | | | |
| | | | 24φ25 | 11782 | 2.344 | | | |
| | | | 24φ28 | 14779 | 2.940 | | | |
| | | | **24φ30** | **16966** | **3.375** | | | |
| | | | **24φ32** | **19303** | **3.840** | | | |
| | | | **24φ36** | **24429** | **4.860** | | | |
| 42 | 850 | （300） | 16φ18 | 4072 | 0.718 | φ8 | φ6 | 0.415 |
| | | | 16φ20 | 5026 | 0.886 | φ8 | φ6.5 | 0.443 |
| | | | 16φ22 | 6082 | 1.072 | φ8 | φ8 | 0.543 |
| | | | 16φ25 | 7854 | 1.384 | φ10 | φ8 | 0.680 |
| | | | 16φ28 | 9852 | 1.736 | φ10 | φ10 | 0.844 |
| | | | 16φ30 | 11310 | 1.993 | φ12 | φ10 | 1.010 |
| | | | **16φ32** | **12868** | **2.268** | φ12 | φ12 | 1.216 |
| | | | **16φ36** | **16286** | **2.870** | φ14 | φ10 | 1.207 |
| | | | **16φ40** | **20106** | **3.543** | φ14 | φ12 | 1.407 |
| | | | | | | φ14 | φ14 | 1.642 |
| | | | | | | **φ16** | **φ10** | **1.431** |
| | | | | | | **φ16** | **φ12** | **1.630** |
| | | | | | | **φ16** | **φ14** | **1.864** |
| | | | | | | **φ16** | **φ16** | **2.134** |

续表

| 序号 | 圆柱直径<br>D（mm） | 截面形式<br>（最大箍筋肢距/mm） | 主筋 | | | 箍筋@100 | | |
|---|---|---|---|---|---|---|---|---|
| | | | ① | $A_S$<br>（$mm^2$） | ρ（%） | ② | ③④ | $\rho_v$（%） |
| 43 | 850 | （200） | 24φ14 | 3694 | 0.651 | φ6.5 | φ6.5 | 0.453 |
| | | | 24φ16 | 4826 | 0.850 | φ8 | φ6 | 0.493 |
| | | | 24φ18 | 6108 | 1.076 | φ8 | φ6.5 | 0.536 |
| | | | 24φ20 | 7541 | 1.329 | φ8 | φ8 | 0.683 |
| | | | 24φ22 | 9122 | 1.608 | φ10 | φ8 | 0.820 |
| | | | 24φ25 | 11782 | 2.076 | φ10 | φ10 | 1.062 |
| | | | 24φ28 | 14779 | 2.604 | φ12 | φ10 | 1.227 |
| | | | 24φ30 | 16966 | 2.990 | φ12 | φ12 | 1.522 |
| | | | **24φ32** | **19303** | **3.402** | φ14 | φ10 | 1.421 |
| | | | **24φ36** | **24429** | **4.305** | φ14 | φ12 | 1.715 |
| | | | | | | φ14 | φ14 | 2.062 |
| | | | | | | **φ16** | **φ10** | **1.647** |
| | | | | | | **φ16** | **φ12** | **1.941** |
| | | | | | | **φ16** | **φ14** | **2.287** |
| | | | | | | **φ16** | **φ16** | **2.687** |
| 44 | 900 | （220） | 24φ16 | 4826 | 0.759 | φ6.5 | φ6.5 | 0.426 |
| | | | 24φ18 | 6108 | 0.960 | φ8 | φ6 | 0.465 |
| | | | 24φ20 | 7541 | 1.185 | φ8 | φ6.5 | 0.505 |
| | | | 24φ22 | 9122 | 1.434 | φ8 | φ8 | 0.643 |
| | | | 24φ25 | 11782 | 1.852 | φ10 | φ8 | 0.772 |
| | | | 24φ28 | 14779 | 2.323 | φ10 | φ10 | 1.001 |
| | | | 24φ30 | 16966 | 2.667 | φ12 | φ10 | 1.156 |
| | | | **24φ32** | **19303** | **3.034** | φ12 | φ12 | 1.475 |
| | | | **24φ36** | **24429** | **3.840** | φ14 | φ10 | 1.339 |
| | | | **24φ40** | **30159** | **4.741** | φ14 | φ12 | 1.616 |
| | | | | | | φ14 | φ14 | 1.943 |
| | | | | | | **φ16** | **φ10** | **1.552** |
| | | | | | | **φ16** | **φ12** | **1.829** |
| | | | | | | **φ16** | **φ14** | **2.155** |
| | | | | | | **φ16** | **φ16** | **2.532** |

续表

| 序号 | 圆柱直径 $D$（mm） | 截面形式（最大箍筋肢距/mm） | 主筋 | | | 箍筋@100 | | |
|---|---|---|---|---|---|---|---|---|
| | | | ① | $A_S$（$mm^2$） | $\rho$（%） | ② | ③④ | $\rho_v$（%） |
| 45 | 900 | (180) | 16$\phi$18 | 4072 | 0.640 | $\phi$6 | $\phi$6 | 0.429 |
| | | | 16$\phi$20 | 5026 | 0.790 | $\phi$6.5 | $\phi$6.5 | 0.503 |
| | | | 16$\phi$22 | 6082 | 0.956 | $\phi$8 | $\phi$6 | 0.530 |
| | | | 16$\phi$25 | 7854 | 1.235 | $\phi$8 | $\phi$6.5 | 0.581 |
| | | | 16$\phi$28 | 9852 | 1.549 | $\phi$8 | $\phi$8 | 0.759 |
| | | | 16$\phi$30 | 11310 | 1.778 | $\phi$10 | $\phi$8 | 0.888 |
| | | | **16$\phi$32** | **12868** | **2.022** | $\phi$10 | $\phi$10 | 1.182 |
| | | | **16$\phi$36** | **16286** | **2.560** | $\phi$12 | $\phi$10 | 1.338 |
| | | | **16$\phi$40** | **20106** | **3.160** | $\phi$12 | $\phi$12 | 1.696 |
| | | | **16$\phi$50** | **31416** | **4.938** | $\phi$14 | $\phi$10 | 1.521 |
| | | | | | | $\phi$14 | $\phi$12 | 1.878 |
| | | | | | | $\phi$14 | $\phi$14 | 2.300 |
| | | | | | | **$\phi$16** | **$\phi$10** | **1.735** |
| | | | | | | **$\phi$16** | **$\phi$12** | **2.091** |
| | | | | | | **$\phi$16** | **$\phi$14** | **2.513** |
| | | | | | | **$\phi$16** | **$\phi$16** | **2.999** |
| 46 | 950 | (250) | 24$\phi$16 | 4826 | 0.681 | $\phi$6.5 | $\phi$6.5 | 0.403 |
| | | | 24$\phi$18 | 6108 | 0.862 | $\phi$8 | $\phi$6 | 0.439 |
| | | | 24$\phi$20 | 7541 | 1.064 | $\phi$8 | $\phi$6.5 | 0.477 |
| | | | 24$\phi$22 | 9122 | 1.287 | $\phi$8 | $\phi$8 | 0.608 |
| | | | 24$\phi$25 | 11782 | 1.662 | $\phi$10 | $\phi$8 | 0.730 |
| | | | 24$\phi$28 | 14779 | 2.085 | $\phi$10 | $\phi$10 | 0.946 |
| | | | 24$\phi$30 | 16966 | 2.394 | $\phi$12 | $\phi$10 | 1.093 |
| | | | **24$\phi$32** | **19303** | **2.723** | $\phi$12 | $\phi$12 | 1.356 |
| | | | **24$\phi$36** | **24429** | **3.447** | $\phi$14 | $\phi$10 | 1.266 |
| | | | **24$\phi$40** | **30159** | **4.770** | $\phi$14 | $\phi$12 | 1.528 |
| | | | | | | $\phi$14 | $\phi$14 | 1.837 |
| | | | | | | **$\phi$16** | **$\phi$10** | **1.468** |
| | | | | | | **$\phi$16** | **$\phi$12** | **1.729** |
| | | | | | | **$\phi$16** | **$\phi$14** | **2.038** |
| | | | | | | **$\phi$16** | **$\phi$16** | **2.395** |

续表

| 序号 | 圆柱直径 $D$（mm） | 截面形式（最大箍筋肢距/mm） | 主筋 ① | 主筋 $A_S$（$mm^2$） | 主筋 $\rho$（%） | 箍筋@100 ② | 箍筋@100 ③④ | 箍筋@100 $\rho_v$（%） |
|---|---|---|---|---|---|---|---|---|
| 47 | 950 | （200） | 16$\phi$20 | 5026 | 0.709 | $\phi$6 | $\phi$6 | 0.400 |
| | | | 16$\phi$22 | 6082 | 0.858 | $\phi$6.5 | $\phi$6.5 | 0.469 |
| | | | 16$\phi$25 | 7854 | 1.108 | $\phi$8 | $\phi$6 | 0.496 |
| | | | 16$\phi$28 | 9852 | 1.390 | $\phi$8 | $\phi$6.5 | 0.544 |
| | | | 16$\phi$30 | 11310 | 1.596 | $\phi$8 | $\phi$8 | 0.709 |
| | | | **16$\phi$32** | **12868** | **1.815** | $\phi$10 | $\phi$8 | 0.831 |
| | | | **16$\phi$36** | **16286** | **2.298** | $\phi$10 | $\phi$10 | 1.104 |
| | | | **16$\phi$40** | **20106** | **2.837** | $\phi$12 | $\phi$10 | 1.252 |
| | | | **16$\phi$50** | **31416** | **4.432** | $\phi$12 | $\phi$12 | 1.585 |
| | | | | | | $\phi$14 | $\phi$10 | 1.426 |
| | | | | | | $\phi$14 | $\phi$12 | 1.758 |
| | | | | | | $\phi$14 | $\phi$14 | 2.151 |
| | | | | | | **$\phi$16** | **$\phi$10** | **1.628** |
| | | | | | | **$\phi$16** | **$\phi$12** | **1.960** |
| | | | | | | **$\phi$16** | **$\phi$14** | **2.352** |
| | | | | | | **$\phi$16** | **$\phi$16** | **2.804** |
| 48 | 1000 | （250） | 24$\phi$16 | 4825 | 0.614 | $\phi$8 | $\phi$6 | 0.416 |
| | | | 24$\phi$18 | 6107 | 0.778 | $\phi$8 | $\phi$6.5 | 0.452 |
| | | | 24$\phi$20 | 7540 | 0.960 | $\phi$8 | $\phi$8 | 0.576 |
| | | | 24$\phi$22 | 9123 | 1.161 | $\phi$10 | $\phi$8 | 0.692 |
| | | | 24$\phi$25 | 11781 | 1.500 | $\phi$10 | $\phi$10 | 0.896 |
| | | | 24$\phi$28 | 14778 | 1.882 | $\phi$12 | $\phi$10 | 1.036 |
| | | | 24$\phi$30 | 16965 | 2.160 | $\phi$12 | $\phi$12 | 1.286 |
| | | | **24$\phi$32** | **19302** | **2.458** | $\phi$14 | $\phi$10 | 1.201 |
| | | | **24$\phi$36** | **24429** | **3.110** | $\phi$14 | $\phi$12 | 1.449 |
| | | | **24$\phi$40** | **30159** | **3.840** | $\phi$14 | $\phi$14 | 1.742 |
| | | | | | | **$\phi$16** | **$\phi$10** | **1.392** |
| | | | | | | **$\phi$16** | **$\phi$12** | **1.640** |
| | | | | | | **$\phi$16** | **$\phi$14** | **1.933** |
| | | | | | | **$\phi$16** | **$\phi$16** | **2.271** |

续表

| 序号 | 圆柱直径 $D$（mm） | 截面形式（最大箍筋肢距/mm） | 主筋 | | | 箍筋@100 | | |
|---|---|---|---|---|---|---|---|---|
| | | | ① | $A_S$（$mm^2$） | $\rho$（%） | ② | ③④ | $\rho_v$（%） |
| 49 | 1000 | （200） | 16$\phi$20 | 5026 | 0.640 | $\phi$6.5 | $\phi$6.5 | 0.450 |
| | | | 16$\phi$22 | 6082 | 0.774 | $\phi$8 | $\phi$6 | 0.475 |
| | | | 16$\phi$25 | 7854 | 1.000 | $\phi$8 | $\phi$6.5 | 0.521 |
| | | | 16$\phi$28 | 9852 | 1.254 | $\phi$8 | $\phi$8 | 0.681 |
| | | | 16$\phi$30 | 11310 | 1.440 | $\phi$10 | $\phi$8 | 0.796 |
| | | | 16$\phi$32 | 12868 | 1.638 | $\phi$10 | $\phi$10 | 1.060 |
| | | | 16$\phi$36 | 16286 | 2.074 | $\phi$12 | $\phi$10 | 1.200 |
| | | | 16$\phi$40 | 20106 | 2.560 | $\phi$12 | $\phi$12 | 1.522 |
| | | | 16$\phi$50 | 31416 | 4.000 | $\phi$14 | $\phi$10 | 1.365 |
| | | | | | | $\phi$14 | $\phi$12 | 1.685 |
| | | | | | | $\phi$14 | $\phi$14 | 2.064 |
| | | | | | | $\phi$16 | $\phi$10 | 1.557 |
| | | | | | | $\phi$16 | $\phi$12 | 1.877 |
| | | | | | | $\phi$16 | $\phi$14 | 2.255 |
| | | | | | | $\phi$16 | $\phi$16 | 2.692 |
| 50 | 1000 | （200） | 32$\phi$14 | 4926 | 0.627 | 同上 | | |
| | | | 32$\phi$16 | 6436 | 0.819 | | | |
| | | | 32$\phi$18 | 8144 | 1.037 | | | |
| | | | 32$\phi$20 | 10052 | 1.280 | | | |
| | | | 32$\phi$22 | 12164 | 1.549 | | | |
| | | | 32$\phi$25 | 15708 | 2.000 | | | |
| | | | 32$\phi$28 | 19704 | 2.509 | | | |
| | | | 32$\phi$30 | 22620 | 2.880 | | | |
| | | | 32$\phi$32 | 25736 | 3.277 | | | |
| | | | 32$\phi$36 | 32572 | 4.147 | | | |
| 51 | 1050 | （260） | 24$\phi$18 | 6107 | 0.705 | $\phi$8 | $\phi$6.5 | 0.429 |
| | | | 24$\phi$20 | 7540 | 0.871 | $\phi$8 | $\phi$8 | 0.547 |
| | | | 24$\phi$22 | 9123 | 1.053 | $\phi$10 | $\phi$8 | 0.657 |
| | | | 24$\phi$25 | 11781 | 1.361 | $\phi$10 | $\phi$10 | 0.852 |
| | | | 24$\phi$28 | 14778 | 1.707 | $\phi$12 | $\phi$10 | 0.985 |
| | | | 24$\phi$30 | 16965 | 1.959 | $\phi$12 | $\phi$12 | 1.222 |
| | | | 24$\phi$32 | 19302 | 2.229 | $\phi$14 | $\phi$10 | 1.142 |
| | | | 24$\phi$36 | 24429 | 2.821 | $\phi$14 | $\phi$12 | 1.378 |
| | | | 24$\phi$40 | 30159 | 3.483 | $\phi$14 | $\phi$14 | 1.657 |
| | | | | | | $\phi$16 | $\phi$10 | 1.324 |
| | | | | | | $\phi$16 | $\phi$12 | 1.560 |
| | | | | | | $\phi$16 | $\phi$14 | 1.838 |
| | | | | | | $\phi$16 | $\phi$16 | 2.159 |

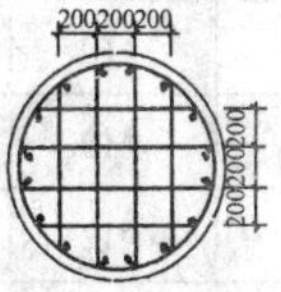

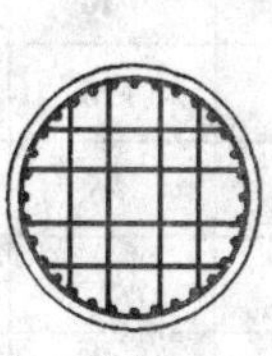

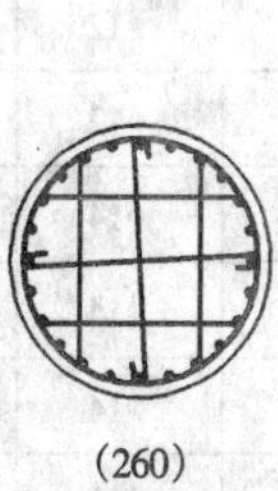

续表

| 序号 | 圆柱直径 $D$（mm） | 截面形式（最大箍筋肢距/mm） | 主筋 | | | 箍筋@100 | | |
|---|---|---|---|---|---|---|---|---|
| | | | ① | $A_S$（$mm^2$） | $\rho$（%） | ② | ③④ | $\rho_v$（%） |
| 52 | 1050 | （210） | 28$\phi$16 | 5630 | 0.650 | $\phi$6.5 | $\phi$6.5 | 0.432 |
| | | | 28$\phi$18 | 7125 | 0.823 | $\phi$8 | $\phi$6 | 0.455 |
| | | | 28$\phi$20 | 8796 | 1.016 | $\phi$8 | $\phi$6.5 | 0.499 |
| | | | 28$\phi$22 | 10644 | 1.229 | $\phi$8 | $\phi$8 | 0.654 |
| | | | 28$\phi$25 | 13744 | 1.587 | $\phi$10 | $\phi$8 | 0.763 |
| | | | 28$\phi$28 | 17241 | 1.991 | $\phi$10 | $\phi$10 | 1.018 |
| | | | 28$\phi$30 | 19792 | 2.286 | $\phi$12 | $\phi$10 | 1.151 |
| | | | **28$\phi$32** | **22519** | **2.601** | $\phi$12 | $\phi$12 | 1.461 |
| | | | **28$\phi$36** | **28501** | **3.291** | $\phi$14 | $\phi$10 | 1.308 |
| | | | **28$\phi$40** | **35186** | **4.064** | $\phi$14 | $\phi$12 | 1.617 |
| | | | | | | $\phi$14 | $\phi$14 | 1.982 |
| | | | | | | **$\phi$16** | **$\phi$10** | **1.490** |
| | | | | | | **$\phi$16** | **$\phi$12** | **1.799** |
| | | | | | | **$\phi$16** | **$\phi$14** | **2.164** |
| | | | | | | **$\phi$16** | **$\phi$16** | **2.585** |
| 53 | 1050 | （180） | 16$\phi$22 | 6082 | 0.702 | $\phi$6 | $\phi$6 | 0.419 |
| | | | 16$\phi$25 | 7854 | 0.907 | $\phi$6.5 | $\phi$6.5 | 0.491 |
| | | | 16$\phi$28 | 9852 | 1.138 | $\phi$8 | $\phi$6 | 0.505 |
| | | | 16$\phi$30 | 11310 | 1.306 | $\phi$8 | $\phi$6.5 | 0.558 |
| | | | **16$\phi$32** | **12868** | **1.486** | $\phi$8 | $\phi$8 | 0.742 |
| | | | **16$\phi$36** | **16286** | **1.881** | $\phi$10 | $\phi$8 | 0.851 |
| | | | **16$\phi$40** | **20106** | **2.322** | $\phi$10 | $\phi$10 | 1.155 |
| | | | **16$\phi$50** | **31416** | **3.628** | $\phi$12 | $\phi$10 | 1.287 |
| | | | | | | $\phi$12 | $\phi$12 | 1.657 |
| | | | | | | $\phi$14 | $\phi$10 | 1.442 |
| | | | | | | $\phi$14 | $\phi$12 | 1.811 |
| | | | | | | $\phi$14 | $\phi$14 | 2.246 |
| | | | | | | **$\phi$16** | **$\phi$10** | **1.624** |
| | | | | | | **$\phi$16** | **$\phi$12** | **1.996** |
| | | | | | | **$\phi$16** | **$\phi$14** | **2.431** |
| | | | | | | **$\phi$16** | **$\phi$16** | **2.928** |

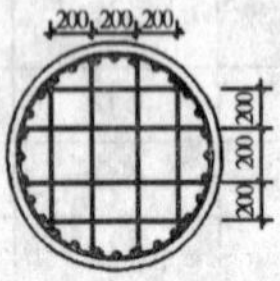

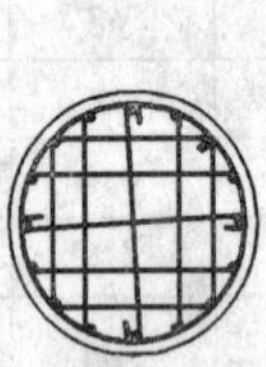

续表

| 序号 | 圆柱直径 $D$（mm） | 截面形式（最大箍筋肢距/mm） | 主筋 |  |  | 箍筋@100 |  |  |
|---|---|---|---|---|---|---|---|---|
|  |  |  | ① | $A_S$（$mm^2$） | $\rho$（%） | ② | ③④ | $\rho_v$（%） |
| 54 | 1050 | （180） | 32φ16 | 6434 | 0.743 | 同上 |  |  |
|  |  |  | 32φ18 | 8144 | 0.940 |  |  |  |
|  |  |  | 32φ20 | 10052 | 1.116 |  |  |  |
|  |  |  | 32φ22 | 12164 | 1.405 |  |  |  |
|  |  |  | 32φ25 | 15708 | 1.814 |  |  |  |
|  |  |  | 32φ28 | 19704 | 2.275 |  |  |  |
|  |  |  | 32φ30 | 22620 | 2.612 |  |  |  |
|  |  |  | **32φ32** | **25736** | **2.972** |  |  |  |
|  |  |  | **32φ36** | **32572** | **3.762** |  |  |  |
|  |  |  | **32φ40** | **40212** | **4.644** |  |  |  |
| 55 | 1100 | （270） | 24φ18 | 6107 | 0.643 | φ8 | φ6.5 | 0.409 |
|  |  |  | 24φ20 | 7540 | 0.793 | φ8 | φ8 | 0.522 |
|  |  |  | 24φ22 | 9123 | 0.960 | φ10 | φ8 | 0.626 |
|  |  |  | 24φ25 | 11781 | 1.240 | φ10 | φ10 | 0.812 |
|  |  |  | 24φ28 | 14778 | 1.555 | φ12 | φ10 | 0.939 |
|  |  |  | 24φ30 | 16965 | 1.785 | φ12 | φ12 | 1.165 |
|  |  |  | **24φ32** | **19302** | **2.031** | φ14 | φ10 | 1.088 |
|  |  |  | **24φ36** | **24429** | **2.571** | φ14 | φ12 | 1.313 |
|  |  |  | **24φ40** | **30159** | **3.174** | φ14 | φ14 | 1.579 |
|  |  |  | **24φ50** | **47124** | **4.959** | **φ16** | **φ10** | **1.262** |
|  |  |  |  |  |  | **φ16** | **φ12** | **1.487** |
|  |  |  |  |  |  | **φ16** | **φ14** | **1.753** |
|  |  |  |  |  |  | **φ16** | **φ16** | **2.059** |
| 56 | 1100 | 200 200 200<br>200 200 200<br>（240） | 28φ18 | 7125 | 0.750 | φ6.5 | φ6.5 | 0.416 |
|  |  |  | 28φ20 | 8796 | 0.926 | φ8 | φ6 | 0.448 |
|  |  |  | 28φ22 | 10644 | 1.120 | φ8 | φ6.5 | 0.491 |
|  |  |  | 28φ25 | 13744 | 1.446 | φ8 | φ8 | 0.639 |
|  |  |  | 28φ28 | 17241 | 1.814 | φ10 | φ8 | 0.733 |
|  |  |  | 28φ30 | 19792 | 2.083 | φ10 | φ10 | 0.978 |
|  |  |  | **28φ32** | **22519** | **2.370** | φ12 | φ10 | 1.105 |
|  |  |  | **28φ36** | **28501** | **2.999** | φ12 | φ12 | 1.404 |
|  |  |  | **28φ40** | **35186** | **3.702** | φ14 | φ10 | 1.254 |
|  |  |  |  |  |  | φ14 | φ12 | 1.553 |
|  |  |  |  |  |  | φ14 | φ14 | 1.905 |
|  |  |  |  |  |  | **φ16** | **φ10** | **1.428** |
|  |  |  |  |  |  | **φ16** | **φ12** | **1.726** |
|  |  |  |  |  |  | **φ16** | **φ14** | **2.078** |
|  |  |  |  |  |  | **φ16** | **φ16** | **2.484** |

续表

| 序号 | 圆柱直径 D（mm） | 截面形式（最大箍筋肢距/mm） | 主筋 ① | 主筋 $A_S$（$mm^2$） | 主筋 ρ（%） | 箍筋@100 ② | 箍筋@100 ③④ | 箍筋@100 $\rho_v$（%） |
|---|---|---|---|---|---|---|---|---|
| 57 | 1100 |  （190） | 32ϕ16 | 6434 | 0.677 | ϕ6.5 | ϕ6.5 | 0.468 |
| | | | 32ϕ18 | 8144 | 0.860 | ϕ8 | ϕ6 | 0.481 |
| | | | 32ϕ20 | 10052 | 1.058 | ϕ8 | ϕ6.5 | 0.531 |
| | | | 32ϕ22 | 12164 | 1.280 | ϕ8 | ϕ8 | 0.707 |
| | | | 32ϕ25 | 15708 | 1.653 | ϕ10 | ϕ8 | 0.811 |
| | | | 32ϕ28 | 19704 | 2.073 | ϕ10 | ϕ10 | 1.101 |
| | | | 32ϕ30 | 22620 | 2.380 | ϕ12 | ϕ10 | 1.226 |
| | | | 32ϕ32 | 25736 | 2.708 | ϕ12 | ϕ12 | 1.579 |
| | | | 32ϕ36 | 32572 | 3.427 | ϕ14 | ϕ10 | 1.375 |
| | | | 32ϕ40 | 40212 | 4.231 | ϕ14 | ϕ12 | 1.726 |
| | | | | | | ϕ14 | ϕ14 | 2.141 |
| | | | | | | ϕ16 | ϕ10 | 1.548 |
| | | | | | | ϕ16 | ϕ12 | 1.899 |
| | | | | | | ϕ16 | ϕ14 | 2.313 |
| | | | | | | ϕ16 | ϕ16 | 2.791 |
| 58 | 1150 |  （290） | 24ϕ20 | 7540 | 0.726 | ϕ8 | ϕ8 | 0.498 |
| | | | 24ϕ22 | 9123 | 0.783 | ϕ10 | ϕ8 | 0.598 |
| | | | 24ϕ25 | 11781 | 1.134 | ϕ10 | ϕ10 | 0.775 |
| | | | 24ϕ28 | 14778 | 1.423 | ϕ12 | ϕ10 | 0.897 |
| | | | 24ϕ30 | 16965 | 1.633 | ϕ12 | ϕ12 | 1.112 |
| | | | 24ϕ32 | 19302 | 1.858 | ϕ14 | ϕ10 | 1.040 |
| | | | 24ϕ36 | 24429 | 2.352 | ϕ14 | ϕ12 | 1.255 |
| | | | 24ϕ40 | 30159 | 2.904 | ϕ14 | ϕ14 | 1.509 |
| | | | 24ϕ50 | 47124 | 4.537 | ϕ16 | ϕ10 | 1.206 |
| | | | | | | ϕ16 | ϕ12 | 1.421 |
| | | | | | | ϕ16 | ϕ14 | 1.674 |
| | | | | | | ϕ16 | ϕ16 | 1.967 |

续表

| 序号 | 圆柱直径 $D$（mm） | 截面形式（最大箍筋肢距/mm） | 主筋 | | | 箍筋@100 | | |
|---|---|---|---|---|---|---|---|---|
| | | | ① | $A_S$（$mm^2$） | $\rho$（%） | ② | ③④ | $\rho_v$（%） |
| | |  | 28φ18 | 7125 | 0.686 | φ8 | φ6 | 0.414 |
| | | | 28φ20 | 8796 | 0.847 | φ8 | φ6.5 | 0.454 |
| | | | 28φ22 | 10644 | 1.025 | φ8 | φ8 | 0.594 |
| | | | 28φ25 | 13744 | 1.323 | φ10 | φ8 | 0.695 |
| | | | 28φ28 | 17241 | 1.660 | φ10 | φ10 | 0.926 |
| | | 220, 220, 220 | 28φ30 | 19792 | 1.905 | φ12 | φ10 | 1.047 |
| 59 | 1150 | 220 220 220 | 28φ32 | 22519 | 2.168 | φ12 | φ12 | 1.330 |
| | | | 28φ36 | 28501 | 2.744 | φ14 | φ10 | 1.190 |
| | | （230） | 28φ40 | 35186 | 3.388 | φ14 | φ12 | 1.471 |
| | | | | | | φ14 | φ14 | 1.804 |
| | | | | | | φ16 | φ10 | 1.357 |
| | | | | | | φ16 | φ12 | 1.638 |
| | | | | | | φ16 | φ14 | 1.970 |
| | | | | | | φ16 | φ16 | 2.353 |
| | |  | 32φ16 | 6436 | 0.620 | φ6.5 | φ6.5 | 0.447 |
| | | | 32φ18 | 8144 | 0.784 | φ8 | φ6 | 0.459 |
| | | | 32φ20 | 10052 | 0.968 | φ8 | φ6.5 | 0.507 |
| | | | 32φ22 | 12164 | 1.171 | φ8 | φ8 | 0.675 |
| | | | 32φ25 | 15708 | 1.512 | φ10 | φ8 | 0.775 |
| | | | 32φ28 | 19704 | 1.897 | φ10 | φ10 | 1.051 |
| | | | 32φ30 | 22620 | 2.178 | φ12 | φ10 | 1.171 |
| 60 | 1150 | | 32φ32 | 25736 | 2.478 | φ12 | φ12 | 1.508 |
| | | （180） | 32φ36 | 32572 | 3.136 | φ14 | φ10 | 1.313 |
| | | | 32φ40 | 40212 | 3.871 | φ14 | φ12 | 1.649 |
| | | | | | | φ14 | φ14 | 2.045 |
| | | | | | | φ16 | φ10 | 1.479 |
| | | | | | | φ16 | φ12 | 1.814 |
| | | | | | | φ16 | φ14 | 2.210 |
| | | | | | | φ16 | φ16 | 2.666 |

续表

| 序号 | 圆柱直径 $D$（mm） | 截面形式（最大箍筋肢距/mm） | 主筋 | | | 箍筋@100 | | |
|---|---|---|---|---|---|---|---|---|
| | | | ① | $A_S$（$mm^2$） | $\rho$（%） | ② | ③④ | $\rho_v$（%） |
| 61 | 1200 | (300) | 24$\phi$20 | 7540 | 0.667 | $\phi$8 | $\phi$8 | 0.476 |
| | | | 24$\phi$22 | 9123 | 0.807 | $\phi$10 | $\phi$8 | 0.572 |
| | | | 24$\phi$25 | 11781 | 1.042 | $\phi$10 | $\phi$10 | 0.742 |
| | | | 24$\phi$28 | 14778 | 1.307 | $\phi$12 | $\phi$10 | 0.858 |
| | | | 24$\phi$30 | 16965 | 1.500 | $\phi$12 | $\phi$12 | 1.054 |
| | | | **24$\phi$32** | **19302** | **1.707** | $\phi$14 | $\phi$10 | 0.995 |
| | | | **24$\phi$36** | **24429** | **2.160** | $\phi$14 | $\phi$12 | 1.201 |
| | | | **24$\phi$40** | **30159** | **2.667** | $\phi$14 | $\phi$14 | 1.444 |
| | | | **24$\phi$50** | **47124** | **4.167** | **$\phi$16** | **$\phi$10** | **1.154** |
| | | | | | | **$\phi$16** | **$\phi$12** | **1.360** |
| | | | | | | **$\phi$16** | **$\phi$14** | **1.602** |
| | | | | | | **$\phi$16** | **$\phi$16** | **1.882** |
| 62 | 1200 | (240) | 28$\phi$18 | 7125 | 0.630 | $\phi$8 | $\phi$6.5 | 0.434 |
| | | | 28$\phi$20 | 8796 | 0.778 | $\phi$8 | $\phi$8 | 0.569 |
| | | | 28$\phi$22 | 10644 | 0.941 | $\phi$10 | $\phi$8 | 0.665 |
| | | | 28$\phi$25 | 13744 | 1.215 | $\phi$10 | $\phi$10 | 0.886 |
| | | | 28$\phi$28 | 17241 | 1.524 | $\phi$12 | $\phi$10 | 1.002 |
| | | | 28$\phi$30 | 19792 | 1.750 | $\phi$12 | $\phi$12 | 1.272 |
| | | | **28$\phi$32** | **22519** | **1.991** | $\phi$14 | $\phi$10 | 1.139 |
| | | | **28$\phi$36** | **28501** | **2.520** | $\phi$14 | $\phi$12 | 1.409 |
| | | | **28$\phi$40** | **35186** | **3.111** | $\phi$14 | $\phi$14 | 1.727 |
| | | | **28$\phi$50** | **54978** | **4.861** | **$\phi$16** | **$\phi$10** | **1.299** |
| | | | | | | **$\phi$16** | **$\phi$12** | **1.568** |
| | | | | | | **$\phi$16** | **$\phi$14** | **1.886** |
| | | | | | | **$\phi$16** | **$\phi$16** | **2.252** |
| 63 | 1200 | (200) | 32$\phi$18 | 8144 | 0.720 | $\phi$8 | $\phi$6 | 0.403 |
| | | | 32$\phi$20 | 10052 | 0.889 | $\phi$8 | $\phi$6.5 | 0.428 |
| | | | 32$\phi$22 | 12164 | 1.076 | $\phi$8 | $\phi$8 | 0.515 |
| | | | 32$\phi$25 | 15708 | 1.389 | $\phi$10 | $\phi$8 | 0.657 |
| | | | 32$\phi$28 | 19704 | 1.742 | $\phi$10 | $\phi$10 | 0.801 |
| | | | 32$\phi$30 | 22620 | 2.000 | $\phi$12 | $\phi$10 | 0.973 |
| | | | **32$\phi$32** | **25736** | **2.276** | $\phi$12 | $\phi$12 | 1.148 |
| | | | **32$\phi$36** | **32572** | **2.880** | $\phi$14 | $\phi$10 | 1.174 |
| | | | **32$\phi$40** | **40212** | **3.556** | $\phi$14 | $\phi$12 | 1.348 |
| | | | | | | $\phi$14 | $\phi$14 | 1.554 |
| | | | | | | **$\phi$16** | **$\phi$10** | **1.408** |
| | | | | | | **$\phi$16** | **$\phi$12** | **1.582** |
| | | | | | | **$\phi$16** | **$\phi$14** | **1.788** |
| | | | | | | **$\phi$16** | **$\phi$16** | **2.025** |

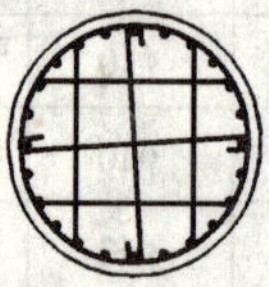

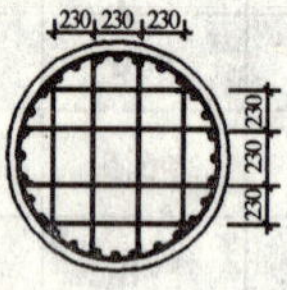

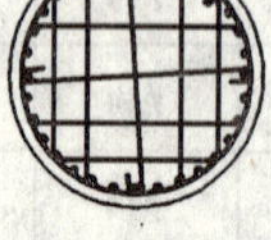

# 十二、柱轴压力限值表

**矩形截面柱轴压力限值表** **表 12-1**

| 序号 | 柱截面 $b \times h$(mm) | 轴压比 | 当为下列混凝土强度等级时柱的轴压力设计值限值(kN) | | | | | | | | | | | | |
|---|---|---|---|---|---|---|---|---|---|---|---|---|---|---|---|
| | | | C20 | C25 | C30 | C35 | C40 | C45 | C50 | C55 | C60 | C65 | C70 | C75 | C80 |
| 1 | 300×300 | 0.55 | 475 | 589 | 707 | 826 | 945 | 1044 | 1143 | 1252 | 1361 | 1470 | 1574 | 1673 | 1777 |
| | | 0.60 | 518 | 642 | 772 | 901 | 1031 | 1139 | 1247 | 1366 | 1485 | 1603 | 1717 | 1825 | 1938 |
| | | 0.65 | 561 | 696 | 836 | 976 | 1117 | 1234 | 1351 | 1480 | 1608 | 1737 | 1860 | 1977 | 2100 |
| | | 0.70 | 604 | 749 | 900 | 1052 | 1203 | 1329 | 1455 | 1593 | 1732 | 1871 | 2003 | 2129 | 2261 |
| | | 0.75 | 648 | 803 | 965 | 1127 | 1289 | 1424 | 1559 | 1707 | 1856 | 2004 | 2146 | 2281 | 2423 |
| | | 0.80 | 691 | 856 | 1029 | 1202 | 1375 | 1519 | 1663 | 1821 | 1980 | 2138 | 2289 | 2433 | 2584 |
| | | 0.85 | 734 | 910 | 1093 | 1277 | 1461 | 1614 | 1767 | 1935 | 2103 | 2272 | 2432 | 2585 | 2746 |
| | | 0.90 | 777 | 963 | 1158 | 1352 | 1547 | 1709 | 1871 | 2049 | 2227 | 2405 | 2575 | 2737 | 2907 |
| | | 0.95 | 820 | 1017 | 1222 | 1427 | 1633 | 1804 | 1975 | 2163 | 2351 | 2539 | 2718 | 2889 | 3069 |
| | | 1.00 | 864 | 1070 | 1287 | 1503 | 1719 | 1899 | 2079 | 2276 | 2475 | 2673 | 2861 | 3041 | 3231 |
| | | 1.05 | 907 | 1124 | 1351 | 1578 | 1804 | 1993 | 2182 | 2390 | 2598 | 2806 | 3005 | 3194 | 3392 |
| 2 | 300×350 | 0.55 | 554 | 687 | 825 | 964 | 1103 | 1218 | 1334 | 1461 | 1588 | 1715 | 1836 | 1951 | 2073 |
| | | 0.60 | 604 | 749 | 900 | 1052 | 1203 | 1329 | 1455 | 1593 | 1732 | 1871 | 2003 | 2129 | 2261 |
| | | 0.65 | 655 | 812 | 975 | 1139 | 1303 | 1440 | 1576 | 1726 | 1876 | 2027 | 2170 | 2306 | 2450 |
| | | 0.70 | 705 | 874 | 1051 | 1227 | 1403 | 1550 | 1697 | 1859 | 2021 | 2182 | 2337 | 2484 | 2638 |
| | | 0.75 | 756 | 937 | 1126 | 1315 | 1504 | 1661 | 1819 | 1992 | 2165 | 2338 | 2504 | 2661 | 2827 |
| | | 0.80 | 806 | 999 | 1201 | 1402 | 1604 | 1772 | 1940 | 2125 | 2310 | 2494 | 2671 | 2839 | 3015 |
| | | 0.85 | 856 | 1062 | 1276 | 1490 | 1704 | 1883 | 2061 | 2258 | 2454 | 2650 | 2838 | 3016 | 3204 |
| | | 0.90 | 907 | 1124 | 1351 | 1578 | 1804 | 1993 | 2182 | 2390 | 2598 | 2806 | 3005 | 3194 | 3392 |
| | | 0.95 | 957 | 1187 | 1426 | 1665 | 1905 | 2104 | 2304 | 2523 | 2743 | 2962 | 3172 | 3371 | 3581 |
| | | 1.00 | 1008 | 1249 | 1501 | 1753 | 2005 | 2215 | 2425 | 2656 | 2887 | 3118 | 3338 | 3548 | 3769 |
| | | 1.05 | 1058 | 1311 | 1576 | 1841 | 2105 | 2326 | 2546 | 2789 | 3031 | 3274 | 3505 | 3726 | 3957 |
| 3 | 300×400 | 0.55 | 633 | 785 | 943 | 1102 | 1260 | 1392 | 1524 | 1669 | 1815 | 1960 | 2098 | 2230 | 2369 |
| | | 0.60 | 691 | 856 | 1029 | 1202 | 1375 | 1519 | 1663 | 1821 | 1980 | 2138 | 2289 | 2433 | 2584 |
| | | 0.65 | 748 | 928 | 1115 | 1302 | 1489 | 1645 | 1801 | 1973 | 2144 | 2316 | 2480 | 2636 | 2800 |
| | | 0.70 | 806 | 999 | 1201 | 1402 | 1604 | 1772 | 1940 | 2125 | 2309 | 2494 | 2671 | 2839 | 3015 |
| | | 0.75 | 864 | 1070 | 1287 | 1503 | 1719 | 1899 | 2079 | 2276 | 2475 | 2673 | 2861 | 3041 | 3231 |
| | | 0.80 | 921 | 1142 | 1372 | 1603 | 1833 | 2025 | 2217 | 2428 | 2640 | 2851 | 3052 | 3244 | 3446 |
| | | 0.85 | 979 | 1213 | 1458 | 1703 | 1948 | 2152 | 2356 | 2580 | 2805 | 3029 | 3243 | 3447 | 3661 |
| | | 0.90 | 1036 | 1285 | 1544 | 1803 | 2062 | 2278 | 2494 | 2732 | 2969 | 3207 | 3434 | 3650 | 3877 |
| | | 0.95 | 1094 | 1356 | 1630 | 1903 | 2177 | 2405 | 2633 | 2884 | 3134 | 3385 | 3625 | 3853 | 4092 |
| | | 1.00 | 1152 | 1427 | 1716 | 2004 | 2292 | 2532 | 2772 | 3035 | 3300 | 3564 | 3815 | 4055 | 4308 |
| | | 1.05 | 1209 | 1499 | 1801 | 2104 | 2406 | 2658 | 2910 | 3187 | 3464 | 3742 | 4006 | 4258 | 4523 |
| 4 | 300×450 | 0.55 | 712 | 883 | 1061 | 1239 | 1418 | 1566 | 1715 | 1878 | 2041 | 2205 | 2361 | 2509 | 2665 |
| | | 0.60 | 777 | 963 | 1158 | 1352 | 1547 | 1709 | 1871 | 2049 | 2227 | 2405 | 2575 | 2737 | 2907 |
| | | 0.65 | 842 | 1044 | 1254 | 1465 | 1676 | 1851 | 2027 | 2220 | 2413 | 2606 | 2790 | 2965 | 3150 |
| | | 0.70 | 907 | 1124 | 1351 | 1578 | 1804 | 1993 | 2182 | 2390 | 2598 | 2806 | 3005 | 3194 | 3392 |
| | | 0.75 | 972 | 1204 | 1447 | 1690 | 1933 | 2136 | 2338 | 2561 | 2784 | 3007 | 3219 | 3422 | 3634 |
| | | 0.80 | 1036 | 1285 | 1544 | 1803 | 2062 | 2278 | 2494 | 2732 | 2970 | 3207 | 3434 | 3650 | 3877 |

续表

| 序号 | 柱截面 $b \times h$(mm) | 轴压比 | 当为下列混凝土强度等级时柱的轴压力设计值限值(kN) | | | | | | | | | | | | |
|---|---|---|---|---|---|---|---|---|---|---|---|---|---|---|---|
| | | | C20 | C25 | C30 | C35 | C40 | C45 | C50 | C55 | C60 | C65 | C70 | C75 | C80 |
| 4 | 300×450 | 0.85 | 1101 | 1365 | 1640 | 1916 | 2191 | 2421 | 2650 | 2903 | 3155 | 3408 | 3649 | 3878 | 4119 |
| | | 0.90 | 1166 | 1445 | 1737 | 2029 | 2320 | 2563 | 2806 | 3073 | 3341 | 3608 | 3863 | 4106 | 4361 |
| | | 0.95 | 1231 | 1526 | 1833 | 2141 | 2449 | 2706 | 2962 | 3244 | 3526 | 3809 | 4078 | 4334 | 4604 |
| | | 1.00 | 1296 | 1606 | 1930 | 2254 | 2578 | 2848 | 3118 | 3415 | 3712 | 4009 | 4292 | 4562 | 4846 |
| | | 1.05 | 1360 | 1686 | 2027 | 2367 | 2707 | 2990 | 3274 | 3586 | 3898 | 4209 | 4507 | 4791 | 5088 |
| 5 | 300×500 | 0.55 | 792 | 981 | 1179 | 1377 | 1575 | 1740 | 1905 | 2087 | 2268 | 2450 | 2623 | 2788 | 2961 |
| | | 0.60 | 864 | 1071 | 1287 | 1503 | 1719 | 1899 | 2079 | 2277 | 2475 | 2673 | 2862 | 3042 | 3231 |
| | | 0.65 | 936 | 1160 | 1394 | 1628 | 1862 | 2057 | 2252 | 2466 | 2681 | 2895 | 3100 | 3295 | 3500 |
| | | 0.70 | 1008 | 1249 | 1501 | 1753 | 2005 | 2215 | 2425 | 2656 | 2887 | 3118 | 3338 | 3548 | 3769 |
| | | 0.75 | 1080 | 1338 | 1608 | 1878 | 2148 | 2373 | 2598 | 2846 | 3093 | 3341 | 3577 | 3802 | 4038 |
| | | 0.80 | 1152 | 1427 | 1716 | 2004 | 2292 | 2532 | 2772 | 3035 | 3300 | 3564 | 3815 | 4055 | 4308 |
| | | 0.85 | 1224 | 1517 | 1823 | 2129 | 2435 | 2690 | 2945 | 3225 | 3506 | 3786 | 4054 | 4309 | 4577 |
| | | 0.90 | 1296 | 1606 | 1930 | 2254 | 2578 | 2848 | 3118 | 3415 | 3712 | 4009 | 4292 | 4562 | 4846 |
| | | 0.95 | 1368 | 1695 | 2037 | 2379 | 2721 | 3006 | 3291 | 3605 | 3918 | 4232 | 4531 | 4816 | 5115 |
| | | 1.00 | 1440 | 1784 | 2145 | 2505 | 2865 | 3165 | 3465 | 3794 | 4125 | 4455 | 4769 | 5069 | 5385 |
| | | 1.05 | 1511 | 1874 | 2252 | 2630 | 3008 | 3323 | 3638 | 3984 | 4331 | 4677 | 5008 | 5323 | 5654 |
| 6 | 350×350 | 0.55 | 646 | 801 | 963 | 1125 | 1286 | 1421 | 1556 | 1704 | 1852 | 2001 | 2142 | 2277 | 2418 |
| | | 0.60 | 705 | 874 | 1051 | 1227 | 1403 | 1550 | 1697 | 1859 | 2021 | 2182 | 2337 | 2484 | 2638 |
| | | 0.65 | 764 | 947 | 1138 | 1329 | 1520 | 1680 | 1839 | 2014 | 2189 | 2364 | 2532 | 2691 | 2858 |
| | | 0.70 | 823 | 1020 | 1226 | 1432 | 1637 | 1809 | 1980 | 2169 | 2358 | 2546 | 2726 | 2898 | 3078 |
| | | 0.75 | 882 | 1093 | 1313 | 1534 | 1754 | 1938 | 2122 | 2324 | 2526 | 2728 | 2921 | 3105 | 3298 |
| | | 0.80 | 940 | 1166 | 1401 | 1636 | 1871 | 2067 | 2263 | 2479 | 2695 | 2910 | 3116 | 3312 | 3518 |
| | | 0.85 | 999 | 1239 | 1488 | 1738 | 1988 | 2197 | 2405 | 2634 | 2863 | 3092 | 3311 | 3519 | 3738 |
| | | 0.90 | 1058 | 1311 | 1576 | 1841 | 2105 | 2326 | 2546 | 2789 | 3031 | 3274 | 3505 | 3726 | 3957 |
| | | 0.95 | 1117 | 1384 | 1664 | 1943 | 2222 | 2455 | 2688 | 2944 | 3200 | 3456 | 3700 | 3933 | 4177 |
| | | 1.00 | 1176 | 1457 | 1751 | 2045 | 2339 | 2584 | 2829 | 3099 | 3368 | 3638 | 3895 | 4140 | 4397 |
| | | 1.05 | 1234 | 1530 | 1839 | 2148 | 2456 | 2713 | 2971 | 3254 | 3537 | 3820 | 4090 | 4347 | 4617 |
| 7 | 350×400 | 0.55 | 739 | 916 | 1101 | 1285 | 1470 | 1624 | 1778 | 1948 | 2117 | 2286 | 2448 | 2602 | 2764 |
| | | 0.60 | 806 | 999 | 1201 | 1402 | 1604 | 1772 | 1940 | 2125 | 2310 | 2494 | 2671 | 2839 | 3015 |
| | | 0.65 | 873 | 1082 | 1301 | 1519 | 1738 | 1920 | 2102 | 2302 | 2502 | 2702 | 2893 | 3075 | 3266 |
| | | 0.70 | 940 | 1166 | 1401 | 1636 | 1871 | 2067 | 2263 | 2479 | 2694 | 2910 | 3116 | 3312 | 3518 |
| | | 0.75 | 1008 | 1249 | 1501 | 1753 | 2005 | 2215 | 2425 | 2656 | 2887 | 3118 | 3338 | 3548 | 3769 |
| | | 0.80 | 1075 | 1332 | 1601 | 1870 | 2139 | 2363 | 2587 | 2833 | 3080 | 3326 | 3561 | 3785 | 4020 |
| | | 0.85 | 1142 | 1416 | 1701 | 1987 | 2272 | 2510 | 2748 | 3010 | 3272 | 3534 | 3784 | 4022 | 4272 |
| | | 0.90 | 1209 | 1499 | 1801 | 2104 | 2406 | 2658 | 2910 | 3187 | 3464 | 3742 | 4006 | 4258 | 4523 |
| | | 0.95 | 1276 | 1582 | 1901 | 2221 | 2540 | 2806 | 3072 | 3364 | 3657 | 3950 | 4229 | 4495 | 4774 |
| | | 1.00 | 1344 | 1665 | 2002 | 2338 | 2674 | 2954 | 3234 | 3541 | 3850 | 4158 | 4451 | 4731 | 5026 |
| | | 1.05 | 1411 | 1749 | 2102 | 2454 | 2807 | 3101 | 3395 | 3719 | 4042 | 4365 | 4674 | 4968 | 5277 |
| 8 | 350×450 | 0.55 | 831 | 1030 | 1238 | 1446 | 1654 | 1827 | 2001 | 2191 | 2382 | 2572 | 2754 | 2927 | 3109 |
| | | 0.60 | 907 | 1124 | 1351 | 1578 | 1804 | 1993 | 2182 | 2390 | 2598 | 2806 | 3005 | 3194 | 3392 |
| | | 0.65 | 982 | 1218 | 1463 | 1709 | 1955 | 2160 | 2364 | 2590 | 2815 | 3040 | 3255 | 3460 | 3675 |
| | | 0.70 | 1058 | 1311 | 1576 | 1841 | 2105 | 2326 | 2546 | 2789 | 3031 | 3274 | 3505 | 3726 | 3957 |
| | | 0.75 | 1134 | 1405 | 1689 | 1972 | 2256 | 2492 | 2728 | 2988 | 3248 | 3508 | 3756 | 3992 | 4240 |
| | | 0.80 | 1209 | 1499 | 1801 | 2104 | 2406 | 2658 | 2910 | 3187 | 3465 | 3742 | 4006 | 4258 | 4523 |
| | | 0.85 | 1285 | 1593 | 1914 | 2235 | 2557 | 2824 | 3092 | 3387 | 3681 | 3976 | 4257 | 4524 | 4806 |
| | | 0.90 | 1360 | 1686 | 2027 | 2367 | 2707 | 2990 | 3274 | 3586 | 3898 | 4209 | 4507 | 4791 | 5088 |
| | | 0.95 | 1436 | 1780 | 2139 | 2498 | 2857 | 3157 | 3456 | 3785 | 4114 | 4443 | 4758 | 5057 | 5371 |

续表

| 序号 | 柱截面 $b \times h$(mm) | 轴压比 | 当为下列混凝土强度等级时柱的轴压力设计值限值(kN) | | | | | | | | | | | | |
|---|---|---|---|---|---|---|---|---|---|---|---|---|---|---|---|
| | | | C20 | C25 | C30 | C35 | C40 | C45 | C50 | C55 | C60 | C65 | C70 | C75 | C80 |
| 8 | 350×450 | 1.00 | 1512 | 1874 | 2252 | 2630 | 3008 | 3323 | 3638 | 3984 | 4331 | 4677 | 5008 | 5323 | 5654 |
| | | 1.05 | 1587 | 1967 | 2364 | 2761 | 3158 | 3489 | 3820 | 4183 | 4547 | 4911 | 5258 | 5589 | 5936 |
| 9 | 350×500 | 0.55 | 924 | 1145 | 1376 | 1607 | 1838 | 2030 | 2223 | 2435 | 2646 | 2858 | 3060 | 3253 | 3455 |
| | | 0.60 | 1008 | 1249 | 1501 | 1753 | 2005 | 2215 | 2425 | 2656 | 2887 | 3118 | 3339 | 3549 | 3769 |
| | | 0.65 | 1092 | 1353 | 1626 | 1899 | 2172 | 2400 | 2627 | 2877 | 3128 | 3378 | 3617 | 3844 | 4083 |
| | | 0.70 | 1176 | 1457 | 1751 | 2045 | 2339 | 2584 | 2829 | 3099 | 3368 | 3638 | 3895 | 4140 | 4397 |
| | | 0.75 | 1260 | 1561 | 1876 | 2191 | 2506 | 2769 | 3031 | 3320 | 3609 | 3898 | 4173 | 4436 | 4711 |
| | | 0.80 | 1344 | 1665 | 2002 | 2338 | 2674 | 2954 | 3234 | 3541 | 3850 | 4158 | 4451 | 4731 | 5026 |
| | | 0.85 | 1428 | 1770 | 2127 | 2484 | 2841 | 3138 | 3436 | 3763 | 4090 | 4417 | 4730 | 5027 | 5340 |
| | | 0.90 | 1512 | 1874 | 2252 | 2630 | 3008 | 3323 | 3638 | 3984 | 4331 | 4677 | 5008 | 5323 | 5654 |
| | | 0.95 | 1596 | 1978 | 2377 | 2776 | 3175 | 3507 | 3840 | 4206 | 4571 | 4937 | 5286 | 5619 | 5968 |
| | | 1.00 | 1680 | 2082 | 2502 | 2922 | 3342 | 3692 | 4042 | 4427 | 4812 | 5197 | 5564 | 5914 | 6282 |
| | | 1.05 | 1763 | 2186 | 2627 | 3068 | 3509 | 3877 | 4244 | 4648 | 5053 | 5457 | 5843 | 6210 | 6596 |
| 10 | 350×550 | 0.55 | 1016 | 1259 | 1514 | 1768 | 2022 | 2233 | 2445 | 2678 | 2911 | 3144 | 3366 | 3578 | 3800 |
| | | 0.60 | 1108 | 1374 | 1651 | 1928 | 2206 | 2437 | 2668 | 2922 | 3176 | 3430 | 3672 | 3903 | 4146 |
| | | 0.65 | 1201 | 1488 | 1789 | 2089 | 2389 | 2640 | 2890 | 3165 | 3440 | 3716 | 3978 | 4229 | 4491 |
| | | 0.70 | 1293 | 1603 | 1926 | 2250 | 2573 | 2843 | 3112 | 3409 | 3705 | 4002 | 4285 | 4554 | 4837 |
| | | 0.75 | 1386 | 1718 | 2064 | 2411 | 2757 | 3046 | 3335 | 3652 | 3970 | 4287 | 4591 | 4879 | 5183 |
| | | 0.80 | 1478 | 1832 | 2202 | 2571 | 2941 | 3249 | 3557 | 3896 | 4235 | 4573 | 4897 | 5205 | 5528 |
| | | 0.85 | 1570 | 1947 | 2339 | 2732 | 3125 | 3452 | 3779 | 4139 | 4499 | 4859 | 5203 | 5530 | 5874 |
| | | 0.90 | 1663 | 2061 | 2477 | 2893 | 3309 | 3655 | 4002 | 4383 | 4764 | 5145 | 5509 | 5855 | 6219 |
| | | 0.95 | 1755 | 2176 | 2615 | 3054 | 3492 | 3858 | 4224 | 4626 | 5029 | 5431 | 5815 | 6181 | 6565 |
| | | 1.00 | 1848 | 2290 | 2752 | 3214 | 3676 | 4061 | 4446 | 4870 | 5293 | 5717 | 6121 | 6506 | 6910 |
| | | 1.05 | 1940 | 2405 | 2890 | 3375 | 3860 | 4264 | 4669 | 5113 | 5558 | 6003 | 6427 | 6831 | 7256 |
| 11 | 400×400 | 0.55 | 844 | 1047 | 1258 | 1469 | 1680 | 1856 | 2032 | 2226 | 2420 | 2613 | 2798 | 2974 | 3159 |
| | | 0.60 | 921 | 1142 | 1372 | 1603 | 1833 | 2025 | 2217 | 2428 | 2640 | 2851 | 3052 | 3244 | 3446 |
| | | 0.65 | 998 | 1237 | 1487 | 1736 | 1986 | 2194 | 2402 | 2631 | 2859 | 3088 | 3307 | 3515 | 3733 |
| | | 0.70 | 1075 | 1332 | 1601 | 1870 | 2139 | 2363 | 2587 | 2833 | 3079 | 3326 | 3561 | 3785 | 4020 |
| | | 0.75 | 1152 | 1427 | 1716 | 2004 | 2292 | 2532 | 2772 | 3035 | 3300 | 3564 | 3815 | 4055 | 4308 |
| | | 0.80 | 1228 | 1523 | 1830 | 2137 | 2444 | 2700 | 2956 | 3238 | 3520 | 3801 | 4070 | 4326 | 4595 |
| | | 0.85 | 1305 | 1618 | 1944 | 2271 | 2597 | 2869 | 3141 | 3440 | 3740 | 4039 | 4324 | 4596 | 4882 |
| | | 0.90 | 1382 | 1713 | 2059 | 2404 | 2750 | 3038 | 3326 | 3643 | 3959 | 4276 | 4579 | 4867 | 5169 |
| | | 0.95 | 1459 | 1808 | 2173 | 2538 | 2903 | 3207 | 3511 | 3845 | 4179 | 4514 | 4833 | 5137 | 5456 |
| | | 1.00 | 1536 | 1903 | 2288 | 2672 | 3056 | 3376 | 3696 | 4047 | 4400 | 4752 | 5087 | 5407 | 5744 |
| | | 1.05 | 1612 | 1999 | 2402 | 2805 | 3208 | 3544 | 3880 | 4250 | 4619 | 4989 | 5342 | 5678 | 6031 |
| 12 | 400×450 | 0.55 | 950 | 1178 | 1415 | 1653 | 1890 | 2088 | 2286 | 2504 | 2722 | 2940 | 3148 | 3346 | 3554 |
| | | 0.60 | 1036 | 1285 | 1544 | 1803 | 2062 | 2278 | 2494 | 2732 | 2970 | 3207 | 3434 | 3650 | 3877 |
| | | 0.65 | 1123 | 1392 | 1673 | 1953 | 2234 | 2468 | 2702 | 2960 | 3217 | 3474 | 3720 | 3954 | 4200 |
| | | 0.70 | 1209 | 1499 | 1801 | 2104 | 2406 | 2658 | 2910 | 3187 | 3464 | 3742 | 4006 | 4258 | 4523 |
| | | 0.75 | 1296 | 1606 | 1930 | 2254 | 2578 | 2848 | 3118 | 3415 | 3712 | 4009 | 4292 | 4562 | 4846 |
| | | 0.80 | 1382 | 1713 | 2059 | 2404 | 2750 | 3038 | 3326 | 3643 | 3960 | 4276 | 4579 | 4867 | 5169 |
| | | 0.85 | 1468 | 1820 | 2187 | 2555 | 2922 | 3228 | 3534 | 3870 | 4207 | 4544 | 4865 | 5171 | 5492 |
| | | 0.90 | 1555 | 1927 | 2316 | 2705 | 3094 | 3418 | 3742 | 4098 | 4454 | 4811 | 5151 | 5475 | 5815 |
| | | 0.95 | 1641 | 2034 | 2445 | 2855 | 3266 | 3608 | 3950 | 4326 | 4702 | 5078 | 5437 | 5779 | 6138 |
| | | 1.00 | 1728 | 2141 | 2574 | 3006 | 3438 | 3798 | 4158 | 4553 | 4950 | 5346 | 5723 | 6083 | 6462 |
| | | 1.05 | 1814 | 2249 | 2702 | 3156 | 3609 | 3987 | 4365 | 4781 | 5197 | 5613 | 6010 | 6388 | 6785 |
| 13 | 400×500 | 0.55 | 1056 | 1308 | 1573 | 1837 | 2101 | 2321 | 2541 | 2782 | 3025 | 3267 | 3497 | 3717 | 3949 |

续表

| 序号 | 柱截面 $b \times h$(mm) | 轴压比 | 当为下列混凝土强度等级时柱的轴压力设计值限值(kN) | | | | | | | | | | | | |
|---|---|---|---|---|---|---|---|---|---|---|---|---|---|---|---|
| | | | C20 | C25 | C30 | C35 | C40 | C45 | C50 | C55 | C60 | C65 | C70 | C75 | C80 |
| 13 | 400 × 500 | 0.60 | 1152 | 1428 | 1716 | 2004 | 2292 | 2532 | 2772 | 3036 | 3300 | 3564 | 3816 | 4056 | 4308 |
| | | 0.65 | 1248 | 1546 | 1858 | 2171 | 2482 | 2742 | 3002 | 3288 | 3574 | 3860 | 4133 | 4393 | 4667 |
| | | 0.70 | 1344 | 1665 | 2001 | 2338 | 2674 | 2954 | 3233 | 3541 | 3849 | 4158 | 4451 | 4731 | 5026 |
| | | 0.75 | 1440 | 1784 | 2145 | 2505 | 2865 | 3165 | 3465 | 3794 | 4125 | 4455 | 4769 | 5069 | 5385 |
| | | 0.80 | 1536 | 1903 | 2288 | 2672 | 3056 | 3376 | 3696 | 4047 | 4400 | 4752 | 5087 | 5407 | 5744 |
| | | 0.85 | 1632 | 2022 | 2431 | 2839 | 3247 | 3587 | 3927 | 4300 | 4675 | 5049 | 5406 | 5746 | 6103 |
| | | 0.90 | 1728 | 2141 | 2573 | 3006 | 3437 | 3797 | 4157 | 4553 | 4949 | 5345 | 5723 | 6083 | 6462 |
| | | 0.95 | 1824 | 2260 | 2717 | 3173 | 3629 | 4009 | 4389 | 4806 | 5224 | 5643 | 6041 | 6421 | 6821 |
| | | 1.00 | 1920 | 2379 | 2860 | 3340 | 3820 | 4220 | 4620 | 5059 | 5500 | 5940 | 6359 | 6759 | 7180 |
| | | 1.05 | 2015 | 2498 | 3002 | 3507 | 4010 | 4430 | 4850 | 5312 | 5774 | 6236 | 6677 | 7097 | 7538 |
| 14 | 400 × 550 | 0.55 | 1161 | 1439 | 1730 | 2020 | 2311 | 2553 | 2795 | 3061 | 3327 | 3593 | 3847 | 4089 | 4343 |
| | | 0.60 | 1267 | 1570 | 1887 | 2204 | 2521 | 2785 | 3049 | 3339 | 3630 | 3920 | 4197 | 4461 | 4738 |
| | | 0.65 | 1372 | 1701 | 2044 | 2388 | 2731 | 3017 | 3303 | 3617 | 3932 | 4247 | 4547 | 4833 | 5133 |
| | | 0.70 | 1478 | 1832 | 2202 | 2571 | 2941 | 3249 | 3557 | 3896 | 4234 | 4573 | 4897 | 5205 | 5528 |
| | | 0.75 | 1584 | 1963 | 2359 | 2755 | 3151 | 3481 | 3811 | 4174 | 4537 | 4900 | 5246 | 5576 | 5923 |
| | | 0.80 | 1689 | 2094 | 2516 | 2939 | 3361 | 3713 | 4065 | 4452 | 4840 | 5227 | 5596 | 5948 | 6318 |
| | | 0.85 | 1795 | 2225 | 2674 | 3122 | 3571 | 3945 | 4319 | 4731 | 5142 | 5553 | 5946 | 6320 | 6713 |
| | | 0.90 | 1900 | 2356 | 2831 | 3306 | 3781 | 4177 | 4573 | 5009 | 5444 | 5880 | 6296 | 6692 | 7108 |
| | | 0.95 | 2006 | 2487 | 2988 | 3490 | 3991 | 4409 | 4827 | 5287 | 5747 | 6207 | 6646 | 7064 | 7503 |
| | | 1.00 | 2112 | 2617 | 3146 | 3674 | 4202 | 4642 | 5082 | 5565 | 6050 | 6534 | 6995 | 7435 | 7898 |
| | | 1.05 | 2217 | 2748 | 3303 | 3857 | 4412 | 4874 | 5336 | 5844 | 6352 | 6860 | 7345 | 7807 | 8292 |
| 15 | 400 × 600 | 0.55 | 1267 | 1570 | 1887 | 2204 | 2521 | 2785 | 3049 | 3339 | 3630 | 3920 | 4197 | 4461 | 4738 |
| | | 0.60 | 1382 | 1713 | 2059 | 2404 | 2750 | 3038 | 3326 | 3643 | 3960 | 4276 | 4579 | 4867 | 5169 |
| | | 0.65 | 1497 | 1856 | 2230 | 2605 | 2979 | 3291 | 3603 | 3946 | 4289 | 4633 | 4960 | 5272 | 5600 |
| | | 0.70 | 1612 | 1999 | 2402 | 2805 | 3208 | 3544 | 3880 | 4250 | 4619 | 4989 | 5342 | 5678 | 6031 |
| | | 0.75 | 1728 | 2141 | 2574 | 3006 | 3438 | 3798 | 4158 | 4553 | 4950 | 5346 | 5723 | 6083 | 6462 |
| | | 0.80 | 1843 | 2284 | 2745 | 3206 | 3667 | 4051 | 4435 | 4857 | 5280 | 5702 | 6105 | 6489 | 6892 |
| | | 0.85 | 1958 | 2427 | 2917 | 3406 | 3896 | 4304 | 4712 | 5161 | 5610 | 6058 | 6487 | 6895 | 7323 |
| | | 0.90 | 2073 | 2570 | 3088 | 3607 | 4125 | 4557 | 4989 | 5464 | 5939 | 6415 | 6868 | 7300 | 7754 |
| | | 0.95 | 2188 | 2713 | 3260 | 3807 | 4354 | 4810 | 5266 | 5768 | 6269 | 6771 | 7250 | 7706 | 8185 |
| | | 1.00 | 2304 | 2855 | 3432 | 4008 | 4584 | 5064 | 5544 | 6071 | 6600 | 7128 | 7631 | 8111 | 8616 |
| | | 1.05 | 2419 | 2998 | 3603 | 4208 | 4813 | 5317 | 5821 | 6375 | 6929 | 7484 | 8013 | 8517 | 9046 |
| 16 | 450 × 450 | 0.55 | 1069 | 1325 | 1592 | 1859 | 2127 | 2350 | 2572 | 2817 | 3062 | 3307 | 3541 | 3764 | 3998 |
| | | 0.60 | 1166 | 1445 | 1737 | 2029 | 2320 | 2563 | 2806 | 3073 | 3341 | 3608 | 3863 | 4106 | 4361 |
| | | 0.65 | 1263 | 1566 | 1882 | 2198 | 2514 | 2777 | 3040 | 3330 | 3619 | 3909 | 4185 | 4448 | 4725 |
| | | 0.70 | 1360 | 1686 | 2027 | 2367 | 2707 | 2990 | 3274 | 3586 | 3898 | 4209 | 4507 | 4791 | 5088 |
| | | 0.75 | 1458 | 1807 | 2171 | 2536 | 2900 | 3204 | 3508 | 3842 | 4176 | 4510 | 4829 | 5133 | 5452 |
| | | 0.80 | 1555 | 1927 | 2316 | 2705 | 3094 | 3418 | 3742 | 4098 | 4455 | 4811 | 5151 | 5475 | 5815 |
| | | 0.85 | 1652 | 2048 | 2461 | 2874 | 3287 | 3631 | 3976 | 4354 | 4733 | 5112 | 5473 | 5817 | 6179 |
| | | 0.90 | 1749 | 2168 | 2606 | 3043 | 3480 | 3845 | 4209 | 4610 | 5011 | 5412 | 5795 | 6160 | 6542 |
| | | 0.95 | 1846 | 2289 | 2750 | 3212 | 3674 | 4059 | 4443 | 4867 | 5290 | 5713 | 6117 | 6502 | 6906 |
| | | 1.00 | 1944 | 2409 | 2895 | 3381 | 3867 | 4272 | 4677 | 5123 | 5568 | 6014 | 6439 | 6844 | 7269 |
| | | 1.05 | 2041 | 2530 | 3040 | 3550 | 4061 | 4486 | 4911 | 5379 | 5847 | 6314 | 6761 | 7186 | 7633 |
| 17 | 450 × 500 | 0.55 | 1188 | 1472 | 1769 | 2066 | 2363 | 2611 | 2858 | 3130 | 3403 | 3675 | 3935 | 4182 | 4442 |
| | | 0.60 | 1296 | 1606 | 1930 | 2254 | 2578 | 2848 | 3118 | 3415 | 3712 | 4009 | 4293 | 4563 | 4846 |
| | | 0.65 | 1404 | 1740 | 2091 | 2442 | 2793 | 3085 | 3378 | 3700 | 4021 | 4343 | 4650 | 4943 | 5250 |
| | | 0.70 | 1512 | 1874 | 2252 | 2630 | 3008 | 3323 | 3638 | 3984 | 4331 | 4677 | 5008 | 5323 | 5654 |

续表

| 序号 | 柱截面 $b \times h$(mm) | 轴压比 | 当为下列混凝土强度等级时柱的轴压力设计值限值(kN) | | | | | | | | | | | | |
|---|---|---|---|---|---|---|---|---|---|---|---|---|---|---|---|
| | | | C20 | C25 | C30 | C35 | C40 | C45 | C50 | C55 | C60 | C65 | C70 | C75 | C80 |
| 17 | 450×500 | 0.75 | 1620 | 2008 | 2413 | 2818 | 3223 | 3560 | 3898 | 4269 | 4640 | 5011 | 5366 | 5703 | 6058 |
| | | 0.80 | 1728 | 2141 | 2574 | 3006 | 3438 | 3798 | 4158 | 4553 | 4950 | 5346 | 5723 | 6083 | 6462 |
| | | 0.85 | 1836 | 2275 | 2734 | 3193 | 3652 | 4035 | 4417 | 4838 | 5259 | 5680 | 6081 | 6464 | 6865 |
| | | 0.90 | 1944 | 2409 | 2895 | 3381 | 3867 | 4272 | 4677 | 5123 | 5568 | 6014 | 6439 | 6844 | 7269 |
| | | 0.95 | 2052 | 2543 | 3056 | 3569 | 4082 | 4510 | 4937 | 5407 | 5878 | 6348 | 6797 | 7224 | 7673 |
| | | 1.00 | 2160 | 2677 | 3217 | 3757 | 4297 | 4747 | 5197 | 5692 | 6187 | 6682 | 7154 | 7604 | 8077 |
| | | 1.05 | 2267 | 2811 | 3378 | 3945 | 4512 | 4984 | 5457 | 5977 | 6496 | 7016 | 7512 | 7985 | 8481 |
| 18 | 450×550 | 0.55 | 1306 | 1619 | 1946 | 2273 | 2599 | 2872 | 3144 | 3443 | 3743 | 4042 | 4328 | 4601 | 4886 |
| | | 0.60 | 1425 | 1767 | 2123 | 2479 | 2836 | 3133 | 3430 | 3757 | 4083 | 4410 | 4722 | 5019 | 5331 |
| | | 0.65 | 1544 | 1914 | 2300 | 2686 | 3072 | 3394 | 3716 | 4070 | 4424 | 4777 | 5115 | 5437 | 5775 |
| | | 0.70 | 1663 | 2061 | 2477 | 2893 | 3309 | 3655 | 4002 | 4383 | 4764 | 5145 | 5509 | 5855 | 6219 |
| | | 0.75 | 1782 | 2208 | 2654 | 3099 | 3545 | 3916 | 4287 | 4696 | 5104 | 5513 | 5902 | 6274 | 6663 |
| | | 0.80 | 1900 | 2356 | 2831 | 3306 | 3781 | 4177 | 4573 | 5009 | 5445 | 5880 | 6296 | 6692 | 7108 |
| | | 0.85 | 2019 | 2503 | 3008 | 3513 | 4018 | 4438 | 4859 | 5322 | 5785 | 6248 | 6689 | 7110 | 7552 |
| | | 0.90 | 2138 | 2650 | 3185 | 3719 | 4254 | 4700 | 5145 | 5635 | 6125 | 6615 | 7083 | 7528 | 7996 |
| | | 0.95 | 2257 | 2797 | 3362 | 3926 | 4490 | 4961 | 5431 | 5948 | 6465 | 6983 | 7476 | 7947 | 8440 |
| | | 1.00 | 2376 | 2945 | 3539 | 4133 | 4727 | 5222 | 5717 | 6261 | 6806 | 7350 | 7870 | 8365 | 8885 |
| | | 1.05 | 2494 | 3092 | 3716 | 4339 | 4963 | 5483 | 6003 | 6574 | 7146 | 7718 | 8264 | 8783 | 9329 |
| 19 | 450×600 | 0.55 | 1425 | 1767 | 2123 | 2479 | 2836 | 3133 | 3430 | 3757 | 4083 | 4410 | 4722 | 5019 | 5331 |
| | | 0.60 | 1555 | 1927 | 2316 | 2705 | 3094 | 3418 | 3742 | 4098 | 4455 | 4811 | 5151 | 5475 | 5815 |
| | | 0.65 | 1684 | 2088 | 2509 | 2930 | 3352 | 3703 | 4054 | 4440 | 4826 | 5212 | 5580 | 5931 | 6300 |
| | | 0.70 | 1814 | 2249 | 2702 | 3156 | 3609 | 3987 | 4365 | 4781 | 5197 | 5613 | 6010 | 6388 | 6785 |
| | | 0.75 | 1944 | 2409 | 2895 | 3381 | 3867 | 4272 | 4677 | 5123 | 5568 | 6014 | 6439 | 6844 | 7269 |
| | | 0.80 | 2073 | 2570 | 3088 | 3607 | 4125 | 4557 | 4989 | 5464 | 5940 | 6415 | 6868 | 7300 | 7754 |
| | | 0.85 | 2203 | 2731 | 3281 | 3832 | 4383 | 4842 | 5301 | 5806 | 6311 | 6816 | 7298 | 7757 | 8239 |
| | | 0.90 | 2332 | 2891 | 3474 | 4058 | 4641 | 5127 | 5613 | 6147 | 6682 | 7217 | 7727 | 8213 | 8723 |
| | | 0.95 | 2462 | 3052 | 3667 | 4283 | 4899 | 5412 | 5925 | 6489 | 7053 | 7618 | 8156 | 8669 | 9208 |
| | | 1.00 | 2592 | 3212 | 3861 | 4509 | 5157 | 5697 | 6237 | 6830 | 7425 | 8019 | 8585 | 9125 | 9693 |
| | | 1.05 | 2721 | 3373 | 4054 | 4734 | 5414 | 5981 | 6548 | 7172 | 7796 | 8419 | 9015 | 9582 | 10177 |
| 20 | 450×650 | 0.55 | 1544 | 1914 | 2301 | 2687 | 3073 | 3394 | 3716 | 4070 | 4424 | 4778 | 5116 | 5438 | 5775 |
| | | 0.60 | 1685 | 2088 | 2510 | 2931 | 3352 | 3703 | 4054 | 4440 | 4826 | 5212 | 5581 | 5932 | 6300 |
| | | 0.65 | 1825 | 2262 | 2719 | 3175 | 3631 | 4012 | 4392 | 4810 | 5228 | 5647 | 6046 | 6426 | 6825 |
| | | 0.70 | 1966 | 2437 | 2928 | 3419 | 3911 | 4320 | 4730 | 5180 | 5631 | 6081 | 6511 | 6921 | 7351 |
| | | 0.75 | 2106 | 2611 | 3137 | 3664 | 4190 | 4629 | 5068 | 5550 | 6033 | 6515 | 6976 | 7415 | 7876 |
| | | 0.80 | 2246 | 2785 | 3346 | 3908 | 4469 | 4937 | 5405 | 5920 | 6435 | 6950 | 7441 | 7909 | 8401 |
| | | 0.85 | 2387 | 2959 | 3555 | 4152 | 4749 | 5246 | 5743 | 6290 | 6837 | 7384 | 7906 | 8404 | 8926 |
| | | 0.90 | 2527 | 3133 | 3764 | 4396 | 5028 | 5555 | 6081 | 6660 | 7239 | 7819 | 8371 | 8898 | 9451 |
| | | 0.95 | 2668 | 3307 | 3974 | 4641 | 5307 | 5863 | 6419 | 7030 | 7642 | 8253 | 8836 | 9392 | 9976 |
| | | 1.00 | 2808 | 3481 | 4183 | 4885 | 5587 | 6172 | 6757 | 7400 | 8044 | 8687 | 9302 | 9887 | 10501 |
| | | 1.05 | 2948 | 3655 | 4392 | 5129 | 5866 | 6480 | 7095 | 7770 | 8446 | 9122 | 9767 | 10381 | 11026 |
| 21 | 500×500 | 0.55 | 1320 | 1636 | 1966 | 2296 | 2626 | 2901 | 3176 | 3478 | 3781 | 4083 | 4372 | 4647 | 4936 |
| | | 0.60 | 1440 | 1785 | 2145 | 2505 | 2865 | 3165 | 3465 | 3795 | 4125 | 4455 | 4770 | 5070 | 5385 |
| | | 0.65 | 1560 | 1933 | 2323 | 2713 | 3103 | 3428 | 3753 | 4111 | 4468 | 4826 | 5167 | 5492 | 5833 |
| | | 0.70 | 1680 | 2082 | 2502 | 2922 | 3342 | 3692 | 4042 | 4427 | 4812 | 5197 | 5564 | 5914 | 6282 |
| | | 0.75 | 1800 | 2231 | 2681 | 3131 | 3581 | 3956 | 4331 | 4743 | 5156 | 5568 | 5962 | 6337 | 6731 |
| | | 0.80 | 1920 | 2379 | 2860 | 3340 | 3820 | 4220 | 4620 | 5059 | 5500 | 5940 | 6359 | 6759 | 7180 |
| | | 0.85 | 2040 | 2528 | 3038 | 3548 | 4058 | 4483 | 4908 | 5376 | 5843 | 6311 | 6757 | 7182 | 7628 |

续表

| 序号 | 柱截面 $b \times h$(mm) | 轴压比 | 当为下列混凝土强度等级时柱的轴压力设计值限值(kN) | | | | | | | | | | | | |
|---|---|---|---|---|---|---|---|---|---|---|---|---|---|---|---|
| | | | C20 | C25 | C30 | C35 | C40 | C45 | C50 | C55 | C60 | C65 | C70 | C75 | C80 |
| 21 | 500×500 | 0.90 | 2160 | 2677 | 3217 | 3757 | 4297 | 4747 | 5197 | 5692 | 6187 | 6682 | 7154 | 7604 | 8077 |
| | | 0.95 | 2280 | 2826 | 3396 | 3966 | 4536 | 5011 | 5486 | 6008 | 6531 | 7053 | 7552 | 8027 | 8526 |
| | | 1.00 | 2400 | 2974 | 3575 | 4175 | 4775 | 5275 | 5775 | 6324 | 6875 | 7425 | 7949 | 8449 | 8975 |
| | | 1.05 | 2519 | 3123 | 3753 | 4383 | 5013 | 5538 | 6063 | 6641 | 7218 | 7796 | 8347 | 8872 | 9423 |
| 22 | 500×550 | 0.55 | 1452 | 1799 | 2162 | 2525 | 2888 | 3191 | 3493 | 3826 | 4159 | 4492 | 4809 | 5112 | 5429 |
| | | 0.60 | 1584 | 1963 | 2359 | 2755 | 3151 | 3481 | 3811 | 4174 | 4537 | 4900 | 5247 | 5577 | 5923 |
| | | 0.65 | 1716 | 2127 | 2556 | 2985 | 3414 | 3771 | 4129 | 4522 | 4915 | 5308 | 5684 | 6041 | 6417 |
| | | 0.70 | 1848 | 2290 | 2752 | 3214 | 3676 | 4061 | 4446 | 4870 | 5293 | 5717 | 6121 | 6506 | 6901 |
| | | 0.75 | 1980 | 2454 | 2949 | 3444 | 3939 | 4351 | 4764 | 5218 | 5671 | 6125 | 6558 | 6971 | 7404 |
| | | 0.80 | 2112 | 2617 | 3146 | 3674 | 4202 | 4642 | 5082 | 5565 | 6050 | 6534 | 6995 | 7435 | 7898 |
| | | 0.85 | 2244 | 2781 | 3342 | 3903 | 4464 | 4932 | 5399 | 5913 | 6428 | 6942 | 7433 | 7900 | 8391 |
| | | 0.90 | 2376 | 2945 | 3539 | 4133 | 4727 | 5222 | 5717 | 6261 | 6806 | 7350 | 7870 | 8365 | 8885 |
| | | 0.95 | 2508 | 3108 | 3735 | 4362 | 4989 | 5512 | 6034 | 6609 | 7184 | 7759 | 8307 | 8830 | 9378 |
| | | 1.00 | 2640 | 3272 | 3932 | 4592 | 5252 | 5802 | 6352 | 6957 | 7562 | 8167 | 8744 | 9294 | 9872 |
| | | 1.05 | 2771 | 3436 | 4129 | 4822 | 5515 | 6092 | 6670 | 7305 | 7940 | 8575 | 9182 | 9759 | 10366 |
| 23 | 500×600 | 0.55 | 1584 | 1963 | 2359 | 2755 | 3151 | 3481 | 3811 | 4174 | 4537 | 4900 | 5246 | 5576 | 5923 |
| | | 0.60 | 1728 | 2142 | 2574 | 3006 | 3438 | 3798 | 4158 | 4554 | 4950 | 5346 | 5724 | 6084 | 6462 |
| | | 0.65 | 1872 | 2320 | 2788 | 3256 | 3724 | 4114 | 4504 | 4933 | 5362 | 5791 | 6200 | 6590 | 7000 |
| | | 0.70 | 2016 | 2498 | 3002 | 3507 | 4011 | 4431 | 4850 | 5312 | 5774 | 6237 | 6677 | 7097 | 7539 |
| | | 0.75 | 2160 | 2677 | 3217 | 3757 | 4297 | 4747 | 5197 | 5692 | 6187 | 6682 | 7154 | 7604 | 8077 |
| | | 0.80 | 2304 | 2855 | 3432 | 4008 | 4584 | 5064 | 5544 | 6071 | 6600 | 7128 | 7631 | 8111 | 8616 |
| | | 0.85 | 2448 | 3034 | 3646 | 4258 | 4870 | 5380 | 5890 | 6451 | 7012 | 7573 | 8109 | 8619 | 9154 |
| | | 0.90 | 2592 | 3212 | 3860 | 4509 | 5156 | 5696 | 6236 | 6830 | 7424 | 8018 | 8585 | 9125 | 9693 |
| | | 0.95 | 2736 | 3391 | 4075 | 4759 | 5443 | 6013 | 6583 | 7210 | 7837 | 8464 | 9062 | 9632 | 10231 |
| | | 1.00 | 2880 | 3569 | 4290 | 5010 | 5730 | 6330 | 6930 | 7589 | 8250 | 8910 | 9539 | 10139 | 10770 |
| | | 1.05 | 3023 | 3748 | 4504 | 5260 | 6016 | 6646 | 7276 | 7969 | 8662 | 9355 | 10016 | 10646 | 11308 |
| 24 | 500×650 | 0.55 | 1716 | 2127 | 2556 | 2985 | 3414 | 3771 | 4129 | 4522 | 4915 | 5308 | 5684 | 6041 | 6417 |
| | | 0.60 | 1872 | 2320 | 2788 | 3256 | 3724 | 4114 | 4504 | 4933 | 5362 | 5791 | 6201 | 6591 | 7000 |
| | | 0.65 | 2028 | 2513 | 3020 | 3527 | 4034 | 4457 | 4879 | 5344 | 5809 | 6274 | 6717 | 7140 | 7583 |
| | | 0.70 | 2184 | 2707 | 3253 | 3799 | 4345 | 4800 | 5255 | 5755 | 6256 | 6756 | 7234 | 7689 | 8167 |
| | | 0.75 | 2340 | 2900 | 3485 | 4070 | 4655 | 5143 | 5630 | 6166 | 6703 | 7239 | 7751 | 8238 | 8750 |
| | | 0.80 | 2496 | 3093 | 3718 | 4342 | 4966 | 5486 | 6006 | 6577 | 7150 | 7722 | 8267 | 8787 | 9334 |
| | | 0.85 | 2652 | 3287 | 3950 | 4613 | 5276 | 5828 | 6381 | 6989 | 7596 | 8204 | 8784 | 9337 | 9917 |
| | | 0.90 | 2808 | 3480 | 4182 | 4884 | 5586 | 6171 | 6756 | 7400 | 8043 | 8687 | 9301 | 9886 | 10500 |
| | | 0.95 | 2964 | 3674 | 4415 | 5156 | 5897 | 6514 | 7132 | 7811 | 8490 | 9169 | 9818 | 10435 | 11084 |
| | | 1.00 | 3120 | 3867 | 4647 | 5427 | 6207 | 6857 | 7507 | 8222 | 8937 | 9652 | 10334 | 10984 | 11667 |
| | | 1.05 | 3275 | 4060 | 4879 | 5698 | 6517 | 7200 | 7882 | 8633 | 9384 | 10135 | 10851 | 11534 | 12250 |
| 25 | 500×700 | 0.55 | 1848 | 2290 | 2752 | 3214 | 3676 | 4061 | 4446 | 4870 | 5293 | 5717 | 6121 | 6506 | 6910 |
| | | 0.60 | 2016 | 2499 | 3003 | 3507 | 4011 | 4431 | 4851 | 5313 | 5775 | 6237 | 6678 | 7098 | 7539 |
| | | 0.65 | 2184 | 2707 | 3253 | 3799 | 4345 | 4800 | 5255 | 5755 | 6256 | 6756 | 7234 | 7689 | 8167 |
| | | 0.70 | 2352 | 2915 | 3503 | 4091 | 4679 | 5169 | 5659 | 6198 | 6737 | 7276 | 7790 | 8280 | 8795 |
| | | 0.75 | 2520 | 3123 | 3753 | 4383 | 5013 | 5538 | 6063 | 6641 | 7218 | 7796 | 8347 | 8872 | 9423 |
| | | 0.80 | 2688 | 3331 | 4004 | 4676 | 5348 | 5908 | 6468 | 7083 | 7700 | 8316 | 8903 | 9463 | 10052 |
| | | 0.85 | 2856 | 3540 | 4254 | 4968 | 5682 | 6277 | 6872 | 7526 | 8181 | 8835 | 9460 | 10055 | 10680 |
| | | 0.90 | 3024 | 3748 | 4504 | 5260 | 6016 | 6646 | 7276 | 7969 | 8662 | 9355 | 10016 | 10646 | 11308 |
| | | 0.95 | 3192 | 3956 | 4754 | 5552 | 6350 | 7015 | 7680 | 8412 | 9143 | 9875 | 10573 | 11238 | 11936 |
| | | 1.00 | 3360 | 4164 | 5005 | 5845 | 6685 | 7385 | 8085 | 8854 | 9625 | 10395 | 11129 | 11829 | 12565 |

续表

| 序号 | 柱截面 $b \times h$(mm) | 轴压比 | 当为下列混凝土强度等级时柱的轴压力设计值限值(kN) | | | | | | | | | | | | |
|---|---|---|---|---|---|---|---|---|---|---|---|---|---|---|---|
| | | | C20 | C25 | C30 | C35 | C40 | C45 | C50 | C55 | C60 | C65 | C70 | C75 | C80 |
| 25 | 500×700 | 1.05 | 3527 | 4373 | 5255 | 6137 | 7019 | 7754 | 8489 | 9297 | 10106 | 10914 | 11686 | 12421 | 13193 |
| 26 | 550×550 | 0.55 | 1597 | 1979 | 2379 | 2778 | 3177 | 3510 | 3843 | 4209 | 4575 | 4941 | 5290 | 5623 | 5972 |
| | | 0.60 | 1742 | 2159 | 2595 | 3031 | 3466 | 3829 | 4192 | 4591 | 4991 | 5390 | 5771 | 6134 | 6515 |
| | | 0.65 | 1887 | 2339 | 2811 | 3283 | 3755 | 4148 | 4542 | 4974 | 5407 | 5839 | 6252 | 6645 | 7058 |
| | | 0.70 | 2032 | 2519 | 3028 | 3536 | 4044 | 4467 | 4891 | 5357 | 5823 | 6288 | 6733 | 7157 | 7601 |
| | | 0.75 | 2178 | 2699 | 3244 | 3788 | 4333 | 4787 | 5240 | 5739 | 6239 | 6738 | 7214 | 7668 | 8144 |
| | | 0.80 | 2323 | 2879 | 3460 | 4041 | 4622 | 5106 | 5590 | 6122 | 6655 | 7187 | 7695 | 8179 | 8687 |
| | | 0.85 | 2468 | 3059 | 3676 | 4293 | 4911 | 5425 | 5939 | 6505 | 7070 | 7636 | 8176 | 8690 | 9230 |
| | | 0.90 | 2613 | 3239 | 3893 | 4546 | 5199 | 5744 | 6288 | 6887 | 7486 | 8085 | 8657 | 9202 | 9773 |
| | | 0.95 | 2758 | 3419 | 4109 | 4799 | 5488 | 6063 | 6638 | 7270 | 7902 | 8535 | 9138 | 9713 | 10316 |
| | | 1.00 | 2904 | 3599 | 4325 | 5051 | 5777 | 6382 | 6987 | 7653 | 8318 | 8984 | 9619 | 10224 | 10859 |
| | | 1.05 | 3049 | 3779 | 4542 | 5304 | 6066 | 6701 | 7337 | 8035 | 8734 | 9433 | 10100 | 10735 | 11402 |
| 27 | 550×600 | 0.55 | 1742 | 2159 | 2595 | 3031 | 3466 | 3829 | 4192 | 4591 | 4991 | 5390 | 5771 | 6134 | 6515 |
| | | 0.60 | 1900 | 2356 | 2831 | 3306 | 3781 | 4177 | 4573 | 5009 | 5445 | 5880 | 6296 | 6692 | 7108 |
| | | 0.65 | 2059 | 2552 | 3067 | 3582 | 4096 | 4525 | 4954 | 5426 | 5898 | 6370 | 6821 | 7250 | 7700 |
| | | 0.70 | 2217 | 2748 | 3303 | 3857 | 4412 | 4874 | 5336 | 5844 | 6352 | 6860 | 7345 | 7807 | 8292 |
| | | 0.75 | 2376 | 2945 | 3539 | 4133 | 4727 | 5222 | 5717 | 6261 | 6806 | 7350 | 7870 | 8365 | 8885 |
| | | 0.80 | 2534 | 3141 | 3775 | 4408 | 5042 | 5570 | 6098 | 6679 | 7260 | 7840 | 8395 | 8923 | 9477 |
| | | 0.85 | 2692 | 3337 | 4011 | 4684 | 5357 | 5918 | 6479 | 7096 | 7713 | 8330 | 8919 | 9480 | 10069 |
| | | 0.90 | 2851 | 3534 | 4247 | 4959 | 5672 | 6266 | 6860 | 7514 | 8167 | 8820 | 9444 | 10038 | 10662 |
| | | 0.95 | 3009 | 3730 | 4483 | 5235 | 5987 | 6614 | 7241 | 7931 | 8621 | 9310 | 9969 | 10596 | 11254 |
| | | 1.00 | 3168 | 3926 | 4719 | 5511 | 6303 | 6963 | 7623 | 8348 | 9075 | 9801 | 10493 | 11153 | 11847 |
| | | 1.05 | 3326 | 4123 | 4954 | 5786 | 6618 | 7311 | 8004 | 8766 | 9528 | 10291 | 11018 | 11711 | 12439 |
| 28 | 550×650 | 0.55 | 1887 | 2339 | 2811 | 3283 | 3755 | 4148 | 4542 | 4974 | 5407 | 5839 | 6252 | 6645 | 7058 |
| | | 0.60 | 2059 | 2552 | 3067 | 3582 | 4096 | 4525 | 4954 | 5426 | 5898 | 6370 | 6821 | 7250 | 7700 |
| | | 0.65 | 2230 | 2765 | 3322 | 3880 | 4438 | 4903 | 5367 | 5879 | 6390 | 6901 | 7389 | 7854 | 8342 |
| | | 0.70 | 2402 | 2977 | 3578 | 4179 | 4779 | 5280 | 5780 | 6331 | 6881 | 7432 | 7957 | 8458 | 8983 |
| | | 0.75 | 2574 | 3190 | 3834 | 4477 | 5121 | 5657 | 6193 | 6783 | 7373 | 7963 | 8526 | 9062 | 9625 |
| | | 0.80 | 2745 | 3403 | 4089 | 4776 | 5462 | 6034 | 6606 | 7235 | 7865 | 8494 | 9094 | 9666 | 10267 |
| | | 0.85 | 2917 | 3616 | 4345 | 5074 | 5804 | 6411 | 7019 | 7688 | 8356 | 9025 | 9663 | 10270 | 10909 |
| | | 0.90 | 3088 | 3828 | 4601 | 5373 | 6145 | 6788 | 7432 | 8140 | 8848 | 9555 | 10231 | 10875 | 11550 |
| | | 0.95 | 3260 | 4041 | 4856 | 5671 | 6486 | 7166 | 7845 | 8592 | 9339 | 10086 | 10800 | 11479 | 12192 |
| | | 1.00 | 3432 | 4254 | 5112 | 5970 | 6828 | 7543 | 8258 | 9044 | 9831 | 10617 | 11368 | 12083 | 12834 |
| | | 1.05 | 3603 | 4466 | 5367 | 6268 | 7169 | 7920 | 8671 | 9496 | 10322 | 11148 | 11936 | 12687 | 13475 |
| 29 | 550×700 | 0.55 | 2032 | 2519 | 3028 | 3536 | 4044 | 4467 | 4891 | 5357 | 5823 | 6288 | 6733 | 7157 | 7601 |
| | | 0.60 | 2217 | 2748 | 3303 | 3857 | 4412 | 4874 | 5336 | 5844 | 6352 | 6860 | 7345 | 7807 | 8292 |
| | | 0.65 | 2402 | 2977 | 3578 | 4179 | 4779 | 5280 | 5780 | 6331 | 6881 | 7432 | 7957 | 8458 | 8983 |
| | | 0.70 | 2587 | 3207 | 3853 | 4500 | 5147 | 5686 | 6225 | 6818 | 7411 | 8004 | 8570 | 9109 | 9675 |
| | | 0.75 | 2772 | 3436 | 4129 | 4822 | 5515 | 6092 | 6670 | 7305 | 7940 | 8575 | 9182 | 9759 | 10366 |
| | | 0.80 | 2956 | 3665 | 4404 | 5143 | 5882 | 6498 | 7114 | 7792 | 8470 | 9147 | 9794 | 10410 | 11057 |
| | | 0.85 | 3141 | 3894 | 4679 | 5465 | 6250 | 6904 | 7559 | 8279 | 8999 | 9719 | 10406 | 11061 | 11748 |
| | | 0.90 | 3326 | 4123 | 4954 | 5786 | 6618 | 7311 | 8004 | 8766 | 9528 | 10291 | 11018 | 11711 | 12439 |
| | | 0.95 | 3511 | 4352 | 5230 | 6108 | 6985 | 7717 | 8448 | 9253 | 10058 | 10862 | 11630 | 12362 | 13130 |
| | | 1.00 | 3696 | 4581 | 5505 | 6429 | 7353 | 8123 | 8893 | 9740 | 10587 | 11434 | 12242 | 13012 | 13821 |
| | | 1.05 | 3880 | 4810 | 5780 | 6750 | 7721 | 8529 | 9338 | 10227 | 11116 | 12006 | 12855 | 13663 | 14512 |
| 30 | 550×750 | 0.55 | 2178 | 2699 | 3244 | 3788 | 4333 | 4787 | 5240 | 5739 | 6239 | 6738 | 7214 | 7668 | 8144 |
| | | 0.60 | 2376 | 2945 | 3539 | 4133 | 4727 | 5222 | 5717 | 6261 | 6806 | 7350 | 7870 | 8365 | 8885 |

续表

| 序号 | 柱截面 $b \times h$(mm) | 轴压比 | 当为下列混凝土强度等级时柱的轴压力设计值限值(kN) | | | | | | | | | | | | |
|---|---|---|---|---|---|---|---|---|---|---|---|---|---|---|---|
| | | | C20 | C25 | C30 | C35 | C40 | C45 | C50 | C55 | C60 | C65 | C70 | C75 | C80 |
| 30 | 550 × 750 | 0.65 | 2574 | 3190 | 3834 | 4477 | 5121 | 5657 | 6193 | 6782 | 7373 | 7963 | 8526 | 9062 | 9625 |
| | | 0.70 | 2772 | 3436 | 4129 | 4822 | 5515 | 6092 | 6670 | 7305 | 7940 | 8575 | 9182 | 9759 | 10366 |
| | | 0.75 | 2970 | 3681 | 4424 | 5166 | 5909 | 6527 | 7146 | 7827 | 8507 | 9188 | 9838 | 10456 | 11106 |
| | | 0.80 | 3168 | 3926 | 4719 | 5511 | 6303 | 6963 | 7623 | 8348 | 9075 | 9801 | 10493 | 11153 | 11847 |
| | | 0.85 | 3366 | 4172 | 5013 | 5855 | 6696 | 7398 | 8099 | 8870 | 9642 | 10413 | 11149 | 11851 | 12587 |
| | | 0.90 | 3564 | 4417 | 5308 | 6199 | 7090 | 7833 | 8575 | 9392 | 10209 | 11026 | 11805 | 12548 | 13327 |
| | | 0.95 | 3762 | 4663 | 5603 | 6544 | 7484 | 8268 | 9052 | 9914 | 10776 | 11638 | 12461 | 13245 | 14068 |
| | | 1.00 | 3960 | 4908 | 5898 | 6888 | 7878 | 8703 | 9528 | 10436 | 11343 | 12251 | 13117 | 13942 | 14808 |
| | | 1.05 | 4157 | 5154 | 6193 | 7233 | 8272 | 9138 | 10005 | 10958 | 11910 | 12863 | 13773 | 14639 | 15549 |
| 31 | 600 × 600 | 0.55 | 1900 | 2356 | 2831 | 3306 | 3781 | 4177 | 4573 | 5009 | 5445 | 5880 | 6296 | 6692 | 7108 |
| | | 0.60 | 2073 | 2570 | 3088 | 3607 | 4125 | 4557 | 4989 | 5464 | 5940 | 6415 | 6868 | 7300 | 7754 |
| | | 0.65 | 2246 | 2784 | 3346 | 3907 | 4469 | 4937 | 5405 | 5920 | 6434 | 6949 | 7441 | 7909 | 8400 |
| | | 0.70 | 2419 | 2998 | 3603 | 4208 | 4813 | 5317 | 5821 | 6375 | 6929 | 7484 | 8013 | 8517 | 9046 |
| | | 0.75 | 2592 | 3212 | 3861 | 4509 | 5157 | 5697 | 6237 | 6830 | 7425 | 8019 | 8585 | 9125 | 9693 |
| | | 0.80 | 2764 | 3427 | 4118 | 4809 | 5500 | 6076 | 6652 | 7286 | 7920 | 8553 | 9158 | 9734 | 10339 |
| | | 0.85 | 2937 | 3641 | 4375 | 5110 | 5844 | 6456 | 7068 | 7741 | 8415 | 9088 | 9730 | 10342 | 10985 |
| | | 0.90 | 3110 | 3855 | 4633 | 5410 | 6188 | 6836 | 7484 | 8197 | 8909 | 9622 | 10303 | 10951 | 11631 |
| | | 0.95 | 3283 | 4069 | 4890 | 5711 | 6532 | 7216 | 7900 | 8652 | 9404 | 10157 | 10875 | 11559 | 12277 |
| | | 1.00 | 3456 | 4283 | 5148 | 6012 | 6876 | 7596 | 8316 | 9107 | 9900 | 10692 | 11447 | 12167 | 12924 |
| | | 1.05 | 3628 | 4498 | 5405 | 6312 | 7219 | 7975 | 8731 | 9563 | 10394 | 11226 | 12020 | 12776 | 13570 |
| 32 | 600 × 650 | 0.55 | 2059 | 2552 | 3067 | 3582 | 4096 | 4525 | 4954 | 5426 | 5898 | 6370 | 6821 | 7250 | 7700 |
| | | 0.60 | 2246 | 2784 | 3346 | 3907 | 4469 | 4937 | 5405 | 5920 | 6435 | 6949 | 7441 | 7909 | 8400 |
| | | 0.65 | 2433 | 3016 | 3625 | 4233 | 4841 | 5348 | 5855 | 6413 | 6971 | 7528 | 8061 | 8568 | 9100 |
| | | 0.70 | 2620 | 3248 | 3903 | 4559 | 5214 | 5760 | 6306 | 6906 | 7507 | 8108 | 8681 | 9227 | 9800 |
| | | 0.75 | 2808 | 3480 | 4182 | 4884 | 5586 | 6171 | 6756 | 7400 | 8043 | 8687 | 9301 | 9886 | 10500 |
| | | 0.80 | 2995 | 3712 | 4461 | 5210 | 5959 | 6583 | 7207 | 7893 | 8580 | 9266 | 9921 | 10545 | 11200 |
| | | 0.85 | 3182 | 3944 | 4740 | 5536 | 6331 | 6994 | 7657 | 8386 | 9116 | 9845 | 10541 | 11204 | 11900 |
| | | 0.90 | 3369 | 4176 | 5019 | 5861 | 6704 | 7406 | 8108 | 8880 | 9652 | 10424 | 11161 | 11863 | 12600 |
| | | 0.95 | 3556 | 4408 | 5298 | 6187 | 7076 | 7817 | 8558 | 9373 | 10188 | 11003 | 11781 | 12522 | 13300 |
| | | 1.00 | 3744 | 4640 | 5577 | 6513 | 7449 | 8229 | 9009 | 9866 | 10725 | 11583 | 12401 | 13181 | 14001 |
| | | 1.05 | 3931 | 4873 | 5855 | 6838 | 7821 | 8640 | 9459 | 10360 | 11261 | 12162 | 13022 | 13841 | 14701 |
| 33 | 600 × 700 | 0.55 | 2217 | 2748 | 3303 | 3857 | 4412 | 4874 | 5336 | 5844 | 6352 | 6860 | 7345 | 7807 | 8292 |
| | | 0.60 | 2419 | 2998 | 3603 | 4208 | 4813 | 5317 | 5821 | 6375 | 6930 | 7484 | 8013 | 8517 | 9046 |
| | | 0.65 | 2620 | 3248 | 3903 | 4559 | 5214 | 5760 | 6306 | 6906 | 7507 | 8108 | 8681 | 9227 | 9800 |
| | | 0.70 | 2822 | 3498 | 4204 | 4909 | 5615 | 6203 | 6791 | 7438 | 8084 | 8731 | 9349 | 9937 | 10554 |
| | | 0.75 | 3024 | 3748 | 4504 | 5260 | 6016 | 6646 | 7276 | 7969 | 8662 | 9355 | 10016 | 10646 | 11308 |
| | | 0.80 | 3225 | 3998 | 4804 | 5611 | 6417 | 7089 | 7761 | 8500 | 9240 | 9979 | 10684 | 11356 | 12062 |
| | | 0.85 | 3427 | 4248 | 5105 | 5961 | 6818 | 7532 | 8246 | 9032 | 9817 | 10602 | 11352 | 12066 | 12816 |
| | | 0.90 | 3628 | 4498 | 5405 | 6312 | 7219 | 7975 | 8731 | 9563 | 10394 | 11226 | 12020 | 12776 | 13570 |
| | | 0.95 | 3830 | 4748 | 5705 | 6663 | 7620 | 8418 | 9216 | 10094 | 10972 | 11850 | 12688 | 13486 | 14324 |
| | | 1.00 | 4032 | 4997 | 6006 | 7014 | 8022 | 8862 | 9702 | 10625 | 11550 | 12474 | 13355 | 14195 | 15078 |
| | | 1.05 | 4233 | 5247 | 6306 | 7364 | 8423 | 9305 | 10187 | 11157 | 12127 | 13097 | 14023 | 14905 | 15831 |
| 34 | 600 × 750 | 0.55 | 2376 | 2945 | 3539 | 4133 | 4727 | 5222 | 5717 | 6261 | 6806 | 7350 | 7870 | 8365 | 8885 |
| | | 0.60 | 2592 | 3213 | 3861 | 4509 | 5157 | 5697 | 6237 | 6831 | 7425 | 8019 | 8586 | 9126 | 9693 |
| | | 0.65 | 2808 | 3480 | 4182 | 4884 | 5586 | 6171 | 6756 | 7400 | 8043 | 8687 | 9301 | 9886 | 10500 |
| | | 0.70 | 3024 | 3748 | 4504 | 5260 | 6016 | 6646 | 7276 | 7969 | 8662 | 9355 | 10016 | 10646 | 11308 |
| | | 0.75 | 3240 | 4016 | 4826 | 5636 | 6446 | 7121 | 7796 | 8538 | 9281 | 10023 | 10732 | 11407 | 12116 |

续表

| 序号 | 柱截面 $b \times h$(mm) | 轴压比 | 当为下列混凝土强度等级时柱的轴压力设计值限值(kN) | | | | | | | | | | | | |
|---|---|---|---|---|---|---|---|---|---|---|---|---|---|---|---|
| | | | C20 | C25 | C30 | C35 | C40 | C45 | C50 | C55 | C60 | C65 | C70 | C75 | C80 |
| 34 | 600×750 | 0.80 | 3456 | 4283 | 5148 | 6012 | 6876 | 7596 | 8316 | 9107 | 9900 | 10692 | 11447 | 12167 | 12924 |
| | | 0.85 | 3672 | 4551 | 5469 | 6387 | 7305 | 8070 | 8835 | 9677 | 10518 | 11360 | 12163 | 12928 | 13731 |
| | | 0.90 | 3888 | 4819 | 5791 | 6763 | 7735 | 8545 | 9355 | 10246 | 11137 | 12028 | 12878 | 13688 | 14539 |
| | | 0.95 | 4104 | 5087 | 6113 | 7139 | 8165 | 9020 | 9875 | 10815 | 11756 | 12696 | 13594 | 14449 | 15347 |
| | | 1.00 | 4320 | 5354 | 6435 | 7515 | 8595 | 9495 | 10395 | 11384 | 12375 | 13365 | 14309 | 15209 | 16155 |
| | | 1.05 | 4535 | 5622 | 6756 | 7890 | 9024 | 9969 | 10914 | 11954 | 12993 | 14033 | 15025 | 15970 | 16962 |
| 35 | 600×800 | 0.55 | 2534 | 3141 | 3775 | 4408 | 5042 | 5570 | 6098 | 6679 | 7260 | 7840 | 8395 | 8923 | 9477 |
| | | 0.60 | 2764 | 3427 | 4118 | 4809 | 5500 | 6076 | 6652 | 7286 | 7920 | 8553 | 9158 | 9734 | 10339 |
| | | 0.65 | 2995 | 3712 | 4461 | 5210 | 5959 | 6583 | 7207 | 7893 | 8579 | 9266 | 9921 | 10545 | 11200 |
| | | 0.70 | 3225 | 3998 | 4804 | 5611 | 6417 | 7089 | 7761 | 8500 | 9239 | 9979 | 10684 | 11356 | 12062 |
| | | 0.75 | 3456 | 4283 | 5148 | 6012 | 6876 | 7596 | 8316 | 9107 | 9900 | 10692 | 11447 | 12167 | 12924 |
| | | 0.80 | 3686 | 4569 | 5491 | 6412 | 7334 | 8102 | 8870 | 9715 | 10560 | 11404 | 12211 | 12979 | 13785 |
| | | 0.85 | 3916 | 4855 | 5834 | 6813 | 7792 | 8608 | 9424 | 10322 | 11220 | 12117 | 12974 | 13790 | 14647 |
| | | 0.90 | 4147 | 5140 | 6177 | 7214 | 8251 | 9115 | 9979 | 10929 | 11879 | 12830 | 13737 | 14601 | 15508 |
| | | 0.95 | 4377 | 5426 | 6520 | 7615 | 8709 | 9621 | 10533 | 11536 | 12539 | 13543 | 14500 | 15412 | 16370 |
| | | 1.00 | 4608 | 5711 | 6864 | 8016 | 9168 | 10128 | 11088 | 12143 | 13200 | 14256 | 15263 | 16223 | 17232 |
| | | 1.05 | 4838 | 5997 | 7207 | 8416 | 9626 | 10634 | 11642 | 12751 | 13859 | 14968 | 16027 | 17035 | 18093 |
| 36 | 650×650 | 0.55 | 2230 | 2765 | 3322 | 3880 | 4438 | 4903 | 5367 | 5879 | 6390 | 6901 | 7389 | 7854 | 8342 |
| | | 0.60 | 2433 | 3016 | 3625 | 4233 | 4841 | 5348 | 5855 | 6413 | 6971 | 7528 | 8061 | 8568 | 9100 |
| | | 0.65 | 2636 | 3268 | 3927 | 4586 | 5245 | 5794 | 6343 | 6948 | 7552 | 8156 | 8733 | 9282 | 9859 |
| | | 0.70 | 2839 | 3519 | 4229 | 4939 | 5648 | 6240 | 6831 | 7482 | 8133 | 8783 | 9404 | 9996 | 10617 |
| | | 0.75 | 3042 | 3770 | 4531 | 5291 | 6052 | 6686 | 7319 | 8016 | 8714 | 9411 | 10076 | 10710 | 11375 |
| | | 0.80 | 3244 | 4022 | 4833 | 5644 | 6455 | 7131 | 7807 | 8551 | 9295 | 10038 | 10748 | 11424 | 12134 |
| | | 0.85 | 3447 | 4273 | 5135 | 5997 | 6859 | 7577 | 8295 | 9085 | 9875 | 10666 | 11420 | 12138 | 12892 |
| | | 0.90 | 3650 | 4524 | 5437 | 6350 | 7262 | 8023 | 8783 | 9620 | 10456 | 11293 | 12091 | 12852 | 13650 |
| | | 0.95 | 3853 | 4776 | 5739 | 6702 | 7666 | 8469 | 9271 | 10154 | 11037 | 11920 | 12763 | 13566 | 14409 |
| | | 1.00 | 4056 | 5027 | 6041 | 7055 | 8069 | 8914 | 9759 | 10689 | 11618 | 12548 | 13435 | 14280 | 15167 |
| | | 1.05 | 4258 | 5279 | 6343 | 7408 | 8473 | 9360 | 10247 | 11223 | 12199 | 13175 | 14107 | 14994 | 15926 |
| 37 | 650×700 | 0.55 | 2402 | 2977 | 3578 | 4179 | 4779 | 5280 | 5780 | 6331 | 6881 | 7432 | 7957 | 8458 | 8983 |
| | | 0.60 | 2620 | 3248 | 3903 | 4559 | 5214 | 5760 | 6306 | 6906 | 7507 | 8108 | 8681 | 9227 | 9800 |
| | | 0.65 | 2839 | 3519 | 4229 | 4939 | 5648 | 6240 | 6831 | 7482 | 8133 | 8783 | 9404 | 9996 | 10617 |
| | | 0.70 | 3057 | 3790 | 4554 | 5318 | 6083 | 6720 | 7357 | 8058 | 8758 | 9459 | 10128 | 10765 | 11434 |
| | | 0.75 | 3276 | 4060 | 4879 | 5698 | 6517 | 7200 | 7882 | 8633 | 9384 | 10135 | 10851 | 11534 | 12250 |
| | | 0.80 | 3494 | 4331 | 5205 | 6078 | 6952 | 7680 | 8408 | 9209 | 10010 | 10810 | 11575 | 12303 | 13067 |
| | | 0.85 | 3712 | 4602 | 5530 | 6458 | 7386 | 8160 | 8933 | 9784 | 10635 | 11486 | 12298 | 13072 | 13884 |
| | | 0.90 | 3931 | 4873 | 5855 | 6838 | 7821 | 8640 | 9459 | 10360 | 11261 | 12162 | 13022 | 13841 | 14701 |
| | | 0.95 | 4149 | 5143 | 6181 | 7218 | 8255 | 9120 | 9984 | 10935 | 11886 | 12837 | 13745 | 14610 | 15517 |
| | | 1.00 | 4368 | 5414 | 6506 | 7598 | 8690 | 9600 | 10510 | 11511 | 12512 | 13513 | 14468 | 15378 | 16334 |
| | | 1.05 | 4586 | 5685 | 6831 | 7978 | 9125 | 10080 | 11036 | 12087 | 13138 | 14189 | 15192 | 16147 | 17151 |
| 38 | 650×750 | 0.55 | 2574 | 3190 | 3834 | 4477 | 5121 | 5657 | 6193 | 6783 | 7373 | 7963 | 8526 | 9062 | 9625 |
| | | 0.60 | 2808 | 3480 | 4182 | 4884 | 5586 | 6171 | 6756 | 7400 | 8043 | 8687 | 9301 | 9886 | 10500 |
| | | 0.65 | 3042 | 3770 | 4531 | 5291 | 6052 | 6686 | 7319 | 8016 | 8714 | 9411 | 10076 | 10710 | 11375 |
| | | 0.70 | 3276 | 4060 | 4879 | 5698 | 6517 | 7200 | 7882 | 8633 | 9384 | 10135 | 10851 | 11534 | 12250 |
| | | 0.75 | 3510 | 4350 | 5228 | 6105 | 6983 | 7714 | 8445 | 9250 | 10054 | 10859 | 11626 | 12358 | 13125 |
| | | 0.80 | 3744 | 4640 | 5577 | 6513 | 7449 | 8229 | 9009 | 9866 | 10725 | 11583 | 12401 | 13181 | 14001 |
| | | 0.85 | 3978 | 4931 | 5925 | 6920 | 7914 | 8743 | 9572 | 10483 | 11395 | 12306 | 13177 | 14005 | 14876 |
| | | 0.90 | 4212 | 5221 | 6274 | 7327 | 8380 | 9257 | 10135 | 11100 | 12065 | 13030 | 13952 | 14829 | 15751 |

续表

| 序号 | 柱截面 $b \times h$(mm) | 轴压比 | 当为下列混凝土强度等级时柱的轴压力设计值限值(kN) | | | | | | | | | | | | |
|---|---|---|---|---|---|---|---|---|---|---|---|---|---|---|---|
| | | | C20 | C25 | C30 | C35 | C40 | C45 | C50 | C55 | C60 | C65 | C70 | C75 | C80 |
| 38 | 650×750 | 0.95 | 4446 | 5511 | 6622 | 7734 | 8845 | 9771 | 10698 | 11717 | 12735 | 13754 | 14727 | 15653 | 16626 |
| | | 1.00 | 4680 | 5801 | 6971 | 8141 | 9311 | 10286 | 11261 | 12333 | 13406 | 14478 | 15502 | 16477 | 17501 |
| | | 1.05 | 4913 | 6091 | 7319 | 8548 | 9776 | 10800 | 11824 | 12950 | 14076 | 15202 | 16277 | 17301 | 18376 |
| 39 | 650×800 | 0.55 | 2745 | 3403 | 4089 | 4776 | 5462 | 6034 | 6606 | 7235 | 7865 | 8494 | 9094 | 9666 | 10267 |
| | | 0.60 | 2995 | 3712 | 4461 | 5210 | 5959 | 6583 | 7207 | 7893 | 8580 | 9266 | 9921 | 10545 | 11200 |
| | | 0.65 | 3244 | 4022 | 4833 | 5644 | 6455 | 7131 | 7807 | 8551 | 9294 | 10038 | 10748 | 11424 | 12134 |
| | | 0.70 | 3494 | 4331 | 5205 | 6078 | 6952 | 7680 | 8408 | 9209 | 10009 | 10810 | 11575 | 12303 | 13067 |
| | | 0.75 | 3744 | 4640 | 5577 | 6513 | 7449 | 8229 | 9009 | 9866 | 10725 | 11583 | 12401 | 13181 | 14001 |
| | | 0.80 | 3993 | 4950 | 5948 | 6947 | 7945 | 8777 | 9609 | 10524 | 11440 | 12355 | 13228 | 14060 | 14934 |
| | | 0.85 | 4243 | 5259 | 6320 | 7381 | 8442 | 9326 | 10210 | 11182 | 12155 | 13127 | 14055 | 14939 | 15867 |
| | | 0.90 | 4492 | 5569 | 6692 | 7815 | 8938 | 9874 | 10810 | 11840 | 12869 | 13899 | 14882 | 15818 | 16801 |
| | | 0.95 | 4742 | 5878 | 7064 | 8249 | 9435 | 10423 | 11411 | 12498 | 13584 | 14671 | 15709 | 16697 | 17734 |
| | | 1.00 | 4992 | 6187 | 7436 | 8684 | 9932 | 10972 | 12012 | 13155 | 14300 | 15444 | 16535 | 17575 | 18668 |
| | | 1.05 | 5241 | 6497 | 7807 | 9118 | 10428 | 11520 | 12612 | 13813 | 15014 | 16216 | 17362 | 18454 | 19601 |
| 40 | 650×850 | 0.55 | 2917 | 3616 | 4345 | 5074 | 5804 | 6411 | 7019 | 7688 | 8356 | 9025 | 9663 | 10270 | 10909 |
| | | 0.60 | 3182 | 3944 | 4740 | 5536 | 6331 | 6994 | 7657 | 8386 | 9116 | 9845 | 10541 | 11204 | 11900 |
| | | 0.65 | 3447 | 4273 | 5135 | 5997 | 6859 | 7577 | 8295 | 9085 | 9875 | 10666 | 11420 | 12138 | 12892 |
| | | 0.70 | 3712 | 4602 | 5530 | 6458 | 7386 | 8160 | 8933 | 9784 | 10635 | 11486 | 12298 | 13072 | 13884 |
| | | 0.75 | 3978 | 4931 | 5925 | 6920 | 7914 | 8743 | 9572 | 10483 | 11395 | 12306 | 13177 | 14005 | 14876 |
| | | 0.80 | 4243 | 5259 | 6320 | 7381 | 8442 | 9326 | 10210 | 11182 | 12155 | 13127 | 14055 | 14939 | 15867 |
| | | 0.85 | 4508 | 5588 | 6715 | 7842 | 8969 | 9909 | 10848 | 11881 | 12914 | 13947 | 14934 | 15873 | 16859 |
| | | 0.90 | 4773 | 5917 | 7110 | 8304 | 9497 | 10491 | 11486 | 12580 | 13674 | 14768 | 15812 | 16807 | 17851 |
| | | 0.95 | 5038 | 6246 | 7505 | 8765 | 10025 | 11074 | 12124 | 13279 | 14434 | 15588 | 16691 | 17740 | 18843 |
| | | 1.00 | 5304 | 6574 | 7900 | 9226 | 10552 | 11657 | 12762 | 13978 | 15193 | 16409 | 17569 | 18674 | 19834 |
| | | 1.05 | 5569 | 6903 | 8295 | 9688 | 11080 | 12240 | 13400 | 14677 | 15953 | 17229 | 18447 | 19608 | 20826 |
| 41 | 650×900 | 0.55 | 3088 | 3828 | 4601 | 5373 | 6145 | 6788 | 7432 | 8140 | 8848 | 9555 | 10231 | 10875 | 11550 |
| | | 0.60 | 3369 | 4176 | 5019 | 5861 | 6704 | 7406 | 8108 | 8880 | 9652 | 10424 | 11161 | 11863 | 12600 |
| | | 0.65 | 3650 | 4524 | 5437 | 6350 | 7262 | 8023 | 8783 | 9620 | 10456 | 11293 | 12091 | 12852 | 13650 |
| | | 0.70 | 3931 | 4873 | 5855 | 6838 | 7821 | 8640 | 9459 | 10360 | 11261 | 12162 | 13022 | 13841 | 14701 |
| | | 0.75 | 4212 | 5221 | 6274 | 7327 | 8380 | 9257 | 10135 | 11100 | 12065 | 13030 | 13952 | 14829 | 15751 |
| | | 0.80 | 4492 | 5569 | 6692 | 7815 | 8938 | 9874 | 10810 | 11840 | 12870 | 13899 | 14882 | 15818 | 16801 |
| | | 0.85 | 4773 | 5917 | 7110 | 8304 | 9497 | 10491 | 11486 | 12580 | 13674 | 14768 | 15812 | 16807 | 17851 |
| | | 0.90 | 5054 | 6265 | 7528 | 8792 | 10056 | 11109 | 12162 | 13320 | 14478 | 15637 | 16742 | 17795 | 18901 |
| | | 0.95 | 5335 | 6613 | 7947 | 9281 | 10614 | 11726 | 12837 | 14060 | 15283 | 16505 | 17672 | 18784 | 19951 |
| | | 1.00 | 5616 | 6961 | 8365 | 9769 | 11173 | 12343 | 13513 | 14800 | 16087 | 17374 | 18602 | 19772 | 21001 |
| | | 1.05 | 5896 | 7309 | 8783 | 10257 | 11732 | 12960 | 14189 | 15540 | 16891 | 18243 | 19533 | 20761 | 22051 |
| 42 | 700×700 | 0.55 | 2587 | 3207 | 3853 | 4500 | 5147 | 5686 | 6225 | 6818 | 7411 | 8004 | 8570 | 9109 | 9675 |
| | | 0.60 | 2822 | 3498 | 4204 | 4909 | 5615 | 6203 | 6791 | 7438 | 8085 | 8731 | 9349 | 9937 | 10554 |
| | | 0.65 | 3057 | 3790 | 4554 | 5318 | 6083 | 6720 | 7357 | 8058 | 8758 | 9459 | 10128 | 10765 | 11434 |
| | | 0.70 | 3292 | 4081 | 4904 | 5728 | 6551 | 7237 | 7923 | 8677 | 9432 | 10187 | 10907 | 11593 | 12313 |
| | | 0.75 | 3528 | 4373 | 5255 | 6137 | 7019 | 7754 | 8489 | 9297 | 10106 | 10914 | 11686 | 12421 | 13193 |
| | | 0.80 | 3763 | 4664 | 5605 | 6546 | 7487 | 8271 | 9055 | 9917 | 10780 | 11642 | 12465 | 13249 | 14072 |
| | | 0.85 | 3998 | 4956 | 5955 | 6955 | 7955 | 8788 | 9621 | 10537 | 11453 | 12370 | 13244 | 14077 | 14952 |
| | | 0.90 | 4233 | 5247 | 6306 | 7364 | 8423 | 9305 | 10187 | 11157 | 12127 | 13097 | 14023 | 14905 | 15831 |
| | | 0.95 | 4468 | 5539 | 6656 | 7773 | 8891 | 9822 | 10753 | 11777 | 12801 | 13825 | 14802 | 15733 | 16711 |
| | | 1.00 | 4704 | 5830 | 7007 | 8183 | 9359 | 10339 | 11319 | 12396 | 13475 | 14553 | 15581 | 16561 | 17591 |
| | | 1.05 | 4939 | 6122 | 7357 | 8592 | 9826 | 10855 | 11884 | 13016 | 14148 | 15280 | 16361 | 17390 | 18470 |

续表

| 序号 | 柱截面 $b \times h$(mm) | 轴压比 | 当为下列混凝土强度等级时柱的轴压力设计值限值(kN) | | | | | | | | | | | | |
|---|---|---|---|---|---|---|---|---|---|---|---|---|---|---|---|
| | | | C20 | C25 | C30 | C35 | C40 | C45 | C50 | C55 | C60 | C65 | C70 | C75 | C80 |
| 43 | 700×750 | 0.55 | 2772 | 3436 | 4129 | 4822 | 5515 | 6092 | 6670 | 7305 | 7940 | 8575 | 9182 | 9759 | 10366 |
| | | 0.60 | 3024 | 3748 | 4504 | 5260 | 6016 | 6646 | 7276 | 7969 | 8662 | 9355 | 10017 | 10647 | 11308 |
| | | 0.65 | 3276 | 4060 | 4879 | 5698 | 6517 | 7200 | 7882 | 8633 | 9384 | 10135 | 10851 | 11534 | 12250 |
| | | 0.70 | 3528 | 4373 | 5255 | 6137 | 7019 | 7754 | 8489 | 9297 | 10106 | 10914 | 11686 | 12421 | 13193 |
| | | 0.75 | 3780 | 4685 | 5630 | 6575 | 7520 | 8308 | 9095 | 9961 | 10828 | 11694 | 12521 | 13308 | 14135 |
| | | 0.80 | 4032 | 4997 | 6006 | 7014 | 8022 | 8862 | 9702 | 10625 | 11550 | 12474 | 13355 | 14195 | 15078 |
| | | 0.85 | 4284 | 5310 | 6381 | 7452 | 8523 | 9415 | 10308 | 11290 | 12271 | 13253 | 14190 | 15083 | 16020 |
| | | 0.90 | 4536 | 5622 | 6756 | 7890 | 9024 | 9969 | 10914 | 11954 | 12993 | 14033 | 15025 | 15970 | 16962 |
| | | 0.95 | 4788 | 5935 | 7132 | 8329 | 9526 | 10523 | 11521 | 12618 | 13715 | 14812 | 15860 | 16857 | 17905 |
| | | 1.00 | 5040 | 6247 | 7507 | 8767 | 10027 | 11077 | 12127 | 13282 | 14437 | 15592 | 16694 | 17744 | 18847 |
| | | 1.05 | 5291 | 6559 | 7882 | 9205 | 10528 | 11631 | 12733 | 13946 | 15159 | 16372 | 17529 | 18632 | 19789 |
| 44 | 700×800 | 0.55 | 2956 | 3665 | 4404 | 5143 | 5882 | 6498 | 7114 | 7792 | 8470 | 9147 | 9794 | 10410 | 11057 |
| | | 0.60 | 3225 | 3998 | 4804 | 5611 | 6417 | 7089 | 7761 | 8500 | 9240 | 9979 | 10684 | 11356 | 12062 |
| | | 0.65 | 3494 | 4331 | 5205 | 6078 | 6952 | 7680 | 8408 | 9209 | 10009 | 10810 | 11575 | 12303 | 13067 |
| | | 0.70 | 3763 | 4664 | 5605 | 6546 | 7487 | 8271 | 9055 | 9917 | 10779 | 11642 | 12465 | 13249 | 14072 |
| | | 0.75 | 4032 | 4997 | 6006 | 7014 | 8022 | 8862 | 9702 | 10625 | 11550 | 12474 | 13355 | 14195 | 15078 |
| | | 0.80 | 4300 | 5331 | 6406 | 7481 | 8556 | 9452 | 10348 | 11334 | 12320 | 13305 | 14246 | 15142 | 16083 |
| | | 0.85 | 4569 | 5664 | 6806 | 7949 | 9091 | 10043 | 10995 | 12042 | 13090 | 14137 | 15136 | 16088 | 17088 |
| | | 0.90 | 4838 | 5997 | 7207 | 8416 | 9626 | 10634 | 11642 | 12751 | 13859 | 14968 | 16027 | 17035 | 18093 |
| | | 0.95 | 5107 | 6330 | 7607 | 8884 | 10161 | 11225 | 12289 | 13459 | 14629 | 15800 | 16917 | 17981 | 19098 |
| | | 1.00 | 5376 | 6663 | 8008 | 9352 | 10696 | 11816 | 12936 | 14167 | 15400 | 16632 | 17807 | 18927 | 20104 |
| | | 1.05 | 5644 | 6997 | 8408 | 9819 | 11230 | 12406 | 13582 | 14876 | 16169 | 17463 | 18698 | 19874 | 21109 |
| 45 | 700×850 | 0.55 | 3141 | 3894 | 4679 | 5465 | 6250 | 6904 | 7559 | 8279 | 8999 | 9719 | 10406 | 11061 | 11748 |
| | | 0.60 | 3427 | 4248 | 5105 | 5961 | 6818 | 7532 | 8246 | 9032 | 9817 | 10602 | 11352 | 12066 | 12816 |
| | | 0.65 | 3712 | 4602 | 5530 | 6458 | 7386 | 8160 | 8933 | 9784 | 10635 | 11486 | 12298 | 13072 | 13884 |
| | | 0.70 | 3998 | 4956 | 5955 | 6955 | 7955 | 8788 | 9621 | 10537 | 11453 | 12370 | 13244 | 14077 | 14952 |
| | | 0.75 | 4284 | 5310 | 6381 | 7452 | 8523 | 9415 | 10308 | 11290 | 12271 | 13253 | 14190 | 15083 | 16020 |
| | | 0.80 | 4569 | 5664 | 6806 | 7949 | 9091 | 10043 | 10995 | 12042 | 13090 | 14137 | 15136 | 16088 | 17088 |
| | | 0.85 | 4855 | 6018 | 7232 | 8446 | 9659 | 10671 | 11682 | 12795 | 13908 | 15020 | 16082 | 17094 | 18156 |
| | | 0.90 | 5140 | 6372 | 7657 | 8942 | 10228 | 11299 | 12370 | 13548 | 14726 | 15904 | 17028 | 18099 | 19224 |
| | | 0.95 | 5426 | 6726 | 8083 | 9439 | 10796 | 11926 | 13057 | 14300 | 15544 | 16787 | 17974 | 19105 | 20292 |
| | | 1.00 | 5712 | 7080 | 8508 | 9936 | 11364 | 12554 | 13744 | 15053 | 16362 | 17671 | 18920 | 20110 | 21360 |
| | | 1.05 | 5997 | 7434 | 8933 | 10433 | 11932 | 13182 | 14431 | 15806 | 17180 | 18555 | 19867 | 21116 | 22428 |
| 46 | 700×900 | 0.55 | 3326 | 4123 | 4954 | 5786 | 6618 | 7311 | 8004 | 8766 | 9528 | 10291 | 11018 | 11711 | 12439 |
| | | 0.60 | 3628 | 4498 | 5405 | 6312 | 7219 | 7975 | 8731 | 9563 | 10395 | 11226 | 12020 | 12776 | 13570 |
| | | 0.65 | 3931 | 4873 | 5855 | 6838 | 7821 | 8640 | 9459 | 10360 | 11261 | 12162 | 13022 | 13841 | 14701 |
| | | 0.70 | 4233 | 5247 | 6306 | 7364 | 8423 | 9305 | 10187 | 11157 | 12127 | 13097 | 14023 | 14905 | 15831 |
| | | 0.75 | 4536 | 5622 | 6756 | 7890 | 9024 | 9969 | 10914 | 11954 | 12993 | 14033 | 15025 | 15970 | 16962 |
| | | 0.80 | 4838 | 5997 | 7207 | 8416 | 9626 | 10634 | 11642 | 12751 | 13860 | 14968 | 16027 | 17035 | 18093 |
| | | 0.85 | 5140 | 6372 | 7657 | 8942 | 10228 | 11299 | 12370 | 13548 | 14726 | 15904 | 17028 | 18099 | 19224 |
| | | 0.90 | 5443 | 6747 | 8108 | 9468 | 10829 | 11963 | 13097 | 14345 | 15592 | 16839 | 18030 | 19164 | 20355 |
| | | 0.95 | 5745 | 7122 | 8558 | 9994 | 11431 | 12628 | 13825 | 15142 | 16458 | 17775 | 19032 | 20229 | 21486 |
| | | 1.00 | 6048 | 7496 | 9009 | 10521 | 12033 | 13293 | 14553 | 15938 | 17325 | 18711 | 20033 | 21293 | 22617 |
| | | 1.05 | 6350 | 7871 | 9459 | 11047 | 12634 | 13957 | 15280 | 16735 | 18191 | 19646 | 21035 | 22358 | 23747 |
| 47 | 750×750 | 0.55 | 2970 | 3682 | 4424 | 5167 | 5909 | 6528 | 7147 | 7827 | 8508 | 9188 | 9838 | 10457 | 11107 |
| | | 0.60 | 3240 | 4016 | 4826 | 5636 | 6446 | 7121 | 7796 | 8539 | 9281 | 10024 | 10733 | 11408 | 12116 |
| | | 0.65 | 3510 | 4351 | 5228 | 6106 | 6983 | 7715 | 8446 | 9250 | 10055 | 10859 | 11627 | 12358 | 13126 |

续表

| 序号 | 柱截面 $b \times h$(mm) | 轴压比 | 当为下列混凝土强度等级时柱的轴压力设计值限值(kN) | | | | | | | | | | | | |
|---|---|---|---|---|---|---|---|---|---|---|---|---|---|---|---|
| | | | C20 | C25 | C30 | C35 | C40 | C45 | C50 | C55 | C60 | C65 | C70 | C75 | C80 |
| 47 | 750×750 | 0.70 | 3780 | 4686 | 5631 | 6576 | 7521 | 8308 | 9096 | 9962 | 10828 | 11694 | 12521 | 13309 | 14136 |
| | | 0.75 | 4050 | 5020 | 6033 | 7045 | 8058 | 8902 | 9745 | 10673 | 11602 | 12530 | 13416 | 14259 | 15145 |
| | | 0.80 | 4320 | 5355 | 6435 | 7515 | 8595 | 9495 | 10395 | 11385 | 12375 | 13365 | 14310 | 15210 | 16155 |
| | | 0.85 | 4590 | 5690 | 6837 | 7985 | 9132 | 10088 | 11045 | 12097 | 13148 | 14200 | 15204 | 16161 | 17165 |
| | | 0.90 | 4860 | 6024 | 7239 | 8454 | 9669 | 10682 | 11694 | 12808 | 13922 | 15036 | 16099 | 17111 | 18174 |
| | | 0.95 | 5130 | 6359 | 7642 | 8924 | 10207 | 11275 | 12344 | 13520 | 14695 | 15871 | 16993 | 18062 | 19184 |
| | | 1.00 | 5400 | 6694 | 8044 | 9394 | 10744 | 11869 | 12994 | 14231 | 15469 | 16706 | 17888 | 19013 | 20194 |
| | | 1.05 | 5670 | 7028 | 8446 | 9863 | 11281 | 12462 | 13643 | 14943 | 16242 | 17542 | 18782 | 19963 | 21203 |
| 48 | 750×800 | 0.55 | 3168 | 3927 | 4719 | 5511 | 6303 | 6963 | 7623 | 8349 | 9075 | 9801 | 10494 | 11154 | 11847 |
| | | 0.60 | 3456 | 4284 | 5148 | 6012 | 6876 | 7596 | 8316 | 9108 | 9900 | 10692 | 11448 | 12168 | 12924 |
| | | 0.65 | 3744 | 4641 | 5577 | 6513 | 7449 | 8229 | 9009 | 9867 | 10725 | 11583 | 12402 | 13182 | 14001 |
| | | 0.70 | 4032 | 4998 | 6006 | 7014 | 8022 | 8862 | 9702 | 10626 | 11550 | 12474 | 13356 | 14196 | 15078 |
| | | 0.75 | 4320 | 5355 | 6435 | 7515 | 8595 | 9495 | 10395 | 11385 | 12375 | 13365 | 14310 | 15210 | 16155 |
| | | 0.80 | 4608 | 5712 | 6864 | 8016 | 9168 | 10128 | 11088 | 12144 | 13200 | 14256 | 15264 | 16224 | 17232 |
| | | 0.85 | 4896 | 6069 | 7293 | 8517 | 9741 | 10761 | 11781 | 12903 | 14025 | 15147 | 16218 | 17238 | 18309 |
| | | 0.90 | 5184 | 6426 | 7722 | 9018 | 10314 | 11394 | 12474 | 13662 | 14850 | 16038 | 17172 | 18252 | 19386 |
| | | 0.95 | 5472 | 6783 | 8151 | 9519 | 10887 | 12027 | 13167 | 14421 | 15675 | 16929 | 18126 | 19266 | 20463 |
| | | 1.00 | 5760 | 7140 | 8580 | 10020 | 11460 | 12660 | 13860 | 15180 | 16500 | 17820 | 19080 | 20280 | 21540 |
| | | 1.05 | 6048 | 7497 | 9009 | 10521 | 12033 | 13293 | 14553 | 15939 | 17325 | 18711 | 20034 | 21294 | 22617 |
| 49 | 750×850 | 0.55 | 3366 | 4172 | 5014 | 5855 | 6697 | 7398 | 8099 | 8871 | 9642 | 10414 | 11150 | 11851 | 12587 |
| | | 0.60 | 3672 | 4552 | 5470 | 6388 | 7306 | 8071 | 8836 | 9677 | 10519 | 11360 | 12164 | 12929 | 13732 |
| | | 0.65 | 3978 | 4931 | 5926 | 6920 | 7915 | 8743 | 9572 | 10484 | 11395 | 12307 | 13177 | 14006 | 14876 |
| | | 0.70 | 4284 | 5310 | 6381 | 7452 | 8523 | 9416 | 10308 | 11290 | 12272 | 13254 | 14191 | 15083 | 16020 |
| | | 0.75 | 4590 | 5690 | 6837 | 7985 | 9132 | 10088 | 11045 | 12097 | 13148 | 14200 | 15204 | 16161 | 17165 |
| | | 0.80 | 4896 | 6069 | 7293 | 8517 | 9741 | 10761 | 11781 | 12903 | 14025 | 15147 | 16218 | 17238 | 18309 |
| | | 0.85 | 5202 | 6448 | 7749 | 9049 | 10350 | 11434 | 12517 | 13709 | 14902 | 16094 | 17232 | 18315 | 19453 |
| | | 0.90 | 5508 | 6828 | 8205 | 9582 | 10959 | 12106 | 13254 | 14516 | 15778 | 17040 | 18245 | 19393 | 20598 |
| | | 0.95 | 5814 | 7207 | 8660 | 10114 | 11567 | 12779 | 13990 | 15322 | 16655 | 17987 | 19259 | 20470 | 21742 |
| | | 1.00 | 6120 | 7586 | 9116 | 10646 | 12176 | 13451 | 14726 | 16129 | 17531 | 18934 | 20273 | 21548 | 22886 |
| | | 1.05 | 6426 | 7966 | 9572 | 11179 | 12785 | 14124 | 15463 | 16935 | 18408 | 19880 | 21286 | 22625 | 24031 |
| 50 | 750×900 | 0.55 | 3564 | 4418 | 5309 | 6200 | 7091 | 7833 | 8576 | 9393 | 10209 | 11026 | 11806 | 12548 | 13328 |
| | | 0.60 | 3888 | 4820 | 5792 | 6764 | 7736 | 8546 | 9356 | 10247 | 11138 | 12029 | 12879 | 13689 | 14540 |
| | | 0.65 | 4212 | 5221 | 6274 | 7327 | 8380 | 9258 | 10135 | 11100 | 12066 | 13031 | 13952 | 14830 | 15751 |
| | | 0.70 | 4536 | 5623 | 6757 | 7891 | 9025 | 9970 | 10915 | 11954 | 12994 | 14033 | 15026 | 15971 | 16963 |
| | | 0.75 | 4860 | 6024 | 7239 | 8454 | 9669 | 10682 | 11694 | 12808 | 13922 | 15036 | 16099 | 17111 | 18174 |
| | | 0.80 | 5184 | 6426 | 7722 | 9018 | 10314 | 11394 | 12474 | 13662 | 14850 | 16038 | 17172 | 18252 | 19386 |
| | | 0.85 | 5508 | 6828 | 8205 | 9582 | 10959 | 12106 | 13254 | 14516 | 15778 | 17040 | 18245 | 19393 | 20598 |
| | | 0.90 | 5832 | 7229 | 8687 | 10145 | 11603 | 12818 | 14033 | 15370 | 16706 | 18043 | 19319 | 20534 | 21809 |
| | | 0.95 | 6156 | 7631 | 9170 | 10709 | 12248 | 13530 | 14813 | 16224 | 17634 | 19045 | 20392 | 21674 | 23021 |
| | | 1.00 | 6480 | 8033 | 9653 | 11273 | 12893 | 14243 | 15593 | 17078 | 18563 | 20048 | 21465 | 22815 | 24233 |
| | | 1.05 | 6804 | 8434 | 10135 | 11836 | 13537 | 14955 | 16372 | 17931 | 19491 | 21050 | 22538 | 23956 | 25444 |
| 51 | 750×950 | 0.55 | 3762 | 4663 | 5604 | 6544 | 7485 | 8269 | 9052 | 9914 | 10777 | 11639 | 12462 | 13245 | 14068 |
| | | 0.60 | 4104 | 5087 | 6113 | 7139 | 8165 | 9020 | 9875 | 10816 | 11756 | 12697 | 13595 | 14450 | 15347 |
| | | 0.65 | 4446 | 5511 | 6623 | 7734 | 8846 | 9772 | 10698 | 11717 | 12736 | 13755 | 14727 | 15654 | 16626 |
| | | 0.70 | 4788 | 5935 | 7132 | 8329 | 9526 | 10524 | 11521 | 12618 | 13716 | 14813 | 15860 | 16858 | 17905 |
| | | 0.75 | 5130 | 6359 | 7642 | 8924 | 10207 | 11275 | 12344 | 13520 | 14695 | 15871 | 16993 | 18062 | 19184 |
| | | 0.80 | 5472 | 6783 | 8151 | 9519 | 10887 | 12027 | 13167 | 14421 | 15675 | 16929 | 18126 | 19266 | 20463 |

续表

| 序号 | 柱截面 $b \times h$(mm) | 轴压比 | 当为下列混凝土强度等级时柱的轴压力设计值限值(kN) | | | | | | | | | | | | |
|---|---|---|---|---|---|---|---|---|---|---|---|---|---|---|---|
| | | | C20 | C25 | C30 | C35 | C40 | C45 | C50 | C55 | C60 | C65 | C70 | C75 | C80 |
| 51 | 750 × 950 | 0.85 | 5814 | 7207 | 8660 | 10114 | 11567 | 12779 | 13990 | 15322 | 16655 | 17987 | 19259 | 20470 | 21742 |
| | | 0.90 | 6156 | 7631 | 9170 | 10709 | 12248 | 13530 | 14813 | 16224 | 17634 | 19045 | 20392 | 21674 | 23021 |
| | | 0.95 | 6498 | 8055 | 9679 | 11304 | 12928 | 14282 | 15636 | 17125 | 18614 | 20103 | 21525 | 22878 | 24300 |
| | | 1.00 | 6840 | 8479 | 10189 | 11899 | 13609 | 15034 | 16459 | 18026 | 19594 | 21161 | 22658 | 24083 | 25579 |
| | | 1.05 | 7182 | 8903 | 10698 | 12494 | 14289 | 15785 | 17282 | 18928 | 20573 | 22219 | 23790 | 25287 | 26858 |
| 52 | 800 × 800 | 0.55 | 3379 | 4188 | 5033 | 5878 | 6723 | 7427 | 8131 | 8905 | 9680 | 10454 | 11193 | 11897 | 12636 |
| | | 0.60 | 3686 | 4569 | 5491 | 6412 | 7334 | 8102 | 8870 | 9715 | 10560 | 11404 | 12211 | 12979 | 13785 |
| | | 0.65 | 3993 | 4950 | 5948 | 6947 | 7945 | 8777 | 9609 | 10524 | 11439 | 12355 | 13228 | 14060 | 14934 |
| | | 0.70 | 4300 | 5331 | 6406 | 7481 | 8556 | 9452 | 10348 | 11334 | 12319 | 13305 | 14246 | 15142 | 16083 |
| | | 0.75 | 4608 | 5711 | 6864 | 8016 | 9168 | 10128 | 11088 | 12143 | 13200 | 14256 | 15263 | 16223 | 17232 |
| | | 0.80 | 4915 | 6092 | 7321 | 8550 | 9779 | 10803 | 11827 | 12953 | 14080 | 15206 | 16281 | 17305 | 18380 |
| | | 0.85 | 5222 | 6473 | 7779 | 9084 | 10390 | 11478 | 12566 | 13763 | 14960 | 16156 | 17299 | 18387 | 19529 |
| | | 0.90 | 5529 | 6854 | 8236 | 9619 | 11001 | 12153 | 13305 | 14572 | 15839 | 17107 | 18316 | 19468 | 20678 |
| | | 0.95 | 5836 | 7235 | 8694 | 10153 | 11612 | 12828 | 14044 | 15382 | 16719 | 18057 | 19334 | 20550 | 21827 |
| | | 1.00 | 6144 | 7615 | 9152 | 10688 | 12224 | 13504 | 14784 | 16191 | 17600 | 19008 | 20351 | 21631 | 22976 |
| | | 1.05 | 6451 | 7996 | 9609 | 11222 | 12835 | 14179 | 15523 | 17001 | 18479 | 19958 | 21369 | 22713 | 24124 |
| 53 | 800 × 850 | 0.55 | 3590 | 4450 | 5348 | 6245 | 7143 | 7891 | 8639 | 9462 | 10285 | 11107 | 11893 | 12641 | 13426 |
| | | 0.60 | 3916 | 4855 | 5834 | 6813 | 7792 | 8608 | 9424 | 10322 | 11220 | 12117 | 12974 | 13790 | 14647 |
| | | 0.65 | 4243 | 5259 | 6320 | 7381 | 8442 | 9326 | 10210 | 11182 | 12154 | 13127 | 14055 | 14939 | 15867 |
| | | 0.70 | 4569 | 5664 | 6806 | 7949 | 9091 | 10043 | 10995 | 12042 | 13089 | 14137 | 15136 | 16088 | 17088 |
| | | 0.75 | 4896 | 6068 | 7293 | 8517 | 9741 | 10761 | 11781 | 12902 | 14025 | 15147 | 16217 | 17237 | 18309 |
| | | 0.80 | 5222 | 6473 | 7779 | 9084 | 10390 | 11478 | 12566 | 13763 | 14960 | 16156 | 17299 | 18387 | 19529 |
| | | 0.85 | 5548 | 6878 | 8265 | 9652 | 11039 | 12195 | 13351 | 14623 | 15895 | 17166 | 18380 | 19536 | 20750 |
| | | 0.90 | 5875 | 7282 | 8751 | 10220 | 11689 | 12913 | 14137 | 15483 | 16829 | 18176 | 19461 | 20685 | 21970 |
| | | 0.95 | 6201 | 7687 | 9237 | 10788 | 12338 | 13630 | 14922 | 16343 | 17764 | 19186 | 20542 | 21834 | 23191 |
| | | 1.00 | 6528 | 8091 | 9724 | 11356 | 12988 | 14348 | 15708 | 17203 | 18700 | 20196 | 21623 | 22983 | 24412 |
| | | 1.05 | 6854 | 8496 | 10210 | 11923 | 13637 | 15065 | 16493 | 18064 | 19634 | 21205 | 22705 | 24133 | 25632 |
| 54 | 800 × 900 | 0.55 | 3801 | 4712 | 5662 | 6613 | 7563 | 8355 | 9147 | 10018 | 10890 | 11761 | 12592 | 13384 | 14216 |
| | | 0.60 | 4147 | 5140 | 6177 | 7214 | 8251 | 9115 | 9979 | 10929 | 11880 | 12830 | 13737 | 14601 | 15508 |
| | | 0.65 | 4492 | 5569 | 6692 | 7815 | 8938 | 9874 | 10810 | 11840 | 12869 | 13899 | 14882 | 15818 | 16801 |
| | | 0.70 | 4838 | 5997 | 7207 | 8416 | 9626 | 10634 | 11642 | 12751 | 13859 | 14968 | 16027 | 17035 | 18093 |
| | | 0.75 | 5184 | 6425 | 7722 | 9018 | 10314 | 11394 | 12474 | 13661 | 14850 | 16038 | 17171 | 18251 | 19386 |
| | | 0.80 | 5529 | 6854 | 8236 | 9619 | 11001 | 12153 | 13305 | 14572 | 15840 | 17107 | 18316 | 19468 | 20678 |
| | | 0.85 | 5875 | 7282 | 8751 | 10220 | 11689 | 12913 | 14137 | 15483 | 16830 | 18176 | 19461 | 20685 | 21970 |
| | | 0.90 | 6220 | 7711 | 9266 | 10821 | 12376 | 13672 | 14968 | 16394 | 17819 | 19245 | 20606 | 21902 | 23263 |
| | | 0.95 | 6566 | 8139 | 9781 | 11422 | 13064 | 14432 | 15800 | 17305 | 18809 | 20314 | 21751 | 23119 | 24555 |
| | | 1.00 | 6912 | 8567 | 10296 | 12024 | 13752 | 15192 | 16632 | 18215 | 19800 | 21384 | 22895 | 24335 | 25848 |
| | | 1.05 | 7257 | 8996 | 10810 | 12625 | 14439 | 15951 | 17463 | 19126 | 20789 | 22453 | 24040 | 25552 | 27140 |
| 55 | 800 × 950 | 0.55 | 4012 | 4974 | 5977 | 6980 | 7983 | 8819 | 9655 | 10575 | 11495 | 12414 | 13292 | 14128 | 15006 |
| | | 0.60 | 4377 | 5426 | 6520 | 7615 | 8709 | 9621 | 10533 | 11536 | 12540 | 13543 | 14500 | 15412 | 16370 |
| | | 0.65 | 4742 | 5878 | 7064 | 8249 | 9435 | 10423 | 11411 | 12498 | 13584 | 14671 | 15709 | 16697 | 17734 |
| | | 0.70 | 5107 | 6330 | 7607 | 8884 | 10161 | 11225 | 12289 | 13459 | 14629 | 15800 | 16917 | 17981 | 19098 |
| | | 0.75 | 5472 | 6782 | 8151 | 9519 | 10887 | 12027 | 13167 | 14420 | 15675 | 16929 | 18125 | 19265 | 20463 |
| | | 0.80 | 5836 | 7235 | 8694 | 10153 | 11612 | 12828 | 14044 | 15382 | 16720 | 18057 | 19334 | 20550 | 21827 |
| | | 0.85 | 6201 | 7687 | 9237 | 10788 | 12338 | 13630 | 14922 | 16343 | 17765 | 19186 | 20542 | 21834 | 23191 |
| | | 0.90 | 6566 | 8139 | 9781 | 11422 | 13064 | 14432 | 15800 | 17305 | 18809 | 20314 | 21751 | 23119 | 24555 |
| | | 0.95 | 6931 | 8591 | 10324 | 12057 | 13790 | 15234 | 16678 | 18266 | 19854 | 21443 | 22959 | 24403 | 25919 |

续表

| 序号 | 柱截面 $b \times h$(mm) | 轴压比 | 当为下列混凝土强度等级时柱的轴压力设计值限值(kN) | | | | | | | | | | | | |
|---|---|---|---|---|---|---|---|---|---|---|---|---|---|---|---|
| | | | C20 | C25 | C30 | C35 | C40 | C45 | C50 | C55 | C60 | C65 | C70 | C75 | C80 |
| 55 | 800×950 | 1.00 | 7296 | 9043 | 10868 | 12692 | 14516 | 16036 | 17556 | 19227 | 20900 | 22572 | 24167 | 25687 | 27284 |
| | | 1.05 | 7660 | 9496 | 11411 | 13326 | 15241 | 16837 | 18433 | 20189 | 21944 | 23700 | 25376 | 26972 | 28648 |
| 56 | 800×1000 | 0.55 | 4224 | 5235 | 6292 | 7348 | 8404 | 9284 | 10164 | 11131 | 12100 | 13068 | 13991 | 14871 | 15796 |
| | | 0.60 | 4608 | 5712 | 6864 | 8016 | 9168 | 10128 | 11088 | 12144 | 13200 | 14256 | 15264 | 16224 | 17232 |
| | | 0.65 | 4992 | 6187 | 7435 | 8684 | 9931 | 10971 | 12011 | 13155 | 14299 | 15443 | 16535 | 17575 | 18668 |
| | | 0.70 | 5376 | 6663 | 8007 | 9352 | 10696 | 11816 | 12935 | 14167 | 15399 | 16632 | 17807 | 18927 | 20104 |
| | | 0.75 | 5760 | 7139 | 8580 | 10020 | 11460 | 12660 | 13860 | 15179 | 16500 | 17820 | 19079 | 20279 | 21540 |
| | | 0.80 | 6144 | 7615 | 9152 | 10688 | 12224 | 13504 | 14784 | 16191 | 17600 | 19008 | 20351 | 21631 | 22976 |
| | | 0.85 | 6528 | 8091 | 9724 | 11356 | 12988 | 14348 | 15708 | 17203 | 18700 | 20196 | 21624 | 22984 | 24412 |
| | | 0.90 | 6912 | 8567 | 10295 | 12024 | 13751 | 15191 | 16631 | 18215 | 19799 | 21383 | 22895 | 24335 | 25848 |
| | | 0.95 | 7296 | 9043 | 10868 | 12692 | 14516 | 16036 | 17556 | 19227 | 20899 | 22572 | 24167 | 25687 | 27284 |
| | | 1.00 | 7680 | 9519 | 11440 | 13360 | 15280 | 16880 | 18480 | 20239 | 22000 | 23760 | 25439 | 27039 | 28720 |
| | | 1.05 | 8063 | 9995 | 12011 | 14028 | 16043 | 17723 | 19403 | 21251 | 23099 | 24947 | 26711 | 28391 | 30155 |
| 57 | 850×850 | 0.55 | 3814 | 4728 | 5682 | 6636 | 7589 | 8384 | 9179 | 10053 | 10927 | 11802 | 12636 | 13431 | 14265 |
| | | 0.60 | 4161 | 5158 | 6199 | 7239 | 8279 | 9146 | 10013 | 10967 | 11921 | 12874 | 13785 | 14652 | 15562 |
| | | 0.65 | 4508 | 5588 | 6715 | 7842 | 8969 | 9909 | 10848 | 11881 | 12914 | 13947 | 14934 | 15873 | 16859 |
| | | 0.70 | 4855 | 6018 | 7232 | 8446 | 9659 | 10671 | 11682 | 12795 | 13908 | 15020 | 16082 | 17094 | 18156 |
| | | 0.75 | 5202 | 6448 | 7748 | 9049 | 10349 | 11433 | 12517 | 13709 | 14901 | 16093 | 17231 | 18315 | 19453 |
| | | 0.80 | 5548 | 6878 | 8265 | 9652 | 11039 | 12195 | 13351 | 14623 | 15895 | 17166 | 18380 | 19536 | 20750 |
| | | 0.85 | 5895 | 7308 | 8781 | 10255 | 11729 | 12958 | 14186 | 15537 | 16888 | 18239 | 19529 | 20757 | 22047 |
| | | 0.90 | 6242 | 7737 | 9298 | 10859 | 12419 | 13720 | 15020 | 16451 | 17881 | 19312 | 20677 | 21978 | 23343 |
| | | 0.95 | 6589 | 8167 | 9815 | 11462 | 13109 | 14482 | 15855 | 17365 | 18875 | 20385 | 21826 | 23199 | 24640 |
| | | 1.00 | 6936 | 8597 | 10331 | 12065 | 13799 | 15244 | 16689 | 18279 | 19868 | 21458 | 22975 | 24420 | 25937 |
| | | 1.05 | 7282 | 9027 | 10848 | 12669 | 14489 | 16006 | 17524 | 19193 | 20862 | 22531 | 24124 | 25641 | 27234 |
| 58 | 850×900 | 0.55 | 4039 | 5006 | 6016 | 7026 | 8036 | 8877 | 9719 | 101644 | 11570 | 12496 | 13379 | 14221 | 15104 |
| | | 0.60 | 4406 | 5462 | 6563 | 7665 | 8766 | 9684 | 10602 | 11612 | 12622 | 13632 | 14596 | 15514 | 16478 |
| | | 0.65 | 4773 | 5917 | 7110 | 8304 | 9497 | 10491 | 11486 | 12580 | 13674 | 14768 | 15812 | 16807 | 17851 |
| | | 0.70 | 5140 | 6372 | 7657 | 8942 | 10228 | 11299 | 12370 | 13548 | 14726 | 15904 | 17028 | 18099 | 19224 |
| | | 0.75 | 5508 | 6827 | 8204 | 9581 | 10958 | 12106 | 13253 | 14515 | 15778 | 17040 | 18245 | 19392 | 20597 |
| | | 0.80 | 5875 | 7282 | 8751 | 10220 | 11689 | 12913 | 14137 | 15483 | 16830 | 18176 | 19461 | 20685 | 21970 |
| | | 0.85 | 6242 | 7737 | 9298 | 10859 | 12419 | 13720 | 15020 | 16451 | 17881 | 19312 | 20677 | 21978 | 23343 |
| | | 0.90 | 6609 | 8193 | 9845 | 11497 | 13150 | 14527 | 15904 | 17419 | 18933 | 20448 | 21894 | 23271 | 24717 |
| | | 0.95 | 6976 | 8648 | 10392 | 12136 | 13880 | 15334 | 16787 | 18386 | 19985 | 21584 | 23110 | 24564 | 26090 |
| | | 1.00 | 7344 | 9103 | 10939 | 12775 | 14611 | 16141 | 17671 | 19354 | 21037 | 22720 | 24326 | 25856 | 27463 |
| | | 1.05 | 7711 | 9558 | 11486 | 13414 | 15342 | 16948 | 18555 | 20322 | 22089 | 23856 | 25543 | 27149 | 28836 |
| 59 | 850×950 | 0.55 | 4263 | 5285 | 6350 | 7416 | 8482 | 9371 | 10259 | 11236 | 12213 | 13190 | 14123 | 15011 | 15944 |
| | | 0.60 | 4651 | 5765 | 6928 | 8091 | 9253 | 10222 | 11191 | 12257 | 13323 | 14389 | 15407 | 16376 | 17393 |
| | | 0.65 | 5038 | 6246 | 7505 | 8765 | 10025 | 11074 | 12124 | 13279 | 14434 | 15588 | 16691 | 17740 | 18843 |
| | | 0.70 | 5426 | 6726 | 8083 | 9439 | 10796 | 11926 | 13057 | 14300 | 15544 | 16787 | 17974 | 19105 | 20292 |
| | | 0.75 | 5814 | 7206 | 8660 | 10113 | 11567 | 12778 | 13989 | 15322 | 16654 | 17987 | 19258 | 20470 | 21741 |
| | | 0.80 | 6201 | 7687 | 9237 | 10788 | 12338 | 13630 | 14922 | 16343 | 17765 | 19186 | 20542 | 21834 | 23191 |
| | | 0.85 | 6589 | 8167 | 9815 | 11462 | 13109 | 14482 | 15855 | 17365 | 18875 | 20385 | 21826 | 23199 | 24640 |
| | | 0.90 | 6976 | 86348 | 10392 | 12136 | 13880 | 15334 | 16787 | 18386 | 19985 | 21584 | 23110 | 24564 | 26090 |
| | | 0.95 | 7364 | 9128 | 10969 | 12810 | 14652 | 16186 | 17720 | 19408 | 21095 | 22783 | 24394 | 25928 | 27539 |
| | | 1.00 | 7752 | 9609 | 11547 | 13485 | 15423 | 17038 | 18653 | 20429 | 22206 | 23982 | 25678 | 27293 | 28989 |
| | | 1.05 | 8139 | 10089 | 12124 | 14159 | 16194 | 17890 | 19585 | 21451 | 23316 | 25181 | 26962 | 28658 | 30438 |
| 60 | 850×1000 | 0.55 | 4488 | 5563 | 6685 | 7807 | 8929 | 9864 | 10799 | 11827 | 12856 | 13884 | 14866 | 15801 | 16783 |

续表

| 序号 | 柱截面 $b \times h$(mm) | 轴压比 | 当为下列混凝土强度等级时柱的轴压力设计值限值(kN) | | | | | | | | | | | | |
|---|---|---|---|---|---|---|---|---|---|---|---|---|---|---|---|
| | | | C20 | C25 | C30 | C35 | C40 | C45 | C50 | C55 | C60 | C65 | C70 | C75 | C80 |
| 60 | 850×1000 | 0.60 | 4896 | 6069 | 7293 | 8517 | 9741 | 10761 | 11781 | 12903 | 14025 | 15147 | 16218 | 17238 | 18309 |
| | | 0.65 | 5304 | 6574 | 7900 | 9226 | 10552 | 11657 | 12762 | 13978 | 15193 | 16409 | 17569 | 18674 | 19834 |
| | | 0.70 | 5712 | 7080 | 8508 | 9936 | 11364 | 12554 | 13744 | 15053 | 16362 | 17671 | 18920 | 20110 | 21360 |
| | | 0.75 | 6120 | 7586 | 9116 | 10646 | 12176 | 13451 | 14726 | 16128 | 17531 | 18933 | 20272 | 21547 | 22886 |
| | | 0.80 | 6528 | 8091 | 9724 | 11356 | 12988 | 14348 | 15708 | 17203 | 18700 | 20196 | 21623 | 22983 | 24412 |
| | | 0.85 | 6936 | 8597 | 10331 | 12065 | 13799 | 15244 | 16689 | 18279 | 19868 | 21458 | 22975 | 24420 | 25937 |
| | | 0.90 | 7344 | 9103 | 10939 | 12775 | 14611 | 16141 | 17671 | 19354 | 21037 | 22720 | 24326 | 25856 | 27463 |
| | | 0.95 | 7752 | 9609 | 11547 | 13485 | 15423 | 17038 | 18653 | 20429 | 22206 | 23982 | 25678 | 27293 | 28989 |
| | | 1.00 | 8160 | 10114 | 12155 | 14195 | 16235 | 17935 | 19635 | 21504 | 23375 | 25245 | 27029 | 28729 | 30515 |
| | | 1.05 | 8567 | 10620 | 12762 | 14904 | 17046 | 18831 | 20616 | 22580 | 24543 | 26507 | 28381 | 30166 | 32040 |
| 61 | 900×900 | 0.55 | 4276 | 5301 | 6370 | 7439 | 8509 | 9400 | 10291 | 11271 | 12251 | 13231 | 14166 | 15057 | 15993 |
| | | 0.60 | 4665 | 5783 | 6949 | 8116 | 9282 | 10254 | 11226 | 12295 | 13365 | 14434 | 15454 | 16426 | 17447 |
| | | 0.65 | 5054 | 6265 | 7528 | 8792 | 10056 | 11109 | 12162 | 13320 | 14478 | 15637 | 16742 | 17795 | 18901 |
| | | 0.70 | 5443 | 6747 | 8108 | 9468 | 10829 | 11963 | 13097 | 14345 | 15592 | 16839 | 18030 | 19164 | 20355 |
| | | 0.75 | 5832 | 7229 | 8687 | 10145 | 11603 | 12818 | 14033 | 15369 | 16706 | 18042 | 19318 | 20533. | 21809 |
| | | 0.80 | 6220 | 7711 | 9266 | 10821 | 12376 | 13672 | 14968 | 16394 | 17820 | 19245 | 20606 | 21902 | 23263 |
| | | 0.85 | 6609 | 8193 | 9845 | 11497 | 13150 | 14527 | 15904 | 17419 | 18933 | 20448 | 21894 | 23271 | 24717 |
| | | 0.90 | 6998 | 8675 | 10424 | 12174 | 13923 | 15381 | 16839 | 18443 | 20047 | 21651 | 23182 | 24640 | 26171 |
| | | 0.95 | 7387 | 9157 | 11003 | 12850 | 14697 | 16236 | 17775 | 19468 | 21161 | 22854 | 24470 | 26009 | 27625 |
| | | 1.00 | 7776 | 9638 | 11583 | 13527 | 15471 | 17091 | 18711 | 20492 | 22275 | 24057 | 25757 | 27377 | 29079 |
| | | 1.05 | 8164 | 10120 | 12162 | 14203 | 16244 | 17945 | 19646 | 21517 | 23388 | 25259 | 27045 | 28746 | 30532 |
| 62 | 900×950 | 0.55 | 4514 | 5595 | 6724 | 7853 | 8981 | 9922 | 10862 | 11897 | 12931 | 13966 | 14953 | 15894 | 16881 |
| | | 0.60 | 4924 | 6104 | 7335 | 8567 | 9798 | 10824 | 11850 | 12978 | 14107 | 15236 | 16313 | 17339 | 18416 |
| | | 0.65 | 5335 | 6613 | 7947 | 9281 | 10614 | 11726 | 12837 | 14060 | 15283 | 16505 | 17672 | 18784 | 19951 |
| | | 0.70 | 5745 | 7122 | 8558 | 9994 | 11431 | 12628 | 13825 | 15142 | 16458 | 17775 | 19032 | 20229 | 21486 |
| | | 0.75 | 6156 | 7630 | 9169 | 10708 | 12247 | 13530 | 14812 | 16223 | 17634 | 19045 | 20391 | 21674 | 23020 |
| | | 0.80 | 6566 | 8139 | 9781 | 11422 | 13064 | 14432 | 15800 | 17305 | 18810 | 20314 | 21751 | 23119 | 24555 |
| | | 0.85 | 6976 | 8648 | 10392 | 12136 | 13880 | 15334 | 16787 | 18386 | 19985 | 21584 | 23110 | 24564 | 26090 |
| | | 0.90 | 7387 | 9157 | 11003 | 12850 | 14697 | 16236 | 17775 | 19468 | 21161 | 22854 | 24470 | 26009 | 27625 |
| | | 0.95 | 7797 | 9665 | 11615 | 13564 | 15513 | 17138 | 18762 | 20549 | 22336 | 24123 | 25829 | 27454 | 29159 |
| | | 1.00 | 8208 | 10174 | 12226 | 14278 | 16330 | 18040 | 19750 | 21631 | 23512 | 25393 | 27188 | 28898 | 30694 |
| | | 1.05 | 8618 | 10683 | 12837 | 14992 | 17147 | 18942 | 20738 | 22713 | 24688 | 26663 | 28548 | 30343 | 32229 |
| 63 | 900×1000 | 0.55 | 4752 | 5890 | 7078 | 8266 | 9454 | 10444 | 11434 | 12523 | 13612 | 14701 | 15740 | 16730 | 17770 |
| | | 0.60 | 5184 | 6426 | 7722 | 9018 | 10314 | 11394 | 12474 | 13662 | 14850 | 16038 | 17172 | 18252 | 19386 |
| | | 0.65 | 5616 | 6961 | 8365 | 9769 | 11173 | 12343 | 13513 | 14800 | 16087 | 17374 | 18602 | 19772 | 21001 |
| | | 0.70 | 6048 | 7496 | 9008 | 10521 | 12033 | 13293 | 14552 | 15938 | 17324 | 18711 | 20033 | 21293 | 22617 |
| | | 0.75 | 6480 | 8032 | 9652 | 11272 | 12892 | 14242 | 15592 | 17077 | 18562 | 20047 | 21464 | 22814 | 24232 |
| | | 0.80 | 6912 | 8567 | 10296 | 12024 | 13752 | 15192 | 16632 | 18215 | 19800 | 21384 | 22895 | 24335 | 25848 |
| | | 0.85 | 7344 | 9103 | 10939 | 12775 | 14611 | 16141 | 17671 | 19354 | 21037 | 22720 | 24327 | 25857 | 27463 |
| | | 0.90 | 7776 | 9638 | 11582 | 13527 | 15470 | 17090 | 18710 | 20492 | 22274 | 24056 | 25757 | 27377 | 29079 |
| | | 0.95 | 8208 | 10174 | 12226 | 14278 | 16330 | 18040 | 19750 | 21631 | 23512 | 25393 | 27188 | 28898 | 30694 |
| | | 1.00 | 8640 | 10709 | 12870 | 15030 | 17190 | 18990 | 20790 | 22769 | 24750 | 26730 | 28619 | 30419 | 32310 |
| | | 1.05 | 9071 | 11245 | 13513 | 15781 | 18049 | 19939 | 21829 | 23908 | 25987 | 28066 | 30050 | 31940 | 33925 |
| 64 | 900×1050 | 0.55 | 4990 | 6185 | 7432 | 8680 | 9927 | 10967 | 12006 | 13150 | 14293 | 15437 | 16528 | 17568 | 18659 |
| | | 0.60 | 5443 | 6747 | 8108 | 9469 | 10830 | 11964 | 13098 | 14345 | 15593 | 16840 | 18031 | 19165 | 20355 |
| | | 0.65 | 5897 | 7310 | 8784 | 10258 | 11732 | 12961 | 14189 | 15541 | 16892 | 18243 | 19533 | 20762 | 22052 |
| | | 0.70 | 6350 | 7872 | 9459 | 11047 | 12635 | 13958 | 15281 | 16736 | 18191 | 19647 | 21036 | 22359 | 23748 |

续表

| 序号 | 柱截面 $b\times h$(mm) | 轴压比 | 当为下列混凝土强度等级时柱的轴压力设计值限值(kN) | | | | | | | | | | | | |
|---|---|---|---|---|---|---|---|---|---|---|---|---|---|---|---|
| | | | C20 | C25 | C30 | C35 | C40 | C45 | C50 | C55 | C60 | C65 | C70 | C75 | C80 |
| | | 0.75 | 6804 | 8434 | 10135 | 11836 | 13537 | 14955 | 16372 | 17931 | 19491 | 21050 | 22538 | 23956 | 25444 |
| | | 0.80 | 7258 | 8996 | 10811 | 12625 | 14440 | 15952 | 17464 | 19127 | 20790 | 22453 | 24041 | 25553 | 27140 |
| | | 0.85 | 7711 | 9559 | 11486 | 13414 | 15342 | 16949 | 18555 | 20322 | 22089 | 23857 | 25543 | 27150 | 28837 |
| 64 | 900×1050 | 0.90 | 8165 | 10121 | 12162 | 14203 | 16245 | 17946 | 19647 | 21518 | 23389 | 25260 | 27046 | 28747 | 30533 |
| | | 0.95 | 8618 | 10683 | 12838 | 14992 | 17147 | 18943 | 20738 | 22713 | 24688 | 26663 | 28548 | 30344 | 32229 |
| | | 1.00 | 9072 | 11246 | 13514 | 15782 | 18050 | 19940 | 21830 | 23909 | 25988 | 28067 | 30051 | 31941 | 33926 |
| | | 1.05 | 9526 | 11808 | 14189 | 16571 | 18952 | 20936 | 22921 | 25104 | 27287 | 29470 | 31554 | 33538 | 35622 |
| | | 0.55 | 5227 | 6479 | 7786 | 9093 | 10399 | 11488 | 12577 | 13775 | 14973 | 16171 | 17315 | 18404 | 19547 |
| | | 0.60 | 5702 | 7068 | 8494 | 9919 | 11345 | 12533 | 13721 | 15028 | 16335 | 17641 | 18889 | 20077 | 21324 |
| | | 0.65 | 6177 | 7657 | 9202 | 10746 | 12290 | 13577 | 14864 | 16280 | 17696 | 19111 | 20463 | 21750 | 23101 |
| | | 0.70 | 6652 | 8246 | 9909 | 11573 | 13236 | 14622 | 16008 | 17532 | 19057 | 20582 | 22037 | 23423 | 24878 |
| | | 0.75 | 7128 | 8835 | 10617 | 12399 | 14181 | 15666 | 17151 | 18785 | 20418 | 22052 | 23611 | 25096 | 26655 |
| 65 | 900×1100 | 0.80 | 7603 | 9424 | 11325 | 13226 | 15127 | 16711 | 18295 | 20037 | 21780 | 23522 | 25185 | 26769 | 28432 |
| | | 0.85 | 8078 | 10013 | 12033 | 14053 | 16072 | 17755 | 19438 | 21289 | 23141 | 24992 | 26759 | 28442 | 30209 |
| | | 0.90 | 8553 | 10602 | 12741 | 14879 | 17018 | 18800 | 20582 | 22542 | 24502 | 26462 | 28333 | 30115 | 31986 |
| | | 0.95 | 9028 | 11191 | 13449 | 15706 | 17963 | 19844 | 21725 | 23794 | 25863 | 27932 | 29907 | 31788 | 33763 |
| | | 1.00 | 9504 | 11780 | 14157 | 16533 | 18909 | 20889 | 22869 | 25046 | 27225 | 29403 | 31481 | 33461 | 35541 |
| | | 1.05 | 9979 | 12370 | 14864 | 17359 | 19854 | 21933 | 24012 | 26299 | 28586 | 30873 | 33056 | 35135 | 37318 |
| | | 0.55 | 4765 | 5906 | 7098 | 8289 | 9480 | 10473 | 11466 | 12558 | 13650 | 14742 | 15784 | 16777 | 17819 |
| | | 0.60 | 5198 | 6443 | 7743 | 9043 | 10342 | 11425 | 12508 | 13699 | 14891 | 16082 | 17219 | 18302 | 19439 |
| | | 0.65 | 5631 | 6980 | 8388 | 9796 | 11204 | 12377 | 13551 | 14841 | 16132 | 17422 | 18654 | 19827 | 21059 |
| | | 0.70 | 6064 | 7517 | 9034 | 10550 | 12066 | 13329 | 14593 | 15983 | 17373 | 18762 | 20089 | 21353 | 22679 |
| | | 0.75 | 6498 | 8054 | 9679 | 11303 | 12928 | 14282 | 15635 | 17124 | 18614 | 20103 | 21524 | 22878 | 24299 |
| 66 | 950×950 | 0.80 | 6931 | 8591 | 10324 | 12057 | 13790 | 15234 | 16678 | 18266 | 19855 | 21443 | 22959 | 24403 | 25919 |
| | | 0.85 | 7364 | 9128 | 10969 | 12810 | 14652 | 16186 | 17720 | 19408 | 21095 | 22783 | 24394 | 25928 | 27539 |
| | | 0.90 | 7797 | 9665 | 11615 | 13564 | 15513 | 17138 | 18762 | 20549 | 22336 | 24123 | 25829 | 27454 | 29159 |
| | | 0.95 | 8230 | 10202 | 12260 | 14318 | 16375 | 18090 | 19805 | 21691 | 23577 | 25464 | 27264 | 28979 | 30779 |
| | | 1.00 | 8664 | 10739 | 12905 | 15071 | 17237 | 19042 | 20847 | 22833 | 24818 | 26804 | 28699 | 30504 | 32399 |
| | | 1.05 | 9097 | 11276 | 13551 | 15825 | 18099 | 19994 | 21890 | 23974 | 26059 | 28144 | 30134 | 32029 | 34019 |
| | | 0.55 | 5016 | 6217 | 7471 | 8725 | 9979 | 11024 | 12069 | 13219 | 14368 | 15518 | 16615 | 17660 | 18757 |
| | | 0.60 | 5472 | 6783 | 8151 | 9519 | 10887 | 12027 | 13167 | 14421 | 15675 | 16929 | 18126 | 19266 | 20463 |
| | | 0.65 | 5928 | 7348 | 8830 | 10312 | 11794 | 13029 | 14264 | 15622 | 16981 | 18339 | 19636 | 20871 | 22168 |
| | | 0.70 | 6384 | 7913 | 9509 | 11105 | 12701 | 14031 | 15361 | 16824 | 18287 | 19750 | 21146 | 22476 | 23873 |
| | | 0.75 | 6840 | 8478 | 10188 | 11898 | 13608 | 15033 | 16458 | 18026 | 19593 | 21161 | 22657 | 24082 | 25578 |
| 67 | 950×1000 | 0.80 | 7296 | 9043 | 10868 | 12692 | 14516 | 16036 | 17556 | 19227 | 20900 | 22572 | 24167 | 25687 | 27284 |
| | | 0.85 | 7752 | 9609 | 11547 | 13485 | 15423 | 17038 | 18653 | 20429 | 22206 | 23982 | 25678 | 27293 | 28989 |
| | | 0.90 | 8208 | 10174 | 12226 | 14278 | 16330 | 18040 | 19750 | 21631 | 23512 | 25393 | 27188 | 28898 | 30694 |
| | | 0.95 | 8664 | 10739 | 12905 | 15071 | 17237 | 19042 | 20847 | 22833 | 24818 | 26804 | 28699 | 30504 | 32399 |
| | | 1.00 | 9120 | 11304 | 13585 | 15865 | 18145 | 20045 | 21945 | 24034 | 26125 | 28215 | 30209 | 32109 | 34105 |
| | | 1.05 | 9575 | 11870 | 14264 | 16658 | 19052 | 21047 | 23042 | 25236 | 27431 | 29625 | 31720 | 33715 | 35810 |
| | | 0.55 | 5267 | 6529 | 7845 | 9162 | 10479 | 11576 | 12673 | 13880 | 15087 | 16294 | 17446 | 18544 | 19696 |
| | | 0.60 | 5746 | 7122 | 8559 | 9995 | 11431 | 12628 | 13825 | 15142 | 16459 | 17775 | 19032 | 20229 | 21486 |
| | | 0.65 | 6224 | 7716 | 9272 | 10828 | 12384 | 12681 | 14977 | 16404 | 17830 | 19257 | 20618 | 21915 | 23277 |
| 68 | 950×1050 | 0.70 | 6703 | 8309 | 9985 | 11661 | 13337 | 14733 | 16130 | 17666 | 19202 | 20738 | 22204 | 23601 | 25067 |
| | | 0.75 | 7182 | 8903 | 10698 | 12494 | 14289 | 15785 | 17282 | 18928 | 20573 | 22219 | 23790 | 25287 | 26858 |
| | | 0.80 | 7661 | 9496 | 11411 | 13327 | 15242 | 16838 | 18434 | 20189 | 21945 | 23701 | 25376 | 26972 | 28648 |
| | | 0.85 | 8140 | 10090 | 12125 | 14160 | 16194 | 17890 | 19586 | 21451 | 23317 | 25182 | 26962 | 28658 | 30439 |

续表

| 序号 | 柱截面 $b\times h$(mm) | 轴压比 | 当为下列混凝土强度等级时柱的轴压力设计值限值(kN) | | | | | | | | | | | | |
|---|---|---|---|---|---|---|---|---|---|---|---|---|---|---|---|
| | | | C20 | C25 | C30 | C35 | C40 | C45 | C50 | C55 | C60 | C65 | C70 | C75 | C80 |
| 68 | 950×1050 | 0.90 | 8618 | 10683 | 12838 | 14992 | 17147 | 18943 | 20738 | 22713 | 24688 | 26663 | 28548 | 30344 | 32229 |
| | | 0.95 | 9097 | 11277 | 13551 | 15825 | 18100 | 19995 | 21890 | 23975 | 26060 | 28144 | 30134 | 32030 | 34020 |
| | | 1.00 | 9576 | 11870 | 14264 | 16658 | 19052 | 21047 | 23042 | 25237 | 27431 | 29626 | 31721 | 33716 | 35810 |
| | | 1.05 | 10055 | 12464 | 14977 | 17491 | 20005 | 22100 | 24194 | 26499 | 28803 | 31107 | 33307 | 35401 | 37601 |
| 69 | 950×1100 | 0.55 | 5517 | 6839 | 8218 | 9598 | 10977 | 12127 | 13276 | 14541 | 15805 | 17070 | 18277 | 19426 | 20633 |
| | | 0.60 | 6019 | 7461 | 8966 | 10470 | 11975 | 13229 | 14483 | 15863 | 17242 | 18621 | 19938 | 21192 | 22509 |
| | | 0.65 | 6520 | 8083 | 9713 | 11343 | 12973 | 14332 | 15690 | 17185 | 18679 | 20173 | 21600 | 22958 | 24385 |
| | | 0.70 | 7022 | 8704 | 10460 | 12216 | 13971 | 15434 | 16897 | 18506 | 20116 | 21725 | 23261 | 24724 | 26260 |
| | | 0.75 | 7524 | 9326 | 11207 | 13088 | 14969 | 16537 | 18104 | 19828 | 21553 | 23277 | 24923 | 26490 | 28136 |
| | | 0.80 | 8025 | 9948 | 11954 | 13961 | 15967 | 17639 | 19311 | 21150 | 22990 | 24829 | 26584 | 28256 | 30012 |
| | | 0.85 | 8527 | 10570 | 12701 | 14833 | 16965 | 18742 | 20518 | 22472 | 24426 | 26381 | 28246 | 30022 | 31888 |
| | | 0.90 | 9028 | 11191 | 13449 | 15706 | 17963 | 19844 | 21725 | 23794 | 25863 | 27932 | 29907 | 31788 | 33763 |
| | | 0.95 | 9530 | 11813 | 14196 | 16578 | 18961 | 20947 | 22932 | 25116 | 27300 | 29484 | 31569 | 33554 | 35639 |
| | | 1.00 | 10032 | 12435 | 14943 | 17451 | 19959 | 22049 | 24139 | 26438 | 28737 | 31036 | 33230 | 35320 | 37515 |
| | | 1.05 | 10533 | 13057 | 15690 | 18324 | 20957 | 23151 | 25346 | 27760 | 30174 | 32588 | 34892 | 37087 | 39391 |
| 70 | 950×1150 | 0.55 | 5768 | 7150 | 8593 | 10035 | 11477 | 12678 | 13880 | 15202 | 16524 | 17846 | 19108 | 20310 | 21571 |
| | | 0.60 | 6293 | 7800 | 9374 | 10947 | 12520 | 13831 | 15142 | 16584 | 18026 | 19468 | 20845 | 22156 | 23532 |
| | | 0.65 | 6817 | 8450 | 10155 | 11859 | 13563 | 14984 | 16404 | 17966 | 19528 | 21091 | 22582 | 24002 | 25493 |
| | | 0.70 | 7342 | 9101 | 10936 | 12771 | 14607 | 16136 | 17666 | 19348 | 21031 | 22713 | 24319 | 25849 | 27455 |
| | | 0.75 | 7866 | 9751 | 11717 | 13684 | 15650 | 17289 | 18928 | 20730 | 22533 | 24335 | 26056 | 27695 | 29416 |
| | | 0.80 | 8390 | 10401 | 12498 | 14596 | 16693 | 18441 | 20189 | 22112 | 24035 | 25958 | 27793 | 29541 | 31377 |
| | | 0.85 | 8915 | 11051 | 13279 | 15508 | 17737 | 19594 | 21451 | 23494 | 25537 | 27580 | 29530 | 31388 | 33338 |
| | | 0.90 | 9439 | 11701 | 14060 | 16420 | 18780 | 20747 | 22713 | 24876 | 27039 | 29203 | 31267 | 33234 | 35299 |
| | | 0.95 | 9964 | 12351 | 14842 | 17333 | 19823 | 21899 | 23975 | 26258 | 28542 | 30825 | 33004 | 35080 | 37260 |
| | | 1.00 | 10488 | 13001 | 15623 | 18245 | 20867 | 23052 | 25237 | 27640 | 30044 | 32447 | 34742 | 36927 | 39221 |
| | | 1.05 | 11012 | 13651 | 16404 | 19157 | 21910 | 24204 | 26499 | 29022 | 31546 | 34070 | 36479 | 38773 | 41182 |
| 71 | 950×1200 | 0.55 | 6019 | 7461 | 8966 | 10470 | 11975 | 13229 | 14483 | 15863 | 17242 | 18621 | 19938 | 21192 | 22509 |
| | | 0.60 | 6566 | 8139 | 9781 | 11422 | 13064 | 14432 | 15800 | 17305 | 18810 | 20314 | 21751 | 23119 | 24555 |
| | | 0.65 | 7113 | 8817 | 10596 | 12374 | 14153 | 15635 | 17117 | 18747 | 20377 | 22007 | 23563 | 25045 | 26601 |
| | | 0.70 | 7660 | 9496 | 11411 | 13326 | 15241 | 16837 | 18433 | 20189 | 21944 | 23700 | 25376 | 26972 | 28648 |
| | | 0.75 | 8208 | 10174 | 12226 | 14278 | 16330 | 18040 | 19750 | 21631 | 23512 | 25393 | 27188 | 28898 | 30694 |
| | | 0.80 | 8755 | 10852 | 13041 | 15230 | 17419 | 19243 | 21067 | 23073 | 25080 | 27086 | 29001 | 30825 | 32740 |
| | | 0.85 | 9302 | 11531 | 13856 | 16182 | 18507 | 20445 | 22383 | 24515 | 26647 | 28779 | 30814 | 32752 | 34787 |
| | | 0.90 | 9849 | 12209 | 14671 | 17134 | 19596 | 21648 | 23700 | 25957 | 28214 | 30472 | 32626 | 34678 | 36833 |
| | | 0.95 | 10396 | 12887 | 15486 | 18086 | 20685 | 22851 | 25017 | 27399 | 29782 | 32165 | 34439 | 36605 | 38879 |
| | | 1.00 | 10944 | 13565 | 16302 | 19038 | 21774 | 24054 | 26334 | 28841 | 31350 | 33858 | 36251 | 38531 | 40926 |
| | | 1.05 | 11491 | 14244 | 17117 | 19989 | 22862 | 25256 | 27650 | 30284 | 32917 | 35550 | 38064 | 40458 | 42972 |
| 72 | 1000×1000 | 0.55 | 5280 | 6544 | 7865 | 9185 | 10505 | 11605 | 12705 | 13914 | 15125 | 16335 | 17489 | 18589 | 19745 |
| | | 0.60 | 5760 | 7140 | 8580 | 10020 | 11460 | 12660 | 13860 | 15180 | 16500 | 17820 | 19080 | 20280 | 21540 |
| | | 0.65 | 6240 | 7734 | 9294 | 10855 | 12414 | 13714 | 15014 | 16444 | 17874 | 19304 | 20669 | 21969 | 23335 |
| | | 0.70 | 6720 | 8329 | 10009 | 11690 | 13370 | 14770 | 16169 | 17709 | 19249 | 20790 | 22259 | 23659 | 25130 |
| | | 0.75 | 7200 | 8924 | 10725 | 12525 | 14325 | 15825 | 17325 | 18974 | 20625 | 22275 | 23849 | 25349 | 26925 |
| | | 0.80 | 7680 | 9519 | 11440 | 13360 | 15280 | 16880 | 18480 | 20239 | 22000 | 23760 | 25439 | 27039 | 28720 |
| | | 0.85 | 8160 | 10114 | 12155 | 14195 | 16235 | 17935 | 19635 | 21504 | 23375 | 25245 | 27030 | 28730 | 30515 |
| | | 0.90 | 8640 | 10709 | 12869 | 15030 | 17189 | 18989 | 20789 | 22769 | 24749 | 26729 | 28619 | 30419 | 32310 |
| | | 0.95 | 9120 | 11304 | 13585 | 15865 | 18145 | 20045 | 21945 | 24034 | 26124 | 28215 | 30209 | 32109 | 34105 |
| | | 1.00 | 9600 | 11899 | 14300 | 16700 | 19100 | 21100 | 23100 | 25299 | 27500 | 29700 | 31799 | 33799 | 35900 |

续表

| 序号 | 柱截面 $b\times h$(mm) | 轴压比 | 当为下列混凝土强度等级时柱的轴压力设计值限值(kN) | | | | | | | | | | | | |
|---|---|---|---|---|---|---|---|---|---|---|---|---|---|---|---|
| | | | C20 | C25 | C30 | C35 | C40 | C45 | C50 | C55 | C60 | C65 | C70 | C75 | C80 |
| 72 | 1000×1000 | 1.05 | 10079 | 12494 | 15014 | 17535 | 20054 | 22154 | 24254 | 26564 | 28874 | 31184 | 33389 | 35489 | 37694 |
| 73 | 1000×1050 | 0.55 | 5544 | 6872 | 8258 | 9644 | 11030 | 12185 | 13340 | 14610 | 15881 | 17151 | 18364 | 19519 | 20732 |
| | | 0.60 | 6048 | 7497 | 9009 | 10521 | 12033 | 13293 | 14553 | 15939 | 17325 | 18711 | 20034 | 21294 | 22617 |
| | | 0.65 | 6552 | 8121 | 9759 | 11397 | 13035 | 14400 | 15765 | 17267 | 18768 | 20270 | 21703 | 23068 | 24501 |
| | | 0.70 | 7056 | 8746 | 10510 | 12274 | 14038 | 15508 | 16978 | 18595 | 20212 | 21829 | 23372 | 24842 | 26386 |
| | | 0.75 | 7560 | 9371 | 11261 | 13151 | 15041 | 16616 | 18191 | 19923 | 21656 | 23388 | 25042 | 26617 | 28271 |
| | | 0.80 | 8064 | 9995 | 12012 | 14028 | 16044 | 17724 | 19404 | 21251 | 23100 | 24948 | 26711 | 28391 | 30156 |
| | | 0.85 | 8568 | 10620 | 12762 | 14904 | 17046 | 18831 | 20616 | 22580 | 24543 | 26507 | 28381 | 30166 | 32040 |
| | | 0.90 | 9072 | 11245 | 13513 | 15781 | 18049 | 19939 | 21829 | 23908 | 25987 | 28066 | 30050 | 31940 | 33925 |
| | | 0.95 | 9576 | 11870 | 14264 | 16658 | 19052 | 21047 | 23042 | 25236 | 27431 | 29625 | 31720 | 33715 | 35810 |
| | | 1.00 | 10080 | 12494 | 15015 | 17535 | 20055 | 22155 | 24255 | 26564 | 28875 | 31185 | 33389 | 35489 | 37695 |
| | | 1.05 | 10583 | 13119 | 15765 | 18411 | 21057 | 23262 | 25467 | 27893 | 30318 | 32744 | 35059 | 37264 | 39579 |
| 74 | 1000×1100 | 0.55 | 5808 | 7199 | 8651 | 10103 | 11555 | 12765 | 13975 | 15306 | 16637 | 17968 | 19238 | 20448 | 21719 |
| | | 0.60 | 6336 | 7854 | 9438 | 11022 | 12606 | 13926 | 15246 | 16698 | 18150 | 19602 | 20988 | 22308 | 23694 |
| | | 0.65 | 6864 | 8508 | 10224 | 11940 | 13656 | 15086 | 16516 | 18089 | 19662 | 21235 | 22736 | 24166 | 25668 |
| | | 0.70 | 7392 | 9162 | 11010 | 12859 | 14707 | 16247 | 17786 | 19480 | 21174 | 22869 | 24485 | 26025 | 27643 |
| | | 0.75 | 7920 | 9817 | 11797 | 13777 | 15757 | 17407 | 19057 | 20872 | 22687 | 24502 | 26234 | 27884 | 29617 |
| | | 0.80 | 8448 | 10471 | 12584 | 14696 | 16808 | 18568 | 20328 | 22263 | 24200 | 26136 | 27983 | 29743 | 31592 |
| | | 0.85 | 8976 | 11126 | 13370 | 15614 | 17858 | 19728 | 21598 | 23655 | 25712 | 27769 | 29733 | 31603 | 33566 |
| | | 0.90 | 9504 | 11780 | 14156 | 16533 | 18908 | 20888 | 22868 | 25046 | 27224 | 29402 | 31481 | 33461 | 35541 |
| | | 0.95 | 10032 | 12435 | 14943 | 17451 | 19959 | 22049 | 24139 | 26438 | 28737 | 31036 | 33230 | 35320 | 37515 |
| | | 1.00 | 10560 | 13089 | 15730 | 18370 | 21010 | 23210 | 25410 | 27829 | 30250 | 32670 | 34979 | 37179 | 39490 |
| | | 1.05 | 11087 | 13744 | 16516 | 19288 | 22060 | 24370 | 26680 | 29221 | 31762 | 34303 | 36728 | 39038 | 41464 |
| 75 | 1000×1150 | 0.55 | 6072 | 7526 | 9044 | 10562 | 12080 | 13345 | 14610 | 16002 | 17393 | 18785 | 20113 | 21378 | 22706 |
| | | 0.60 | 6624 | 8211 | 9867 | 11523 | 13179 | 14559 | 15939 | 17457 | 18975 | 20493 | 21942 | 23322 | 24771 |
| | | 0.65 | 7176 | 8895 | 10689 | 12483 | 14277 | 15772 | 17267 | 18911 | 20556 | 22200 | 23770 | 25265 | 26835 |
| | | 0.70 | 7728 | 9579 | 11511 | 13443 | 15375 | 16985 | 18595 | 20366 | 22137 | 23908 | 25598 | 27208 | 28899 |
| | | 0.75 | 8280 | 10263 | 12333 | 14403 | 16473 | 18198 | 19923 | 21821 | 23718 | 25616 | 27427 | 29152 | 30963 |
| | | 0.80 | 8832 | 10947 | 13156 | 15364 | 17572 | 19412 | 21252 | 23275 | 25300 | 27324 | 29255 | 31095 | 33028 |
| | | 0.85 | 9384 | 11632 | 13978 | 16324 | 18670 | 20625 | 22580 | 24730 | 26881 | 29031 | 31084 | 33039 | 35092 |
| | | 0.90 | 9936 | 12316 | 14800 | 17284 | 19768 | 21838 | 23908 | 26185 | 28462 | 30739 | 32912 | 34982 | 37156 |
| | | 0.95 | 10488 | 13000 | 15622 | 18244 | 20866 | 23051 | 25236 | 27640 | 30043 | 32447 | 34741 | 36926 | 39220 |
| | | 1.00 | 11040 | 13684 | 16445 | 19205 | 21965 | 24265 | 26565 | 29094 | 31625 | 34155 | 36569 | 38869 | 41285 |
| | | 1.05 | 11591 | 14369 | 17267 | 20165 | 23063 | 25478 | 27893 | 30549 | 33206 | 35862 | 38398 | 40813 | 43349 |
| 76 | 1000×1200 | 0.55 | 6336 | 7853 | 9438 | 11022 | 12606 | 13926 | 15246 | 16697 | 18150 | 19602 | 20987 | 22307 | 23694 |
| | | 0.60 | 6912 | 8568 | 10296 | 12024 | 13752 | 15192 | 16632 | 18216 | 19800 | 21384 | 22896 | 24336 | 25848 |
| | | 0.65 | 7488 | 9281 | 11153 | 13026 | 14897 | 16457 | 18017 | 19733 | 21449 | 23165 | 24803 | 26363 | 28002 |
| | | 0.70 | 8064 | 9995 | 12011 | 14028 | 16044 | 17724 | 19403 | 21251 | 23099 | 24948 | 26711 | 28391 | 30156 |
| | | 0.75 | 8640 | 10709 | 12870 | 15030 | 17190 | 18990 | 20790 | 22769 | 24750 | 26730 | 28619 | 30419 | 32310 |
| | | 0.80 | 9216 | 11423 | 13728 | 16032 | 18336 | 20256 | 22176 | 24287 | 26400 | 28512 | 30527 | 32447 | 34464 |
| | | 0.85 | 9792 | 12137 | 14586 | 17034 | 19482 | 21522 | 23562 | 25805 | 28050 | 30294 | 32436 | 34476 | 36618 |
| | | 0.90 | 10368 | 12851 | 15443 | 18036 | 20627 | 22787 | 24947 | 27323 | 29699 | 32075 | 34343 | 36503 | 38772 |
| | | 0.95 | 10944 | 13565 | 16302 | 19038 | 21774 | 24054 | 26334 | 28841 | 31349 | 33858 | 36251 | 38531 | 40926 |
| | | 1.00 | 11520 | 14279 | 17160 | 20040 | 22920 | 25320 | 27720 | 30359 | 33000 | 35640 | 38159 | 40559 | 43080 |
| | | 1.05 | 12095 | 14993 | 18017 | 21042 | 24065 | 26585 | 29105 | 31877 | 34649 | 37421 | 40067 | 42587 | 45233 |
| 77 | 1050×1050 | 0.55 | 5821 | 7215 | 8671 | 10126 | 11581 | 12794 | 14007 | 15341 | 16675 | 18009 | 19282 | 20495 | 21768 |
| | | 0.60 | 6350 | 7871 | 9459 | 11047 | 12634 | 13957 | 15280 | 16735 | 18191 | 19646 | 21035 | 22358 | 23747 |

续表

| 序号 | 柱截面 $b \times h$(mm) | 轴压比 | 当为下列混凝土强度等级时柱的轴压力设计值限值(kN) | | | | | | | | | | | | |
|---|---|---|---|---|---|---|---|---|---|---|---|---|---|---|---|
| | | | C20 | C25 | C30 | C35 | C40 | C45 | C50 | C55 | C60 | C65 | C70 | C75 | C80 |
| 77 | 1050×1050 | 0.65 | 6879 | 8527 | 10247 | 11967 | 13687 | 15120 | 16554 | 18130 | 19707 | 21283 | 22788 | 24221 | 25726 |
| | | 0.70 | 7408 | 9183 | 11036 | 12888 | 14740 | 16283 | 17827 | 19525 | 21223 | 22920 | 24541 | 26085 | 27705 |
| | | 0.75 | 7938 | 9839 | 11824 | 13808 | 15793 | 17447 | 19100 | 20919 | 22739 | 24558 | 26294 | 27948 | 29684 |
| | | 0.80 | 8467 | 10495 | 12612 | 14729 | 16846 | 18610 | 20374 | 22314 | 24255 | 26195 | 28047 | 29811 | 31663 |
| | | 0.85 | 8996 | 11151 | 13400 | 15649 | 17899 | 19773 | 21647 | 23709 | 25770 | 27832 | 29800 | 31674 | 33642 |
| | | 0.90 | 9525 | 11807 | 14189 | 16570 | 18951 | 20936 | 22920 | 25103 | 27286 | 29469 | 31553 | 33538 | 35621 |
| | | 0.95 | 10054 | 12463 | 14977 | 17491 | 20004 | 22099 | 24194 | 26498 | 28802 | 31107 | 33306 | 35401 | 37600 |
| | | 1.00 | 10584 | 13119 | 15765 | 18411 | 21057 | 23262 | 25467 | 27893 | 30318 | 32744 | 35059 | 37264 | 39579 |
| | | 1.05 | 11113 | 13775 | 16554 | 19332 | 22110 | 24425 | 26741 | 29287 | 31834 | 34381 | 36812 | 39127 | 41558 |
| 78 | 1050×1100 | 0.55 | 6098 | 7559 | 9084 | 10608 | 12133 | 13403 | 14674 | 16071 | 17469 | 18866 | 20200 | 21471 | 22805 |
| | | 0.60 | 6652 | 8246 | 9909 | 11573 | 13236 | 14622 | 16008 | 17532 | 19057 | 20582 | 22037 | 23423 | 24878 |
| | | 0.65 | 7207 | 8933 | 10735 | 12537 | 14339 | 15840 | 17342 | 18993 | 20645 | 22297 | 23873 | 25375 | 26951 |
| | | 0.70 | 7761 | 9621 | 11561 | 13501 | 15442 | 17059 | 18676 | 20455 | 22233 | 24012 | 25710 | 27327 | 29025 |
| | | 0.75 | 8316 | 10308 | 12387 | 14466 | 16545 | 18277 | 20010 | 21916 | 23821 | 25727 | 27546 | 29279 | 31098 |
| | | 0.80 | 8870 | 10995 | 13213 | 15430 | 17648 | 19496 | 21344 | 23377 | 25410 | 27442 | 29383 | 31231 | 33171 |
| | | 0.85 | 9424 | 11682 | 14039 | 16395 | 18751 | 20714 | 22678 | 24838 | 26998 | 29157 | 31219 | 33183 | 35244 |
| | | 0.90 | 9979 | 12370 | 14864 | 17359 | 19854 | 21933 | 24012 | 26299 | 28586 | 30873 | 33056 | 35135 | 37318 |
| | | 0.95 | 10533 | 13057 | 15690 | 18324 | 20957 | 23151 | 25346 | 27760 | 30174 | 32588 | 34892 | 37087 | 39391 |
| | | 1.00 | 11088 | 13744 | 16516 | 19288 | 22060 | 24370 | 26680 | 29221 | 31762 | 34303 | 36728 | 39038 | 41464 |
| | | 1.05 | 11642 | 14431 | 17342 | 20252 | 23163 | 25589 | 28014 | 30682 | 33350 | 36018 | 38565 | 40990 | 43537 |
| 79 | 1050×1150 | 0.55 | 6375 | 7903 | 9496 | 11090 | 12684 | 14013 | 15341 | 16802 | 18263 | 19724 | 21119 | 22447 | 23842 |
| | | 0.60 | 6955 | 8621 | 10360 | 12099 | 13837 | 15286 | 16735 | 18329 | 19923 | 21517 | 23039 | 24488 | 26009 |
| | | 0.65 | 7534 | 9340 | 11223 | 13107 | 14991 | 16560 | 18130 | 19857 | 21584 | 23310 | 24959 | 26528 | 28177 |
| | | 0.70 | 8114 | 10058 | 12087 | 14115 | 16144 | 17834 | 19525 | 21384 | 23244 | 25103 | 26878 | 28569 | 30344 |
| | | 0.75 | 8694 | 10776 | 12950 | 15123 | 17297 | 19108 | 20919 | 22912 | 24904 | 26897 | 28798 | 30610 | 32511 |
| | | 0.80 | 9273 | 11495 | 13813 | 16132 | 18450 | 20382 | 22314 | 24439 | 26565 | 28690 | 30718 | 32650 | 34679 |
| | | 0.85 | 9853 | 12213 | 14677 | 17140 | 19603 | 21656 | 23709 | 25967 | 28225 | 30483 | 32638 | 34691 | 36846 |
| | | 0.90 | 10432 | 12932 | 15540 | 18148 | 20756 | 22930 | 25103 | 27494 | 29885 | 32276 | 34558 | 36732 | 39014 |
| | | 0.95 | 11012 | 13650 | 16403 | 19156 | 21910 | 24204 | 26498 | 29022 | 31545 | 34069 | 36478 | 38772 | 41181 |
| | | 1.00 | 11592 | 14369 | 17267 | 20165 | 23063 | 25478 | 27893 | 30549 | 33206 | 35862 | 38398 | 40813 | 43349 |
| | | 1.05 | 12171 | 15087 | 18130 | 21173 | 24216 | 26752 | 29287 | 32077 | 34866 | 37655 | 40318 | 42854 | 45516 |
| 80 | 1050×1200 | 0.55 | 6652 | 8246 | 9909 | 11573 | 13236 | 14622 | 16008 | 17532 | 19057 | 20582 | 22037 | 23423 | 24878 |
| | | 0.60 | 7257 | 8996 | 10810 | 12625 | 14439 | 15951 | 17463 | 19126 | 20790 | 22453 | 24040 | 25552 | 27140 |
| | | 0.65 | 7862 | 9746 | 11711 | 13677 | 15642 | 17280 | 18918 | 20720 | 22522 | 24324 | 26044 | 27682 | 29402 |
| | | 0.70 | 8467 | 10495 | 12612 | 14729 | 16846 | 18610 | 20374 | 22314 | 24254 | 26195 | 28047 | 29811 | 31663 |
| | | 0.75 | 9072 | 11245 | 13513 | 15781 | 18049 | 19939 | 21829 | 23908 | 25987 | 28066 | 30050 | 31940 | 33925 |
| | | 0.80 | 9676 | 11995 | 14414 | 16833 | 19252 | 21268 | 23284 | 25502 | 27720 | 29937 | 32054 | 34070 | 36187 |
| | | 0.85 | 10281 | 12744 | 15315 | 17885 | 20456 | 22598 | 24740 | 27096 | 29452 | 31808 | 34057 | 36199 | 38448 |
| | | 0.90 | 10886 | 13494 | 16216 | 18937 | 21659 | 23927 | 26195 | 28690 | 31184 | 33679 | 36061 | 38329 | 40710 |
| | | 0.95 | 11491 | 14244 | 17117 | 19989 | 22862 | 25256 | 27650 | 30284 | 32917 | 35550 | 38064 | 40458 | 42972 |
| | | 1.00 | 12096 | 14993 | 18018 | 21042 | 24066 | 26586 | 29106 | 31877 | 34650 | 37422 | 40067 | 42587 | 45234 |
| | | 1.05 | 12700 | 15743 | 18918 | 22094 | 25269 | 27915 | 30561 | 33471 | 36382 | 39293 | 42071 | 44717 | 47495 |
| 81 | 1050×1250 | 0.55 | 6930 | 8590 | 10322 | 12055 | 13787 | 15231 | 16675 | 18263 | 19851 | 21439 | 22955 | 24399 | 25915 |
| | | 0.60 | 7560 | 9371 | 11261 | 13151 | 15041 | 16616 | 18191 | 19923 | 21656 | 23388 | 25042 | 26617 | 28271 |
| | | 0.65 | 8190 | 10152 | 12199 | 14247 | 16294 | 18000 | 19707 | 21584 | 23460 | 25337 | 27129 | 28835 | 30627 |
| | | 0.70 | 8820 | 10933 | 13138 | 15343 | 17548 | 19385 | 21223 | 23244 | 25265 | 27286 | 29216 | 31053 | 32983 |
| | | 0.75 | 9450 | 11714 | 14076 | 16439 | 18801 | 20770 | 22739 | 24904 | 27070 | 29235 | 31303 | 33271 | 35339 |

续表

| 序号 | 柱截面 $b \times h$(mm) | 轴压比 | 当为下列混凝土强度等级时柱的轴压力设计值限值(kN) | | | | | | | | | | | | |
|---|---|---|---|---|---|---|---|---|---|---|---|---|---|---|---|
| | | | C20 | C25 | C30 | C35 | C40 | C45 | C50 | C55 | C60 | C65 | C70 | C75 | C80 |
| 81 | 1050 × 1250 | 0.80 | 10080 | 12494 | 15015 | 17535 | 20055 | 22155 | 24255 | 26564 | 28875 | 31185 | 33389 | 35489 | 37695 |
| | | 0.85 | 10710 | 13275 | 15953 | 18630 | 21308 | 23539 | 25770 | 28225 | 30679 | 33134 | 35476 | 37708 | 40050 |
| | | 0.90 | 11340 | 14056 | 16891 | 19726 | 22561 | 24924 | 27286 | 29885 | 32484 | 35083 | 37563 | 39926 | 42406 |
| | | 0.95 | 11970 | 14837 | 17830 | 20822 | 23815 | 26309 | 28802 | 31545 | 34289 | 37032 | 39650 | 42144 | 44762 |
| | | 1.00 | 12600 | 15618 | 18768 | 21918 | 25068 | 27693 | 30318 | 33206 | 36093 | 38981 | 41737 | 44362 | 47118 |
| | | 1.05 | 13229 | 16399 | 19707 | 23014 | 26322 | 29078 | 31834 | 34866 | 37898 | 40930 | 43824 | 46580 | 49474 |
| 82 | 1100 × 1100 | 0.55 | 6388 | 7919 | 9516 | 11113 | 12711 | 14042 | 15373 | 16837 | 18301 | 19765 | 21162 | 22493 | 23891 |
| | | 0.60 | 6969 | 8639 | 10381 | 12124 | 13866 | 15318 | 16770 | 18367 | 19965 | 21562 | 23086 | 24538 | 26063 |
| | | 0.65 | 7550 | 9359 | 11246 | 13134 | 15022 | 16595 | 18168 | 19898 | 21628 | 23359 | 25010 | 26583 | 28235 |
| | | 0.70 | 8131 | 10079 | 12112 | 14144 | 16177 | 17871 | 19565 | 21429 | 23292 | 25155 | 26934 | 28628 | 30407 |
| | | 0.75 | 8712 | 10799 | 12977 | 15155 | 17333 | 19148 | 20963 | 22959 | 24956 | 26952 | 28858 | 30673 | 32579 |
| | | 0.80 | 9292 | 11519 | 13842 | 16165 | 18488 | 20424 | 22360 | 24490 | 26620 | 28749 | 30782 | 32718 | 34751 |
| | | 0.85 | 9873 | 12239 | 14707 | 17175 | 19644 | 21701 | 23758 | 26021 | 28283 | 30546 | 32706 | 34763 | 36923 |
| | | 0.90 | 10454 | 12959 | 15572 | 18186 | 20799 | 22977 | 25155 | 27551 | 29947 | 32343 | 34630 | 36808 | 39095 |
| | | 0.95 | 11035 | 13679 | 16437 | 19196 | 21955 | 24254 | 26553 | 29082 | 31611 | 34140 | 36554 | 38853 | 41267 |
| | | 1.00 | 11616 | 14398 | 17303 | 20207 | 23111 | 25531 | 27951 | 30612 | 33275 | 35937 | 38477 | 40897 | 43439 |
| | | 1.05 | 12196 | 15118 | 18168 | 21217 | 24266 | 26807 | 29348 | 32143 | 34938 | 37733 | 40401 | 42942 | 45610 |
| 83 | 1100 × 1150 | 0.55 | 6679 | 8279 | 9949 | 11619 | 13288 | 14680 | 16071 | 17602 | 19133 | 20663 | 22124 | 23516 | 24977 |
| | | 0.60 | 7286 | 9032 | 10853 | 12675 | 14496 | 16014 | 17532 | 19202 | 20872 | 22542 | 24136 | 25654 | 27248 |
| | | 0.65 | 7893 | 9784 | 11758 | 13731 | 15704 | 17349 | 18993 | 20802 | 22611 | 24420 | 26147 | 27792 | 29518 |
| | | 0.70 | 8500 | 10537 | 12662 | 14787 | 16913 | 18684 | 20455 | 22403 | 24351 | 26299 | 28158 | 29929 | 31789 |
| | | 0.75 | 9108 | 11290 | 13567 | 15844 | 18121 | 20018 | 21916 | 24003 | 26090 | 28177 | 30170 | 32067 | 34060 |
| | | 0.80 | 9715 | 12042 | 14471 | 16900 | 19329 | 21353 | 23377 | 25603 | 27830 | 30056 | 32181 | 34205 | 36330 |
| | | 0.85 | 10322 | 12795 | 15376 | 17956 | 20537 | 22687 | 24838 | 27203 | 29569 | 31934 | 34192 | 36343 | 38601 |
| | | 0.90 | 10929 | 13548 | 16280 | 19012 | 21745 | 24022 | 26299 | 28804 | 31308 | 33813 | 36204 | 38481 | 40872 |
| | | 0.95 | 11536 | 14300 | 17185 | 20069 | 22953 | 25356 | 27760 | 30404 | 33048 | 35691 | 38215 | 40619 | 43142 |
| | | 1.00 | 12144 | 15053 | 18089 | 21125 | 24161 | 26691 | 29221 | 32004 | 34787 | 37570 | 40226 | 42756 | 45413 |
| | | 1.05 | 12751 | 15806 | 18993 | 22181 | 25369 | 28026 | 30682 | 33604 | 36526 | 39449 | 42238 | 44894 | 47684 |
| 84 | 1050 × 1200 | 0.55 | 6969 | 8639 | 10381 | 12124 | 13866 | 15318 | 16770 | 18367 | 19965 | 21562 | 23086 | 24538 | 26063 |
| | | 0.60 | 7603 | 9424 | 11325 | 13226 | 15127 | 16711 | 18295 | 20037 | 21780 | 23522 | 25185 | 26769 | 28432 |
| | | 0.65 | 8236 | 10210 | 12269 | 14328 | 16387 | 18103 | 19819 | 21707 | 23594 | 25482 | 27284 | 29000 | 30802 |
| | | 0.70 | 8870 | 10995 | 13213 | 15430 | 17648 | 19496 | 21344 | 23377 | 25409 | 27442 | 29383 | 31231 | 33171 |
| | | 0.75 | 9504 | 11780 | 14157 | 16533 | 18909 | 20889 | 22869 | 25046 | 27225 | 29403 | 31481 | 33461 | 35541 |
| | | 0.80 | 10137 | 12566 | 15100 | 17635 | 20169 | 22281 | 24393 | 26716 | 29040 | 31363 | 33580 | 35692 | 37910 |
| | | 0.85 | 10771 | 13351 | 16044 | 18737 | 21430 | 23674 | 25918 | 28386 | 30855 | 33323 | 35679 | 37923 | 40279 |
| | | 0.90 | 11404 | 14137 | 16988 | 19839 | 22690 | 25066 | 27442 | 30056 | 32669 | 35283 | 37778 | 40154 | 42649 |
| | | 0.95 | 12038 | 14922 | 17932 | 20941 | 23951 | 26459 | 28967 | 31726 | 34484 | 37243 | 39877 | 42385 | 45018 |
| | | 1.00 | 12672 | 15707 | 18876 | 22044 | 25212 | 27852 | 30492 | 33395 | 36300 | 39204 | 41975 | 44615 | 47388 |
| | | 1.05 | 13305 | 16493 | 19819 | 23146 | 26472 | 29244 | 32016 | 35065 | 38114 | 41164 | 44074 | 46846 | 49757 |
| 85 | 1100 × 1250 | 0.55 | 7260 | 8999 | 10814 | 12629 | 14444 | 15956 | 17469 | 19133 | 20796 | 22460 | 24048 | 25561 | 27149 |
| | | 0.60 | 7920 | 9817 | 11797 | 13777 | 15757 | 17407 | 19057 | 20872 | 22687 | 24502 | 26235 | 27885 | 29617 |
| | | 0.65 | 8580 | 10635 | 12780 | 14925 | 17070 | 18858 | 20645 | 22611 | 24578 | 26544 | 28421 | 30208 | 32085 |
| | | 0.70 | 9240 | 11453 | 13763 | 16073 | 18383 | 20308 | 22233 | 24351 | 26468 | 28586 | 30607 | 32532 | 34553 |
| | | 0.75 | 9900 | 12271 | 14746 | 17221 | 19696 | 21759 | 23821 | 26090 | 28359 | 30628 | 32793 | 34856 | 37021 |
| | | 0.80 | 10560 | 13089 | 15730 | 18370 | 21010 | 23210 | 25410 | 27829 | 30250 | 32670 | 34979 | 37179 | 39490 |
| | | 0.85 | 11220 | 13908 | 16713 | 19518 | 22323 | 24660 | 26998 | 29569 | 32140 | 34711 | 37166 | 39503 | 41958 |
| | | 0.90 | 11880 | 14726 | 17696 | 20666 | 23636 | 26111 | 28586 | 31308 | 34031 | 36753 | 39352 | 41827 | 44426 |

续表

| 序号 | 柱截面 $b \times h$(mm) | 轴压比 | 当为下列混凝土强度等级时柱的轴压力设计值限值(kN) | | | | | | | | | | | | |
|---|---|---|---|---|---|---|---|---|---|---|---|---|---|---|---|
| | | | C20 | C25 | C30 | C35 | C40 | C45 | C50 | C55 | C60 | C65 | C70 | C75 | C80 |
| 85 | 1100×1250 | 0.95 | 12540 | 15544 | 18679 | 21814 | 24949 | 27561 | 30174 | 33048 | 35921 | 38795 | 41538 | 44151 | 46894 |
| | | 1.00 | 13200 | 16362 | 19662 | 22962 | 26262 | 29012 | 31762 | 34787 | 37812 | 40837 | 43724 | 46474 | 49362 |
| | | 1.05 | 13859 | 17180 | 20645 | 24110 | 27575 | 30463 | 33350 | 36526 | 39703 | 42879 | 45911 | 48798 | 51830 |
| 86 | 1100×1300 | 0.55 | 7550 | 9359 | 11246 | 13134 | 15022 | 16595 | 18168 | 19898 | 21628 | 23359 | 25010 | 26583 | 28235 |
| | | 0.60 | 8236 | 10210 | 12269 | 14328 | 16387 | 18103 | 19819 | 21707 | 23595 | 25482 | 27284 | 29000 | 30802 |
| | | 0.65 | 8923 | 11061 | 13291 | 15522 | 17753 | 19612 | 21471 | 23516 | 25561 | 27606 | 29558 | 31417 | 33369 |
| | | 0.70 | 9609 | 11911 | 14314 | 16716 | 19119 | 21121 | 23123 | 25325 | 27527 | 29729 | 31831 | 33833 | 35935 |
| | | 0.75 | 10296 | 12762 | 15336 | 17910 | 20484 | 22629 | 24774 | 27134 | 29493 | 31853 | 34105 | 36250 | 38502 |
| | | 0.80 | 10982 | 13613 | 16359 | 19104 | 21850 | 24138 | 26426 | 28943 | 31460 | 33976 | 36379 | 38667 | 41069 |
| | | 0.85 | 11668 | 14464 | 17381 | 20298 | 23216 | 25647 | 28078 | 30752 | 33426 | 36100 | 38652 | 41083 | 43636 |
| | | 0.90 | 12355 | 15315 | 18404 | 21492 | 24581 | 27155 | 29729 | 32561 | 35392 | 38223 | 40926 | 43500 | 46203 |
| | | 0.95 | 13041 | 16166 | 19426 | 22686 | 25947 | 28664 | 31381 | 34370 | 37358 | 40347 | 43200 | 45917 | 48770 |
| | | 1.00 | 13728 | 17016 | 20449 | 23881 | 27313 | 30173 | 33033 | 36178 | 39325 | 42471 | 45473 | 48333 | 51337 |
| | | 1.05 | 14414 | 17867 | 21471 | 25075 | 28678 | 31681 | 34684 | 37987 | 41291 | 44594 | 47747 | 50750 | 53903 |
| 87 | 1150×1150 | 0.55 | 6982 | 8655 | 10401 | 12147 | 13892 | 15347 | 16802 | 18402 | 20002 | 21603 | 23130 | 24585 | 26112 |
| | | 0.60 | 7617 | 9442 | 11347 | 13251 | 15155 | 16742 | 18329 | 20075 | 21821 | 23566 | 25233 | 26820 | 28486 |
| | | 0.65 | 8252 | 10229 | 12292 | 14355 | 16418 | 18138 | 19857 | 21748 | 23639 | 25530 | 27336 | 29055 | 30860 |
| | | 0.70 | 8887 | 11016 | 13238 | 15460 | 17681 | 19533 | 21384 | 23421 | 25458 | 27494 | 29438 | 31290 | 33234 |
| | | 0.75 | 9522 | 11803 | 14183 | 16564 | 18944 | 20928 | 22912 | 25094 | 27276 | 29458 | 31541 | 33525 | 35608 |
| | | 0.80 | 10156 | 12590 | 15129 | 17668 | 20207 | 22323 | 24439 | 26767 | 29095 | 31422 | 33644 | 35760 | 37982 |
| | | 0.85 | 10791 | 13377 | 16074 | 18772 | 21470 | 23719 | 25967 | 28440 | 30913 | 33386 | 35747 | 37995 | 40356 |
| | | 0.90 | 11426 | 14163 | 17020 | 19877 | 22733 | 25114 | 27494 | 30113 | 32731 | 35350 | 37849 | 40230 | 42729 |
| | | 0.95 | 12061 | 14950 | 17966 | 20981 | 23996 | 26509 | 29022 | 31786 | 34550 | 37314 | 39952 | 42465 | 45103 |
| | | 1.00 | 12696 | 15737 | 18911 | 22085 | 25259 | 27904 | 30549 | 33459 | 36368 | 39278 | 42055 | 44700 | 47477 |
| | | 1.05 | 13330 | 16524 | 19857 | 23190 | 26522 | 29299 | 32077 | 35132 | 38187 | 41242 | 44158 | 46935 | 49851 |
| 88 | 1150×1200 | 0.55 | 7286 | 9032 | 10853 | 12675 | 14496 | 16014 | 17532 | 19202 | 20872 | 22542 | 24136 | 25654 | 27248 |
| | | 0.60 | 7948 | 9853 | 11840 | 13827 | 15814 | 17470 | 19126 | 20948 | 22770 | 24591 | 26330 | 27986 | 29725 |
| | | 0.65 | 8611 | 10674 | 12827 | 14979 | 17132 | 18926 | 20720 | 22694 | 24667 | 26640 | 28524 | 30318 | 32202 |
| | | 0.70 | 9273 | 11495 | 13813 | 16132 | 18450 | 20382 | 22314 | 24439 | 26564 | 28690 | 30718 | 32650 | 34679 |
| | | 0.75 | 9936 | 12316 | 14800 | 17284 | 19768 | 21838 | 23908 | 26185 | 28462 | 30739 | 32912 | 34982 | 37156 |
| | | 0.80 | 10598 | 13137 | 15787 | 18436 | 21086 | 23294 | 25502 | 27931 | 30360 | 32788 | 35107 | 37315 | 39633 |
| | | 0.85 | 11260 | 13958 | 16773 | 19589 | 22404 | 24750 | 27096 | 29676 | 32257 | 34838 | 37301 | 39647 | 42110 |
| | | 0.90 | 11923 | 14779 | 17760 | 20741 | 23722 | 26206 | 28690 | 31422 | 34154 | 36887 | 39495 | 41979 | 44587 |
| | | 0.95 | 12585 | 15600 | 18747 | 21893 | 25040 | 27662 | 30284 | 33168 | 36052 | 38936 | 41689 | 44311 | 47064 |
| | | 1.00 | 13248 | 16421 | 19734 | 23046 | 26358 | 29118 | 31878 | 34913 | 37950 | 40986 | 43883 | 46643 | 49542 |
| | | 1.05 | 13910 | 17243 | 20720 | 24198 | 27675 | 30573 | 33471 | 36659 | 39847 | 43035 | 46078 | 48976 | 52019 |
| 89 | 1150×1250 | 0.55 | 7590 | 9408 | 11305 | 13203 | 15100 | 16682 | 18263 | 20002 | 21742 | 23481 | 25141 | 26723 | 28383 |
| | | 0.60 | 8280 | 10263 | 12333 | 14403 | 16473 | 18198 | 19923 | 21821 | 23718 | 25616 | 27427 | 29152 | 30963 |
| | | 0.65 | 8970 | 11119 | 13361 | 15604 | 17846 | 19715 | 21584 | 23639 | 25695 | 27750 | 29713 | 31581 | 33544 |
| | | 0.70 | 9660 | 11974 | 14389 | 16804 | 19219 | 21231 | 23244 | 25458 | 27671 | 29885 | 31998 | 34011 | 36124 |
| | | 0.75 | 10350 | 12829 | 15417 | 18004 | 20592 | 22748 | 24904 | 27276 | 29648 | 32020 | 34284 | 36440 | 38704 |
| | | 0.80 | 11040 | 13684 | 16445 | 19205 | 21965 | 24265 | 26565 | 29094 | 31625 | 34155 | 36569 | 38869 | 41285 |
| | | 0.85 | 11730 | 14540 | 17472 | 20405 | 23337 | 25781 | 28225 | 30913 | 33601 | 36289 | 38855 | 41299 | 43865 |
| | | 0.90 | 12420 | 15395 | 18500 | 21605 | 24710 | 27298 | 29885 | 32731 | 35578 | 38424 | 41141 | 43728 | 46445 |
| | | 0.95 | 13110 | 16250 | 19528 | 22805 | 26083 | 28814 | 31545 | 34550 | 37554 | 40559 | 43426 | 46158 | 49025 |
| | | 1.00 | 13800 | 17106 | 20556 | 24006 | 27456 | 30331 | 33206 | 36368 | 39531 | 42693 | 45712 | 48587 | 51606 |
| | | 1.05 | 14489 | 17961 | 21584 | 25206 | 28829 | 31847 | 34866 | 38187 | 41507 | 44828 | 47998 | 51016 | 54186 |

续表

| 序号 | 柱截面 $b \times h$(mm) | 轴压比 | 当为下列混凝土强度等级时柱的轴压力设计值限值(kN) | | | | | | | | | | | | |
|---|---|---|---|---|---|---|---|---|---|---|---|---|---|---|---|
| | | | C20 | C25 | C30 | C35 | C40 | C45 | C50 | C55 | C60 | C65 | C70 | C75 | C80 |
| 90 | 1150×1300 | 0.55 | 7893 | 9784 | 11758 | 13731 | 15704 | 17349 | 18993 | 20802 | 22611 | 24420 | 26147 | 27792 | 29518 |
| | | 0.60 | 8611 | 10674 | 12827 | 14979 | 17132 | 18926 | 20720 | 22694 | 24667 | 26640 | 28524 | 30318 | 32202 |
| | | 0.65 | 9328 | 11563 | 13896 | 16228 | 18560 | 20503 | 22447 | 24585 | 26723 | 28860 | 30901 | 32845 | 34885 |
| | | 0.70 | 10046 | 12453 | 14964 | 17476 | 19988 | 22081 | 24174 | 26476 | 28778 | 31081 | 33278 | 35371 | 37569 |
| | | 0.75 | 10764 | 13342 | 16033 | 18724 | 21415 | 23658 | 25900 | 28367 | 30834 | 33301 | 35655 | 37898 | 40252 |
| | | 0.80 | 11481 | 14232 | 17102 | 19973 | 22843 | 25235 | 27627 | 30258 | 32890 | 35521 | 38032 | 40424 | 42936 |
| | | 0.85 | 12199 | 15121 | 18171 | 21221 | 24271 | 26812 | 29354 | 32149 | 34945 | 37741 | 40409 | 42951 | 45619 |
| | | 0.90 | 12916 | 16011 | 19240 | 22469 | 25699 | 28390 | 31081 | 34041 | 37001 | 39961 | 42786 | 45477 | 48303 |
| | | 0.95 | 13634 | 16900 | 20309 | 23718 | 27126 | 29967 | 32807 | 35932 | 39056 | 42181 | 45163 | 48004 | 50986 |
| | | 1.00 | 14352 | 17790 | 21378 | 24966 | 28554 | 31544 | 34534 | 37823 | 41112 | 44401 | 47540 | 50530 | 53670 |
| | | 1.05 | 15069 | 18680 | 22447 | 26214 | 29982 | 33121 | 36261 | 39714 | 43168 | 46621 | 49918 | 53057 | 56354 |
| 91 | 1150×1350 | 0.55 | 8197 | 10161 | 12210 | 14259 | 16309 | 18016 | 19724 | 21603 | 23481 | 25360 | 27153 | 28860 | 30654 |
| | | 0.60 | 8942 | 11084 | 13320 | 15556 | 17791 | 19654 | 21517 | 23566 | 25616 | 27665 | 29621 | 31484 | 33440 |
| | | 0.65 | 9687 | 12008 | 14430 | 16852 | 19274 | 21292 | 23310 | 25530 | 27750 | 29971 | 32090 | 34108 | 36227 |
| | | 0.70 | 10432 | 12932 | 15540 | 18148 | 20756 | 22930 | 25103 | 27494 | 29885 | 32276 | 34558 | 36732 | 39014 |
| | | 0.75 | 11178 | 13856 | 16650 | 19445 | 22239 | 24568 | 26897 | 29458 | 32020 | 34581 | 37027 | 39355 | 41801 |
| | | 0.80 | 11923 | 14777 | 17760 | 20741 | 23722 | 26206 | 28690 | 31422 | 34155 | 36887 | 39495 | 41979 | 44587 |
| | | 0.85 | 12668 | 15703 | 18870 | 22037 | 25204 | 27844 | 30483 | 33386 | 36289 | 39192 | 41964 | 44603 | 47374 |
| | | 0.90 | 13413 | 16627 | 19980 | 23334 | 26687 | 29481 | 32276 | 35350 | 38424 | 41498 | 44432 | 47227 | 50161 |
| | | 0.95 | 14158 | 17551 | 21090 | 24630 | 28170 | 31119 | 34069 | 37314 | 40559 | 43803 | 46901 | 49850 | 52948 |
| | | 1.00 | 14904 | 18474 | 22200 | 25926 | 29652 | 32757 | 35862 | 39278 | 42693 | 46109 | 49369 | 52474 | 55734 |
| | | 1.05 | 15649 | 19398 | 23310 | 27223 | 31135 | 34395 | 37655 | 41242 | 44828 | 48414 | 51837 | 55098 | 58521 |
| 92 | 1200×1200 | 0.55 | 7603 | 9424 | 11325 | 13226 | 15127 | 16711 | 18295 | 20037 | 21780 | 23522 | 25185 | 26769 | 28432 |
| | | 0.60 | 8294 | 10281 | 12355 | 14428 | 16502 | 18230 | 19958 | 21859 | 23760 | 25660 | 27475 | 29203 | 31017 |
| | | 0.65 | 8985 | 11138 | 13384 | 15631 | 17877 | 19749 | 21621 | 23680 | 25739 | 27799 | 29764 | 31636 | 33602 |
| | | 0.70 | 9676 | 11995 | 14414 | 16833 | 19252 | 21268 | 23284 | 25502 | 27719 | 29937 | 32054 | 34070 | 36187 |
| | | 0.75 | 10368 | 12851 | 15444 | 18036 | 20628 | 22788 | 24948 | 27323 | 29700 | 32076 | 34343 | 36503 | 38772 |
| | | 0.80 | 11059 | 13708 | 16473 | 19238 | 22003 | 24307 | 26611 | 29145 | 31680 | 34214 | 36633 | 38937 | 41356 |
| | | 0.85 | 11750 | 14565 | 17503 | 20440 | 23378 | 25826 | 28274 | 30967 | 33660 | 36352 | 38923 | 41371 | 43941 |
| | | 0.90 | 12441 | 15422 | 18532 | 21643 | 24753 | 27345 | 29937 | 32788 | 35639 | 38491 | 41212 | 43804 | 46526 |
| | | 0.95 | 13132 | 16279 | 19562 | 22845 | 26128 | 28864 | 31600 | 34610 | 37619 | 40629 | 43502 | 46238 | 49111 |
| | | 1.00 | 13824 | 17135 | 20592 | 24048 | 27504 | 30384 | 33264 | 36431 | 39600 | 42768 | 45791 | 48671 | 51696 |
| | | 1.05 | 14515 | 17992 | 21621 | 25250 | 28879 | 31903 | 34927 | 38253 | 41579 | 44906 | 48081 | 51105 | 54280 |
| 93 | 1200×1250 | 0.55 | 7920 | 9817 | 11797 | 13777 | 15757 | 17407 | 19057 | 20872 | 22687 | 24502 | 26234 | 27884 | 29617 |
| | | 0.60 | 8640 | 10710 | 12870 | 15030 | 17190 | 18990 | 20790 | 22770 | 24750 | 26730 | 28620 | 30420 | 32310 |
| | | 0.65 | 9360 | 11602 | 13942 | 16282 | 18622 | 20572 | 22522 | 24667 | 26812 | 28957 | 31004 | 32954 | 35002 |
| | | 0.70 | 10080 | 12494 | 15014 | 17535 | 20055 | 22155 | 24254 | 26564 | 28874 | 31185 | 33389 | 35489 | 37695 |
| | | 0.75 | 10800 | 13387 | 16087 | 18787 | 21487 | 23737 | 25987 | 28462 | 30937 | 33412 | 35774 | 38024 | 40387 |
| | | 0.80 | 11520 | 14279 | 17160 | 20040 | 22920 | 25320 | 27720 | 30359 | 33000 | 35640 | 38159 | 40559 | 43080 |
| | | 0.85 | 12240 | 15172 | 18232 | 21292 | 24352 | 26902 | 29452 | 32257 | 35062 | 37867 | 40545 | 43095 | 45772 |
| | | 0.90 | 12960 | 16064 | 19304 | 22545 | 25784 | 28484 | 31184 | 34154 | 37124 | 40094 | 42929 | 45629 | 48465 |
| | | 0.95 | 13680 | 16957 | 20377 | 23797 | 27217 | 30067 | 32917 | 36052 | 39187 | 42322 | 45314 | 48164 | 51157 |
| | | 1.00 | 14400 | 17849 | 21450 | 25050 | 28650 | 31650 | 34650 | 37949 | 41250 | 44550 | 47699 | 50699 | 53850 |
| | | 1.05 | 15119 | 18742 | 22522 | 26302 | 30082 | 33232 | 36382 | 39847 | 43312 | 46777 | 50084 | 53234 | 56542 |
| 94 | 1200×1300 | 0.55 | 8236 | 10210 | 12269 | 14328 | 16387 | 18103 | 19819 | 21707 | 23595 | 25482 | 27284 | 29000 | 30802 |
| | | 0.60 | 8985 | 11138 | 13384 | 15631 | 17877 | 19749 | 21621 | 23680 | 25740 | 27799 | 29764 | 31636 | 33602 |
| | | 0.65 | 9734 | 12066 | 14500 | 16933 | 19367 | 21395 | 23423 | 25654 | 27884 | 30115 | 32245 | 34273 | 36402 |

续表

| 序号 | 柱截面 $b\times h$(mm) | 轴压比 | 当为下列混凝土强度等级时柱的轴压力设计值限值(kN) | | | | | | | | | | | | |
|---|---|---|---|---|---|---|---|---|---|---|---|---|---|---|---|
| | | | C20 | C25 | C30 | C35 | C40 | C45 | C50 | C55 | C60 | C65 | C70 | C75 | C80 |
| 94 | 1200×1300 | 0.70 | 10483 | 12994 | 15615 | 18236 | 20857 | 23041 | 25225 | 27627 | 30029 | 32432 | 34725 | 36909 | 39202 |
| | | 0.75 | 11232 | 13922 | 16731 | 19539 | 22347 | 24687 | 27027 | 29600 | 32175 | 34749 | 37205 | 39545 | 42003 |
| | | 0.80 | 11980 | 14851 | 17846 | 20841 | 23836 | 26332 | 28828 | 31574 | 34320 | 37065 | 39686 | 42182 | 44803 |
| | | 0.85 | 12729 | 15779 | 18961 | 22144 | 25326 | 27978 | 30630 | 33547 | 36465 | 39382 | 42166 | 44818 | 47603 |
| | | 0.90 | 13478 | 16707 | 20077 | 23446 | 26816 | 29624 | 32432 | 35521 | 38609 | 41698 | 44647 | 47455 | 50403 |
| | | 0.95 | 14227 | 17635 | 21192 | 24749 | 28306 | 31270 | 34234 | 37494 | 40754 | 44015 | 47127 | 50091 | 53203 |
| | | 1.00 | 14976 | 18563 | 22308 | 26052 | 29796 | 32916 | 36036 | 39467 | 42900 | 46332 | 49607 | 52727 | 56004 |
| | | 1.05 | 15724 | 19492 | 23423 | 27354 | 31285 | 34561 | 37837 | 41441 | 45044 | 48648 | 52088 | 55364 | 58804 |
| 95 | 1200×1350 | 0.55 | 8553 | 10602 | 12741 | 14879 | 17018 | 18800 | 20582 | 22542 | 24502 | 26462 | 28333 | 30115 | 31986 |
| | | 0.60 | 9331 | 11566 | 13899 | 16232 | 18565 | 20509 | 22453 | 24591 | 26730 | 28868 | 30909 | 32853 | 34894 |
| | | 0.65 | 10108 | 12530 | 15057 | 17585 | 20112 | 22218 | 24324 | 26640 | 28957 | 31274 | 33485 | 35591 | 37802 |
| | | 0.70 | 10886 | 13494 | 16216 | 18937 | 21659 | 23927 | 26195 | 28690 | 31184 | 33679 | 36061 | 38329 | 40710 |
| | | 0.75 | 11664 | 14458 | 17374 | 20290 | 23206 | 25636 | 28066 | 30739 | 33412 | 36085 | 38636 | 41066 | 43618 |
| | | 0.80 | 12441 | 15422 | 18532 | 21643 | 24753 | 27345 | 29937 | 32788 | 35640 | 38491 | 41212 | 43804 | 46526 |
| | | 0.85 | 13219 | 16386 | 19691 | 22995 | 26300 | 29054 | 31808 | 34838 | 37867 | 40896 | 43788 | 46542 | 49434 |
| | | 0.90 | 13996 | 17350 | 20849 | 24348 | 27847 | 30763 | 33679 | 36887 | 40094 | 43302 | 46364 | 49280 | 52342 |
| | | 0.95 | 14774 | 18314 | 22007 | 25701 | 29394 | 32472 | 35550 | 38936 | 42322 | 45708 | 48940 | 52018 | 55250 |
| | | 1.00 | 15552 | 19277 | 23166 | 27054 | 30942 | 34182 | 37422 | 40985 | 44550 | 48114 | 51515 | 54755 | 58158 |
| | | 1.05 | 16329 | 20241 | 24324 | 28406 | 32489 | 35891 | 39293 | 43035 | 46777 | 50519 | 54091 | 57493 | 61065 |
| 96 | 1200×1400 | 0.55 | 8870 | 10995 | 13213 | 15430 | 17648 | 19496 | 21344 | 23377 | 25410 | 27442 | 29383 | 31231 | 33171 |
| | | 0.60 | 9676 | 11995 | 14414 | 16833 | 19252 | 21268 | 23284 | 25502 | 27720 | 29937 | 32054 | 34070 | 36187 |
| | | 0.65 | 10483 | 12994 | 15615 | 18236 | 20857 | 23041 | 25225 | 27627 | 30029 | 32432 | 34725 | 36909 | 39202 |
| | | 0.70 | 11289 | 13994 | 16816 | 19639 | 22461 | 24813 | 27165 | 29752 | 32339 | 34927 | 37396 | 39748 | 42218 |
| | | 0.75 | 12096 | 14993 | 18018 | 21042 | 24066 | 26586 | 29106 | 31877 | 34650 | 37422 | 40067 | 42587 | 45234 |
| | | 0.80 | 12902 | 15993 | 19219 | 22444 | 25670 | 28358 | 31046 | 34003 | 36960 | 39916 | 42739 | 45427 | 48249 |
| | | 0.85 | 13708 | 16993 | 20420 | 23847 | 27274 | 30130 | 32986 | 36128 | 39270 | 42411 | 45410 | 48266 | 51265 |
| | | 0.90 | 14515 | 17992 | 21621 | 25250 | 28879 | 31903 | 34927 | 38253 | 41579 | 44906 | 48081 | 51105 | 54280 |
| | | 0.95 | 15321 | 18992 | 22822 | 26653 | 30483 | 33675 | 36867 | 40378 | 43889 | 47401 | 50752 | 53944 | 57296 |
| | | 1.00 | 16128 | 19991 | 24024 | 28056 | 32088 | 35448 | 38808 | 42503 | 46200 | 49896 | 53423 | 56783 | 60312 |
| | | 1.05 | 16934 | 20991 | 25225 | 29458 | 33692 | 37220 | 40748 | 44629 | 48509 | 52390 | 56095 | 59623 | 63327 |
| 97 | 1250×1250 | 0.55 | 8250 | 10226 | 12289 | 14351 | 16414 | 18132 | 19851 | 21742 | 23632 | 25523 | 27328 | 29046 | 30851 |
| | | 0.60 | 9000 | 11156 | 13406 | 15656 | 17906 | 19781 | 21656 | 23718 | 25781 | 27843 | 29812 | 31687 | 33656 |
| | | 0.65 | 9750 | 12085 | 14523 | 16960 | 19398 | 21429 | 23460 | 25695 | 27929 | 30164 | 32296 | 34328 | 36460 |
| | | 0.70 | 10500 | 13015 | 15640 | 18265 | 20890 | 23078 | 25265 | 27671 | 30078 | 32484 | 34781 | 36968 | 39265 |
| | | 0.75 | 11250 | 13945 | 16757 | 19570 | 22382 | 24726 | 27070 | 29648 | 32226 | 34804 | 37265 | 39609 | 42070 |
| | | 0.80 | 12000 | 14874 | 17875 | 20875 | 23875 | 26375 | 28875 | 31624 | 34375 | 37125 | 39749 | 42249 | 44875 |
| | | 0.85 | 12750 | 15804 | 18992 | 22179 | 25367 | 28023 | 30679 | 33601 | 36523 | 39445 | 42234 | 44890 | 47679 |
| | | 0.90 | 13500 | 16734 | 20109 | 23484 | 26859 | 29671 | 32484 | 35578 | 38671 | 41765 | 44718 | 47531 | 50484 |
| | | 0.95 | 14250 | 17664 | 21226 | 24789 | 28351 | 31320 | 34289 | 37554 | 40820 | 44085 | 47203 | 50171 | 53289 |
| | | 1.00 | 15000 | 18593 | 22343 | 26093 | 29843 | 32968 | 36093 | 39531 | 42968 | 46406 | 49687 | 52812 | 56093 |
| | | 1.05 | 15749 | 19523 | 23460 | 27398 | 31335 | 34617 | 37898 | 41507 | 45117 | 48726 | 52171 | 55453 | 58898 |
| 98 | 1250×1300 | 0.55 | 8580 | 10635 | 12780 | 14925 | 17070 | 18858 | 20645 | 22611 | 24578 | 26544 | 28421 | 30208 | 32085 |
| | | 0.60 | 9360 | 11602 | 13942 | 16282 | 18622 | 20572 | 22522 | 24667 | 26812 | 28957 | 31005 | 32955 | 35002 |
| | | 0.65 | 10140 | 12569 | 15104 | 17639 | 20174 | 22286 | 24399 | 26723 | 29046 | 31370 | 33588 | 35701 | 37919 |
| | | 0.70 | 10920 | 13536 | 16266 | 18996 | 21726 | 24001 | 26276 | 28778 | 31281 | 33783 | 36172 | 38447 | 40836 |
| | | 0.75 | 11700 | 14503 | 17428 | 20353 | 23278 | 25715 | 28153 | 30834 | 33515 | 36196 | 38756 | 41193 | 43753 |
| | | 0.80 | 12480 | 15469 | 18590 | 21710 | 24830 | 27430 | 30030 | 32889 | 35750 | 38610 | 41339 | 43939 | 46670 |

续表

| 序号 | 柱截面 $b \times h$(mm) | 轴压比 | 当为下列混凝土强度等级时柱的轴压力设计值限值(kN) | | | | | | | | | | | | |
|---|---|---|---|---|---|---|---|---|---|---|---|---|---|---|---|
| | | | C20 | C25 | C30 | C35 | C40 | C45 | C50 | C55 | C60 | C65 | C70 | C75 | C80 |
| 98 | 1250 × 1300 | 0.85 | 13260 | 16436 | 19751 | 23066 | 26381 | 29144 | 31906 | 34945 | 37984 | 41023 | 43923 | 46686 | 49586 |
| | | 0.90 | 14040 | 17403 | 20913 | 24423 | 27933 | 30858 | 33783 | 37001 | 40218 | 43436 | 46507 | 49432 | 52503 |
| | | 0.95 | 14820 | 18370 | 22075 | 25780 | 29485 | 32573 | 35660 | 39056 | 42453 | 45849 | 49091 | 52178 | 55420 |
| | | 1.00 | 15600 | 19337 | 23237 | 27137 | 31037 | 34287 | 37537 | 41112 | 44687 | 48262 | 51674 | 54924 | 58337 |
| | | 1.05 | 16379 | 20304 | 24399 | 28494 | 32589 | 36001 | 39414 | 43168 | 46921 | 50675 | 54258 | 57671 | 61254 |
| 99 | 1250 × 1350 | 0.55 | 8910 | 11044 | 13272 | 15499 | 17727 | 19583 | 21439 | 23481 | 25523 | 27565 | 29514 | 31370 | 33319 |
| | | 0.60 | 9720 | 12048 | 14478 | 16908 | 19338 | 21363 | 23388 | 25616 | 27843 | 30071 | 32197 | 34222 | 36348 |
| | | 0.65 | 10530 | 13052 | 15685 | 18317 | 20950 | 23144 | 25337 | 27750 | 30164 | 32577 | 34880 | 37074 | 39377 |
| | | 0.70 | 11340 | 14056 | 16891 | 19726 | 22561 | 24924 | 27286 | 29885 | 32484 | 35083 | 37563 | 39926 | 42406 |
| | | 0.75 | 12150 | 15060 | 18098 | 21135 | 24173 | 26704 | 29235 | 32020 | 34804 | 37589 | 40246 | 42778 | 45435 |
| | | 0.80 | 12960 | 16064 | 19305 | 22545 | 25785 | 28485 | 31185 | 34154 | 37125 | 40095 | 42929 | 45629 | 48465 |
| | | 0.85 | 13770 | 17069 | 20511 | 23954 | 27396 | 30265 | 33134 | 36289 | 39445 | 42600 | 45613 | 48481 | 51494 |
| | | 0.90 | 14580 | 18073 | 21718 | 25363 | 29008 | 32045 | 35083 | 38424 | 41765 | 45106 | 48296 | 51333 | 54523 |
| | | 0.95 | 15390 | 19077 | 22924 | 26772 | 30619 | 33825 | 37032 | 40559 | 44085 | 47612 | 50979 | 54185 | 57552 |
| | | 1.00 | 16200 | 20081 | 24131 | 28181 | 32231 | 35606 | 38981 | 42693 | 46406 | 50118 | 53662 | 57037 | 60581 |
| | | 1.05 | 17009 | 21085 | 25337 | 29590 | 33842 | 37386 | 40930 | 44828 | 48726 | 52624 | 56345 | 59889 | 63610 |
| 100 | 1250 × 1400 | 0.55 | 9240 | 11453 | 13763 | 16073 | 18383 | 20308 | 22233 | 24351 | 26468 | 28586 | 30607 | 32532 | 34553 |
| | | 0.60 | 10080 | 12495 | 15015 | 17535 | 20055 | 22155 | 24255 | 26565 | 28875 | 31185 | 33390 | 35490 | 37695 |
| | | 0.65 | 10920 | 13536 | 16266 | 18996 | 21726 | 24001 | 26276 | 28778 | 31281 | 33783 | 36172 | 38447 | 40836 |
| | | 0.70 | 11760 | 14577 | 17517 | 20457 | 23397 | 25847 | 28297 | 30992 | 33687 | 36382 | 38954 | 41404 | 43977 |
| | | 0.75 | 12600 | 15618 | 18768 | 21918 | 25068 | 27693 | 30318 | 33206 | 36093 | 38981 | 41737 | 44362 | 47118 |
| | | 0.80 | 13440 | 16659 | 20020 | 23380 | 26740 | 29540 | 32340 | 35419 | 38500 | 41580 | 44519 | 47319 | 50260 |
| | | 0.85 | 14280 | 17701 | 21271 | 24841 | 28411 | 31386 | 34361 | 37633 | 40906 | 44178 | 47302 | 50277 | 53401 |
| | | 0.90 | 15120 | 18742 | 22522 | 26302 | 30082 | 33232 | 36382 | 39847 | 43312 | 46777 | 50084 | 53234 | 56542 |
| | | 0.95 | 15960 | 19783 | 23773 | 27763 | 31753 | 35078 | 38403 | 42061 | 45718 | 49376 | 52867 | 56192 | 59683 |
| | | 1.00 | 16800 | 20824 | 25025 | 29225 | 33425 | 36925 | 40425 | 44274 | 48125 | 51975 | 55649 | 59149 | 62825 |
| | | 1.05 | 17639 | 21866 | 26276 | 30686 | 35096 | 38771 | 42446 | 46488 | 50531 | 54573 | 58432 | 62107 | 65966 |
| 101 | 1250 × 1450 | 0.55 | 9570 | 11862 | 14255 | 16647 | 19040 | 21034 | 23027 | 25220 | 27414 | 29607 | 31700 | 33694 | 35787 |
| | | 0.60 | 10440 | 12941 | 15551 | 18161 | 20771 | 22946 | 25121 | 27513 | 29906 | 32298 | 34582 | 36757 | 39041 |
| | | 0.65 | 11310 | 14019 | 16847 | 19674 | 22502 | 24858 | 27214 | 29806 | 32398 | 34990 | 37464 | 39820 | 42294 |
| | | 0.70 | 12180 | 15098 | 18143 | 21188 | 24233 | 26770 | 29308 | 32099 | 34890 | 37681 | 40346 | 42883 | 45548 |
| | | 0.75 | 13050 | 16176 | 19439 | 22701 | 25964 | 28682 | 31401 | 34392 | 37382 | 40373 | 43228 | 45946 | 48801 |
| | | 0.80 | 13920 | 17254 | 20735 | 24215 | 27695 | 30595 | 33495 | 36684 | 39875 | 43065 | 46109 | 49009 | 52055 |
| | | 0.85 | 14790 | 18333 | 22030 | 25728 | 29425 | 32507 | 35588 | 38977 | 42367 | 45756 | 48991 | 52073 | 55308 |
| | | 0.90 | 15660 | 19411 | 23326 | 27241 | 31156 | 34419 | 37681 | 41270 | 44859 | 48448 | 51873 | 55136 | 58561 |
| | | 0.95 | 16530 | 20490 | 24622 | 28755 | 32887 | 36331 | 39775 | 43563 | 47351 | 51139 | 54755 | 58199 | 61815 |
| | | 1.00 | 17400 | 21568 | 25918 | 30268 | 34618 | 38243 | 41868 | 45856 | 49843 | 53831 | 57637 | 61262 | 65068 |
| | | 1.05 | 18269 | 22647 | 27214 | 31782 | 36349 | 40155 | 43962 | 48149 | 52335 | 56522 | 60519 | 64325 | 68322 |
| 102 | 1250 × 1500 | 0.55 | 9900 | 12271 | 14746 | 17221 | 19696 | 21759 | 23821 | 26090 | 28359 | 30628 | 32793 | 34856 | 37021 |
| | | 0.60 | 10800 | 13387 | 16087 | 18787 | 21487 | 23737 | 25987 | 28462 | 30937 | 33412 | 35775 | 38025 | 40387 |
| | | 0.65 | 11700 | 14503 | 17428 | 20353 | 23278 | 25715 | 28153 | 30834 | 33515 | 36196 | 38756 | 41193 | 43753 |
| | | 0.70 | 12600 | 15618 | 18768 | 21918 | 25068 | 27693 | 30318 | 33206 | 36093 | 38981 | 41737 | 44362 | 47118 |
| | | 0.75 | 13500 | 16734 | 20109 | 23484 | 26859 | 29671 | 32484 | 35578 | 38671 | 41765 | 44718 | 47531 | 50484 |
| | | 0.80 | 14400 | 17849 | 21450 | 25050 | 28650 | 31650 | 34650 | 37949 | 41250 | 44550 | 47699 | 50699 | 53850 |
| | | 0.85 | 15300 | 18965 | 22790 | 26615 | 30440 | 33628 | 36815 | 40321 | 43828 | 47334 | 50681 | 53868 | 57215 |
| | | 0.90 | 16200 | 20081 | 24131 | 28181 | 32231 | 35606 | 38981 | 42693 | 46406 | 50118 | 53662 | 57037 | 60581 |
| | | 0.95 | 17100 | 21196 | 25471 | 29746 | 34021 | 37584 | 41146 | 45065 | 48984 | 52903 | 56643 | 60206 | 63946 |

续表

| 序号 | 柱截面 $b \times h$(mm) | 轴压比 | 当为下列混凝土强度等级时柱的轴压力设计值限值(kN) | | | | | | | | | | | | |
|---|---|---|---|---|---|---|---|---|---|---|---|---|---|---|---|
| | | | C20 | C25 | C30 | C35 | C40 | C45 | C50 | C55 | C60 | C65 | C70 | C75 | C80 |
| 102 | 1250 × 1500 | 1.00 | 18000 | 22312 | 26812 | 31312 | 35812 | 39562 | 43312 | 47437 | 51562 | 55687 | 59624 | 63374 | 67312 |
| | | 1.05 | 18899 | 23428 | 28153 | 32878 | 37603 | 41540 | 45478 | 49809 | 54140 | 58471 | 62606 | 66543 | 70678 |
| 103 | 1300 × 1300 | 0.55 | 8923 | 11061 | 13291 | 15522 | 17753 | 19612 | 21471 | 23516 | 25561 | 27606 | 29558 | 31417 | 33369 |
| | | 0.60 | 9734 | 12066 | 14500 | 16933 | 19367 | 21395 | 23423 | 25654 | 27885 | 30115 | 32245 | 34273 | 36402 |
| | | 0.65 | 10545 | 13072 | 15708 | 18344 | 20981 | 23178 | 25375 | 27792 | 30208 | 32625 | 34932 | 37129 | 39436 |
| | | 0.70 | 11356 | 14077 | 16916 | 19756 | 22595 | 24961 | 27327 | 29929 | 32532 | 35135 | 37619 | 39985 | 42469 |
| | | 0.75 | 12168 | 15083 | 18125 | 21167 | 24209 | 26744 | 29279 | 32067 | 34856 | 37644 | 40306 | 42841 | 45503 |
| | | 0.80 | 12979 | 16088 | 19333 | 22578 | 25823 | 28527 | 31231 | 34205 | 37180 | 40154 | 42993 | 45697 | 48536 |
| | | 0.85 | 13790 | 17094 | 20541 | 23989 | 27437 | 30310 | 33183 | 36343 | 39503 | 42664 | 45680 | 48553 | 51570 |
| | | 0.90 | 14601 | 18099 | 21750 | 25400 | 29051 | 32093 | 35135 | 38481 | 41827 | 45173 | 48367 | 51409 | 54603 |
| | | 0.95 | 15412 | 19105 | 22958 | 26811 | 30665 | 33876 | 37087 | 40619 | 44151 | 47683 | 51054 | 54265 | 57637 |
| | | 1.00 | 16224 | 20110 | 24167 | 28223 | 32279 | 35659 | 39039 | 42756 | 46475 | 50193 | 53741 | 57121 | 60671 |
| | | 1.05 | 17035 | 21116 | 25375 | 29634 | 33892 | 37441 | 40990 | 44894 | 48798 | 52702 | 56429 | 59978 | 63704 |
| 104 | 1300 × 1350 | 0.55 | 9266 | 11486 | 13803 | 16119 | 18436 | 20366 | 22297 | 24420 | 26544 | 28667 | 30694 | 32625 | 34652 |
| | | 0.60 | 10108 | 12530 | 15057 | 17585 | 20112 | 22218 | 24324 | 26640 | 28957 | 31274 | 33485 | 35591 | 37802 |
| | | 0.65 | 10951 | 13574 | 16312 | 19050 | 21788 | 24069 | 26351 | 28860 | 31370 | 33880 | 36275 | 38557 | 40952 |
| | | 0.70 | 11793 | 14619 | 17567 | 20515 | 23464 | 25921 | 28378 | 31081 | 33783 | 36486 | 39066 | 41523 | 44103 |
| | | 0.75 | 12636 | 15663 | 18822 | 21981 | 25140 | 27772 | 30405 | 33301 | 36196 | 39092 | 41856 | 44489 | 47253 |
| | | 0.80 | 13478 | 16707 | 20077 | 23446 | 26816 | 29624 | 32432 | 35521 | 38610 | 41698 | 44647 | 47455 | 50403 |
| | | 0.85 | 14320 | 17751 | 21332 | 24912 | 28492 | 31475 | 34459 | 37741 | 41023 | 44304 | 47437 | 50421 | 53553 |
| | | 0.90 | 15163 | 18796 | 22586 | 26377 | 30168 | 33327 | 36486 | 39961 | 43436 | 46911 | 50228 | 53387 | 56704 |
| | | 0.95 | 16005 | 19840 | 23841 | 27843 | 31844 | 35178 | 38513 | 42181 | 45849 | 49517 | 53018 | 56353 | 59854 |
| | | 1.00 | 16848 | 20884 | 25096 | 29308 | 33520 | 37030 | 40540 | 44401 | 48262 | 52123 | 55808 | 59318 | 63004 |
| | | 1.05 | 17690 | 21928 | 26351 | 30773 | 35196 | 38882 | 42567 | 46621 | 50675 | 54729 | 58599 | 62284 | 66154 |
| 105 | 1300 × 1400 | 0.55 | 9609 | 11911 | 14314 | 16716 | 19119 | 21121 | 23123 | 25325 | 27527 | 29729 | 31831 | 33833 | 35935 |
| | | 0.60 | 10483 | 12994 | 15615 | 18236 | 20857 | 23041 | 25225 | 27627 | 30030 | 32432 | 34725 | 36909 | 39202 |
| | | 0.65 | 11356 | 14077 | 16916 | 19756 | 22595 | 24961 | 27327 | 29929 | 32532 | 35135 | 37619 | 39985 | 42469 |
| | | 0.70 | 12230 | 15160 | 18218 | 21275 | 24333 | 26881 | 29429 | 32232 | 35034 | 37837 | 40513 | 43061 | 45736 |
| | | 0.75 | 13104 | 16243 | 19519 | 22795 | 26071 | 28801 | 31531 | 34534 | 37537 | 40540 | 43406 | 46136 | 49003 |
| | | 0.80 | 13977 | 17326 | 20820 | 24315 | 27809 | 30721 | 33633 | 36836 | 40040 | 43243 | 46300 | 49212 | 52270 |
| | | 0.85 | 14851 | 18409 | 22122 | 25834 | 29547 | 32641 | 35735 | 39139 | 42542 | 45945 | 49194 | 52288 | 55537 |
| | | 0.90 | 15724 | 19492 | 23423 | 27354 | 31285 | 34561 | 37837 | 41441 | 45044 | 48648 | 52088 | 55364 | 58804 |
| | | 0.95 | 16598 | 20575 | 24724 | 28874 | 33023 | 36481 | 39939 | 43743 | 47547 | 51351 | 54982 | 58440 | 62071 |
| | | 1.00 | 17472 | 21657 | 26026 | 30394 | 34762 | 38402 | 42042 | 46045 | 50050 | 54054 | 57875 | 61515 | 65338 |
| | | 1.05 | 18345 | 22740 | 27327 | 31913 | 36500 | 40322 | 44144 | 48348 | 52552 | 56756 | 60769 | 64591 | 68604 |
| 106 | 1300 × 1450 | 0.55 | 9952 | 12337 | 14825 | 17313 | 19801 | 21875 | 23948 | 26229 | 28510 | 30791 | 32968 | 35042 | 37219 |
| | | 0.60 | 10857 | 13458 | 16173 | 18887 | 21602 | 23864 | 26126 | 28614 | 31102 | 33590 | 35965 | 38227 | 40602 |
| | | 0.65 | 11762 | 14580 | 17521 | 20461 | 23402 | 25852 | 28303 | 30998 | 33694 | 36389 | 38962 | 41413 | 43986 |
| | | 0.70 | 12667 | 15702 | 18868 | 22035 | 25202 | 27841 | 30480 | 33383 | 36286 | 39189 | 41960 | 44599 | 47370 |
| | | 0.75 | 13572 | 16823 | 20216 | 23609 | 27002 | 29830 | 32657 | 35767 | 38878 | 41988 | 44957 | 47784 | 50753 |
| | | 0.80 | 14476 | 17945 | 21564 | 25183 | 28802 | 31818 | 34834 | 38152 | 41470 | 44787 | 47954 | 50970 | 54137 |
| | | 0.85 | 15381 | 19066 | 22912 | 26757 | 30602 | 33807 | 37011 | 40536 | 44061 | 47586 | 50951 | 54156 | 57520 |
| | | 0.90 | 16286 | 20188 | 24259 | 28331 | 32403 | 35796 | 39189 | 42921 | 46653 | 50386 | 53948 | 57341 | 60904 |
| | | 0.95 | 17191 | 21309 | 25607 | 29905 | 34203 | 37784 | 41366 | 45305 | 49245 | 53185 | 56945 | 60527 | 64287 |
| | | 1.00 | 18096 | 22431 | 26955 | 31479 | 36003 | 39773 | 43543 | 47690 | 51837 | 55984 | 59942 | 63712 | 67671 |
| | | 1.05 | 19000 | 23553 | 28303 | 33053 | 37803 | 41762 | 45720 | 50075 | 54429 | 58783 | 62940 | 66898 | 71055 |
| 107 | 1300 × 1500 | 0.55 | 10296 | 12762 | 15336 | 17910 | 20484 | 22629 | 24774 | 27134 | 29493 | 31853 | 34105 | 36250 | 38502 |

续表

| 序号 | 柱截面 $b \times h$(mm) | 轴压比 | 当为下列混凝土强度等级时柱的轴压力设计值限值(kN) | | | | | | | | | | | | |
|---|---|---|---|---|---|---|---|---|---|---|---|---|---|---|---|
| | | | C20 | C25 | C30 | C35 | C40 | C45 | C50 | C55 | C60 | C65 | C70 | C75 | C80 |
| 107 | 1300×1500 | 0.60 | 11232 | 13923 | 16731 | 19539 | 22347 | 24687 | 27027 | 29601 | 32175 | 34749 | 37206 | 39546 | 42003 |
| | | 0.65 | 12168 | 15083 | 18125 | 21167 | 24209 | 26744 | 29279 | 32067 | 34856 | 37644 | 40306 | 42841 | 45503 |
| | | 0.70 | 13104 | 16243 | 19519 | 22795 | 26071 | 28801 | 31531 | 34534 | 37537 | 40540 | 43406 | 46136 | 49003 |
| | | 0.75 | 14040 | 17403 | 20913 | 24423 | 27933 | 30858 | 33783 | 37001 | 40218 | 43436 | 46507 | 49432 | 52503 |
| | | 0.80 | 14976 | 18563 | 22308 | 26052 | 29796 | 32916 | 36036 | 39467 | 42900 | 46332 | 49607 | 52727 | 56004 |
| | | 0.85 | 15912 | 19724 | 23702 | 27680 | 31658 | 34973 | 38288 | 41934 | 45581 | 49227 | 52708 | 56023 | 59504 |
| | | 0.90 | 16848 | 20884 | 25096 | 29308 | 33520 | 37030 | 40540 | 44401 | 48262 | 52123 | 55808 | 59318 | 63004 |
| | | 0.95 | 17784 | 22044 | 26490 | 30936 | 35382 | 39087 | 42792 | 46868 | 50943 | 55019 | 58909 | 62614 | 66504 |
| | | 1.00 | 18720 | 23204 | 27885 | 32565 | 37245 | 41145 | 45045 | 49334 | 53625 | 57915 | 62009 | 65909 | 70005 |
| | | 1.05 | 19655 | 24365 | 29279 | 34193 | 39107 | 43202 | 47297 | 51801 | 56306 | 60810 | 65110 | 69205 | 73505 |
| 108 | 1300×1550 | 0.55 | 10639 | 13188 | 15847 | 18507 | 21167 | 23384 | 25600 | 28038 | 30476 | 32915 | 35242 | 37458 | 39786 |
| | | 0.60 | 11606 | 14387 | 17288 | 20190 | 23091 | 25509 | 27927 | 30587 | 33247 | 35907 | 38446 | 40864 | 43403 |
| | | 0.65 | 12573 | 15586 | 18729 | 21872 | 25016 | 27635 | 30255 | 33136 | 36018 | 38899 | 41650 | 44269 | 47020 |
| | | 0.70 | 13540 | 16784 | 20170 | 23555 | 26940 | 29761 | 32582 | 35685 | 38788 | 41891 | 44853 | 47674 | 50636 |
| | | 0.75 | 14508 | 17983 | 21610 | 25237 | 28864 | 31887 | 34909 | 38234 | 41559 | 44884 | 48057 | 51080 | 54253 |
| | | 0.80 | 15475 | 19182 | 23051 | 26920 | 30789 | 34013 | 37237 | 40783 | 44330 | 47876 | 51261 | 54485 | 57870 |
| | | 0.85 | 16442 | 20381 | 24492 | 28602 | 32713 | 36139 | 39564 | 43332 | 47100 | 50868 | 54465 | 57890 | 61487 |
| | | 0.90 | 17409 | 21580 | 25933 | 30285 | 34637 | 38264 | 41891 | 45881 | 49871 | 53860 | 57669 | 61296 | 65104 |
| | | 0.95 | 18376 | 22779 | 27373 | 31967 | 36562 | 40390 | 44219 | 48430 | 52641 | 56853 | 60873 | 64701 | 68721 |
| | | 1.00 | 19344 | 23978 | 28814 | 33650 | 38486 | 42516 | 46546 | 50979 | 55412 | 59845 | 64076 | 68106 | 72338 |
| | | 1.05 | 20311 | 25177 | 30255 | 35333 | 40410 | 44642 | 48873 | 53528 | 58183 | 62837 | 67280 | 71512 | 75955 |
| 109 | 1300×1600 | 0.55 | 10982 | 13613 | 16359 | 19104 | 21850 | 24138 | 26426 | 28943 | 31460 | 33976 | 36379 | 38667 | 41069 |
| | | 0.60 | 11980 | 14851 | 17846 | 20841 | 23836 | 26332 | 28828 | 31574 | 34320 | 37065 | 39686 | 42182 | 44803 |
| | | 0.65 | 12979 | 16088 | 19333 | 22578 | 25823 | 28527 | 31231 | 34205 | 37179 | 40154 | 42993 | 45697 | 48536 |
| | | 0.70 | 13977 | 17326 | 20820 | 24315 | 27809 | 30721 | 33633 | 36836 | 40039 | 43243 | 46300 | 49212 | 52270 |
| | | 0.75 | 14976 | 18563 | 22308 | 26052 | 29796 | 32916 | 36036 | 39467 | 42900 | 46332 | 49607 | 52727 | 56004 |
| | | 0.80 | 15974 | 19801 | 23795 | 27788 | 31782 | 35110 | 38438 | 42099 | 45760 | 49420 | 52915 | 56243 | 59737 |
| | | 0.85 | 16972 | 21039 | 25282 | 29525 | 33768 | 37304 | 40840 | 44730 | 48620 | 52509 | 56222 | 59758 | 63471 |
| | | 0.90 | 17971 | 22276 | 26769 | 31262 | 35755 | 39499 | 43243 | 47361 | 51479 | 55598 | 59529 | 63273 | 67204 |
| | | 0.95 | 18969 | 23514 | 28256 | 32999 | 37741 | 41693 | 45645 | 49992 | 54339 | 58687 | 62836 | 66788 | 70938 |
| | | 1.00 | 19968 | 24751 | 29744 | 34736 | 39728 | 43888 | 48048 | 52623 | 57200 | 61776 | 66143 | 70303 | 74672 |
| | | 1.05 | 20966 | 25989 | 31231 | 36472 | 41714 | 46082 | 50450 | 55255 | 60059 | 64864 | 69451 | 73819 | 78405 |
| 110 | 1350×1350 | 0.55 | 9622 | 11928 | 14333 | 16739 | 19145 | 21150 | 23154 | 25360 | 27565 | 29770 | 31875 | 33880 | 35985 |
| | | 0.60 | 10497 | 13012 | 15637 | 18261 | 20885 | 23072 | 25259 | 27665 | 30071 | 32476 | 34773 | 36960 | 39256 |
| | | 0.65 | 11372 | 14097 | 16940 | 19783 | 22626 | 24995 | 27364 | 29971 | 32577 | 35183 | 37671 | 40040 | 42528 |
| | | 0.70 | 12247 | 15181 | 18243 | 21305 | 24366 | 26918 | 29469 | 32276 | 35083 | 37889 | 40568 | 43120 | 45799 |
| | | 0.75 | 13122 | 16265 | 19546 | 22826 | 26107 | 28841 | 31574 | 34581 | 37589 | 40596 | 43466 | 46200 | 49070 |
| | | 0.80 | 13996 | 17350 | 20849 | 24348 | 27847 | 30763 | 33679 | 36887 | 40095 | 43302 | 46364 | 49280 | 52342 |
| | | 0.85 | 14871 | 18434 | 22152 | 25870 | 29588 | 32686 | 35784 | 39192 | 42600 | 46009 | 49262 | 52360 | 55613 |
| | | 0.90 | 15746 | 19518 | 23455 | 27392 | 31328 | 34609 | 37889 | 41498 | 45106 | 48715 | 52159 | 55440 | 58884 |
| | | 0.95 | 16621 | 20603 | 24758 | 28913 | 33069 | 36532 | 39994 | 43803 | 47612 | 51421 | 55057 | 58520 | 62156 |
| | | 1.00 | 17496 | 21687 | 26061 | 30435 | 34809 | 38454 | 42099 | 46109 | 50118 | 54128 | 57955 | 61600 | 65427 |
| | | 1.05 | 18370 | 22772 | 27364 | 31957 | 36550 | 40377 | 44204 | 48414 | 52624 | 56834 | 60853 | 64680 | 68699 |
| 111 | 1350×1400 | 0.55 | 9979 | 12370 | 14864 | 17359 | 19854 | 21933 | 24012 | 26299 | 28586 | 30873 | 33056 | 35135 | 37318 |
| | | 0.60 | 10886 | 13494 | 16216 | 18937 | 21659 | 23927 | 26195 | 28690 | 31185 | 33679 | 36061 | 38329 | 40710 |
| | | 0.65 | 11793 | 14619 | 17567 | 20515 | 23464 | 25921 | 28378 | 31081 | 33783 | 36486 | 39066 | 41523 | 44103 |
| | | 0.70 | 12700 | 15743 | 18918 | 22094 | 25269 | 27915 | 30561 | 33471 | 36382 | 39293 | 42071 | 44717 | 47495 |

续表

| 序号 | 柱截面 $b \times h$(mm) | 轴压比 | 当为下列混凝土强度等级时柱的轴压力设计值限值(kN) | | | | | | | | | | | | |
|---|---|---|---|---|---|---|---|---|---|---|---|---|---|---|---|
| | | | C20 | C25 | C30 | C35 | C40 | C45 | C50 | C55 | C60 | C65 | C70 | C75 | C80 |
| 111 | 1350×1400 | 0.75 | 13608 | 16868 | 20270 | 23672 | 27074 | 29909 | 32744 | 35862 | 38981 | 42099 | 45076 | 47911 | 50888 |
| | | 0.80 | 14515 | 17992 | 21621 | 25250 | 28879 | 31903 | 34927 | 38253 | 41580 | 44906 | 48081 | 51105 | 54280 |
| | | 0.85 | 15422 | 19117 | 22972 | 26828 | 30684 | 33897 | 37110 | 40644 | 44178 | 47713 | 51086 | 54299 | 57673 |
| | | 0.90 | 16329 | 20241 | 24324 | 28406 | 32489 | 35891 | 39293 | 43035 | 46777 | 50519 | 54091 | 57493 | 61065 |
| | | 0.95 | 17236 | 21366 | 25675 | 29984 | 34294 | 37885 | 41476 | 45426 | 49376 | 53326 | 57096 | 60687 | 64458 |
| | | 1.00 | 18144 | 22490 | 27027 | 31563 | 36099 | 39879 | 43659 | 47816 | 51975 | 56133 | 60101 | 63881 | 67851 |
| | | 1.05 | 19051 | 23615 | 28378 | 33141 | 37903 | 41872 | 45841 | 50207 | 54573 | 58939 | 63107 | 67076 | 71243 |
| 112 | 1350×1450 | 0.55 | 10335 | 12811 | 15395 | 17979 | 20563 | 22716 | 24870 | 27238 | 29607 | 31975 | 34236 | 36389 | 38650 |
| | | 0.60 | 11275 | 13976 | 16795 | 19614 | 22432 | 24781 | 27130 | 29714 | 32298 | 34882 | 37349 | 39698 | 42164 |
| | | 0.65 | 12214 | 15141 | 18194 | 21248 | 24302 | 26847 | 29391 | 32191 | 34990 | 37789 | 40461 | 43006 | 45678 |
| | | 0.70 | 13154 | 16305 | 19594 | 22883 | 26171 | 28912 | 31652 | 34667 | 37681 | 40696 | 43573 | 46314 | 49191 |
| | | 0.75 | 14094 | 17470 | 20994 | 24517 | 28041 | 30977 | 33913 | 37143 | 40373 | 43603 | 46686 | 49622 | 52705 |
| | | 0.80 | 15033 | 18635 | 22393 | 26152 | 29910 | 33042 | 36174 | 39619 | 43065 | 46510 | 49798 | 52930 | 56219 |
| | | 0.85 | 15973 | 19800 | 23793 | 27786 | 31780 | 35107 | 38435 | 42096 | 45756 | 49417 | 52911 | 56238 | 59733 |
| | | 0.90 | 16912 | 20964 | 25193 | 29421 | 33649 | 37172 | 40696 | 44572 | 48448 | 52323 | 56023 | 59547 | 63246 |
| | | 0.95 | 17852 | 22129 | 26592 | 31055 | 35518 | 39238 | 42957 | 47048 | 51139 | 55230 | 59136 | 62855 | 66760 |
| | | 1.00 | 18792 | 23294 | 27992 | 32690 | 37388 | 41303 | 45218 | 49524 | 53831 | 58137 | 62248 | 66163 | 70274 |
| | | 1.05 | 19731 | 24458 | 29391 | 34324 | 39257 | 43368 | 47479 | 52000 | 56522 | 61044 | 65360 | 69471 | 73787 |
| 113 | 1350×1500 | 0.55 | 10692 | 13253 | 15926 | 18599 | 21272 | 23500 | 25727 | 28177 | 30628 | 33078 | 35417 | 37644 | 39983 |
| | | 0.60 | 11664 | 14458 | 17374 | 20290 | 23206 | 25636 | 28066 | 30739 | 33412 | 36085 | 38637 | 41067 | 43618 |
| | | 0.65 | 12636 | 15663 | 18822 | 21981 | 25140 | 27772 | 30405 | 33301 | 36196 | 39092 | 41856 | 44489 | 47253 |
| | | 0.70 | 13608 | 16868 | 20270 | 23672 | 27074 | 29909 | 32744 | 35862 | 38981 | 42099 | 45076 | 47911 | 50888 |
| | | 0.75 | 14580 | 18073 | 21718 | 25363 | 29008 | 32045 | 35083 | 38424 | 41765 | 45106 | 48296 | 51333 | 54523 |
| | | 0.80 | 15552 | 19277 | 23166 | 27054 | 30942 | 34182 | 37422 | 40985 | 44550 | 48114 | 51515 | 54755 | 58158 |
| | | 0.85 | 16524 | 20482 | 24613 | 28744 | 32875 | 36318 | 39760 | 43547 | 47334 | 51121 | 54735 | 58178 | 61792 |
| | | 0.90 | 17496 | 21687 | 26061 | 30435 | 34809 | 38454 | 42099 | 46109 | 50118 | 54128 | 57955 | 61600 | 65427 |
| | | 0.95 | 18468 | 22892 | 27509 | 32126 | 36743 | 40591 | 44438 | 48670 | 52903 | 57135 | 61175 | 65022 | 69062 |
| | | 1.00 | 19440 | 24097 | 28957 | 33817 | 38677 | 42727 | 46777 | 51232 | 55687 | 60142 | 64394 | 68444 | 72697 |
| | | 1.05 | 20411 | 25302 | 30405 | 35508 | 40611 | 44863 | 49116 | 53794 | 58471 | 63149 | 67614 | 71867 | 76332 |
| 114 | 1350×1550 | 0.55 | 11048 | 13695 | 16457 | 19219 | 21981 | 24283 | 26585 | 29117 | 31649 | 34180 | 36597 | 38899 | 41316 |
| | | 0.60 | 12052 | 14940 | 17953 | 20966 | 23980 | 26491 | 29002 | 31764 | 34526 | 37288 | 39924 | 42435 | 45072 |
| | | 0.65 | 13057 | 16185 | 19449 | 22714 | 25978 | 28698 | 31418 | 34411 | 37403 | 40395 | 43251 | 45972 | 48828 |
| | | 0.70 | 14061 | 17430 | 20945 | 24461 | 27976 | 30906 | 33835 | 37058 | 40280 | 43503 | 46579 | 49508 | 52584 |
| | | 0.75 | 15066 | 18675 | 22442 | 26208 | 29975 | 33113 | 36252 | 39705 | 43157 | 46610 | 49906 | 53044 | 56340 |
| | | 0.80 | 16070 | 19920 | 23938 | 27955 | 31973 | 35321 | 38669 | 42352 | 46035 | 49717 | 53233 | 56581 | 60096 |
| | | 0.85 | 17074 | 21165 | 25434 | 29703 | 33971 | 37528 | 41086 | 44999 | 48912 | 52825 | 56560 | 60117 | 63852 |
| | | 0.90 | 18079 | 22410 | 26930 | 31450 | 35970 | 39736 | 43503 | 47646 | 51789 | 55932 | 59887 | 63653 | 67608 |
| | | 0.95 | 19083 | 23655 | 28426 | 33197 | 37968 | 41944 | 45919 | 50293 | 54666 | 59039 | 63214 | 67190 | 71364 |
| | | 1.00 | 20088 | 24900 | 29922 | 34944 | 39966 | 44151 | 48336 | 52940 | 57543 | 62147 | 66541 | 70726 | 75120 |
| | | 1.05 | 21092 | 26145 | 31418 | 36691 | 41965 | 46359 | 50753 | 55587 | 60420 | 65254 | 69868 | 74262 | 78876 |
| 115 | 1350×1600 | 0.55 | 11404 | 14137 | 16988 | 19839 | 22690 | 25066 | 27442 | 30056 | 32670 | 35283 | 37778 | 40154 | 42649 |
| | | 0.60 | 12441 | 15422 | 18532 | 21643 | 24753 | 27345 | 29937 | 32788 | 35640 | 38491 | 41212 | 43804 | 46526 |
| | | 0.65 | 13478 | 16707 | 20077 | 23446 | 26816 | 29624 | 32432 | 35521 | 38609 | 41698 | 44647 | 47455 | 50403 |
| | | 0.70 | 14515 | 17992 | 21621 | 25250 | 28879 | 31903 | 34927 | 38253 | 41579 | 44906 | 48081 | 51105 | 54280 |
| | | 0.75 | 15552 | 19277 | 23166 | 27054 | 30942 | 34182 | 37422 | 40985 | 44550 | 48114 | 51515 | 54755 | 58158 |
| | | 0.80 | 16588 | 20563 | 24710 | 28857 | 33004 | 36460 | 39916 | 43718 | 47520 | 51321 | 54950 | 58406 | 62035 |
| | | 0.85 | 17625 | 21848 | 26254 | 30661 | 35067 | 38739 | 42411 | 46450 | 50490 | 54529 | 58384 | 62056 | 65912 |

续表

| 序号 | 柱截面 $b \times h$(mm) | 轴压比 | 当为下列混凝土强度等级时柱的轴压力设计值限值(kN) | | | | | | | | | | | | |
|---|---|---|---|---|---|---|---|---|---|---|---|---|---|---|---|
| | | | C20 | C25 | C30 | C35 | C40 | C45 | C50 | C55 | C60 | C65 | C70 | C75 | C80 |
| 115 | 1350×1600 | 0.90 | 18662 | 23133 | 27799 | 32464 | 37130 | 41018 | 44906 | 49183 | 53459 | 57736 | 61819 | 65707 | 69789 |
| | | 0.95 | 19699 | 24418 | 29343 | 34268 | 39193 | 43297 | 47401 | 51915 | 56429 | 60944 | 65253 | 69357 | 73666 |
| | | 1.00 | 20736 | 25703 | 30888 | 36072 | 41256 | 45576 | 49896 | 54647 | 59400 | 64152 | 68687 | 73007 | 77544 |
| | | 1.05 | 21772 | 26989 | 32432 | 37875 | 43318 | 47854 | 52390 | 57380 | 62369 | 67359 | 72122 | 76658 | 81421 |
| 116 | 1400×1400 | 0.55 | 10348 | 12828 | 15415 | 18002 | 20589 | 22745 | 24901 | 27273 | 29645 | 32016 | 34280 | 36436 | 38700 |
| | | 0.60 | 11289 | 13994 | 16816 | 19639 | 22461 | 24813 | 27165 | 29752 | 32340 | 34927 | 37396 | 39748 | 42218 |
| | | 0.65 | 12230 | 15160 | 18218 | 21275 | 24333 | 26881 | 29429 | 32232 | 35034 | 37837 | 40513 | 43061 | 45736 |
| | | 0.70 | 13171 | 16326 | 19619 | 22912 | 26205 | 28949 | 31693 | 34711 | 37729 | 40748 | 43629 | 46373 | 49254 |
| | | 0.75 | 14112 | 17492 | 21021 | 24549 | 28077 | 31017 | 33957 | 37190 | 40425 | 43659 | 46745 | 49685 | 52773 |
| | | 0.80 | 15052 | 18659 | 22422 | 26185 | 29948 | 33084 | 36220 | 39670 | 43120 | 46569 | 49862 | 52998 | 56291 |
| | | 0.85 | 15993 | 19825 | 23823 | 27822 | 31820 | 35152 | 38484 | 42149 | 45815 | 49480 | 52978 | 56310 | 59809 |
| | | 0.90 | 16934 | 20991 | 25225 | 29458 | 33692 | 37220 | 40748 | 44629 | 48509 | 52390 | 56095 | 59623 | 63327 |
| | | 0.95 | 17875 | 22157 | 26626 | 31095 | 35564 | 39288 | 43012 | 47108 | 51204 | 55301 | 59211 | 62935 | 66845 |
| | | 1.00 | 18816 | 23323 | 28028 | 32732 | 37436 | 41356 | 45276 | 49587 | 53900 | 58212 | 62327 | 66247 | 70364 |
| | | 1.05 | 19756 | 24490 | 29429 | 34368 | 39307 | 43423 | 47539 | 52067 | 56594 | 61122 | 65444 | 69560 | 73882 |
| 117 | 1400×1450 | 0.55 | 10718 | 13286 | 15965 | 18645 | 21325 | 23558 | 25791 | 28247 | 30703 | 33160 | 35504 | 37737 | 40082 |
| | | 0.60 | 11692 | 14494 | 17417 | 20340 | 23263 | 25699 | 28135 | 30815 | 33495 | 36174 | 38732 | 41168 | 43726 |
| | | 0.65 | 12667 | 15702 | 18868 | 22035 | 25202 | 27841 | 30480 | 33383 | 36286 | 39189 | 41960 | 44599 | 47370 |
| | | 0.70 | 13641 | 16909 | 20320 | 23730 | 27141 | 29983 | 32825 | 35951 | 39077 | 42203 | 45187 | 48029 | 51013 |
| | | 0.75 | 14616 | 18117 | 21771 | 25425 | 29079 | 32124 | 35169 | 38519 | 41868 | 45218 | 48415 | 51460 | 54657 |
| | | 0.80 | 15590 | 19325 | 23223 | 27120 | 31018 | 34266 | 37514 | 41087 | 44660 | 48232 | 51643 | 54891 | 58301 |
| | | 0.85 | 16564 | 20533 | 24674 | 28815 | 32957 | 36408 | 39859 | 43655 | 47451 | 51247 | 54870 | 58321 | 61945 |
| | | 0.90 | 17539 | 21741 | 26126 | 30510 | 34895 | 38549 | 42203 | 46223 | 50242 | 54261 | 58098 | 61752 | 65589 |
| | | 0.95 | 18513 | 22949 | 27577 | 32205 | 36834 | 40691 | 44548 | 48791 | 53033 | 57276 | 61326 | 65183 | 69233 |
| | | 1.00 | 19488 | 24156 | 29029 | 33901 | 38773 | 42833 | 46893 | 51358 | 55825 | 60291 | 64553 | 68613 | 72877 |
| | | 1.05 | 20462 | 25364 | 30480 | 35596 | 40711 | 44974 | 49237 | 53926 | 58616 | 63305 | 67781 | 72044 | 76520 |
| 118 | 1400×1500 | 0.55 | 11088 | 13744 | 16516 | 19288 | 22060 | 24370 | 26680 | 29221 | 31762 | 34303 | 36728 | 39038 | 41464 |
| | | 0.60 | 12096 | 14994 | 18018 | 21042 | 24066 | 26586 | 29106 | 31878 | 34650 | 37422 | 40068 | 42588 | 45234 |
| | | 0.65 | 13104 | 16243 | 19519 | 22795 | 26071 | 28801 | 31531 | 34534 | 37537 | 40540 | 43406 | 46136 | 49003 |
| | | 0.70 | 14112 | 17492 | 21020 | 24549 | 28077 | 31017 | 33956 | 37190 | 40424 | 43659 | 46745 | 49685 | 52773 |
| | | 0.75 | 15120 | 18742 | 22522 | 26302 | 30082 | 33232 | 36382 | 39847 | 43312 | 46777 | 50084 | 53234 | 56542 |
| | | 0.80 | 16128 | 19991 | 24024 | 28056 | 32088 | 35448 | 38808 | 42503 | 46200 | 49896 | 53423 | 56783 | 60312 |
| | | 0.85 | 17136 | 21241 | 25525 | 29809 | 34093 | 37663 | 41233 | 45160 | 49087 | 53014 | 56763 | 60333 | 64081 |
| | | 0.90 | 18144 | 22490 | 27026 | 31563 | 36098 | 39878 | 43658 | 47816 | 51974 | 56132 | 60101 | 63881 | 67851 |
| | | 0.95 | 19152 | 23740 | 28528 | 33316 | 38104 | 42094 | 46084 | 50473 | 54862 | 59251 | 63440 | 67430 | 71620 |
| | | 1.00 | 20160 | 24989 | 30030 | 35070 | 40110 | 44310 | 48510 | 53129 | 57750 | 62370 | 66779 | 70979 | 75390 |
| | | 1.05 | 21167 | 26239 | 31531 | 36823 | 42115 | 46525 | 50935 | 55786 | 60637 | 65488 | 70118 | 74528 | 79159 |
| 119 | 1400×1550 | 0.55 | 11457 | 14202 | 17067 | 19931 | 22795 | 25182 | 27569 | 30195 | 32821 | 35446 | 37953 | 40340 | 42846 |
| | | 0.60 | 12499 | 15493 | 18618 | 21743 | 24868 | 27472 | 30076 | 32940 | 35805 | 38669 | 41403 | 44007 | 46741 |
| | | 0.65 | 13540 | 16784 | 20170 | 23555 | 26940 | 29761 | 32582 | 35685 | 38788 | 41891 | 44853 | 47674 | 50636 |
| | | 0.70 | 14582 | 18076 | 21721 | 25367 | 29012 | 32050 | 35088 | 38430 | 41772 | 45114 | 48304 | 51342 | 54532 |
| | | 0.75 | 15624 | 19367 | 23273 | 27179 | 31085 | 34340 | 37595 | 41175 | 44756 | 48336 | 51754 | 55009 | 58427 |
| | | 0.80 | 16665 | 20658 | 24824 | 28991 | 33157 | 36629 | 40101 | 43920 | 47740 | 51559 | 55204 | 58676 | 62322 |
| | | 0.85 | 17707 | 21949 | 26376 | 30803 | 35229 | 38918 | 42607 | 46665 | 50723 | 54781 | 58655 | 62344 | 66217 |
| | | 0.90 | 18748 | 23240 | 27927 | 32615 | 37302 | 41208 | 45114 | 49410 | 53707 | 58004 | 62105 | 66011 | 70112 |
| | | 0.95 | 19790 | 24531 | 29479 | 34427 | 39374 | 43497 | 47620 | 52155 | 56691 | 61226 | 65555 | 69678 | 74007 |
| | | 1.00 | 20832 | 25822 | 31031 | 36239 | 41447 | 45787 | 50127 | 54900 | 59675 | 64449 | 69005 | 73345 | 77903 |

续表

| 序号 | 柱截面 $b \times h$(mm) | 轴压比 | 当为下列混凝土强度等级时柱的轴压力设计值限值(kN) | | | | | | | | | | | | |
|---|---|---|---|---|---|---|---|---|---|---|---|---|---|---|---|
| | | | C20 | C25 | C30 | C35 | C40 | C45 | C50 | C55 | C60 | C65 | C70 | C75 | C80 |
| 119 | 1400×1550 | 1.05 | 21873 | 27114 | 32582 | 38050 | 43519 | 48076 | 52633 | 57646 | 62658 | 67671 | 72456 | 77013 | 81798 |
| 120 | 1400×1600 | 0.55 | 11827 | 14660 | 17617 | 20574 | 23531 | 25995 | 28459 | 31169 | 33880 | 36590 | 39177 | 41641 | 44228 |
| | | 0.60 | 12902 | 15993 | 19219 | 22444 | 25670 | 28358 | 31046 | 34003 | 36960 | 39916 | 42739 | 45427 | 48249 |
| | | 0.65 | 13977 | 17326 | 20820 | 24315 | 27809 | 30721 | 33633 | 36836 | 40039 | 43243 | 46300 | 49212 | 52270 |
| | | 0.70 | 15052 | 18659 | 22422 | 26185 | 29948 | 33084 | 36220 | 39670 | 43119 | 46569 | 49862 | 52998 | 56291 |
| | | 0.75 | 16128 | 19991 | 24024 | 28056 | 32088 | 35448 | 38808 | 42503 | 46200 | 49896 | 53423 | 56783 | 60312 |
| | | 0.80 | 17203 | 21324 | 25625 | 29926 | 34227 | 37811 | 41395 | 45337 | 49280 | 53222 | 56985 | 60569 | 64332 |
| | | 0.85 | 18278 | 22657 | 27227 | 31796 | 36366 | 40174 | 43982 | 48171 | 52360 | 56548 | 60547 | 64355 | 68353 |
| | | 0.90 | 19353 | 23990 | 28828 | 33667 | 38505 | 42537 | 46569 | 51004 | 55439 | 59875 | 64108 | 68140 | 72374 |
| | | 0.95 | 20428 | 25323 | 30430 | 35537 | 40644 | 44900 | 49156 | 53838 | 58519 | 63201 | 67670 | 71926 | 76395 |
| | | 1.00 | 21504 | 26655 | 32032 | 37408 | 42784 | 47264 | 51744 | 56671 | 61600 | 66528 | 71231 | 75711 | 80416 |
| | | 1.05 | 22579 | 27988 | 33633 | 39278 | 44923 | 49627 | 54331 | 59505 | 64679 | 69854 | 74793 | 79497 | 84436 |
| 121 | 1400×1650 | 0.55 | 12196 | 15118 | 18168 | 21217 | 24266 | 26807 | 29348 | 32143 | 34938 | 37733 | 40401 | 42942 | 45610 |
| | | 0.60 | 13305 | 16493 | 19819 | 23146 | 26472 | 29244 | 32016 | 35065 | 38115 | 41164 | 44074 | 46846 | 49757 |
| | | 0.65 | 14414 | 17867 | 21471 | 25075 | 28678 | 31681 | 34684 | 37987 | 41291 | 44594 | 47747 | 50750 | 53903 |
| | | 0.70 | 15523 | 19242 | 23123 | 27003 | 30884 | 34118 | 37352 | 40910 | 44467 | 48024 | 51420 | 54654 | 58050 |
| | | 0.75 | 16632 | 20616 | 24774 | 28932 | 33090 | 36555 | 40020 | 43832 | 47643 | 51455 | 55093 | 58558 | 62196 |
| | | 0.80 | 17740 | 21991 | 26426 | 30861 | 35296 | 38992 | 42688 | 46754 | 50820 | 54885 | 58766 | 62462 | 66343 |
| | | 0.85 | 18849 | 23365 | 28078 | 32790 | 37502 | 41429 | 45356 | 49676 | 53996 | 58315 | 62439 | 66366 | 70489 |
| | | 0.90 | 19958 | 24740 | 29729 | 34719 | 39708 | 43866 | 48024 | 52598 | 57172 | 61746 | 66112 | 70270 | 74636 |
| | | 0.95 | 21067 | 26114 | 31381 | 36648 | 41914 | 46303 | 50692 | 55520 | 60348 | 65176 | 69785 | 74174 | 78782 |
| | | 1.00 | 22176 | 27488 | 33033 | 38577 | 44121 | 48741 | 53361 | 58442 | 63525 | 68607 | 73457 | 78077 | 82929 |
| | | 1.05 | 23284 | 28863 | 34684 | 40505 | 46327 | 51178 | 56029 | 61365 | 66701 | 72037 | 77130 | 81981 | 87075 |
| 122 | 1400×1700 | 0.55 | 12566 | 15577 | 18718 | 21860 | 25001 | 27619 | 30237 | 33117 | 35997 | 38877 | 41626 | 44244 | 46993 |
| | | 0.60 | 13708 | 16993 | 20420 | 23847 | 27274 | 30130 | 32986 | 36128 | 39270 | 42411 | 45410 | 48266 | 51265 |
| | | 0.65 | 14851 | 18409 | 22122 | 25834 | 29547 | 32641 | 35735 | 39139 | 42542 | 45945 | 49194 | 52288 | 55537 |
| | | 0.70 | 15993 | 19825 | 23823 | 27822 | 31820 | 35152 | 38484 | 42149 | 45814 | 49480 | 52978 | 56310 | 59809 |
| | | 0.75 | 17136 | 21241 | 25525 | 29809 | 34093 | 37663 | 41233 | 45160 | 49087 | 53014 | 56762 | 60332 | 64081 |
| | | 0.80 | 18278 | 22657 | 27227 | 31796 | 36366 | 40174 | 43982 | 48171 | 52360 | 56548 | 60547 | 64355 | 68353 |
| | | 0.85 | 19420 | 24073 | 28928 | 33784 | 38639 | 42685 | 46731 | 51181 | 55632 | 60083 | 64331 | 68377 | 72625 |
| | | 0.90 | 20563 | 25489 | 30630 | 35771 | 40912 | 45196 | 49480 | 54192 | 58904 | 63617 | 68115 | 72399 | 76897 |
| | | 0.95 | 21705 | 26905 | 32332 | 37758 | 43185 | 47707 | 52229 | 57203 | 62177 | 67151 | 71899 | 76421 | 81169 |
| | | 1.00 | 22848 | 28321 | 34034 | 39746 | 45458 | 50218 | 54978 | 60213 | 65450 | 70686 | 75683 | 80443 | 85442 |
| | | 1.05 | 23990 | 29738 | 35735 | 41733 | 47730 | 52728 | 57726 | 63224 | 68722 | 74220 | 79468 | 84466 | 89714 |
| 123 | 1450×1450 | 0.55 | 11101 | 13760 | 16536 | 19311 | 22086 | 24399 | 26712 | 29256 | 31800 | 34344 | 36772 | 39085 | 41513 |
| | | 0.60 | 12110 | 15011 | 18039 | 21067 | 24094 | 26617 | 29140 | 31915 | 34691 | 37466 | 40115 | 42638 | 45287 |
| | | 0.65 | 13119 | 16262 | 19542 | 22822 | 26102 | 28835 | 31569 | 34575 | 37582 | 40588 | 43458 | 46191 | 49061 |
| | | 0.70 | 14128 | 17513 | 21046 | 24578 | 28110 | 31053 | 33997 | 37235 | 40473 | 43710 | 46801 | 49745 | 52835 |
| | | 0.75 | 15138 | 18764 | 22549 | 26333 | 30118 | 33272 | 36425 | 39894 | 43364 | 46833 | 50144 | 53298 | 56609 |
| | | 0.80 | 16147 | 20015 | 24052 | 28089 | 32126 | 35490 | 38854 | 42554 | 46255 | 49955 | 53487 | 56851 | 60383 |
| | | 0.85 | 17156 | 21266 | 25555 | 29844 | 34134 | 37708 | 41282 | 45214 | 49145 | 53077 | 56830 | 60404 | 64157 |
| | | 0.90 | 18165 | 22517 | 27059 | 31600 | 36141 | 39926 | 43710 | 47873 | 52036 | 56199 | 60173 | 63958 | 67931 |
| | | 0.95 | 19174 | 23768 | 28562 | 33356 | 38149 | 42144 | 46139 | 50533 | 54927 | 59322 | 63516 | 67511 | 71705 |
| | | 1.00 | 20184 | 25019 | 30065 | 35111 | 40157 | 44362 | 48567 | 53193 | 57818 | 62444 | 66859 | 71064 | 75479 |
| | | 1.05 | 21193 | 26270 | 31569 | 36867 | 42165 | 46580 | 50996 | 55852 | 60709 | 65566 | 70202 | 74617 | 79253 |
| 124 | 1450×1500 | 0.55 | 11484 | 14235 | 17106 | 19977 | 22848 | 25240 | 27633 | 30265 | 32896 | 35528 | 38040 | 40433 | 42945 |
| | | 0.60 | 12528 | 15529 | 18661 | 21793 | 24925 | 27535 | 30145 | 33016 | 35887 | 38758 | 41499 | 44109 | 46849 |

续表

| 序号 | 柱截面 $b \times h$(mm) | 轴压比 | 当为下列混凝土强度等级时柱的轴压力设计值限值(kN) | | | | | | | | | | | | |
|---|---|---|---|---|---|---|---|---|---|---|---|---|---|---|---|
| | | | C20 | C25 | C30 | C35 | C40 | C45 | C50 | C55 | C60 | C65 | C70 | C75 | C80 |
| 124 | 1450×1500 | 0.65 | 13572 | 16823 | 20216 | 23609 | 27002 | 29830 | 32657 | 35767 | 38878 | 41988 | 44957 | 47784 | 50753 |
| | | 0.70 | 14616 | 18117 | 21771 | 25425 | 29079 | 32124 | 35169 | 38519 | 41868 | 45218 | 48415 | 51460 | 54657 |
| | | 0.75 | 15660 | 19411 | 23326 | 27241 | 31156 | 34419 | 37681 | 41270 | 44859 | 48448 | 51873 | 55136 | 58561 |
| | | 0.80 | 16704 | 20705 | 24882 | 29058 | 33234 | 36714 | 40194 | 44021 | 47850 | 51678 | 55331 | 58811 | 62466 |
| | | 0.85 | 17748 | 22000 | 26437 | 30874 | 35311 | 39008 | 42706 | 46773 | 50840 | 54907 | 58790 | 62487 | 66370 |
| | | 0.90 | 18792 | 23294 | 27992 | 32690 | 37388 | 41303 | 45218 | 49524 | 53831 | 58137 | 62248 | 66163 | 70274 |
| | | 0.95 | 19836 | 24588 | 29547 | 34506 | 39465 | 43597 | 47730 | 52276 | 56821 | 61367 | 65706 | 69839 | 74178 |
| | | 1.00 | 20880 | 25882 | 31102 | 36322 | 41542 | 45892 | 50242 | 55027 | 59812 | 64597 | 69164 | 73514 | 78082 |
| | | 1.05 | 21923 | 27176 | 32657 | 38138 | 43619 | 48187 | 52754 | 57778 | 62803 | 67827 | 72623 | 77190 | 81986 |
| 125 | 1450×1550 | 0.55 | 11866 | 14709 | 17676 | 20643 | 23609 | 26082 | 28554 | 31273 | 33993 | 36712 | 39308 | 41781 | 44376 |
| | | 0.60 | 12945 | 16047 | 19283 | 22519 | 25756 | 28453 | 31150 | 34117 | 37083 | 40050 | 42882 | 45579 | 48411 |
| | | 0.65 | 14024 | 17384 | 20890 | 24396 | 27902 | 30824 | 33746 | 36960 | 40174 | 43387 | 46455 | 49377 | 52445 |
| | | 0.70 | 15103 | 18721 | 22497 | 26273 | 30049 | 33195 | 36342 | 39803 | 43264 | 46725 | 50029 | 53175 | 56479 |
| | | 0.75 | 16182 | 20058 | 24104 | 28149 | 32195 | 35566 | 38937 | 42646 | 46354 | 50063 | 53602 | 56974 | 60513 |
| | | 0.80 | 17260 | 21396 | 25711 | 30026 | 34341 | 37937 | 41533 | 45489 | 49445 | 53400 | 57176 | 60772 | 64548 |
| | | 0.85 | 18339 | 22733 | 27318 | 31903 | 36488 | 40308 | 44129 | 48332 | 52535 | 56738 | 60749 | 64570 | 68582 |
| | | 0.90 | 19418 | 24070 | 28925 | 33779 | 38634 | 42680 | 46725 | 51175 | 55625 | 60075 | 64323 | 68368 | 72616 |
| | | 0.95 | 20497 | 25407 | 30532 | 35656 | 40780 | 45051 | 49321 | 54018 | 58715 | 63413 | 67896 | 72167 | 76650 |
| | | 1.00 | 21576 | 26745 | 32139 | 37533 | 42927 | 47422 | 51917 | 56861 | 61806 | 66750 | 71470 | 75965 | 80685 |
| | | 1.05 | 22654 | 28082 | 33746 | 39409 | 45073 | 49793 | 54513 | 59704 | 64896 | 70088 | 75044 | 79763 | 84719 |
| 126 | 1450×1600 | 0.55 | 12249 | 15184 | 18246 | 21309 | 24371 | 26923 | 29475 | 32282 | 35090 | 37897 | 40576 | 43128 | 45808 |
| | | 0.60 | 13363 | 16564 | 19905 | 23246 | 26587 | 29371 | 32155 | 35217 | 38280 | 41342 | 44265 | 47049 | 49972 |
| | | 0.65 | 14476 | 17945 | 21564 | 25183 | 28802 | 31818 | 34834 | 38152 | 41469 | 44787 | 47954 | 50970 | 54137 |
| | | 0.70 | 15590 | 19325 | 23223 | 27120 | 31018 | 34266 | 37514 | 41087 | 44659 | 48232 | 51643 | 54891 | 58301 |
| | | 0.75 | 16704 | 20705 | 24882 | 29058 | 33234 | 36714 | 40194 | 44021 | 47850 | 51678 | 55331 | 58811 | 62466 |
| | | 0.80 | 17817 | 22086 | 26540 | 30995 | 35449 | 39161 | 42873 | 46956 | 51040 | 55123 | 59020 | 62732 | 66630 |
| | | 0.85 | 18931 | 23466 | 28199 | 32932 | 37665 | 41609 | 45553 | 49891 | 54230 | 58568 | 62709 | 66653 | 70794 |
| | | 0.90 | 20044 | 24847 | 29858 | 34869 | 39880 | 44056 | 48232 | 52826 | 57419 | 62013 | 66398 | 70574 | 74959 |
| | | 0.95 | 21158 | 26227 | 31517 | 36806 | 42096 | 46504 | 50912 | 55761 | 60609 | 65458 | 70087 | 74495 | 79123 |
| | | 1.00 | 22272 | 27607 | 33176 | 38744 | 44312 | 48952 | 53592 | 58695 | 63800 | 68904 | 73775 | 78415 | 83288 |
| | | 1.05 | 23385 | 28988 | 34834 | 40681 | 46527 | 51399 | 56271 | 61630 | 66989 | 72349 | 77464 | 82336 | 87452 |
| 127 | 1450×1650 | 0.55 | 12632 | 15658 | 18817 | 21975 | 25133 | 27764 | 30396 | 33291 | 36186 | 39081 | 41844 | 44476 | 47239 |
| | | 0.60 | 13780 | 17082 | 20527 | 23972 | 27418 | 30289 | 33160 | 36318 | 39476 | 42634 | 45648 | 48519 | 51534 |
| | | 0.65 | 14929 | 18505 | 22238 | 25970 | 29702 | 32813 | 35923 | 39344 | 42765 | 46187 | 49452 | 52563 | 55828 |
| | | 0.70 | 16077 | 19929 | 23948 | 27968 | 31987 | 35337 | 38686 | 42371 | 46055 | 49740 | 53257 | 56606 | 60123 |
| | | 0.75 | 17226 | 21353 | 25659 | 29966 | 34272 | 37861 | 41450 | 45397 | 49345 | 53292 | 57061 | 60649 | 64418 |
| | | 0.80 | 18374 | 22776 | 27370 | 31963 | 36557 | 40385 | 44213 | 48424 | 52635 | 56845 | 60865 | 64693 | 68712 |
| | | 0.85 | 19522 | 24200 | 29080 | 33961 | 38842 | 42909 | 46976 | 51450 | 55924 | 60398 | 64669 | 68736 | 73007 |
| | | 0.90 | 20671 | 25623 | 30791 | 35959 | 41127 | 45433 | 49740 | 54477 | 59214 | 63951 | 68473 | 72779 | 77301 |
| | | 0.95 | 21819 | 27047 | 32502 | 37957 | 43411 | 47957 | 52503 | 57503 | 62504 | 67504 | 72277 | 76823 | 81596 |
| | | 1.00 | 22968 | 28470 | 34212 | 39954 | 45696 | 50481 | 55266 | 60530 | 65793 | 71057 | 76081 | 80866 | 85890 |
| | | 1.05 | 24116 | 29894 | 35923 | 41952 | 47981 | 53005 | 58030 | 63556 | 69083 | 74610 | 79885 | 84909 | 90185 |
| 128 | 1450×1700 | 0.55 | 13015 | 16133 | 19387 | 22641 | 25894 | 28606 | 31317 | 34300 | 37283 | 40265 | 43112 | 45824 | 48671 |
| | | 0.60 | 14198 | 17600 | 21149 | 24699 | 28248 | 31206 | 34164 | 37418 | 40672 | 43926 | 47032 | 49990 | 53096 |
| | | 0.65 | 15381 | 19066 | 22912 | 26757 | 30602 | 33807 | 37011 | 40536 | 44061 | 47586 | 50951 | 54156 | 57520 |
| | | 0.70 | 16564 | 20533 | 24674 | 28815 | 32957 | 36408 | 39859 | 43655 | 47451 | 51247 | 54870 | 58321 | 61945 |
| | | 0.75 | 17748 | 22000 | 26437 | 30874 | 35311 | 39008 | 42706 | 46773 | 50840 | 54907 | 58790 | 62487 | 66370 |

续表

| 序号 | 柱截面 $b \times h$(mm) | 轴压比 | 当为下列混凝土强度等级时柱的轴压力设计值限值(kN) | | | | | | | | | | | | |
|---|---|---|---|---|---|---|---|---|---|---|---|---|---|---|---|
| | | | C20 | C25 | C30 | C35 | C40 | C45 | C50 | C55 | C60 | C65 | C70 | C75 | C80 |
| 128 | 1450×1700 | 0.80 | 18931 | 23466 | 28199 | 32932 | 37665 | 41609 | 45553 | 49891 | 54230 | 58568 | 62709 | 66653 | 70794 |
| | | 0.85 | 20114 | 24933 | 29962 | 34990 | 40019 | 44209 | 48400 | 53009 | 57619 | 62228 | 66628 | 70819 | 75219 |
| | | 0.90 | 21297 | 26400 | 31724 | 37048 | 42373 | 46810 | 51247 | 56128 | 61008 | 65889 | 70548 | 74985 | 79644 |
| | | 0.95 | 22480 | 27866 | 33487 | 39107 | 44727 | 49410 | 54094 | 59246 | 64398 | 69549 | 74467 | 79151 | 84068 |
| | | 1.00 | 23664 | 29333 | 35249 | 41165 | 47081 | 52011 | 56941 | 62364 | 67787 | 73210 | 78386 | 83316 | 88493 |
| | | 1.05 | 24847 | 30800 | 37011 | 43223 | 49435 | 54612 | 59788 | 65482 | 71176 | 76871 | 82306 | 87482 | 92918 |
| 129 | 1450×1750 | 0.55 | 13398 | 16607 | 19957 | 23306 | 26656 | 29447 | 32238 | 35309 | 38379 | 41450 | 44380 | 47172 | 50102 |
| | | 0.60 | 14616 | 18117 | 21771 | 25425 | 29079 | 32124 | 35169 | 38519 | 41868 | 45218 | 48415 | 51460 | 54657 |
| | | 0.65 | 15834 | 19627 | 23586 | 27544 | 31503 | 34801 | 38100 | 41729 | 45357 | 48986 | 52450 | 55748 | 59212 |
| | | 0.70 | 17052 | 21137 | 25400 | 29663 | 33926 | 37478 | 41031 | 44939 | 48846 | 52754 | 56484 | 60037 | 63767 |
| | | 0.75 | 18270 | 22647 | 27214 | 31782 | 36349 | 40155 | 43962 | 48149 | 52335 | 56522 | 60519 | 64325 | 68322 |
| | | 0.80 | 19488 | 24156 | 29029 | 33901 | 38773 | 42833 | 46893 | 51358 | 55825 | 60291 | 64553 | 68613 | 72877 |
| | | 0.85 | 20706 | 25666 | 30843 | 36019 | 41196 | 45510 | 49823 | 54568 | 59314 | 64059 | 68588 | 72902 | 77431 |
| | | 0.90 | 21924 | 27176 | 32657 | 38138 | 43619 | 48187 | 52754 | 57778 | 62803 | 67827 | 72623 | 77190 | 81986 |
| | | 0.95 | 23142 | 28686 | 34471 | 40257 | 46042 | 50864 | 55685 | 60988 | 66292 | 71595 | 76657 | 81479 | 86541 |
| | | 1.00 | 24360 | 30196 | 36286 | 42376 | 48466 | 53541 | 58616 | 64198 | 69781 | 75363 | 80692 | 85767 | 91096 |
| | | 1.05 | 25577 | 31706 | 38100 | 44495 | 50889 | 56218 | 61547 | 67408 | 73270 | 79131 | 84727 | 90055 | 95651 |
| 130 | 1450×1800 | 0.55 | 13780 | 17082 | 20527 | 23972 | 27418 | 30289 | 33160 | 36318 | 39476 | 42634 | 45648 | 48519 | 51534 |
| | | 0.60 | 15033 | 18635 | 22393 | 26152 | 29910 | 33042 | 36174 | 39619 | 43065 | 46510 | 49798 | 52930 | 56219 |
| | | 0.65 | 16286 | 20188 | 24259 | 28331 | 32403 | 35796 | 39189 | 42921 | 46653 | 50386 | 53948 | 57341 | 60904 |
| | | 0.70 | 17539 | 21741 | 26126 | 30510 | 34895 | 38549 | 42203 | 46223 | 50242 | 54261 | 58098 | 61752 | 65589 |
| | | 0.75 | 18792 | 23294 | 27992 | 32690 | 37388 | 41303 | 45218 | 49524 | 53831 | 58137 | 62248 | 66163 | 70274 |
| | | 0.80 | 20044 | 24847 | 29858 | 34869 | 39880 | 44056 | 48232 | 52826 | 57420 | 62013 | 66398 | 70574 | 74959 |
| | | 0.85 | 21297 | 26400 | 31724 | 37048 | 42373 | 46810 | 51247 | 56128 | 61008 | 65889 | 70548 | 74985 | 79644 |
| | | 0.90 | 22550 | 27953 | 33590 | 39228 | 44865 | 49563 | 54261 | 59429 | 64597 | 69765 | 74698 | 79396 | 84329 |
| | | 0.95 | 23803 | 29506 | 35456 | 41407 | 47358 | 52317 | 57276 | 62731 | 68186 | 73641 | 78848 | 83807 | 89014 |
| | | 1.00 | 25056 | 31058 | 37323 | 43587 | 49851 | 55071 | 60291 | 66032 | 71775 | 77517 | 82997 | 88217 | 93699 |
| | | 1.05 | 26308 | 32611 | 39189 | 45766 | 52343 | 57824 | 63305 | 69334 | 75363 | 81392 | 87147 | 92628 | 98383 |
| 131 | 1500×1500 | 0.55 | 11880 | 14726 | 17696 | 20666 | 23636 | 26111 | 28586 | 31308 | 34031 | 36753 | 39352 | 41827 | 44426 |
| | | 0.60 | 12960 | 16065 | 19305 | 22545 | 25785 | 28485 | 31185 | 34155 | 37125 | 40095 | 42930 | 45630 | 48465 |
| | | 0.65 | 14040 | 17403 | 20913 | 24423 | 27933 | 30858 | 33783 | 37001 | 40218 | 43436 | 46507 | 49432 | 52503 |
| | | 0.70 | 15120 | 18742 | 22522 | 26302 | 30082 | 33232 | 36382 | 39847 | 43312 | 46777 | 50084 | 53234 | 56542 |
| | | 0.75 | 16200 | 20081 | 24131 | 28181 | 32231 | 35605 | 38981 | 42693 | 46406 | 50118 | 53662 | 57037 | 60581 |
| | | 0.80 | 17280 | 21419 | 25740 | 30060 | 34380 | 37980 | 41580 | 45539 | 49500 | 53460 | 57239 | 60839 | 64620 |
| | | 0.85 | 18360 | 22758 | 27348 | 31938 | 36528 | 40353 | 44178 | 48386 | 52593 | 56801 | 60817 | 64642 | 68658 |
| | | 0.90 | 19440 | 24097 | 28957 | 33817 | 38677 | 42727 | 46777 | 51232 | 55687 | 60142 | 64394 | 68444 | 72697 |
| | | 0.95 | 20520 | 25436 | 30566 | 35696 | 40826 | 45101 | 49376 | 54078 | 58781 | 63483 | 67972 | 72247 | 76736 |
| | | 1.00 | 21600 | 26774 | 32175 | 37575 | 42975 | 47475 | 51975 | 56924 | 61875 | 66825 | 71549 | 76049 | 80775 |
| | | 1.05 | 22679 | 28113 | 33783 | 39453 | 45123 | 49848 | 54573 | 59771 | 64968 | 70166 | 75127 | 79852 | 84813 |
| 132 | 1500×1550 | 0.55 | 12276 | 15217 | 18286 | 21355 | 24424 | 26981 | 29539 | 32352 | 35165 | 37978 | 40664 | 43221 | 45907 |
| | | 0.60 | 13392 | 16600 | 19948 | 23296 | 26644 | 29434 | 32224 | 35293 | 38362 | 41431 | 44361 | 47151 | 50080 |
| | | 0.65 | 14508 | 17983 | 21610 | 25237 | 28864 | 31887 | 34909 | 38234 | 41559 | 44884 | 48057 | 51080 | 54253 |
| | | 0.70 | 15624 | 19367 | 23273 | 27179 | 31085 | 34340 | 37595 | 41175 | 44756 | 48336 | 51754 | 55009 | 58427 |
| | | 0.75 | 16740 | 20750 | 24935 | 29120 | 33305 | 36793 | 40280 | 44116 | 47953 | 51789 | 55451 | 58938 | 62600 |
| | | 0.80 | 17856 | 22133 | 26598 | 31062 | 35526 | 39246 | 42966 | 47057 | 51150 | 55242 | 59147 | 62867 | 66774 |
| | | 0.85 | 18972 | 23517 | 28260 | 33003 | 37746 | 41698 | 45651 | 49999 | 54346 | 58694 | 62844 | 66797 | 70947 |
| | | 0.90 | 20088 | 24900 | 29922 | 34944 | 39966 | 44151 | 48336 | 52940 | 57543 | 62147 | 66541 | 70726 | 75120 |

续表

| 序号 | 柱截面 $b \times h$(mm) | 轴压比 | 当为下列混凝土强度等级时柱的轴压力设计值限值(kN) | | | | | | | | | | | | |
|---|---|---|---|---|---|---|---|---|---|---|---|---|---|---|---|
| | | | C20 | C25 | C30 | C35 | C40 | C45 | C50 | C55 | C60 | C65 | C70 | C75 | C80 |
| 132 | 1500 × 1550 | 1.00 | 21204 | 26284 | 31585 | 36886 | 42187 | 46604 | 51022 | 55881 | 60740 | 65599 | 70238 | 74655 | 79294 |
| | | 1.05 | 23435 | 29050 | 34909 | 40768 | 46627 | 51510 | 56392 | 61763 | 67134 | 72505 | 77631 | 82514 | 87640 |
| 133 | 1500 × 1600 | 0.55 | 12672 | 15707 | 18876 | 22044 | 25212 | 27852 | 30492 | 33395 | 36300 | 39204 | 41975 | 44615 | 47388 |
| | | 0.60 | 13824 | 17136 | 20592 | 24048 | 27504 | 30384 | 33264 | 36432 | 39600 | 42768 | 45792 | 48672 | 51696 |
| | | 0.65 | 14976 | 18563 | 22307 | 26052 | 29795 | 32915 | 36035 | 39467 | 42899 | 46331 | 49607 | 52727 | 56004 |
| | | 0.70 | 16128 | 19991 | 24023 | 28056 | 32088 | 35448 | 38807 | 42503 | 46199 | 49896 | 53423 | 56783 | 60312 |
| | | 0.75 | 17280 | 21419 | 25740 | 30060 | 34380 | 37980 | 41580 | 45539 | 49500 | 53460 | 57239 | 60839 | 64620 |
| | | 0.80 | 18432 | 22847 | 27456 | 32064 | 36672 | 40512 | 44352 | 48575 | 52800 | 57024 | 61055 | 64895 | 68928 |
| | | 0.85 | 19584 | 24275 | 29172 | 34068 | 38964 | 43044 | 47124 | 51611 | 56100 | 60588 | 64872 | 68952 | 73236 |
| | | 0.90 | 20736 | 25703 | 30887 | 36072 | 41255 | 45575 | 49895 | 54647 | 59399 | 64151 | 68687 | 73007 | 77544 |
| | | 0.95 | 21888 | 27131 | 32604 | 38076 | 43548 | 48108 | 52668 | 57683 | 62699 | 67716 | 72503 | 77063 | 81852 |
| | | 1.00 | 23040 | 28559 | 34320 | 40080 | 45840 | 50640 | 55440 | 60719 | 66000 | 71280 | 76319 | 81119 | 86160 |
| | | 1.05 | 24191 | 29987 | 36035 | 42084 | 48131 | 53171 | 58211 | 63755 | 69299 | 74843 | 80135 | 85175 | 90467 |
| 134 | 1500 × 1650 | 0.55 | 13068 | 16198 | 19465 | 22732 | 25999 | 28722 | 31444 | 34439 | 37434 | 40429 | 43287 | 46010 | 48868 |
| | | 0.60 | 14256 | 17671 | 21235 | 24799 | 28363 | 31333 | 34303 | 37570 | 40837 | 44104 | 47223 | 50193 | 53311 |
| | | 0.65 | 15444 | 19144 | 23005 | 26866 | 30727 | 33944 | 37162 | 40701 | 44240 | 47779 | 51158 | 54375 | 57754 |
| | | 0.70 | 16632 | 20616 | 24774 | 28932 | 33090 | 36555 | 40020 | 43832 | 47643 | 51455 | 55093 | 58558 | 62196 |
| | | 0.75 | 17820 | 22089 | 26544 | 30999 | 35454 | 39166 | 42879 | 46963 | 51046 | 55130 | 59028 | 62741 | 66639 |
| | | 0.80 | 19008 | 23561 | 28314 | 33066 | 37818 | 41778 | 45738 | 50093 | 54450 | 58806 | 62963 | 66923 | 71082 |
| | | 0.85 | 20196 | 25034 | 30083 | 35132 | 40181 | 44389 | 48596 | 53224 | 57853 | 62481 | 66899 | 71106 | 75524 |
| | | 0.90 | 21384 | 26507 | 31853 | 37199 | 42545 | 47000 | 51455 | 56355 | 61256 | 66156 | 70834 | 75289 | 79967 |
| | | 0.95 | 22572 | 27979 | 33622 | 39265 | 44908 | 49611 | 54313 | 59486 | 64659 | 69832 | 74769 | 79472 | 84409 |
| | | 1.00 | 23760 | 29452 | 35392 | 41332 | 47272 | 52222 | 57172 | 62617 | 68062 | 73507 | 78704 | 83654 | 88852 |
| | | 1.05 | 24947 | 30925 | 37162 | 43399 | 49636 | 54833 | 60031 | 65748 | 71465 | 77182 | 82640 | 87837 | 93295 |
| 135 | 1500 × 1700 | 0.55 | 13464 | 16689 | 20055 | 23421 | 26787 | 29592 | 32397 | 35483 | 38568 | 41654 | 44599 | 47404 | 50349 |
| | | 0.60 | 14688 | 18207 | 21879 | 25551 | 29223 | 32283 | 35343 | 38709 | 42075 | 45441 | 48654 | 51714 | 54927 |
| | | 0.65 | 15912 | 19724 | 23702 | 27680 | 31658 | 34973 | 38288 | 41934 | 45581 | 49227 | 52708 | 56023 | 59504 |
| | | 0.70 | 17136 | 21241 | 25525 | 29809 | 34093 | 37663 | 41233 | 45160 | 49087 | 53014 | 56762 | 60332 | 64081 |
| | | 0.75 | 18360 | 22758 | 27348 | 31938 | 36528 | 40353 | 44178 | 48386 | 52593 | 56801 | 60817 | 64642 | 68658 |
| | | 0.80 | 19584 | 24275 | 29172 | 34068 | 38964 | 43044 | 47124 | 51611 | 56100 | 60588 | 64871 | 68951 | 73236 |
| | | 0.85 | 20808 | 25793 | 30995 | 36197 | 41399 | 45734 | 50069 | 54837 | 59606 | 64374 | 68926 | 73261 | 77813 |
| | | 0.90 | 22032 | 27310 | 32818 | 38326 | 43834 | 48424 | 53014 | 58063 | 63112 | 68161 | 72980 | 77570 | 82390 |
| | | 0.95 | 23256 | 28827 | 34641 | 40455 | 46269 | 51114 | 55959 | 61289 | 66618 | 71948 | 77035 | 81880 | 86967 |
| | | 1.00 | 24480 | 30344 | 36465 | 42585 | 48705 | 53805 | 58905 | 64514 | 70125 | 75735 | 81089 | 86189 | 91545 |
| | | 1.05 | 25703 | 31862 | 38288 | 44714 | 51140 | 56495 | 61850 | 67740 | 73631 | 79521 | 85144 | 90499 | 96122 |
| 136 | 1500 × 1750 | 0.55 | 13860 | 17180 | 20645 | 24110 | 27575 | 30463 | 33350 | 36526 | 39703 | 42879 | 45911 | 48798 | 51830 |
| | | 0.60 | 15120 | 18742 | 22522 | 26302 | 30082 | 33232 | 36382 | 39847 | 43312 | 46777 | 50085 | 53235 | 56542 |
| | | 0.65 | 16380 | 20304 | 24399 | 28494 | 32589 | 36001 | 39414 | 43168 | 46921 | 50675 | 54258 | 57671 | 61254 |
| | | 0.70 | 17640 | 21866 | 26276 | 30686 | 35096 | 38771 | 42446 | 46488 | 50531 | 54573 | 58432 | 62107 | 65966 |
| | | 0.75 | 18900 | 23428 | 28153 | 32878 | 37603 | 41540 | 45478 | 49809 | 54140 | 58471 | 62606 | 66543 | 70678 |
| | | 0.80 | 20160 | 24989 | 30030 | 35070 | 40110 | 44310 | 48510 | 53129 | 57750 | 62370 | 66779 | 70979 | 75390 |
| | | 0.85 | 21420 | 26551 | 31906 | 37261 | 42616 | 47079 | 51541 | 56450 | 61359 | 66268 | 70953 | 75416 | 80101 |
| | | 0.90 | 22680 | 28113 | 33783 | 39453 | 45123 | 49848 | 54573 | 59771 | 64968 | 70166 | 75127 | 79852 | 84813 |
| | | 0.95 | 23940 | 29675 | 35660 | 41645 | 47630 | 52618 | 57605 | 63091 | 68578 | 74064 | 79301 | 84288 | 89525 |
| | | 1.00 | 25200 | 31237 | 37537 | 43837 | 50137 | 55387 | 60637 | 66412 | 72187 | 77962 | 83474 | 88724 | 94237 |
| | | 1.05 | 26459 | 32799 | 39414 | 46029 | 52644 | 58156 | 63669 | 69733 | 75796 | 81860 | 87648 | 93161 | 98949 |
| 137 | 1500 × 1800 | 0.55 | 14256 | 17671 | 21235 | 24799 | 28363 | 31333 | 34303 | 37570 | 40837 | 44104 | 47222 | 50192 | 53311 |

续表

| 序号 | 柱截面 $b \times h$(mm) | 轴压比 | 当为下列混凝土强度等级时柱的轴压力设计值限值(kN) | | | | | | | | | | | | |
|---|---|---|---|---|---|---|---|---|---|---|---|---|---|---|---|
| | | | C20 | C25 | C30 | C35 | C40 | C45 | C50 | C55 | C60 | C65 | C70 | C75 | C80 |
| 137 | 1500×1800 | 0.60 | 15552 | 19278 | 23166 | 27054 | 30942 | 34182 | 37422 | 40986 | 44550 | 48114 | 51516 | 54756 | 58158 |
| | | 0.65 | 16848 | 20884 | 25096 | 29308 | 33520 | 37030 | 40540 | 44401 | 48262 | 52123 | 55808 | 59318 | 63004 |
| | | 0.70 | 18144 | 22490 | 27026 | 31563 | 36099 | 39879 | 43658 | 47816 | 51974 | 56133 | 60101 | 63881 | 67851 |
| | | 0.75 | 19440 | 24097 | 28957 | 33817 | 38677 | 42727 | 46777 | 51232 | 55687 | 60142 | 64394 | 68444 | 72697 |
| | | 0.80 | 20736 | 25703 | 30888 | 36072 | 41256 | 45576 | 49896 | 54647 | 59400 | 64152 | 68687 | 73007 | 77544 |
| | | 0.85 | 22032 | 27310 | 32818 | 38326 | 43834 | 48424 | 53014 | 58063 | 63112 | 68161 | 72981 | 77571 | 82390 |
| | | 0.90 | 23328 | 28916 | 34748 | 40581 | 46412 | 51272 | 56132 | 61478 | 66824 | 72170 | 77273 | 82133 | 87237 |
| | | 0.95 | 24624 | 30523 | 36679 | 42835 | 48991 | 54121 | 59251 | 64894 | 70537 | 76180 | 81566 | 86696 | 92083 |
| | | 1.00 | 25920 | 32129 | 38610 | 45090 | 51570 | 56970 | 62370 | 68309 | 74250 | 80190 | 85859 | 91259 | 96930 |
| | | 1.05 | 27215 | 33736 | 40540 | 47344 | 54148 | 59818 | 65488 | 71725 | 77962 | 84199 | 90152 | 95822 | 101776 |
| 138 | 1500×1850 | 0.55 | 14652 | 18162 | 21825 | 25488 | 29151 | 32203 | 35256 | 38614 | 41971 | 45329 | 48534 | 51587 | 54792 |
| | | 0.60 | 15984 | 19813 | 23809 | 27805 | 31801 | 35131 | 38461 | 42124 | 45787 | 49450 | 52947 | 56277 | 59773 |
| | | 0.65 | 17316 | 21464 | 25793 | 30122 | 34451 | 38059 | 41666 | 45634 | 49603 | 53571 | 57359 | 60966 | 64754 |
| | | 0.70 | 18648 | 23115 | 27777 | 32439 | 37101 | 40986 | 44871 | 49145 | 53418 | 57692 | 61771 | 65656 | 69735 |
| | | 0.75 | 19980 | 24766 | 29761 | 34756 | 39751 | 43914 | 48076 | 52655 | 57234 | 61813 | 66183 | 70346 | 74716 |
| | | 0.80 | 21312 | 26417 | 31746 | 37074 | 42402 | 46842 | 51282 | 56165 | 61050 | 65934 | 70595 | 75035 | 79698 |
| | | 0.85 | 22644 | 28069 | 33730 | 39391 | 45052 | 49769 | 54487 | 59676 | 64865 | 70054 | 75008 | 79725 | 84679 |
| | | 0.90 | 23976 | 29720 | 35714 | 41708 | 47702 | 52697 | 57692 | 63186 | 68681 | 74175 | 79420 | 84415 | 89660 |
| | | 0.95 | 25308 | 31371 | 37698 | 44025 | 50352 | 55624 | 60897 | 66697 | 72496 | 78296 | 83832 | 89105 | 94641 |
| | | 1.00 | 26640 | 33022 | 39682 | 46342 | 53002 | 58552 | 64102 | 70207 | 76312 | 82417 | 88244 | 93794 | 99622 |
| | | 1.05 | 27971 | 34673 | 41666 | 48659 | 55652 | 61480 | 67307 | 73717 | 80128 | 86538 | 92657 | 98484 | 104603 |
| 139 | 1500×1900 | 0.55 | 15048 | 18653 | 22415 | 26177 | 29939 | 33074 | 36209 | 39657 | 43106 | 46554 | 49846 | 52981 | 56273 |
| | | 0.60 | 16416 | 20349 | 24453 | 28557 | 32661 | 36081 | 39501 | 43263 | 47025 | 50787 | 54378 | 57798 | 61389 |
| | | 0.65 | 17784 | 22044 | 26490 | 30936 | 35382 | 39087 | 42792 | 46868 | 50943 | 55019 | 58909 | 62614 | 66504 |
| | | 0.70 | 19152 | 23740 | 28528 | 33316 | 38104 | 42094 | 46084 | 50473 | 54862 | 59251 | 63440 | 67430 | 71620 |
| | | 0.75 | 20520 | 25436 | 30566 | 35696 | 40826 | 45101 | 49376 | 54078 | 58781 | 63483 | 67972 | 72247 | 76736 |
| | | 0.80 | 21888 | 27131 | 32604 | 38076 | 43548 | 48108 | 52668 | 57683 | 62700 | 67716 | 72503 | 77063 | 81852 |
| | | 0.85 | 23256 | 28827 | 34641 | 40455 | 46269 | 51114 | 55959 | 61289 | 66618 | 71948 | 77035 | 81880 | 86967 |
| | | 0.90 | 24624 | 30523 | 36679 | 42835 | 48991 | 54121 | 59251 | 64894 | 70537 | 76180 | 81566 | 86696 | 92083 |
| | | 0.95 | 25992 | 32219 | 38717 | 45215 | 51713 | 57128 | 62543 | 68499 | 74456 | 80412 | 86098 | 91513 | 97199 |
| | | 1.00 | 27360 | 33914 | 40755 | 47595 | 54435 | 60135 | 65835 | 72104 | 78375 | 84645 | 90629 | 96329 | 102315 |
| | | 1.05 | 28727 | 35610 | 42792 | 49974 | 57156 | 63141 | 69126 | 75710 | 82293 | 88877 | 95161 | 101146 | 107430 |
| 140 | 1500×1950 | 0.55 | 15444 | 19144 | 23005 | 26866 | 30727 | 33944 | 37162 | 40701 | 44240 | 47779 | 51158 | 54375 | 57754 |
| | | 0.60 | 16848 | 20884 | 25096 | 29308 | 33520 | 37030 | 40540 | 44401 | 48262 | 52123 | 55809 | 59319 | 63004 |
| | | 0.65 | 18252 | 22624 | 27187 | 31750 | 36313 | 40116 | 43918 | 48101 | 52284 | 56467 | 60459 | 64262 | 68254 |
| | | 0.70 | 19656 | 24365 | 29279 | 34193 | 39107 | 43202 | 47297 | 51801 | 56306 | 60810 | 65110 | 69205 | 73505 |
| | | 0.75 | 21060 | 26105 | 31370 | 36635 | 41900 | 46288 | 50675 | 55501 | 60328 | 65154 | 69761 | 74148 | 78755 |
| | | 0.80 | 22464 | 27845 | 33462 | 39078 | 44694 | 49374 | 54054 | 59201 | 64350 | 69498 | 74411 | 79091 | 84006 |
| | | 0.85 | 23868 | 29586 | 35553 | 41520 | 47487 | 52459 | 57432 | 62902 | 68371 | 73841 | 79062 | 84035 | 89256 |
| | | 0.90 | 25272 | 31326 | 37644 | 43962 | 50280 | 55545 | 60810 | 66602 | 72393 | 78185 | 83713 | 88978 | 91506 |
| | | 0.95 | 26676 | 33067 | 39736 | 46405 | 53074 | 58631 | 64189 | 70302 | 76415 | 82528 | 88364 | 93921 | 99757 |
| | | 1.00 | 28080 | 34807 | 41827 | 48847 | 55867 | 61717 | 67567 | 74002 | 80437 | 86872 | 93014 | 98864 | 105007 |
| | | 1.05 | 29483 | 36547 | 43918 | 51289 | 58660 | 64803 | 70945 | 77702 | 84459 | 91216 | 97665 | 103808 | 110257 |
| 141 | 1500×2000 | 0.55 | 15840 | 19634 | 23595 | 27555 | 31515 | 34815 | 38115 | 41744 | 45375 | 49005 | 52469 | 55769 | 59235 |
| | | 0.60 | 17280 | 21420 | 25740 | 30060 | 34380 | 37980 | 41580 | 45540 | 49500 | 53460 | 57240 | 60840 | 64620 |
| | | 0.65 | 18720 | 23204 | 27884 | 32565 | 37244 | 41144 | 45044 | 49334 | 53624 | 57914 | 62009 | 65909 | 70005 |
| | | 0.70 | 20160 | 24989 | 30029 | 35070 | 40110 | 44310 | 48509 | 53129 | 57749 | 62370 | 66779 | 70979 | 75390 |

续表

| 序号 | 柱截面 $b \times h$(mm) | 轴压比 | 当为下列混凝土强度等级时柱的轴压力设计值限值(kN) | | | | | | | | | | | | |
|---|---|---|---|---|---|---|---|---|---|---|---|---|---|---|---|
| | | | C20 | C25 | C30 | C35 | C40 | C45 | C50 | C55 | C60 | C65 | C70 | C75 | C80 |
| 141 | 1500×2000 | 0.75 | 21600 | 26774 | 32175 | 37575 | 42975 | 47475 | 51975 | 56924 | 61875 | 66825 | 71549 | 76049 | 80775 |
| | | 0.80 | 23040 | 28559 | 34320 | 40080 | 45840 | 50640 | 55440 | 60719 | 66000 | 71280 | 76319 | 81119 | 86160 |
| | | 0.85 | 24480 | 30344 | 36465 | 42585 | 48705 | 53805 | 58905 | 64514 | 70125 | 75735 | 81090 | 86190 | 91545 |
| | | 0.90 | 25920 | 32129 | 38609 | 45090 | 51569 | 56969 | 62369 | 68309 | 74249 | 80189 | 85859 | 91259 | 96930 |
| | | 0.95 | 27360 | 33914 | 40755 | 47595 | 54435 | 60135 | 65835 | 72104 | 78374 | 84645 | 90629 | 96329 | 102315 |
| | | 1.00 | 28800 | 35699 | 42900 | 50100 | 57300 | 63300 | 69300 | 75899 | 82500 | 89100 | 95399 | 101399 | 107700 |
| | | 1.05 | 30239 | 37484 | 45044 | 52605 | 60164 | 66464 | 72764 | 79694 | 86624 | 93554 | 100169 | 106469 | 113084 |
| 142 | 1600×1600 | 0.55 | 13516 | 16755 | 20134 | 23513 | 26892 | 29708 | 32524 | 35622 | 38720 | 41817 | 44774 | 47590 | 50547 |
| | | 0.60 | 14745 | 18278 | 21964 | 25651 | 29337 | 32409 | 35481 | 38860 | 42240 | 45619 | 48844 | 51916 | 55142 |
| | | 0.65 | 15974 | 19801 | 23795 | 27788 | 31782 | 35110 | 38438 | 42099 | 45759 | 49420 | 52915 | 56243 | 59737 |
| | | 0.70 | 17203 | 21324 | 25625 | 29926 | 34227 | 37811 | 41395 | 45337 | 49279 | 53222 | 56985 | 60569 | 64332 |
| | | 0.75 | 18432 | 22847 | 27456 | 32064 | 36672 | 40512 | 44352 | 48575 | 52800 | 57024 | 61055 | 64895 | 68928 |
| | | 0.80 | 19660 | 24371 | 29286 | 34201 | 39116 | 43212 | 47308 | 51814 | 56320 | 60825 | 65126 | 69222 | 73523 |
| | | 0.85 | 20889 | 25894 | 31116 | 36339 | 41561 | 45913 | 50265 | 55052 | 59840 | 64627 | 69196 | 73548 | 78118 |
| | | 0.90 | 22118 | 27417 | 32947 | 38476 | 44006 | 48614 | 53222 | 58291 | 63359 | 68428 | 73267 | 77875 | 82713 |
| | | 0.95 | 23347 | 28940 | 34777 | 40614 | 46451 | 51315 | 56179 | 61529 | 66879 | 72230 | 77337 | 82201 | 87308 |
| | | 1.00 | 24576 | 30463 | 36608 | 42752 | 48896 | 54016 | 59136 | 64767 | 70400 | 76032 | 81407 | 86527 | 91904 |
| | | 1.05 | 25804 | 31987 | 38438 | 44889 | 51340 | 56716 | 62092 | 68006 | 73919 | 79833 | 85478 | 90854 | 96499 |
| 143 | 1600×1700 | 0.55 | 14361 | 17802 | 21392 | 24983 | 28573 | 31565 | 34557 | 37848 | 41140 | 44431 | 47572 | 50564 | 53706 |
| | | 0.60 | 15667 | 19420 | 23337 | 27254 | 31171 | 34435 | 37699 | 41289 | 44880 | 48470 | 51897 | 55161 | 58588 |
| | | 0.65 | 16972 | 21039 | 25282 | 29525 | 33768 | 37304 | 40840 | 44730 | 48619 | 52509 | 56222 | 59758 | 63471 |
| | | 0.70 | 18278 | 22657 | 27227 | 31796 | 36366 | 40174 | 43982 | 48171 | 52359 | 56548 | 60547 | 64355 | 68353 |
| | | 0.75 | 19584 | 24275 | 29172 | 34068 | 38964 | 43044 | 47124 | 51611 | 56100 | 60588 | 64871 | 68951 | 73236 |
| | | 0.80 | 20889 | 25894 | 31116 | 36339 | 41561 | 45913 | 50265 | 55052 | 59840 | 64627 | 69196 | 73548 | 78118 |
| | | 0.85 | 22195 | 27512 | 33061 | 38610 | 44159 | 48783 | 53407 | 58493 | 63580 | 68666 | 73521 | 78145 | 83000 |
| | | 0.90 | 23500 | 29131 | 35006 | 40881 | 46756 | 51652 | 56548 | 61934 | 67319 | 72705 | 77846 | 82742 | 87883 |
| | | 0.95 | 24806 | 30749 | 36951 | 43152 | 49354 | 54522 | 59690 | 65375 | 71059 | 76744 | 82171 | 87339 | 92765 |
| | | 1.00 | 26112 | 32367 | 38896 | 45424 | 51952 | 57392 | 62832 | 68815 | 74800 | 80784 | 86495 | 91935 | 97648 |
| | | 1.05 | 27417 | 33986 | 40840 | 47695 | 54549 | 60261 | 65973 | 72256 | 78539 | 84823 | 90820 | 96532 | 102530 |
| 144 | 1600×1800 | 0.55 | 15206 | 18849 | 22651 | 26452 | 30254 | 33422 | 36590 | 40075 | 43560 | 47044 | 50371 | 53539 | 56865 |
| | | 0.60 | 16588 | 20563 | 24710 | 28857 | 33004 | 36460 | 39916 | 43718 | 47520 | 51321 | 54950 | 58406 | 62035 |
| | | 0.65 | 17971 | 22276 | 26769 | 31262 | 35755 | 39499 | 43243 | 47361 | 51479 | 55598 | 59529 | 63273 | 67204 |
| | | 0.70 | 19353 | 23990 | 28828 | 33667 | 38505 | 42537 | 46569 | 51004 | 55439 | 59875 | 64108 | 68140 | 72374 |
| | | 0.75 | 20736 | 25703 | 30888 | 36072 | 41256 | 45576 | 49896 | 54647 | 59400 | 64152 | 68687 | 73007 | 77544 |
| | | 0.80 | 22118 | 27417 | 32947 | 38476 | 44006 | 48614 | 53222 | 58291 | 63360 | 68428 | 73267 | 77875 | 82713 |
| | | 0.85 | 23500 | 29131 | 35006 | 40881 | 46756 | 51652 | 56548 | 61934 | 67320 | 72705 | 77846 | 82742 | 87883 |
| | | 0.90 | 24883 | 30844 | 37065 | 43286 | 49507 | 54691 | 59875 | 65577 | 71279 | 76982 | 82425 | 87609 | 93052 |
| | | 0.95 | 26265 | 32558 | 39124 | 45691 | 52257 | 57729 | 63201 | 69220 | 75239 | 81259 | 87004 | 92476 | 98222 |
| | | 1.00 | 27648 | 34271 | 41184 | 48096 | 55008 | 60768 | 66528 | 72863 | 79200 | 85536 | 91583 | 97343 | 103392 |
| | | 1.05 | 29030 | 35985 | 43243 | 50500 | 57758 | 63806 | 69854 | 76507 | 83159 | 89812 | 96163 | 102211 | 108561 |
| 145 | 1600×1900 | 0.55 | 16051 | 19896 | 23909 | 27922 | 31935 | 35279 | 38623 | 42301 | 45980 | 49658 | 53169 | 56513 | 60024 |
| | | 0.60 | 17510 | 21705 | 26083 | 30460 | 34838 | 38486 | 42134 | 46147 | 50160 | 54172 | 58003 | 61651 | 65481 |
| | | 0.65 | 18969 | 23514 | 28256 | 32999 | 37741 | 41693 | 45645 | 49992 | 54339 | 58687 | 62836 | 66788 | 70938 |
| | | 0.70 | 20428 | 25323 | 30430 | 35537 | 40644 | 44900 | 49156 | 53838 | 58519 | 63201 | 67670 | 71926 | 76395 |
| | | 0.75 | 21888 | 27131 | 32604 | 38076 | 43548 | 48108 | 52668 | 57683 | 62700 | 67716 | 72503 | 77063 | 81852 |
| | | 0.80 | 23347 | 28940 | 34777 | 40614 | 46451 | 51315 | 56179 | 61529 | 66880 | 72230 | 77337 | 82201 | 87308 |
| | | 0.85 | 24806 | 30749 | 36951 | 43152 | 49354 | 54522 | 59690 | 65375 | 71060 | 76744 | 82171 | 87339 | 92765 |

续表

| 序号 | 柱截面 $b \times h$(mm) | 轴压比 | 当为下列混凝土强度等级时柱的轴压力设计值限值(kN) | | | | | | | | | | | | |
|---|---|---|---|---|---|---|---|---|---|---|---|---|---|---|---|
| | | | C20 | C25 | C30 | C35 | C40 | C45 | C50 | C55 | C60 | C65 | C70 | C75 | C80 |
| 145 | 1600×1900 | 0.90 | 26265 | 32558 | 39124 | 45691 | 52257 | 57729 | 63201 | 69220 | 75239 | 81259 | 87004 | 92476 | 98222 |
| | | 0.95 | 27724 | 34367 | 41298 | 48229 | 55160 | 60936 | 66712 | 73066 | 79419 | 85773 | 91838 | 97614 | 103679 |
| | | 1.00 | 29184 | 36175 | 43472 | 50768 | 58064 | 64144 | 70224 | 76911 | 83600 | 90288 | 96671 | 102751 | 109136 |
| | | 1.05 | 30643 | 37984 | 45645 | 53306 | 60967 | 67351 | 73735 | 80757 | 87779 | 94802 | 101505 | 107889 | 114592 |
| 146 | 1600×2000 | 0.55 | 16896 | 20943 | 25168 | 29392 | 33616 | 37136 | 40656 | 44527 | 48400 | 52272 | 55967 | 59487 | 63184 |
| | | 0.60 | 18432 | 22848 | 27456 | 32064 | 36672 | 40512 | 44352 | 48576 | 52800 | 57024 | 61056 | 64896 | 68928 |
| | | 0.65 | 19968 | 24751 | 29743 | 34736 | 39727 | 43887 | 48047 | 52623 | 57199 | 61775 | 66143 | 70303 | 74672 |
| | | 0.70 | 21504 | 26655 | 32031 | 37408 | 42784 | 47264 | 51743 | 56671 | 61599 | 66528 | 71231 | 75711 | 80416 |
| | | 0.75 | 23040 | 28559 | 34320 | 40080 | 45840 | 50640 | 55440 | 60719 | 66000 | 71280 | 76319 | 81119 | 86160 |
| | | 0.80 | 24576 | 30463 | 36608 | 42752 | 48896 | 54016 | 59136 | 64767 | 70400 | 76032 | 81407 | 86527 | 91904 |
| | | 0.85 | 26112 | 32367 | 38896 | 45424 | 51952 | 57392 | 62832 | 68815 | 74800 | 80784 | 86496 | 91936 | 97648 |
| | | 0.90 | 27648 | 34271 | 41183 | 48096 | 55007 | 60767 | 66527 | 72863 | 79199 | 85535 | 91583 | 97343 | 103392 |
| | | 0.95 | 29184 | 36175 | 43472 | 50768 | 58064 | 64144 | 70224 | 76911 | 83599 | 90288 | 96671 | 102751 | 109136 |
| | | 1.00 | 30720 | 38079 | 45760 | 53440 | 61120 | 67520 | 73920 | 80959 | 88000 | 95040 | 101759 | 108159 | 114880 |
| | | 1.05 | 32255 | 39983 | 48047 | 56112 | 64175 | 70895 | 77615 | 85007 | 92399 | 99791 | 106847 | 113567 | 120623 |
| 147 | 1600×2100 | 0.55 | 17740 | 21991 | 26426 | 30861 | 35296 | 38992 | 42688 | 46754 | 50820 | 54885 | 58766 | 62462 | 66343 |
| | | 0.60 | 19353 | 23990 | 28828 | 33667 | 38505 | 42537 | 46569 | 51004 | 55440 | 59875 | 64108 | 68140 | 72374 |
| | | 0.65 | 20966 | 25989 | 31231 | 36472 | 41714 | 46082 | 50450 | 55255 | 60059 | 64864 | 69451 | 73819 | 78405 |
| | | 0.70 | 22579 | 27988 | 33633 | 39278 | 44923 | 49627 | 54331 | 59505 | 64679 | 69854 | 74793 | 79497 | 84436 |
| | | 0.75 | 24192 | 29987 | 36036 | 42084 | 48132 | 53172 | 58212 | 63755 | 69300 | 74844 | 80135 | 85175 | 90468 |
| | | 0.80 | 25804 | 31987 | 38438 | 44889 | 51340 | 56716 | 62092 | 68006 | 73920 | 79833 | 85478 | 90854 | 96499 |
| | | 0.85 | 27417 | 33986 | 40840 | 47695 | 54549 | 60261 | 65973 | 72256 | 78540 | 84823 | 90820 | 96532 | 102530 |
| | | 0.90 | 29030 | 35985 | 43243 | 50500 | 57758 | 63806 | 69854 | 76507 | 83159 | 89812 | 96163 | 102211 | 108561 |
| | | 0.95 | 30643 | 37984 | 45645 | 53306 | 60967 | 67351 | 73735 | 80757 | 87779 | 94802 | 101505 | 107889 | 114592 |
| | | 1.00 | 32256 | 39983 | 48048 | 56112 | 64176 | 70896 | 77616 | 85007 | 92400 | 99792 | 106847 | 113567 | 120624 |
| | | 1.05 | 33868 | 41983 | 50450 | 58917 | 67384 | 74440 | 81496 | 89258 | 97019 | 104781 | 112190 | 119246 | 126655 |
| 148 | 1600×2200 | 0.55 | 18585 | 23038 | 27684 | 32331 | 36977 | 40849 | 44721 | 48980 | 53240 | 57499 | 61564 | 65436 | 69502 |
| | | 0.60 | 20275 | 25132 | 30201 | 35270 | 40339 | 44563 | 48787 | 53433 | 58080 | 62726 | 67161 | 71385 | 75820 |
| | | 0.65 | 21964 | 27227 | 32718 | 38209 | 43700 | 48276 | 52852 | 57886 | 62919 | 67953 | 72758 | 77334 | 82139 |
| | | 0.70 | 23654 | 29321 | 35235 | 41148 | 47062 | 51990 | 56918 | 62339 | 67759 | 73180 | 78355 | 83283 | 88457 |
| | | 0.75 | 25344 | 31415 | 37752 | 44088 | 50424 | 55704 | 60984 | 66791 | 72600 | 78408 | 83951 | 89231 | 94776 |
| | | 0.80 | 27033 | 33510 | 40268 | 47027 | 53785 | 59417 | 65049 | 71244 | 77440 | 83635 | 89548 | 95180 | 101094 |
| | | 0.85 | 28723 | 35604 | 42785 | 49966 | 57147 | 63131 | 69115 | 75697 | 82280 | 88862 | 95145 | 101129 | 107412 |
| | | 0.90 | 30412 | 37699 | 45302 | 52905 | 60508 | 66844 | 73180 | 80150 | 87119 | 94089 | 100742 | 107078 | 113731 |
| | | 0.95 | 32102 | 39793 | 47819 | 55844 | 63870 | 70558 | 77246 | 84603 | 91959 | 99316 | 106339 | 113027 | 120049 |
| | | 1.00 | 33792 | 41887 | 50336 | 58784 | 67232 | 74272 | 81312 | 89055 | 96800 | 104544 | 111935 | 118975 | 126368 |
| | | 1.05 | 35481 | 43982 | 52852 | 61723 | 70593 | 77985 | 85377 | 93508 | 101639 | 109771 | 117532 | 124924 | 132686 |
| 149 | 1700×1700 | 0.55 | 15259 | 18915 | 22729 | 26544 | 30359 | 33538 | 36717 | 40214 | 43711 | 47208 | 50546 | 53725 | 57063 |
| | | 0.60 | 16646 | 20634 | 24796 | 28957 | 33119 | 36587 | 40055 | 43870 | 47685 | 51499 | 55141 | 58609 | 62250 |
| | | 0.65 | 18033 | 22354 | 26862 | 31370 | 35879 | 39636 | 43393 | 47526 | 51658 | 55791 | 59736 | 63493 | 67438 |
| | | 0.70 | 19420 | 24073 | 28928 | 33784 | 38639 | 42685 | 46731 | 51181 | 55632 | 60083 | 64331 | 68377 | 72625 |
| | | 0.75 | 20808 | 25793 | 30995 | 36197 | 41399 | 45734 | 50069 | 54837 | 59606 | 64374 | 68926 | 73261 | 77813 |
| | | 0.80 | 22195 | 27512 | 33061 | 38610 | 44159 | 48783 | 53407 | 58493 | 63580 | 68666 | 73521 | 78145 | 83000 |
| | | 0.85 | 23582 | 29232 | 35127 | 41023 | 46919 | 51832 | 56745 | 62149 | 67553 | 72958 | 78116 | 83029 | 88188 |
| | | 0.90 | 24969 | 30951 | 37194 | 43436 | 49679 | 54881 | 60083 | 65805 | 71527 | 77249 | 82711 | 87913 | 93375 |
| | | 0.95 | 26356 | 32671 | 39260 | 45849 | 52439 | 57930 | 63421 | 69461 | 75501 | 81541 | 87306 | 92797 | 98563 |
| | | 1.00 | 27744 | 34390 | 41327 | 48263 | 55199 | 60979 | 66759 | 73116 | 79475 | 85833 | 91901 | 97681 | 103751 |

续表

| 序号 | 柱截面 $b \times h$(mm) | 轴压比 | 当为下列混凝土强度等级时柱的轴压力设计值限值(kN) | | | | | | | | | | | | |
|---|---|---|---|---|---|---|---|---|---|---|---|---|---|---|---|
| | | | C20 | C25 | C30 | C35 | C40 | C45 | C50 | C55 | C60 | C65 | C70 | C75 | C80 |
| 149 | 1700×1700 | 1.05 | 29131 | 36110 | 43393 | 50676 | 57958 | 64027 | 70096 | 76772 | 83448 | 90124 | 96497 | 102566 | 108938 |
| | | 0.55 | 17107 | 21205 | 25482 | 29759 | 34036 | 37600 | 41164 | 45084 | 49005 | 52925 | 56667 | 60231 | 63973 |
| | | 0.60 | 18662 | 23133 | 27799 | 32464 | 37130 | 41018 | 44906 | 49183 | 53460 | 57736 | 61819 | 65707 | 69789 |
| | | 0.65 | 20217 | 25061 | 30115 | 35170 | 40224 | 44436 | 48648 | 53281 | 57914 | 62548 | 66970 | 71182 | 75605 |
| | | 0.70 | 21772 | 26989 | 32432 | 37875 | 43318 | 47854 | 52390 | 57380 | 62369 | 67359 | 72122 | 76658 | 81421 |
| | | 0.75 | 23328 | 28916 | 34749 | 40581 | 46413 | 51273 | 56133 | 61478 | 66825 | 72171 | 77273 | 82133 | 87237 |
| 150 | 1800×1800 | 0.80 | 24883 | 30844 | 37065 | 43286 | 49507 | 54391 | 59875 | 65577 | 71280 | 76982 | 82425 | 87609 | 93052 |
| | | 0.85 | 26438 | 32772 | 39382 | 45991 | 52601 | 58109 | 63617 | 69676 | 75735 | 81793 | 87577 | 93085 | 98868 |
| | | 0.90 | 27993 | 34700 | 41698 | 48697 | 55695 | 61527 | 67359 | 73774 | 80189 | 86605 | 92728 | 98560 | 104684 |
| | | 0.95 | 29548 | 36628 | 44015 | 51402 | 58789 | 64945 | 71101 | 77873 | 84644 | 91416 | 97880 | 104036 | 110500 |
| | | 1.00 | 31104 | 38555 | 46332 | 54108 | 61884 | 68364 | 74844 | 81971 | 89100 | 96228 | 103031 | 109511 | 116316 |
| | | 1.05 | 32659 | 40483 | 48648 | 56813 | 64978 | 71782 | 78586 | 86070 | 93554 | 101039 | 108183 | 114987 | 122131 |
| | | 0.55 | 19060 | 23627 | 28392 | 33157 | 37923 | 41894 | 45865 | 50233 | 54601 | 58969 | 63138 | 67109 | 71279 |
| | | 0.60 | 20793 | 25775 | 30973 | 36172 | 41370 | 45702 | 50034 | 54799 | 59565 | 64330 | 68878 | 73210 | 77759 |
| | | 0.65 | 22526 | 27923 | 33554 | 39186 | 44818 | 49511 | 54204 | 59366 | 64528 | 69691 | 74618 | 79311 | 84239 |
| | | 0.70 | 24259 | 30071 | 36136 | 42200 | 48265 | 53319 | 58373 | 63933 | 69492 | 75051 | 80358 | 85412 | 90719 |
| | | 0.75 | 25992 | 32219 | 38717 | 45215 | 51713 | 57128 | 62543 | 68499 | 74456 | 80412 | 86098 | 91513 | 97199 |
| 151 | 1900×1900 | 0.80 | 27724 | 34367 | 41298 | 48229 | 55160 | 60936 | 66712 | 73066 | 79420 | 85773 | 91838 | 97614 | 103679 |
| | | 0.85 | 29457 | 36515 | 43879 | 51243 | 58608 | 64745 | 70882 | 77633 | 84383 | 91134 | 97578 | 103715 | 110159 |
| | | 0.90 | 31190 | 38663 | 46460 | 54258 | 62055 | 68553 | 75051 | 82199 | 89347 | 96495 | 103318 | 109816 | 116639 |
| | | 0.95 | 32923 | 40811 | 49041 | 57272 | 65503 | 72362 | 79221 | 86766 | 94311 | 101856 | 109058 | 115917 | 123119 |
| | | 1.00 | 34656 | 42958 | 51623 | 60287 | 68951 | 76171 | 83391 | 91332 | 99275 | 107217 | 114797 | 122017 | 129599 |
| | | 1.05 | 36388 | 45106 | 54204 | 63301 | 72398 | 79979 | 87560 | 95899 | 104238 | 112577 | 120537 | 128118 | 136078 |
| | | 0.55 | 21120 | 26179 | 31460 | 36740 | 42020 | 46420 | 50820 | 55659 | 60500 | 65340 | 69959 | 74359 | 78980 |
| | | 0.60 | 23040 | 28560 | 34320 | 40080 | 45840 | 50640 | 55440 | 60720 | 66000 | 71280 | 76320 | 81120 | 86160 |
| | | 0.65 | 24960 | 30939 | 37179 | 43420 | 49659 | 54859 | 60059 | 65779 | 71499 | 77219 | 82679 | 87879 | 93340 |
| | | 0.70 | 26880 | 33319 | 40039 | 46760 | 53480 | 59080 | 64679 | 70839 | 76999 | 83160 | 89039 | 94639 | 100520 |
| | | 0.75 | 28800 | 35699 | 42900 | 50100 | 57300 | 63300 | 69300 | 75899 | 82500 | 89100 | 95399 | 101399 | 107700 |
| 152 | 2000×2000 | 0.80 | 30720 | 38079 | 45760 | 53440 | 61120 | 67520 | 73920 | 80959 | 88000 | 95040 | 101759 | 108159 | 114880 |
| | | 0.85 | 32640 | 40459 | 48620 | 56780 | 64940 | 71740 | 78540 | 86019 | 93500 | 100980 | 108120 | 114920 | 122060 |
| | | 0.90 | 34560 | 42839 | 51479 | 60120 | 68759 | 75959 | 83159 | 91079 | 98999 | 106919 | 114479 | 121679 | 129240 |
| | | 0.95 | 36480 | 45219 | 54340 | 63460 | 72580 | 80180 | 87780 | 96139 | 104499 | 112860 | 120839 | 128439 | 136420 |
| | | 1.00 | 38400 | 47599 | 57200 | 66800 | 76400 | 84400 | 92400 | 101199 | 110000 | 118800 | 127199 | 135199 | 143600 |
| | | 1.05 | 40319 | 49979 | 60059 | 70140 | 80219 | 88619 | 97019 | 106259 | 115499 | 124739 | 133559 | 141959 | 150779 |
| | | 0.55 | 23232 | 28798 | 34606 | 40414 | 46222 | 51062 | 55902 | 61226 | 66550 | 71874 | 76956 | 81796 | 86878 |
| | | 0.60 | 25344 | 31416 | 37752 | 44088 | 50424 | 55704 | 60984 | 66792 | 72600 | 78408 | 83952 | 89232 | 94776 |
| | | 0.65 | 27456 | 34034 | 40898 | 47762 | 54626 | 60346 | 66066 | 72358 | 78650 | 84942 | 90948 | 96668 | 102674 |
| | | 0.70 | 29568 | 36652 | 44044 | 51436 | 58828 | 64988 | 71148 | 77924 | 84700 | 91476 | 97944 | 104104 | 110572 |
| | | 0.75 | 31680 | 39270 | 47190 | 55110 | 63030 | 69630 | 76230 | 83490 | 90750 | 98010 | 104940 | 111540 | 118470 |
| 153 | 2000×2200 | 0.80 | 33792 | 41888 | 50336 | 58784 | 67232 | 74272 | 81312 | 89056 | 96800 | 104544 | 111936 | 118976 | 126368 |
| | | 0.85 | 35904 | 44506 | 53482 | 62458 | 71434 | 78914 | 86394 | 94622 | 102850 | 111078 | 118932 | 126412 | 134266 |
| | | 0.90 | 38016 | 47124 | 56628 | 66132 | 75636 | 83556 | 91476 | 100188 | 108900 | 117612 | 125928 | 133848 | 142164 |
| | | 0.95 | 40128 | 49742 | 59774 | 69806 | 79838 | 88198 | 96558 | 105754 | 114950 | 124146 | 132924 | 141284 | 150062 |
| | | 1.00 | 42240 | 52360 | 62920 | 73480 | 84040 | 92840 | 101640 | 111320 | 121000 | 130680 | 139920 | 148720 | 157960 |
| | | 1.05 | 44352 | 54978 | 66066 | 77154 | 88242 | 97482 | 106722 | 116886 | 127050 | 137214 | 146916 | 156156 | 165858 |

**圆形截面柱轴压力限值表** **表 12-2**

| 序号 | 柱直径 D (mm) | 轴压比 | 当为下列混凝土强度等级时柱的轴压力设计值限值(kN) | | | | | | | | | | | | |
|---|---|---|---|---|---|---|---|---|---|---|---|---|---|---|---|
| | | | C20 | C25 | C30 | C35 | C40 | C45 | C50 | C55 | C60 | C65 | C70 | C75 | C80 |
| 1 | 350 | 0.55 | 508 | 630 | 757 | 884 | 1011 | 1117 | 1222 | 1339 | 1455 | 1572 | 1683 | 1789 | 1900 |
| | | 0.60 | 554 | 687 | 825 | 964 | 1103 | 1218 | 1333 | 1460 | 1587 | 1714 | 1836 | 1951 | 2072 |
| | | 0.65 | 600 | 744 | 894 | 1044 | 1194 | 1320 | 1445 | 1582 | 1720 | 1857 | 1989 | 2114 | 2245 |
| | | 0.70 | 647 | 801 | 963 | 1125 | 1286 | 1421 | 1556 | 1704 | 1852 | 2000 | 2142 | 2276 | 2418 |
| | | 0.75 | 693 | 859 | 1032 | 1205 | 1378 | 1523 | 1667 | 1826 | 1984 | 2143 | 2295 | 2439 | 2590 |
| | | 0.80 | 739 | 916 | 1101 | 1285 | 1470 | 1624 | 1778 | 1947 | 2117 | 2286 | 2448 | 2602 | 2763 |
| | | 0.85 | 785 | 973 | 1169 | 1366 | 1562 | 1726 | 1889 | 2069 | 2249 | 2429 | 2601 | 2764 | 2936 |
| | | 0.90 | 831 | 1030 | 1238 | 1446 | 1654 | 1827 | 2000 | 2191 | 2381 | 2572 | 2754 | 2927 | 3109 |
| | | 0.95 | 877 | 1088 | 1307 | 1526 | 1746 | 1929 | 2111 | 2312 | 2514 | 2715 | 2907 | 3089 | 3281 |
| | | 1.00 | 924 | 1145 | 1376 | 1607 | 1838 | 2030 | 2222 | 2434 | 2646 | 2857 | 3060 | 3252 | 3454 |
| | | 1.05 | 970 | 1202 | 1445 | 1687 | 1930 | 2132 | 2334 | 2556 | 2778 | 3000 | 3212 | 3415 | 3627 |
| 2 | 400 | 0.55 | 664 | 822 | 988 | 1154 | 1320 | 1458 | 1597 | 1749 | 1901 | 2053 | 2198 | 2336 | 2481 |
| | | 0.60 | 724 | 897 | 1078 | 1259 | 1440 | 1591 | 1742 | 1908 | 2073 | 2239 | 2398 | 2548 | 2707 |
| | | 0.65 | 784 | 972 | 1168 | 1364 | 1560 | 1723 | 1887 | 2067 | 2246 | 2426 | 2597 | 2761 | 2932 |
| | | 0.70 | 844 | 1047 | 1258 | 1469 | 1680 | 1856 | 2032 | 2226 | 2419 | 2613 | 2797 | 2973 | 3158 |
| | | 0.75 | 905 | 1122 | 1348 | 1574 | 1800 | 1989 | 2177 | 2384 | 2592 | 2799 | 2997 | 3186 | 3383 |
| | | 0.80 | 965 | 1196 | 1438 | 1679 | 1920 | 2121 | 2322 | 2543 | 2765 | 2986 | 3197 | 3398 | 3609 |
| | | 0.85 | 1025 | 1271 | 1527 | 1784 | 2040 | 2254 | 2467 | 2702 | 2937 | 3172 | 3397 | 3610 | 3835 |
| | | 0.90 | 1086 | 1346 | 1617 | 1889 | 2160 | 2386 | 2613 | 2861 | 3110 | 3359 | 3596 | 3823 | 4060 |
| | | 0.95 | 1146 | 1421 | 1707 | 1994 | 2280 | 2519 | 2758 | 3020 | 3283 | 3546 | 3796 | 4035 | 4286 |
| | | 1.00 | 1206 | 1495 | 1797 | 2099 | 2400 | 2652 | 2903 | 3179 | 3456 | 3732 | 3996 | 4247 | 4511 |
| | | 1.05 | 1267 | 1570 | 1887 | 2204 | 2520 | 2784 | 3048 | 3338 | 3629 | 3919 | 4196 | 4460 | 4737 |
| 3 | 450 | 0.55 | 840 | 1041 | 1251 | 1461 | 1671 | 1846 | 2021 | 2213 | 2406 | 2598 | 2782 | 2957 | 3140 |
| | | 0.60 | 916 | 1136 | 1365 | 1594 | 1823 | 2013 | 2204 | 2414 | 2624 | 2834 | 3035 | 3225 | 3426 |
| | | 0.65 | 992 | 1230 | 1478 | 1726 | 1975 | 2181 | 2388 | 2615 | 2843 | 3070 | 3287 | 3494 | 3711 |
| | | 0.70 | 1069 | 1325 | 1592 | 1859 | 2126 | 2349 | 2572 | 2817 | 3062 | 3307 | 3540 | 3763 | 3997 |
| | | 0.75 | 1145 | 1419 | 1706 | 1992 | 2278 | 2517 | 2755 | 3018 | 3280 | 3543 | 3793 | 4032 | 4282 |
| | | 0.80 | 1221 | 1514 | 1819 | 2125 | 2430 | 2685 | 2939 | 3219 | 3499 | 3779 | 4046 | 4301 | 4568 |
| | | 0.85 | 1298 | 1609 | 1933 | 2258 | 2582 | 2852 | 3123 | 3420 | 3718 | 4015 | 4299 | 4569 | 4853 |
| | | 0.90 | 1374 | 1703 | 2047 | 2390 | 2734 | 3020 | 3307 | 3621 | 3936 | 4251 | 4552 | 4838 | 5139 |
| | | 0.95 | 1450 | 1798 | 2161 | 2523 | 2886 | 3188 | 3490 | 3822 | 4155 | 4487 | 4805 | 5107 | 5424 |
| | | 1.00 | 1527 | 1893 | 2274 | 2656 | 3038 | 3356 | 3674 | 4024 | 4374 | 4724 | 5058 | 5376 | 5710 |
| | | 1.05 | 1603 | 1987 | 2388 | 2789 | 3190 | 3524 | 3858 | 4225 | 4592 | 4960 | 5310 | 5644 | 5995 |
| 4 | 500 | 0.55 | 1037 | 1285 | 1544 | 1803 | 2063 | 2279 | 2495 | 2732 | 2970 | 3207 | 3434 | 3650 | 3877 |
| | | 0.60 | 1131 | 1402 | 1685 | 1967 | 2250 | 2486 | 2721 | 2981 | 3240 | 3499 | 3746 | 3982 | 4229 |
| | | 0.65 | 1225 | 1519 | 1825 | 2131 | 2438 | 2693 | 2948 | 3229 | 3510 | 3791 | 4059 | 4314 | 4581 |
| | | 0.70 | 1319 | 1636 | 1965 | 2295 | 2625 | 2900 | 3175 | 3477 | 3780 | 4082 | 4371 | 4646 | 4934 |
| | | 0.75 | 1414 | 1752 | 2106 | 2459 | 2813 | 3107 | 3402 | 3726 | 4050 | 4374 | 4683 | 4977 | 5287 |
| | | 0.80 | 1508 | 1869 | 2246 | 2623 | 3000 | 3314 | 3629 | 3974 | 4320 | 4665 | 4995 | 5309 | 5639 |
| | | 0.85 | 1602 | 1986 | 2387 | 2787 | 3188 | 3522 | 3855 | 4222 | 4590 | 4957 | 5307 | 5641 | 5992 |
| | | 0.90 | 1696 | 2103 | 2527 | 2951 | 3375 | 3729 | 4082 | 4471 | 4860 | 5248 | 5620 | 5973 | 6344 |
| | | 0.95 | 1791 | 2220 | 2667 | 3115 | 3563 | 3936 | 4309 | 4719 | 5130 | 5540 | 5932 | 6305 | 6696 |
| | | 1.00 | 1885 | 2337 | 2808 | 3279 | 3750 | 4143 | 4536 | 4968 | 5400 | 5832 | 6244 | 6637 | 7049 |
| | | 1.05 | 1979 | 2453 | 2948 | 3443 | 3938 | 4350 | 4762 | 5216 | 5670 | 6123 | 6556 | 6968 | 7401 |
| 5 | 550 | 0.55 | 1254 | 1555 | 1869 | 2182 | 2496 | 2757 | 3018 | 3306 | 3593 | 3881 | 4155 | 4417 | 4691 |
| | | 0.60 | 1368 | 1696 | 2038 | 2381 | 2723 | 3008 | 3293 | 3607 | 3920 | 4234 | 4533 | 4818 | 5118 |
| | | 0.65 | 1483 | 1838 | 2208 | 2579 | 2950 | 3258 | 3567 | 3907 | 4247 | 4587 | 4911 | 5220 | 5544 |

续表

| 序号 | 柱直径 D （mm） | 轴压比 | 当为下列混凝土强度等级时柱的轴压力设计值限值(kN) | | | | | | | | | | | | |
|---|---|---|---|---|---|---|---|---|---|---|---|---|---|---|---|
| | | | C20 | C25 | C30 | C35 | C40 | C45 | C50 | C55 | C60 | C65 | C70 | C75 | C80 |
| 5 | 550 | 0.70 | 1597 | 1979 | 2378 | 2777 | 3176 | 3509 | 3842 | 4208 | 4573 | 4939 | 5289 | 5621 | 5970 |
| | | 0.75 | 1711 | 2120 | 2548 | 2976 | 3403 | 3760 | 4116 | 4508 | 4900 | 5292 | 5666 | 6023 | 6397 |
| | | 0.80 | 1825 | 2262 | 2718 | 3174 | 3630 | 4010 | 4391 | 4809 | 5227 | 5645 | 6044 | 6424 | 6823 |
| | | 0.85 | 1939 | 2403 | 2888 | 3372 | 3857 | 4261 | 4665 | 5109 | 5553 | 5998 | 6122 | 6826 | 7250 |
| | | 0.90 | 2053 | 2545 | 3058 | 3571 | 4084 | 4512 | 4939 | 5410 | 5880 | 6351 | 6800 | 7227 | 7676 |
| | | 0.95 | 2167 | 2686 | 3228 | 3769 | 4311 | 4762 | 5214 | 5710 | 6207 | 6703 | 7177 | 7629 | 8103 |
| | | 1.00 | 2281 | 2827 | 3397 | 3968 | 4538 | 5013 | 5488 | 6011 | 6534 | 7056 | 7555 | 8030 | 8529 |
| | | 1.05 | 2395 | 2969 | 3567 | 4166 | 4765 | 5264 | 5763 | 6311 | 6860 | 7409 | 7933 | 8432 | 8956 |
| 6 | 600 | 0.55 | 1493 | 1851 | 2224 | 2597 | 2970 | 3281 | 3592 | 3934 | 4276 | 4619 | 4945 | 5256 | 5583 |
| | | 0.60 | 1629 | 2019 | 2426 | 2833 | 3240 | 3580 | 3919 | 4292 | 4665 | 5038 | 5395 | 5734 | 6090 |
| | | 0.65 | 1764 | 2187 | 2628 | 3069 | 3510 | 3878 | 4245 | 4650 | 5054 | 5458 | 5844 | 6212 | 6598 |
| | | 0.70 | 1900 | 2355 | 2830 | 3305 | 3780 | 4176 | 4572 | 5007 | 5443 | 5878 | 6294 | 6690 | 7105 |
| | | 0.75 | 2036 | 2523 | 3032 | 3541 | 4050 | 4474 | 4899 | 5365 | 5832 | 6298 | 6743 | 7168 | 7613 |
| | | 0.80 | 2171 | 2692 | 3235 | 3777 | 4320 | 4773 | 5225 | 5723 | 6220 | 6718 | 7193 | 7645 | 8120 |
| | | 0.85 | 2307 | 2860 | 3437 | 4014 | 4590 | 5071 | 5552 | 6080 | 6609 | 7138 | 7643 | 8123 | 8628 |
| | | 0.90 | 2443 | 3028 | 3639 | 4250 | 4860 | 5369 | 5878 | 6438 | 6998 | 7558 | 8092 | 8601 | 9135 |
| | | 0.95 | 2579 | 3196 | 3841 | 4486 | 5130 | 5668 | 6205 | 6796 | 7387 | 7978 | 8542 | 9079 | 9643 |
| | | 1.00 | 2714 | 3365 | 4043 | 4722 | 5400 | 5966 | 6531 | 7153 | 7775 | 8397 | 8991 | 9557 | 10150 |
| | | 1.05 | 2850 | 3533 | 4245 | 4958 | 5670 | 6264 | 6858 | 7511 | 8164 | 8817 | 9441 | 10035 | 10658 |
| 7 | 650 | 0.55 | 1752 | 2172 | 2610 | 3048 | 3486 | 3851 | 4216 | 4617 | 5019 | 5420 | 5804 | 6169 | 6552 |
| | | 0.60 | 1911 | 2369 | 2847 | 3325 | 3803 | 4201 | 4599 | 5037 | 5475 | 5913 | 6331 | 6730 | 7148 |
| | | 0.65 | 2071 | 2567 | 3084 | 3602 | 4120 | 4551 | 4982 | 5457 | 5931 | 6406 | 6859 | 7290 | 7743 |
| | | 0.70 | 2230 | 2764 | 3322 | 3879 | 4437 | 4901 | 5366 | 5877 | 6388 | 6899 | 7387 | 7851 | 8339 |
| | | 0.75 | 2389 | 2962 | 3559 | 4156 | 4753 | 5251 | 5749 | 6296 | 6844 | 7392 | 7914 | 8412 | 8935 |
| | | 0.80 | 2548 | 3159 | 3796 | 4433 | 5070 | 5601 | 6132 | 6716 | 7300 | 7884 | 8442 | 8973 | 9530 |
| | | 0.85 | 2708 | 3356 | 4033 | 4710 | 5387 | 5951 | 6515 | 7136 | 7757 | 8377 | 8969 | 9533 | 10126 |
| | | 0.90 | 2867 | 3554 | 4271 | 4987 | 5704 | 6301 | 6899 | 7556 | 8213 | 8870 | 9497 | 10094 | 10721 |
| | | 0.95 | 3026 | 3751 | 4508 | 5264 | 6021 | 6652 | 7282 | 7976 | 8669 | 9363 | 10025 | 10655 | 11317 |
| | | 1.00 | 3186 | 3949 | 4745 | 5542 | 6338 | 7002 | 7665 | 8395 | 9125 | 9855 | 10552 | 11216 | 11913 |
| | | 1.05 | 3345 | 4146 | 4982 | 5819 | 6655 | 7352 | 8049 | 8815 | 9582 | 10348 | 11080 | 11777 | 12508 |
| 8 | 700 | 0.55 | 2032 | 2519 | 3027 | 3535 | 4043 | 4466 | 4889 | 5355 | 5821 | 6286 | 6731 | 7154 | 7599 |
| | | 0.60 | 2217 | 2748 | 3302 | 3856 | 4410 | 4872 | 5334 | 5842 | 6350 | 6858 | 7343 | 7805 | 8290 |
| | | 0.65 | 2401 | 2977 | 3577 | 4177 | 4778 | 5278 | 5778 | 6329 | 6879 | 7429 | 7955 | 8455 | 8980 |
| | | 0.70 | 2586 | 3206 | 3852 | 4499 | 5145 | 5684 | 6223 | 6816 | 7408 | 8001 | 8567 | 9105 | 9671 |
| | | 0.75 | 2771 | 3435 | 4127 | 4820 | 5513 | 6090 | 6667 | 7302 | 7937 | 8572 | 9179 | 9756 | 10362 |
| | | 0.80 | 2956 | 3664 | 4403 | 5142 | 5880 | 6496 | 7112 | 7789 | 8467 | 9144 | 9790 | 10406 | 11053 |
| | | 0.85 | 3140 | 3893 | 4678 | 5463 | 6248 | 6902 | 7556 | 8276 | 8996 | 9715 | 10402 | 11057 | 11744 |
| | | 0.90 | 3325 | 4122 | 4953 | 5784 | 6615 | 7308 | 8001 | 8763 | 9525 | 10287 | 11014 | 11707 | 12434 |
| | | 0.95 | 3510 | 4351 | 5228 | 6106 | 6983 | 7714 | 8445 | 9250 | 10054 | 10858 | 11626 | 12357 | 13125 |
| | | 1.00 | 3695 | 4580 | 5503 | 6427 | 7351 | 8120 | 8890 | 9737 | 10583 | 11430 | 12238 | 13008 | 13816 |
| | | 1.05 | 3879 | 4809 | 5778 | 6748 | 7718 | 8526 | 9334 | 10223 | 11112 | 12001 | 12850 | 13658 | 14507 |
| 9 | 750 | 0.55 | 2333 | 2891 | 3475 | 4058 | 4641 | 5127 | 5613 | 6147 | 6682 | 7217 | 7727 | 8213 | 8723 |
| | | 0.60 | 2545 | 3154 | 3791 | 4427 | 5063 | 5593 | 6123 | 6706 | 7289 | 7873 | 8429 | 8959 | 9516 |
| | | 0.65 | 2757 | 3417 | 4106 | 4796 | 5485 | 6059 | 6633 | 7265 | 7897 | 8529 | 9132 | 9706 | 10309 |
| | | 0.70 | 2969 | 3680 | 4422 | 5164 | 5907 | 6525 | 7144 | 7824 | 8504 | 9185 | 9834 | 10453 | 11102 |
| | | 0.75 | 3181 | 3943 | 4738 | 5533 | 6329 | 6991 | 7654 | 8383 | 9112 | 9841 | 10537 | 11199 | 11895 |
| | | 0.80 | 3393 | 4206 | 5054 | 5902 | 6750 | 7457 | 8164 | 8942 | 9719 | 10497 | 11239 | 11946 | 12688 |

续表

| 序号 | 柱直径 D (mm) | 轴压比 | 当为下列混凝土强度等级时柱的轴压力设计值限值(kN) | | | | | | | | | | | | |
|---|---|---|---|---|---|---|---|---|---|---|---|---|---|---|---|
| | | | C20 | C25 | C30 | C35 | C40 | C45 | C50 | C55 | C60 | C65 | C70 | C75 | C80 |
| 9 | 750 | 0.85 | 3605 | 4469 | 5370 | 6271 | 7172 | 7923 | 8674 | 9501 | 10327 | 11153 | 11941 | 12693 | 13481 |
| | | 0.90 | 3817 | 4732 | 5686 | 6640 | 7594 | 8390 | 9185 | 10059 | 10934 | 11809 | 12644 | 13439 | 14274 |
| | | 0.95 | 4029 | 4994 | 6002 | 7009 | 8016 | 8856 | 9695 | 10618 | 11542 | 12465 | 13346 | 14186 | 15067 |
| | | 1.00 | 4241 | 5257 | 6318 | 7378 | 8438 | 9322 | 10205 | 11177 | 12149 | 13121 | 14049 | 14932 | 15860 |
| | | 1.05 | 4453 | 5520 | 6633 | 7747 | 8860 | 9788 | 10716 | 11736 | 12757 | 13777 | 14751 | 15679 | 16653 |
| 10 | 800 | 0.55 | 2654 | 3290 | 3953 | 4617 | 5280 | 5833 | 6386 | 6994 | 7603 | 8211 | 8791 | 9344 | 9925 |
| | | 0.60 | 2895 | 3589 | 4313 | 5037 | 5760 | 6364 | 6967 | 7630 | 8294 | 8957 | 9591 | 10194 | 10827 |
| | | 0.65 | 3137 | 3888 | 4672 | 5456 | 6240 | 6894 | 7547 | 8266 | 8985 | 9704 | 10390 | 11043 | 11729 |
| | | 0.70 | 3378 | 4187 | 5032 | 5876 | 6720 | 7424 | 8128 | 8902 | 9676 | 10450 | 11189 | 11893 | 12632 |
| | | 0.75 | 3619 | 4486 | 5391 | 6296 | 7201 | 7955 | 8708 | 9538 | 10367 | 11197 | 11988 | 12742 | 13534 |
| | | 0.80 | 3860 | 4785 | 5750 | 6715 | 7681 | 8485 | 9289 | 10174 | 11058 | 11943 | 12788 | 13592 | 14436 |
| | | 0.85 | 4102 | 5084 | 6110 | 7135 | 8161 | 9015 | 9870 | 10810 | 11750 | 12690 | 13587 | 14441 | 15338 |
| | | 0.90 | 4343 | 5383 | 6469 | 7555 | 8641 | 9545 | 10450 | 11445 | 12441 | 13436 | 14386 | 15291 | 16241 |
| | | 0.95 | 4584 | 5683 | 6829 | 7975 | 9121 | 10076 | 11031 | 12081 | 13132 | 14182 | 15185 | 16140 | 17143 |
| | | 1.00 | 4825 | 5982 | 7188 | 8394 | 9601 | 10606 | 11611 | 12717 | 13823 | 14929 | 15984 | 16990 | 18045 |
| | | 1.05 | 5067 | 6281 | 7547 | 8814 | 10081 | 11136 | 12192 | 13353 | 14514 | 15675 | 16784 | 17839 | 18948 |
| 11 | 850 | 0.55 | 2996 | 3714 | 4463 | 5212 | 5961 | 6585 | 7209 | 7896 | 8583 | 9269 | 9925 | 10549 | 11204 |
| | | 0.60 | 3269 | 4052 | 4869 | 5686 | 6503 | 7184 | 7865 | 8614 | 9363 | 10112 | 10827 | 11508 | 12223 |
| | | 0.65 | 3541 | 4389 | 5274 | 6160 | 7045 | 7783 | 8520 | 9332 | 10143 | 10955 | 11729 | 12467 | 13241 |
| | | 0.70 | 3813 | 4727 | 5680 | 6633 | 7587 | 8381 | 9176 | 10050 | 10923 | 11797 | 12631 | 13426 | 14260 |
| | | 0.75 | 4086 | 5064 | 6086 | 7107 | 8129 | 8980 | 9831 | 10767 | 11704 | 12640 | 13534 | 14385 | 15279 |
| | | 0.80 | 4358 | 5402 | 6492 | 7581 | 8671 | 9579 | 10486 | 11485 | 12484 | 13483 | 14436 | 15344 | 16297 |
| | | 0.85 | 4630 | 5740 | 6897 | 8055 | 9213 | 10177 | 11142 | 12203 | 13264 | 14325 | 15338 | 16303 | 17316 |
| | | 0.90 | 4903 | 6077 | 7303 | 8529 | 9754 | 10776 | 11797 | 12921 | 14044 | 15168 | 16240 | 17262 | 18334 |
| | | 0.95 | 5175 | 6415 | 7709 | 9003 | 10296 | 11375 | 12453 | 13639 | 14825 | 16011 | 17143 | 18221 | 19353 |
| | | 1.00 | 5448 | 6753 | 8115 | 9476 | 10838 | 11973 | 13108 | 14356 | 15605 | 16853 | 18045 | 19180 | 20371 |
| | | 1.05 | 5720 | 7090 | 8520 | 9950 | 11380 | 12572 | 13763 | 15074 | 16385 | 17696 | 18947 | 20139 | 21390 |
| 12 | 900 | 0.55 | 3359 | 4164 | 5003 | 5843 | 6683 | 7383 | 8083 | 8852 | 9622 | 10392 | 11127 | 11826 | 12561 |
| | | 0.60 | 3664 | 4542 | 5458 | 6374 | 7291 | 8054 | 8817 | 9657 | 10497 | 11337 | 12138 | 12902 | 13703 |
| | | 0.65 | 3970 | 4921 | 5913 | 6906 | 7898 | 8725 | 9552 | 10462 | 11372 | 12281 | 13150 | 13977 | 14845 |
| | | 0.70 | 4275 | 5299 | 6368 | 7437 | 8506 | 9396 | 10287 | 11267 | 12246 | 13226 | 14161 | 15052 | 15987 |
| | | 0.75 | 4580 | 5678 | 6823 | 7968 | 9113 | 10067 | 11022 | 12071 | 13121 | 14171 | 15173 | 16127 | 17129 |
| | | 0.80 | 4886 | 6056 | 7278 | 8499 | 9721 | 10739 | 11756 | 12876 | 13996 | 15115 | 16184 | 17202 | 18271 |
| | | 0.85 | 5191 | 6435 | 7733 | 9030 | 10328 | 11410 | 12491 | 13681 | 14871 | 16060 | 17196 | 18277 | 19413 |
| | | 0.90 | 5497 | 6813 | 8188 | 9562 | 10936 | 12081 | 13226 | 14486 | 15745 | 17005 | 18207 | 19352 | 20555 |
| | | 0.95 | 5802 | 7192 | 8642 | 10093 | 11543 | 12752 | 13961 | 15290 | 16620 | 17950 | 19219 | 20427 | 21697 |
| | | 1.00 | 6107 | 7570 | 9097 | 10624 | 12151 | 13423 | 14696 | 16095 | 17495 | 18894 | 20230 | 21503 | 22839 |
| | | 1.05 | 6413 | 7949 | 9552 | 11155 | 12758 | 14094 | 15430 | 16900 | 18369 | 19839 | 21242 | 22578 | 23981 |
| 13 | 950 | 0.55 | 3743 | 4639 | 5575 | 6511 | 7446 | 8226 | 9006 | 9863 | 10721 | 11579 | 12397 | 13177 | 13996 |
| | | 0.60 | 4083 | 5061 | 6082 | 7102 | 8123 | 8974 | 9824 | 10760 | 11696 | 12631 | 13524 | 14375 | 15268 |
| | | 0.65 | 4423 | 5483 | 6588 | 7694 | 8800 | 9721 | 10643 | 11657 | 12670 | 13684 | 14651 | 15573 | 16540 |
| | | 0.70 | 4763 | 5904 | 7095 | 8286 | 9477 | 10469 | 11462 | 12553 | 13645 | 14736 | 15778 | 16771 | 17813 |
| | | 0.75 | 5104 | 6326 | 7602 | 8878 | 10154 | 11217 | 12280 | 13450 | 14619 | 15789 | 16905 | 17969 | 19085 |
| | | 0.80 | 5444 | 6748 | 8109 | 9470 | 10831 | 11965 | 13099 | 14347 | 15594 | 16842 | 18032 | 19167 | 20357 |
| | | 0.85 | 5784 | 7170 | 8616 | 10062 | 11508 | 12713 | 13918 | 15243 | 16569 | 17894 | 19159 | 20364 | 21630 |
| | | 0.90 | 6124 | 7591 | 9123 | 10654 | 12185 | 13461 | 14736 | 16140 | 17543 | 18947 | 20286 | 21562 | 22902 |
| | | 0.95 | 6464 | 8013 | 9629 | 11245 | 12862 | 14208 | 15555 | 17037 | 18518 | 19999 | 21413 | 22760 | 24174 |

续表

| 序号 | 柱直径 D (mm) | 轴压比 | 当为下列混凝土强度等级时柱的轴压力设计值限值(kN) | | | | | | | | | | | | |
|---|---|---|---|---|---|---|---|---|---|---|---|---|---|---|---|
| | | | C20 | C25 | C30 | C35 | C40 | C45 | C50 | C55 | C60 | C65 | C70 | C75 | C80 |
| 13 | 950 | 1.00 | 6805 | 8435 | 10136 | 11837 | 13538 | 14956 | 16374 | 17933 | 19493 | 21052 | 22541 | 23958 | 25447 |
| | | 1.05 | 7145 | 8857 | 10643 | 12429 | 14215 | 15704 | 17192 | 18830 | 20467 | 22105 | 23668 | 25156 | 26719 |
| 14 | 1000 | 0.55 | 4147 | 5140 | 6177 | 7214 | 8251 | 9115 | 9978 | 10929 | 11879 | 12829 | 13737 | 14601 | 15508 |
| | | 0.60 | 4524 | 5608 | 6739 | 7870 | 9001 | 9943 | 10886 | 11922 | 12959 | 13996 | 14985 | 15928 | 16917 |
| | | 0.65 | 4901 | 6075 | 7300 | 8525 | 9751 | 10772 | 11793 | 12916 | 14039 | 15162 | 16234 | 17255 | 18327 |
| | | 0.70 | 5278 | 6542 | 7862 | 9181 | 10501 | 11600 | 12700 | 13909 | 15119 | 16328 | 17483 | 18583 | 19737 |
| | | 0.75 | 5655 | 7010 | 8423 | 9837 | 11251 | 12429 | 13607 | 14903 | 16199 | 17495 | 18732 | 19910 | 21147 |
| | | 0.80 | 6032 | 7477 | 8985 | 10493 | 12001 | 13258 | 14514 | 15896 | 17279 | 18661 | 19981 | 21237 | 22557 |
| | | 0.85 | 6409 | 7944 | 9547 | 11149 | 12751 | 14086 | 15421 | 16890 | 18359 | 19827 | 21229 | 22564 | 23966 |
| | | 0.90 | 6786 | 8412 | 10108 | 11805 | 13501 | 14915 | 16328 | 17884 | 19439 | 20994 | 22478 | 23892 | 25376 |
| | | 0.95 | 7163 | 8879 | 10670 | 12460 | 14251 | 15743 | 17236 | 18877 | 20519 | 22160 | 23727 | 25219 | 26786 |
| | | 1.00 | 7540 | 9346 | 11231 | 13116 | 15001 | 16572 | 18143 | 19871 | 21598 | 23326 | 24976 | 26546 | 28196 |
| | | 1.05 | 7917 | 9814 | 11793 | 13772 | 15751 | 17400 | 19050 | 20864 | 22678 | 24493 | 26224 | 27874 | 29606 |
| 15 | 1050 | 0.55 | 4572 | 5667 | 6810 | 7953 | 9096 | 10049 | 11001 | 12049 | 13097 | 14144 | 15145 | 16097 | 17097 |
| | | 0.60 | 4988 | 6183 | 7429 | 8676 | 9923 | 10962 | 12001 | 13144 | 14287 | 15430 | 16521 | 17560 | 18652 |
| | | 0.65 | 5403 | 6698 | 8049 | 9399 | 10750 | 11876 | 13001 | 14240 | 15478 | 16716 | 17898 | 19024 | 20206 |
| | | 0.70 | 5819 | 7213 | 8668 | 10122 | 11577 | 12789 | 14002 | 15335 | 16669 | 18002 | 19275 | 20487 | 21760 |
| | | 0.75 | 6234 | 7728 | 9287 | 10845 | 12404 | 13703 | 15002 | 16430 | 17859 | 19288 | 20652 | 21951 | 23314 |
| | | 0.80 | 6650 | 8243 | 9906 | 11568 | 13231 | 14616 | 16002 | 17526 | 19050 | 20574 | 22029 | 23414 | 24869 |
| | | 0.85 | 7066 | 8759 | 10525 | 12291 | 14058 | 15530 | 17002 | 18621 | 20240 | 21860 | 23405 | 24877 | 26423 |
| | | 0.90 | 7481 | 9274 | 11144 | 13014 | 14885 | 16443 | 18002 | 19717 | 21431 | 23146 | 24782 | 26341 | 27977 |
| | | 0.95 | 7897 | 9789 | 11763 | 13738 | 15712 | 17357 | 19002 | 20812 | 22622 | 24431 | 26159 | 27804 | 29532 |
| | | 1.00 | 8313 | 10304 | 12382 | 14461 | 16539 | 18271 | 20002 | 21907 | 23812 | 25717 | 27536 | 29267 | 31086 |
| | | 1.05 | 8728 | 10819 | 13001 | 15184 | 17366 | 19184 | 21002 | 23003 | 25003 | 27003 | 28912 | 30731 | 32640 |
| 16 | 1100 | 0.55 | 5018 | 6220 | 7474 | 8729 | 9983 | 11029 | 12074 | 13224 | 14374 | 15524 | 16621 | 17667 | 18764 |
| | | 0.60 | 5474 | 6785 | 8154 | 9522 | 10891 | 12031 | 13172 | 14426 | 15680 | 16935 | 18132 | 19273 | 20470 |
| | | 0.65 | 5930 | 7351 | 8833 | 10316 | 11798 | 13034 | 14269 | 15628 | 16987 | 18346 | 19643 | 20879 | 22176 |
| | | 0.70 | 6386 | 7916 | 9513 | 11109 | 12706 | 14036 | 15367 | 16830 | 18294 | 19757 | 21154 | 22485 | 23882 |
| | | 0.75 | 6842 | 8482 | 10192 | 11903 | 13613 | 15039 | 16464 | 18033 | 19601 | 21169 | 22665 | 24091 | 25588 |
| | | 0.80 | 7299 | 9047 | 10872 | 12696 | 14521 | 16042 | 17562 | 19235 | 20907 | 22580 | 24176 | 25697 | 27294 |
| | | 0.85 | 7755 | 9613 | 11551 | 13490 | 15429 | 17044 | 18660 | 20437 | 22214 | 23991 | 25687 | 27303 | 28999 |
| | | 0.90 | 8211 | 10178 | 12231 | 14283 | 16336 | 18047 | 19757 | 21639 | 23521 | 25402 | 27198 | 28909 | 30705 |
| | | 0.95 | 8667 | 10743 | 12910 | 15077 | 17244 | 19049 | 20855 | 22841 | 24827 | 26814 | 28709 | 30515 | 32411 |
| | | 1.00 | 9123 | 11309 | 13590 | 15871 | 18151 | 20052 | 21953 | 24043 | 26134 | 28225 | 30221 | 32121 | 34117 |
| | | 1.05 | 9579 | 11874 | 14269 | 16664 | 19059 | 21055 | 23050 | 25246 | 27441 | 29636 | 31732 | 33727 | 35823 |
| 17 | 1150 | 0.55 | 5484 | 6798 | 8169 | 9540 | 10911 | 12054 | 13197 | 14453 | 15710 | 16967 | 18167 | 19309 | 20509 |
| | | 0.60 | 5983 | 7416 | 8912 | 10408 | 11903 | 13150 | 14396 | 15767 | 17138 | 18509 | 19818 | 21065 | 22373 |
| | | 0.65 | 6481 | 8034 | 9655 | 11275 | 12895 | 14246 | 15596 | 17081 | 18567 | 20052 | 21470 | 22820 | 24238 |
| | | 0.70 | 6980 | 8652 | 10397 | 12142 | 13887 | 15341 | 16796 | 18395 | 19995 | 21594 | 23121 | 24575 | 26102 |
| | | 0.75 | 7479 | 9270 | 11140 | 13010 | 14879 | 16437 | 17995 | 19709 | 21423 | 23137 | 24773 | 26331 | 27967 |
| | | 0.80 | 7977 | 9888 | 11883 | 13877 | 15871 | 17533 | 19195 | 21023 | 22851 | 24679 | 26424 | 28085 | 29831 |
| | | 0.85 | 8476 | 10506 | 12625 | 14744 | 16863 | 18629 | 20395 | 22337 | 24279 | 26222 | 28076 | 29842 | 31696 |
| | | 0.90 | 8974 | 11124 | 13368 | 15611 | 17855 | 19725 | 21594 | 23651 | 25708 | 27764 | 29727 | 31597 | 33560 |
| | | 0.95 | 9473 | 11742 | 14111 | 16479 | 18847 | 20821 | 22794 | 24965 | 27136 | 29307 | 31379 | 33352 | 35424 |
| | | 1.00 | 9971 | 12360 | 14853 | 17346 | 19839 | 21916 | 23994 | 26279 | 28564 | 30849 | 33030 | 35108 | 37289 |
| | | 1.05 | 10470 | 12978 | 15596 | 18213 | 20831 | 23012 | 25193 | 27593 | 29992 | 32391 | 34682 | 36863 | 39153 |
| 18 | 1200 | 0.55 | 5972 | 7402 | 8895 | 10388 | 11881 | 13125 | 14369 | 15737 | 17106 | 18474 | 19781 | 21025 | 22331 |

续表

| 序号 | 柱直径 D (mm) | 轴压比 | 当为下列混凝土强度等级时柱的轴压力设计值限值(kN) | | | | | | | | | | | | |
|---|---|---|---|---|---|---|---|---|---|---|---|---|---|---|---|
| | | | C20 | C25 | C30 | C35 | C40 | C45 | C50 | C55 | C60 | C65 | C70 | C75 | C80 |
| 18 | 1200 | 0.60 | 6514 | 8075 | 9704 | 11332 | 12961 | 14318 | 15675 | 17168 | 18661 | 20154 | 21579 | 22936 | 24361 |
| | | 0.65 | 7057 | 8748 | 10512 | 12277 | 14041 | 15511 | 16982 | 18599 | 20216 | 21833 | 23377 | 24847 | 26391 |
| | | 0.70 | 7600 | 9421 | 11321 | 13221 | 15121 | 16704 | 18288 | 20030 | 21771 | 23513 | 25175 | 26759 | 28421 |
| | | 0.75 | 8143 | 10094 | 12130 | 14165 | 16201 | 17898 | 19594 | 21460 | 23326 | 25192 | 26974 | 28670 | 30451 |
| | | 0.80 | 8686 | 10767 | 12938 | 15110 | 17281 | 19091 | 20900 | 22891 | 24881 | 26872 | 28772 | 30581 | 32482 |
| | | 0.85 | 9229 | 11440 | 13747 | 16054 | 18361 | 20284 | 22207 | 24322 | 26436 | 28551 | 30570 | 32493 | 34512 |
| | | 0.90 | 9772 | 12113 | 14556 | 16999 | 19441 | 21477 | 23513 | 25752 | 27992 | 30231 | 32368 | 34404 | 36542 |
| | | 0.95 | 10314 | 12786 | 15364 | 17943 | 20521 | 22670 | 24819 | 27183 | 29547 | 31910 | 34167 | 36316 | 38572 |
| | | 1.00 | 10857 | 13459 | 16173 | 18887 | 21602 | 23864 | 26125 | 28614 | 31102 | 33590 | 35965 | 38227 | 40602 |
| | | 1.05 | 11400 | 14132 | 16982 | 19832 | 22682 | 25057 | 27432 | 30044 | 32657 | 35269 | 37763 | 40138 | 42632 |
| 19 | 1250 | 0.55 | 6480 | 8032 | 9652 | 11272 | 12892 | 14241 | 15591 | 17076 | 18561 | 20046 | 21463 | 22813 | 24231 |
| | | 0.60 | 7069 | 8762 | 10529 | 12296 | 14064 | 15536 | 17009 | 18629 | 20249 | 21868 | 23415 | 24887 | 26434 |
| | | 0.65 | 7658 | 9492 | 11407 | 13321 | 15235 | 16831 | 18426 | 20181 | 21936 | 23691 | 25366 | 26961 | 28636 |
| | | 0.70 | 8247 | 10222 | 12284 | 14346 | 16407 | 18126 | 19844 | 21733 | 23623 | 25513 | 27317 | 29035 | 30839 |
| | | 0.75 | 8836 | 10953 | 13162 | 15370 | 17579 | 19420 | 21261 | 23286 | 25311 | 27336 | 29268 | 31109 | 33042 |
| | | 0.80 | 9425 | 11683 | 14039 | 16395 | 18751 | 20715 | 22678 | 24838 | 26998 | 29158 | 31220 | 33183 | 35245 |
| | | 0.85 | 10014 | 12413 | 14916 | 17420 | 19923 | 22010 | 24096 | 26391 | 28685 | 30980 | 33171 | 35257 | 37448 |
| | | 0.90 | 10603 | 13143 | 15794 | 18445 | 21095 | 23304 | 25513 | 27943 | 30373 | 32803 | 35122 | 37331 | 39650 |
| | | 0.95 | 11192 | 13873 | 16671 | 19469 | 22267 | 24599 | 26931 | 29495 | 32060 | 34625 | 37073 | 39405 | 41853 |
| | | 1.00 | 11781 | 14603 | 17549 | 20494 | 23439 | 25894 | 28348 | 31048 | 33748 | 36447 | 39024 | 41479 | 44056 |
| | | 1.05 | 12370 | 15334 | 18426 | 21519 | 24611 | 27188 | 29765 | 32600 | 35435 | 38270 | 40976 | 43553 | 46259 |
| 20 | 1300 | 0.55 | 7008 | 8687 | 10439 | 12191 | 13944 | 15404 | 16864 | 18470 | 20076 | 21682 | 23215 | 24675 | 26208 |
| | | 0.60 | 7645 | 9477 | 11388 | 13300 | 15211 | 16804 | 18397 | 20149 | 21901 | 23653 | 25325 | 26918 | 28591 |
| | | 0.65 | 8282 | 10267 | 12337 | 14408 | 16479 | 18204 | 19930 | 21828 | 23726 | 25624 | 27436 | 29161 | 30973 |
| | | 0.70 | 8920 | 11057 | 13286 | 15516 | 17746 | 19605 | 21463 | 23507 | 25551 | 27595 | 29546 | 31404 | 33356 |
| | | 0.75 | 9557 | 11846 | 14236 | 16625 | 19014 | 21005 | 22996 | 25186 | 27376 | 29566 | 31657 | 33648 | 35738 |
| | | 0.80 | 10194 | 12636 | 15185 | 17733 | 20281 | 22405 | 24529 | 26865 | 29201 | 31537 | 33767 | 35891 | 38121 |
| | | 0.85 | 10831 | 13426 | 16134 | 18841 | 21549 | 23806 | 26062 | 28544 | 31026 | 33508 | 35878 | 38134 | 40503 |
| | | 0.90 | 11468 | 14216 | 17083 | 19950 | 22817 | 25206 | 27595 | 30223 | 32851 | 35479 | 37988 | 40377 | 42886 |
| | | 0.95 | 12105 | 15005 | 18032 | 21058 | 24084 | 26606 | 29128 | 31902 | 34676 | 37450 | 40098 | 42620 | 45268 |
| | | 1.00 | 12742 | 15795 | 18981 | 22166 | 25352 | 28006 | 30661 | 33581 | 36501 | 39421 | 42209 | 44863 | 47651 |
| | | 1.05 | 13379 | 16585 | 19930 | 23275 | 26619 | 29407 | 32194 | 35260 | 38326 | 41393 | 44319 | 47107 | 50033 |
| 21 | 1350 | 0.55 | 7558 | 9368 | 11258 | 13147 | 15037 | 16611 | 18186 | 19918 | 21650 | 23382 | 25035 | 26609 | 28263 |
| | | 0.60 | 8245 | 10220 | 12281 | 14342 | 16404 | 18121 | 19839 | 21728 | 23618 | 25507 | 27311 | 29029 | 30832 |
| | | 0.65 | 8932 | 11072 | 13305 | 15538 | 17771 | 19631 | 21492 | 23539 | 25586 | 27633 | 29587 | 31448 | 33401 |
| | | 0.70 | 9619 | 11923 | 14328 | 16733 | 19138 | 21142 | 23146 | 25350 | 27554 | 29759 | 31863 | 33867 | 35971 |
| | | 0.75 | 10306 | 12775 | 15352 | 17928 | 20505 | 22652 | 24799 | 27161 | 29522 | 31884 | 34139 | 36286 | 38540 |
| | | 0.80 | 10993 | 13627 | 16375 | 19123 | 21872 | 24162 | 26452 | 28971 | 31491 | 34010 | 36414 | 38705 | 41109 |
| | | 0.85 | 11680 | 14478 | 17399 | 20319 | 23239 | 25672 | 28105 | 30782 | 33459 | 36135 | 38690 | 41124 | 43679 |
| | | 0.90 | 12367 | 15330 | 18422 | 21514 | 24606 | 27182 | 29759 | 32593 | 35427 | 38261 | 40966 | 43543 | 46248 |
| | | 0.95 | 13054 | 16182 | 19445 | 22709 | 25973 | 28692 | 31412 | 34403 | 37395 | 40387 | 43242 | 45962 | 48817 |
| | | 1.00 | 13741 | 17034 | 20469 | 23904 | 27339 | 30202 | 33065 | 36214 | 39363 | 42512 | 45518 | 48381 | 51387 |
| | | 1.05 | 14428 | 17885 | 21492 | 25099 | 28706 | 31712 | 34718 | 38025 | 41331 | 44638 | 47794 | 50800 | 53956 |
| 22 | 1400 | 0.55 | 8128 | 10075 | 12107 | 14139 | 16171 | 17864 | 19558 | 21420 | 23283 | 25146 | 26924 | 28617 | 30395 |
| | | 0.60 | 8867 | 10991 | 13208 | 15425 | 17641 | 19489 | 21336 | 23368 | 25400 | 27432 | 29371 | 31219 | 33158 |
| | | 0.65 | 9606 | 11907 | 14309 | 16710 | 19111 | 21113 | 23114 | 25315 | 27516 | 29718 | 31819 | 33820 | 35921 |
| | | 0.70 | 10345 | 12823 | 15409 | 17995 | 20581 | 22737 | 24892 | 27262 | 29633 | 32004 | 34267 | 36422 | 38685 |

续表

| 序号 | 柱直径 D (mm) | 轴压比 | 当为下列混凝土强度等级时柱的轴压力设计值限值(kN) | | | | | | | | | | | | |
|---|---|---|---|---|---|---|---|---|---|---|---|---|---|---|---|
| | | | C20 | C25 | C30 | C35 | C40 | C45 | C50 | C55 | C60 | C65 | C70 | C75 | C80 |
| 22 | 1400 | 0.75 | 11084 | 13739 | 16510 | 19281 | 22052 | 24361 | 26670 | 29210 | 31750 | 34290 | 36714 | 39023 | 41448 |
| | | 0.80 | 11822 | 14655 | 17610 | 20566 | 23522 | 25985 | 28448 | 31157 | 33866 | 36576 | 39162 | 41625 | 44211 |
| | | 0.85 | 12561 | 15571 | 18711 | 21851 | 24992 | 27609 | 30226 | 33104 | 35983 | 38862 | 41609 | 44226 | 46974 |
| | | 0.90 | 13300 | 16487 | 19812 | 23137 | 26462 | 29233 | 32004 | 35052 | 38100 | 41148 | 44057 | 46828 | 49737 |
| | | 0.95 | 14039 | 17403 | 20912 | 24422 | 27932 | 30857 | 33782 | 36999 | 40216 | 43434 | 46505 | 49429 | 52501 |
| | | 1.00 | 14778 | 18319 | 22013 | 25708 | 29402 | 32481 | 35560 | 38946 | 42333 | 45720 | 48952 | 52031 | 55264 |
| | | 1.05 | 15517 | 19235 | 23114 | 26993 | 30872 | 34105 | 37338 | 40894 | 44450 | 48006 | 51400 | 54633 | 58027 |
| 23 | 1450 | 0.55 | 8719 | 10808 | 12987 | 15167 | 17347 | 19163 | 20980 | 22978 | 24976 | 26974 | 28881 | 30698 | 32605 |
| | | 0.60 | 9511 | 11790 | 14168 | 16546 | 18924 | 20905 | 22887 | 25067 | 27246 | 29426 | 31507 | 33488 | 35569 |
| | | 0.65 | 10304 | 12773 | 15349 | 17925 | 20501 | 22648 | 24794 | 27156 | 29517 | 31878 | 34132 | 36279 | 38533 |
| | | 0.70 | 11097 | 13755 | 16529 | 19304 | 22078 | 24390 | 26701 | 29244 | 31787 | 34330 | 36758 | 39070 | 41497 |
| | | 0.75 | 11889 | 14738 | 17710 | 20683 | 23655 | 26132 | 28609 | 31333 | 34058 | 36783 | 39383 | 41860 | 44461 |
| | | 0.80 | 12682 | 15720 | 18891 | 22061 | 25232 | 27874 | 30516 | 33422 | 36329 | 39235 | 42009 | 44651 | 47425 |
| | | 0.85 | 13475 | 16703 | 20072 | 23440 | 26809 | 29616 | 32423 | 35511 | 38599 | 41687 | 44635 | 47442 | 50389 |
| | | 0.90 | 14267 | 17685 | 21252 | 24819 | 28386 | 31358 | 34330 | 37600 | 40870 | 44139 | 47260 | 50232 | 53353 |
| | | 0.95 | 15060 | 18668 | 22433 | 26198 | 29963 | 33100 | 36238 | 39689 | 43140 | 46591 | 49886 | 53023 | 56318 |
| | | 1.00 | 15852 | 19650 | 23614 | 27577 | 31540 | 34842 | 38145 | 41778 | 45411 | 49044 | 52511 | 55814 | 59282 |
| | | 1.05 | 16645 | 20633 | 24794 | 28956 | 33117 | 36585 | 40052 | 43867 | 47681 | 51496 | 55137 | 58605 | 62246 |
| 24 | 1500 | 0.55 | 9331 | 11566 | 13899 | 16231 | 18564 | 20508 | 22452 | 24590 | 26728 | 28866 | 30907 | 32851 | 34892 |
| | | 0.60 | 10179 | 12617 | 15162 | 17707 | 20251 | 22372 | 24493 | 26825 | 29158 | 31491 | 33717 | 35838 | 38064 |
| | | 0.65 | 11027 | 13669 | 16426 | 19182 | 21939 | 24236 | 26534 | 29061 | 31588 | 34115 | 36527 | 38824 | 41236 |
| | | 0.70 | 11875 | 14720 | 17689 | 20658 | 23627 | 26101 | 28575 | 31296 | 34018 | 36739 | 39337 | 41811 | 44408 |
| | | 0.75 | 12723 | 15772 | 18953 | 22133 | 25314 | 27965 | 30616 | 33532 | 36447 | 39363 | 42146 | 44797 | 47580 |
| | | 0.80 | 13572 | 16823 | 20216 | 23609 | 27002 | 29829 | 32657 | 35767 | 38877 | 41987 | 44956 | 47784 | 50752 |
| | | 0.85 | 14420 | 17875 | 21480 | 25085 | 28690 | 31694 | 34698 | 38002 | 41307 | 44612 | 47766 | 50770 | 53924 |
| | | 0.90 | 15268 | 18926 | 22743 | 26560 | 30377 | 33558 | 36739 | 40238 | 43737 | 47236 | 50576 | 53757 | 57096 |
| | | 0.95 | 16116 | 19978 | 24007 | 28036 | 32065 | 35422 | 38780 | 42473 | 46167 | 49860 | 53385 | 56743 | 60268 |
| | | 1.00 | 16965 | 21029 | 25270 | 29511 | 33752 | 37287 | 40821 | 44709 | 48596 | 52484 | 56195 | 59729 | 63440 |
| | | 1.05 | 17813 | 22080 | 26534 | 30987 | 35440 | 39151 | 42862 | 46944 | 51026 | 55108 | 59005 | 62716 | 66613 |
| 25 | 1550 | 0.55 | 9958 | 12344 | 14833 | 17323 | 19812 | 21887 | 23961 | 26243 | 28525 | 30807 | 32985 | 35060 | 37238 |
| | | 0.60 | 10863 | 13466 | 16182 | 18897 | 21613 | 23876 | 26139 | 28629 | 31118 | 33608 | 35984 | 38247 | 40624 |
| | | 0.65 | 11768 | 14588 | 17530 | 20472 | 23414 | 25866 | 28318 | 31015 | 33712 | 36409 | 38983 | 41435 | 44009 |
| | | 0.70 | 12674 | 15710 | 18878 | 22047 | 25215 | 27856 | 30496 | 33400 | 36305 | 39209 | 41982 | 44622 | 47394 |
| | | 0.75 | 13579 | 16832 | 20227 | 23622 | 27016 | 29845 | 32674 | 35786 | 38898 | 42010 | 44980 | 47809 | 50780 |
| | | 0.80 | 14484 | 17954 | 21575 | 25196 | 28818 | 31835 | 34853 | 38172 | 41491 | 44810 | 47979 | 50996 | 54165 |
| | | 0.85 | 15389 | 19077 | 22924 | 26771 | 30619 | 33825 | 37031 | 40558 | 44084 | 47611 | 50978 | 54184 | 57550 |
| | | 0.90 | 16295 | 20199 | 24272 | 28346 | 32420 | 35814 | 39209 | 42943 | 46678 | 50412 | 53976 | 57371 | 60935 |
| | | 0.95 | 17200 | 21321 | 25621 | 29921 | 34221 | 37804 | 41387 | 45329 | 49271 | 53212 | 56975 | 60558 | 64321 |
| | | 1.00 | 18105 | 22443 | 26969 | 31496 | 36022 | 39794 | 43566 | 47715 | 51864 | 56013 | 59974 | 63746 | 67706 |
| | | 1.05 | 19011 | 23565 | 28318 | 33070 | 37823 | 41783 | 45744 | 50101 | 54457 | 58814 | 62972 | 66933 | 71091 |
| 26 | 1600 | 0.55 | 10616 | 13159 | 15814 | 18468 | 21122 | 23333 | 25545 | 27978 | 30411 | 32843 | 35166 | 37377 | 39700 |
| | | 0.60 | 11581 | 14356 | 17251 | 20146 | 23042 | 25454 | 27867 | 30521 | 33175 | 35829 | 38363 | 40775 | 43309 |
| | | 0.65 | 12546 | 15552 | 18689 | 21825 | 24962 | 27576 | 30189 | 33065 | 35940 | 38815 | 41559 | 44173 | 46918 |
| | | 0.70 | 13511 | 16748 | 20126 | 23504 | 26882 | 29697 | 32512 | 35608 | 38704 | 41801 | 44756 | 47571 | 50527 |
| | | 0.75 | 14476 | 17945 | 21564 | 25183 | 28802 | 31818 | 34834 | 38151 | 41469 | 44787 | 47953 | 50969 | 54136 |
| | | 0.80 | 15442 | 19141 | 23001 | 26862 | 30722 | 33939 | 37156 | 40695 | 44234 | 47772 | 51150 | 54367 | 57745 |
| | | 0.85 | 16407 | 20337 | 24439 | 28541 | 32642 | 36060 | 39478 | 43238 | 46998 | 50758 | 54347 | 57765 | 61354 |

续表

| 序号 | 柱直径 D (mm) | 轴压比 | 当为下列混凝土强度等级时柱的轴压力设计值限值(kN) | | | | | | | | | | | | |
|---|---|---|---|---|---|---|---|---|---|---|---|---|---|---|---|
| | | | C20 | C25 | C30 | C35 | C40 | C45 | C50 | C55 | C60 | C65 | C70 | C75 | C80 |
| 26 | 1600 | 0.90 | 17372 | 21534 | 25877 | 30220 | 34563 | 38182 | 41801 | 45782 | 49763 | 53744 | 57544 | 61163 | 64963 |
| | | 0.95 | 18337 | 22730 | 27314 | 31898 | 36483 | 40303 | 44123 | 48325 | 52527 | 56730 | 60741 | 64561 | 68572 |
| | | 1.00 | 19302 | 23926 | 28752 | 33577 | 38403 | 42424 | 46445 | 50869 | 55292 | 59715 | 63938 | 67959 | 72181 |
| | | 1.05 | 20267 | 25123 | 30189 | 35256 | 40323 | 44545 | 48768 | 53412 | 58057 | 62701 | 67135 | 71357 | 75790 |
| 27 | 1650 | 0.55 | 11290 | 13995 | 16817 | 19640 | 22462 | 24814 | 27166 | 29754 | 32341 | 34928 | 37398 | 39750 | 42220 |
| | | 0.60 | 12316 | 15267 | 18346 | 21425 | 24504 | 27070 | 29636 | 32459 | 35281 | 38104 | 40798 | 43364 | 46058 |
| | | 0.65 | 13343 | 16539 | 19875 | 23211 | 26546 | 29326 | 32106 | 35163 | 38221 | 41279 | 44198 | 46977 | 49896 |
| | | 0.70 | 14369 | 17812 | 21404 | 24996 | 28588 | 31582 | 34575 | 37868 | 41161 | 44454 | 47597 | 50591 | 53734 |
| | | 0.75 | 15395 | 19084 | 22933 | 26782 | 30630 | 33838 | 37045 | 40573 | 44101 | 47629 | 50997 | 54205 | 57572 |
| | | 0.80 | 16422 | 20356 | 24462 | 28567 | 32672 | 36094 | 39515 | 43278 | 47041 | 50805 | 54397 | 57818 | 61410 |
| | | 0.85 | 17448 | 21628 | 25990 | 30352 | 34714 | 38349 | 41984 | 45983 | 49981 | 53980 | 57797 | 61432 | 65249 |
| | | 0.90 | 18474 | 22901 | 27519 | 32138 | 36756 | 40605 | 44454 | 48688 | 52922 | 57155 | 61197 | 65045 | 69087 |
| | | 0.95 | 19501 | 24173 | 29048 | 33923 | 38798 | 42861 | 46924 | 51393 | 55862 | 60331 | 64596 | 68659 | 72925 |
| | | 1.00 | 20527 | 25445 | 30577 | 35709 | 40840 | 45117 | 49393 | 54098 | 58802 | 63506 | 67996 | 72273 | 76763 |
| | | 1.05 | 21554 | 26717 | 32106 | 37494 | 42882 | 47373 | 51863 | 56802 | 61742 | 66681 | 71396 | 75886 | 80601 |
| 28 | 1700 | 0.55 | 11985 | 14856 | 17852 | 20848 | 23844 | 26341 | 28838 | 31584 | 34331 | 37077 | 39699 | 42196 | 44817 |
| | | 0.60 | 13074 | 16206 | 19475 | 22743 | 26012 | 28736 | 31459 | 34456 | 37452 | 40448 | 43308 | 46032 | 48891 |
| | | 0.65 | 14164 | 17557 | 21098 | 24639 | 28180 | 31130 | 34081 | 37327 | 40573 | 43818 | 46917 | 49867 | 52966 |
| | | 0.70 | 15253 | 18907 | 22721 | 26534 | 30347 | 33525 | 36703 | 40198 | 43694 | 47189 | 50526 | 53703 | 57040 |
| | | 0.75 | 16343 | 20258 | 24344 | 28429 | 32515 | 35920 | 39324 | 43069 | 46815 | 50560 | 54135 | 57539 | 61114 |
| | | 0.80 | 17432 | 21608 | 25966 | 30325 | 34683 | 38314 | 41946 | 45941 | 49936 | 53930 | 57744 | 61375 | 65189 |
| | | 0.85 | 18522 | 22959 | 27589 | 32220 | 36850 | 40709 | 44567 | 48812 | 53057 | 57301 | 61353 | 65211 | 69263 |
| | | 0.90 | 19611 | 24310 | 29212 | 34115 | 39018 | 43103 | 47189 | 51683 | 56178 | 60672 | 64962 | 69047 | 73337 |
| | | 0.95 | 20701 | 25660 | 30835 | 36010 | 41185 | 45498 | 49811 | 54555 | 59298 | 64042 | 68571 | 72883 | 77411 |
| | | 1.00 | 21790 | 27011 | 32458 | 37906 | 43353 | 47893 | 52432 | 57426 | 62419 | 67413 | 72180 | 76719 | 81486 |
| | | 1.05 | 22880 | 28361 | 34081 | 39801 | 45521 | 50287 | 55054 | 60297 | 65540 | 70784 | 75789 | 80555 | 85560 |
| 29 | 1750 | 0.55 | 12693 | 15735 | 18908 | 22081 | 25255 | 27899 | 30544 | 33453 | 36361 | 39270 | 42047 | 44692 | 47468 |
| | | 0.60 | 13847 | 17165 | 20627 | 24089 | 27551 | 30435 | 33320 | 36494 | 39667 | 42840 | 45870 | 48754 | 51784 |
| | | 0.65 | 15001 | 18595 | 22346 | 26096 | 29846 | 32972 | 36097 | 39535 | 42973 | 46410 | 49692 | 52817 | 56099 |
| | | 0.70 | 16155 | 20026 | 24065 | 28103 | 32142 | 35508 | 38874 | 42576 | 46278 | 49980 | 53514 | 56880 | 60414 |
| | | 0.75 | 17309 | 21456 | 25784 | 30111 | 34438 | 38044 | 41650 | 456517 | 49584 | 53550 | 57337 | 60943 | 64729 |
| | | 0.80 | 18463 | 22887 | 27502 | 32118 | 36734 | 40581 | 44427 | 48658 | 52889 | 57121 | 61159 | 65006 | 69045 |
| | | 0.85 | 19617 | 24317 | 29221 | 34126 | 39030 | 43117 | 47204 | 51699 | 56195 | 60691 | 64982 | 69069 | 73360 |
| | | 0.90 | 20771 | 25748 | 30940 | 36133 | 41326 | 45653 | 49980 | 54741 | 59501 | 64261 | 68804 | 73132 | 77675 |
| | | 0.95 | 21925 | 27178 | 32659 | 38140 | 43622 | 48189 | 52757 | 57782 | 62806 | 67831 | 72627 | 77194 | 81991 |
| | | 1.00 | 23079 | 28608 | 34378 | 40148 | 45918 | 50726 | 55534 | 60823 | 66112 | 71401 | 76449 | 81257 | 86306 |
| | | 1.05 | 24233 | 20039 | 36097 | 42155 | 48213 | 53262 | 58311 | 63864 | 69417 | 74971 | 80272 | 85320 | 90621 |
| 30 | 1800 | 0.55 | 13436 | 16655 | 20014 | 23373 | 26732 | 29531 | 32330 | 35409 | 38488 | 41567 | 44507 | 47306 | 50245 |
| | | 0.60 | 14657 | 18169 | 21833 | 25498 | 29162 | 32216 | 35269 | 38628 | 41987 | 45346 | 48553 | 51606 | 54813 |
| | | 0.65 | 15879 | 19683 | 23653 | 27623 | 31592 | 34900 | 38208 | 41847 | 45486 | 49125 | 52599 | 55907 | 59380 |
| | | 0.70 | 17100 | 21197 | 25472 | 29747 | 34022 | 37585 | 41148 | 45066 | 48985 | 52904 | 56645 | 60207 | 63948 |
| | | 0.75 | 18322 | 22711 | 27292 | 31872 | 36453 | 40270 | 44087 | 48285 | 52484 | 56683 | 60691 | 64508 | 68516 |
| | | 0.80 | 19543 | 24225 | 29111 | 33997 | 38883 | 42954 | 47026 | 51504 | 55983 | 60462 | 64737 | 68808 | 73083 |
| | | 0.85 | 20765 | 25740 | 30931 | 36122 | 41313 | 45639 | 49965 | 54724 | 59482 | 64241 | 68783 | 73109 | 77651 |
| | | 0.90 | 21986 | 27254 | 32750 | 38247 | 43743 | 48324 | 52904 | 57943 | 62981 | 68020 | 72829 | 77409 | 82219 |
| | | 0.95 | 23208 | 28768 | 34570 | 40371 | 46173 | 51008 | 55843 | 61162 | 66480 | 71798 | 76875 | 81710 | 86787 |
| | | 1.00 | 24429 | 30282 | 36389 | 42496 | 48604 | 53693 | 58782 | 64381 | 69979 | 75577 | 80921 | 86010 | 91354 |

续表

| 序号 | 柱直径 D (mm) | 轴压比 | 当为下列混凝土强度等级时柱的轴压力设计值限值(kN) | | | | | | | | | | | | |
|---|---|---|---|---|---|---|---|---|---|---|---|---|---|---|---|
| | | | C20 | C25 | C30 | C35 | C40 | C45 | C50 | C55 | C60 | C65 | C70 | C75 | C80 |
| 30 | 1800 | 1.05 | 25650 | 31796 | 38208 | 44621 | 51034 | 56378 | 61721 | 67600 | 73478 | 79356 | 84967 | 90311 | 95922 |
| 31 | 1850 | 0.55 | 14193 | 17593 | 21141 | 24689 | 28238 | 31195 | 34151 | 37404 | 40656 | 43909 | 47014 | 49970 | 53075 |
| | | 0.60 | 15483 | 19192 | 23063 | 26934 | 30805 | 34030 | 37256 | 40804 | 44352 | 47901 | 51287 | 54513 | 57900 |
| | | 0.65 | 16773 | 20792 | 24985 | 29178 | 33372 | 36866 | 40361 | 44205 | 48048 | 51892 | 55561 | 59056 | 62725 |
| | | 0.70 | 18064 | 22391 | 26907 | 31423 | 35939 | 39702 | 43465 | 47605 | 51744 | 55884 | 59835 | 63599 | 67550 |
| | | 0.75 | 19354 | 23991 | 28829 | 33667 | 38506 | 42538 | 46570 | 51005 | 55440 | 59876 | 64109 | 68141 | 72375 |
| | | 0.80 | 20644 | 25590 | 30751 | 35912 | 41073 | 45374 | 49675 | 54406 | 59137 | 63867 | 68383 | 72684 | 77200 |
| | | 085 | 21934 | 27189 | 32623 | 38156 | 43640 | 48210 | 52779 | 57806 | 62833 | 67859 | 72657 | 77227 | 82025 |
| | | 0.90 | 23225 | 28789 | 34595 | 40401 | 46207 | 51046 | 55884 | 61206 | 66529 | 71851 | 76931 | 81770 | 86850 |
| | | 0.95 | 24515 | 30388 | 36517 | 42645 | 48774 | 53881 | 58989 | 64607 | 70225 | 75843 | 81205 | 86312 | 91675 |
| | | 1.00 | 25805 | 31987 | 38439 | 44890 | 51341 | 56717 | 62093 | 68007 | 73921 | 79834 | 85479 | 90855 | 96500 |
| | | 1.05 | 27095 | 33587 | 40361 | 47134 | 53908 | 59553 | 65198 | 71407 | 77617 | 83826 | 89753 | 95398 | 101325 |
| 32 | 1900 | 0.55 | 14970 | 18557 | 22300 | 26042 | 29785 | 32903 | 36022 | 39453 | 42884 | 46314 | 49589 | 52708 | 55983 |
| | | 0.60 | 16331 | 20244 | 24327 | 28410 | 32492 | 35895 | 39297 | 43040 | 46782 | 50525 | 54097 | 57500 | 61072 |
| | | 0.65 | 17692 | 21931 | 26354 | 30777 | 35200 | 38886 | 42572 | 46626 | 50681 | 54735 | 58605 | 62291 | 66161 |
| | | 0.70 | 19053 | 23618 | 28381 | 33144 | 37908 | 41877 | 45847 | 50213 | 54579 | 58946 | 63113 | 67083 | 71251 |
| | | 0.75 | 20414 | 25305 | 30408 | 35512 | 40615 | 44868 | 49121 | 53800 | 58478 | 63156 | 67622 | 71874 | 76340 |
| | | 0.80 | 21775 | 26992 | 32436 | 37879 | 43323 | 47860 | 52396 | 57386 | 62376 | 67366 | 72130 | 76666 | 81429 |
| | | 0.85 | 23136 | 28679 | 34463 | 40247 | 46031 | 50851 | 55671 | 60973 | 66275 | 71577 | 76638 | 81458 | 86519 |
| | | 0.90 | 24497 | 30366 | 36490 | 42614 | 48739 | 53842 | 58946 | 64559 | 70173 | 75787 | 81146 | 86249 | 91608 |
| | | 0.95 | 25858 | 32053 | 38517 | 44982 | 51446 | 56833 | 62220 | 68146 | 74072 | 79998 | 85654 | 91041 | 96697 |
| | | 1.00 | 27219 | 33740 | 40545 | 47349 | 54154 | 59825 | 65495 | 71733 | 77970 | 84208 | 90162 | 95833 | 101787 |
| | | 1.05 | 28580 | 35427 | 42572 | 49717 | 56862 | 62816 | 68770 | 75319 | 81869 | 88418 | 94670 | 100624 | 106876 |
| 33 | 1950 | 0.55 | 15761 | 19537 | 23477 | 27417 | 31357 | 34640 | 37924 | 41536 | 45148 | 48759 | 52207 | 55490 | 58938 |
| | | 0.60 | 17193 | 21313 | 25611 | 29909 | 34208 | 37790 | 41372 | 45312 | 49252 | 53192 | 56953 | 60535 | 64296 |
| | | 0.65 | 18626 | 23089 | 27745 | 32402 | 37058 | 40939 | 44819 | 49088 | 53356 | 57625 | 61699 | 65580 | 69654 |
| | | 0.70 | 20059 | 24865 | 29879 | 34894 | 39909 | 44088 | 48267 | 52864 | 57461 | 62057 | 66445 | 70624 | 75012 |
| | | 0.75 | 21492 | 26641 | 32014 | 37387 | 42760 | 47237 | 51714 | 56640 | 61565 | 66490 | 71191 | 75669 | 80370 |
| | | 0.80 | 22925 | 28417 | 34148 | 39879 | 45610 | 50386 | 55162 | 60416 | 65669 | 70923 | 75937 | 80713 | 85728 |
| | | 0.85 | 24357 | 30193 | 36282 | 42372 | 48461 | 53535 | 58610 | 64192 | 69773 | 75355 | 80684 | 85758 | 91086 |
| | | 0.90 | 25790 | 31969 | 38416 | 44864 | 51312 | 56684 | 62057 | 67968 | 73878 | 79788 | 85430 | 90803 | 96444 |
| | | 0.95 | 27223 | 33745 | 40551 | 47356 | 54162 | 59834 | 65505 | 71744 | 77982 | 84221 | 90176 | 95847 | 101802 |
| | | 1.00 | 28656 | 35521 | 42685 | 49849 | 57013 | 62983 | 68953 | 75520 | 82086 | 88653 | 94922 | 100892 | 107160 |
| | | 1.05 | 30088 | 37297 | 44819 | 52341 | 59863 | 66132 | 72400 | 79296 | 86191 | 93086 | 99668 | 105936 | 112518 |
| 34 | 2000 | 0.55 | 16588 | 20562 | 24709 | 28856 | 33002 | 36458 | 39914 | 43715 | 47517 | 51318 | 54946 | 58402 | 62031 |
| | | 0.60 | 18096 | 22431 | 26955 | 31479 | 36003 | 39773 | 43542 | 47689 | 51836 | 55983 | 59942 | 63711 | 67670 |
| | | 0.65 | 19604 | 24300 | 29201 | 34102 | 39003 | 43087 | 47171 | 51663 | 56156 | 60648 | 64937 | 69021 | 73309 |
| | | 0.70 | 21111 | 26169 | 31447 | 36725 | 42003 | 46401 | 50800 | 55638 | 60476 | 65314 | 69932 | 74330 | 78948 |
| | | 0.75 | 22619 | 28039 | 33694 | 39348 | 45003 | 49716 | 54428 | 59612 | 64795 | 69979 | 74927 | 79639 | 84587 |
| | | 0.80 | 24127 | 29908 | 35940 | 41972 | 48003 | 53030 | 58057 | 63586 | 69115 | 74644 | 79922 | 84949 | 90226 |
| | | 0.85 | 25635 | 31777 | 38186 | 44595 | 51004 | 56344 | 61685 | 67560 | 73435 | 79309 | 84917 | 90258 | 95866 |
| | | 0.90 | 27143 | 33646 | 40432 | 47218 | 54004 | 59659 | 65314 | 71534 | 77754 | 83975 | 89912 | 95567 | 101505 |
| | | 0.95 | 28651 | 35516 | 42679 | 49841 | 57004 | 62973 | 68942 | 75508 | 82074 | 88640 | 94907 | 100876 | 107144 |
| | | 1.00 | 30159 | 37385 | 44925 | 52465 | 60004 | 66288 | 72571 | 79482 | 86394 | 93305 | 99903 | 106186 | 112783 |
| | | 1.05 | 31667 | 39254 | 47171 | 55088 | 63005 | 69602 | 76199 | 83456 | 90713 | 97970 | 104898 | 111495 | 118422 |
| 35 | 2050 | 0.55 | 17427 | 21603 | 25959 | 30316 | 34673 | 38304 | 41935 | 45928 | 49922 | 53916 | 57728 | 61359 | 65171 |
| | | 0.60 | 19012 | 23567 | 28319 | 33072 | 37825 | 41786 | 45747 | 50104 | 54460 | 58817 | 62976 | 66937 | 71096 |

续表

| 序号 | 柱直径 $D$（mm） | 轴压比 | 当为下列混凝土强度等级时柱的轴压力设计值限值(kN) | | | | | | | | | | | | |
|---|---|---|---|---|---|---|---|---|---|---|---|---|---|---|---|
| | | | C20 | C25 | C30 | C35 | C40 | C45 | C50 | C55 | C60 | C65 | C70 | C75 | C80 |
| 35 | 2050 | 0.65 | 20596 | 25530 | 30679 | 35828 | 40977 | 45268 | 49559 | 54279 | 58999 | 63719 | 68224 | 72515 | 77020 |
| | | 0.70 | 22180 | 27494 | 33039 | 38584 | 44129 | 48750 | 53371 | 58454 | 63537 | 68620 | 73472 | 78093 | 82945 |
| | | 0.75 | 23765 | 29458 | 35399 | 41340 | 47282 | 52233 | 57183 | 62630 | 68076 | 73522 | 78720 | 83671 | 88870 |
| | | 0.80 | 25349 | 31422 | 37759 | 44096 | 50434 | 55715 | 60996 | 66805 | 72614 | 78423 | 83968 | 89249 | 94794 |
| | | 0.85 | 26933 | 33386 | 40119 | 46852 | 53586 | 59197 | 64808 | 70980 | 77152 | 83324 | 89216 | 94827 | 100719 |
| | | 0.90 | 28517 | 35350 | 42479 | 49609 | 56738 | 62679 | 68620 | 75155 | 81691 | 88226 | 94464 | 100405 | 106643 |
| | | 0.95 | 30102 | 37314 | 44839 | 52365 | 59890 | 66161 | 72432 | 79331 | 86229 | 93127 | 99712 | 105983 | 112568 |
| | | 1.00 | 31686 | 39278 | 47199 | 55121 | 63042 | 69643 | 76245 | 83506 | 90767 | 98029 | 104960 | 111561 | 118493 |
| | | 1.05 | 33270 | 41241 | 49559 | 57877 | 66194 | 73126 | 80057 | 87681 | 95306 | 102930 | 110208 | 117139 | 124417 |
| 36 | 2100 | 0.55 | 18288 | 22669 | 27241 | 31813 | 36385 | 40195 | 44005 | 48196 | 52387 | 56578 | 60578 | 64388 | 68389 |
| | | 0.60 | 19950 | 24730 | 29718 | 34705 | 39693 | 43849 | 48006 | 52577 | 57149 | 61721 | 66086 | 70242 | 74606 |
| | | 0.65 | 21613 | 26791 | 32194 | 37597 | 43001 | 47503 | 52006 | 56959 | 61912 | 66865 | 71593 | 76095 | 80823 |
| | | 0.70 | 23275 | 28852 | 34671 | 40490 | 46308 | 51157 | 56006 | 61340 | 66674 | 72008 | 77100 | 81949 | 87040 |
| | | 0.75 | 24938 | 30913 | 37147 | 43382 | 49616 | 54812 | 60007 | 65722 | 71437 | 77152 | 82607 | 87802 | 93258 |
| | | 0.80 | 26600 | 32974 | 39624 | 46274 | 52924 | 58466 | 64007 | 70103 | 76199 | 82295 | 88114 | 93656 | 99475 |
| | | 0.85 | 28263 | 35034 | 42100 | 49166 | 56232 | 62120 | 68008 | 74485 | 80962 | 87439 | 93621 | 99509 | 105692 |
| | | 0.90 | 29926 | 37095 | 44577 | 52058 | 59539 | 65774 | 72008 | 78866 | 85724 | 92582 | 99128 | 105363 | 111909 |
| | | 0.95 | 31588 | 39156 | 47053 | 54950 | 62847 | 69428 | 76009 | 83248 | 90487 | 97726 | 104635 | 111216 | 118126 |
| | | 1.00 | 33251 | 41217 | 49530 | 57842 | 66155 | 73082 | 80009 | 87629 | 95249 | 102869 | 110143 | 117070 | 124343 |
| | | 1.05 | 34913 | 43278 | 52006 | 60734 | 69463 | 76736 | 84010 | 92011 | 100012 | 108012 | 115650 | 122923 | 130561 |
| 37 | 2150 | 0.55 | 19159 | 23750 | 28539 | 33329 | 38119 | 42111 | 46102 | 50493 | 54884 | 59274 | 63465 | 67457 | 71648 |
| | | 0.60 | 20901 | 25909 | 31134 | 36359 | 41584 | 45939 | 50293 | 55083 | 59873 | 64663 | 69235 | 73589 | 78161 |
| | | 0.65 | 22643 | 28068 | 33728 | 39389 | 45050 | 49767 | 54484 | 59673 | 64862 | 70051 | 75004 | 79722 | 84675 |
| | | 0.70 | 24385 | 30227 | 36323 | 42419 | 48515 | 53595 | 58675 | 64264 | 69852 | 75440 | 80774 | 85854 | 91188 |
| | | 0.75 | 26126 | 32386 | 38917 | 45449 | 51981 | 57424 | 62867 | 68854 | 74841 | 80828 | 86544 | 91987 | 97702 |
| | | 0.80 | 27868 | 34545 | 41512 | 48479 | 55446 | 61252 | 67058 | 73444 | 79831 | 86217 | 92313 | 98119 | 104215 |
| | | 0.85 | 29610 | 36704 | 44106 | 51509 | 58911 | 65080 | 71249 | 78034 | 84820 | 91606 | 98083 | 104251 | 110729 |
| | | 0.90 | 31352 | 38863 | 46701 | 54539 | 62377 | 68908 | 75440 | 82625 | 89809 | 96994 | 103852 | 110384 | 117242 |
| | | 0.95 | 33093 | 41022 | 49295 | 57569 | 65842 | 72737 | 79631 | 87215 | 94799 | 102383 | 109622 | 116516 | 123756 |
| | | 1.00 | 34835 | 43181 | 51890 | 60599 | 69307 | 76565 | 83822 | 91805 | 99788 | 107771 | 115391 | 122649 | 130269 |
| | | 1.05 | 36577 | 45340 | 54484 | 63629 | 72773 | 80393 | 88013 | 96395 | 104778 | 113160 | 121161 | 128781 | 136782 |
| 38 | 2200 | 0.55 | 20071 | 24880 | 29897 | 34915 | 39933 | 44114 | 48296 | 52895 | 57495 | 62095 | 66485 | 70667 | 75057 |
| | | 0.60 | 21896 | 27141 | 32615 | 38089 | 43563 | 48125 | 52686 | 57704 | 62722 | 67740 | 72529 | 77091 | 81881 |
| | | 0.65 | 23720 | 29403 | 35333 | 41263 | 47193 | 52135 | 57077 | 62513 | 67949 | 73385 | 78573 | 83515 | 88704 |
| | | 0.70 | 25545 | 31665 | 38051 | 44437 | 50824 | 56146 | 61467 | 67321 | 73175 | 79030 | 84617 | 89939 | 95527 |
| | | 0.75 | 27370 | 33927 | 40769 | 47612 | 54454 | 60156 | 65858 | 72130 | 78402 | 84674 | 90662 | 96364 | 102351 |
| | | 0.80 | 29194 | 36189 | 43487 | 50786 | 58084 | 64166 | 70248 | 76939 | 83629 | 90319 | 96706 | 102788 | 109174 |
| | | 0.85 | 31019 | 38450 | 46205 | 53960 | 61714 | 68177 | 74639 | 81747 | 88856 | 95964 | 102750 | 109212 | 115997 |
| | | 0.90 | 32843 | 40712 | 48923 | 57134 | 65345 | 72187 | 79030 | 86556 | 94083 | 101609 | 108794 | 115636 | 122821 |
| | | 0.95 | 34668 | 42974 | 51641 | 60308 | 68975 | 76198 | 83420 | 91365 | 99310 | 107254 | 114838 | 122061 | 129644 |
| | | 1.00 | 36493 | 45236 | 54359 | 63482 | 72605 | 80208 | 87811 | 96173 | 104536 | 112899 | 120882 | 128485 | 136468 |
| | | 1.05 | 38317 | 47498 | 57077 | 66656 | 76236 | 84218 | 92201 | 100982 | 109763 | 118544 | 126926 | 134909 | 143291 |
| 39 | 2250 | 0.55 | 20994 | 26023 | 31272 | 36520 | 41769 | 46142 | 50516 | 55327 | 60138 | 64949 | 69542 | 73915 | 78508 |
| | | 0.60 | 22902 | 28389 | 34115 | 39840 | 45566 | 50337 | 55108 | 60357 | 65605 | 70854 | 75864 | 80635 | 85645 |
| | | 0.65 | 24811 | 30755 | 36958 | 43160 | 49363 | 54532 | 59701 | 65387 | 71072 | 76758 | 82185 | 87354 | 92782 |
| | | 0.70 | 26719 | 33121 | 39801 | 46480 | 53160 | 58727 | 64293 | 70416 | 76539 | 82663 | 88507 | 94074 | 99919 |
| | | 0.75 | 28628 | 35486 | 42643 | 49800 | 56957 | 62921 | 68885 | 75446 | 82007 | 88567 | 94829 | 100793 | 107056 |

续表

| 序号 | 柱直径 $D$ (mm) | 轴压比 | 当为下列混凝土强度等级时柱的轴压力设计值限值(kN) | | | | | | | | | | | | |
|---|---|---|---|---|---|---|---|---|---|---|---|---|---|---|---|
| | | | C20 | C25 | C30 | C35 | C40 | C45 | C50 | C55 | C60 | C65 | C70 | C75 | C80 |
| 39 | 2250 | 0.80 | 30536 | 37852 | 45486 | 53120 | 60754 | 67116 | 73478 | 80476 | 87474 | 94472 | 101151 | 107513 | 114193 |
| | | 0.85 | 32445 | 40218 | 48329 | 56440 | 64552 | 71311 | 78070 | 85505 | 92941 | 100376 | 107473 | 114233 | 121330 |
| | | 0.90 | 34353 | 42584 | 51172 | 59760 | 68349 | 75506 | 82663 | 90535 | 98408 | 106280 | 113795 | 120952 | 128467 |
| | | 0.95 | 36262 | 44950 | 54015 | 63080 | 72146 | 79700 | 87255 | 95565 | 103875 | 112185 | 120117 | 127672 | 135604 |
| | | 1.00 | 38170 | 47315 | 56858 | 66400 | 75943 | 83895 | 91847 | 100595 | 109342 | 118089 | 126439 | 134391 | 142741 |
| | | 1.05 | 40079 | 49681 | 59701 | 69720 | 79740 | 88090 | 96440 | 105624 | 114809 | 123994 | 132761 | 141111 | 149878 |
| 40 | 2300 | 0.55 | 21937 | 27193 | 32677 | 38161 | 43646 | 48216 | 52786 | 57813 | 62841 | 67868 | 72667 | 77237 | 82036 |
| | | 0.60 | 23931 | 29665 | 35648 | 41631 | 47613 | 52599 | 57585 | 63069 | 68553 | 74038 | 79273 | 84258 | 89493 |
| | | 0.65 | 25926 | 32137 | 38618 | 45100 | 51581 | 56982 | 62384 | 68325 | 74266 | 80208 | 85879 | 91280 | 96951 |
| | | 0.70 | 27920 | 34609 | 41589 | 48569 | 55549 | 61366 | 67182 | 73581 | 79979 | 86377 | 92485 | 98301 | 104409 |
| | | 0.75 | 29914 | 37081 | 44560 | 52038 | 59517 | 65749 | 71981 | 78836 | 85692 | 92547 | 99091 | 105323 | 111867 |
| | | 0.80 | 31909 | 39553 | 47530 | 55507 | 63485 | 70132 | 76780 | 84092 | 91405 | 98717 | 105697 | 112345 | 119324 |
| | | 0.85 | 33903 | 42025 | 50501 | 58977 | 67452 | 74515 | 81579 | 89348 | 97117 | 104887 | 112303 | 119366 | 126782 |
| | | 0.90 | 35897 | 44497 | 53472 | 62446 | 71420 | 78899 | 86377 | 94604 | 102830 | 111057 | 118909 | 126388 | 134240 |
| | | 0.95 | 37891 | 46969 | 56442 | 65915 | 75388 | 83282 | 91176 | 99859 | 108543 | 117226 | 125515 | 133409 | 141698 |
| | | 1.00 | 39886 | 49442 | 59413 | 69384 | 79356 | 87665 | 95975 | 105115 | 114256 | 123396 | 132121 | 140431 | 149156 |
| | | 1.05 | 41880 | 51914 | 62384 | 72854 | 83324 | 92049 | 100774 | 110371 | 119968 | 129566 | 138727 | 147452 | 156613 |
| 41 | 2350 | 0.55 | 22901 | 28388 | 34113 | 39839 | 45564 | 50335 | 55106 | 60354 | 65603 | 70851 | 75860 | 80631 | 85641 |
| | | 0.60 | 24983 | 30969 | 37215 | 43460 | 49706 | 54911 | 60116 | 65841 | 71566 | 77292 | 82757 | 87962 | 93427 |
| | | 0.65 | 27065 | 33549 | 40316 | 47082 | 53848 | 59487 | 65125 | 71328 | 77530 | 83733 | 89653 | 95292 | 101212 |
| | | 0.70 | 29147 | 36130 | 43417 | 50704 | 57990 | 64063 | 70135 | 76815 | 83494 | 90174 | 96550 | 102622 | 108998 |
| | | 0.75 | 31229 | 38711 | 46518 | 54325 | 62133 | 68639 | 75145 | 82301 | 89458 | 96615 | 103446 | 109952 | 116783 |
| | | 0.80 | 33311 | 41292 | 49619 | 57947 | 66275 | 73215 | 80154 | 87788 | 95422 | 103056 | 110342 | 117282 | 124569 |
| | | 0.85 | 35393 | 43872 | 52721 | 61569 | 70417 | 77791 | 85164 | 93275 | 101386 | 109497 | 117239 | 124612 | 132354 |
| | | 0.90 | 37475 | 46453 | 55822 | 65190 | 74559 | 82366 | 90174 | 98762 | 107350 | 115938 | 124135 | 131942 | 140140 |
| | | 0.95 | 39557 | 49034 | 58923 | 68812 | 78701 | 86942 | 95183 | 104248 | 113313 | 122379 | 131032 | 139273 | 147926 |
| | | 1.00 | 41639 | 51615 | 62024 | 72434 | 82844 | 91518 | 100193 | 109735 | 119277 | 128820 | 137928 | 146603 | 155711 |
| | | 1.05 | 43721 | 54195 | 65125 | 76056 | 86986 | 96094 | 105203 | 115222 | 125241 | 135260 | 144824 | 153933 | 163497 |
| 42 | 2400 | 0.55 | 23886 | 29609 | 35580 | 41552 | 47523 | 52500 | 57476 | 62950 | 68424 | 73898 | 79123 | 84099 | 89324 |
| | | 0.60 | 26058 | 32301 | 38815 | 45329 | 51844 | 57272 | 62701 | 68673 | 74644 | 80616 | 86316 | 91744 | 97445 |
| | | 0.65 | 28229 | 34992 | 42050 | 49107 | 56164 | 62045 | 67926 | 74395 | 80865 | 87334 | 93509 | 99390 | 105565 |
| | | 0.70 | 30401 | 37684 | 45284 | 52884 | 60484 | 66818 | 73151 | 80118 | 87085 | 94052 | 100702 | 107035 | 113685 |
| | | 0.75 | 32572 | 40376 | 48519 | 56662 | 64805 | 71591 | 78376 | 85841 | 93305 | 100770 | 107895 | 114681 | 121806 |
| | | 0.80 | 34743 | 43067 | 51753 | 60439 | 69125 | 76363 | 83601 | 91564 | 99526 | 107488 | 115088 | 122326 | 129926 |
| | | 0.85 | 36915 | 45759 | 54988 | 64217 | 73445 | 81136 | 88827 | 97286 | 105746 | 114206 | 122281 | 129971 | 138046 |
| | | 0.90 | 39086 | 48451 | 58222 | 67994 | 77766 | 85909 | 94052 | 103009 | 111966 | 120924 | 129474 | 137617 | 146167 |
| | | 0.95 | 41258 | 51143 | 61457 | 71772 | 82086 | 90681 | 99277 | 108732 | 118187 | 127642 | 136667 | 145262 | 154287 |
| | | 1.00 | 43429 | 53834 | 64692 | 75549 | 86406 | 95454 | 104502 | 114454 | 124407 | 134360 | 143860 | 152907 | 162408 |
| | | 1.05 | 45601 | 56526 | 67926 | 79326 | 90727 | 100227 | 109727 | 120177 | 130627 | 141077 | 151053 | 160553 | 170528 |
| 43 | 2450 | 0.55 | 24892 | 30855 | 37078 | 43301 | 49524 | 54710 | 59896 | 65600 | 71305 | 77009 | 82454 | 87640 | 93085 |
| | | 0.60 | 27155 | 33660 | 40449 | 47238 | 54026 | 59684 | 65341 | 71564 | 77787 | 84010 | 89950 | 95607 | 101547 |
| | | 0.65 | 29418 | 36465 | 43820 | 51174 | 58529 | 64657 | 70786 | 77527 | 84269 | 91010 | 97446 | 103574 | 110009 |
| | | 0.70 | 31680 | 39271 | 47191 | 55111 | 63031 | 69631 | 76231 | 83491 | 90751 | 98011 | 104941 | 111541 | 118472 |
| | | 0.75 | 33943 | 42076 | 50561 | 59047 | 67533 | 74605 | 81676 | 89455 | 97233 | 105012 | 112437 | 119509 | 126934 |
| | | 0.80 | 36206 | 44881 | 53932 | 62984 | 72035 | 79578 | 87121 | 95418 | 103716 | 112013 | 119933 | 127476 | 135396 |
| | | 0.85 | 38469 | 47686 | 57303 | 66920 | 76537 | 84552 | 92566 | 101382 | 110198 | 119014 | 127429 | 135443 | 143858 |
| | | 0.90 | 40732 | 50491 | 60674 | 70857 | 81040 | 89525 | 98011 | 107346 | 116680 | 126015 | 134925 | 143410 | 152321 |

续表

| 序号 | 柱直径 D (mm) | 轴压比 | 当为下列混凝土强度等级时柱的轴压力设计值限值(kN) | | | | | | | | | | | | |
|---|---|---|---|---|---|---|---|---|---|---|---|---|---|---|---|
| | | | C20 | C25 | C30 | C35 | C40 | C45 | C50 | C55 | C60 | C65 | C70 | C75 | C80 |
| 43 | 2450 | 0.95 | 42995 | 53296 | 64044 | 74793 | 85542 | 94499 | 103456 | 113309 | 123162 | 133015 | 142420 | 151378 | 160783 |
| | | 1.00 | 45258 | 56101 | 67415 | 78730 | 90044 | 99473 | 108901 | 119273 | 129645 | 140016 | 149916 | 159345 | 169245 |
| | | 1.05 | 47521 | 58906 | 70786 | 82666 | 94546 | 104446 | 114347 | 125237 | 136127 | 147017 | 157412 | 167312 | 177707 |
| 44 | 2500 | 0.55 | 25918 | 32128 | 38607 | 45087 | 51566 | 56966 | 62365 | 68305 | 74245 | 80184 | 85854 | 91253 | 96923 |
| | | 0.60 | 28274 | 35048 | 42117 | 49186 | 56254 | 62145 | 68035 | 74515 | 80994 | 87474 | 93659 | 99549 | 105734 |
| | | 0.65 | 30631 | 37969 | 45627 | 53284 | 60942 | 67323 | 73705 | 80724 | 87744 | 94763 | 101464 | 107845 | 114545 |
| | | 0.70 | 32987 | 40890 | 49136 | 57383 | 65630 | 72502 | 79374 | 86934 | 94493 | 102053 | 109268 | 116141 | 123356 |
| | | 0.75 | 35343 | 43810 | 52646 | 61482 | 70318 | 77681 | 85044 | 93143 | 101243 | 109342 | 117073 | 124436 | 132168 |
| | | 0.80 | 37699 | 46731 | 56156 | 65581 | 75005 | 82859 | 90713 | 99353 | 107992 | 116632 | 124878 | 132732 | 140979 |
| | | 0.85 | 40055 | 49652 | 59666 | 69679 | 79693 | 88038 | 96383 | 105562 | 114742 | 123921 | 132683 | 141028 | 149790 |
| | | 0.90 | 42411 | 52573 | 63175 | 73778 | 84381 | 93217 | 102053 | 111772 | 121491 | 131210 | 140488 | 149324 | 158601 |
| | | 0.95 | 44768 | 55493 | 66685 | 77877 | 89069 | 98396 | 107722 | 117981 | 128241 | 138500 | 148293 | 157619 | 167412 |
| | | 1.00 | 47124 | 58414 | 70195 | 81976 | 93757 | 103574 | 113392 | 124191 | 134990 | 145789 | 156098 | 165915 | 176224 |
| | | 1.05 | 49480 | 61335 | 73705 | 86075 | 98445 | 108753 | 119061 | 130401 | 141740 | 153079 | 163903 | 174211 | 185035 |
| 45 | 2550 | 0.55 | 26965 | 33426 | 40167 | 46908 | 53650 | 59267 | 64885 | 71065 | 77244 | 83424 | 89322 | 94940 | 100839 |
| | | 0.60 | 29417 | 36464 | 43818 | 51173 | 58527 | 64655 | 70784 | 77525 | 84266 | 91008 | 97442 | 103571 | 110006 |
| | | 0.65 | 31868 | 39503 | 47470 | 55437 | 63404 | 70043 | 76682 | 83985 | 91288 | 98592 | 105563 | 112202 | 119173 |
| | | 0.70 | 34319 | 42542 | 51122 | 59701 | 68281 | 75431 | 82581 | 90446 | 98311 | 106176 | 113683 | 120833 | 128340 |
| | | 0.75 | 36771 | 45580 | 54773 | 63966 | 73158 | 80819 | 88480 | 96906 | 105333 | 113759 | 121803 | 129464 | 137507 |
| | | 0.80 | 39222 | 48619 | 58425 | 68230 | 78036 | 86207 | 94378 | 103367 | 112355 | 121343 | 129923 | 138095 | 146674 |
| | | 0.85 | 41674 | 51658 | 62076 | 72495 | 82913 | 91595 | 100277 | 109827 | 119377 | 128927 | 138043 | 146725 | 155842 |
| | | 0.90 | 44125 | 54696 | 65728 | 76759 | 87790 | 96983 | 106176 | 116287 | 126399 | 136511 | 146164 | 155356 | 165009 |
| | | 0.95 | 46576 | 57735 | 69379 | 81023 | 92667 | 102371 | 112074 | 122748 | 133422 | 144095 | 154284 | 163987 | 174176 |
| | | 1.00 | 49028 | 60774 | 73031 | 85288 | 97545 | 107759 | 117973 | 129208 | 140444 | 151679 | 162404 | 172618 | 183343 |
| | | 1.05 | 51479 | 63813 | 76682 | 89552 | 102422 | 113147 | 123871 | 135669 | 147466 | 159263 | 170524 | 181249 | 192510 |
| 46 | 2600 | 0.55 | 28033 | 34749 | 41758 | 48766 | 55774 | 61614 | 67454 | 73879 | 80303 | 86727 | 92859 | 98700 | 104832 |
| | | 0.60 | 30581 | 37908 | 45554 | 53199 | 60844 | 67216 | 73587 | 80595 | 87603 | 94611 | 101301 | 107672 | 114362 |
| | | 0.65 | 33130 | 41067 | 49350 | 57632 | 65915 | 72817 | 79719 | 87311 | 94904 | 102496 | 109743 | 116645 | 123892 |
| | | 0.70 | 35678 | 44226 | 53146 | 62066 | 70985 | 78418 | 85851 | 94027 | 102204 | 110380 | 118185 | 125618 | 133422 |
| | | 0.75 | 38227 | 47385 | 56942 | 66499 | 76056 | 84019 | 91983 | 100744 | 109504 | 118264 | 126626 | 134590 | 142953 |
| | | 0.80 | 40775 | 50544 | 60738 | 70932 | 81126 | 89621 | 98116 | 107460 | 116804 | 126149 | 135068 | 113563 | 152483 |
| | | 0.85 | 43324 | 53703 | 64534 | 75365 | 86196 | 95222 | 104248 | 114176 | 124105 | 134033 | 143510 | 152536 | 162013 |
| | | 0.90 | 45872 | 56862 | 68331 | 79799 | 91267 | 100823 | 110380 | 120892 | 131405 | 141917 | 151952 | 161509 | 171543 |
| | | 0.95 | 48421 | 60021 | 72127 | 84232 | 96337 | 106425 | 116512 | 127609 | 138705 | 149802 | 160394 | 170481 | 181073 |
| | | 1.00 | 50969 | 63181 | 75923 | 88665 | 101407 | 112026 | 122645 | 134325 | 146005 | 157686 | 168835 | 179454 | 190603 |
| | | 1.05 | 53518 | 66340 | 79719 | 93098 | 106478 | 117627 | 128777 | 141041 | 153306 | 165570 | 177277 | 188427 | 200134 |
| 47 | 2650 | 0.55 | 29122 | 36099 | 43379 | 50659 | 57940 | 64007 | 70074 | 76748 | 83421 | 90095 | 96465 | 102532 | 108903 |
| | | 0.60 | 31769 | 39380 | 47323 | 55265 | 63207 | 69826 | 76444 | 83725 | 91005 | 98285 | 105235 | 111853 | 118803 |
| | | 0.65 | 34416 | 42662 | 51266 | 59870 | 68474 | 75644 | 82815 | 90702 | 98589 | 106476 | 114004 | 121175 | 128703 |
| | | 0.70 | 37064 | 45944 | 55210 | 64476 | 73742 | 81463 | 89185 | 97679 | 106172 | 114666 | 122774 | 130496 | 138603 |
| | | 0.75 | 39711 | 49225 | 59153 | 69081 | 79009 | 87282 | 95555 | 104656 | 113756 | 122857 | 131544 | 139817 | 148504 |
| | | 0.80 | 42359 | 52507 | 63097 | 73686 | 84276 | 93101 | 101926 | 111633 | 121340 | 131047 | 140313 | 149138 | 158404 |
| | | 0.85 | 45006 | 55789 | 67040 | 78292 | 89543 | 98920 | 108296 | 118610 | 128924 | 139238 | 149083 | 158459 | 168304 |
| | | 0.90 | 47654 | 59071 | 70984 | 82897 | 94811 | 104738 | 114666 | 125587 | 136507 | 147428 | 157852 | 167780 | 178204 |
| | | 0.95 | 50301 | 62352 | 74927 | 87503 | 100078 | 110557 | 121037 | 132564 | 144091 | 155619 | 166622 | 177101 | 188105 |
| | | 1.00 | 52948 | 65634 | 78871 | 92108 | 105345 | 116376 | 127407 | 139541 | 151675 | 163809 | 175391 | 186422 | 198005 |
| | | 1.05 | 55596 | 68916 | 82815 | 96713 | 110612 | 122195 | 133777 | 146518 | 159259 | 171999 | 184161 | 195743 | 207905 |

续表

| 序号 | 柱直径 $D$ (mm) | 轴压比 | 当为下列混凝土强度等级时柱的轴压力设计值限值(kN) | | | | | | | | | | | | |
|---|---|---|---|---|---|---|---|---|---|---|---|---|---|---|---|
| | | | C20 | C25 | C30 | C35 | C40 | C45 | C50 | C55 | C60 | C65 | C70 | C75 | C80 |
| 48 | 2700 | 0.55 | 30231 | 37474 | 45031 | 52589 | 60147 | 66445 | 72743 | 79671 | 86599 | 93527 | 100140 | 106438 | 113051 |
| | | 0.60 | 32979 | 40880 | 49125 | 57370 | 65615 | 72485 | 79356 | 86914 | 94472 | 102029 | 109243 | 116114 | 123328 |
| | | 0.65 | 35727 | 44287 | 53219 | 62151 | 71083 | 78526 | 85969 | 94157 | 102344 | 110532 | 118347 | 125790 | 133606 |
| | | 0.70 | 38476 | 47694 | 57313 | 66932 | 76551 | 84566 | 92582 | 101399 | 110217 | 119034 | 127451 | 135466 | 143883 |
| | | 0.75 | 41224 | 51101 | 61406 | 71712 | 82018 | 90607 | 99195 | 108642 | 118089 | 127537 | 136554 | 145143 | 154160 |
| | | 0.80 | 43972 | 54507 | 65500 | 76493 | 87486 | 96647 | 105808 | 115885 | 125962 | 136039 | 145658 | 154819 | 164438 |
| | | 0.85 | 46720 | 57914 | 69594 | 81274 | 92954 | 102688 | 112421 | 123128 | 133835 | 144541 | 154762 | 164495 | 174715 |
| | | 0.90 | 49469 | 61321 | 73688 | 86055 | 98422 | 108728 | 119034 | 130371 | 141707 | 153044 | 163865 | 174171 | 184992 |
| | | 0.95 | 52217 | 64727 | 77782 | 90836 | 103890 | 114769 | 125647 | 137614 | 149580 | 161546 | 172969 | 183847 | 195270 |
| | | 1.00 | 54965 | 68134 | 81875 | 95617 | 109358 | 120809 | 132260 | 144856 | 157453 | 170049 | 182072 | 193524 | 205547 |
| | | 1.05 | 57714 | 71541 | 85969 | 100397 | 114826 | 126850 | 138873 | 152099 | 165325 | 178551 | 191176 | 203200 | 215825 |
| 49 | 2750 | 0.55 | 31361 | 38874 | 46715 | 54555 | 62395 | 68929 | 75462 | 82649 | 89836 | 97023 | 103883 | 110417 | 117277 |
| | | 0.60 | 34212 | 42409 | 50961 | 59514 | 68067 | 75195 | 82322 | 90163 | 98003 | 105843 | 113327 | 120454 | 127938 |
| | | 0.65 | 37063 | 45943 | 55208 | 64474 | 73740 | 81461 | 89183 | 97676 | 106170 | 114663 | 122771 | 130492 | 138600 |
| | | 0.70 | 39914 | 49477 | 59455 | 69434 | 79412 | 87727 | 96043 | 105190 | 114337 | 123484 | 132215 | 140530 | 149261 |
| | | 0.75 | 42765 | 53011 | 63702 | 74393 | 85084 | 93994 | 102903 | 112703 | 122504 | 132304 | 141659 | 150568 | 159923 |
| | | 0.80 | 45616 | 56545 | 67949 | 79353 | 90757 | 100260 | 109763 | 120217 | 130671 | 141124 | 151103 | 160606 | 170584 |
| | | 0.85 | 48467 | 60079 | 72195 | 84312 | 96429 | 106526 | 116623 | 127730 | 138837 | 149944 | 160547 | 170644 | 181246 |
| | | 0.90 | 51318 | 63613 | 76442 | 89272 | 102101 | 112792 | 123484 | 135244 | 147004 | 158765 | 169990 | 180682 | 191907 |
| | | 0.95 | 54169 | 67147 | 80689 | 94231 | 107773 | 119059 | 130344 | 142758 | 155171 | 167585 | 179434 | 190720 | 202569 |
| | | 1.00 | 57020 | 70681 | 84936 | 99191 | 113446 | 125325 | 137204 | 150271 | 163338 | 176405 | 188878 | 200757 | 213231 |
| | | 1.05 | 59871 | 74215 | 89183 | 104150 | 119118 | 131591 | 144064 | 157785 | 171505 | 185225 | 198322 | 210795 | 223892 |
| 50 | 2800 | 0.55 | 32512 | 40301 | 48429 | 56557 | 64685 | 71458 | 78231 | 85682 | 93132 | 100583 | 107695 | 114468 | 121580 |
| | | 0.60 | 35467 | 43965 | 52831 | 61698 | 70565 | 77954 | 85343 | 93471 | 101599 | 109727 | 117485 | 124874 | 132633 |
| | | 0.65 | 38423 | 47628 | 57234 | 66840 | 76446 | 84450 | 92455 | 101260 | 110066 | 118871 | 127276 | 135281 | 143686 |
| | | 0.70 | 41379 | 51292 | 61637 | 71981 | 82326 | 90947 | 99567 | 109050 | 118532 | 128015 | 137066 | 145687 | 154738 |
| | | 0.75 | 44334 | 54956 | 66039 | 77123 | 88206 | 97443 | 106679 | 116839 | 126999 | 137159 | 146857 | 156093 | 165791 |
| | | 0.80 | 47290 | 58620 | 70442 | 82264 | 94087 | 103939 | 113791 | 124628 | 135465 | 146303 | 156647 | 166499 | 176844 |
| | | 0.85 | 50245 | 62283 | 74845 | 87406 | 99967 | 110435 | 120903 | 132417 | 143932 | 155447 | 166438 | 176905 | 187897 |
| | | 0.90 | 53201 | 65947 | 79247 | 92547 | 105848 | 116931 | 128015 | 140207 | 152399 | 164590 | 176228 | 187312 | 198949 |
| | | 0.95 | 56157 | 69611 | 83650 | 97689 | 111728 | 123427 | 135127 | 147996 | 160865 | 173734 | 186019 | 197718 | 210002 |
| | | 1.00 | 59112 | 73274 | 88052 | 102831 | 117609 | 129924 | 142239 | 155785 | 169332 | 182878 | 195809 | 208124 | 221055 |
| | | 1.05 | 62068 | 76938 | 92455 | 107972 | 123489 | 136420 | 149351 | 163574 | 177798 | 192022 | 205599 | 218530 | 232108 |

# 参 考 文 献

1 中华人民共和国国家标准．混凝土结构设计规范 GB 50010—2002. 北京：中国建筑工业出版社，2002

2 中华人民共和国国家标准．建筑抗震设计规范 GB 50011—2001. 北京：中国建筑工业出版社，2001

3 中华人民共和国行业标准．高层建筑混凝土结构技术规程 JGJ 3—2002. 北京：中国建筑工业出版社，2002

4 中华人民共和国行业标准．冷轧带肋钢筋混凝土结构技术规程 JGJ 95—2003. 北京：中国建筑工业出版社，2003

5 中华人民共和国行业标准．钢筋焊接网混凝土结构技术规程 JGJ/T 114—97. 北京：中国建筑工业出版社，1995

6 中华人民共和国行业标准．冷轧扭钢筋混凝土构件技术规程 JGJ 115—97. 北京：中国建筑工业出版社，1998

7 上海市标准．冷轧扭钢筋混凝土结构技术规程 DBJ 08—58—97

8 浙江省标准．冷轧扭钢筋混凝土构件应用技术规程 DBJ 10—2—93. 杭州：杭州大学出版社，1993

9 江苏省标准．冷轧扭钢筋混凝土构件技术规程 DB32/P（JG）001—92

10 中国建筑科学研究院建筑结构研究所、《高层建筑混凝土结构技术规程》编制组．高层建筑混凝土结构技术规程 JGJ 3—2002 宣贯培训教材．北京：2002，第 6～9 页

11 龚思礼主编．建筑抗震设计手册．北京：中国建筑工业出版社，1994，第 307 页

12 浙江大学建筑工程学院 唐锦春、郭鼎康主编．简明建筑结构设计手册（第二版）. 北京：中国建筑工业出版社，1992，第 399 页

13 《工程抗震》2002 年 3 期第 46 页